2010年5月31日，中共中央总书记、国家主席、中央军委主席胡锦涛到中国科技馆新馆，同出席中国少年先锋队第六次全国代表大会的全体小代表和部分中外少年儿童一起参加“体验科学、快乐成长”活动

2010年8月7日，中共中央政治局常委、国务院总理温家宝在北京看望著名数学家、首届国家最高科学技术奖获得者吴文俊院士

2010年3月8日，中共中央政治局常委、全国政协主席贾庆林参加全国政协十一届三次会议科协、科技界委员联组讨论

2010年9月18日，中共中央政治局常委、中央书记处书记、国家副主席习近平来到中国科学院奥运村科技园参加全国科普日活动

2010年4月24日，中共中央政治局常委、国务院副总理李克强参加中华医学会第24次全国会员代表大会开幕式

2010年12月14日，中共中央政治局委员、全国人大常委会副委员长王兆国为“十佳全国优秀科技工作者”获奖者颁奖

2010年9月18日，中共中央政治局委员、国务委员刘延东来到中国科学院奥运村科技园参加全国科普日活动

2010年12月14日，全国人大常委会副委员长、中国科协主席韩启德出席中国科协会员日暨“全国优秀科技工作者”颁奖大会并为获奖者颁奖

2010年1月26日，全国人大常委会副委员长、全国妇联主席陈至立出席第六届中国青年女科学家奖颁奖典礼并为获奖者颁奖

2010年11月5日，全国人大常委会副委员长、中国药学会理事长桑国卫出席2010年中国药学大会暨第十届中国药师周并致辞

2010年12月22日，全国政协副主席、科技部部长万钢出席第四届中国产学研合作（北京）高峰论坛暨中国产学研合作促进会年会

第十二届中国科协年会

第十二届中国科协年会在福建省福州市举行

第十二届中国科协年会

中共中央政治局委员、全国人大常委会副委员长王兆国在第十二届中国科协年会开幕式上讲话

全国人大常委会副委员长、中国科协主席韩启德在第十二届中国科协年会开幕式上致辞

中国科协常务副主席、书记处第一书记邓楠主持第十二届中国科协年会开幕式

全国政协副主席、科技部部长万钢作大会特邀告

中共福建省委副书记、福建省省长黄小晶作大会特邀报告

卫生部副部长、国家中医药管理局局长、中华中医药学会会长王国强作大会特邀报告

国家文物局局长单霁翔作大会特邀报告

工业和信息化部电信研究院副院长曹淑敏作大会特邀报告

中国农业科学院植物保护所研究员彭于发作大会特邀报告

第十二届中国科协年会

求是杰出青年成果转化奖获得者与福州大学学生见面

中日韩女科学家论坛

科学道德建设论坛

技术创新•企业发展论坛

第十二届中国科协年会科普活动启动仪式

突出科协特色优势 为加快经济发展方式转变提供智力支撑

2010中国科协学术建设发布会

中国科协论坛

第六届中国科技期刊发展论坛

2010中国科协学术报告会——科学家的社会责任

青年科学家论坛

新观点新学说学术沙龙

突出科协特色优势 为加快经济发展方式转变提供智力支撑

全国“讲理想、比贡献”活动总结表彰大会

中国科协与最高人民法院签署合作备忘录

2010年促进中部崛起专家论坛

青年科技企业家创新创业论坛

全国政协科协界委员赴各地调研

2010年中国机械工程学会年会

中国化学会第27届学术年会

2010中国建筑学会年会

中国食品科学技术学会第七届年会

2010中国城市规划年会

2010第十八届中国技术经济研究会学术年会

突出科协特色优势 为加快经济发展方式转变提供智力支撑

淮河流域综合治理与开发科技论坛

2010年促进资源型城市转型发展论坛

中国特色低碳经济研讨会

第七届中国教育家大会

首届全国科学·艺术·哲学论坛

首届信息化创新克拉玛依国际学术论坛

入开展全民科学素质工作 形成社会化科普工作格局

中国科学技术馆全国巡回展览启动

第十二届中国科协年会科普活动

名科技专家和致富能手进四川凉山彝寨送科技下乡

各地积极贯彻实施《全民科学素质行动计划纲要》

深入开展全民科学素质工作 形成社会化科普工作格局

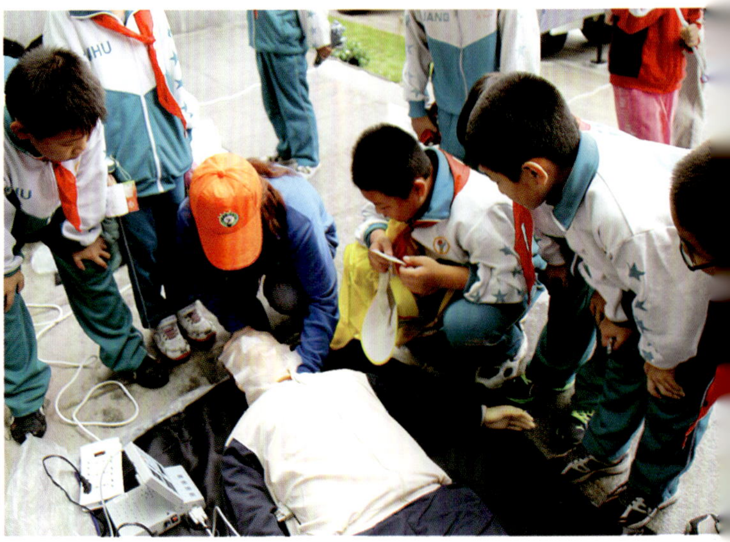

2010年全国科普日北京主场活动

深入开展全民科学素质工作 形成社会化科普工作格局

第四届中国（芜湖）科普产品博览交易会

中国青少年机器人竞赛十周年

第25届全国青少年科技创新大赛

科学与媒体对话——嫦娥二号卫星探月

第十届“明天小小科学家”奖励活动

深入开展全民科学素质工作 形成社会化科普工作格局

上海市科协举办“相约名人堂——与院士一起看世博”活动

甘肃省科协组织科普进警营活动

中国心理卫生协会组织科普讲师团走进东营

解析色彩科学 助力世博会主题科普巡展开幕式

新疆少数民族科普工作队发放科普资料

寸外民间科技交流取得重要进展

全国人大常委会副委员长、中国科协主席韩启德率团赴加拿大出席第六届国际病理生理学大会，会议期间会见加拿大蒙特利尔市市长Gerald Tremblay先生（左）和第六届国际病理生理大会主席Pavel Hamet教授（右）

全国人大常委会副委员长、中国科协主席韩启德会见出席中国科协年会的诺贝尔奖获得者、德国科学家厄温·内尔教授

全国人大常委会副委员长、中国科协主席韩启德会见出席中国科协年会的外国嘉宾

对外民间科技交流取得重要进展

中国科协常务副主席、书记处第一书记邓楠会见古巴国务委员会科技顾问菲德尔•卡斯特罗•迪亚斯－巴拉特博士一行

中国科协常务副主席、书记处第一书记邓楠代表中国科协与韩国科技团体总联合会签署合作谅解备忘录

捷克科技联向中国科协常务副主席、书记处第一书记邓楠颁发捷克科技联的最高奖项——威伦伯格奖

英国工程技术学会授予中国科协常务副主席、书记处第一书记邓楠荣誉会士称号

对外民间科技交流取得重要进展

中国科协副主席、中国科学院常务副院长白春礼参加灾害风险综合研究计划国际项目办公室（IRDR IPO）揭牌仪式

中国科协副主席、书记处书记齐让代表中国科协与日本科学技术振兴机构签署合作协议

中国科协书记处书记冯长根会见美国电气电子工程师学会主席Moshe Kam教授

中国科协书记处书记程东红率代表团出席在阿根廷举办的世界工程师周活动

中国科协书记处书记张勤与保加利亚科技联签署合作协议

对外民间科技交流取得重要进展

中国化学会与美国化学会签署合作协议

第二十五届世界纯电动车、混合动力车和燃料电池车大会

国际精神分析协会首届亚洲精神分析大会

第69届 世界铸造会议

第二届世界农村公路大会

中国科技史及其与世界其他文明的相互影响国际会议

与港澳台地区民间科技交往进一步加强

中国科协常务副主席、书记处第一书记邓楠，中国科协副主席白春礼、赵忠贤等出席海峡两岸“产业创新与投资　开创华人科技新世纪”高峰论坛

中国科协副主席、书记处书记齐让，中国科协党组成员徐延豪出席在澳门举办的中国古代科学技术展览

中国科协副主席符淙斌赴港出席香港科技协进会第二十五届暨粤港科技产业促进会第二十届理事会就职典礼

第二届两岸食品产业合作及交流会议

海峡两岸传统色彩与现代应用学术研讨会

为科技工作者提供优质高效服务 当好“科技工作者之家”

中国科协会员日暨“全国优秀科技工作者”颁奖大会

中国科协人才和调宣工作会议

中国科协与农业部签署“关于共建学会的协议”

科技工作者提供优质高效服务 当好“科技工作者之家”

第八届博士生学术年会

中国（湖北）海外人才智力为国服务专家论坛

第七届中国青年女科学家奖评审会

为科技工作者提供优质高效服务 当好“科技工作者之家”

科学道德与学风建设报告会

“弘扬苏区精神 倡导科学道德”论坛

走访中国科协七大代表

2010年在粤工作院士专家迎春座谈会

华罗庚诞辰100周年纪念大会

纪念张含英同志诞辰 110 周年座谈会

自身建设取得重要进展 进一步增强服务意识和服务能力

中国科协事业发展“十二五”规划编制工作会议

中国共产党中国科协机关第七次党员代表大会

新疆科协与中国科学院院士工作局、中国工程院学部工作局“十二五”友好合作签约仪式

自身建设取得重要进展 进一步增强服务意识和服务能力

中国力学学会2010年全国会员代表大会

中国电工技术学会第七次全国会员代表大会

中国感光学会第八次全国会员代表大会

中国技术经济研究会第五次全国会员代表大会

江苏省科学技术协会第八次代表大会

山西省科学技术协会第七次代表大会

自身建设取得重要进展 进一步增强服务意识和服务能力

中国科协七届全委会第五次会议

中国科协七届常委会第十三次会议

中国科协举办局级领导干部
“干部选拔任用和监督工作专题培训班”

中国科协举办西部地区科协主席培训班

中国科协举办机关和事业单位
处级干部、机关一般干部培训班

中国科协举办县级科协主席培训班

自身建设取得重要进展 进一步增强服务意识和服务能力

中国科协2010年全国学会新春联谊会

中国科协在京中青年科学家2010年新春联谊会

自身建设取得重要进展 进一步增强服务意识和服务能力

中国发明协会成立25周年纪念会

中国解剖学会成立90周年庆典

中国纺织工程学会80周年庆典

中国土地学会成立30周年大会

中国运筹学会成立30周年大会

中国科学技术协会
年　鉴
2011

中国科学技术出版社
·北　京·

图书在版编目(CIP)数据

中国科学技术协会年鉴.2011/中国科学技术协会编.
—北京:中国科学技术出版社,2011.11
ISBN 978-7-5046-5958-3

Ⅰ.①中… Ⅱ.①中… Ⅲ.①中国科学技术协会-2011-年鉴 Ⅳ.①G322.25-54

中国版本图书馆CIP数据核字(2011)第221004号

出版人 苏 青
责任编辑 周晓慧 许 慧
责任校对 刘洪岩
责任印制 张建农

出　　版 中国科学技术出版社
发　　行 科学普及出版社发行部
地　　址 北京市海淀区中关村南大街16号
邮　　编 100081
发行电话 010-62103164
传　　真 010-62103109
网　　址 http://www.cspbooks.com.cn

开　　本 889mm×1194mm 1/16
字　　数 1500千字
印　　张 45.5
彩　　插 17
印　　数 1-1600册
版　　次 2011年12月第1版
印　　次 2011年12月第1次印刷
印　　刷 北京华联印刷有限公司

书　　号 ISBN 978-7-5046-5958-3/G·569
定　　价 120.00元

《中国科学技术协会年鉴(2011)》编辑委员会

《中国科学技术协会年鉴(2011)》编辑部

目　录

专题文章

中国科协概况

中国科协学术建设发布

中国科协 2010 年主要活动和重要事件

人　物

表 彰 奖 励

中国科协 2010 年度事业发展统计公报

全国学会、协会、研究会（含受委托管理的学会）简况

省、自治区、直辖市科协，新疆生产建设兵团科协简况

大　事　记

附　　录

索　　引

中国科学技术协会章程

（2006年5月25日中国科学技术协会第七次全国代表大会通过）

第一章　总　则

第一条　中国科学技术协会是中国科学技术工作者的群众组织，是中国共产党领导下的人民团体，是党和政府联系科学技术工作者的桥梁和纽带，是国家推动科学技术事业发展的重要力量。

第二条　中国科学技术协会的宗旨是：坚持以马克思列宁主义、毛泽东思想、邓小平理论和“三个代表”重要思想为指导，全面落实科学发展观，团结和动员科学技术工作者以经济建设为中心，坚持科学技术是第一生产力的思想，实施科教兴国战略、人才强国战略和可持续发展战略，建设创新型国家。促进科学技术的繁荣和发展，促进科学技术的普及和推广，促进科学技术人才的成长和提高，促进科学技术与经济的结合。反映科学技术工作者的意见，维护科学技术工作者的合法权益。为经济社会发展服务，为提高全民科学素质服务，为科学技术工作者服务，推动社会主义经济建设、政治建设、文化建设和社会建设，构建社会主义和谐社会，为实现中华民族伟大复兴而努力奋斗。

第三条　中国科学技术协会由全国学会、协会、研究会（以下学会、协会、研究会简称学会）和地方科学技术协会组成。

地方科学技术协会由同级学会和下一级科学技术协会及基层组织组成。

第四条　中国科学技术协会贯彻国家科学技术工作自主创新、重点跨越、支撑发展、引领未来的指导方针，弘扬尊重劳动、尊重知识、尊重人才、尊重创造的风尚，倡导献身、创新、求实、协作的精神，坚持独立自主、民主办会的原则和“百花齐放、百家争鸣”的方针。

第五条　中国科学技术协会高举爱国主义旗帜，加强与香港特别行政区、澳门特别行政区和台湾地区的科学技术交流，维护民族团结，促进祖国统一。

第二章　任　务

第六条　开展学术交流，活跃学术思想，促进学科发展，推动自主创新。

第七条　组织科学技术工作者为建立以企业为主体的技术创新体系、全面提升企业的自主创新能力做贡献。

第八条　依照《中华人民共和国科学技术普及法》，弘扬科学精神，普及科学知识，传播科学思想和科学方法。捍卫科学尊严，推广先进技术，开展青少年科学技术教育活动，提高全民科学素质。

第九条　反映科学技术工作者的建议、意见和诉求，维护科学技术工作者的合法权益。促进学术道德建设和学风建设。

第十条　组织科学技术工作者参与国家科学技术政策、法规制定和国家事务的政治协商、科学决策、民主监督工作。

第十一条　表彰奖励优秀科学技术工作者，举荐人才。

第十二条　开展科学论证、咨询服务，提出政策建议，促进科学技术成果的转化；接受委托承担项目评估、成果鉴定，参与技术标准制定、专业技术资格评审和认证等任务。

第十三条　开展民间国际科学技术交流活动，促进国际科学技术合作，发展同国外的科学技术团体和科学技术工作者的友好交往。

第十四条　开展继续教育和培训工作。

第十五条　兴办符合中国科学技术协会宗旨的社会公益性事业。

第三章　会　员

第十六条　全国学会是中国科学技术协会的团体会员。各级地方学会是同级地方科学技术协会的团体会员。县级以上科学技术协会发展团体会员。基层组织发展个人会员。

第十七条　团体会员的义务和权利：

团体会员的义务：遵守本章程，执行科学技术协会的决议和决定，开展符合章程规定的各项活动。

团体会员的权利：推选代表参加科学技术协会代表大会，参加科学技术协会的活动，对科学技术协会的工作提出建议和批评并进行监督。

第十八条 基层组织规定个人会员的义务和权利。

第四章 全国领导机构

第十九条 全国代表大会和它选举产生的全国委员会是中国科学技术协会全国领导机构。

第二十条 全国代表大会每五年举行一次，由全国委员会召集。特殊情况下，可以提前或延期举行。

第二十一条 全国代表大会的代表名额和选举办法由常务委员会决定，其代表经全国学会和省、自治区、直辖市科学技术协会及有关方面民主协商，选举产生。

第二十二条 全国代表大会行使下列职权：

一、决定中国科学技术协会的工作方针和任务；

二、审议和批准全国委员会的工作报告；

三、制定和修改中国科学技术协会章程；

四、选举产生全国委员会；

五、决定其他重大事项。

第二十三条 全国委员会会议每年举行一次，由常务委员会召集。

第二十四条 全国委员会行使下列职权：

一、执行全国代表大会的决议；

二、选举主席、副主席和常务委员；

三、审议中国科学技术协会年度工作报告；

四、决定授予荣誉职务；

五、决定其他重大事项。

第二十五条 全国委员会闭会期间，常务委员会领导中国科学技术协会的工作，实施全国委员会确定的任务，批准全国委员会委员的变更或增补、团体会员的接纳或退出。

常务委员会会议每季度举行一次，由主席召集，也可委托副主席召集。

第二十六条 常务委员会下设书记处。书记处由第一书记和书记若干人组成，人选由主席提名，经常务委员会通过。书记处在常务委员会领导下主持中国科学技术协会的日常工作。

第二十七条 常务委员会设置若干工作委员会和专门委员会，协助审议需经常务委员会审定的有关事项。

第二十八条 常务委员会根据需要，聘请有关部门的负责人为中国科学技术协会顾问。

第五章 全国学会

第二十九条 本章程所称全国学会是按自然科学、技术科学、工程技术及其相关科学的学科组建或以促进科学技术发展和普及为宗旨的学术性、科普性社会团体。

第三十条 加入中国科学技术协会的全国学会的基本条件：

一、承认中国科学技术协会章程；

二、按照国务院《社会团体登记管理条例》依法登记；

三、有学术带头人和相当数量的会员；

四、经常开展国内外学术交流活动及科普活动，编辑出版科学技术或科学普及刊物；

五、有健全的办事机构和经费来源。

第三十一条 符合本章程第三十条规定的全国学会，向中国科学技术协会提出申请，经常务委员会批准，即为中国科学技术协会的团体会员。

第三十二条 全国学会接受中国科学技术协会的领导，执行中国科学技术协会的决议，承担并完成中国科学技术协会委托的任务，选举代表参加中国科学技术协会全国代表大会。

全国学会退出中国科学技术协会，须经中国科学技术协会常务委员会批准。

第三十三条 全国学会会员代表大会每三至五年举行一次，决定学会的工作方针和任务，审议和批准学会理事会的工作报告和财务报告，制定、修改会章，选举新的理事会。

第三十四条 全国学会办事机构在理事会领导下开展工作，行政上受学会挂靠单位的领导。

第三十五条 全国学会凡严重违反中国科学技术协会章程，经中国科学技术协会常务委员会通过，给予警告、限期整顿、除名等处罚。

第六章 地方科学技术协会

第三十六条 省、自治区、直辖市科学技术协会是省、自治区、直辖市党委领导下的人民团体，是中国科学技术协会的地方组织。

第三十七条 省、自治区、直辖市科学技术协会接受中国科学技术协会的业务指导。

省级学会接受省级科学技术协会领导，业务上受相应的全国学会的指导。

第三十八条 省、自治区、直辖市科学技术协会由省级学会和市（地）科学技术协会组成。

市（地）科学技术协会由同级学会和县（市）、区科学技术协会组成。

县（市）、区科学技术协会由同级学会和基层组织组成。

第三十九条 地方科学技术协会执行中国科学技术协会的章程和决议，推选代表参加上级科学技术协会代表大会。

第四十条 地方科学技术协会代表大会每五年举行一次，决定本地区科学技术协会的工作方针和任务，审议地方科学技术协会委员会的工作报告，选举地方科学技术协会委员会。

第七章 基层组织

第四十一条 科学技术工作者集中的企业事业单位和有条件的乡镇、街道等建立的科学技术协会（科学技术普及协会）是中国科学技术协会的基层组织，接受地方科学技术协会的业务指导。

乡镇科学技术协会（科学技术普及协会）联系指导农村专业技术协会。

第四十二条 主要任务：

一、开展社会化科学技术普及活动，引导人民群众崇尚科学，抵制迷信，移风易俗，破除陋习，倡导科学健康的生活方式和文明节约的消费模式，促进资源节约型、环境友好型社会建设；

二、组织和动员科学技术工作者积极参加学术交流和科学技术普及活动，促进讲科学、爱科学、学科学、用科学社会风尚的形成与发展；

三、开展农村实用技术培训和推广，引导农民树立科学发展理念，培养有文化、懂技术、会经营的新型农民，提高农民科学文化素质，促进社会主义新农村建设；

四、开展技术咨询、技术服务等科学技术活动，促进技术开发、技术转让，增强企业自主创新能力，促进以企业为主体的技术创新体系的建立；

五、反映基层科学技术工作者的建议、意见和诉求，维护其合法权益，促进其生活和工作条件的改善。

第八章 工作人员

第四十三条 各级科学技术协会机关对其工作人员按照国家有关规定进行管理。

第四十四条 各级科学技术协会所属学会对其工作人员根据其编制性质和管理的需要，执行相应的干部人事管理制度，参照挂靠单位有关的管理规定进行管理。

第四十五条 各级科学技术协会所属事业单位的工作人员按国家对事业单位的管理规定进行管理。

第四十六条 各级科学技术协会工作人员应热爱科学技术协会的事业，树立为科学技术工作者服务的思想，具有较高的政策水平和较广的专业知识、较强的组织和社会活动能力。

第四十七条 各级科学技术协会要加强对工作人员的培养和教育，有计划有组织地开展培训工作，提高工作人员的政治和业务素质。

第九章 经费及资产管理

第四十八条 经费来源：

一、财政拨款；

二、资助；

三、捐赠；

四、会费；

五、企事业收入；

六、其他收入。

第四十九条 建立学术交流、科学技术普及和奖励等专项基金。

第五十条 建立常务委员会领导下的民主理财管理体制。

第五十一条 各级科学技术协会的经费、资产及国家和地方拨给科学技术协会的不动产受法律保护，任何单位和个人不得侵占、挪用和任意调拨；各级科学技术协会所属企业、事业的资产隶属关系不得随意改变。

第十章 会 徽

第五十二条 中国科学技术协会会徽由古天象仪、航天器、齿轮、麦穗、蛇杖以及中文和英文标出的中国科学技术协会名称组成。

第五十三条 中国科学技术协会会徽可在办公地点、活动场所、会议会场悬挂，在出版物上印制，也可作为徽章佩戴。

第十一章 附 则

第五十四条

中国科学技术协会简称中国科协。

中国科学技术协会会址设在北京。

中国科学技术协会的英文全称是 CHINA ASSOCIATION FOR SCIENCE AND TECHNOLOGY，缩写为 CAST。

第五十五条 全国委员会依照本章程制定《全国学会组织通则》。

第五十六条 全国学会可根据国务院《社会团体登记管理条例》、本章程和民政部《社会团体章程示范文本》制定章程。

地方科学技术协会可根据本章程制定实施细则。

第五十七条 本章程解释权属中国科学技术协会。

第五十八条 本章程经中国科学技术协会全国代表大会通过实施。

中国科学技术协会会徽

中国科学技术协会会徽由古天象仪、航天器、齿轮、麦穗、蛇杖以及中文和英文标出的中国科学技术协会名称组成。

中国科学技术协会会徽可在办公地点、活动场所、会议会场悬挂，在出版物上印制，也可作为徽章佩戴。

中国科学技术协会标识

中国科学技术协会标识图案为双面拓扑图形，造型富于变化，富有动感。舞动的丝带寓意中国科协是党和政府联系广大科技工作者的桥梁和纽带，象征科协组织具有蓬勃的生命力和创造力。

中国科学技术协会简介

一、历史沿革

中华人民共和国成立前夕，党中央为团结科技工作者，为新中国建设事业贡献力量，邀请科技界派代表参加中国人民政治协商会议，批准由中国科学社、中华自然科学社、中国科学工作者协会和东北自然科学研究会等4个科学团体共同发起，筹备召开中华全国自然科学工作者代表会议（简称科代会）。1949年7月，科代会筹备会议在北平召开，选出正式代表15人和候补代表2人参加中国人民政治协商会议。1950年8月，科代会在北京举行，决定成立“中华全国自然科学专门学会联合会”（简称全国科联）和“中华全国科学技术普及协会”（简称全国科普），推举地质学家李四光为全国科联主席、林学家梁希为全国科普主席。

1958年9月，经党中央批准，全国科联和全国科普合并，正式成立全国科技工作者的统一组织——中国科学技术协会。50年来，中国科协先后召开七次全国代表大会，李四光、周培源、钱学森、朱光亚分别担任第一、二、三、四届全国委员会主席，周光召担任第五、六届全国委员会主席，韩启德担任第七届全国委员会主席。1991年1月，全国政协七届十二次常委会议决定，恢复中国科协为全国政协组成单位。第十一届全国政协有科协界委员44名。目前，中国科协是国家科教工作领导小组、中央精神文明建设指导委员会和中央人才工作协调小组成员单位。

二、宗旨任务

《中国科协章程》规定，中国科协的宗旨任务主要是：

（一）宗旨

坚持以马克思列宁主义、毛泽东思想、邓小平理论和“三个代表”重要思想为指导，全面落实科学发展观，团结和动员科学技术工作者以经济建设为中心，坚持科学技术是第一生产力的思想，实施科教兴国战略、人才强国战略和可持续发展战略，建设创新型国家。促进科学技术的繁荣和发展，促进科学技术的普及和推广，促进科学技术人才的成长和提高，促进科学技术与经济的结合。反映科学技术工作者的意见，维护科学技术工作者的合法权益。为经济社会发展服务、为提高全民科学素质服务、为科学技术工作者服务，推动社会主义经济建设、政治建设、文化建设和社会建设，构建社会主义和谐社会，为实现中华民族伟大复兴而努力奋斗。

（二）任务

一是开展学术交流，活跃学术思想，促进学科发展，推动自主创新。二是组织科学技术工作者为建立以企业为主体的技术创新体系、全面提升企业的自主创新能力作贡献。三是依照《中华人民共和国科学技术普及法》，弘扬科学精神，普及科学知识，传播科学思想和科学方法。捍卫科学尊严，推广先进技术，开展青少年科学技术教育活动，提高全民科学素质。四是反映科学技术工作者的建议、意见和诉求，维护科学技术工作者的合法权益。促进学术道德建设和学风建设。五是组织科学技术工作者参与国家科学技术政策、法规制定和国家事务的政治协商、科学决策、民主监督工作。六是表彰奖励优秀科学技术工作者，举荐人才。七是开展科学论证、咨询服务，提出政策建议，促进科学技术成果的转化；接受委托承担项目评估、成果鉴定，参与技术标准制定、专业技术资格评审和认证等任务。八是开展民间国际科学技术交流活动，促进国际科学技术合作，发展同国外的科学技术团体和科学技术工作者的友好交往。九是开展继续教育和培训工作。十是兴办符合中国科学技术协会宗旨的社会公益性事业。

三、组织状况

中国科协由全国学会、协会、研究会（以下简称全国学会）和地方科协组成。地方科协由同级学会和下一级科协及基层组织组成。县级以上科协发展团体会员，各级学会和科协基层组织发展个人会员。

（一）全国学会

截至2009年底，中国科协主管的全国学会共186个，其中作为中国科协团体会员的全国学会有175个，另有接受委托管理的全国学会17个。全国学会拥有个人会员414.4万人。

（二）地方科协

地方科协包括省、自治区、直辖市科协，市（地）科协和县级科协，总计3154个，其中省级科协32个，副省级、省会城市科协32个。截至2007年底，地方科协所属学会共有3.8万个，剔除重复统计后，拥有个人会员398.9万人。其中省级学会3529个，个人会员248万人；地级学会12412个，个人会员378.5万人；县级学会22379个，个人会员312.9万人。

（三）科协基层组织

科协基层组织包括企业科协、大专院校科协、乡镇科协、农村专业技术协会和街道科协。截至2009年底，企业科协16039个，大专院校科协698个，街道科协9544个，乡镇科协31659个，农村专业技术协会100980个。

（四）中国科协机关

中国科协机关设有办公厅、计划财务部、组织人事部、调研宣传部、学会学术部、科学技术普及部、国际联络部、机关党委、离退办等9个部门，编制为180人。直属单位共13个，包括：中国科协机关服务中心、中国科协信息中心、中国科协发展研究中心、中国科协学会服务中心、中国科普研究所、中国科协青少年科技中心、中国科学技术馆、中国科协农村专业技术服务中心、中国科学技术咨询服务中心、中国国际科技会议中心、中国科技会堂、科学普及出版社和中国科协新技术开发中心，共有事业编制2010个。

（五）领导体制

中国科协属中直系统，由中央书记处直接领导，中央政治局一位领导同志代表中央分管科协工作，国务院一位领导同志分工联系科协工作，中央书记处每年听取科协工作汇报。中国科协实行全国代表大会（五年召开一次，第七届全国代表为1200名，实行五年任期制）、全国委员会（每年召开一次，共350名委员）、常务委员会（53名常委，每季度召开一次）领导制度。常务委员会设置学术交流与学会发展专门委员会、科学技术普及专门委员会等14个专门委员会，协助审议需经常委会审定的重大事项。常务委员会下设书记处，书记处在常务委员会领导下主持中国科协的日常工作。

A Brief Introduction to the China Association for Science and Technology

Officially inaugurated in September 1958, the China Association for Science and Technology (CAST) is the largest national non-governmental organization of scientific and technological professional in China. Acting as a bridge linking the government and the country's scientific and technological community, it has proved an important force in advancing the country's science and technology since its founding.

CAST is composed of national academic and professional learned societies as well as local associations for science and technology at various levels throughout the country. The National Congress, which is held once very five years, is the highest authority of CAST and the National Committee elected by the National Congress is responsible for the leadership of CAST. The president of the current National Committee is Prof. Han Qide, a medical scientists, who is also a vice chairman of the Standing Committee of the National People's Congress—China's legislative body. The daily work of CAST is governed by an executive secretariat led by Executive Vice President Mme. Deng Nan.

The major tasks of CAST are: i) to promote the advancement of science and technology by means of academic exchanges; ii) to popularize science among the general public so as to enhance the nation's science literacy; iii) to safeguard the legitimate rights and interests of scientists and engineers and to organize them to participate in the state affairs; iv) to award scientists and engineers with outstanding contributions; v) to provide decision-making advice and other services to the government and society on issues related to science and technology so as to contribute to the nation's economic and social development; vi) to develop cooperative relations with international science and technology community; and vii) to develop continued education of scientists and engineers.

CAST and its affiliated societies sponsor and organize meetings, forums and other forms of activities focusing on the issues of interest and concerns to scientists and engineers. The annual meeting of CAST is the largest, multidisciplinary event, which is organized by CAST in cooperation with the l government of the host locality, with an aim to promote academic exchange and science popularization and to assist the economic and social development.

The 892 journals published by CAST and its affiliated organizations cover a broad range of disciplines and fields, including science, engineering, agriculture, medicine and health, and many interdisciplinary subjects. These journals hold an important position in China's publishing circles.

Science popularization is one of the major tasks of CAST. In accordance with the *Law of the People's Republic of China on Popularization of Science and Technology* adopted by the National People's Congress and the *Outline of the Action Plan for the Nation's Science Literacy* issued by the State Council, CAST brings into full play the resources of the whole society in its endeavor to popularize science among the general public and to enhance science literacy of the whole nation. As the seat of the coordinating office for the implementation of the *Outline of the Action Plan for the Nation's Science Literacy*, CAST is responsible for coordinating and liaising with more than a dozen governmental departments and organizations in implementing the *Outline*.

Oriented mainly to the rural population, urban working force and children, CAST organizes various forms of science popularization activities, which have contributed significantly to the science literacy of the whole nation and to the making of a harmonious society.

CAST maintains friendly cooperative relations with their counterparts of more than 30 countries and regions. CAST and its affiliated societies are members of more than 240 international organizations of science and technology, including the International Council for Science (ICSU) and the World Federation of Engineering Organizations (WFEO). With the NGO consultative status with the Economic and Social Council of the United Nations, it has engaged itself in much of the work of the UN concerning a variety of pressing issues of the world today.

领导同志的讲话

在中国科协七届五次全委会议上的讲话

（2010年1月13日）

王 兆 国

各位委员、同志们：

中国科协召开七届五次全委会，深入学习贯彻党的十七届四中全会和中央经济工作会议精神，回顾总结2009年工作，研究部署2010年任务，这对于各级科协组织和广大科协干部进一步统一思想、提高认识，团结带领广大科技工作者坚定不移地走中国特色自主创新道路，为夺取应对国际金融危机冲击全面胜利、推动经济社会又好又快发展作贡献，具有十分重要的意义。

刚刚过去的2009年是我国进入新世纪以来经济发展最为困难的一年，也是我们经受严峻考验并取得举世瞩目成就的一年。一年来，各级科协及所属团体坚决贯彻落实中央决策部署，按照胡锦涛总书记在纪念中国科协成立50周年大会上重要讲话中提出的要求，动员组织广大科技工作者，围绕中心、服务大局，深入基层、务求实效，充分发挥科技创新在应对国际金融危机中的支撑作用，为促进经济回升向好、实现社会和谐稳定发挥了重要作用。其中最突出的，一是以提升自主创新能力为导向，深化“讲理想、比贡献”活动内容，引导广大科技工作者到现代化建设第一线去，为经济社会发展贡献智慧和力量；二是以实施全民科学素质行动计划纲要为重点，推进科普基础设施建设，加强科普资源开发集散，推动社会化科普工作格局进一步形成；三是以提高学术交流的质量和实效为着力点，创新交流形式，推动学会创新发展；四是以建好科技工作者之家为抓手，进一步扩大科协基层组织的覆盖面和影响力，努力提高为科技工作者服务的能力和水平。借此机会，我代表党中央，向广大科技工作者和各级科协干部致以亲切的问候和崇高的敬意！

去年9月召开的党的十七届四中全会和去年12月召开的中央经济工作会议，对进一步加强和改进新形势下党的建设、切实做好今年改革发展稳定各项工作作出了全面部署，为党和国家事业发展指明了前进方向。最近，习近平同志主持召开中央书记处会议，专门听取中国科协党组工作汇报，充分肯定去年中国科协各项工作，对做好今年工作作出明确指示。各级科协组织要认真学习、深刻领会中央精神，团结带领广大科技工作者更加主动地服务全党全国工作大局，进一步把科学技术的支撑引领作用发挥出来。这里，我着重强调四个问题。

一、坚持面向经济建设主战场，为实现经济平稳较快发展献智出力

今年是实施“十一五”规划的最后一年，也是加快转变经济发展方式、推动经济平稳较快发展、为“十二五”规划启动实施奠定良好基础的重要一年。各级科协组织要按照中央确定的今年经济工作总体要求和主要任务，积极开展具有科协特点和优势的活动，切实把广大科技工作者的创新热情和创造活力最大限度地调动和激发出来，为经济发展提供更加有力的科技支撑。

一是要引导科技工作者为解决经济发展中的科技难题奋力攻关。科协组织具有人才荟萃、学科齐全、联系广泛的优势。要紧紧围绕调整优化经济结构这个主要目标，引导科技工作者积极开展用新技术改造和提升传统产业方面的研究，选准科技创新的切入点和解决问题的突破口，推动形成产学研用互动的创新体系。要紧紧围绕培育战略性新兴产业这个关键环节，引导科技工作者在清洁能源和可再生能源、物质科学、生命科学、信息技术、纳米技术等前沿科技以及交叉学科等领域奋力攻关，奋力抢占未来国际经济科技竞争的战略制高点，为推动“中国制造”向“中国创造”转变作出更大贡献。要紧紧围绕应对气候变化这个紧迫任务，加强研发和推广节能技术、环保技术、低碳能源技术，推进绿色经济、循环经济、低碳经济发展，进一步推动全社会形成依靠科技创新实现可持续发展的共识和决心。

二是要引导科技工作者带着更多智力资源进入企业、服务“三农”。增强企业技术创新能力，夯实“三农”发展基础，是科协为保持经济平稳较快发展直接服务的主攻方向。要大力发展院士专家工作站，推动高等学校和科研院所的科技工作者深入企业、深入生产一线，开展交流研讨、协同科技攻关，组织创新方法培训，联合培养创新人才，推动形成企业提出技术需求、高等学校和科研院所提供服务的良性互动局面，引导创新要素向企业聚集。要广泛组织企业科技工作者围绕生产实际开展研讨交流和科技攻关活动，增强企业技术创新能力和市场竞争力，推动企业真正成为技术创新的主体。要积极推进“科普惠农兴村计划”，把科技要素引向农村，发挥农村专业技术协会、农村科普带头人的作用，普及推广先进适用技术，切实增强农民依靠科技脱贫致富的能力，为社会主义新农村建设提供科技保障。

三是要引导科技工作者积极参与学术交流活动。着力搭建不同层次、形式多样的学术交流平台，是凝聚科技工作者创造热情和创新才智的重要方式。要着力打造跨学科综合性国际化学术交流平台，组织科技工作者紧紧围绕新兴学科、交叉学科等前沿领域广泛深入开展交流研讨活动，推动不同学科不同专业的科技工作者进行学术交流。以小型、前沿、高端学术交流活动为重点，积极组织科研一线的中青年科技工作者参与学术交流，使学术研讨真正成为自主创新的源头活水。创新学术交流方式，充分利用现代信息技术，提高学术交流的便利性、及时性、互动性，培育一批针对性强、特色鲜明的品牌性专题论坛，让更多的科技工作者参与到学术交流中来。要在两院院士初遴选方面发挥科协积极作用，注重宣传表彰导向，激励青年科技工作者在创新科学技术和普及科学技术方面作出更大贡献。

二、围绕服务科学决策，积极推动国家科技思想库建设

当前，我国正处在经济社会发展的重要战略机遇期和社会矛盾凸显期，保持经济平稳较快发展、维护社会和谐稳定任务艰巨繁重，迫切需要发挥各类决策咨询研究机构和广大科技工作者在决策过程中的重要作用，为党和政府科学决策提供智力支持。各级科协组织要紧密联系广大科技工作者，努力把科技工作者的个体智慧凝聚上升为集体智慧，为社会进步提供启迪，为治国理政提供良策。

要充分调动科技工作者参与决策咨询的积极性。要引导科技工作者把参与决策咨询作为义不容辞的社会责任，积极主动在服务大局上选题目，围绕经济社会发展迫切需要解决的科技问题，深入开展调研，积极建言献策。要坚持把学术专长、国家需要和决策咨询工作有机结合起来，不仅要围绕科技发展的体制机制和重点方向问题开展决策咨询工作，而且要围绕充分发挥科学技术对经济社会发展的支撑引领作用，深入实际、深入基层，通过系统科学的分析研究和广泛深入的交流研讨，努力提出针对性、可操作性强的政策建议。

要积极探索不同层次不同形式的决策咨询模式。要鼓励支持科协所属学会在学术交流中开展建言献策，充分发挥科技专家咨询委员会、专家月谈会、专家献策团的作用，健全工作机制，完善工作程序，把专家学者的专业优势和党政领导的关注点结合起来，让更多的政策建议进入决策程序，提高决策咨询的实效性。要进一步加强与各级党政部门、人民团体和社会组织的密切合作，畅通决策咨询通道，创新决策咨询形式，拓展决策咨询空间，把发挥科技工作者专业优势与动员社会力量参与结合起来，夯实支撑科协决策咨询工作的社会基础。

要努力提高决策咨询的能力和水平。要着力增强全国学会和地方科协的决策咨询意识，引导科技工作者敢于直面问题，提出真知灼见，培养一大批具有科技背景、熟悉社会情况、了解决策需求的优秀决策咨询人才，不断强化决策咨询能力建设。要充分利用现代信息技术，建设不同层次、不同形式的决策咨询专家库、数据库和成果库，加大科协系统内外信息资源开发共享的深度和广度，打造一批有特色、有影响的科协决策咨询品牌，切实把中国科协建设成为自身特色鲜明、社会影响广泛、决策部门认同的国家科技思想库。

三、着眼提高全民科学素质，充分发挥科普工作主力军作用

全面推进全民科学素质行动计划，着力提高全民科学素质，是全社会的共同责任，也是科协的重大任务。各级科协组织要按照“政府指导、全民参与、提升素质、促进和谐”的指导方针，进一步发挥科普工作主力军作用，扎实推进提高全民科学素质工作。

大力开展各种形式的主题科普活动，是提高全民科学素质的重要途径。要紧密结合我国经济社会发展的总体部署，着眼推动科学发展、促进社会和谐，继续以“节约能源资源、保护生态环境、保障安全健康”为主题，以农民、未成年人、城镇劳动人口、领导干部和公务员为重点，组织开展好“全国科普日”系列活动，围绕人民群众生产生活中日常问题和事关民族团结社会稳定的热点问题，创新活动形式、丰富活动内涵，培育一批在社会上有影响力的科普活动品牌，提高公众运用科学处理实际问题、参与公共事务的能力。要广泛开展科教进社区等群众性、基础性、社会性主题科普活动，弘扬科学精神、普及科学知识、传播科学思想、倡导科学方法，促进公众养成健康文明的生活方式和工作方式，促进民族团结和社会和谐稳定。

切实抓好科普资源的共建共享工作，是向全社会普及科学知识的创新举措。要进一步加大科普资源开发力度，繁荣科普创作，推动学术资源向科普资源转化，鼓励和引导专业科普机构、社会团体、企业和个人开发内容科学丰富、群众喜闻乐见、具有鲜明时代特色的优质科普资源。要探索建立社会科普资源集成机制，充分运用现代信息技术，把分散在高等院校、科研院所和各类企业的科普资源有效集成起来，以开发促集成，以集成促共享，以科普资源共享促成效，使优质科普资源惠及最大多数人民群众，推动形成具有中国特色的社会化科普工作格局。

加强基础设施建设，是进一步推动基层科普工作的关键环节。要把加强科技场馆建设作为一项重要基础工作，继续推动具备条件但仍未建设科技场馆的城市加快建设步伐，加大对经济欠发达地区、边远地区、少数民族地区科技场馆建设的支持力度，进一步扩大科技场馆的覆盖面。要发挥好中国科技馆新馆的示范带动作用，加强对科技类博物馆的指导，提高全国科技场馆展教水平。要创新科普工作方式，加强基层科普工作，发挥好科普示范县市区的示范带动作用，让更多的基层群众享受到优质、便捷、高效的科普服务。

四、认真学习贯彻党的十七届四中全会精神，继续扎实推进深入学习实践科学发展观活动

学习贯彻党的十七届四中全会精神是当前各级科协组织的重要政治任务。现在，以农村基层、城市基层、事业单位、两新组织等为重点领域的第三批学习实践科学发展观活动已经全面展开。科协所属学会作为新社会组织的重要组成部分，要自觉把学习贯彻党的十七届四中全会精神贯穿于学习实践活动全过程，切实提高基层党员干部贯彻落实科学发展观的自觉性坚定性，提高基层党组织推动科学发展、促进社会和谐的能力和水平。在开展学习实践活动过程中，要深入研究当今世界科技发展突飞猛进、知识经济日新月异对我国科技事业发展提出的新要求，深入研究新形势下科技工作者思想观念、行为方式、群体结构的新变化，深入研究新形势下科协工作的新特点，从而为切实履行科协各项职责奠定更加坚实的思想基础。

当前，要坚持把加强学会党建工作作为开展深入学习实践科学发展观活动的重要内容，对符合条件、没有建立党组织的，要加快建立党组织；对组织体系不健全的，要尽快健全完善起来；对那些政治立场坚定、学术造诣精深的科技工作者，要加大培养力度，尽快吸纳到党组织中来。要注意及时总结推广在学会建立党组织的成功做法，创新党建工作管理体制，鼓励和支持学会积极探索符合科技社团特点、适合科技工作者需求的党组织设置形式和活动方式，同时积极探索以科协基层党组织建设带动科协组织建设的新思路新方法，针对当前科技工作者分布和流动的变化情况，不断创新组织体制，进一步加大企业、高校、社区、开发区等科协组织建设力度。各级科协组织尤其要进一步增强服务意识，始终坚持以科技工作者为本，牢固树立爱护科技工作者就是爱护党和国家的宝贵财富、重视科技工作者就是重视科协工作基础和活力的思想观念，自觉把加强党和政府与科技工作者的联系作为基本职责，把竭诚为科技工作者服务作为根本宗旨，切实转变活动方式，注重激发自身活力，努力把握新形势下科协工作规律，不断提高科协工作的科学化水平，更好地把广大科技工作者团结在党和政府的周围。

各级党委和政府要从做好党的群众工作、建设创新型国家的高度，深刻认识科协工作是党的群众工作的重要组成部分、也是国家科技工作的重要组成部分，进一步加强和改善对科协工作的领导，关心科协干部成长，解决科协工作中遇到的实际困难和问题，把科协组织作为推动国家科技事业发展重要力量的作用充分发挥出来。

同志们，让我们紧密团结在以胡锦涛同志为总书记的党中央周围，高举中国特色社会主义伟大旗帜，以邓小平理论和“三个代表”重要思想为指导，深入贯彻落实科学发展观，坚定不移地走中国特色自主创新道路，团结一心、开拓进取，为全面实现“十一五”时期经济社会发展目标、夺取全面建设小康社会新胜利而努力奋斗！

最后，祝愿同志们在新的一年里工作取得更大成绩！

在第十二届中国科协年会开幕式上的讲话

（2010 年 11 月 1 日）

王 兆 国

朋友们、同志们！

今天，中国科协以“经济发展方式转变与自主创新”为主题，在美丽的榕城福州举办第十二届中国科协年会，这对于深入学习贯彻党的十七届五中全会精神，团结动员广大科技工作者为实现“十二五”规划目标任务、夺取全面建设小康社会新胜利作出更大贡献，具有重大意义。在这里，我对大会的召开表示热烈的祝贺！向与会的各位代表，并通过你们向全国广大科技工作者致以诚挚的问候和良好的祝愿！

前不久，党中央召开十七届五中全会，提出了我国“十二五”期间发展主要目标、指导原则和重大部署。“十一五”时期，我国取得举世瞩目的社会主义现代化建设成就，特别是科技发展的整体水平又迈上一个新的台阶。我们攻克了千万亿次计算机、深海载人潜水器、中子反应堆等一批关系经济社会发展全局和国防安全的重大关键技术，载人航天与探月工程、高档数控机床与基础制造装备、新一代宽带无线移动通信网、大型飞机等一些国家重大科技专项取得突破性进展，科技创新人才队伍规模更加宏大、结构更加合理、素质更加优良，科学技术已经成为支撑经济发展、社会进步、民生改善、国家安全和社会稳定的重要力量。

站在新的历史起点上，面对“十二五”时期复杂多变的国际形势和改革开放的艰巨任务，我们必须牢牢抓住可以大有作为的重要战略机遇期，以科学发展为主题，以加快转变经济发展方式为主线，最大限度地调动起广大科技工作者的积极性和创造热情，以自主创新为动力，以科技进步为支撑，在促进经济平稳较快发展和社会和谐稳定中充分发挥科学技术的第一生产力作用。

借此机会，我就本次年会的主题简要谈几点意见。

第一，深刻认识加快转变经济发展方式的重要性和紧迫性

加快转变经济发展方式是关系我国经济社会发展方向的重大战略，是实现科学发展的重大举措，也是我国经济社会领域的一场深刻革命。新中国成立60多年特别是改革开放30多年来，我们在经济建设、政治建设、文化建设、社会建设以及生态文明建设等各个方面都取得了长足发展，但生产力水平总体上还不高，发展中不平衡、不协调的问题十分突出，人口资源环境压力不断增大，加快转变经济发展方式的重要性和紧迫性更加凸显出来。

加快转变经济发展方式是我国发展进入新阶段的内在要求。目前，我国已经进入经济社会发展的新阶段，经济总量位居世界第二，经济实力显著增强，若干重要产品产量位居世界前列，人均GDP接近4000美元，已经成为国际贸易大国和最具影响力的新兴工业经济体。同时也必须看到，长期形成的结构性矛盾和粗放型增长方式尚未根本改变，城乡、区域、经济社会发展不平衡问题依然突出，经济增长过于依赖物质资源的投入，经济社会快速发展与资源有限承载能力的矛盾日益尖锐。可以说，在我们这样一个拥有13亿多人口的发展中大国，单纯依靠粗放型经济发展方式和外延型扩张模式支撑发展不可持续。因此，我们必须深刻认识我国经济社会发展新阶段的新特征，顺应各族人民过上好生活的新期待新要求，加快转变经济发展方式，努力实现经济增长由主要依靠投资、出口拉动向依靠消费、投资、出口协调拉动转变，由主要依靠第二产业带动向依靠第一、第二、第三产业协同带动转变，由主要依靠增加物质资源消耗向主要依靠科技进步、劳动者素质提高、管理创新转变。

加快转变经济发展方式是抢占制高点、争创新优势的必由之路。目前，我国经济规模虽然已经很大，但经济发展技术含量不高，产业结构不合理，总体上仍处于全球产业链的低端，出口产品技术含量和附加值低，企业技术创新能力不强，很多关键技术和核心技术仍然受制于人，已经成为困扰国民经济运行质量的突出问题。如果这种经济大而不强的局面不能得到及时有效的改变，我们在综合国力竞争中就会处于战略被动地位。面对日趋激烈的关键技术、知识产权、创新人才领域的争夺，面对不断提高的技术和产业化门槛，我们要抢占经济科技制高点，争创经济增长新优势，就必须加快转变经济发展方式，坚定不移调结构、脚踏实地促转变，对我国解决发展进行战略筹划，在完成传统产业调整振兴任务的同时，准确把握和培育发展战略性新兴产业，把发展新能源、新材料、信息网络、生物医药、节能环保、低碳技术、绿色经济等作为新一轮产业发展的重点，加大投入、着力推进，走符合中国国情的科技含量高、经济效益好、资源消耗低、环境污染少、人力资源充分发挥的新型工业化道路。努力实现经济社会的跨越式发展。

加快转变经济发展方式是应对国际经济形势深刻变化的必然选择。进入新世纪，全球经济社会发展格局深刻变革，世界经济结构和消费模式发生重大变化。特别是在国际金融危机的冲击下，世界经济增速放缓，需求结构明显变化，各种形式的保护主义抬头，我国发展的外部环境更趋复杂，传统的低成本竞争优势正在减弱，加快转变经济发展方式已刻不容缓。这就要求我们必须坚持以更广阔的视野，深刻把握中国在全球经济分工中的新定位，统筹国内国际两个大局，利用好国际国内两个市场、两种资源。要把转变经济发展方式贯穿于统筹国内发展和对外开放的全过程，适应全球进入创新密集和产业变革时代的新要求，切实调整科技和产业发展战略，努力加快科技进步和创新步伐，积极应对气候变化以及能源资源安全、粮食安全等全球性问题，把绿色、低碳技术及其产业化作为突破口，推动产业结构优化升级，拓展海外市场空间，使我国发展质量越来越高，发展空间越来越大，发展道路越走越宽。

第二，发挥科技优势，为加快经济发展方式转变提供强大支撑

加快转变经济发展方式，必须把增强自主创新能力作为中心环节，把造就数以亿计的高素质劳动者、数以千万计的专门人才和一大批拔尖创新人才作为根本保障，充分发挥科技创新的先导性、基础性作用。

要着力突破一批核心关键技术，把加快转变经济发展方式建立在科技进步的基础之上。核心关键技术是增强自主创新能力的突破口。要选择对国家长远发展具有带动作用的先导性战略高技术领域，加强生物、纳米、量子调控、气候变化、空天海洋等领域重大基础研究。围绕实施国家重大科技专项，力争在高档数控机床与基础制造装备、大型飞机、新一代宽带无线移动通信网等对未来经济社会发展有重大影响的重大关键技术领域实现重点突破。着力推动科技与产业的深度融合，加快高新技术产业化进程，加大传统产业优化升级力度，促进工业化与信息化融合、制造业与生产性服务业融合，着力突破制约我国产业升级的核心技术、关键技术、共性技术，推动我国产业从规模优势向创新优势转变。

要大力普及科学技术，把加快转变经济发展方式建立在不断提高劳动者素质的基础之上。优先开发人力资源、提高劳动者素质，是提高自主创新能力、实现包容性增长的内在要求。要高度重视提高城镇劳动力科学素质工作，结合小城镇发展，以农业转移人口为重点，以强化职业素质、提高职业技能为突破口，广泛开展各类有针对性的技能培训，为走新兴工业化道路和产业结构优化升级提供坚实的人才和智力基础。要积极面向农民的科技需求，广泛开展各种形式的科技下乡和科普活动，传播先进适用技术，切实提高农民掌握和运用先进适用技术发展生产、增产增收致富的能力，着力培养有文化、懂技术、会经营的新型农民，推动社会主义新农村建设。要高度重视青少年科学素质的培养，在青少年人群中开展多种形式的科普活动和社会实践，树立科学思想、崇尚科学精神，提高积极主动的学习能力、善于解决问题的实践能力、勇于探索的创新能力，着眼未来培养大批优秀科技后备人才和高素质劳动者。

要大力普及科学技术，把加快转变经济发展方式建立在不断提高劳动者素质的基础之上。优先开发人力资源、提高劳动者素质，是提高自主创新能力、实现包容性增长的内在要求。要高度重视提高城镇劳动力科学素质工作，结合小城镇发展，以农业转移人口为重点，以强化职业素质、提高职业技能为突破口，广泛开展各类有针对性的技能培训，为走新兴工业化道路和产业结构优化升级提供坚实的人才和智力基础。要积极面向农民的科技需求，广泛开展各种形式的科技下乡和科普活动，传播先进适用技术，切实提高农民掌握和运用先进适用技术发展生产、增产增收致富的能力，着力培养有文化、懂技术、会经营的新型农民，推动社会主义新农村建设。要高度重视青少年科学素质的培养，在青少年人群中开展多种形式的科普活动和社会实践，树立科学思想、崇尚科学精神，提高积极主动的学习能力、善于解决问题的实践能力、勇于探索的创新能力，着眼未来培养大批优秀科技后备人才和高素质劳动者。

要用好用活创新人才，把加快转变经济发展方式建立在充分发挥人才优势的基础之上。加快转变经济发展方式，自主创新是关键，用好人才是根本。要按照科技、人才和教育三个国家中长期发展规划纲要的要求，着力培养创新型科技人才，大力开发经济社会发展重点领域急需紧缺专门人才，推动我国由人口资源大国成为人才资源强国。要切实加强人才服务，坚持以用为本，高度重视并充分发挥好人才在推进经济发展方式转变中的关键性作用。坚持在科研实践中培养人才、举荐人才，在创新实践中发现人才、凝聚人才，在生产实践中锻炼人才、成就人才，让更多的一流人才和领军人才脱颖而出，让更多的年轻人才在创新实践中成长进步。要大力吸引海外人才，认真实施好“千人计划”和“海智计划”，加大吸引海外人才回国创新创业工作的力度，立足于国内需求，广泛开展多种形式的国际交流与合作，积极举荐引进各领域拔尖人才特别是掌握关键技术、带头新兴学科和产业发展急需的战略科学家和领军人物，为海外科技人才报效祖国创造更加有利的条件。

第三，勇挑时代重任，充分发挥科技工作者在自主创新中的主体作用

加快转变经济发展方式，增强自主创新能力，为广大科技工作者施展才华、发挥作用提供了广阔的舞台。希望广大科技工作者发扬求真务实、勇于创新的科学精神，不畏艰险、勇攀高峰的探索精神，团结协作、淡泊名利的团队精神，报效祖国、服务社会的奉献精神，坚持科技为经济发展服务，勇敢担负起提高自主创新能力、建设创新型国家的战略任务和历史使命，不断创造无愧于祖国、无愧于时代的光辉业绩。

要勇攀科学技术高峰，用一流的创新成果引领经济发展方式的转变。广大科技工作者要继承老一代科技工作者的光荣传统，大力弘扬“两弹一星”精神、载人航天精神，把自身事业发展与提高我国科技水平结合起来，紧紧抓住事关我国经济社会发展和人民群众切身利益的重大科技课题，重点围绕前沿科技、交叉学科等领域奋力攻关，让科技发展的成果转换为现实的生产力，惠及广大的人民群众。

要加强决策咨询，用科学的决策建议服务经济发展方式转变。广大科技工作者要增强主动服务大局的责任意识，坚持把学术专长、国家需要和决策咨询工作有机结合起来，围绕经济社会发展迫切需要解决的科技问题，科技发展的体制机制和重点方向问题深入开展调研。努力提出针对性、可操作性强的政策建议，不断增强决策咨询的能力和水平，促进各级党委和政府努力实现科学决策、民主决策、依法决策。

要推进创新文化建设，用创新的社会氛围促进经济发展方式转变。广大科技工作者要自觉把科学精神和人文精神有机结合起来，大力弘扬敢于创新、勇于竞争、诚信合作、宽容失败的精神，在全社会树立创新意识，倡导创新精神，培育创新思维，用创新文化激励创新事业，用创新业绩培育创新文化，为推动创新发展、科学发展、和谐发展构筑强大的精神动力。要培养优良学风，抵制学术不端行为，努力成为良好学术风气的维护者、严谨治学的力行者、优良学术道德的传承者，自觉维护科技界的良好社会声誉，形成更加健康和谐的学术氛围。

各级科协要进一步发挥推动我国科技事业发展的重要力量的作用，紧紧围绕经济社会发展的重大课题，紧密配合地方经济发展需要，组织开展多种形式的科技创新、科学普及和学术交流活动，大力举荐优秀科技创新人才和团队，团结动员广大科技工作者为经济社会发展献计出力，推动学术交流、科学普及、人才举荐、决策咨询工作协调发展。要把为广大科技工作者提供优质高效服务作为根本任务，把维护科技工作者合法权益作为重要职责，及时反映他们的意见和呼声，推动解决他们在工作生活中遇到的实际困难，努力把科协真正建设成为“科技工作者之家”。

科协工作是党的群众工作的重要组成部分，也是国家科技工作的重要组成部分。各级党委和政府要进一步加强和改善对科协工作的领导，支持科协依照法律和章程独立自主的开展活动，保障科协各项经费，为科协及所属团体创造更加有利的工作条件。要把人才工作摆在更加突出的位置，鼓励人才干事业、支持人才干成事业、帮助人才干好事业，为科技工作者成长、成才和发挥作用创造良好的环境，最大限度地激发广大科技工作者和全社会的创新热情与创造活力，充分发挥好科技工作者在加快转变经济发展方式中的关键性作用。

同志们、朋友们，在建设创新型国家、实现全面建设小康社会的伟大征程中，科技工作者责任重大、使命光荣。让我们紧密地团结在以胡锦涛同志为总书记的党中央周围，高举中国特色社会主义伟大旗帜，以邓小平理论和“三个代表”重要思想为指导，深入贯彻落实科学发展观，着力提升自主创新能力，充分发挥科技对经济社会发展的支撑和引领作用，为加快经济发展方式转变、实现“十二五”规划目标，夺取全面建设小康社会新胜利作出新的更大贡献！

最后，预祝第十二届中国科协年会圆满成功。

谢谢大家！

在科研诚信与学风建设座谈会上的讲话

（2010 年 3 月 30 日）

刘延东

同志们：

今天，我们召开由科技部、教育部、财政部、人力资源与社会保障部、卫生部、总装备部、国务院研究室、中国科学院、社会科学院、中国工程院、国家自然科学基金会、中国科协的负责同志和部分专家学者代表参加的科研诚信与学风建设座谈会，主要是为了进一步统一思想、凝聚共识，联合行动，共同防治学术不端行为，构建良好学术风气，向社会展示科技界对科研诚信和学风建设的鲜明立场和坚定决心，展现科技界引领社会风尚、促进科学事业持续健康发展的实际行动。

一、深刻认识加强我国科研诚信与学风建设的重要性和紧迫性

科学研究是以诚实守信为基础的事业，自诞生之始就把追求真理、揭示客观规律作为崇高目标。纵观科学发展历史，可以清晰地看出，求真务实、为真理献身的科学精神不仅是推动科学事业发展的不竭动力源泉，也是引领人类文明进步的重要标杆。

我国科技界素有高尚精神境界和良好道德操守。新中国成立 60 年来，几代科技工作者爱国奉献、坚持真理、开拓创新、诚实守信，为国家的科技进步、为经济社会发展和国防建设作出了巨大贡献。他们心怀崇高理想，志存高远、勇攀高峰，在建设国家、造福人民中实现人生价值；他们胸怀追求真理的勇气，不畏艰苦、不怕挫折，在科学探索道路上勇往直前；他们秉持高度的集体荣誉感，密切配合、共同奋斗，在国家重大科技任务中合力攻关；他们埋头苦干、脚踏实地、淡泊名利、无私奉献，在科技创新实践中攻坚克难。60 年来，广大科技工作者不仅在科学技术领域取得了辉煌成就，而且塑造了热爱科学、忠于祖国和人民的高尚品格，显示出优良科学道德与学术素养，为全社会树立了光辉典范。“两弹一星”精神、载人航天精神就是科技界在创造伟大功勋中凝炼的伟大精神。没有这种崇高的精神力量，就没有我国科学事业今天这样良好的发展局面，就没有我国今天令世界瞩目的综合国力。这是我国科技界最宝贵的精神财富，也是我们推进科研诚信和学风建设的坚实基础。

在看到我国科研诚信与优良学风主流的同时，也应当清醒地看到，一段时间以来，随着经济和社会环境的变化，在科研诚信和学术风气上出现了一些不容忽视的问题，学风浮躁、学术不端行为滋长，正在侵蚀学术的肌体，对科技事业健康发展产生的消极影响不可低估，已经成为社会的热点问题，解决这个问题迫在眉睫、刻不容缓。

中央历来高度重视科研诚信和学风建设。毛泽东同志要求在全党树立实事求是的优良学风，强调科学是老老实实的学问。邓小平同志指出科学本身就是实事求是、老老实实的学问，是不允许弄虚作假的。江泽民同志强调科学精神的精髓是实事求是，科技工作者应该率先垂范，克服急于事功的浮躁心态。胡锦涛总书记要求科技工作者树立踏实认真的作风，淡泊名利，志存高远，勇于在科技创新的实践中经历磨练。我们要站在党和国家工作全局的高度，充分认识这一问题的重要性紧迫性，切实增强使命感责任感。

第一，科研诚信和学风建设是推进创新型国家建设的重要基础。党的十六大以来，中央提出了建设创新型国家的战略目标，对于现代化建设全局具有深远意义。现代化强国首先应当是创新型国家。只有走中国特色自主创新道路，缩小与发达国家之间的差距，才能实现从大国向强国的迈进。当前，新的科技革命正在危机中孕育，全球进入了创新密集和产业振兴时代，各大国都力求占据未来发展制高点。我们必须奋起直追，加快科技创新步伐，真正把科技摆在优先发展的位置。学术道德和科研诚信作为创新文化的核心内涵，渗透在国家创新体系的各个层面。如果不解决这方面存在的问题，将严重影响广大科技工作者的积极性和创造性，动摇国家创新体系的根基，阻碍建设创新型国家的进程。

第二，科研诚信和学风建设是科学事业健康发展的内在要求。科学研究自 17 世纪走出传统经院以来，越来越成为经济和社会活动的重要组成部分，成为许多国家重要的制度性安排。因此，科学探索往往伴随着荣誉、地位和商业利益，科研诚信问题开始浮现出来，一段时间暴露出来的学术不端和欺诈行为令全球科技界为之震惊。然而，求真求实永远是科学精神的核心，急功近利、心浮气躁注定与科学无缘，缺乏诚信的学术更是没有希望。有什么样的学术品格和氛围，就会孕育出什么样的学术成就和人才。正如爱因斯坦所讲："大多数人说，是才智造就了伟大的科学家。他们错了，是人格。"没有诚信，就会破坏科学研究的秩序，就会影响科学家持之以恒的科学探索和创造活力，科学事业将无法向前发展。

第三，科研诚信和学风建设是社会文明进步的重要标志。科学发展的历史也是科学精神引领社会进步的历史。科学家是全社会知识层次最高的群体之一，享有崇高的社会声誉，对社会行为、社会风气能够产生很强的引导和示范作用。居里夫人一生共获得包括诺贝尔奖在内的16种奖章、107个名誉头衔，但她仍然淡泊名利，潜心研究，其人格魅力令世人钦佩。我国知识界历来被视为社会的良心。近代以来，科技界的优秀前辈以良知良行感召和启迪社会，得到了全社会的崇尚和尊重。今天，广大科技工作者同样有责任在社会变革中严于自律，承担社会责任，在促进社会文明进步中发挥先锋和表率作用。

二、标本兼治、突出重点，推动科研诚信和学风建设取得实效

推进科研诚信和学风建设，要以邓小平理论和"三个代表"重要思想为指导，深入贯彻落实科学发展观，坚持教育引导、制度规范、监督约束、惩防结合、标本兼治，既重视思想认识和诚信文化等软约束，又重视监管和惩治的硬措施；既解决当前的突出问题，又构建长远的体制机制，努力实现科学事业持续快速健康发展。重点要做好以下三个方面的工作。

第一，加强教育引导，促进学术自律。

产生学术不端行为的一个重要原因是缺乏系统完整的科学道德和行为规范教育，一些人诚信意识和自律意识薄弱，有人甚至利用科研管理漏洞和机制的不完善谋取个人利益。加强教育引导，促进学术自律，提升科学道德素质，是解决科研诚信问题的基础性举措，必须给予高度重视。

一要加强科研诚信教育。在世界许多国家，科学道德教育课程是研究生阶段的必修课，以此引导学生领会科学道德与科学职业的伦理精神。我们要吸收借鉴国内外有益经验，突出教育这一环节。要将科学道德列入大学和研究生必修课程，使青年学生从学生时代就养成恪守学术诚信的自觉，培养他们的科学精神和科学道德，掌握科学思想和科学方法。研究生导师更要言传身教、率先垂范。科研机构、科学组织和相关单位要将科研诚信内容纳入科研人员职业培训体系，与思想政治、公民道德和法制教育相衔接，与科研实践和创新方法教育相融合，与明德楷模、案例警示教育相结合，让学术诚信深深根植于科研人员的头脑，内化为精神追求。

二要广泛宣传模范事迹。我国科技界曾涌现出大批的先进模范，他们可歌可泣的事迹带给科技界和全社会深深的震撼和教育，值得我们永远缅怀和学习。比如，钱学森同志的贡献不只是在科学技术上，更在于他忠于祖国、尊重科学、不慕虚名、求真务实的精神。钱老的一生给我们的一个深刻启示就是，诚信是科学家最宝贵的品格，每一个迈入科学殿堂的人都应当把诚信作为立身之本。要发挥典型人物的引领示范作用，大力宣传他们的坚定信念、执著精神、踏实作风，感染和激励年轻一代，提升广大科研人员的精神境界，从根本上净化学术风气。

三要发挥科研学术机构的自律功能。科研机构和学术团队要制订道德准则，完善自我约束、自我管理的机制。要提高科研活动的透明度，倡导学术争鸣，开展广泛的学术交流活动，扩大公众对科技活动的知情权、监督权，使科学研究始终处于同行的检验、批判和监督之中。要加强诚信文化建设，让求真务实成为科技工作者的自觉行动。

科技工作者要更加严格要求自己，牢记社会责任，坚守学术道德。高水平的科学研究需要高水平的科学家，高水平的科学家要有高水平的精神境界。只有坚守爱国报国、奉献社会、服务人民、追求真理的情怀，才不会让名利动摇诚信。现在外面的世界诱惑很多，但科学界要永远保持一片净土。重大科研成果的产生需要长期艰苦的探索，科技工作者要耐得住寂寞，经得住挫折。要秉持科学精神，对待科学问题始终保持严肃认真、周密细致、精益求精的态度。要自觉遵守科研道德，坚决反对弄虚作假、欺诈剽窃等行为，尊重他人劳动，维护知识产权，做科技创新的先锋、学术道德的楷模、社会诚信的表率。

第二，深化体制改革，构建科研诚信和学术道德建设的长效机制。

体制机制不健全也是学术不端行为得不到有效遏制的重要原因。必须加快改革步伐，建立引导学术诚信的良好制度体系，形成长效机制。

一要加快完善开放合作的机制。科学间交叉融合和相互渗透是当代科学技术发展的一个重要趋势。新学科、新领域往往是科技创新的前沿，是竞争最为激烈、带动经济社会发展潜力最大的高地。目前少数科研机构和研究团队之间存在相互封闭、分散分割现象，甚至近亲繁殖。这与科学精神格格不入，也可能成为滋生学术不端行为的温床。要制定促进科技系统内部开放的政策，逐步实现研究人员之间，专业领域之间，研究机构之间，以及行业之间、区域之间的开放，建立共享平台。重大科技计划和科学工程要大胆引进国内外优秀科学家和工程师参与。大学和科研机构要真正建立起公正、公平和透明的用人机制，面向全国乃至全球选聘优秀人才。要通过建立一个海纳百川、开放互动的科技工作格局，推动形成风清气正的科研氛围。

二要加快完善学术平等的机制。科学研究需要一个真理面前人人平等的环境，只有在这样的氛围中，科技工作者的创造活力才能迸发，浮躁之风和学术不端行为才没有生存土壤。现在，一些研究机构和学术领域缺乏平等的学术争鸣和批评。我们必须在学术管理、资源配置、人才选拔与使用等方面采取更加积极有效的措施，从制度层面上鼓励学术争鸣，保护不同意见。要扶持和提携青年学者，鼓励他们敢于探索，敢于质疑，敢于求实创新，敢于面对失败。真正的学者是不怕后学超越的，因为只有后人不断超越前人，科学事业才能发展。

三要加快完善评价机制。科研评价指标是科技工作者的重要导向。目前我国科技评价制度尚不完善，在具体评价工作中还存在着重数量不重质量，重名望不重实绩，重论文不重工作水平，重短期成果不重长远积累，重设施改善不重人才队伍建设等问题。必须按照科技创新的内在规律，加快完善科学的评价体系。在评价标准上，要根据基础研究、应用研究和公益性研究的不同特点，建立不同的评价指标体系。比如基础研究要更加体现鼓励瞄准重大学术问题前沿和自由探索的导向，评价周期不能过短；应用研究关键要看解决了什么重大技术瓶颈；公益性研究要看社会效益如何。在评价内容上，不仅要关注直接的、近期的和显性的价值，也要关注间接的、长远的、隐性的价值；对创新性强的项目、非共识项目以及学科交叉项目，要给予特别关注和支持。在评价方式上，要公开透明，接受学术界的监督，以增强公信力。总之，要通过完善评价机制形成正确导向，引导科研人员力戒浮躁，集中精力于科学本身，专心致志于创新活动，这样才能造就一流的科研成果和科技人才。

四要加快优化科研经费投入结构。近年来，我国科技投入大幅度增加，对于科技事业发展起到了巨大支持作用，但科技经费配置不尽合理的问题依然存在。比如，对基础研究和社会公益类研究持续稳定的支持还不够，而这些研究往往需要十年磨一剑的功夫。有的项目布局不切实际，申请程序比较繁琐。要根据不同科研活动的特点和经费需要，完善投入机制，优化投入结构，有的项目要形成稳定支持的机制，有的项目要形成充分竞争的机制。对科研经费的使用也要强调诚信原则，规范资金管理，提高经费使用效益，坚决杜绝弄虚作假行为，决不允许个人或小团体从中谋取私利。

第三，强化监督管理，加大惩治学术不端行为的力度。

加强科研诚信既要靠自觉自律，也要靠监督管理。从世界范围看，加强科研诚信正从单纯依靠道德约束，向道德约束和监管惩处并重转变。近年来，我国制定发布了针对学术不端行为调查处理的法律法规、政策性文件和学术规范。新修订的《科技进步法》以及《著作权法》、《专利法》、《知识产权法》等法律都有相应的条款。许多单位和部门成立了专门机构，监管工作取得了一定成效。但从实际情况看，有些规章和要求还停留在文件上，没有完全落实到位，一些问题发现了但查处不力，这实际是容忍学术不端行为对学术道德底线的突破，对整个科技界的科研诚信和学术道德产生了不良影响。

我们要从维护国家科技事业的整体利益和科技界的整体声誉出发，建立完善的监管体系，对科研活动的全过程实行强有力的监管，抓住最容易出问题的领域，加大监管力度，不留漏洞和死角。要采取“零宽容”政策，严格要求，严厉约束，有一个处理一个，并公开曝光，决不让弄虚作假、剽窃抄袭行为有立足之地。

三、明确责任、加强协作，形成科研诚信和学风建设的合力

科研诚信和学风建设党和政府高度重视、社会高度关注，科技界形成了高度共识，要作为一件大事摆在科技工作的突出位置。各有关方面要按照职责分工，找准自身定位，下大力气落实好、完善好各项措施，尽快以实实在在的成果取信于公众，使科技界的优良传统和崇高声誉发扬光大。

第一，强化对科研诚信和学风建设的宏观指导。科技部等十部门建立了科研诚信联席会议制度，发布了《关于加强我国科研诚信建设的意见》，这是在宏观层面上协调和推动科研诚信建设的积极行动。要落实相应的责任，形成政府部门、科研机构、高等院校、科技组织等各司其职、齐抓共管，社会广泛参与，科技人员自觉行动的格局。教育部门要全面推行研究生阶段科研诚信课程教育，科技部门和人事部门要进一步健全符合不同科技活动特点的科技评价体系，财政部门要进一步完善科技投入结构。各成员单位要在完善和执行相关政策、沟通信息等方面协调互动，形成工作合力。

第二，强化学术团体和科研机构的作用。各学术团体要建立适合本领域特点的科研诚信规范，参与学术不端行为的调查处理。科研机构要建立和完善科研诚信制度，加强对科技人员的教育和学术不端行为的监督检查，引导科技人员严格自律。

第三，加强科研诚信规范建设。要对科研诚信的基本规范和要求做进一步的深入研究，划清学术不端行为的界限，建立健全科研道德规范，明确科研人员的社会责任，完善学术论文发表评价的制度。同时，通过培训和宣传让广大科技人员了解和掌握这些规范和要求。

第四，积极推动科研诚信立法。要把科研诚信立法纳入科技法律体系建设，加强诚信规范与法律法规之间的衔接，充实和完善现行法律体系的有关条款，逐步建立起具有稳定性和长期性的科研诚信法律法规与制度体系。对于学术不端行为的投诉举报、调查核实、监督监察、公开公示和惩戒处置等，都要做到有章可循、有法可依。

同志们，科研诚信和良好学风是科学事业繁荣发展的前提，是建设创新型国家的基石。让我们紧密团结在以胡锦涛同志为总书记的党中央周围，共同肩负起责任，积极行动起来，促进科研诚信和学风建设有一个大的改善，为建设创新型国家、为实现中华民族伟大复兴作出应有的贡献！

坚定信心，开拓奋进，为加快转变经济发展方式，推动科学发展作出新贡献

——在中国科协七届五次全委会议上的报告

（2010 年 1 月 13 日）

韩启德

各位委员：

现在，我受常务委员会委托，向中国科协第七届全国委员会第五次会议报告工作，请予审议，并请其他与会同志提出意见。

关于 2009 年的主要工作

2009 年是新中国成立 60 周年，也是全国人民团结一心、积极应对国际金融危机严重冲击，率先实现经济形势总体回升向好的重要一年。一年来，在党中央、国务院的正确领导下，在兆国、延东同志的直接指导下，中国科协全面贯彻党的十七大和十七届三中、四中全会精神，高举中国特色社会主义伟大旗帜，以科学发展观为统领，认真学习和贯彻落实胡锦涛总书记在纪念中国科协成立 50 周年大会上的重要讲话（以下简称 12.15 讲话）和中央书记处关于科协工作的指示精神，按照七届四次全委会议工作部署，围绕中心、服务大局，经过全体委员和各级科协、学会的共同努力，各项工作取得新的进展。

一、深入贯彻落实中央重大决策部署，切实把思想和行动统一到中央精神上来

一是认真学习贯彻胡锦涛总书记重要讲话精神。2008 年 12 月 15 日，胡锦涛总书记在纪念中国科协成立 50 周年大会上发表重要讲话，广大科技工作者深受鼓舞，一致认为：12.15 讲话高屋建瓴、论述深刻、内容丰富，通篇充满了对科技工作者的期待，对科协组织的期待，是指导我们做好新形势下科协工作的纲领性文献。中国科协即日印发学习通知，要求各级科协及所属团体认真学习 12.15 讲话，自觉把 12.15 讲话精神贯彻到科协工作的各个环节、各个方面。中国科协党组召开理论学习中心组扩大会议，认真学习贯彻 12.15 讲话精神。中国科协七届四次全委会议结合学习中央书记处对科协工作的指示精神和王兆国同志重要讲话，对学习贯彻 12.15 讲话精神进一步作出具体部署。各全国学会和地方科协积极行动起来，采取各种形式开展学习交流，参与征文活动，引导科技工作者深刻领会、准确把握 12.15 讲话的深刻内涵及精神实质，增强使命感和责任感。各地党委政府高度重视，天津、河北、山西、辽宁、上海、江苏、浙江、安徽、江西、河南、湖北、广西、新疆等地方党委政府主要负责同志在纪念当地科协成立 50 周年大会或地方科协代表大会上，对学习贯彻 12.15 讲话精神提出明确要求，强调要进一步加强和改善对科协工作的领导，关心支持科协工作。天津、上海、贵州、陕西、甘肃等地方党委政府出台加强科协工作的文件，湖北省委召开科协工作座谈会，内蒙古自治区党委对关于加强科协工作的意见的贯彻落实情况开展督促检查，推动解决科协工作面临的突出问题。

二是迅速贯彻落实党的十七届四中全会精神。党的十七届四中全会闭幕后，中国科协立即召开会议，传达学习胡锦涛总书记重要讲话及四中全会精神。去年 10 月中旬，中国科协党组理论学习中心组召开扩大会议，紧密结合科协实际，进一步研究深入贯彻落实四中全会精神、做好科协党建工作的基本思路和工作安排。11 月初，中国科协下发《关于深入学习贯彻党的十七届四中全会精神的若干意见》，要求各级科协及所属团体党员领导干部把学习贯彻四中全会精神作为一项重要政治任务，学好文件，吃透精神，自觉把学习《中共中央关于加强和改进新形势下党的建设若干重大问题的决定》与学习胡锦涛总书记在纪念中国科协成立 50 周年大会上的重要讲话紧密结合起来，与积极思考科协党建实际和工作实际紧密结合起来。各全国学会和地方科协积极响应，密切结合本地区本单位实际，采取主席读书会等各种形式认真学习文件、领会精神，科协系统迅速形成学习贯彻热潮。

三是扎实开展第三批深入学习实践科学发展观活动。按照中央统一部署，从去年 10 月开始，中国科协对全国学会党建情况进行调查摸底，并成立中国科协所属全国学会深入学习实践科学发展观活动领导小组，及时研究制定下发《关于中国科协所属全国学会开展深入学习实

践科学发展观活动的指导意见》和《关于中国科协所属全国学会开展深入学习实践科学发展观活动实施方案》，组织所属全国学会全面启动并积极推进深入学习实践科学发展观活动。11月10日，中国科协召开所属全国学会开展深入学习实践科学发展观活动动员大会，邓楠同志作动员讲话，要求各全国学会准确把握学会开展学习实践活动的总体要求，把学习贯彻党的十七届四中全会精神贯穿学习实践活动的始终，扎实推进学会党的建设，加强自身建设，发挥好学会在服务经济社会发展、提高全民科学素质中的积极作用。中国科协多次举办辅导报告会，要求机关各部门深入负责联系的全国学会，指导全国学会有计划、按步骤、高质量地开展好学习实践活动，建立党组织。各全国学会认真学习中央和中国科协相关文件，精心组织安排，学习实践活动扎实开展。广东、新疆等省（自治区）级科协也积极组织所属学会深入开展学习实践活动，以扎实的学会党建工作推动学会自身建设不断迈上新台阶。

二、突出科协特色和优势，努力为保持经济平稳较快发展提供科技支撑

一是决策咨询工作不断深入。围绕经济社会发展中的重点问题、改革发展稳定中的难点问题以及关系人民群众切身利益的热点问题，组织科技工作者通过专题研究和经济社会科技论坛等多种形式，把科技工作者的个体智慧凝聚上升为有组织的集体智慧，为应对国际金融危机冲击、推动经济平稳较快发展提供智力支持。截至去年10月底，各全国学会和地方科协举办专家论坛2500多次，提供决策咨询报告7600余篇，近2400篇获得批示；反映科技工作者建议17000余条，近5000条获得批示。中国航空学会有关加快建立完善国家航空应急救援体系的建议受到中央领导高度重视，胡锦涛总书记、温家宝总理批示有关部门研究落实。温家宝、王兆国、刘延东等中央领导同志，先后对中国科协报送的“院士工作站作为科技人员服务企业的有效形式值得大力推广”、“增加科研辅助岗位、拓宽学生就业渠道”、“我国工业遗产保护与利用亟待加强”、“老科学家学术成长历史资料亟待抢救”等多篇调研报告作出重要批示，部分研究成果已经体现在国务院和相关部门的工作安排之中。组织政协科协界委员围绕学会在国家创新体系中的重要作用、科技工作者健康状况等问题深入调查研究，积极建言献策，受到中央领导重视。成功举办中国科协第十一届年会党政领导与院士专家座谈会，组织院士专家结合重庆市经济社会发展中的重大关键问题献计献策，薄熙来同志给予高度评价，特意延长半日会期听取更多专家意见，并明确要求将重庆市委市政府与院士专家的互动联系机制化、长期化。成功举办促进中部崛起专家论坛、装备制造业创新论坛、2009科技金融创新发展高层论坛等系列论坛，开展海外科技工作者优秀对策建议征集活动，汇集专家智慧。各全国学会、地方科协也充分发挥专业优势和组织优势，深入开展各具特色的建言献策活动。中国水产学会、中国煤炭学会、中国建筑学会、中国岩石力学学会等学会以及江苏、吉林、黑龙江、福建、江西、湖北、广东、广西、四川、甘肃、宁夏等省（自治区）级科协也都结合专业优势和本地实际，积极开展决策咨询和建言献策活动，得到党委政府充分肯定。

二是“讲、比”活动覆盖面和影响力不断扩大。紧紧围绕扩内需调结构保增长这个经济工作的首要任务，根据企业发展的实际需求，认真贯彻国务院《关于发挥科技支撑作用 促进经济平稳较快发展的意见》精神，认真落实科技口六部委制定下发的《关于动员广大科技人员服务企业的意见》，引导企业科技工作者把发挥创造才能同促进企业发展紧密结合起来。与国家发改委、国资委和科技部共同推进“讲理想、比贡献”活动（以下简称“讲、比”活动），目前全国已有20个省、自治区、直辖市成立“讲、比”活动领导小组。截至去年10月底，全国共开展“讲、比”活动3.5万余项，参与科技工作者72万人次，14万余条合理化建议获得采纳，其中天津港科协组织科技人员提合理化建议1374条，采纳873条，创造经济效益1200余万元。坚持以企业需求为导向，以科技项目为纽带，积极推动建立企业院士专家工作站，引导院士专家及其团队深入企业技术开发一线进行合作，目前各省、自治区、直辖市已建立院士专家工作站380余个，进站院士专家1800余名，开展技术创新项目450项，其中仅辽宁一省就建立企业院士专家工作站46家，进站院士182位，取得良好经济社会效益。按照科技部、国家发改委、教育部、中国科协联合下发的《关于加强创新方法工作的若干意见》要求，深入大型企业对技术研发人员进行深度培训，开展培训活动1000多次，培养了一大批具有科学思维、掌握创新方法的一线创新型技能人才。

三是科普惠农兴村工作力度进一步加大。2009年，“科普惠农兴村计划”中央财政奖补资金增至2亿元，按照“奖补结合、以奖代补”的原则，表彰农村专业技术协会612个，农村科普示范基地300个，农村科普带头人302名，少数民族科普工作队5个，实施工作受到各方好评。认真贯彻落实中央1号文件精神，配合农村劳动力就业和创业，将新增的1亿元奖补资金重点向农业大省倾斜，向返乡农民工较多的省份倾斜，向中西部条件差的省份倾斜，着力支持一批具有一定规模和影响、辐射带动作用比较强的农村专业技术协会，促进先进适用技术的推广应用。组织农村专业技术协会赴河北、陕西、内蒙古、宁夏开展大型科技下乡活动，深受当地政府和群众欢迎。山东省农技协总量达到1.1万个，培训农技协骨干280万人次，带动农户680万户。继续实施“新农村百万乡土科普人才培训工程”，全国23个省级农函大总计培训近1160万人，其中培训时间在一个月以上的132万余人。在“科普惠农兴村计划”的示范带动下，各地普遍加大支持力度，截至去年10月底地方财政共配套资金1.25亿元，表彰先进单位和个人近9900个，为建设社会主义新农村提供了有力的科技支撑。积极探索建立科普惠农服务长效机制，制定下发《科普惠农服务站建设工作实施方案》，在全国15个省份完成100个科普惠农服务站试点工作，重点扶持中西部地区160个科普惠农服务站。山西省积极探索科普惠农服务站、“农科110”服务站和农村网络文化站三站合一的新机制，受到中央领导同志的充分肯定。

三、着眼建立长效机制，充分发挥学会在增强自主创新能力中的独特作用

一是学术交流形式不断创新。2009年9月，以“自主创新与持续增长”为主题，与重庆市人民政府联合举办第十一届中国科协年会，路甬祥、徐匡迪等知名科学家作精彩报告，引起与会科技工作者和社会公众的强烈反响。举办34个内容丰富、形式多样的分会场，6500位科技工作者参与交流；开展11个系列400多项科普活动，参与公众达百万人次；举办10项高水平有特色的专题论坛，获得普遍好评。继续开展学科进展年度发布活动，组织24个全国学会开展学科发展研究，编制系列学科发展报告和《中国科协科技期刊发展报告（2010）》，学术建设稳步推进。开办中国科协论坛，举办12期新观点新学说学术沙龙，产生良好反响。中国心理学会主办的第十二届全国心理学学术大会，参会人员超过4000人次，是国内相关领域与会代表最多的一次学术盛会。中国数学会首次邀请国际数学联盟所有现任执行委员参加2009学术年会并作报告，显著提升了我国数学研究在国际上的地位和影响。中国电子学会举办“2009云计算中国论坛”，产学研用各方专业人士1100余人与会。中国化学会、中国药理学会、中国力学会、中国机械工程学会等积极探索在线学术交流，首届全国科学博客大赛有近千名科技工作者参赛。截至去年10月底，全国学会共举办国内学术会议2615次，参会人数46.7万人次，交流论文23.3万篇；地方科协举办学术会议5246次，参会人数67.1万人次，交流论文7.4万篇。继续实施精品科技期刊工程和科技期刊国际推广计划，146种期刊纳入中国科协精品科技期刊示范项目，重点支持7种英文版科技期刊提高国际化水平，科技期刊的影响力和权威性进一步提高。

二是学会创新发展取得新进展。联合民政部共同设立学会创新发展资助项目，联合召开全国学会创新发展试点工作经验交流会，通过项目资助、经验交流、表彰奖励等手段，培育一批国内一流、国际知名的示范学会，引导和带动更多学会参与创新发展工作。支持学会承接政府转移的社会化服务职能，引导学会积极开展科技奖励、科技评价、科技人才评价活动，中国物理学会等10个全国学会成为国家科技奖励直接推荐单位，中国照明学会受权考核认定高级照明设计师并已认定115位。完成中国特色科技评价体系研究，开展学会税收状况调研，提出科技社团税收优惠政策的建议，推动财政部、国家税务总局解决相关政策问题。与农业部、卫生部协商共建农科和医科学会，为学会创造更好的发展环境。加强学会办事机构能力建设，学会专职人员素质明显提高。

三是对外交流渠道不断拓展。支持学会积极参与国际科技组织活动，318位科学家经推荐担任国际民间科技组织各类职务，其中主席3人、副主席45人，执委或相当职务123人，表明当前我国对外民间科技交流的重点已从“占位置，扩影响”转变为更深层次地参与国际组织活动和决策。支持学会积极开展国际交流，承办世界工程组织联合会信息与通信委员会秘书处，成功申办在中国设立国际科学理事会灾害综合研究计划国际办公室，成功举办2009年信息与通讯技术促进发展世界大会、国际工程教育大会、国际天文年纪念大会、城市发展与规划国际论坛、第九届汞全球污染物国际会议、第十届国际核—核碰撞会议、第13届世界湖泊大会等550余次国际学术会议，国际交流水平和影响力不断提高。中国体视学学会成功申办2011年在北京举办第十三届国际体视学大会。广西科协通过与香港工程界社促会联合举办“中国—东盟工程项目合作与发展论坛”，积极探索和拓展对外科技交流与合作新渠道。

四是与港澳台地区民间科技交往进一步加强。配合中央对港澳台工作大局，重点针对港澳台地区科技界中高层人士和青少年开展活动，加深了解、增进联系。成功举办海峡两岸青年科学家学术活动月，台湾20余个单位100余名专家与大陆600余名专家展开研讨，增进了台湾与内地科技界的了解与合作。与台湾玉山科技协会在成都举办“海峡两岸绿色能源、环境保护和灾后重建研讨会”，海峡两岸140余名代表出席，对于推动两岸绿色能源、环境保护事业发展和灾后重建工作具有重要意义。中国城市科学研究会与台湾都市计划学会共同主办第十六届海峡两岸城市发展研讨会，近百名海峡两岸专家学者参会交流。中国农学会成功举办海峡两岸农业科技论坛、海峡两岸农民创业园建设研讨会等系列活动，500多名海峡两岸农业科技专家参与研讨。继续举办海峡两岸科技与经济论坛、海峡两岸大学生辩论赛等系列活动，为促进两岸科技经济合作和青年科技人员交往搭建重要交流平台。

五是科学道德和学风建设稳步推进。认真执行《科技工作者科学道德规范（试行）》，制定发布《学会科学道德规范（试行）》，强化学会监督责任，提升科技团体的道德水平和公信力。在年会期间举办科学道德建设论坛，强调发挥科学共同体的作用。继续组织院士专家科学道德教育宣讲团，深入清华大学等多所高校举办科学道德教育活动，以科学家的榜样作用引导青年学子走上正确的科研道路。与美国科促会成功举办中美科学道德教育研讨会，在国际学术界产生重要影响。充分发挥中国科协道德与权益专委会的作用，受理论文造假等学术不端行为的投诉和举报11件，对浙江大学药学院贺海波论文造假事件进行解剖，为做好学术不端行为的惩治工作积累经验。充分发挥《科技导报》在学风学术建设中的重要作用，为60所重点高校和科研院所博士生作学风学术指导报告，受到师生欢迎。对科技界学风问题进行专题调查，形成调查报告，受到中央领导同志高度重视，相关建议已纳入国务院工作安排之中。

四、健全科普资源集成共享机制，《科学素质纲要》实施工作扎实推进

一是以大联合大协作方式推动形成社会化科普工作格局。《全民科学素质行动计划纲要》（以下简称《科学素质纲要》）各成员单位和各地普遍把落实纲要工作与部门任务、地方重点工作紧密结合起来，认真落实纲要各项工作。与中科院、北京市人民政府等联合举办全国科普日北京主场活动，习近平、王兆国、刘淇、刘云山、刘延东、李源潮等中央领导同志同首都各界群众和青少年一起参加活动，习近平同志发表重要讲话，极大地鼓舞了广大科技工作者参与科普活动的积极性和主动性。与农业部等9部委联合开展农民科学素质行动试点村工作，与科技部等3部委共同举办“百名农业科技专家和致富能手进通辽”等科技下乡活动，帮助农牧民掌握先进生产技能和科学生活方式，引领他们依靠科技脱贫致富。与国家民委联合开展少数民族科普共建试点工作，为民族地区开展科普宣传提供“双语”科普资源共享服务。与中组部共同开展领导干部和公务员心理健康教育课题研究与试点，探索编制领导干部心理健康教育大纲、测评指标体系和课程设置方案。与教育部共同开展未成年人校外活动场所共建共享工作，探索校内外科学教育资源整合的有效途径。修订完善《全国科普示范县（市、区）创建办法》，充分发挥其在基层落实《科学素质纲要》的示范引领作用。继续实施“全国学会科普活动专项”，支持全国学会围绕重大科普事件和国际国内纪念日开展科普宣传。认真履行《科学素质纲要》实施工作办公室职责，积极总结推广各地区各部门的好做法好经验。浙江省率先以省委办公厅、省政府办公厅名义联合下发《科学素质纲要》实施工作要点，组织开展实施情况督查。江西省科协与省委组织部联合举办培训班，对全省分管科协工作的县（市、区）领导进行系统培训，推进纲要实施工作。

二是主题科普活动广泛深入。围绕“节约能源资源、保护生态环境、保障安全健康”主题，在全国广泛开展全国科普日活动，共举办科普活动3200多场，参加公众近亿人次。积极开展主题科普展览巡展活动，全年组织20场次科普巡展，参观公众83万余人次。以纪念邓小平同志为全国青少年科技作品展览题词“青少年是祖国的未来，科学的希望”30周年为契机，成功举办全国青少年科技创新大赛、中国青少年机器人竞赛、明天小小科学家奖励活动和全国五学科奥赛等活动，参加青少年2000万人次。与教育部、中央文明办等四部委联合开展“节约纸张、保护环境”青少年科学调查体验活动，330多万青少年参与。继续参与组织开展全国科技周、科教进社区、科技下乡等活动，着力培育一批在社会上有影响的科普活动品牌。配合国际天文年和日全食观测活动，组织开展“探秘日全食”系列科普活动，充分激发社会公众特别是青少年的科学热情。中国图书馆学会联合中央广播电视大学共同主办“2009湿地中国行”科普阅读活动，开启科普专题阅读与全民阅读相互促进的新尝试。截至去年10月底，科协系统共组织主题科普活动2.6万多次，参与科技工作者156万人次，受益群众近1.3亿人次。

三是科普资源开发集散工作进展明显。发布《科普资源开发指南（2009）》，开发集成科普挂图7200余种，出版科普读物1741万册，并将心理健康、食品安全和科学防灾避险等主题展览制作成实物在全国巡展。拓展中国数字科技馆功能和资源储备，提供资源下载服务4431次，在大型科普活动和应急科普中发挥了积极作用。继续制作《科普大篷车》电视科普栏目，开发《全球严防甲型 H1N1 流感》、《天象奇观日全食》等特别节目，在全国2194家电视台播出。安徽省推动建立科普产业战略联盟新机制，建设全国首家省级科普产品工程研究中心。山西、河南等省在巩固传统科普阵地的同时，积极向网络、影视、手机等新兴领域延伸，推动形成报纸、网络、影视、手机四位一体的现代科普体系。积极引进国外优秀科普产品，从日本科学未来馆引进“67亿人的生存”科普展览，法国欧莱雅公司向中国科技馆无偿赠送“头发的奥秘”科普展览，进一步丰富国内科普资源储备。

四是科普创作呈现良好态势。实施2009年度繁荣科普图书创作资助计划，引导、鼓励和支持更多社会力量参与科普图书的创作出版工作。支持科普作家协会开展优秀科普作品网上推荐活动，网站浏览量达45万人次。举办“中国国际科教影视展评暨制作人年会”，117部科普影视国内作品、52部国际作品参展。举办首届农民科学素质宣传教育优秀作品征集推介活动，推选出100部优秀作品，通过新闻媒体向社会各界广泛推介。中国可持续发展研究会组织编写了首都少年儿童节能减排系列手册之家庭节电篇和家庭节水篇等口袋书，鼓励孩子带动家长参与家庭节能减排活动。四川省《科幻世界》成为全国发行量最大的科幻期刊，获得国家新闻出版总署授予的中国出版政府奖。

五是科普基础设施建设稳步推进。日接待能力达3万人次的中国科技馆新馆在国庆前夕正式开馆，为纪念新中国成立60周年献上一份厚礼，已接待观众60余万人次。目前，全国31个省、自治区、直辖市已有28个拥有大中型科技馆，城区常住人口100万人以上的大城市中，60%至少拥有1座科技类博物馆，中国光学科技馆已经国家发改委正式立项，重庆科技馆、浙江科技馆如期顺利开馆。继续实施“中小科技馆支援计划”，推动提高受援科技馆的展教水平。联合中国航天科技集团公司成功发射我国首颗青少年科普卫星“希望一号”，组织开展系列青少年航天科技体验活动。制定《全国科普教育基地认定办法（试行）》，组织开展2009年度全国科普教育基地认定工作，联合公安部消防局、中国消防协会开展第三批“全国消防科普教育基地创建和命名”活动。加强科普“站、栏、员”建设，截至去年10月底，全国共有科普活动站11.8万个，科普宣传栏（画廊）近16万个。完成适合县级科协需要的农技服务型科普大篷车研制和展品更新工作，更好地为基层提供实用技术服务，2009年共采购、配发科普大篷车77辆。与华硕集团达成协议，由华硕集团出资5000万元在全国建立1000个“华硕科普图书室”，2009年已建成200个。

五、扎实开展深入学习实践科学发展观活动，努力把科协组织建设成为名副其实的“科技工作者之家”

一是切实把深入学习实践科学发展观活动转化为推动科协事业科学发展的强大动力。在为期半年的第一批深入学习实践科学发展观活动中，科协党组高度重视发挥好领导和表率作用，紧紧围绕“科学发展与社会责任”这一主题，以提高服务能力为实践载体，坚持把学习实践活动与促进日常工作紧密结合起来，特别是认真落实中央“保增长、保民生、保稳定”的决策部署，高标准、高质量地完成学习调研、分析检查、整改落实三个阶段11个环节工作，取得显著成效，群众总体满意率达99.6%，受到中央领导同志好评。结合深入学习实践科学发展观回头看活动，进一步加强科协理论研究，探索科协工作规律，加大干部培训力度，举办系列地县级科协主席培训班，不断提高科协工作人员为科技工作者服务的能力和水平。把每年12月15日确定为“中国科协会员日”，举办中国科协会员日报告会，刘延东国务委员发表重要讲话，对科协工作给予充分肯定并提出明确要求。组织开展“献给祖国母亲——科技工作者庆祝新中国成立60周年歌咏比赛决赛暨汇报演出”，31个全国学会组成12支代表队参加演出。通过会员座谈会、联谊会、表彰奖励会、学会工作志愿者交流会等形式，引导广大会员交流前沿成果、参与建言献策，一个科协搭建平台、会员交流互动、会员支持学会、学会服务会员的良好局面正在形成。

二是科技工作者状况调查不断深入。扎实开展全国科技工作者状况调查，科技工作者需求状况调查、十城市科技工作者状况调查、社会转型期科技工作者心理状况调查、科研辅助人员状况调查、科技工作者健康状况调查等专项调查结果，多次受到中央领导同志肯定并作出重要批示。其中，第二次全国科技工作者状况调查报告以中国科协党组文件报送中央书记处，习近平、王兆国、刘延东、李源潮等中央领导同志分别作出重要批示，要求中国科协会同中组部等部门提出具体措施，推动解决科技工作者队伍建设中的突出问题。为认真贯彻落实批示精神，中国科协从调研成果中归纳整理出12项主要工作任务，召开相关部门协商会议，明确责任部门，落实情况近期将专文呈报中央书记处。上海市科协通过组织开展上海科技工作者状况调查，探索建立关于上海科技工作者的基础数据库，为党政部门决策提供支撑。

三是优秀科技人才培养举荐和宣传表彰力度进一步加大。配合《国家中长期人才发展规划纲要（2009—2020）》实施工作，积极参与高层次创新型科技人才培养工程，建设高层次科技人才数据库，目前已确定入库人选

6000余人。认真做好中国青年科技奖、中国科协求是杰出青年奖等奖项评选工作以及两院院士初遴选、国家科技奖励项目推荐工作，截至去年10月底科协系统共表彰奖励科技工作者近6万人次，表彰奖励先进集体1.9万余个。配合“千人计划”，进一步加强同海外华人科技团体和华人科学家的沟通联系，分三批次向中组部人才局报送海外高层次人才83人和一个13人的为国服务团队，努力发挥好中国科协作为引进海外高层次人才窗口单位的作用。进一步加大科技工作者宣传工作力度，与总装备部、中央电视台联合拍摄六集专题文献片《钱学森》，将科学家纳入中央重大革命历史题材。《中国科学技术专家传略》已出版32卷、64本，收录杰出科技工作者3065位。截至去年10月底，科协系统共宣传优秀科技工作者近3.4万人，其中通过中央电视台《大家》栏目、《中华英才》和《十月》杂志重点宣传40余位优秀科学家和创新团队，科技工作者的社会形象更加鲜明。

四是组织建设力度进一步加大。按照《中国科协团体会员管理办法（试行）》，批准接纳中国可持续发展研究会等9个全国学会为中国科协团体会员。开展科协会员状况调查和县级科协建设状况调研，准确掌握基层科协的组织结构及人员变动情况，深入分析科协基层组织建设和发展中存在的突出问题，查找原因，提出对策。加强会员发展和服务工作，中国航空学会2009年新发展个人普通会员近3000人，中国抗癌协会新发展会员2423人。山东、福建、云南等省科协也积极举办县级科协主席培训班，提升基层科协发展能力。以企业科协为重点，大力发展科协基层组织，目前已在31个国家级高新区和经济技术开发区建立了科协组织，企业科协覆盖面进一步扩大、影响力不断提高。继续加大对老、少、边、穷地区和条件艰苦地区科协组织的支持力度，专项资助新疆维吾尔自治区科协加强民族团结、维护社会稳定方面的科普工作，受到新疆干部群众的欢迎和好评。

在充分肯定成绩的同时，我们也清醒地认识到，科协工作离党和政府的要求以及科技工作者的期待还有很大差距，主要表现在：为科技工作者服务的意识和能力尚需进一步增强，学术交流质量与实效需要进一步提高，科普资源共建共享机制尚待健全，县级科协基础薄弱等。这些都是科协发展中面临的突出问题，亟需采取有力措施加以解决。

关于2010年工作安排

2010年，科协工作的总体要求是：高举中国特色社会主义伟大旗帜，坚持以邓小平理论和“三个代表”重要思想为指导，深入贯彻落实科学发展观，按照党的十七大和十七届三中、四中全会精神和胡锦涛总书记在纪念中国科协成立50周年大会上的重要讲话要求，坚持“三服务一加强”工作定位，紧紧围绕加快经济发展方式转变，深入开展学术交流，扎实推进全民科学素质工作，切实加强科学道德和学风建设，大力培养举荐表彰优秀人才，夯实科协组织基础，引导广大科技工作者为夺取应对国际金融危机冲击全面胜利、推动经济平稳较快发展、完成“十一五”规划各项任务和制定“十二五”规划献计出力。

2010年的重点工作是：

一、全面贯彻落实十七届四中全会精神，巩固和扩大深入学习实践科学发展观活动成果，以扎实有效的党建工作带动和促进科协组织建设

一要切实抓好第三批深入学习实践科学发展观活动，推进学会党建工作。积极巩固和扩大科协学习实践活动成果，精心组织全国学会开展好第三批深入学习实践科学发展观活动，集中解决一批影响和制约学会改革发展创新中的突出问题。把学会党建工作作为检验学习实践活动效果的重要标准，加大在学会建立党组织力度，加强对所属全国学会党建工作的指导，配合有关部门研究提出加强中国科协所属团体、基层组织党组织建设的指导意见，以党组织建设带动科协所属团体和基层组织的建设，提高学会组织建设能力，夯实学会会员基础，增强学会创新发展能力。按照便于党员参加活动、党组织发挥作用的要求，鼓励和支持科协所属团体探索各具特色、行之有效的党组织设置方式和党员活动方式。认真总结、大力宣传各地农技协建立基层党组织的成功经验，配合有关部门大力推广在农技协等科协基层组织中建立党组织的做法，以党的基层组织建设带动科协基层组织建设。

二要大力加强基层组织建设，夯实科协组织基础。以高技术企业和科技工作者比较集中的高新区、经济技术开发区为重点，进一步加大企业科协建设力度，把更多的科技工作者融入科协大家庭中。以科研教学人员集中的高等院校为重点，大力开展高质量高水平的学术交流活动和科普活动，倡导良好学风，促进学科交叉融合和创新人才成长，推动高校科协组织发展。以城镇劳动者为重点，进一步加大街道社区科普组织建设力度，通过广泛开展“社区科普益民行动”、“科教进社区”等群众性科普活动和职业技能培训活动，加强社区科普工作，不断提高城镇居民科学素质，推动创建和谐社区。充分发挥已有科协基层组织作用，积极开展群众性技术创新和科学普及活动，以积极活跃、群众喜闻乐见的活动方式为科技工作者发挥作用提供舞台、创造条件，不断扩大科协基层组织的覆盖面，增强影响力。

三要切实加强科学道德和学风建设，倡导恪守职业道德。结合第三批学习实践活动，认真查找学会在恪守职业道德方面存在的突出问题，查找学会在倡导科学职业道德、规范会员行为方面存在的突出问题，推动践行社会主义核心价值体系，发挥好学会作为科学共同体在开展学术评价、规范学术行为方面的基础性作用。把学风建设与反腐倡廉建设有机结合起来，认真贯彻《科技工作者科学道德规范（试行）》、《学会科学道德规范（试行）》，推动发布《科技期刊道德规范》，加大科学道德和学风建设的宣传教育力度，引导科技工作者加强自律，推动科研经费的科学、合理、公平申请和规范使用，切实抵制学术不端行为。与有关部门加强协调，委托相关学会、组织或部门，对一些涉及范围广、影响面大、严重违背学术道德的典型人物和事件进行事实调查，提出处理建议，净化学术空气，营造良好学术氛围，不断提高科协所属学会的影响力和权威性。

二、紧紧围绕加快转变经济发展方式这个紧迫任务，广泛凝聚科技工作者智慧，动员组织科技工作者为推动经济平稳较快发展多做贡献

一要把学术交流与推动经济发展方式转变结合起来，不断提高质量和水平。广泛集成学术资源，围绕加快经济发展方式转变引导各学会开展学术交流活动，促进形成不同模式、不同类型、不同层次的学术交流系列，切实提高学术交流的质量与实效。与福建省人民政府共同举办第十二届中国科协年会，以促进学科综合交叉为导向，通过举办一系列高端、前沿、跨学科学术交流活动，搭建高水平、国际化的学术交流平台，进一步扩大年会影响力。加大中国科协论坛组织力度，围绕科技发展前沿问题组织专题研讨，突出学科交叉，强化交流碰撞，启迪创新思维。继续开展学科进展发布活动，做好学科史研究试点工作。紧密结合科技经济社会重大问题，继续组织召开促进中部崛起等区域性、行业性论坛。充分利用现代信息技术手段，推动在线学术交流。加大对小型前沿学术会议的资助力度，鼓励一线年轻科技工作者组织开展或参与学术交流。继续举办新观点新学说学术沙龙，大力推广成功的学术交流模式。加大精品科技期刊工程实施力度，办好《科技导报》，着力在学术质量和水平上下功夫，提高我国科技期刊的国际影响力和认知度。

二要积极拓展国际民间交流渠道，加强同港澳台民间科技团体的联系。加强国际组织后备队建设，支持和帮助我国科学家参与国际科技组织活动并担任领导职务，推动学会积极参与国际科技组织事务，扩大我国科技界的国际影响，提升国际地位。鼓励和支持学会在华举办影响大、水平高的国际组织系列会议，促进学会的国际交流与合作。发挥好联合国经社理事会咨商组织地位的作用，围绕全球气候变化等重大问题，积极开展民间科技外交，服务国家发展。继续推进加入工程师国际互认体系工作，承担好国际科学理事会和世界工程组织联合会相关工作。继续加强与重点国家的双边交流与合作，开展与周边和发展中国家的科技交流，服务国家外交大局。切实巩固和加强与港澳台地区科技团体的联系，继续办好当代杰出华人科学家公开讲座、海峡两岸科普研讨会、海峡两岸青年科学家学术活动月等活动，以科技交流促进和带动经济文化交流。

三要深化企业“讲理想、比贡献”活动，促进创新要素向企业集聚。围绕提升企业自主创新能力，深化“讲、比”内涵，丰富活动内容，积极引导科技工作者为培育战略性新兴产业、发展绿色经济、低碳经济、循环经济提供科技支撑，不断扩大这一群众性技术创新活动的影响力和覆盖面。召开全国“讲、比”活动表彰总结大会，推动企业“讲、比”活动深入开展。大力发展各种形式的企业院士专家工作站，及时总结和推广经验，研究制定企业院士专家工作站建设指导意见，发挥好院士专家工作站在提供科技支撑、服务企业方面的重要作用，探索建立各级科协及所属团体为院士专家解决技术难题、进站工作服务的长效机制。深入企业特别是中小型企业开展创新方法培训、推广、普及工作，推动国家知识产权战略实施。

四要加大科普惠农兴村工作力度，推动社会主义新农村建设。认真贯彻落实中央农村工作会议精神，加大“科普惠农兴村计划”实施力度，引导和帮助受表彰的农村科普组织和个人进一步发挥示范带动作用。认真总结经验，积极主动做好“十二五”立项工作。积极推进科普惠农服务站建设，探索建立科普惠农长效机制。进一步深化农民科学素质行动试点村工作，积极推进农民科学素质行动协调小组各成员单位在本系统落实农民科学素质行动。广泛开展各种形式的科学普及、科技培训、技术推广服务活动，鼓励支持农函大积极做好农民工培训工作。

五要完善决策咨询机制，努力建设国家级科技思想库。围绕提高经济发展质量和效益、增强经济增长活力和动力、改善民生、保持社会和谐稳定等重大问题，以及为各级政府制定“十二五”规划，组织科技工作者积极建言献策。充分发挥政协科协界委员的独特作用，畅通建言献策渠道。切实发挥全国学会和地方科协的专业特色和组织优势，继续开展有组织的调查研究活动，加强决策咨询。以把中国科协建设成为国家级科技思想库为目标，开好全国调研宣传工作会议，制定发布中国科协关于加强决策咨询工作的指导意见。实施中国科协决策咨询规划，充实决策咨询选题库和专家库。研究建立中国科协优秀决策咨询成果出版资助制度和奖励制度，推动形成具有科协特色的决策咨询体制机制。举办各种形式的专家月谈会、季谈会、区域发展论坛，设立科技咨询委员会、专家献策团等，积极探索把科技工作者的个体智慧凝聚上升为有组织的集体智慧的有效形式，打造一批有影响的科学决策咨询品牌。

三、扎实推进科普资源共建共享，推动公民科学素质建设工作再上新台阶

一要深入落实《科学素质纲要》各项任务，制定“十二五”规划。配合国务院办公厅，认真做好对各成员单位和各地“十一五”期间《科学素质纲要》实施情况的督查。认真总结“十一五”纲要实施工作做法和经验，奖励和表彰在公民科学素质建设中贡献突出的集体和个人。组织制定《全民科学素质行动“十二五”规划》，提出2011～2015年的工作目标、重点任务和政策措施。组织各省、区、市共同参与，开展好第八次公众科学素质调查，为制定“十二五”科学素质规划提供基础数据和决策依据。积极推动各地将公民科学素质建设目标和要求纳入当地“十二五”规划。做好纲要实施办公室工作，创新工作机制，进一步加强服务能力建设。

二要进一步提高主题科普活动质量，着力培育科普活动品牌。结合我国经济社会发展状况，准确把握科技工作者的科普意愿和社会公众的科普需求，深入推进重点人群科普工作，面向基层有针对性地开展科普活动，认真完成科协承担的《科学素质纲要》各项工作任务。围绕“节约能源资源、保护生态环境、保障安全健康”主题，倡导低碳生活，继续组织开展全国科普日活动，与北京市人民政府及有关部门共同主办2010年全国科普日北京主场活动。继续组织开展青少年创新实践活动，搞好第25届青少年科技创新大赛等品牌活动，与媒体宣传部门联合组织开展科技创意大赛。积极参与组织全国科技周、科教进社区、科技下乡活动，参与世博科技行动和全民健康科技行动，组织开展与院士一起看世博和青少年游世博等活动，弘扬科学精神，抵制邪教侵蚀，着力培育一批在社会上有影响的科普活动品牌。

三要切实加强科普资源共建共享工作，提高科普资源开发服务水平。加强中国科协科普出版物配送、广播电视节目、科普活动、展览资源共享和互联网等5个服务平台的建设和管理工作。面向社会开展科普资源共建共享建设试点，积极推动不同权属科普资源的集成共享，探索建立多方参与、协同合作的科普资源共建机制。推动加大公益性科普事业投入，探索建立公益性科普事业与经营性科普产业并举的体制。拓展中国数字科技馆服务功能，为公众提供优质科普服务。充分发挥手机、互联网和移动电视等新兴媒体作用，进一步拓展科普阵地。推动完善科普工作动员激励机制，促进将科普作为科研院所和科技工作者评价考核的重要内容。继续实施繁荣科普创作资助计划，将音像、动漫等作品纳入资助范围，支持优秀原创科普作品，鼓励社会力量参与科普创作，推动科普产业健康发展。扶植和培育一批科普创作基地，支持和引导社会各界多出科普精品。

四要认真实施《科普基础设施发展规划》，推动各类科普基础设施发展。继续组织开展全国科普基础设施发展监测评估工作，加强对各类科普基础设施建设与运行的指导。发挥好中国科技馆在内容展示、展品设计、展览共享等方面对地方科技馆的技术支持和资源服务作用。积极推进科技馆建设特别是地（市）级专业或主题科技馆建设。着力拓展现有科技馆的科普展示和教育功能，开展科技馆业务交流培训，提升各地科技馆的科普服务能力。充分发挥青少年科普卫星“希望一号”作用，开展系列卫星应用科普活动。加强对全国科普教育基地的指导和服务，组织开展经验交流和培训，调动社会力量参与科普工作的积极性。推动全国科普“站、栏、员”建设，扩大科普大篷车的配发范围，不断提升科普大篷车的科技服务能力。

五要加大科普示范力度，努力把《科学素质纲要》落实到基层。深入开展全国科普示范县（市、区）（2011～2015）创建活动，引领基层全面贯彻落实《科学素质纲要》。依据《全国科普示范县（市、区）创建办法》，实施动态管理，保持创优动力。支持全国科普示范县（市、区）实施“百县百项科普示范特色专项”，着力培育基层落实《科学素质纲要》先进典型。继续实施“全国学会科普活动专项”，支持全国学会积极承担重点人群科学素质行动各项任务。加大对少数民族科普工作队的支持力度，积极开展少数民族双语科普试点。

四、创新联系和服务科技工作者的途径和方式，切实当好“科技工作者之家”

一要深化学会创新发展推广工作。按照“项目牵引、骨干示范、夯实基础、服务创新”的原则，对学会创新发展推广工程示范项目和基础项目加强指导，重点培育和扶持一批具有较强示范性的骨干学会，引导和带动更多学会参与创新发展工作。优先发展学科交叉类学会，引导学科交叉融合。鼓励和提倡学会把学术交流活动与发展个人会员有机结合起来，支持学会积极发展个人会员。继续扩大学会共建范围，深化学会共建工作力度，为更多的会员提供优质高效服务。加强与财政部、科技部、民政部等有关部门的沟通协调，争取在主办会议、期刊税收等方面为学会争取更多优惠。进一步拓宽科技奖励推荐渠道，支持学会承接政府转移的社会化服务职能，优化学会发展环境，增强学会对会员的吸引力和凝聚力。

二要继续办好“12.15”中国科协会员日等重要活动。引导和支持学会通过举办会员座谈会、联谊会、表彰奖励会、发布学科信息、宣传学会章程、发展新会员等形式，着力搭建面向会员的学术交流和服务平台，促进科学家之间的沟通联系。通过组织开展重大经济社会问题研讨、专题论坛等活动，着力搭建科学家与决策者的对话平台。通过组织面向社会公众的科普讲座、咨询服务活动，着力搭建科技工作者与社会公众之间的交流互动平台。适时召开科协系统继续教育工作会议，推进继续教育工作，服务科技工作者的学术成长和职业发展。加强科协七大代表网络服务平台建设，及时准确了解代表需求，做好代表建议案办理答复工作，进一步增强为代表服务的意识和能力。办好中国科协青年科学家论坛、博士生学术年会，为优秀青年科技人员成长成才创造条件，提供机会。

三要进一步完善科技工作者状况调查制度。着眼于当好“科技工作者之家”，坚持面上调查和专题调查相结合，深入开展专项调查，创新调查方式方法，全面了解、准确把握广大科技工作者的工作学习生活情况，及时向党和政府反映他们的诉求，帮助解决实际困难和问题。科学调整全国科技工作者状况调查站点，支持地方科协设立省级调查站点，形成动态调整、两级联动机制。有针对性地开展科技工作者状况调查站点培训工作，帮助调查人员掌握科学的调查方法，增强发现问题和分析问题的能力。加强研究成果提炼工作，建好科技工作者状况调查数据库，努力提供更多、更有参考价值的调查报告，为党和国家科学决策提供支撑。继续组织开展科协七大代表调查活动。

四要抓好科技人才队伍建设，加大对优秀科技工作者的举荐、表彰和奖励力度。认真履行中国科协作为中央人才工作协调小组成员单位的职责，注重发挥科协所属学会在发现、举荐、培养人才方面的权威性和公信力，积极做好相关工作。以表彰奖励优秀科技工作者为抓手，结合两院院士初遴选以及中国青年科技奖、中国科协求是杰出青年奖等奖项的评选工作，积极举荐优秀科技人才。积极参与高层次专业人才和高技能人才培养工程，建好高层次人才库。配合国家实施“千人计划”，继续做好海外高层次人才联系窗口工作，推进“海外智力为国服务行动计划”，进一步加强与海外杰出华人专家学者的沟通联系。

五要加大优秀科技工作者宣传力度，塑造科技工作者和科协组织良好社会形象。创新宣传方式，与中央电视台、人民网、科技日报、大众科技报等新闻媒体合作，大力宣传在创新科学技术和普及科学技术方面作出突出贡献的优秀科技工作者和创新团队，推动形成尊重劳动、尊重知识、尊重人才、尊重创造的良好社会氛围。启动实施好“老科学家学术成长资料采集工程”，通过录音录像、实物采集等多种方式，把反映老科学家学术成长历史的重要资料保存下来。做好中国科协学术文献特藏工作，扩大中国科协的学术影响。进一步加强科协信息化建设，办好中国科协网。整合科协系统宣传资源，加大宣传工作力度，统一会徽，推动标识应用，塑造良好鲜明的科协社会形象。

五、切实加强自身建设，努力把科协组织建设成为名副其实的学习型团体

一要大力加强领导班子和干部队伍建设。认真贯彻落实中央精神，全面推进领导班子思想建设、组织建设、作风建设、制度建设和反腐倡廉建设，努力培养造就一支熟悉科技工作和科协工作、准确把握科协工作规律、能够站在党和国家工作全局来思考和推动科协工作的高素质干部队伍。健全完善领导班子集体学习制度、党性定期分析制度和领导干部定期务虚会制度，强化思想政治理论学习，注重提高理论与实践结合的能力，创造性开展工作的能力和抵制不良风气影响、保持清正廉洁的能力。坚持民主集中制，健全领导班子民主决策机制。高度重视各部门、各单位一把手的培养，推动机关、事业单位领导班子交流任职。大规模开展干部培训，进一步完善评价考核办法，加强年轻干部培养选拔，切实抓好后备干部队伍建设，努力造就一批热心科协工作、勤于思考、政治坚定、业务能力比较强的骨干力量。继续推进和深化事业单位改革，建立规范的事业单位运行机制和岗位设置、人员管理体制，探索绩效激励机制。

二要大力加强县级科协组织建设工作。以贯彻落实《科学素质纲要》为主线，以“科普惠农兴村计划”为抓手，积极推动创建全国科普示范县（市、区）工作，切实促进县级科协组织建设上台阶、上水平。以增强服务意识为着眼点，以提高服务能力和服务水平为导向，继续加大县级科协主席培训力度，进一步提高科协专职干部的履职能力。根据经济社会发展实际和党和国家对科协工作的新要求，修订完善县级科协组织通则。及时总结推广县级科协工作的好做法、好经验，发挥好对县级科协组织建设的指导作用。

三要进一步加强科协理论建设。按照胡锦涛总书记12.15讲话要求，加强科技人力资源研究，准确把握科技工作者的群体规模、结构特征和发展趋势。加强科技人才理论研究，积极探索科技人才特别是青少年科技人才成长规律。加强科技社团研究，及时了解掌握国内外科技社团的总体趋势与发展规律。加强科协工作研究，深入探讨科协组织的属性特点和科协工作内在规律，及时总结提炼科协工作的成功经验。建立完善科协系统理论建设数据库和科协决策咨询工作平台，掌握基础数据，了解基本情况。推动科协文化建设，培育具有鲜明时代特征的科协文化。

按照中国科协章程规定，2011年上半年应召开中国科协第八次全国代表大会。要按照中央书记处的指示精神，尽早着手开展相关筹备工作，明确科协八大的指导思想和主题，启动会议文件起草、章程修改和组织人事等工作。

各位委员、同志们!

改革开放的伟大时代，建设创新型国家的伟大任务，赋予我们神圣而光荣的使命。让我们高举中国特色社会主义伟大旗帜，更加紧密地团结在以胡锦涛同志为总书记的党中央周围，坚定信心，开拓奋进，埋头苦干，务求实效，为实现我国经济平稳较快发展和社会和谐稳定、夺取全面建设小康社会新胜利作出新的更大贡献!

在中国卫生发展研究中心成立大会上的讲话

(2010年4月27日)

韩启德

尊敬的各位来宾，各位同事，各位朋友，女士们，先生们：

大家上午好。

2008年的10月，《柳叶刀》杂志出版了21世纪中国与全球健康专辑，该专辑向世界介绍中国的卫生保健系统，中国主要的健康威胁，以及医疗改革的动向，出版后产生了积极的影响。今天《柳叶刀》杂志第二次发行中国卫生专辑，这是一件很有意义的事情，我对此表示祝贺，也希望《柳叶刀》杂志今后能够继续关注和帮助推动中国卫生事业的发展。

自从《柳叶刀》第一次专辑发布以来，一年半的时间过去了，在此期间，中国医药卫生事业又取得了重要进展。去年4月，中国政府正式发布了关于深化医药卫生体制改革的意见，国务院制定了近三年的实施方案，中国卫生事业的发展可以说是突飞猛进。这里我仅仅以医疗保障体系的进展为例，到2009年底，农村新型合作医疗参加率已经达到了94%，城镇职工和居民医保的人数在这一年半里，也有了很大的增长，我国城乡居民医保的总覆盖率已经接近90%。在有着13亿人口的发展中国家，在人均GDP刚刚达到3000美金的时候，医保能够达到这样的覆盖水平，是可以引以为自豪的。这些已经取得的进展，使得我们对中国医药卫生制度改革的成功充满了信心。但是在医改的实践当中，也出现了不少的难题。由于时间的限制，我只能列举其中的几个问题来说明。

第一个是关于基本医疗的问题。我们这次医药卫生体制改革的核心，是建设覆盖城乡居民的基本医疗卫生制度，核心在“基本”这两个字。因为政府只可能承担“基本”，而且公共财政只有提供“基本”，才能体现公平、公正。但是难也难在“基本”。首先是如何确定“基本”？政府应该为此投入多少？这些投入能够解决到什么程度的“基本”？如何避免公众对“基本”的过高期待？如何面对个体、群体对“基本”的不同理解和诉求？特别是在历史原因造成我国不同人群享受医疗保障的水平显著不同的客观情况下，这是一个很困难的问题。

在确定什么是“基本”的基础上，如何来确保“基本”的实施，也是难题。比如说我们要实施基本药物制度，现在已经在30%的基层实施，而且还在以很快的速度发展，这些都在我们的计划之中，但也出现了不小的困难。在当前市场不完善、行政管理水平有限和历史原因造成的遗留问题等情况下，我们很难兼顾到患者、医院、药商、药厂等各个方面对“基本”的理解和利益诉求。另外，要做到确保“基本”，还面临着基层卫生机构能力不足，特别是基层医疗单位人力资源的严重不足的挑战。

这就引出了另外一个很基本的问题，也就是我要举例的第二方面问题，关于政府和市场角色的问题。对这个问题，在理论上仍有争论，还未真正达到一致的认识。更重要的是在实践当中，怎么根据中国的实际情况，在制定和实施政策和措施时掌握好界限、把握好度。比如政府应该通过什么途径，什么样的方式，来补偿公益服务；是不是只有公立医院才可能发挥公益作用；公立医院如何利用市场机制来实施好公益服务等等。所有这些都是我们要在实践当中不断根据情况调整、解决好的问题。

我要举例的第三个问题，是如何从改善健康的社会决定因素着手，来提高全民的健康水平。这是一个亟待解决，也是一个极为困难的大问题。因为医疗在解决健康问题中的贡献值很小，有研究报告说只占8%，不管是不是确切，但大家都同意健康更多地是由各种社会因素来决定的。对哪些社会因素会影响健康的研究已经很多，结论比较明确，大家的意见也基本一致。但因为是社会因素，推进解决的难度就很大。仅举例中国很突出的控烟问题来看。我们对控烟已喊了很长时间，但应该承认，至今收效甚微。那么就应该来认真地研究一下，问题到底出在哪里？在当前中国有没有不同于其他国家和地区的特殊障碍？应该采取什么样针对性的措施？我认为按中国公民现在的科学素质水平，对以概率为基础的现代医学的接受程度是非常有限的，中国的“烟民”一般不承认从现代科学概率理论得出的结论，这就牵扯到科普工作。我们有很多关于吸烟对国民经济影响的数据，这些数据的科学性到底有多强，为什么我们的干部、群众对这样的数据都不容易接受呢？我们的数据一般是通过模型推算出来的，这些模型可行性如何呢？在实践中发现它们有时候距实际情况确实差得较远，这就有待于经济学和统计学专家做进一步的努力。另外，控烟还牵涉到地方政府财政、贫困地区烟农转产后的出路、政府部门利益以及政府各个部门之间的协调等等，都是非常复杂的社会问题，没有社会各方的努力，没有解决这些问题的可行性政策和措施，控烟工作是难以推进的。其他决定公众健康的问题，例如疫苗接种、公众营养、糖尿病与高血压病的防治、环境污染的控制等等，都是非常复杂的社会问题，都不是卫生部门一家能推动的，需要多个政府部门动员广大群众和社会组织一起来做，才有可能解决。

第四个问题，也是非常基本却令人困惑，是关于对医疗技术发展的根本认识问题。医疗技术的发展日新月异、在给广大公众带来福祉的同时，也是使医疗费用大幅度增长的一个重要原因。如在美国，医疗技术发展在医疗费用上涨中的贡献已超过2/3。我认为，当前医疗新技术的应用，已经超过了我们全社会经济能够承受的水平。怎么来应对这个问题呢？禁止医疗技术的发展是不明智的，也是不可能的。那么，对新技术的准入是不是应该设立更加严格的门槛呢？是不是在准入的时候，考虑一下经济承受能力呢？而从另外一方面来看，在我们批准一个新的技术，一个新药的时候，又设立了很多不切实际的过高要求，大大增长了这些新技术的研发成本，是不是又应该降低一点这方面的门槛呢？当前对适宜技术研究的积极性总是不高，碰到了很多的障碍，采取怎样的措施来推动适宜技术的发展呢？

以上只是举出一部分问题，这些问题说明我国的医疗卫生体制改革和卫生事业的发展还面临着严峻的挑战，还有不少理论问题、不少政策问题、不少实施举措的问题，都亟待我们进行深入研究。如果对这些问题没有深入的研究，没有清醒的战略思考和长远的设计，就可能使医改误入歧途，造成不可挽回的巨大损失。很多事情是很难错了以后重头再做起的，在这方面我们曾经有过痛苦的教训。

北京大学从来都以民族和国家的利益为已任，在中国医药卫生体制改革和卫生事业发展这样一个关键时刻，我们北京大学有责任做出自己的贡献。经过两年的筹备，我们今天终于在这里宣布，北京大学中国卫生发展研究中心正式成立，这是一件大事。

我认为这个中心的成立，已经具备了充分的条件。最重要的条件是需求的刺激。在医疗卫生体制改革和新形势下中国卫生事业发展所遇到的诸多问题，都是迫切需要解决的，这是我们研究的最大动力。另外，北京大学已经有了很坚实的工作基础。多年以前，在原北京大学和原北京医科大学合并成立新的北京大学时，就成立了中国卫生政策研究中心，之后又成立了全球卫生研究中心。我们在国家医改方案制定的过程中发挥了很大作用，北京大学承担了其中一个方案的起草。两年来，我们又参与了卫生部主持的“中国健康2020中长期规划”的战略研究，这些工作都使得我们有了很坚实的研究基础。再者，北京大学有着多学科的优势，不仅有雄厚的卫生研究力量，还有政策研究，有法律、经济、社会学等各学科的强大支撑，给学科交叉解决综合性、复杂性问题提供了最好的基础。最后，我们还有很好的国际合作基础，我们的国际朋友们，对我们这个中心的成立给予了极大的支持和热情，投入了很多具体的行动。这个中心的成立，跟国际朋友们的帮助是分不开的。

我们对于如何搞好这个中心，已经有了很深入的考虑。我在这里再提出三点意见：

第一，最关键的是，要对我们这个中心有一个准确的定位。我的概括是，建设一个高水平卫生政策研究和人才培养的学术机构。这句话有四层意思，第一层意思，中心的主要任务是卫生政策研究，从事具有战略性，全局性，前瞻性和可行性的卫生政策研究；第二层意思，中心是个学术机构，重视基础性研究，强调学术视角和科学性，保持学术独立性，做出学术贡献，对我国卫生政策的制定提供坚实的基础；第三层意思，我们不仅要做研究，还要培养人才，人才培养是我们卫生事业的最根本和长远的问题，也是高校的根本任务；第四层意思，是高水平的，这个高，在我们心目当中高到什么程度，个人可以有不同的理解，在不同的阶段也可能不同，但是不管怎么样，我们要追求最高的目标。

第二，应该建设一个开放的、与各方面紧密联系和合作的机构。与政府、卫生界、媒体、国际社会，以及其他的研究机构，都应该是充分开放的、没有边界的。研究课题的设置要完全开放，研究结果和数据也应该完全开放。更重要的是人员要开放，不仅要有自己的专职人员，更要吸纳大量的兼职研究员，以课题为导向，只要从事我们计划做的课题的研究者都可以成为中心的重要成员。

第三，创新管理机制。要遵循学术研究机构的规律，克服行政化倾向。要真正严格实施理事会领导下的主任负责制。设置行政管理团队和学术委员会两翼，一翼都不可少，都要强，并保持充分的协调和平衡。

我要很高兴地告诉在座的朋友们，昨天上午我们成功地举办了这个中心的第一次理事会，会议开得非常成功。会议对中心的战略目标、近期研究方向和重点内容、管理制度进行了充分的讨论，而且达到了高度共识，做出了一些重要的具体决定。中心的很多制度已经成文，中心的基本硬件条件已经具备。所以，中心在今天宣告成立后，就可以立即开展高效率的工作了。

在此，我要再次感谢各位国际朋友的支持，感谢中华医学基金会的支持，感谢国际医学教育委员会此时到这里召开委员会并组织论坛，来推动医学教育以及中国的卫生事业改革，感谢《柳叶刀》杂志再次与我们合作推出“中国健康专辑 2”，并准备继续同我们合作宣传中国的卫生事业、推动中国的卫生研究。

我认为刚刚成立的中心就像一艘巨轮，今天启航了。我们有明确的目标，精确的航线，充足的动力，还有优秀的水手，所以我坚信，我们一定能够克服航程中的种种艰难困苦，胜利到达彼岸。我们正在书写历史，让我们共同努力，使得今天在历史上留下浓重的一笔。

谢谢大家。

在中国科协人才和调宣工作会议上的讲话

（2010 年 6 月 8 日）

韩 启 德

各位代表，同志们：

在全国人才工作会议刚刚闭幕、举国上下深入学习贯彻会议精神之际，我们在这里隆重召开中国科协人才和调宣工作会议，认真学习中央领导同志重要讲话，深入分析科协人才和调宣工作面临的新形势新任务，研究探讨做好新形势下科协人才和调宣工作的新思路新举措，对于我们更好地贯彻落实《国家中长期人才发展规划纲要（2010－2020 年）》（以下简称《人才发展规划》）确定的各项任务，坚持“三服务一加强”的工作定位，进一步加强科协决策咨询工作，扎实推进国家级科技思想库建设，推动科协工作上台阶、上水平，具有十分重要的意义。

下面，我讲三点意见，与大家交流：

一、充分认识做好新形势下人才工作的重要意义

当前，国际环境复杂多变，我国经济社会快速发展，战略机遇期和黄金增长期同时并存，矛盾凸显期和科技跃升期相互交织，新情况新问题层出不穷，迫切需要不同层次不同类型的人才充分发挥作用，人才作为经济社会发展第一资源的特征和作用更加明显，日益成为可持续发展的关键因素。

一是综合国力竞争日益激烈，跨国人才争夺成为焦点。随着经济科技全球化的不断深入，国际间人才竞争日益激烈，人才跨国流动进一步加快。发达国家不遗余力地在全球范围吸引和延揽优秀人才，美国每年吸纳的外籍高素质人才超过 20 万人，人才流失越来越成为发展中国家普遍面临的共同问题。这次国际金融危机之后，发达国

家普遍加快经济结构调整，大力发展战略性新兴产业，围绕着新能源、新材料、电子信息、生物技术等领域展开的高层次创新型人才竞争越来越直接，越来越激烈。面对激烈的综合国力竞争和跨国人才争夺，加快培育发展我国战略性新兴产业，努力在新一轮世界经济增长中占得先机、赢得主动，迫切需要我们把人才工作放到关系国家发展全局的战略地位来谋划、来推进，加大力度，统筹安排，积极主动地参与全球人才竞争，努力造就一批世界水平的科学家、科技领军人才、工程师和高水平创新团队，培养好、凝聚好、使用好各类优秀人才，不断增强人才竞争力。

二是全面建设小康社会进入新阶段，迫切需要夯实人才资源基础。目前，我国人均国内生产总值已经接近3700美元，经济规模、外贸总额和外汇储备均居世界前列，为实现全面建设小康社会宏伟目标奠定了坚实物质基础。同时也应该看到，当前我国劳动力综合素质还比较低、人才发展水平不高、人才结构和布局不合理等问题依然十分突出，高层次创新型人才匮乏，创新创业能力不强，已经成为培育发展战略性新兴产业、加快发展方式转变的重要制约因素。这就需要我们把经济社会发展和人才发展统筹起来，把人才强国作为一项基本战略，坚定不移地加以推进，按照“服务发展、人才优先、以用为本、创新机制、高端引领、整体开发”的指导方针，努力培养造就数以亿计的高素质劳动者、数以千万计的专门人才和一大批拔尖创新人才，夯实人才资源基础，形成一支规模宏大、结构优化、布局合理、素质优良的人才队伍，用世界一流的人才队伍支撑发展、引领未来，加快全面小康社会建设进程。

三是加快建设创新型国家，迫切需要把科技人力资源优势转化为创新优势。科技工作者是先进生产力的开拓者，是走中国特色自主创新道路、建设创新型国家的中坚力量。目前我国科技人力资源总量已超过5000万，通过各种方式接受过高等教育的人力资源总量超过8000万，每年还新增各类高校毕业生600多万，规模位居世界第一。这是改革开放30多年积累下来的宝贵财富，是增强我国自主创新能力、建设创新型国家最为重要的战略资源，必须善加珍视、积极开发，把这些宝贵的人才资源用活用好。我认为关键是要创新人才发展体制，革除影响和制约创新型人才成长发展和充分发挥作用的体制机制性障碍，营造环境、创造条件，让更多的一流人才和领军人才脱颖而出，让更多的年轻人才在创新实践中成长进步。

四是构建社会主义和谐社会，迫切需要拓宽人人都可以成长成才的社会通道。充分挖掘每个人的创新潜能，提供人人都可以成才的机会，让每个人都成为对祖国、对人民、对民族的有用之才，是深入贯彻落实科学发展观、实现人的全面发展的内在要求，也是构建社会主义和谐社会、激发全社会创造活力的必然要求。这就要求我们既要善于发现人才，不拘一格选拔人才、举荐人才，大胆使用和吸引人才，又要尊重人才成长规律，努力建立与社会主义市场经济体制相适应、有利于各类人才脱颖而出、有助于每个人的潜质和创造力得到充分发挥的体制机制，让人才在在经济社会发展的实践中增长才干、锻炼成长，还要统筹推进城乡、区域、产业、行业和不同所有制人才资源开发，不断拓宽人人都能成长进步的社会通道，真正做到野无遗贤、野无遗才。只有这样，才能形成人尽其才、才尽其用的生动局面，才能构建全体劳动者、建设者都能用当适任、用当其时、用当尽才的社会主义和谐社会。

二、准确把握中央对科协人才工作的新要求、新期待

科协作为科技工作者的群众组织，作为党和政府联系科技工作者的桥梁纽带，在发现人才、培养人才、举荐人才，推动用好用活人才方面具有不可替代的独特优势，科协人才工作是党和国家人才工作的重要组成部分。认真学习、深入贯彻全国人才工作会议精神，全面落实《人才发展规划》确定的各项任务，既为科协做好新时期人才工作提供了难得机遇，也对科协组织更好地为科技工作者服务、当好科技工作者之家提出了新的更高要求。

一要更加自觉地把科协人才工作融入国家人才工作全局之中，在育才引才荐才用才中发挥关键独特作用。科协是党领导下的人民团体，科协工作主要是做科技工作者的工作。通过为科技工作者提供优质高效服务，把他们的积极性主动性创造性调动起来，更好地为经济社会发展服务，为提高全民科学素质服务，是科协组织的基本职责。中央强调要更好地实施人才强国战略，以高层次高技能人才为重点统筹推进各类人才队伍建设。各级科协要坚决按照中央要求，切实发挥好党和政府联系科技工作者的桥梁纽带作用，把加强党和政府同科技工作者的联系作为基本职责，把竭诚为科技工作者服务作为根本任务，把科技工作者是否满意作为衡量科协工作的主要标准，既通过搭建国内外学术交流平台发现人才，组织继续教育和专门培训活动造就人才，联系海外华人科技团体吸引人才，开展青少年科技教育活动培育人才，又通过举办宣传表彰活动激励人才，建设“科技工作者之家”凝聚人才，努力构建具有科协特色的促进科技人才成长提高的服务体系。

二要更加准确地了解和把握科技工作者总体状况与发展趋势，为党和国家科学制定人才政策服务。近年来，我国科技工作者总体数量快速增长，年轻化趋势明显，就业和流动方式日益多样化，人生观价值观的差异性也越来越明显，具有思想活动独立、参与公共事务热情高等突出特点，同时也普遍面临着工作压力大、健康问题突出等问题。我们要把开展科技工作者状况调查作为一项重要任务，把研究新时期创新型科技人才成长规律作为一项基础性工作，及时了解把握科技工作者队伍变动的新特点，深刻理解科技工作者思想活动的新动向，准确反映他们的意见建议和呼声，为党和政府制定实施符合创新型科技人才成长规律的政策措施提供依据，为科技工作者成长成才、创新创业创造良好的政策环境和舆论环境。

三要更加积极主动地宣传在创新科学技术和普及科学技术方面作出突出贡献的优秀科技工作者和创新团队，培育有利于创新人才脱颖而出的创新文化。我国科技界素有求真务实、勇于创新、团结协作、报效祖国的优良作风和学术传统，特别是老一辈科学家和广大优秀科技工作者，代表着科技界良好形象，应该成为全社会尊敬、学习的楷模。在全社会大力宣传表彰优秀科技工作者，营造尊重劳动、尊重知识、尊重人才、尊重创造的良好社会氛围，培育激发活力、催人奋进的创新文化，形成见贤思齐、奋发努力的良好社会风尚，是推动形成人才辈出、人尽其才生动局面的必然要求。各级科协要大力宣传在创新科学技术和普及科学技术方面作出突出贡献的优秀科技工作者和创新团队，弘扬敢于创新、勇于竞争、诚信合作、宽容失败的开拓精神和坚持真理、诚实劳动、亲贤爱才、密切合作的职业道德，努力让科学家的崇高风范、先进事迹和杰出贡献在全社会传诵，让科技界科学、严谨、求实、奉献的优良作风在全社会发挥影响，用社会主义核心价值体系引领社会思潮，为更好实施人才强国战略奠定深厚的社会文化基础。

三、做好“三服务”，高质量完成中央交给的各项任务

这次中央《人才发展规划》任务分工方案中，明确中国科协参与承担五项任务。这为各级科协及所属团体做好新时期新形势下的人才工作提供了直接的指导，也为以人才工作为重点推动科协各项工作上台阶上水平提供了难得机遇。我们要抓住机遇，精心谋划，周密部署，切实把科协系统的政治优势和组织优势充分调动起来，把科技社团的学科优势和人才优势充分发挥出来，自觉肩负起积极培养举荐人才、推动用好用活人才的时代重任，创新工作方法，加大工作力度，把已经开展的各项工作做出影响，做成品牌，进一步开辟科协人才工作新领域、新境界，推动形成人才辈出、人尽其才的生动局面。

第一，要在服务经济社会发展的创新实践中用好用活人才。根据新时期我国人才发展指导方针，组织广大科技工作者为经济社会又好又快发展服务，在服务科学发展中用好用活人才，是科协人才工作的重要职责，也是检验科协人才工作成效的重要标准。在这方面，我们开展的工作主要是两类：一类是组织开展群众性技术创新活动，推动基层一线科技工作者立足本职岗位作贡献。比如在企业深入开展“讲理想、比贡献”活动，推动建立院士专家工作站，把创新要素引向企业，促进产学研用相结合，让广大科技工作者特别是基层一线科技人才在提升企业技术创新能力的生动实践中增长才干、建功立业。比如在农村实施“科普惠农兴村”计划，通过以奖代补、奖补结合的方式，为大批农村实用技术人才和生产经营型人才在社会主义新农村建设中发挥作用创造条件、提供支持，帮助他们成为提升农民素质、带领农民致富的示范带头人。这些都是我们的传统工作，有特色有基础有优势，应该继续做好。另一类是组织科技工作者开展决策咨询和建言献策活动。这是近年来科协工作的一个亮点。我们围绕经济社会发展中的热点难点重点问题，组织科技工作者开展深入调查研究，积极建言献策，把科技工作者的个体智慧凝聚上升为有组织的集体智慧，推出了一批有份量、有影响的调研报告，受到中央领导同志的重视和肯定，也得到社会方方面面的认可和好评。中央书记处在关于科协工作的几点意见中明确要求中国科协进一步发挥优势、展现特色，努力把中国科协建设成为国家级科技思想库。我们要按照中央要求，把组织科技工作者开展决策咨询作为在服务经济社会发展中用好用活人才的重要内容，突出特色，打造品牌，努力使决策咨询工作成为新阶段科协事业的重要生长点，真正把中国科协建设成为国家级科技思想库。

第二，要在提高全民科学素质的不懈努力中打造各类人才成长的基础和环境。创新型人才植根于综合素质高、科学素质好的国民群体之中。形成一支德才兼备、结构合理、素质优良的科技人才队伍，必须以广大劳动者科学素质大幅度提高为基础，必须具备创新型人才辈出的社会环境。《全民科学素质行动计划纲要》把青少年、农民、城镇劳动人口、领导干部和公务员列为四大重点人群，为我们通过科学素质工作促进人才成长指明了方向。我们要继续在青少年人群中开展各种形式的课外科技活动，增强他们对科学技术的兴趣和爱好，引导青少年增强创新意识和实践能力，大力培养优秀科技后备人才；要针对农民广泛开展各种形式的科技下乡和群众性、社会性、经常性科普活动，传播先进适用技术，不断增强农民依靠科技脱贫致富能力，培养一大批服务农村经济社会发展的农村实用技术人才；要针对领导干部和公务员举办科技讲座、报告会等科普活动，不断提高领导水平和执政能力，造就一支政治坚定、勇于创新、善于推动科学发展的高素质党政人才队伍。这里我要特别强调一下通过针对城镇劳动人口开展科普和培训活动，培养造就高素质劳动者和高层次高技能人才问题。随着我国工业化、城镇化进程不断加快，将会有越来越多的农村人口转为城镇居民，大量符合条件的农业转移人口将逐步在城镇落户、就业；与此同时，随着我国由制造业大国向制造业强国转变，创新驱动已经成为我们产业发展的重要特征，对高素质劳动者和高层次高技能人才的培养使用提出了更加紧迫的社会需求。我们要准确把握社区科普工作面临的新形势新任务，把针对城镇劳动人口开展形式多样的科普活动和就业培训、创业培训摆在更加突出的位置，广泛开展社区科普益民行动，积极开展有针对性的技能培训，在企业开展群众性技术创新和发明活动，不断提高城镇劳动者科学素质、职业素质和职业技能，推动形成一支以技师和高级技师为主体，门类齐全、技艺精湛的高技能人才队伍，为走新型工业化道路和产业结构优化升级提供坚实的人才和智力基础。

第三，要在建设科技工作者之家的持续探索中关心爱护人才。科协是科技工作者的群众组织，是党和政府联系科技工作者的桥梁和纽带，千方百计为科技工作者提供优质高效服务，及时向党和政府反映科技工作者在创新创业过程中存在的困难和问题，为他们成长成才和充分发挥作用创造良好环境，是科协当好科技工作者之家的重要内容，也是充分调动激发科技工作者创新热情和创造活力的必然要求。目前，全国范围内已经掀起大力培养吸引和用好用活创新型人才的社会热潮，科技工作者的社会关注度和影响力进一步突显。科协组织要把深入扎实开展科技工作者状况调查摆在更加突出的位置，以加强调查站点建设为重点，健全完善具有科协特色的科技工作者状况调查体系，不断提高调查研究的质量和水平，准确把握和及时反映科技工作者群体中的突出问题，推动解决他们在工作生活中遇到的实际困难和问题，使他们各展所长、各得其所。要把开展科技工作者状况调查与大力宣传优秀科技工作者和创新团队紧密结合起来，既通过实施老科学家学术成长资料采集工程，大力宣传老科学家的优良品德和诚信意识，弘扬他们坚持真理、诚实劳动、亲贤爱才、密切合作的职业道德，推动形成尊重劳动、尊重知识、尊重人才、尊重创造的良好社会风尚；又热情关心基层一线科技工作者和青年科技人才，大力宣传在企业科技攻关、农业科技推广和科学普及方面作出突出贡献的普通科技人员，营造人人崇尚创新、人人都能成才、人人都作贡献的良好社会氛围。要把宣传先进典型和惩治学术不端行为结合起来，把倡导优良学风与加强制度建设结合起来，营造自由平等、求真务实的学术氛围，为科技工作者成长成才营造宽松和谐的学术环境。要把加强科协基层组织建设作为做好新时期科协人才工作的基础工程，不断扩大科协基层组织覆盖面和影响力，真正做到哪里有科技工作者科协工作就做到哪里，哪里科技工作者密集科协组织就建到哪里，帮助科技工作者干事业，干成事业，干好事业，让科技工作者的创造活力在建设创新型国家的生动实践中竞相迸发。

各位代表，同志们！

全面贯彻落实全国人才工作会议精神，努力做好科协人才工作，扎实推进国家级科技思想库建设，是中央交给科协组织的重要任务，也为科协及所属团体创新发展、成就辉煌提供了战略机遇。让我们更加紧密地团结在以胡锦涛同志为总书记的党中央周围，团结协作、开拓进取，扎实工作、不辱使命，团结带领广大科技工作者更好地为经济社会发展服务，为提高全民科学素质服务，在全面建设小康社会、实现中华民族伟大复兴的进程中作出新的更大的贡献。

谢谢大家！

在全国“讲理想、比贡献”活动总结表彰大会上的讲话

（2010年11月29日）

韩启德

同志们：

今天，中国科协和国家发展改革委、科技部、国资委隆重召开总结表彰大会，表彰奖励过去两年来在“讲理想、比贡献”活动中表现突出的先进集体、科技标兵和优秀组织者，总结交流各地的先进经验和成功做法。在此，我谨代表“讲、比”活动领导小组向获奖的先进集体和先进个人表示热烈的祝贺！向积极参与活动的广大科技工作者致以亲切的问候和诚挚的敬意！

“讲、比”活动是我国科技工作者推动科技进步、服务经济社会发展的一个创举。二十多年来，“讲、比”活动有效地带动了全国范围内群众性技术创新活动的蓬勃开展，在促进创新要素向企业集聚、提高企业技术创新能力、培养创新科技人才、普及科学技术知识、弘扬创新文化等方面取得了丰硕成果。2007年，中国科协会同国家发改委、科技部和国资委联合下发《关于在企业深入开展“讲理想、比贡献”活动的意见》，并于2008年召开了第一次总结表彰大会，进一步推动“讲、比”活动深入开展。两年多来，全国已有1.8万多家企业开展“讲、比”活动，参与活动的科技工作者150多万人次，涌现出一大批先进个人和集体，充分展现了我国科技工作者顽强拼搏的奉献精神、锲而不舍的敬业精神、协作共赢的团队精神和奋力攀登的创新精神。

在“讲、比”活动的旗帜下，我们又探索创造出院士专家工作站这一科技工作者服务企业技术创新的有效形式，大批两院院士和高层次专家通过院士专家工作站深入到企业一线，为企业的科技创新服务，受到中央领导同志的充分肯定。目前，全国已有24个省（自治区、直辖市）建立了院士专家工作站633家，进站院士专家2700人次。院士专家工作站在促进产学研有机结合、培养企业创新人才方面具有独特优势和重要作用，受到地方党委政府的高度重视和企业的普遍欢迎。

今年以来，党中央、国务院连续召开了全国人才工作会议和全国教育工作会议，发布实施《国家中长期人才发展规划纲要》和《国家中长期教育改革和发展规划纲要》，对加快建设人才强国和人力资源强国做出全面部署，在国家层面完成了科教兴国战略和人才强国战略的顶层设计。前不久召开的十七届五中全会，审议通过了中共中央关于国民经济和社会发展“十二五”规划的建议，提出要以科学发展为主题，以加快转变经济发展方式为主线，突出强调加快转变经济发展方式最根本的是要靠科技的力量，最关键的是要大幅度提高自主创新能力。我们要自觉把思想和行动统一到中央战略部署上来，为增强自主创新能力、推动经济平稳较快发展和社会和谐稳定作出新的更大贡献。

第一，要努力坚持科技体制机制改革。改革开放以来，我国科技体制改革不断深化，国家创新体系渐趋完善，为科技事业进入重要跃升期提供了重要的体制机制保证。同时也应该看到，与经济社会发展的强大需求相比，与社会各界的热切期望相比，目前我国的自主创新能力还存在着相当的差距，我们一定要不断深化科技体制改革，把全社会的创造活力和创新热情充分调动激发出来。要积极探索解决制约科技成果转化的瓶颈问题，尊重市场经济规律，充分发挥知识产权在促进科技成果商品化、产业化中的基础性作用，大力发展风险投资，推动科技与金融的有机结合，鼓励扶持科技创业，促进科技成果加快转化为现实生产力。要改革完善现有的科技评价体系和资源分配机制，推动形成公平公正、鼓励创新、宽容失败的科研环境。要尊重和发挥科学家在科学研究中的主体地位作用，维护他们在科研领域自由探索、学术争鸣的权益，维护他们开展学术交流、同行评议的自主性和独立性，努力营造尊重知识、尊重人才的良好氛围。

第二，要努力把科技工作者作为先进生产力开拓者的作用发挥出来。科技工作者是先进生产力的开拓者和先进文化的传播者，也是坚持走中国特色自主创新道路、建设创新型国家的中坚力量，肩负着研究开发、推广应用和传播普及科学技术的重要使命。要广泛动员和组织广大科技工作者为经济社会又好又快发展献智出力，围绕事关经济社会发展和人民群众切身利益的重大科技课题和关键技术难题努力攻关，勇攀科技高峰，用一流的创新成果引领和推动企业技术创新和产业结构调整。要广泛动员和组织广大科技工作者为提高全民科学素质服务，充分发挥科技工作者的优势和专长，既要面向企业广大

职工开展科普活动，促进企业创新文化建设；又要面向社会公众开展科普活动，让科技发展的成果惠及人民，增强国民的就业能力、创新能力和创业能力。要广泛动员和组织广大科技工作者为营造有利于创新的社会氛围服务，引导科技工作者继承和发扬我国科技界的光荣传统，推动科技工作者内部约束和惩戒机制的建立健全，自觉抵制学术不端行为，把科技精神和人文精神有机结合起来，在促进形成健康和谐学术氛围的同时，推动在全社会树立创新意识、倡导创新精神、发展创新文化。

第三，要努力把企业作为技术创新主体的作用发挥出来。企业是技术创新的主体，因为企业是研究开发资金的投入者、技术创新活动的承担者、技术创新风险承受者和技术创新收益的获取者。当前企业自主创新能力不强，表现在企业承担技术创新活动的意愿不足，承受技术创新风险的能力低下，高层次创新人才匮乏。我们要大力支持企业研究开发活动，引导企业切实加大研发投入和技术创新力度，促进科技资源的高效合理配置，力争在若干关键领域掌握一批核心技术，拥有一批自主知识产权、打造一批知名品牌，大幅度提升企业自主创新能力。要不断拓展产学研结合的渠道和模式，促进企业与各级各类学会、科研院所、高等院校的广泛合作，支持企业打造企业专家工作站等有效集聚人才、技术、信息等创新资源的工作平台，努力把创新要素引入企业，为企业增强自主创新能力奠定重要基础。要加强企业人才队伍建设，积极开展创新方法培训，通过建设学习型车间、科技攻关小组等实践证明行之有效的方式，帮助企业科技工作者提升职业技能，努力培养造就一支企业欢迎、社会认可、有真才实学、能解决问题的企业科技工作者队伍，充分激发他们的创新热情和创造活力，为企业技术创新多做贡献。

第四，要努力把劳动者科学素质对企业创新发展的基础性作用发挥出来。劳动者科学素质是劳动者生产生活技能的核心。没有劳动者科学素质的大幅度提高，企业自主创新就是无源之水、无本之木，企业的创新发展也就失去了基础和支撑。要充分挖掘和调动企业员工的聪明才智，鼓励他们积极参与技术创新全过程，立足研究开发和生产实践，不断做出原始创新成果。要不断扩大“讲、比”活动的覆盖面和影响力，同时善于发现基层工作的亮点，及时总结好做法、好经验，积极培育和推广新的群众性创新活动形式。要通过广泛开展形式多样、内容丰富的科普活动，创办科普车间、开辟科普橱窗、举办科普讲座以及科技、科普活动日等方式，帮助企业员工增强科学意识、安全意识和节能减排、保护环境意识，促进企业安全生产、科学生产、和谐生产。

第五，要努力把企业科协的桥梁纽带作用发挥出来。企业科协是企业科技工作者的群众组织，是联系企业科技工作者、企业领导者和企业员工的重要纽带，也是沟通企业与学会、科研院所、高等院校之间的坚实桥梁。要坚持以科技工作者为本，依靠企业科技工作者开展工作，努力为企业科技工作者提供服务，通过扎实有效的活动来凝聚人心、激发热情，赢得企业科技工作者的认可和参与。要活跃企业内部的学术交流氛围，组织开展特色鲜明、形式多样的学习研讨和技术交流活动，帮助企业科技工作者获取最新信息、把握科技前沿、迸发创新火花，不断激荡自主创新的源头活水。要及时了解企业科技工作者的思想、工作和生活状况，积极向企业领导者反映科技工作者的建议、意见和诉求，推动解决企业科技工作者普遍关心的职称评定、学术成长和继续教育问题，同时积极向他们宣传企业发展战略和工作部署，组织他们围绕企业发展重大问题积极建言献策。

同志们！

让我们更加努力工作，不断开拓创新，为实现国民经济和社会发展第十二个五年规划目标、夺取全面建设小康社会新胜利做出新的更大贡献！

祝大会圆满成功。

谢谢大家！

在第十二届中国科协年会开幕式上的致辞

（2010 年 11 月 1 日）

韩 启 德

尊敬的王兆国副委员长、各位来宾，同志们：

今天，我们在美丽的榕城——福州隆重召开第十二届中国科协年会。本届年会将以“经济发展方式转变与自主创新”为主题，积极开展学术交流，推动科学知识的普及与技术成果转化，为增强我国自主创新能力、促进经济发展方式转变建言献策。在这里，我谨代表中国科协，向出席年会的广大科技工作者和国内外嘉宾表示热烈的欢迎，向给予本届年会大力支持的福建省委、省政府以及各有关单位表示衷心的感谢。

福州是一座人杰地灵的历史文化名城。在福州召开中国科协年会，我首先想到的是三位福州名人，他们与中国的科学技术史都有很大关系。

第一位是林则徐。在中国近代史上，林则徐是“开眼看世界的第一人”。他曾在广东设立译馆，编译了很多西方书籍。他提出“师夷长技以制夷”的思想，影响了后来的洋务派、维新派。从林则徐开始，中国人对西方的科学技术有了更多了解，慢慢从“天朝上国”的迷梦中清醒过来。

第二位是严复。他从福州船政学堂毕业以后，保送到了英国的朴次茅斯大学和格林威治海军学校，在英国开始思考中国为什么会落后的问题。1894 年的中日甲午战争给了他更大的刺激，于是努力翻译引进西方的自然科学和社会科学知识。比如他翻译的《天演论》，用“物竞天择，适者生存”的生物进化理论来宣传“优胜劣汰”的社会进步思想，确实是振聋发聩。辛亥革命后，严复又成为北京大学的首任校长，那个时候北大几乎已经办不下去，但严复苦心维持，写下了著名的《论北京大学校不可停办说帖》，带领北大渡过难关。严复对科学思想在中国的传播起到了重要作用。

第三位是陈景润。在座的各位可能都读过徐迟写的《哥德巴赫猜想》，徐迟把原本非常枯燥的数学理论写得非常浪漫，这篇文章感动了全国的读者。陈景润在学术上的贡献是巨大的，他是了不起的数学天才，但我认为，更为重要的是，陈景润是那个时代的代表人物，他象征着新时期科学精神在中国的复苏，他的故事也激励了整整一代青年。

如果我们把视野再放大一些，福建籍的科技名人就更多了。出生在闽侯的侯德榜先生是中国现代化学工业的主要奠基人之一，他发明的侯氏碱法至今仍是我国纯碱生产的主要方法之一，他还担任过中国科协第一届全国委员会的副主席。出生在厦门鼓浪屿的林巧稚大夫是中国现代妇产科学的奠基人之一，她一生亲自接生了 5 万多婴儿，在胎儿宫内呼吸、妇科肿瘤、新生儿溶血症等方面的研究上都有重要贡献。我国科普事业的先驱高士其、天文学家张钰哲、半导体科学事业开拓者之一林兰英等也都是福建人。

回顾这些历史人物，不仅说明福州乃至福建与中国近现代科学技术发展有深厚的“缘分”，也启示我们：一百多年以来，中国的先进分子，始终致力于引进和传播现代科学，通过他们的努力，科学精神已经成为我们中华民族精神的重要组成部分，科学技术的发展已经与我们国家民族的命运紧密结合在一起。

今天的中国正处在一百多年来发展最好最快的时期，我们在科学技术方面的成就，是林则徐、严复甚至陈景润都难以想象的。但是，如果我们真正“开眼看世界”，比较近代以来世界上各个大国兴衰的历史，就会很清醒地认识到，中国仍然处在转型时期，我们要完成现代化的伟业，还需要继续付出艰苦的努力，进行也许充满阵痛的转变。

过去三十年中国经济的高速增长，主要靠的是要素驱动。我国用很短的时间，一跃成为全世界最重要的制造业大国，但由于自主创新的缺乏，在国际产业链中的地位低下，我们的工厂为美国苹果公司生产 iPAD，在市场上每台售价 299 美元，但中国工厂只能拿到 4 美元的代工费。一个不掌握核心技术、缺乏自主知识产权、在关键科技领域整体落后的大国，不可能成为真正的工业强国，也无法应对诡谲多变的国际形势。我们比较看重 GDP，现在中国的 GDP 已经与日本不相上下，但是单位 GDP 的能耗却远远高于日本，这使得我们所面临的能源问题和生态环境问题十分严重，这种粗放式的发展是难以持续的。

针对这样的状况，中共中央提出要加快转变经济发展方式，建设创新型国家，走全面、协调、可持续的科学发展之路。在刚刚闭幕的十七届五中全会上，中共中央对制定“十二五”规划提出了建议，全会指出，加快转变经济发展方式是我国经济社会领域的一场深刻变革，必须贯穿经济社会发展全过程和各领域，而“加快转变经济发展方式，最根本的是要靠科技的力量，最关键的是要大幅度提高自主创新能力”。我们广大科技工作者应该深刻领会精神，肩负起光荣的使命。我们不仅要贡献智慧，进行创造性的科研实践，还要开启民智，进一步提高我国的公民科学素质。

围绕着“转变与创新”的主题，我想着重就人才和科普工作中的某些问题，与大家交流讨论。

首先是人才问题。北大老校长蔡元培讲，“人才为国之元气”。经济发展方式的转变与自主创新，需要有一大批世界一流的科技人才和经营管理人才。回望三十年改革开放史，我们会发现很多这样的例子：一个具有战略眼光的领军人才，可以振兴一个学科，可以创建一个企业，甚至可以带动一个产业，培育一个市场。

王选院士就是最典型的例子。西方曾经有一个评选，认为有史以来最伟大的发明是印刷术；而计算机和互联网的出现，使得人类知识的载体和结构发生了革命性变化。从这个角度来说，王选的贡献，是为五千年的中华文明争得了数字化时代的生存权。他研发的汉字激光照排技术，使中文出版印刷“告别铅与火，迈入光与电”，同时带动了一个庞大的产业，这就是真正的自主创新。王选院士是我在北大的同事，也曾是九三学社的领导，我很怀念他。尤其是看到今天互联网技术继续在飞速发展，而中国软件行业的许多标准和核心技术仍然掌握在外国人手里，我就更加盼望中国能涌现出千千万万个王选。

国际上对一流人才的竞争是非常激烈的。中央高度重视人才的引进与培养，正在实施“千人计划”等重大人才引进计划。我们一定要抓住机遇，千方百计汇聚人才。但光是“引得进”还不够，更重要的是“留得下”、“用得好”，要建立更加公平、公正的人才竞争机制，创造更加宽松、和谐的人才成长环境，形成人才辈出、生机蓬勃的局面。

毋庸讳言，现在我国的科技体制还存在着一些弊端。两个月前，施一公和饶毅教授在《科学》杂志上发表社论文章，指出近年来中国的研究经费持续以20%的比例增长，但由于研究经费的分配中存在许多问题，减缓了我国创新的步伐。他们认为，必须打破研究资金管理中的各种“潜规则”，建立健康的科研文化，研究资金必须以学术能力优劣为基础进行分配，而不再依赖私人关系。我认为他们提出的问题应该引起充分的重视，我们要努力从体制机制的改革着手，实实在在地解决一些问题。

同时，我也认为，中国科研体制的改进完善，需要所有科技工作者共同来努力。作为这个社会的知识精英，我们决不能放弃对自身力量的信仰，如果每一个科技工作者都坚守自己的道德底线，拒绝自欺欺人、麻木迎合，并尽自己的力量，去创造性地改变历史轨迹，那么我们当然能够创造历史。中国科协作为我国最主要的科学共同体，应该更加积极地发挥作用，以建设性的态度，大力推动各项改革，使科研资源的配置更加合理，科技成果的评价更加公正，同时严厉打击各种学术不端行为，为那些有真才实学的人才干事业和实现价值提供机会、创造条件，让全社会的创新智慧竞相迸发。

同志们，

我还想特别强调关于科学普及工作中的一些问题。王选生前总是讲，做科研要“顶天立地”。所谓“顶天”，就是要瞄准国际学术的最前沿，取得重大发现；所谓“立地”，就是要为中国经济社会发展做出实实在在的贡献。在我看来，“立地”还有一层意思，就是要求我们科技工作者多做一些普及的工作，努力提升全民族的科学素质，这是科技发展的土壤，也是建设创新型国家的基础。

今年中国科协完成了第八次公民科学素质调查，近年来我国公民具备基本科学素质的比例有了明显的提高，但还仅为3.27%，和发达国家相比，这个水平是很低的。公民科学素质不高，严重影响到我国经济社会的发展，甚至威胁到社会的稳定。

比如2007年初，有媒体报道广东和海南等地香蕉大面积感染巴拿马病，接着就有传说人吃了感染的香蕉会得癌症，还有传说香蕉感染的是SARS病毒。消息迅速传播之后，海南香蕉的价格从每公斤三块钱跌落到三毛钱，蕉农每天损失超过2000万元。对于当地农民来说，简直是天降横祸。但凡有科学常识的人都知道，所谓“巴拿马病”其实就是很常见的香蕉黄叶病，感染的是镰刀菌，是不可能传染给人的。

煤矿安全问题是全社会关注的焦点，但与此同时，根据中国科协的一项调查，14.2%的煤矿工人缺乏应对瓦斯爆炸的知识，12.5%的工人不知道怎样处理井下火灾事故。这每一个百分点的背后，都可能是许多宝贵的生命！

今年5月，大亚湾核电站二号机组一根燃料棒的包壳出现微小裂纹，在国际核事故的7级分级标准中，这连0级都不到，完全是可控的。但此事经媒体报道后，引起深港两地不小恐慌，甚至点燃了内地在建或拟建核电站地方民众的不安情绪。

我举这些例子，就是要说明提高公民科学素质非常重要，也非常紧迫。如果我们的公民不具备基本的科学素质，社会就不可能是理性的、和谐的，我们正常的经济社会发展就会受到严重影响。

那么，如何将科普工作做得更加扎实更有成效呢？除了我们经常强调的改进学校科普教育、加强科普人才队伍建设、完善科普工作体制等措施之外，我认为针对诸如上述的社会热点、焦点问题来开展科普工作，不失为一条重要而有效的途径。正因为是热点、焦点，大家都关心，针对这些问题的科普宣传就容易引起公众的兴趣，也就容易取得实实在在的效果。汶川、玉树地震和舟曲泥石流灾害之后，防震、救灾以及预防地质灾害方面的科普知识传播效果较好；2003年的SARS疫情之后，公众对急性传染病防治方面的知识更加关心；张悟本事件后，大家对健康教育中的乱象体会就更加深刻；去年日全食期间，学习天文知识成为热门。我想，如果我们科技工作者趁着前一段时期“山西疫苗事件”、“甲流”疫苗接种的机会，以及在最近全国儿童麻疹强化免疫期间，针对社会上不同观点的争论，加强科普宣传，一定能使广大群众对疫苗预防传染病的科学认识得到更大提高；当前，在转基因食品方面争论十分激烈，公众普遍关心，这也是我们普及转基因等生物科学知识的机会；今年全球严重自然灾害频发，如果结合这些实际的例子来进行有关全球气候变化、生态环境保护、低碳发展等方面的科普教育，那就能起到事半功倍的效果。

围绕社会热点、焦点问题开展科普工作，需要充分发挥科学共同体的作用。有一些社会热点、焦点问题的科学技术背景比较复杂，容易在群众中产生不同意见，这种时候科学共同体的判断应该是最权威的，解释是最有分量的。我们应该及时解答社会关注的科技问题，正确引导社会舆论，帮助公众用科学的精神和态度来看待问题、利用科学的方法和知识来分析问题。这既是科学共同体义不容辞的社会责任，也有助于树立科学共同体良好的社会形象，更可以大大推进科普工作。老百姓通过这些事情，会对有关的科学知识有比较全面的了解，而且会真心实意地相信科学。

围绕社会热点、焦点问题开展科普工作，需要充分发挥媒体的作用。今天的媒体，拥有空前强大的力量，深刻影响着大众心理。但是我们不少科技工作者还没有能够跟上这样的变化，总体上我们还很不善于利用媒体。我看过一组数据：以自然科学家作为消息来源的报道，在政治性媒体上只占到3.5%，在公共网络论坛上只有3.2%，在新闻媒体上占的比例稍高，但也仅为13.3%，全社会为之轰动的奶粉三聚氰胺事件发生时，在公共网络论坛上，自然科学家作为消息来源的竟然为0！也就是说，当最需要科学家讲话的时候，在媒体上缺乏我们的声音，这样的情形是非常危险的。我们科技工作者应该主动加强与大众媒体的沟通合作，及时在媒体上用科学知识引导公众正确理解与社会热点、焦点问题相关的科学道理。

我们科技工作者不仅立身要正，要有高尚的学术操守，不为个人利益而失去学术的良心，提高我们的社会公信力；而且在社会热点、焦点问题面前，不能选择沉默或逃避，要有不惧流俗的勇气。林则徐讲，“苟利国家生死以，岂因祸福避趋之”，科学家代表着社会的理性精神，如果因为讲真话而挨骂，那恰恰是一个科技工作者的光荣。

借这个机会，我也向各级政府提出一点建议。希望将科普工作纳入到政府应对社会热点问题的应急预案之中。在出现影响社会和谐稳定的热点事件时，政府应该尽快听取科学家的意见，要在第一时间查清事实真相，即时开展科普宣传，向公众说明科学原理，消除恐慌心理。只有尊重科学、崇尚理性，才能真正保护广大人民群众的整体利益和长远利益。

我还建议，提升公民的科学素质，首先从领导干部抓起。1941年，毛泽东同志专门给在苏联上学的两个儿子写信，他说：“惟有一事向你们建议，趁着年纪尚轻，多向自然科学学习，少谈些政治。政治是要谈的，但目前以潜心多习自然科学为宜，社会科学辅之。将来可倒置过来，以社会科学为主，自然科学为辅。总之注意科学，只有科学是真学问，将来用处无穷。”如果不考虑这段话的具体背景，我认为毛主席从一般意义上讲明白了政治与科学的关系，谈政治要以学科学为基础，没有扎实的自然科学基础，也不能很好地掌握社会科学。所以，我真诚希望，领导同志能“潜心多习自然科学”，带头学科学、信科学、用科学，带头抓科普工作，这将是国家之福，人民之福！

同志们，

我们的科协年会除了努力搭建学术交流平台，推进科技普及之外，还要积极服务举办地的发展。福建这些年的发展又好又快，已经成为中国经济最具有活力的区域之一，而且发展的潜力特别巨大。福建与台湾有着密切的地缘、亲缘、物缘关系，国家赋予福建多项对台经济优惠政策，四个国家级“台商投资区”和两个“两岸农业合作试验区”都设在福建，本届年会要积极为海峡西岸经济区的建设建言献策。推动海峡两岸科技界的交流与合作，也将是本届年会的重要任务。

同志们，

严复曾经说，世界各国均以民力、民智、民德作为发展的根本，“未有三者备而民生不优，亦未有三者备而国威不奋者也”，国家的自强之本是“鼓民力、开民智、新民德”。今天，我们在严复的故乡召开这样一次盛会，在这里重温严复的名言，应该更加深刻地体会到：科技工作者所从事的事业，正是要“鼓民力、开民智、新民德”。希望我们大家团结一心、戮力进取，建设好我们的科学共同体，发展好我们的科学技术事业，为中国自主创新能力的提升、为中国的现代化建设作出更大贡献！

祝愿第十二届中国科协年会取得圆满成功！谢谢大家！

在地方科协党组书记座谈会上的讲话

（2010 年 1 月 14 日）

邓　楠

同志们：

七届五次全委会议刚刚闭幕，我们就召开地方科协党组书记座谈会，主要目的是深入学习贯彻党的十七大、十七届三中、四中全会和中央经济工作会议精神，按照中央关于科协工作的一系列指示要求，结合贯彻落实本次常委会工作报告，进一步交流情况，沟通信息，理清思路，明确重点，切实做好今年各项工作。

关于去年的科协工作，中央书记处关于科协工作的几点意见指出，中央对中国科协一年来的工作给予充分肯定，这既是巨大的鼓舞，也是巨大的鞭策。这些成绩和进展来之不易，是党中央国务院正确领导和关心支持的结果，是科协系统大团结、大协作、开拓进取、真抓实干的结果，其中也包括各地方科协辛勤努力的成果。关于今年的工作安排，韩启德主席代表常委会作的工作报告已经做了全面的部署，下一步我们将根据中央书记处关于科协工作的几点意见、国务院听取《全民科学素质行动计划纲要》（以下简称《科学素质纲要》）实施情况汇报的会议纪要、王兆国同志在七届五次全委会议上的重要讲话要求，突出重点，狠抓落实，务求实效。下面，我着重就中国科协党组关于今年工作重点的基本考虑，跟大家沟通一下信息，交换一下意见，供大家参考。

一、关于加强基层组织建设，夯实科协的组织基础

中国科协党组经过认真研究，决定把加强基层组织建设作为 2010 年工作的重点，把 2010 年作为科协的“组织建设年”。近年来，科协党组一直深入研究科协工作的规律，理清思路、确立重点，各方面工作的主线已经比较清晰了，当前的主要任务就是抓落实。抓好落实，首先要加强基层组织的建设，只有基层组织强了，才能真正把各项工作落实到位。中央书记处近年来每次听取中国科协工作汇报时都提出明确要求，今年中央书记处再次强调，要努力扩大科协基层组织的覆盖面和影响力，把广大科技工作者的智慧和力量进一步凝聚到党领导的中国特色社会主义事业上来。可以说，加强基层组织建设，是中央的明确要求，也是科协实际工作的需要。所以，我们要借第三批深入学习实践科学发展观活动的东风，把今年作为科协的组织建设年，夯实科协工作的组织基础。

一是扎实推进学会党建工作，促进科协与所属学会建立更加紧密的联系。首先，我们要抓住第三批深入学习实践科学发展观活动的重要契机。第三批学习实践活动是把在新社会组织建立健全党组织作为一项重要内容，实现党组织和党的工作在各类经济组织和社会组织的全覆盖。这项工作具有十分重要的政治意义，实际上是在夯实我们党的组织基础，扩大党组织的覆盖面。中国科协所属 187 个学会中，有 70 多个学会建立了党组织，还有 110 多个没有建立党组织。我们认为，通过党的基层组织建设可以更好地与学会沟通，使党的方针政策能够传达到学会，体现到学会的工作中去，同时也能更好地反映科技工作者的实际需求和呼声，解决他们的实际问题。科协作为党联系科技工作者的桥梁纽带，有了党的基层组织建设这个抓手，我们就可以更好地履行这一职责。其次，科协组织要通过扩大学会党组织的覆盖面，增进与学会的紧密联系。科协与学会的组织关系一般来说还比较松散，有的学会挂靠在科协，大部分学会挂靠在其他部门。近年来我们通过努力，与学会的联系有了很大的加强，通过加强党的基层组织建设，我们可以和学会建立更加紧密的联系，更加主动地为学会提供服务。第三，处理好学会党建与学会内部治理的关系。这里面一个非常关键的问题，就是要处理好学会党组织与学会领导层、科协党组织与学会党组织的关系。科协和学会都要依法按章程开展工作，既要强调党组织的政治堡垒作用，又要巩固和加强学会领导层的业务主导地位；既要确保上情下达，又要保证下情上达，进一步增强学会自身发展的能力，提高学会为会员提供服务的能力和水平。学会党组织的主要任务是协助学会的领导层做好工作，所以定位要清楚。党组织要传达党的方针政策，传达党的意图，把基层的呼声反映上来，协助学会的领导层完成各项任务。通过在学会开展第三批学习实践活动，我们要进一步加强对学会的领导，和学会建立更加紧密的联系。

二是积极探索社区科普工作新形式，促进街道社区科协健康发展。国务院听取《科学素质纲要》实施情况汇报的会议纪要特别提出“要统筹社区科普工作”，这符合社会发展的紧迫需求。街道社区科协在数量上约占科协基层组织的六分之一，在普及科技知识、创建和谐社区方面有着天然的优势和良好的工作基础。近年来，我们在加强城市社区科普工作方面做了大量尝试，也取得了一定的成绩，但就总体来看，目前城市社区科普活动的组织化程度还不高，群众参与面也不够广泛。中央经济工作会议明确提出，要把推进城镇化的重点放在加强中小城市和小城镇发展上，把解决符合条件的农业转移人口逐步在城镇就业和落户作为推进城镇化的重要任务，放宽中小城市和城镇户籍限制，全方位提高城镇化发展水平。根据国家统计局农民工统计监测调查，截至2008年底，全国农民工总量超过2亿，其中外出农民工数量达到1.4亿。随着城镇化进程的不断加快，将来会有越来越多的农业人口转为城镇居民，这对加强社区科普活动、健全社区科普组织提出了新的更高的要求。在我们的工作布局中，农村有“科普惠农兴村计划”这面旗帜，企业有“讲理想、比贡献”活动这个品牌，在社区也应该有一个旗帜性的行动来带动科普活动。适应这种形势的需要，有的地方做了积极的探索，比如北京市科协推出了“社区科普益民计划”，争取地方财政支持社区科普，两年来效果不错，这说明这个方向是可行的。希望各级科协充分认识、准确把握社区科普工作面临的新形势新任务，切实把街道社区科协作为科协基层组织建设的重点，进一步加大街道社区科协组织建设力度，以帮助农业转移人口在城镇落户和就业为重点，积极开展各类有针对性的技能培训，面向城镇社区居民开展群众性、基础性、经常性科普活动，不断扩大街道社区科协的覆盖面和影响力。社区科普与基层组织建设一样，是我们今年可以着力加强的两个方面，这也是贯彻落实中央经济工作会议和中央农村工作会议精神的具体措施。

三是大力实施“科普惠农兴村计划”，在农村做大做强农技协。通过“科普惠农兴村计划”，培育支持有一定规模影响、辐射带动作用比较强的农村专业技术协会，使他们尽快做大做强。对那些处于中间或者比较弱小的农技协，要指导他们理清发展思路，做出特色，真正实现由小变大、由弱变强。同时也可以根据需要发展一些新的农技协。据统计，农技协里真正比较好、比较强的数量还不多，大部分是中间水平。“科普惠农兴村计划”实施以来，总体效果不错，受到各方的好评。如何建立长效机制，还存在什么问题，我们应该做一些深入调查研究，做到心中有数。农技协应该是好的更好，中间的要赶上来，弱小的要改变面貌。同时也要在科普示范基地建设上下功夫。

四是创新组织形式和工作机制，扩大企业科协组织的覆盖面。目前，全国共有12000余个企业科协，主要集中在大中型国有企业，省级科协发展和联系的企业科协70%建在公有制企业。原来很多公有制企业建有科协，转制之后科协的工作弱化了。随着改革开放不断深入，越来越多的科技工作者进入高新技术企业、外商投资企业和中小企业就业，迫切需要科协组织为他们提供优质高效服务。这就要求我们进一步加大在各类企业特别是非公有制企业、高新技术企业建立科协组织的力度，鼓励支持高新区和经济技术开发区建立科协组织，引导帮助各类科技创业服务中心、海外学人创业园、大学科技园和企业孵化器建立科协组织，把更多的科技工作者吸纳到科协大家庭中来。要以“讲、比”活动为抓手，企业专家工作站为重要形式，使企业的科协活跃起来。总之，一方面是增加企业科协的覆盖面，另一方面是使现在的企业科协工作活跃起来，真正为企业发展发挥作用。

五是以综合性高校为重点，加大建立科协组织的力度。高校科协的发展历史不太长，数量也不多，现在只有700多家，主要集中在技术类专业院校，是科协基层组织中比较薄弱的方面。随着现代科学技术的快速发展，学科既高度分化又交叉融合的趋势越来越明显，不同学科学者之间开展研讨交流的需求越来越迫切，高校科协应该也有条件在这一领域发挥独特作用。高校与研究所的情况不同，研究所的绝大部分研究人员都参加了各类学会，但是高校既有教师也有学生，既有学科交叉研讨的需求，也有利用高校师生资源开展科普的广阔空间，同时在高校推进学风建设的任务也很紧迫。所以，在高校建立科协组织很有意义，能够发挥重要作用。综合性高校学科门类多、学科跨度大、人才结构复合多样，科协发挥作用的空间更大，是我们加强高校科协建设的重点。比如，重庆大学科协成功举办了多届“重庆大学科学前沿论坛”，取得很好成效。北京大学去年成立了科协组织，产生了很好的社会影响。下一步，我们要有意识有重点地加大在综合性高校建立科协组织的力度，指导帮助高校科协积极开展多种形式的交流研讨活动，推动科学道德和学风建设，开展科学普及活动，营造良好学术氛围，让更多的高校师生认识科协、认可科协，积极参与到科协组织的各种活动中来，真正扩大高校科协组织的吸引力凝聚力。

六是加强县级科协建设。县级科协对上承接上级科协部署的各种任务，对下联系着乡镇科协、农技协、科普组织等科协基层组织，地位和作用十分重要。近年来，中国科协通过“科普惠农兴村计划”支持和帮助县级科协有了一个很重要的工作抓手，去年又连续举办县级科协主席培训班，帮助他们提高履职能力。现在，各省市科协也要在过去的工作基础上，加大支持力度，切实把支持帮助县级科协开展工作摆到重要议事日程，负起责任，多动脑筋、多想办法，帮助他们解决工作中遇到的困难和问题，切实提高县级科协的服务能力。

以上是我们今年加强组织建设的几个重要方面，希望各地科协选择某一个方面作为重点来推动，这样我们的“组织建设年”就会做出更大成绩来，对我们做好全局工作发挥很重要的作用，因为我们的各项工作都是要通过基层组织来落实。有了更多的基层组织，科协就可以面对更多的人群来开展工作，扩大科协的影响力，履行好中央赋予我们的职责。

二、关于全民科学素质工作

全民科学素质工作是政府转移给科协的一项极为重要的社会化服务职能，中央领导高度重视，多次对科学素质工作作出重要指示。去年12月15日，刘延东同志出席第二届中国科协会员日报告会并发表重要讲话，充分肯定科协组织在普及科学技术、提升全民科学素质方面有传统有优势有社会影响，要求科协组织坚持以贯彻《科学素质纲要》为抓手，以科普资源共建共享为突破口，推动形成社会化科普工作格局，增强科普服务能力和水平。12月22日，刘延东同志又主持召开会议，专门听取《科学素质纲要》实施情况汇报，对科协在围绕重点人群开展科普宣传和教育培训活动、完善科普设施、丰富科普资源、创新工作方法、健全工作机制、形成全方位科普工作格局等方面的突出成绩给予高度评价，同时要求继续围绕主题、突出重点、完善机制，加快《科学素质纲要》实施步伐，圆满完成“十一五”目标，为实现2020年长远目标奠定基础。

一是更加深入地组织开展《科学素质纲要》实施工作。今年《科学素质纲要》实施工作有三项主要任务：第一项是做好由国办牵头的《科学素质纲要》实施情况督查工作；第二项是做好第八次公民科学素质调查；第三项是编制好《全民科学素质行动“十二五”规划》。在这些工作中，首先要做好国办督查工作。我在全委会总结讲话中对这项工作已经提出了明确要求，1月底我们将召开纲要实施工作联席会议，讨论督查具体方案，并将方案及时报送国办。通过国办督查，我们既要总结经验，发现和表彰奖励一批在公民科学素质建设中贡献突出的集体和个人，又要查摆突出问题、找出原因、采取有力措施加以解决。要借国办督查的东风，争取党委政府进一步加强对这项工作的领导和支持，加大督促力度，为公民科学素质工作创造良好环境和条件。其次要做好第八次公民科学素质调查。今年上半年我们将组织开展第八次公民科学素质调查，主要目的是准确了解“十一五”期间《科学素质纲要》的实施效果，并为编制“十二五”规划提供科学依据。这项工作我们要和各省科协共同做。过去有些省都是自己独立做，这次我们要一起做，统一标准，统一调查内容，扩大样本量，提高数据的准确性。这样做还有利于各省数据具有可比性。为确保调查结果准确客观，我们首先要把工作建立在科学基础之上，其次要改进调查方法，第三要有足够的样本量。这些新的要求大大增加了调查的工作量和协调难度，希望我们加强工作联动，一起把这项工作做好，使最终的调查结果更加科学，更加符合中国国情，更加符合真实情况。第四是按国务院要求组织编制好《全民科学素质行动“十二五”规划》。中国科协将联合有关部门一起编制规划，各地方也可以推动编制各自的“十二五”规划，力争拿出一份对党和国家负责、符合最广大人民群众根本利益、经得起时间和实践检验的高水平高质量的科学素质规划，使之成为指导今后五年科学素质工作的纲领性文件。各级科协也要积极主动地向党委政府汇报，加强同相关部门的联系协调，争取将公民科学素质建设目标和要求纳入当地国民经济和社会发展规划以及各相关部门“十二五”工作规划中。

二是努力在科普资源共建共享上有所突破。科普资源共建共享工作得到了中央领导的肯定，思路也是正确的。但是实际推动起来，差距比较大，关键是要在操作层面怎样拿出一个各方面认可、又可操作的方案来，在获得财政支持方面我们也做得不够。希望大家一起努力，力争在这方面有所突破，使明年财政对这项工作给予比较大的支持。我们提出要发挥好中国科技馆在科普资源共建共享中的重要作用，把相当一部分职能放在了中国科技馆，比如数字科技馆、声像制作等。同时也把一些科技馆资源的共建共享职能交给中国科技馆，比如中小科技馆巡展、中小科技馆支援计划、科技展品的研发和制作等。中国科技馆提出要建成展教中心、优质科普资源研发中心和科普资源集成共享中心，发挥好中国科技馆在内容展示、展品设计和展览共享等方面的优势。今后，我们还将通过改革使中国科技馆的作用更好地发挥出来，在科普资源共建共享方面发挥更大作用。

三是加大科普资源开发力度，提高研发水平。要逐步建立公益性科普事业与经营性科普产业并举的体制，同时要办好全国优秀科普作品奖。这个奖是我们通过争取保留下来的奖项，对于繁荣科普创作事业应该会发挥很好的作用。我们既要用好国家有关公益性科普事业的投入和政策，又要花大力气发展经营性科普产业，重视发挥市场机制在培育发展经营性科普产业中的基础性作用，大力培育科普产品开发、设计、制作、生产和展览市场，研究制定科普产业的标准、规范和市场准入政策，培养科普创作人才，引导社会力量参与科普资源开发，推动建立社会化科普资源格局。

三、关于为经济社会发展服务

中央书记处明确指示，要紧紧围绕加快经济发展方式转变，引导广大科技工作者为推动经济平稳较快发展献计出力，具体要求中国科协和各级科协组织引导各专业协会围绕加快经济发展方式转变搞好学术交流，办好中国科协年会。在这方面，中国科协已经做了大量工作，形成了一些品牌，产生了良好的社会影响。比如，在企业，我们通过广泛开展“讲理想、比贡献”活动，建立“院士专家工作站”、开展创新方法培训等，积极引导创新要素向企业集聚；在农村，深入实施“科普惠农兴村计划”，组织参与科技下乡活动等，把科技引向农村，受到科技工作者欢迎和群众好评。在这些方面，我们已经有一套行之有效的机制、方法和抓手，常委会工作报告对今年继续做好这些工作也作了详细部署，工作重点和目标方向都已经很清楚了，任务也十分明确，关键就是要踏实工作，务求实效。在这里，我着重强调两点：

一是突出低碳主题，积极组织开展学术交流和科普活动。今年要以推动低碳发展为重点，开展全年的各项工作，做出声势、做出影响。习近平同志讲话也特别强调，哥本哈根会议集中反映出后金融危机时代国际社会围绕全球气候变化问题展开的利益争夺日益尖锐，低碳已经不仅仅是学术问题，更是关系到经济社会长远发展的重大政治问题。中央文明委 2010 年的工作安排中，已将组织开展低碳经济和低碳生活主题科普活动作为创建文明城市和文明单位的重要工作。尽管关于低碳经济、全球气候变化等问题学术界还有争议，但是对我们国家来讲，通过节能减排发展低碳经济，有利于缓解资源环境约束，改进人民群众的生活质量，实现可持续发展。在这方面，我们可以着重围绕低碳发展开展几个重点工作。第一，以经济发展方式转变与自主创新为主题，在福建召开第十二届中国科协年会。在年会系列活动中，我们可以把经济发展方式转变与低碳经济作为一个重点。第二，今年“科普日”活动的主题是“走近低碳生活”，在系列活动中把低碳生活作为重点。第三，与中央电视台等媒体联合组织创意大赛，把低碳技术和低碳生活作为这次大赛的主题。第四，利用今年在上海举办的世博会搞好科普宣传，世博会的很多展览与低碳生活相关，我们将在世博会的系列活动中加入低碳经济和低碳生活内容。

二是以推进国家级科技思想库建设为抓手，加强决策咨询工作。中央书记处把这项工作的位置摆得很高，王兆国同志的讲话也把建设国家级科技思想库作为一项很重要的工作，这对我们科协提出了很高要求。这次全委会期间大家反响很大，刚才很多同志都提到了，觉得很振奋。这几年我们的决策咨询工作有很大进步，尤其是去年报送给中央的专报中，很多都得到领导同志的重视，报告的质量和水平也得到了领导同志的充分肯定。作为一个思想库，中央书记处希望我们把科技工作者的个体智慧凝聚上升为有组织的集体智慧，把建言献策和开展科技工作者调查有机结合起来。一方面，通过科技工作者状况调查，反映科技工作者的状况，为政策制定建言献策；另一方面，为国民经济发展尤其是加快经济发展方式转变发挥思想库作用。尽管我们的报告获得了一些好评，但是仍要保持清醒的认识，我们的工作距离中央的要求还有很大差距。为了做好这项工作，科协党组研究决定在今年条件成熟的时候，召开一次全国科协系统调研宣传工作会议，就如何加强科协系统的决策咨询工作提出指导性意见，为完成好中央赋予我们的职责奠定基础。思想库建设不光是中国科协机关自己的事情，需要和地方科协一起共同打造。科协的优势在于人才荟萃，分布在中央和地方各个领域，既有一线科技工作者，也有高精尖科技人才。我们的思想库既可以集成各地方、各部门的专家智慧，为国家的重大决策建言献策，同时也可以集成各方面的力量为地方经济发展建言献策，两个方面都可以做。近几年，中国科协利用年会为地方经济发展服务，取得了长足进步，年会论坛上很多很好的建议都是做了深入研究的，有充分准备，针对性很强，效果很好。建好思想库，关键是选题。选题既要体现国民经济社会发展的热点难点问题，又要是当前需要解决的紧迫问题，同时还要有一定的超前性。题目选好了，还要选人，谁来承担课题至关重要。要开展深入的调查研究，研究结论要建立在科学基础之上，要有真知灼见。目前很多单位都在提要建科技思想库，我们如何发挥好自己的优势，选好题目、做好建议，是一件很不容易的事情，一定要下大力气把这个工作做好。

四、关于人才举荐工作

中央书记处要求我们发挥在人才举荐方面的重要作用，努力培养造就一大批承前启后、堪当重任的青年科学家。近几年来，各级科协组织以表彰奖励为抓手，大力举荐优秀人才。在中央批复中国科协保留的 8 个奖项中，一个重要奖项就是奖励全国优秀科技工作者，我们希望把这个奖项打造成为象全国妇联的“三八红旗手”或者共青团中央“五四奖章”这样的品牌。我们还要注重这个奖项的群众性，要考虑群众参与，要有影响力。同时，我们还要高度重视加强科学道德和学风建设。在这方面，我们鼓励各个学会建立相应的工作机制和工作机构，推动学术道德建设，弘扬科学精神和严谨的工作作风。

以上就是中国科协党组关于今年工作重点的基本考虑，归纳起来就是在坚持“三服务一加强”工作定位的基础上，把科协工作进一步落实到学术交流、科学普及、人才举荐、决策咨询四个方面，推动形成“四位一体”的工作格局。希望大家认真学习、深入贯彻中央关于科协工作的一系列指示精神，结合本地区本部门实际，创造性地开展工作。北京、浙江、安徽科协都提出了创造性开展工作的具体方法，希望每个地方都能够创造性地开展工作，创造好的经验，在科学发展上有新思路，在夯实基础上有新方法，在服务经济社会上有新举措，深入基层、务求实效，推动科协工作上台阶上水平。

同志们！

再过一个月就是春节了。在新春佳节即将到来之际，我代表科协党组给大家拜个早年，并通过各位向地方科协的同志们问好，祝大家新春愉快、身体健康、工作顺利、阖家幸福！

谢谢大家！

在中国科协七届五次全委会议闭幕式上的讲话

（2010年1月14日）

邓　楠

各位委员、同志们：

在大家的共同努力下，中国科协七届五次全委会议圆满完成各项议程，就要闭幕了。会议传达了中央书记处和国务院关于科协工作的指示精神，颁发了第11届中国青年科技奖，兆国同志代表党中央出席会议并发表重要讲话，对我们做好2010年工作提出明确具体要求。委员们听取并审议通过了韩启德主席代表常委会所作的工作报告，一致认为报告总结2009年工作实事求是，部署2010年工作切实可行，并围绕贯彻落实中央指示精神和兆国同志讲话要求、做好今年科协工作提出了许多很好的意见和建议。两天会期虽短，但内容丰富、气氛热烈，大家精神振奋，开得很成功。

一是主题鲜明，重点突出。这次会议以深入学习贯彻十七届四中全会和中央经济工作会议精神，为加快转变经济发展方式、推动经济平稳较快发展作新贡献为主题，以学术交流、科学普及、人才举荐、决策咨询为重点，安排部署2010年科协工作。大家普遍反映，通对学习讨论，对中央决策部署的理解加深了，对科协工作布局更加明确了，一致表示要牢固树立政治意识、大局意识和责任意识，加强科协基层组织建设，为科技工作者提供优质高效服务，更好地团结带领广大科技工作者为加快经济发展方式转变、促进经济社会又好又快发展出力献计。

二是气氛热烈，研讨深入。两天来，大家围绕会议主题，既开展集中讨论，又进行个别交流；既开展分组审议，又进行会后交流；既充分肯定已有的工作成绩，又不回避存在的突出问题；既站在党和国家工作大局看待和分析科协工作，又立足本部门本单位实际畅谈具体工作举措，把务虚和务实很好地结合起来。分组讨论时，各位小组召集人尽职尽责，委员代表发言踊跃，交流互动特点突出，会议气氛生动活泼。可以说，这是一次畅所欲言、广开言路的会议，也是一次集中智慧、凝聚力量的会议。

三是注重实效，明确方向。会议期间，大家围绕做好科协工作的广泛议题进行了深入交流，提出了许多有针对性、建设性的意见和建议，既有明确学会与一般新社会组织和非政府组织的区别与联系、打造国家级科技思想库等关系科协长远发展的战略问题，又有突出为转变经济发展方式服务和参与编制“十二五”规划、加强科学道德与学风建设等科协当前的工作重点问题；既有对全国学会和地方科协要分类指导等工作方式方法问题，又有学会活动收入的税收减免、科技期刊市场化等政策环境问题。大家提出的这些意见和建议，工作人员都做了认真详细的记录，会后将尽快研究，努力推动解决。

各位委员、同志们！

中央和兆国同志对做好今年的科协工作提出了明确具体的要求，全委会通过的常委会工作报告也对今年各项工作作出全面部署。在这里，我着重就牢固树立机遇意识、抓好落实工作，谈三点意见：

一、紧紧抓住第三批深入学习实践科学发展观活动这一重要契机，推动学会工作再上新台阶

近年来，随着改革开放的不断深入，学会工作面临许多亟待解决的突出问题，广大科技工作者都很关注。中央决定在包括学会在内的新社会组织开展第三批深入学习实践科学发展观活动，加强学会党建工作，有助于推动解决制约学会创新发展的突出问题，建立健全法人治理结构和内部管理制度，建设一支过硬的学会领导班子和专兼职干部队伍，不断增强学会对会员的吸引力和凝聚力。对科协所属学会来说，这确实是难得的发展机遇。去年11月10日，中国科协召开了所属全国学会开展深入学习实践科学发展观活动动员大会，学会学习实践活动全面展开，目前正在按中央要求有序推进。

一要用扎实的党建工作带动和促进学会自身建设。第三批学习实践活动与前两批最大的不同，就是把在新社会组织中建立健全党组织作为一项重要内容。按照中央要求，在中国科协业务主管的全国学会中，有108个学会、466名党员参加了第三批学习实践活动，新建立10个党组织，学会党组织发挥作用的体制机制已经初步建立。下一步，我们要以充分发挥党组织政治核心作用和党员先锋模范作用为着眼点，以加强学会党建工作、扩大学会党组织覆盖面为抓手，以完善学会法人治理结构和管理制度为目标，积极探索做好新形势下学会党建工作的新思路新举措，探索通过党建工作带动学会自身建设、推动学会发挥作用的新方法新途径，推动建立学会党组织与学会办事机构良性互动的工作机制，切实提高学会为会员服务、为经济社会发展服务的能力和水平。

二要推动解决一批影响和制约学会创新发展的突出问题。经过前一个时期的学习调研和分析检查活动，一些长期制约学会创新发展的突出问题已经梳理出来了，现在关键在整改落实。我们既要尽力而为，抓住会员发展、会员服务等事关全局的重大问题，深入研究，推动解决，让广大会员看到实实在在的效果；又要量力而行，坚持有限目标，抓住那些有可能经过努力解决的突出问题，提出整改方案，明确时间进度，加强督促检查，保证整改效果。既要立足当前，着力解决现实问题，突显学习实践活动成效；又要着眼长远，加强制度建设，努力建立科学合理、相互配套、运转有序的体制机制，提高学会管理的科学化规范化水平，切实把学会做大做实做强，做出品牌和影响。

三要进一步密切科协组织与所属学会的沟通联系。为加强对学会学习实践活动的指导和支持，中国科协已把与学会联系的任务分解到机关各部门甚至每位干部，各部门要主动加强同学会负责人及办事机构的沟通联系，指导学会按步骤、高质量地开展好学习实践活动。同时，学会也要主动联系科协相关部门，建立经常性、制度化的联系沟通机制。通过这种方式，我们可以把科协机关与学会两方面的积极性调动起来，共同探索进一步加强科协领导和主管学会工作的方式方法，形成做好新时期学会工作和科协工作的合力，把学会作为国家创新体系重要组成部分的作用充分发挥出来。

二、紧紧抓住国办组织开展《科学素质纲要》实施情况督查这一重要契机，推动全民科学素质工作再上新台阶

国务院《听取全民科学素质行动计划纲要实施情况汇报的会议纪要》明确要求国办组织好对“十一五”实施情况的督查，督查重点是建立工作机制、落实工作任务、提供保障条件等方面的情况。这是国办第一次对《科学素质纲要》实施情况进行督查，也是第一次对科协协调实施的工作进行督查，是科协进一步发挥好牵头单位作用、全面推进科学素质建设工作、健全领导体制和工作机制的重要契机。

一要把做好督查工作摆在全年工作的突出位置。自2008年国务院调整科学素质工作领导体制、把牵头协调工作交给中国科协以来，许多人担心政府对科学素质工作的重视程度会削弱。现在看来，不但没有削弱，反而进一步加强了。中央书记处强调科学素质工作是科协承担的政府转移的重要社会化服务职能，使科协在全民科学素质工作中的定位更加清晰、明确；国务院领导定期听取工作汇报，国办牵头对《科学素质纲要》实施情况进行督查，实际上确立了国务院领导科学素质工作的新体制、新机制。各级科协要充分认识国办牵头开展督查工作的重要意义，在思想上高度重视起来，在工作部署上充分体现出来，精心设计、周密安排，抓住督查契机，推动科协工作上台阶、上水平。要抓紧向党委分管领导和政府分工联系领导汇报中央书记处指示精神和国务院工作部署，推动全民科学素质工作真正进入党政领导议事日程，加大支持力度，不断改善科学素质工作的条件和环境。

二要认真做好国办督查的配合协调工作。国办牵头组织督查，主要目的是对几年来的全民科学素质工作进行综合评估，为国务院制定相关政策和编制“十二五”

规划提供依据，这就要求我们认真履行牵头单位职责，充分发挥成员单位的积极作用，既充分反映科学素质工作中的重要进展与突出成绩，又实事求是报告实施工作中存在的实际困难和具体问题，帮助督查组掌握准确信息。中国科协将根据国办要求，联合《科学素质纲要》工作办公室各成员单位，尽快拟定督查工作方案，报国办研究批准，同时还要抓紧时间总结工作，准备材料，迎接国办督查。各级科协要积极主动加强同相关部门的沟通联系，对照《科学素质纲要》要求，认真查找问题，抓紧整改落实，为迎接督查做好准备。

三要推动完善科学素质工作的领导体制和工作机制。要突出督查重点，着力在健全领导体制、完善工作机制上下功夫，切实使督查过程成为面向社会公众特别是领导干部和公务员宣传《科学素质纲要》、增强科学素质意识的过程，成为加强科学素质工作、提升工作水平和层次的过程。通过国办督查，要推动地方政府明确科学素质工作责任人，建立向政府分管领导定期汇报制度，推动纳入党政领导工作绩效考核体系，明确成员单位的工作职责和年度任务，真正形成党委高度重视、政府大力支持、科协牵头协调、社会广泛参与的科学素质工作格局，使“十二五”期间全民科学素质工作再上新台阶。

三、紧紧抓住中央批复同意中国科协组织开展八项奖励活动这一重要契机，推动为科技工作者服务工作再上新台阶

经过一年多的清理规范，日前中纪委正式批复中国科协，明确同意中国科协保留中国青年科技奖、中国青年女科学家奖、全国优秀科技工作者等8个奖项。根据惯例，地方科协也会保留相应奖项。我们要紧紧抓住这个重要契机，组织开展好这8个奖项的评选活动，大力表彰举荐优秀创新人才和创新团队，使评奖活动成为科协当好科技工作者之家的重要工作抓手。

一要在培育奖项品牌上多下功夫。在这次全国清理规范评比达标表彰项目工作中，行政、党群系统设立奖项的总撤销率近98%，中国科协保留了8个奖项，确实来之不易，充分说明了中央对科协工作的高度重视。但这些奖项能否真正成为品牌奖项，关键还要看我们的工作水平和努力程度。要充分发挥同行认可机制在科技评价中的基础作用，发挥科协所属学会在科技人员评价方面的权威作用，用专业的权威性来确保奖项的权威性。要研究制定适合奖项特点、符合科协实际、科学规范的评奖程序，建立行之有效的评审监督机制，用评奖程序的公平公开公正来提高评奖结果的公信力。

二要在扩大奖项影响上多下功夫。这次中纪委批复中国科协保留的8个奖项，不是彼此孤立、互不联系的，是互为补充、各有侧重的。这就要求我们在整体设计上，既要充分发挥各个单项奖的重要作用，又要综合考虑，形成合力，使科协奖项的影响最大化。要按照中央批复的评奖周期，结合科协特点，合理安排评选活动的年度次序，确保每年都有评奖活动，既不断档，也不密集。要认真研究确定每个奖项的奖励范围，既奖励优秀科研工作者，又奖励优秀科普工作者；既奖励成就卓著的年长科学家，又奖励基层一线的青年科技工作者。比如，适应女性特点，我们已经决定，从下届起，中国青年科技奖女性请奖者的年龄上限放宽至45岁，男性科技工作者继续保持40岁。这样做，符合女科技工作者成长规律，有利于扩大科协奖项的社会影响。

三要在发挥奖项导向作用上多下功夫。要按照中央书记处的要求，以表彰奖励优秀科技工作者为抓手，通过评选表彰活动，把那些成就突出、贡献卓著、道德高尚、学风优良的科技工作者举荐出来，使科协组织成为优秀创新人才脱颖而出的重要通道。要积极利用科技馆和各类媒体手段大力宣传获奖者，使获奖者的感人事迹成为全社会的宝贵精神财富，通过对获奖者成就的社会承认来激发广大科技工作者的创新热情和创造活力，引导科技工作者更加自觉、更加积极地献身建设创新型国家的伟大事业。

各位委员，同志们！

这次会议结束后，各全国学会和地方科协要高度重视会议精神的汇报、传达和贯彻落实工作，及时向上级党委政府和挂靠单位领导报告会议精神，进一步争取党委政府和挂靠单位对科协工作的关心支持。同时，要把中央指示精神传达到广大科协干部职工和学会会员，引导大家切实把思想和行动统一到中央指示精神上来，统一到常委会工作部署上来，结合本单位本部门实际，圆满完成各项工作任务，以优异成绩迎接中国科协八大的胜利召开，不断开创科协事业科学发展的新局面。

谢谢大家！

在中国科协人才和调宣工作会议上的讲话

（2010 年 6 月 8 日）

邓　楠

各位代表、同志们：

今天，我们召开科协系统人才和调宣工作会议，主要任务是认真学习传达全国人才工作会议精神，深入研究新形势下加强科协人才工作的基本思路、重点任务和具体举措，贯彻落实好《国家中长期人才发展规划纲要(2010－2020 年)》（以下简称《人才发展规划》），不断开创科协工作新局面。把人才工作会议和调宣工作会议放在一起开，主要是考虑人才工作和调宣工作密不可分，同时也是为了积极响应中央关于精简会议的精神，厉行节约，压缩会议支出。刚才，启德主席全面论述了做好新形势下人才工作的重要意义，深刻分析了科协人才工作面临的新任务新要求，并就科协组织充分发挥特色和优势、培养举荐人才和用好用活人才提出了明确要求，具有十分重要的指导意义。下面，我着重谈两个问题，供大家讨论参考。

一、近年来科协人才工作回顾

自 2003 年中央第一次召开全国人才工作会议、下发《党中央、国务院关于进一步加强人才工作的决定》以来，中国科协按照中央的战略部署，结合科协实际，深入实施科教兴国战略和人才强国战略，先后召开中国科协人才工作会、农村科普工作会、学会工作会和企业科协工作会等，推动出台《全民科学素质行动计划纲要》，联合发布《动员和组织科技工作者为建设创新型国家作出新贡献的若干意见》，坚持在创新实践中发现人才、培养人才、凝聚人才、举荐人才，做了大量工作。

一是着力搭建不同层次不同形式的人才工作平台，积极组织高水平的学术交流活动，开展继续教育和专门培训，加强科学道德和学风建设，支持科技工作者成长成才。6 年来，我们先后举办 5 万余场国内国际学术会议，500 余万科技工作者参会交流，每年一度的中国科协年会已经成为科技工作者服务经济社会发展、展示才华、成长提高的重要平台；举办各类培训班近 40 万期，培训人员 8800 万余人次；制定实施《科技工作者道德规范》、《学会科学道德规范》，组织“院士专家科学道德教育活动宣讲团”，取得了实实在在的效果。

二是推动完善评价激励科技人才的体制机制，大力表彰优秀科技工作者，引进举荐高层次科技人才，推动杰出科技创新人才脱颖而出。6 年来，中国科协先后 3 次推荐两院院士候选人，其中 42 人当选中科院院士，37 人当选工程院院士；推荐 300 余位科学家担任国际民间科技组织各类职务；从 1000 多位中国青年科技奖获奖者中涌现出 46 位院士，30 位大学校长，81 位科研院所负责人；引进推荐海外高层次人才 100 多名，其中 2 人第一批进入“千人计划”；全国学会设立的 120 多个科技奖项和地方科协的品牌奖项已经成为我国科技奖励的重要力量。

三是创新服务经济社会发展的方式方法，组织动员科技工作者建言献策，引导创新人才向企业集聚，培养农村实用技术人才，着力在创新实践中用好用活科技人才。近两年来，科协系统共提供决策咨询报告 14800 余篇，近 4900 篇获得批示；反映科技工作者建议 49000 余条，近 5000 条获得批示。开展“讲、比”活动 6.5 万余项，建立院士专家工作站 380 余个，参与活动的科技工作者超过 150 万人次，23 万余条合理化建议获得采纳。通过“科普惠农兴村计划”，奖补 4000 多个全国科普惠农先进单位和个人，辐射带动农户达上千万，培养涌现了一大批依靠科技脱贫致富的带头人，产生了良好的经济社会效益。

四是认真实施《全民科学素质行动计划纲要》，广泛开展群众性科普活动，着力构建具有科协特色的人才成长服务体系。2004 年以来共有约 5000 万青少年参加了不同层次的科技创新大赛，2800 余名青少年科技爱好者、600 余名科技辅导员获得全国大赛奖项；针对农民和城镇劳动人口广泛开展技能培训和创新创业培训，培养出一大批具有良好科学素质、职业素质和职业技能的实用技术人才；推动将科学素质工作纳入领导干部和公务员培训体系，通过举办科技讲座、报告会等科普活动，促进形成一支具有科学素养、富有创新精神、掌握科学决策方法的高水平干部队伍。以科学素质工作为基础、具有鲜明科协特色的人才成长服务体系越来越得到社会公众的认可与支持。

五是千方百计建好“科技工作者之家”，深入开展科技工作者状况调查，大力宣传优秀科技人才，加强科协基层组织建设，努力以优质高效服务吸引凝聚科技人才。近年来，我们把面上调查和专项调查结合起来，及时了解准确把握科技工作者的工作学习生活情况，反映他们的意见建议和呼声，受到中央领导同志高度重视。创新宣传方式，充分发挥科协系统近百种科技报、2100余种科技期刊、500余个网站的重要作用，大力宣传在创新科学技术和普及科学技术方面作出突出贡献的优秀科技工作者和创新团队。截至2008年底，科协系统各级学会已经拥有个人会员1250万，科协基层组织个人会员346万，科协组织的社会形象越来越鲜明，对科技工作者的吸引力凝聚力不断增强。

在充分肯定成绩的同时，我们也要清醒地看到，科协系统人才工作离中央的要求还有不小的差距，还面临着不少的困难和问题，部分同志对人才工作重视程度不够，人才工作发展不平衡，保障条件还需要进一步加强。这些问题，都是发展中的问题，有些是思想观念方面的，有些是工作方法方面的，必须采取得力措施，切实加以解决。这次全国人才工作会议提出要更好地实施人才强国战略，以高层次人才、高技能人才为重点统筹推进各类人才队伍建设，对科协人才工作提出了新的更高的要求。我们一定要认真学习、准确把握全国人才工作会议精神，切实增强做好人才工作的使命感责任感，不断开创科协工作新局面。

二、关于下一步工作部署

中央关于人才工作的总体部署，目标明确，思路清楚，安排具体，措施得力，现在的关键是抓好落实。各级科协及所属团体要切实把握好新形势下科协工作面临的新任务和新要求，统一思想、协调行动，按照全国人才工作会议的总体部署，以提高学术交流的质量和实效为立足点大力培养人才，以打造科协系统优秀奖励品牌为突破口积极举荐人才，以建设国家级科技思想库为着力点用好用活人才，以提升创新型科技人才的社会影响力为目标有效激励人才，更好地为经济社会发展服务、为提高全民科学素质服务、为科技工作者服务，当好科技工作者之家，不断开创科协工作新局面。在这里，我着重强调以下几项重点工作：

一要认真学习、深刻领会，切实把思想和行动统一到全国人才工作会议精神上来。全国人才工作会议精神是我们做好新形势下人才工作的重要指南，学习贯彻好会议精神是当前和今后一个时期各级科协及所属团体的一项重要政治任务。要把学习胡锦涛总书记、温家宝总理和习近平同志的重要讲话精神同学习《人才发展规划》的重大战略部署结合起来，准确把握做好新时期新形势下科协人才工作的历史责任，进一步提高思想认识，增强关心、支持、做好科协人才工作的自觉性和主动性。要把学习贯彻全国人才工作会议精神与贯彻落实胡锦涛总书记12.15讲话精神结合起来，深刻理解、准确把握党和人民对加快培养创新型科技人才、积极用好用活人才，发挥好科技工作者作为先进生产力开拓者重要作用的殷切期待。要把学习贯彻全国人才工作会议精神与学习贯彻中央书记处关于科协工作的指示精神结合起来，深刻理解、准确把握党和人民对科协组织在培养举荐人才、推动用好用活人才方面发挥独特作用的殷切期待。要把学习贯彻全国人才工作会议精神与学习贯彻中国科协七届五次全委会议精神、推动科协工作紧密结合起来，按照中央总体部署，积极向广大科技工作者宣传全国人才工作会议精神，做好《人才发展规划》的宣传和深度解读工作，使科技工作者充分感受到党和国家的关怀和殷切期盼，调动激发科技工作者的创新热情和创造活力。通过学习，充分认识新形势下深入实施人才强国战略的重大意义，充分认识科协组织在做好人才工作方面承担的重要历史使命和社会责任，充分认识科协人才工作在党和国家人才工作大局中的重要地位和独特作用，切实把思想和行动统一到中央重大决策部署上来，形成做好新时期科协人才工作的强大合力，用卓有成效的人才工作推动科协事业发展再上新台阶。

二要制定实施好《关于贯彻落实〈国家中长期人才发展规划纲要〉的若干意见》，全面推进科协人才工作。为更好地贯彻落实全国人才工作会议精神，按照中央统一部署，我们研究制定了中国科协贯彻落实国家人才规划纲要的若干意见，努力把“服务发展、人才优先、以用为本、创新机制、高端引领、整体开发”的人才工作指导方针落到实处，把科协人才工作融入党和国家人才工作大局之中。根据中央领导同志的指示精神，我们充分考虑今年是一个规划年的客观实际，把贯彻落实国家中长期科技规划纲要、人才规划纲要和教育规划纲要有机结合起来，把科技发展、教育发展的需求和人才建设的长远目标综合统筹起来，立足发现人才、培养人才、凝聚人才、用好人才，科学确定科协人才工作的目标、任务和重点，对今后一个时期科协系统的人才工作作出全面部署和具体安排，努力把人才工作贯穿在学术交流、科学普及、组织建设和决策咨询等各个方面。对于中央交给我们的培养企业工程技术人才、健全完善科技人才评价制度、推动国际工程师认证、建立海外高层次人才信息库和实施创新人才推进计划等五项任务，我们要高度重视，周密部署，切实把这五项工作摆在人才工作的突出位置，抓实做好，高水平、高质量地完成任务。对于中央没有明确任务、但科协有传统有基础有优势的工作，我们也要开拓思路、创新形式，积极配合、主动参与，创造性地开展工作，既要通过搭建国内外学术交流平台发现人才，举办宣传表彰活动激励人才，拓展海外高层次人才联系渠道吸引人才，建设好“科技工作者之家”凝聚人才，也要开展青少年科技教育活动培育人才，组织继续教育和专门培训造就人才，通过开展科普活动提升人力资源素质，努力构建具有科协特色的科技人才成长服务体系，不断开辟科协人才工作的新领域、新境界，把科协组织在人才工作方面的优势和特色充分展示出来。

三要制定实施好科普人才规划纲要，培养造就一批优秀科普人才。研究制定《中国科协科普人才发展规划纲要》，扎实推进科普人才队伍建设，是中央领导同志的明确要求，也是深入贯彻落实《全民科学素质行动计划纲要》、做好全民科学素质工作的迫切需要，必须制定好落实好。要实施好科普人才建设工程，坚持“面向基层，专兼并重，提升能力，服务全民”的科普人才发展原则，紧密结合“科普惠农兴村计划”、“讲理想、比贡献”活动和社区科普益民行动，大力培养面向农村、企业、社区和青少年的基层一线科普人才；重点培养一批高水平、具有创新能力的科普创作与设计、科普传媒、科普研究与开发及产业等方面的高端科普人才；大力发展以老科技工作者、在校大学生为骨干、以学会会员为基础的科普志愿者。努力造就一支规模适度、结构优化、素质优良的科普人才队伍，为全民科学素质工作提供强有力的人才支撑。要建立健全科普人才培养使用的体制机制，推动制定实施相关政策法规，创新科普人才共建共享、统筹协作、激励保障机制，促进科普人才队伍发展壮大。全国学会和地方科协要结合国办牵头开展的科学素质纲要实施情况督查工作，积极推动将《科普人才规划纲要》的目标任务纳入当地“十二五”发展规划中，加强组织领导，落实保障条件，增加人才总量，提升队伍素质，优化专业结构，切实把建设一支专兼职结合、高素质科普人才队伍作为科协人才工作的重要内容，抓实抓紧抓好。

四要制定实施好《全国优秀科技工作者评选条例》，切实做成推动科协人才工作的重要抓手。科协系统是科技奖励的重要力量，中国科协有8个奖项，全国学会有120多个奖项，地方科协还有许多不同形式、不同层级的奖项。但迄今为止，中国科协还没有一个表彰科技工作者的全国性品牌。中央书记处要求我们以评选全国优秀科技工作者为抓手，加大优秀科技工作者的表彰、奖励和宣传力度，为做好科协的表彰奖励工作指明了方向。下一步，我们准备重点打造“全国优秀科技工作者奖”，争取把这个奖项培育成为面向全体科技工作者、具有广泛代表性和权威性的品牌奖项，每两年评选一次，每次评选600人左右，切实扩大科协奖项的涵盖面和影响力。同时，我们还考虑从评选出来的全国优秀科技工作者中再选出30名特别突出的杰出科技人才，授予全国优秀科技工作者杰出贡献奖，努力使这个奖项具有中国科技界最高荣誉的性质。希望全国学会和地方科协积极参与，共同努力，把这个奖项做细做精，做成具有广泛社会影响力和感召力的优质品牌，带动其他科协奖项。在全国学会和地方科协举办的科技奖项中，也有一些具有广泛影响的重要奖项，比如中华医学会的中华医学科技奖、中国农学会的神农中华农业科技奖、上海市的科技精英奖等奖项，已经形成品牌效应，要继续办好、进一步扩大影响，增强凝聚力。我相信，通过大家的共同努力，我们一定能够逐步建立一个面向不同专业、不同领域、不同年龄、不同主体，具有权威性和公信力的优秀科技人才表彰奖励体系，成为科协组织引才聚才荐才的重要通道。

五要制定实施好《关于加强继续教育工作的若干意见》，深入推进中国科协继续教育和专门培训工作。继续教育和专门培训是帮助科技工作者更新知识、增强能力、提高水平的重要渠道，也是科协组织的传统优势工作领域。为发挥好各级科协及所属团体在继续教育和专门培训方面的平台作用，我们研究制定了《关于加强继续教育工作的若干意见》，提出了科协系统开展继续教育的主要思路和重点工作，努力为高层次科技人才学术成长提供高端培训，为各类人才提供多种形式的继续教育。科协开展继续教育，不是自己建机构、聘人员来开展学历教育，而是要采取大联合、大协作方式，积极与社会教育机构合作，充分利用现有各类社会教育培训资源，依托科研院所、大专院校、高新技术企业等社会资源开展继续教育。要把学术交流活动作为科协开展继续教育的重要平台，重点开展小型、前沿、高端、交叉的学术、教育和培训活动，为科技工作者提供一些普通国民教育无法提供的交流学习机会，启迪创新思维，培养高层次高技能创新人才。要把参与实施全国专业技术人才知识更新工程作为推动科协系统继续教育工作的重要机遇，依托科协系统继续教育机构和学会力量广泛开展培训，学习专业知识，提升专业技能，培养高水平的专业技术人才。要充分调动发挥各级科协组织在继续教育中的重要作用，利用科协系统现有教育设施，因地制宜，紧密结合基层一线科技工作者需要，进一步扩大科协继续教育培养规模，大力开展劳动技能培训，培养基层实用技术人才，努力构建分层分类的科技人才继续教育体系。要把组织实施继续教育引导工程作为打造科协继续教育品牌的重要抓手，创新继续教育形式，建立面向全国的继续教育远程工作平台，开展多种形式的网络教育活动，不断满足科技工作者知识和技能更新提高的要求。

六要制定实施好关于加强决策咨询工作的若干意见，在扎实推进国家级科技思想库建设中用好用活人才。中央书记处要求我们把科协建设成为国家级科技思想库，不是要把科协转型成为研究机构，而是希望科协充分利用人才荟萃、智力密集、网络健全、地位超脱的独特优势，加强决策咨询、积极建言献策，在推动科学决策、服务经济社会发展中发挥思想库的作用，把科技人才用好用活用足。这样一个功能性思想库，在组织形式上是一个从下到上由全国学会和地方科协共同构成的金字塔形思想库系统，在工作机制上能够有效地把科技工作者的个体智慧凝聚上升为有组织的集体智慧，在功能定位上能够为各级党委政府提供科技特点突出、科协特色鲜明的决策咨询服务，促进科学决策，引领社会思潮。发挥好科技思想库的功能，要求我们切实按照“三服务一加强”的工作定位，紧紧围绕党和国家工作的中心和大局，选好题目，深入调研，精心提炼，不断提高科协系统决策咨询和建言献策的质量和水平，打造培育一批有份量有影响的决策咨询品牌，扩大社会影响。全国学会和地方科协要进一步明确在建设国家级科技思想库中的地位和作用，适应经济社会科技发展的需要和科技工作者的实际需求，把加强决策咨询、积极建言献策作为学会的重要职责，把推进科学决策和民主决策作为地方科协工作的重要方面，不断完善决策咨询工作机制，创新决策咨询形式，搭建不同层次不同形式的决策咨询平台，在更加广泛的范围内、更深入的层次上，调动科技工作者参与决策咨询的积极性，提出有份量有影响、有针对性和可操作的对策建议。中国科协要以建设国家级科技思想库为抓手，把每个全国学会都作为一个国家级科技思想库的子库，把每个地方科协都作为一个国家级科技思想库的分库，加强顶层设计，引导和支持全国学会和地方科协创新工作方式方法，主动承接政府交办的决策咨询任务，积极开展建言献策活动，为促进学科发展、推动行业技术进步服务，为当地经济社会发展服务。我们这次把人才工作会和调宣工作会放到一起来开，也是希望把人才工作和调宣工作更加紧密地结合起来，把开展决策咨询、积极建言献策作为科协系统用好用活用足人才的重要方面，推动国家级科技思想库建设取得实实在在的成效。

七要切实抓好宣传工作，着力营造有利于科技人才成长成才的良好社会氛围。宣传工作是科协事业的重要方面，必须高度重视，统筹推进，通过扎实有效的宣传活动塑造科协组织良好的社会形象，不断增强科协事业的吸引力、凝聚力和影响力。做好科协宣传工作，首先要把科技人物宣传放在更加突出的位置，大力宣传在创新科学技术和普及科学技术方面作出突出贡献的优秀科技人物和团队，特别是大力宣传在企业科技攻关、农业科技推广和科普工作方面作出突出贡献的基层一线科技工作者，调动激发科技工作者的创新热情和创造活力，激励更多的科技工作者立足本职岗位多做贡献，使科协成为优秀人才脱颖而出的重要通道，让科协作为科技工作者之家的社会形象深入人心。要结合启动实施老科学家学术成长资料采集工程，大力宣传老一辈科学家的优良品德和科研诚信意识，大力弘扬他们坚持真理、诚实劳动、亲贤爱才、密切合作的职业道德，努力让科学家受到全社会尊重，让科学家的工作受到全社会支持，推动形成尊重劳动、尊重知识、尊重人才、尊重创造的良好社会风尚。要把宣传青年科技工作者和基层一线科技工作者放在突出位置，激励更多的青年科技工作者把创新要素引入企业、引入农村、引入社区，在建设创新型国家的伟大进程中建功立业、成长成才。要加大对科技创新团队的宣传力度，面向社会公众客观准确地介绍真实的创新过程，大力弘扬创新团队求真务实、勇于创新的科学精神，团结协作、淡泊名利的团队精神，培育中国特色创新文化，为优秀人才脱颖而出创造机会和条件。要进一步拓展科协宣传渠道，按照大联合、大协作的工作方式，加大科协系统宣传资源整合力度，既要依托主流媒体扩大宣传效果，积极探索利用新兴媒体扩大宣传影响的新途径，又要推动形成以中国科协网为主、全国学会和地方科协网站为重要组成部分的网络宣传体系，培育打造一批科技工作者认可、社会广泛关注的重点宣传栏目和宣传品牌，推动形成覆盖面广、影响力大、宣传效果好的立体化全方位的宣传工作格局，塑造良好鲜明的科协社会形象。

各位代表，同志们！

壮丽的事业呼唤人才，伟大的时代造就人才。让我们在以胡锦涛同志为总书记的党中央的正确领导下，高举中国特色社会主义伟大旗帜，深入贯彻落实科学发展观，按照全国人才工作会议的战略部署，团结带领广大科技工作者，锐意创新，奋力开拓，千方百计做好科协人才工作，扎实推进国家级科技思想库建设，不断开创科协工作新局面。

谢谢大家！

中国科协全国委员会
及常务委员会文件

中国科协第七届全国委员会常务委员会会议纪要

（第13次）

2010年10月31日，中国科协七届常委会第十三次会议在福州举行。会议由全国人大常委会副委员长、中国科协主席韩启德同志主持。

一、会议审议并通过了关于全国优秀科技工作者推荐与评选情况的报告。

根据《全国优秀科技工作者评选表彰办法》和《〈全国优秀科技工作者评选表彰办法〉实施细则》，经过推荐、资格审查和全国优秀科技工作者评审委员会初评、公众投票、全国优秀科技工作者评审委员会终评，共评选产生10名十佳全国优秀科技工作者和978名全国优秀科技工作者。

会议同意尼玛卓玛（女、藏族）、张喜刚、陈进、张曙光、马伟明、易小刚、杨宝峰、钟南山、王恩哥、张新友获得十佳全国优秀科技工作者荣誉称号，978名从事科研、开发、推广、普及等工作的科技工作者获得全国优秀科技工作者称号。

会议同意对40位十佳全国优秀科技工作者提名人选授予“十佳全国优秀科技工作者提名奖”荣誉称号，以进一步发挥奖项的激励和导向作用。

会议希望在今后的评审工作中进一步完善评选表彰办法，加大对工作在一线的、年轻的科技工作者的表彰力度。

二、会议审议并通过了关于接纳中国知识产权研究会等六团体加入中国科协的报告。

2009年以来，有多个科技社团正式向我会提出了书面入会申请。根据《中国科协团体会员管理办法（试行）》的相关规定，经书记处讨论和七届常委会组织建设专委会第六次会议审议，认为中国知识产权研究会等六个团体基本具备中国科协团体会员的条件。

会议同意接纳中国知识产权研究会、中国发明协会、中国植物营养与肥料学会、中国医学救援协会、中国高新技术产业开发区协会、中国女医师协会为中国科协团体会员。

三、会议听取了第十二届中国科协年会筹备情况汇报及第十三届中国科协年会初步安排。

第十二届中国科协年会定于11月1~3日在福州市举行，由中国科协和福建省人民政府联合主办，主题为“经济发展方式转变与自主创新”。根据中国科协“三服务一加强”的工作定位和年会“大科普、学科交叉、为举办地服务”的定位，本届年会共安排31个学术交流分会场、4个系列科普活动、12个专题调研、7个专题论坛和10个专项活动，以突出年度特征、突出海峡两岸、突出综合交叉、突出国际元素和突出年会实效为特点。

会议认为，福建省委、省政府对第十二届中国科协年会给予高度重视和大力支持，为举办一届高水平的科技盛会做了大量实实在在的工作，各项筹备工作已基本就绪。

会议同意年会的各项议程和安排，要求各部门按照既定工作程序做好落实工作。

会议同意第十三届中国科协年会由中国科协与天津市人民政府共同主办。

四、会议书面审议了《关于走访看望中国科协七大代表的工作报告》。

中国科协第七届全国委员会常务委员会会议纪要

（第 14 次）

根据中国科协《章程》规定，将于 2011 年召开中国科协第八次全国代表大会，筹备工作正在进行。经报韩启德主席批准同意，中国科协七届常委会第十四次会议以通讯的方式召开，审议《中国科学技术协会第八次全国代表大会代表名额分配及选举办法方案》和《中国科学技术协会第八届全国委员会委员候选人名额分配及推选办法方案》。

2011 年 1 月 14 日，通过电子邮件和信件的方式，向各位常委报送了《中国科学技术协会第八次全国代表大会代表名额分配及选举办法方案》和《中国科学技术协会第八届全国委员会委员候选人名额分配及推选办法方案》以及《关于中国科协第八次全国代表大会代表、第八届全国委员会委员候选人名额分配方案的说明》、《中国科协第八次全国代表大会代表名额分配总表》等文件。截至 2011 年 1 月 31 日，共有 49 位常委反馈了审议意见，同意《中国科学技术协会第八次全国代表大会代表名额分配及选举办法方案》和《中国科学技术协会第八届全国委员会委员候选人名额分配及推选办法方案》等文件。

重要文件

关于印发《中国科协关于加强决策咨询工作推进国家级科技思想库建设的若干意见》的通知

科协发调字〔2010〕16号

各全国学会、协会、研究会，各省、自治区、直辖市、副省级城市科协，新疆生产建设兵团科协：

《中国科协关于加强决策咨询工作 推进国家级科技思想库建设的若干意见》已经中国科协书记处会议审议通过，现印发给你们，请结合本单位本部门工作实际，认真贯彻落实。

附件：《中国科协关于加强决策咨询工作 推进国家级科技思想库建设的若干意见》

中国科协办公厅
2010年7月16日

附件

中国科协关于加强决策咨询工作推进国家级科技思想库建设的若干意见

(2010年7月5日)

为深入贯彻胡锦涛总书记在纪念中国科协成立50周年大会上的重要讲话精神和《国家中长期人才发展规划纲要(2010—2020年)》，努力在决策咨询实践中培养人才、用好用活人才，按照中央书记处关于把科协组织建设成为国家级科技思想库的要求，提出以下意见。

一、深刻认识加强决策咨询工作、建设国家级科技思想库的重要意义

1. 加强调查研究、积极建言献策是中央赋予中国科协的重要任务。科学决策是科学发展的前提。以科学技术为基础，最大限度地集成社会智慧，研究提出符合自然规律和社会发展规律的解决方案，是科学决策的核心和关键。科协作为党领导下的人民团体，在人才、智力、组织等方面具有突出优势，应当而且能够在开展决策咨询、积极建言献策方面发挥更大作用。团结带领科技工作者从自身专业特长和学科优势出发，深入调查研究，广泛交流研讨，形成有针对性、可操作的对策建议，努力把科协组织建设成为自身特色鲜明、社会影响广泛、决策部门认同的国家级科技思想库，是中央对科协工作的要求，也是广大科技工作者对科协组织的期待。

2. 建设国家级科技思想库是更好坚持“三服务一加强”工作定位的内在要求。科协是科技工作者的群众组织，最大的资源是人才荟萃、智力密集，最大的特点是网络健全、地位超脱。科协服务经济社会发展，既要注重通过务实有效的科学素质工作促进智力优势转化为人们喜闻乐见的科普活动，也要注重通过不同形式不同层次的学会学术工作把智力优势转化为对科技工作者富有吸引力凝聚力的学术交流活动，更要注重通过扎实深入的调查研究工作促进智力优势转化为服务科学决策的建言献策活动，把为科技工作者服务与为经济社会发展服务、为提高全民科学素质服务有机结合起来，在巩固和坚持“三服务一加强”工作定位的基础上，构建起科学普及、学术交流、人才举荐、决策咨询协调发展的工作格局，不断推动科协工作上台阶、上水平。

3. 突出特色和优势是推进国家级科技思想库建设的基本原则。坚持以科学发展观为统领，发挥优势、突出特色，紧紧围绕“科”字做文章，围绕科技工作者做文章。在组织形式上，每个全国学会和地方科协都是党委政府的科技思想库，从下到上共同构成一个科技特点突出、科协特色鲜明、资源共建共享的金字塔形思想库系统；在工作机制上，充分尊重科技工作者的主体地位，调动发挥全国学会和地方科协的积极性、主动性和创造性，有效地把科技工作者的个体智慧凝聚上升为有组织的集体智慧；在功能定位上，能够满足不同层次、不同方面的决策咨询需求，促进科学决策，引领社会思潮，更好地为经济社会发展服务。

二、围绕中心、服务大局，不断提高决策咨询工作的质量和水平

4. 在服务大局上选好题目。要把服务党和国家工作大局作为开展决策咨询工作的立足点、着眼点和切入点，紧紧围绕经济社会发展中的重大问题、改革发展稳定中的热点问题和关系人民群众切身利益的突出问题，充分发挥科学技术优势、人才资源优势和组织网络优势，加强决策咨询，积极建言献策。党和政府关注什么问题，就动员和组织科技工作者研究什么问题；对一些已经有苗头、尚未形成倾向性但对经济社会发展有潜在重大影响的问题，要超前部署，深入调研，拿出有针对性的切实可行的对策建议；党和政府高度关注而且需要科协进一步调查研究的问题，要积极工作，跟踪动向、把握趋势，及时提供决策依据和建议。

5. 依靠和围绕科技工作者开展决策咨询工作。尊重科技工作者在决策咨询中的主体地位，引导和支持科技工作者从本学科和专业领域出发，深入调查研究，提出针对性强、可操作的政策建议。组织科技工作者运用专业知识参与国家科技政策、法规的制定和国家事务的政治协商、科学决策和民主监督，发挥好科技工作者中人大代表、政协委员的重要作用。搞好科技工作者状况调查，及时了解市场经济条件下科技工作者在就业方式、业务方向、生活状况、流动趋势、价值观念等方面出现的新变化新问题，准确反映科技工作者的意见、建议和呼声。积极做好发现、凝聚、培养、举荐、使用决策咨询人才各项工作，遴选一批政治素质好、政策水平高、决策咨询能力强的专家，纳入“中国科协决策咨询专家库”，成绩突出者给予表彰奖励。

6. 注重科学理论和国情实际的有机结合。科学的方法是决策咨询的灵魂，准确和可行是决策咨询的生命。要引导科技工作者把专业知识与决策咨询活动有机结合起来，既要立足于本学科、本专业发现问题，又要拓宽视野，超越学科和专业的局限，努力站在更高的层次上，从经济社会科技发展全局看事情想问题提建议。要把专业理论和国情实际有机结合起来，既要在学理上深入分析问题，又要从我国国情和工作实际出发提出可操作的解决方案。要严格遵循决策咨询工作的规律、原则和程序，引导和组织不同学科、不同专业科技工作者联合协作，综合运用问卷调查与实地调研、定性分析与定量分析等方法，尽可能全面准确地了解和掌握真实情况，有针对性地提出意见和建议。

7. 把加强成果提炼作为提高决策咨询质量和水平的关键环节。高度重视决策咨询成果提炼工作，以高水平的学术交流活动为基础，建立健全学术交流成果提炼转化机制，鼓励和支持重要学术活动安排一定比例经费专门开展成果提炼工作，推动学术研讨成果及时转化为可操作的政策建议。进一步加大调研成果提炼力度，充分发挥小型会议研讨在成果提炼中的重要作用，有针对性地邀请熟悉政策背景、决策咨询能力较强的专家学者、从事实际工作的负责同志和老科技工作者协会有关同志参加研究讨论，汇聚各方智慧，凝炼观点建议，努力形成有份量、有影响、可操作的决策咨询报告。

8. 打造决策咨询品牌。加强科技工作者状况调查站点建设，完善全国科技工作者状况调查制度，每5年开展一次面上调查，每年进行若干专项调查，及时准确了解科技工作者队伍的变动特点和发展趋势。定期研究发布《中国科技人力资源发展研究报告》，为加强科技人才队伍建设建言献策。整合科协系统决策咨询资源，办好《科技界情况》、《科技工作者建议》等决策咨询专刊，着力打造有特色、有影响的科学决策咨询品牌。建立健全科技工作者建议报送、跟踪、反馈机制，定期汇总通报信息采用情况。在符合保密规定的前提下，大力宣传优秀调研成果和优秀决策咨询专家，扩大科协决策咨询工作的社会影响。

三、加强系统集成，扎实推进国家级科技思想库建设

9. 发挥好学会在思想库建设中的重要作用。组织学会会员围绕学科发展中的重大前沿问题、相关专业领域的共性关键技术以及科技发展的社会影响等问题，举办小型高端前沿专题论坛，深入研讨交流，提出学科发展方向和重点难点问题，对学科发展的基本趋势和潜在突破口作出判断，提出建议，推动行业科技进步和学科发展。创新工作机制，采取有效方法，在统筹考虑学科专业、学术观点、部门和地区分布等多种因素的基础上，组织科技工作者主动承接科学论证、项目评估、行业标准制定等任务，参与重大工程项目、行业技术标准的咨询研究和决策论证。组织科技工作者围绕学科发展中的经费规模、资源配置和条件保障等重大政策问题开展专题研究，为学科调整、学科规划和人才培养提供决策参考。

10. 充分调动地方科协推进思想库建设的积极性。畅通地方党政部门与科技工作者之间沟通联系的渠道，及时向科技工作者转达当地党政部门的决策咨询需求，提高科技工作者建言献策的针对性、实效性。积极探索搭建不同层次、不同形式的决策咨询平台，完善专家月谈会、季谈会机制，鼓励开展调研月等活动，承办好中国科协年会专题论坛和党政领导与院士专家座谈会，为推动当地经济社会又好又快发展建言献策。建立与党政部门政策研究机构定期联系机制，组织人大代表、政协委员积极参与立法调研和立法咨询，发挥好政协科协界作为重要决策咨询平台的作用，推动调研成果直接进入党政部门决策程序。畅通科技工作者建议报送渠道，省级科协和有条件的地市级科协原则上都要创办一份决策咨询专刊，重大问题可通过中国科协专刊上报。

11. 建立健全系统集成和成果共享机制。建设中国科协决策咨询工作平台，整合科技工作者状况调查信息系统，完善决策咨询选题库、数据库、专家库、成果库，面向科协系统开放使用。研究制定中国科协建设国家级科技思想库工作五年规划和年度计划，搭建决策咨询资源共享平台和远程合作网络。定期面向广大科技工作者征集决策咨询选题，筛选立项，择优资助。建立科技工作者建议征集制度，每年围绕我国经济社会发展中与科技相关的热点难点问题选定1~2个主题，面向海内外广大科技工作者征集优秀建议。建立全国学会和地方科协决策咨询成果报送制度，凡完成的重要决策咨询成果应及时报送中国科协。建立优秀调研成果出版资助制度，面向科协系统定期组织开展优秀调研报告评选活动，择优资助出版。

四、加强统筹协调，为建设国家级科技思想库提供有力保障

12. 健全组织领导体制。全国学会和各地科协要加强对决策咨询工作的领导，充实干部队伍，建立起科协系统上下联动、沟通合作的决策咨询协调机制。及时总结交流全国学会和地方科协开展决策咨询工作的成功经验，将决策咨询工作纳入年终考核范围，对成绩突出者给予表彰奖励。加大决策咨询工作经费投入力度，为做好决策咨询工作提供良好的基础条件和物质保障。加强科协系统研究机构建设，健全完善科技工作者状况调查站点管理制度，为科协开展决策咨询工作服务。

13. 加强决策咨询能力建设。开展国家级科技思想库建设试点，每年选择若干工作基础较好的全国学会、省级科协和一批决策咨询团队，给予经费支持，鼓励探索建立各具特色、行之有效的决策咨询模式。实施学会决策咨询资助计划，每年遴选资助一批学会开展专题决策咨询活动，打造学会决策咨询品牌。加强决策咨询人才队伍建设，坚持以重大项目带人才成长，努力培养一批政治素质好、政策水平高、既懂科技经济又能胜任决策咨询组织工作的复合型人才。探索建立中国科协与全国学会、地方科协决策咨询人员上挂下派的交流制度，定期举办决策咨询培训班，选编出版教材，提升科协系统决策咨询能力。

14. 加大宣传力度。把调研工作和宣传工作有机结合起来，加大对科协思想库建设工作的宣传力度，树立科协鲜明的科技思想库形象，进一步提升科协决策咨询工作的社会影响力。加强科协理论研究，创办《科协研究》专刊，发挥好《科技导报》在促进科学决策中的重要作用。加强科协文化建设，推动形成积极参与决策咨询、关心支持决策咨询的良好氛围。办好中国科协网，拓展即时访谈功能，介绍科协系统决策咨询的主要做法、突出成绩和最新动态，展示科协决策咨询工作的新形象。

关于印发《中国科协关于加强人才工作的若干意见》的通知

科协发组字〔2010〕17号

各全国学会、协会、研究会，各省、自治区、直辖市、副省级城市科协，新疆生产建设兵团科协：

为深入贯彻落实全国人才工作会议和全国教育工作会议精神，经认真研究，现将《中国科协关于加强人才工作的若干意见》印发你们，请结合本单位本部门实际，认真贯彻落实。

附件：《中国科协关于加强人才工作的若干意见》

中国科协办公厅
2010年7月19日

附件

中国科协关于加强人才工作的若干意见

（2010年7月）

为全面贯彻落实《国家中长期人才发展规划纲要（2010—2020年）》（简称《人才规划纲要》）和《国家中长期教育改革和发展规划纲要（2010—2020年）》（简称《教育规划纲要》），推动科协人才工作不断迈上新台阶，特提出如下意见。

一、充分认识贯彻落实好《人才规划纲要》和《教育规划纲要》的重要意义

1. 深刻理解、准确把握中央对科协人才工作的殷切期待。人才资源是第一资源，人才工作在党和国家工作全局中具有十分重要的地位。各级科协及所属团体要自觉把学习贯彻全国人才和教育工作会议精神与贯彻落实胡锦涛总书记在纪念中国科协成立50周年大会上的重要讲话精神结合起来，深刻理解、准确把握党和人民对科协组织在发现培养举荐人才、推动用好用活人才方面发挥独特作用的新期待，牢固树立正确人才观，按照“服务发展、人才优先、以用为本、创新机制、高端引领、整体开发”的人才工作指导方针，更加自觉地把科协人才工作融入党和国家人才工作全局之中，把加强党和政府同科技工作者的联系作为基本职责，把竭诚为科技工作者服务作为根本任务，把科技工作者是否满意作为衡量科协工作的主要标准，不断增强贯彻落实《人才规划纲要》和《教育规划纲要》的责任感和使命感，开创科协工作新局面。

2. 切实把科协组织建设成为育才引才荐才用才的重要通道。科协是科技工作者的群众组织，促进科技人才的成长和提高是科协组织的重要职责。各级科协及所属团体要把贯彻落实国家中长期科技规划纲要、人才规划纲要和教育规划纲要有机结合起来，努力把发现、培养、凝聚、举荐、用好人才贯穿在学术交流、科学普及、决策咨询和组织建设等各个方面。要进一步加大科协人才工作力度，明确《人才规划纲要》和《教育规划纲要》赋予科协的各项工作任务，既要搭建国内外学术交流平台发现人才，打造科协系统优秀奖励品牌举荐人才，拓展海外高层次人才联系渠道吸引人才，建设国家级科技思想库用活人才，举办宣传表彰活动激励人才，当好“科技工作者之家”凝聚人才，也要开展青少年科技教育活动培育人才，组织继续教育和专门培训造就人才，通过开展科普活动提升人力资源素质，努力构建具有科协特色的科技人才成长服务体系，团结带领广大科技工作者更好地为经济社会发展服务、为提高全民科学素质服务，切实把科协建设成为党和政府认可、社会公众支持、科技工作者满意的重要人才工作通道。

二、突出重点，扎实完成中央赋予科协组织的人才工作任务

3. 促进产学研用相结合，引导科技人才向企业聚集。创新高校与科研院所、行业企业联合培养人才的有效方式，探索建立高校和院所科技工作者深入企业开展科技服务、进行交流协作、联合培养人才的长效机制，促进科技教育资源共享。大力发展各种形式的院士专家工作站，组织院士专家深入企业参与技术攻关，开展技术咨询、技术诊断和项目合作，加快先进适用技术、成果在企业的推广应用和产业化步伐，吸引更多科技人才为企业发展服务。帮助企业科技工作者加入相关科技团体，加强与各级科协及学会的联系，加强企业博士后科研工作站建设，构建学术技术服务平台，支持优秀科技人才到企业工作。充分发挥科技社团在高技能人才培养中的重要作用，积极参与国家技能型人才培养培训工程，推动建立现代企业职工培训制度和高技能人才校企合作培养制度，加快高技能人才培养步伐。

4. 健全科技人才评价激励机制，推动完善科技管理制度。把进行科技评价、举荐创新人才作为科协所属学会的重要职能，推动建立以创新和质量为导向的科研评价机制，完善以品德、能力和业绩为核心的科技人才评价体系，帮助中青年优秀科技人才脱颖而出。充分发挥科协所属学会在科技人才评价中的基础地位，做好两院院士初遴选工作，努力在更大范围和更高程度上对科学家的学术贡献作出承认和肯定。把发现、凝聚和举荐科技人才特别是尖子人才作为科技奖励的重要内容，继续办好中国青年科技奖、中国青年女科学家奖、求是杰出青年奖等重要奖项，重点把“全国优秀科技工作者”奖培育成为面向全体科技工作者、具有广泛代表性和权威性的品牌奖项。通过评选优秀论文、科技成果、科技工作者等，支持引导全国学会和地方科协办好各种科技奖项，逐步建立面向不同专业、不同领域、不同年龄、不同主体的优秀科技人才表彰奖励体系，举荐优秀科技人才。引导和鼓励用人单位完善培训、考核、使用与待遇相结合的激励机制，完善对高技能人才的激励办法，对作出突出贡献的高技能人才进行表彰和奖励。

5. 建立健全工程师资格认证制度，推动国际互认。积极推进专业技术人员职业资格证书制度，支持学会开展专业技术培训和工程师资格认证工作，努力解决制约人才合理流动的体制性障碍。积极探索高技能人才多元评价机制，改革和完善职称评审制度，推动完善社会化职业技能鉴定、企业技能人才评价、院校职业资格认证和专项职业能力考核的实施办法，建立以职业能力为导向、以工作业绩为重点，注重职业道德和职业知识水平的高技能人才评价体系。配合国家工程师制度改革，推动我国工程教育和专业技术人才职业资格国际互认工作，建立完善与国际接轨的工程师资格认证认可制度，提升我国工程技术人才的国际地位。

6. 支持科学家参加国际科学计划和学术交流，扩大我国科技人才的国际影响。支持全国学会参加国际学术合作组织，积极参与国际科技组织事务，参与国际科学计划、国际学术会议及考察培训活动，承办高端会议，努力为科技工作者开展国际科技合作搭建平台、创造条件。加强国际组织后备人才队伍建设，提高我国科学家参与国际民间科技组织活动和开展国际学术交流的能力，支持和帮助我国科学家进入国际科技组织担任领导职务，提升在国际科技界的专业地位和学术影响。发挥好联合国经社理事会咨商组织地位的作用，围绕全球气候变化等重大问题积极开展民间科技外交，支持我国科学家代表中国在国际上发表意见和建议。

7. 建立海外高层次人才信息库和人才需求信息发布平台，畅通海外科技人才为国服务渠道。建立符合留学人员特点的引才荐才机制，制定实施引进海外高层次优秀科技人才和创新团队为国服务规划，探索引进国内紧缺、企业急需的海外高技能人才。配合实施“千人计划”，把“海外智力为国服务计划”的工作重点转移到荐才、引才、用才上来，发挥海外高层次人才联系窗口作用，办好中国科协海智工作基地，为海外人才回国就业创业、学术交流、项目开发与对接提供服务。加强与海外华人科技社团的联系，深入了解海外华人科技人员工作生活状况和为国服务需求，建立海外高层次科技人才专家库，实现各省（自治区、直辖市）、市、县的人才需求信息共享互联，为海外高层次人才来华工作牵线搭桥。

8. 积极参与创新人才推进计划，支持和帮助更多青年科技工作者成长成才。鼓励支持各级科协及所属学会搭建博士生学术年会、青年科学家论坛和新观点新学说沙龙等不同形式不同层次的学术交流平台，打造学术精品，启迪创新思维。广泛开展青年科技创新活动，建好中国科协青年科学家活动基地，培养、发现、举荐具有发展潜力的中青年科技创新创业领军人才，着力提高青年科技工作者的创新创业能力。积极创建青少年科技教育精品活动，认真举办全国青少年科技创新大赛、中国青少年机器人竞赛、“明天小小科学家”奖励活动、“大手拉小手”等青少年科技教育活动，丰富学生课外及校外活动，指导青少年开展探究式学习，建立青少年科技后备人才跟踪培养机制，选拔培养好青少年科技后备人才。

三、坚持以用为本，切实把科协人才工作融入党和国家人才工作大局之中

9. 动员和组织企业科技工作者立足本职岗位作贡献。广泛开展以技术创新为主要内容的“讲理想、比贡献”活动，深入开展小革新、小发明、小创造等群众性技术创新活动，开展技术创新方法培训，引导企业科技工作者积极参与科技攻关、科技立项，促进科技人才成长。组织科研院所和高等院校科技工作者深入企业开展技术咨询、技术诊断、科技培训等科技服务活动，支持企业科技工作者参加跨部门、跨行业、跨学科、跨领域的学术研讨活动，努力形成以学会、专家和企业科协为依托的科技咨询体系，把学术资源引入企业。举办知识产权巡讲活动，推动企业、科研单位、高校重视和加强知识产权管理，保护好、应用好自己的知识产权，尊重他人的知识产权。推动企业依法建立和完善职工培训制度，积极开展新技术、新工艺、新材料等相关知识和技能培训，组织职业技能竞赛活动，举办高技能人才主题活动，为高技能人才参与高新技术开发、同业技术交流、技能成果展示等创造条件。

10. 依托“科普惠农兴村计划”，引导农村实用人才为建设社会主义新农村服务。引导和支持基层科技工作者通过各种渠道提供科技咨询、科技培训、典型示范和信息服务，不断壮大农村实用技术人才队伍。健全完善以奖代补、奖补结合的科普惠农兴村工作机制，大力表彰奖励在农村科普中作出突出贡献、示范带动作用明显的农村专业技术协会、农村科普示范基地、少数民族科普工作队和农村科普带头人，激发农民依靠科技脱贫致富的积极性主动性。支持农村实用技术人才发挥好带头示范作用，牵头建立各类农村专业技术协会，培养造就一大批扎根基层、素质优良的农技协带头人，引领农民参与市场竞争、应对市场风险。鼓励支持农村科普示范基地、农村科普带头人和少数民族科普工作队广泛开展科普讲座、技术咨询等各类科普服务活动，提高农民科学文化素质。

11. 积极开展决策咨询和建言献策活动，努力在服务经济社会发展中用好用活人才。紧紧围绕经济社会发展重大问题以及科技发展和应用中出现的苗头性和倾向性问题，开展决策咨询，积极建言献策，打造培育一批有份量有影响的决策咨询品牌，切实发挥好国家级科技思想库的作用。围绕区域发展、行业科技进步以及与科技发展相关的重大项目和关键问题，积极主动参与国家、地方和行业科技发展规划的研究制定工作，参与重大工程项目、行业技术标准的咨询研究和论证工作，深入开展跨行业、高层次的调查研究活动，举办专家论坛，不断提高建言献策质量和水平。把学术交流与建言献策结合起来，积极探索搭建不同层次、不同形式的决策咨询平台，发挥好专家献策团、决策咨询委员会的重要作用，完善专家月谈会、季谈会机制，建立健全科技工作者建议征集制度和优秀决策咨询专家奖励制度，激励帮助科技工作者通过决策咨询活动展示才华、实现价值。

12. 加大科普人才队伍建设力度，全面推进公民科学素质建设。制定发布《中国科协科普人才发展规划纲要（2010—2020年）》，实施科普人才建设工程，按照“面向基层，专兼并重，提升能力，服务全民”的原则，重点培育一批高水平的科普创作与设计、科普研究与开发、科普传媒、科普产业经营、科普活动策划与组织等方面的人才，大力培养面向农村、城镇社区、企业和青少年的基层一线科普人才，大力发展以老科技工作者、在校大学生为骨干，以学会会员为基础的科普志愿者，努力造就一支规模适度、结构优化、素质优良的科普人才队伍。围绕“节约能源资源、保护生态环境、保障安全健康”主题，广泛开展群众性科普活动，鼓励和引导学会会员、特别是获得各种科技奖励的科学家，每年至少要参加一次科普活动，开展科普创作。创新科普人才共建共享、统筹协作、激励保障机制，开展多种形式的培训和进修活动，培养专业化人才，建立志愿者队伍，充分调动在职科技工作者、高校学生以及离退休科技和教育工作者的积极性，对在公民科学素质建设中作出突出贡献的科技工作者给予表彰和奖励。

13. 推动形成统分结合、上下联动、协调高效、整体推进的人才工作运行机制。坚持党管人才原则，把联系科技工作者、培育杰出科学家和科技工作团队作为贯彻落实科学发展观的重要内容，把促进造就数以亿计的高素质劳动者、数以千万计的专门人才和一大批拔尖创新人才作为科协工作的重要方面，推动制定有利于科技人才脱颖而出的政策措施。把维护科技工作者合法权益作为科协工作的重要内容，完善科技工作者利益表达机制，尊重科技工作者的个性特点和思维方式，加强对科技工作者的人文关怀和心理疏导，关心一线科技工作者和离退休科技工作者，推动解决他们在工作生活中遇到的实际困难，保证科技人才能够心无旁骛地从事科技创新活动。

四、当好科技工作者之家，千方百计为科技人才提供优质高效服务

14. 搭建不同形式不同层次的科技活动平台，为科技工作者成长成才创造条件。积极搭建不同形式不同层次的学术交流平台，每个学会每年下力气办好1~2个高水平学术会议，联合其他学会共同举办跨学科、交叉性学术活动，推进学科交叉融合与相互渗透，促进学科群建设，培育创新人才。把开展学术交流、发挥学术交流对自主创新的重要作用作为学会的基本职责，办好中国科协年会等高端前沿综合学术论坛，积极举办青年学术会议、工程师论坛、产业发展论坛等专题学术论坛，吸引不同年龄、不同部门、不同领域的科技工作者广泛参与，鼓励和支持更多的优秀科技工作者成长成才。举办女科学家高层论坛，支持女科技工作者协会开展工作，推动女性科技人才成长。

15. 深入推进继续教育和专门培训工作，帮助科技工作者提高能力水平。把学术交流活动作为科协开展继续教育的重要平台，重点开展小型、前沿、高端、交叉的学术、教育和培训活动，培养高层次高技能创新人才。积极参与实施全国专业技术人才知识更新工程，研究制定中国科协继续教育工作规划和组织实施办法，依托科协系统继续教育机构和学会力量广泛开展培训，推动继续教育与工作考核、岗位聘任（聘用）、职务（职称）评聘、职业注册等人事管理制度相衔接，加强对会员专业发展的指导，促进学会会员的学术成长和职业生涯发展。采取大联合、大协作方式，充分利用现有各类社会教育培训资源，努力构建分层分类的科技人才继续教育体系，大力培养一线急需紧缺实用人才和各类专业技术人才。利用科协系统现有教育设施，广泛开展城乡社区教育，加快各类学习型组织建设，开展劳动技能培训，培养基层实用技术人才，推动构建灵活开放的终身教育体系。实施继续教育引导工程，建立面向全国的继续教育远程工作平台，开展多种形式的网络教育活动，不断满足科技工作者知识和技能更新提高的要求。

16. 广泛宣传优秀科技人才，努力营造有利于人才成长的良好社会氛围。大力宣传在创新科学技术和普及科学技术方面作出突出贡献的优秀科技工作者，特别是在企业技术进步、农业科技推广和科普工作方面作出突出贡献的基层一线科技工作者，激发科技人才的创新热情和创造活力。实施老科学家学术成长资料采集工程，系统采集、整理老科学家学术成长历史的重要资料，大力宣传老一辈科学家坚持真理、诚实劳动、亲贤爱才、密切合作的职业道德，努力让科学家受到全社会尊重，让科学家的工作受到全社会支持。把宣传青年科技工作者和科技创新团队放在突出位置，大力弘扬创新团队求真务实、勇于创新的科学精神，团结协作、淡泊名利的团队精神，培育中国特色创新文化。加大科协系统宣传资源整合力度，培育打造一批科技工作者认可、社会广泛关注的重点宣传品牌，塑造良好鲜明的科协社会形象。

17. 加强科技工作者状况调查，增强服务能力和水平。加强科技工作者状况调查站点建设，定期进行调整和更新。建立制度化、规范化的科技工作者状况调查制度，准确把握新形势下科技工作者的思想动态、分布状况、流动趋势、价值取向、权益保障等情况，及时反映科技工作者的意见和建议。定期发布《中国科技人力资源发展研究报告》，准确把握新形势下科技人才成长的特点和规律，积极为不同年龄、不同学科、不同行业、不同地区、不同所有制的科技工作者提供科学研究、学术交流、成果转化、信息咨询、专题调查和继续教育等方面的服务。做好为科学家服务的经常性工作，办好中国科协会员日活动，鼓励和支持全国学会、地方科协和科协基层组织集中开展形式多样、内容丰富的会员日活动，支持帮助科技工作者加强体育锻炼，增进科协组织与会员的联系，提高为科技工作者服务的质量和水平。

18. 进一步加强科学道德和学风建设，引导科技工作者成长成才。认真贯彻《关于加强我国科研诚信建设的意见》，引导科技工作者自觉遵守《科技工作者科学道德规范（试行）》、《学会科学道德规范（试行）》、《科技期刊出版工作道德规范（试行）》，推动全国学会制定本学科、本领域的科学道德规范实施细则。逐步建立完善学会会员诚信档案，对学会和会员的学术不端行为予以记载、跟踪、披露、谴责和惩戒。推动学会建立学术不端行为查处机制，积极受理对会员学术不端行为的投诉，认真组织调查，对投诉事实成立的予以处理或公布，对事实不成立的予以澄清或公告。进一步加强学术道德委员会建设，编写科学道德教育读本，开展科学道德宣讲活动，举办科学道德建设论坛，推动形成自由平等、求真务实的学术氛围，为科技工作者成长成才营造宽松和谐的环境。

五、加强组织领导，努力为做好科协人才工作提供有力保障

19. 完善人才工作领导体制机制。认真履行中国科协作为“中央人才工作协调小组”、“国家教育体制改革领导小组”和“海外高层次人才引进工作小组”成员单位的重要职责。切实把科协人才工作纳入议事日程，明确责任部门，建立目标责任制，制定人才培养和使用计划。制定发布年度人才工作要点，做好任务分解工作，明确责任和具体措施，形成完善的监测、评估和考核机制，促进人才工作各项任务落到实处。定期召开人才工作协调小组成员单位会议，加强对重大活动和重点工作的研究和指导。全国学会要加强与挂靠单位的沟通联系，争取支持；地方科协要及时研究人才工作安排，加强与地方党委政府人才主管部门的沟通联系，积极承担相关工作任务。

20. 加强人才工作条件保障。加强人才工作资源集成，积极搭建有利于发现人才、培养人才和使用人才的共建共享工作平台。加大国内高层次科技人才库建设力度，争取到2015年入库专家1万名左右，探索形成高层次人才资源信息共享机制。加强科协人才工作理论研究和干部队伍建设，开展学会工作专职干部情况调研等，加强对学会秘书长和专职工作人员的教育培训工作，重点培训县级科协和科协基层组织工作人员，提高广大专兼职干部的能力。结合年度人才工作任务，加大经费投入力度，为做好人才工作提供良好的物质保障。

关于印发《中国科协科普人才发展规划纲要（2010—2020年）》的通知

科协发普字〔2010〕20号

各全国学会、协会、研究会，各省、自治区、直辖市、副省级城市科协，新疆生产建设兵团科协：

为贯彻落实《国家中长期人才发展规划纲要（2010—2020年）》的部署，深入实施《全民科学素质行动计划纲要（2006—2010—2020年）》，进一步推动全国科普人才队伍的建设和发展，中国科协组织制定了《中国科协科普人才发展规划纲要（2010—2020年）》，现印发给你们。请结合本单位本部门实际，认真贯彻落实。

附件：《中国科协科普人才发展规划纲要（2010—2020年）》

中国科协办公厅
2010年7月22日

附件

中国科协科普人才发展规划纲要（2010—2020年）

为贯彻落实《国家中长期人才发展规划纲要（2010—2020年）》的部署，深入实施《全民科学素质行动计划纲要（2006—2010—2020年）》，进一步推动全国科普人才队伍的建设和发展，中国科协组织制定本规划纲要。

一、前言

科普人才是指具备一定科学素质和科普专业技能、从事科普实践并进行创造性劳动、做出积极贡献的劳动者。

新中国成立以来，党和国家高度重视科普事业，提出了一系列加强科普工作的政策措施，科普工作取得了长足进展，全国已基本形成了比较完善的科普组织体系和一定规模的科普人才队伍。特别是改革开放以来，科普人才队伍快速发展，科普人才整体素质不断提升。2008年，全国科普人才总量已达176万人，其中专职23万人，兼职153万人（含注册科普志愿者77万人）。科普人才队伍为我国科普事业的发展和全民科学素质的提高，作出了巨大贡献。

但也应清醒地看到，我国科普人才的发展现状仍不能满足科普事业发展和公民科学素质建设的需求，与国家人才强国战略的要求还有一定差距。主要表现在：专职科普人才数量不足、水平不高，兼职科普人才队伍不稳定、作用没有充分发挥，面向基层的科普人才短缺，科普创作与设计、科普研究与开发、科普传媒、科普产业经营、科普活动策划与组织等方面的高水平科普人才匮乏，科普人才选拔、培养、使用的体制和机制不够完善，这些已经成为制约我国科普事业发展的瓶颈。

普及科学技术，提高全民科学素质，既是增强自主创新能力、建设创新型国家与和谐社会的内在要求，也是营造创新环境、培育创新人才的基础工程，必须作为国家的长期任务和全社会的共同任务抓紧抓好。人才是第一资源，科普事业发展离不开科普人才的支撑。科普人才队伍建设是公民科学素质建设的关键性基础工作，必须进一步增强责任感、使命感和紧迫感，对科普人才发展进行科学规划，开创科普人才队伍建设工作的新局面。

二、目标和原则

加强科普人才队伍建设，必须高举中国特色社会主义伟大旗帜，以邓小平理论和“三个代表”重要思想为指导，深入贯彻落实科学发展观，围绕公民科学素质建设的目标，大力实施科普人才建设工程，切实抓好科普人才的培养、使用、开发，提升国家科普能力，为建设创新型国家和构建社会主义和谐社会服务。

目标：

到2020年，培养和造就一支规模适度、结构优化、素质优良的科普人才队伍。科普人才总量至少比2010年翻一番，整体素质明显提高，结构明显优化，地区布局、行业布局趋于合理；建设形成一批科普人才培养和培训基地，建立健全有利于科普人才队伍建设和发展的体制与机制。

——到2020年，全国科普人才总量达到400万人。其中，专职50万人，兼职350万人（含注册科普志愿者220万人）；全国中级职称以上或大学本科以上学历的科普人才达到300万人，占科普人才总数的75%。

——大力培养面向基层的科普人才。到2020年，农村科普人才达到170万人，城镇社区科普人才达到50万人，企业科普人才达到80万人，青少年科技辅导员达到70万人。

——大力发展科普志愿者队伍。到2020年，各类注册科普志愿者发展到220万人。

——到2020年，重点培育一批高水平的科普场馆专门人才和科普创作与设计、科普研究与开发、科普传媒、科普产业经营、科普活动策划与组织等方面的高端科普人才。

原则：

科普人才发展必须遵循“服务发展、人才优先、以用为本、创新机制、高端引领、整体开发”的国家人才发展指导方针，结合科普事业发展的实际，坚持“面向基层，专兼并重，提升能力，服务全民”的原则。

面向基层——适应社会主义新农村建设、企业自主创新、和谐社区创建工作和广大青少年全面发展的需要，培养大批面向城乡基层的实用型科普人才。

专兼并重——遵循科普工作的发展规律，把发展专职和兼职科普人才队伍放在同等重要的位置。发展专职科普人才队伍，挖掘兼职科普人才资源，不断壮大兼职科普人才队伍，完善科普人才结构。

提升能力——立足科普工作需求，以用为本，注重在使用中培养各类适用、好用的科普人才，创造机会和条件使各类科普人才各尽其能，着重提升科普人才的创新能力，不断提高各类科普人才的素质。

服务全民——统筹和协调不同区域、不同行业、不同人群、不同层次的科普人才队伍建设和发展，把服务公民科学素质建设和促进经济社会全面协调可持续发展作为科普人才工作的出发点和落脚点。

三、实施科普人才建设工程

围绕发展目标，结合科普工作实际，实施科普人才建设工程。

（一）农村科普人才队伍建设

——培养农村科普员。扶持基层科协组织与涉农科研机构、高等院校、专业组织联合开设农村实用科普人才培训班，根据农村科普工作实际需要，培训村级科普员。利用农村远程教育网络，培训、指导科普员的工作，不断提高科普员的素质，提高科普服务能力。每年培训8万名科普员。

——培养农村科普带头人。发挥“科普惠农兴村计划”等的项目带动作用，加大对农村科普带头人的激励力度。依托农业技术推广机构、农民合作经济组织、农村专业技术协会、农村致富技术函授大学、农村科普示范基地、科普活动站等，采取培训、示范和与实践相结合的方式，每年培训10万名农村实用科普人才。

——加强中西部特别是民族地区农村科普人才培养。鼓励东部地区的科普组织和培训机构，与中西部科普组织和培训机构合作，发挥民族院校的作用，加强双语科普人才的培养。

（二）城镇社区科普人才队伍建设

——培养社区实用科普人才。充分发挥社区科普益民计划的项目牵动作用，加大专兼结合的社区科普人才培养。在科教进社区、卫生科技进社区、全民健康科技行动、社区科普大讲堂、社区科普大学、社区青少年科学工作室等活动中，培养造就根植基层的社区科普人才。每年培养社区科普人才2万人。

——发展社区科普员队伍。健全街道科协、科普协会，科普小组等社区组织。有效整合社区内及周边科普人才资源，建立社区科普人才共建共享机制，鼓励学校、学会、科研院所、科普场馆、科普教育基地、企事业单位、部队的专业人才积极参与社区的科普活动，发展壮大社区科普员队伍。每年培训社区科普员3万人。

——依托高等院校、科研机构、科普场馆、科普组织、科技社团、社区科普学校、社区青少年工作室等，建设一批社区科普人才培训基地，定期对社区科普人才进行培训，组织其参与科普实践。

（三）企业科普人才队伍建设

——发挥企业自身优势，培养和造就企业科普人才。充分发挥企业科协、职工技协、研发中心等的作用，结合职工技能培训和“讲理想、比贡献”、“创建学习型组织、争做知识型职工”等活动，培养和造就企业各类科普人才30万人。

——利用企业教育资源，大力培养企业科普人才。结合专业技术人员继续教育、职业技能培训、职工科普教育活动等，加强企业科普人才的技能培训，为企业培养培训科普人才30万人。

——利用高校、研究机构、科普组织、科普场馆等各种科普培训资源，培养培训企业科普人才，为企业培养培训科普人才20万人。

（四）青少年科技辅导员队伍建设

——发展青少年科技辅导员队伍。到2020年，力争全国每所中小学至少有1名科技辅导员，县以上青少年科技活动场所至少有1名科技辅导员。

——培养农村和民族地区中小学的科技辅导员队伍。加强农村中小学科学教育资源建设，改善农村中小学科技辅导员组织开展科学教育活动的条件，稳定和发展农村中小学科技辅导员队伍。鼓励大学生到农村和民族地区开展科普服务活动。支持民族院校的师生参加民族地区中小学科普志愿者队伍。

——发展校外青少年科技辅导员队伍。结合“大手拉小手”科技传播行动、科技专家进校园（社区、科普基地）、中学生进科研院所（实验室）等丰富多样的青少年科普活动，着力建设和发展适应青少年课外科普活动的校外科技辅导员队伍。积极发展针对农村校外未成年人非正规教育的科技辅导员队伍。利用科技类博物馆、科研院所、青少年宫、儿童活动中心等校外科技活动场所及其科普教育资源，建立校外科技活动场所与学校科学教育相衔接的有效机制，加强校内与校外科技辅导员之间的合作与交流。

——加强科技辅导员培训基地建设。建设一批适合素质教育要求的中小学科技辅导员培训基地，建设的重点适当向农村、民族地区倾斜。

（五）科普志愿者队伍建设

——加强科普志愿者队伍的组织建设。大力建设各级各类科普志愿者协会、科普志愿者服务站等组织，建设科普志愿者网站，加强对科普志愿者的培训，为各类科普志愿者成长和服务提供交流平台。

——发展学会等科技社团的科普志愿者队伍。充分发挥学会等科技社团的科普人才资源优势，建立健全高级科技人才兼职做科普、带头做科普的组织形式和有效机制，促进科技人员履行社会责任。鼓励和支持学会等科技社团开展丰富多彩的科普活动，组织会员积极参加科普工作。

——发展大学生科普志愿者队伍。建立健全在校大学生参加科普工作的组织机制，通过高校科协或学生团体组织，积极动员更多的大学生注册成为科普志愿者。通过组织大学生社会实践活动和科技创新活动，促进在校大学生参加科普工作。鼓励农、林、医、师等高校大学生参与“三下乡”等科普活动，加入服务“三农”的农村基层科普志愿者队伍。鼓励和组织民族院校师生参加民族地区科普志愿者队伍。

——发展离退休科普志愿者队伍。发挥各级科普组织、科技社团的组织动员作用，吸引离退休科技人员尤其是老专家、老教授参加科普志愿者队伍，积极参加科普活动，在科普场所担任科普讲解员。

——广泛开展科普志愿服务活动。以科普场馆为依托，利用举办大型主题科普活动的契机，积极搭建科普活动平台，为科普志愿者提供科普实践和服务的机会。

——建立应急科普志愿服务机制。建立健全应对重大突发事件的科普志愿者动员机制，发展应急科普志愿者队伍。

——建立科普志愿者激励机制。充分发挥已有相关奖项的激励作用，不断创新奖励机制，吸引广大科技工作者和其他专业人才加入科普志愿者队伍。

（六）高端和专门科普人才队伍建设

建立健全高水平科普人才的培养和使用机制，形成高端科普人才的全社会、跨行业联合培养与共享机制。重点培养一批高水平、具有创新能力的科普场馆专门人才和科普创作与设计、科普研究与开发、科普传媒、科普产业经营、科普活动策划与组织等方面的高端科普人才。特别要面向未来，培养大批文理兼容的优秀中青年高端科普人才。

——培养科普场馆专门人才。利用科技馆、自然博物馆、天文馆等科普场馆设施资源，围绕科普场馆的建设与运行管理，重点培养急需紧缺的科普展览设计开发、科学教育活动组织策划、科学实验、场馆情报理论和运营管理等方面的科普专门人才。通过与高校合作，推动科技博物馆专业学科建设，培养本科生及专业研究生。与博物馆组织、著名科技博物馆、大学及研究机构开展专业培训和学术交流，提高科普场馆人才的整体科研能力和学术水平。建立科普场馆人才评价体系，创新人才选拔和人才发展机制，建设高素质科普场馆人才队伍。

——培养高层次科普创作与设计人才。加大科普创作的支持力度，充分利用文化创意产业基地，培育高水平科普创意组织，建设高水平科普创作与设计团队。鼓励国家人才计划支持的高层次科学家、技术专家团队积极投入科普创作与设计工作。

——培养科普研究与开发人才。实施科普研究项目资助计划，加大科普研究项目资助力度，鼓励和支持高等院校、科研院所的科普研究团队开展科普理论研究。加强与国际科技传播界的学术交流，加大对具有国际视野的中青年科普研究人才的培养力度，造就一批科普研究领军人才和拔尖人才。营造激励科普研究的良好氛围，办好《科普研究》等学术期刊，定期举办科普理论研讨会和相关国际会议。

——培养科普传媒人才。推动科技界与大众传媒的合作与交流，组织科学家与媒体对话沙龙、科技期刊与媒体见面会等活动，提高媒体从业者的科学传播能力。造就一批科学素质高、传播能力强的科普新闻、出版、影视、动漫等方面的高端科普传媒人才，特别要针对网络、移动通信、移动电视、手机等新兴媒体培养科普传媒人才。

——培养科普产业经营人才。发挥市场机制的作用，集聚、造就一批爱科普、懂市场、会经营的科普经营管理人才。

——发掘和培养科普活动的策划与组织人才。发挥大型科普场馆、主流媒体、科技社团等优势，在组织实施科技传播与普及活动的过程中，培养造就一批科普活动策划与组织的骨干队伍。加大对科普管理人才的培训力度，到2020年，将全国县（市、区）级以上科普组织与机构的主要科普管理人员至少轮训一遍。

——加强高端科普人才培养基地建设。支持鼓励高等院校、科研院所、科普组织、企业与相关机构建设高端科普人才培训、实践基地。采取“走出去、引进来”的方式，加强国际交流与合作。加强与高等院校的合作，共同建设与科普相关的本科专业、硕士点、博士点、博士后流动站（工作站）。

四、组织实施

（一）加强领导

——中国科协人才工作协调小组认真履行中国科协作为中央人才工作协调小组成员单位的重要职责，统筹协调科普人才发展规划纲要的实施，制定任务分解落实方案和实施办法，建立科普人才发展规划纲要实施情况的监测、评估、考核机制。

——加强与有关管理部门的沟通与合作，推动将科普人才队伍建设工作纳入国家人才工作的总体部署，作为落实科技人才队伍建设工作的重要方面。

（二）优化环境

——围绕落实《全民科学素质行动计划纲要》，重点实施科普人才建设工程，形成政府推动、社会参与的科普人才队伍建设的良好氛围。

——加强各级科协和所属团体科普组织机构建设，为科技工作者提供更多科普实践的机会，通过不同方式向社会公众展示创新成果，探索建设学术交流与科普活动紧密结合的新机制。

——鼓励和推荐优秀科普作品、展教品和优秀科普研究成果申报国家科技进步奖；在全国优秀科技工作者评选表彰中扩大对先进科普工作者奖励表彰比例；做好中国科普作家协会优秀科普作品奖的评奖工作；进一步加大中国科协繁荣科普创作促进计划的力度。

（三）创新机制

——加大对科普人才建设的投入力度。建立科普人才队伍建设的多元化投入机制，积极争取政府投入，广辟社会资金投入渠道，吸引社会资源投入和参与科普人才队伍建设，形成大联合、大协作的科普人才投入机制。

——创新科普人才的培养和使用机制。研究建立科技人才多元评价机制，探索将科普绩效纳入科技工作者业绩考核内容。健全科普人才的社会化举才荐才机制。推动建立有利于科普人才成长和发展的技术职务的评价、晋级考核体系。

——进一步发挥科普类学术团体的服务和引导作用，积极引导科普人才向城乡基层积聚，发展壮大基层科普人才队伍。

（四）夯实基础

——深入开展科普人才理论研究，积极探索科普人才资源培养与使用规律，探索科普人才发挥作用的机制，为科普人才队伍建设提供理论支撑。

——根据培养各类科普人才的需要，依托高校、研发机构、大型科普场馆等建设一批科普人才培养、实践基地。采取联合协作、多方投入、共建共享的方式，建立完善科普人才培养培训体系。创新科普人才培训手段，建成面向基层、覆盖城乡的科普人才远程教育网络。

——建立科普人才队伍建设的监测评估体系，集成科普人才信息资源，建立科普人才信息网络和数据库，建设科普人才资源的共享和交流平台，定期发布科普人才建设状况和规划实施情况的监测评估报告。

关于印发《中国科协关于加强继续教育工作的若干意见》的通知

科协发学字〔2010〕22号

各全国学会、协会、研究会，各省、自治区、直辖市、副省级城市科协，新疆生产建设兵团科协：

《中国科协关于加强继续教育工作的若干意见》已经中国科协书记处会议审议通过，现印发给你们。请结合本单位本部门实际，认真贯彻落实。

附件：《中国科协关于加强继续教育工作的若干意见》

中国科协办公厅
2010年8月23日

附件

中国科协关于加强继续教育工作的若干意见

根据《国家中长期人才发展规划纲要（2010—2020年）》、《国家中长期教育改革和发展规划纲要（2010—2020年）》的总体要求，着眼于发挥各级科协及所属学会在建设学习型社会、培养和造就科技人才队伍中的应有作用，进一步提升为科技工作者成长和成才服务的能力，围绕加强科协系统的继续教育工作，提出以下意见。

一、工作定位和特点

1. 继续教育是终身教育体系的重要组成部分。加强继续教育工作，是全面落实科学发展观、推进经济社会又好又快发展的必然要求，是提高自主创新能力、建设创新型国家的有力支撑，是构建学习型社会、实现由人力资源大国向人才强国转变的重要途径。

2. 继续教育是科技工作者进行终身学习的主要形式，是科技工作者更新知识、增强能力、提高水平的重要渠道。接受继续教育是科技工作者的权利和义务。调查显示，跟不上知识更新速度、急需专业培训，已成为科技工作者在工作中的最大困扰。科技工作者的继续教育需求强烈，现有体系难以满足。为科技工作者提供所需的继续教育，是各级科协及所属学会义不容辞的责任，是为经济社会发展服务、为科技工作者服务不可缺少的基本内容。

3. 中国科协拥有覆盖全国不同地区、不同性质、不同类型、不同所有制单位的组织体系，其所属学会荟萃自然科学、技术科学、工程技术各学科跨部门、跨行业、跨地区的人才，具有跨学科乃至与社会科学交叉的特点，并参加了众多国际科技组织，与港澳台地区及各国的科技组织联系密切。科协系统的继续教育，能够及时把握科技人员需求和学科前沿，具有专业性强、学科齐全、组织网络比较完备、师资资源潜力巨大、教学方式灵活多样等独特优势。

但是，过分依赖于传统渠道和方式、制度建设缺失、竞争日趋激烈、自身发展能力薄弱等，使科协系统的继续教育面临着前所未有的挑战。要抓住我国科技事业、人才事业、社会事业发展的重要战略机遇期，充分发挥自身优势，更好地发挥科技社团作为我国继续教育领域生力军的作用。

二、指导思想和原则

4. 以邓小平理论和“三个代表”重要思想为指导，深入贯彻落实科学发展观，更好地实施科教兴国战略、人才强国战略，落实《国家中长期人才发展规划纲要（2010—2020年）》《国家中长期教育改革和发展规划纲要（2010—2020年）》的各项任务，按照“服务需求、体现特色，注重质量、创新机制，分类引导、完善体系”的方针，以满足科技工作者需求为主线，以提高科技工作者创新能力为核心，以培养高层次科技人才为重点，整合系统资源，突出自身特点，为造就一支宏大的创新型科技人才队伍，构建科技工作者终身学习体系作出新贡献。

5. 根据国内外继续教育的深刻变革和发展趋势，把握以下原则：

——坚持以改革为动力，正确处理继承传统和改革创新的关系。要认真研究把握新形势下继续教育发展规律，鼓励各级科协及所属学会积极探索和实践，在继承的基础上改革创新，建立可持续的动力机制，以改革精神破解阻碍发展的深层次、结构性难题。

——坚持以国家目标和科技工作者需求为导向，正确处理公益性与市场化的关系。在坚持公益性基础上，切实遵循市场规律，树立明确的目标导向。要充分体现科协系统继续教育的价值理念，以满足国家需求和科技工作者需求为首要任务。在此基础上，积极引入市场机制，通过市场实现继续教育资源的优化配置，增强科协系统继续教育机构的市场竞争能力，建立和完善适应市场经济的继续教育组织体制和运行机制。

——坚持以科技工作者为主要服务对象，正确处理面向科技工作者和面向社会开展继续教育活动的关系。努力为广大科技工作者服务，是各级科协及所属学会的宗旨，也是继续教育工作的宗旨。要坚持以科技工作者为主要服务对象，彰显科协系统继续教育的特征，清晰界定服务对象和工作范围。同时根据继续教育市场日趋细分的趋势，把各级学会会员和各类科协组织成员作为工作重点。要充分考虑不同学科、行业和地区的特点，坚持分类指导和分层实施的工作模式。

——坚持以现代教育手段提升工作水平，正确处理传统工作方式与应用现代技术手段的关系。要充分运用现代技术手段，提高工作效率，提升教育质量，丰富工作方式和手段，重视网络教育，发展现代远程教育，改革教学方法，建立继续教育资源开发、共享机制和平台，为科技工作者提供方便快捷、个性化的学习条件。

三、总体目标和任务

6. 根据中央和国家有关科技人才队伍建设和继续教育创新发展的总体部署，以实施中国科协继续教育引导工程为龙头，努力构建分层分类的科技人才继续教育服务体系，建立并完善适应社会主义市场经济要求、符合科技团体开展继续教育规律的组织体制和运行机制，基本形成组织健全、结构合理、管理有序、教学规范、服务完善、运转高效的继续教育工作格局，不断满足科技工作者知识更新和能力提高的需求，将科协系统继续教育提高到新的水平，为建设创新型国家提供强有力的智力保障和人才支撑。

7. 巩固和加强继续教育组织网络体系。要根据“布局合理、分工明确、特色各异、管理规范”的原则，统筹规划继续教育的工作网络体系建设。逐步实现各级继续教育管理机构和施教机构的分离，改变继续教育管理机构和施教机构混淆不清的状况。中国科协常委会继续教育专门委员会要做好顶层规划和统筹，强化指导职能。中国科协相关机构要明确定位，从功能和体制上进行调整和整合，具体实施继续教育工作。全国学会应视情设立继续教育工作委员会，或明确分管继续教育的工作部门，要根据实际建立、加强和完善继续教育施教机构。有条件的学会，要力争建设高水平的继续教育基地。地方科协组织应结合自身特点开展活动，为科协系统继续教育工作提供组织基础和保证，扩大继续教育的覆盖面。

8. 建立和完善适合市场机制的运行机制。继续教育社会化、产业化、市场化是大势所趋。科协系统施教机构在保持继续教育公益性同时，必须积极探索和深化市场化运作模式。重视培育和开拓适合自身特点的继续教育市场领域，不断扩大市场份额。要以市场为手段配置教育资源，以科学技术发展趋势和科技人员需求为导向调节课程设置，以受教者评价为标准评估教育质量。要发挥自身特点，扬长避短，形成独特竞争优势，避免培训内容同质化，打造具有代表性、标志性的教育品牌。

9. 培育和形成社会化的继续教育办学模式。抓住政府职能改革的有利时机，积极主动与政府部门合作，争取政府职能的委托授权，将继续教育与科技人才评价、职业标准制定和执业资格认证等相衔接。有条件的学会和地方科协应建立科技人员继续教育学分制度，并逐步推动科协系统不同类型学习成果的互认。要广泛与社会办学资源合作，联合多种办学力量，创建多样化合作方式，创立与科研院所、企业联合开展科技人员继续教育的新机制，促进与科研院所、企业的继续教育资源共享，开展有计划、有组织的委托办学，建立共享机制和平台。

10. 加强继续教育能力建设。具备条件的学会要研究制定本学科领域的科技工作者继续教育大纲，建立教学资源开发机制和平台，大力开发通用科目和专业科目的教材、多媒体课件、资料包和配套软件等教学资源。加强继续教育理论和政策研究，开展继续教育经验交流活动，办好继续教育刊物。

11. 按照兼职为主的原则，各级科协和学会要建立继续教育专兼职师资库，实行动态管理，实现师资资源共享。完善教师的培养、考核和激励制度，有计划地培训继续教育教师，不断提高教师的职业道德、服务意识和专业素质。定期开展以继续教育公共管理、政策法规、专业基础理论、培训管理实务、人文素养等知识与技能为主要内容的培训活动，提高管理人员的水平，更新管理理念。将师资和管理人员培训、考核、激励纳入中国科协人才发展规划。

四、主要措施和办法

12. 将继续教育纳入各级科协和学会的重要工作议程。将继续教育作为为科技工作者服务的具体体现，明确任务，加强领导，统筹规划，加大经费投入力度，切实把继续教育摆到更加重要的位置。中国科协根据继续教育引导工程起草管理实施办法。各级科协应主动开展调查和研究工作，根据各地区实际，在每年预算中保证一定的继续教育经费投入，制定继续教育规划和实施办法，健全完善科协继续教育管理体系和规章制度。加强科协系统继续教育事业发展基本情况统计与发布工作。学会要把继续教育与会员服务、会员活动日和学术交流等活动结合起来。通过多种手段，积极营造重视继续教育、提倡终身学习的浓厚氛围，使科技工作者学有所教，学有所成。

13. 实施中国科协继续教育引导工程。工程立足于发挥引导、示范和辐射作用，支持各级科协及所属学会开展继续教育活动，具体内容包括：

——开展高端继续教育培训活动。围绕高层次科技人才培养，结合我国基础学科、新兴学科、交叉学科等领域的热点问题以及重大发展战略、工程项目和攻关课题的创新需求，以学术交流活动为平台，邀请国内外学科发展前沿专家，面向高级科学研究人员和专业技术人员开展继续教育活动，重点开展小型、前沿培训活动。把参与实施全国专业技术人才知识更新工程作为推动科协系统继续教育工作的重要机遇，依托科协系统继续教育机构和学会力量广泛开展专业技术人才培训，建立开放、有序、科学、国际化的培养体系，培育国家级高层次、创新型科技人才培养基地。

——开展急需紧缺专门人才培训活动。围绕装备制造、信息、生物技术、新材料、航空航天、海洋、生态环境保护、能源资源、现代交通运输、农业科技等国家重点产业领域，与大中型重点企业合作，开展专门人才知识更新和实践技能培训。加大科普专门人才的培训力度，建立和完善科普人才的培养体系和在职培训体系。组织开展学会各类专业服务人才、管理人才的培训活动，研究编制培训大纲及通用教材，建立社团管理服务人才培训体系，推动培训活动的制度化、规范化、系统化。将继续教育与专业技术资格认证相衔接，推动专业技术资格的企业认可和社会认可，提高专门人才的职业化水平。

——深入开展企业创新方法培训活动。充分发挥各级学会和企业科协的协同作用，继续深入开展创新方法培训活动，构建以企业为主体的创新方法培训体系，建立适应于企业各类人员的培训教材体系、培训师资队伍，探索多样化、高效率的培训形式和培训手段，积极为培养企业创新型人才和创新团队建设服务，促进企业的技术进步，从源头推进我国自主创新，为建设创新型国家打下坚实的基础。

——建立教学资源开发共享信息平台，支持网络学习资源开发和精品课程开发。结合各个学科和专业领域的创新需求，进行教材建设和课程开发，加强以提高自主创新能力为核心的技术、理念与继续教育课程的紧密结合，建设适应经济社会发展、符合科技工作者要求的课程体系，提供特色突出、内容丰富的高质量学习资源，开发继续教育通用科目、专业科目的多媒体课件和资料包，为科技工作者提供形式生动、内容丰富、交互性强的网络学习资源。

力争3~5年内，确保科协系统每年继续教育规模达到300万人次以上。在科协继续教育系统，努力建设一批继续教育示范基地，培育开发一批继续教育精品课程，建立一批继续教育教育示范网站。争取推荐一定数量的继续教育基地进入国家级创新科技人才培养基地和工程创新训练基地。

14. 推动形成有利于继续教育的政策法规环境。加强与有关管理部门的沟通与合作，努力争取联合出台加强科技工作者继续教育工作的政策性文件，建立有利于科协系统继续教育的社会氛围和政策环境。推动用人单位把科技人员继续教育作为对其考核评价和岗位聘用的重要依据，作为聘任专业技术职务的重要条件。争取人力资源和社会保障部增加各级科协及其所属全国学会参与专业技术人员知识更新工程的份额，与科技部合作推动创新方法培训工作的深入实施。在全国工程师制度改革协调小组的领导下，积极推进建立和完善与国际接轨的工程师认证认可制度，提高工程技术人才的职业化、国际化水平。

15. 充分利用社会资源，逐步加大支持力度。在国家重点发展领域、技术创新领域和专业人才紧缺领域，根据不同群体特点，搭建继续教育活动平台，培育一批质量高、信誉好、公益性强的继续教育重点项目，给予持续、稳定的支持，打造教育品牌，形成规模效应。各级科协及所属学会也要结合实际情况，采取多种方式，与社会力量联合办学，积极利用社会资源开展继续教育活动。

16. 建立评估、登记、考核和激励制度。研究制定科协系统继续教育评估指标体系，分级分类开展继续教育评估，规范评估程序，实行动态调整机制。加强示范基地、精品课程和示范网站的管理，定期评估和验收，及时总结经验进行推广。对施教机构的工作基础、教学条件、专业特色、管理水平等方面进行评估和检查，对评估优秀的施教机构给予表彰奖励。通过学习证书、学习档案、会员登记号管理等方式，连续记载会员接受继续教育的基本情况，规范登记内容和要求，鼓励和支持将继续教育学分与会员资格条件挂钩，将登记记录作为衡量会员学术水平、职业发展能力和职业推荐的重要依据。

17. 建立继续教育信息发布和管理平台，收集、整理和推介相关信息，疏通信息传送渠道，为科技工作者接受继续教育提供“菜单”式指南服务，为管理工作提供信息支撑。

18. 扩大继续教育的国际交流与合作。积极参与国际继续工程教育协会活动，联合开展面向科协系统继续教育管理人员培训活动。与国际著名大学联合建立科协系统继续教育国际培训基地，系统设计、开发针对科协系统的继续教育管理培训项目。支持学会与相应国际组织共同开发、实施继续教育项目，开展重点、关键技术领域的高层次人才培养国际合作。

关于印发《中国科协关于推进院士专家工作站建设的指导意见》的通知

科协发计字〔2010〕25号

各省、自治区、直辖市、副省级城市科协，新疆生产建设兵团科协：

为实施人才强国战略，组织和动员广大科技工作者服务基层，推进院士专家工作站建设更加规范、有序、持续、健康发展，现将《中国科协关于推进院士专家工作站建设的指导意见》印发给你们，请结合本单位本部门实际，认真贯彻落实。

中国科协办公厅
2010年9月14日

中国科协关于推进院士专家工作站建设的指导意见

院士专家工作站是中国科协围绕提高自主创新能力、建设创新型国家，实施人才强国战略，组织和动员广大科技工作者服务基层、服务企业，推进产学研结合的好创意、好形式，是贯彻落实《国家中长期人才发展规划纲要（2010—2020年）》，发挥组织特色和优势，实施产学研合作培养创新人才政策，推进产学研联合，在实践中集聚、培养高层次人才和创新人才，建设宏大的创新型科技人才队伍的重要举措，是服务经济社会发展，服务企业技术创新的开创性工作。为进一步推进院士专家工作站建设，提出以下指导意见。

一、院士专家工作站建设的指导思想、基本要求和工作目标

院士专家工作站建设的指导思想是：以邓小平理论和“三个代表”重要思想为指导，深入贯彻科学发展观，认真落实胡锦涛总书记在纪念中国科协成立五十周年大会上的讲话精神和《国家中长期人才发展规划纲要（2010—2020年）》、国务院《关于发挥科技支撑作用促进经济平稳较快发展的意见》、中国科协等七部门《关于动员广大科技人员服务企业的意见》等文件精神，全面实施科教兴国战略和人才强国战略，发挥科协组织优势和特色，围绕增强自主创新能力，促进建立以企业为主体、市场为导向、产学研相结合的技术创新体系建设，为我国经济社会又好又快发展提供强有力的人才保障和智力支持。

院士专家工作站建设的基本要求是：发挥院士专家的技术引领作用，帮助企业培育科技创新团队，集聚创新资源，突破关键技术制约，推动产学研紧密合作；通过建站工作进一步加强企业科协组织建设，巩固和扩大科协组织网络；将院士专家工作站建设纳入“讲理想、比贡献”等技术创新活动之中，同部署、同推进，进一步促进企业技术创新体系建设，提高企业自主创新能力，带动企业科技创新人才成长。

院士专家工作站建设的工作目标是：今后三年内，重点在高新技术企业、高新技术产业园区、经济开发区、产业集群等培育一批示范性院士专家工作站和院士专家服务中心，形成一套有利于吸引以院士为代表的高端人才创新创业的激励保障机制，培养一批经济建设一线科技人才，进一步提升各级科协组织服务创新型国家建设的能力。

二、院士专家工作站建设的基本原则

在推动院士专家工作站建设中，要坚持以“需求为基础，项目为核心，企业为主体，实效为根本”的基本原则。

需求是建立院士专家工作站的基础。各地科协要根据国家和地方产业结构调整升级、经济发展方式转变的总体要求和企业自主创新的客观需要，围绕各地经济和社会发展的中心工作，充分发挥科协组织特点，广泛征集企业重大技术需求，筛选一批亟待解决的技术难题，在尊重和顺应企业选择的基础上，积极寻求合作。

项目是建立院士专家工作站的核心，是院士专家与企业对接合作的载体。院士专家工作站项目是企业亟待解决的关键技术，项目的完成过程能对提升企业科技创新能力有显著带动作用。同时项目要符合进站院士及其创新团队的专业特点和研发方向，有利于推动院士专家团队同建站企业形成长期稳定的合作关系。

企业是建立院士专家工作站的主体。建站企业应是在地区经济或行业发展中具有重要地位的规模以上企业；企业有明确的技术创新需求和可供合作的技术项目，建有研发机构，拥有水平较高、结构较为合理的研发团队；企业领导对工作站工作高度重视，能够为院士专家及其团队提供必要的工作条件，保障合作项目的资金投入。

实效是院士专家工作站建设的根本。各地通过建站工作，要在提升企业技术创新能力，促进科技成果引进和转化，培养创新团队，服务地方经济和社会发展等方面发挥作用取得实效。

三、推动院士专家工作站建设的基本方法

在推动建站过程中，各地科协可采取协同配合、规范发展、强化服务、宣传表彰等多种方式进一步推动建站工作有序进行。

要注重加强同地方党委、政府相关职能部门之间的协同配合，切实发挥各级学会联系专家广泛的优势，为企业引进人才、智力提供支撑，共同推动院士专家工作站长效发展。

要力求合理布局，稳步推进。根据实际情况制定具体管理办法或实施意见，明确责任、措施和流程，保护院士专家和建站企业的知识产权，合理设置建站标准，防止盲目追求建站数量。对已建工作站实行动态管理，加大追踪问效力度。

要增强服务意识，提供科技特点突出、科协特色鲜明的服务。加强与院士专家的沟通联系，及时了解最新科研动态和需求，创造良好的工作和生活条件；加强与建站企业的沟通联系，帮助企业做好院士专家工作站建站规划以及管理制度的制定与实施，帮助企业选聘院士专家，搞好项目对接；夯实工作基础，建立《院士专家信息库》、《企业难题需求库》和《科技成果库》。

中国科协将把科技成果突出、经济和社会效益显著、企业和院士专家共同认可的院士专家工作站纳入全国

"讲理想、比贡献"活动表彰系列，各地科协可结合本地实际相应进行表彰奖励。要加大宣传力度，在广播、电视、报刊、网络等受众广泛、影响力大的媒体上，宣传成效显著的院士专家工作站和院士专家创新团队。

四、院士专家工作站建设的保障措施

各级科协要注重调研，勇于创新，从组织、人才、资金、信息等方面为推动院士专家工作站建设提供有力保障。

发挥好中国科协人才工作协调小组的作用，统筹协调和宏观指导院士专家工作站建设与发展，抓好典型示范工作站的建设，支持地方科协做好建站的服务工作。各地科协要结合当地实际，明确工作职责，制定配套政策和办法，条件成熟的地方可以建立院士专家服务机构，推动院士专家工作站稳定、持续、健康发展。

各地科协要发挥广泛联系各学科、各领域、各群体的科技工作者，特别是高层次科技人才的团体优势和特点，集聚高层次科技人才资源。按照共建共享、以用为本、管理有序的原则，逐步建立科协及所属学会、团体科技人才资源信息库，为建站提供可靠的人才资源保障。

中国科协将不断增加推进院士专家工作站建设所需的工作经费。各地科协要为院士专家工作站工作提供必要的经费，并从人才引进、管理服务、项目引导、表彰奖励等方面积极争取地方党委、政府的工作支持和资金投入。

中国科协将在各地科协推荐的基础上，重点跟踪和扶持一批科技含量较高、项目实施预期较好、产业升级带动作用明显的院士专家工作站，并陆续对成效显著的院士专家工作站以中国科协的名义统一授牌。

关于印发《中国科协2010年工作要点》的通知

科协办发调字〔2010〕5号

各全国学会、协会、研究会，各省、自治区、直辖市、副省级城市科协，新疆生产建设兵团科协：

现将《中国科协2010年工作要点》印发给你们，请按照中央书记处对科协工作的要求，结合贯彻中国科协七届五次全委会议精神，联系本地区、本单位的实际情况，认真贯彻落实。

附件：中国科协2010年工作要点

中国科协办公厅
2010年1月27日

附件

中国科协2010年工作要点

2010年，科协工作的总体要求是：高举中国特色社会主义伟大旗帜，坚持以邓小平理论和"三个代表"重要思想为指导，深入贯彻落实科学发展观，按照党的十七大和十七届三中、四中全会精神和胡锦涛总书记在纪念中国科协成立50周年大会上的重要讲话要求，坚持"三服务一加强"工作定位，紧紧围绕加快经济发展方式转变，深入开展学术交流，扎实推进全民科学素质工作，切实加强科学道德和学风建设，大力培养举荐表彰优秀人才，夯实科协组织基础，引导广大科技工作者为夺取应对国际金融危机冲击全面胜利、推动经济平稳较快发展、完成"十一五"规划各项任务和制定"十二五"规划献计出力。

2010年的重点工作是：

一、全面贯彻落实十七届四中全会精神，巩固和扩大深入学习实践科学发展观活动成果，以扎实有效的党建工作带动和促进科协组织建设

1. 切实抓好第三批深入学习实践科学发展观活动，推进学会党建工作。积极巩固和扩大科协学习实践活动成果，精心组织全国学会开展好第三批深入学习实践科学发展观活动，集中解决一批影响和制约学会改革发展创新中的突出问题。把学会党建工作作为检验学习实践活动效果的重要标准，加大在学会建立党组织力度，加强对所属全国学会党建工作的指导，配合有关部门研究提出加强中国科协所属团体、基层组织党组织建设的指导意见，以党组织建设带动科协所属团体和基层组织的建设，提高学会组织建设能力，夯实学会会员基础，增强学会创新发展能力。按照便于党员参加活动、党组织发挥作用的要求，鼓励和支持科协所属团体探索各具特色、行之有效的党组织设置方式和党员活动方式。认真总结、大力宣传各地农技协建立基层党组织的成功经验，配合有关部门大力推广在农技协等科协基层组织中建立党组织的做法，以党的基层组织建设带动科协基层组织建设。

2. 大力加强基层组织建设，夯实科协组织基础。以高技术企业和科技工作者比较集中的高新区、经济技术开发区为重点，进一步加大企业科协建设力度，把更多的科技工作者融入科协大家庭中。以科研教学人员集中的高等院校为重点，大力开展高质量高水平的学术交流活动和科普活动，倡导良好学风，促进学科交叉融合和创新人才成长，推动高校科协组织发展。以城镇劳动者为重点，进一步加大街道社区科普组织建设力度，通过广泛开展“社区科普益民行动”、“科教进社区”等群众性科普活动和职业技能培训活动，加强社区科普工作，不断提高城镇居民科学素质，推动创建和谐社区。充分发挥已有科协基层组织作用，积极开展群众性技术创新和科学普及活动，以积极活跃、群众喜闻乐见的活动方式为科技工作者发挥作用提供舞台、创造条件，不断扩大科协基层组织的覆盖面，增强影响力。

3. 切实加强科学道德和学风建设，倡导恪守职业道德。结合第三批学习实践活动，认真查找学会在恪守职业道德方面存在的突出问题，查找学会在倡导科学职业道德、规范会员行为方面存在的突出问题，推动践行社会主义核心价值体系，发挥好学会作为科学共同体在开展学术评价、规范学术行为方面的基础性作用。把学风建设与反腐倡廉建设有机结合起来，认真贯彻《科技工作者科学道德规范（试行）》、《学会科学道德规范（试行）》，推动发布《科技期刊道德规范》，加大科学道德和学风建设的宣传教育力度，引导科技工作者加强自律，推动科研经费的科学、合理、公平申请和规范使用，切实抵制学术不端行为。与有关部门加强协调，委托相关学会、组织或部门，对一些涉及范围广、影响面大、严重违背学术道德的典型人物和事件进行事实调查，提出处理建议，净化学术空气，营造良好学术氛围，不断提高科协所属学会的影响力和权威性。

二、紧紧围绕加快转变经济发展方式这个紧迫任务，广泛凝聚科技工作者智慧，动员组织科技工作者为推动经济平稳较快发展多作贡献

4. 把学术交流与推动经济发展方式转变结合起来，不断提高质量和水平。广泛集成学术资源，围绕加快经济发展方式转变引导各学会开展学术交流活动，促进形成不同模式、不同类型、不同层次的学术交流系列，切实提高学术交流的质量与实效。与福建省人民政府共同举办第十二届中国科协年会，以促进学科综合交叉为导向，通过举办一系列高端、前沿、跨学科学术交流活动，搭建高水平、国际化的学术交流平台，进一步扩大年会影响力。加大中国科协论坛组织力度，围绕科技发展前沿问题组织专题研讨，突出学科交叉，强化交流碰撞，启迪创新思维。继续开展学科进展发布活动，做好学科史研究试点工作。紧密结合科技经济社会重大问题，继续组织召开促进中部崛起等区域性、行业性论坛。充分利用现代信息技术手段，推动在线学术交流。加大对小型前沿学术会议的资助力度，鼓励一线年轻科技工作者组织开展或参与学术交流。继续举办新观点新学说学术沙龙，大力推广成功的学术交流模式。加大精品科技期刊工程实施力度，办好《科技导报》，着力在学术质量和水平上下功夫，提高我国科技期刊的国际影响力和认知度。

5. 积极拓展国际民间交流渠道，加强同港澳台民间科技团体的联系。加强国际组织后备队建设，支持和帮助我国科学家参与国际科技组织活动并担任领导职务，推动学会积极参与国际科技组织事务，扩大我国科技界的国际影响，提升国际地位。鼓励和支持学会在华举办影响大、水平高的国际组织系列会议，促进学会的国际交流与合作。发挥好联合国经社理事会咨商组织地位的作用，围绕全球气候变化等重大问题，积极开展民间科技外交，服务国家发展。继续推进加入工程师国际互认体系工作，承担好国际科学理事会和世界工程组织联合会相关工作。继续加强与重点国家的双边交流与合作，开展与周边和发展中国家的科技交流，服务国家外交大局。切实巩固和加强与港澳台地区科技团体的联系，继续办好当代杰出华人科学家公开讲座、海峡两岸科普研讨会、海峡两岸青年科学家学术活动月等活动，以科技交流促进和带动经济文化交流。

6. 深化企业“讲理想、比贡献”活动，促进创新要素向企业集聚。围绕提升企业自主创新能力，深化“讲、比”内涵，丰富活动内容，积极引导科技工作者为培育战略性新兴产业、发展绿色经济、低碳经济、循环经济提供科技支撑，不断扩大这一群众性技术创新活动的影响力和覆盖面。召开全国“讲、比”活动表彰总结大会，推动企业“讲、比”活动深入开展。大力发展各种形式的企业院士专家工作站，及时总结和推广经验，研究制定企业院士专家工作站建设指导意见，发挥好院士专家工作站在提供科技支撑、服务企业方面的重要作用，探索建立各级科协及所属团体为院士专家解决技术难题、进站工作服务的长效机制。深入企业特别是中小型企业开展创新方法培训、推广、普及工作，推动国家知识产权战略实施。

7. 加大科普惠农兴村工作力度，推动社会主义新农村建设。认真贯彻落实中央农村工作会议精神，加大“科普惠农兴村计划”实施力度，引导和帮助受表彰的农村科普组织和个人进一步发挥示范带动作用。认真总结经验，积极主动做好“十二五”立项工作。积极推进科普惠农服务站建设，探索建立科普惠农长效机制。进一步深化农民科学素质行动试点村工作，积极推进农民科学素质行动协调小组各成员单位在本系统落实农民科学素质行动。广泛开展各种形式的科学普及、科技培训、技术推广服务活动，鼓励支持农函大积极做好农民工培训工作。

8. 完善决策咨询机制，努力建设国家级科技思想库。围绕提高经济发展质量和效益、增强经济增长活力和动力、改善民生、保持社会和谐稳定等重大问题，以及为各级政府制定“十二五”规划，组织科技工作者积极建言献策。充分发挥政协科协界委员的独特作用，畅通建言献策渠道。切实发挥全国学会和地方科协的专业特色和组织优势，继续开展有组织的调查研究活动，加强决策咨询。以把中国科协建设成为国家级科技思想库为目标，开好全国调研宣传工作会议，制定发布中国科协关于加强决策咨询工作的指导意见。实施中国科协决策咨询规划，充实决策咨询选题库和专家库。研究建立中国科协优秀决策咨询成果出版资助制度和奖励制度，推动形成具有科协特色的决策咨询体制机制。举办各种形式的专家月谈会、季谈会、区域发展论坛，设立科技咨询委员会、专家献策团等，积极探索把科技工作者的个体智慧凝聚上升为有组织的集体智慧的有效形式，打造一批有影响的科学决策咨询品牌。

三、扎实推进科普资源共建共享，推动公民科学素质建设工作再上新台阶

9. 深入落实《科学素质纲要》各项任务，制定“十二五”规划。配合国务院办公厅，认真做好对各成员单位和各地“十一五”期间《科学素质纲要》实施情况的督查。认真总结“十一五”纲要实施工作做法和经验，奖励和表彰在公民科学素质建设中贡献突出的集体和个人。组织制定《全民科学素质行动“十二五”规划》，提出2011～2015年的工作目标、重点任务和政策措施。组织各省、区、市共同参与，开展好第八次公众科学素质调查，为制定“十二五”科学素质规划提供基础数据和决策依据。积极推动各地将公民科学素质建设目标和要求纳入当地“十二五”规划。做好纲要实施办公室工作，创新工作机制，进一步加强服务能力建设。

10. 进一步提高主题科普活动质量，着力培育科普活动品牌。结合我国经济社会发展状况，准确把握科技工作者的科普意愿和社会公众的科普需求，深入推进重点人群科普工作，面向基层有针对性地开展科普活动，认真完成科协承担的《科学素质纲要》各项工作任务。围绕“节约能源资源、保护生态环境、保障安全健康”主题，倡导低碳生活，继续组织开展全国科普日活动，与北京市人民政府及有关部门共同主办2010年全国科普日北京主场活动。继续组织开展青少年创新实践活动，搞好第25届青少年科技创新大赛等品牌活动，与媒体宣传部门联合组织开展科技创意大赛。积极参与组织全国科技周、科教进社区、科技下乡活动，参与世博科技行动和全民健康科技行动，组织开展与院士一起看世博和青少年游世博等活动，弘扬科学精神，抵制邪教侵蚀，着力培育一批在社会上有影响的科普活动品牌。

11. 切实加强科普资源共建共享工作，提高科普资源开发服务水平。加强中国科协科普出版物配送、广播电视节目、科普活动、展览资源共享和互联网等5个服务平台的建设和管理工作。面向社会开展科普资源共建共享建设试点，积极推动不同权属科普资源的集成共享，探索建立多方参与、协同合作的科普资源共建机制。推动加大公益性科普事业投入，探索建立公益性科普事业与经营性科普产业并举的体制。拓展中国数字科技馆服务功能，为公众提供优质科普服务。充分发挥手机、互联网和移动电视等新兴媒体作用，进一步拓展科普阵地。推动完善科普工作动员激励机制，促进将科普作为科研院所和科技工作者评价考核的重要内容。继续实施繁荣科普创作资助计划，将音像、动漫等作品纳入资助范围，支持优秀原创科普作品，鼓励社会力量参与科普创作，推动科普产业健康发展。扶植和培育一批科普创作基地，支持和引导社会各界多出科普精品。

12. 认真实施《科普基础设施发展规划》，推动各类科普基础设施发展。继续组织开展全国科普基础设施发展监测评估工作，加强对各类科普基础设施建设与运行的指导。发挥好中国科技馆在内容展示、展品设计、展览共享等方面对地方科技馆的技术支持和资源服务作用。积极推进科技馆建设特别是地（市）级专业或主题科技馆建设。着力拓展现有科技馆的科普展示和教育功能，开展科技馆业务交流培训，提升各地科技馆的科普服务能力。充分发挥青少年科普卫星“希望一号”作用，开展系列卫星应用科普活动。加强对全国科普教育基地的指导和服务，组织开展经验交流和培训，调动社会力量参与科普工作的积极性。推动全国科普“站、栏、员”建设，扩大科普大篷车的配发范围，不断提升科普大篷车的科技服务能力。

13. 加大科普示范力度，努力把《科学素质纲要》落实到基层。深入开展全国科普示范县（市、区）（2011—2015年）创建活动，引领基层全面贯彻落实《科学素质纲要》。依据《全国科普示范县（市、区）创建办法》，实施动态管理，保持创优动力。支持全国科普示范县（市、区）实施“百县百项科普示范特色专项”，着力培育基层落实《科学素质纲要》先进典型。继续实施“全国学会科普活动专项”，支持全国学会积极承担重点人群科学素质行动各项任务。加大对少数民族科普工作队的支持力度，积极开展少数民族双语科普试点。

四、创新联系和服务科技工作者的途径和方式，切实当好“科技工作者之家”

14. 深化学会创新发展推广工作。按照“项目牵引、骨干示范、夯实基础、服务创新”的原则，对学会创新发展推广工程示范项目和基础项目加强指导，重点培育和扶持一批具有较强示范性的骨干学会，引导和带动更多学会参与创新发展工作。优先发展学科交叉类学会，引导学科交叉融合。鼓励和提倡学会把学术交流活动与发展个人会员有机结合起来，支持学会积极发展个人会员。继续扩大学会共建范围，深化学会共建工作力度，为更多的会员提供优质高效服务。加强与财政部、科技部、民政部等有关部门的沟通协调，争取在主办会议、期刊税收等方面为学会争取更多优惠。进一步拓宽科技奖励推荐渠道，支持学会承接政府转移的社会化服务职能，优化学会发展环境，增强学会对会员的吸引力和凝聚力。

15. 继续办好“12.15”中国科协会员日等重要活动。引导和支持学会通过举办会员座谈会、联谊会、表彰奖励会、发布学科信息、宣传学会章程、发展新会员等形式，着力搭建面向会员的学术交流和服务平台，促进科学家之间的沟通联系。通过组织开展重大经济社会问题研讨、专题论坛等活动，着力搭建科学家与决策者的对话平台。通过组织面向社会公众的科普讲座、咨询服务活动，着力搭建科技工作者与社会公众之间的交流互动平台。适时召开科协系统继续教育工作会议，推进继续教育工作，服务科技工作者的学术成长和职业发展。加强科协七大代表网络服务平台建设，及时准确了解代表需求，做好代表建议案办理答复工作，进一步增强为代表服务的意识和能力。办好中国科协青年科学家论坛、博士生学术年会，为优秀青年科技人员成长成才创造条件、提供机会。

16. 进一步完善科技工作者状况调查制度。着眼于当好“科技工作者之家”，坚持面上调查和专题调查相结合，深入开展专项调查，创新调查方式方法，全面了解、准确把握广大科技工作者的工作学习生活情况，及时向党和政府反映他们的诉求，帮助解决实际困难和问题。科学调整全国科技工作者状况调查站点，支持地方科协设立省级调查站点，形成动态调整、两级联动机制。有针对性地开展科技工作者状况调查站点培训工作，帮助调查人员掌握科学的调查方法，增强发现问题和分析问题的能力。加强研究成果提炼工作，建好科技工作者状况调查数据库，努力提供更多、更有参考价值的调查报告，为党和国家科学决策提供支撑。继续组织开展科协七大代表调查活动。

17. 抓好科技人才队伍建设，加大对优秀科技工作者的举荐、表彰和奖励力度。认真履行中国科协作为中央人才工作协调小组成员单位的职责，注重发挥科协所属学会在发现、举荐、培养人才方面的权威性和公信力，积极做好相关工作。以表彰奖励优秀科技工作者为抓手，结合两院院士初遴选以及中国青年科技奖、中国科协求是杰出青年奖等奖项的评选工作，积极举荐优秀科技人才。积极参与高层次专业人才和高技能人才培养工程，建好高层次人才库。配合国家实施“千人计划”，继续做好海外高层次人才联系窗口工作，推进“海外智力为国服务行动计划”，进一步加强与海外杰出华人专家学者的沟通联系。

18. 加大优秀科技工作者宣传力度，塑造科技工作者和科协组织良好社会形象。创新宣传方式，与中央电视台、人民网、科技日报、大众科技报等新闻媒体合作，大力宣传在创新科学技术和普及科学技术方面作出突出贡献的优秀科技工作者和创新团队，推动形成尊重劳动、尊重知识、尊重人才、尊重创造的良好社会氛围。启动实施好“老科学家学术成长资料采集工程”，通过录音录像、实物采集等多种方式，把反映老科学家学术成长历史的重要资料保存下来。做好中国科协学术文献特藏工作，扩大中国科协的学术影响。进一步加强科协信息化建设，办好中国科协网。整合科协系统宣传资源，加大宣传工作力度，统一会徽，推动标识应用，塑造良好鲜明的科协社会形象。

五、切实加强自身建设，努力把科协组织建设成为名副其实的学习型团体

19. 大力加强领导班子和干部队伍建设。认真贯彻落实中央精神，全面推进领导班子思想建设、组织建设、作风建设、制度建设和反腐倡廉建设，努力培养造就一支熟悉科技工作和科协工作、准确把握科协工作规律、能够站在党和国家工作全局来思考和推动科协工作的高素质干部队伍。健全完善领导班子集体学习制度、党性定期分析制度和领导干部定期务虚会制度，强化思想政治理论学习，注重提高理论与实践结合的能力，创造性开展工作的能力和抵制不良风气影响、保持清正廉洁的能力。坚持民主集中制，健全领导班子民主决策机制。高度重视各部门、各单位一把手的培养，推动机关、事业单位领导班子交流任职。大规模开展干部培训，进一步完善评价考核办法，加强年轻干部培养选拔，切实抓好后备干部队伍建设，努力造就一批热心科协工作、勤于思考、政治坚定、业务能力比较强的骨干力量。继续推进和深化事业单位改革，建立规范的事业单位岗位设置管理和人员聘用制度，探索建立绩效激励机制，建设高素质专业技术人才队伍。

20. 大力加强县级科协组织建设工作。以贯彻落实《科学素质纲要》为主线，以"科普惠农兴村计划"为抓手，积极推动创建全国科普示范县（市、区）工作，切实促进县级科协组织建设上台阶、上水平。以增强服务意识为着眼点，以提高服务能力和服务水平为导向，继续加大县级科协主席培训力度，进一步提高科协专职干部的履职能力。根据经济社会发展实际和党和国家对科协工作的新要求，修订完善县级科协组织通则。及时总结推广县级科协工作的好做法、好经验，发挥好对县级科协组织建设的指导作用。

21. 进一步加强科协理论建设。按照胡锦涛总书记12.15讲话要求，加强科技人力资源研究，准确把握科技工作者的群体规模、结构特征和发展趋势。加强科技人才理论研究，积极探索科技人才特别是青少年科技人才成长规律。加强科技社团研究，及时了解掌握国内外科技社团的总体趋势与发展规律。加强科协工作研究，深入探讨科协组织的属性特点和科协工作内在规律，及时总结提炼科协工作的成功经验。建立完善科协系统理论建设数据库和科协决策咨询工作平台，掌握基础数据，了解基本情况。推动科协文化建设，培育具有鲜明时代特征的科协文化。

22. 着手中国科协第八次全国代表大会相关筹备工作。明确科协八大的指导思想和主题，启动会议文件起草、章程修改和组织人事等工作。

关于认定全国科普教育基地的通知

科协办发普字〔2010〕7号

各全国学会、协会、研究会，各省、自治区、直辖市科协，新疆生产建设兵团科协：

为贯彻落实《全民科学素质行动计划纲要》，推动《科普基础设施发展规划》实施，加强对全国科普教育基地的动态管理，根据《全国科普教育基地认定办法（试行）》，中国科协组织开展了第一、第二批全国科普教育基地的综合评估工作。

经全国学会、省级科协等推荐单位对本辖区、本系统全国科普教育基地的测评，中国科协组织专家抽查，共有243个单位在综合评估中认定为合格，19个单位由于机构变动、挂靠单位改制、科普场所用途变更、单位搬迁等各方面原因，其基础条件、科普工作能力、科普工作效果等方面与全国科普教育基地的认定标准有较大差距，经综合评估后认定为不合格。根据《全国科普教育基地认定办法（试行）》，中国科协现核准并继续命名"北京市气象台"等243个单位为"全国科普教育基地（2010—2014年）"。其中，科技、文化、教育场馆类79个，社会公共场所类73个，科研院所类70个，生产设施类19个，其他具备科普展教功能的机构、场所或设施类2个。对于"北京朝来农艺园"等19个单位，不认定为"全国科普教育基地"。

希望各全国科普教育基地进一步发挥科普基础设施的公益性作用，不断完善科普基础条件，加大力度面向公众开放，积极开展科普活动，为提高全民科学素质作出应有的贡献。

附件：全国科普教育基地（2010－2014年）认定名单

中国科协办公厅
2010年3月3日

附件

全国科普教育基地（2010—2014年）认定名单

一、科技、文化、教育场馆类（79个）

序号	单位	推荐单位	所在地区
1	詹天佑纪念馆	中国铁道学会	北京市
2	中国铁道博物馆	中国铁道学会	北京市
3	北京航空馆	中国航空学会	北京市
4	中国科学技术馆	北京市科协	北京市
5	中国人民革命军事博物馆	北京市科协	北京市
6	中国农业博物馆	北京市科协	北京市
7	中国地质博物馆	北京市科协	北京市
8	中华航天博物馆	北京市科协	北京市
9	中国航空博物馆	北京市科协	北京市
10	北京天文馆	北京市科协	北京市
11	北京自然博物馆	北京市科协	北京市
12	索尼探梦馆	北京市科协	北京市
13	天津科学技术馆	天津市科协	天津市

14	天津自然博物馆	天津市科协	天津市
15	天津市青少年科技中心	天津市科协	天津市
16	天津市和平区青少年科技宫	天津市科协	天津市
17	天津市大港区青少年科技活动中心	天津市科协	天津市
18	天津市红桥区少年宫	天津市科协	天津市
19	河北省邢台市郭守敬纪念馆	河北省科协	河北省
20	河北省科学技术馆	河北省科协	河北省
21	河北省唐山科技馆	河北省科协	河北省
22	河北省正定县科技馆	河北省科协	河北省
23	中国煤炭博物馆	中国煤炭学会	山西省
24	山西省科学技术馆	山西省科协	山西省
25	太原市少年科技城	山西省科协	山西省
26	山西省长治妇女儿童科教中心	山西省科协	山西省
27	内蒙古科学技术馆	内蒙古区科协	内蒙古区
28	内蒙古青少年科技园地	内蒙古区科协	内蒙古区
29	大连自然博物馆	辽宁省科协	辽宁省
30	吉林省自然博物馆	吉林省科协	吉林省
31	黑龙江省博物馆	黑龙江省科协	黑龙江省
32	上海儿童博物馆	上海市科协	上海市
33	上海中医药博物馆	上海市科协	上海市
34	上海科技馆	上海市科协	上海市
35	上海城市规划展示馆	上海市科协	上海市
36	上海公安博物馆	上海市科协	上海市
37	上海地震科普馆	上海市科协	上海市
38	南京地质博物馆	江苏省科协	江苏省
39	江苏省科学技术馆	江苏省科协	江苏省
40	浙江省科学技术馆	浙江省科协	浙江省
41	浙江自然博物馆	浙江省科协	浙江省
42	嘉兴科学技术馆	浙江省科协	浙江省
43	蚌埠市科学技术馆	安徽省科协	安徽省
44	安徽省科学技术馆	安徽省科协	安徽省
45	合肥市科技馆	安徽省科协	安徽省
46	福建省科技馆	福建省科协	福建省
47	福州市科技馆	福建省科协	福建省
48	厦门桥梁博物馆	福建省科协	福建省
49	青岛消防博物馆	中国消防协会	山东省
50	山东省博物馆	山东省科协	山东省
51	青岛海洋科技馆	山东省科协	山东省
52	河南省青少年科技中心	河南省科协	河南省
53	河南博物院	河南省科协	河南省
54	河南省妇女儿童活动中心	河南省科协	河南省
55	郑州科学技术馆	河南省科协	河南省
56	武汉科学技术馆	湖北省科协	湖北省
57	湖北省黄冈市李四光青少年科技馆	湖北省科协	湖北省
58	湖北省博物馆	湖北省科协	湖北省
59	湖南省地质博物馆	湖南省科协	湖南省
60	广东省广州南沙科学展览馆	广东省科协	广东省
61	广西科学技术馆	广西区科协	广西区
62	广西自然博物馆	广西区科协	广西区
63	重庆自然博物馆北碚陈列馆	重庆市科协	重庆市
64	自贡市盐业历史博物馆	四川省科协	四川省
65	四川峨眉山博物馆	四川省科协	四川省
66	台江古生物博物馆	贵州省科协	贵州省
67	贵州消防教育馆	贵州省科协	贵州省
68	云南省青少年科技中心	云南省科协	云南省
69	云南省科学技术馆	云南省科协	云南省
70	玉溪市红塔区青少年科技活动中心	云南省科协	云南省
71	宝鸡市科技馆	陕西省科协	陕西省
72	陕西昆虫博物馆	陕西省科协	陕西省
73	甘肃地质博物馆	甘肃省科协	甘肃省
74	兰州地震博物馆	甘肃省科协	甘肃省
75	甘肃临夏民族青少年科技宫	甘肃省科协	甘肃省
76	青海省科学技术馆	青海省科协	青海省
77	青海省国土资源博物馆	青海科协	青海省
78	宁夏回族自治区科学技术馆	宁夏区科协	宁夏区
79	新疆地质矿产博物馆	新疆区科协	新疆区

二、社会公共场所类（73 个）

序号	单位	推荐单位	所在地区
80	北京太平洋海底世界博览馆	中国海洋学会	北京市
81	北京南海子麋鹿苑	北京市科协	北京市
82	北京教学植物园	北京市科协	北京市
83	北京鹫峰国家森林公园	北京市科协	北京市
84	北京动物园	北京市科协	北京市
85	北京工体富国海底世界	北京市科协	北京市
86	天津中上元古界国家自然保护区	天津市科协	天津市
87	天津八仙山国家级自然保护区	天津市科协	天津市
88	天津古海岸与湿地国家级自然保护区	天津市科协	天津市
89	天津热带植物观光园	天津市科协	天津市
90	河北省秦皇岛新澳海底世界	河北省科协	河北省
91	山西庞泉沟国家级自然保护区生态标本馆	山西省科协	山西省
92	太原动物园	山西省科协	山西省
93	内蒙古海拉尔国家森林公园	内蒙古区科协	内蒙古区
94	大连圣亚海洋世界	辽宁省科协	辽宁省
95	大连老虎滩海洋公园	辽宁省科协	辽宁省
96	吉林龙湾国家级自然保护区	吉林省科协	吉林省
97	哈尔滨北方森林动物园	黑龙江省科协	黑龙江省
98	黑龙江扎龙国家级自然保护区	黑龙江省科协	黑龙江省
99	黑龙江省森林植物园	黑龙江省科协	黑龙江省
100	上海动物园	上海市科协	上海市
101	上海共青森林公园	上海市科协	上海市
102	上海长风海洋世界	上海市科协	上海市
103	南京中山植物园	江苏省科协	江苏省
104	江苏大丰麋鹿国家级自然保护区	江苏省科协	江苏省
105	常州中华恐龙园	江苏省科协	江苏省
106	南京海底世界	江苏省科协	江苏省
107	浙江天目山国家级自然保护区	浙江省科协	浙江省
108	浙江安吉竹子博览园	浙江省科协	浙江省
109	杭州西溪国家湿地公园	浙江省科协	浙江省
110	福建武夷山国家级自然保护区	中国野生动物保护协会	福建省
111	厦门海底世界	福建省科协	福建省
112	福建省将乐龙栖山国家级自然保护区	福建省科协	福建省
113	福州植物园	福建省科协	福建省
114	厦门市园林植物园	福建省科协	福建省
115	福清市天生林艺园	福建省科协	福建省
116	中国科学院庐山植物园	江西省科协	江西省
117	江西省赣南树木园	江西省科协	江西省
118	济南市动物园	山东省科协	山东省
119	济南市泉城公园	山东省科协	山东省
120	中国科学院武汉植物研究所武汉植物园	湖北省科协	湖北省
121	武汉东湖海洋世界	湖北省科协	湖北省
122	长沙动物园	湖南省科协	湖南省
123	长沙岳麓山鸟语林	湖南省科协	湖南省
124	中国科学院华南植物研究所华南植物园	广东省科协	广东省
125	深圳市野生动物园	广东省科协	广东省
126	深圳市中信明思克航母世界	广东省科协	广东省
127	广东省深圳市仙湖植物园	广东省科协	广东省
128	广东省江门市圭峰山国家森林公园	广东省科协	广东省
129	中国科学院桂林植物园	广西区科协	广西区
130	广西壮族自治区药用植物园	广西区科协	广西区
131	中国热带农业科学院海南热带植物园	海南省科协	海南省
132	海南热带野生动植物园	海南省科协	海南省
133	三亚天涯热带海洋动物园	海南省科协	海南省
134	海南省兴隆热带植物园	海南省科协	海南省
135	海南火山口公园	海南省科协	海南省
136	南川市金佛山自然保护区	重庆市科协	重庆市
137	重庆市动物园	重庆市科协	重庆市

138	卧龙国家级自然保护区	中国野生动物保护协会	四川省
139	四川雅安市碧峰峡野生动物园	四川省科协	四川省
140	都江堰水利工程	四川省科协	四川省
141	贵州省黄果树风景名胜区	贵州省科协	贵州省
142	贵州省植物园	贵州省科协	贵州省
143	西双版纳国家级自然保护区	中国野生动物保护协会	云南省
144	中国科学院云南西双版纳热带植物园	云南省科协	云南省
145	云南西双版纳热带花卉园	云南省科协	云南省
146	昆明世界园艺博览园	云南省科协	云南省
147	中国科学院昆明植物研究所植物园	云南省科协	云南省
148	昆明动物园	云南省科协	云南省
149	陕西佛坪国家级自然保护区	中国野生动物保护协会	陕西省
150	甘肃麦积山植物园	甘肃省科协	甘肃省
151	青海湖国家级自然保护区	青海省科协	青海省
152	宁夏中卫沙坡头自然保护区	宁夏区科协	宁夏区

三、科研院所类（70个）

序号	单　位	推荐单位	所在地区
153	北京医科大学第一医院健康教育室	中华医学会	北京市
154	北京市水生野生动物救治中心	中国水产学会	北京市
155	北京市气象台	中国气象学会	北京市
156	中国地质大学博物馆	中国地球物理学会	北京市
157	中国测绘科学研究院卫星站	中国测绘学会	北京市
158	河北工业大学科学普及活动中心	天津市科协	天津市
159	河北师范大学生命科学馆	河北省科协	河北省
160	山西大学生命科学学院动植物标本馆	山西省科协	山西省
161	内蒙古自治区地震局乌素图地震台	内蒙古区科协	内蒙古区
162	辽宁大学自然博物馆	辽宁省科协	辽宁省
163	中国科学院大连化学物理研究所实验室	辽宁省科协	辽宁省
164	中国科学院沈阳应用生态研究所树木园	辽宁省科协	辽宁省
165	中国科学院长春人造卫星观测站	吉林省科协	吉林省
166	吉林大学地质博物馆	吉林省科协	吉林省
167	上海航宇科普中心	中国航空学会	上海市
168	上海工程技术大学科普教育基地	上海市科协	上海市
169	中国科学院上海天文台佘山工作站	上海市科协	上海市
170	中国极地研究所极地科普馆	上海市科协	上海市
171	上海浦东气象科普馆	上海市科协	上海市
172	上海市农业科学院科普教育基地	上海市科协	上海市
173	河海大学水资源开发利用国家专业实验室	中国水利学会	江苏省
174	南京理工大学兵器博物馆	中国兵工学会	江苏省
175	中国科学院紫金山天文台	江苏省科协	江苏省
176	中国科学院南京地质古生物研究所	江苏省科协	江苏省
177	中国科技大学火灾科学国家重点实验室	安徽省科协	安徽省
178	合肥气象科技园	安徽省科协	安徽省
179	福州大熊猫研究中心	福建省科协	福建省
180	江西省气象科普教育基地	江西省科协	江西省
181	山东聊城市气象科普教育基地	中国气象学会	山东省
182	山东省气象台	山东省科协	山东省
183	青岛海洋大学物理海洋重点开放研究实验室	山东省科协	山东省
184	焦作师范高等专科学校自然科技教育基地	河南省科协	河南省
185	武汉中心气象台	湖北省科协	湖北省

186	中国科学院水生生物研究所淡水鱼类博物馆	湖北省科协	湖北省
187	中国地质大学（武汉）逸夫博物馆	湖北省科协	湖北省
188	湖南师范大学生命科学学院动植物标本馆	湖南省科协	湖南省
189	湖南省野生动物救护繁殖中心	湖南省科协	湖南省
190	中南大学人体奥秘科普馆	湖南省科协	湖南省
191	湖南省气象台	湖南省科协	湖南省
192	广东航天航空科普教育基地	广东省科协	广东省
193	广东汕头气象科普基地	广东省科协	广东省
194	中山大学生物博物馆	广东省科协	广东省
195	珠海市农业科学研究中心	广东省科协	广东省
196	广西区气象台	广西区科协	广西区
197	广西科学院生物研究所标本馆	广西区科协	广西区
198	西南师范大学科技博物馆	重庆市科协	重庆市
199	重庆市中药研究院标本馆	重庆市科协	重庆市
200	中国科学院成都生物所两栖爬行动物、植物标本馆	四川省科协	四川省
201	成都大熊猫繁育研究基地	四川省科协	四川省
202	成都理工学院博物馆	四川省科协	四川省
203	中国工程物理研究院科学技术馆	四川省科协	四川省
204	贵州省林业科学研究院	贵州省科协	贵州省
205	贵州气象科技馆	贵州省科协	贵州省
206	贵州大学地球科学实验实习基地	贵州省科协	贵州省
207	贵阳中医学院贵州中药、民族药标本馆	贵州省科协	贵州省
208	中国科学院云南天文台	云南省科协	云南省
209	云南省气象台	云南省科协	云南省
210	西藏自治区气象台	西藏区科协	西藏区
211	中国科学院水利部水土保持研究所黄土高原土壤侵蚀与旱地农业国家重点实验室	中国水土保持学会	陕西省
212	延安市气象台	陕西省科协	陕西省
213	陕西省气象科普教育示范基地	陕西省科协	陕西省
214	兰州重离子加速器国家实验室	甘肃省科协	甘肃省
215	中国科学院西北高原生物研究所青藏高原生物标本馆	青海省科协	青海省
216	青海省农林科学院试验基地	青海省科协	青海省
217	宁夏回族自治区气象台	宁夏区科协	宁夏区
218	宁夏回族自治区地震局银川基准台	宁夏区科协	宁夏区
219	新疆兵团绿洲生态农业重点实验室	新疆生产建设兵团科协	新疆区
220	中国科学院新疆生态与地理研究所标本馆	新疆区科协	新疆区
221	中国科学院国家天文台乌鲁木齐南山观测基地	新疆区科协	新疆区
222	新疆油田公司勘探开发研究院石油地质陈列馆	新疆区科协	新疆区

四、生产设施类（19 个）

序号	单　位	推荐单位	所在地区
223	水利部水灌溉示范基地	中国水利学会	北京市
224	小汤山渔业高科技园区	中国水产学会	北京市
225	北京市农业局小汤山特菜基地	中国农学会	北京市
226	北京市顺义区大孙各庄农业示范区	中国农学会	北京市
227	天津市宝坻县生物中心	天津市科协	天津市
228	上海孙桥现代农业开发区	上海市科协	上海市
229	上海崇明县大新镇前卫村生态农业基地	上海市科协	上海市
230	上海航天设备制造总厂科普教育基地	上海市科协	上海市
231	上海天山污水处理厂	上海市科协	上海市
232	江苏省无锡市排水总公司芦村污水处理中心	江苏省科协	江苏省
233	秦山核电公司	浙江省科协	浙江省

234	浙江省农业高科技示范园区	浙江省科协	浙江省
235	福建省莆田市科协科普基地	福建省科协	福建省
236	广州海洋生物科普有限公司“广州海洋馆”	广东省科协	广东省
237	广东新会市现代农业科普基地	广东省科协	广东省
238	广西现代农业科技示范园	广西区科协	广西区
239	望江机械制造总厂重庆国防知识教育中心	中国兵工学会	重庆市
240	贵航集团双阳飞机制造厂航空科普教育基地	贵州省科协	贵州省
241	甘肃金山公司科技馆	甘肃省科协	甘肃省

五、其他类（2个）

序号	单位	推荐单位	所在地区
242	北京消防教育训练中心	中国消防协会	北京市
243	中国人民解放军93619部队（空军八一飞行表演队）	中国航空学会	天津市

关于转发《中共江苏省委关于进一步加强新时期科协工作的意见》的通知

科协办发〔2010〕8号

各省、自治区、直辖市、副省级城市科协，新疆生产建设兵团科协：

近日，中共江苏省委印发了《中共江苏省委关于进一步加强新时期科协工作的意见》。该文件深入贯彻落实党的十七大精神和胡锦涛总书记在纪念中国科协成立50周年大会上的重要讲话精神，按照科学发展观的要求，就如何进一步加强和改善党对科协工作的领导，切实发挥科协和广大科技工作者在促进江苏省经济社会又好又快发展中的重要作用提出了明确要求。

现将《中共江苏省委关于进一步加强新时期科协工作的意见》转发给你们，供参阅。

附件：中共江苏省委关于进一步加强新时期科协工作的意见

中国科协办公厅
2010年3月19日

附件

中共江苏省委关于进一步加强新时期科协工作的意见

（苏发〔2009〕15号）

为深入贯彻落实党的十七大精神和胡锦涛总书记在纪念中国科协成立50周年大会上的重要讲话精神，按照科学发展观的要求，进一步加强和改善对科协工作的领导，切实发挥科协和广大科技工作者在促进我省经济社会又好又快发展中的重要作用，在《中共江苏省委关于进一步加强和改善党对科协工作领导的意见》（苏发〔2001〕18号）基础上，现就进一步加强新时期科协工作提出如下意见。

一、深刻认识加强新时期科协工作的重要意义

1. 推进科技创新、建设创新型省份的新形势，对加强科协工作提出了新要求。切实增强自主创新能力，率先建设创新型省份，全面提高江苏的综合竞争力，是决定江苏未来发展的重大抉择，是实现“两个率先”的重要目标内涵。科协及所属学会具有人才荟萃、智力密集、网络健全以及跨学科、跨领域、跨部门的独特优势，是推动科技创新和科技事业全面发展的重要力量。各级党委、政府要充分认识建设创新型省份离不开科技工作者的艰苦劳动和创新实践，离不开各级科协组织的积极参与和主动工作，切实支持科协更好地开展科技创新、学术研讨、科学普及、科技服务、科技交流等活动，进一步发挥科协的重要作用，为率先建设创新型省份作出新贡献。

2. 科技工作者队伍状况的新变化，对加强科协工作提出了新要求。科协是党领导下的人民团体，是党和政府联系科技工作者的桥梁和纽带。随着江苏发展进入新阶段，全省科技工作者队伍迅速壮大，就业和流动趋势日益多样化，结构和分布呈现出鲜明的时代特征，活动方式的独立性、选择性、多变性、差异性也越来越明显。这些都对科协组织履行职责、当好科技工作者之家提出了更高要求。各级党委、政府要充分认识科协组织在团结科技工作者方面的独特作用，支持科协加强与广大科技工作者的联系、竭诚为广大科技工作者服务，把广大科技工作者紧密团结在党的周围，充分调动和发挥他们的积极性、主动性、创造性，为又好又快推进“两个率先”提供强有力的科技支撑和智力支持。

二、充分发挥科协在“推动科学发展、建设美好江苏”中的重要作用

3. 充分发挥科协在转变经济发展方式中的重要作用。加强自主创新，是转变经济发展方式的核心环节。团结和组织广大科技工作者在自主创新中发挥先锋作用，是科协工作的重要内容。各级党委、政府要大力支持科协组织广大科技工作者积极参加国家创新体系建设，努力服务全省产业结构优化升级，积极投身基础研究、前沿技术研究和重大科技攻关研究，促进我省经济增长向主要依靠科技进步、劳动者素质提高和管理创新转变。科协及所属学会要把开展学术交流、发挥学术交流对自主创新的重要作用作为基本职责，搭建多种形式、不同层次的学术交流平台，举办好江苏科技论坛、青年科学家年会等品牌学术活动。要组织广大科技工作者深入企业、深入农村，开展金桥工程、厂会协作、万名科技专家兴农富民工程等多种形式的科技服务活动，配合做好企业院士工作站工作，帮助企业培养科技人才、开展技术创新，推动社会主义新农村建设。要加大建言献策工作力度，组织和引导广大科技工作者积极参与经济、社会、科技中长期规划的制定和重大项目的咨询论证，提出切实可行的决策建议，进一步发挥科协作为党委、政府的科技智囊的作用。

4. 充分发挥科协在提高全民科学素质中的重要作用。科协是开展科普工作、促进公民科学素质提高的主要社会力量。各级党委、政府要认真贯彻《科普法》、《全民科学素质行动计划纲要》，将公民科学素质建设纳入科学发展考核评价体系，支持科协牵头实施“全民科学素质行动”计划，推动社会科普资源的整合，形成社会化科普工作新格局。深入开展对未成年人、农民、城镇劳动者、领导干部和公务员等重点人群的“科学素质行动”。科协及所属学会要积极组织科普宣传周和全国科普日等大型科普活动，广泛开展群众性、基础性、社会性科普活动和各类科普示范创建活动，加大科技知识在全社会的传播速度和覆盖广度。拓展和完善现有科普基础设施的科普教育功能，在城乡文化活动场所建设中增强和完善科普功能，推动企业将生产研发与科普工作有机结合，建立科普资源共建共享机制。大力发展科普文化，利用各类大众媒体广泛传播科技知识、宣传科普工作，办好《科学大众》、《江苏科技报》等公益性科普报刊。进一步繁荣科普创作，鼓励和支持科技工作者从事科普创作和科普理论研究，将科普作品纳入省“五个一工程”和“科技进步奖”评选范围，促进优秀科普作品不断涌现。各级政府要建立科普工作表彰奖励制度，对在科普工作中作出突出贡献的组织和个人予以表彰和奖励。

5. 充分发挥科协在培养造就科技创新人才中的重要作用。服务科技工作者，是科协的重要责任。各级党委、政府要切实贯彻尊重劳动、尊重知识、尊重人才、尊重创造的方针，充分发挥科协在发现、培养、推荐、表彰和凝聚科技人才中的重要作用。科协要积极为广大科技工作者提供优质高效服务，支持科技工作者发挥聪明才智、勇攀科技高峰，开展自主创新、推动成果转化。同时，大力引导科技工作者发扬优良传统，自觉成为良好学术风气的维护者、严谨治学的力行者、优良学术道德的传承者。加强同海外华人科技团体和科学家的沟通联系，协同建设海外人才智力库，积极引导、鼓励和支持海外科技人才为江苏服务、回江苏创业，协助引进一批拥有创新成果、通晓国际先进管理、善于运作资源的创新创业领军人才。及时准确反映科技工作者的意见和建议，开展科技工作者状况调查，推动制定有利于科技人才脱颖而出的政策措施。认真履行举荐科技创新人才的职能，探索建立科技人才评价体系，建立和完善奖励优秀科技人才的制度，继续做好“江苏省十大青年科技之星”、“江苏省优秀科技工作者奖”等评选工作。切实关心科技工作者的工作、生活，组织好优秀科技工作者疗（休）养，开展多种形式的科技联谊活动。

三、进一步加强和改善对科协工作的领导

6. 加强对科协工作的领导。科协工作是党的群众工作和国家科技工作的重要组成部分。各级党委、政府要把科协工作列入重要议事日程，把科协承担的重点工作纳入整体工作部署，支持科协组织依照法律和章程独立自主开展工作。党委、政府都要明确一位领导成员分管和联系科协工作，召开与科技、人才工作有关的会议应安排同级科协负责人参加或列席。企事业单位党政领导要关心、支持本单位科协工作。

7. 保障科协各项经费。把科协事业经费列入各级财政预算，并保持一定幅度增长。逐年加大科普工作投入，“十二五”期间，省、市、县（市、区）三级科普专项经费要在“十一五”的基础上，随着财政经常性收入的增长有一定幅度的增加。加强科普经费管理和监督，不断提高资金使用效益。

8. 加强科普场馆建设。把科技馆等科普基础设施建设纳入各级政府基本建设计划，保证公益性科普场馆的建设投入和运行经费。推动公益性科普场馆免费向公众开放，各级财政设立专项经费，保障免费开放工作顺利实施。“十二五”期间，城区常住人口在100万以上的大城市力争有综合性、现代化和有地方特色的科普场馆。充分发挥各级科协在科技馆建设中的项目实施和业务管理等作用。加快建设科普资源的集成中心和开发、配送中心。

9. 加强科协干部队伍建设。保证各级科协机构和人员稳定，县以上科协机构应保持独立建制，合署办公的城区科协可设专职副主席。按照干部选任标准和科协工作特点，配好配强科协领导班子，特别是选配好主持日常工作的主要负责人。继续解决好县以上科协负责人参加同级人大、政协常委会问题。进一步加强对科协干部队伍的培养、使用和管理，把科协机关干部纳入各级干部培训、挂职、轮岗等计划，不断提高科协干部队伍整体素质。

10. 加强科协所属学会建设。科协所属学会是国家创新体系的重要组成部分，也是科协的重要组织基础。要加强科协所属学会建设，深化学会组织体制、管理模式、运行机制和活动方式等方面的改革。各级组织、人力资源、财政、民政、科技等部门要支持科协所属学会加强办事机构建设，加强和改善对学会的管理和服务，支持和鼓励学会承接政府职能转移，在专业资质认证、职业资格培训、社会设奖和科技成果评估等方面发挥积极作用。学会挂靠单位要帮助学会解决工作人员配备、管理和经费、场所等办公条件方面的实际问题。科协作为业务主管单位，要对所属学会依法全面履行管理和服务职责。

11. 支持科协加强组织体系和运行机制建设。各级科协组织及所属团体要进一步增强深入贯彻落实科学发展观的自觉性和坚定性，认真研究和把握新时期科协工作的特点，进一步解放思想，创新工作方法，拓宽工作领域，丰富活动内涵，逐步建立和完善适应社会主义市场经济和现代科技发展要求、具有科技团体特点的组织体制、运行机制，增强科协工作的生机和活力。要加强县级科协组织建设，切实提高其为县域科技进步和科普事业发展服务的能力。要充分发挥科协组织中党组织的核心领导作用，县以上科协应设立党组。加大在学会中建立党组织力度。建立和完善“党建带科建”的工作机制，把科协组织建设纳入党的工作总体部署，积极推动科协活动向新经济组织、新社会组织拓展，加大高新区、企业特别是非公有制企业科协组织发展力度。进一步加强街道（乡镇）、社区（村）科协（科普协会）建设，不断提高基层科协组织的吸引力和影响力。充分发挥各级科协代表大会、全委会及其常委会的作用，努力形成科学、民主、有团体特色的科协领导决策和执行体系。

关于转发《广西壮族自治区党委、自治区人民政府关于进一步加强新时期科协工作的意见》的通知

科协办发〔2010〕9号

各省、自治区、直辖市、副省级城市科协，新疆生产建设兵团科协：

近日，广西壮族自治区党委、自治区人民政府印发了《关于进一步加强新时期科协工作的意见》。该文件围绕贯彻落实党的十七届四中全会精神和胡锦涛总书记在纪念中国科协成立50周年大会上的重要讲话精神，按照科学发展观的要求，就如何充分发挥各级科协组织和广大科技工作者在推动广西科学发展、和谐发展、跨越发展，建设富裕文明和谐新广西中的重要作用提出了明确要求。

现将《广西壮族自治区党委、自治区人民政府关于进一步加强新时期科协工作的意见》转发给你们，供参阅。

附件：广西壮族自治区党委、自治区人民政府关于进一步加强新时期科协工作的意见

中国科协办公厅
2010年3月26日

附件

广西壮族自治区党委、自治区人民政府关于进一步加强新时期科协工作的意见

桂发〔2010〕9号

为充分发挥科协组织和广大科技工作者在推动广西科学发展、和谐发展、跨越发展，建设富裕文明和谐新广西中的重要作用，现就进一步加强新时期科协工作提出如下意见。

一、充分认识加强新时期科协工作的重要意义

（一）加强新时期科协工作，是充分发挥科协组织作用，推动科技事业发展的需要。科协是党领导下的人民团体，是党和政府联系科技工作者的桥梁和纽带，是推动科学技术事业发展的重要力量。加强新时期科协工作，对于充分发挥科学技术在推动经济社会发展中的重要作用，加快科技创新人才培养，提升全民科学文化素质，实现我区科学发展、和谐发展、跨越发展具有重要意义。

（二）加强新时期科协工作，是增强自主创新能力，建设创新型广西的需要。当前，我区正处在加快发展的关键时期，抓住多重发展机遇，促进我区经济社会又好又快发展，迫切需要加快提升自主创新能力，迫切需要广大科技工作者进行不懈的创造性实践。加强新时期科协工作，有利于更好地组织和团结广大科技工作者投身广西建设各项事业，激发他们的创新热情和创造活力，发挥自主创新先锋作用；有利于在创新实践中发现人才、培养人才、凝聚人才、成就人才，激励优秀科技人才脱颖而出，形成推动科技进步和自主创新的强大合力。

（三）加强新时期科协工作，是推进决策科学化、民

主化的需要。科技工作者具有科学文化水平较高、逻辑思维严谨、专业知识深厚的优势，对推进党和政府决策科学化、民主化起着积极作用。加强新时期科协工作，有利于更好地组织和团结广大科技工作者对经济社会发展中的重大科技课题和科技发展及应用中出现的苗头性和倾向性问题开展科研攻关，提出科学合理的对策建议；有利于把科技工作者的个体智慧上升为有组织的集体智慧，为各级党委、政府的决策提供科学依据。

各级党委、政府要从深入贯彻落实科学发展观，加强党的执政能力建设的战略高度，充分认识科协工作的重要性，采取有效措施，进一步把科协组织的作用发挥好。

二、加强新时期科协工作的总体要求

要以邓小平理论和“三个代表”重要思想为指导，深入贯彻落实科学发展观和胡锦涛总书记在纪念中国科协成立50周年大会上的重要讲话精神，以及国务院关于进一步促进广西经济社会发展的若干意见，坚持党对科协工作的领导，围绕建设富裕文明和谐新广西的目标要求，充分发挥科协组织和广大科技工作者的作用，推动我区科学发展、和谐发展、跨越发展。

要积极引导科协组织在坚持以人为本上下功夫，在推动创新上做文章，在服务大局上选题目，在深化改革上求发展，认真贯彻“自主创新、重点跨越、支撑发展、引领未来”的科技工作方针和“政府推动、全民参与、提升素质、促进和谐”的全民科学素质工作方针，为提升全民科学素质、增强自主创新能力、建设创新型国家和创新型广西作出新贡献。

要推动各级科协组织紧紧抓住当前有利时机，创新发展思路，搭建服务平台，推动资源共享，建立长效机制，加强自身建设，提升服务能力，努力在服务经济社会发展大局中有新作为，在服务提高全民科学素质方面有新拓展，在服务科技工作者的机制上有新举措，把科协组织建设成为科学决策和民主决策的“思想库”和“智囊团”，建设成为适应社会主义市场经济体制、符合科技团体发展规律、对科技工作者具有较强凝聚力和影响力、充满生机和活力的“科技工作者之家”。

三、切实为科协开展工作提供支持和必要条件

（一）支持科协履行社会职责，广泛开展各种形式的学术交流和科学普及活动。各级党委、政府要重视发挥科协的智囊团作用，支持科协围绕经济社会发展前沿、难点问题开展专题学术研讨和科学论证活动，获取有价值的决策参考意见和建议，促进决策科学化、民主化。支持科协针对制约经济社会发展的重大科技问题，协同有关力量进行科研攻关，形成一批有份量、拥有自主知识产权的核心技术。支持科协围绕增强自主创新能力，积极参与科技创新体系建设，促进产学研紧密结合，培育新的经济增长点。

各级党委、政府要充分发挥科协作为科普工作主要社会力量的作用，以贯彻实施《全民科学素质行动计划纲要》为抓手，支持科协深入开展科普惠农兴村计划、“五个一”农村适用技术培训工程、科普示范县创建、科技大集、十月科普大行动、创新方法进企业、青少年科技创新大赛、大手拉小手科技传播等科普活动，推动全民科学素质建设。支持科协积极整合科普资源，广泛动员社会力量参与科普工作，有效搭建社会化科普服务平台。支持科协办好科普类报刊及网络，并发挥其经常性科普阵地的作用。社会各界要积极参与各类科普活动，营造全社会重视、支持和参与科普工作的良好氛围。要大力宣传在创新科学技术和普及科学技术方面作出突出贡献的优秀科技工作者和团队，营造有利于全民科学素质建设的良好舆论环境。

（二）支持科协建设好科技工作者之家，充分发挥党和政府联系科技工作者的桥梁纽带作用。各级党委、政府要进一步重视和加强科技人才工作，充分发挥科协组织的桥梁纽带作用，支持科协做好科技工作者工作，当好科技工作者之家。各级科协组织要努力提升服务能力和工作水平，不断增强服务科技工作者的主动性和实效性，把广大科技工作者更紧密地团结在党的周围。要把促进造就大批高素质劳动者、专门人才、拔尖人才作为科协组织的重要任务，协助党和政府制定有利于科技人才脱颖而出的政策措施，竭诚鼓励科技工作者干事业，鼎力支持科技工作者干成事业，热情帮助科技工作者干好事业。要把学术交流作为促进学术发展和促进创新人才涌现的重要手段，着力构建高水平的学术交流平台，为科技工作者参与学术交流活动提供更多的机会和途经。要把维护科技工作者合法权益作为科协工作的重要内容，不断完善科技工作者利益表达机制，及时反映他们的意见和呼声，帮助解决他们在工作生活中遇到的实际困难。要切实加强科学道德和学风建设，弘扬以爱国主义为核心的民族精神和以改革创新为核心的时代精神，努力践行社会主义荣辱观，规范学术行为，建设和谐学术环境。

（三）支持科协基层组织建设，不断健全和完善科协的组织网络。县级以上要有机构，有专职人员承担科协工作。高等院校、科研院所、科技园区、企业及其他科技工作者比较集中的企事业单位，要进一步建立健全科协组织，确保有负责科协工作的相关机构，并在人员、经费和活动场所等方面给予保障。要按照有关法律、法规要求，在非国有企业、民营科技企业中积极探索组建科协基层组织的形式及活动方式，不断扩大科协组织的社会覆盖率和影响力。各市、县（市、区）要建立健全老科技工作者协会组织，进一步抓好老科协工作，充分发挥离退休科技工作者特别是老专家的作用。

学会是科协的重要组织基础。政府社会团体管理部门要切实加强和改善对学会的服务，为学会发展创造更好的环境条件。学会的挂靠单位要重视和支持学会工作，帮助解决学会工作中的实际问题，在政府职能转变过程中，积极引导学会承担本部门、本行业项目评估论证、科技成果评价、技术标准制定、专业技术职务资格评审、专业技术培训、举荐人才和科技奖励等社会职能，支持学会开展决策咨询、管理咨询、工程咨询、技术咨询等科技中介服务工作。

（四）支持科普活动和场馆建设，为科协开展工作提供有力保障。各级政府要将科普经费纳入同级财政预算，专款专用，并建立健全科普专项经费投入的增长机制，自治区本级财政科普活动专项经费要随着财力增长逐年增加，市、县两级财政也要增加投入，逐步提高科普活动经费投入的总体水平；条件较好的地方科普经费的投入应保持较高水平；已命名的全国科普示范县（市、区），科普经费的投入应保持在创建标准之上；要按照部门预算管理要求统筹安排经费，确保科普活动的正常开展。

切实加强各级各类科普场馆设施建设。各级党委、政府要把科普场馆设施建设纳入地方国民经济和社会发展规划，纳入城乡建设、土地利用的总体规划，争取到2015年全区基本实现设区市建有科技馆（青少年科技中心），县（市、区）建有农村实用科技推广中心，乡镇、社区建有科普长廊或橱窗，科技、农业、环保、地质矿产、地震、气象、水利、能源、海洋、测绘、铁路、广播电视等部门结合实际建设一批面向社会开放的专门场馆。鼓励和引导社会、企业积极参与各级各类科普场馆设施建设，努力建设完善的科普基础设施体系。

四、进一步加强和改善对科协工作的领导

（一）把科协工作纳入重要议事日程。县级以上党委要明确一名常委分管科协工作，政府要明确一名领导联系科协工作。党委常委会每年至少听取一次科协工作汇报，了解科协开展工作情况，研究解决科协工作中的重要问题。要把科协干部的培养、交流、使用和管理，纳入党政干部队伍建设整体规划，配好配强科协领导班子，不断优化科协领导干部结构。各级政府要把全民科学素质建设纳入经济社会发展总体规划，纳入政府工作部署和年度目标责任考核体系，形成“政府领导、科协组织协调、各部门分工负责、联合协作”的工作机制。有关部门要对各地落实《中华人民共和国科学技术普及法》、《全民科学素质行动计划纲要》和《广西壮族自治区科学技术普及条例》等有关法律、法规、政策的情况开展督促检查。

（二）支持科协依法办会和民主办会。支持科协组织依照法律和章程，独立自主地开展工作。县级以上科协的领导机构，要切实按照科协章程规定，通过召开代表大会选举产生；科协主席、副主席的任免，应由同级党委提名，通过科协相应的民主程序办理，不应以直接任免替代选举制。科协主要负责人的变换，党委有关部门应事先听取上一级科协的意见。科协专职负责人届内履职应保持相对稳定。

（三）推进科协履行参政议政职能。切实发挥科协代表科技工作者在政治协商、科学决策、民主监督等方面的重要作用，提高科协参政议政实效。县级以上科协主要负责人应安排进入同级地方人大常委会或政协常委会。各级党委、政府要将科协纳入科技、人才等领导小组作为成员单位，在制定相关政策措施时，充分听取科协的意见。科协要自觉坚持党的领导，坚决贯彻执行党的路线方针政策，主动向党委分管领导和政府联系领导汇报工作，努力完成党和政府交给的各项工作任务。

关于印发《全国青少年科技创新大赛章程》的通知

科协办发青字〔2010〕10号

各省、自治区、直辖市和新疆生产建设兵团科协、教育厅（教委、教育局）、科技厅（科委）、发展改革委、环保厅（环保局）、体育局、团委、妇联，总政干部部福利局：

为深入实施科教兴国战略和人才强国战略，贯彻落实胡锦涛总书记在中国科协成立50周年大会上的重要讲话精神，全面推进未成年人科学素质行动，加强青少年科学教育与培训基础工程建设，使全国青少年科技创新大赛更加科学化、制度化、规范化，依据《全民科学素质行动计划纲要》，我们修订了《全国青少年科技创新大赛章程》，进一步明确了创新大赛宗旨、活动内容、组织机构及职责、组织管理规定、竞赛规则等。《章程》是指导和规范青少年科技创新大赛的规则和依据。

现将新修订的《全国青少年科技创新大赛章程》印发你们，请认真组织开展青少年科技创新活动，加强青少年创新精神和实践能力培养，为增强自主创新能力和建设创新型国家培养更多的创新型人才。

为进一步规范青少年科技创新大赛组织实施工作，每年将继续以各主办单位办公厅的名义联合表彰获奖学生，组织工作由中国科协负责，并代章行文处理有关具体事务。

附件：全国青少年科技创新大赛章程

中国科协办公厅　教育部办公厅
科技部办公厅　国家发展改革委办公厅
环境保护部办公厅　体育总局办公厅
共青团中央办公厅　全国妇联办公厅
自然科学基金会办公室
2010 年 4 月 2 日

附件

全国青少年科技创新大赛章程

第一章　总　则

第一条　为深入贯彻落实《全民科学素质行动计划纲要》，进一步加强未成年人科学素质行动和科学教育与培训基础工程建设，推进全国青少年科技创新大赛科学化、制度化、规范化，促进我国青少年科技活动的蓬勃开展，制定本章程。

第二条　全国青少年科技创新大赛（以下简称全国创新大赛，英文名称 China Adolescents Science & Technology Innovation Contest，CASTIC）是面向全国青少年和科技辅导员开展的一项具有示范性和导向性的综合性科技竞赛活动，是中小学各类科技创新活动成果集中展示的一种形式。

第三条　全国创新大赛的宗旨和目的：为全国青少年和科技辅导员搭建一个科技创新活动成果展示交流的平台，强化和培养科学道德、创新精神和实践能力，提高科学素质，培养优秀科技创新型后备人才，推进建设创新型国家进程。

第二章　组织机构及其职责

第四条　全国创新大赛的主办单位为中国科协、教育部、科学技术部、国家发展改革委、环境保护部、国家体育总局、共青团中央、全国妇联、国家自然科学基金委员会和举办地人民政府。职责是：审定全国创新大赛章程和规则，负责全国创新大赛的计划组织，对获奖者进行表彰和奖励，指导各地创新大赛的开展。

第五条　全国创新大赛由主办单位授权中国科协负责组织，中国科协青少年科技中心具体实施。职责是：起草和修订创新大赛章程和规则，提出大赛活动方案，并负责全国创新大赛的组织实施。

第六条　全国创新大赛承办单位为举办省、自治区、直辖市科学技术协会及其他相关机构。

第七条　每届全国创新大赛设立组织委员会，由主办单位、承办单位共同协商组成，组织委员会包括荣誉科学顾问、荣誉顾问、顾问、主任、副主任、委员。组织委员会下设秘书处，具体负责当届全国创新大赛的组织实施。

第八条　每届全国创新大赛设立评审委员会，由中国科协聘请相关学科具有高级职称的专家组成。评审委员会设主任一名，副主任若干名。全国评审委员会根据本章程和评审规则独立开展评审工作。

第九条　每届全国创新大赛设立评审工作监督组，对大赛评审工作进行监督。

第三章　活动内容

第十条　全国创新大赛分为青少年和科技辅导员两个板块，内容包括竞赛活动和展示活动两个系列。

第十一条　竞赛活动包括小学生科技创新成果竞赛、中学生科技创新成果竞赛、科技辅导员科技创新成果竞赛，由主办单位进行表彰和奖励。

第十二条　展示活动包括少年儿童科学幻想绘画比赛、青少年科技实践活动比赛等，由全国竞赛组委会进行表彰和奖励。

第十三条　全国创新大赛期间设立科技教育论坛，包括主旨报告、专题发言、参与式培训等，为科技教育工作者提供交流与合作的平台。

第四章　组织管理

第十四条　中国科协依据《章程》组织实施全国创新大赛，并对省级青少年科技创新大赛（以下简称省级创新大赛）进行检查指导。

第十五条　省级创新大赛是全国创新大赛的联系赛事，由各省、自治区、直辖市科协牵头，会同各相关部门，根据各地的实际情况参照全国竞赛《章程》制定本省级竞赛规则，并按照规则组织省级竞赛。

第十六条　各级创新大赛组织管理工作必须坚持科学、规范、高效、务实、公开、公平、公正的原则。

第十七条　全国创新大赛每年举办一届，决赛于每年暑期举办。

第十八条　中国科协每年第四季度印发下一年度全国创新大赛通知，公布申报名额。省级组织机构须按照分配名额及有关要求择优推荐项目参加全国创新大赛。

第十九条　全国创新大赛和省级创新大赛应规范评

审工作，确保公平、公正。要严格执行回避制度，各级科协等主办单位领导、工作人员以及参与辅导评审项目或与参赛者有亲属关系的专家不得担任评委；对创新成果必须通过申报材料审阅、现场问辩等评审环节；评审专家的研究方向要与评审项目的所属学科一致，每个学科评审组必须由三位以上评审专家组成，严格按评审程序进行评审；建立健全评审专家更新机制，每届评委会成员要在上届基础上至少更新四分之一以上；任何人不得以任何方式影响评审工作，不得泄露评审方面的保密信息，不得散布未公开发布的消息。省级创新大赛结束后，应将评审方案、评分标准、日程安排、评委会名单、评审结果和总结报全国竞赛组委会。

第二十条 中国科协不定期对省级创新大赛组织工作进行抽查。依据省级创新大赛组织工作是否公平、公正、严谨、有序，是否维护了参赛者的合法权益等进行评估，并据此调整下一届全国创新大赛的申报名额。

第二十一条 全国创新大赛获奖名单于终评结束后即在指定官方网站上进行为期一个月的公示。省级创新大赛结果须及时公示（公示期不少于一个月），接受社会公众的监督，并通报各主办单位。

第二十二条 公示期内，接受对公布获奖情况有异议的实名投诉（质疑投诉者须提供相关证据或明确的线索，组委会对投诉者的姓名、单位予以保密）。省级组织单位接到全国创新大赛组委会秘书处要求核实的投诉后，要据实调查，严肃处理，及时反馈。

第五章 竞赛规则

第二十三条 中国科协根据全国创新大赛活动内容，制订各项竞赛规则，包括小学生科技创新成果竞赛规则、中学生科技创新成果竞赛规则、科技辅导员科技创新成果竞赛规则、少年儿童科学幻想绘画比赛规则、青少年科技实践活动比赛规则。（见附件）

第六章 附 则

第二十四条 参赛者向主办单位提交作品即表示其自愿按照本章程规定参加全国创新大赛的活动，其所有的参赛行为都受本章程的约束。参赛青少年和科技辅导员等必须服从评审委员会的决议，否则将取消有关获奖资格。

第二十五条 知识产权保护：

1. 参赛者申报的项目不得侵犯其他第三方的专利权、著作权、商标权、名誉权或其他任何合法权益。

2. 参赛者申报的项目所包含的任何文字、图片、图形、音频或视频资料，均受版权、商标权和其他所有权的法律保护，未经参赛者同意，上述资料不得公开发布、播放。

3. 大赛主办单位有权对参赛项目进行作品汇编的出版、发行以及授权中国数字科技馆进行公益使用等。

第二十六条 免责声明：

1. 对于因不可抗力或不能控制的原因影响到全国创新大赛的举办，主办单位不承担任何责任，但将尽力减少因此而给参赛者造成的损失和影响。

2. 为了维护参赛者的合法权益，参赛者应在参赛前向有关部门申请知识产权方面的保护。否则，由此给参赛者造成的损失，主办单位不承担任何法律责任。

3. 因参加全国创新大赛而产生的法律后果（包括但不限于侵犯第三人专利权、著作权、商标权、肖像权、名誉权和隐私权等）由参赛者自行承担，主办单位对此不承担任何法律责任。

第二十七条 本《章程》由中国科协负责解释，于发布之日起实施。

附件：1. 小学生科技创新成果竞赛规则
2. 中学生科技创新成果竞赛规则
3. 科技辅导员科技创新成果竞赛规则
4. 少年儿童科学幻想绘画比赛规则
5. 青少年科技实践活动比赛规则

附件 1

小学生科技创新成果竞赛规则

一、项目分类

小学生科技创新成果竞赛项目按申报者人数分为个人项目和集体项目；按研究领域分为物质科学，生命科学，地球与空间科学，技术与设计，行为与社会科学等5个领域。

二、研究领域分类

1. 物质科学（MS）：研究物质基本结构、运动规律、相互作用及其变化，主要包括物理学、化学和材料科学。如：物质的状态及变化，力的作用和运动，能量的不同形式及其相互转换，守恒等。

2. 生命科学（LS）：研究生命现象、生命活动的本质、特征和发生、发展规律，以及各种生物之间和生物与环境之间相互关系，包括生命的起源、进化、构造、发育、功能、行为、与环境的互动关系等。如：生物的分类和生物多样性（动物和植物），生命的主要特征（生命活动和生命周期），人体和健康等。

3. 地球与空间科学（ES）：研究地球系统（包括大气圈、水圈、岩石圈和生物圈）和宇宙空间的物理、天文、化学和生命活动等自然现象与变化过程及其相互作用规律。包括地理学（含土壤学与遥感）、地质学、矿物学、空间科学、大气科学、海洋科学、生态学等。如：地球与太阳系，自然资源与资源再生，人类与环境的关系，自然环境保护等。

4. 技术与设计（TD）：直接将科学原理应用于生产和生活实践，把计划、规划、设想通过特定的形式和方法（生存和生产工具、设施、装备、语言、数字数据、信息记录等）实现，是科学实践的重要方面。包括土木、机械、航空、化学、交通运输、环境、电子、电气、人工智能和计算机等领域的综合设计与制作，以解决实际问题。

5. 行为与社会科学（SO）：指通过观察和实验来研究人和动物行为与反应，人类社会中的个人之间、个人与社会之间的关系的科学，包括社会学、人类学、心理学、考古学、教育学、动物行为学、人种学、语言学、城市问题等。

三、申报者和申报项目

1. 小学生项目申报者为：现就读于六年制（或五年制）小学的在校学生。

2. 每名学生在一届大赛上，只能申报一项科技创新成果竞赛项目（包括集体项目）。

3. 申报者所申报的项目必须是从当年 7 月 1 日往前推不超过两年时间内完成的。

4. 对集体项目的要求：

（1）集体项目的申报者不得超过 3 人，并且必须是同一地区（指同一城市或县域）的小学生合作项目。

（2）集体项目不能转为个人项目，新成员不能在研究及参赛半途中加入到一个集体项目中。每名成员都须全面参与项目，熟悉项目各方面的工作，最终研究成果应该反映出所有成员的共同努力。

（3）每个集体项目应确定一名第一作者，其他为署名作者。在项目申报时，所有成员的信息资料均应在申报表中填写。

5. 连续多年的研究项目，如曾经参加过以往的创新大赛，再次以同一选题申报参赛时，本次参赛的研究工作需持续一年以上，申报材料必须反映最新的研究工作和研究成果。

6. 不接受申报的项目：

（1）违反国家法律、法规和社会公德或者妨害公共利益的项目。

（2）涉及食品技术、药品类的项目。

（3）小学生科技创新成果竞赛不接收针对微生物（包括细菌、病毒、类病毒、朊病毒、发疹伤寒等的病原体、真菌、寄生虫）、所有的人体或动物离体组织，包括器官、未消毒的牙齿、血液和其他体液进行研究的项目。

（4）不符合申报要求的项目。

7. 每个项目最多只能申报三名辅导教师。

四、申报材料

1. 申报书：申报者需按照竞赛有关要求，认真填写申报书。申报书必须是大赛主办单位提供的当年的标准申报书，并且申报书不能与研究报告等其他申报材料装订在一起。

2. 查新报告：所有参赛项目应提供查新报告。选手必须自行或在辅导教师指导下对类似项目进行检索，并说明自己的项目与他人的项目相比有哪些创新之处。

3. 项目研究报告及附件资料：除填写申报书外，还应提交完整的项目研究报告，如果需要提交附件材料，复印件即可。

4. 证明材料：项目涉及下列内容的还须提供有关部门的证明材料。

（1）医疗保健用品，由省级以上相关医疗科研部门开具临床使用鉴定。

（2）动物、植物新品种，由省级以上农科部门开具证明，证明确为培育和发现的新品种。

（3）国家保护的动、植物，由省级以上林业部门开具证明，证明项目在研究过程没有对动、植物造成损害。

五、申报办法

1. 邮寄申报：由省级组织机构统一邮寄申报。邮寄申报材料包括：申报书一式两份，查新报告、项目研究报告及附件资料（研究日记、图片、数据等）各一份。

2. 网上申报：由省级组织机构向申报者提供申报序列号，申报者可按照相关要求在网上进行申报。网上申报的内容必须与邮寄的纸质材料内容相同。网上申报材料包括：申报书、查新报告、项目研究报告及附件资料。网上申报资料必须控制在系统要求的大小范围内，否则无法上传。

六、评审

1. 评审标准："三自"和"三性"原则

（1）自己选题：选题必须是作者本人提出、选择或发现的。

（2）自己设计和研究：设计中的创造性贡献，必须是作者本人构思、完成的。主要论点的论据必须是作者通过观察、考察、实验等研究手段亲自获得的。

（3）自己制作和撰写：作者本人必须参与作品的制作。项目研究报告必须是作者本人撰写的。

（4）科学性：包括选题与成果的科学技术意义、技术方案的合理性和研究方法的正确性、科学理论的可靠性。

（5）创新性：包括新颖程度、先进程度与技术水平。新颖程度指该项发明或创新技术在申报之日以前没有同样的成果公开发表过，没有公开使用过，该项研究课题及论文的选题有创意；先进程度指该项发明或创新技术同以前已有的技术相比，有显著的进步；技术水平指课题研究及论文的研究结论所具有的科学价值和学术水平。

（6）实用性：指该项发明或创新技术可预见的社会效益、经济效益或效果以及课题研究的影响范围、应用意义与推广前景。

小学生科技创新成果竞赛项目在依据“三自”和“三性”原则的同时，充分考虑小学生进行科学探究活动的特点和水平，需要从项目涉及的科学知识、科学探究、科学态度和科学技术对社会的作用四个方面进行评审。重点考查项目的科学探究方法和技能，从科学探究的五个要素进行评审：提出和聚焦问题；设计研究方案；收集和获取证据；整理信息、分析数据、得出结论；表达与交流。

2. 初评：于每年的5~6月进行，以审阅申报材料为主，对项目进行资格审查和科学性审查。在对所有项目申报进行全面审阅的基础上，选拔一定比例的项目入围参加终评决赛。

3. 终评：于每年暑期进行，除审阅材料外，评委要对参赛学生进行项目问辩，结合技能测试和素质测评成绩，确定项目所获奖项。

七、参加终评决赛

1. 终评决赛包括公开展示、项目问辩、技能测试、素质测评等活动。获奖等级将根据参赛学生在上述活动中的综合成绩确定。

2. 参加终评决赛的学生必须是经初评入围决赛的项目作者，入围决赛的项目作者如不能参加终评，将视为自动放弃参赛资格。

3. 终评展示按5个研究领域进行布展。

4. 参赛学生负责所需参赛材料的携带、布展、保管和维修，有义务参加大赛组织的各项活动，有义务为参观公众对本人项目进行讲解。

5. 每个参赛项目应制作项目展板一块。展板尺寸为高120cm、宽90cm。组委会负责提供场地、展板、展台、电源和照明，其他用品和必要的防护设备均需自带。易燃、易爆等危险品不得在展位展出；用电电压不得超过220伏；参展物品体积不宜过大，长、宽均不得超过1.5米，高不得超过2米，重量不超过100公斤。项目展示必须选手根据展示的内容和形式发挥想象和创意自行设计、现场动手制作，禁止整版喷绘或将已经提前做好的直接带进会场展示，对不符合规定的将影响参赛成绩或取消参赛资格。展示内容中不得出现指导教师、媒体报道、申请或已获专利、专家评价、以往获奖及其他未经授权的涉嫌侵犯知识产权的内容等，否则将不能参加终评。

6. 终评决赛时，有实物的项目，必须将实物作品带到现场展示，并在项目问辩时向评委介绍。

八、表彰和奖励

大赛评审委员会对入围项目按个人项目和集体项目，根据不同的研究领域对参赛项目进行评选，根据评审标准，最终确定一、二、三等奖。各奖项的获奖比例约为：一等奖15%、二等奖35%、三等奖50%。

专项奖：由大赛主办单位、相关企事业单位设立，提供一定的奖金、奖品或其他方面的荣誉。设奖单位可提出专项奖评选标准或附加条件，单独评选或委托大赛评委会评选，但不能与全国比赛的评选原则相悖。

附件2

中学生科技创新成果竞赛规则

一、项目分类

中学生项目按项目申报者人数分为个人项目和集体项目；按年龄段分为初中项目和高中项目；按研究学科分为数学、计算机科学、物理学、地球与空间科学、工程学、动物学、植物学、微生物学、医药与健康学、化学、生物化学、环境科学、行为与社会科学等13个学科。

二、学科分类及学科认定

（一）学科分类

1. 数学（MA）：指形式逻辑或各种数字及代数计算的开发，以及这些原理的应用，包括微积分、几何、抽象代数、数论、统计学、复数分析、概率论等。

2. 计算机科学（CS）：指计算机硬件和软件工程设计与开发，包括互联网技术及通信、计算机制图技术（包括人性化界面），仿真/虚拟现实技术，计算科学（包括数据结构、加密技术、编码及信息理论）等。

3. 物理学（PH）：指能量及其与物质作用的原理、理论和定律，包括固态物理、光学、声学、粒子、原子物理、原子能、等离子体、超导体、流体和气体动力学、热力学、半导体物理学、磁学、量子物理学、力学、生物物理学等。

4. 地球与空间科学（ES）：包括地质学、矿物学、地貌学、海洋学、气象学、气候学、天文学、洞穴学、地震学、地理学等。

5. 工程学（EN）：指直接将科学原理应用于生产及实际应用的项目，包括土木工程、机械工程、航空工程、化学工程、电气工程、摄影工程、音响工程、汽车工程、船舶工程、制热与制冷工程、交通运输工程、环境工程等。

6. 动物学（ZO）：指对动物的研究，包括动物遗传学、鸟类学、鱼类学、爬虫学、昆虫学、动物生态学、古生物学、细胞生理学、生理节律学、畜牧学、细胞学、组织学、动物生理学、无脊椎动物神经生理学、无脊椎动物研究等。

7. 植物学（BO）：指植物生命的研究，包括农业科学、农业经济学、园艺学、林学、植物分类学、植物生理学、植物遗传学、植物溶液培养、海藻等。

8. 微生物学（MI）：指有关微生物的生物学，包括细菌学、病毒学、原生动物学、真菌学、微生物遗传学等。

9. 医学与健康学（ME）：指对于人类及动物的疾病和健康的研究，包括牙科学、药理学、病理学、眼科学、营养学、公共卫生学、儿科学、皮肤学、过敏反应、语言与听力等。

10. 化学（CH）：指对物质性质和组成以及其所依从的规律的研究，包括物理化学、有机化学（不含生物化学）、无机化学、分析化学、材料化学、塑料、燃料化学、杀虫剂、冶金学、土壤化学等。

11. 生物化学（BI）：指生命活动进程中的化学，包括分子生物学、分子遗传学、光合作用、血液化学、蛋白质化学、食物化学、激素等。

12. 环境科学（EV）：指对于空气、水及土地等污染源及其控制的研究、生态学等。

13. 行为与社会科学（SO）：指通过观察和实验来研究人和动物行为与反应，人类社会中的个人之间，个人与社会之间的关系的科学，包括社会学、人类学、心理学、考古学、教育学、动物行为学、人种学、语言学、城市问题等。

（二）学科认定

1. 涉及制作和设计的项目：项目的主要内容是设计和制作，项目应属于工程学；项目虽是设计和制作，但目的是用其收集获得了数据，并进行了分析，则该项目应属于所进行分析和研究的学科。

2. 涉及动植物生活环境的项目：项目研究的是河流或池塘中的动植物生活环境，则不属动植物学而应属环境科学。

3. 涉及动植物化石的项目：项目研究的是史前植物化石，应属植物学；项目研究的是史前动物化石，应属动物学；项目研究的是地质年代，应属地球与空间科学；项目研究的是贝壳化石的化学组成，应属化学。

4. 涉及火箭及飞行器的项目：如项目研究的是火箭及飞行器燃料，应属化学；项目研究的是使用火箭及飞行器作为气象仪器的运载工具，应属地球与空间科学；项目研究是计算火箭及飞行器的轨道，应属物理学；项目研究的是火箭及飞行器加速度对小鼠的影响，应属医学与健康学。

5. 涉及遗传学的项目：如项目研究的是 DNA，应属生物化学；项目研究的是植物杂交遗传，应属植物学；项目研究的是大肠杆菌的遗传学，应属微生物学。

6. 涉及维生素的项目：如项目研究的是机体对维生素如何处理，应属生物化学；项目研究的是有关维生素的分析，应属化学；项目研究的是维生素缺乏的影响，应属医学与健康学。

7. 涉及晶体学的项目：如项目研究的是晶体的组成，应属化学；项目研究的是晶体的对称性，应属数学；项目研究的是晶格的结构，应属物理学。

8. 涉及语言和听力的项目：如项目研究的是阅读障碍，应属社会科学；项目研究的是助听器，应属工程学；项目研究的是失语症应属医学与健康学；项目研究的是语音，应属物理学；项目研究的是耳的结构应属动物学。

9. 涉及放射能的项目：项目研究的是使用同位素跟踪，可以是生物化学、植物学、医学与健康学以及动物学；项目研究的是对放射能进行测量，可以是地球与空间科学或物理学；项目研究的是放射能监测仪器的设计和制作，应属工程学。

10. 涉及空间科学的项目：很多的项目涉及空间科学但并不归属与地球与空间科学。如失重对植物的影响，应属植物学；失重对人的影响，应属医学与健康学；开发一种封闭环境的太空舱系统应属工程学。

11. 涉及计算机的项目：如果计算机只作为工具使用，项目应属于其研究的学科领域；如使用计算机计算火箭轨道，应属物理学；计算某一无机化学反应的产热，应属化学；作为教学辅助工具使用，应属行为与社会科学。

三、申报者和申报项目

1. 中学生项目申报者为：现就读于三年制（或四年制）初中、高中（包括中等师范学校、中等专业学校、职业中学、技工学校等）的学生。

2. 每名学生在一届大赛上，只能申报一项科技创新成果竞赛项目（包括集体项目）。

3. 申报者所申报的项目必须是从当年7月1日往前推不超过两年时间内完成的。

4. 对集体项目的要求：

（1）集体项目的申报者不得超过3人，并且必须是同一地区（指同一城市或县域）、同一学历段（初中或高中）的学生合作项目。

（2）集体项目不能转为个人项目，新成员不能在研究及参赛半途中加入到一个集体项目中。每名成员都须全面参与项目，熟悉项目各方面的工作，最终研究成果应该反映出所有成员的共同努力。

（3）每个集体项目应确定一名第一作者，其他为署名作者。在项目申报时，所有成员的信息资料均应在申报表中填写。

5. 连续多年的研究项目，如曾经参加过以往的创新大赛，再次以同一选题申报参赛时，必须反映最新的研究工作和研究成果。

6. 不接受申报的项目：

（1）违反国家法律、法规和社会公德或者妨害公共利益的项目。

（2）涉及食品技术、药品类的项目。

（3）不符合申报要求的项目。

7. 每个项目最多只能申报三名辅导教师。

四、申报材料

1. 申报书：申报者需按照竞赛有关要求，认真填写申报书。申报书必须是大赛主办单位提供的当年的标准申报书，并且申报书不能与研究报告等其他申报材料装订在一起。

2. 查新报告：所有参赛项目应提供查新报告。选手必须自行或在辅导教师指导下对类似论文或项目进行检索，并说明自己的项目与他人的论文或项目相比有哪些创新之处。

3. 研究论文及附件资料：除填写申报书外，还应提交完整的研究论文，如果需要提交附件材料，复印件即可。

4. 证明材料：项目涉及下列内容的还须提供有关部门的证明材料。

（1）医疗保健用品，由省级以上相关医疗科研部门开具临床使用鉴定。

（2）动物、植物新品种，由省级以上农科部门开具证明，证明确为培育和发现的新品种。

（3）国家保护的动、植物，由省级以上林业部门开具证明，证明项目在研究过程没有对动、植物造成损害。

五、申报办法

1. 邮寄申报：由省级组织机构统一邮寄申报。邮寄申报材料包括：申报书一式两份，查新报告、研究论文及附件资料（研究日记、图片、数据等）各一份。

2. 网上申报：由省级组织机构向申报者提供申报序列号，申报者可按照相关要求在网上进行申报。网上申报的内容必须与邮寄的纸质材料内容相同。网上申报材料包括：申报书、查新报告、研究论文及附件资料。网上申报资料必须控制在系统要求的大小范围内，否则无法上传。

六、评审

1. 评审标准："三自"和"三性"原则

（1）自己选题：选题必须是作者本人提出、选择或发现的。

（2）自己设计和研究：设计中的创造性贡献，必须是作者本人构思、完成的。主要论点的论据必须是作者通过观察、考察、实验等研究手段亲自获得的。

（3）自己制作和撰写：作者本人必须参与作品的制作。项目研究报告必须是作者本人撰写的。

（4）科学性：包括选题与成果的科学技术意义、技术方案的合理性和研究方法的正确性、科学理论的可靠性。

（5）创新性：包括新颖程度、先进程度与技术水平。新颖程度指该项发明或创新技术在申报之日以前没有同样的成果公开发表过，没有公开使用过，该项研究课题及论文的选题有创意；先进程度指该项发明或创新技术同以前已有的技术相比，有显著的进步；技术水平指课题研究及论文的研究结论所具有的科学价值和学术水平。

（6）实用性：指该项发明或创新技术可预见的社会效益、经济效益或效果以及课题研究的影响范围、应用意义与推广前景。

2. 初评：于每年的5~6月进行，以审阅申报材料为主，对项目进行资格审查和科学性审查。在对所有申报项目进行全面审阅的基础上，选拔约80%的项目入围参加终评决赛。

3. 终评：于每年暑期进行，除审阅材料外，评委要对参赛学生进行项目问辩，结合技能测试和素质测评成绩，确定项目所获奖项。

七、参加终评决赛

1. 终评决赛包括公开展示、项目问辩、技能测试、素质测评等活动。获奖等级将根据参赛学生在上述活动中的综合成绩确定。

2. 参加终评决赛的学生必须是经初评入围决赛的项目作者，入围决赛的项目作者如不能参加终评，将视为自动放弃参赛资格。

3. 终评展示按 13 个学科进行布展。

4. 参赛学生负责所需参赛材料的携带、布展、保管和维修，有义务参加大赛组织的各项活动，有义务为参观公众对本人项目进行讲解。

5. 每个参赛项目应制作项目展板一块。展板尺寸为高 120cm、宽 90cm。组委会负责提供场地、展板、展台、电源和照明，其他用品和必要的防护设备均需自带。易燃、易爆等危险品不得在展位展出；用电电压不得超过 220 伏；参展物品体积不宜过大，长、宽均不得超过 1.5 米，高不得超过 2 米，重量不超过 100 千克。项目展示必须选手根据展示的内容和形式发挥想象和创意自行设计、现场动手制作，禁止整版喷绘或将已经提前做好的直接带进会场展示，对不符合规定的将影响参赛成绩或取消参赛资格。展示内容中不得出现指导教师、媒体报道、申请或已获专利、专家评价、以往获奖及其他未经授权的涉嫌侵犯知识产权的内容等，否则将不能参加终评。

6. 终评决赛时，有实物的项目，必须将实物作品带到现场展示，并在项目问辩时向评委介绍。

八、表彰和奖励

大赛评审委员会对入围项目按个人项目和集体项目，根据不同的研究领域对参赛项目进行评选，根据评审标准，最终确定一、二、三等奖。各奖项的获奖比例约为：一等奖 15%、二等奖 35%、三等奖 50%。

专项奖：由大赛主办单位、相关企事业单位设立，提供一定的奖金、奖品或其他方面的荣誉。设奖单位可提出专项奖评选标准或附加条件，单独评选或委托大赛评委会评选，但不能与全国比赛的评选原则相悖。

附件 3

科技辅导员科技创新成果竞赛规则

一、项目分类

科技辅导员项目按项目类型分为科技发明类、科教制作类、科技教育方案类。

科技发明类：分为发明项目、实用新型项目、外观设计项目三种。

科教制作类：分为数学、物理、化学、生物及其他类共五种教学类科教制作项目。

科技教育方案类：分为科技教育教学类项目（科学课等）和科技教育活动类项目。

二、申报者和申报项目

1. 科技辅导员项目的申报者为：中小学校科技辅导员（含科学教师），各级教育科学研究所（室）、各级校外科技教育活动场所的专兼职科技教育工作者及从事科技教育工作的社会人士等。

2. 每个申报项目只能有一名申报者，不接受集体项目申报。

3. 每名申报者在一届大赛上，只能申报一项参赛项目。

4. 申报者所申报的项目必须是从当年 7 月 1 日往前推不超过两年时间内完成。

5. 连续多年的研究项目，如曾经参加过以往的创新大赛，再次以同一选题申报参赛时，必须反映最新的研究工作和研究成果。

6. 不接受申报的项目

（1）违反国家法律、法规和社会公德或者妨害公共利益的项目；

（2）涉及食品技术、药品类的项目；

（3）不符合申报要求的项目。

三、申报材料

1. 申报书：申报者需按照竞赛有关要求，认真填写申报书。申报书必须是大赛主办单位提供的当年标准申报书，并且申报书不能与研究报告等其他申报材料装订在一起。

2. 项目报告：参赛项目应根据项目类别提供项目报告。

科技发明类、科教制作类项目需提交与项目相关的项目原理、用途、改进点等的材料和项目实物照片。

科技教育方案类项目需提交由科技辅导员本人设计的青少年科技教育方案。

科技教育方案的基本要素包括：

（1）方案的名称；

（2）方案的背景（需求分析）与目标；

（3）方案所涉及的对象、人数；

（4）方案的主体部分

a. 活动内容

b. 难点、重点、创新点

c. 利用的各类科技教育资源（场所、资料、器材等）

d. 活动过程和步骤

e. 可能出现的问题及解决预案

f. 预期效果与呈现方式

g. 效果评价标准与方式

h. 对青少年“益智、养德”等方面的作用

3. 证明材料：项目涉及下列内容的还须提供有关部门的证明材料。

（1）医疗保健用品，由省级以上相关医疗科研部门开具临床使用鉴定。

（2）动物、植物新品种，由省级以上农科部门开具证明，证明确为培育和发现的新品种。

（3）国家保护的动、植物，由省级以上林业部门开具证明，证明项目在研究过程没有对动、植物造成损害。

4. 查新报告：科技发明类项目应提供由专业部门出具的专利查新报告。

四、申报办法

1. 邮寄申报：由省级组织机构统一邮寄申报。邮寄申报材料包括：申报书一式两份，项目报告、查新报告及其他附件材料各一份。

2. 网上申报：由省级组织机构向申报者提供申报序列号，申报者可按照相关要求在网上进行申报。网上申报的内容必须与邮寄的纸质材料内容相同。网上申报材料包括：申报书、项目报告、查新报告及其他附件材料。网上申报的资料必须控制在系统要求的大小范围内，否则无法上传。

五、评审原则

1. 科技发明类项目评审原则

（1）自己选题：选题必须是作者本人提出、选择或发现的。

（2）自己设计和研究：发明项目中主要创造性贡献，必须是作者本人构思、完成。项目的主要依据，必须是作者通过观察、考察、实验等亲自获得。

（3）自己制作：发明的实物或制作的模型，作者本人必须参与力所能及的实际操作。

（4）科学性：项目的科学理论依据可靠、技术方案合理。

（5）创新性：项目在申报日之前，没有同样的成果在出版物上公开发表过，没有公开使用过或者以其他方式为公众所知，也没有同样的发明由他人申请专利并记载于相应的专利申请文件中；项目与现有的成品、技术相比，有突出、实质性的特点和显著的进步。

（6）实用性：指该项发明能够制造、使用，具有可预见的社会效益、经济效益。

2. 科教制作类项目评审原则

（1）自己选题：制作选题必须为本人提出、选择或发现的。

（2）自己设计：实质性的改进部分应由本人设计。

（3）自己制作：本人应参与力所能及的全部制作。

（4）科学性：该项制作克服了现有成品的某些缺陷或不足，比现有成品更趋合理。

（5）先进性：该项制作与现有成品相比，在材料、工艺、手段等方面，有显著的进步。

（6）实用性：该项制作与现有成品相比，在制造、成本、使用效果等方面，有实质性的改进，在对青少年进行科学教育方面，有显著进步。

3. 科技教育方案类项目评审原则

（1）教育性：符合科技教育教学、活动的基本规律；青少年有较大的动脑思考、动手实践的空间，能启迪青少年主动学习，能经历科学探究的完整过程；有利于青少年对科学知识的掌握，有利于青少年对科技发展与人类生活、社会发展相互关系的思考，有利于青少年科学思想、科学精神与方法、创新能力的养成。

（2）创新性：内容、过程或方法的设计有创意；整个教学或活动的构思新颖、巧妙；因人而异，因地制宜。

（3）可行性：符合方案设计对象的知识、能力和认知水平；具备方案实施的必备条件；便于在科技教育教学活动中实施；不增加青少年的负担。

（4）示范性：具有鲜明的时代特征，体现当代科技发展方向和教育理念；着重解决青少年所面临现实生活中的具体问题；便于推广普及。

（5）完整性：活动过程完整；实施步骤清晰、具体。

六、评审办法

1. 初评

科技辅导员项目初评，由评委会按照项目分类分组，对申报项目的文字材料进行评审，并对项目提出评审意见，经评委会集体讨论后，确定初评入围项目。

适当照顾偏远地区、少数民族地区的评选。

2. 终评

科技辅导员项目终评综合成绩由项目评审成绩得分和项目作者纪律得分两部分组成，其中项目得分占项目总成绩的95%（由评委会评定），纪律得分占项目总成绩的5 %（由组委会评定）。获奖等级和名次将根据综合成绩确定。

项目评审包括公开展示、项目问辩等。评审按项目分类（科技发明类、科教制作类、科技教育方案类）分组对项目及作者进行考察和问辩。

七、参加终评决赛

1. 终评决赛时，各省（自治区、直辖市）入围科技辅导员可统一组队参赛。入围决赛的项目作者因故未参加终评决赛，视为自动放弃参赛资格。

2. 终评公开展示按项目类别和项目编号进行布展。

八、表彰和奖励

科技辅导员项目按项目类别设一、二、三等奖，各奖项的获奖比例约为一等奖 15%，二等奖 35%，三等奖 50%。

九、“十佳优秀科技辅导员”评选

1. 申报条件

（1）申报者必须有科技创新成果竞赛项目参加本次大赛。

（2）申报者必须具有指导学生开展科技教育活动的经历并取得优异成绩、具备一定科学教育和科技活动经验。

（3）申报者对青少年科技活动有正确的理念和认识。

2. 申报程序及申报材料

（1）项目作者在申报参赛项目的同时，可自愿申请参加“十佳优秀科技辅导员”评选。

（2）申报者所在学校应审核申报书中所填内容。确认同意推荐其参加“十佳优秀科技辅导员”评选活动。

3. 评选程序

“十佳优秀科技辅导员”评选在科技创新竞赛项目评审的基础上，参考科技辅导员的工作业绩、综合知识答辩、技能测试等进行评选。

4. 表彰和奖励

“十佳优秀科技辅导员”由主办单位进行表彰和奖励。

附件 4

少年儿童科学幻想绘画比赛规则

科学幻想绘画是指少年儿童通过对未来科学发展的畅想和展望，利用绘画形式表现出未来的人类生产、生活的情景。

一、申报者

创新大赛举办当年 7 月 1 日之前，凡年龄为 5 ~ 14 周岁的少年儿童，独立完成相应科幻画作品，均可向当地竞赛组织机构申报参赛。

二、参赛作品

1. 参赛作品的艺术形式包括：油画、国画、水彩画、水粉画、钢笔画、铅笔画、蜡笔画、版画、粘贴画、电脑绘画。绘画风格及使用材料不限，但不包括非绘画类的其它美术品与工艺品。

2. 参赛作品一律在规格为 4 开的纸质或是其他材料上绘制。作品要求干净、整洁。

3. 所有作品绘制完成后，均需按要求拍摄成电子版照片，并保存好原始作品。

4. 参赛作品限个人作品，即由作者本人独立完成的作品。不接受集体作品参赛。

5. 参赛作品不得抄袭他人作品，违者一经发现，将被取消资格。

6. 凡有下列情况之一者不予参赛：

（1）出现科学性错误的；

（2）画幅尺寸不符合规定的；

（3）把科学和神话混淆的；

（4）引入神鬼迷信故事内容的。

三、申报材料

1. 申报书：必须是大赛组委会秘书处提供的当年的标准申报书。

2. 参赛作品：对原始作品拍摄的电子版照片，照片文件格式一律要求为 jpg 格式，文件大小一律在 1 ~ 2MB 之内，否则会影响评审效果，超过 2MB 将无法进行申报。

四、申报方法

各省（自治区、直辖市）根据有关标准和名额分配，按省级评选的排序向创新大赛组委会秘书处进行申报。

1. 全部实行网上申报，不接受邮寄原始作品申报。申报者须凭下发的授权号在“全国青少年科技创新活动服务平台”进行网上申报，并在规定的时间内完成所有申报。

2. 进行网上申报的同时，需按要求邮寄申报书一份至组委会秘书处。

3. 获得终评参展资格的优秀作品需按相关要求邮寄原始作品至组委会秘书处。

五、评审

1. 评审标准

（1）想象力：选题、创意和新颖程度。

（2）科学性：科学依据、逻辑思维。

（3）绘画水平：画面设计、色彩处理、绘画技巧。

2. 所有作品全部实行网上评审，即评审网上申报的电子版作品。并对邮寄的申报书进行资格审核。

3. 经评委会评审，评出在全国竞赛期间参加展示的优秀作品名单，并公布通知申报者邮寄原始作品。在对原始作品进一步审核后，最终确定获奖优秀作品名单。

六、优秀作品展示

经评委会评审，获得在全国比赛期间参展资格的优秀作品在大赛期间进行公开展示。展示作品由大赛组委会统一布展。

七、表彰和奖励

评委会评选出一、二、三等奖，并由创新大赛组委会颁发获奖证书，各奖项的获奖比例约为一等奖 15%，二等奖 35%，三等奖 50%。

附件 5

青少年科技实践活动比赛规则

青少年科技实践活动是青少年以小组、班级或学校、校外教育机构等组织名义，围绕某一主题在课外活动、研究性学习或社会实践活动中开展的具有一定教育目的和科普意义的综合性、群体性科技实践活动。

一、活动学科分类

1. 物质科学（MS）——研究物质基本结构、运动规律、相互作用及其变化，主要包括物理学、化学和材料科学。如：物质的状态及变化，力的作用和运动，能量的不同形式及其相互转换，守恒等。

2. 生命科学（LS）——研究生命现象、生命活动的本质、特征和发生、发展规律，以及各种生物之间和生物与环境之间相互关系，包括生命的起源、进化、构造、发育、功能、行为、与环境的互动关系等。如：生物的分类和生物多样性（动物和植物），生命的主要特征（生命活动和生命周期），人体和健康等。

3. 地球与空间科学（ES）——研究地球系统（包括大气圈、水圈、岩石圈和生物圈）和宇宙空间的物理、天文、化学和生命活动等自然现象与变化过程及其相互作用规律。包括地理学（含土壤学与遥感）、地质学、矿物学、空间科学、大气科学、海洋科学、生态学等。如：地球与太阳系，自然资源与资源再生，人类与环境的关系，自然环境保护等。

4. 技术与设计（TD）——直接将科学原理应用于生产和生活实践，把计划、规划、设想通过特定的形式和方法（生存和生产工具、设施、装备、语言、数字数据、信息记录等）实现，是科学实践的重要方面。包括土木、机械、航空、化学、交通运输、环境、电子、电气、人工智能和计算机等领域的综合设计与制作，以解决实际问题。

5. 行为与社会科学（SO）——指通过观察和实验来研究人和动物行为与反应，人类社会中的个人之间、个人与社会之间的关系的科学，包括社会学、人类学、心理学、考古学、教育学、动物行为学、人种学、语言学、城市问题等。

6. 其他（OT）——不属于上述五类学科的其他活动。

二、申报者

参与科技实践活动的在校小学、中学（包括中等师范学校、专业学校、职业学校、技工学校）的学生群体，形成科技实践活动成果者，均可以实施群体或小组的名义，向当地竞赛组织机构申报优秀科技实践活动。指导老师或指导机构不得以申报者的身份出现。

三、优秀科技实践活动必须具备的条件

1. 明确的选题目的。所设计的活动，主题应根据当地的条件和可行性，有利于推动青少年科技活动的普及；有利于青少年通过活动学习科技知识、科学方法，培养科学思想和科学精神；对当地教育、生产、经济和科学文化等其中一方面或几方面的发展有一定的意义。

2. 完整的实施过程。活动在实施时，有系统完整的活动计划、进度安排、组织方法、实施步骤和总结评价。

3. 完整的活动内容。包括活动计划、活动记录（时间、地点、内容、参加人、参加人数）、活动照片、新闻报道等。

4. 确切的实施结果。由活动负责人（或主要参与者）以文字的形式，将活动结果叙述清楚。文字应简练，可根据实际情况辅以必要的图片加以说明。在上报之前，各地应对该结果的可靠性加以确认。对于学校以上的实施单位，参加活动的学生应占学生总数的 30% 以上。

5. 实际收获和体会。包括青少年参加活动的体会、活动的宣传教育覆盖面，活动体现的社会效益，对今后有关工作的建议等。

四、申报材料

（1）申报书：必须是大赛组委会秘书处提供的当年的标准申报书。

（2）活动报告：50 页以内，大小在 2MB 以内。

（3）其他附件：大小在 2MB 以内。

五、申报办法

各省（自治区、直辖市）根据有关标准和名额分配，按省级评选的排序向创新大赛组委会秘书处进行申报。

（1）全部实行网上申报，不接受邮寄纸质材料申报。申报者须凭下发的授权号在“全国青少年科技创新活动服务平台”进行网上申报，并在规定的时间内完成所有申报。

（2）进行网上申报的同时，需按要求邮寄申报书一份至组委会秘书处。

（3）获得终评参展资格的优秀科技实践活动需按要求邮寄活动报告、活动照片、活动记录等原始纸质材料。

六、评审

1. 评审标准

（1）真实性：活动符合参与者的知识结构和水平，符合当地的客观条件，有完整的实施过程和活动内容，有真实的活动记录和客观的活动总结等。

（2）示范性：活动具有鲜明的时代特征，体现当代科技发展方向，围绕公众关注的社会热点问题。活动设计和组织形式科学、有新意，具有较强的可操作性，利于推广普及，能产生较大的社会影响，能为其他地区开展活动提供借鉴和参考的经验。

（3）教育性：活动符合教育规律，能够对参与者进行知识和技能的传授、能力和情感的培养、思想和道德的教育，有利于参与者全面发展和素质提高。

（4）完整性：活动已经完成或阶段完成。活动过程清晰，有明确的活动目标、系统周密的活动计划、实施步骤和活动结果。

2. 经评委会对网上申报的材料进行评审后，产生在全国比赛期间参展的优秀科技实践活动名单，并公布通知其邮寄相关纸质材料。对纸质材料进一步审核后，最终确定获得在全国比赛期间参展资格的优秀科技实践活动名单。

七、优秀活动展示

优秀科技实践活动展示，以省（自治区、直辖市）为单位展示。每项活动一块展板，展板尺寸为：宽95cm，高150cm。展示内容由各省（自治区、直辖市）提前设计成电子版，提交组委会统一制作，统一布展。

八、表彰和奖励

创新大赛评委会从入选展示的优秀科技实践活动中评选出一、二、三等奖，由大赛组委会颁发获奖证书，各奖项的获奖比例约为一等奖15%，二等奖35%，三等奖50%。

从一等奖中评选出10个最优秀的科技实践活动，即“十佳优秀科技实践活动”。

关于深入实施未成年人科学素质行动加强未成年人思想道德建设的通知

科协办发普字〔2010〕19号

各全国学会、协会、研究会，各省、自治区、直辖市、副省级城市科协，新疆生产建设兵团科协：

为认真贯彻落实全国未成年人思想道德建设经验交流会精神，根据中央文明办有关要求，中国科协将结合实施未成年人科学素质行动，大力开展青少年科学普及工作，促进未成年人思想道德建设。现将有关事宜通知如下：

一、指导思想

贯彻中央领导同志在全国未成年人思想道德建设经验交流会上的重要讲话精神，全面深入落实《中共中央国务院关于进一步加强和改进未成年人思想道德建设的若干意见》和《全民科学素质行动计划纲要》，紧密结合深入实施未成年人科学素质行动，充分发挥科协系统在科普和科技教育工作方面的组织和资源优势，面向广大青少年普及科学技术知识，倡导科学方法，传播科学思想，弘扬科学精神，引导未成年人学习践行社会主义核心价值体系，树立中国特色社会主义的理想信念和正确的世界观、人生观、价值观，养成高尚的思想品质和良好的道德情操。

二、工作任务

根据中央文明办有关要求，结合实施未成年人科学素质行动各项任务，重点推进以下工作任务：

（一）通过有效开展多种形式的未成年人科技教育活动，实施未成年人科学素质行动。宣传科学发展观，倡导科学文明健康生活，宣传科学家事迹，树立崇尚科学的理念，培养青少年社会责任感以及综合运用知识解决问题的能力；发挥科技教师、辅导员、科普志愿者作用，引领未成年人健康成长，加强科普资源和基础设施建设，使未成年人科学素质工作与思想道德建设有机融合。

（二）整合科协系统资源，动员社会参与，进一步发挥互联网、手机等新兴媒体作用，加强心理健康教育，普及心理健康常识，开展心理咨询和辅导，引导未成年人养成乐观开朗、积极向上的良好心态。

（三）扎实推进少儿文艺出版精品工程，积极支持优秀少儿歌曲、动漫、网络游戏、影视节目、出版物的创作生产，推出一大批叫得响、传得开、深受未成年人欢迎的精品力作。

（四）切实加强科技馆公益性科普服务，发挥校外活动场所等公共文化服务体系的科普服务功能，发挥科普教育基地的教育功能，为未成年人参加校外科技活动创造条件、提供便利。

（五）积极参与和支持建立完善学校、社会、家庭“三结合”教育网络，充分发挥学校的龙头作用、社区的平台作用、家庭的基础作用，更好地实现学校教育、家庭教育、社会教育有效衔接。

三、工作要求

各级科协及所属学会要认真学习领会、切实贯彻落实全国未成年人思想道德建设经验交流会精神，充分认识新形势下加强未成年人思想道德建设的重大意义，加强对这项工作的组织领导。要以《全民科学素质行动计划纲要》督查和制定“十二五”规划为契机，紧密结合深入实施未成年人科学素质行动，按照中央文明办有关精神，结合本地区、本部门实际，制定实施方案。要充分发挥校外活动场所、科技辅导员队伍、校内外科技教育活动等方面科协开展青少年科技教育的独特作用，抓好落实，务求实效。

附件：《中国科协深入实施未成年人科学素质行动 加强未成年人思想道德建设任务分工方案》

中国科协办公厅
2010年5月26日

附件

中国科协深入实施未成年人科学素质行动 加强未成年人思想道德建设任务分工方案

根据中央文明办的有关要求，中国科协结合在实施未成年人科学素质行动中承担的各项任务，特提出以下分工方案。

一、宣传科学发展观，倡导科学文明健康生活

1. 围绕“节约能源资源、保护生态环境、倡导低碳生活、保障安全健康”，在全国科普日和全国科技周等大型科普活动期间，组织开展“我的低碳生活”科技创意大赛，青少年科学调查体验活动和体验科学、动手做等形式的青少年科普活动。支持地方继续开展节能、节电、节水、节粮和节约纸张等系列青少年科学调查体验活动。（牵头落实单位：中国科协科普活动中心）

2. 组织“青少年预防艾滋病知识”、“青少年珍爱生命、远离毒品”、“健康上网”、“防灾减灾”等专题科普展览活动。（牵头落实单位：中国科协青少年科技中心、中国科技馆、中国青少年科技辅导员协会）

3. 运用科普报刊、电视、图书向广大青少年宣传介绍古今中外的杰出科学家，宣传优秀科学家的道德风范和先进典型。（牵头落实单位：中国科协青少年科技中心）

4. 结合科技下乡等活动，面向农村青少年宣传健康科技知识。（牵头落实单位：中国科协农技中心、中国科协青少年科技中心）

二、开展校内外科技教育活动，增强创新意识和实践能力

5. 组织开展“大手拉小手——科普报告希望行活动”。重点向西部、农村和欠发达地区倾斜。组织西部青少年科学营活动和青少年科学影像节活动。（牵头落实单位：中国科协青少年科技中心、中国青少年科技辅导员协会）

6. 扎实做好第25届全国青少年科技创新大赛、第十届“明天小小科学家”奖励活动、第十届中国青少年机器人竞赛和高中学生奥林匹克学科竞赛等科技活动。（牵头落实单位：中国科协青少年科技中心）

7. 广泛深入开展青少年航天科技体验活动，“六一”儿童节期间在中国科技馆组织开展“希望一号”卫星科技体验活动。（牵头落实单位：中国科技馆、中国科协青少年科技中心）

8. 做好“科技馆活动进校园”项目试点工作，发挥地方科协的优势，进行示范推广。（牵头落实单位：中国科协科普活动中心、中国科技馆）

9. 结合科普大篷车项目实施，开展科普大篷车进校园、进社区等科普活动。（牵头落实单位：中国科协科普活动中心）

10. 办好上海世博会中法科学教育日活动、科学教育评测国际高层研讨会，组织青少年玩世博活动，将网络互动、网页游戏、世博会知识、低碳理念和青少年科普资源包等多种元素进行整合，以科普网络游戏的形式开展活动。（牵头落实单位：中国科协科普资源办、上海市科协、中国科协青少年科技中心）

11. 针对农村青少年，发展远程科普教育网络，开发科普教育软件。特别要为进城务工的16～20岁农村青少年提供生活能力、生产技能培训课程。课程内容突出思想道德准则、诚信守法意识、良好行为习惯等知识和能力的培训。（牵头落实单位：中国科协农技中心、中国科协青少年科技中心、科学普及出版社）

三、加强科技教育专家、科技辅导员和科普志愿者队伍建设

12. 发挥科协组织优势，建立和完善青少年科技教育专家数据库。（牵头落实单位：中国科协科普部、中国科协青少年科技中心）

13. 做好科普工作者、科普志愿者、科技教师、科技辅导员、科技讲解员的业务培训工作，开展区域科技教师交流研讨等活动，加强对科技教师的支持和服务，提高策划、组织未成年人科普、科技教育活动的能力。（牵头落实单位：中国科协青少年科技中心、中国青少年科技辅导员协会、中国科技馆）

14. 充分发挥老科技工作者的作用，支持老科技工作者、专家为加强未成年人思想道德建设贡献力量。（牵头落实单位：中国老科技工作者协会）

15. 组织科技和科普专家设计开发科学探究、科技兴趣小组等各种课外科学实践活动的内容，倡导和组织青少年积极参加课外科学实践活动；广泛动员全国学会和科技专家积极参加各种形式的青少年科普活动，在中国

科协年会期间组织大型科普活动。（牵头落实单位：中国科协科普部、中国科协科普活动中心、中国科协青少年科技中心）

16. 推动科技部门和教育部门合作，探索科学教育改革，组建科学家团队参与课程标准解读和骨干教师培训。（牵头落实单位：中国科协青少年科技中心）

四、开发科学教育资源，发挥校外科技活动场所科技教育功能

17. 编印“科学文明健康生活”科普读物。开发和制作“科学文明健康生活”展览资料。（牵头落实单位：中国科协科普资源办、科学普及出版社、中国科技馆）

18. 注重引进国外优秀科普资源，在与国际组织和国外同行联系和交流过程中加强科普资源的收集和引进。（牵头落实单位：中国科协科普活动中心、中国科普研究所）

19. 充分利用中国数字科技馆平台开展面向青少年的科学教育工作，进一步开发和集成适合青少年的科普资源，加强科技竞赛等活动的策划与组织，为广大青少年提供丰富多彩的科普服务。（牵头落实单位：中国科协科普活动中心、中国科技馆、中国科普研究所）

20. 认真总结农村校外青少年非正规教育项目5年来的工作经验，继续为农村科普组织机构提供科普资源，开展农村青少年科普创新试点。（牵头落实单位：中国科协青少年科技中心）

21. 研发、设计、制作未成年人活动场所的科普项目、展品和展教器材，加强各地科技馆、青少年科技活动中心等青少年活动场所建设，丰富各类未成年人活动场所的活动内容。（牵头落实单位：中国科协科普活动中心、中国科技馆）

22. 加强对科技馆、青少年科技活动中心、“社区青少年科学工作室”等青少年科技活动场所的指导，制定和完善相应的规章制度和标准，发挥青少年科技活动场所的教育功能，不断提高服务水平。科协系统的青少年科技活动中心、青少年科学工作室等要坚持面向青少年开放。组织科普专家培训社区工作人员和志愿者。（牵头落实单位：中国科协青少年科技中心、中国科协科普活动中心、中国科技馆、中国青少年科技辅导员协会）

23. 各地科技馆所和青少年科技活动场所对青少年学生提供公益性科普服务。中国科技馆每周定期对预约的中小学生集体参观实行免票，短期专题展览、科普实验活动和科普报告会均免费向中小学生开放。（牵头落实单位：中国科技馆）

24. 搭建科普教育基地宣传和交流平台，推动全国科普教育基地充分发挥科普宣传教育作用。（牵头落实单位：中国科协青少年科技中心）

25. 继续推进与教育部共同开展的青少年学生校外活动场所科普教育共建共享试点工作，发挥试点的示范和辐射作用，推广科普教育共建共享工作经验。（牵头落实单位：中国科协青少年科技中心）

专题文章

从挑战中把握可持续发展的机遇

邓　楠

去年12月召开的中央经济工作会议指出：综合国际国内经济形势看，转变经济发展方式已刻不容缓。这是一个科学的具有很强现实指导性的论断。当前，国际金融危机的影响尚未消除，世界经济复苏的基础尚不稳固，全球性资源环境和气候变化等问题日益突出，人类可持续发展正面临前所未有的挑战。作为一个高度开放、日益融入全球经济体系的发展中大国，我国经济社会发展与资源环境深受影响，可持续发展面临巨大的外部压力。与此同时，尽管近年来我国在生态环境保护方面做出了巨大努力，但形势依然严峻，生态环境问题呈现出许多新的特点，可持续发展面临的内部压力并未从根本上得到缓解。在面临内外压力的复杂形势下，我们必须采取科学的应对措施，从诸多挑战中把握可持续发展的机遇。

一、充分把握国际金融危机对经济发展的深刻影响，变外部压力为内在发展动力

自2008年以来，国际金融危机日益蔓延，世界经济遭受重创。这场危机是上世纪30年代经济大萧条以来国际经济面临的最严峻的挑战。联合国发布的《2009年世界经济形势与展望（年中报告）》估计，2009年全球经济增长将为－2.6%，发达经济体平均增长为－3.9%。我国的出口额大幅下降。据国家统计局公布的数据，2009年前三季度我国国内生产总值21.78万亿元，按可比价格计算，同比增长7.7%，但出口额仅为8466亿美元，同比下降了21.3%。国际金融危机给我国外向型的经济发展模式带来了巨大挑战。但历史经验证明，危机中也孕育着新的发展机遇。这次金融危机虽然对我国的实体经济造成了一定影响，但也为我们调结构、扩内需、发展战略性新兴产业带来难得机遇。我们应充分把握这一机遇，进一步夯实可持续发展的基础。

第一，国际金融危机为我国经济结构与产业结构调整、加快发展方式转变提供了契机。我国经济能够保持近30年的快速增长，在一定程度上依赖于资源消耗与初级产品的出口，以及以重化工为主的高耗能产业结构。从“九五”开始，我国就提出转变经济增长方式，“十五”计划强调对经济结构进行战略性调整。党的十七大报告强调指出，实现未来经济发展目标，关键要在加快转变经济发展方式、完善社会主义市场经济体制方面取得重大进展。近年来，结构调整虽然取得了一些成就，但粗放型的发展方式并没有从根本上得到改变。这其中的主要原因是我国经济发展所依赖的“投资、外贸与消费”三驾马车长期处于不平衡的状态。过度依赖外贸，内需对经济的拉动不足，企业产品创新的动力不足。2009年以来，国家出台的一系列刺激消费的政策、加快医疗体制以及社会保障体系改革的措施，在拉动经济增长上发挥了积极作用，普通民众也从中得到实惠。这些政策措施必将为促进内需增长、有效改变“三驾马车”失衡局面提供机会。与此同时，国际金融危机还为我国企业提供了技术创新的动力。长期以来，我国企业的生存与发展在很大程度上得益于廉价的资源、劳动力和较低的环境成本，其产品因而能够以低廉的价格在国际市场上获得竞争优势。国际金融危机的冲击以及消费者环境意识的不断增强，使得企业的市场环境发生了重要变化，给企业尤其是外贸企业带来了前所未有的压力。事实证明，技术水平高的企业在本次金融危机中抵抗力强，表现出明显的市场优势，因此必须促使企业不断提高创新动力，加快成果转化应用，加快产品、产业升级。

第二，国际金融危机引发的新技术革命，为我国发展战略性新兴产业带来了机遇。经济危机往往孕育着新的科技革命。世界各国正在加快推进以绿色和低碳技术为标志的新能源技术革命，依靠科技上的重大突破和创新，使经济重新恢复平衡并提升到更高水平。我们要充分利用新技术革命带来的新契机，加快传统产业的技术改造，促进产业升级；通过大力培育和发展新能源、新材料、生物技术、电动汽车、节能环保和先进制造业等战略性新兴产业，为经济发展提供新的增长点，为可持续发展注入新的活力。如果我国在科技创新方面能够占据优势，在战略性新兴产业发展中占据制高点，进而引领全球的发展方向，那么，我们不但能够有效拓展具有自主知识产权的产品市场空间，而且能够有效提高国内能源的利用效率、优化能源的消费结构，进一步提高我国的可持续发展能力。

二、合理利用经济发展的成果和当前的有利条件，切实解决可持续发展中的资源环境问题

2008年，我国国内生产总值已突破30万亿元，总量已经上升到世界第3位。过去的30年中，人民的收入成倍增长，生活水平大幅提升，国家财政实力大大增强。但与此同时，生态环境压力依然巨大，资源环境问题已经成为制约我国经济社会可持续发展的瓶颈。

我国单位GDP产品的能源加工、转换、贮运和终端利用的效率明显低于发达国家。单位产值的石油消耗是日本的4.3倍、美国的2.4倍、韩国的1.5倍。电力、钢铁、有色、石化、建材、化工、轻工、纺织8个高耗能行业的单位产品能耗平均比世界先进水平高47%，而这8个行业的能源消费量占工业部门能源消费总量的73%。为此，我国工业部门每年多用能源约2.3亿吨标准煤。

由于人口密集、多年来的粗放式发展、环境保护技术落后与投入不足、历史欠账太多，尽管做了很大的努力，但我国的生态与环境问题依然十分严峻，资源枯竭与环境污染的总体状况仍没有得到根本性改变。如果处理不好，生态与环境问题无论在类型、规模、结构还是性质上都可能出现新的恶化趋势。

事实上，我们60年的发展历程相当于西方发达国家200年甚至更长时间所走过的路程，问题和挑战在短期内集中爆发。解决这些问题，我们既要准备付出比发达国家更大的力气，同时也要善于创造条件和把握时机。这些问题都是发展中的问题，需要通过进一步的发展来解决。从当前形势来看，解决这些问题的条件和时机已经逐步成熟。

一是环境问题不只政府重视，普通百姓也高度关注。民众对资源环境保护日益高涨的呼声为我们解决这些问题提供了内在动力和良好的民意氛围。

二是我国已经具备了足够的财力来解决这些问题。2008年，我国财政收入已经超过6.1万亿元。上世纪80年代初期，全国环保治理每年投资25亿~30亿元，约占同期GDP的0.51%；2008年，全国环境污染治理投资总额达4490.3亿元，占同期GDP的1.49%。

三是政府已经出台了一系列有关促进产业结构与经济结构调整、加快发展方式转变以及加大节能减排力度等有关政策措施，这些政策措施的逐步落实不但能够有效提高中国经济运行的质量和效率，而且也为提高资源利用效率、解决生态环境问题提供了积极的政策环境。

四是科技进步提供了解决这些问题的手段。“十一五”开始，国家科技计划以前所未有的力度支持新能源发展和生态环境保护。同时，地方和企业的环保科技投入也在增加。

三、科学应对全球气候变化问题，准确把握世界低碳经济发展的机遇

我国是最易受气候变化不利影响的国家之一，全球气候变化给我国自然生态系统和经济社会发展带来了现实的威胁。研究表明，如不采取适当措施，到2030年，我国种植业生产能力可能会下降5%~10%，严重影响到粮食安全。三峡工程、青藏铁路、南水北调等重大工程都将受到气候变化的潜在威胁。

全球应对气候变化问题的国际制度框架和规则体系正在加速形成，而且正朝着“目标量化、规则细化、约束硬化”的方向发展。2009年7月，在意大利举行的“八国集团”峰会上，八国领导人发出一份温室气体减排声明。这个声明提出的减排标准比较模糊，而且责任和义务不清。2009年12月，在哥本哈根联合国气候变化大会上，长期量化减排仍是焦点之一。全球定量减排长期目标一旦设定，将对我国中长期的发展空间和可持续发展带来重大挑战。

我国正处在工业化、城市化快速发展阶段，在今后相当长的一段时期内，能源资源的利用规模还将持续增加。另外，我国以煤炭为主的能源结构、以高耗能为主的产业结构和日渐承担“世界工场”的角色也进一步加大了碳减排的难度。再有，许多发达国家正在借应对气候变化之名推行贸易保护主义之实，通过在国际贸易双边谈判中附加能效和环保条款，限制中国产品出口。这对我国外向型的经济发展模式也是一个巨大的压力。

围绕全球气候变化内政外交的焦点问题，看似能源环境问题，实质上是发展问题。只有坚持可持续发展，才能最终解决气候变化问题。为了应对全球气候变化，我国明确提出到2020年单位国内生产总值二氧化碳排放量比2005年下降40%~45%，非化石能源占一次能源消费的比重达到15%左右，森林面积比2005年增加4000万公顷，森林蓄积量增加13亿立方米。这是我国根据国情以及实现可持续发展目标提出的自主行动，也是对全球应对气候变化作出的巨大贡献。实现上述目标，需要我国进一步加大节能减排力度，把握好世界低碳经济发展趋势、实现低碳发展的历史机遇。

国际金融危机爆发后，发达国家纷纷将大力发展低碳经济作为刺激经济复苏、应对气候变化和确保未来竞争力的重要手段，一场以低碳技术为中心的科技竞争已悄然展开。我国已经具备发展低碳经济的潜力：（1）能源利用效率较低，具有提高能源效率和节能的较大空间。我国能源利用效率约为33%，比发达国家低约10个百分点。（2）目前我国能源结构主要是“以煤为主”，蕴藏量丰富的水能、生物质能、风能、太阳能等可再生能源还没有得到很好的开发利用，具有较大的优化能源结构的潜力。（3）产业结构中高耗能、高污染行业比重偏大，具有较大的调整产业结构的潜力。（4）目前森林覆盖率较低，林业发展前景广阔，具有较大的碳汇潜力。（5）随着我国科技投入的总体增加以及自主创新能力的不断增强，在减排和促进新能源发展等方面，具有进一步发挥科技支撑作用的潜力。（6）居民生活所消耗的能源比重偏大，具有较大的改进消费方式的潜力。我们应根据国情特点，大力构建低碳技术体系，有重点、有层次地统筹各项低碳技术的发展，力争在新一轮经济竞争中占据优势地位，促进我国经济社会可持续发展。

原文刊载于《求是》杂志2010年第3期

坚持以科学理论为指导 努力推动科协工作不断迈上新台阶

——纪念中国科协名誉主席钱学森同志逝世一周年

邓　楠

自20世纪80年代初开始，钱学森历任中国科协副主席、主席、名誉主席。在十余年的时间里，钱学森同志以马克思主义理论为指导，对中国科协的组织建设、工作布局和科协事业发展进行了深入的思考和不懈探索，极大地推动了科协组织的改革与发展。值此钱学森逝世一周年之际，深切缅怀和追思他的丰功伟绩，总结和梳理他在科协工作理论研究方面的宝贵思想，继承和发扬他提出的科协工作理论和方法，对创新和发展新形势下的科协工作，具有十分重要的意义。

一、倡导学术民主，充分发挥学术交流对自主创新的源头活水作用

高度重视学术交流工作，强调学术活动要有实效。钱学森对学术交流工作高度重视，他多次讲，“开了多少次会、有多少论文并不是考核学术活动优劣的指标，而应该把好论文关，做好会后总结，看到底解决了什么问题”。他提倡宽阔的科学视野，主张在专业技术人员之间开展多层次、交叉性、综合性的学术交流，强调文理沟通交流，促进科技人才的全面发展。他强调要利用好学术交流活动的成果，为经济社会发展服务，明确提出“学术活动的成果，对科技经济发展有哪些建议，应有专门的反映。不是送一个大本子，而是要加工，把那些有分量的建议整理送中央，发挥助手的作用。”

倡导学术民主，推动营造平等的学术环境。钱学森始终坚持学术面前、真理面前人人平等，职务高低，资历深浅，年龄长幼，均不是判断学术是非和水平高低的标准。他在多种场合指出：没有学术民主，年青一代就得不到成长，应该给青年人成长创造条件。为打破按资排辈，形成民主、平等的学术环境从而促进青年人才健康成长，他身体力行、作出表率。1978年，在与山西科委一位同志合作撰写科普文稿《农业系统工程》时，他坚持把自己的名字署在后面，明确说“我对现在流行于科学技术界的‘老头子制’颇为反感！用这个机会表示一下，也是抗议这一不合理的东西。”

高度重视学会组织和学会工作，强调学会要发挥横向联系的作用。早在1977年6月29日，钱学森就约访周培源，就“文革”期间被迫中断活动的中国科协及学会如何恢复活动交换意见，强调学会开展的横向学术交流对科技工作所起的重要作用。在担任中国科协主席期间，他每周主持召开一次主席办公会，研究科协和学会工作，积极推动解决学会工作中存在的困难和问题，以充分发挥学会横向联系、促进自主创新的作用。

二、丰富和发展科普工作内涵，努力让科学技术惠及更广大的人民群众

突出强调科学技术是文化的组成部分，把科普工作纳入文化建设的范畴。钱学森在1988年2月3日的一封信中写道，“党的十二大报告中在文化建设内有‘科学’，那是说科学（包括自然科学、社会科学）是文化的组成部分。但技术呢？技术难道就不是文化了吗？文学艺术能一点不靠技术吗？所以技术也是文化的组成部分。”钱学森主张自然科学技术和社会科学的联合，强调科技和文艺之间的沟通交流，希望加强科技和文艺的联系，把现代科技和文学艺术结合起来，使科普工作在文化建设中发挥更大作用。

明确科普工作内容，提倡大科普观。钱学森把科普工作分成三个层面的内容：一是为农村及小集镇的“大农业”和城市“大工业”服务的大面积科普，注重提高劳动生产率；二是为提高广大干部科学素质服务的科普，主要是帮助他们扩展、补充新的科技知识；三是为科技专家们了解非本专业领域的新发展、为开阔思路服务的科普，也叫高级科普。钱学森对科普工作内容进行三个层面的划分，不仅为当时科普工作指明了方向，而且对中国科协现阶段推动实施《全民科学素质行动计划纲要》特别是四个重点人群科学素质行动，仍然具有重要的指导意义。钱学森基于自然科学与社会科学应联合、科学技术是文化的组成部分等观点，进一步提出“大科普观”，即科普不仅要普及自然科学技术方面的知识，还要普及文化和社会方面的知识。他说：“现在很多青年学生不知道世界是怎么回事，甚至天天广播中讲的这个国家、那个国家到底在什么地方都说不出来。所以我们的广播台播放的科普知识，不仅是自然科学知识，实际上，国际时事都是科普，都很有实用性嘛。”

倡导并力行科学家参与科普的社会责任，用科学知识回报祖国和人民。钱学森一直热心倡导、积极支持并亲自参与科普工作，号召并组织科学家参加科普工作。他说，“人民给了我们科学知识，作为一个科学家，有责任把科学知识还给人民，这是我们义不容辞的社会义务。”钱学森希望通过科技界和全社会的不懈努力，提高全民族的科学文化素质，促进人的全面发展。

三、甘为人梯，竭力培养举荐优秀科技人才

倡导面向青年科技工作者设立奖项，激励青年科技人才脱颖而出、健康成长。1987年9月，钱学森主持召开中国科协三届六次常委会议，在他的大力倡导和朱光亚、王大珩等的赞同支持下，会议一致同意把原来面向全国科技工作者的奖项改设为面向青年科技工作者的奖项，定名为“中国科学技术协会青年科技奖”，每两年评选表彰一次，每次表彰不超过100人，白春礼、冯长根、杨卫、张泽等获得首届奖励，在青年科技工作者中产生了广泛的影响。为了进一步鼓励青年科技工作者奋发进取，培养和造就跨世纪科技和学术带头人，中组部就参与青年科技奖评选表彰工作请示时任中央政治局常委、中央书记处书记的胡锦涛同志。胡锦涛同志作出批示，认为中组部参与此事甚好。1994年，“中国科学技术协会青年科技奖”更名为“中国青年科技奖”，由中组部、人事部、中国科协共同组织实施，至今已评选表彰了11届，大多数获奖者已成长为中科院院士、工程院院士、大学校长、科研院所院长所长、首席科学家和学术技术带头人等。

倡导培养创新人才从青少年抓起，提出提前接受教育的方案。钱学森根据自身的成长经历和人才培养的成功经验，设计了现代科学技术体系下受教育者与年龄关系的新方案，提出了人才教育的新模式，把教育改革作为培养创新型人才的根本出路。在受教育者与年龄关系的方案中，他认为学生可以从4岁开始接受教育，12岁达到高中毕业，12～18岁接受高等教育，达到硕士研究生的水平，然后再根据需要选择深造和综合发展。

善当伯乐，甘为人梯。钱学森善于发现、乐于培养、大力举荐科技创新领军人才，提携奖掖青年人，即使对名不见经传的“小人物”都视为知己般对待。他在与一名普通科技人员合作撰写讲稿时，坚持署名在后，又将多年收藏的57份资料、43套图书全部赠给了这位合作者。几十年来，他一直坚持给来信求教的青年工整书写回信，讨论各种学术问题，帮助他们提炼思想，找准方向。

2008年1月19日，胡锦涛总书记在看望钱学森时说：“您一直热心培养和提携年轻人，以自己的渊博学识和高尚品格，带出了一批优秀科学家，其中有的已成为我国科技事业的领军人才。”总书记的话是对钱学森一生培养人才、提携后学所作贡献的最好注释。2009年8月6日，在病榻上的钱学森仍然牵挂着、关心着我国的人才培养，他对温家宝总理说：“培养杰出人才，不仅是教育遵循的基本原则，也是国家长远发展的根本。”拳拳之心充分展现了钱学森作为“人民科学家”的报国情怀。

四、重视决策咨询和科技服务，努力推动经济社会发展

倡导运用系统工程的方法，积极开展决策咨询工作。钱学森一直主张“用系统工程的观点来考虑问题”，强调“要有系统的观念”。对开展决策咨询工作，他要求做到三点：一是发挥出系统的整体功能和优势，把“专家群体”的整体优势发挥出来，形成高质量的决策咨询报告。二是决策咨询报告所反映的情况必须客观准确，既有定性结论，又有定量分析，坚持决策咨询“一定要用系统工程的方法，有定性、定量的分析”。三是用系统的思想，提炼决策咨询报告的建议，建议要有前瞻性、针对性、可操作性。

强调围绕经济社会发展中的重大问题，及时开展决策咨询工作。钱学森认为，做好决策咨询工作，一要选题准，二要有时效性，三要注意发挥科协开展学术活动的优势，形成对策建议。他强调选题是关键，必须围绕国家科技经济社会发展中的重大问题来确定，可以是国家中长期发展战略、发展规划与科技有关的问题，也可以是国家重大工程项目方面的问题，还可以是行业发展和地区经济科技方面的问题。在面向行业发展和地区经济科技问题开展决策咨询工作方面，钱学森针对甘肃沙漠戈壁面积较大、我国荒漠化越来越严重的地理环境状况，为把沉重的自然包袱转化成巨大的自然资源，提出沙产业、草产业的理论设想，引导科技工作者把专业知识和决策咨询结合起来，大力推动沙产业发展。1994年，中国科协会同林业部、甘肃省人民政府，选择甘肃武威、张掖等地建立试验点和示范基地，推动沙产业发展。经过多年努力，沙产业在理论和实践两个方面都取得了重大进展。

重视科技服务工作，开创、推动“讲理想、比贡献”活动。钱学森认为，科协系统参与两个文明建设，就要直接为工农业生产提供科技咨询服务，希望工程技术人员有一种自觉性和责任感，即“讲理想、比贡献”。在钱学森的倡导下，中国科协会同原国家经委于1987年在全国厂矿企业中开展“讲理想、比贡献”竞赛活动，引导企业科技工作者把振兴中华的共同理想与企业发展目标和个人理想有机结合起来，促进群众性技术创新活动蓬勃开展。直至今日，中国科协仍然坚持会同国家发改委、科技部、国资委继续开展“讲理想、比贡献”活动，在企业一线科技工作者中产生了越来越大的吸引力和凝聚力。

五、倡导开展科协工作理论研究，努力建设中国特色的科技团体

深入思考科协性质等重大问题，准确把握科协工作在党和国家工作大局中的地位和作用。钱学森反复讲，中国科协是中国的科协，不是别的国家的科协，而中国是中国共产党领导下的社会主义国家，科协工作要按照党中央的方针政策来办事，履行好党和政府的纽带和助手的职责。他非常重视科协的政治属性，强调中国科协是中国共产党领导下的人民团体。他积极支持苏步青等200多位政协委员在全国政协七届一次会议期间提交的要求恢复中国科协作为全国政协组成单位的联名提案，并为此进行了不懈努力，全国政协七届十二次常委会议决定恢复中国科协为全国政协的组成单位。

提出中国科协组织体制新构想，着力推动科协改革与发展。钱学森深入思考并积极提出既与世界各国科技团体有共同规律、又具有中国特色的科协组织体制构想。在1986年9月2日召开的中国科协三届二次常委会上，钱学森明确提出希望“建立一套高效能、高效益的中国科协的组织体制结构”。1988年8月18日，在全国直辖市、计划单列市科协协作会议上的讲话中，钱学森进一步描绘了“大科协、小机构、多中心”式的中国科协组织体制结构蓝图。他说：“第一是大科协。怎么叫大科协？科协的联系面是很大的，不能局限在哪一点上，得开阔一点，理工农医四个方面都有，将来可能还有新的方面，所以是大科协。我们不是小科协，就干一点，我们要解放思想，联系面广，叫大科协。第二是小机构。大科协，但不要搞大机构，就是办事机构是非常精干的。这个很重要，我们要提高办事效率，书记处讨论过了，怎么样提高效率，恐怕还要研究。第三是多中心。你的面很广，办事机构又小，那么具体办事就是实体，实体又叫中心。用多中心办实体的办法把中国科协的日常工作办好。办实体，就要讲经济效益，真正办成和现在改革开放精神相吻合的实体。”在钱学森担任中国科协主席期间，中国科协对机关的机构设置进行了相应改革，增设直属事业单位，扩展工作任务，工作效率得到明显提高。他关于科协组织体制的构想，对中国科协当前进行的体制机制改革特别是事业单位改革，加强自身建设仍然有着重要的指导意义。

深化对现代科学技术体系的认识，积极倡导科协工作理论研究。钱学森对现代科学技术体系进行了三个层次的划分，首先是工程技术，然后是为工程技术做理论基础的技术科学，再就是基础科学，最后经过进一步综合提炼达到马克思主义哲学这一层次。据此，钱学森认为科协工作理论是现代科学技术体系的一部分，是社会科学的范畴，是社会科学中的实用学科。他鼓励广大科协工作者在实践基础上加强经验总结和理性思考，倡导开展“中国科协学”研究。经过科协同志持续不懈的努力，在听取有关专家意见300多人次、9易其稿之后，终于在1992年出版了一部以探索科协工作规律为主题的科协学著作，一段时期内成为科协干部培训的重要教材。

钱学森的学术思想深刻地影响着中国科协的改革与发展，特别是他担任中国科协主席期间，开创了科协工作的新领域，开辟了科协事业的新空间，开启了科协工作理论研究的先河，把科协工作全面推向了新阶段。站在新的历史起点上，学习纪念钱学森同志，就是要继承和弘扬他深入思考、不懈探索的科学精神，继承和弘扬他求真务实、勇于奉献的崇高精神，继承和弘扬他坚持党性、爱岗敬业的爱国精神，切实把科协工作作为党的群众工作和国家科技工作的重要组成部分，推动科协事业不断迈上新台阶，再创新辉煌。

原文刊载于《人民日报》2010年10月31日

中国科协概况

【中国科协 2010 年工作概况】

一年来，在党中央、国务院的正确领导下，在王兆国、刘延东同志的直接领导和韩启德主席的团结带领下，中国科协高举中国特色社会主义伟大旗帜，深入贯彻落实科学发展观，按照党的十七大和十七届三中、四中、五中全会精神和胡锦涛总书记在纪念中国科协成立 50 周年大会上的重要讲话要求，认真落实中央书记处对科协工作的指示精神，切实履行党和政府联系科技工作者的桥梁纽带职责，坚持为经济社会发展服务、为提高全民科学素质服务、为科技工作者服务，团结奋斗，开拓进取，各项工作取得新进展。

一、坚决贯彻中央重大决策部署，不断增强服务大局的主动性和积极性

一是认真学习贯彻十七届五中全会精神。党的十七届五中全会刚刚闭幕，中国科协党组立即召开理论学习中心组学习扩大会议，及时传达胡锦涛总书记和温家宝总理的重要讲话，认真学习《中共中央关于制定国民经济和社会发展第十二个五年规划的建议》，深入思考科协组织在加快经济发展方式转变中的重要使命和社会责任，进一步明确科协工作重点和方向。结合科协实际，认真组织研究编制中国科协“十二五”事业发展规划，理清思路、明确目标、突出重点，积极探索促进新形势下科协事业发展的新举措。积极推动全国学会和地方科协结合工作实际，采取各种形式学习文件、领会精神，开展各具特色的学习贯彻活动，在科协系统迅速形成学习贯彻十七届五中全会精神的热潮。

二是积极贯彻中央人才工作会议和教育工作会议精神。及时召开人才和调宣工作会议，制定发布《中国科协关于加强人才工作的若干意见》、《中国科协科普人才发展规划纲要（2010－2020 年）》、《全国优秀科技工作者评选表彰办法》及实施细则、《中国科协关于加强决策咨询工作 推进国家级科技思想库建设的若干意见》、《中国科协关于加强继续教育工作的若干意见》等 5 个文件，努力把科协人才工作融入党和国家人才工作大局。中国林学会、中国农学会等全国学会和天津、黑龙江、河南、山东等省科协自觉把思想和行动统一到中央决策部署上来，发布实施意见，制定工作方案，努力把发现、培养、凝聚、举荐、用好人才贯穿到学术交流、科学普及、决策咨询和组织建设等各个环节各个方面。

三是顺利完成第三批深入学习实践科学发展观活动。按照中央统一部署，中国科协党组及时印发《关于深入学习贯彻党的十七届四中全会精神的若干意见》，积极组织 108 个全国学会围绕“加强组织建设，提高服务能力”主题，扎实开展第三批深入学习实践科学发展观活动，实现学习实践活动全覆盖，达到了“提高思想认识、解决突出问题、加强基层组织、促进科学发展”的目标。把学会党建工作作为检验学习实践活动效果的重要标准，探索建立选派党建指导员、联络员制度，分类推进学会党组织发展，中国抗癌学会、中国心理学会、中国自然辩证法学会、中国自动化学会等 35 个学会新成立了党组织，使建立党组织的科协所属全国学会达到 107 个，党组织覆盖面和影响力进一步扩大。新疆科协与区委组织部联合下发《关于加强党建带科协建设的意见》，推动开创全区科协工作的新局面。

四是深入开展创先争优活动。2010 年 4 月以来，按照中央部署，中国科协成立创先争优活动领导小组，印发《中国科协深入开展创先争优活动实施方案》，制定《关于在中国科协系统深入开展创先争优活动的指导意见》，全面启动在科协系统基层党组织和党员中深入开展创先争优活动。分类推进学会党建工作。中国科技馆党委作为中直机关示范点，坚持以创建“创新亮点示范工程”为载体，扎实开展创先争优活动。中国海洋学会、中国计量测试学会等全国学会以及河北、内蒙古、江苏、青海、广东等省（自治区）科协自觉把深入开展创先争优活动与创建学习型党组织、加强党风廉政建设有机结合起来，通过支部结对帮扶、专题报告会、提高执行力“大家谈”等形式，以党组织和党员的创先争优带动科协系统能力建设，不断提高服务能力和水平，切实把学习实践科学发展观活动的丰硕成果转化为推动科学发展、促进社会和谐的强大动力。

二、突出科协特色和优势，努力为加快经济发展方式转变提供智力支撑

一是学术交流质量和实效进一步提高。截至 2010 年 10 月底，科协系统共举办 7900 余场国内学术交流活动，参会人数达 113 万余人次；中国力学学会、中国物理学会、中国消防协会、中国运筹学会、中国图书馆学会、中国城市规划学会等数十个全国学会召开学术年会，学术交流水平和影响力不断提高。以“经济发展方式转变与自主创新”为主题，与福建省人民政府成功举办第十二届中国科协年会，王兆国同志发表重要讲话，包括 102 位院士、284 位港澳台学者、141 位外国专家在内的 5000 多名科技工作者参加学术交流，发表论文 1973 篇，617 位院士专家作专题发言，27 个全国学会与福建省相关部门建立合作关系，引起社会强烈反响。年会期间成功举办党政领导与院士专家座谈会，在前期调研的基础上，15 位

院士专家为福建省科学发展、跨越发展建言献策，福建省委省政府给予高度评价，迅速印发分解落实方案，责成分管领导牵头抓好建议落实工作。继续开展学科进展发布活动，组织26个全国学会、56位院士和1561位专家学者联合编撰发布26个学科发展研究报告，完成发布化学等4个学科史研究报告。开展当代中国科学家学术谱系研究，探索梳理当代中国学术传统的形成过程和发展脉络。继续实施精品科技期刊工程，247种期刊纳入中国科协精品科技期刊示范项目。根据国家文化产业体制改革要求，积极推动开展科技期刊体制改革试点，科技期刊的影响力和权威性进一步提高。

二是高端前沿学术交流活动日趋活跃。面向在前沿研究领域的青年科技工作者，成功举办20期青年科学家论坛，600余位青年科学家参加交流研讨；面向持有非共识学术观点、期待进行跨学科交流研讨的科技工作者，成功举办12期新观点新学说学术沙龙，倡导自由探索，鼓励争辩质疑，受到专家学者的普遍欢迎；面向公众，成功举办7期中国科协论坛和热点问题学术报告会，邀请专家学者围绕科技领域的最新进展及其社会影响解疑释惑，引导社会舆论。积极开展重点学术活动资助工作，进一步加大对小型、高端、前沿学术活动的支持力度，中国通信学会、中国土木工程学会、中国海洋学会、中国材料研究会等举办的各种科技论坛以及山西省科协的学术茶座、陕西省科协的“学术金秋”、新疆生产建设兵团科协的“兵团青年科技论坛”已经成为团结凝聚科技工作者的重要平台，基层一线科技工作者参与学术交流活动更加便利。

三是对外民间科技交流取得重要进展。充分利用国际科技资源，推动国际科联灾害风险综合研究计划(IRDR)国际项目办公室落户北京，这是国际科联1931年成立以来首次在亚洲国家建立跨学科综合科学计划办公室。成功举办第18届国际真空大会等760余个重要国际科技会议，国际学术交流水平和影响力不断提高。以做好港澳台中高层科技人员和青少年工作为重点，继续在香港举办当代杰出华人科学家公开讲座等系列活动，与澳门科学馆共同举办“中国古代科学技术展览”，与台湾李国鼎基金会联合举办科学传播研讨会，与台湾玉山科技协会等共同举办海峡两岸青年科学家学术活动月、海峡两岸科技与经济论坛，推动港澳台与内地建立更加紧密的经济科技文化联系。

四是群众性技术创新和科技服务活动务实高效。进一步深化“讲理想、比贡献”（以下简称“讲、比”）活动内涵，丰富活动内容，围绕加快转变经济发展方式，适应企业技术创新需求，截至2010年10月底，全国累计开展“讲、比”活动1.7万余项，参与科技工作者96万余人次，近13万条合理化建议获得采纳；全国24个省（区、市）建立院士专家工作站633家，进站院士专家2700人次；围绕促进知识产权保护，与最高人民法院签署知识产权司法保护合作备忘录，推荐10位专家为最高人民法院审理案件提供技术咨询；与国家知识产权局、科技部和最高人民法院联合开展“2010实施知识产权战略巡讲”活动。联合国家发改委、科技部和国资委召开总结表彰大会，对在“讲、比”活动中贡献突出的119个优秀集体和199个先进个人进行表彰奖励，充分调动企业科技工作者参与技术创新的积极性主动性。进一步加大科普惠农兴村工作力度，中央财政奖补资金增至3亿元，按照“以奖代补、奖补结合”方式，表彰奖励1785个农村科普先进单位和带头人，培训约14万农技协领办人和技术骨干，培育出一大批有文化、懂技术、会经营的新型农民。积极组织优秀农技协参加第五届菏泽农资交易会、第十七届杨凌农高会，努力为加快先进农业技术的推广普及牵线搭桥。在“科普惠农兴村计划”的示范带动下，各级地方财政纷纷增加投入，累计表彰1万余个先进集体和个人，建立科普惠农服务站1.3万余个，为广大农民获取技术、信息提供便捷的一站式服务。

五是推进国家级科技思想库建设。积极组织政协科协界委员和科技工作者开展调查研究，积极建言献策，先后提交了“关于2009年生物灾害状况和2010年预防与控制生物灾害的报告”、“保障木材安全问题的建议”、“抓紧防治煤矿最大危害——粉尘的建议”等一批调研报告，温家宝等中央领导同志作出重要批示，部分建议已纳入国务院的工作安排之中。组织召开促进中部地区崛起专家论坛和促进资源型城市转型发展、淮河流域综合治理与开发、水污染防治等专题论坛，针对贵州黔东南地区发展问题开展专题调研，着力搭建科学家与决策者交流互动平台，努力把科技工作者的个体智慧凝聚上升为有组织的集体智慧。中国水土保持学会、中国林学会、中国电子学会、中国机械工程学会以及天津、上海、江苏、江西等省级科协也都结合专业优势和当地实际，因会制宜、因地制宜，开展了各具特色、成效显著的决策咨询活动，全年科协系统共举办专家论坛2500余次，提供决策咨询报告7300余篇，2500余篇获得批示，决策咨询和建言献策作为科协事业新的成长点，正在展现出蓬勃的生机和活力。

三、深入开展全民科学素质工作，形成社会化科普工作格局

一是加强督查，扎实推进全民科学素质工作。去年9

月，国务院办公厅会同中国科协等21个部委对河北等12个省（自治区、直辖市）《科学素质纲要》实施情况进行督查，各地党委政府高度重视科学素质建设工作，多数省（自治区、直辖市）以党委政府名义印发了实施纲要的意见，将全民科学素质工作纳入绩效考核管理范围，积极贯彻落实纲要确定的各项任务，《科学素质纲要》实施工作总体顺利，成效显著。与农业部等部门联合开展农民科学素质行动试点村工作，大力培训实用技术带头人。与国家民委等部门联合组织“百名科技专家和致富能手进民族地区”科技下乡活动，推动少数民族“双语”科普资源和队伍建设。北京市科协联合财政局实施“社区科普益民计划”，江西省科协联合省委组织部开展“党旗映社区，科普进楼宇”活动，云南省科协以“村转居”新建社区为重点开展社区科普工作，取得良好效果。去年完成的第八次公民科学素质调查结果显示，中国公民具备基本科学素质的比例已经从2005年的1.60%提高到3.27%，达到世界主要发达国家和地区20世纪80年代末90年代初的水平，实现了《科学素质纲要》确定的“十一五”时期发展目标。

二是研究制定《全民科学素质行动计划纲要（2011—2015年）实施方案》。根据国务院领导在听取全民科学素质行动计划纲要实施情况汇报会上的指示精神，联合国家发改委等有关部门组织编制《全民科学素质行动计划纲要（2011—2015年）实施方案》，适应新形势下全民科学素质工作特点，新增加社区居民作为重点人群，确定实施科普人才建设工程，努力通过社区居民科学素质行动促进社区居民养成科学文明健康的生活方式，通过科普人才建设工程培养造就一支专兼结合、高水平的科普人才队伍，为全民科学素质建设提供人才支撑。去年7月，实施方案草案面向社会公开征求意见，目前已经形成送审稿，争取国办发布实施。江苏、浙江、安徽、江西、贵州、宁夏等省级科协积极推动本地区《科学素质纲要》“十二五”规划编制工作，争取纳入当地国民经济“十二五”规划之中。

三是以大联合大协作的工作方式广泛开展主题科普活动。围绕“节约能源资源、保护生态环境、保障安全健康”主题，组织动员社会各界广泛开展科普活动，推动主题活动进学校、社区、机关、农村、企业，努力形成社会化科普工作格局。2010年“六一”儿童节期间，胡锦涛、李长春、习近平、李克强等党和国家领导人先后来到中国科技馆新馆，与首都少年儿童一起参加“体验科学、快乐成长”活动，引起强烈社会反响。组织开展2010年全国科普日活动，习近平等中央领导同志和首都各界群众一起参加全国科普日北京主场活动，给广大科技工作者以极大鼓舞和鞭策。据不完全统计，科普日活动期间科协系统共举办科普活动3600余场，直接参加公众近亿人次。成功举办第25届全国青少年科技创新大赛等品牌活动，参加全国青少年科技创新大赛的青少年达1760万人次，为培养科技创新后备人才发挥了积极作用。中国宇航学会深入开展“希望一号”卫星系列应用活动，受到胡锦涛总书记的高度赞扬。上海市科协围绕世博“城市，让生活更美好”主题，举办“相约名人堂——与院士一起看世博”活动53场，近600万人次参与活动。西藏、青海、云南省（自治区）科协开展富有地方特色的“科普进寺庙”活动，组织科技工作者宣讲消防技能、开展专家义诊，得到当地宗教人士和少数民族群众的普遍欢迎和好评。继续参与全国科技周、全民健康科技行动等活动，努力为社会公众提供优质高效的科普服务。

四是科普资源共建共享工作成效显著。实施繁荣科普创作资助计划，支持优秀科普精品创作，制作播出7集大型科学文化纪录片《科学启示录》和20集电视纪录片《世博的科学传奇》，《天象奇观日全食》荣获第五届中国科教影视“科蕾奖”。成功举办全国优秀科普作品评奖活动，18种科普图书、6种科普影视动漫作品获奖。中国科技馆制作和组织16套展览在全国45个城市巡展，累计接待公众230余万人次。截至2010年10月底，开发制作科普挂图6200余种，农村科普教材10000余种，制作播出“科普大篷车”广播电视节目360余期，中国数字科技馆科普资源库访问量226万人次，新增科普资源发送单位4790个，形成覆盖全国的科普资源服务网络。积极探索公益性科普事业和经营性科普产业并举的新路子，与安徽省人民政府联合主办第四届中国（芜湖）科普产品博览交易会，国内外近300家企业参展。安徽省科协推动组织“产、学、研、用”相结合的科普产业战略联盟，成立了国内第一家省级科普产品工程研究中心，开发科普产品近百项。贵州省“百万公众网络学习工程”，山东省“流动科技馆县县通”、内蒙古自治区“科普报刊村村通”等，都受到当地群众热烈欢迎。

五是科普服务能力建设取得重要突破。着力推进应急科普服务能力建设，在应对玉树地震、舟曲泥石流等重大自然灾害，促进科技救灾方面发挥重要作用，受到当地党委政府和人民群众的好评。大力加强科普基础设施建设，中国科技馆新馆作为目前国内现代化水平最高、展教开发能力最强的国家级科技馆，运行一年来接待观众360余万人次，杭州低碳科技馆、长春中国光学科技馆等一批专业科技馆已经开馆或立项。大力发展各类社会化科普教育基地，各级科协联合命名的地级市以上科普教育基地总数已达3468家，建立科普活动站27万余个，科普宣传栏（画廊）32万余个，科普宣传员近63万名。扎实开展“新农村百万乡土科普人才培训工程”，依托全国24所省级农函大分校、147所市级分校、932所县级分校和3万余人的专兼职教师队伍，全年举办各类培训班3万余期，培训农业技能人才900余万人次。

四、努力当好科技工作者之家，千方百计为科技工作者提供优质高效服务

一是着力拓宽引才育才荐才用才通道。认真履行中央人才工作协调小组、海外高层次人才引进工作小组成员单位职责，积极参与高层次创新型科技人才培养工程，优化完善高层次科技人才数据库，海外高层次人才库入库人数近千人。配合有关部门实施“专业技术人才知识更新工程”，组织全国学会积极承担知识培训工作，深入开展继续教育试点示范活动，努力提高中高层专业技术人才的专业知识水平，扎实推进工程技术人员专业技术资格认证工作。继续做好国际民间科技组织领导人推选工作，18位科学家当选为重要国际民间科技组织的领导，我国科学家在国际舞台上的影响不断扩大。通过“海外智力为国服务行动计划”（简称“海智计划”），积极团结联系海外科技工作者，在新疆、北京、长春、安徽、常州和福建建设6个海智基地，推荐引进200余位海外华人科技工作者为国服务。

二是优秀科技工作者宣传表彰力度进一步加大。按照中宣部统一部署，通过多种形式纪念人民科学家钱学森，在《人民日报》刊发纪念文章，与中央电视台和总装备部联合拍摄播出六集专题片《钱学森》，社会反响强烈。精心打造“全国优秀科技工作者”奖等品牌奖项，在全国学会和地方科协评选推荐的基础上，评选产生977名全国优秀科技工作者，从50名候选人中由公众投票产生十佳全国优秀科技工作者，共收到有效选票341.1万张，使评选活动成为一场声势浩大的优秀科技工作者宣传活动。继续开展中国科协求是杰出青年奖、中国青年女科学家奖等品牌奖项评选工作，首次将港澳人士纳入“中国青年女科学家奖”评选范围。按照国务院领导同志指示精神，联合11部委启动实施“老科学家学术成长资料采集工程”，按照抢救优先、以人为本、突出重点、联合协作的原则，通过文字记录、录音录像、实物采集等多种方式，把反映老科学家学术成长历程的重要资料保存下来，计划三年内完成首批300位老科学家的学术成长资料采集工作。各全国学会和地方科协广泛开展形式多样、各具特色的表彰奖励活动，中国自动化学会与中国宇航学会评选首届“杨嘉墀科技奖”，黑龙江省评选表彰百名“全省科技传播优秀工作者”，深受科技工作者欢迎。截至2010年10月底，科协系统共宣传优秀科技工作者3.8万余人，科技工作者的良好社会形象更加鲜明。

三是科技工作者状况调查扎实深入。围绕及时准确反映科技工作者群体的变动趋势、思想动向和意见诉求，扎实开展科技工作者状况调查工作，提交“海外华人科技工作者状况调查”、“科技领军人才选拔培养状况调查”、“科技工作者普遍关心的十个问题”等专题调研报告，受到王兆国、刘延东、李源潮等中央领导同志的高度重视，有力推动了相关突出问题的解决。加强科技工作者状况调查站点建设，全国科技工作者状况调查站点总量从2005年的151个增加到504个，初步形成动态调整、规范科学的科技工作者状况调查系统。扎实开展科技人力资源研究，准确把握我国科技人力资源的总体规模、结构特征和发展趋势，出版发布以科技人力资源与区域经济发展为主题的《中国科技人力资源发展研究报告》，为有关部门制定实施科技人力资源政策提供参考。浙江、新疆、安徽等省科协结合当地实际，组织开展本地区科技工作者状况调查。

四是推进科学道德和学风建设。认真贯彻《科技工作者科学道德规范（试行）》、《学会科学道德规范（试行）》，积极宣讲《中国科协致全国广大科技工作者的倡议书》，着力构筑防治学术不端行为的强大正面防线。继续组织“院士专家科学道德教育活动宣讲团”，深入北京大学、清华大学等科技工作者集中的高等院校开展科学道德与学风建设巡讲活动，组织编写科学道德教育读本，引导青年学子走上正确的科研道路。在中国科协年会期间举办科学道德建设论坛，准确把握当前我国科技界科学道德和学风建设的趋势和特点，深入探讨从源头治理学术不端行为的方法措施，强调浮躁心态是学术不端行为频发的主要诱因，要求发挥好学会在科学道德和学风建设中的基础作用，引起广大科技工作者的关注和共鸣。与美国科学促进会成立科学道德联合指导委员会并发表联合声明，协调双方在科学道德领域的合作，受到国际科联的好评。

五是联系服务科技工作者方式不断创新。着眼于打造为科技工作者服务的活动品牌，继续举办“中国科协会员日”活动，组织所属全国学会和地方科协通过会员座谈会、联谊会、表彰奖励会、学会工作志愿者交流会等形式，引导广大会员交流前沿成果、积极建言献策，在促进学会与会员、会员与会员沟通联系方面发挥了重

要作用。组织赴16个省（自治区、直辖市）走访看望中国科协七大代表，听取意见建议，沟通信息，受到代表热烈欢迎。与国务院学位委员会办公室共同举办第八届博士生学术年会，为博士生与当地政府、企业签订就业协议搭桥，努力探索学术交流与人才工作相结合的新途径。各全国学会和地方科协也不断创新工作方式，积极发展个人会员，为科技工作者提供学术研究、学术交流、成果转化、信息咨询、专题调查和继续教育等方面的服务，及时了解和反映他们在工作学习生活中遇到的实际困难，切实维护合法权益，受到科技工作者的广泛好评。

五、组织建设取得重要进展，服务意识和服务能力进一步增强

一是学会建设进展明显。结合开展第三批深入学习实践科学发展观活动，进一步加强学会党建工作，坚持党群共建，健全完善学会治理结构。积极推进挂靠学会办事机构的合作共建工作，与农业部签署“关于共建学会的协议”，促进办事机构挂靠在农业部的9个学会的发展。发布实施《中国科协团体会员管理办法（试行）》，规范团体会员管理，批准接纳中国知识产权研究会等6个全国学会为中国科协团体会员。联合民政部共同设立学会创新发展资助项目，着力培育一批国内一流、国际知名的示范性学会，12个中国科协所属学会被评为全国先进社会组织，学会发展能力稳步提升。截至2009年底，中国科协所属197个全国学会和省级科协所属学会合计拥有个人会员997万人，团体会员23万个。

二是基层科协和科协基层组织建设进一步增强。修订《全国县级科协组织通则》，规范和指导县级科协组织建设工作，截至2009年底全国独立建制县级科协2171个。制定《高校科协组织通则》，积极推进高校科协组织建设。着眼基层需求，切实加强对科协基层组织建设的分类指导，截至2009年底，企业科协达1.6万余个，个人会员289万；高校科协近700个，个人会员45万；街道科普协会9500余个，个人会员52万；乡镇科普协会3.1万余个，个人会员187万。充分发挥“科普惠农兴村计划”的导向作用，认真总结基层农技协党组织建设的成功经验，不断增强农技协的凝聚力和生命力，目前已有22个省（自治区、直辖市）成立省级农技协联合组织，全国农技协数量已从2006年的11.8万个增加到14.4万个，覆盖面和影响力不断扩大。安徽、贵州等省建立省科协常委联系县科协工作制度和省科协常委下基层活动工作机制，效果良好。

三是管理绩效和服务能力显著提升。分级分类开展科协干部教育培训工作，举办市地级科协主席培训班、县级科协主席培训班、西部地区科协主席培训班，培养提高基层科协干部的理论修养和办事能力。大力推进科协系统信息化建设，应用现代信息技术手段助推科协事业发展。加大干部轮岗交流力度，优化干部队伍结构，充分调动激发科协干部的积极性主动性创造性。推进节约型机关建设，切实抓好节能减排工作。积极稳妥推进科协事业单位改革，顺利完成科普出版社转制，科协事业发展的整体合力初步形成。

在肯定成绩的同时，我们也清醒地认识到，与党中央国务院赋予科协组织的重要职责相比、与广大科技工作者和人民群众对科协组织的殷切期望相比，科协工作还有不小差距，主要表现在：学会创新发展仍不平衡，科普资源共建共享机制尚需进一步完善，科协基层组织有待进一步加强，为科技工作者服务的渠道还需要进一步拓展等。这些问题都是发展中的问题，亟待采取有力措施加以解决。

【认真学习贯彻落实党的十七届五中全会精神】

党的十七届五中全会闭幕后，中国科协党组即于10月18～20日召开党组理论学习中心组学习扩大会议，中国科协党组书记邓楠同志主持会议并传达了胡锦涛总书记、温家宝总理重要讲话精神，中心组成员集体学习《中共中央关于国民经济和社会发展第十二个五年规划的建议》，研究讨论中国科协“十二五”事业发展规划，结合各部门、各单位工作实际，围绕为加快经济发展方式转变服务、开展学术交流增强自主创新能力、落实全民科学素质纲要、促进科技人才的成长和提高、开展对外科技交流与合作、加强自身建设等领域，认真研究讨论了中国科协“十二五”时期的重点工作。

邓楠同志在总结讲话中强调，要认真抓好对十七届五中全会精神的学习贯彻。十七届五中全会对制定国民经济和社会发展第十二个五年规划提出了非常明确的建议，也为第十二个五年规划的制定指明了方向，尤其是强调“十二五”规划必须以科学发展为主题，以加快转变经济发展方式为主线，提出“五个坚持”：一是要坚持把经济结构战略性调整作为转变经济发展方式的主攻方向；二是坚持把科技进步和创新作为转变经济发展方式的重要支撑；三是坚持把保障和改善民生作为加快经济转变发展方式的根本出发点和落脚点；四是坚持把建设资源节约型、环境友好型社会作为加快转变经济发展方式的重要着力点；五是坚持把改革开放作为转变经济发展方式的动力。“十二五”规划的制定都要围绕“五个坚持”

来展开。胡锦涛总书记在讲话中还特别强调要抓住机遇，走群众路线，对科协工作更有现实的指导意义。科协是科技工作者的群众组织，深入基层一直是科协近年来工作的重点，抓好十七届五中全会精神的学习对于开创科协工作的新局面，都有非常重要的意义。因此，要认真学习贯彻十七届五中全会精神，把科协各项工作推上一个新的台阶。

党组理论学习中心组扩大会结束后，党组立即印发了《关于认真学习贯彻党的十七届五中全会精神的通知》（以下简称《通知》），要求机关各部门、各直属单位党组织立即行动起来，把学习宣传贯彻十七届五中全会精神摆到重要位置，通过举办读书班、辅导报告、座谈会、专题研讨等形式，开展学习培训，切实把思想和行动统一到十七届五中全会精神上来，把学习贯彻十七届五中全会精神与做好科协工作结合起来，使学习贯彻全会精神过程成为加强和改进科协工作、保障和促进科协事业又好又快发展的过程，为实现“十二五”规划提出的各项目标贡献力量。同时要求科协各部门、各直属单位认真总结中国科协“十一五”时期事业发展的重要成就和发展经验，深入研究“十二五”期间国家经济社会科技发展的新趋势，围绕党和政府的中心工作，坚持以国民经济和社会发展第十二个五年规划和国家中长期科技规划纲要、人才规划纲要和教育规划纲要以及科学素质纲要为依据，以十七届五中全会精神为指导，科学编制、突出重点、扎实做好中国科协“十二五”事业发展规划。各级党组织要切实加强领导，扎实抓好十七届五中全会精神的贯彻落实，精心组织，周密安排，坚持以领导班子为“龙头”，以处以上领导干部为重点，采取集中学与个人学、精读原文与专题研讨相结合等方式，组织好各级党员领导干部的学习和培训。要把学习贯彻十七届五中全会精神与贯彻落实《中国共产党党和国家机关基层组织工作条例》结合起来，与推动学习型党组织建设结合起来，与深入开展创先争优活动结合起来，与实施基层组织建设“创新亮点示范工程”结合起来，与完成今年工作任务、总结全年工作和谋划明年工作结合起来，努力使学习贯彻工作更加注重实效，更加有力地推动党的建设。

中国科协机关各部门和各直属单位按照《通知》要求，及时召开党员干部会议，传达党组理论中心组学习扩大会精神，举办专家报告会，深入学习党的十七届五中全会有关文件，并结合本部门工作实际进行了深入交流讨论。全国学会和地方科协也都结合实际，组织开展了学习传达活动，及时把十七届五中全会精神传达给广大科技工作者，帮助大家认清形势、明确目标，增强做好工作的信心和勇气。11 月 30 日 ~12 月 2 日，中国科协再次召开党组理论学习中心组学习扩大会议，结合学习贯彻党的十七届五中全会精神，总结 2010 年工作、研究安排 2011 年主要工作，邓楠、齐让同志对年底前要重点抓好的几项工作分别提出了要求，进行了部署。

【积极贯彻中央人才工作会议和教育工作会议精神】

为深入落实科学发展观，学习贯彻全国人才工作会议精神，6 月 2 ~ 3 日，中国科协党组召开理论学习中心组学习扩大会，传达学习了胡锦涛、温家宝、习近平等中央领导同志在全国人才工作会议上的讲话；李源潮同志在贯彻落实国家中长期人才发展规划纲要座谈会上的讲话，讨论了《中国科协关于贯彻落实〈国家中长期人才发展规划纲要（2010—2020 年）〉的若干意见（征求意见稿）》、《科普人才发展规划纲要（2010—2020）（征求意见稿）》、《关于加强继续教育工作的若干意见（征求意见稿）》、《全国优秀科技工作者评选表彰条例（征求意见稿）》、《中国科协关于加强决策咨询工作、推进国家级科技思想库建设的若干意见（征求意见稿）》等文件，并就贯彻落实全国人才工作会议精神有关工作进行了深入的交流和研讨。6 月 8 日，中国科协召开人才与调宣工作会议。全国人大常委会副委员长、中国科协主席韩启德，中国科协常务副主席、书记处第一书记邓楠出席开幕式并讲话。

韩启德在讲话中指出，要准确把握中央对科协人才工作的新要求，要更加自觉地把科协人才工作融入国家人才工作全局之中，在育才引才荐才用才中发挥关键独特作用；要更加准确地了解和把握科技工作者总体状况与发展趋势，为党和国家科学制定人才政策服务；要更加积极主动地宣传在创新科学技术和普及科学技术方面作出突出贡献的优秀科技工作者和创新团队，培育有利于创新人才脱颖而出的创新文化。

邓楠在讲话中指出，自 2003 年中央第一次召开全国人才工作会议、下发《中共中央、国务院关于进一步加强人才工作的决定》以来，中国科协按照中央的战略部署，结合科协实际，深入实施科教兴国战略和人才强国战略，先后召开中国科协人才工作会、农村科普工作会、学会工作会和企业科协工作会等，推动出台《全民科学素质行动计划纲要》，联合发布《关于动员和组织科技工作者为建设创新型国家作出新贡献的若干意见》，坚持在创新实践中发现人才、培养人才、凝聚人才、举荐人才，做了大量工作。她要求，各级科协及所属团体要切实把握好新形势下科协工作面临的新任务和新要求，统一思想、协调行动，按照全国人才工作会议的总体部署，以提高学术交流的质量和实效为立足点大力培养人才，以打造科协系统优秀奖励品牌为突破口积极举荐人才，以建设国家级科技思想库为着力点用好用活人才，以提升创新型科技人才的社会影响力为目标有效激励人才，更好地为经济社会发展服务、为提高全民科学素质服务、为科技工作者服务，当好科技工作者之家，不断开创科协工作新局面。

邓楠强调，全国人才工作会议对科协的工作具有非常重要的指导意义，也对科协人才工作提出了新的更高的要求。中国科协首先是个“人”的组织，主要是做科技工作者的工作。全国人才工作会议为推动科协工作借势而上提供了一个非常好的抓手，我们要以人才工作为龙头，把人才工作和科协各项工作紧密结合起来，按照人才工作提出的新要求，来检查、整合、推动科协各项工作。

7 月 19 日，为深入贯彻落实全国人才工作会议和全国教育工作会议精神，经认真研究，中国科协印发了《中国科协关于加强人才工作的若干意见》。《意见》指出，一是要充分认识贯彻落实好人才规划纲要和教育规划纲要的重要意义。深刻理解、准确把握中央对科协人才工作的殷切期待，切实把科协组织建设成为育才引才荐才用才的重要通道。二是要突出重点，扎实完成中央赋予科协组织的人才工作任务。促进产学研用相结合，引导科技人才向企业聚集；健全科技人才评价激励机制，推动完善科技管理制度；建立健全工程师资格认证制度，推动国际互认；支持科学家参加国际科学计划和学术交流，扩大我国科技人才的国际影响；建立海外高层次人才信息库和人才需求信息发布平台，畅通海外科技人才为国服务渠道；积极参与创新人才推进计划，支持和帮助更多青年科技工作者成长成才。三是要坚持以用为本，切实把科协人才工作融入党和国家人才工作大局之中。动员和组织企业科技工作者立足本职岗位作贡献；依托“科普惠农兴村计划”，引导农村实用人才为建设社会主义新农村服务；积极开展决策咨询和建言献策活动，努力在服务经济社会发展中用好用活人才；加大科普人才队伍建设力度，全面推进公民科学素质建设；推动形成统分结合、上下联动、协调高效、整体推进的人才工作运行机制。四是要当好科技工作者之家，千方百计为科技人才提供优质高效服务。搭建不同形式不同层次的科技活动平台，为科技工作者成长成才创造条件；深入推进继续教育和专门培训工作，帮助科技工作者提高能力水平；广泛宣传优秀科技人才，努力营造有利于人才成长的良好社会氛围；加强科技工作者状况调查，增强服务能力和水平；进一步加强科学道德和学风建设，引导科技工作者成长成才。五是要加强组织领导，努力为做好科协人才工作提供有力保障。完善人才工作领导体制机制；加强人才工作条件保障。

【深入开展创先争优活动】

2010 年，中国科协各级基层党组织，在深入开展创先争优活动中，认真贯彻落实全党深入学习实践科学发展观活动总结大会精神和中央领导指示，坚持党建带群建，通过党员带群众、党内带党外，以党组织和党员创先争优带动科协系统广大干部职工和科技工作者开展创先争优。

一、贯彻落实中央部署，围绕中心创先争优，为实现“十二五”良好开局提供动力和保证

2010 年 4 月，中央部署在全国基层党组织和党员中开展创先争优活动以来，在中直工委、中国科协党组的领导下，机关各部门、各直属单位党组织积极行动起来，把创先争优活动作为当前一项政治任务扎实推进。

中国科协党组中心组学习扩大会对深入开展创先争优活动进行了研究，成立了中国科协创先争优活动领导小组，先后印发了《中国科协深入开展创先争优活动实施方案》、《中国科协机关和事业单位建设学习型党组织实施方案》、《中国科协系统深入开展创先争优活动的指导意见》。党组书记邓楠同志任领导小组组长并就深入开展创先争优活动进行了动员，要求各部门各单位要准确把握活动的总体要求，充分调动中国科协基层党组织和党员参与的积极性，发挥出他们作为战斗堡垒和先锋模范的作用。要把创先争优活动与中国科协实际工作紧密结合起来，使创先争优活动成为科协工作的助推器。创先争优领导小组还召开了创先争优和学习型党组织建设工作部署会，推动活动全面开展。各部门、各单位认真组织实施两个方案，普遍成立了领导小组，结合实际工作制定了具体活动方案，活动逐步深入开展。

十七届五中全会以后，按照中央要求，把认真学习深入贯彻十七届五中全会精神作为首要政治任务抓紧抓好。及时召开中国科协党组理论学习中心组扩大会传达学习全会精神，研究讨论中国科协“十二五”事业发展规划。印发《关于认真学习贯彻党的十七届五中全会精神的通知》，要求机关各部门、各直属单位党组织紧紧围绕科学发展这个主题和加快转变经济发展方式这个主线，准确

把握我国科技事业、科技工作者队伍和科协组织发展的时代特征，充分发扬民主，广泛凝聚智慧，理清发展思路，明确发展重点，破解发展难题，研究编制《中国科协“十二五”事业发展规划》。在编制规划中，把党的建设工作纳入“十二五”规划重要内容统筹考虑。

中国科协党组高度重视推动创先争优活动持久深入开展，对创先争优活动予以及时点评指导。邓楠、齐让书记多次听取机关党委汇报，对科协创先争优活动提出要求。要求要把创先争优活动融入到业务工作中，创新工作方法，完善工作制度，增强责任感和使命感，不断提升能力素质，积极推动党的工作与中心任务及各项工作的有机融合，使党的工作成为保障和服务中心工作的助推器。开展创先争优活动根本的任务就是要保证党组织和党员的先进性。要注意工作方式方法，建立长效机制。创先争优活动中要注重加强全国学会党建工作，加强支部组织建设，充分发挥党支部的战斗堡垒作用和党员的先锋模范作用。科协党组领导在领导点评工作中率先垂范，围绕建设科技工作者之家、为经济社会发展提供智力支撑、深入开展全民科学素质工作、为科技工作者提供优质高效服务等工作分别对深入开展创先争优活动进行了点评。点评内容涉及分管重点工作领域，把点评工作与推动中心工作紧密相结合。6 名党组领导同志参加年度考核工作时，听取群众意见，采取集中点评、个别点评、现场点评、互评等多种方式，26 人次对各部门、各单位进行了点评，做到全覆盖。邓楠同志、齐让同志分别以普通党员身份参加了所在支部的点评工作，为党员领导干部落实双重组织生活制度做出了表率。

二、抓党建，促发展，全面启动科协系统创先争优活动

按照中央创先争优活动领导小组指出的要坚持党建带群建、群建服务党建，党群共建的要求，中国科协制定了《关于在中国科协系统深入开展创先争优活动的指导意见》，提出要以党组织和党员创先争优带动本系统广大干部职工和服务工作对象开展创先争优，在中国科协系统开展创先争优活动以抓党建、促发展为主题，以当好科技工作者之家、争当优秀科协工作者为载体，以团结带领广大科技工作者为加快转变经济发展方式、建设创新型国家作贡献为主线，通过创先争优活动，力争带动思想作风建设，推动基层组织建设，推进领导班子建设，加强人才队伍建设，促进活动品牌建设，用扎实有效的活动成果为贯彻落实“十二五”规划、推动科协事业科学发展作出新贡献。

在推动科协系统开展创先争优活动中，以推动全国学会党建工作为重点，扩大全国学会党组织的覆盖面，推动学会党组织建设。

明确了学会服务中心党委职责范围。在中国科协党组重视支持下，加强学会服务中心领导班子力量，2009 年批准成立了学会服务中心党委，明确了全国学会党的建设工作的职责。

完善了工作机制。机关党委主要负责学会党建工作宏观指导，学会服务中心党委具体负责落实，科协有关部门及挂靠单位密切配合，保障学会党建工作顺利开展。

确立了分类指导原则。机关党委支持学会服务中心印发了加强学会党建工作的意见，明确了学会党建的指导思想、管理模式、学会党组织、党员队伍建设的意见。按照分类指导的原则，积极分类推进学会党组织发展。

研究制定了 2011 年学会党建重点任务。创先争优活动作为党建工作的一项经常性工作。“十二五”期间，通过组织实施“党建强会计划”，保障党建促学会组织发展，学会以党组织的覆盖工程推动学会党组织建设，以党支部的保障工程推动学会业务发展，以党员的责任工程保证各项工作的落实。2011 年工作重点是加强科协系统党建经验交流，建立学会党建联系点、示范点，提高党务工作者素质，加强基础建设，开展专题调查研究，着力帮助解决学会工作中面临的困难和问题，提高学会组织运作和服务能力。

创先争优活动与科协重要业务工作相结合，积极团结动员广大科技工作者投身到创先争优活动中来。

在企业开展“讲理想、比贡献”活动。为动员和组织广大科技工作者为建设创新型国家作出新贡献，中国科协、国家发展改革委、科技部和国务院国资委共同组织开展了在企业深入开展“讲理想、比贡献”活动（以下简称“讲、比”活动）。“讲、比”活动是面对企业开展的一项群众性技术创新活动。是激励企业科技工作者立足本职岗位，奋发进取、刻苦攻关，勇攀科技高峰；营造创新环境，培养一线创新人才，使创新智慧竞相迸发、创新人才脱颖而出，为增强企业自主创新能力的一项重要举措，也是企业科协深入开展创先争优活动的具体措施。共产生先进集体 119 个，科技标兵个人 100 名，优秀组织者个人 99 名。

开展评选表彰全国优秀科技工作者活动。为激励广大科技工作者为全面建设小康社会奋斗目标贡献力量，倡导创新、求实、协作、奉献的精神，推动社会主义物质文明、精神文明、政治文明和生态文明建设，在全社会进一步弘扬尊重劳动、尊重知识、尊重人才、尊重创造的风尚，创先争优活动中，中国科协开展了评选表彰“全国

优秀科技工作者”活动。评选表彰的全国优秀科技工作者是在自然科学、技术科学、工程技术以及相关科学领域从事科技研究与开发、普及与推广、科技人才培养或促进科技与经济结合，并在第一线工作的我国科技工作人员。全国优秀科技工作者奖励的是科技界的劳模，具有爱国主义精神、求实创新精神、拼搏奉献精神、团结协作精神，模范遵守科学道德，在本职岗位上做出显著成绩和突出贡献。十佳全国优秀科技工作者是全国优秀科技工作者中的突出代表。经过推荐、资格审查、初评、公众投票、终评，共评选产生了978名全国优秀科技工作者和10名十佳全国优秀科技工作者。十佳全国优秀科技工作者涵盖了科研、企业、农业、科普、卫生医疗、国防科技等六个领域和东部、中部、西部、东北等四个区域，具有广泛性和代表性，引起社会广泛关注，产生了很好社会影响。

以召开中国科协“八大”为契机，推荐优秀科技工作者为“八大”代表、委员人选。即将召开的中国科学技术协会第八次全国代表大会是在全面建设小康社会关键时期、“十二五”开局之年召开的广大科技工作者的一次盛会。选好中国科协八大代表是一项十分重要的工作。拟将在科学研究、技术开发、推广普及或科技管理工作中，锐意进取，开拓创新，作出显著成绩，在科学技术专业领域中有一定影响，具有良好的学风和职业道德，在创先争优活动中表现突出作为中国科协八大代表条件之一。对促进创先争优活动在科协系统深入开展起到积极的促进作用。

三、机关和直属单位在创先争优活动中走在前，作表率

围绕业务设计主题和载体，把创先争优活动落在实处。各部门、各单位党组织紧密结合自身业务实际，确定具有自身特色的争创主题和活动载体，着力使创先争优活动落在实处。计划财务部制定了个人、处室、部门三位一体的工作方案，结合财务管理职责，确定了“保障发展做贡献，立足本职当标兵”主题活动；组织人事部将认真学习贯彻《党政领导干部选拔任用工作有关事项报告办法（试行）》等四项干部监督制度作为活动的重要内容，要求组工干部要做党性最强的干部；调宣部以“增强服务意识、提升服务能力”为主题，着重加强思想建设；中国科技馆确定了以“窗口建设上水平，创先争优促发展”为实践主题，推进“创新亮点示范工程”建设；学会服务中心明确了“为科技工作者服务，在本职岗位争创佳绩”的活动主题，提高学会服务能力；科技会堂开展评选“员工心目中的好党员”活动；科普出版社结合转企改制开展创先争优活动，努力实现出版社的跨越式发展；中国科技会堂以节能减排为载体，深入开展创先争优工作，加大对照明用电节能计划的落实力度；青少年活动中心将“争创先进基层党组织，争做优秀共产党员，在推进青少年科技工作科学发展中建功立业”作为活动主题，各支部和党员参与创先争优活动的情况纳入处室和个人年度考核之中。

围绕中心工作搞争创，使创先争优活动成为推动工作的助推器。各部门各单位把创先争优活动与中心任务完成紧密结合。围绕加强学会、科普工作，学会部围绕提高学术质量，增强自主创新能力，开展创先争优活动。中国科技馆开展“岗位练兵”系列活动，在全馆营造“学先进、讲奉献、比贡献”的良好氛围。农技中心针对加强农村科普组织党的建设开展调研。学会服务中心从“落实中央决定，健全党的组织”、“加强制度管理，建立长效机制”、“结合业务工作，创新党建内容”和“坚持以人为本，争做党员骨干”四个方面开展争创。

围绕加强干部队伍建设和思想建设，调宣部、发展研究中心党支部联合举办学习讲座，按照突出目的性、针对性、系统性的要求，定期邀请科协系统内外业务精通、学有专长的专家举办报告会，提高两部门全体同志的政治素质和文字能力。计划财务部通过讲党课活动，使全体党员干部统一了思想，明确了为实现创建先进基层党支部、建设学习型党支部的努力目标。办公厅围绕《七个怎么看》进行集中学习活动。对当前社会上普遍关心的几个热点和难点问题有了更清晰的认识，更坚定了自身的使命感和责任感。机关离退办首次举办了中国科协机关、直属单位老干部党支部书记培训班。

围绕党建带工建、党建带团建，机关工会组织了形式多样的文体活动，展示新时期中国科协干部职工的精神风貌。机关离退办主办了中国科协机关、直属单位离退休干部歌颂祖国演唱会。农技中心党支部举办了摄影竞赛等兴趣活动小组，丰富职工的业余生活，为“创先争优”活动增添了亮点。机关团委以“创建青年文明号，争当青年岗位能手”为主题在团员青年中深入开展创先争优活动。

通过开展内容丰富、形式多样、注重实效的活动，党组织的凝聚力和战斗力显著提高，党员的责任感、荣誉感明显加强。

加强党员教育，推进学习型党组织建设。创先争优活动中，把建设学习型党组织与开展创先争优有机结合起来。完善学习制度，坚持一级抓一级，营造重视学习、善于学习的氛围。中国科协党组理论学习中心组发挥示范

作用，结合中央部署和年度工作安排，2010 年先后四次组织集中学习。机关、直属单位按照党组的要求，也召开了处级、中层干部务虚会。机关党委、组织人事部，结合年度考核、党员民主评议，深入到基层单位检查指导学习情况。坚持举办以干部职工关心的重大理论热点问题为主题的系列形势报告会，先后 10 余次邀请专家来做讲座，组织党员干部 1000 余人次参加 10 余场形势报告会；组织党员干部 1400 余人参加纪念抗日战争胜利 65 周年知识答卷活动。

机关各部门、各直属单位党组织以争创活动为契机，加强党性和廉洁从政教育，提高党员素质，结合自身实际，举办了处级、中层干部培训班、辅导讲座、开展青年学习小组读书会、主题党日活动等形式多样的学习活动，有效地增强了学习的针对性和实效性。组织开展了二期贯彻落实四项干部监督制度局处级干部专题培训班和专题答卷活动；继续组织开展以“加强廉洁从政，促进创先争优”为主题的系列警示教育活动；部分直属单位开展了重温入党誓词的专题讨论，举办了“增强党员党性意识教育”系列活动、“党员入党纪念日提示活动”等。

为进一步加强党员干部的作风建设，中国科协党组和 24 个机关部门、直属单位党组织都开展了以“贯彻落实《党员领导干部廉洁从政若干准则》切实加强领导干部作风建设”为主题的党员领导干部民主生活会。领导班子成员根据广泛征求的干部群众意见，对照《廉政准则》52 个“不准”和党政领导干部选拔任用工作四项监督制度，结合个人学习心得、工作实际，提出了整改措施和要求。班子成员之间坦诚沟通，互相帮助，增进了团结，改进了作风，促进了各项事业的健康发展。

加强组织领导，开展领导点评，保证覆盖面和质量。认真贯彻落实中央创先争优活动领导小组《关于在创先争优活动中认真做好领导点评工作的指导意见》，按照中直工委《关于在创先争优活动中认真做好领导点评工作的通知》、《中直机关创先争优活动领导点评工作方案》，认真组织做好领导点评工作。要求领导点评要突出“五查五看”，即查组织领导，查活动资料，查活动效果，查公开承诺，查完成任务情况。要努力做到每名书记都作点评，每个基层党组织和每名党员都被点评，确保全面覆盖。机关党委印发了做好领导点评工作的文件。机关各部门、各单位党组织在年度考核工作中，把创先争优活动领导点评作为年度考核的内容之一，列入程序。科技馆、学会服务中心、出版社等党委召开支部书记领导点评会议，对支部书记进行点评。各部门、各单位党支部书记结合 2010 年度全体干部述职，对支部每位同志的一年来的工作情况特别是创先争优活动的情况实事求是地进行了点评，确定了今后努力的方向，取得了很好的效果。通过点评，坚定了全体干部的信念，凝聚了人心，有力推动了各项工作的开展。

创先争优活动开展以来，科协机关和直属单位多个集体、多名个人受到上级组织表彰。1 名干部荣获中央直属机关五一劳动奖章。5 个家庭被评为全国五好文明家庭。1 个家庭被评为中央直属机关文明家庭。2 名团员青年被评为“中央直属机关优秀共青团员”，1 名团员青年被评为“中直机关优秀共青团干部”，1 个团支部被评为“中央直属机关五四红旗团组织”，2 名团员青年被评为“中央直属机关青年岗位能手”，1 个集体被评为“中央直属机关青年文明号”。1 个集体为全国三八红旗手（集体）、1 个集体为全国巾帼文明岗。

四、探索建立长效机制，夯实基层基础

创先争优活动开展以来，注重加强基层党组织党建工作科学化、规范化建设，宣传阵地建设和宣传队伍建设，为创先争优夯实组织基础。

完善组织建设。各级党组织以争创活动为契机，认真落实党的基层组织工作条例的要求，大力推进组织建设。10 个部门、单位的党组织及时换届改选、增补、成立党组织，选强配齐党组织负责人。成功召开了中国共产党中国科协机关第七次党员代表大会，邓楠同志亲临大会并作重要讲话，对加强中国科协机关党的建设工作、深入开展创先争优活动提出了明确要求。换届选举工作过程，是推进党建工作科学化、规范化的过程，也是进一步推动创先争优活动深入开展的过程。通过坚持党内民主，使党员接受了一次党性再教育。

创先争优活动中还对开展基层党组织“公推直选”进行了探索和尝试。国际联络部党支部作为中组部实行基层党组织换届“公推直选”试点单位，认真学习动员，研究讨论“公推直选”工作方案和选举办法，为选举工作顺利有序地进行做好准备。

机关党委举办了中国科协机关、直属单位党组织《中国共产党党和国家机关基层组织工作条例》学习班，帮助党务干部熟悉掌握党的组织制度，加强党的民主建设。中国科技馆、学会服务中心等单位也分别组织了支部书记培训，提高认识。

大力加强宣传工作。机关党委在中国科协网站上开通机关党建、创先争优专栏，各部门、各单位、地方科协、学会积极投稿；设立了创先争优专刊，现已印发 13 期。有的机关部门、直属单位、学会、地方科协也设了《党建通讯》、《活动通讯》等阵地，为党员干部提供一个学习交流、沟通信息的平台。

为及时了解掌握各部门、各单位党建工作情况，宣传好的经验典型，建立了机关党建信息员队伍，每单位一名，高标准、严要求，举办机关党建信息员培训班；同时，积极对外宣传科协创先争优活动，《人民日报》文章提及科技馆“党员先锋岗”成功案例，加强与《中直党建》、中直党建网的联系，已在中直党建网发稿10余篇。

加强创先争优活动经费保障。按照党组要求，创先争优活动经费优先安排，保证到位。2010年首次将全国学会党建工作、推动科协系统创先争优活动列入专项经费预算，将党建工作纳入中国科协“十二五”事业发展规划。

中国科协开展创先争优活动得到了中央书记处的充分肯定。中央书记处在听取中国科协2010年工作汇报时指出，中国科协以创先争优活动为动力，推进了科协和下属学会学习型党组织建设和科协干部能力建设，提高了“三服务”工作意识和水平。为科协搞好创先争优活动指明了方向。

【学术交流】

2010年，学术交流工作以推动自主创新为主线，以加快经济发展方式转变为导向，广泛集成学术资源，功能齐全、各具特色的系列学术交流平台进一步完善，学术交流活动精彩纷呈，学术交流的质量和实效进一步提升，形成了全面、持续的发展新格局。重点活动着力创新，成效显著；常规项目注重策划，凸显特色；基础建设加强研究，稳步推进。同时积极发挥示范和辐射作用，引导全国学会和地方科协共同形成规模效应，科技工作者参与度稳步提高。截至2010年10月底，科协系统共举办7900余场国内学术交流活动，参会人数达113万余人次。其中全国学会举办3100多场活动，参会人数55万余人。学术交流活动主要包括五大系列。

一、综合交叉系列

该系列以学科和技术综合交叉为特征，顺应科技发展趋势和潮流，促进新的科学发展，以中国科协年会为龙头，以围绕年度标志性科技事件举办的大型学术活动为支撑，包括择优支持全国学会和地方科协召开系列综合性学术活动等，成为科技工作者展示才华、发挥作用的标志性平台。

2010年这个系列完成的学术交流活动有：

——第十二届中国科协年会。11月1～3日在福州市隆重举办，主题为“经济发展方式转变与自主创新”。中共中央政治局委员、全国人大常委会副委员长王兆国，全国人大常委会副委员长、中国科协主席韩启德，全国政协副主席、科技部部长万钢等党和国家领导人，102位“两院”院士，67位省部级领导，2位诺贝尔奖获得者，284位港澳台嘉宾，来自37个国家141位国外专家学者共5000多名科技工作者参加了年会开幕式。按照中国科协“大科普、学科交叉、为举办地服务”的年会定位，以及突出推动福建经济发展方式转变、推动项目成果对接、推动海峡两岸交流合作的目标，年会举办了隆重热烈的开幕式暨大会报告会、高水平的学术交流活动，丰富多彩的科普活动，实效显著的专题调研、专题论坛，福建省党政领导与院士专家座谈会，各具特色的专项活动，涉及生态环境、生命科学、城区规划、医疗卫生等几十个领域，成为一届有影响、有特色、有实效的年会。

——择优支持全国学会和地方科协召开系列综合性学术活动，打造系列学术品牌。充分发挥中国科协门类齐全、专家荟萃的优势，采用“大联合、大协作”的工作方式，组织相关全国学会、地方科协及有关单位，围绕国家科技发展需求和经济社会发展需要，召开跨学科、跨专业、跨学会的综合交叉学术会议。经专家评审，从申报的55个综合交叉类学术会议项目中择优支持了15项。

二、高端前沿系列

该系列面向国家重大战略需求以及优先发展的科技领域、与经济社会发展中的热点、难点问题紧密相关领域，跟踪高技术发展趋势，组织以中国科协论坛、青年科学家论坛为骨干的学术活动。

2010年这个系列完成的学术交流活动有：

——举办7期“中国科协论坛”。主题分别为：艾滋病疫苗、科学理解传统医学、深空探测的未来发展、脑的高级认知功能、量子密码技术应用基础性问题、新发再发传染病与实验动物模型、智能化弹药与未来战争，包括28名院士在内的429名各学科领域权威专家学者参加了论坛活动，围绕会议主题发表真知灼见，并在会后提出高水平的学术备忘录。

——举办20期“青年科学家论坛”。选题范围涉及基础科学、农业、生态环境、医学、生物、交通、能源、信息、机械制造等多个领域，约600名青年科学家参加了论坛。

——举办了2010年海峡两岸青年科学家学术活动月。包括环保节能新材料自主创新发展研讨会、仿真科学与技术学术研讨会、气候变迁与茶叶产业发展学术研讨会、传统色彩与现代应用学术研讨会、汶川大地震后绿色重建及发展低碳经济学术研讨会等5项活动，600余人参加活动，其中台湾专家出席活动160余人次。

——支持全国学会及地方科协开展前沿高端学术交流活动。优先支持原始创新和前沿性学术交流活动；持续支持基础性学术交流活动；重点支持国家优先发展的科技领域及与经济社会发展中的热点、难点问题紧密相关领域的学术交流活动。经专家评审，共择优支持119项活动，其中包括10项在华举办的国际会议。

——开展国家自然科学基金委创新研究群体推荐工作。中国科协会同教育部、中国科学院以及自然科学基金委各科学部分别作为推荐单位遴选候选创新研究群体。经专家评审，从各全国学会、地方科协推荐的75个候选研究群体中评选出22个参加角逐国家自然科学基金委创新研究群体科学基金。2010年推荐成绩喜人，共有8个获得国家自然科学基金委员会创新研究群体基金资助，位居各推荐单位之首。

三、学术服务系列

该系列根据建设国家思想库的要求，围绕我国经济社会发展中的区域、行业发展热点、难点问题，搭建产学研相结合的交流平台，把学术交流与解决重大经济社会问题紧密结合，推动学术成果为党和国家中心工作服务。

2010年这个系列完成的学术交流活动有：

——召开中国科协热点问题学术报告会。5月17日，中国科协举行了主题为“科学家的社会责任”的2010热点问题学术报告会，邀请4位知名专家学者就防灾减灾、转基因作物、全球气候变化以及疫苗免疫等有关社会和科技界普遍关注的热点问题作专题报告，并提出应对策略和方法。报告会采取现场、网络和短信方式提供互动，对400多名现场听众及广大网民关心的部分问题作了解释和回答。

——举办区域性、行业性论坛。2010年，根据建设国家思想库的要求，围绕党和国家中心工作，结合区域性、行业性发展需求，举办了三个专家论坛。一是2010年促进中部崛起专家论坛。主题为“服务发展方式转变，促进中部科学崛起”。论坛由中国科协、中国工程院和江西省人民政府共同主办，来自6个全国学会和中部六省的300多名专家学者参加论坛。论坛围绕发展低碳经济与建设鄱阳湖生态经济区、新能源开发与利用、航空科技与产业发展等6个专题展开研讨提出了意见建议。论文集选录论文200余篇。二是淮河流域综合治理与开发科技论坛。为纪念新中国治淮60周年，促进淮河流域综合治理与开发，11月19日，在安徽省蚌埠市举办淮河流域综合治理与开发科技论坛。来自全国的近200位科技工作者，围绕淮河流域的综合治理与开发进行了深入交流与研讨并建言献策。论坛论文集选录137篇论文。三是促进资源型城市转型发展论坛。主题为“产业创新转型，城市持续发展”。论坛由中国科协和山西省人民政府共同主办。两院院士、专家学者及部分资源型城市市长等300余人出席论坛。论坛围绕资源型城市转型发展等重大问题进行了深入研讨，提出了建议，论文集选录论文180余篇。

四、学术基础建设系列

该系列以推动学科发展、促进学派孕育和成长，建立学术纲领和学术制度、孕育学术传统和文化，建设学术共同体、构建良好学术生态为目标，以加强学术建制等基础性、根本性建设为切入点，充分发挥科学共同体在学术建制中的独特作用，为促进自主创新营造良好的学术环境。

2010年这个系列完成的学术交流活动有：

——举办了2010年中国科协学术建设发布会。4月8日举办了2010中国科协学术建设发布会，发布了大气科学等26个学科发展报告、中国化学史等4个学科的学科史、《中国科协科技期刊发展报告（2009）》等，受到科技界和社会的广泛关注。

——继续开展学科发展研究。组织26个全国学会完成了大气科学等26个学科发展研究系列报告（2009－2010）27卷，共800余万字。56位院士和1561位专家学者参加了编撰，近2300位专家学者分别对本学科的研究报告展开研讨并提出修改意见。同时部署了由中国化学会等24个学会承担2010－2011年度的24个学科发展报告。

——继续实施学科史研究试点项目。从2008年起实施学科史研究试点，第一轮《中国地质学科史》等4个学科史研究课题已经完成并在2010年度中国科协学术建设发布会上发布，受到各界广泛好评。第二轮试点工作3个学科史研究项目已经启动，预计将于2011年底完成。

——举办新观点新学说学术沙龙。全年共举办12期，营造了良好学术交流氛围，得到与会专家的广泛认可，也带动了全国学会和地方科协组织类似的活动，沙龙的辐射面逐渐扩大。

五、学术在线系列

把开展在线学术交流作为提高学术交流时效性和凝聚力的重要举措，利用网络具有的跨时空、跨地域和更方便、快捷、价格低廉的特点开展交流活动，力争取得实质性进展。

2010年这个系列完成的学术交流活动有：

在年会筹备及年会期间，开通了中国科协学术论坛和年会博客，鼓励年会代表登录交流或在中国科协网开通学术博客；先后组织9场专家访谈对10名专家进行了在线访谈，并对年会重大活动进行了网络直播。同时，择优支持10个全国学会开展网上学术交流平台建设，总结成功经验，加快推广复制。

【第十二届中国科协年会】

第十二届中国科协年会以“经济发展方式转变与自主创新”为主题，由中国科协和福建省政府共同主办，于2010年11月1～3日在福州市隆重举行。在中国科协和福建省委、省政府的正确领导下，在年会组委会、执委会各成员单位的通力合作、共同努力下，各项活动获得圆满成功。

按照中国科协“大科普、学科交叉、为举办地服务”的年会定位，以及突出推动福建经济发展方式转变、推动项目成果对接、推动海峡两岸交流合作的目标，举办了隆重热烈的开幕式暨大会报告会、高水平的学术交流活动，丰富多彩的科普活动，实效显著的专题调研、专题论坛、福建省党政领导与院士专家座谈会，各具特色的专项活动涉及生态环境、生命科学、城区规划、医疗卫生等几十个领域，共有5000余名国内外科技工作者参加，年会活动收到了预期的成效。

——主会场隆重热烈，亮点突出。年会开幕式嘉宾云集。中共中央政治局委员、全国人大常委会副委员长王兆国，全国人大常委会副委员长、中国科协主席韩启德和全国政协副主席、科技部部长万钢等党和国家领导人，中国科协常务副主席、书记处第一书记邓楠，中国科协副主席、书记处书记齐让等科协领导，福建省委书记孙春兰、省长黄小晶等省领导，67位省部级领导，2位诺贝尔奖获得者，102位“两院”院士参加了年会开幕式；前来参加年会的还有48位香港求是科技基金会、周光召基金会代表，来自37个国家141位国外科技界专家学者，284位港澳台嘉宾，共5000多位科技群英齐聚一堂。

开幕式和大会报告会反响热烈。中共中央政治局委员、全国人大常委会副委员长王兆国发表重要讲话，韩启德主席致开幕辞，孙春兰书记致欢迎辞。万钢部长《关于提高自主创新能力，建设创新型国家若干问题的思考》、黄小晶省长《让科技创新引领福建跨越发展》、王国强副部长《发展中医药 造福全人类》、单霁翔局长《保护文化遗产 建设创新型国家》四个大会报告，围绕当前科技经济社会发展和公众关注的热点问题，客观分析，旁征博引，博得与会代表的阵阵掌声，引起了热烈的反响。东南卫视对开幕式和上午的大会报告进行了直播，对下午的大会报告进行录播。人民网、中国科协网等对全天的活动进行网络直播。

主会场设计创新纪录，获得充分肯定。10000多平方米的主会场，整体装饰庄严靓丽、气势恢宏。以主背版长度最长，高度最高，灯箱最大，投影幕最大，演讲舞台最大，光线最智能，观众台质感最好等设计达到了历届年会的7个第一。

——学术交流百家争鸣，交叉融合。本届年会学术交流活动共设31个分会场，其中国际分会场5个，设立低碳经济与环境保护、工程技术与产业发展、医疗健康与食品安全、区域经济与城乡发展、信息技术与科技传播五大板块。以提高学术交流的质量和实效为核心，围绕学科前沿交叉问题、重大科技研究计划中的问题进行深入的交流研讨。共有31个全国学会和89个有关单位等参与了年会分会场的组织工作。分会场主要集中安排在11月2～3日，共有81个学术交流单元，录用论文1154篇，参加交流人数2500余人。不仅为广大科技人员搭建了学术交流平台，活跃了学术氛围，也有力地促进了学科交叉融合和科技人才成长。

——科普活动内容丰富，精彩纷呈。年会“科普活动启动仪式”、“海峡两岸科普嘉年华活动”、“科普广场活动”、“数字科技馆演示”、“百名院士专家海西行”、“全国学会科普展”、“全省中小学校科普活动周”、“全省设区市的科普活动”等内容丰富、形式多样的科学普及活动，汇集了各相关承办单位、科技专家的智慧和潜能，充分展示了海峡两岸绚丽多彩的科普成就，刷新了历年科普活动的规模成效，谱写了福建省科普活动史的新篇章。

邓楠、齐让、程东红等中国科协领导和于广洲、唐国忠、陈桦等省领导参加年会科普活动启动仪式，有关专家学者和福州市民共1000多人参与了科普活动。

突显海峡两岸特色。参加年会的台湾7个著名科普场馆活动项目，成了整个年会科普活动的闪光点。在“海峡两岸科普嘉年华”活动区，30名台湾科普专家带来了体验考古全过程、与大气压力拔河、领略台湾各科普场馆特色等15项精彩纷呈的科普活动项目与福州市公众一起互动体验。公众不但饱览了美丽宝岛的奇珍异宝，也领略了台湾科普专家的创新和敬业精神。

展现科学家风采。11月1～7日，王陇德、李兰娟、韦钰、欧阳钟灿、陈难先、王任享、陈建生、周恒、陈宗懋、方精云等院士，以及气象专家宋英杰和中科院老科学家科普演讲团等110多位院士专家分赴福州、莆田、泉州、南平等117多所大中小学以及社区和机关，作了130多场科普讲座，受众达8万多人次。参加年会活动的院士专家们还积极主动地加入到与青少年的交流互动中来，如：韩启德主席举办了与福建大学生见面会，冯长根书记分别在福建医科大学和福建中医药大学作报告，诺奖得主厄温·内尔和马斯·斯泰兹两位教授为福建农林大学、福建医科大学和省农科院等作了4场精彩的报告，求是杰出青年奖获奖者与大学生座谈会等，场场座无虚席，科学家们的成长历程和亲切教诲深深激励着在场的每一位与会人员。这些形式多样、内容丰富、异彩纷呈的科普活动形成了年会活动中一道靓丽的风景线。

——院士专家建言献策，助推发展。根据中国科协“为举办地服务”的年会定位，由中国科协与年会执委会共同选定了12个调研专题，省发改委、省经贸委和省科协等各有关部门在年会前期共组织12家全国性学会100多位高水平的院士专家来闽开展了12个专题调研，并形成了专题报告，年会上举办了7个专题论坛。在11月2日举办的福建省党政领导与院士专家座谈会上，韩启德主席、邓楠书记、孙春兰书记、黄小晶省长等与会领导与卢耀如、赵儒玉、黄硕琳、邹德慈、朱森第等26位院士专家面对面座谈，院士专家们围绕大港口建设要加强水文地质工作、交通设施与运输服务要协调发展、大力发展休闲渔业、以大城市带动城市联盟体、海西应发展高端装备制造业、实施“森林福建”战略、平潭发展要走低碳之路等与海西发展有关重大宏观性、战略性问题，提出许多有针对性、前瞻性的对策建议，得到了与会领导的充分肯定和高度重视。根据黄小晶省长的指示，省政府办公厅和省科协对院士专家的意见建议进行了梳理。11月3日，福建省政府办公厅印发了《第十二届中国科协年会院士专家建议分解落实方案的通知》，明确了省政府分管领导和省直牵头落实单位和配合单位。这些院士专家建议受重视程度和省政府办公厅分解落实的快速反应，前所未有。

——专项活动各具特色，深受欢迎。本届年会期间，还举办科学道德建设论坛、科学探索与技术创新的生态环境论坛、技术创新·企业发展论坛、海峡两岸青年科学家学术活动月启动仪式暨专题学术活动、求是奖获奖者座谈会及大学生见面会、面向创新的知识共享与进步论坛暨IET荣誉会士授予仪式、第二届日中青年科学家跨学科学术沙龙、福建省科协第十届学术年会暨第八届青年学术年会、院士专家项目对接暨签约会、中国科协领导与大学生见面会等系列专项活动。其中，在办好女性科技人才与创新发展论坛的基础上，还举办了日韩女科学家与福州大学座谈会、女科学家进校园等等活动。香港求是基金会11月2日在福州大学举行“求是本科生奖学金：查济民、刘璧如大学生奖学金捐赠暨颁奖仪式”专项活动，向福州大学1332名品学兼优的贫困学生捐赠助学金400万元，激励学生们努力学习，勇于探索，立志成才，报效祖国。

——项目对接为举办地所用，成效显著。根据黄小晶省长关于组织200~300个项目到场洽谈对接的要求，经年会办公室协调，福建省发改委、省经贸委等各有关成员单位与27个中国科协所属学会建立了联系，共征集1000多项项目成果，举办对接活动、论坛、座谈会等20多场，全省接洽了328个对接项目，其中合同项目161项；协议项目116项；意向项目51项；签约项目35项，推动了一大批科技含量高、产业化前景好的科技成果在福建省落地转化，取得了预期的成效。这些签约项目有以下几个特点：一是注重与有关全国学会、科研机构建立长期的战略合作关系；二是战略性新兴产业、重点产业项目多；三是项目技术含量高、产业化前景好；四是突出闽台科技合作交流。例如：2005年度国家最高科学技术奖获得者、“中国肝胆外科之父”的吴孟超院士牵线，第二军医大学与福建医科大学对接的战略合作项目，拟共建福建医科大学附属肝胆医院及肝病研究院，利用吴院士及其团队的先进技术，为福建省建设一所高起点、高水平的肝病防治与新技术研发机构，提升福建肝病防治水平，打造福建医学品牌学科。文创太阳能科技有限公司与上海理工大学庄松林院士对接了“CIGS薄膜太阳能电池技术开发项目”，以CIGS薄膜太阳能电池的应用及产业化为目标，开展CIGS薄膜太阳能电池的组件研发和相关应用产品的开发工作，包括核心电池组件、生产工艺、产品标准化等研究工作。这些院士专家项目的落实，对福建省经济社会发展将起到积极的推动作用。

【高端前沿学术交流活动】

2010年，围绕国家重大战略需求以及优先发展的科技领域、与经济社会发展中的热点、难点问题紧密相关领域，跟踪高技术发展趋势，组织了以中国科协论坛、青年科学家论坛为骨干的系列高端前沿学术交流活动。

1. 举办了7期中国科协论坛

论坛以强调主题前沿性、人员高端性和规模小型性（20~30人）为主要特征，就引领未来科技发展的关键科学问题、制约经济社会发展的瓶颈技术问题、重大工程技术中的核心问题进行研讨，力求主题新颖，形式灵活，探讨深入，注重实效。

论坛分别以艾滋病疫苗、科学理解传统医学、深空探测的未来发展、脑的高级认知功能、量子密码技术应用基础性问题、新发再发传染病与实验动物模型、智能化弹药与未来战争为主题，包括28名院士在内的429名各学科领域权威专家学者参加了论坛活动。会上，各位专家围绕会议主题发表了许多真知灼见，并在会后提出高水平的学术备忘录，向有关部门提出具有前瞻性和战略性的对策建议，论坛对推动本学科领域的发展和引领前沿科学做出了积极贡献。

2. 举办了20期“青年科学家论坛”

论坛以培养创新人才为目标，以青年科技工作者为主体，倡导学术民主，鼓励学术争鸣，采取丰富、灵活多样的举办形式，通过相互切磋、交流、研讨，进一步提高青年科技工作者的学术水平，为培养未来的学术带头人和杰出的科学家铺路搭桥。论坛由中国科协主办，各全国学会、地方科协及有关高校科研单位申请承办。采取以讨论为主，讨论和学术报告相结合的方式，每次时间一般为2～3天，30人左右。论坛选题范围涉及基础科学、农业、生态环境、医学、生物、交通、能源、信息、机械制造等多个领域。

3. 举办了2010年的海峡两岸青年科学家学术活动月

本届学术活动月作为第十二届中国科协年会专项活动与年会同期举行，于11月2日在福州举行活动启动仪式，包括环保节能新材料自主创新发展研讨会、仿真科学与技术学术研讨会、气候变迁与茶叶产业发展学术研讨会、传统色彩与现代应用学术研讨会、汶川大地震后绿色重建及发展低碳经济学术研讨会等5项活动，分别由中国复合材料学会等有关单位承办，在福州、厦门、武夷山、成都等地举办。活动总规模600余人，其中台湾专家出席活动160余人次。

4. 举办中国科协热点问题学术报告会

正确引导社会公众对科学技术相关问题的认识，代表科技界对社会关注的热点科学问题发出声音，表明态度，是中国科协的重要职责，也是广大科技工作者义不容辞的社会责任。近年来，公共卫生安全、转基因技术、全球气候变化、地震干旱洪涝等自然灾害问题，引起了媒体及社会公众的普遍关注。为此，中国科协于5月17日在北京举办了以“科学家的社会责任”为主题的2010中国科协学术报告会。报告会由中国科协书记处书记冯长根教授主持。出席报告会的驻京有关科研院所专家学者、部分高校师生，全国学会和相关社团负责同志，以及有关新闻媒体共400余人。报告会由中国科协主办，中国气象学会承办，中国地理学会、中国农学会和中国预防医学会协办。报告会邀请了4位相关领域的知名专家学者就防灾减灾、转基因作物、全球气候变化以及疫苗免疫等有关社会和科技界关注的热点问题，进行了科学分析与评价，深入探讨了其成因与机理，提出了相关的应对策略和方法，并就听众、新闻媒体和网民关心的部分问题作了解释和回答。

5. 支持全国学会及地方科协开展前沿高端学术交流活动

优先支持原始创新和前沿性学术交流活动；持续支持基础性学术交流活动；重点支持国家优先发展的科技领域及与经济社会发展中的热点、难点问题紧密相关领域的学术交流活动。经专家评审，共择优支持119项活动，其中包括10项在华举办的国际会议。

6. 开展国家自然科学基金委创新研究群体推荐工作

为稳定地支持基础科学的前沿研究，培养和造就以优秀中青年科学家为学术带头人和骨干的研究群体，中国科协会同教育部、中国科学院以及自然科学基金委各科学部分别作为推荐单位遴选候选创新研究群体。各全国学会、地方科协向中国科协推荐候选研究群体75个，经专家评审，评选出22个推荐到国家自然科学基金委角逐创新研究群体科学基金。2010年中国科协推荐的候选创新研究群体成绩喜人，共有8个获得国家自然科学基金委员会创新研究群体基金资助，位居各推荐单位之首。

【学会建设】

2010年，学会建设以引导和培育学会增强自身发展能力为导向，以发挥学会在社会管理体制创新中的应有作用为重点，以学会组织建设、会员管理服务和社会职能拓展等为切入点，推进学会探索、建立创新发展机制，切实发挥学会在国家创新体系建设和社会管理体制创新中的积极作用。

一、推动学会开展第三批学习实践活动圆满完成任务

按照中央要求，在科协党组领导下，积极会同有关部门和直属单位，开展综合协调工作，圆满完成了发动学会开展第三批学习实践活动的预定任务。活动期间，共组织发动108个学会、466名党员参加了第三批学习实践活动，指导79个学会进行学习实践“回头看”活动。制定并印发《关于中国科协所属全国学会开展深入学习实践科学发展观活的指导意见》和《关于中国科协所属全国学会开展深入学习实践科学发展观活动实施方案》，指导学会以党建带动自身建设，促进学会工作再上新台阶。在学习实践活动中有35个学会建立了27个党的组织，使已建立党组织的学会数增加到107个，占学会总数近58%，比活动开展前增加了近20个百分点。中国科协业务主管的中国抗癌协会、中国总会计师协会被评为全国学习实践科学发展观活动先进社会组织。中国计算机学会等12个全国学会被评为全国先进社会组织。通过学习实践活

动，学会的组织建设和服务社会能力进一步增强。

二、联合民政部促进学会创新发展工作深入开展

继续组织实施学会创新发展推广工程项目。按照项目牵引、骨干示范、夯实基础、服务创新的思路，重点培育和扶持一批具有较强示范性的骨干学会；资助创新发展示范项目9个，创新发展基础项目52个，支持经费620多万元。联合民政部民间局对2009年设立的创新发展示范项目进行了中期评估和检查，加强对项目指导。配合民政部民间局开展关于科技社团创新发展机制研究的课题研究，受民间局委托，负责组织起草了《推动科技社团创新发展的若干意见（草稿）》，得到民政部有关部门的充分认可，课题研究成果得到课题设立部门科技部的充分肯定。

通过一年来的实践，学会创新发展示范项目社会效益良好，学会自身建设和服务创新能力有所增强。以中国心理学会、中国力学会、中国化学会为代表的示范学会以深化体制机制改革、促进自身建设为突破口，探索和完善秘书长聘用制、负责人差额竞选、秘书处人员公开社会聘用等改革措施，逐步健全内部治理结构，优化人员结构和素质，增强服务会员的能力。以中国纺织工程学会、中国电子学会、中国造船工程学会、中华中医药学会为代表的示范单位，围绕行业科技发展中的热点问题，发挥科技中介服务作用，搭建产学研相结合的平台，积极承担科技成果和人才评价、技术标准制定等社会化服务职能。中国造船工程学会承担了总经费1000多万元的工信部重大科研课题，会同有关单位围绕精品船型共性技术开展联合攻关。中国纺织工程学会联合有关单位建立了纺织科技人才服务战略联盟，面向业内企业和高校的需求开展人才培训。中国农学会、中国电子学会建立了产学研技术联盟，促进科技成果的转化和推广。中华中医药学会开展了中医药标准的制定工作，构建完整的标准化工作体系，得到政府部门的充分肯定。

三、努力营造学会发展的良好外部环境

一是推动共建学会工作取得新的拓展。经过沟通协调，与农业部签署共建学会合作协议。邓楠书记、韩长赋部长出席仪式并讲话。协议将对农业部、中国科协进一步加大对农科学会支持提供了有利的前提。推动中国科协与最高人民法院签署合作协议，为中国科协所属团体参与知识产权审判工作创造了条件。

二是继续加强与国家科技奖励办公室的沟通协调。推荐科协所属团体进入国家奖励直接推荐单位系列。

三是加强与国家自然科学基金委协调。组织策划和制定了加强与基金委合作的方案和文件，并通过多种渠道加强与基金委方面的沟通，得到书记处领导的支持，为科协和基金委共同支持学会参与国家科研任务创造了条件。

四是深入开展学会税收政策研究。发挥中国总会计师协会的优势，积极开展与国家财政部、国家税务总局的沟通协调，就学会享受税收优惠政策问题开展调研，组织起草有关报告和建议，探索学会享受税收优惠政策的途径。

四、加强对学会组织建设的管理服务和监督

一是按照《中国科协团体会员管理办法》的规定，认真受理、审查了部分社团加入中国科协的申请，经七届常委会第十三次会议审议，接纳中国知识产权研究会等六团体加入中国科协，扩大了中国科协的组织基础。

二是完成学会组织管理审批工作，加强监督管理。认真受理和审查成立学会事项。受理和组织审查了中国认知学会、中国指挥与控制学会、中国生物材料学会设立申请，经书记处批准同意设立。顺利完成了学会年检工作任务，结合科协自身的实际，拓展了年检的内容，取得了较好的效果。受理和审查了80多次学会换届材料，办理30多个学会的设立、变更、备案事项，受理和初审了170多个分支机构的设立、变更、注销等申报材料。进一步加强了对学会换届审批工作的指导，召开了学会换届工作座谈会，向学会讲解换届工作的政策要求，听取学会的意见，组织力量，研究制定指导学会换届工作的督办流程。

三是继续加强中国科协个人会员登记号、中国科协个人会员登记管理系统的推广工作。中国科协个人会员登记号和管理系统的工作稳步推进。

五、开展形式多样的学会干部培训

继续探索不同层次不同形式的学会负责人培训和交流活动。策划和组织了学会理事长研修班1次，邀请美国电子电气工程师协会的负责人、民政部和科协有关领导作报告，40余位学会正副理事长出席研修班。举办全国学会秘书长日两次，围绕学会会员日活动的策划、知识产权的政策和运用等内容进行了交流，300多人次出席会议。举办了全国学会新任秘书长培训班1次。组织策划秘书长沙龙4期，围绕科技社团开展国际交流的策略、拓展社会化服务职能的途径、会员会籍管理和服务等主题进行专题研讨。将座谈与现场观摩相结合、经验交流与发展方略研讨相结合，取得较好的效果，共有200多人次的学会正副秘书长参加培训。

【精品科技期刊工程】

2010年，中国科协所属全国学会主办期刊已达共954

种，其中，中国科协业务主管期刊为436种。期刊出版工作坚持以精品科技期刊工程为抓手，一手抓宏观指导，一手抓质量和能力建设，实现有序发展和有效服务的协调统一，努力培育我国优势学科、重点学科以及各学科或专业领域有发展潜力的学术期刊，积极促进我国科技期刊学术质量、出版质量的不断提高。

一、加大支持力度，推进精品科技期刊工程项目有序成长

2010年度精品科技期刊工程示范项目仍以支持培育代表我国科技期刊发展水平的国际知名期刊和国内领衔期刊，大力培育精品后备期刊为着力点，共支持99种科技期刊。

精品科技期刊工程的实施，推动了科技期刊学术指标、出版指标、期刊建设指标的稳步提升，影响力逐步扩大。据《中国科技期刊引证报告（2010）》（CJCR2010）显示的最新数据，总被引频次在本学科排名第一的期刊中，中国科协学术期刊占70.5%；影响因子在本学科排名第一的期刊中，中国科协学术期刊占49.2%；综合评价总分在本学科排名第一的期刊中，中国科协学术期刊占67.2%。三者同时排名第一的期刊中，中国科协学术期刊占84.6%。各学科领域期刊在扩大优质稿源、加强编辑队伍建设、加强数字化建设等方面取得良好进展，仅受资助期刊的年收稿量比2006年增长了17.7%，海外来稿量比2006年增长了63.7%。

在第二届中国出版政府奖10种期刊奖中，中国科协所属全国学会主办科技期刊有6种，分别是《中华结核和呼吸杂志》、《机械工程学报》、《舰船知识》、《中国国家地理》、《物理学报》和《中草药》；在期刊提名奖20种期刊中，中国科协所属全国学会主办科技期刊有11种，分别是《化工学报》、《药学学报》、《中国电机工程学报》、《作物学报》、《电子学报》、《兵器知识》、《铸造》、《细胞研究》（英文版）、《化学学报》、《中医杂志》、《中国危重病急救医学》。

二、发挥学会优势，深入开展科技期刊国际推广计划

为进一步深化科技期刊国际推广计划，按照“请进来、走出去、促合作”的工作原则，充分发挥学会主办科技期刊的资源优势，加大了支持学会组织开展科技期刊国际推广活动的力度。

1. 加强科技期刊出版国际化专业培训与展示

2010年9月，举办了科技期刊国际化境内培训。来自国际著名出版机构的世界科技出版界权威专家将最新的科技期刊发展趋势和最先进的科技期刊出版专业知识带到培训班。49位学员一致认为这是他们接受过的最有价值的培训之一，希望中国科协今后能继续邀请国外高层次专家进行专题培训。

组织中国科协科技期刊代表团赴德国参加第62届法兰克福书展，并开设了中国科协科技期刊展台，受到参展出版机构的热情关注，有不少出版机构代表纷纷索取中国科协科技期刊相关信息资料，收到较好的效果。代表团还顺访了位于荷兰的爱思维尔出版公司，就促进双方科技期刊发展与合作初步达成共识。

2. 支持英文版科技期刊做大做强

支持7个英文版科技期刊加强国际化体系建设，加强国际交流与合作，吸引国际国内优秀论文。充分发挥自身优势，通过在稿源、编审、出版、发行等方面开展的相应工作，进一步扩大中国科协英文科技期刊在国际上的影响力和权威度，提高国际化水平，打造中国的世界名刊。如：《中国化学》杂志，改进了稿件处理流程，论文发表周期缩短了14天。《机械工程学报》从论文国际流行格式、国际约稿、国际投稿、国际审稿入手强化国际化体系建设，已与3家国际出版机构签署了意向与协议，并且研发了英文工作平台、电子刊（数码期刊），极大地方便了国外作者和读者，国际影响力有了较大提高，SCI数据统计结果表明该刊被引用次数大幅提高。

三、启动试点项目，积极开展科技期刊创新平台建设工作

1. 推进科技期刊出版体制改革试点工作

根据国家对出版体制改革的总体要求，以集群化为目标，以数字化为手段，坚持区别对待、分类指导，试点先行、逐步推开，有计划、分步骤地推进科技期刊出版体制改革试点工作。2010年通过评审选取中国光学会和中国抗癌学会2个代表不同类型的学会期刊出版单位作为改革试点。中国光学会已经顺利完成了《中国激光》、《中国光学快报》、《激光与光电子学进展》等4种期刊出版单位的转制工作，成立了《中国激光》杂志社有限公司，将原来的事业建制转化为企业建制，并正在逐步建立公司管理制度，理顺各种关系。两年来，中国光学期刊网加盟总数从35种增加到40余种，其中有四家为独立法人单位（《中国激光》、《应用激光》、《激光生物学报》、《激光与红外》）。

2. 推进科技期刊数字化建设试点工作

为适应国际学术期刊网络化趋势，与国内知名网络出版单位进行合作，2010年继续开展数字化建设试点工作。支持中国农学会、中国药学会、中国机械工程学会、中华医学会等4个学会建立科技期刊网络发布平台。要求以学会为单位建立科技期刊网络平台，完善稿件在线处

理系统，实现编辑流程网络化；建立期刊在线发布系统及全文数据库，实现期刊内容的开放存取（OA）和在线发布；建立期刊发行管理平台及数据库，实现期刊经营网络化。各试点单位均取得相应进展，根据各自不同的需求确定了数字化建设的主要任务和目标，有的已经完成了科技期刊在线工作平台建设、在线发布系统及全文数据库的开发与调试，以及稿件处理平台建设、学术社区平台建设、网刊发布与管理系统建设、服务平台建设等有关任务。

3. 编制《中国科协科技期刊发展报告（2011）》

继续编制《中国科协科技期刊年度发展报告》。从中国科协期刊出版体制创新与发展研究、质量建设研究、精品科技期刊建设研究和数字化建设研究等不同角度，研究近5年来中国科协科技期刊发展状况及趋势。研究成果在2011年中国科协学术建设发布会上发布。

4. 举办了第六届中国科技期刊发展论坛

2010年9月7～8日，与国家新闻出版总署联合在上海举办了第六届中国科技期刊发展论坛。本届论坛主题为“出版业变革中的中国科技期刊发展之路”，韩启德主席为本次论坛主席。论坛期间还举办了2010上海国际科技期刊高峰论坛。本次论坛吸引了英国《自然》杂志、爱斯维尔、施普林格等11家国际知名科技期刊出版公司的总裁和服务商参会，国际色彩鲜明。中国科协、新闻出版总署领导、科技期刊出版界专家及院士450人出席，科技期刊高峰论坛由两名院士主持，5个分会场由科技期刊界知名人士分别主持，层次高、学术性强。论坛期间举办了国内外小型科技期刊展和服务技术展，内容丰富、形式多样。论坛以其层次高、专业强、规模大等特色，已发展成为国内最具权威性和影响力的科技期刊发展研讨平台。

5. 开展科技期刊与新闻媒体见面会活动

努力推动国内科技期刊所发表研究成果在大众媒体中的传播，建立科学技术原创成果与传媒的沟通机制，促进公众对最新科学技术成果的了解和理解。2010年继续坚持每月举办一期科技期刊与新闻媒体见面会活动。全年共举办12期，推荐论文100余篇。

四、加强队伍建设，提高科技期刊自我发展能力

举办了第8期中国科协主管科技期刊主编岗位培训班以及中国科协学会秘书长期刊出版政策法规培训班。来自全国学会的秘书长及中国科协主编岗位培训班学员共500余人参加了培训。

组织开展科技期刊编辑工作者的职责与使命有奖征文活动和科技期刊逻辑语言病例征集活动，促进科技期刊编辑素质和业务水平的提高，提高科技期刊学术水平和出版质量。

五、强化监督管理，保障科技期刊正常出版秩序

认真贯彻落实党和国家出版工作方针、政策和有关法规，规范出版行为和出版秩序，组织开展了业务主管的435种期刊的年度核验和审读，积极发挥指导、协调和服务作用。严格审核把关，确保审批质量，为154家出版单位办理了各项出版业务的审核报批手续，提高服务质量和办事效率。

【国际民间科技交流与合作】

2010年，中国科协系统外事工作紧密围绕党和国家的工作大局，充分发挥全国学会和地方科协的积极性，在配合党和政府发挥民间科技外交作用，积极开辟拓展国际和双边交流合作渠道，鼓励和支持我国科技工作者在国际科技舞台发挥作用等方面都取得了重要成果。

一、积极推荐支持中国科学家进入国际组织的领导机构，鼓励支持我国科技人员积极参与国际学术交流活动，参与重大国际合作计划和相关领域重大问题的讨论和决策

1. 以实施国际组织事务专项为抓手，进一步扩大我国科技界的国际影响和地位

中国科协国际组织事务专项全年共资助203名任职专家出国参加国际组织重要活动。2010年共有18人新当选为重要国际组织领导人，其中：担任主席2人、候任主席1人、副主席4人、执委4人、国家代表1人、顾问委员1人、分会主席1人、分委员会委员4人。截至10月，经中国科协推荐的我国科学家在国际民间科技组织中担任各类职务的人员已达317人，其中：担任主席职务为20人，副主席33人，担任执委或具备同等决策职能职务的110人左右。专项的实施大大提升了支持我国科学家参与国际组织事务的力度，为实施科学家外交队伍建设的措施奠定了坚实的经费保障基础，鼓励和推动他们在国际舞台上站稳位子、发出声音、做出贡献和产生影响。

2. 以工程师国际互认专项为抓手，根据国家工程师制度改革协调小组的要求继续做好国际交流工作

作为全国工程师制度改革协调小组2010年国际交流重点工作之一，中国科协分别派团出席了8月在日本召开的国际工程教育研讨会和10月在美国召开的美国工程与技术教育认证组织（ABET）年会。通过参会，中国科协代表团加强了与各国工程教育组织的联系，进一步了解了当前各地区工程教育认证的进展和最新动向，特别是对目前亚洲工程教育认证的动向有了全面的了解。同时，

积极开展专题调研，2010 年先后完成《工程技术人员正高级职称评价标准》和《关于国际工程师制度的现状和发展趋势与建立中国特色工程师制度的研究》等课题，有效推动了工程师制度改革和工程教育认证工作的开展和实施。

3. 以联合国咨商专项为抓手，鼓励学会组织专家积极参与国际民间外交工作

2010 年，中国科协联合国咨商工作的生命科学与人类健康、环境与气候变化、通讯与信息技术等 3 个专业委员会分别在第 18 届国际艾滋病大会，第五届联合国互联网治理大会，《联合国气候变化框架公约》第 16 次缔约方大会上成功申办了边会。信息专业委员会、生命科学与人类健康专业委员会、环境专业委员会的专家们，在边会上通过报告及问答等形式宣传了中国科技界和民间科技组织在知识共享，艾滋病预防，公共卫生与疾病预防，减排以及应对气候变化等方面所做的工作。在会场外，通过设立展台，展板，发放宣传手册等形式，强化了中国科技界的声音，也进一步体现了中国科技界对这些问题的关注和重视。通过开展各种形式活动，配合国家外交在联合国的相关舞台上发出更强的声音。

4. 积极参加国际科学理事会、世界工程组织联合会等重要国际组织的相关工作，为我国科学家及中国科协所属全国学会搭建了高层交流平台

2 月，国际科学理事会灾害风险综合研究计划国际办公室合作书签字仪式在北京举行。中国科协、中国科学院、国际科学理事会、国际社科联和联合国国际减灾战略的有关代表在合作书上签字。通过全球公开招聘，来自美国的简・罗文博士于 6 月来华正式出任国际办公室执行主任。10 月，由来自各大专院校、科研院所和全国学会的 16 位相关领域专家组成的中国科协灾害风险综合研究计划工作协调委员会（IRDR - CHINA）在北京成立。委员会认真研究制定我国参与灾害风险综合研究计划的方针、策略和规划，充分发挥我国在国际防灾减灾领域的重要作用，促进我国减灾防灾科研人才队伍建设，使灾害风险综合研究计划成为我国参与减灾防灾国际交流的重要平台。

2010 年，中国科协继续加强与世界工程组织联合会执委会的联系，积极配合时任天津大学校长的龚克教授、上海交通大学刘西拉教授参与执委会的工作，发挥了我国科学家在国际舞台上的影响力。同时，继续重点支持我国承接的世界工程组织联合会信息与通信委员会的工作，在网站建设和为信息与通信提供支持等领域内开展相关活动。中国科协代表团出席了 10 月在阿根廷举办的世界工程师周活动，与世界工程组织联合会领导层及其重要成员组织进行了高层互动，并与 2011 年世界工程师周主办方——瑞士工程师学会举行了双边磋商。本年度，中国科协与各国工程界组织开展了广泛的交流与合作，进一步巩固了中国科协在世界工程组织联合会的地位，扩大了影响。

2010 年，经中国科协审批同意召开的国际会议达 48 个，外宾总人数 7687 人；经审批同意召开国际展览 10 个，外宾总人数 2260 人。

二、坚持“服务中心，突出重点，拓展渠道，务实合作，夯实基础，互利共赢”的工作方针，有针对性地开展民间科技外交工作

1. 开展高层交往，拓宽双边关系

9 月，全国人大常委会副委员长、中国科协主席韩启德利用出席第六届国际病理生理学大会的机会率团访问了加拿大，与加拿大国家研究理事会（NRC）、魁北克大学、安大略科学中心等机构共同探讨在科学传播、人员培训、科研诚信等领域的合作，并看望了在多伦多的华人科技专家，推动了中加民间科技合作。5 月 6 日，中国科协常务副主席、书记处第一书记邓楠会见了以会长李基俊为团长的韩国科技团体总联合会代表团，双方签署了合作谅解备忘录，旨在建立全面而深入的合作关系。9 月 27 日，捷克科技联主席哈努斯教授一行专程访华，向中国科协常务副主席、书记处第一书记邓楠颁发了捷克科技联最高奖——威伦伯格奖（Christian J. Willenberg Award），表彰其在中国科协与捷克科技联双边交流中做出的重要贡献。10 月，邓楠书记在钓鱼台国宾馆会见古巴国务委员会科技顾问菲德尔・卡斯特罗・迪亚斯博士一行，明确双方将在纳米和生物研究、科技馆建设等方面加强合作。在第十二届中国科协年会期间，中国科协与英国工程技术学会（IET）联合举办“面向创新的知识共享与进步论坛暨 IET 荣誉会士授予仪式”，IET 授予邓楠英国工程技术学会 2009 年荣誉会士称号，以表彰她在工程学领域中表现出的卓越领导力及做出的突出贡献。11 月 1 日，中国科协副主席、书记处书记齐让与日本科学技术振兴机构（JST）理事川上伸昭在福州共同签署合作谅解备忘录，推动双方在科普、学术等领域的全面合作。9 月，中国科协书记处书记张勤率中国科协代表团访问斯洛伐克、匈牙利和保加利亚三国，与保加利亚科技联签署合作备忘录，进一步加深了与上述三国对口组织的友好合作关系。

2. 推进务实合作，服务科协主业

2 月，在美国科促会年会上，中国科协联合日本科学

技术振兴机构（JST）和韩国科学创意财团（KOFAC）共同举办了“东亚文化与社会背景下的公众科学传播”专题讨论会。中国科协党组成员王可作了《面向13亿中国人的科学传播》的报告。6月30日，中美科学道德联合指导委员会发表联合声明，鼓励两国政策制定者、科研人员、教师和学生开展合作，在与科研及科研应用相关的学术道德建设和知识应用方面取得两国均可利用的成果。

突出国际元素成为第十二届中国科协年会的特点之一。11月初，在福州召开的第十二届中国科协年会设立了5个国际分会场，邀请了2名诺贝尔奖得主和美、俄、英、日等国对口组织负责人出席年会，举办了5个国际分会场和多个专题研讨会，参加年会的外国专家来自37个国家、达到141人，为历届最多。年会期间，与英国工程技术学会共同主办的“面向创新的知识共享与进步论坛”探讨了学会等学术团体如何围绕知识共享和推动知识进步的主题在自主创新方面做出自己的努力和贡献；召开的“第二届中日青年科学家跨学科学术沙龙”，以“森林环境与可持续发展”为主题，组织近20名两国学者举办小型、高端、跨学科的学术交流活动，为两国青年科学家的高水平交流合作搭建平台；俄罗斯科工联代表团还与福建省相关部门举办了合作项目对接活动。

3. 利用国际资源，服务地方发展

为探索利用优质国际科技资源，服务物联网等国家新兴战略性产业发展，促进区域科技创新和地方经济发展，经书记处批准启动海外专家地方行项目。3月、8月两次邀请著名物联网专家、东京大学坂村健教授赴无锡、杭州作学术报告、开展交流考察，出席首届信息化创新克拉玛依国际学术论坛，与浙江大学、无锡物联网产业研究院达成合作研究和人才培养意向。在此基础上，为进一步搭建合作平台，10月与东京大学、日本YRP泛在网络研究所在东京联合举办了首届中日物联网技术论坛，得到了中国驻日本大使馆和日本总务省的大力支持。两国专家和企业家以中日物联网技术研发与产业化合作为主题进行了深入交流，考察了“东京泛在计划”等物联网技术项目的应用现状，讨论今后合作意向。

7月，针对松花江流域污染治理，由中国国际科技会议中心、吉林省科协邀请日本污水治理专家在长春举办了中日国际环境科技研讨会，适逢某化工厂发生了7000多只化学物料桶因暴雨袭击流入松花江的事件，与会专家立即对事件和排水等问题进行研讨并提出了具体建议，新华社、日本朝日新闻等中日媒体和我国驻日本使馆网站均予以报道。为利用俄罗斯优质科技资源，5月邀请俄罗斯乳业代表团赴我国乳制品龙头企业蒙牛、伊利、三元进行交流，达成了多项合作意向。11月，邀请俄罗斯科工联主席访问天津，被天津市政府聘为科技顾问。作为中瑞建交60周年的系列活动之一，5月帮助引进由瑞士伯尔尼历史博物馆设计制作的《阿尔伯特·爱因斯坦(1879—1955)》生平展在中国科技馆展出。7月，根据苏州市的需求，邀请瑞典皇家理工学院终身教授、“千人计划”入选者严晋跃出席苏州国际精英创业周暨第五届院士（专家）论坛，并以新能源为题作大会报告。

三、加强外事管理，提高服务质量

1. 认真执行中央关于出国的有关规定

严格执行中共中央、国务院《关于进一步加强因公出国（境）管理的若干规定》的通知等文件精神，落实中国科协书记处的指示精神，对2010年度出访项目严格审核、控制数量，取消一般性的考察团组，从严审核双跨团组。全年共审批执行双边交流团组和培训项目45项，共计322人次；接待来访项目21项，156人次。同时寓服务于管理之中，为中国科技馆、科普研究所、青少年科技中心等直属单位、全国学会和地方科协开展实质性项目合作提供服务和支持。

2. 加强基础调研，挖掘合作潜力

2010年继续开展了德、法、荷、南非等10个国家的国别研究。编发了12期《日本科技信息》。翻译出版《成功之道——协会运营的七大法则》专著，撰写欧、美、日等国科技外交动向等的研究文章，努力打造学习型团队，增强外事谋划能力。

【加强同港澳科技界合作，推动两岸科技交流】

2010年，中国科协遵照中央对港澳工作和对台工作的方针和政策，充分发挥全国学会和地方科协的积极性，开展形式多样、内容丰富的活动，取得明显成效。

一、通过高层互访和交流，加强与港澳台科技界的沟通

1月25日，由中国科技馆和澳门科学馆共同举办的“中国古代科学技术展览”在澳门开幕。中国科协副主席、书记处书记齐让，中国科协党组成员、中国科技馆馆长徐延豪出席开幕式。展览展出了天文仪器、指南针、火药与武器、青铜、造纸、印刷、机械、纺织、建筑及陶瓷等100余件古代科技模型，接待人数约3万人次，引起了当地民众和媒体的高度关注。

3月，中国科协副主席符淙斌院士应邀赴港出席了香港工程师学会三十五届周年庆典，并在香港科技协进会第二十五届暨粤港科技产业促进会第二十届理事会就职

典礼上，作了题为“城市是应对气候变化的重点区域”的主题演讲。随着国际社会对气候变化问题的关注度持续升温，10月18日，香港工程师学会再次邀请符淙斌院士出席“从香港工程师角度看气候变化”会议，并在会上以“气候变化作为科学问题的最新理解”为题作大会报告。

二、继续做好对港澳台重点交流项目，扩大中国科协的影响力

3月，中国科协31人代表团应台湾李国鼎科技发展基金会邀请，出席了在台湾地区举办的2010海峡两岸科学传播研讨会。此次研讨会是海峡两岸科学传播领域首次开展全面交流的一次盛会，进一步促进了两岸科学传播领域的交流，增进了两岸科普工作者之间的了解，并且达成了多项开拓性的合作意向。

8月，由中国科协和台湾玉山科技协会等机构共同举办的海峡两岸“产业创新与投资 开创华人科技新世纪”高峰论坛在上海开幕。中国科协常务副主席、书记处第一书记邓楠，中国科协副主席、中国科学院常务副院长白春礼，中国科协副主席赵忠贤，中国科协常委、中星微电子董事长邓中翰等出席会议。来自两岸的150余名代表汇聚一堂，围绕“两岸三地的科技产业之分工与角色”、“创新”、“创投”、“产业与技术”等主题，对今后加强两岸科技产业合作，应对经济危机以及华人引领世界科技潮流等提出了很多有建设性的意见。

11月，在“2010当代杰出华人科学家公开讲座”上，内地天文学家苏定强院士，铁路技术专家、铁道部总工程师何华武院士和桥梁专家、交通部原总工程师凤懋润，分别以“望远镜和天文学：400年的回顾与展望”、“中国铁路及发展展望”、“铺路架桥，造福社会”为题，向香港地区和澳门地区的公众介绍了内地科技发展成果。

“紫荆·绿荷·玉山”计划本年度共培训251名港澳台大学生及7名内地大学生志愿者。暑期实习活动让港澳台学生全方位地了解了祖国的历史、改革开放后的发展变化。2010中国科协海峡两岸青年科学家学术活动月则以环保节能新材料、仿真科学技术、气候与茶产业发展、传统色彩与现代应用及汶川震后绿色重建为题展开讨论和交流，该学术活动月已成为两岸青年科学家学术交流的重要平台。

三、支持全国学会和地方科协开展对港澳台交流活动

7月，支持福建省科协等单位主办了“第九届海峡两岸大学生辩论赛”，来自海峡两岸的16支大学生代表队以“一流大学教师质量与生源质量孰更重要”、“网络的发展对文学弊大于利还是利大于弊”、“爱情是理想的还是现实的”等为题展开辩论。辩论赛引起两岸高校和社会的极大关注，成为两岸青年大学生展现青春风采，弘扬中华优秀文化的重要舞台。同月，由中国国际科技会议中心和台湾财团法人中技社共同组织实施的海峡两岸青年学子环保科技交流团在北京、甘肃两地进行了考察和交流活动。中国科协副主席赵忠贤，中国可持续发展研究会副理事长、国家环保部科技委员会委员张坤民教授为两岸学生分别作了“清洁能源与环保科技”和“可持续发展与低碳经济”专题报告。

此外，还支持福建省科协等单位主办第九届海峡两岸科技与经济论坛、海峡两岸科普论坛、海峡两岸管理科学论坛，支持辽宁省科协举办海峡两岸都市交通学术研讨会，支持内蒙古自治区科协举办海峡两岸休闲农业发展学术研讨会。支持中国科教影视协会赴台交流访问，上海市科协赴台参加“第十七届海峡两岸都市交通学术研讨会”、中国毒理学会赴台参加“第五届海峡两岸毒理学研讨会”，中国科协青少年科技中心组团赴台参加吴健雄科学营、吴大猷科学营活动，中国力学学会组团赴台参加力学夏令营，中国园艺学会赴台参加两岸西甜瓜育种研究交流会，中国优选法统筹法与经济数学研究会赴台参加数理教育交流等活动，以及四川汶川“5.12”大地震受灾小学生师生代表团一行35人在香港地区的交流访问等活动。

【中国科协海外智力为国服务行动计划】

2010年，中国科协积极贯彻落实人才强国战略，继续推进海外智力为国服务行动计划，搭建海外智力为国服务平台，加强海外人才队伍建设，海智计划取得新的进展。

当年与中国科协海智计划领导小组办公室签约合作的海外科技团体新增3个，总数已达73个；全年接待海外专家为国服务近200人次。向中央组织部人才局推荐海外高层次人才3批次36人；海智计划海外人才库增加收录有效数据996条。收到海外科技团体和科技人员提交的咨询建议46项，报送《海外科技工作者建议》15期，编辑咨询建议集一册。发布海智简讯12期，通过海智计划网站反映海外科技工作者的意见、建议，为海外科技人员提供最新的为国服务信息。海智计划申报的“中华海外生态学者学会为国服务计划”项目入选人社部“海外赤子为国服务行动计划”特别资助项目。

2月28日~3月4日，海智办组织企业自主创新考察团一行13人对珠三角地区进行考察。中国科协副主席、中科院院士赵忠贤任考察团团长，中国科协国际部部长、

海智办主任张建生，海智专家马启元任副团长。林建人（美国）、刘延申（美国）、吴建平（英国）、周克明（英国）、王志纯（荷兰）、田千里（比利时）、张志鹏（日本）等7位海外专家参加考察。此次考察有针对性地调研珠三角地区海归企业自主创新和生存发展现状以及面临的问题，旨在为国家吸引海外人才回国创新创业提供决策参考。

5月18日，中国科协海智计划福建工作基地授牌仪式在福州举行。中国科协副主席、中国科学院院士赵忠贤，中国科协书记处书记程东红，福建省科协主席、中国科学院院士吴新涛，福建省科协党组书记、副主席叶顺煌等领导出席。5月19日，中国科协海智计划福建工作基地生物科技产业示范点授牌暨安发国际（福建）生物科技园一期工程落成典礼在宁德市安发生物科技园举行。中国科协副主席、中科院院士赵忠贤、中国科协书记处书记程东红，福建省政协副主席、福建省统战部部长张燮飞等共同为工程落成剪彩。

6月11～14日，中国科协海智计划2010年专家工作会在浙江召开。中国科学院常务副院长白春礼、中国科协副主席赵忠贤、广西壮族自治区副主席陈章良、中国科协书记处书记冯长根、全国人大常委会委员郑荃、中组部人才局胡建华巡视员等领导出席会议。与会专家对海智办按照“千人计划”的要求开展的一系列工作予以肯定，并就今后海智计划的实施提出建议。海智计划申报的“中华海外生态学者学会为国服务计划”项目入选中国人力资源和社会保障部特别资助项目。该项目依托海外科技团体，针对“5.12”汶川特大地震造成的生态环境问题开展服务。

8月25～26日，由中国科协和湖北省政府共同主办的“中国科协2010年度海外智力为国服务研讨会暨联席会议——中国（湖北）海外人才智力为国服务专家论坛”在武汉召开。全国人大常委会原副委员长、中国科协名誉主席周光召，中国科协副主席、中科院院士赵忠贤，中国科协书记处书记程东红等中国科协领导出席会议。中国科协副主席、中国科学院常务副院长白春礼和中国机械工业联合会执行副会长蔡惟慈应邀为大会做主旨报告。开幕式由湖北省政府副秘书长黄国雄主持，中国科协程东红书记致开幕辞，湖北省副省长郭生练出席开幕式。本次大会主题为：科技支撑发展、人才引领未来。共有43位海外科技团体负责人和国内各方代表290余人参加会议。中国科协国际部部长张建生代表海智计划领导小组宣读对安徽省科协等30个海智计划工作先进单位给予表扬的决定，宣布首批47位入选“海智计划专家”的海外专家名单。参会代表围绕资源环境生态、企业自主创新、海外人才战略、医疗卫生健康等4个专题进行研讨。中国科协副主席赵忠贤做了会议总结。

10月17日，由中国科学技术协会、无锡市委市政府共同主办的“2010年中国（无锡）海智洽谈会”在江苏省无锡举行。中国科协副主席、书记处书记齐让，江苏省委常委、无锡市委书记杨卫泽出席开幕式并致辞。中组部副巡视员胡建华，江苏省科协党组书记、常务副主席徐耀新，副主席张铁恒和无锡市有关领导出席开幕式。洽谈会以“聚智、创新、发展、共赢”为主题，吸引了21个国家的海外科技团体和个人携带302个项目参加。

10月28日，由中国科协海智办、安徽省人才办、安徽省科协和合肥市人民政府联合主办的中国（合肥）海外高层人才创新创业论坛暨海智项目与人才对接会在合肥举行。论坛的主题为“承接海智创业项目，服务海智创业人才”，安徽省省长倪发科、合肥市市长吴存荣出席会议，省科协党组书记、常务副主席周建强主持开幕式。

11月2～3日，第十二届中国科协年会第十分会场——新能源汽车发展论坛在福州召开。会议由中国科协海智办、在日华人汽车工程师协会、中国汽车工程学会和福州市科协联合组织。中国科协副主席赵忠贤院士、中国汽车工程学会副理事长郭孔辉院士、厦门大学教授田昭武院士、中国汽车工程学会理事长张小虞等出席开幕式，赵忠贤院士在开幕式致辞，张小虞会长做特邀报告。

12月19～24日，海智办组织海外人才战略考察团一行13人对长三角地区进行考察。中国科协副主席、中科院院士赵忠贤任考察团团长，中国科协国际部部长、海智办主任张建生，海智专家张杰任副团长，任向实（日本）、孙君泓（澳大利亚）、叶非（法国）、杨凌（德国）等5位海外专家参加考察。考察团先后对上海交通大学、浙江大学、中国科学院上海分院，以及长江三角地带的数个海外创业园进行调研，并提交调研报告。

9月，全国人大常委会副委员长、中国科协主席韩启德率团访问加拿大，其间与加拿大华人科技团体的代表进行座谈。11月5～14日，海智工作团先后赴德国、比利时、荷兰及丹麦进行工作访问。工作团在德国法兰克福参加了中国留德学者专业协会2010年联合年会，在丹麦哥本哈根参加了“第二届全欧华人专业团体联合会欧洲论坛”暨“全欧华人专业团体联合会2010年会”；并与比利时、荷兰及德国的部分科技团体和科技人员座谈，介绍海智计划、千人计划和国内人才需求情况以及相关政策，了解海外科技人员对回国创业及为国服务的诉求与建议，鼓励海外科技人员利用多种形式开展为国服务活动。

【群众性技术创新和科技服务活动】

2010年，科协系统“讲理想、比贡献”活动（以下简称“讲、比”活动）按照中央加快转变经济发展方式、推动经济平稳较快发展的战略部署，以“讲、比”活动为抓手，广泛动员和组织企业科技工作者开展多种形式的技术创新活动，引导创新要素向企业集聚，促进产学研相结合，着力推进企业自主创新，加快推动科技成果转化。组织实施“科技人员服务企业技术创新行动”，创新“讲、比”活动形式，丰富活动内涵，为推动经济平稳较快发展和建设创新型国家做出了积极贡献。

一、顺利完成全国“讲理想、比贡献”活动评选表彰工作

全国“讲、比”活动领导小组对评选表彰工作高度重视，将评选表彰工作作为深入开展“讲、比”活动的新起点，并安排了一定经费给予个人获奖者适当物质奖励。

按照《全国“讲、比”活动表彰奖励办法》，在各地“讲、比”活动领导小组和有关单位的共同努力下，顺利组织开展了2009～2010年度全国“讲、比”活动评选表彰工作。多数省区市“讲、比”活动领导小组（省科协）和国资委部署了相关工作，在已经进行评选表彰“讲、比”活动先进集体1046个，科技标兵2153个，优秀组织者982人和有关工作的基础上，按时完成初选推荐工作。各地推荐先进集体120个（含院士专家工作站20个），科技标兵100个、优秀组织者99个。通过委托中国科协常委会促进企业自主创新专委会组织的评审和媒体公示程序，领导小组确认对119个先进集体（含20个院士专家工作站）、97名科技标兵、99名优秀组织者进行表彰奖励。

2010年11月29日，中国科协、国家发展改革委、科技部和国资委在京联合召开总结表彰大会。全国人大常委会副委员长、中国科协主席韩启德出席大会开幕式并讲话。全国“讲、比”活动领导小组组长、中国科协常务副主席、书记处第一书记邓楠，领导小组副组长、国家发改委副主任张晓强，科技部副部长王伟中，国资委副主任金阳出席，中国科协副主席、促进企业自主创新专委会主任陆延昌，中国科协书记处书记张勤出席并参与颁奖。全国“讲、比”活动领导小组成员单位代表、各地“讲、比”活动领导小组负责同志和获奖者集体和个人代表等300多人参加会议。宝钢集团等3名获奖者代表和8位企业代表作了大会发言。张勤书记做会议总结讲话。40多家新闻媒体、记者到会采访报道，会议取得良好效果。

二、不断推动“讲、比”活动的深入开展

截至2010年10月，全国已有29个省区市建立了“讲、比”活动领导小组及办事机构。部分省积极推动市区县成立“讲、比”活动领导小组。四川省16个市、州成立了“讲、比”活动领导小组，浙江省11个市成立了“讲、比”活动指导小组，加强了“讲、比”活动的组织领导。

各地按照党中央、国务院关于积极应对国际金融危机，保持经济平稳较快发展的精神，把落实科学发展观，推动企业技术创新作为深化“讲、比”活动重点，广泛开展群众性创新活动，提高员工科学素质，增强企业自主创新能力。2010年，参加“讲、比”活动的企业1.83万个，参加“讲、比”活动的科技工作者156万人次；完成“讲、比”活动立项数6.4万项，合理化建议37万多条，被采纳的18万多条；节能降耗、减排增效项目2.2万项，节约成本60亿元，增加收入116亿元。

三、积极推动各方面协调指导院士专家工作站建设

2010年，认真贯彻落实中央书记处“围绕加快建立以企业为主体，市场为导向、产学研相结合的技术创新体系，把更多创新要素引向企业”指示和刘延东国务委员关于院士工作站作为科技人员服务企业的有效形式值得大力推广的批示精神，中国科协在调研总结基础上，制定了《关于推进院士专家工作站建设的指导意见》，促进各地科协服务企业规范建站。中国科协积极参与中国工程院牵头的由中国工程院、科学院、科技部、教育部、中国科协五部门研究制定的“企业院士工作站工作指导意见”工作，联合在江苏、山东等地开展实地调研，共同推动院士工作站建设工作。

各地科技部门联合人才管理部门，把院士专家工作站建设纳入到贯彻落实全国人才工作会议精神和国家中长期人才发展规划纲要的工作中。截至2010年底，全国已有24个省（自治区、直辖市）建立院士专家工作站633家，进站院士专家2700多人次。江苏、浙江、山东、辽宁等省企业院士专家工作站助推企业提升创新能力，受到当地党委、政府的高度重视，广大企业的普遍欢迎，科技工作者的积极响应，为引导创新要素向企业聚集，促进产学研用相结合，培养企业创新科技人才发挥了重要作用，影响力不断扩大。

四、创新方法培训和知识产权战略巡讲取得明显成效

2010年坚持把创新方法培训和知识产权战略巡讲工作纳入“讲、比”活动，全面部署，有序推进。在科技部关于全面推广创新方法工作部署下，仅中国科协系统

全年举办创新方法培训22期，培训科技人员1465人次。同时，组织编写仪器仪表、冶金、纺织技术等行业的创新方法培训教材。在新疆等10余省市的企业开展培训和推广活动，参加培训的学员达3130人次。为推动企业全面提升知识产权创造、运用、保护、管理能力，促进创新人才培养，营造保护知识产权的社会氛围，与国家知识产权局联合开展了知识产权战略巡讲活动，举办“知识产权战略巡讲”主题报告会49次，受众近5000人次。

五、发挥企业科协组织作用，广泛开展群众性技术创新活动

企业科协作为企业科技工作者的群众组织，是基层开展“讲、比”活动的组织者，在动员企业科技工作者参与企业自主创新方面发挥了重要作用。为了发挥企业科协组织作用，把广泛开展群众性技术创新活动落到实处，3月30～31日，在北京召开了全国企业科协工作研讨会，来自各省（自治区、直辖市）、副省级城市和新疆生产建设兵团科协的负责同志共120多人出席会议。会议总结了2009年企业科协工作，交流了经验和做法，部署了2010年工作。中国科协书记处书记张勤出席会议并讲话。

在“讲、比”活动的组织实施中，企业科协不仅发挥了企业科技工作者之家的桥梁纽带作用，而且积极联合工会、共青团等其他企业基层组织，依托总公司、分公司、技术开发部、人力资源部及生产车间等部门，围绕企业技术创新和生产经营任务开展活动，工作中心贴近企业广大员工，形成了群众性技术创新活动蓬勃开展的生动局面。企业科协还积极联系学会和高校院所的资源，引进企业外的创新要素向企业集聚，搭建更为有效、务实的工作平台，切实在较大范围推动“讲、比”活动深入开展。

六、加强企业科协干部队伍建设，提高管理能力和业务素质

2010年，在福州市、包头市共举办两期全国企业科协秘书长培训班，培训省区市企业科协负责人和企业科协专兼职秘书长130多人。通过举办培训班，起到了更新知识、转变理念、启迪思路、增进了解的作用，对提高企业科协秘书长的管理能力和业务素质，更好地开展企业科协工作起到了推动作用。

【科普惠农兴村计划】

2010年，中国科协、财政部继续加大实施“科普惠农兴村计划”力度，中央财政专项资金由2009年的2亿元增加至3亿元。经过基层推荐、四级评审和公示，确定表彰奖补科普惠农先进单位和带头人1785个，其中农村专业技术协会1000个，农村科普示范基地390个，农村科普带头人390名，少数民族科普工作队5个。

为全面了解“科普惠农兴村计划”表彰对象发展状况和开展服务情况，建立科普惠农长效机制，按照中国科协、财政部要求，各级科协和财政部门于2010年1～3月对2006～2009年受到“科普惠农兴村计划”表彰的2874个先进单位和个人进行了回访，回访率100%。回访表明，2006～2009年的受表彰对象获奖后，积极加强自身建设，充分发挥示范带动作用，为社会主义新农村建设做出了积极贡献。

5月17～20日，中国科协常务副主席、书记处第一书记邓楠在湖北考察期间，专程调研了“科普惠农兴村计划”在基层的实施情况，走访了襄樊老河口市“科普惠农兴村计划”表彰对象——老河口市苗木果品协会。邓楠同志对协会带领农民依靠科技增收致富，自主培育新品种，通过建立科普惠农服务站和科普惠农工作队更好的为农民服务的举措给予了高度评价，鼓励协会要进一步扩大服务农民、推广农业科技的覆盖面，带领更多的农民致富。9月13～15日，全国政协常委、中国科协副主席、书记处书记齐让、全国政协委员孟宪来、徐一鸣等赴广东省对“科普惠农兴村计划”的实施情况进行调研。调研组对广东省“科普惠农兴村计划”工作给予了充分肯定，同时希望进一步办好科普惠农服务站，及时帮助群众解决技术、市场、信息、品种等方面的需求，建立科普惠农长效机制。

6月22日，山西省“科普惠农兴村计划”领导组召开会议，就山西科普惠农计划实施情况进行总结，研究部署下一阶段工作任务。“科普惠农兴村计划”实施以来，已形成了集“站栏员建设”、农科110体系建设、科普惠农兴村计划、科普惠农绿色通道工程、新型农民科学素质培训工程等为一体的主力方阵，实现了人才、技术、信息、物资在农村的流通，让越来越多的农民从中受益。山西省科协将会同有关部门进一步丰富“科普惠农兴村计划”的内容，扎实推进山西省科普惠农百千万示范工程、新型农民远程培训教育工程、一村一名农业科技信息员工程等三项工程；不断完善科普惠农服务机制，努力加强能力建设、体系建设、品牌建设等三项建设；进一步加大“科普惠农兴村计划”的实施力度，力争在“科普惠农兴村计划”实施范围、服务、集成等方面有所创新。

9月29日，湖北省襄樊市召开全市科普惠农工作会议。总结“十一五”期间全市以科普惠农为旗帜，扎实开展农村科普工作所取得的成效，进一步明确“十二五”工作思路，部署下一步工作任务。会上表彰了襄樊市级科

普惠农服务站、农村专业技术协会、科普示范基地、科普示范村、科技示范户、科普工作队、科普活动站、达标科普画廊等618个先进单位和个人。

10月9日，由山东省科协、东营市委和市政府联合主办的沿黄九省区科普惠农协作会议在东营市开幕。会议的主题是“科普惠农与现代农业”。青海、四川、甘肃、宁夏、内蒙古、陕西、山西、河南、山东等沿黄九省区科协负责同志出席。为加强沿黄九省区科协特别是农村科普工作交流协作，推动黄河流域科普惠农工作健康发展，由山东省科协发出倡议，经与沿黄八个兄弟省区科协协商，达成了建立沿黄九省区科协协作会议制度的共识。沿黄九省区科协协作会议自2010年起将由这九个省区科协轮流主办，每年举办一次。

12月20日，湖南省召开“科普惠农兴村计划”工作会议。省“科普惠农兴村计划”工作领导小组在会上提出，“十二五”期间要实施“三千一百”工程，即培育达到国家表彰标准的农村专业技术协会1000个，农村科普示范基地1000个，农村科普带头人1000名，少数民族科普工作队100个；要加强宣传工作，充分发挥获奖单位和个人的示范带动作用，不断提高广大农民科学素质，促进农业发展方式转变和农村社会和谐。

12月24日，由广西壮族自治区科协、财政厅共同主办的广西实施“科普惠农兴村计划”五周年成果展示会开幕。五年来，广西在实施“科普惠农兴村计划”中，形成了亮点和特色：一是培育出3240个规范的农村专业技术协会，二是创建了“五个一”农村适用技术培训工程基层培训平台，三是带出了一支优秀的基层科普队伍，四是打造了一批包括“广西科技大集”在内的具有影响力的科普活动品牌，五是出版了一批实用的科普书籍。广西科协党组书记、副主席甘向群在开幕式上强调，“科普惠农兴村计划”的贡献主要体现在“三促进”、“三提高”和“三加强”。“三促进”是指促进了农业新技术、新成果、新模式的引进和推广，促进了区域性优势产业形成，促进了新农村建设。“三提高”是指受表彰对象辐射带动的农民收入水平、受表彰对象带动服务区域的群众科学素质、科普工作的社会地位明显提高。“三加强”是指受表彰对象的科普基础设施建设和服务能力、项目实施力度、基层科普组织建设得到加强。

2008年起，中国科协推动表彰对象建设科普惠农服务站4000多个，为广大农民获取技术、信息提供便捷的一站式服务，促进了科普服务的阵地化、规范化和长效化。在受表彰对象的示范引导下，目前已初步形成阵地化、信息化、便捷化的农村科普服务体系。“科技110”、“视频医院”、“科普短信”等互动式服务方式被广泛采用。如山西省继成立农科110服务中心后，又开通“12590110”农科服务热线，全省任何地方农民拨打只收市话费，免长途费、信息费、咨询费，架起了专家与农民零距离交流的科技桥梁。

“十一五”期间，“科普惠农兴村计划”实施力度不断加大，中央财政专项资金由2006年的0.5亿元增至2010年的3亿元，5年累计7.5亿元。表彰奖补科普惠农先进单位和带头人共4659个，其中农村专业技术协会2132个，资金4.264亿元；科普示范基地1210个，资金2.42亿元；农村科普带头人1282个，资金6410万元；少数民族科普工作队35个，资金1750万元。

在“科普惠农兴村计划”的引导带动下，各省纷纷开展富有特色的科普惠农活动。据统计，“十一五”期间，中央、省、市、县四级财政累计投入科普惠农专项资金超过10亿元，表彰奖补1万余个科普惠农先进单位和带头人。其中江西省、重庆市等28个省、自治区、直辖市和新疆生产建设兵团财政累计投入专项资金2.6余亿元，表彰5695个先进单位和带头人；22个省（自治区、直辖市）的地市级财政累计投入专项资金约5600余万元，表彰3984个先进单位和带头人；11个省（自治区、直辖市）的县级财政累计投入专项资金1200余万元，表彰1497个先进单位和带头人。

“科普惠农兴村计划”得到党中央、国务院和地方党委政府的高度重视和充分肯定。2007年中央1号文件《中共中央国务院关于积极发展现代农业扎实推进社会主义新农村建设的若干意见》（中发〔2007〕1号）提出，要“扩大新型农民科技培训工程和科普惠农兴村计划规模”；《中共中央国务院关于加大统筹城乡发展力度 进一步夯实农业农村发展基础的若干意见》（中发〔2010〕1号）提出，要“实施农村科技创业行动、科技富民强县专项行动计划、科普惠农兴村计划，推进现代农业产业技术体系建设”。《中共中央办公厅、国务院办公厅关于加强农村实用人才队伍建设和农村人力资源开发的意见》（中办发［2007］24号）中要求继续深入实施“科普惠农兴村计划”。

纵览“科普惠农兴村计划”五年的实施成果，可以说“科普惠农兴村计划”使农民得实惠，科普事业得发展，新农村建设得兴旺。实践证明，“科普惠农兴村计划”定位科学、成效显著，已成为引领农村科普发展的一面旗帜。

【决策咨询工作（国家级科技思想库建设）】

调动科技工作者建言献策的积极性，整合科协系统决策咨询资源，努力把中国科协建设成为国家级科技思想库，是中央对科协组织的明确要求，也是科协事业发展新的重要生长点。2010 年，中国科协精心谋划，主动作为，全力推进，科协系统共举办专家论坛 2500 余次，提供决策咨询报告 7300 余篇，2500 余篇获得批示，国家级科技思想库建设取得扎扎实实的成效。

一是出台国家级科技思想库建设指导文件，营造良好政策环境。1 月 19 ~ 20 日，在合肥市组织召开地方科协调宣部长座谈会，就动员各方面力量扎实推进国家级科技思想库建设进行交流研讨。随后，在广泛调研基础上，起草了《中国科协关于加强决策咨询工作 推进国家级科技思想库建设的若干意见》，提交 6 月份召开的中国科协人才和调宣工作会讨论，并经党组书记处审定后，7 月份以科协文件形式印发执行。9 月和 11 月，分别组织召开地方科协和全国学会决策咨询工作座谈会，进一步推动《若干意见》的贯彻落实。在中国科协带动下，北京、天津、黑龙江、青海、辽宁等省市科协和中国林学会等也出台了类似文件，建设国家级科技思想库已成为科协系统的重要共识。中国科协还研究制定《中国科协调研成果出版资助管理办法（试行）》、《中国科协科技工作者建议征集管理办法（试行）》和《中国科协优秀调研报告评选管理办法（试行）》，旨在进一步调动科技工作者参与中国科协国家级科技思想库建设的积极性。

二是进一步规范调研课题管理工作。坚持从中国科协决策咨询专家库中随机抽取专家组成评审组，对 2009 年度的 41 项课题、2010 年度的 58 项课题和 2011 年度的 37 项课题进行了结项、中评和开题，不断提高课题管理水平。据统计，近三年来，全国学会、地方科协承担课题数量占总数三分之一以上，有效带动了科协系统决策咨询建设。加强调研成果提炼，全年编印《调研动态》82 期、《科技工作者建议》15 期、《科技界情况》30 期、《国外科技人力资源参考》33 期、《每日科技要报》242 期。目前，组织科技工作者立项调研课题，深入调查研究，积极建言献策，已成为中国科协建设国家级科技思想库的重要工作方式。

三是高质量建设决策咨询工作平台。2010 年，中国科协进一步完善决策咨询工作平台中选题库和专家库的基本功能，充实基础数据，并向近 1500 名“中国科协决策咨询专家库”入库专家颁发证书。启动决策咨询工作平台二期工程建设工作，与中科院网络中心合作研制调研数据库、成果库和科研课题管理库，进一步完善决策咨询工作平台功能，推动实现科协系统决策咨询资源的共建共享。与北京市科协沟通，确定共同推进中国科协决策咨询工作平台建设的长期合作意向，为建设国家级科技思想库奠定信息化工作基础。

四是切实加强科技工作者状况调查站点建设。根据近年来科技工作者队伍在数量、结构、分布等方面出现的新情况新变化，在委托专业研究机构进行专题研究基础上，对原调查站点结构、数量、分布等进行较大幅度调整，调查站点总数由 219 个增加到 504 个。为防止站点样本老化，对 47 个已满设立年限的调查站点进行了调整替换；设计制作调查站点站牌，委托区域责任管理部门向全部调查站点授牌；修订了《中国科协科技工作者状况调查站点管理办法》，编制了《中国科协科技工作者状况调查站点工作手册》和《中国科协科技工作者状况调查站点调查手册》。同时，推动地方科协设立科技工作者状况省级调查站点，目前全国已有省级调查站点 146 个，初步建立了全国站点和省级站点两级联动、动态调整的站点管理工作机制。

五是积极开展科协系统决策咨询工作培训。7 月 14 ~ 16 日，在大连市举办科协系统决策咨询工作培训班，邀请国务院研究室、科技部、自然科学基金委、中国社科院等单位的专家学者，分别就科协决策咨询工作、调查研究方法、调研观点形成、专报提炼与修改、科技工作中的知识产权问题等进行集中授课，科协系统 170 余人参加培训，取得良好效果。4 月 28 ~ 29 日，在四川简阳举办调查站点培训班，邀请有关专家开展调查和信息编报方法的业务培训，受到站点工作人员的普遍欢迎。11 月 10 ~ 12 日，分别在广东深圳和云南昆明分片举办了新增调查站点培训班，邀请新华社、科技部发展战略研究院等单位的专家就调查信息采编、问卷调查方法等内容作了专题讲解，260 余名新增调查站点工作人员参加了培训。与会同志一致反映，授课内容既有理论高度和学术深度，让大家有机会从一个全新的视角来看待和理解科协决策咨询工作，又极富针对性实效性，对具体做好决策咨询工作的每一个环节，都很有启发和帮助。

六是提交一批有影响的调查研究报告。2010 年，中国科协积极组织政协科协界委员和科技工作者开展调查研究，积极建言献策，先后提交了“关于 2009 年生物灾害状况和 2010 年预防与控制生物灾害的报告”、“保障木材安全问题的建议”、“抓紧防治煤矿最大危害——粉尘的建议”等一批调研报告，温家宝等中央领导同志作出重要批示；有关科技工作者普遍关心的 10 个问题、海外华人科技工作者状况调查、科技领军人才选拔培养状况调查、高新区科技工作者状况调查等成果上报后，受到王兆国、刘延东、李源潮等中央领导同志的高度关注，部分建议已纳入国务院的工作安排之中。2010年，中国科协还组织有关学会对7部法律法规草案提出立法咨询建议，为建设社会主义法治国家作出积极贡献。

七是成功组织第十二届中国科协年会专题论坛和党政领导与院士专家座谈会。2010年，根据福建经济社会发展需要确定10个调研主题，推荐12个学会作为牵头学会参与第十二届中国科协年会专题论坛筹备工作，先后有14批次60余人次院士专家赴福州、厦门、漳州等地开展实地调研，收集了大量第一手资料。10月31日，推荐中国机械工程学会、中国林学会、中国可持续发展研究会分别参与组织了有关年会的专题论坛活动。11月2日，推荐15位院士专家出席福建省党政领导与院士专家座谈会，为福建省科学发展、跨越发展建言献策，福建省委省政府给予高度评价，迅速印发分解落实方案，责成分管领导牵头负责抓好院士专家建议落实工作，成为本届年会的一大亮点。

2010年，中国科协还组织召开促进中部地区崛起专家论坛和促进资源型城市转型发展、淮河流域综合治理与开发、水污染防治等专题论坛，针对贵州黔东南地区发展问题开展专题调研，着力搭建科学家与决策者交流互动平台，努力把科技工作者的个体智慧凝聚上升为有组织的集体智慧，以中国科协文件形式向中办、国办报送《关于呈报孙鸿烈等17位院士〈关于把黔东南设为国家级生态文明建设试验区的建议〉的报告》，为推动黔东南生态文明建设作出贡献。继续开展中国科技人力资源发展状况研究，出版了《中国科技人力资源发展报告(2010年)——科技人力资源与区域经济发展》和《第二次全国科技工作者状况调查报告》，在社会各界产生了良好影响。一年来，中国水土保持学会、中国林学会、中国电子学会、中国机械工程学会以及天津、上海、江苏、江西等省级科协也都结合专业优势和当地实际，因会制宜、因地制宜，开展了各具特色、成效显著的决策咨询活动，中国科协国家级科技思想库建设正展现出蓬勃的生机和活力。

【全国科普日活动】

根据中央关于应对气候变化和节能减排的新要求，2010年全国科普日活动聚焦“低碳经济与低碳生活”，在全国各地同时开展。9月18～24日，中国科协、中国科学院和北京市人民政府联合在中科院奥运村科技园举办了“2010年全国科普日北京主场活动”，其主题是“坚持科学发展，走近低碳生活”，活动取得了圆满成功。

一、全国科普日北京主场，中央领导与各界群众共话“低碳”

2010年全国科普日北京主场活动于9月18～24日在中国科学院奥运村科技园举办。9月18日上午，中共中央政治局常委、中央书记处书记、国家副主席习近平和王兆国、刘云山、刘延东、李源潮、韩启德等中央领导同志，同首都各界群众和青少年一起参加全国科普日活动。

习近平等中央领导同志首先来到主题展览区。86块图文并茂的展板和27件展品反映了能源环保领域前沿技术和我国在绿色经济、低碳技术方面的成就。习近平在仔细观看了智能交通等展品后对周围的群众和科技人员说，今年全国科普日活动主题瞄准国际经济科技竞争制高点，紧扣党和国家工作着力点，是科技工作围绕中心、服务大局的生动体现。全社会要继续深入开展节能减排全民行动，坚决落实应对气候变化国家方案。

在“我的低碳生活”展区，习近平饶有兴致地和小学生们围坐在一起动手做起节能灯效果小实验。当他看到孩子们从实验结果中增强了节能理念后，欣慰地说，很高兴能在北京主场“低碳生活展区”见到同学们，这说明广大青少年也积极投身到节能减排全民行动中来了。他希望广大青少年继续开动脑筋，提出更多低碳生活“金点子”，贡献更多绿色低碳技术小发明，争当地球家园呵护者、绿色低碳理念传播者、低碳生活方式践行者，为建设绿色低碳新家园多作贡献。

在中科院奥运村科技园长长的林荫道上，中国科协所属的23个全国学会、协会搭建的科普活动展示体验区依次排开，既向公众展示了“低碳，我们在行动”的社会责任，又形象地传递了“人人讲低碳、处处有低碳”的低碳理念。中央领导同志充分肯定了这些提高科普工作水平的重要举措。

在中科院微生物研究所，习近平仔细听取微生物分离过程、微生物处理污水等情况介绍，并不时询问有关细节。他对中科院、中国科协领导和科技人员说，今天我们在全国科普日活动北京主场，体会到了广大科技工作者和社会公众在“坚持科学发展、走近低碳生活”方面的巨大热情和智慧。中科院实行开门办科普、中国科协组织全国广大科技工作者联手办科普的创新举措，也给我们留下深刻印象。他指出，科学研究和科学普及好比鸟之双翼、车之双轮，不可或缺、不可偏废。在新形势下，广大科技工作者要遵照胡锦涛总书记在纪念中国科协成立50周年大会上的讲话精神，继续在促进科技成果繁荣发展、科学技术普及推广这两个方面发挥重要作用。习近平希望全国各级科协组织深入贯彻科学技术普及法和全民科学素质行动计划纲要，大力度开展科普工作，大幅度提高全民科学素质，进一步推动形成社会化科普工作格局，不断为建设创新型国家建功立业。习近平要求各级党委和政府为科协组织和广大科技工作者扎实深入开展科普工作提供有力支持和有效保障。

二、全国科普日北京主场活动特色鲜明

2010 全国科普日北京主场活动的内容分五大板块展开，形成了四大特色。

（一）主题展览、热点聚焦、我的低碳生活、媒体 T 台和科学探索，五个板块围绕低碳主题以不同的活动形式展开：

1. 主题展览。重点宣传与低碳经济和低碳生活相关（如能源高效利用、清洁能源开发、环境保护、减排等）的新技术，包括 86 个图文展板和根据低碳科技成果转化形成 27 件科普展品。利用声、光、电、多媒体等形式来展示能源、环保领域的科技前沿技术，如风能、太阳能等可再生能源发电技术、海洋能利用低碳技术、绿色电网技术、“非接触供电电动车”等，集中向公众展现我国在科技推动低碳生活和绿色经济方面取得的成就。

2. 热点聚焦。关注百姓生活，聚集社会热点是“热点聚焦”板块的主要特点。主场活动现场选择了与公众生活直接相关的热点问题设置专题活动区：一是“低碳汽车之美”，二是“汽车尾气与温室效应”，三是“珍爱城市森林，使用再生纸”。三个热点问题设计成三个互动活动，集实物、展品、参与式活动、知识点介绍为一体，集中排布 。

3. 我的低碳生活。贯穿全年开展的“我的低碳生活科技创意大赛”、“我的低碳生活——全国青少年科学调查体验活动”、“青少年玩世博”低碳主题网络游戏活动等都在科普日现场进行集中展示。其中在科技创意大赛中获奖的 10 件百姓创意作品由科普专家发展成科普展品，展示给更多的公众；4 项从青少年科学调查体验活动中选出的低碳小实验在现场让公众动手。

4. 媒体 T 台。“低碳”这一主题在媒体中有广泛的关注度。在今年的科普日中媒体也走上活动的前台，中央电视台、北京电视台、中国人民广播电台等媒体的主持人与公众现场互动，设计编排益智游戏、趣味科学试验、低碳生活小节目等邀请观众参与；中央气象台气象预报主持人以“气象与生活”为主题，展示天气变化与百姓的吃、住、行及身体健康之间的关系。世博会气象主持人专场秀的精彩节目也在北京主场现场表演。

5. 科学探索。“科学探索”板块的活动分为参观国家重点实验室和全国学会低碳展示体验两部分。主场活动期间，中科院向公众开放了 6 个国家重点实验室、6 个科普展厅，国家动物博物馆也免费向公众开放，让公众近距离感受科技专家和他们的科学探索活动。23 个全国学会利用自身的科普资源为公众设立“科普活动展示体验区”，传递“低碳，我们在行动”的社会责任。

（二）五个板块的科普活动从筹备到举办、从形式到内容呈现出四大特色：

一是“大联合、大协作”突显科普日的生机与活力。今年有 30 多个全国学会（协会）、4 所高等院校、10 个科研院所、10 家专业机构在科普日主场活动中承担任务，形成了“科普日搭台，学会、协会、高校、科研院所、专业机构和企业共同参与”的大联合大协作的工作格局。

二是原创性展品尽显低碳新科技，积极探索科研成果向科普展品转化的办法。分布在主题展览和活动区里的 41 件科普展品多为原创展品，特别是与中科院科研专家反复请教挑选出新的研究成果转化的科普模型、展品，力图探索科技成果到科普展品转化的方式和途径，将为今后原创科普展品、展览的研发以及科普展览、展品资源的共建共享探路，并提供实践案例。

三是媒体“秀”低碳，名人讲低碳。全国科普日北京主场活动期间，中央电视台、中央气象台、中国人民广播电台、北京电视台等四家新闻媒体来到现场与公众共话低碳、共做低碳游戏。新华社、《人民日报》、《经济日报》、《解放日报》、《农民日报》、人民网等 12 家纸质和网络媒体参与低碳展示。媒体名人做“媒体 T 台”的主角，把创意访谈、益智游戏、趣味科学试验、模拟演出、低碳生活小节目等搬到科普日主场。这一方式在科普日活动中是一次尝试，利用媒体和媒体名人把良好的低碳生活习惯向公众进行传播，有利于倡导在全社会营造“坚持科学发展，走近低碳生活”的社会氛围。

四是互动体验活动聚焦低碳，异彩纷呈。关注百姓生活，聚集社会热点是科普日活动一贯坚持的特色。2010 年主场活动把选定的三个热点问题——“低碳汽车之美”、“汽车尾气与温室效应”、“使用再生纸”设计策划成三个互动活动，传达“人人讲低碳、处处有低碳、时时要低碳”的低碳理念，激发公众低碳意识，启迪公众创新思维。

三、全国科普日北京主场活动的新探索

精致、好看、好玩儿和资源共享是在全国科普日北京主场活动组织工作中的不懈追求。科普日活动年年搞，如何保证年年活动都能精致、好看、好玩儿，年年都能有新意，年年都有资源的积累，这对于活动策划者与组织者是一个很大的考验。2010 年，在全面总结以往科普日工作的基础上，进行了一些新探索与实践，并取得了一定的成果。可以说从2003年开始，科普日活动作为我国科普活动的代表经历了8年的磨练，从形式、内容、组织等诸多方面都发生了巨大的变化，让越来越多的中国人有机会走近科学世界，感受科学之美。

（一）以科普日这样的大型科普活动为平台，实现科普资源共建共享

做好全国科普日北京主场活动绝不仅仅是为了完成7天现场活动的组织实施，更重要的是依托这一品牌活动大平台开发、集成相关主题的科普资源，并实现资源的长效利用和共享。因此，在2010年科普日北京主场活动的长达半年多的筹备过程中，“低碳经济、低碳生活”主题的科普资源开发、整合和使用始终是活动组织工作的重中之重，为达此目的进行了多方面的探索：

一是围绕主题集成和开发低碳生活的基础性资源，在科普活动的多个领域以不同方式广泛使用。现在每年的科普日活动组织之初都会进行基础性资源的准备。2008年的《环保52》、2009年的《我的创新故事》、2010年的《低碳99》都是在确定的主题之下，寻找合适的科普角度，搜集整理资料，找到便于群众理解并行动的要点，除了编成小册子外，整个活动在这些基础性资源的基础上升华发展。比如2010年主题展览中最贴近百姓生活的低碳生活内容就直接来源于《低碳99》小册子。9月24日，当北京主场活动撤展的时候，主题为“坚持科学发展，走近低碳生活”的科普展览也随即被有序打包装箱，经过整理后将在全国巡展，以最大限度地使用在科普活动中生成、开发的科普资源，使科普资源从“一次性”变为“多次性”甚至“永久性”，发挥资源效益，实现资源共享。

二是围绕主题积极探索原创性展品研发。科普日活动资源建设的最重要环节是围绕主题的原创性展品开发，并由此形成原创性的主题展览。2010年主要从低碳技术与低碳生活两个角度进行原创性展品的探索：一个方面是科研成果转化成科普展品，把中科院等专业科研机构有关低碳经济与低碳技术方面最新科研成果转化为百姓观看的展品。另一个方面是百姓创意的转化，即从“我的低碳生活科技创意大赛”中100件获奖作品中挑选10件创意，组织专业机构转化成科普展品。事实证明，这些展品更加受公众欢迎。这一探索说明，科研成果转化为科普展品依赖于两个重要的环节：一是科研人员对于科普展品的理解，二是科普专业机构对科研成果的理解。这两者相互依存，相辅相成。科研人员要基于对科普展品的理解，用通俗易懂的语言（而不是学术语言）将深奥的科学原理展示给普通的公众；而展品制作人员要能够理解科研成果的创新之处，在充分消化的基础上用科普的方式将其制作并展示出来。

（二）以全国科普日这样的大型科普活动为平台，稳固和推进社会化的科普工作格局

一是调动了社会各个方面的积极性，在统筹协调的组织下形成多方参与筹备、实施的局面。2010年有30个全国学会（协会）、4所高等院校、10个科研院所、10家专业机构在科普日主场活动中承担任务，形成了“科普活动搭台，学会、协会、高校、科研院所和企业共同参与”的大联合大协作的工作格局。全国科普日设定之初的科普活动也有学会、协会、企业参与，但因为缺乏顶层的设计、策划和统筹协调的组织工作，所以显得比较零乱分散，有时把科普活动办成了学会“摆摊”发资料、企业产品展示会。现在的全国科普日北京主场活动加强了顶层设计，无论是展览还是展品，无论是体验活动还是知识普及，无论参与者还是专业机构、科研院所还是企业、团体，都在明确的主题和设计要求下展开工作。学会科技工作者是科技方面的专家、专业机构在展品设计和布展上有特长，而科协科普活动中心等机构在组织活动方面有经验。通过组织者的努力，使各方面在科普日这一品牌活动的大平台上加强协作，更好地发挥特长和优势，并达到共赢和多赢。

二是汇集了多方已经形成的资源，解决经费不足的问题。近年来科普日筹备工作当中一个突出问题就是经费投入不足。解决这一问题，承办单位多方筹措争取增加投入，是办法之一；办法之二是要利用科普日的品牌效应，汇集多方已经形成的资源，解决经费不足。这一探索在2010科普日主场活动中得到比较充分的体现。比如，在“新能源新技术展示区”的14件大型展品（生物质能发电模型、热电厂CO_2捕集试验示范工程模型、绿色煤电模型、核电站AP1000沙盘等）都是从中科院、学会、企业已有的展品中汇集来的，几乎每一件展品的制作都投入了20万～30万元的经费，其中的一件高达105万元。在全国学会科普展示体验活动区，20多个全国学会利用自身已有的科普资源为公众开设科普宣传和体验活动。如中国机械工程学会和机械工业节能与资源中心组织了“新能源汽车体验活动”，通过展板展示、实物演示、互动体验、现场咨询、有奖问答等多种形式，吸引了公众的浓厚兴趣。特别是活动现场的两台正在研发、试制过程中的小型电动车，设计新颖、色泽鲜艳、小巧玲珑、绿色节能，格外引人注意。许多青少年学生在试乘试驾的过程中，不停地与专业人员交流，了解它们的原理、试制过程、已解决的问题和需要继续解决的问题，感叹像新能

源汽车这样的新生事物在从理念到研发制造实现过程中，要经历这么多次科技人员的实验与改进。许多参与其间的群众说通过这样的体验式的科普活动，加深了对绿色制造、绿色出行、低碳生活、节能减排的理解，了解了新能源汽车的知识。上述种种展品和活动，本不是为科普活动打造的，但通过科普日这一品牌活动的整合、包装和整理，就像是为科普活动“量身定做”的一样，既丰富了活动内容，又提高了已有资源的使用率，达到多赢的效果。

（三）精心组织互动体验式的科普活动，增加公众参与的兴趣

科普活动要精致、好看、好玩，设计和组织好互动体验活动是要义所在。2010 年科普日北京主场活动的一个亮点是互动体验活动多。五大内容板块中基本可以概括为“ 一个展览加九大活动”。这九大活动包括：“T 台秀低碳你我共参与”、“践行低碳生活应对气候变化”、“青少年玩世博网络表演赛”、“绿色汽车低碳出行”、“低碳汽车之美”、“珍爱城市森林使用再生纸”、青少年低碳小实验和安全健康主题科普大篷车体验活动。其中，中央气象台中国气象频道的世博气象小节目、模拟天气预报演播室、“气象在我身边”主持人与现场观众互动、“看云识天气”游戏、气象直播车展示等活动吸引了大批观众驻足参与。而主题体验活动科普大篷车更是从 9 月 18 日科普日活动正式开始起，每天上午 9 点不到公众就在广场上排起长队等候。这辆大篷车以安全健康为主题，24 块展板在登车口两侧依次摆开，自然地形成一条通道，“急救包”、“安全绳”、“地震逃生”、“心肺复苏”等 8 个体验活动，吸引观众竞相体验。许多观众饶有趣味地说：“近年来，全球气候异常、地质灾害不断，这样一个主题的大篷车可以让观众未雨绸缪，学习防灾减灾、紧急逃生知识，很有必要。”

为组织好这些活动，组织者和实施承担者在半年多的时间里经过许多次的沟通、讨论、修改、协调，最终确定活动方案，完成活动器材、道具的准备。充分的准备使现场活动丰富多彩，理念的转变使活动组织者尽量从公众的角度设计展览和活动，具体到每一件展品、每一项活动都要考虑老百姓是不是感兴趣、好看不好看。不好看的要淘汰，不好懂的要修改。

（四）让科普志愿者担大梁，建设未来的科普工作主力军

这方面的探索主要是把科普志愿者的组织作为科普人才队伍建设的重要工作来抓。为做好科普日活动的组织，早在 2010 年活动策划之初，科普志愿者的工作就提上了议事日程。中国科协委托中科院面向全体研究生招募科普志愿者，任务是在科普日期间承担展品解说及活动组织等任务。9 月初专门组织了志愿者的培训，并根据志愿者的专业领域安排工作岗位，让他们在活动中挑重担。活跃在 2010 年全国科普日北京主场的 80 多名学生志愿者不管刮风下雨，他们都会准时出现在自己的岗位上，发放门票、协助安检、维持秩序、搬运资料、展品解说、活动组织。整个科普日活动期间，每天他们是第一批到达园区的人，也是最后一批离开园区的人。他们的辛勤工作感动了许多参加活动的群众。一位远道而来的王先生说：“每年科普日我都参加。2009 年在科技馆，2010 年在中科院。我发现一个最大的不同就是今年这个园区里有好多的志愿者。不管遇到什么困难或问题，都会有人帮助我，这个做法不错。”中国科协书记处书记程东红对于活跃在科普日北京主场的志愿者给予了高度评价。她说：“这是一群朝气蓬勃的年轻人。他们青春靓丽，有朝气有活力。他们今天是科普日活动的志愿者，明天就会成为科普工作的主力军。我们要用好这支队伍，带好这支队伍。”

四、全国各地科普日活动与北京主场活动相呼应

2010 年全国科普日活动期间，全国各级科协、学会及社会组织紧密围绕“节约能源资源、保护生态环境、保障安全健康”主题以及党和国家重点工作，举办了形式新颖，内容丰富，异彩纷呈的各类科普活动。700 多个全国科普示范县（市、区）和 200 多个科普教育基地都举办了科普日活动；270 辆科普大篷车深入社区、乡村、学校巡回开展科普活动。据初步统计，全国 31 个省、自治区、直辖市和新疆生产建设兵团共组织开展了 3600 多项重点科普活动，参与群众近亿人次。

2010 年，各地在组织全国科普日活动中既注重了围绕主题，又体现了地方特色。按照“贴近实际、贴近生活、贴近群众”的总体要求，创新活动形式，丰富活动内容：

一是围绕“节约能源资源、保护生态环境、保障安全健康”的“纲要”工作主题开展科普活动。许多活动紧密结合公众生产、生活需求，聚焦群众身边的热点问题。比如，重庆市各区县的科普日活动开展得有声有色，涪陵区科协组织了隆重的宣誓和以“创建科普示范区，坚持科学发展观，走近低碳生活”为主题的签名活动；武隆县以“全民参与，倡导低碳生活，保护美丽家园”为主题，开展自行车环城游，倡导低碳生活；巴南区开展了“营养进社区”、“科普与健康”有奖征文等活动。新疆科协在乌鲁木齐市水磨沟区旭东社区开展系列科普宣传，还在华凌市场、商贸城、碾子沟客运站、国际大巴

扎、成功广场等全市13个街道、社区以及群众相对集中的场所设立科普宣传分会场，开展科普宣传、咨询、服务活动。

二是立足国家“节能减排规划”，让公众体验低碳高新科技。“低碳经济”、“低碳技术”已经是群众广为知晓的名词，但高新的“低碳技术”能否走入寻常百姓家和群众的日常生活，科普日的相关活动为公众解开心中谜团。如无锡市科协开展了以“体验物联网技术，感受高科技发展”为主题的体验活动，组织不同类型的群众参与“感知交通、感知物流、感知环保、感知医疗、感知校园、感知农业、感知电网、感知水利、感知家居和感知平安”十大体验活动，让公众切切实实地感受物联网等技术给生活带来的便利。

三是贴近实际、贴近生活、贴近群众开展丰富多彩的科普活动。如黑龙江省哈尔滨市组织中小学生以“我眼中的低碳城市”为主题，联系生活和学习用五颜六色的画笔表达对低碳城市的构想。广东省以“走进低碳生活，科学文明迎亚运”为主题，开展了走近低碳生活科普剧表演、节能减排与低碳生活科普展示、低碳生活光动媒科普漫画拼图大赛等活动。还围绕低碳生活及迎亚运主题，编制了5万多张《羊城绿色迎亚运》科普宣传挂图，在全省科普画廊张贴宣传；编制了5万多张《迎亚运 绿色低碳生活》科普折页及6万多幅《低碳生活从点滴做起》光动媒科普漫画拼图，在全省各地科普日活动现场免费发给群众。

在9月18~24日的一周里，全国31个省（自治区、直辖市）的科普活动异彩纷呈，与在北京举办“2010年全国科普日北京主场活动”遥相呼应，遍地开花，精彩生动，为公众集中提供丰富多彩的贴近实际、贴近生活、贴近科技的科普活动，让各地群众享受了一次美味可口的科普大餐。

【主题科普活动】

2010年，中国科协围绕《科学素质纲要》主题，结合全国科普日、全国科技周、防灾减灾日、科协年会等，组织开展了形式多样的群众性科普活动。

一是组织开展全国科普日活动。2010年全国科普日活动以“节约能源资源，保护生态环境，保障安全健康”为主题，各地围绕这一主题组织开展了3600多项科普活动，参与近亿人次。9月18日上午，中共中央政治局常委、中央书记处书记、国家副主席习近平和王兆国、刘云山、刘延东、李源潮、韩启德等中央领导同志，到中科院奥运村科技园，同首都各界群众和青少年一起参加了全国科普日北京主场活动。习近平指出，广大科技工作者要遵照胡锦涛总书记在纪念中国科协成立50周年大会上的讲话精神，继续在促进科学技术繁荣发展、科学技术普及推广这两个方面发挥重要作用。他希望全国各级科协组织深入贯彻科学技术普及法和全民科学素质行动计划纲要，大力度开展科普工作，大幅度提高全民科学素质，进一步推动形成社会化科普工作格局，不断为建设创新型国家建功立业。并要求各级党委和政府为科协组织和广大科技工作者扎实深入开展科普工作提供有力支持和有效保障。

二是组织开展“我的低碳生活”科技创意大赛。2010年5月18日到9月24日期间举办的“我的低碳生活”科技创意大赛共收到来自全国31个省（自治区、直辖市），以及香港、台湾地区的参赛作品2847件。全国共有234所院校、305家社区参与本次大赛。最终评出一等奖10名，二等奖20名，三等奖40名，入围奖30名，其中优秀作品在全国科普日北京主场进行了展出。

三是举办全国科技周活动。2010年科技周期间，中国科协组织所属全国学会开展了40余项活动，举办科技报告会、科普知识讲座近500场次，各类技术培训班400余场，发放各种宣传材料近百万份（册），制作活动宣传展板与挂图5000余块（张），参与群众900余万人次（不包括影视联展部分）。

四是开展防灾减灾科普活动，为贯彻落实国家减灾委员会关于做好“防灾减灾日”有关工作的要求，中国科协组织各全国学会、各地科协在全国范围内积极开展防灾减灾科普宣传工作。据初步统计，在2010年全国“防灾减灾日”期间，科协系统举办了数百项防灾减灾宣传重点科普教育活动。

五是开展青少年科技教育活动。成功举办第25届全国青少年科技创新大赛等品牌活动，参加全国青少年科技创新大赛的青少年达1760万人次，为培养科技创新后备人才发挥了积极作用。中国宇航学会深入开展“希望一号”卫星系列应用活动，受到胡锦涛总书记的高度赞扬。

六是地方科协结合实际开展特色活动。上海市科协围绕世博“城市，让生活更美好”主题，举办“相约名人堂——与院士一起看世博”活动53场，近600万人次参与活动。西藏、青海、云南省科协开展富有地方特色的“科普进寺庙”活动，组织科技工作者宣讲消防技能、开展专家义诊，得到当地宗教人士和少数民族群众的普遍欢迎和好评。

【科普资源共建共享】

2010年，科普资源共建共享工作紧紧围绕《科学素质纲要》提出的目标任务，进一步加大科普资源共建共享的力度，完善全国科普信息资源共享和交流平台，全社会科普资源总量不断增加，资源质量有所上升，资源共建共享机制初步建立，全社会开发资源、使用资源的意识明显增强。

一、开发、集成各类科普资源

一是开发、集成各类科普挂图、科普活动资源包。围绕“节约能源资源，保护生态环境，保障安全健康”主题，2010年开发、集成科普挂图27套，制作《预防甲型H1N1流感》、《时尚环保的新理念——低碳》两套展板，推出了“抗震救灾”、“气象灾害防御”、“走进低碳”3个科普活动资源包，并组织开展了2010年度优秀科普挂图征集活动，面向社会征集重点选题科普挂图作品，择优资助40套科普挂图。

二是支持拍摄科普广播影视节目。2010年，开发拍摄汉语、哈萨克语、维吾尔语等版本《科普大篷车》电视栏目共计260期，共3900分钟。制作《科普大篷车》广播版260期，并增发特别节目纪念钱学森3期、舟曲泥石流5期、全国科普日2期、精编展播节目15期，共4275分钟。围绕2010年上海世博会，支持拍摄20集电视纪录片《世博的科学传奇》。自科普惠农兴村计划实施以来，每年与中央电视台七套节目合作拍摄一系列5部“科普惠农兴村计划”的宣传片，介绍全国各地先进农技协、农村科普示范基地的生产经验，时长120分钟。

三是组织开发“青少年玩世博”大型科普网络游戏。协调有关部门开展了“青少年玩世博”全国大型科普网络游戏活动。活动期间，全国55万余青少年登录游戏网站，6万多青少年参与了活动。

四是开发、集成国内外科普图书。2010年组织引进出版《科学DIY——奇妙的自然》、《深海奇珍》、《阿尔伯特·爱因斯坦——永恒的瞬间》等国外优秀科普图书52种。新编或与有关省校及涉农学会合作出版农函大系列教材21种，新编《农业优良品种、实用技术、新产品400项汇编》、《基层农技协工作手册》、《百名科技专家、致富能手进少数民族地区画册》、《“三农”网络科普知识及应用》等资料，面向全国发放。

二、繁荣科普创作

一是实施繁荣科普创作资助计划。为激励更多社会力量投入到科普影视、动漫作品的开发制作，2010年度“繁荣科普创作资助计划”共资助科普影视创作单位14家，科普动漫创作单位17家，资助经费总额350万元。

二是举办第一届全国优秀科普作品评奖活动。共评选出优秀奖科普图书18种、科普影视动漫作品6种，提名奖科普图书40种、科普影视动漫作品12种。

三是实施国家科普资源共享与应用机制及平台原型（国家科普网格）开发试点工作。该项目2010年6月启动，目前平台已进入了集中开发阶段。计划在12月初步完成平台原型的开发，初步构建科普原型系统，使得平台内资源可共享可下载，为2011年3月平台的试运行打好基础。

四是实施2010年科普创作素材开发项目。2010年，支持中华医学会等17家全国学会将现有科研成果转化为科普创作素材，为创新型科普资源的开发创作奠定基础。项目涵括新能源、环境保护、食品安全、医药卫生、农林生产等领域。

三、开展科普资源共享服务工作

一是组织开展展教资源共享服务。截至2010年10月26日，主题科普展览工作已完成展出30站，初步统计接待观众约56万人次。“中小科技馆支援计划”共在全国巡展20站。节能减排展览已在广东省中山、汕头、广州以及广西南宁等7个省市科技馆展出，接待观众近25万人次。同时为保证展出效果，开展了巡展评估工作，目前已经评估10站，总体巡展状况完成良好。2010年11月，启动中国流动科技馆巡展工作，制作10套展览，分别组织10个省市在本省县级基层科普场所进行科普展览。

二是组织开展科普资源配送服务。2010年科普出版物配送服务平台共开发科普挂图12种，印制配送科普挂图3种，折纸2种，共128000张。此外，还配合有关工作配送期刊、科普活动资源包、科普图书、光盘等共计43万余份。积极拓展服务网点，新增加发送单位4790个，发送单位总数已达8300余个。科普日前免费向全国各省级科协发放科普资源电子版光盘1120张。

三是组织开展网络科普服务。全国农村网络科普培训对47个城市的5000多名农村科普工作者进行了培训。组织开展了全国农村网络科普需求问卷调查活动，共有14个省的33个城市的3000多名农村科普工作者填写问卷。2010年全国网络科普设施评估活动目前已经完成了完善网络科普设施评价指标、中外网络科普对比研究和618个科普网站的运行监测等工作。同时积极开展网络科普理论研究，组织开展了2010年全国心理科普知识与作品大赛、“低碳生活方式——未来城市交通”科普报告等科普活动。积极开展科普图书网络推介，2010年，在中国科普作家协会网站上更新科普图书500多本，更新图片

600多幅，组织撰写了图书评论100多篇。网站浏览量达到100多万人次。

四是开展科普广播电视服务。2010年，《科普大篷车》电视节目在全国2273家电视台播出，其中包括省级6家（含兵团1家），市级182家（含兵团2家），地县1054家（含兵团22家），乡镇电视台216家，厂矿企业电视台106家，学校电视台563家，其他电视台146家。《科普大篷车》广播节目在中央人民广播电台经济之声（覆盖全国）播出，并作为交换节目在台湾地区播出。2010年还制作播出《科普之窗》电视栏目365期，完成了所承担的全国农村党员干部现代远程教育科普宣传任务。

五是开展应急科普资源服务。在青海省玉树州地震当天为玉树县提供了抗震救灾科普挂图150套、救灾科普展板1套，并在网上提供免费下载，前三天网络下载量突破1000次。在甘肃舟曲县泥石流发生时，及时为甘肃省甘南州舟曲县泥石流灾区提供了科普图书《应急救援知识小百科——地质灾害》500册，救灾科普展板1套。

四、探讨公益性科普事业与经营性科普产业并举机制

一是组织召开国际科教影视展评研讨会。9月17日，来自中国、美国、韩国、日本、澳大利亚、加拿大等近20个国家和地区的媒体人士、生产商、发行商、投资商共200多人参加了在苏州举办的2010中国国际科教影视展评暨制作人年会。会议首次举办“预则立”（You Pitch）国际科教影视节目预售坊，评选和颁发了“科蕾奖”和“中国龙奖”，并设立了创作、市场、制片人等多个专业高峰论坛。

二是组织召开中国（芜湖）科普产品博览交易会科普资源共建共享论坛。2010年11月12~14日，中国科协与安徽省人民政府在安徽省芜湖市联合举办了2010年中国（芜湖）科普产品博览交易会。并以“公益性科普事业与经营性科普产业并举”为主题，举办了2010年科普资源共建共享论坛。

【科普服务能力建设】

2010年，中国科协积极推动《全民科学素质纲要》确定的科普基础设施工程的任务，贯彻落实《科普基础设施发展规划》（以下简称《规划》）。按照《规划》提出的“提升能力，共享资源，优化布局，突出实效”，“立足长远发展，完善已有科普基础设施，拓展社会资源的科普功能，努力提高人才队伍的专业素质和知识水平，提升各类科普设施的服务能力”的指导方针，积极做好有关工作，主要做法和成效如下。

一、开展全国科普基础设施监测评估工作，促进科普基础设施科学发展

一是进一步完善了《科普基础设施监测评估指标体系》；二是组织开展了科技类博物馆、科普教育基地、科普“站栏员”、科普大篷车、网络科普设施等科普设施的试评估工作，进一步完善了各类科普基础设施的科普效能评价指标体系；三是以科普服务能力为主线，对全国科普基础设施的发展状况进行深入研究，形成了《中国科普基础设施发展报告（2010）》（科普蓝皮书）。

二、加强对科技类博物馆的宏观指导

一是了解掌握科技类博物馆发展现状。根据监测评估调查结果显示，目前，全国科技类博物馆已达582座。其中，综合性科技馆268座（46%），专业（行业）科技馆121座（21%），自然科学博物馆193座（33%）。约155座科技类博物馆是在“十一五”期间建成开放的，约占总量的27%。城区常住人口100万人以上的大城市中，60%已至少拥有1座科技类博物馆。根据2010年全国科普基础设施监测评估结果，科技类博物馆常设展览参观人数约3020万人次，临时展览参观人数约670万人次。

科技馆建设方面，除西藏、甘肃科技馆已经批准立项，海南正在筹备科技馆建设外，其余28个省均有科技馆，其中10座是“十一五”期间新建的。沈阳、南京、合肥、福州、武汉、广州等6个城市拥有两座科技馆。据统计，我国现有特大型（建筑面积30000平方米以上）科技馆19座、大型（建筑面积15000~30000平方米）科技馆18座、中型（建筑面积8000~15000平方米）科技馆26座。其中“十一五”期间新建特大型科技馆7座、大型科技馆8座、中型科技馆5座。每个科技馆年均观众量为10万人次。

二是加强政策指导，开展了与科技类博物馆发展相关的基础研究。围绕“促进科技类博物馆能力提升”，通过课题招标，组织了清华大学、中国地质博物馆等15个单位开展了四个方面的专题研究。研究方向主要有：科技类博物馆公益性与经营性研究、科技馆发展状况及对策研究、提升科技馆科普展示与科学教育功能研究、科技类博物馆相关标准和管理规范研究等。同时，为有效组织实施课题研究项目，规范项目管理，制定印发了《促进科技类博物馆能力提升课题研究项目管理办法》。通过课题研究，加强了国内学术界、科技博物馆界之间的交流，为提供决策咨询政策建议、加强对科技类博物馆的政策指导打下了理论基础。

三是加大业务培训交流力度。开展全国中小科技馆发展战略研讨会暨业务培训班和2010（浙江·绍兴）国

际博协科技博物馆专业委员会暨全国科技馆学术年会。培训班于2010年6月21~22日在江苏省盐城市召开，共有来自全国25个省的80余家中小科技馆、十余家企业及相关单位负责人200多人参加了研讨和培训。进一步提高全国中小科技馆负责人对科技馆的建馆理念和相关科普政策的了解，促进全国中小科技馆工作的可持续发展。“2010（浙江·绍兴）国际博协科技博物馆专业委员会暨全国科技馆学术年会”是由国际博协科技博物馆专业委员会与中国科学技术馆、中国自然博协科技馆专业委员会共同主办，来自法国、俄罗斯、丹麦、芬兰、匈牙利、斯洛伐克、加拿大、巴西、阿根廷、摩洛哥等国家和地区的科技博物馆界的20几位专家和学者及中国27个省市的50多家科普场馆和企业界的同仁共260多位代表出席了会议。围绕科技馆建设过程中面临的困惑和发展方向等问题进行深入探讨，有针对性的解决目前部分科技馆发展过程中存在的主要问题，通过相互沟通与交流，解决了许多现实工作中存在的困惑。

三、搭建全国科普教育基地交流与宣传平台，拓展完善全国科普教育基地服务功能

截至2010年底，中国科协共命名了650个全国科普教育基地。据《中国科协统计年鉴（2010）》数据，省级科协命名的科普教育基地有1057座，另外还有全国消防科普教育基地190个，53个国土资源科普基地、4个环保科普基地等。

为加强对科普教育基地的示范引导，一是组织开展了“征集优秀科普活动资源包”的活动，围绕符合纲要工作主题、贴近公众需求、立意新颖、特色鲜明、具有推广价值等标准，评选出11个不同类型的优秀科普活动资源包并向各地推荐。通过优秀科普活动资源包的征集、评选和推介，激发了全国科普教育基地设计开发科普展示资源和组织策划科普教育活动的能力，推动了优秀科普展示和教育资源的共享。二是继续实施“全国科普教育基地数字化建设试点工作”，探索全国科普教育基地数字化建设的基本模式、建设标准和运行管理办法。2010年年委托湖北和江西省科协选取了10个科普教育基地继续开展数字化Ⅱ期试点工作。三是在贵州组织召开了西南地区全国科普教育基地经验交流会。四是委托《北京科技报》开设了《走进全国科普教育基地》专栏，并向所有的全国科普教育基地免费赠阅。

四、基层科普基础设施科普服务功能进一步拓展

推动全国科普“站栏员”建设与发展。一是为推动基层积极探索公益活动市场化运作的有效模式，商请国家工商行政管理总局函复中国科协，对科协系统利用科普宣传栏（画廊）进行公益广告宣传给予支持。二是按照分类型、分阶段推进全国科普“站栏员”工作的思路，2010年重点推动科普活动站建设，开展了全国科普活动站建设示范试点工作。选取全国不同区域、不同类型，有一定基础的100个科普活动站，通过科普资源支持和科普项目资助等方式支持其开展科普展示和教育活动等，进一步明确科普活动站的功能、探索有效运行机制。三是为总结交流“十一五”时期各地推动科普“站栏员”工作的经验与做法，推动“十二五”时期科普“站栏员”工作科学发展，在宁夏召开了全国科普“站栏员”经验交流会。

指导实施科普大篷车项目，增强基层科普服务能力。一是继续组织已定型的Ⅰ、Ⅱ型科普大篷车在全国的配发工作。为天津市河东区科协等42个单位配发Ⅰ型科普大篷车和Ⅱ型科普大篷车。二是扩大科普大篷车的配发范围，探索为县级科协配发科普大篷车的有效方式，为北京市房山区科协等75个单位配发了Ⅳ型科普大篷车。三是组织新型科普大篷车样车的研制和试点工作。四是择优支持各地科普大篷车在科普日期间开展联合科普活动。五是为全面总结十年来科普大篷车工作的成功经验，研讨“十二五”期间继续推动科普大篷车发展的思路，在广西召开科普大篷车工作研讨会。2010年度共计配发科普大篷车116辆，占全国配发总数的30%，首次年度配发数超过百辆。其中Ⅰ型车2辆、Ⅱ型车40辆、Ⅲ型车1辆、Ⅳ型车73辆。配发车载展品1413件，其中Ⅰ型车60件，Ⅱ型车1000件，Ⅲ型车50件，Ⅳ型车303件。到2010年底，已为全国31个省、自治区、直辖市和新疆生产建设兵团配发科普大篷车383辆，遍及全国36个省级单位、214个地市级单位、132个县级单位。

加强校内外科普教育资源整合，推动县级综合性科普活动场所建设。一是继续与教育部联合实施县级青少年学生校外活动场所开展科普教育共建共享试点工作，与教育部基础教育一司在湖北省公安县联合召开了校外活动场所科普教育共建共享工作推进现场会，推进第二期县级青少年学生校外活动场所科普教育共建共享试点工作。二是通过项目资助，为县级科普活动场所提供科普展教教育资源服务。

五、推动科普人才队伍建设工作

一是编制发布《中国科协科普人才规划纲要（2010—2020年）》。根据中国科协推进人才工作的总体安排，启动《中国科协科普人才规划纲要（2010—2020年）》的编制工作，并于7月以中国科协文件正式发布。同时，为使《科普人才规划》的各项任务落到实处，组织专家团队研

究制定科普人才队伍建设项目的实施方案，编报和论证项目预算，推动各项工作深入开展。

二是科普基础设施人员素质不断提升，开展第二届全国科技馆辅导员大赛。“首届全国科技馆辅导员大赛”于2008年开始举办，受到各地科技馆的高度好评和热烈欢迎，提高了科技馆辅导员综合素质。为进一步落实《全民科学素质纲要》精神，搭建全国科技馆业界的学习交流平台，提高科技馆辅导员综合素质和展教水平，推动科技馆展教事业健康发展，2010年继续举办“第二届全国科技馆辅导员大赛”，并将逐步办成每两年一届的例赛。为规范大赛，完善组织规则和管理制度，结合大赛实际情况，制定了《全国科技馆辅导员大赛总体方案》和《第二届全国科技馆辅导员大赛实施方案》。

【人才工作】

2010年，中国科协以全国人才工作会议精神和《国家中长期人才发展规划纲要（2010—2020年）》为指导，认真履行中央人才工作协调小组成员单位职责，围绕落实中国科协承担的《国家中长期人才发展规划纲要（2010—2020年）》、《2010年人才工作要点》中的分工任务，结合科协实际，重点开展了五个方面的工作。

一、召开中国科协人才工作会议，研究和部署科协人才工作

全国人才工作会议后，中国科协于6月上旬召开了人才工作会议，学习贯彻全国人才工作会议精神和《国家中长期人才发展规划纲要（2010—2020年）》，深入研究新形势下加强中国科协人才工作的基本思路、重点任务和具体举措，讨论通过科协人才工作的有关文件，对当前和今后中国科协人才工作进行部署和安排。全国人大常委会副委员长、中国科协主席韩启德，中国科协常务副主席、书记处第一书记邓楠，中国科协副主席、书记处书记齐让等出席会议并讲话。中国科协所属全国学会、各省区市科协、副省级城市科协、新疆生产建设兵团科协、中国科协机关和直属单位的负责同志等300余人参加会议。

会后印发了《中国科协关于加强人才工作的若干意见》、《中国科协落实〈国家中长期人才发展规划纲要（2010—2020年）〉有关任务的实施方案》和《中国科协落实〈国家中长期教育改革和发展规划纲要（2010—2020年）〉分工任务的工作方案》、《中国科协科普人才发展规划纲要（2010—2020年）》、《〈全国优秀科技工作者评选表彰办法〉和〈全国优秀科技工作者评选表彰办法〉实施细则》、《关于开展全国优秀科技工作者推荐评选工作的通知》、《中国科协关于加强决策咨询工作　推进国家级科技思想库建设的若干意见》、《中国科协关于加强继续教育工作的若干意见》等7个文件，形成了科协人才工作基本框架。

二、引进海外人才，提升我国科学家的国际影响力

服务“千人计划”，吸引海外专家为国服务。在“海外高层次人才联系窗口”宣传人才引进政策，发布国内人才需求信息。共向中央推荐36名海外高层次人才，向清华大学、天津大学等高校推荐6名海外人才和1个创业团队。与73个海外科技团体签订合作协议，接待近200人次海外专家为国服务。海外人才库已录入996条海外高层次人才信息。

支持我国科学家开展国际交往。推荐18人新当选为国际科技组织领导人，资助203名专家出国参加国际组织活动。截至2010年10月，经中国科协推荐并在国际科技组织中任职的我国科学家约300人，其中主席17人，副主席30人，担任执委或具有决策职务职能的110人。派团出席国际工程师认证组织成员国主办的国际工程教育研讨会和ABET年会，完成《工程技术人员正高级职称评价标准》和《关于国际工程师制度的现状和发展趋势与建立中国特色工程师制度的研究》报告。

开展树立我国科技界良好国际形象研究。根据中央领导同志对第13期《科技界情况》的批示意见，组织开展树立科技界良好国际形象的调研，邀请院士专家和相关新闻媒体工作者召开了“树立中国科技界良好国际形象的对策与建议”座谈会，会后形成意见和建议报送中组部。

三、搭建学术交流平台，培养和服务高层次科技人才

开展多样化学术交流，培养选拔后备人才。举办第十二届中国科协年会，包括141位外国专家学者、284位港澳地区科技工作者在内的5000余位科技工作者参加。年会设31个分会场，组织院士专家作了130多场科普讲座，为举办地对接了328个项目。适应各类人才成长需求，举办7期中国科协论坛、20期青年科学家论坛、第八届博士生学术年会等活动。面向青少年举办第25届全国青少年科技创新大赛、全国机器人大赛、第10届“明天小小科学家”奖励活动，共有3415名学生、675名科技辅导员（教练员）参加，选拔培养后备人才。

建设高层次科技人才库，联系和服务科技人才。新增43个全国学会的信息采集工作，使中国科协人才库录入信息达6000多人。举办科学家暑期考察休假活动，邀请19位院士专家赴贵州休假，围绕黔南磷煤精深化工产业和铜仁营养健康产业发展举办座谈会和院士报告会。在

国庆期间举办科技工作者活动日活动，慰问了1000余名科学家。走访看望了16个省、2个全国学会和解放军系统的中国科协“七大”代表。

四、着力培养和使用一线高层次科技人才

以院士专家工作站为依托，培养企业一线人才。在“讲理想、比贡献”活动中，选择有条件和有需求的企业，推进院士专家工作站建设。截至2010年10月底，全国已建立院士专家工作站633个，比2009年增加约50%，进“站”工作的院士专家达2700多人次，带动了企业一线人才的发展。

以“科普惠农兴村计划”为依托，培养农村实用人才。实施“科普惠农兴村计划”，以奖代补，奖励了1000个农村专业技术协会，390个农村科普示范基地，390名农村科普带头人，共推广新品种新技术4300余项，辐射带动了780万户农户，促进了农村实用人才成长。

以决策咨询为依托，推进国家级科技思想库建设。围绕国家经济社会发展中的重点热点问题共设立47个研究课题，近700名一线科技工作者参与研究。形成了《关于2009年生物灾害状况和2010年预防与控制生物灾害的报告》、12期《科技工作者建议》、43期《调研动态》，报送中央、国务院领导。《关于2009年生物灾害状况和2010年预防与控制生物灾害的报告》、关于我国高等级病原微生物实验室安全性的《科技工作者建议》得到温家宝等领导同志批示。

开展科技工作者状况调研，维护科技工作者合法权益。面向科技工作者开展了15个专项调查，为保证调查的代表性、真实性，将调查站点由219个增加到504个。向中央书记处报送《科技界情况》22期、刊发《站点信息》81期。王兆国、刘延东、李源潮等中央领导同志对《科技领军人才选拔培养状况调查》、《科技工作者普遍关心的10个问题》等做出重要批示。完成《2010年中国科技人力资源发展报告》。

五、表彰和举荐优秀科技人才

表彰奖励优秀科技工作者。按照中央书记处关于中国科协要以表彰奖励优秀科技工作者为抓手，积极举荐优秀科技人才的要求，修改完善全国优秀科技工作者评选办法并开展评选表彰活动。经单位推荐、公众投票、专家评审、中国科协常委会批准，产生了977名全国优秀科技工作者，50名十佳全国优秀科技工作者提名奖，10名十佳全国优秀科技工作者。开展第七届中国青年女科学家奖评选表彰活动，首次将评选范围扩展到港澳地区，10人获奖。表彰了15名中国科协求是杰出青年实用工程奖获得者和5名成果转化奖获得者。

举荐优秀科技人才。开展国家科技奖等奖项推荐工作，向国家科技奖励工作办公室推荐国家自然科学奖1项、科技进步奖11项。受中国联合国教科文组织全国委员会邀请，推荐4位博士为2011年度联合国教科文组织——欧莱雅青年女科学家奖学金候选人。

【优秀科技工作者宣传表彰】

2010年，中国科协宣传表彰工作坚持深入贯彻落实胡锦涛总书记在纪念中国科协成立50周年大会上的重要讲话精神，围绕党和国家工作大局以及科协总体工作部署，以塑造科协整体社会形象为着力点，以实施“老科学家学术资料采集工程”为抓手，大力宣传和表彰在创新科学技术和普及科学技术方面作出突出贡献的优秀科技工作者和创新团队，努力推动形成尊重劳动、尊重知识、尊重人才、尊重创造的良好社会氛围，科技工作者的良好社会形象更加鲜明，科协的社会显示度和对科技工作者的吸引力凝聚力进一步提升。

一、全面启动老科学家学术成长资料采集工程

按照国务院领导同志指示精神，联合中组部、教育部、科技部等11部委全面启动实施“老科学家学术成长资料采集工程”，邓楠同志任采集工程领导小组组长，张勤同志任领导小组办公室主任，计划三年内完成首批300位老科学家的学术成长资料采集工作。采集工程按照抢救优先、以人为本、突出重点、联合协作的原则，通过文字记录、录音录像、实物采集等多种方式，采集反映老科学家家庭背景、求学历程、师承关系，工作环境、学术交往中关键人物、学术思想、观点和理念产生、形成、发展过程的重要资料。一年来，在采集工程领导小组的精心部署下，采集工程顺利启动，采集工作全面展开。

一是迅速成立专家委员会，为领导小组提供决策咨询。为更好地为采集工程领导小组提供智力支持，经中国科协书记处研究，决定聘请杜祥琬、李振声、陈佳洱、胡启恒、巴德年、王礼恒、张勤等7位院士专家成立采集工程领导小组专家委员会，作为落实采集工程实施方案、指导采集工作的最高学术咨询机构。由杜祥琬院士担任专家委员会主任。

二是扎实开展基础性工作，规范采集工作的程序和质量标准。采集工程是一项开创性工作，采集流程、方法、标准、规范、培训、管理等均无现成资料可供参考。采集工程领导小组办公室经4个多月细致深入的工作，完成了采集工程实施方案配套规则的研究制定工作，其中包括领导小组工作规则、领导小组办公室工作规则、项目管理办法、采集工作标准、人员资质标准、馆藏基地管理

办法、采集人员保密规定、知识产权协议等8个基础性文件，以及采集工作流程、采集工作规范、采集工作培训方案、培训手册、馆藏基地资料移交验收标准、资料数字化方案、数据库建设方案、资料存储方案、资料展示方案等9个技术性文件，从基础上保证了工作程序和采集质量的规范。

三是认真完成摸底调查，确定遴选原则和采集对象名单。2010年2~4月，中国科协发出摸底调查通知，对采集工程领导小组成员单位所属研究机构、高等院校和全国学会所有年龄在80岁以上的两院院士，以及虽然不是两院院士但在我国科学事业发展中做出突出贡献的老科技工作者进行摸底调查，从上报的1358人中遴选出902人，其中两院院士258人，非院士634人。5月3~4日，专家委员会召开第一次会议，研究确定了遴选原则和采集名单，即以年龄大小排序，并按院士与非院士8:2的比例，遴选出第一批采集对象108人，其中两院院士88人、非院士老科学家20人。6月4日上午，采集工程领导小组组长邓楠同志主持召开采集工程领导小组第一次会议，审议通过了采集工程基础文件和第一批老科学家采集对象名单，决定2010年先选取20位老科学家进行试点采集，其他人选纳入2011年采集计划。

四是全面启动采集工作，探索建立科学规范的组织管理机制。考虑到采集工程的特殊性与专业性，采集工程领导小组办公室选择中国科学技术史学会作为技术支持单位，成立采集工程项目办公室，承担第一期采集工作的学术指导和业务管理。按照《采集人员资质》要求，通过定向委托方式，组织相关全国学（协）会、研究院所严格按照学术标准和学术规范组建采集小组，邀请具有采集工作相关经验、熟悉采集对象专业领域、有良好人际沟通能力，掌握录音、录像、摄影等基本技能，有一定研究能力和高度责任心的人员参与，重点对老科学家的口述、音像、实物等资料进行采集。鉴于纳入采集名单的老科学家均年事已高，领导小组办公室研究决定尽量扩大采集范围。截至2010年底，已有52个小组开展了采集工作，另有6个小组已组建并启动了前期工作，不仅远远超额完成了预期20人的采集目标，而且进展顺利。何泽慧、马大猷、严东生、程开甲、徐光宪、师昌绪、吴祖恺等一批声望卓著的老科学家均欣然接受采集，侯仁之、申泮文等老科学家还将数十年来积累的珍贵手稿、书信、著作、照片、证书等实物资料大部捐献出来，在社会上特别是科技界产生了良好影响。采集工程领导小组办公室及时将采集工程的重要会议、重点工作和重大活动情况，各采集小组的先进经验、采集工作进展进行编辑整理，全年共编印工程通讯6期。

五是系统开展人员培训和经验交流，确保采集工作质量和水平。2010年7月16~18日，中国科协调宣部会同采集工程项目办公室对45个采集小组的骨干力量进行了为期3天的培训，内容主要包括采集工程的意义与目标、资料采集工作的流程与基本方法、资料的分类整理与编目、资料的数字化与数据库建设、音视频资料采集的基本技能和采集要求等相关基础知识和基本方法，并且邀请国内知名专家学者专门针对采集工作需要，讲授了中国近现代科学史与中国当代史、20世纪世界科学史等背景知识，培训后经考核合格的采集人员获得采集工作资质证书。9月24~26日，采集工程领导小组办公室举办了“地方科协采集工作负责人培训班”，帮助地方科协采集工作负责同志充分认识和理解采集工程的重要意义，了解采集工作的基本要求、主要内容、工作程序和工作方法，基本具备对采集小组的管理能力，各地方科协调宣部门负责同志70多人接受了培训。10月中旬，采集工程项目办公室对采集小组进行了第一阶段工作检查，统一各采集小组对采集工程的理解和认识，及时解决第一阶段工作中遇到的实际问题，交流采集工作经验，使各采集小组能够较快提高采集质量，达到项目中期评审要求。11月20~21日，采集工程项目办公室召开了采集小组工作交流会议，对第一阶段工作检查结果进行点评，对各小组提出的问题进行汇总和答疑，并对下一阶段工作做出部署，52个采集小组负责人和骨干成员近百人参加了会议。

六是开展深入调研，确定采集工程馆藏基地。2010年年初，由中国科协书记处书记冯长根同志带队，组织调研组对中国科学院自然科学史研究所和北京理工大学等单位进行了实地考察。北京理工大学对此高度重视并给予积极配合，在图书馆专门腾出大面积的阅览室，并配备数字化加工存储条件、恒温恒湿保存条件和展览展示条件。经慎重考虑，最终确定依托北理工图书馆建设馆藏基地。7月2日，中国科协与北京理工大学签署共建协议，馆藏基地建设项目正式启动，拟于2011年初投入使用。馆藏基地一期建设面积为1000平方米，分存储区、展示区、研究区、加工区4个区域。其中存储区域面积为413平方米，可容纳300名老科学家的学术成长资料。展示区域面积为298平方米，可同时展出10位科学家的实物、多媒体及音视频资料。

二、大力宣传在创新科学技术和普及科学技术方面作出突出贡献的优秀科技工作者

1. 开展学习宣传钱学森活动。按照中宣部统一部署，通过多种形式纪念人民科学家钱学森。与中央电视台和

总装备部联合拍摄播出六集中央重大理论文献影视片《钱学森》，在中央电视台播出后，社会反响强烈，中宣部给予高度评价。在《人民日报》刊发邓楠同志署名纪念文章，在央视文艺频道播出“飞翔的路”MTV，制定下发了《广泛深入开展学习宣传钱学森同志活动方案》，向全国学会和地方科协寄送专题片《钱学森》DVD光盘。各全国学会和地方科协也积极组织开展相关纪念活动。中国自然辩证法研究会、中国力学学会、中国自动化学会、中国系统工程学会和机关离退办等单位积极组织撰写纪念文章，中国科协调宣部选取优秀文章在中央媒体刊发。

2. 大力宣传十佳全国优秀科技工作者。配合全国优秀科技工作者评选表彰活动，大力宣传“十佳全国优秀科技工作者”。联合中央电视台拍摄制作“十佳全国优秀科技工作者”宣传短片，在中国科协会员日颁奖大会上播放，并在人民网、中国科协网和中国公众科技网同步播放，受到有关领导同志的高度肯定。在《科技日报》等中央媒体开辟专栏刊登深度报道文章，并向全国学会和地方科协下发“十佳全国优秀科技工作者”宣传光盘。各全国学会和地方科协也对本地区获奖代表进行积极宣传报道。湖南科协报请省委同意，湖南省委常委、组织部部长黄建国代表省委、省政府会见了“十佳全国优秀科技工作者”获得者易小刚，并起草了《关于在全省科技工作者中开展向易小刚同志学习活动的通知》，以省委组织部、省人社厅、省科协的名义联合向全省各有关单位下达，在全省掀起了向易小刚学习的热潮。中国公路学会专门举办了高规格、隆重的颁奖典礼，全国人大常委、全国人大内务司法委员会主任委员、交通部原部长黄镇东为“十佳全国优秀科技工作者”张喜刚颁奖，交通运输部部长李盛霖为“全国优秀科技工作者”石宝林、张劲泉、汪双杰颁奖，在行业内掀起了向优秀科技工作者学习的热潮。甘肃科协、广西科协、重庆科协、中国心理学会等对本单位提名并获得“全国优秀科技工作者”称号的科技人员进行广泛宣传，号召广大科技工作者向他们学习。

3. 组织开展形式多样、各具特色的科技工作者宣传表彰活动。与中央电视台《大家》栏目、《中华英才》、《十月》杂志合作，全年共宣传科技工作者43人。与人民网科技频道合作，联合推出6期“理事长谈学会”大型网络系列访谈栏目，受到广大科技工作者的欢迎。与国家邮政局联合协调沟通，发行第五组《中国现代科学家》系列纪念邮票，钱学森、贝时璋、钱三强、侯祥麟4位科学家为入选对象。支持中国运筹学会制作并发放纪念华罗庚诞辰100周年个性化邮折。支持科普出版社重印《“两弹”巨星王淦昌》纪念文集。全国学会和地方科协也开展了形式多样的科技工作者宣传活动。中国电子学会在学会《简报》开设“专家学者风采”栏目，每期介绍1位本学科专家学者，向学会会员免费送阅。中国麻风防治协会开展纪念马海德博士诞辰100周年系列宣传活动，征集纪念文章进行宣传，在卫生医疗系统产生了积极影响。河北科协与河北电视台联合摄制“河北科技人物风采”系列电视专题片，在河北电视台少儿科教频道《人物》栏目连续播出。湖北科协筹备拍摄以武汉大学中南医院桂希恩教授领导的团队为原型的电影《天职》，有关部门已列入拍摄计划。中国自动化学会与中国宇航学会评选首届“杨嘉墀科技奖”，中国植物保护学会评选首届学会优秀科技工作者，黑龙江省评选表彰百名“全省科技传播优秀工作者”，深受科技工作者欢迎。截至2010年10月底，科协系统共宣传优秀科技工作者3.8万余人，科技工作者的良好社会形象更加鲜明。

三、做好科技工作者表彰和举荐工作

根据全国清理规范评比达标工作联席会议办公室的批复和要求，对中国科协保留的全国优秀科技工作者、中国青年科技奖、中国青年女科学家奖等8个奖项进行整体设计。开展全国优秀科技工作者评选表彰工作，印发《全国优秀科技工作者评选表彰办法》和《〈全国优秀科技工作者评选表彰办法〉实施细则》，《中国科协关于开展全国优秀科技工作者推荐和评选工作的通知》和补充通知。经过推荐、资格审查、全国优秀科技工作者评审委员会初评、公众投票、全国优秀科技工作者评审委员会终评，共评选产生了977名全国优秀科技工作者和10名十佳全国优秀科技工作者。与全国妇联、联合国教科文组织全国委员会、欧莱雅（中国）公司共同开展第七届中国青年女科学家奖推荐与评选工作，候选人推荐范围扩大到香港和澳门地区，获奖者名额增加为10名。截至2010年底，共有77个单位推荐了163名候选人。

开展国家科技奖等奖项推荐工作，向国家科技奖励工作办公室推荐国家自然科学奖1项、科技进步奖11项（包括科普项目6项）。受中国联合国教科文组织全国委员会邀请，推荐4位博士为2011年度联合国教科文组织——欧莱雅青年女科学家奖学金候选人。

【科技工作者状况调查】

深入开展科技工作者状况调查是中央书记处交给科协的一项重要任务，是科协履行党和政府联系广大科技工作者的桥梁纽带职责的重要途径，是科协服务科技工作者的基础性工作。2010年，中国科协精心策划，周密组织，科技工作者状况调查工作取得新进展。

一、深入开展科技工作者状况专题调查

一是紧紧围绕促进科技工作者队伍建设，精心设计调研课题。把服务党和国家工作大局作为开展科技工作者状况调查工作的立足点、着眼点和切入点，在面向全国学会、地方科协和广大科技工作者广泛征集选题，认真归纳分析调查站点报送信息发现选题线索的基础上，围绕当前科技工作者队伍建设的热点、难点问题以及科技工作者所思、所想、所求、所盼问题划定选题范围，通过组织专家评审，确定了2010年度18项、2011年度16项专项调查课题，为提高科技工作者状况调查针对性和有效性奠定良好基础。

二是规范课题管理，确保课题质量。认真落实《中国科协科技工作者状况调查项目管理办法》，抓住问卷设计、开题报告、中期评估、结项验收等关键环节，严把课题质量关。组织社会调查方面的专家对2010年调查类课题的调查问卷进行逐一审核，提出修改意见，保证调查工作达到预期目的。按照随机原则，从中国科协决策咨询专家库中抽取专家组成评审组，先后完成2008年、2009年度19项课题结题，2010年度18项课题开题和中评以及2011年度16项课题的开题工作，及时将专家评审意见反馈课题组并督促落实，以确保课题完成质量。此外，加强课题财务管理和成果归档工作，完成2006年以来调研课题的成果收集。

三是注重成果提炼，形成一批高水平的调研成果。通过会议讨论、集中修改等多种方式，加强课题成果提炼，全年共编发《科技界情况》22期，形成调研动态33期。高新区科技工作者状况调查、海外华人科技工作者状况调查、科技领军人才选拔培养状况等调查成果上报后，受到中央领导同志的重视和批示，部分成果已体现在国务院和相关部门的工作安排之中。《第二次全国科技工作者状况调查报告》正式出版发行，受到社会各界的广泛关注。

二、加强科技工作者状况调查站点建设

一是科学调整调查站点规模和布局。根据近年来科技工作者队伍在数量、结构、分布等方面出现的新变化，在委托专业研究机构进行专题研究的基础上，对调查站点进行了较大幅度调整，以向基层和中西部倾斜为原则，将站点总数由219个增加到501个。调整后调查站点的布局更加科学合理，调查样本代表性进一步提高，抽样误差率较调整前降低7个百分点。为防止调查站点样本老化，保证科技工作者状况调查数据的科学性和准确性，对47个已满设立年限的调查站点进行了调整替换。同时，积极推动地方科协设立科技工作者状况省级调查站点，目前全国已有省级调查站点131个，初步建立了全国站点和省级站点两级联动、动态调整的站点管理工作机制。

二是加强站点管理，完善管理制度。针对站点工作面临的新情况新问题，按照明确责任分工、管理重心下移的原则，对《中国科协科技工作者状况调查站点管理办法》进行重新修订，编制《中国科协科技工作者状况调查站点工作手册》和《中国科协科技工作者状况调查站点调查手册》等配套文件，使站点管理工作进一步走上制度化规范化轨道。设计制作调查站点站牌，委托区域责任管理部门向全部调查站点授牌，提高站点工作人员的责任心和荣誉感。进一步完善科技工作者状况调查信息系统，增强了系统功能，为调查站点工作报送站点信息和反映工作情况提供便利条件。

三是积极开展培训，提高站点人员工作水平。4月28～29日，在四川简阳举办调查站点培训班，对调查站点工作人员开展调查和信息编报方法的业务培训，受到站点工作人员的普遍欢迎。11月10～12日在广东深圳和云南昆明分片举办了新增调查站点培训班，邀请新华社、科技部发展战略研究院等单位的专家就调查信息采编、调查站点信息系统使用问卷调查方法等内容作了专题讲解，260余名新增调查站点工作人员参加培训，取得良好效果。

三、及时收集反映科技工作者意见建议

一是组织站点发放回收调查问卷，为科技工作者状况调查提供支撑。组织科技工作者状况调查站点完成科技工作者人生观价值观调查问卷的发放回收工作，有效问卷回收率达到90%左右，为确保课题完成质量打下了坚实的基础。为配合全国人大法工委组织开展的《科学技术进步法》有关制度立法后评估工作，组织部分站点联系的3000多位科技工作者完成相关调查问卷的网上填答工作，为立法后评估工作提供了基础的调查数据，受到全国人大法工委的好评。

二是督促指导站点报送信息，不断提高工作质量。站点信息是了解掌握基层一线科技工作者状况的重要途径。为提高站点报送信息的数量和质量，在搞好信息报送工作培训的基础上，两次编发站点信息报送和采用情况通报，鼓励、督促区域责任部门认真指导监督所属调查站点按时保质上报站点信息，进一步推动科技工作者状况调查站点信息报送工作整体水平的提高。全年共收到各站点报送信息866篇，较上一年度增加65篇，编发《站点信息》115期，较上一年度增加5篇。

三是归纳整理站点反映的突出问题，推动解决科技工作者现实困难和问题。从站点报送的站点信息来看，集中反映了企业青年科技人才培养、离退休科技工作者福利待遇、基层科技工作者继续教育、医务教育工作者职称评定、高校科研院所科技工作者项目申报和论文发表等科技工作者在工作、学习、生活中遇到的突出问题，为上级领导和相关部门了解掌握基层一线科技工作者状况提供了重要参考。中国科协根据上半年站点报送信息反映情况形成的《科技工作者普遍关心的10个问题》受到中央领导高度关注，王兆国、刘延东、李源潮等中央领导同志先后作出重要批示。

【科学道德与学风建设】

2010年，中国科协常委会科技工作者道德与权益专门委员会充分发挥中国科协作为全国最具影响力的科学共同体的独特优势，积极推动全国学会开展科学道德和学风建设，加强与地方科协和有关部门的协作，搭建平台，创造条件，通过强化宣传教育、开展国际交流与合作、进行学术不端行为调查等方式，在弘扬科学精神、维护科学尊严、推动科学道德建设中发挥了重要的作用。

一、继续打造“中国科协科学道德与学风建设报告会”品牌

科技工作者道德与权益专门委员会成立以来，先后在高校和科研院所举办科学道德教育报告会10余场，在青年学子和社会上的影响力越来越大，已逐步成为中国科协的一个品牌项目。2010年，该项活动继续进行，得到了媒体的广泛报道，“中国科协科学道德与学风建设报告会”品牌影响力不断提升。

3月28日，道德权益专委会、组织人事部、江西省科协、赣州市委联合在赣州举办了“弘扬苏区精神、倡导科学道德”报告会。江西省委常委、赣州市委书记潘逸阳，江西省政协副主席、科协主席李华栋，赣州市委副书记、组织部部长陈春明出席报告会并致辞。专委会委员胡启恒院士、杨乐院士、黄伯云院士、杜祥琬院士、宋南平同志、王乃彦院士、龚克教授出席了论坛。江西省、市、区三级地方科协，江西理工大学、赣南师范学院、赣南医学院等600余人参加。杨乐、杜祥琬、胡启恒、龚克以及江西省社会科学院余伯流首席研究员作了主题发言，王乃彦主持了互动交流。

9月19日，中国科协常委会科技工作者道德与权益专门委员会和北京大学在北京大学百年纪念讲堂联合主办了研究生新生科学道德与学风建设报告会。专委会委员龚克教授、杨卫院士、杜祥琬院士、王乃彦院士分别作主题报告，王志珍院士、北大校长周其凤院士也发表了讲话。报告会由黄伯云院士主持，中国科协副主席齐让出席了报告会。报告会后，各位院士、专家还与现场的同学们进行了互动交流，对同学们提出的问题进行逐一解答，受到同学们的欢迎。

二、代表中国科技界参加第二届世界科研诚信大会

2010年7月22～24日，第二届世界科研诚信大会在新加坡举办，探讨如何推动更加负责任的科研行为。道德权益专委会委员天津大学校长龚克教授、浙江大学校长杨卫院士作为中国的代表作了大会和专题发言。两位委员的报告引起了与会代表的广泛关注和高度评价，在开幕式当天的晚宴上仍有代表向他们提问和讨论交流。

三、推动成立中美科学道德联合指导委员会

在道德权益专委会的推动下，2010年6月，中国科协与美国科促会发表联合声明，宣告成立科学道德联合指导委员会，并表示联合指导委员会将鼓励政策制定者、科研人员、教师和学生开展合作，在与科研及科研应用相关的学术道德建设和知识应用方面取得两国均可利用的成果。联合指导委员会的成立同时将促进中美两国科学与工程界的关系进一步深化。专委会委员杨卫教授、龚克教授、严纯华教授担任联合指导委员会中方成员。

四、举办第十二届中国科协年会科学道德建设论坛

第十二届中国科协年会期间，道德权益专委会以“发挥科技团体作用，加强科学道德建设”为主题，主办了科学道德建设论坛。全国人大常委会副委员长、中国科协主席韩启德院士在论坛上致辞，并要求要把在中国科协年会上举办科学道德建设论坛的好做法坚持下去。许智宏院士、郑健超院士、黄本立院士及美国、英国的专家在论坛上分别作专题报告和主旨报告，专委会成员分别担任了各个报告单元和讨论单元的主持。科技部、卫生部、科学院、工程院、国家自然基金委等部门的相关负责同志出席了论坛，200多位全国学会的代表以及大学生代表也参加了论坛并参与了交流讨论。

五、编写科学道德教育读本

为了在高校推广科学道德教育，道德权益专委会委托天津大学编写中国科协科学道德教育读本。目前20万字的编写工作已经完成，经在读研究生和研究生导师进行了审读并进行了多次修改后，提交专委会成员进行审读。目录及部分章节已翻译成英文，送交中美科学道德联合指导委员会的美方专家提出建议。

六、积极谋划科学道德和学风建设“十二五”的发展

认真贯彻落实国家“十二五”规划提出的目标和任

务，深入研究中国科协在科学道德建设中的形势与任务，组织力量开展专题研究，完成了《中国科协“十二五”科学道德和学风建设规划》的编制工作。

【中国科协会员日】

12月15日是中国科协会员日。为认真贯彻胡锦涛总书记在纪念中国科协成立50周年大会上的重要讲话精神，以党的十七届五中全会和全国人才工作会议精神为指导，为全面落实中央书记处关于大力举荐表彰优秀科技人才的要求，以集中开展“全国优秀科技工作者”表彰活动为重点，突出宣传“全国优秀科技工作者”的典型事迹和崭新风貌，调动和激发广大科技工作者投身建设创新型国家的积极性和创造热情，进一步在全社会弘扬“尊重劳动、尊重知识、尊重人才、尊重创造”的良好风尚，2010年12月14日上午，在北京人民大会堂小礼堂召开中国科协会员日暨“全国优秀科技工作者”颁奖大会。

中共中央政治局委员、全国人大常委会副委员长王兆国，全国人大常委会副委员长、中国科协主席韩启德，全国政协副主席、科技部部长万钢，中央和国家机关有关部委、解放军总政治部干部部和北京市领导出席大会。中国科协副主席、书记处第一书记邓楠主持大会。中国科协副主席、书记处书记齐让宣读中国科协《关于表彰全国优秀科技工作者的决定》。

王兆国同志为“十佳全国优秀科技工作者”获奖者代表颁奖；韩启德、万钢同志为10名“十佳全国优秀科技工作者提名奖”获奖者代表颁奖；人力资源和社会保障部副部长王晓初、国务院国有资产监督管理委员会副秘书长阎晓峰、中国工程院副院长谢克昌和中共北京市委常委梁伟为10名北京市的“十佳全国优秀科技工作者”获奖者代表颁奖；中央组织部副部长李智勇、中国科学院常务副院长白春礼、中国科协副主席陆延昌和解放军总政治部干部部副部长赵勇为10名全国学会的“全国优秀科技工作者”获奖者代表颁奖。

颁奖仪式后，邀请“十佳全国优秀科技工作者”获奖者代表作事迹报告，中国科协书记处书记冯长根主持报告会。海军工程大学电力电子技术研究所所长、中国工程院院士马伟明和中交公路规划设计院有限公司董事长张喜刚分别做了《献身军事科研，忠诚报效国家》和《让“中国桥梁”品牌更加熠熠生辉》的事迹报告。

在京中国科协常委出席会议。在京全国学会会员，高等院校、科研院所、企业科技工作者，部队科技工作者，中国科协、北京市科协机关和直属事业单位工作人员，以及新闻记者参加会议。会议规模约700人。新华社、中新社、《人民日报》、《光明日报》、《经济日报》、《解放军报》、中央电视台、中央人民广播电台、《科技日报》等35家中央媒体参与了大会报道。

在12月15日中国科协会员日当天及前后，各省、自治区、直辖市科协，新疆生产建设兵团科协也举办了相应的颁奖表彰大会，宣读中国科协《关于表彰全国优秀科技工作者的决定》，向本地区“全国优秀科技工作者”获奖者颁奖，请获奖者代表作事迹报告。各全国学会、协会、研究会，各省、自治区、直辖市科协，新疆生产建设兵团科协因地制宜，结合开展会员日活动，大力宣传获奖者先进事迹，树立科技工作者良好社会形象。

与此同时，中国遗传学会、中国自然辩证法研究会、中国植物保护学会、中国水产学会、中国自然资源学会等中国科协所属全国学会均开展了丰富多彩的会员日活动，各地科协紧扣科技工作者“建家”，围绕会员日主题，也开展了一系列的宣传表彰活动。

【组织建设工作】

为贯彻落实中国科协“组织建设年”的工作部署，组织建设专门委员会（以下简称专委会）按照《中国科协七届常委会组织建设专门委员会2010年工作要点》（以下简称《要点》），主要开展了以下几方面工作。

一、做好接纳中国科协团体会员的审议工作

2010年11月专委会召开会议，按照《中国科协团体会员管理办法（试行）》的规定，对提出申请加入中国科协并通过初审的中国知识产权研究会等7个团体的申报材料进行了认真审阅，就有关问题进行了讨论，建议同意接纳6个全国学会为中国科协团体会员的审议意见，并提交常委会审议通过。目前，中国科协的团体会员已发展到181个。

二、加强对科协基层组织的分类指导

建立工作机制，完善科协基层组织建设工作联系会议制度。制定印发了《中国科协2010年基层组织建设工作要点》，发挥科协基层组织建设工作联系会各成员单位作用，推动对科协基层组织实施分类指导。突出重点，抓好落实。4月，组织重庆市科协和中国科协发展研究中心，开展高校科协组织建设专题调研，研究起草了《高等学校科协组织通则》初稿。

三、加强县级科协组织建设

发挥宏观指导作用，组织力量修订《县级科协组织通则》。根据形势发展和任务需要，与承担修订任务的山东省科协一起，深入研究县级科协组织面临的新情况、新问题，完成了《县级科协组织通则》的修订工作。

在科协系统开展“县级科协工作典型案例征集活动”。引导各省区市科协认真总结县级科协工作的好经验、好做法，29 个省（自治区、直辖市）科协推荐了 836 篇县级科协典型案例。在此基础上，正在着手编写《县级科协工作手册》、《县级科协工作典型案例选编》初稿。

四、开展对地方科协主席的培训工作

继续举办县级科协主席培训班。2010 年 7 月，在成都举办了县级科协主席培训班；9 月，在北京举办了西部地区（新疆生产建设兵团、西藏自治区）科协主席培训班，224 名市、县级科协主席参加了培训。在中国科协领导的高度重视与支持下，认真做好培训班课程设计、组织管理、学员服务接待和参观考察安排等工作。齐让书记和程东红书记亲临培训班授课、座谈。机关有关部门负责同志参加学员论坛并与参加培训的科协主席互动交流，听取意见，增进了解。培训中突出了形式多样、内容丰富、学用结合的特点。课件及时制作成光盘发给大家，以供更多的科协干部学习参考，节约了资源，扩大了受训范围。培训班受到了各级地方科协的高度评价和普遍欢迎。

五、指导开展“中国科协组织信息管理系统”（二期）的设计开发

为加强中国科协系统组织建设，及时准确掌握各级科协的组织设置、人员状况，畅通信息渠道，联合信息中心等部门，启动了《中国科协组织信息管理系统》（二期）基层组织信息模块的设计与开发工作，努力发掘系统功能的有效性和实用性，探索运用网络信息化手段服务科协系统组织建设，为有针对性地分类指导各类科协基层组织提供支撑。

中国科协学术建设发布

【学科发展研究（2006—2007）】

学科的创立、成长和发展，是科学知识体系化的象征，是科学技术创新发展的基础，国家科技竞争力的重要体现。开展学科发展研究，总结、发布自然科学各领域最新学科进展，是一项推动科学技术进步的基础性工作，对科研工作者和管理工作者跟踪学科发展动态、社会公众理解学科发展，对推进自主创新、建设创新型国家具有重要的、战略性意义。为此，中国科协于2002年开始，连续4年编制《学科发展蓝皮书》。2006年，在此基础上，启动并建立学科发展研究及学科进展发布制度；在80多个所属全国学会申报项目中，首次组织和资助其中的中国力学学会等30个一级学科的全国学会开展学科发展课题研究工作，编撰出版《力学学科发展报告（2006—2007）》等30部一级学科发展报告和1部《学科发展报告综合卷（2006—2007）》。这些学科发展报告，跟踪了近两年来国内相关学科发展的新进展、新成果、新见解、新观点、新方法、新技术，展望了学科发展前景，提出了学科发展对策和建议。这些研究和报告编制均由各相关学会推荐学科领域首席科学家领衔，组成研究团队，凝聚了学会优势和本学科专家的智慧。

虽然此次发布的内容只是自然科学的所有一级学科领域中30个学科，并不是所有学科领域。但通过对30个学科发展的研究分析，仍然可以勾勒出我国学科领域发展的特点及趋势。概括起来，这些特点和趋势主要表现在以下六个方面。

第一，基础研究不断涌现高水平的原创成果

基础科学的本质是揭示客观世界的运动规律，它是人类关于客观世界基本规律的知识体系，是知识创新和技术创新的先导与源泉。近两年来，我国在基础学科领域取得了一批高水平原创性理论研究成果。

在分子生物学方面，我国开展了以功能基因组和蛋白组学为研究方向，以多学科交叉为基础，建立以微观研究与宏观研究相结合，阐明重要农作物农艺性状分子调控机制为核心的研究体系。遗传学家、小麦育种专家李振声长期从事小麦与偃麦草远缘杂交与染色体工程育种研究，取得了一系列创新研究成果，被授予我国2006年度国家最高科技奖。

在无机化学领域，支志明等解决了氮偶合反应、闭壳金属离子激发态配合物的形成和仿生物有机氧化等多个化学领域难题。他主持的研究项目“金属配合物中多重键的反应性研究”取得突出成果，得到国际学术界的高度评价，并获2006年度国家自然科学一等奖。

闵乃本等完成的“介电体超晶格材料的设计、制备、性能和应用”项目，将超晶格概念推广到介电材料，研制成周期、准周期和二维调制结构介电体超晶格和多种超声原型器件，填补体波超声器件从数百兆到数千兆的空白频段。该项成果荣获2006年度国家自然科学奖一等奖。

1990年正式启动的人类基因组计划项目奠定了21世纪生命科学发展和现代医药生物技术产业化的基础。我国已高质量完成基因组1%即3000万个碱基对测序任务，为基因组全序图的完成做出了贡献。2006年，我国科学家与国外科学家一起完成了人类3号染色体DNA测序和分析工作，在基因组研究方面又有了重要进展。

我国还在世界上首次发现染色体4q31－q32上存在汉族人银屑病的易感基因，首次发现染色体4q13－q21上存在汉族人白癜风的易感基因。这2项成果均被国际权威遗传学数据库（OMIM）收录并分别命名。

第二，应用研究更加重视科技成果转化

把基础研究的成果以及应用学科中的创新理论和理念、方法，应用于解决社会经济发展中面临的重大问题，促进研究成果的生产力转化，是应用学科的首要任务。近两年来，我国在应用学科研究领域更加重视科技成果的转化导向。

程国栋主持的“青藏铁路工程与多年冻土相互作用及其环境效应研究”，有效解决了青藏铁路建设中的一些重大技术难题，为青藏铁路工程建设奠定了科学基础。研究人员根据长期在青藏公路、青康公路的科学研究积累，创造性地提出了“冷却路基、降低多年冻土温度”的主动保护多年冻土的设计新思路。

江泽慧主持的“竹质工程材料制造关键技术研究与示范”联合攻关项目，从竹材基础研究入手，在新型竹质装饰材料制造和竹炭材料制造等方面的关键技术上取得创新与突破。其竹质工程产业化的推广应用，带动竹藤产区经济的发展，并创造了巨大的经济效益。该项目荣获2006年度国家科学技术进步奖一等奖。

殷瑞钰提出的钢铁企业要集产品制造、能源转换、废弃物处理与再资源化三大功能于一体的新一代钢铁制造流程新理念，正在不断深化和开发应用中。

在艾滋病疫苗、禽流感疫苗、SARS疫苗等重大传染病防治的应用基础研究方面，我国取得了重大进展。钟南山领导的攻关协作组研制出的小分子干扰核糖核酸在猴子身上的试验获得成功，证明小分子干扰核酸药物对SARS冠状病毒具有明显的治疗和预防作用。

第三，高新技术某些领域与国际先进水平差距正在缩小

运用高新技术改造传统产业，进一步优化我国国民经济结构、实现经济增长方式的转变，不仅关系到我国能否赶上世界高科技发展与创新的潮流以及中国的国际竞争力的不断提高，还关系到中国可持续发展以及经济安全和国家主权。近两年来，我国紧跟科学技术迅猛发展的步伐，加快落实我国高科技发展战略，推动高新技术及其产业化进程，一些领域与世界发达国家的差距正在缩小。

2006 年，我国自主研制生产的新一代战斗机——歼十公开亮相，标志着我国航空科技取得了重大进展。歼十的研制成功大幅度缩短了我国与发达国家战机的差距，对于提高我国的国防实力具有重要意义。该成果获 2006 年度国家科学技术进步奖特等奖。

我国在应用卫星和载人航天技术领域取得重大突破，2005 年“神舟”6 号飞船再次成功载人上天并安全返回，成为中国航天史上又一新的里程碑。我国的深空探测已经起步，月球探测一期工程进入工程研制阶段，主要目标是实现绕月探测，“嫦娥”一号探月卫星将于 2007 年发射。

在纳米科技领域，我国科学家在新型纳米材料研制、纳米电子、一维量子线、零维量子点材料、信息存储等方面取得了一批赶超世界先进水平的研究成果。

2006 年，新一代通用中央处理器芯片——“龙芯 2 号增强型处理器芯片”（即“龙芯 2E”）问世。该芯片性能达到了中档奔腾Ⅳ处理器水平。

“一体化遥感综合处理平台及工程应用”是测绘学科近年来最为重要的进展。张继贤等以多源遥感数据一体化集成处理技术为核心，研发出具有我国自主知识产权的一体化大型遥感数据综合处理平台——CASM ImageInfoTM。

第四，工程技术更加注重服务国家经济建设

工程技术发展的动因，在很大程度上归结于社会需求的驱动。近两年来，国家建设和社会发展的需要直接牵动了我国相关学科的发展，尤其在工程技术学科更为明显。

孙宝国主持完成的“重要含硫食用香料的研制”项目，实现了制约我国硫醇、硫醚、二硫醚类香料生产的一系列行业共性关键技术的突破，并实际应用于 7 种重要含硫食用香料的生产。该研究成果获 2005 年度国家技术发明奖。

在化学工程领域，我国科学家研制成功大比表面积非晶态镍合金催化剂。该催化剂具有的优异低温加氢活性和磁性正好满足磁稳定床的要求，由此解决了均匀磁场放大和线圈长周期安全运转的技术难题。

在数字化医学影像仪器研制方面，我国突破了永久磁体磁共振成像系统（MRI）国际公认的场强极限，自主开发了世界第一台 0.45T 医用永磁 MRI 系统，在永磁 MRI 磁体、梯度等核心技术上步入世界科技前沿，已成为国际上低场永磁开放式 MRI 系统的最大生产国和出口国。

在水产学科领域，海水养殖动物育种技术实现了历史性突破，一批名特优良海水养殖种类的产业化，昭示着我国海水养殖动物种苗繁育关键技术实现了跨越性发展，促进了我国海水养殖种苗繁育技术体系的形成。

第五，学科间交叉渗透融合趋势日益明显

科学创新涉及广泛的新知识、新观点和新技术，促使跨学科间的合作迅速增加。近两年来，随着我国各学科的发展，学科之间不断交叉、渗透与融合，并促进科学重大发现和新兴学科的产生。

力学学科在与数学、物理学、地球科学和生物科学等学科相互促进、交叉和融合的过程中，形成了物理力学、生物力学等交叉学科，并在这些交叉学科的基础和应用研究领域取得了一批突出成果，如“铁电陶瓷的力电耦合失效与本构关系研究”等。

在化学学科领域，研究者利用属于物理学科范畴的低温超高真空扫描隧道显微镜，对吸附于金属表面的钴酞菁分子进行“单分子手术”，在世界上首次成功实现了单分子自旋态的控制；利用属于信息科学和数学学科范畴的国产超级计算机开发的分子动力学并行算法，在膜蛋白和配体对信号通路调控的分子动力学模拟和实验方面取得了具有国际先进水平的研究成果。

地理学的研究对象和研究内容的拓展，出现的学科间交叉、渗透和融合，使它成为一门包容自然科学、人文社会科学和工程技术科学，以人类环境、人地关系和空间相互作用为主要研究对象的综合性学科。

心理学已拓展到医学、教育学、管理学，以及社会学、法学、军事学、史学等学科。以医学心理学为例，它是应医学模式发展的需要，将心理科学与医学相结合，形成一门新生心理学分支学科。

神经工程学是一个新的交叉学科，在康复工程、（广义）仿生工程、生物安全、国家安全等方面有着广泛的应用前景，而脑 - 机接口则是其中的前沿与热点研究领域。高上凯研究小组在这一领域的研究工作目前居世界前列。

智能制造技术已渗透到制造过程的各个环节，彻底改变了传统的制造工艺和制造过程，它通过模拟人类技工和专家的智能活动，对制造信息进行分析、判断，并完成推理和决策，继而取代、延伸制造过程中人的部分脑力劳动。

在医学各学科之间、医学和其他学科之间呈现出交叉、整合和重构的新趋势，并由此产生一批新兴学科，例如，医学基因组学、药物基因组学、应激医学、医学生物信息学、生物伦理学等。

中西医结合医学是我国独创的一门新兴学科。“中西医结合治疗SARS临床研究”和“中医瘟疫研究及其方法体系构建”分别于2005年和2006年获得国家科学技术进步奖。

【中国科协科技期刊2006—2007年度发展状况】

科技期刊特别是学术期刊是科学首发权赋予、科学评价、学术交流的载体，是科学技术创新发展的重要基础，是创新型国家建设的重要方面，是国家科技竞争力的标志。早在1986年，时任中国科学院院长的卢嘉锡院士就明确指出：“对科研工作来讲，科技期刊工作既是龙头，又是龙尾”。

科技期刊是学术建设的重要内容，是目前科技界和社会各界普遍关注的方面之一；关注科技期刊发展、研究科技期刊发展问题、促进科技期刊发展，不仅是促进出版事业发展的需要，更是加强学术建设，促进自主创新、建设创新国家的需要。中国科协及其全国学会主办的892种科技期刊，是我国科技期刊中最具典型意义的、科学共同体的代表刊群。为反映中国科协科技期刊的发展状况，为我国科技期刊发展提供案例，在2006年开展深入课题研究基础上，编制完成了《中国科协科技期刊发展报告（2007）》。根据这些研究和发展报告所反映的情况，就中国科协科技期刊发展特点和趋势发布如下。

第一，中国科协科技期刊的学术地位不断提高

科技社团作为科学共同体的重要组织形式，编辑出版学术期刊，搭建科学共同体学术评价与交流平台是其重要职责和基本任务。在我国主办科技期刊体系中，科技社团、科研机构、高等院校统称为三大科技期刊办刊主体。至2006年底，中国科协及其全国学会共主办科技期刊892种（其中，中国科协主管421种），占我国科技期刊总数的18.6%；主办学术类期刊625种（其中英文期刊48种，占我国英文科技期刊总数的1/4），年发表学术论文总数23万篇。

由于中国科协科技期刊基于我国科学共同体的基础，在相当程度上避免了学术期刊的部门化、地域化、单位化、人格化现象，为保障学术期刊质量和水平提供了良好的组织机制。据统计，中国科协科技期刊中，学术期刊和技术期刊达到87.2%（其中学术期刊占70.5%），整体学术水平和出版质量较高，在我国科学界具有较高的影响力。中国科协科技期刊中，有61.4%的期刊（544种）被《中国科技期刊引证报告（2006）》收录，总被引频次平均值为775次，影响因子平均值为0.535，高于该引证报告收录期刊的总被引频次534次的平均值和影响因子0.407的平均值。在总被引频次≥1000次的210种科技期刊中，就有中国科协科技期刊132种，占62.9%；影响因子≥1的93种科技期刊中，有中国科协科技期刊54种，占58.1%。

中国科协科技期刊是我国科技界走向国际的重要窗口，在一些国际著名学术检索系统中，被收录的相对比例较高。据2005年的统计数据，中国科协及其全国学会科技期刊被《科学引文索引》（SCI）核心版收录的数量占我国科技期刊被收录总数的40.0%；SCI扩展版收录中国科协及其全国学会科技期刊的数量占我国收录总数的32.7%；美国工程索引（EI）收录中国科协及其全国学会科技期刊的数量占我国科技期刊被收录总数的比例达到77.0%；美国化学文摘（CA）收录中国科协及其全国学会科技期刊的数量占我国科技期刊被收录总数的比例为29.5%。

第二，中国科协科技期刊的编辑出版质量不断提高

学术期刊的编辑出版是保证其学术质量水平的重要方面。近两年来，中国科协科技期刊十分重视编辑出版质量，促使主要编辑出版要素水平不断提高。主要表现在以下五个方面：

一是期刊编辑出版的快速反应机制得到加强。论文发表的即时性是确认科学首发权的基本需要，也是学术交流及时性的需要。近年来，通过适当缩短刊期、增加页码、扩大论文载容量等方式，缩短论文发表周期，建立学术期刊的快速反应机制取得较好效果。目前，中国科协科技期刊中，周刊、旬刊和半月刊有32种（占3.6%），月刊和双月刊有706种（占79.7%），季刊、半年刊和年刊有148种（占16.7%）。平均每期页码为113页，其中61.1%的学术期刊页码在64～128页、21.4%的学术期刊页码在128～256页，最多的达到550页。学术期刊平均每刊出版8期/年，平均每种学术期刊载文258篇/年。63.7%的学术期刊论文发表周期在7～12个月，28.1%学术期刊论文发表周期为2～6个月。

二是编辑出版“四位一体”队伍建设得到加强。建立作者、审稿者、编辑、读者等四位一体队伍，是办好学术期刊的关键。近两年来，中国科协及其全国学会遵循学术规范、同行评议为核心的学术期刊规则，强调建立完善编委会和审稿队伍，注重引进和大力培养高素质的编辑，推动版权合作与代理发行，扩大发行量，使学术期刊的队伍建设得到加强。目前，中国科协科技期刊中，共有编委17232人（每刊47人），其中国际编委1066人（每刊3人），最多达到199人。科技期刊在编从业人员2658人（每刊5.3人，最多的48人），50岁以下编辑出版人员占75.2%，硕士和博士占27.8%。

三是加强了学术期刊的约稿和选题策划。学术期刊的关键是高水平的论文。近两年来，为吸纳高水平、高质量的论文，许多编辑部主动出击，采取参加各种学术讨论会、组织选题策划、跟踪课题研究等方式，主动约稿，提高期刊论文水平。目前，中国科协科技期刊中，有67.3%的期刊根据栏目设置和来稿情况进行组稿，有19.0%的期刊能够每期策划选题，根据选题组稿。

四是学术期刊的数字化平台建设取得新的进展。随着信息技术发展，越来越多的科技期刊利用计算机技术以及网络技术，进行内容传播和编辑出版。目前，中国科协科技期刊中，有80%的期刊使用电子邮件；有35.7%的期刊在使用其他收稿方式的同时，选择使用网络远程投稿系统。被调查期刊中，有50.9%（255种）的期刊已建立学术期刊独立网站，其中具有在线出版功能的有130种，已有99种期刊提供网上免费论文的下载，有31种期刊提供收费下载。

五是学术期刊的经营状况有所改善。近两年来，注重从经营管理体制和运行机制、强化市场经营等方面强化其经营管理，取得一些进展。目前，中国科协科技期刊中，事业法人占35.5%，企业法人占有13.1%。

在管理体制上，中华医学会建立杂志社，率领113种科技期刊走上了集团经营道路。从收入来源来看，平均每种学术期刊的年总收入为50.4万元，其中文章发表费（版面费）占36.2%、发行收入占22.6%、拨款和资助占21.8%、广告收入占14.1%。

第三，中国科协精品科技期刊工程实施开局良好

为充分发挥中国科协及所属全国学会主办科技期刊在我国科技期刊中的重要作用和广泛影响，实现从以扩大规模数量为主向以提高质量效益为主的转变，全面提升科协系统科技期刊的整体质量和水平，带动我国科技期刊质量的整体提高，促进国际交流与合作，提高科技期刊在国际上的地位和市场竞争力，2006年，在财政部的大力支持下，中国科协组织实施了精品科技期刊工程。按照“突出目标，重点支持，动态管理，竞争发展”的原则，在中国科协及其全国学会主办科技期刊中，支持一批学术期刊成长为我国学科或专业领域的领衔期刊，支持部分学术期刊成长为在同学科领域内的世界知名科技期刊。去年的首期中国科协精品科技期刊工程项目资助A类5项（支持成长为世界知名学术期刊，资助强度25万元/刊·年），B类40项（成长为国内领衔学术期刊，资助强度15万元/刊·年），C类61项（催化培养学术期刊，资助强度5万元/刊·年），资助总额为1000多万元。目前，该项工程的实施对引导学术期刊发展，调整和优化结构学术期刊，做大作强精品学术期刊，增强我国学术期刊在国际上的影响力和竞争力，维护中国科学共同体的学术话语权和权益具有非常重要的作用。目前该项目进展顺利，在科技界的影响较大，年度的总结检查即将展开，我们将努力按照项目计划目标积极推进。

第四，中国科协科技期刊的国际化不断提高

近两年来，中国科协积极实施中国科协科技期刊国际推广计划，采取“请进来、走出去、促合作”的策略，通过参展、交流考察、合作谈判等多种方式，主动扩大科技期刊国际间的交流与合作，扩大中国科协及其全国学会主办科技期刊的国际影响力和国际认知度，不断提高自身质量和水平，提高我国科技期刊国际地位和市场竞争力。近几年，一些国际科技期刊集团纷纷进军中国，一些国际出版机构，采取培训、交流、发行合作、战略合作等多种方式，吸引中国科协科技期刊的加盟，虽然期刊的一部分市场被他们占领，但却促进我们期刊在内容质量和运作模式逐渐与国际接轨。

第五，中国科协科技期刊整体水平仍须提高

目前，科技期刊发展的质量精品化，运营集群化、手段信息化、市场细分化、竞争全球化的趋势发展。与这种发展形势相比，中国科协科技期刊还面临严峻挑战，学术期刊总体质量和水平还有待提高，反应机制仍然滞后，国际认可程度仍然不高；同时，我们科技期刊分散、低效、重复、小规模等弊端明显，市场竞争力较弱。如，美国科学信息研究所（ISI）发布的2005年度《期刊引证报告》中，中国科协及其全国学会学术期刊的总被引频次平均值为785次，远低于该报告所有源期刊的总被引频次平均值（3675次）。我们科技期刊发展任重而道远。

在建设创新型国家的新时期，科学技术发展进入重要跃升期，科技期刊发展面对新的机遇，中国科协及其全国学会将继续实施精品科技期刊战略，推进精品科技期刊工程；继续加强作者、审稿者、编辑、读者四位一体的学术期刊队伍建设，遵循学术规范、同行评议和以科学发现优先权为核心的学术期刊规则，建立完善国际化的编委会和审稿队伍，引进和大力培养高素质的编辑；建立完善科技期刊数字平台；坚持不懈地深入开展科技期刊发展研究、继续编制科技期刊发展报告，不断提升学术建设的能力。

【学科进展研究（2007—2008）】

作为科技工作者的群众组织，国家推动科学技术事业发展的重要力量，中国科协组织开展学科发展研究及发布活动，是探索学科发展规律，跟踪学科发展态势，把握学科发展方向，报道学科最新进展，宣传学科研究成果，促进学科发展交流，推进科学技术进步的一项重要举措。

中国科协在2006年开展30个学科发展研究的基础上，2007年组织中国物理学会等22个全国学会，对物理学、天文学、海洋科学、生物学、管理科学与工程、水利、工程热物理、控制科学与工程、航天科学技术、核科学技术、石油与天然气工程、能源科学技术、安全科学与工程、园艺学、畜牧兽医科学、植物保护学、作物学、公共卫生与预防医学、城市科学、车辆工程等20个学科的学科进展状况进行了系统研究，编撰出版了20本学科发展系列研究报告和1卷综合报告（2007—2008）。

上述20个学科近年来的进展情况，可以从以下6个方面的综合评述得以反映。

第一，基础研究呈现较快发展态势

近年来，我国坚持服务国家目标与鼓励自由探索相结合，大力发展基础研究，不断加大资金投入，基础研究领域取得了长足发展，呈现较快发展态势，一些学科的研究水平逐渐步入国际科学前沿。

在凝聚态物理领域，我国科学家开展的介电体超晶格研究具有很强的创新性：将微结构引入介电晶体，构成了介电体超晶格；介电体超晶格还能实现不同物理常数的调制，已成为一种具有重要应用前景的人工有序微结构材料。在量子信息技术的基础研究方面，我国科学家首创了量子避错编码原理、概率量子克隆原理；实现了基于线性光学的量子纠缠浓缩和基于纠缠交换的量子中继器，原理性地证明了基于上述技术可以在遥远的两地建立最大纠缠；在纠缠态光场及连续变量量子通信研究方面，首次获得明亮EPR量子纠缠光束；首次从实验上获得连续变量三组份纠缠态光场，并首次完成具有网络特性的受控密集编码量子通信。

在天文学领域，我国太阳与日球物理研究在发展中国家中居于首位，部分研究领域保持了国际先进水平。我国在太阳表面磁学，包括太阳活动区向量磁场演化和太阳弱磁场研究等方向开展了一系列原创性研究。“银河系磁场的研究”成果使人们对银河系磁场从局域认知发展到整体图像。中国天文学家搭载于“神舟二号”上的射线暴探测器，曾成功地观测到若干个射线暴。

在海洋科学技术领域，我国科学家在西南印度洋中脊超慢速扩张区发现了新的海底热液活动区，抓取了完整的热液硫化物烟囱体样本，实现了中国在勘查热液硫化物领域“零”的突破，标志着我国海洋科学在世界海底热液活动研究领域跃入先进国家行列。

近年来，我国学者在生命科学和生物技术领域均获得重大突破，“发现一种G蛋白偶联受体是植物激素脱落酸的受体”研究成果将改变目前植物学研究的现状，并使G蛋白信号研究成为植物学研究中引人瞩目的中心。我国科学家还构建了目前国际上关于中国大陆H5亚型禽流感病毒最完整的毒株库；研制成功中国第一个高致病性禽流感疫苗——H5N2亚型禽流感灭活疫苗，世界上第一个可诱导水禽对高致病性禽流感产生有效免疫保护并大规模应用的流感病毒反向遗传操作疫苗——H5N1基因重组禽流感灭活疫苗，为我国成功防控H5N1亚型高致病性禽流感提供了充足的技术储备。

第二，战略需求引领学科快速发展

进入21世纪，我国在航空航天、海洋工程、能源动力、交通运输、矿产资源、环境保护、污染治理、生物、医药等领域面临大量紧迫的现实发展课题，这给相应学科既提出了严峻的挑战，又赋予了极好的发展机遇。

2007年，我国成功发射的第一个月球探测器“嫦娥一号”顺利进入环月工作轨道并传回月球三维影像，开始了预定的科学探测活动。“探月工程”的圆满成功，标志着我国在深空探测领域突破了卫星的轨道设计、热控制、测控数传、定向天线和制导、导航、控制等关键技术，卫星技术水平跻身世界同类月球探测器的先进行列。

我国自主设计并建成了世界上第一个具有非圆截面的全超导托卡马克装置。该项目具有完整的自主知识产权，处于国际同类装置领先水平。与国际同类装置相比，该项目以最少的资金、最快的速度在世界上率先建成，确立了我国在全超导托卡马克建设中的国际领先地位。

我国10MW高温气冷实验堆采用肩并肩式的紧凑布置，燃料连续装卸运行方式，具有在事故下能自动停堆、非能动排出剩余发热等一系列先进技术。这是我国自行研发、设计、建造的世界上第一座具有非能动安全特性的10 MW模块式球床高温气冷堆，标志着我国在高温气冷堆技术领域已达到世界先进水平。

“黄河流域水资源演化规律与二元演化模型”项目研

究成果提出的理论方法和模型技术已被我国水行政主管部门在相关方法修订和模型改进中采用；评价成果被黄河流域和相关省区运用于开展水资源评价和制定水资源规划；提出的调控方案已应用于流域相关省区的国民经济规划。

通过开展“建设与自然环境和谐共生的生态城市山地城市生态化规划建设关键技术与应用”课题研究，我国科学家总结提炼出山地城市生态化规划建设的关键技术与应用推广相结合的研究成果，为指导我国山地城市规划建设的可持续发展、资源的优化配置、生态环境保育与良性发展提供了重要的技术支撑，对丰富和发展我国城市规划科学理论，推动城市规划的技术进步和学科建设，形成具有中国特色的山地城市生态化规划建设理论与技术方法体系，具有重要的意义。

第三，科技创新提升国家竞争潜能

2003～2007 年是中国航天科学技术快速发展时期：长征系列运载火箭超过 60 次连续成功发射；新一代运载火箭研制取得一系列重大成果；“神舟五号”、“神舟六号”圆满完成载人航天飞行任务；首次“探月工程”成功实施，圆满完成各项预定任务。上述成果均是我国科技自主创新的标志性成果，进一步显示和提高了我国的整体竞争实力，极大地激发了中华儿女的爱国热情，极大地增强了全国各族人民建设创新型国家、促进社会和谐、加快推进社会主义现代化进程的信心和决心。

石油与天然气资源，既是当今世界主要的优质能源，又是保障一个国家政治、经济、军事安全的重要战略物资。在该学科领域，近 3 年来，我国在海洋石油大位移井开发工程、西部超深井钻探工程、复杂油气藏开发、提高油田采收率及油气管道长输等方面取得了丰硕的科技创新成果，其中部分成果已在现场获得推广应用，产生了巨大的经济效益和社会效益，标志着我国在石油与天然气工程领域的科技水平不断提高，科技实力进一步增强，为保障我国石油安全及天然气工业发展奠定了必要的基础。

在深水机器人研制方面，中国科技工作者负责研制的“CR－02”6000 m 自治水下机器人在成功完成实验室调试、湖上试验和工程化改造工作后，在南海海域成功进行深海试验，并通过了大洋协会组织的海上试验验收。该试验的圆满成功，标志着我国在自治水下机器人技术和应用方面又实现了新的跨越，达到世界先进水平。

在海洋科学研究领域，我国科学家建立了中国边缘海形成演化的理论框架，为开辟中国边缘海油气资源勘探新领域提供了基础理论和重要远景区，为我国海域划界、维护海洋权益提供了重要依据。我国先后发射了两颗海洋卫星，结束了我国没有海洋卫星的历史；深海半潜式钻井平台技术取得突破性进展，浅海浮动式生产和储卸油系统（FPSO）技术处于国际领先水平。

第四，成果应用促进国民经济建设

科学技术是第一生产力，它要求科技成果尽快转化为生产力，直接为国民经济建设和社会发展服务。

在工程热物理领域，中国科学家就“复杂约束条件气液两相与多相流及传热研究”课题开展研究，通过自主创新，建立了一系列独特的实验装置和系统，开拓了我国能源洁净转化和安全利用的新途径。

秦山二期核电站是我国首座自主设计、自主建造、自主管理、自主运营的商用压水堆核电站，它的建成使我国实现了由自主建设小型原型堆核电站到自主建设大型商用核电站的重大跨越，为我国自主设计、建设百万千瓦级核电站奠定了坚实的基础，对促进我国核电国产化发展，拉动国民经济发展发挥了重要作用。

针对开采主要由特低渗透、特低丰度油藏构成的油田目前尚缺乏经济有效的技术这一世界性难题，我国相关专家学者联合攻关，首创了油田开发设计非达西渗流油藏工程方法，建立了非达西渗流产量模型；首创裂缝性特低渗透油藏井网优化设计方法，实现了裂缝、基质渗透率与井网最佳几何参数的定量计算。这一技术成果已在大庆外围油田得到广泛应用，取得了巨大的经济效益和社会效益。

在园艺学领域，我国科学家开展的“不结球白菜优异种质创新方法及其应用”研究课题，利用创新的种质材料配制出不结球白菜新品种、新组合 10 个，并已在全国推广。该研究不仅在实践上为不结球白菜杂优利用提供了新技术、新材料和新途径，而且对丰富植物遗传育种理论具有重要的意义。

作物科学领域开展的“小麦籽粒品质形成机理及调优栽培技术的研究与应用”项目，在专用小麦籽粒品质形成规律、品质生理生态、品质生态区划、品质调优栽培及管理决策技术等方面取得了显著进展，丰富和发展了小麦品质生理生态及调优栽培理论与技术，促进了小麦生产由高产数量型向量质协调高效型转变。

针对当前我国各个领域重大安全事故频发且日趋严重的现实，我国科学家提出一套适合中国国情的重大工业事故预防控制体系技术思想，以及重大危险源辨识、评价、分级管理、监控和制定工厂选址、城市土地使用安全规划政策、建立应急救援体系的技术方法，开发了重大危险源监控与监管方面的一系列核心技术。该技术成果的应用，将有效地遏制重大安全事故的发生，对创造安全、卫生、无害的良好社会环境，构建社会主义和谐社会具有十分重大的作用。

第五，交流合作增添学科发展活力

交流与合作的日益增强，及其作用的日益彰显，是现代科学技术发展的一个重要特征。

进入21世纪，物理学的国际化趋势得以不断加强，大型强子对撞机（LHC）和国际热核聚变堆（ITER）等项目，都是国际合作大科学工程的极好范例；许多重要研究机构都聘有来自不同国家和地区的一流物理学家共同开展研究工作，大量的基础研究项目都需借助其他国家的先进仪器设备进行实验；一些重大科技成果往往是跨国合作研究优势互补、资源共享、利益共分的结果。

国际合作还有力地推动了我国大科学研究计划的实施。中国、巴基斯坦自1988年开始合作研制地球资源卫星，至今已取得了丰硕成果，并成为第三世界国家在高科技领域合作的典范。

在海洋科技研究领域，中国科学家参加了全球海洋观测系统、全球海洋生态动力学、大洋钻探、海岸带陆海相互作用、全球有害赤潮的生态和海洋学、国际ARGO合作计划等重大国际合作研究项目。中国科学家积极参与国际海洋科技交流与合作，逐步提高了中国在海洋科技研究领域的国际地位。

由中国、日本、意大利共同建成的羊八井宇宙线观测站，是世界上最大的高海拔宇宙射线实验基地，也是我国在宇宙射线观测领域成功开展国际合作并具有国际影响的宇宙线观测站。该观测基地目前已发展成为北半球最活跃的宇宙线观测基地，成为国际4大超高能 天文和超高能宇宙线研究阵列之一。

第六，重大突破尚待理论方法创新

近年来，尽管我国在科技体制改革、创新文化培育、学科队伍建设、科学研究开展等方面均取得了巨大的成就，科学技术得以长足发展，但是，与建设创新型国家的发展要求相比，与发达国家相比，我国科学技术发展的总体水平还相对落后，创新氛围不容乐观，原始创新和系统集成创新能力还不够强，科技生产关系与科技生产力发展的矛盾依然突出。学科的发展水平和发展速度很不平衡，一些学科的许多研究领域整体还处于落后或跟踪状态，具有自主知识产权的重大科技成果数量还不够多，能够总揽全局的战略科学家和能够带领团队攻克国际学科前沿领域课题的领衔科学家还很缺乏。个别学科由于活力不足，过于封闭，相关的研究领域队伍建设滞后，因而发展缓慢，令人忧虑。

尽管物理学等20个学科的性质、特点、现状和发展趋势各不相同，但综合分析这些学科近年来的上述进展情况，我们仍可从中获得学科发展所应具有的某些共识。（1）遵循科学研究规律，倡导科学文化精神，乃是各学科健康、顺利发展的根本；（2）鼓励原始创新，重视理论建树，乃是学科尤其是基础学科占据国际前沿阵地的关键；（3）坚持以人为本、促进人类社会持续和谐发展，乃是各学科顺应时代潮流的发展方向；（4）强调以思维方法、研究方式和研究手段为对象的方法创新，乃是各学科取得突破性进展的客观要求；（5）面向国民经济建设和社会发展的需要，乃是学科尤其是应用学科始终保持活力的根本；（6）促进学科间的交叉渗透，推动国际间的交流合作，乃是各学科跨越式发展的必然趋势；(7)重视团队建设尤其是具有战略发展眼光的科技领军人才的培育，乃是各学科持续、稳步发展的保障。

众所周知，科学技术的每一次重大突破、重大跨越、重要发现和重大发明，都与思维创新、理论创新、方法创新、手段创新密切相关，因此，重视理论创新和方法创新，将对今后我国各个学科有更高水平的迅猛发展，各学科领域涌现更多重大的科技突破起到重要作用。

理论创新通常意味着新的研究领域的开辟，预示着新的学科的诞生，昭示着新的成果的涌现。以控制科学与工程学科为例，我国科学家通过开展“智能控制理论与方法的研究”项目，建立了一套关于智能控制的理论体系，并在实际工程中得到了验证和应用，开辟了智能控制研究的新领域。该理论体系的主要创始人由此被国际同行公认为在智能控制领域做出了开拓性贡献。

方法创新带来的重大科技突破和整体效益的提高，在一些学科领域得到很好的反映和体现。神舟飞船系统工程项目管理团队正是将现代项目管理的理论与方法与我国航天型号研制项目管理实践相结合，才孕育了独具中国特色的“神舟文化”和载人航天精神，并由此形成了一套符合我国载人航天工程要求的科学管理理论和方法，创造了对大型工程建设进行现代化管理的宝贵经验。

建设创新型国家是我们国家在新世纪提出的一个重要的国家战略，我们相信，不断提升各学科领域科技工作者的理论创新和方法创新能力，对于从整体上提高我国科学技术的进步发展速度，提高我国企业的自主创新能力，提高我国产业的国际竞争能力，提高我国社会经济的可持续发展能力，将具有非常重要和积极的意义。

【中国科协科技期刊2007—2008年度发展状况】

到2007年底，中国科协及其全国学会主办和参与主办的科技期刊共计 898 种。作为我国科技期刊的重要组成部分和具有代表性的刊群，在上一年度里继续努力加强作者、审稿者、编者和读者四位一体的队伍建设，遵循学术规范、同行评议和科学发现优先权赋予等学术出版规则，提高学术水平和出版质量，整体发展势头良好。特别是国家财政专项支持下，为实施精品科技期刊战略，从 2006 年开始启动实施的中国科协精品科技期刊工程，为中国科协科技期刊注入了新的活力，取得明显成效。

第一，中国科协科技期刊的学术质量稳步提高

据对来自中国科学技术信息研究所发布的《2007 年版中国科技期刊引证报告（核心版）》的数据分析，565 种被收录的中国科协科技期刊的被引频次、影响因子、即年指标、基金论文比和国际论文比等重要学术指标的平均值均高于该引证报告收录期刊总体的平均水平；同时，2007 年度收录的中国科协科技期刊各项指标值高于 2006 年度收录的中国科协科技期刊，其中平均被引频次增加了 179 次，超过同期该引证报告收录期刊总体平均被引频次的增长幅度（116 次）。另据对来自美国科学信息研究所（ISI）发布的 2006 年度《期刊引证报告》统计，被收录的 41 种中国科协科技期刊平均被引频次为 948 次，平均影响因子为 0.586，比 2005 年分别增加 163 次和 0.019。2007 年中国科技论文与引文数据库（CSTPCD）评选发布的首届 100 篇国内优秀学术论文，来自 85 种期刊，其中有 56 篇为中国科协学术期刊发表的论文，来自 48 种期刊，中国科协学术期刊入选论文和入选期刊均超过半数，高于中国科协学术期刊占全国学术期刊的比例。这表明，精品科技期刊战略的实施和各项相关措施的落实，促进了中国科协科技期刊质量和水平的提高。

第二，中国科协科技期刊的国际化取得新进展

2006～2007 年，中国科协按照“请进来、走出去、促合作”的思路，继续实施科技期刊国际推广计划，积极组织科技期刊参加国际出版机构学术研讨和交流活动，通过多种方式向国际著名检索机构和学术机构推介优秀科技期刊，促进科技期刊国际化程度的提高。中国科协科技期刊在引入国际科技期刊界的先进理念和经验、密切与相关国际出版机构的交流与合作关系、扩大自身国际影响力和国际认知度等方面取得新的进步。在过去的一年中，又一批全国学会主办的科技期刊被国际著名检索机构收录，其中：美国工程索引（EI）新收录 7 种，美国化学文摘（CA）新收录 33 种，剑桥科学文摘（CSA）新收录 49 种，医学文摘（EM）新收录 6 种，科学文摘（SA）新收录 3 种。有 91 种期刊与国外相关组织开展合作项目；116 种期刊参加国际交流与互访。

第三，中国科协科技期刊的快速反应机制进一步完善

与 2006 年相比，中国科协科技期刊 2007 年快速反应机制进一步得到改善，主要表现为期刊出版周期缩短，刊载容量增加，总体出版频率正在加快，出版时效性明显增强。以入选 2006 年精品科技期刊工程 B 类项目（培育国内领衔科技期刊）的 40 种期刊为例，一年来，这些期刊平均每期页数由 113 页增长至 172 页，增幅为 52%；平均每刊出版周期由 247 天缩短至 125 天，缩短近一半；40 种 B 类项目期刊共发表论文 12402 篇，平均每刊增加 49 篇。

此外，一大批科技期刊开展在线出版，呈现出科技期刊出版的网络化发展趋势。据调查，到 2007 年 5 月，已有 448 种中国科协科技期刊建立网站，其中近半数期刊网站具有在线投稿、在线审稿、在线查稿等在线处理功能，初步实现编辑部办公的网络化。据中国科学技术信息研究所公布的《中国科技期刊引证报告（2005 年版）》收录的 1608 种中国科技核心期刊中，到 2007 年共有 230 种开放存取（OA）期刊；而 898 种中国科协科技期刊中，共有开放存取（OA）期刊 140 种，占我国开放存取（OA）科技期刊总数的 60.87%。表明中国科协科技期刊已成为推动我国科技期刊网络化发展的重要力量。

第四，中国科协科技期刊队伍能力建设进一步改善

在精品科技期刊发展战略的推动下，越来越多的办刊单位认识到提高出版队伍能力的重要性和紧迫性，把加强出版队伍能力建设摆在更加突出的位置，积极采取多种方式，增加期刊专职编辑力量，优化编辑人员结构，壮大审稿人队伍，提高编委会国际化程度。据调查，2007 年平均每刊编辑出版从业人数为 6.7 人，比上年增加 1.4 人；平均每刊审稿专家总数为 201.5 人，比上年增加 33.9 人；平均每刊编委总数为 54.4 人，比上年增加 5.1 人；平均每刊国际编委人数为 4.9 人，比上年增加 1.7 人。

第五，中国科协科技期刊发展面临新的机遇与挑战

当前，提高自主创新能力、建设创新型国家的伟大实践进入崭新阶段，出版发行体制改革持续深化，国际科技期刊市场竞争日趋激烈，我国科技期刊的发展面临前所未有的机遇和挑战。

尽管中国科协科技期刊的办刊质量不断提高，在构建科技创新支撑体系方面发挥的作用越来越大，但与国家创新体系建设的要求相比还有明显的差距。主要表现在：科技期刊发展水平与我国科技发展的总体水平不相适应；科技期刊发表科技论文时滞与科技工作者追求科技成果即时发表、科学发现首发权的要求不相适应；科技期刊在建设和谐学术生态中发挥的作用与国家创新体系建设的客观性需要不相适应等。因此，把握改革机遇，创新办刊模式，加快自身发展，增强竞争能力，更好地服务于创新型国家建设，成为包括中国科协科技期刊在内的全国科技期刊重要而紧迫的任务。

面对新的形势和任务，在新的一年里，中国科协及其全国学会将努力做好以下几个方面的工作：一是健全和规范学术期刊学术交流和评价机制，倡导学术争鸣，鼓励创新，努力为科技自主创新营造良好环境。二是按照引导学科发展的原则和要求，合理配置和有效利用期刊资源，把握出版发行改革发展机遇，积极探索中国科协科技期刊的体制和机制创新，鼓励科技期刊的集群化建设，创新办刊体制。三是以建立高素质期刊人才队伍、提高刊载论文水平、提升编辑出版质量、提高期刊的同行认可度为重点，继续推进精品科技期刊发展战略，提升科技期刊品牌形象。四是继续积极推进科技期刊的国际交流与合作，提高编委会和审稿队伍的国际化程度，支持英文期刊的发展，推进开放存取和科技期刊网络化建设。

【学科进展研究（2008—2009）】

作为科技工作者的群众组织，国家推动科学技术事业发展的重要力量，中国科协组织开展学科发展研究及发布活动，及时总结、报告自然科学相关领域学科的最新研究进展，是一项集成学术资源、推动科技进步的基础性工作，对科研工作者和管理工作者及时了解和准确把握相关学科发展动态，适应学科交叉的发展趋势，提高原始创新能力，建设创新型国家都具有重要的意义。

自2006年开始启动学科发展研究以来，中国科协在2006、2007两年内先后组织52个全国学会开展了50个相关学科的进展研究，近2000名专家学者直接参与了研究报告的编写工作，4000余名科技工作者参与了学科发展的研讨。2008年又组织中国化学会等28个全国学会，对化学、空间科学、地质学、地理学、地球物理学、昆虫学、心理学、环境科学技术、资源科学、实验动物学、机械工程、农业工程、仪器科学与技术、电子信息、航空科学技术、兵器科学技术、冶金工程技术、化学工程、土木工程、纺织科学技术、食品科学技术、农业科学、林业科学、水产学、中医药学、中西医结合医学、药学、生物医学工程等28个学科的学科进展状况进行了系统研究，编撰出版了28卷《学科发展系列研究报告》和1本《综合研究报告（2008—2009）》。

第一，重大科学发现与方法创新促进基础学科发展

两年来，我国基础学科取得了快速和显著的发展，突出表现为：基础研究更加扎实、深入，新兴学科发展迅速，传统学科不断涌现新生长点，面向国家、社会重大需求和面向实际应用的成果数量与质量明显提高，学科分布格局更趋于与国家经济发展要求相适应，与国际趋势相符合。研究重点更加注重可持续发展，新成果不断涌现，学术交流更加广泛，学术论文的数量和质量有新的提升。

在化学动力学理论研究方面，我国学者应用理论化学动力学方法，通过与实验研究的紧密结合，发现F+H2反应体系中HF（$v=3$）前向散射是由于反应体系通过离心势垒时放慢通过所造成的，否定了诺贝尔化学奖获得者李远哲等早先有关HF（$v=3$）前向散射是由于反应共振态所引起的推测。研究者还利用自行研制的交叉分子束——氢原子里德堡态标识探测新装置，以几个波数的光谱精度开展了动力学研究，为高精度的理论研究提供了不可多得的实验基础数据；通过重新构建势能面，首次实现了通过反应动力学实验直接以几个波数的光谱精度探测化学反应势能面的目标。该系列高精度实验和精确理论相结合的研究为经典反应体系中的共振态现象提供了清晰答案，解决了国际上30多年来化学研究中一个悬而未决的难题。

在空间物理学方面，我国形成了具有创新特色和独成体系的星座系统，首次形成了地球空间“6点探测”，引发了国际上磁层研究的新焦点。我国学者提出“电离层风”的概念，明确指出“电离层风”尾向流对磁层亚暴的触发过程起重要作用；观测尾向流和地向流相互作用形成锋面区，锋面区中形成亚暴膨胀相开始的触发过程和相关现象；发现弓激波前太阳风中的离子空洞，对太阳风结构有了进一步的了解；提出了一种能得到更为准确反演结果的新型中性原子成像反演模型。

在自然地理学方面，我国学者对沙漠化过程及其防治对策进行了较为系统深入的研究，摸清了过去2000年来我国北方沙漠化过程、演替序列、格局和驱动机制；揭示了土壤风蚀和沙尘起动的物理机制，确定了土壤风蚀容忍量、定量评价体系，风沙电场形成机理、分布规律和影响，及沙尘源区、移动规律和形成机制，建立了沙尘暴监测、预报预警方法和系统；探究了沙漠化过程中植物的受损过程、适应对策和植被恢复机理，阐明了我国近50年沙漠化的过程、成因、现状及其发展趋势，为国家防沙治沙和干旱地区生态环境和社会经济可持续发展战略提供了科学依据。

在地质勘察方面，我国学者建立的构造叠加晕找矿法，用原生叠加晕理论合理解释了原生晕轴向分带出现的“前尾晕共存”、“反分带”等无规律或反常现象，解决了困惑化探专家几十年的重大难题，大大提高了盲矿预测的准确性和找矿效果，是危机矿山深部预测盲矿方法研究的重大突破。

在昆虫学方面，我国学者系统研究了棉铃虫在Bt棉花和常规棉花田的种群动态，有效控制了棉铃虫对棉花的危害。该研究成果为解释转基因抗虫作物对靶标害虫种群演化的调控机理提供了理论基础，同时昆虫学、农学、生态学和分子生物学等学科发展也会从中得到启迪。

在基础农学方面，我国学者在中国农作物种质资源收集保存评价与利用上取得重要成果，创建了世界上唯一的长期库、复份库、中期库相配套的种质保存完整技术体系，长期安全保存种质资源达180种作物33.2万份，位居世界首位。

第二，技术进步与实际应用取得重大成果

航天工程和空间探索是国家综合实力和科技进步的集中体现，对凝聚人心、振奋民族精神起到了至关重要的作用。近两年，“神舟七号”载人航天和“嫦娥一号”月球探测取得圆满成功。“神舟七号”执行出舱活动、太空行走任务，自主研制的“飞天”宇航服是其一大技术亮点，内装有机发光二极管平板显示器，能够显示舱外活动时宇航服的状态数据。“嫦娥一号”所携带的8台探测仪器均为我国自主研发，在技术性能上达到国际同类仪器水平。

2008年10月，我国自主设计研制的支线飞机新舟-600首飞成功；同年11月，新支线飞机ARJ21首飞成功。这标志着中国支线飞机正式进入世界新型支线客机的行列。

可循环钢铁流程工艺技术示范性工程——京唐钢铁公司，将于2009年第二季度全面投产。整个示范性工程是引进吸收与自主创新综合集成的成果。工程流程紧凑化、工艺技术解析优化、装备现代化、智能化，从而实现高生产效率、低消耗、低排放、环境友好的目标。

在化工领域，烟台万华聚氨酯股份有限公司在消化吸收引进的间歇二苯基甲烷二异氰酸酯（即MDI）生产工艺的基础上，成功开发出了具有自主知识产权的MDI成套生产技术。该项目在连续缩合、高效液膜射流光气化、精馏结晶一体化三项MDI关键技术上达到先进水平，全球首家实现废盐水循环利用。成套技术实施产业化，产品质量达到国际一流水平，打破了国外对MDI技术长达40年的封锁，扭转了我国MDI长期依赖进口的局面，带动了中国聚氨酯工业及相关行业的发展。

青藏铁路工程克服了高原冻土、高寒缺氧、生态脆弱这三大世界性难题，突出体现了土木工程上的技术进步。铁路自2006年开通运行以来，设施保持稳定、客车运行速度达100 km/h，实现了建设世界一流高原铁路的目标，并荣获2008年国家科技进步特等奖。

在环境领域，我国自主原创了钼选矿尾砂制多元素矿质肥技术。该技术以清洁生产方式为主导，把矿山冶金三废治理与农业土壤肥力修复进行统筹分析和研究，形成了用钼矿尾砂制造富含多种中微量元素矿质肥料的创新技术和工艺。通过采用煅烧工艺，避免了化学提取工艺生产肥料方式中的高能耗、高成本与高污染，从而实现无三废的清洁生产。

加强国际合作，引进、消化、吸收和自主创新相结合，食品安全关键技术自主开发农药西维因快速检测、硫丹快速检测、动物性食品中氯霉素的胶体金快速检测等4种快速检测试剂盒。该技术降低了生产成本，缩短了检验周期，达到国际先进水平。

清华大学脑-机接口研究小组通过脑内电活动模式的研究，提出了一套以“分层次、多方位整合”为指导原则的脑电信号分析新方法，发展了基于稳态视觉诱发脑电、稳态听觉诱发脑电和基于运动想象的无创脑-机接口技术，解决了诱发过程和运动想象的个体性问题，突破了关键技术，技术研究水平居于国际领先地位。研制的基于脑-机接口技术的残疾人环境控制器，优化脑电采集系，样机已达实用水平。

第三，科技人才培养与学科队伍建设支撑学科发展

近年来，我国科技人才队伍不断壮大，45岁以下的中青年科技人员已占队伍总人数的80%，因“文革”造成的科技人才断层现象已经基本消除；海外留学人员回国人数快速增长，其中包括了一些高层次的领军人才；高等教育作为培养科技工作者的重要渠道，进入了由精英培养转向高等教育大众化的加速发展新阶段，2008年全国普通高校本专科、研究生招生计划分别安排599万人、44.9万人，分别比2007年增长5%、6%。目前，我国已成为人才资源大国，正在向人才资源强国转化。

科技人才队伍的快速发展，为学科队伍建设打下了良好基础。我国资源领域人才培养已初具规模，且基本满足学科领域相关行业对人才的需求。农业工程学科队伍建设取得突出成绩，整体实力明显增强，一些知名学者及一批中青年科技人才分别荣获各种国际或国家荣誉称号和科技奖项，为学科培养了规模合理的专业技术人才和梯队。食品科学技术的学科人才培养模式已形成“重基础、宽口径、偏应用、塑个性、求创新”的特色，培养水平得到大幅度提高，受到了国内外各大著名的食品科研机构、跨国公司和生产企业的认可。

但也应当看到，在一些国家工业发展急需的地矿、能源动力、机械、轻纺、化工与制药等领域，人才依然比较匮乏，一定程度上制约着学科的发展。目前，我国地质勘查技术研发人才流失严重，出现极度匮乏局面，导致研发处于停滞状态，技术水平严重下滑，应用水平不高；地质科技投入仍以政府为主，由政府、企业和社会共同投资，以企业为主的投资格局尚未形成；原有勘查技术研发力量较强的研究所的研究与开发功能严重退化，随着深部找矿工作的开展，适用于深部找矿的物化探方法已难以适应当前形势发展的需要。

学科间大跨度交叉和综合集成深度发展，复杂科学问题的突破更多依赖于多学科的综合交叉和集成创新，需要不同学科科技人员在前沿交叉领域的大团队协作。通过大团队的建设，实现大项目、大成果、大影响，同时实现科学研究主体队伍的快速成长和发展，使科技领军人才层次更高、骨干影响更大和青年人才更快成长，为学科发展提供更多的后备力量。

第四，学科平台建设保障科技创新能力提升

学科平台建设是涉及国家科技、经济社会发展的一项长期性、基础性、公益性工作，是保障科技创新能力提升和学科持续快速发展的一项重要任务。近年来，随着《国家中长期科学和技术发展规划纲要（2006—2020年）》的贯彻落实，我国对学科发展平台建设的投入力度持续加大，为高层次人才培养、高水平科学研究、高质量社会服务等提供了良好的研究条件和学术环境，尤其在推进科技资源共享、学科交叉综合、人才队伍建设方面成效突出。

为搭建学科建设平台，国家投巨资先后实施了高水平大学建设的“211”工程、高水平研究型大学建设的“985”工程、国家知识创新工程、国家科技基础条件平台建设工程等重大工程，一批国家投资的大科学工程项目得以立项、开工建设、升级改造或竣工；国家实验室、国家重点实验室、国家工程实验室、国家工程技术研究中心、国家认定企业技术中心的建设得到加强；一批科学和技术研究所需的仪器和装备，通过自主研制、引进和升级改造等方式，得以明显提升，将对我国未来的科技发展产生重要影响。

以国家平台建设为引导，各地方平台建设工作也有了很大推进。目前，30 多个省（自治区、直辖市）已经启动了地方平台建设工作，其中 19 个省（自治区、直辖市）安排了财政专项经费，部分省市已经初步形成了各具特色的地方平台建设体系，形成了一定的资源整合共享和开放服务能力，对区域科技创新和产业技术进步形成了有效支撑。

在开展国际科技合作、利用国际科技资源方面进一步得到加强，取得了明显成效。我国科学家通过参与国际间的科技创新活动，在基础研究、重大疾病防治以及有关生态、环境、气候、灾害等科研领域，及时掌握世界科学技术发展的最新趋势，充分利用各国的科学研究设施，承担国际合作中应尽的责任和义务。在为世界科学技术的发展做出贡献的同时，大大推进了我国学科水平的提升。

学术平台的搭建为科技创新能力的提升提供了坚实的保障。我国学科发展的学术交流与合作已经融入到学科建设整个过程，在国家各类科技项目、科技创新平台、实验室平台建设及相关学科建设工程中，都非常重视学术交流与合作能力的提高。中国科协及各全国学会的学术交流频次和参加交流活动的人数逐年呈增长趋势，学术刊物发行的质量不断提高。2007 年，中国科协及全国学会境内共举办国内、国际学术交流活动 3792 次，参会人数 61 万人次。2008 年召开的第十届中国科协年会，围绕交叉学科的前沿学术选题，搭建学术交流活动平台，促进学科交叉融合和科技创新发展；举办青年科学家论坛 30 期，涵盖基础科学、交通、能源等多个领域。2007 年国内科技论文数达 46.3 万篇，论文数最多的学科有临床医学、电子、基础医学、农学、药学、生物学、中医学、化学。

第五，学科基础建设与科技软环境建设亟待加强

改革开放 30 年为我国科学技术未来发展奠定了坚实的基础，也为我国科学技术工作由跟踪阶段转变为自主创新阶段创造了有利条件。但是，从全局上看，我国的科学技术离国际一流水平还有较大差距，许多工作还处在跟踪和积累阶段，在多数领域内具有重要原始创新性质的工作还比较少。在科技人才质量和队伍梯队结构建设方面，还难以适应促进学科交叉和培育学科新的生长点的要求，难以适应解决国家经济和社会重大问题的需求。一些科研单位的软环境并不为科技人员所认可，科技支撑条件和学科发展平台建设缺乏更高层次上的规划和协调，与国际上优秀的教学、研究机构相比，我们的软环境方面要比硬件方面的差距更大。

加强我国的学科建设，既要加强总体布局，又要选择有特色、与国家经济发展相适应的学科重点投入、重点建设，使更多的重点学科进入国际先进行列。为适应学科的快速发展，应充分发挥学术团体的作用，及时考察和修订我国现行的学科分类系统，加紧促进国家《学科分类与代码》标准的修订、完善与出台，以利于新兴交叉学科领域的生长和发展。

要按照国家战略需求牵引本土学科与人才的培养原则，以任务带学科，积极培养本土学科及一批国家最需要的人才，在与国际接轨的同时，培养服务于国家需求的适于解决国家问题的本土人才。对于本土特征很强的学科，更要瞄准国家战略需求，使学科发展更好地为经济和社会发展服务。

软环境涉及学术氛围，研究工作的动力和压力，团队的组织与合作，所在研究机构的文化等诸多因素，与科技工作的评价体系、具体科技政策和管理办法、科技资源分配的公平合理性，以及奖励制度等都有关联。如果在科研导向上“急功近利”和“揠苗助长”，结果往往会适得其反，不利于产生高水平的成果和人才。努力建设和改善我国科技工作的软环境，是当前我国科学技术行政管理部门、每个科研单位乃至科技界共同承担的责任。

促进学科发展，提升整体水平，缩小我国与发达国家学科发展的差距，推动由科技大国转化成科技强国，是广大科技工作者义不容辞的共同责任，也是中国科协及其全国学会的历史使命。今后，中国科协及其全国学会将坚持不懈地深入开展学科发展研究，不断提升学术建设能力，团结和带动广大科技工作者为促进自主创新、建设创新型国家做出更大的贡献!

【中国科协科技期刊 2008—2009 年度发展状况】

截至 2008 年底，中国科协所属全国学会主办和参与主办的科技期刊（以下称“中国科协科技期刊”）960 种，其中学术类期刊 656 种、技术类期刊 188 种、科普类期刊 63 种、综合类期刊 48 种、检索类期刊 5 种。作为我国科技期刊的重要组成部分和具有代表性的刊群，中国科协科技期刊在 2008 年继续加强了作者、审者、编者和读者四位一体的办刊队伍建设，遵循学术规范、同行评议和科学发现优先权赋予等学术出版规则，学术影响力持续上升，国际化发展态势良好，出版能力不断提高，精品科技期刊建设取得实效，一批期刊形成较好的品牌影响力。

第一，中国科协科技期刊学术影响力不断提升

据中国科学技术信息研究所发布的《中国科技期刊引证报告（2008）》显示，578 种被收录的中国科协科技期刊的学术指标有较大提升，总被引频次、影响因子、即年指标和引文数的平均值均高于收录总体的平均值，各学科被引频次和影响因子的平均值均高于本学科的平均水平。在被收录的 1765 种我国科技期刊中，总被引频次大于或等于 1000 的有 379 种，其中中国科协期刊 202 种，占 53.3%；在影响因子大于或等于 1 的 118 种期刊中，中国科协期刊为 73 种，占 61.9%。

据 2008 年 12 月公布的国家科技基础条件平台建设项目《中国精品科技期刊（2008）》，共收录期刊 323 种，其中中国科协科技期刊 192 种，占 58.5%。据中国科学技术信息研究所 2008 年评选的“2007 年中国百种杰出学术期刊”中，中国科协期刊有 72 种入选，占总数的 72.0%。

据汤森路透《期刊引证报告（2007）》显示，2007 年收录中国科技期刊 76 种，其中中国科协科技期刊为 41 种，影响因子超过 1 的有 9 种，影响因子上升的有 29 种，其中增幅最大的是《地质学报》（英文版），其影响因子从 2006 年的 1.121 增加到 2007 年的 1.781，增加了 0.660。

据中国科学院国家科学图书馆《中国科学引文数据库（2008）》，核心库收录 734 种期刊，其中中国科协科技期刊为 343 种，占 46.7%。“国家自然科学基金重点学术期刊专项基金”2008 年资助的 31 种期刊中，中国科协科技期刊为 19 种，占 61%，在这 19 种期刊中，17 种为中国科协精品科技期刊项目资助期刊。

第二，中国科协科技期刊国际化发展态势良好

中国科协科技期刊在国际化推进方面进展良好，国际化水平不断提高，英文刊正在向国际一流期刊迈进。截至 2008 年底，被汤森路透 Web of Science 收录的 59 种中国科协科技期刊的论文作者涉及国家和地区数量已达刊均 22 个，期刊被引用的国家和地区数量达到刊均 36 个，表明中国科协科技期刊稿源的国际化程度日益提升，已经开始吸引世界多个国家的科学家投稿，国际影响力日益显现。

到 2008 年底，中国科协 960 种期刊中共有 579 种期刊被国际检索系统收录。2008 年，中国科协科技期刊中被各类著名检索系统收录的期刊增加了 291 种次，新收录期刊 72 种。与国外出版机构开展合作的中国科协科技期刊共计 63 种，其中 47 种为英文版期刊。

据《中国精品科技期刊（2008）》显示，入选“中国国际化精品科技期刊”的 23 种英文版期刊中，中国科协科技期刊有 12 种，占 52.2%。

第三，中国科协科技期刊出版能力继续提高

2007～2008 年度，中国科协科技期刊出版周期缩短，刊载容量增加，年度刊载论文增长速度超过全国科技期刊的增长速度。数字化出版进展顺利，学科化的期刊集群开始孕育。调查显示，2008 年，中国科协科技期刊平均出版 11 期，比 2007 年增加 1.7 期；平均单期页码为 112

页，比2007年增加5页；刊均载文282篇，比2007年增长13篇；年度刊载论文增长4.9%，高于全国科技期刊年度刊载论文增长速度（3.6%）。从业人员从2007年的刊均6.7人，上升至2008年的刊均7.4人；编委会力量增强，刊均编委人数达56.8人，28%的期刊编委数量增加。56.3%的期刊建立了独立网站，42.6%的期刊使用在线稿件管理系统，46.6%的期刊实现了与印刷版同步全文上网。

第四，积极推进中国科协科技期刊的创新与跨越发展

随着我国推进自主创新、建设创新型国家战略的深入实施，我国科技创新能力得到较大幅度提升，科技产出显著增加，国家需求进一步激发科技期刊在促进知识进步、繁荣学术交流、引导学科发展中的地位提升。同时，网络信息技术的发展，使学术交流的手段和途径发生很大变革，这为中国科协科技期刊发展带来了新机遇和新挑战。

尽管中国科协科技期刊的整体水平不断提升，在构建科技创新支撑体系方面发挥的作用越来越大，但与国家创新体系建设的要求相比还有明显的差距。主要表现在：科技期刊的制度安排不能完全满足科技期刊改革发展的需求；科技期刊在面向市场、转变经营管理机制方面任务尚未完成；科技期刊营销手段和赢利模式过于单一，市场化程度不高，还未形成以读者服务为中心的局面；科技期刊业数字化整体水平不高；缺乏高素质的科技期刊经营管理人才。因此，中国科协科技期刊必须把握创新型国家建设和国家期刊出版体制的方向，转变科技期刊发展理念，积极推进全国学会主办期刊出版体制改革，深入实施精品科技期刊工程，大力推动科技期刊的数字化建设，加强符合现代科技期刊发展要求的人才队伍建设，实现科学发展。

面对新的形势和任务，在新的一年里，中国科协及全国学会将努力做好以下几个方面的工作：一是解放思想，转变办刊观念，倡导学术争鸣，努力为科技自主创新营造良好环境。二是深入实施中国科协精品科技期刊工程，在总结过去三年（项目周期）工作的基础上，调整和优化项目设置，在坚持以学术建设为中心的基础上，加强科技期刊服务平台建设，进一步提高中国科协所属全国学会主办期刊的学术质量水平、资源集成度、品牌效应和竞争发展力。三是积极推进中国科协科技期刊出版体制改革和数字化建设试点，深入研究和探索解决中国科协科技期刊出版体制改革遇到的突出问题，积极寻求中国科协科技期刊的非营利政策支持，积极推进中国科协科技期刊的集约化发展，加速中国科协科技期刊的数字化进程。根据我国新闻出版领域改革的路线图和时间表，全面配合推进中国科协科技期刊的体制改革，重塑科技期刊出版主体，实现中国科协科技期刊的科学发展。四是加强中国科协科技期刊人才队伍建设，构建有利于创新型期刊出版人才成长的良好环境，培养大批高层次管理人才、专业技术人才和高级营销人才，推进中国科协科技期刊的创新与跨越发展。

【中国科协全国学会发展报告（2009）】

《中国科协全国学会发展报告（2009）》，全面反映近几年来中国科协所属全国学会的发展特点和趋势。改革开放三十年来，包括科技社团在内的各类社会组织，已经成为我国社会主义现代化建设的生力军。党的十七大报告首次把社会组织放到全面推进社会主义经济建设、政治建设、文化建设、社会建设“四位一体”的高度进行系统的论述，明确提出要“加强社会组织建设与管理”。赋予了社会组织重要的历史使命。与此同时，经济全球化迅猛发展，科学技术突飞猛进，党和国家的事业比以往任何时候都更加迫切地需要坚实的科学基础和有力的技术支撑，更加迫切地需要广大科技工作者不懈进行创造性实践，以更好地建设创新型国家、实现我国科学技术跨越式发展。在我国科技、经济和社会事业全面发展的新形势下，科技社团的地位日益显现。充分调动广大科技工作者投身创新型国家建设的积极性、主动性和创造性，加快构建社会主义和谐社会，必须充分发挥科技社团的重要作用。中国科协所属全国学会是我国科技社团的主要代表，是科技工作者自愿组成的社会团体和科学共同体的组织载体，已经日益成为国家创新体系的重要组成部分。

到2008年底，由中国科协业务主管的全国学会、协会、研究会（简称学会）共191个，占各类全国性社会团体的10.8%，其中，中国科协团体会员167个。全国学会所属分支机构3100余个，占全国性社会团体分支机构总量的46.8%。拥有会员401.4万，主办科技期刊960种，占同类科技期刊的四分之一。代表中国加入261个国际科技组织，目前有近400位科学家在154个国际民间科技组织担任领导职务，其中194位担任高级领导职务。近几年来，全国学会按照为经济社会发展服务、为提高全民科学素质服务、为科技工作者服务，加强自身建设的总体要求，贯彻《中国科协关于加强学会工作的若干意见》精神，坚持改革创新，开拓进取，在我国科技事业的发展中发挥着独特的作用。简而言之，近年来全国学会的发展主要表现出如下特点和趋势。

第一，学会的活动更加活跃，规模影响日益扩大

学术会议的规模和数量显著增加。全国学会举办的学术会议数量从2005年3148次，上升到2008年的3464次，参加人次从44.1万上升到61.7万。会议论文也从22.3万篇上升到30.8万篇。祖国大陆与港澳台地区的学术交流保持稳定的增长。体现多学科、多专业的综合性学术年会开始增多，建立学术年会制度的学会约50个。年会规模愈益扩大，彰显了综合交叉的特色，推动了我国学术的繁荣和发展。

国际学术会议的频次和规模大幅跃升。全国学会举办的国际会议从2005年的243次增加到2008年的334次，增长37%，参与人次由近5.8万增长到10.5万，增长81%；交流论文篇数由近3.7万篇增长到近6.1万篇。特别是国际组织系列学术会议有明显的增长，从2005年的46次增长到2008年的71次，境外人员参与国际会议的人次和论文数明显增加，分别由2005年的1.49万人和1.17万篇增长到2008年的2.66万人及1.74万篇。

近年来，有关全国学会承办的第19届国际动物学大会、第28届国际心理学大会、国际科学理事会第28次全体大会、第2届国际古生物学大会、第5届国际病理生理大会、第15届世界药理大会、第11届国际岩石力学大会、第67届世界药学大会、第22届国际制冷大会等重大国际学术会议，在规模和水平方面创下了多项纪录，赢得广泛的国际赞誉。我国学术研究水平、学术影响力显著提高，我国科技工作者得到了国际同行的关注。

科技期刊学术地位稳步提高。根据对中国科学技术信息研究所发布的《中国科技期刊引证报告（2008）》的统计，578种被收录的中国科协科技期刊的学术指标有较大提升，总被引频次、影响因子、即年指标和引文数的平均值均高于收录总体的平均值，各学科被引频次和影响因子的平均值均高于本学科的平均水平。在被收录的1765种我国科技期刊中，总被引频次大于或等于1000的有379种，其中中国科协期刊202种，占53.3%；在影响因子大于或等于1的118种期刊中，中国科协期刊为73种，占61.9%。

第二，为经济社会发展服务的能力逐步增强

发挥专业技术优势，大力开展科普活动。各全国学会举办的科普活动次数从2005年的3497次增长到2008年的6988次，增长1倍。据不完全统计，2008年，学会举办的科普讲座、科普展览、科技竞赛、夏冬令营的受众和参与者就达3000多万人次，比2005年增加4倍。其中，从2005~2008年，全国学会举办的科普讲座从2059次上升到4016次，受众从265.2万猛增到1978.58万；科普展览从每年495次到795次，参观人次从101.1万猛升到1257.2万。2005~2008年全国学会组织科技下乡次数由301次增加到2081次，年增长率为90.5%。2005－2007年期间，科技下乡工作人员数增加了8.3倍，受益农户由16.3万户增加到57.6万户，增长了2.5倍，科普活动影响面日益广泛。目前，全国学会科普工作条件和能力有所加强。已有138个建立了科普工作委员会，有82个学会配备专门人员开展科普工作。已有46个学会建立科普教育基地，有40%以上的学会吸纳科普志愿者开展科普活动，为提高全民科学素质作出了积极的贡献。

依托智力资源，积极开展咨询和科技服务。据统计，2008年，各学会反映科技工作者建议668条，其中获得有关领导部门批示129条。2005－2008年，全国学会完成技术咨询合同数由121项增加到309项，其合同实现金额由1090.9万元增加到5400万元，分别增长了1.5倍和约4.0倍；全国学会技术交易额由422.3万元增加到1562.6万元，增长了2.7倍。中国汽车工程学会等全国学会发挥联系产、学、研的组织网络优势，在有关政府部门的支持下，联合一批高校、院所和企业建立技术创新联盟，围绕行业共性技术开展联合攻关，为推动行业科技进步和企业自主创新作出了贡献。

积极开展社会服务，展现学会公益形象。面对2008年我国突发的自然灾害，先后有160多个学会积极参与科技救灾和灾后重建工作。据不完全统计，全国学会以学会名义捐款326.5万元，专职工作人员以个人名义向灾区捐款50多万元，组织动员所属会员单位和分支机构捐款捐物上千万元。中国林学会、中国气象学会等围绕冰冻雨雪灾害和灾后重建献计献策。汶川特大地震灾害发生后，中华医学会等医科学会积极组织发动会员深入灾区投身医疗救治，及时向中央及有关部门提交《国家地震灾害心理应急关怀建议书》，中国地震学会、中国建筑学会等20个全国学会联合在中国科协年会上举办2008防灾减灾论坛，为决策部门灾害的应急管理和服务提供科学依据。中国康复医学会多次组织康复医疗专家组深入灾区开展调研和救治，促进了地震伤员早期康复介入的有效开展。中国心理学会联合有关单位在灾区成立了10个工作站进行灾民心理干预，并提出《汶川地震心理援助20年纲要》。

各全国学会坚持发挥各自专业特长，针对各类弱势群体开展各具特色的帮扶活动。中国心理学会科普工作委员会开展了“彩虹行动”——留守流动儿童心理支持计划。针对外出务工人员留守在家乡的子女心理状况进行调研和心理干预，先后在安徽、四川、贵州的中小学校30余所2万余名中小学生开展心理干预试点。中国麻风防治协会、中国计算机学会等一批学会长期坚持科技扶贫，树立了学会公益组织的良好形象。

主动承担社会职能，推动社会管理体制创新。随着政府职能的转变，各全国学会积极承担政府转移的社会化服务职能。2008 年分别有 35.8%、26.5%、19.2% 的学会承接了科技奖励、科技评价和行业标准（规范）制定工作；另外有 12.6% 的学会承接了科技人才评价工作。

科技奖励工作取得较大进展。至 2008 年有 62 个学会在国家科技奖励工作办公室登记注册了 67 个奖项，占所有登记的社会力量设奖总数的 35%，其中有 5 个全国学会已经成为国家科技奖励的直接推荐单位，学会颁发的奖励项目中有 200 多个获得国家级科技奖励。科技评价工作初具规模。据不完全统计，2008 年各学会开展的技术鉴定、成果鉴定、科研项目评估等科技评价项目 100 余项。十余家学会已经在科技评价方面迈出了重要步伐，有的获得了政府有关部门的明确授权，并获得了行业和社会的认可。科技人才评价工作稳步推进。有近 20 个学会开展了职业资格认证和培训、职称评定等工作。

第三，为会员服务的意识和水平明显提高

会员服务平台普遍加强。全国学会已有 34% 的建立了专职会员工作机构，另有 52% 的学会配备了专职人员。已有 53% 的全国学会制定了会员工作制度，服务工作更加规范。会员工作的开展进入现代化、数字化进程。会员发展、管理和服务均在网上运行，中国科协个人会员登记号制度和会员信息化管理系统得到进一步推广，已有 100 个以上的学会试行了会员登记号和中国科协学会个人会员管理系统。

会员服务内容形式实现多元化。据调查，全国学会为会员主要提供了信息类、奖励类、增值类三大类服务。96.6% 的全国学会已经建立了面向会员的信息沟通渠道。其中 55.6% 通过网站公布学会信息，53% 通过会讯或会刊与会员沟通信息，43% 的学会通过电子邮件传达学会信息。此外减免注册会议注册费、提供继续教育和考察的机会、优先推荐参评学会的奖励、优先在刊物上发表文章等成为学会服务会员的主要方式。

会员诉求反应机制和会员诚信制度在部分学会试行。中国计算机学会等 20 多个学会建立了会员建议呈报制度，鼓励会员发挥专业优势，针对经济社会发展中的重大问题建言献策。中国化学会、中国植物生理学会等 8 个学会建立了会员诚信制度，通过发布公告、会员道德准则等方式加强学风建设，规范会员的科研行为，营造良好的学术生态。

积极开拓创新，会员工作亮点不断。全国学会的会员工作开始从“被动服务”走向“主动服务”，从“一般性服务”走向“个性化服务”。中华医学会、中国心理学会等建立专项资助，建立支持会员开展科学研究和国际学术交流的长效机制。中国水产学会、中国化学会、中国营养学会等积极加强会员基层组织建设，会员密切了学会与会员的联系和沟通。2008 年有 34 个学会在全国 40 多个城市开展了会员日活动，参与会员 8.1 万人。会员的管理服务工作有了更为强大的组织依托和工作队伍。

两年来，学会会员凝聚力不断增强，认为学会凝聚力很强或比较强的会员比例增至 46.9%。认为凝聚力不太强的会员仅占 4.3%，比 2006 年降低了 17.2%。科技工作者加入学会后的荣誉感和责任感有所提高。有近 60% 的会员认为作为会员有很强或较强的荣誉感和责任感。与 2006 年相比，认为荣誉感和责任感很弱的比重由 5.0% 降低到 3.3%，说不清楚的比重也由 9.5% 降低到 3.9%。56.8% 的会员认为学会在为国家经济和社会发展服务方面发挥很重要或者比较重要的作用，仅有 2.5% 的会员认为没多大作用或者基本没作用。

第四，以会员为本的组织体制愈益健全

民主治理结构基本健全，民主办会原则得以初步贯彻。全国学会 96% 能够按照章程召开会员代表大会进行换届选举，约 79% 的会员反馈，其所在学会的会员代表大会能够部分或完全代表广大会员的意志。各学会的理事会、常务理事会及其负责人的产生基本上实现了无记名等额或差额投票选举。86% 的学会能够根据章程规定召开理事会或常务理事会。78.2% 的学会重大问题由理事会或常务理事会来决策，82.8% 的学会在召开会员代表大会换届时将自身的财务收支概况向会员代表大会公开。

部分学会开始建立监事或监事会制度。一些学会开始配备监事、监事会，尝试建立司库制度，负责对理事会的决策程序合法性、学会的财务管理进行监督。

进一步改革和理顺挂靠体制。在中国科协的支持下，开展了学会共建工作，将挂靠中科院的 45 个学会纳入中国科协、中国科学院的全局性工作予以支持。一些学会尝试逐步调整挂靠体制，尝试多元挂靠、无挂靠等多种形式，保证了有关单位对学会的支持。中国计算机学会等个别学会的办事机构脱离了挂靠体制，实现独立运作，业务、财务、人事方面实行了完全的独立，实现良性循环，学会的活力进一步增强。

第五，学会办事机构建设取得新的进展

坚持办事机构用人制度改革，推进办事机构队伍的职业化。中国力学学会等一批学会办事机构推行了全员招聘制和岗位竞聘制度，定岗、定编，责任到人，工资福利和待遇与工作岗位责任和绩效挂钩，工作效率大大提高。学会办事机构已形成一定规模，初步形成了一支专兼职结合的人员队伍。到2008年底，学会办事机构共有从业人员2466人，比2005年增长了15.6%。其中办事机构10人以上75个。学会秘书长的学历普遍较高，拥有博士学历者近30.5%，硕士学历19.2%，有大学本科学历的45.7%。

学会的办公条件有所改善。目前大部分学会的办事机构已经实现了“有家有业”；学会共有自主产权的办公用房面积4.3万平方米，汽车133辆。同时大力加强办公自动化、信息化建设，共有163个学会建立了网站或网页。提升办事机构工作水平和效率。

多数学会办事机构初步完善了规章制度。有94%的学会建立了财务管理制度，近67%的学会建立了资产管理制度，82%的学会建立了印章管理制度，近65%的学会建立了档案管理制度。

第六，学会的经济实力显著跃升

经费收入逐年攀升。2005~2008年，全国学会经费筹集总额由4.4亿元增加到9.2亿元，增长幅度超过1倍。学会年度平均收入高于全国社团平均值。经费支出规模增长速度较高。2005~2008年，学会的经费支出由3.6亿元增长到8.0亿元，增长了122.2%，增长幅度略大于经费筹集总额。其中学术活动支出由1.4亿元增至3.6亿元，增长了157.1%；科普活动支出由1361.4万元增加到3055.1万元，增长幅度达到124.4%。学会的资产状况良好，总量不断扩大，至2007年底，学会净资产总计14.2亿元，比2006年增长近四分之一。资产总额在1000万元以上的学会达到34个，占20%。

近年来，中国科协坚持以邓小平理论为指导，全面落实科学发展观，贯彻中央书记处关于科协工作的指示精神，将促进学会的改革发展作为加强科协自身建设的重要举措。2007年4月，中国科协召开全国学会工作会议，印发《中国科协关于加强学会工作的若干意见》，按照有限目标、重点突破、分类指导、面向未来的思路，通过合作共建、联合开展学会改革试点、加强项目资助、培训有关人员、优化政策环境等多种形式，积极推动了学会的创新发展，巩固和拓展了学会发展空间。

同志们，我们应该清醒地看到，尽管近几年来学会发展取得了一定成绩，但仍存在一些问题亟待解决，一是外部政策环境有待优化，学会在立法、财税、承接政府转移职能方面需要进一步得到政府和社会的支持；二是自身建设有待加强，学会在国家创新体系中的作用还没有充分展现。组织基础和经济实力较弱，组织体制和运行机制需要进一步完善，会员的凝聚力和资源整合能力有待提高，特别是一些体制问题仍制约学会发展，亟待研究解决。

在新的历史条件下，学会的发展面临良好的机遇，党中央、国务院对科协学会工作高度重视，胡锦涛总书记在纪念中国科协成立五十周年大会上，明确提出，科协和学会要积极参加国家创新体系建设，把开展学术交流、发挥学术交流对自主创新的重要作用作为学会的基本职责，积极搭建不同形式、不同层次的学术交流平台，要把进行科技评价、举荐创新人才作为科协所属学会的重要职能。这就为科协的学会工作指明了方向。中国科协将进一步加大学会工作力度，为学会发展营造良好的外部环境。各学会要深化改革，开拓创新，不断探索学会发展的有效途径。

相信在各级党政部门的领导下，在会员、广大科技工作者和社会的支持下，中国科协所属全国学会一定会创造更为光辉灿烂的明天！

【学科进展研究（2009—2010）】

中国科协在2006~2008年三年间先后组织80个全国学会开展了78个相关学科的发展研究，以此总结、报告自然科学、工程技术领域相关学科的最新进展，探索学科发展规律，促进学科交叉、融合，使科技工作者、有关决策部门领导和社会公众及时了解相关学科发展动态，促进相关学科的学术建设。

2009年，中国科协又组织中国气象学会等26个全国学会，分别对大气科学等26个相关学科的发展状况开展研究分析，并由此形成了26卷学科发展系列研究报告和学科发展研究报告综合卷，总结和论述了近年来我国在这些学科领域的主要成果、发展趋势和特点。

一、服务国家战略发展需要，促进经济社会可持续发展

气候变化成为当今世界各国重点关注的问题，由此涉及的节能减排等课题，不仅关系到全球应对决策，同时影响到包括中国在内的广大发展中国家的生存与发展权益。在气候变化基础研究方面，我国实施了全球气候变化预测、影响和对策，未来生存环境变化趋势以及全球环境变化应对技术等重大项目和研究计划；针对政府间气候变化专门委员会科学评估的基础研究工作，开展了气候变化模拟、预估和评估模式研究，研制了减排温室气体技术评价方法、指标体系；提出了适合我国国情的减缓温室气体排放建议及应对措施，为我国参加《联合国气候变化框架公约》会议谈判提供了科学依据。

研究人员揭示，青藏高原以其独特的下垫面变化对亚洲乃至全球气候变化起着重要的调节作用，以其充沛的水源补给系统发挥着重要的水源涵养作用，以其地表植被变化对高原本身及周边地区的水土保持产生重要影响，以其独特多样的生物资源在生物多样性保护方面具有不可或缺的作用，以其碳源/碳汇作用影响到全球的气候变化，成为中国和亚洲的生态安全屏障。研究成果为国家实施西藏高原生态安全屏障建设工程提供重要科学基础。

在颗粒学领域，研究人员进行了大气颗粒物及前体物排放与复合污染特征研究，发现了二次无机颗粒中硫酸盐成因的季节和地域差异；定量解析出含碳颗粒物的生物质燃烧与二次来源的贡献；揭示出大气颗粒物典型有机/无机组分的吸湿性影响规律；建立了复杂源排放清单编制技术方法；编制出我国氮氧化物高分辨率排放清单，为大气颗粒物污染的机理与治理方案研究做出了贡献。

2009 年，是我们应对历史罕见的国际金融危机取得明显成效的一年。在世界经济深度衰退的情形下，我国率先实现经济回升向好，保持了社会和谐稳定，相关学科的研究成果和技术进步为此做出了积极的贡献。

系统科学与系统工程学科运用系统工程的理论和方法，在研究国际金融危机、金融体系和实体经济的关系、经济全球化背景下金融系统的动态特征和风险规律、金融创新和监管的相互作用、风险预警和防范预测等问题，以及相关关键技术等方面取得重要进展，尤其在研究解决国际金融危机中有关汇率制度改革、投资基金评价、银行风险管理、人民币国际化路径和制度设计等领域发挥了重要作用。

标准化学科开展的“重要技术标准研究”，为构建新型国家技术标准体系奠定了理论基础。发展的关键技术标准推进工程研究，在国家标准制度研制方面迈出了重要一步；制定了相关领域的标准化发展规划，及时有效地解决了应对有关突发事件标准滞后和缺失等问题。消费类产品中有毒有害物质的认证评价技术研究及示范课题，通过开展电器、电子设备中限制使用某些有害物质指令的认证，克服了国外对我国产品出口的技术贸易壁垒，为海信、TCL 等 2000 多个中国企业商品出口提供有力保障。在课题的示范期间，企业运用到课题成果的产品达 600 万件以上，产值达 11 亿元。

在土地科学学科领域，2009 年完成了全国第二次土地调查和全国耕地分等工作。其中土地调查成果为编制土地利用规划和计划，进行城乡一体化土地管理提供了准确的时空数据基础；耕地分等成果为实现耕地数量与质量的并重管理，保护优质耕地和国家粮食安全提供数据基础。

二、基础学科研究成果丰硕，交叉学科发展态势良好

近年来，我国一些基础学科发展迅速，交叉学科发展态势良好，学术交流活跃，取得了一批具有国际影响的重要研究成果。

2009 年，古生物学者发现了已知世界上最早的长有羽毛的恐龙——“赫氏近鸟龙”的化石，该化石距今约 1.6 亿年，较世界上已发现最早的鸟类还要早约 1000 万年。这一发现被认为是关于鸟类起源研究的重要突破，进一步支持了鸟类起源于恐龙的假说。

在晶体学领域，运用分子工程设计学方法，发现了 KBBF 族非线性光学晶体，并最终发展出相应工艺；发明了一种棱镜耦合技术，形成了 KBBF－PCT 器件的小批量生产能力；开辟了深紫外激光光谱学等新的研究领域，KBBF 晶体成为国际上著名的“中国牌”系列非线性光学晶体中又一颗璀璨的明珠。

微生物学者在结核分枝杆菌的基因调控网络研究方面，取得重要突破，成功建立了体外研究该病原菌基因调控网络技术体系和平台；建立了蛋白质—蛋白质相互作用网络研究生物信息技术平台，DNA－蛋白质相互作用及其基因表达调控研究的新型细菌操作平台；首次发现一个 WhiB 样的转录因子（WhiB－3）具有广泛调控多种基因表达的功能。研究成果对于深刻理解结核分枝杆菌的分子致病机理，进一步发现新药靶，防治结核病蔓延具有重要意义。

在水稻进化、产量、抗逆和籽粒灌浆速度等重要功能基因研究方面，也取得了重要进展，克隆出水稻功能基因 30 多个应用于水稻品种改良。我国科学家领衔的马铃薯基因组测序取得重要突破，开创性地提出以单倍体马铃薯为材料来降低基因组分析的复杂度，采用快速全基因组鸟枪法策略和低成本的新一代 DNA 测序技术策略，成功克服了马铃薯基因组高度杂合、物理图谱质量不高、测序成本高等难题，完成了马铃薯基因组序列框架图。

密码学家提出了新的非黑盒模拟技术，并利用自创的密码学工具，完整地证明了该领域十分重要的双重可重置猜想，研究成果被认为具有高度的原创性和启发性。智能学科研究工作者在自然智能和人工智能两大领域都发现了新规律，创建了新理论，形成了以“高等智能”为代表的一批重要研究成果，并以此为基础提出了“高等智能”的学术研究纲领，得到了国际学术界的积极响应，表明我国智能学科研究已进入核心前沿领域并有所创新。

三、经济需求催生技术突破，学科进步促进产业发展

近年来，我国经济持续高速增长，解决经济和社会重大需求的高水平研究成果不断涌现，相关学科产业得以快速发展。

在动力与电气工程领域，解决了特高电压输电发展的三大技术壁垒，掌握了建设大规模特高压工程的核心技术，建立了自有的特高压直流工程技术标准、设计规范和试验标准等。作为目前世界上运行电压等级最高的输变电工程，1000千伏晋东南—南阳—荆门特高压交流试验示范工程2009年投入商业运行。

在系统仿真科学与技术领域，研制出拥有自主知识产权的世界首套可模拟万结点级全国电网的全数字实时仿真装置，在快慢不同时间尺度暂态过程的联合仿真、大规模电网的实时仿真、外接物理装置及数字模拟的大电网仿真等多项技术上取得重要突破，推动了电力系统实时仿真技术进步，提高了我国电网仿真试验和分析研究水平，软硬件系统实现全部国产化。

我国农作物新品种培育和高产、高效、安全栽培技术近年来成绩显著。“中国小麦品质评价体系建立与分子改良技术研究”成果为我国小麦品质改良研究的规范化奠定了良好的基础；大豆、油菜杂种优势利用研究，攻克了雄性不育性保持和田间花虫传粉两大难题，实施的国家粮食丰产科技工程，取得了一批应用成效显著的粮食作物可持续高产、高效、安全栽培技术成果。

分子标记技术是最新一代动物品种改良技术，畜牧科技工作者系统研究了鸡重要经济性状形成的分子遗传学基础，发展了遗传资源评估与分子标记检测技术平台，发现了一批影响鸡肌肉生长、脂肪沉积、肉质品质、抗病能力等重要生产性状和品种特征性状的基因或标记，为我国蛋鸡新品种育成提供了重要理论指导和分子育种方法。相关技术研究成果产生了显著的经济效益，加速了我国鸡育种产业科技进步和国际竞争能力提升。

在岩石工程领域，科研人员综合运用大量的多学科先进技术和研究成果，在长江三峡建成了世界上最大的双线连续5级船闸，解决了船闸建设中各类山体开挖有关高陡边坡变形和稳定的全部技术难题。随着国民经济建设对地下空间需求的不断加大，大跨度高边墙地下洞室（群）在能源、交通、国防等领域得到快速发展，科技人员攻克了诸如围岩变形与稳定等大跨度高边墙地下洞室（群）施工的核心技术问题，形成了具有中国特色的特大型地下洞室群的设计理念、施工及管理新方法。

测绘科技工作者以现代摄影测量与遥感理论为基础，融合计算机技术和网络技术，提出并自主研制成功高分辨率遥感影像数据一体化测图系统，形成了信息获取困难区域高分辨率遥感测图的理论方法和完整的技术体系。该系统已在我国西部测图工程和全国第二次土地大调查等重大工程中大规模使用。

四、基础设施支撑科技发展，研究成果惠及国计民生

近年来，国家逐年加大科技投入，一批重大科研基础设施和大科学工程项目陆续建成并投入使用，对相关学科领域的发展起到了重要的支撑作用。

2009年，我国首台千万亿次超级计算机“天河一号”研制成功，将在石油勘探数据处理、生物医药研究、航空航天装备研制等领域为用户提供超级计算服务；建成并投入使用的上海同步辐射光源，可支持多学科的课题研究工作；大天区面积多目标光纤光谱天文望远镜建成后，成为目前世界上光谱获取率最高的望远镜；完成升级改造工程的北京正负电子对撞机，性能得以显著提升；中国的“北斗二代”卫星导航系统已开始组建，已有三颗北斗导航卫星被送入太空，标志我国开始了由区域导航卫星系统向全球导航卫星系统建设的转变。

近年来，相关学科取得的一些研究成果直接造福于民众，惠及国计民生。卫生部组织开展的中国居民营养和健康状况调查，获得了中国城乡居民食物摄入、营养与健康状况的重要基础数据，并用所获数据评估我国居民膳食营养状况、相关慢性病及危险因素。2009年，甲型H1N1流感疫苗研制成功并批量投入生产和临床应用，有效控制了甲型H1N1流感在我国的传播。我国学者还开展了血吸虫病防治策略和措施的研究及其推广工作，提出了控制血吸虫虫卵污染环境是减少感染性钉螺的关键措施，验证了人畜粪便管理是持续控制血吸虫感染与再感染的有效途径。

在环境相容的能源动力系统研究中，工程热物理学者系统阐明了燃料化学能与热能综合梯级利用原理，提出了“品位对口、梯级利用”的普适性节能原则；发明了中低温太阳能与化石燃料互补发电新方法，在解决太阳能发电成本高、效率低方面推进了一大步；发明了化工适度转化与二氧化碳富集一体化方法，在低碳技术创新和自然环境改善等方面取得了重要进展。

五、启动学科史研究试点，探索学科发展规律

学科史研究是科学技术史研究的一个重要领域，研究学科史有助于了解相关学科发展的历史进程、发展规律或趋势，增强对学科的性质、历史定位、社会文化价值以及作用模式的认识。2008年，中国科协启动了学科史研究试点工作，组织中国地质学会等5个全国学会开展了《中国地质学科史》、《中国通信学科史》、《中国中西医结合学科史》和《中国化学学科史》4个学科史研究课题，并完成了相应的学科史研究报告。

学科史研究报告以论述学科的产生和发展、学科体系的建立以及主要成果为重点，同时研究学科发展与中国社会变化和经济建设的关系。研究报告集中了相关学科专家学者的智慧，有较高的史料性和权威性，有助于科技工作者、有关决策部门领导和社会公众了解、把握这些学科的发展历史、演变过程、主要成果、发展趋势以及经验教训。

当今世界，经济竞争、国家发展和社会进步都高度依赖科技创新，科技已成为推动引领经济社会发展的主导力量，保障国家安全的核心要素。今天，人类所面临的人口增长、资源和能源短缺、环境污染、气候变化、贫富差距加剧等许多重大问题，都向科学技术提出了严峻挑战，也给各学科的发展提供了难得的机遇，各个学科、各全国学会应在开展学术交流和争鸣、活跃学术思想、净化学术环境、促进学科交叉和融合、推动学科发展和科技创新等方面更为积极地发挥作用。为此，中国科协和全国学会将继续深入开展学科发展研究和学科史研究，不断提高学科发展研究和学术建设的能力，为推动我国科技发展、建设创新型国家做出新的更大的贡献。

【中国科协科技期刊发展报告（2010）】

截至2009年底，中国科协所属全国学会主办和参与主办的科技期刊（以下称“中国科协科技期刊”）共954种，其中学术类期刊661种、技术类期刊183种、科普类期刊60种、综合类期刊46种、检索类期刊4种。作为我国科技期刊的代表性刊群和重要出版资源，中国科协科技期刊在2009年继续遵循学术规范、同行评议和科学发现优先权赋予等学术出版规则，学术地位稳步上升，出版能力持续提高，精品科技期刊工程建设有序推进，数字化和网络化建设稳步发展，办刊队伍建设状况良好。特别是国家财政专项——“中国科协精品科技期刊工程”一期的顺利完成，为中国科协科技期刊注入新的发展活力。

第一，中国科协科技期刊学术质量稳步提升

据中国科学技术信息研究所《中国科技期刊引证报告2009》（CJCR2009）显示，615种被收录的中国科协科技期刊的学术指标有较大提升，总被引频次、影响因子、即年指标和引文数量的平均值均高于收录总体的平均值，各学科被引频次和影响因子的平均值均高于本学科的平均水平。总被引频次在本学科排名第一的期刊中，中国科协期刊有42种，占72.4%；影响因子在本学科排名第一的期刊中，中国科协期刊有40种，占69.0%；综合评价总分在本学科排名第一的期刊中，中国科协期刊有44种，占75.9%。总被引频次、影响因子和综合评价总分三者同时排名第一的20种学术期刊中，中国科协期刊有17种，占85%。CJCR2009收录的1868种我国科技期刊中，总被引频次≥1000的期刊有447种，其中中国科协期刊为226种，占50.6%；影响因子≥1的期刊有123种，其中中国科协期刊为64种，占52.0%。

在中国科学技术信息研究所2009年发布的“2008年中国百种杰出学术期刊”中，有67种来自中国科协学术期刊，占67.0%，其中有44种为2009年中国科协精品期刊工程项目二期资助期刊。在中国科学技术信息研究所2009年发布的“2008年中国百篇最具影响国内文章”中，中国科协46种学术期刊发表的69篇论文入选，占三分之二以上。

据汤森路透《期刊引证报告2008》（JCR2008）显示，2008年收录中国大陆学术期刊78种，其中中国科协学术期刊43种，占55.1%。43种中国科协学术期刊中，影响因子超过1的有5种，其中《细胞研究》（英文版）的影响因子为4.535，是中国大陆影响因子最高的学术期刊。

第二，中国科协精品科技期刊工程建设成效显著

中国科协精品科技期刊工程一期共实施资助项目317项（次），累计资助资金3115万元，资助期刊152种。2009年4月，据财政部《中央级教科文部门项目绩效考评报告》，2008年该项目绩效评定结论为“优⁺”。在一期工程取得阶段性成果的基础上，2009年中国科协精品期刊工程进入第二个项目周期，继续围绕“打造国际化科技期刊、培育国内精品科技期刊”的战略目标，评选出中国科协精品科技期刊示范项目145项，其中，培育国际化精品科技期刊（A类项目）5种，培育国内精品科技期刊（B类项目）40种，授予100种科技期刊“中国科协精品科技期刊示范项目”名称。

2009年，项目二期重点培育的5种国际化精品科技期刊的国际影响力进一步提升。论文国际化方面，据汤森路透Web of Science数据库，2009年刊均发表海外论文较上一年提高2个百分点；编审队伍国际化方面，刊均海外编委比例达34.0%；国际影响力方面，据JCR2008，5种受资助期刊都被JCR收录，与JCR收录的同学科的中国科技期刊相比，其影响因子、学科排名和总被引频次等指标均处于领先地位。

2009年，项目二期重点培育的40种国内精品科技期刊在出版能力、学术质量、编辑队伍建设和学术交流能力等方面都有所提升。在稿件处理与论文发表周期方面，86.0%的期刊加快了论文审稿速度，刊均审稿周期缩短15天；73.3%的期刊缩短了论文发表周期，比2008年提前1个月。在学术影响力方面，6种期刊被SCI收录，12种期刊被EI收录，11种期刊被Medline收录；40种期刊全部被CJCR2009收录，有19种期刊综合评价总分学科排名第1，10种期刊影响因子学科排名第1，18种期刊总被引频次学科排名第1，8种期刊的综合评价总分、影响因子和总被引频次三者同时在学科排名中位列榜首。在编审队伍建设方面，刊均编委70人，刊均院士11人，刊均国际编委11人，半数以上的期刊国际编委比例超过了10.0%。在网络化和数字化建设方面，95%的期刊自建网站，超过半数的期刊实现全文上网。

第三，中国科协英文版期刊国际化发展态势良好

中国科协英文版期刊积极参与国际竞争，加强国际交流与合作，吸引国际国内优秀论文，提高国际化水平，扩大期刊的国际影响力。调查显示，2009年，中国科协英文版期刊共有69种，其中28种加入国际期刊平台，占40.6%。论文国际化优势明显，刊均海外来稿88篇，占刊均总收稿量的14.9%；刊均发表国际论文25.5篇，较上一年增长51.8%；刊均发表国际合作论文15.0篇，较上一年增长31.6%。JCR2008收录的32种中国科协英文版期刊中，刊均作者国家（地区）分布达23.4个；论文引用作者国家（地区）分布达38.2个。据JCR2008，中国科协英文版期刊的平均影响因子为0.822，比中国科协科技期刊整体平均水平的0.736高11.7%。32种英文版期刊中，有43.8%的影响因子比上一年度有所上升，上升幅度最大的是《材料科学技术》（英文版）和《力学学报》（英文版），分别提高了0.401和0.356。

第四，中国科协科技期刊数字化建设稳步发展

2009年，中国科协科技期刊的数字化和网络化建设呈现快速发展的态势。期刊网站数量增加，内容丰富，功能完善，设计合理，服务多样，全文开放存取期刊、加入学科信息网和国外出版商网络平台的期刊数量大幅增加，网站建设资金来源和运营方式呈现多元化态势。

2009年，60.9%的中国科协期刊（581种）建立了独立网站，56.3%的期刊（537种）使用在线稿件处理系统，91.4%的期刊（872种）在中国知网（CNKI）全文上网，89.7%的期刊（856种）在万方数字化期刊平台全文上网，80.0%的期刊（763种）在维普资讯网全文上网，76.4%的期刊（729种）在上述3个数据库同时全文上网。

中国科协科技期刊开放程度日益加大。中国科协开放存取（OA）期刊数量达到206种，占期刊总量的21.6%。其中英文版OA期刊32种，占中国科协69种英文刊的46.4%。中国科协OA期刊开放全文的回溯数据逐年增加，将自创刊以来的全部论文开放的OA期刊为48种。OA期刊总被引频次、影响因子和即年指标的5年平均增长率分别高于非OA期刊11.6、5.6和2.1个百分点。

第五，中国科协科技期刊办刊队伍建设状况良好

随着中国科协科技期刊的迅速发展，一支职业化的办刊队伍初步形成。2008～2009年度，中国科协科技期刊队伍规模扩大，队伍结构优化，队伍素质提升，高层次人员比例加大。

中国科协科技期刊办刊队伍中，队伍规模为刊均7.0人，45岁以下的占60.5%，硕士及以上人员比例占35.1%，高级职称人员占46.1%。在主编队伍方面，有四分之一的主编由院士担任，具有正高职称的比例达89.9%，专职主编占26.1%，有四分之三的主编在制定办刊宗旨、把握学科前沿和制定期刊发展战略规划等方面履行了职责。

中国科协科技期刊办刊队伍对目前所从事的科技期刊工作表现出较高的职业满意度，满意的达74.2%。办刊人员对科技期刊工作中良好的人际关系较为满意，而对薪酬与职务提升等因素较为不满意；办刊人员的薪酬与学历、年龄、职称和工作年限表现出正相关关系。87.8%的办刊人员认为目前所在的期刊具有专业与行业优势，82.1%的办刊人员认为科技期刊对本领域学科发展起到很大影响或较有影响，45.7%的办刊人员认为新闻出版领域改革将会使科技期刊编辑获得更大职业发展空间。

第六，积极推进中国科协科技期刊体制改革

随着数字化和网络信息技术的发展，全球出版业和传媒业正处于调整与整合的关键时期，传统媒体与新兴媒体将通过竞争与整合实现共同发展。信息技术对科技期刊产生了深远影响，科技期刊业间融合趋势日益显现，海量信息服务成为科技期刊业发展的基本取向，网络社区成为科技期刊数字化生存的争夺要地。

社会发展急需我国科技期刊承担新的使命。我国科技期刊面临着良好的发展机遇，在积极迎接和适应科技发展及国际学术出版竞争挑战的同时，要增强科技期刊的责任感和使命感，因此，科技期刊必须成为我国科技共同体的学术服务平台，科技期刊必须成为我国学术生态建设的重要阵地，科技期刊必须成为提升我国文化软实力的重要力量。

我国科技期刊发展呼唤新的体制与制度安排。体制改革和制度安排是决定我国科技期刊有效参与国际竞争、实现又好又快发展的关键问题。目前我国新闻出版领域改革已经有了明确的路线图和时间表，科技期刊改革在即。同时，我国科技期刊发展与改革尚面临一些亟待研究和解决的问题，科技期刊业态变革需要有体制上的突破与相应的制度安排来推动。

对此，中国科协科技期刊要认真学习贯彻落实国家有关出版体制改革的精神，积极推进中国科协科技期刊的体制改革。一是深入研究中国科协科技期刊体制改革面临的重大问题，如科技期刊公益性与商品性的定义问题、非营利性界定问题、出版机构的主体准入问题和产权界定问题等。二是大胆进行试点探索，推进中国科协科技期刊出版体制改革。三是积极寻求和加大对中国科协科技期刊的服务和支持力度，建议进一步完善我国科技期刊法律法规，改善发展环境；推动建立我国科技期刊行业组织，强化科技期刊的行业自律、服务和维权；建议完善科技期刊的支撑性制度安排，建立科技期刊国家资助体系。

中国科协 2010 年
主要活动和重要事件

综　合

【中国科协召开七届五次全委会会议】

2010年1月13日上午，中国科协第七届全国委员会第五次会议在北京开幕。中共中央政治局委员、全国人大常委会副委员长王兆国出席会议并讲话，要求各级科协团结动员全国广大科技工作者坚持走中国特色自主创新道路，充分发挥科学技术第一生产力作用，为加快实现“中国制造”向“中国创造”的转变多作贡献。全国人大常委会副委员长、中国科协主席韩启德作了题为《坚定信心，开拓奋进，为加快转变经济发展方式，推动科学发展作出新贡献》的工作报告。中国科协常务副主席、书记处第一书记邓楠传达了中央书记处对科协工作的指示精神。中国科协第七届全国委员会委员出席会议，部分全国学会和地方科协主要负责同志列席会议。

王兆国首先代表党中央充分肯定了2009年科协工作取得的成绩。他指出，各级科协要深入学习贯彻党的十七届四中全会和中央经济工作会议精神，切实把广大科技工作者的创新热情和创造活力最大限度地调动激发出来，为战胜国际金融危机冲击、保持经济平稳较快发展提供更加有力的科技支撑。要引导科技工作者紧紧围绕提高自主创新能力、培育战略性新兴产业这个关键环节，着力在物质科学、生命科学、信息技术、纳米技术、清洁能源和可再生能源等前沿科技及交叉学科奋力攻关，研发推广节能技术、环保技术、低碳能源技术，推进绿色经济、循环经济、低碳经济发展。要通过院士专家工作站等形式，积极引导创新要素、智力资源向企业和“三农”聚集，增强企业技术创新能力，夯实“三农”发展基础。要努力打造跨学科、国际化、综合性学术交流平台，培育一批针对性强、特色鲜明的专题论坛，使学术研讨真正成为自主创新的源头活水。要大力开展各种形式的主题科普活动，探索建立社会科普资源集成共享机制，扎实推进提高全民科学素质工作。特别是要围绕服务科学决策，打造一批有特色、有影响的科协决策咨询品牌，积极推动国家科技思想库建设，为社会进步提供启迪，为治国理政提供良策。

王兆国强调，科协工作是党的群众工作和国家科技工作的重要组成部分，各级党委政府要进一步加强和改善对科协工作的领导，为科协开展工作创造更加有利的条件。各级科协要以改革精神加强自身建设，不断提高为科技工作者服务的能力和水平，切实把科协办成“科技工作者之家”。

韩启德在工作报告中回顾总结了2009年工作，提出了2010年的重点任务，要求各级科协高举中国特色社会主义伟大旗帜，坚持以邓小平理论和“三个代表”重要思想为指导，深入贯彻落实科学发展观，按照党的十七大和十七届三中、四中全会精神和胡锦涛总书记在纪念中国科协成立50周年大会上的重要讲话要求，紧紧围绕加快经济发展方式转变，深入开展学术交流，扎实推进全民科学素质工作，大力举荐表彰优秀人才，夯实科协组织基础，引导广大科技工作者为推动经济平稳较快发展、完成“十一五”规划各项任务和制定“十二五”规划献计出力。

开幕式上，还举行了第十一届中国青年科技奖颁奖仪式。

会议期间，与会委员结合中央一系列重要会议精神，学习讨论中央书记处指示精神，一致认为王兆国同志在开幕式上的讲话振奋人心，深受鼓舞，韩启德主席所作的常委会工作报告总结2009年工作实事求是，部署2010年工作切实可行，并对做好2010年科协工作提出了许多意见和建议。

会议于1月14日上午闭幕。全国人大常委会副委员长、中国科协主席韩启德主持闭幕式，中国科协常务副主席、书记处第一书记邓楠作总结讲话。中国科协书记处书记张勤对常委会工作报告作了修改说明。经与会委员举手表决，全票通过了《关于中国科协常务委员会工作报告的决议》。

中国科协常务副主席、书记处第一书记邓楠作总结讲话。她表示，为期两天的七届五次全委会会议主题鲜明，重点突出，气氛热烈，研讨深入，注重实效，明确方向，开得很成功。

邓楠就牢固树立机遇意识、抓好落实工作，谈了三点意见：一是紧紧抓住第三批深入学习实践科学发展观活动这一重要契机，推动学会工作再上新台阶。要用扎实的党建工作带动和促进学会自身建设；推动解决一批影响和制约学会创新发展的突出问题；进一步密切科协组织与所属学会的沟通联系。二是紧紧抓住国务院办公厅组织开展《全民科学素质行动计划纲要》（以下简称《科学素质纲要》）实施情况督查这一重要契机，推动全民科学素质工作再上新台阶。要把做好督查工作摆在全年工作的突出位置，认真做好国办督查的配合协调工作，推动完善科学素质工作的领导体制和工作机制。三是紧紧抓住中央批复同意中国科协组织开展8项奖励活动这一重要契机，推动为科技工作者服务工作再上新台阶。要在培育奖项品牌、扩大奖项影响和发挥奖项导向上多下功夫。

邓楠指出，会议结束后各全国学会和地方科协要高度重视会议精神的汇报、传达和贯彻落实工作，及时向上级党委政府和挂靠单位领导报告会议精神，进一步争取党委政府和挂靠单位对科协工作的关心支持。同时，要把中央指示精神传达到广大科协干部职工和学会会员，引导大家切实把思想和行动统一到中央指示精神上来，统一到常委会工作部署上来，结合本单位本部门实际，圆满完成各项工作任务，以优异成绩迎接中国科协“八大”的胜利召开，不断开创科协事业科学发展的新局面。

【中国科协召开地方科协党组书记座谈会】

2010年1月14日，地方科协党组书记座谈会在北京召开。中国科协党组书记邓楠主持会议并讲话，党组副书记齐让，党组成员冯长根、程东红、张勤、苑郑民等出席会议。各省、自治区、直辖市、副省级城市科协和新疆生产建设兵团科协党组书记出席会议。

邓楠传达了中央书记处、国务院领导同志关于科协工作的指示精神。邓楠指出，中央对科协2009年的工作给予充分肯定，这是对我们极大的鼓励和鞭策。这些成绩和进展来之不易，是党中央、国务院正确领导和关心支持的结果，是科协系统大团结、大协作、开拓进取、真抓实干的结果。下一步我们将根据中央书记处关于科协工作的几点意见、国务院《听取全民科学素质行动计划纲要实施情况汇报的会议纪要》、王兆国同志在中国科协七届五次全委会议上的重要讲话要求，突出加强基层组织建设和推动低碳发展两条主线，明确重点，狠抓落实，务求实效。

邓楠指出，地方科协要深入学习贯彻党的十七大、十七届三中、四中全会精神和中央经济工作会议精神，按照中央关于科协工作的一系列指示要求，结合贯彻落实本次全委会议精神，进一步交流情况，沟通信息，理清思路，明确重点，齐心协力，着力做好以下四方面的工作。

第一，要加强基层组织建设，夯实科协的组织基础。中国科协党组决定把加强基层组织建设作为2010年工作的重点，把2010年作为科协的“组织建设年”。要紧紧抓住第三批深入学习实践科学发展观活动这一重要契机，抓好全国学会的党组织建设，带动促进全国学会和科协基层组织建设，夯实科协工作的组织基础，以扎实的党建工作促进全国学会组织建设。要积极探索社区科普工作新形式，促进街道社区科协健康发展。希望各级科协充分认识、准确把握社区科普工作面临的新形势、新任务，切实把街道社区科协作为科协基层组织建设的重点。要积极配合党委和政府大力推广在农技协建立党组织的成功经验，让更多的农技协发展壮大起来。要以综合性高校为重点，不断扩大高校科协组织覆盖面，要有意识、有重点地加大在综合性高校建立科协组织的力度，真正扩大高校科协组织的吸引力和凝聚力。要创新组织形式和工作机制，进一步加大在各类企业特别是非公有制企业、高新技术企业建立科协组织的力度，鼓励高新区和经济技术开发区建立科协组织，引导帮助各类科技创业服务中心、海外留学人员创业园、大学科技园和企业孵化器建立科协组织，把更多的科技工作者吸纳到科协的大家庭中来。要注重加强县级科协的建设，各省市科协要在过去的工作基础上，加大支持力度，切实把支持帮助县级科协开展工作摆到重要议事日程，负起责任，多动脑筋、多想办法，帮助他们解决工作中遇到的困难和问题，切实提高县级科协的服务能力。

第二，要扎实推进科普资源共建共享，全面推进全民科学素质工作。要更加深入地组织开展《科学素质纲要》实施工作，主要做好以下三方面工作：一是积极配合国务院办公厅做好《科学素质纲要》实施情况督查，把督查工作与总结表彰先进有机结合起来；二是做好第八次公民科学素质调查；三是按国务院要求组织编制好《全民科学素质行动“十二五”规划》。要努力在科普资源共建共享上有所突破，发挥好中国科技馆在科普资源共建共享中的重要作用，为地方科技馆提供示范培训、技术支持和资源服务，推动建立一个覆盖全国的科普资源共建共享网络，把科普资源共建共享工作落到实处。要积极探索集成社会科普资源的有效途径，充分发挥中国数字科技馆的引领作用，充分发挥科普教育基地在科普资源共享方面的重要作用，把社会上众多的科普资源汇聚到科协的大旗下。要加大科普资源开发力度，提高研发水平，逐步建立公益性科普事业与经营性科普产业并举的体制，同时要办好全国优秀科普作品奖，重视发挥市场机制在培育发展经营性科普产业中的基础性作用，推动建立社会化的科普资源格局。要在主题科普活动中更加突出低碳理念，重点开展好“低碳生活”主题科普活动，在活动内容上，要突出普及低碳生活知识、提倡低碳生活方式；在活动形式上，要更加贴近生活、贴近百姓，联合电视台搞科技创意大赛等；在活动目标上，要引导社会公众逐步接受低碳理念，实践低碳生活，养成低碳消费、适度消费的良好习惯。

第三，在为国民经济社会发展服务方面，要紧紧围绕加快经济发展方式的转变，引导广大科技工作者为推动经济平稳较快发展献计出力。要紧紧围绕加快经济发展方式转变组织开展学术交流活动。2010年，以推动低碳发展为重点开展全年的各项工作：一是在中国科协年会系列活动中，把加快经济发展方式转变以及低碳经济作为年会的一个重点；二是全国科普日以“走近低碳生活”为主题组织开展各项科普活动；三是2010年拟把低碳技术和低碳生活作为创意大赛的主题；四是利用上海世博会搞好科普宣传，在参与世博会的系列活动里把低碳经济和低碳生活作为与世博会系列活动重要的一环。我们还要利用各个论坛、学术交流的场所和各个层次的学术交流以及各项活动，把低碳经济和低碳生活在2010年里做出声势、做出影响。要扎实推进国家级科技思想库建设。科技工作者状况调查是中央交给我们的重要任务，也是科协组织的一项基本职能，是我们的主职，我们要着力把科技工作者的个体智慧凝聚上升为有组织的集体智慧，把建言献策与开展科技工作者状况调查有机结合起来。要大力提高决策咨询和建言献策的质量水平，创新方式方法，进一步解放思想，开拓思路，在探索决策咨询有效形式、创新工作方法上多下功夫。

第四，抓好人才举荐工作。要以表彰奖励优秀科技工作者为抓手，大力举荐优秀人才。在2009年清理规范评比达标表彰项目之后，中国科协还保留了8个奖项，其中有5个是面向科技工作者的，地方科协也还有各种各样的表彰奖励项目。现在的关键是要用好这些奖项，通过学术交流活动和同行评议机制，举荐那些学术功底深、科研水平高、科学道德好、社会贡献大的优秀科技工作者，特别是基层一线的优秀青年科技工作者，让他们的先进事迹在社会上广泛传播，让他们在更合适的岗位发挥作用、展示才干。同时，要加强学风道德建设。鼓励各个学会建立学术道德方面的工作机制和工作机构，推动学术道德，弘扬科学道德。要把人才举荐工作与科学道德和学风建设工作有机结合起来，营造良好科研诚信氛围，发挥科技社团自律机制作用，践行社会主义核心价值体系，为科技人才成长特别是青年科技人才成长提供强大精神动力。

邓楠要求，地方科协要在坚持“三服务一加强”工作定位的基础上，把科协工作进一步落实到学术交流、科学普及、人才举荐、决策咨询四个方面，推动形成“四位一体”的工作格局。希望大家认真学习、深入贯彻中央关于科协工作的一系列指示精神，结合本地区本单位实际，创造性地开展工作，在科学发展上有新思路，在夯实基础上有新方法，在服务经济社会上有新举措，深入基层、务求实效，推动科协工作上台阶上水平。

北京、浙江、安徽、四川、湖北等省市科协党组书记在会上围绕加强科协基层组织建设等方面进行了交流，并介绍了本地科协创造性开展工作的具体实例和方法。中国科协机关各部门、各直属单位主要负责同志参加了座谈会。

【韩启德看望全国政协科协界委员参加小组讨论】

2010年3月6日下午，全国人大常委会副委员长、中国科协主席韩启德来到全国政协科协界委员驻地看望全国政协科协界委员，并参加小组讨论。全国政协副主席、农工民主党中央常务副主席陈宗兴，中国科协常务副主席、书记处第一书记邓楠、全国政协副秘书长蒋作君陪同看望。全国政协常委沈文庆主持小组讨论。

全国政协委员赵忠贤、黄伯云、李兰娟、林惠民、齐让、陈大为先后发言，韩启德边听边记，不时与委员们就有关问题进行认真地讨论。在听取委员们发言后，韩启德作了讲话，他强调，科技发展的关键在于科技体制的改革。当前我国在科技决策体系、科技资源配置、科研经费分配、科技评价和激励机制等方面都亟待改革和完善。尤其是科技资源配置、科技评价方面的改革，应该总结以往的经验，发挥科技团体的作用，将科技资源的潜力和政策机制的作用充分发挥出来，坚决克服和摒弃学术浮躁和学术不端行为，为自主创新提供制度保障。中国科协作为中国最大的科技团体，应该发挥学术共同体的作用，为国家发展建议献策，成为国家科技思想库，这是科协的社会责任所在。在科技决策体系方面，可以建立一个科技工作者直接向中央反映意见的通道，对于重大科技问题，中央能够直接听取科技工作者的意见。

韩启德在讲话中指出，科技不仅仅是为了解决实际问题，更重要的是为了提高全民科学素质，科学素质在现代化建设中的作用非常重要。中国科协应该站在一个更高的高度，找到更多的“抓手”，将科普工作做实，发挥中国科协在传播正确科学观念方面的导向作用，切实提高全民科学素质。“重技术、轻科学，重解决实际问题、轻全民科学素质提高”的现状应该得到改善。

刘玠、张泽、宋南平、徐延豪等40位全国政协科协界委员一同参与了讨论。

【中国科协走访慰问七大代表听取意见建议】

2010年初，根据中国科协工作部署，办公厅制定了2010年走访看望七大代表工作方案，确定走访看望的形式主要采取集中召开座谈会与到七大代表所在单位实地调研相结合的方式进行。走访看望的内容主要为向代表汇报中国科协近期开展的主要工作及下一阶段工作安排，听取代表意见和建议，解答代表提出的问题。机关各部门高度重视，在办公厅工作方案的基础上，进一步细化工作计划，由部门主要负责同志带队组成工作小组，专程赴各地进行了走访看望，并形成工作报告。

截至2010年底，机关各部门走访看望了黑龙江、江苏、山东、云南、吉林、湖北、广东、四川、安徽、宁夏、广西、甘肃、江西、湖南、内蒙古、福建16个省（自治区）的七大代表，中华医学会、中国农学会2个全国学会在京代表。合计走访慰问代表约450名。

在召开座谈会和走访看望过程中，代表们提出了许多宝贵的意见和建议。既有科协工作规律的理论思考，又有基层一线科技工作者普遍关注的实际问题，内容丰富，涵盖科协工作的方方面面。关于学会与学术工作方面，他们建议切实加强学会建设，为学会的健康发展创造良好的外部环境，加大学会学术交流活动的支持力度，协调好期刊改革中遇到的问题，引导学会大力开展创新方法培训。关于科普工作方面，他们建议加大《科学素质纲要》实施力度，加大对科技馆建设的指导力度，进一步加大“科普惠农兴村计划”实施力度，加强全国科普示范县（市、区）工作，进一步加大对科普创作和科普作者的支持力度，协调好农技协与合作社的问题。关于人才工作方面，他们建议加强对《人才发展规划纲要》的研究，建立宣传表彰机制，发挥同行评议在科研诚信建设中的作用，加强对企业科技人才队伍的培养，发挥老科技工作者协会的作用。关于科协组织建设方面，他们建议加强科协制度设计工作，把加强科协自身建设作为一项重大课题开展研究，加强乡镇科协组织建设，为基层科协多做一些实事，重视加强企业科协建设，进一步完善《企业科学技术协会组织通则》，加大对基层科协干部的培训力度，建立对科协工作的考评机制。此外，代表们对中国科协八大筹备和其他有关工作提出许多具体的建议和意见。

代表们高度评价中国科协近年来特别是2009年和2010年开展的各项工作，认为中国科协坚持以科学发展观为统领，围绕中心、服务大局，指导思想明确，工作思路清晰，取得显著成效。代表们一致表示，十分感谢中国科协党组、书记处对代表的关心和爱护。今后将进一步发挥好作为中国科协七大代表的作用，努力为科技事业、科协事业发展做出新贡献。

【中国科协党组重视理论学习，以学习推动各项工作落实】

2010年，中国科协认真落实中央书记处对科协工作的指示精神，团结奋斗，开拓进取，各项工作取得新进展。中国科协党组按照中央部署和中组部、中直工委的要求，高度重视理论学习，坚持把学习摆在自身建设的首位，将理论学习作为衡量、检验党组领导班子工作的重要内容，及时开展学习活动，不断提高学习质量，自觉把学习成果应用到科协思想建设、组织建设和各项具体工作中，进一步推动科协事业科学发展。党组中心组理论学习制度日益健全，2010年组织5次共13天的集中学习，每期学习都采取理论学习与研究工作相结合、个人自学与集中交流相结合、会前准备与专题讨论相结合，将学习安排贯穿全年工作始终，中国科协党组书记邓楠带头学习，就加强科协机关党的建设作辅导报告。党组同志认真学习直接影响和带动了科协广大党员干部理论学习的积极性，党组织全员学习、党员终身学习理念日益深入人心。

一、认真学习贯彻胡锦涛总书记在全党深入学习实践科学发展观活动总结大会上的重要讲话精神

胡锦涛总书记在学习实践活动总结大会上作重要讲话后，中国科协党组迅速召开理论中心组学习会，认真探讨如何进一步巩固和扩大学习实践科学发展观活动成果的工作思路。党组书记邓楠在学习会的总结讲话中强调，要建立健全巩固扩大学习实践活动成果的长效机制，切实把贯彻落实科学发展观同做好科协工作有机结合起来，健全完善有利于科协事业发展的体制机制，真正把科学发展观贯彻落实到科协工作的各个方面、各个环节。邓楠还对贯彻落实胡锦涛总书记讲话提出四点具体要求：一要继续在服务科学发展上下功夫；二要进一步加强和改进科协干部队伍建设；三要加大科协基层组织建设力度；四要继续加强理论学习，不断提高党员干部理论素养。党组副书记齐让在总结中要求，深入贯彻落实科学发展观，要结合科协实际着重抓好学习、班子队伍建设、基层组织建设和作风建设4个方面工作。

二、认真学习贯彻胡锦涛总书记在中国共产党第十七届中央纪律检查委员会第五次全体会议上的重要讲话精神

为认真学习贯彻胡锦涛总书记在十七届中央纪委五次全会上的重要讲话精神，切实解决党员干部党性、党风、党纪方面的突出问题，中国科协党组理论学习中心组于4月14～16日进行了专题学习。党组书记邓楠强调，胡锦涛总书记从党和国家事业发展全局和战略的高度，全面科学分析了当前的反腐倡廉形势，明确提出了2010年党风廉政建设和反腐败工作的总体要求与主要任务，深刻阐述了加强反腐倡廉制度建设这一重大问题，抓住了反腐倡廉建设的要害和关键，表明了落实党要管党、从严治党要求的坚强决心，体现了提高党的建设科学化水

平的战略思维，对于进一步统一思想认识，坚定工作信心，全面贯彻落实党的十七大和十七届四中全会精神，深入开展党风廉政建设和反腐败斗争，加强和改进新形势下党的建设，具有重大而深远的意义。邓楠要求，在以往工作的基础上要重点抓好三个方面的工作：一要高度重视财务工作，加强财务知识的学习。各部门、各单位一把手必须加强财务知识的学习，了解最基本的财务制度，切实负起责任来，管好机构，管好个人，带好队伍。要加强财会人员对财经纪律的学习，通过办学习班等做到警钟长鸣。二要坚持用制度管人。要认真组织贯彻执行已经制订的《贯彻落实〈建立健全惩治和预防腐败体系2008—2012 年工作规划〉实施办法》，严格按照制度办事，把党风廉政建设责任制落到实处。要建立健全财务的管理制度，建立起监督和制约机制，重大事项由集体决定。党组成员要带头配合中央有关部门巡视和审计工作，各部门和事业单位一把手也要积极配合审计工作。要坚决查找整治用人上的不正之风，发现问题一查到底，绝不姑息。三要组织好对“四项规定”和两个法规的贯彻落实。以“贯彻落实《党员领导干部廉洁从政若干准则》，切实加强领导干部作风建设”为主题，制定印发了《中国科协贯彻落实中国共产党党员领导干部廉洁从政若干准则意见》，要求机关各部门、各直属单位结合实际，围绕坚持标本兼治、综合治理、惩防并举、注重预防的方针，进一步巩固和扩大学习实践科学发展观活动成果，研究提出加强领导干部作风建设、反腐倡廉制度建设等方面的具体措施和办法，妥善解决反腐倡廉建设中干部群众反映强烈的突出问题，确保科协事业科学发展。

三、认真学习贯彻胡锦涛总书记等中央领导同志在全国人才工作会议上的讲话精神

中央召开全国人才工作会议后，中国科协党组理论学习中心组于 6 月 2 ~ 3 日召开扩大会议，认真学习、深刻领会胡锦涛总书记等中央领导同志在全国人才工作会议上的讲话精神。党组书记邓楠强调，全国人才工作会议对科协的工作具有非常重要的指导意义，也对科协人才工作提出了新的更高的要求，要以人才工作为龙头，把人才工作和科协各项工作紧密结合起来，按照人才工作提出的新要求，检查、整合、推动科协各项工作。6 月 11 日，中国科协召开人才与调宣工作会议，制定发布《中国科协关于加强人才工作的若干意见》、《中国科协科普人才发展规划纲要（2010—2020 年）》、《全国优秀科技工作者评选表彰办法》等文件，努力把科协人才工作融入党和国家人才工作大局。各全国学会和地方科协自觉把思想和行动统一到中央决策部署上来，发布实施意见，制定工作方案，努力把发现、培养、凝聚、举荐、用好人才贯穿到学术交流、科学普及、决策咨询和组织建设等各个环节各个方面。

四、迅速贯彻落实党的十七届五中全会精神，学习贯彻《中共中央关于国民经济和社会发展第十二个五年规划的建议》

党的十七届五中全会刚刚闭幕，中国科协党组即于 10 月 18 ~ 20 日召开党组理论学习中心组学习扩大会议，党组书记邓楠主持会议并传达了胡锦涛总书记、温家宝总理重要讲话精神，中心组成员集体学习《中共中央关于国民经济和社会发展第十二个五年规划的建议》，研究讨论中国科协“十二五”事业发展规划，结合各部门、各单位工作实际，围绕为加快经济发展方式转变服务、开展学术交流增强自主创新能力、落实全民科学素质纲要、促进科技人才的成长和提高、开展对外科技交流与合作、加强自身建设等领域，认真研究、讨论了中国科协“十二五”时期的重点工作。党组理论学习中心组扩大会结束后，中国科协党组立即印发《关于认真学习贯彻党的十七届五中全会精神的通知》，要求机关各部门、各直属单位党组织立即行动起来，把学习宣传贯彻五中全会精神摆到重要位置，通过举办读书班、辅导报告、座谈会、专题研讨等形式，开展学习培训，切实把思想和行动统一到五中全会精神上来，把学习贯彻五中全会精神与做好科协工作结合起来，使学习贯彻全会精神的过程成为加强和改进科协工作、保障和促进科协事业又好又快发展的过程，为实现“十二五”规划提出的各项目标贡献力量。中国科协机关各部门、各直属单位按照《通知》要求，及时召开党员干部会议，传达党组理论中心组学习扩大会精神，举办专家报告会，深入学习党的十七届五中全会有关文件，并结合本部门工作实际进行了深入交流讨论。地方科协和全国学会也都结合实际，组织开展了学习传达活动，及时把五中全会精神传达给广大科技工作者，帮助大家认清形势、明确目标，增强做好工作的信心和勇气。11 月 30 日 ~12 月 2 日，中国科协再次召开党组理论学习中心组学习扩大会议，结合学习贯彻党的十七届五中全会精神，总结 2010 年工作、研究 2011 年主要工作安排，邓楠、齐让对年底前要重点抓好的几项工作分别提出了要求、进行了部署。

【编制《中国科学技术协会事业发展“十二五”规划》】

2010 年 5 月，按照党组、书记处要求，中国科协计划财务部部署了“十一五”规划的总结检查工作，分别

召开了全国学会和地方科协“十二五”重点项目遴选座谈会，规划编制进入动员部署阶段。10月，中国科协党组理论学习中心组召开扩大会，传达学习党的十七届五中全会精神，对科协“十二五”规划编制工作进行研究和部署。10月25日，中国科协召开了“十二五”规划编制工作会议，对科协系统的规划编制进行动员和部署，并制定印发了《中国科协“十二五”规划编制工作方案》，规划编制工作正式全面启动。

开展规划的前期专题研究是规划编制的关键环节。为此，组织开展了“为加快经济发展方式转变服务、开展学术交流、提高全民科学素质”等6个领域的45项专题研究，对科协事业发展中的重点难点问题进行深入调查研究。同时，积极推动全国学会和地方科协组织开展“十二五”规划研究编制。截至2010年年底，有47个全国学会和22个省级科协编制了本学会、本地区科协事业发展“十二五”规划。全面收集整理了中国科协七大以来的重要文件资料报告，共计300多万字。这些前期工作为规划的编制奠定了扎实基础。

【中国科协与最高人民法院签署合作备忘录，共同保护知识产权】

4月19日，最高人民法院和中国科协在北京签署知识产权司法保护合作备忘录，向马国馨等11位科技专家颁发最高人民法院特邀科学技术咨询专家证书，以加强最高人民法院与中国科协在知识产权司法保护方面的合作，充分发挥科学技术专家在知识产权司法保护决策咨询、化解知识产权纠纷等方面的重要作用。

全国人大常委会副委员长、中国科协主席韩启德，最高人民法院院长、首席大法官王胜俊，中国科协常务副主席、书记处第一书记邓楠，中国科协副主席、书记处书记齐让，中国科协书记处书记张勤，最高人民法院常务副院长沈德咏，副院长万鄂湘、奚晓明出席仪式。

韩启德在致辞中指出，近年来，我国知识产权保护面临的形势日益严峻，特别是知识产权纠纷数量与复杂程度的日益增加，知识产权纠纷解决机制的重要性日益凸现。中国科协2008年下半年组织开展的第二次全国科技工作者状况调查结果显示，9.6%的科技工作者曾受到过某种形式的知识产权侵害。由于知识产权涉及专利、商标、著作权、计算机软件、商业秘密、技术合同等专业问题，同时存在时效性、保密性、国际性和多元化等特殊性要求。发挥科技团体和科技专家的咨询与调解作用，依法妥善裁决各种复杂疑难知识产权纠纷，为完善知识产权司法保护制度提供智力支持，这对于健全知识产权多元纠纷解决机制，公平、公正地处理知识产权纠纷案件将发挥重要作用。中国科协聚集了我国各学科领域中高层次专家，智力密集、人才荟萃、学科齐全、联系广泛，具有跨部门、跨行业、跨地区优势，科协组织中的成员，不仅是科学技术成果和知识产权的创造者，也应该是科学尊严、科学道德和知识产权保护的捍卫者。应当并且能够发挥优势，为营造尊重和保护知识产权的法治环境服务。中国科协与最高人民法院联合搭建法律服务的平台，使科技界借助法律的力量保护创造、维护权益，也使司法界依靠科技的力量化解矛盾、解决纠纷，有效保护知识产权，推动我国的自主创新。

韩启德表示，中国科协将组织所属全国学会推荐更多的科技专家，为最高人民法院审理知识产权案件提供技术咨询意见，配合做好法官队伍的科技知识培训，共同培养出一批社会认可度高的专业型、专家型知识产权法官。中国科协还将在知识产权保护宣传、科学技术知识普及等方面加强与最高人民法院的合作，努力提高科技工作者和全社会的知识产权意识，弘扬和践行尊重知识、崇尚创新、诚信守法的精神。相信通过合作，一定能为营造良好的科技发展环境、提高自主创新能力、转变经济增长方式、维护社会稳定提供更加有力的保障与服务。

王胜俊在致辞中指出，合作备忘录的签署为最高人民法院和中国科协在知识产权司法保护领域的合作提供了长期稳定的操作平台，首批最高人民法院特邀科学技术咨询专家的聘任为双方未来进一步拓宽合作领域和深化合作内容奠定了良好基础。他表示，开展科学技术咨询工作是确保知识产权司法公正的必然要求，也是增强知识产权司法公信力的有效途径。根据最高人民法院和中国科协签署的知识产权司法保护合作备忘录，科学技术专家至少可以在三个方面发挥重要作用：一是为知识产权司法保护政策的制定提供宏观政策咨询；二是为知识产权案件中的科技专业问题提供智力支持；三是为协调解决知识产权纠纷提供沟通斡旋帮助。为充分发挥科学技术专家的作用，人民法院要完善机制、规范制度、加强沟通、搞好服务。要建立经常性、紧密性的联系机制，利用多种途径，定期与有关专家沟通情况，提供信息资料，听取专家意见，做好各项服务工作，为专家开展工作创造良好条件和环境。

奚晓明与齐让分别代表最高人民法院与中国科协签署了合作备忘录，沈德咏宣读《最高人民法院关于聘任马国馨等11名特邀科学技术咨询专家的决定》，中国工程院院士马国馨、王玉明、左铁镛、朱高峰、李国杰、杜祥琬、钟南山、袁隆平、戴景瑞和中国科学院院士白春礼、赵忠贤等11位专家被聘为最高人民法院首批特邀科学技术咨询专家。王俊胜向特邀专家颁发了聘书。

杜祥琬、钟南山代表特聘专家发言。杜祥琬表示，中国科协作为科技工作者之家，是党和政府联系科技工作者的桥梁和纽带。备忘录的签署搭建了集中专家智慧、增强知识产权司法保护工作的预见性平台，建立了科技工作者为国家、为党和人民出谋划策贡献力量的“绿色通道”。钟南山表示，建设创新型国家，迫切需要相应的宏观评价体系和对创新的判断和评估，希望能配合法院在调解知识产权纠纷方面发挥作用，对相关法规的制定提供专业支持，为知识产权司法保护提供科学依据。

【全国“讲理想、比贡献”活动评选表彰】

2010年3月30日，全国“讲理想、比贡献”活动（以下简称“讲、比”活动）领导小组会议在京召开。全国“讲、比”活动领导小组组长、中国科协常务副主席、书记处第一书记邓楠主持会议，科技部副部长杜占元，国务院国资委副主任金阳，中国科协书记处书记张勤，国家发改委高技术产业司副司长刘艳荣，科技部科研条件与财务司司长王伟中，中国科协计财部部长王延祜，国务院国资委企业领导人员管理一局副局长李伟出席会议。

会议高度评价“讲、比”活动在广泛动员企业科技工作者战胜国际金融危机的冲击，为提高企业自主创新能力做出的贡献。会议决定，2010年开展全国“讲、比”活动评选表彰，并召开总结表彰大会。

2010年10月，各地“讲、比”活动领导小组及有关单位，全国31个省区市“讲、比”活动领导小组（省科协）和国务院国资委完成了评选推荐工作，共报送推荐材料先进集体120个（含院士专家工作站20个），科技标兵100个、优秀组织者99个。

根据《2010年全国“讲理想、比贡献”活动表彰奖励工作实施方案》，委托中国科协常委会促进企业自主创新专门委员会进行评审工作，评审委员会由专委会委员和全国“讲、比”活动领导小组办公室成员组成。中国科协副主席、促进企业自主创新专委会主任陆延昌同志担任评审委员会主任，张勤和宋南平同志担任副主任。本次评审工作设立了监审组，由中国科协常委会道德与权益专门委员会王乃彦院士，机关纪委和组织人事部共同组成，主要是对全国“讲、比”活动评选表彰过程特别是公示和奖金颁发环节实施监督审查。

2010年10月22日，全国评审工作会议在中国科技会堂召开。评审委员会按照《全国“讲理想、比贡献”活动表彰奖励办法》和《终评办法》，采取分组评审和集中评议相结合的方式，对31个省（区、市）和国务院国资委评选推荐的先进集体、科技标兵、优秀组织者材料进行了评审。评审委员会全体委员一致同意将评审结果提交全国“讲、比”活动领导小组审查。

经全国“讲、比”活动领导小组审批同意的评审结果名单于2010年10月28、29日在《工人日报》、《大众科技报》和中国科协网站进行了公示，公示时间为10天（含双休日）。

2010年11月20日，全国“讲、比”活动领导小组组长邓楠同志签发了表彰决定会签文件。中国科协、国家发展改革委、科技部和国资委决定，对2009～2010年度在“讲理想、比贡献”活动中作出突出贡献、有较强示范作用的宝钢集团有限公司等119家企业授予“全国‘讲理想、比贡献’活动先进集体”称号（含企业院士专家工作站20个），对蔡洙一等97名同志授予“全国‘讲理想、比贡献’活动科技标兵”称号，对王泽军等99名同志授予“全国‘讲理想、比贡献’活动优秀组织者”称号。

2010年11月29日，由中国科协、国家发改委、科技部和国资委联合召开的2009～2010年度全国“讲理想、比贡献”活动总结表彰大会在中国科技会堂举行。全国人大常委会副委员长、中国科协主席韩启德出席大会并讲话。全国“讲、比”活动领导小组组长、中国科协常务副主席、书记处第一书记邓楠，全国“讲、比”活动领导小组副组长、国家发改委副主任张晓强，科技部副部长王伟中，国资委副主任金阳，以及中国科协副主席、书记处书记齐让，中国科协副主席、中国科协常委会促进企业自主创新专门委员会主任陆延昌出席大会，全国“讲、比”活动领导小组成员、办公室主任、中国科协书记处书记张勤主持大会。全国“讲、比”活动领导小组及各省、自治区、直辖市“讲、比”活动领导小组成员单位的同志，获得先进集体荣誉称号的企业代表，科技标兵、优秀组织者代表等300多人参加了会议。

大会对“讲、比”活动中贡献突出的119个先进集体（含院士专家工作站20个）、97名科技标兵、99名优秀组织者进行了表彰。宝钢集团公司党委副书记欧阳英鹏、北京汽车研究总院有限公司高级工程师曲秀兰和中国重型汽车集团有限公司科协副主席王泽军分别代表先进集体、科技标兵、优秀组织者作了大会典型发言。

全国人大常委会副委员长、中国科协主席韩启德发表讲话。他指出，“讲、比”活动是我国科技工作者推动科技进步、服务经济社会发展的一个创举。二十多年来，

"讲、比"活动有效地带动了全国范围内群众性技术创新活动的蓬勃开展，在促进创新要素向企业集聚、提高企业技术创新能力、培养创新科技人才、普及科学技术知识、弘扬创新文化等方面取得了丰硕成果，涌现出一大批先进个人和集体，充分展现了我国科技工作者顽强拼搏的奉献精神、锲而不舍的敬业精神、协作共赢的团队精神和奋力攀登的创新精神。

韩启德指出，要努力坚持科技体制机制改革，积极探索解决制约科技成果转化的瓶颈问题，尊重市场经济规律，促进科技成果加快转化为现实生产力；要努力把科技工作者作为先进生产力开拓者的作用发挥出来，用一流的创新成果引领和推动企业技术创新和产业结构调整；要努力把企业作为科技创新主体的作用发挥出来，大力支持企业研究开发活动，提升企业自主创新能力，加强企业人才队伍建设，努力培养造就一支企业欢迎、社会认可、有真才实学、能解决问题的企业科技工作队伍，为企业技术创新多做贡献；要努力把劳动者科学素质对企业发展的基础作用发挥出来，充分挖掘和调动企业员工的聪明才智，不断扩大"讲、比"活动的覆盖面和影响力，积极培育和推广新的群众性创新活动形式，广泛开展形式多样、内容丰富的科普活动，帮助企业员工增强科学意识、安全意识和节能减排、保护环境意识；要努力把企业科协的桥梁纽带作用发挥出来，坚持以科技工作者为本，依靠企业科技工作者开展工作，努力为企业科技工作者提供服务，帮助企业科技工作者获取最新信息，把握科技前沿动态。及时了解企业科技工作者的思想、工作和生活状况，推动解决企业科技工作者普遍关心的问题，组织他们围绕企业发展重大问题积极建言献策。

两年来，全国"讲、比"活动取得丰硕成果。据不完全统计，全国开展"讲、比"活动的企业1.8万家，参与活动的科技工作者150多万人次，各地围绕开发推广节能低碳先进技术开展群众技术创新活动6.4万项，节能降耗、减排增效项目2.2万项，节约成本60亿元，增加收入116亿元，企业员工提出合理化建议37万多条，被采纳的18万多条。

中国科协书记处书记张勤作会议总结时说，我们要深入贯彻落实党的十七届五中全会精神，认真实践科学发展观，以"提高科技人员综合素质、增强企业技术创新能力"为主题，凝聚各方力量，创新工作思路，丰富活动形式，激发企业活力，将各种创新资源向企业集聚，促进产业结构优化升级。加快企业各类人才成长，促进建设以企业为主体，市场为导向、产学研相结合的技术创新体系。促进经济发展方式转变，为推进我国改革开放和社会主义现代化建设事业贡献力量。

【中国科协启动应急机制发挥自身优势，为抗震救灾做贡献】

4月14日，青海省玉树藏族自治州玉树县发生强烈地震，造成重大人员伤亡和财产损失。在灾难面前，党中央果断决策，迅速作出工作部署，胡锦涛总书记、温家宝总理等党和国家领导人深入到灾区一线，全力组织抗震救灾。中共中央政治局委员王兆国同志指示中国科协要发挥自身优势为抗震救灾工作做贡献。中国科协迅速反应、立即行动，按照党中央、国务院的统一部署和王兆国同志的指示精神，部署安排抗震救灾工作。一是动员各级科协组织发挥自身优势，结合当地实际，积极开展抗震救灾工作。二是安排100万元资金支持青海灾区科协开展抗震救灾及灾后重建科普宣传。三是发挥科协系统科普资源的优势，为开展抗震救灾科普宣传提供支持。四是组织科协机关和直属单位广大干部职工和离退休老同志积极为灾区献爱心，共有1701名职工捐款219155元。

一、立即启动科普应急机制，迅速编制完成抗震救灾科普资源包

地震发生后，中国科协立即启动科普应急机制，迅速编制完成抗震救灾科普宣传活动资源包，内容包括科普挂图11套、折页手册5个、电视节目11个、广播节目24个，挂在网上供免费下载使用，其中特别为灾区藏族群众编制10期藏语版广播节目，更有针对性地开展抗震救灾科普宣传活动。截至2010年4月19日，抗震救灾资源包下载次数累计589次。

中国科技馆组织力量将部分科普挂图翻译成藏文，发往青海玉树震后灾区。科学普及出版社科普资源配送中心于4月14日下午4时前紧急向青海省科协发送《地震的形成与种类》、《如何防范地震次生灾害》、《地震应急知识》三种挂图各50套；《抗震救灾，众志成城》、《地震应急救护知识》两种地震折页各200套；科普展板1套，5种救灾物资共计550余套。15日，按照新闻出版总署要求，再向灾区捐赠一批图书：《国家紧急救援行业系列图书——地震灾害》1000册、《国家紧急救援行业系列图书——建筑抗震》1000册、《国家紧急救援行业系列图书—地质灾害》1000册、《家庭地震应急三点通》500册，共计3500册。科普出版社还联合人民军医出版社、民族出版社共同设计编纂出版了两张挂图，一张是针对抗震救灾防寒、抗高原反应（中文版），另一张是抗震救灾众志成城（藏文版），于18日上午送达灾区。

二、有关全国学会发挥自身优势，积极开展抗震救灾

各全国学会发挥自身优势，联系社会力量，服从统一安排，积极参加支援工作。一是发挥智力资源优势，积极开展调查研究，建言献策。中国心理学会与中科院心理所联合经中科院向中办和国办上报了《关于青海玉树地震灾区抗震救灾稳定群众心态的建议》，同时召开专门研讨会，商讨灾后心理援建工作并指导青海当地专家组织藏族学生等参加心理救援工作。中国地质学会成立地震应急地质调查小组，派遣专家小分队赶赴地震灾区开展地震地质和地质灾害调查研究，完成了震中区及其他部位地表破裂的应急调查以及玉树地震断裂调查和避让选址工作。中华预防医学会联合中国疾病预防控制中心组织有关专家，编写《抗震救灾卫生防疫宣传材料》，内容涉及传染病控制、食品与饮水卫生、灭鼠等，印刷2万份发给青海有关方面和广大群众。二是根据相关部门统一要求，组织专家赶赴灾区。中国心理学会组织10位专家组建了心理医疗队，按照统一部署奔赴灾区开展工作。中华医学会向卫生部推荐了各医学专业领域的专家，供统一部署安排救灾。根据国土资源部要求，中国地质学会紧急配合组织专家赶赴灾区，开展次生地质灾害调查排查、灾民临时安置点选址以及打井找水工作。中华护理学会及时向卫生部提供关于手术室、重症监护、创伤急诊、血液透析、骨科和急诊救护专科的护理专家信息，组建完成9名护理专家组成的专科护理预备队。许多全国学会积极向青海省级学会发去慰问电和慰问信，鼓励一线科技工作者并致以敬意。

三、青海省科协迅速投入抗震救灾一线，各地方科协携手帮扶

4月14日地震一发生，青海省科协针对玉树地区当地居民97%都是藏族的实际，连夜加班编写翻译并印制了藏汉双语《青海科普——地震知识宣传手册》等应对地震自救方法及震后疫情防治的科普知识宣传品4万余份；选派有丰富基层工作经验的机关领导干部及少数民族科普队组成的抗灾科普工作组前往灾区，按照省委省政府的统一安排，对灾民进行现场科普宣传，有序开展抗震救灾工作；与爱德基金会取得联系，争取到100万元的救灾物资，连夜送往灾区，4月17日，爱德基金会第二批救灾物资也送往灾区；组织本系统内干部职工开展抗震救灾捐款捐物活动，募捐到的15060元现金已送往灾区。各地方科协纷纷向青海省科协表示慰问，积极开展捐款捐物等工作。

受浙江省科协和浙江省卫生厅应急办的委派，杭州市疾控中心精神卫生所也紧急组建由10名专家组人员和精神科医生、10名拥有国家心理咨询资质的心理卫生专业志愿者组成的心理干预团队赶往玉树灾区。根据重庆卫生局统一安排，重庆永川区科协团体会员重庆医科大学附属永川医院组织10名区科协会员，包括骨科、神经外科等科室医生和护士等组成的医疗队，于4月15日赴玉树抗震救灾一线。

各级科协及所属学会根据灾区的需要和自身特点，积极开展多种形式的抗震救灾和灾后重建工作。

【组织向青海玉树、甘肃舟曲灾区捐助活动】

甘肃舟曲特大山洪泥石流灾害发生以来，灾情一直牵动着中国科协广大共产党员的心。中国科协党组高度重视，强调科协作为国家减灾委成员单位，要切实履行职责。中国科协由学会部牵头，适时组织有关专家参与灾区灾后评估、自然灾害可能发生情况预测、心理咨询等工作。由科普部牵头，组织力量编发科普挂图、展板、图书等，开展山洪泥石流灾害发生后的科普宣传工作。

按照中央直属机关工委、中央国家机关工委的部署，中国科协机关党委迅速印发《关于迅速开展向甘肃舟曲特大山洪泥石流灾区“送温暖、献爱心”捐助活动的通知》，动员、组织机关和直属单位干部职工为灾区捐款。

中国科协机关各部门、各直属单位积极行动起来，结合正在开展的“创先争优”活动，号召广大干部职工发扬“一方有难、八方支援”的精神和团结互助、扶危济困的中华民族传统美德，把关爱之情送到灾区群众中去。

中国科协常务副主席、书记处第一书记、党组书记邓楠和其他党组领导同志带头为灾区捐款，发挥表率作用。学会服务中心离退休干部宋义荣正在住院，病情较为严重，但他得知情况后，表示“同胞受灾，责任应当尽，一定要捐款”，并先后两次让家人送来捐款。机关各部门、各直属单位出差及挂职锻炼的同志也都打电话委托同事代为捐款，充分表达对受灾群众的浓浓深情。截至8月17日，中国科协机关各部门、各直属单位1736名干部职工向灾区捐款22万余元，并汇至民政部中央财政汇缴专户。

人　才

【中国科协人才和调宣工作会议召开】

2010年6月8日，中国科协人才和调宣工作会议在北京召开。全国人大常委会副委员长、中国科协主席韩启德，中国科协常务副主席、书记处第一书记邓楠出席开幕式并讲话。中国科协书记处书记冯长根、张勤，中国科协党组成员徐延豪、王可等出席会议。中国科协所属190个

全国学会、协会、研究会的理事长、秘书长，各省（自治区、直辖市）、副省级城市、新疆生产建设兵团科协的党组书记和有关负责人，中国科协机关和直属单位的主要负责同志等450人参加会议。

韩启德在讲话中阐述了做好新形势下人才工作的重要意义。他指出，当前，国际环境复杂多变，我国经济社会快速发展，战略机遇期和黄金增长期同时并存，矛盾凸显期和科技跃升期相互交织，新情况新问题层出不穷，迫切需要不同层次不同类型的人才充分发挥作用，人才作为经济社会发展第一资源的特征和作用更加明显，日益成为可持续发展的关键因素。

韩启德强调，要准确把握中央对科协人才工作的新要求，要更加自觉地把科协人才工作融入国家人才工作全局之中，在育才引才荐才用才中发挥关键独特作用；要更加准确地了解和把握科技工作者总体状况与发展趋势，为党和国家科学制定人才政策服务；要更加积极主动地宣传在创新科学技术和普及科学技术方面作出突出贡献的优秀科技工作者和创新团队，培育有利于创新人才脱颖而出的创新文化。

韩启德要求，各级科协及所属团体要抓住机遇，精心谋划，周密部署，切实把科协系统的政治优势和组织优势充分调动起来，把科技社团的学科优势和人才优势充分发挥出来，自觉肩负起积极培养举荐人才、推动用好用活人才的时代重任，创新工作方法，加大工作力度，把已经开展的各项工作做出影响，做成品牌，进一步开辟科协人才工作新领域、新境界，推动形成人才辈出、人尽其才的生动局面。

邓楠在讲话中总结了近年来科协的人才工作并对下一步工作进行了部署。她要求，各级科协及所属团体要切实把握好新形势下科协工作面临的新任务和新要求，统一思想、协调行动，按照全国人才工作会议的总体部署，以提高学术交流的质量和实效为立足点大力培养人才，以打造科协系统优秀奖励品牌为突破口积极举荐人才，以建设国家级科技思想库为着力点用好用活人才，以提升创新型科技人才的社会影响力为目标有效激励人才，更好地为经济社会发展服务、为提高全民科学素质服务、为科技工作者服务，当好科技工作者之家，不断开创科协工作新局面。

邓楠特别强调，要认真学习、深刻领会，切实把思想和行动统一到全国人才工作会议精神上来；要制定实施好《关于贯彻落实〈国家中长期人才发展规划纲要〉的若干意见》，全面推进科协人才工作；要制定实施好科普人才规划纲要，培养造就一批优秀科普人才；要制定实施好《全国优秀科技工作者评选条例》，切实做成推动科协人才工作的重要抓手；要制定实施好《关于加强继续教育工作的若干意见》，深入推进中国科协继续教育和专门培训工作；要制定实施好关于加强决策咨询工作的若干意见，在扎实推进国家级科技思想库建设中用好用活人才；要切实抓好宣传工作，着力营造有利于科技人才成长成才的良好社会氛围。

会议分组讨论了《中国科协关于贯彻落实〈国家中长期人才发展规划纲要〉的若干意见》、《科普人才中长期发展规划纲要》、《关于加强继续教育工作的若干意见》、《全国优秀科技工作者评选表彰条例》、《关于进一步加强决策咨询工作，扎实推进国家级科技思想库建设的若干意见》5个文件。天津市科协、中国农学会等14家地方科协和全国学会在会上介绍人才工作的经验。

【印发《中国科协关于加强人才工作的若干意见》】

为深入贯彻落实全国人才工作会议和全国教育工作会议精神，7月19日，中国科协印发了《中国科协关于加强人才工作的若干意见》。（以下简称《意见》）

《意见》指出，要充分认识贯彻落实好《国家中长期人才发展规划纲要（2010—2020年）》（简称《人才规划纲要》）和《国家中长期教育改革和发展规划纲要（2010—2020年）》（简称《教育规划纲要》）的重要意义，深刻理解、准确把握中央对科协人才工作的殷切期待。切实把科协组织建设成为育才引才荐才用才的重要通道。促进产学研用相结合，引导科技人才向企业聚集。建立健全工程师资格认证制度，推动国际互认。支持科学家参加国际科学计划和学术交流，扩大我国科技人才的国际影响。建立海外高层次人才信息库和人才需求信息发布平台，畅通海外科技人才为国服务渠道。积极参与创新人才推进计划，支持和帮助更多青年科技工作者成长成才。

《意见》指出，要坚持以用为本，切实把科协人才工作融入党和国家人才工作大局之中。动员和组织企业科技工作者立足本职岗位作贡献。依托“科普惠农兴村计划”，引导农村实用人才为建设社会主义新农村服务。积极开展决策咨询和建言献策活动，努力在服务经济社会发展中用好用活人才。加大科普人才队伍建设力度，全面推进公民科学素质建设。推动形成统分结合、上下联动、协调高效、整体推进的人才工作运行机制。

《意见》指出，要当好科技工作者之家，千方百计为科技人才提供优质高效服务。搭建不同形式不同层次的科技活动平台，为科技工作者成长成才创造条件。深入推进继续教育和专门培训工作，帮助科技工作者提高能力水平。广泛宣传优秀科技人才，努力营造有利于人才成长的良好社会氛围。加强科技工作者状况调查，增强服务能力和水平。进一步加强科学道德和学风建设，引导科技工作者成长成才。

《意见》指出，要加强组织领导，努力为做好科协人才工作提供有力保障。完善人才工作领导体制机制。加强人才工作条件保障。加强人才工作资源集成，积极搭建有利于发现人才、培养人才和使用人才的共建共享工作平台。

【印发《中国科协关于加强继续教育工作的若干意见》】

2010年8月23日，中国科协印发《中国科协关于加强继续教育工作的若干意见》，要求各全国学会、协会、研究会，各省、自治区、直辖市、副省级城市科协，新疆生产建设兵团科协认真贯彻落实。

《意见》指出，根据《国家中长期人才发展规划纲要(2010—2020年)》《国家中长期教育改革和发展规划纲要（2010—2020年)》的总体要求，要着眼于发挥各级科协及所属学会在建设学习型社会、培养和造就科技人才队伍中的应有作用，进一步提升为科技工作者成长和成才服务的能力，加强科协系统的继续教育工作。

《意见》指出，中国科协拥有覆盖全国不同地区、不同性质、不同类型、不同所有制单位的组织体系，其所属学会荟萃自然科学、技术科学、工程技术各学科跨部门、跨行业、跨地区的人才，具有跨学科乃至与社会科学交叉的特点，并参加了众多国际科技组织，与港澳台地区及各国的科技组织联系密切。科协系统的继续教育，能够及时把握科技人员需求和学科前沿，具有专业性强、学科齐全、组织网络比较完备、师资资源潜力巨大、教学方式灵活多样等独特优势。

《意见》要求，要根据国内外继续教育的深刻变革和发展趋势，认真研究把握新形势下继续教育发展规律；坚持以国家目标和科技工作者需求为导向，正确处理公益性与市场化的关系；坚持以科技工作者为主要服务对象，正确处理面向科技工作者和面向社会开展继续教育活动的关系；坚持以现代教育手段提升工作水平，正确处理传统工作方式与应用现代技术手段的关系。

《意见》强调，根据中央和国家有关科技人才队伍建设和继续教育创新发展的总体部署，努力构建分层分类的科技人才继续教育服务体系，建立并完善适应社会主义市场经济要求、符合科技团体开展继续教育规律的组织体制和运行机制，基本形成组织健全、结构合理、管理有序、教学规范、服务完善、运转高效的继续教育工作格局，不断满足科技工作者知识更新和能力提高的需求，将科协系统继续教育提高到新的水平，为建设创新型国家提供强有力的智力保障和人才支撑。

《意见》指出，要开展高端继续教育培训活动，开展急需紧缺专门人才培训活动，深入开展企业创新方法培训活动，建立教学资源开发共享信息平台，支持网络学习资源开发和精品课程开发。力争3～5年内，确保科协系统每年继续教育规模达到300万人次以上。在科协继续教育系统，努力建设一批继续教育示范基地，培育开发一批继续教育精品课程，建立一批继续教育示范网站。争取推荐一定数量的继续教育基地进入国家级创新科技人才培养基地和工程创新训练基地。要积极推动形成有利于继续教育的政策法规环境，充分利用社会资源，逐步加大支持力度，建立评估、登记、考核和激励制度，建立继续教育信息发布和管理平台，并扩大继续教育的国际交流与合作。

【中国科协评审2010年度国家科技奖推荐项目】

2010年1月29日，中国科协2010年度国家科技奖推荐项目评审工作结束，评审组对提交的44个项目进行分组评审、无记名投票，最终确定12项推荐项目，其中科学技术类与科普作品类各6项。中国地震局研究员、中国科学院院士陈颙主持评审会。

截至2010年1月20日，中国科协共收到全国学会和地方科协报送的48个项目。按照国家科技奖励工作要求，中国科协组织人事部对48个项目进行了形式审核，最后提交本次评审委员会评审的共有44项。其中，31项属于科学技术类项目，13项属于科普作品类项目。评审分为科学技术组和科普作品组分别进行，科学技术组根据项目专业情况分为材料与物理、地球科学、土木工程、动力电气、医药卫生5个小组。评委们根据国家科技奖励的标准对项目进行了评议，以无记名投票方式选出优秀项目，向国家科技奖励工作办公室推荐。

【老科学家学术成长资料采集工程】

根据2009年11月国务院批准的老科学家学术成长资料采集工程实施方案（以下简称“采集工程实施方案”)，在采集工程领导小组的精心部署下，采集工程顺利启动。

强化基础工作，在全国范围对老科学家情况进行摸底调查。2010年2月底，中国科协发出摸底调查通知，要求采集工程领导小组成员单位所属研究机构、高等院校和全国学会，对本单位、本部门、本系统所有年龄在

80岁以上的两院院士，以及虽然不是两院院士、但在我国科学事业发展中做出突出贡献的老科技工作者进行摸底调查。通知发出后各单位反应积极，及时转发通知，收集信息。截至2010年4月27日，共上报1358人，去掉重复和非自然科学相关专业的人选，符合基本条件的共计902人，其中两院院士258人，非院士644人。中国科技史学会以该名单为基础，对92位90岁以上的两院院士、老科学家逐一进行电话调查，为采集工作的全面展开做好了准备。

开展相关工作研究，制定规范的基础文件。采集工程是一项开创性工作。采集流程、方法、标准、规范、培训、管理等均无现成资料可供参考。中国科协调宣部组织中国科技史学会、北京理工大学图书馆，共同研究制定采集工程实施方案配套规则，先后起草了领导小组工作规则、领导小组办公室工作规则、项目管理办法、采集工作标准、人员资质标准、馆藏基地管理办法、采集人员保密规定、知识产权协议8个基础性文件，以及采集工作流程、采集工作规范、采集工作培训方案、培训手册、馆藏基地资料移交验收标准、资料数字化方案、数据库建设方案、资料存储方案、资料展示方案9个技术性文件，构成一个完整的文件体系。整套文件经领导小组第一次会议审议通过后下发到每一个采集小组，成为采集人员的工作指南，从基础上规范了工作程序，保证了采集质量。

成立领导小组专家委员会，研究确定采集原则。为更好地为采集工程领导小组提供智力支持，采集工程领导小组决定成立领导小组专家委员会，作为落实采集工程实施方案、指导采集工作的最高学术咨询机构，聘请中国工程院原副院长杜祥琬院士、中国科学院原副院长李振声院士、国家自然科学基金委员会原主任陈佳洱院士、中国科学院原副院长胡启恒院士、中国医学科学院原院长和中国协和医科大学原校长巴德年院士、中国航天科技集团公司科技委主任王礼恒院士、中国科协书记处书记张勤7人组成领导小组专家委员会，由杜祥琬院士担任专家委员会主任。

2010年5月3日，专家委员会第一次会议在北京召开，专家委员会就遴选原则达成一致意见：第一，将所有两院院士纳入采集对象候选名单；第二，将两院院士和非院士类老科学家分别按年龄排序，从高到低进行采集；第三，院士与非院士人选的比例大致为8:2；第四，根据采集工程领导小组成员单位推荐意见，可适当（不超过5%）将年龄不足作为遴选界限，但亟需采集的老科学家纳入遴选对象。根据以上遴选原则，共遴选出第一批采集对象108人，其中两院院士88人、非院士老科学家20人。会后，专家委员会将建议名单报送领导小组审议。

确定采集工程馆藏基地，基本完成一期建设规划。2010年3月，由中国科协书记处书记冯长根带队，组织调研组对中国科学院自然科学史研究所和北京理工大学等单位进行了实地考察。北京理工大学对此高度重视并给予积极配合，在图书馆专门辟出大面积的专用场地，并配备了数字化加工存储设备、恒温恒湿存贮场所和展览展示设施。经慎重考虑，最终确定依托北理工图书馆建设采集工程馆藏基地。7月2日，中国科协与北京理工大学签署共建协议，馆藏基地建设项目正式启动。馆藏基地一期建设面积为1000平方米，分存储区、展示区、研究区、加工区4个区域。其中存储区域面积为413平方米，可容纳300名老科学家的学术成长资料；展示区域面积为298平方米，可同时展出10位科学家的实物、多媒体及音视频资料；设置30平方米的读者研究室，可供老科学家本人、家属及研究者使用。

召开领导小组会议，审议通过各项基础文件，通过第一批采集对象名单。2010年6月4日上午，采集工程领导小组组长邓楠主持召开采集工程领导小组第一次会议。中国工程院常务副院长潘云鹤、解放军总政治部干部部副部长赵勇，以及中组部、财政部等11个成员单位的代表出席会议。邓楠在会上对采集工作提出了明确要求，强调采集工程领导小组各成员单位要充分发挥自身优势，创造性地开展工作。领导小组办公室要努力做好服务，结合采集工作实际，对现有规章制度和标准规范及时进行补充完善，为实施采集工程提供良好的制度保证。要加大培训力度，提高采集人员业务水平，为高质量完成采集工程奠定基础。要建立检查监督机制，掌握工作进度和工作完成情况，根据当年工作的完成情况，分配下一年度的采集任务。领导小组各成员单位要共同努力，切实把这项利国利民的工程做好。会议审议了领导小组办公室组织研究制定的基础文件，通过了第一批老科学家采集对象名单，决定2010年先选取20位老科学家进行采集，其他人选纳入2011年采集计划。

与中国科技史学会建立战略合作关系，摸索建立行之有效的采集工作体制机制。考虑到采集工程的特殊性与专业性，2010年6月中旬，经认真调研和慎重考虑，领导小组办公室决定以中国科技史学会为依托，成立采集工程项目办公室，承担第一期采集工作的学术指导和业务管理，并聘请该学会常务理事、中国科学院自然科学史研究所张藜研究员担任项目负责人。项目办公室联系组织相关全国学会、研究院所组建采集小组，完成采集工程第一批老科学家的口述、音像、实物等资料的采集工作，按规范整理后移交馆藏基地。同时摸索、建立一套行之有效的采集工作组织与管理机制，为采集工程的持续开展积累经验和提供示范。

组建采集小组，扎实推进采集工作。按照《采集人员资质》要求，通过定向委托方式，邀请具有采集工作相关经验、熟悉采集对象专业领域、有良好人际沟通能力，掌握录音、录像、摄影等基本技能，有一定研究能力和高度责任心的人员参与，组织相关全国学会、研究院所严格按照学术标准和学术规范组建采集小组。截至2010年底，已分3批组建了52个小组，并均已开展采集，进展顺利。何泽慧、马大猷、严东生、程开甲、徐光宪、师昌绪、吴祖恺等一批声望卓著的老科学家均欣然接受采集，侯仁之、申泮文等老科学家还将数十年来积累的珍贵手稿、书信、著作、照片、证书等实物资料捐献出来，对采集工程的顺利推进产生了巨大的积极影响。

【中国（湖北）海外人才智力为国服务专家论坛】

8月25日，由中国科协与湖北省人民政府共同主办的中国（湖北）海外人才智力为国服务专家论坛在湖北省武汉市开幕。全国人大常委会原副委员长、中国科协名誉主席周光召，中国科学院常务副院长、中国科协副主席白春礼，湖北省人大副主任朱纯宣、省政府副省长郭生练，中国科协副主席赵忠贤，中国科协书记处书记程东红，湖北省科协主席樊明武，中国科协国际联络部部长张建生，省委组织部副部长、省人力资源与社会保障厅党组书记翟天山等有关领导等出席了开幕式。来自海外的智力专家及国内代表共计240余人出席会议。

全国人大常委会原副委员长、中国科协名誉主席周光召宣布会议开幕。程东红代表中国科协在开幕式上致辞。中国科协副主席、中国科学院常务副院长白春礼，中国机械工业联合会执行副会长蔡惟慈分别以“科学发展与物质科学的变革性突破”、“在创新中前行的中国装备制造业”为题作大会主旨报告。

为更好地配合“千人计划”，落实中国科协七大精神和《中国科学技术协会事业发展规划纲要》的要求，深入实施海智计划，发挥先进单位的示范作用，中国科协海智计划领导小组在总结了2007年以来各参与单位工作的基础上，决定对安徽省科协等29个先进单位给予表扬，并在会上颁发了奖状。为把引进海外高层次人才工作作为一项长期任务抓紧做好，经中国科协批准，中国科协海智计划办公室启动“海智计划专家”聘请工作，有47位海外专家首批入选。

在论坛上，武汉国家生物产业基地与美国华裔医学科学家协会签署协议，共同搭建生物医药交流合作平台。来自9个国家和地区的26个海外华人科技社团的科技专家、学子，在为期2天的会议中，与湖北省企业、政府部门、院士专家和科技工作者，共同围绕“科技支撑发展、人才引领未来”这一主题，开展了项目合作、专题论坛、成果展览、项目洽谈、成果对接、决策咨询、人才引荐等活动。

【《中国科技人力资源发展研究报告（2010）》出版】

中国科协调研宣传部和中国科协发展研究中心共同编写的《中国科技人力资源发展研究报告（2010）》2010年11月由中国科学技术出版社出版。

《中国科技人力资源发展研究报告（2010）》与《中国科技人力资源发展研究报告（2008）》是承上启下的关系，框架结构基本保持一致，主要从总量规模、层次结构、学科结构、性别结构、区域变化、国内外流动等六个角度探讨三年来我国科技人力资源的发展变化与特征。截至2009年底，我国科技人力资源总量达5799万。

《中国科技人力资源发展研究报告（2010）》还以“科技人力资源与区域经济发展”为主题，以东北地区、环渤海地区、长三角地区、珠三角地区、中部地区和西部地区为例，分析了科技人力资源聚集与本地区经济发展的互动关系，为更好地开发利用好科技人力资源提出政策建议。

《中国科技人力资源发展研究报告（2010）》还对美国硅谷、英国剑桥科学园、中国台湾新竹科技园、爱尔兰国家高科技产业发展，印度班加罗尔软件城市发展等进行了案例分析，为我国制定实施更好的科技人力资源开发使用政策提供经验借鉴。

【联合拍摄6集理论文献电视专题片《钱学森》】

6集电视专题片《钱学森》由中国科协、中国人民解放军总装备部和中央电视台三家联合摄制，被列为中央重大理论文献影视片。2010年10月25～27日，6集电视专题片《钱学森》分别在中央电视台一套和十套节目播出。

电视专题片《钱学森》历时3年创作完成，在3年的创作时间，摄制组搜集所有能找到的关于钱学森的材料，寻访到70多位了解钱学森的当事人，试图让枯燥的历史资料和单调的科研经历变成可知、可感、打动人的故事，从而大大增强了影片的吸引力和感染力。

按时间顺序，电视专题片《钱学森》分为国内、留美、归国、导弹、“两弹一星”、晚年6个部分，以大量珍贵的历史镜头和生动感人的画面，深切缅怀这位在中华人民共和国60年历史上建立了不朽功勋、在人类科技史上留下不可估量财富的科学巨匠。影片比较全面地反映了钱学森的人生道路、成就贡献和科学思想，是发扬“两弹一星”精神和载人航天精神，弘扬以爱国主义为核心的民族精神和以改革创新为核心的时代精神的典型教材。

专题片宣传钱老唯图国强、不图己荣，矢志报国的赤子情怀。影片运用大量的中国屈辱的历史资料及头顶上日本飞机的肆意轰炸，让淞沪抗战的中国军队显得束手无策的史实，反映了钱学森的个人成长经历。中国的苦难现实使钱学森由最初想当一名制造火车的工程师，转变为立志于航空航天事业，决心出国留学，将外国最先进的科学技术学到手。在美国期间，钱学森已成为世界知名科学家，可以过上舒适的生活，但新中国成立后，他抱定决心回国。面对五年的监禁生活，他矢志不移，冲破重重阻力，毅然决然地表示“竭尽全力帮助中国人民建设国家，使中国人可以生活得光荣而幸福。”他用炽热的爱国情怀和崇高的民族气节，谱写了感天动地的爱国篇章，展现了真挚浓烈的赤子之情。

专题片宣传钱老求是、求真、求新、求精、求实，把全部生命和智慧融入国家和民族事业的无私奉献精神。影片反映了钱学森回国后，作为世界著名的力学家，完成了中国力学研究的布局，开创了应用力学领域的新局面。一切为了祖国的强大，一切为了和平的环境，在“两弹一星”研制过程中，中国优秀的科学家放弃自己心爱的研究领域，投身到国防尖端技术研发，用汗水、心血甚至生命浇铸新中国国防与航天事业的坚固根基。影片记述了以研制导弹为主要任务的国防部五院成立后，只有钱学森一个人参加过导弹研究，其他人都没见过导弹这东西。钱学森首先决定从学习培训开始，从制定工作计划、安排人员、选择试验场地，到购置仪器设备、与其他高等院校和研究机构搞协作，很多工作钱学森都要亲自出面，并长期在西北基地，家里人都很少看到他的影子。为了培养人才，他亲自拟定学习计划，亲自讲授导弹基本知识课；对年轻人的合理创新建议，他积极采纳、支持，对有造诣有潜能的年轻苗子，他大胆提携、重用。正是钱老人才为本的宽广胸怀和先进独到的人才理念，为我国科技领域培养了一大批高层次拔尖人才。1966年10月，当罗布泊弹着点传来消息：核弹头精确命中目标，飞行距离894公里，在距地面569米爆炸，蘑菇云在浩瀚无垠的沙漠戈壁上升腾而起，核爆炸威力相当于1.2万吨TNT炸药，举国欢腾。10月28日，《纽约时报》发表报道说，一位15年中在美国接受教育、培养、鼓励并成为科学名流的人，负责了这项试验，这是对冷战历史的嘲弄。中国国防科技震惊世界的巨大成功，闪现着钱学森的智慧和无私奉献。

专题片宣传钱老求索无限，一生追求科学的奋斗精神。影片反映了钱学森追求真理，实事求是、永不懈怠的科学精神。专题片第六集有这样的一个片断：从中科院力学所的手稿中，人们发现了一个纸袋上写着一个大大的“FINAL”，但旁边又写着一行小字“NOTHING IS FINAL”。这是钱学森在800多页的草稿中，经过计算论证，最终写出了一篇10页的论文。当完成这项艰巨的任务后，已经是深夜。钱学森拿起一支红铅笔在资料袋上写了一个大大的“FINAL”，意思是这是最后的成果。但片刻之后，他就意识到，科学的探索是没有止境的，对这个问题的探索决不能说已经最后结束。他划掉原来的单词，又在旁边写下“NOTHING IS FINAL”，意思是没有什么认识是最后的。科学的研究和思考，对钱学森来说永远没有尽头。他潜心研究的工程控制论、系统工程理论已广泛应用于军事、农业、林业乃至经济社会管理领域的实践活动，在我国现代化建设中发挥了重要作用。

中宣部认为，影片比较全面地反映了钱学森的人生道路、成就贡献和科学思想，是发扬“两弹一星”精神和载人航天精神，弘扬以爱国主义为核心的民族精神和以改革创新为核心的时代精神的生动教材。

【科协系统决策咨询工作人才队伍培训活动】

7月24~26日，由中国科协调研宣传部主办、学会服务中心承办的科协系统决策咨询工作培训班在辽宁省大连市举办。来自各省、自治区、直辖市和副省级城市科协调研宣传部门负责人以及承担2010年中国科协调研课题的承担单位170余人参加了培训。中国科协党组成员、书记处书记张勤，中国科协调研宣传部部长王春法，副部长罗晖和学会服务中心副主任王江宏出席培训班，中国科协学会服务中心主任李桐海和发展研究中心常务副主任兼调研宣传部副部长王康友分别主持了开闭幕仪式。在为期两天的培训中，来自国务院研究室、科技部、中国社科院、国家自然科学基金委等单位的专家学者，分别就科协决策咨询工作、调查研究方法、调研观点形成、专报提炼与修改、科技工作中的知识产权等重要主题进行了集中授课，并与学员们进行了互动交流。授课专家既有扎实的理论功底、突出的政策水平，又有丰富的实践经验和宽广的社会视野，把理论研究和政策研究有机结合起来，受到大家的普遍欢迎。与会学员一致反映，专家们的授课内容，既有理论高度和学术深度，让大家有机会从一个全新的视角，来理解和看待科协决策咨询工作，同时又极富针对性和实效性，对具体做好决策咨询工作的每一个环节，都很有启发和帮助。

4月28～29日，全国科技工作者状况调查站点培训班在四川省简阳市举行，来自各省、自治区、直辖市科协有关部门的负责人和各调查站点的调查员240余人参加培训，中国科协调研宣传部部长王春法出席并讲话。培训班开班工作由中国科协调宣部副部长兼发展研究中心常务副主任王康友主持，中国科协学会服务中心主任李桐海、四川省科协副主席黄竞跃致辞，中国科协调研宣传部副部长罗晖出席。王春法在讲话中首先强调近年来科技工作者状况调查站点工作取得显著成绩，分析当前科技工作者状况调查工作所面临的新形势和新任务。会议对开展当代科技工作者价值观人生观调查工作进行了专题培训，调研宣传部和信息中心的有关同志还就站点信息报送和信息系统使用工作举办了专题讲座，并分组进行了工作交流和研讨。会议期间，王春法还主持召开了科技工作者状况调查站点区域责任部门负责人座谈会，就加强站点管理、提高工作质量和水平进行了深入研讨。

11月10～12日，中国科协2010年科技工作者状况调查站点第二期、第三期培训班在广东省深圳市和云南省昆明市先后举办。中国科协调宣部部长王春法、中国科协发展研究中心主任兼调宣部副部长王康友、中国科协调宣部副部长罗晖、深圳市科协主席周路明、云南省科协副主席牟双江等分别参加开班仪式，来自全国32个省（自治区、直辖市）和新疆生产建设兵团的科协相关部门负责人和新增调查站点工作人员260余人参加培训。培训班由中国科协调研宣传部主办，中国科协发展研究中心协办，深圳市科协和云南省科协分别承办。培训期间，调宣部领导全面介绍了中国科协科技工作者状况调查和调查站点工作的目的、意义和工作开展情况，科技工作者知识产权意识调查课题组的专家开展了问卷调查业务培训，调宣部相关处室的同志介绍了调查站点的任务、方法和基本要求。为提高培训效果，培训班还专门邀请了新华社和中国科技发展战略研究院的有关专家，就站点信息报送和问卷调查的基本方法进行了专题讲座。

【国际民间科技组织领导人推选工作】

充分利用国际科技资源，为建设创新型国家战略目标服务，为国家外交大局服务是中国科协国际交流的目标和任务。培养和造就一支能够代表我国科技界积极参与国际科技组织工作、在国际科技交流中发挥骨干作用的科技专家队伍，让我国更多的科学家进入到重要国际科技组织决策机构中，有效参与重大问题和政策的决策，才能更好地利用好这一国际资源，为国家建设服务。

2010年，中国科协国际组织事务专项共资助203名任职专家出国参加国际组织的重要活动，共有18人新当选为重要国际组织的领导人。其中，担任主席职务的2人，候任主席1人，副主席4人，执委4人，国家代表1人，顾问委员1人，分会主席1人，分委员会委员4人。

10月24～29日，在南非开普敦举行的第27届国际科技数据委员会（CODATA）大会暨第22届学术会议上，中国科学院对地观测与数字地球科学中心郭华东研究员当选为该国际组织主席，这也是国际科技数据委员会成立44年来中国人首次担任该组织主席。

11月14～18日，在日本大阪召开的第三届国际陶瓷大会上，中国硅酸盐学会代表、清华大学材料系南策文教授在国际陶瓷联盟理事会全体会议上当选联盟候任主席，任期两年。

2010年，河南工业大学王凤成教授当选国际谷物科技协会主席。自2013年1月起任职国际谷物科技协会当选主席，任期两年（2013～2014），自2015年1月将正式接任主席，任期两年（2015～2016）。

9月27日～10月1日，第61届国际宇航联合会大会在捷克首都布拉格召开。中国航天科技集团公司副总经理、中国宇航学会常务理事袁洁在大会上当选为国际宇航联合会副主席（2010～2012）。

7月17日，在国际空间研究委员会（COSPAR）第38届世界空间科学大会在德国举行。在此期间，国际空间研究委员会最高决策机构成员理事会全体会议通过选举，产生了新一届的领导机构，中国空间科学学会副理事长吴季当选该委员会副主席（2010～2014）。

7月19～23日，第九届世界计算力学大会暨亚太计算力学大会在澳大利亚悉尼召开。在同时召开的国际计算力学学会执行局会议上，中国力学学会特邀理事、北京大学袁明武教授当选为国际计算力学学会（IACM）副主席（2010～2013）。

9月22～25日，第六届国际病理生理学大会在加拿大召开。在同时召开的国际病理生理学会会员大会上，中国病理生理学会心血管专业委员会主任委员、北京大学第三医院血管医学研究所张幼怡教授当选新一届国际病理生理学会副主席（2011～2015）。

2010年还分别举办了两次国际组织人才队培训。培训班分别邀请科技部、外交部、中科院、社科院等相关单位及目前已在国际组织中任职的专家做报告，近百名国际组织后备队人员参加了相关的培训。

【第六届中国青年女科学家奖颁奖典礼举行】

2010 年 1 月 26 日下午，第六届中国青年女科学家奖颁奖典礼在北京钓鱼台国宾馆隆重举行，吉林大学化学院教授、博士生导师于吉红，北京协和医学院生物化学与分子生物学系教授、系主任蒋澄宇，上海交通大学医学遗传研究所副所长、研究员、国家重大科学研究计划项目首席科学家曾凡一，南开大学物理科学院教授、物理系副主任李宝会，天津大学精密仪器与光电子工程学院教授李小英 5 名女性获此殊荣。

全国人大常委会副委员长、全国妇联主席陈至立，中国科协常务副主席、书记处第一书记邓楠，全国妇联副主席、书记处第一书记宋秀岩，全国妇联副主席、书记处书记洪天慧，中国科协书记处书记冯长根，全国妇联书记处书记张静，中国联合国教科文组织全委会秘书长方茂田，欧莱雅（中国）总裁盖保罗，副总裁兰珍珍等出席了颁奖典礼，第六届中国青年女科学家奖评审委员会的部分专家和来自妇女界、科技界的代表也出席了颁奖典礼。

全国妇联副主席、书记处第一书记宋秀岩在颁奖典礼上致辞中表示，中国青年女科学家奖对于在全社会大力弘扬科学精神、进一步激发广大女科技工作者的创造热情，凝聚各族各界妇女的智慧和力量，投身建设中国特色社会主义的伟大事业具有重要的意义。她希望全社会要从落实国家人才强国战略的高度，充分认识促进女性人才成长的重要性和紧迫性，高度关注女科技人才队伍的建设，切实采取更加行之有效的措施，从制度、政策、资源以及社会舆论等各个方面创造条件、提供保障、搭建平台，促进更多优秀女性人才脱颖而出。

中国科协组织人事部部长李森在介绍获奖科学家时表示，世界需要科学，科学需要女性。女性是科学领域不可缺少的一部分，女性以其独特的细腻视角与睿智推动了科学的进步与发展。“她们充满智慧，有着坚定的信念和毅力，又有着女性特有的温情，多才多艺且不乏时尚，她们是今天现场最耀眼的主角。”

5 位女科学家现场发表了获奖感言：

于吉红：和许多其他的职业女性一样，科研是我们的工作，我们穿梭于工作和生活之间，科研工作往往需要投入更多的时间，这样使得我们对家庭的关照可能会比较少，所以在这里我要特别感谢我的家人一直以来对我的关心和支持。没有他们的支持，今天我不可能站在这里。

蒋澄宇：我最想表达的是感恩，感谢祖国，感谢人民，感谢家庭。我觉得我们这一代特别幸运，赶上了盛世中国，才让我能够有机会在国际舞台上为国家和人民做一些有意义的事情。

曾凡一：1988 年我离开了上海到美国留学，攻读的是生物学专业，还辅修了音乐理论、作曲等等，应该说艺术和音乐让科学插上了想象的翅膀，而科学让艺术从梦想变成了现实。

李宝会：作为一名普通的教师，能获得中国青年女科学家奖，我感到非常荣幸，获奖对我而言并不仅仅是对我过去工作的肯定，更是对我今后工作的鼓励。多年的经历让我懂得，一份耕耘、一份收获的意义，我相信每个人通过自己的努力都能成功。

李小英：科学研究从某种意义上来说充满了艰辛和曲折，有很多的未知和挑战，但是，它也充满了乐趣。作为一个女性，只要积极地投身这项事业，也可以做出成绩。

科学道德建设

【中国科协和北京大学主办科学道德与学风建设报告会】

2010 年 9 月 19 日，由中国科协和北京大学主办的科学道德与学风建设报告会在北京大学百年纪念讲堂举行。全国政协副主席、九三学社中央副主席、中科院生物物理研究所研究员王志珍院士，中国科协副主席、书记处书记齐让、北京大学校长周其凤院士出席。王志珍院士、周其凤校长分别就科学道德学风建设讲话，希望学子们以科学家为榜样走上正确的科研道路。报告会由中国科协副主席、中南大学校长黄伯云院士主持。

报告会上，中国科协常委、天津大学校长龚克，浙江大学校长杨卫院士，中国科协常委、中国工程院原副院长杜祥琬院士，中国原子能科学研究院研究员王乃彦院士分别以《真实与责任——学术道德与规范的真谛》、《学风的转折——从两个近期案例谈起》、《科技繁荣与科学道德》、《科学道德与学风的建设》为题，对千余名北京大学新生进行了科学道德与学风建设教育。

龚克校长教导同学们铭记学术道德与规范的真谛——真实与责任。他指出，真实是科学的基本属性，是对科学工作者的基本要求，是学术规范的基线。杨卫院士则以“贺海波论文造假”事件为案例，详细介绍了各种学术不端行为，分析了学术管理、学风监督等方面存在的不足，并提出了自己对学术同行监督、学风管理等问题的思考。他呼吁同学们做到弘扬求是学风，尊重知识创新。杜祥琬院士从老子、孔子等人的古训谈起，告诉同学们道德品质和人文修养是立人的基石，并从科技伦理学的角度阐述了当代科技工作者的社会责任与科学道德。王乃彦院士结合自己多年科研经验，阐释诚信对于科学的重要性，提出了防止科研工作中学术不端行为的综合措施，并以“宁静而致远，勤俭以修身”与学生共勉。

【中国科协年会科学道德建设论坛】

2010年10月31日，第十二届中国科协年会科学道德建设论坛在福建省福州市举行。全国人大常委会副委员长、中国科协主席韩启德在致辞中表示，近年来学术不端行为时有发生，引起了全社会的广泛关注，学术道德问题已经不再是科技界的问题，而成为了社会群体共同关注的话题。经过近年来的不懈努力，学术道德问题已经得到很好的重视，正确的舆论导向在逐渐形成，科研氛围在不断改善，我们的信心也在不断增强。

韩启德指出，学术不端行为出现的一个重要原因是法制建设和法制观念的滞后，个体缺乏足够的法律法规意识，在有关制度的执行上也不够有力。抵制学术不端行为要充分发挥学术共同体的作用，作为判定学术不端行为的主体，学术共同体对抵制学术不端行为有不可推卸的直接责任。中国科协作为科技工作者的群众组织，在科学道德建设方面做了很多工作，成立了科学道德与权益专门委员会，制定了《关于加强我国诚信建设的意见》、《科技工作者科学道德规范（试行）》和《学会科学道德规范（试行）》等相关规范，发布了《致全国科技工作者倡议书》，就具体学术道德相关问题进行了调研，组织专家学者在浙江大学、上海交通大学、中南大学、天津大学、清华大学、北京大学、北京航天航空大学等高校开展了学风建设报告会，社会反响热烈。在科学道德建设和抵制学术不端行为方面，各学会也应有所作为，积极发挥自身优势，发出自己的声音。

中国植物生理学会理事长、北京大学原校长许智宏院士在大会上作了题为《科学道德建设和科学家的社会责任》的主旨发言，对我国科研和教育的发展状况进行了简要介绍，对学术界科学道德方面不正之风的表现进行了阐述。他认为，我国社会正处于转型期，急功近利、浮躁、追求短期效应、部分科技人员职业道德缺失，以及科技管理体制等问题是造成学术不端行为的主要原因。营造良好的学术环境是科学道德建设的核心根基。因此要尊重科研教育发展的规律，改革科技教育管理体制，加强制度建设，严肃处理学术不端事件。

论坛分为科技团体在科学道德建设中的责任、科技团体在科学道德教育中的作用、科学团体在科学道德制度建设中的作用三个单元。中国科协常委会科技工作者道德与权益专委会委员、同济大学校长裴钢院士，中国科协常委、常委会科技工作者道德与权益专委会副主任宋南平，英国工程技术学会主席 Nigel Burton 分别主持论坛。美国科促会科学自由责任与法律项目主任 Mark. S. Frankel，中国电机工程学会副理事长、中广核集团科技委主任郑健超院士，英国学术出版道德委员会主席 Elizabeth Wager，中华医学会伦理分会主任委员、天津中医药大学党委书记张金钟，福建省师范大学党委常委、副校长汪文顶，中国化学会原理事长、厦门大学化学化工学院教授黄本立院士，美国欧道明大学副教务长 Phil Langlais 等，分别在论坛上作报告。

每个单元发言后都安排了开放式讨论，中国科协常委、常委会科技工作者道德与权益专委会委员、天津大学校长龚克，中国农业大学教授吴常信院士，中国科协常委会科技工作者道德权益专门委员会委员、中国原子能研究院研究员王乃彦院士分别主持讨论。中外专家学者就科技团体在科学道德规范建设中的引导作用、学术不端行为的源头治理、科技团体的责任、提升学术机构科学道德和诚信的办法等展开了讨论和交流。

中国科协副主席、书记处书记齐让，福建省委常委、宣传部长唐国忠，福建省人大副主任王美香，福建省人民政府副省长洪捷序等出席论坛。论坛开幕式由中国科协副主席、常委会科技工作者道德与权益专门委员会主任、中南大学校长黄伯云院士主持。中国科协顾问、常委会科技工作者道德与权益专委会副主任、中国科学院副院长李静海院士作论坛结束语。中国科协副主席、中国电机工程学会理事长、原国家电力公司副总经理陆延昌等出席了论坛。论坛由中国科协与福建省政府主办，来自科技部、教育部、中国科学院、中国工程院、国家自然基金委、全国学会的专家学者，以及福建师范大学的师生代表200多人参加了会议。

【“弘扬苏区精神，倡导科学道德”论坛】

2010年3月28日，“弘扬苏区精神，倡导科学道德”论坛在江西省赣州市召开，论坛旨在挖掘和提炼苏区时期的优良传统，发扬苏区精神在新时期科学道德建设中的作用，将“苏区精神”引入科研领域，遏止浮躁、浮夸甚至抄袭剽窃等学术“病相”。

论坛由中国科协科技工作者道德与权益专门委员会、中国科协组织人事部、江西省科协、中共赣州市委联合主办。江西省委常委、赣州市委书记潘逸阳，江西省政协副主席、科协主席李华栋，中国科协荣誉委员、中国科协科技工作者道德与权益专门委员会顾问胡启恒院士，中国科协荣誉委员杨乐院士，中国科协副主席、专委会主任、中南大学校长黄伯云院士，中国科协常委、专委会副主任杜祥琬院士，专委会副主任宋南平，专委会委员、中国科学院王乃彦院士，中国科协常委、专委会委员、天津大学校长龚克，江西省社科院首席研究员余伯流，中国科协组织人事部部长李森等出席论坛。江西省、市、区科协、江西理工大学、赣南师范学院、赣南医学院等600余人参加论坛。

黄伯云表示，科学道德诚信是我们从事科学研究必须遵守的基本准则。由于目前相关法制不健全、体制机制不完善、道德观念和行为规范较落后以及个人自律不严等诸多因素的影响，违反科学道德的行为时有发生，这些现象滋长了急功近利、浮躁浮夸的不良作风，降低了社会对科技工作者的信任和对科技发展的信心，严重扰乱了科技竞争秩序。正因为如此，遏止伪造、篡改、抄袭、剽窃等学术不端行为的蔓延，已成为保障我国科技事业健康发展的当务之急。

余伯流在报告中指出，苏区精神是中国共产党在革命战争年代造就的伟大革命精神的重要组成部分。当前国内外学术界存在着一些学术道德缺失状况，纠正这一现象需要探索和构建治理学术不端、学术腐败的有效机制，建立标本兼治、惩防并举的学术规范制度。杨乐院士在报告中鼓励广大学生们早日树立远大的理想，在广泛接触中培养出自己感兴趣的科研领域，并执着的追求，付之长期的努力，最终就会取得成功。杜祥琬院士在报告中细数现阶段社会上的论文造假、“跑部钱进”，评审成果搞“友情评审”等种种不正之风，指出忽视思想道德教育、自律意识薄弱、不科学的评价体系、制度不健全、缺乏监督等是催生不端行为的温床，他呼吁要构建教育、制度、监督、法制相结合的科技诚信工作体系。胡启恒院士以《网控安全和网络文化》为题，就科学伦理道德、网络时代的挑战、网络时代的文化建设等进行了阐述，她呼吁充分利用创新的互联网，发挥互联网的创新平台作用，改进基础教育，使中华民族的未来从儿童时代开始接触、熟悉，并伴随创新的、开放的、共享的网络文化成长。龚克校长结合近年来发生的几件学术不端行为的实例，告诫广大学生学术规范的底线就是真实，苏区精神的精髓在于科学求真的精神，无数革命先烈为了人民的利益牺牲生命，坚持真理，不图革命果实，完全突破了个人的欲望，抛弃了个人生活的需要，真心实意为群众谋利益，这种纯粹的精神感染了一大批人，是苏区文化的核心价值所在。

学术交流与学会建设

【第十二届中国科协年会举办院士专家与党政领导座谈会】

2010年11月2日，福建省党政领导与院士专家座谈会在福建省福州市召开。全国人大常委会副委员长、中国科协主席韩启德，中国科协常务副主席、书记处第一书记邓楠，福建省委书记、省人大常委会主任孙春兰出席座谈会。孙春兰书记对院士专家的发言给予充分肯定和高度评价，指示省政府办公厅、省发改委和省科协对院士专家的意见建议进行梳理。福建省相关部门主要负责人共计130余人参加会议。

与会党政领导与卢耀如、赵儒玉、黄硕琳、邹德慈、朱森第、江泽慧、李文华、陆大道、李兰娟、曲久辉等26位院士专家面对面座谈。院士专家们针对福建经济社会发展实际，围绕大港口建设、交通设施与运输服务、大力发展休闲渔业、建立城市联盟、海西应发展高端装备制造业、实施“森林福建”战略、平潭岛发展等问题提出具有针对性、科学性、实效性、前瞻性的决策咨询建议。

11月3日，省政府办公厅印发了《第十二届中国科协年会院士专家建议分解落实方案的通知》，明确了省政府分管领导和省直牵头落实单位和配合单位。座谈会编印了《福建省党政领导与院士专家座谈会院士专家发言提纲汇编》，收录了16位院士专家的书面建言献策成果，5万余字。

【2010中国科协学术建设发布会】

2010年4月8日，2010中国科协学术建设发布会在北京举行。中国科协副主席、中科院常务副院长白春礼介绍了2009~2010年度学科进展情况和部分学科史研究成果，中国科协书记处书记冯长根介绍了2009年中国科协科技期刊发展状况。中国科协副主席、工程院院士陈赛娟主持发布会。

2010中国科协学术建设发布会主要向全社会公开发布近两年来我国大气科学等26个学科进展情况及未来趋势，中国地质学会等4个学科的学科史研究成果，以及2009年中国科协954种科技期刊的发展状况。

2009年，中国科协组织26个相关全国学会对包括大气科学、古生物学、微生物学、生态学、岩石力学与岩石工程、系统科学与系统工程、青藏高原研究、晶体学、动力与电气工程、工程热物理、标准化科学技术、测绘科学与技术、烟草科学与技术、仿真科学与技术、颗粒学、惯性技术、风景园林、畜牧兽医科学、作物学、茶学、体育科学、公共卫生与预防医学、科学技术史、土地科学、智能科学与技术、密码学26个学科进行了学科发展研究，完成了《学科发展研究系列报告（2009—2010）》26卷，以及全面反映这26个学科进展情况的《学科发展研究报告综合卷2009—2010）》。由中国地质学会等5个全国学会组织开展了《中国地质学科史》、《中国通信学科史》、《中国中西医结合学科史》和《中国化学学科史》4个学科史研究课题，历时两年，完成了相应的学科史研究报告。

《学科发展研究系列报告（2009—2010）》由56位院士和1561位专家学者编撰完成，近2300位相关学科领域的专家学者分别对本学科的发展研究报告展开研讨并提出修改意见。该系列报告由27卷、800余万字构成，对所涉及学科近年来国内外科学前沿发展情况进行跟踪，回顾总结了所涉及学科近年来所取得的科研成果和技术突破，反映了相关学科的产业发展、学科建设和人才培养等状况，分析本学科发展现状、进展动态、国内外比较和战略需求，展望学科发展趋势，明晰学科发展方向，并提出学科发展的对策和建议。通过对大气科学等26个学科的综合分析，学科发展呈现出如下特点和趋势：第一，服务国家战略发展需要，促进经济社会可持续发展。在气候变化基础研究方面，实施了全球气候变化预测、影响和对策，未来生存环境变化趋势以及全球环境变化应对技术等重大项目和研究计划；针对政府间气候变化专门委员会（IPCC）科学评估的基础研究工作，开展了气候变化模拟、预估和评估模式研究，研制了减排温室气体技术评价方法、指标体系；提出了适合我国国情的减缓温室气体排放建议及应对措施，为我国参加《联合国气候变化框架公约》会议谈判提供了科学依据。第二，基础学科研究成果丰硕，交叉学科发展态势良好。2009年，我国古生物学者发现了已知世界上最早的长有羽毛的恐龙——赫氏近鸟龙的化石，该化石距今约1.6亿年，较世界上已发现最早的鸟类还要早约1000万年。这一发现被认为是关于鸟类起源研究的重要突破，进一步支持了鸟类起源于恐龙的假说。第三，经济需求催生技术突破，学科进步促进产业发展。在动力与电气工程领域，解决了特高电压输电发展的三大技术壁垒，掌握了建设大规模特高压工程的核心技术，建立了自有的特高压直流工程技术标准、设计规范和试验标准等。作为目前世界上运行电压等级最高的输变电工程，1000千伏晋东南—南阳—荆门特高压交流试验示范工程2009年投入商业运行。第四，基础设施支撑科技发展，研究成果惠及国计民生。2009年，我国首台千万亿次超级计算机“天河一号”研制成功，将在石油勘探数据处理、生物医药研究、航空航天装备研制等领域为用户提供超级计算服务。甲型H1N1流感疫苗研制成功并批量投入生产和临床应用，有效控制了甲型H1N1流感在我国的传播。第五，启动学科史研究试点，探索各学科发展规律。经过两年时间，中国地质学会等5个全国学会开展的《中国地质学科史》、《中国通信学科史》、《中国中西医结合学科史》和《中国化学学科史》学科史研究，研究报告重点论述学科的产生和发展、学科体系的建立以及主要成果，同时研究学科发展与中国社会变化和经济建设的关系。研究报告集中了相关学科诸多专家学者的智慧，有助于科技工作者、有关决策部门领导和社会公众了解、把握这些学科的发展历史、演变过程、主要成果、发展趋势以及经验教训。

《中国科协科技期刊发展报告（2010）》在立足于展现中国科协科技期刊总体发展状况、研究年度进展特点的同时，也着眼于探讨年度重点问题。本年度报告重点围绕三个方面开展了较为深入的专题研究，即科技期刊学术质量建设研究、科技期刊数字化和网络化建设研究和科技期刊办刊队伍建设研究。在此基础上，探讨并提出了中国科协科技期刊的发展策略。

《中国科协科技期刊发展报告（2010）》显示，截至2009年底，中国科协所属全国学会主办和参与主办的科技期刊（以下称“中国科协科技期刊”）共954种，占我国科技期刊总数的18.7%。作为我国科技期刊的重要组成部分和代表性刊群，中国科协科技期刊2008—2009年度整体发展与中国科技期刊同步，各项学术指标的增长幅度达到甚至超过了中国科技期刊总体增长幅度。特别是国家财政专项——“中国科协精品科技期刊工程”一期的顺利完成，为中国科协科技期刊注入了新的发展活力。据中国科学技术信息研究所《中国科技期刊引证报告（2009）》（CJCR2009）显示，615种被收录的中国科协科技期刊的学术指标有较大提升，总被引频次、影响因子、即年指标和引文数量的平均值均高于收录总体的平均值，各学科被引频次和影响因子的平均值均高于本学科的平均水平。总被引频次在本学科排名第一的期刊中，中国科协期刊有42种，占72.4%；影响因子在本学科排名第一的期刊中，中国科协期刊有40种，占69.0%；综合评价总分在本学科排名第一的期刊中，中国科协期刊有44种，占75.9%。总被引频次、影响因子和综合评价总分三者同时排名第一的20种学术期刊中，中国科协期刊有17种，占85%。CJCR2009收录的1868种我国科技期刊中，总被引频次≥1000的期刊有447种，其中中国科协期刊为226种，占50.6%；影响因子≥1的期刊有123种，其中中国科协期刊为64种，占52.0%。在中国科学技术信息研究所2009年发布的“2008年中国百种杰出学术期刊”中，有67种来自中国科协学术期刊，占67.0%，其中有44种为2009年中国科协精品期刊工程项目二期资助期刊。在中国科学技术信息研究所2009年发布的“2008年中国百篇最具影响国内文章”中，中国科协46种学术期刊发表的69篇论文入选，占三分之二以上。据汤森路透《期刊引证报告（2008）》（JCR2008）显示，2008年收录中国大陆学术期刊78种，其中中国科协学术期刊43种，占55.1%。43种中国科协学术期刊中，影响因子超过1的有5种，其中《细胞研究》（英文版）的影响因子为4.535，是中国大陆影响因子最高的学术期刊。

中国科协英文版期刊国际化发展态势良好，正在向国际一流期刊迈进。据统计，2009年，中国科协英文版期刊共有69种，其中28种加入国际期刊平台，占40.6%。论文国际化优势明显，刊均海外来稿88篇，占刊均总收稿量的14.9%；刊均发表国际论文25.5篇，较上一年增长51.8%；刊均发表国际合作论文15.0篇，较上一年增长31.6%。JCR2008收录的32种中国科协英文版期刊中，刊均作者国家（地区）分布达23.4个；论文引用作者国家（地区）分布达38.2个。据汤森路透《期刊引证报告（2008）》（JCR2008），中国科协英文版期刊的平均影响因子为0.822，高于中国科协科技期刊整体平均水平。32种英文版期刊中，有43.8%的影响因子比上一年度有所上升，上升幅度最大的是《材料科学技术》（英文版）和《力学学报》（英文版），分别提高了0.401和0.356。

中国科协科技期刊数字化和网络化建设呈现快速发展的态势，已成为推动我国科技期刊数字化发展进程的重要力量。2009年，期刊网站数量增加，内容丰富，功能完善，服务多样，全文开放存取期刊和加入学科信息网的期刊数量大幅增加，网站运营方式呈现多元化态势。60.9%的中国科协期刊建立了独立网站，56.3%的期刊使用在线稿件处理系统，91.4%的期刊在中国知网（CNKI）全文上网，89.7%的期刊在万方数字化期刊平台全文上网，80.0%的期刊在维普资讯网全文上网，76.4%的期刊在上述3个数据库同时全文上网。中国科协开放存取（OA）期刊数量达到206种，占期刊总量的21.6%，其中英文版OA期刊32种，占中国科协69种英文期刊的46.4%。

随着中国科协科技期刊的迅速发展，一支职业化的办刊队伍初步形成。2008～2009年度，中国科协科技期刊队伍规模扩大，队伍结构优化，队伍素质提升，高层次人员比例加大。中国科协科技期刊办刊队伍规模达6600余人，刊均7.0人，45岁以下的占60.5%，硕士及以上人员比例占35.1%，高级职称人员占46.1%。在主编队伍方面，有四分之一的主编由院士担任，具有正高职称的比例达89.9%，专职主编占26.1%，有四分之三的主编在制定办刊宗旨、把握学科前沿和制定期刊发展战略规划等方面履行了职责。

有关部委领导、中国科协学术与学会工作专门委员会委员，参加本次学科发展研究的全国学会首席专家及学会负责人，中国科学院有关院所，部分在京重点院校，主要图书馆、出版社，部分全国学会期刊代表及其他全国学会代表，新闻记者共300余人出席本次发布会。

【2010年中国科协论坛】

2010年中国科协共举办了中国艾滋病疫苗高层论坛、科学理解传统医学、深空探测的未来发展、脑的高级认知功能、量子密码技术应用基础性问题、智能化弹药与未来战争、新发再发传染病与实验动物模型7期中国科协论坛。

5月10日，由中国科协主办，中华预防医学会、中国疾病预防控制中心性病艾滋病预防控制中心承办的第五次中国科协论坛“中国艾滋病疫苗高层论坛”在上海市召开。中国疾病预防控制中心艾滋病首席专家邵一鸣研究员担任首席科学家，中国科学院院士曾毅、中国工程院院士侯云德、中国工程院院士闻玉梅、中国科学院院士强伯勤以及来自世界卫生组织、美国国立卫生研究院、全球艾滋病疫苗企业计划、亚洲艾滋病疫苗网络联盟、美国盖茨基金会、英国、泰国等机构或国家的艾滋病疫苗研究专家40余人参加会议。本次论坛设置了国际国内传染病及艾滋病疫苗研究进展、未来艾滋病疫苗研发策略以及中外艾滋病疫苗合作研究模式及重点领域三个专题。侯云德院士、曾毅院士、邵一鸣研究员以及来自泰国的Supachai Rerks－Ngarm教授、美国传染病与变态反应研究所Peggy Johnston女士等12位专家围绕不同主题进行了报告。与会专家围绕本次论坛的主题进行了充分探讨。大家一致认为，艾滋病疫苗作为医学界当今所面临的重大科学难题，需要加强国内和国际合作，整合优势资源，避免重复性工作，开展创新性研究，共同应对艾滋病疫苗的科学挑战。

5月19~21日，由中国科协主办，中国国际科技会议中心、福州市科学技术协会承办的第六次中国科协论坛“科学理解传统医学”在福建省福州市召开。全国人大常委会副委员长、中国科协主席韩启德任本次论坛主席，他在开幕式书面致辞中指出，包括中医药在内的中国传统医学采用了与西方医学不同的认识论和方法论来认识生命和疾病现象，是我国最具原始创新潜力和可能的学科领域。它的发展绝不能死守着几部传统经典医书自我封闭和陶醉。从五千年的历史传承经验来看，实现自主创新是传统医学自身发展的关键。科学理解传统医学，就是要运用科学方法验证传统医学成功的治疗经验，将传统医学融入到现代医学之中。在完整保留传统医学特色的同时，完成传统医药向现代医药的转变。传统医药发展必须根据自身的特点和规律，切实加强理论创新和技术创新，通过创新支撑发展，解决传统的传承和发扬问题，提高传统医疗服务能力和传统医药产业技术水平。

中国科协副主席、中国科学院院士赵忠贤任论坛执行主席，北京大学医学部基础医学院药理学系林志彬教授任本次论坛首席科学家。来自海内外知名的中医药及藏、蒙、维等传统医学专家、学者共计40余人围绕论坛的主题“传承创新，和谐发展”，针对传统医学与科学技术现代化，传统医学发展模式，传统医学的临床研究和实践，传统医学的立法，传统医学的挑战、机遇和对策等内容，采用主题报告加讨论的形式，交流并讨论传统医学的应用和发展，并提出建议。

7月6日，由中国科协主办、中国宇航学会承办的第七次中国科协论坛“深空探测的未来发展”在北京举行，中国科学院院士叶培建担任首席专家，论坛会聚了中国航天科技集团公司科技委主任、中国工程院院士王礼恒，中国运载火箭技术研究院科技委主任、中国科学院院士包为民，中国工程院院士范本尧，中国科学院院士姜景山，中国空间技术研究院院长杨保华，国家航天局中国探月工程总设计师吴伟仁，中国载人航天工程总设计师周建平，以及来自中国科学院国家天文台、中国科学院空间科学与应用研究中心、北京跟踪与通信技术研究所、清华大学、北京大学、南京大学等单位的30多位知名学者，深空探测领域的60多名年轻科研人员列席旁听。论坛议题包括深空探测的科学目标、载人深空探测的现状与思考、我国深空探测路线图及相关技术、基于嫦娥工程的中国自主火星探测方案、深空探测测控技术的发展、深空探测轨道设计技术的发展和暗物质探测等。

8月4日，由中国科协主办、中国神经科学学会承办、南昌大学协办的第八次中国科协论坛“脑的高级认知功能”在江西省南昌市召开。参加本次论坛的首席科学家是中国科学院神经科学研究所郭爱克院士，执行主席南昌大学李葆明教授，同时应邀参加论坛的专家有香港大学苏国辉院士、中国神经科学学会理事长路长林教授、中国神经科学学会秘书长何士刚教授、第四军医大学李云庆教授、浙江大学罗建红教授、华中科技大学同济医学院王建枝教授、北京大学王克威教授、中科院神经科学研究所吴思教授、复旦大学张玉秋教授，海外专家有美国宾夕法尼亚大学陈功教授、美国辛辛那提医学院顾建国教授、美国艾默里大学李晓江教授、美国霍普金斯大学王小勤教授、加拿大多伦多大学王路阳教授等，共28位国内外专家学者参加了此次论坛。

本次论坛上就脑高级认知功能的一些非常重要且在我国已经开展研究的议题进行了深入的讨论。论坛着重研讨了神经系统疾病与脑的高级功能以及基于灵长类动物的脑高级功能的研究，为不同单位和专家之间的合作和协调搭建了交流平台，进一步拓宽了研究思路，为建立长效的交流机制奠定了基础，促进了国内脑功能研究信息的交叉融合，为这一重要领域在我国的发展做出了贡献。

9月12日，由中国科协主办，中国密码学会、中科院量子信息重点实验室承办的第九次中国科协论坛“量子密码技术应用基础性问题”在北京召开。本次论坛由中科院郭光灿院士、中国密码学会理事长裴定一教授和中科院量子信息重点实验室韩正甫教授担任首席专家，会议邀请我国密码界4位院士，从事量子密码和现代密码研究的30位专家出席。中国科协书记处书记冯长根、国家密码管理局常务副局长魏允韬在开幕式上致辞，国家自然科学基金委副主任王杰以及国家有关部门的负责同志出席了研讨会。来自国内大专院校、科研院所等单位的近百人旁听会议。本次论坛跟踪世界量子密码科技发展，设置“量子密码技术应用基础性问题”为主题，体现了中国科协论坛的“高端、前沿、交叉”特点。曾贵华教授、张焕国教授、杨理副研究员、郭弘教授、蔡庆宇研究员、胡磊教授、韩正甫教授先后围绕主题作专题报告，内容涉及量子密码学的基础理论体系的建立，量子密码的特点、优势及其安全性，量子密码与现代密码的融合方式与技术实现、抗量子计算的密码原理与发展、量子密码的发展趋势等七个方面，与会专家从现代密码、物理学等多角度出发，围绕主题和报告进行了较充分的探讨，甚至是激烈争辩。经过讨论，会议澄清了关于量子信息与经典信息，量子隐形传态与量子密码通信等原理和概念上的问题，指出了量子信息已经超越经典信息论范畴，探讨了建立量子密码理论体系、量子密码与经典密码在理论和应用层面的关系及二者融合方式等，明确了量子密码优势及实际应用需要，提出了我国量子密码技术下阶段发展方向和主要研究内容等。

10 月 22～23 日，由中国科协主办，中国兵工学会和西安现代控制技术研究所承办第十次中国科协论坛“智能化弹药与未来战争”在陕西省西安市举办，20 多位国内智能化弹药领域的专家围绕“智能化弹药与未来战争”展开研讨，为我国智能化弹药发展建言献策。中国工程院王兴治院士、李鸿志院士和兵器工业首席专家杨绍卿研究员担任本次论坛首席科学家。论坛邀请了兵器、船舶、核工业等领域的 8 位工程院院士和 10 余位专家出席。相关行业的 30 余名研究人员列席了会议。中国兵器工业集团公司科技委主任、中国兵工学会理事长马之庚出席了会议。专家们围绕智能化弹药军事需求、装备发展和关键技术等内容作了主题报告，会议就这些主题进行了研讨，并在智能化弹药的概念、发展趋势、发展目标与发展思路等有关问题上达成了共识。

9 月 20～21 日，由中国科协主办，中国实验动物学会承办的第十一次中国科协论坛“新发再发传染病与实验动物模型”在新疆乌鲁木齐市召开。会议由中国医学科学院医学实验动物所秦川教授、中国疾病预防控制中心传染病预防控制所徐建国研究员和中国科学院微生物研究所高福研究员共同主持。夏咸柱院士以及来自国内从事传染病基础研究、预防研究、动物模型研究以及药物和疫苗研究方面的一线专家学者 20 余人出席会议。与会专家、学者围绕新型传染病动物模型与动物实验新技术、新概念，传染病研究进展与模型应用需求，传染病研究中的关键技术合作与应急研究机制等议题展开交流。学者们还就新技术、新资源开发建立新型实验动物模型，实验动物模型标准化与评价的可比性，动物流感、病毒性肝炎、艾滋病、结核病等发病机理、药物研究与模型应用等交换了研究成果与经验。与会者探讨了我国新发和再发传染病研究中亟待解决的技术问题和战略需求，跟踪高新技术的发展趋势提出了今后的研究策略和合作机制。会议达成的共识提交政府和学术单位作为决策依据，为推动相关学科的交叉和融合，促进创新性研究的开展，构建应对新发再发传染病的先进技术体系，保障人民健康和国家稳定安全作出贡献。

2010 中国科协论坛情况一览表

序号	主题	承办单位	时间	地点
1(第五次)	中国艾滋病疫苗高层论坛	中华预防医学会	5 月 10 日	上海
2(第六次)	科学理解传统医学	中国国际科技会议中心	5 月 19～21 日	福州
3(第七次)	深空探测的未来发展	中国宇航学会	7 月 6 日	北京
4(第八次)	脑的高级认知功能	中国神经科学学会	8 月 4 日	南昌
5(第九次)	量子密码技术应用基础性问题	中国密码学会	9 月 12 日	北京
6(第十次)	智能化弹药与未来战争	中国兵工学会	10 月 22～23 日	西安
7(第十一次)	新发再发传染病与实验动物模型	中国实验动物学会	9 月 20～21 日	乌鲁木齐

【2010 年青年科学家论坛】

中国科协青年科学家论坛由中国科协主办，各全国学会、地方科协及有关高校科研单位申请承办。截至 2010 年底，中国科协已举办 230 期青年科学家论坛，其中 2010 年共举办 20 期，涉及基础科学、农业、生态环境、医学、生物、交通、能源、信息、机械制造等多个领域。来自相关领域青年科学家的互动交流激发了新观点、新思想的产生，并提出了大量有建设性的意见和建议，对于促进科技的发展起到了积极的推动作用，为国家相关部门提供了决策依据和参考，有利于推动科技创新环境的构建和完善。

2010 年青年科学家论坛

序号	论坛名称	承办单位
211	科技期刊本质属性与功能定位研究	中国科学技术期刊编辑学会
212	中医诊法的研究前沿、热点和关键问题	北京中医药大学 中华中医药学会
213	社会变迁对精神疾病诊疗技术的影响分析	中华医学会
214	分子影像技术在药物研发中的应用	江苏省原子医学研究所
215	废弃生物质资源化	大连化工研究设计院 宁波工程学院
216	水产病害免疫防治与食品安全	中国水产学会
217	矿山中的环境保护和恢复及资源再利用	东北大学

续表

序号	论坛名称	承办单位
218	转化医学引领烧伤研究的思考与对策	第三军医大学第一附属医院
219	脑卒中防治新策略与我国相关医疗产业发展	北京大学第三医院
220	波浪研究前沿问题及其对沿海开发和防灾减灾的影响	河海大学
221	慢性肾脏病中西医结合防治体系建设战略研究	山西医科大学第一医院
222	现代高速铁路振动与噪声最新技术的研究	华东交通大学
223	工程 CAE 软件平台开发中的关键技术	湖南大学
224	城市空间结构理论及资源型城市转型研究	中国地质大学
225	果实色素代谢网络调控与营养强化育种	中国农业科学院蔬菜花卉所
226	非挥发性存储技术及其器件的发展与挑战	湘潭大学
227	微生物燃料电池技术	广东省生态环境与土壤研究所
228	信息技术在临床科研中的应用与新探索	解放军第三〇二医院
229	出生缺陷的产前诊断	上海市第一妇婴保健院
230	肠黏膜屏障损伤的分子学机制和高压氧保护作用研究进展	首都医科大学附属朝阳医院

科技期刊本质属性与功能定位研究

6 月 18 ~ 19 日，由中国科协主办、中国科学技术期刊编辑学会和中国科学出版集团共同承办的中国科协第 211 次青年科学家论坛在北京召开，本次论坛的主题为“科技期刊本质属性与功能定位研究”。本次论坛的执行主席分别由中国实用内科杂志任延刚博士、中国科学院遥感应用研究所阎君博士、国家自然科学基金委员会杂志社任胜利博士、中国医科大学王振宁博士担任。

军事医科院微生物流行病研究所病原微生物生物安全国家重点实验室秦成峰博士、北京师范大学遥感科学国家重点实验室阎广建博士、解放军总医院肾脏科蔡广研博士等青年科学家分别以《我们需要什么样的科技期刊——一位病毒科技工作者的渴望》、《国内外科技论文差异分析及期刊功能探讨》、《科技期刊与临床科研》为题进行了主题发言。他们比较分析了国内外科技期刊的差异，指出我国科技期刊目前存在着中文期刊多，英文期刊少；综合性期刊多，专业性期刊少；审稿时间长，返回意见少；投稿手续多，电子化程度低；纸质发行多，网络出版少；研究所主办多，出版社主办少等问题。

《科学时报》社副总编辑、科学网总编辑赵彦，科学出版社副总编辑、社长助理兼期刊出版中心主任肖宏，《中国科学》杂志社副总编辑任胜利等人作为科技传播与期刊出版界的业内人士分别就“科学家、学术期刊和专业媒体的互动与互补”、“科技期刊的学术经营”、“中国科技期刊的现状、趋势和对策”作了主题发言。

为更有效地促进我国的学术交流和科技发展、强化我国科学共同体的凝聚力，会议就我国科技期刊的本质功能回归与其和谐、快速、可持续发展提出如下四点建议：

（1）打造一批基于中国科学发展的国际性的学术期刊。

（2）建立国家科技期刊数字出版平台。

（3）建立有利中国科技期刊发展的科研评价体系。

（4）加强防范和杜绝学术不端行为的组织和制度建设。

中医诊法的研究前沿、热点和关键问题

由中国科协主办、北京中医药大学承办的中国科协第 212 次青年科学家论坛于 2010 年 7 月 28 ~ 29 日在北京中医药大学成功举办。本次论坛主题为“中医诊法的研究前沿、热点和关键问题”，这是自 1995 年中国科协青年科学家论坛创办以来第一次举办的以“中医诊法”为主题的论坛。论坛执行主席由北京中医药大学陈家旭教授、福建中医药大学李灿东教授、河北医科大学方朝义教授、上海中医药大学许家佗教授共同担任。

本次论坛主要围绕着以下五个议题展开研讨：

一是舌诊、面诊、脉诊、闻诊研究；二是中医四诊信息、证候量表的研制；三是中医特色的诊疗设备；四是诊法与病证关系的研究；五是中医诊法现代研究的思考。

本次论坛的共识与建议：

现代科技新进展为中医诊法客观化研究提供了方法和技术平台，并且在舌诊、脉诊等研究领域已出现一些标志性成果。在相对成熟的舌诊、脉诊研究领域，已分别研发出了舌象、脉象采集分析系统。但是，各研究单位在设备研发、舌图和脉图采集图库建设方面各遵循自己的规范，彼此之间缺乏可比性，不利于交流，成为现实诊法研究标准化过程中的瓶颈，在相对成熟的舌诊、脉诊研究领域亟待建立统一标准。

舌诊、脉诊研究，应该形成跨学科、跨单位的研究小组，进行分工与合作，共同致力于从硬件到软件的标准制订；建立舌诊、脉诊仪器研制中技术方面的标准；量表是中医四诊研究的重要组成部分，也是最能体现中医诊法特色的手段和方法。在量表设计过程中，应遵循中医思维规律，对于常见疾病的中医四诊信息的描述方法，应建立症状分级标准，包括条目池的建立、分级标准的确立等，积极推动量表标准的建立，使同行之间在操作上具有可比性；在量表技术和舌诊、脉诊等中医诊断仪器研制基础上，构建人体健康状态的辨识系统，为中医特色的诊疗设备的研发提供科学基础和方法学平台，作为中医健康状态评价（或中医体检）的重要手段与技术具有重要的社会意义及广阔的市场前景，这也将成为我们诊法研究的前景和方向之一；加强现在常用的诊法模拟教学设备规范标准。

社会变迁对精神疾病诊疗技术的影响分析

8 月 3 ~4 日，由中国科协主办、北京大学精神卫生研究所承办的中国科协第 213 次青年科学家论坛在四川省成都市召开。北京大学精神卫生研究所于欣教授、四川大学华西医院心理卫生中心李涛教授、上海市精神卫生中心肖泽萍教授及清华大学景军教授担任论坛主席。此次论坛的主题为：社会变迁对精神疾病诊疗技术的影响分析。

本次论坛主要就以下几个方面进行了深入的讨论：①对国外发达国家在快速工业化、城市化和人口老化过程中带来的精神卫生问题进行系统回顾；②从社会学角度探讨社会变迁、人口流动、经济发展对精神疾病的影响；③从心理学角度探讨文化风气、信念体系的变化对心理健康的影响；④从生物学角度探讨神经科学技术进步对精神疾病诊疗技术的影响；⑤探讨新形势下我国精神卫生科研重点方向、科研战略以及科研管理模式；⑥探讨精神卫生专科机构的发展方向。

本次论坛就以下几点达成共识：

（1）密切关注社会发展对不同人群所带来的心理及行为方式的影响；

（2）鼓励开展全国多中心合作，建立临床病例库，资源共享；

（3）提高精神药物临床实践研究，增加研究结局评价，以更科学地指导精神病学临床实践。

分子影像技术在药物研发中的应用

中国科协第 214 次青年科学家论坛于 8 月 6 ~8 日在江苏省原子医学研究所举行。论坛主题为“分子影像技术在药物研究发中的应用”。

江苏省原子医学研究所杨敏教授、南京大学殷武教授、中国药科大学郝海平教授和上海交通大学刘建军教授担任执行主席。江苏省卫生厅副厅长姜锡梅、澳大利亚悉尼大学工程和技术学院院长 Archie Johnson 及江苏省原子医学研究所罗世能所长到会祝贺并致辞。50 多位来自全国各地的青年学者参加了论坛活动。论坛还特别邀请了澳大利亚悉尼大学工程和技术学院冯大淦院士，美国国立卫生研究院分子影像和纳米研究中心主任陈小元教授，中华核医学会侯任主任委员、上海交通大学医学院黄钢教授，南京大学华子春教授，中国药科大学姚和权教授和北京大学王凡教授等著名学者作了主题学术报告。

与会者达成的共识及相关建议：一是加强分子影像探针的研发和应用研究。二是加强动物和临床前分子影像技术平台的建设。三是加强分子影像学复合人才的培养。

废弃生物质资源化

由中国科协主办，大连化工研究设计院、宁波工程学院共同承办的中国科协第 215 次青年科学家论坛于 8 月 12 ~15 日在浙江省宁波市举办。此次论坛的主题为“废弃生物质资源化”。宁波诺丁汉大学吴韬高级研究员、中山大学纪红兵教授、中国科学技术大学闫立峰副教授和宁波工程学院叶芬霞教授担任本次论坛的执行主席。

论坛围绕“废弃生物质资源化理论与方法、热化学转化制氢过程机理、资源化装备及技术关键、资源化过程与清洁生产、低碳材料及减排”等科学问题进行学术交流和自由讨论，并取得以下成果：一是废弃生物质资源化理论与方法；二是资源化装备及技术关键；三是资源化过程与清洁生产；四是低碳材料及减排。

与会者达成的共识及相关建议：农林废弃生物质等可再生资源在我国具有资源量大和发展潜力大的特点，然而我国目前废弃生物质的资源化利用率、利用水平和利用技术与我国经济技术发展水平相比，有一定的差距，亟需加大研发力度，通过跨学科、多团队的协作，实现技术创新和技术集成。建议青年学者在以下几个方面开展创新性研究工作。

（1）资源的高效利用和废弃资源的减量化理论与实践；

（2）废弃生物质资源的能源转化新技术及其集成技术；

（3）废弃生物质资源的资源化利用新途径和新技术；

（4）废弃生物质资源化技术经济评价。

水产病害免疫防治与食品安全

由中国科协主办、中国水产学会承办的中国科协第 216 次青年科学家论坛于 8 月 28 ~29 日在浙江省湖州市举办。此次论坛的主题为“水产病害免疫防治与食品安全”。集美大学鄢庆枇教授、广东海洋大学蔡双虎副教授和中科院水生生物研究所昌鸣先副研究员担任执行主席。

论坛围绕“水产动物免疫学的基础研究、水产疫苗保护率的评价、水产疫苗应用技术的标准化、水产微生态制剂和免疫增强剂、水产动物免疫防治和食品安全”等科学问题进行学术交流和自由讨论。

近年来，水产养殖动物病害频发，严重制约着我国水产养殖业的健康发展。我国每年因生物灾害造成的水产养殖损失达120亿元。与传统防治方法相比，免疫防治具有高效、安全、环保等突出优点，有利于提高我国水产品质量和保证食品安全。虽然近年来免疫防治在基础研究和应用推广等方面都取得了可喜的成果，但与我国水产养殖业的规模、病害危害程度仍不匹配。因此，亟需加大研发力度，通过跨学科、多团队的协作，实现技术创新和技术集成。建议在以下几个方面开展创新性研究工作：

（1）水产动物免疫学基础研究；

（2）水产疫苗保护率评价；

（3）水产疫苗应用技术标准化；

（4）水产微生态制剂和免疫增强剂；

（5）水产动物免疫防治。

矿山中的环境保护和恢复及资源再利用

由中国科协主办、东北大学承办的中国科协第217次青年科学家论坛于9月3～6日在辽宁省沈阳市召开。此次论坛的主题为“矿山中的环境保护和修复及资源再利用”。论坛执行主席为东北大学任飞副教授、中科院沈阳应用生态研究所李忠副研究员、沈阳大学李海波教授和沈阳农业大学虞娜副教授。

论坛围绕以下主题展开讨论：一是矿山“三废”问题已严重影响环境质量和生态安全；二是矿山污染防治技术。

本次论坛形成如下建议：

（1）建议从政策、制度、机制等多层面同步加强对矿山环境的保护和治理。一方面要建立健全矿山环境保护与治理的相关法律、法规，另一方面管理部门应树立科学发展观，基于长期稳定性的标准，综合考虑生态安全和经济因素。

（2）加强法规和制度化建设，全面推进矿山环境保护。从行政管理部门到企业个体，均应树立正确的环境保护意识，同时要增强全社会的认知水平，积极调动全社会的力量对矿区环境保护进行监督。

（3）开展矿山环境调查，做好矿山环境保护规划。建立和实行严格的矿山环境保护制度，从源头上减少矿山环境破坏和污染。加强对退役矿山尾矿、堆浸和原地浸出设施、废石场的处置，采取覆盖、封存、植被等环境治理措施，积极倡导尾矿和废石的综合开发利用。

（4）促进新技术的研究、开发，推广清洁生产技术在矿山领域的应用。矿业方面的清洁生产技术大多尚处于开发研究和试验阶段，比较成熟的清洁生产技术有溶浸采矿、煤炭地下气化、建立地下尾矿库等等。国家应加大对清洁生产采矿技术研究的投入，对较成熟的技术应积极推广，实施以预防为主、保护优先的原则，从源头上保护环境。

（5）通过合理的必须的经济手段，保障矿山环保工作的落实。包括：增加环境治理资金的投入，建立补偿机制，尽量不欠矿山环境新账；国家引导扶持和社会多渠道投资相结合，逐步偿还矿山环境历史欠账；尽快建立矿山环境治理保证金制度，保证矿山企业对环境治理的投入。

转化医学引领烧伤研究的思考与对策

由中国科协主办、第三军医大学第一附属医院承办的中国科协第218次青年科学家论坛于9月4～5日在重庆举办。此次论坛的主题为“转化医学引领烧伤研究的思考与对策”。第三军医大学西南医院彭曦教授、解放军总医院第一附属医院姚咏明教授、第四军医大学西京医院胡大海教授、上海交通大学医学院瑞金医院郇京宁教授担任本次论坛的执行主席。

烧伤医学是我国临床医学的传统优势学科，烧伤治愈率明显高于西方发达国家，处于国际领先水平。近年来由于种种原因，国内烧伤界偏重于基础研究，临床应用重视不够，造成基础研究与临床应用严重脱节，许多基础研究成果未能及时在临床应用和推广。许多有识之士不断呼吁要重视烧伤科研成果的临床转化。在“转化医学”被各国医学界认同并接受的今天，必须将转化医学的概念应用于烧伤研究，即以临床需求为核心，围绕休克、感染、创面修复、代谢营养、康复等烧伤救治的关键环节，从临床寻找问题，提出科学假说，通过实验找到解决问题的方法，再通过临床实践予以验证，真正体现“从临床中来到临床中去”的转化医学精髓。

4位执行主席和7位与会专家围绕转化医学与烧伤医学发展这个主题从烧伤创面诊断、治疗与修复，烧伤脓毒症发病机制与临床救治，创面修复中的干细胞研究，血管损伤、修复与抗休克治疗新思维，流行病学与烧伤研究，烧伤代谢营养与转化医学等6个方面做了精彩的学术报告。报告中所呈现的科研新思维、新策略给所有与会者以深刻启发。

在与会代表发言和讨论的基础上，就烧伤医学发展的前沿问题达成以下共识：

（1）建立数字化的烧伤面积和深度检测系统具有重要的科学意义和临床价值，有望突破以往基于经验判断伤情的诸多不足，修订和完善以往建立在经验判断伤情基础上确立的各种治疗原则和方案。在这个领域一旦有所突破将有可能带来烧伤临床治疗的突破性进展。但烧伤医学也不能过分依赖仪器设备，烧伤医生的成长仍然离不开细心观察病人，分析病情，不断积累临床经验。

（2）烧伤脓毒症的治疗应采用抑制过度炎症反应和扶持机体免疫功能的综合治疗措施。当务之急是建立判断脓毒症分期和患者免疫功能的准确、快捷和简便的临床诊断标准，特别强调这些标准要适合在基层医疗单位推广使用。

（3）干细胞研究有望为烧伤创面修复带来革命性进步，是再生医学的核心领域。目前应加强对细胞“干性”开关和干细胞信号调控手段的研究，并及时应用于临床。国内有些单位已经开展了初步临床试验，取得了很好疗效，应要加快临床研究进程，以期得到可靠的临床数据，积累经验，为将干细胞应用于烧伤创面治疗奠定基础。

（4）休克是烧伤救治的首要环节，休克期度过是否平稳直接影响患者预后。烧伤历来重视抗休克治疗，曾制定了多个抗休克复苏公式，但目前严重烧伤患者抗休克治疗仍存在诸多问题。除了要完善抗休克复苏公式，优化补液的量和成分外，还必须加大烧伤后血管内皮细胞的变化规律和调控措施的研究，以期寻找和研发能减轻烧伤后血管内皮细胞损伤，减少血浆渗漏的药物，从“堵漏”的角度完善烧伤抗休克治疗。

（5）营养支持是烧伤救治的重要手段，目前临床存在的最大问题是营养支持的随意性较强，规范性不够，其核心是对严重烧伤患者代谢规律的认识还不够深入。必须通过多学科的协作，加强代谢组学研究，搞清严重烧伤和特殊烧伤患者的代谢规律，尤其是物质代谢的规律，制定出符合代谢规律的能量供给公式和营养素配比方案。目前应在中华医学会烧伤外科学分会中尽快建立烧伤营养支持学组，以组织、协调多学科的合作攻关。有条件的单位应率先建立临床营养支持小组，以指导烧伤临床营养治疗，加强营养治疗的科学性和规范性。

（6）在当前形势下，规范烧伤治疗的各种指南的制定必须重视循证医学提供的证据，在制定指南时必须邀请流行病学、统计学以及循证医学的专家参与，使指南真正建立在可靠的临床证据的基础上。与会代表一致认为，在提倡依靠循证医学的同时也要重视专家意见和患者需求，只有将三者有机结合才能找到最符合临床实际的治疗方案，制定的指南才能被广大医生和患者接受，在临床推广应用。

在上述共识的基础上，与会代表分析总结了制约烧伤发展的瓶颈问题，提出以下建议：

（1）尽快建立国家级烧伤转化医学研究中心，培养转化医学人才。在中心的指导和协调下，开展烧伤救治关键技术的多中心、大样本、随机对照临床研究，希望国家能加大这方面的支持力度，投入更多的人力、物力和财力，使我国烧伤整体科研能力和临床治疗水平达到新的高度。

（2）我国地域辽阔，烧伤病人众多，应尽快建立覆盖全国的烧伤专业救治网络和临床资料数据库，形成以三级专科医院为中心、社区卫生服务单位为示范基地的烧伤转化医学研究新模式，转化和推广严重烧伤诊断和治疗的优选技术、方案和标准，提升我国严重烧伤救治的整体水平。希望国家相关政策能有所倾斜、并给予一定扶持，从而实现临床和基础资源的整合与共享。

脑卒中防治新策略与我国相关医疗产业发展

由中国科协主办，北京大学第三医院承办的中国科协第 219 次青年科学家论坛于 10 月 23 ~ 24 日在北京大学医学部召开。此次论坛的主题为“脑卒中防治新策略与我国相关医疗产业发展”。论坛由北京大学第三医院韩鸿宾教授，神经内科李小刚、付瑜教授，中国科学院化学所舒春英研究员，河北师范大学神经科学所常彦忠教授共同主持。

本次论坛研讨的议题包括：人类脑科学与脑卒中的研究历史轨迹，脑科学领域基础研究与临床应用研究严重脱节的原因和促进脑科学中转化医学发展的新方法与新策略，国外巨额投入的“神经保护药物治疗脑卒中”项目整体失败的原因分析与解决之道，解读目前国家自然基金委、卫生部和科技部在脑卒中防治研究上的经费和项目部署，分析我国基层科研工作者在有了重大科学发现后的进一步转化发展渠道；从国外药企新药研发路线图分析，如何实现有利于国家的知识产权保护，以达成通过自主创新实现医药与医疗器械产业方面的国家兴盛发展之路。

本次论坛以脑卒中为切入点，实现了五种形式的交叉和结合：基础研究与临床应用的结合，医学与理工科学的结合，人文与自然科学的交叉结合，科研院所与企业的结合，国内外的比较与交流。与会专家一致认为通过与其他学科和领域专家的交流，使我们对人类现今脑卒中、脑科学研究的发展有了宏观而整体的认识，在不同学科间，对脑卒中诊治防及相关基础研究中存在的难题难点达成了通识。会议代表普遍认为，论坛充分利用了北京大学的学科结构优势，在人文与自然科学之间、在医学与工程学之间搭建了交流的平台。论坛内容触及了我国目前最为急迫发展的核心关键创新体系建设问题，并最终形成了关于脑卒中诊治防及相关基础研究未来发展的规划路线与建议书。这种新颖的学术交流形式和深层次的探讨在促进相关学科的交叉发展，推进我国脑卒中基础与临床研究的紧密结合，促进医学基础研究发现与成果的有效转化，甚至对于我国在脑科学领域的前瞻性、前沿性布局都有重要价值和意义。

波浪研究前沿问题及其对沿海开发和防灾减灾的影响

由中国科协主办、河海大学承办的中国科协第220次青年科学家论坛于11月5~7日在江苏省南京市召开。

本次论坛主题为“波浪研究前沿问题及其对沿海开发和防灾减灾的影响”。执行主席由河海大学李瑞杰教授、南京师范大学宋志尧教授、南京水利科学研究院夏云峰教授，以及江苏省海洋环境监测预报中心、江苏省海涂研究中心罗锋博士共同担任。

论坛期间，青年专家和代表就天气系统与波浪的生成与传播演变机制、波浪与建筑物相互作用、灾害异常浪的生成机制及其影响、现代波浪数值模拟及其关键技术、波波相互作用和波流相互作用、波浪对泥沙输运和岸滩地貌的影响、波浪的工程应用及其存在问题、沿海开发和防灾减灾相关科学问题等专题进行了报告。与会专家从各自专业领域的角度发表了意见并进行了热烈讨论，并就目前波浪研究的一些思路、方法和模式等方面取得了共识，并向有关部门提出具有建设性的意见。

慢性肾脏病中西医结合防治体系建设的战略研究

由中国科协主办，山西医科大学第一医院承办的中国科协第221次青年科学家论坛于11月6~7日在上海召开。此次论坛的主题为“慢性肾脏病中西医结合防治体系建设的战略研究”。本次论坛的执行主席为上海中医药大学附属岳阳中西医结合医院王怡教授，上海第二军医大学附属长海医院郭志勇教授，山西医科大学第一医院方敬爱、张晓东教授。

近年来，中西医结合研究取得了一些新成果，尤其在中西医结合防治慢性肾脏病方面显示了较大的优势，临床疗效显著，已引起中西医界的广泛关注。本次论坛围绕慢性肾脏病中西医结合发病机理与治疗机制，慢性肾脏病的监测、评估与预防，慢性肾脏病患者的管理，康复和防治体系四个方面进行交流与探讨，并取得重要成果。

现代高速铁路振动与噪声最新技术的研究

由中国科协主办、华东交通大学承办的中国科协第222次青年科学家论坛于11月11~13日在江西省南昌市华东交通大学召开。此次论坛的主题为“现代高速铁路振动与噪声最新技术的研究”。华东交通大学刘林芽教授、同济大学罗雁云教授、北京交通大学高亮教授、武汉理工大学谢伟平教授担任本次论坛的执行主席。

论坛围绕“高速铁路轮轨动力学研究最新进展及发展趋势，现代高速铁路振动与噪声控制新理论与新方法，现代高速铁路基础设施振动分析、试验及减振新技术，现代高速铁路环境振动与噪声的评价、监测及控制新技术”4个方面作了学术报告。

随着人民生活水平的提高，环境保护意识的增强，铁路交通振动和噪声必将引起人们的日益关注，过量的噪声和振动将严重影响人们正常的工作和休息、损害身心健康、降低工作效率，同时使振动物体疲劳损坏，降低使用寿命。因此在上述共识的基础上，与会代表分析总结了控制现代高速铁路振动与噪声的问题，并得出以下共识与相关建议：

（1）随着列车向快速化及高速化方向发展，应研究综合解决车辆直线运动稳定性和曲线通过性能的方法、途径和技术措施。

（2）主动控制技术是改进铁路机车车辆运行品质的有效方法，在铁路发达国家已得到广泛应用。然而，随着铁路运输与航空、公路运输竞争的进一步激化，不断提高列车运营速度并同时提高乘坐舒适性已成为现代铁路追求的目标。而实现这一目标的手段在很大程度上就是采用先进的主动控制技术。

（3）轮轨接触理论研究已日臻完善，而轮轨运输系统中由于轮轨滚动接触而产生的问题越来越多。因此，在接下来的几年里如何合理运用轮轨系统动力学理论研究解决这些实际问题，必将是本领域研究的一个重要方面。

（4）高速列车运行过程中特别是通过隧道时，空气动力效应对车辆振动性能的影响问题已日益受到人们的关注，是进一步改善乘坐舒适性包括降低噪声是不可回避的研究课题。

（5）动力学仿真技术已在国际车辆系统动力学研究与应用领域得到十分广泛的应用，发挥了极大效用，各种车辆动力学仿真软件日益成熟。我国应注意这一趋势，组织开发各种大型通用动力学软件，为机车车辆动力学性能优化提供科学工具。与此同时，必须重视仿真软件的试验验证，只有经过广泛验证的软件才能用于指导生产实际。

工程CAE软件平台开发中的关键技术

中国科协第223次青年科学家论坛于11月17~19日

在湖南省长沙市湖南大学岳麓书院举办。本次论坛着眼于“工程CAE软件平台开发中的关键技术”，这是当前我国制造业由大到强转变过程中的一个非常关键和重要的主题。目前，以计算力学为核心的CAE技术已经在重大工程与装备结构的数字化设计中占据重要地位，美国等国家长期以来对此高度重视，近年来又将与其密切相关的计算科学评价为“经济竞争力和国家安全的关键”。随着我国重大高新技术民用装备和国防特种装备的发展，对数字化设计工具提出了诸多前沿性和挑战性课题，也为涉及的学科提供了前所未有的发展机遇。加强面向现代重大工程与装备设计、制造与运行过程中具有共性的CAE基础理论、核心算法及软件平台的研究，对于打造我国现代化工业体系的“智能化软装备”和工业化创新设计支撑平台，从根本上提高我国装备制造业产品核心竞争力和自主创新能力，突破发达国家的禁运壁垒，保证国家战略安全和实施国家中长期科技发展规划都具有重大意义。

本次论坛由湖南大学韩旭教授、中国工程物理研究院何颖波研究员、河海大学陈文教授和北京理工大学王成教授担任执行主席。中国科协书记处书记冯长根教授、湖南大学校长钟志华院士、计算力学专业委员会主任张洪武教授等到会致辞。论坛还特别邀请了总参谋部工程兵第四设计研究所杨秀敏院士、北京大学袁明武教授等老一辈学者作了主题报告。

论坛研讨的主要学术内容包括：新材料的分析计算与数值模拟、多学科环境下的先进计算技术、大规模复杂结构的优化设计技术、未来CAE关键技术及相关软件开发的新要求等。杨秀敏院士结合自己多年在侵爆方面的成果和经验，对数值模拟技术的应用前景进行了前瞻性展望。袁明武教授结合自己多年在CAE软件开发方面的经验教训，给出了一些CAE平台开发方面的反思及政策需求。

与会者达成的共识及相关建议：

（1）加强自主CAE技术的研究。自主CAE是知识经济最典型的产业，已成为推动经济结构调整和产品结构更新的重要基础和支撑，各类新型材料的研制成功和重大工业结构的制备能力形成都离不开自主知识产权CAE软件开发中关键技术的突破。近年来，尽管我国在技术集成和CAE软件平台的开发方面有了迅速的发展，但是在规模和水平上还是与国外有较大差距。本次论坛呼吁应加强多学科之间的合作，促进CAE技术的开发和应用。

（2）加强CAE软件平台的建设。随着我国制造业的快速发展，CAE技术的研究水平不断得到提升，CAE研究队伍也不断扩大。然而，在CAE软件平台的开发和整合方面依然缺乏强有力的团队，在此领域与国外差距甚大。目前国内使用的CAE软件基本上为国外所垄断，尽管国内在CAE领域已有一些软件出现，但是和国外软件相比难以定位市场空间，逐渐被市场所淘汰，开发团队也因缺乏经济效益而逐渐解散。本次论坛呼吁，政府应在政策上加大对CAE软件平台的支持力度，促进国内CAE软件的国内占有度，从而实质上驱动国内CAE技术的良性发展。

（3）加强CAE复合人才的培养。理想的CAE人才不仅仅要在工程分析上有深厚的理论功底，同时也要在计算机技术方面刻苦钻研。CAE技术的研究归根到底都是为了形成一款能解决实际工程问题的软件平台和数据库，从而提升制造业水平。随着CAE技术在我国的快速发展，复合型的CAE技术人才更显缺乏。希望高校及相关研究机构在CAE人才的培养方面进一步体现相关学科的交叉和融合。

城市空间结构理论及资源型城市转型研究

由中国科协主办，中国地质大学（北京）承办的中国科协第224次青年科学家论坛于11月17～18日在中国地质大学（北京）召开。此次论坛的主题为“城市空间结构理论与资源型城市转型研究”。

论坛就城市空间开发利用的最新研究进展和发展趋势，城市空间开发利用理论模型和新技术，城市空间开发环境评价，资源型城市转型内生机制和外部补偿环境条件，如何走出资源型城市转型的困境等问题做了精彩的学术报告并进行了充分的讨论。

论坛所反映的主要学术观点和新技术：①城市的发展应该建立于立体城市发展模式，充分利用地上、地下及地上空间整体规划发展；②资源型城市转型的核心问题是新主导产业的发现、选择和培育；③资源型城市转型的必要条件是国家补偿机制的科学建立和有效运行。

果实色素网络代谢调控与营养强化育种

由中国科协主办，中国农业科学院蔬菜花卉研究所承办的中国科协第225次青年科学家论坛于11月21～22日在北京召开。论坛的主题是“果实色素网络代谢调控与营养强化育种”。

上海交通大学的蔡润教授、中国农业科学院蔬菜花卉研究所的黄三文研究员、中国科学院遗传所王国栋研究员和中国科学院上海植物生理研究所何玉科研究员担任本次论坛执行主席。

论坛上，与会代表就主要果实色素和蔬菜营养品质研究进展；品质分子育种技术；品质性状代谢调控等方面交流了最新研究结果，并进行了深入的讨论。会议反映出了研究范围内的主要学术观点和所面临的问题，交流了许多创新性的学术观点，并提出了很多建设性的意见。

与会者达成的共识及相关建议：

（1）发挥国家级研究机构的技术及设备优势，搭建蔬菜品质研究的技术平台，尤其是简便快速的测定方法的建立与推广应用，为蔬菜品质的研究打下坚实的基础。

（2）蔬菜品质研究涉及的研究领域很广，包括园艺学、食品化学、生命科学、医学和药学等多学科。因此，应加强多学科的交叉与交流，包括人员、资源、技术和设备等方面的交流，实现资源、技术共享。

（3）以研究比较深入的茄果类蔬菜以及白菜类、甘蓝类、瓜类等十字花科蔬菜集中开展深入研究研究，带动其他蔬菜作物的相关研究，实现由点及面的突破；

（4）各单位之间应加强团结协作，特别是加强与相关产业部门的联系，解决实际应用过程中所面临的技术问题。

（5）蔬菜品质的研究内容：以蔬菜种质资源为基础，以蔬菜品质性状为研究对象，以现代仪器分析、遗传育种与栽培技术、生物信息学、现代采后处理技术和功能评价系统为研究手段，功能成分分析研究手段创新、功能成分优异基因资源挖掘、功能型专用蔬菜种质创新、功能成分代谢途径机理及调控、功能成分的评价和功能成分产业化为研究方向。

非挥发性存储技术及其器件的发展与挑战

由中国科协主办、湘潭大学承办的中国科协第226次青年科学家论坛于11月26～29日在湖南省湘潭市举办。此次论坛的主题为“非挥发性存储技术及其器件的发展与挑战”。本次论坛执行主席分别由湘潭大学王金斌教授、北京大学王新强教授、南京大学吴迪教授、复旦大学江安全教授担任。

论坛围绕“铁电存储器及其失效机制；阻变存储器及其集成技术；相变存储器产业化前景展望；磁随机存储器新技术；新型非挥发性存储技术研究：多铁材料及其多逻辑非挥发性存储器、稀磁半导体及其在存储器方面的应用、纳米等新型flash存储器研究”等领域前沿问题，以及本学科当前研究进展和未来发展趋势开展了学术研讨和交流。

微生物燃料电池技术

由中国科协主办，广东省科学院广东省生态环境与土壤研究所承办的中国科协第227次青年科学家论坛于12月3～5日在广东省广州市召开。论坛的主题为“微生物燃料电池技术”。

广东省科学院广东省生态环境与土壤研究所周顺桂研究员、哈尔滨工业大学市政环境工程学院冯玉杰教授、中山大学化学与化学工程学院刘鸿教授和中国科学院过程工程研究所李浩然副研究员担任本次论坛的执行主席。论坛上，与会代表就产电微生物及其电子传递机制；微生物燃料电池反应器设计与放大；微生物燃料电池材料；微生物燃料电池模型模拟；微生物燃料电池的环境应用等方面交流了最新研究成果，并进行了热烈深入的讨论。会议围绕微生物燃料电池领域的关键技术和难点问题，提出了许多大胆创新的学术观点及建设性意见。

与会代表达成的共识及相关建议：

（1）与会代表一致认为微生物燃料电池技术在替代能源、传感器、污水处理新工艺、土壤修复等方面具有十分广阔的应用开发前景，但是燃料氧化速率低和质子传递速率慢束缚微生物燃料电池的发展，因此，解决微生物燃料电池发展的瓶颈因素，应依托生物电化学、生物传感器、纳米材料、分子生物学等技术，深入研究阴阳极材料、质子交换膜、微生物的筛选、培育、生物膜固化技术及微生物燃料电池结构的研究与开发。

（2）与会代表对微生物燃料电池的扩大化及其实际应用前景充满信心，并认为除了传统的处理污水和产电功能，微生物燃料电池的新功能也是未来的研究方向和热点。

信息技术在临床科研中的应用与探索

由中国科协主办、解放军第302医院承办的中国科协第228次青年科学家论坛12月11～12日在北京举行。此次高层次论坛以“信息技术在临床科研中的应用与探索”为主题，由吕吉云主任医师、李梢研究员、李庆虹副研究员、庄永龙高级工程师共同担任执行主席，分为“信息化条件下的医院管理、科研中的信息化手段、信息化如何在临床工作发挥作用和中医药信息化平台建设”4个板块进行。

论坛围绕信息技术在临床科研多学科融合中的应用研究、电子病历的技术应用与分析、转化医学在临床科研中的生物信息研究、临床科研中的信息融合与可视化的研究等主要学术内容进行了研讨。

与会者达成的共识及相关建议：

（1）医院的数字化管理离不开信息技术的发展。信息共享，可以提高工作效率，医院信息系统对医院大量信息进行了数字化管理，病人从入院到出院过程的信息由各工作站输入，实现管理的标准化、规范化、制度化和科学化。同时保证了数据准确性和完整性，排除了人为干预，充分地节约医院日常工作中不必要的浪费和开支。

（2）电子病历系统是实现医疗顺利改革，保障患者权益的必要手段。电子病历可以以患者为中心的全医疗过程的数据记录，是建立在医嘱、检验、医学影像、心电、手术麻醉以及护理等各类临床信息系统基础上，以满足临床诊疗现场的信息需求和改善医生临床决策为目的的综合信息平台，完整的临床数据集成、展现以及智能化应用成为电子病历发展的目标，其发展应用最大程度代表医院数字化建设水平。

（3）信息技术有利于推动转化医学的健康发展。信息技术不断改变着临床科研的研究方式，推动医学信息化浪潮的根本原因在于医学研究方式的日益丰富和医学数据的爆炸式增长。从临床科研方向来说，一方面不断向微观深入，从分子水平探索疾病的发生和发展规律；另一方面不断向宏观扩展，进行大规模多中心队列研究。无论从微观角度还是宏观角度来看，信息技术在数据标准化、信息存储融合、规律探索、决策支持方面均发挥了重大作用，另外信息技术在尽量缩短从实验室到病床的成果转化过程，根据临床科研的要求提出前瞻性的应用研究方向，为新药开发、疾病诊断、治疗和预防开辟新途径方面的作用也日渐显著。

出生缺陷的产前诊断

由中国科协主办，同济大学附属上海市第一妇婴保健院承办的中国科协第229次青年科学家论坛于11月27~28日在上海召开。此次论坛的主题为“出生缺陷的产前诊断”。复旦大学马端教授、同济大学附属上海市第一妇婴保健院院长段涛教授担任本次论坛的执行主席。

论坛围绕“生物遗传学技术在产前筛查和诊断中的应用，出生缺陷综合干预的新模式，出生缺陷公共服务平台”三大议题展开了热烈的讨论。

论坛围绕如下主题展开激烈讨论：一是生物遗传学技术在产前筛查和诊断中的应用；二是出生缺陷综合干预的新模式；三是出生缺陷公共服务平台。

与会者总结了目前我国出生缺陷产前诊断工作中的问题，并得出以下共识与相关建议：

（1）出生缺陷检测虽然在我国已经开展多年，但主要针对的是结构畸形，没有全国出生缺陷的流行病学调查资料，而且产前筛查和诊断工作对各类出生缺陷的检出率均缺乏完善的数据。建议在全国范围内对出生缺陷的发病及防治情况进行流行病学调查，统计截止年龄为2岁，从而掌握真实、全面的数据。

（2）只有准确的检测方法，才能使出生缺陷得到明确的诊断。建议国家卫生管理部门参照美国对出生缺陷管理经验，在我国设置多个经过认证的出生缺陷检测中心，由中心决定检测项目的开展，为一定地区范围内的产前诊断工作提供多种遗传疾病（包括多种单基因疾病乃至多基因疾病）的检测，而不仅仅是检测某一个或某几个遗传病。

（3）为了使出生缺陷的检测和干预在临床得到重视，建议尽快在医院成立临床遗传学科，重视临床遗传学的学科建设，加强临床遗传医师的人才培养。尽快建立临床遗传医师培训制度和资质考核制度，规范临床遗传咨询工作。

（4）产前筛查工作亟需政府职能部门进行规范化的管理。建议对开展产前筛查的机构资质需进行严格审查。建议对于已开展产前筛查的机构进行定期的质量控制检查，不仅对实验室进行质量控制，而且对整个筛查工作的检出率、假阳性率、假阴性率进行质量控制。各地区应建立适合当地的实用、经济、简便的筛查策略。

（5）产前超声筛查及诊断工作中的规范化操作直接影响着胎儿结构畸形检出率。目前，我国还没有统一的产前超声筛查及诊断的规范化管理体制。建议制定超声筛查及诊断的规范化操作指南，定期对产前超声筛查及诊断医生进行操作质量评估。

（6）建议重视临床遗传学的学科建设，尽快建立临床遗传医师培训制度和资质考核制度，规范临床遗传咨询工作。

（7）建议重视出生缺陷的一级预防，建议相关部门加强优生宣传、教育、规范优生咨询，不断探索开展一级预防的新模式。

肠黏膜屏障损伤的分子学机制和高压氧保护作用研究进展

中国科协第230次青年科学家论坛12月20日在首都医科大学附属北京朝阳医院学术报告厅召开，此次会议由中国科协主办，首都医科大学附属北京朝阳医院承办。首都医科大学附属北京朝阳医院李文雄教授，中国医科大学附属第一医院李异玲教授，川北医学院附属医院唐晓平教授，北京市高压氧医学治疗研究中心李苗副主任医师任论坛执行主席。

论坛的主题为“肠黏膜屏障损伤的分子学机制和高压氧保护作用研究进展”，旨在通过本次论坛，加强青年学者间的学术交流，探讨提出最佳的HBO治疗方案，为HBO在肠道损伤领域的治疗阐明机制、奠定科学理论依据，就高压氧疗法辅助治疗肠黏膜各种损伤达成共识。

论坛达成的共识及相关建议：

（1）随着高压氧医学的发展，高压氧科医师掌握危重患者营养支持及肠黏膜屏障损伤等相关知识尤为重要，将为高压氧科医师更好地服务患者奠定更坚实的基础。各医院高压氧科应与ICU病房及消化内科建立良好的合作关系，请ICU病房及消化内科专家进行讲座，学习他们的经验。

（2）高压氧疗法在糖尿病足等创伤性缺血性外周血管性疾病中的作用已得到广泛认可，但其在肠黏膜屏障损伤及缺血性肠病中的应用及相关研究才刚刚起步。从现有的理论研究及文献报道看，高压氧疗法在这一领域将有广阔的应用前景。进一步开展相关的临床及基础研究将具有重要意义。

（3）高压氧医学目前还是一门边缘学科，对多数医生和患者甚至还是未知数，这严重制约了高压氧医学的发展，也是摆在高压氧医学界的重要问题。广泛推广高压氧医学，让更多的医生和患者了解高压氧医学，每个高压氧医学医务人员都责无旁贷，可以采取网站、博客、开办讲座等形式宣传高压氧医学。建议政府加大对高压氧医学的关注和资金投入，期待媒体也给予高压氧医学更多的支持和宣传力度。

（4）呼吁医学院校成立高压氧医学系，在本科生、研究生教学中开设高压氧医学课程。呼吁有高压氧舱设备的医院尽可能开设高压氧病房，上述举措对高压氧医务人员乃至高压氧医学的发展都至关重要。

【2010年促进中部崛起专家论坛】

2010年10月26～27日，2010年促进中部崛起专家论坛在江西省南昌市举办，山西、河南、安徽、湖南、湖北、江西中部六省专家学者齐聚南昌，纵论中部创新崛起。中国科协常务副主席、书记处第一书记邓楠，中共江西省委副书记、省长吴新雄，中国工程院副秘书长白玉良出席会议并致辞。江西省政府副省长谢茹主持开幕式。江西省政协副主席、省科协主席李华栋，江西省科协党组书记龚绍林等出席开幕式。中国科学院赵其国院士、中国工程院刘大响、李冠兴、杨宝峰、石屏等院士以及来自全国学会和中部六省的专家学者300余人参加了论坛开幕式。

本次论坛由中国科协、中国工程院和江西省人民政府联合主办，江西省科协承办，中国环境科学学会、中国核学会、中国水利学会、中国航空学会、中国药学会、中国林学会、中国生态经济学会等全国学会及中部其他五省科协协办。本次论坛以“服务发展方式转变、促进中部科学崛起”为主题，设有主题报告会和“发展低碳经济与建设鄱阳湖生态经济区”、“新能源开发与利用”、“鄱阳湖生态经济区建设与现代水利”、“航空科技与产业发展”、“生物与新医药”、“油茶产业发展”六个专题论坛。

邓楠在讲话中指出，促进中部崛起专家论坛是中国科协、中国工程院贯彻落实中央促进中部地区崛起战略的重要举措。按照中央关于加快转变经济发展方式的战略部署，结合中部地区经济社会发展实际，将本届论坛的主题确定为“服务发展方式转变、促进中部科学崛起”。论坛活动自2006年启动以来，已成功举办了四届，充分体现了“大联合、大协作”的工作方式和“搭建平台、资源共享”的工作思路，在中部地区产生了广泛的社会影响，得到中部六省党委政府的充分肯定和广大科技工作者的普遍欢迎。

邓楠强调，中国科协、中国工程院积极搭建各具特色的交流互动平台，组织来自中部地区和全国各地的科技工作者深入研讨，组织专家学者与江西省委省政府有关部门和社会公众开展交流。希望与会代表认真贯彻落实党的十七届五中全会精神，把科学发展作为主题，以加快转变经济发展方式为主线，积极参加论坛的各项活动，为推动中部地区加快经济结构战略性调整、促进区域经济优势互补、实现经济社会又好又快发展献计献策。

中国工程院院士、北京航空航天大学教授刘大响，中国工程院院士、中国核学会理事长李冠兴，中国工程院院士、哈尔滨医科大学校长杨宝峰分别作了题为《大型飞机——中国人民的又一强国之梦》、《核电发展和天然铀保障供给》、《药物研发的新思路》的主题报告。

刘大响院士在报告中指出，大型飞机是知识和资金密集、技术复杂、附加值高的高科技产品，是促进一个国家国民经济快速发展的战略性产业，大型飞机是建设创新型国家的标志性工程。随着大型飞机等重大项目的启动，以及低空空域的逐步开放，我国大飞机产业、通用航空产业及其动力技术的发展已经迎来新的发展机遇，具有广阔的发展前景和市场机遇。大型飞机具有巨大的产业带动作用，是国家装备制造业水平的集中体现，是保证国家经济安全和国防安全的需要。发展大型民机是建立具有市场竞争力的国家航空产业的必然选择。目前世界上能自主研制大型飞机的只有美国、俄罗斯和欧盟国家。以江西省为代表的中部地区应充分发挥洪都集团、602所、南昌航空大学等航空行业的大型厂所和著名高校的优势，力争在大型飞机、直升机及其动力等相关系统的研发和生产中占据相当的份额，为国家安全、经济发展和科技进做出更大的贡献。

李冠兴院士在报告中分析指出，世界天然铀资源可以满足长期核电发展的需要，大多数核电大国所用的铀资源来自国际市场，而大部分铀资源丰富的国家自身却没有核电，所以铀资源市场是一个全球化的市场。铀资源能保障核电发展的需求，核电正在成为我国能源战略的重要组成部分。发展核电有利于保障国家能源安全，有利于调整能源结构，改善大气环境，有利于提高装备制造业水平，促进科技进步。我国是铀资源较丰富的国家之一，经过努力，铀资源不会成为我国核能发展的根本制约因素，要保护和促进我国核燃料和循环产业的发展。

我国每年大约有300万人死于心血管疾病，占我国人口死亡率的45%，每年约60万人死于心源性猝死，90%由恶性心律失常所致。我国著名药理学家、杨宝峰院士通过研究得出微小核苷酸是药物作用的新靶点和调控心血管系统疾病发生、发展的重要分子，对新药研发及疾病防治具有重大意义。报告中他围绕疾病谱发生改变、传统药物的研发模式、受体与药物研发、离子通道与药物研发、生物制剂、中药研发、新药筛选、药物作用重要靶点、微小核苷酸是药物作用的新靶点等内容进行了分析和介绍。

【中国科协热点问题学术报告会】

2010年5月17日，中国科协在中国科技会堂举行了以“科学家的社会责任”为主题的2010中国科协热点问题学术报告会，中国科协书记处书记冯长根主持报告会。全国学会和相关社团的负责同志，有关科研院所专家、学者，部分高校师生，以及新闻媒体记者共400余人参加报告会。报告会由中国科协主办，中国气象学会承办，中国地理学会、中国农学会和中国预防医学会协办。

中国科协书记处书记冯长根表示，近年来，公共卫生安全、转基因技术、全球气候变化、地震、干旱、洪涝等自然灾害问题引起了媒体及社会公众的普遍关注。正确引导社会公众对科学技术相关问题的认识，代表科技界对社会关注的热点科学问题发出声音表明态度，是中国科协的重要职责，也是广大科技工作者义不容辞的社会责任。

国家减灾委专家委员会副主任、北京师范大学常务副校长史培军教授，中国农业科学院生物技术研究所所长林敏研究员，中国气象局国家气候中心副主任罗勇，中国疾病预防控制中心免疫规划中心主任梁晓峰主任医师4位相关领域的知名专家就防灾减灾、转基因作物、全球气候变化以及疫苗免疫等社会关注的热点问题进行了科学分析与评价，深入地探讨了成因与机理，提出了相关的应对策略和方法。4位专家还分别就听众、新闻媒体和网民关心的防灾减灾、转基因作物、全球气候变化以及疫苗免疫等问题作了解释。

史培军教授在《自然灾害与综合防灾减灾》的学术报告中指出，我国自然灾害种类多、发生频率高，近年来在气候变化背景下我国巨灾频繁发生，给人民生命财产造成了极为严重的损失。加深对自然灾害科学的理解和认识，建立政府—企业—社区自然灾害综合风险防范体系，尤其是巨灾防范体系已成为当务之急。史培军教授从自然灾害包括巨灾的定义出发，阐述了其基本特征，介绍了我国自然灾害种类和强度在时空上的分布特征，总结了灾害风险科学的发展历程及发展方向；同时，在总结灾害及巨灾形成过程的基础上，提出并阐述了以“加强综合减灾”和“防范巨灾风险”两大策略应对自然灾害，促进社会可持续发展的对策。

林敏研究员的报告题目为《转基因作物产业化及其安全性评价》，他指出，转基因育种是传统杂交育种技术的延伸、发展和新的突破，它与传统育种技术相同之处在于都是对基因进行转移，不同之处是转基因技术可以打破物种界限，实现更为精准、快速、可控的基因重组和转移，使定向培育动植物新品种成为可能，因而在抗病虫、抗逆、高产、优质等性状改良方面具有不可替代的作用，在缓解资源约束、保障粮食安全、保护生态环境、拓展农业功能等方面更有巨大的发展潜力。全球转基因作物规模化应用已逾14年，2009年全球转基因作物种植面积年增长率仍然高达7%，总面积达到了1.34亿公顷，每年数亿人食用转基因食品，美国市场70%的食品中含有转基因成分，我国多数食用大豆油也是转基因产品，迄今尚未发生具有科学实证的转基因食用和环境安全问题。我国政府高度重视并一贯支持农业转基因技术的研究和应用，2008年国家正式实施“转基因生物新品种培育科技重大专项”，2009年又将生物育种列入“战略性新兴产业”。推动转基因生物育种产业化已成为我国保障粮食安全和提高农业科技竞争力的战略决策。历经20多年的发展和积累，我国已经初步建成了独立的转基因育种科技创新和产业发展体系。转基因作物研究开发的整体水平已领先于发展中国家，水稻、棉花等转基因作物的基础研究和应用研究已形成了自己的特色与优势并进入国际前列。

罗勇研究员作《关于气候变化关键科学问题的争论与质疑》的报告，他指出，自20世纪70年代以来，国际科学界在分析气候变化事实，探究气候变化机理，预估未来气候变化趋势等方面，已取得了明显进展。近百年来全球地表平均温度的总体上升趋势是客观存在的，工业革命以来，煤、石油等化石能源的大规模使用是大气中二氧化碳浓度持续增加的重要原因。人类活动很可能是1950年以来大部分全球地表平均温度升高的主要原因。关于气候变化科学争论和质疑的焦点和科学不确定性问题，主要集中在近百年气候变化观测事实证据的完备性、人类活动与自然因子作用的相对贡献大小、气候模式和利用模式预估未来气候变化趋势的可靠性以及气候变化影响的严重程度等方面。自2009年11月以来，国外媒体陆续"披露"政府间气候变化专门委员会（IPCC）2007年发表的第四次评估报告中多处评估内容不实、论据不牢或引用文献不正规等问题。这些问题一般都集中在个别论据的可靠性方面，并不能推翻其主要评估结论，不会从根本上影响IPCC及其评估报告的权威性和公信力，更不足以影响国际社会应对气候变化的政治意愿和合作行动。客观来看，对气候变化的科学争论是正常的。对于气候变化及其成因与影响的不同看法和观点之争，将推动气候变化科学的进一步发展，只有通过加强科学研究才能解决或减少气候变化科学不确定性，但不能以此否认气候变化问题的重要性和紧迫性，也不能否认采取应对气候变化行动的艰巨性和现实性。

梁晓峰主任医师在《中国疫苗免疫现况与挑战》的报告中回顾了我国开展免疫工作的历程和取得的成就和发展前景，以及免疫工作在保障国民健康中所起的重要作用。自20世纪80年代，国家免疫规划全面展开以来，疫苗在保护和增进人民群众健康方面发挥了不可替代的重要作用，得到国际社会的广泛称赞。据估算，疫苗针对的儿童传染病减少了3亿多人的发病，减少疫苗针对传染病死亡400多万人。2008年，国家免疫规划进行了扩容。目前我国已成为世界上最广泛使用疫苗的国家之一。目前已经达到将5岁以下儿童HBsAg流行率降到$<1\%$的目标，乙肝疫苗的接种减少了大约1600万~2000万的HBsAg携带者。我国开展的甲型H1N1流感疫苗临床试验，不仅在世界上第一个完成甲型H1N1流感疫苗临床试验，而且科学规划、周密部署人群大规模接种工作，使甲流疫苗在我国甲型H1N1流感防控工作中发挥了巨大的作用。保持无脊髓灰质炎状态、2012年实现消除麻疹的目标、扩大乙肝疫苗接种范围等还有许多工作要做。流动人口和薄弱地区的免疫预防工作仍然面临挑战。对于脊髓灰质炎灭活疫苗、EV71疫苗、B型流感嗜血杆菌疫苗、肺炎疫苗、轮状病毒疫苗在中国的使用还需要评价疫苗的有效性和开展流行病学、成本效益分析和收集监测数据。同时要开展结合疫苗、联合疫苗的研发和使用，提高社会对免疫预防的关注度，还要消除公众对疫苗安全性信任的疑问。

【中国科协主办淮河流域综合治理与开发科技论坛】

2010年11月19日，淮河流域综合治理与开发科技论坛在安徽省蚌埠市举行。论坛由中国科协主办，安徽省科协、水利部淮河水利委员会、蚌埠市人民政府承办，中国水利学会、水土保持学会、环境科学学会、气象学会与河南、湖北、江苏、山东等全国学会和省科协协办。

中国科协书记处书记冯长根讲话指出，2010年是新中国治淮60周年，也是推动新一轮淮河治理的关键之年。当前我国正处在贯彻落实科学发展观、加快转变经济发展方式、全面建设小康社会的关键时期，淮河流域是我国重要的粮食生产基地、能源矿产基地和制造业基地，是贯通南北、联结东西的交通枢纽，在我国经济社会发展全局中具有十分重要的战略地位。目前，淮河流域防洪除涝减灾体系仍存在不少薄弱环节，水资源短缺和水污染等问题依然较为突出，成为制约流域各地经济社会又好又快发展的瓶颈。

冯长根强调，加强淮河流域综合治理与开发，离不开科学技术的有力支撑，离不开广大科技工作者的积极参与。坚持科技创新，进一步提高治淮工作科技贡献率，是对新一轮治淮工作提出的新要求，科协组织和广大科技工作者要发挥自身优势，围绕中心、服务大局，深入研究淮河重大问题，在关系流域水利发展方向和重大规划布局方面的研究上取得突破，不断加深对淮河自然规律的认识，积极为淮河流域综合治理与开发提供有力的科技支撑。造福淮河两岸人民群众，搞好淮河流域的环境整治，确保淮河安澜，是科协组织和科技工作者义不容辞的社会责任。

中国科学院院士王光谦、中国水利水电科学院副总工程师程晓陶、水利部淮河水利委员会副主任刘玉年，分别作了《流域水沙计算模型》、《新时期治淮要做好流域综合治理与洪水综合利用的文章》、《淮河治理情况介绍》主题报告。

本届论坛得到了国家水利部淮河水利委员会、有关地方水利职能部门的大力支持。论坛在考虑为举办地安徽服务的同时，充分发挥科协的优势，打破行政区划的局限，积极为全流域发展建言献策，充分发挥了科协的组织优势、智力优势和学科齐全的优势，发挥科协作为国家级科技思想库的作用和论坛的科学决策功能。论坛集中了防洪减灾、水文资源、水利规划、气象、环境等学科专家的智慧，共同为淮河流域发展出谋献计。

【2010年促进资源型城市转型发展论坛】

2010年11月23日，由中国科协、山西省政府主办的

2010 年促进资源型城市转型发展论坛在太原市举行，主题为“产业创新转型，城市持续发展”。中国科协副主席、书记处书记齐让，山西省委常委、统战部部长李政文，中国工程院副院长、中国科协副主席谢克昌，山西省副省长张平，以及来自全国的 16 位院士、300 余位专家学者和部分资源型城市市长参加了论坛。论坛开幕式由山西省委常委、统战部部长李政文主持。

齐让在论坛开幕式上讲话指出，资源型城市转型发展是一项艰巨复杂的系统工程，不只是一个局部的城市发展问题，而是涉及整个国家实现可持续发展的全局性、战略性问题。实现资源型城市的产业转型，充分发挥科学技术和人才资源的独特作用，促进经济社会可持续发展，是资源型城市转型发展的必由之路。实践充分证明，科学技术是第一生产力、人才资源是第一资源，而发展依靠科技、科技依靠创新、创新依靠人才、人才依靠环境。营造一个鼓励创新、支持创造的良好环境就能够吸引和凝聚人才，人尽其才、才尽其用，充分发挥人才的重要作用，将人才资源优势转化为科技创新优势，必将有力地推动和促进城市转型和持续发展。

齐让表示，本次论坛聚集了院士、专家、学者和城市管理者，通过对资源型城市转型发展趋势、人才、政策、经验等方面的深入研讨，大家对资源型城市的转型和可持续发展会有更深一步的认识和理解。

开幕式后，太原市市长张兵生、中国工程院院士张懿、中国工程院院士金涌、科技部社会发展司司长马燕合先后作了大会主旨发言。张兵生从“以观念绿色转型引导转型发展、以战略绿色转型统筹转型发展、以绿色治理推动政府管理转型、以培育绿色产业推动经济转型发展、以绿色城市建设推动城市转型发展、以和谐太原建设加快社会转型发展”六个方面，全面系统阐述了太原市近年来在推进转型发展方面的成功经验。张懿院士从资源型城市的转型转化过程中制造业的绿色升级，我国目前的资源城市发展、遇到的挑战等方面进行了阐述，并指出了解决问题的发展方向。金涌院士围绕“低碳理念指导下的新一代煤化工产业”，从 7 个方面阐述了煤化工产业未来发展的方向，为实现多元发展的发展战略提供了新的思路。马燕合围绕提高自主创新能力，支撑资源型城市创新发展进行了阐述，他建议大力发展循环经济，加快资源节约型和环境友好型社会建设，实施节能减排，加强生态环境保护，依靠科技创新，推动资源型城市创新发展。

论坛期间，与会市长、院士专家和学者就资源型城市如何实现转型发展这一主题展开了深入研讨。同时向全国资源型城市提出倡议，并针对山西、尤其是太原市展开专题调研，为山西省和太原市的“十二五”发展建言献策。

【2010 年中国科协海峡两岸青年科学家学术活动月】

2010 年 11 月 2 日，2010 中国科协海峡两岸青年科学家学术活动月启动仪式在福建省福州市举行。中国科协书记处书记冯长根出席启动仪式并致辞，福建省政协副主席叶家松，中国复合材料学会理事长、中国工程院院士杜善义，中国系统仿真学会前任理事长、中国工程院院士李伯虎，中国台湾红叶集团商务总经理李盈宏博士参加启动仪式并致辞。

本届海峡两岸青年科学家学术活动月由中国科协主办，分别由中国复合材料学会、中国系统仿真学会、中国茶叶学会、中国流行色学会、四川省科学技术协会 5 个单位承办。

中国科协书记处书记冯长根在致辞中指出，中国科协充分发挥民间科技交流渠道的优势和便利条件，多年来致力于推动海峡两岸科技交流与合作，与台湾科技界、科技团体和科学家建立了良好的合作关系。当前，两岸关系实现了历史性转折，取得突破性进展，为两岸科技合作提供了新的历史契机。两岸的科技交流与合作，必将进入一个具有更加广阔发展空间的新的发展平台。

中国系统仿真学会荣誉副理事长陈宗基作了题为《我国仿真科学技术的进展与展望》的报告，中国复合材料学会副秘书长、北京航空航天大学教授程小全作了《复合材料－技术集成－创新团队》的报告，中国台湾上纬企业研发科长黄丰贸作了题为《不饱和聚酯、环氧乙烯基酯和环氧树脂在风力叶片上的应用解析》的报告。

本届海峡两岸青年科学家学术活动月系列活动还举办环保节能新材料自主创新与发展研讨会、仿真科学与技术学术研讨会、气候变迁与茶产业发展学术研讨会、海峡两岸传统色彩与现代应用学术研讨会、汶川大地震后绿色重建及发展低碳经济学术研讨会等 5 个主题研讨会，专业涵盖农业、环境、仿真科学、生态保护、低碳经济领域，荟萃了海峡两岸该领域研究的中坚力量，包括很多知名专家。海峡两岸青年科学家通过主题报告、专题报告、分报告、书面交流等形式，围绕感兴趣的话题展开深入的研讨交流，促进两岸的科技交流与合作。

中国科协从 1999 年开始举办海峡两岸青年科学家学术研讨会，为适应两岸科技交流的深入开展，拓展交流领域，扩大交流规模，从 2008 年起改为海峡两岸青年科学家学术活动月。海峡两岸青年科学家围绕基础学科、应用学科、新兴学科、边缘交叉学科的前沿科学问题，选择有共性、两岸科技工作者共同关心的内容开展学术交流，增进了解，加强合作，共同提升。

1. 环保、节能复合材料自主创新学术研讨会

环保、节能复合材料自主创新学术研讨会于11月1～5日举办，来自海峡两岸的70余名青年学者参加了研讨会。3位专家做了主旨发言：台湾红叶风电有限公司刘剑先生，做了题为《细观力学与大型复合材料叶片结构》的报告；中国民航大学讲师陈兆晨，做了题为《新型复合材料在交通运输业节能环保方面的应用浅析》的报告；台湾成功大学教授陈世雄，阐述了“可变螺距外罩式风力发电机性能的计算仿真”理论。

与会者一致认为，国外节能环保企业加大力度抢滩中国市场，中国的节能环保企业面临机遇和挑战，同时也给材料领域的科技工作者提出一个新课题：通过物理研究、材料设计、材料加工、试验评价等一系列研究过程，创造出能满足各种需要的新型环保节能材料。

两岸青年学者认为，在新材料技术、全植物纤维复合材料研究与应用、能量转换与储能材料研究与应用及复合材料制造工艺等方面可以进行多方位合作，优势互补、资源共享。

2. “仿真科学与技术”学术研讨会

仿真科学与技术学术研讨会于11月1～5日在福建省福州市召开，主题是“两岸科学家推动仿真科学与技术的创新发展”，由中国科协主办，中国系统仿真学会承办，北京清华大学、新竹清华大学、北京航空航天大学、台湾大学、上海交通大学、新竹交通大学协办。

中国系统仿真学会常务副理事长、清华大学肖田元教授作了题为《面向CPS建模与仿真的扩展HLA框架》的专题报告，台湾大学黄汉邦教授作了题为《机械人与现代仿真技术》的专题报告，中国系统仿真学会副理事长、北京航空航天大学张霖教授作了题为《复杂电磁环境仿真技术》的专题报告，EMBA执行长、新竹清华大学林则孟教授作了题为《供应链仿真技术研究》的专题报告，中国系统仿真学会副理事长、国防科技大学邱晓刚教授作了题为《突发事件应急管理建模与仿真》的专题报告，中国系统仿真学会理事、北京大学荣起国教授作了题为《生命系统建模与仿真》的专题报告。

3. 气候变迁与茶产业发展学术研讨会

气候变迁与茶产业发展学术研讨会于11月2～5日在福建省武夷山市召开，来自海峡两岸的55家茶叶相关企事业单位的186位学者参加研讨会，其中台湾学者22人。中国茶叶学会名誉理事长陈宗懋院士、中国科协学会学术部部长沈爱民、中国茶叶学会理事长杨亚军研究员、台湾茶协会执行长德海法师、台湾茶业改良场林木连场长、武夷学院校长杨江帆教授等领导和专家出席了开幕式，开幕式由中国茶叶学会秘书长江用文研究员主持。

中国茶叶学会名誉理事长陈宗懋院士、台湾茶协会执行长德海法师、中国茶叶学会理事长杨亚军研究员、台湾茶业改良场林木连场长分别作题为《中国茶产业的转型与升级》、《台湾有机茶产业发展状况》、《科技创新与茶产业发展》、《茶艺文化创新与茶产业发展》的专题报告。两岸专家、学者围绕茶树资源与育种、茶叶生化与功能成分、茶树栽培与植保、茶叶加工与深加工、茶业经济、茶文化等六个专题分别进行研讨。

两岸茶业学术交流源远流长，自2000年在福州召开的第一届海峡两岸茶叶学术研讨会以来，两岸已举办5届海峡两岸茶业学术研讨会，为海峡两岸的茶叶科技工作者开辟了一个开放、交流、互助、合作的平台。

4. 海峡两岸传统色彩与现代应用学术研讨会

海峡两岸传统色彩与现代应用学术研讨会于11月2～3日在福建省厦门市举行，由中国流行色协会和台湾中华色彩学会共同承办。厦门市政协副主席魏刚、中国科协学会学术部副部长刘兴平、中国流行色协会常务副会长梁勇、台湾中华色彩学会理事长李天任等出席。

中国流行色协会副会长、中国美术学院副院长宋建明为大家带来了《中国传统色彩及现代应用》的主题演讲，中国的传统色彩文化博大精深，如何挖掘并应用到现代设计与生活之中需要学界的认真思考。这次上海世博会的中国馆的色彩设计由宋院长领衔，向世人展示了中国传统色彩文化的风采。

来自台湾中华色彩学会理事长、台湾中国文化大学原校长李天任带来《五行中的色彩理论与应用》。从中国传统文化中的五行学说中产生的五色学说，可以说是世界最早的色彩理论，其中含有深刻的哲理。五行与色彩对我们的生活有着巨大的影响，如果善用了五行与色彩的关系，无疑会对我们的生活有巨大的帮助。

来自国内最著名的设计机构广州毅昌科技股份有限公司的董事长冼燃先生，作了题为《工业设计带动色彩趋势》的精彩演讲。无论是色彩文化，还是色彩科技，最终都要落到产业界、实业界，真正推动产品设计，真正提高人民群众的消费品的实用性和美观度，这才是我们学术研讨的最终目的。

台湾云林科技大学的曾启雄教授作了关于《中国文字中的色彩字句》的演讲，让我们再次领略到中国文化的博大精深，再次领略到中国传统色彩文化的感染力，这

些优美的词句是我们传统文化中重要的文化遗产，如何去回味、反思、利用，使之焕发新时代的生机，是要亟待探讨的问题。

中华文化大学环境设计学院院长郭琼莹为与会学者带来《环境色彩与城乡美学》的主题演讲。自然的色彩就是最美的色彩、最好的搭配，从自然界汲取的色彩灵感，被运用在城市和环境的建设中时，将使得城市生活更加美好。

5. 汶川大地震后绿色重建及发展低碳经济学术研讨会

由中国科协主办，四川省科协、台湾工程界协助震灾重建家园协会承办的“汶川大地震后绿色重建及发展低碳经济学术研讨会”于11月9～11日在四川省成都市举行。主题为“绿色重建、低碳经济”，旨在针对5.12汶川大地震和台湾9.21大地震灾后绿色重建、生态环境保护、节能减排和科学发展及城镇科学管理、防震减灾等方面成功经验进行交流。来自海峡两岸相关领域的专家、学者及企业家共200人出席。

四川省科协主席谢和平院士在致辞中衷心感谢台湾工程界在汶川特大地震发生后的第一时间参与赈灾和为灾区重建服务，认为充分显现了血浓于水的骨肉同胞亲情。他指出，要坚持以科学发展观为指导，把恢复重建和转变经济增长方式相结合，以实施资源转化战略为突破口，以能源结构低碳化、产业发展低碳化和生态建设为主线，促进经济社会低碳恢复、低碳重建，积极探索落后地区低碳发展、跨越式发展道路。

台湾工程界协助震灾重建家园协会理事长陈世圮在发言中讲到，海峡两岸应该携手合作，抓住机遇，共同发展，实现两岸经济互利双赢的局面。台湾在绿色能源产业发展中最大的优势在于具有IT产业厚实的人才与技术基础。两岸绿色能源优势特性不同，台湾侧重于横向的产业分工，大陆则偏重于纵向的垂直整合。因此，两岸应该利用彼此的优势，采取互补的策略，以强化在全球市场中的竞争力。

15位海峡两岸的专家学者作了精彩报告，就灾后绿色重建、低碳经济、科学发展等方面议题畅所欲言，探讨共同促进海峡两岸携手应对地震等自然灾害，就灾后重建和防震减灾等相关领域的合作，提供了丰富和有价值的案例和经验。

【2010年海峡两岸科学传播研讨会举办】

2010年3月21～27日，应台湾李国鼎科技发展基金会邀请，以中国科协书记处书记程东红为团长的31人代表团赴台参加了2010海峡两岸科学传播研讨会。研讨会为期2天，除大会交流外，还开设了科普活动、科普资源和科普设施三个分会场，通过专题讨论、圆桌会谈和场外展示交流三种方式展开了深入交流。

专题讨论阶段，两岸的专家、学者展示了各自在科普活动的策划与实施、科普资源的开发与使用、科技场馆的建设与维护等方面的工作成果，并就有关内容进行了交流和研讨。会议休息期间，与会人员打破会场界限，延伸到场外的展示交流区，结合实物展示内容进行了更加深入的互动与探讨。经过充分的交流、研讨，两岸代表组成了“营队”、“竞赛”、“刊物”、“影视”、“展览”和“网络”6个小组，就共同关心的内容开展了圆桌会谈，并达成了初步的合作意向。会后，大陆代表团还参观了台北科学教育馆、台中自然博物馆、屏东海洋生物博物馆和高雄科学工艺博物馆等科技场馆，与馆内工作人员开展更加深入的业务交流。

此次研讨会是海峡两岸科学传播领域首次开展全面交流，进一步促进了两岸科学传播领域的交流，增进了两岸科普工作者之间的了解，并且达成了多项开拓性的合作意向，为以后的交流与合作奠定了良好的基础。

来自中国科学院、中国科技大学等科研机构的专家、学者，以及来自北京、上海、四川、广东东莞等地的科技场馆和科技期刊等单位的专家共同组团参与了本次研讨会。

【2010年新观点新学说学术沙龙】

2010年，中国科协共举办了热学新理论及其应用、髓鞘科学——解密21世纪神经科学及脑重大疾病的新视角、合成生物学的伦理学问题、无污染制浆新技术等12期新观点新学说沙龙。截至2010年底，中国科协共举办49期沙龙。其倡导自由探索和争辩质疑的学术风格受到科技界专家学者的普遍欢迎，影响逐步扩大。

序号	主题	时间	地点	承办单位
38期	热学新理论及其应用	3月26～27日	文津国际酒店	中国工程热物理学会、清华大学热科学与动力工程教育部重点实验室
39期	髓鞘科学——解密21世纪神经科学及脑重大疾病的新视角	4月26～27日	香山宾馆	北京大学医学部
40期	合成生物学的伦理学问题	6月25～26日	苏州	中国科学院北京生命科学研究院/中国科学院微生物研究所
41期	无污染制浆新技术	8月19～20日	北京	中国造纸学会

续表

序号	主题	时间	地点	承办单位
42期	心理论,心技术,新发展——社会进化与心理进化	8月 28~29日	北京	中国心理学会
43期	揭秘传染病的遗传易感性	9月 17~18日	泰安	中国麻风防治协会
44期	转基因植物与食品安全	9月 18~19日	重庆	重庆市科学技术协会
45期	象思维与经络实质	10月 9~10日	北京	中华中医药学会
46期	多层次的交通体系与城市交通的可持续发展	10月 16~17日	北京	清华大学美术学院
47期	物联网技术与应用科学沙龙	10月 22~23日	苏州	中国电子学会
48期	科技进步与工艺美术发展	11月 上旬	苏州	中国工艺美术学会
49期	新概念航天器	12月	北京	中国宇航学会

【第八届博士生学术年会】

2010年9月16~17日，由中国科协常委会青年工作专门委员会、国务院学位委员会办公室和中国科协组织人事部联合主办的第八届博士生学术年会在内蒙古呼和浩特市召开，本次年会以“汇聚人才，推动创新”为主题，围绕气候变化与生态环境、低碳发展与资源可持续利用、新能源技术与稀土资源绿色开发、草业与畜牧、中医药与民族医药传承五个专题开展学术交流。

中国科协副主席、中国航天科技集团公司副总经理、中国科协常委会青年工作专门委员会主任袁家军，内蒙古自治区党委副书记、自治区常务副主席任亚平在开幕式上致辞。中国科协常委、中国科协书记处书记、中国科协常委会青年工作专门委员会副主任冯长根，中国原子能科学研究院研究员、中国科协常委会科技工作者道德与权益专委会委员王乃彦院士作大会主题报告。中山大学化学与化学工程学院教授陈小明院士，国务院学位委员会办公室副主任、教育部学位管理与研究生教育司副司长李军，内蒙古科协党组书记、副主席景建华，内蒙古大学校长陈国庆等出席在内蒙古大学举办的开幕式。

袁家军在讲话中指出，2010年是我国西部大开发10周年，党中央、国务院召开了西部大开发工作会议，明确提出了新一轮西部大开发的指导思想、主要目标、重点任务和政策措施，发出了推进西部大开发新的动员令。本届博士生学术年会在内蒙古自治区举办，就是贯彻落实西部大开发工作会议精神，发挥科技进步和人才开发的支撑作用，把高层次科技人才引入西部，为西部地区经济社会发展服务。举办博士生学术年会，是中国科协贯彻落实中央关于着力培养造就创新人才的指示精神，完成好《国家中长期人才发展规划纲要》和《国家中长期教育发展规划纲要》任务的具体措施之一。当前加速建设创新型国家，实现绿色发展和可持续发展，提升国家竞争实力是我国科技界面临的重大任务。本届博士生学术年会的主题、专题选择和内容安排上，充分考虑了科技前沿关注的重点问题、内蒙古主导产业发展需要和博士生教育的特点。

王乃彦、冯长根分别作了题为《科学工作中的诚信》和《研究生如何夯实成功科研生涯的基础》的大会主题报告，鼓励和引导博士生在科研道路上取得成就。

来自气象科学、自然资源、稀土、草业、中医药等领域的院士、专家20余名，全国有关高校和科研院所的博士生近200名，内蒙古大学及内蒙古师范大学、农业大学、工业大学、医学院、科技大学、民族大学、农牧科学院、林业科学院等高校、院所的博士生400多名参加了本届年会。年会期间，博士生们还参加了内蒙古高层次人才推介与对接活动。

【第六届中国科技期刊发展论坛】

2010年9月7~8日，第六届中国科技期刊发展论坛在上海市举办，论坛由中国科协与国家新闻出版总署联合主办。全国人大常委会副委员长、中国科协主席韩启德为本次论坛主席。

本届论坛的主题为出版业变革中的中国科技期刊发展之路，主要探讨的议题包括出版业变革中的中国科技期刊政策需求与发展方向，出版业数字化进程与科技期刊运营，科技期刊学术影响力的建设、评价体系与品牌打造以及中外科技期刊业比较：中外差异与中国特色。

中国科协书记处书记冯长根，国家新闻出版总署副署长李东东，上海市政协副主席、上海市科协副主席高小玫和国内外逾450名专家学者出席了论坛开幕式。

中国科协书记处书记冯长根指出，科技期刊应该成为一国学术生产的重要阵地、提升文化软实力的重要力量。他希望我国科技期刊应重点在以下五个方面取得突破：大力推进科技期刊出版数字化和网络化、深化科技期刊体制机制改革、大力推进科技期刊出版国际化、充分发挥科技期刊的社会责任、办好科技期刊以提高科技民生水平。

李东东在主题报告中指出，科技期刊在发展过程中，一要切实转变资源配置方式，培育和重塑新型市场主体。对已形成规模和具有发展潜力的重点科技期刊要加大扶持力度，予以政策支持，推动优秀科技期刊进一步做大做强。二要积极应用新媒体新技术，获得新的发展动力。科技期刊要利用内容制作的优势，充分运用数字化手段，在刊物的表现形式、为读者服务的功能及延伸期刊的价值上进行大胆尝试，作引领期刊数字化的表率。三要建立优胜劣汰机制，加大对优秀科技期刊扶持力度。李东东说，新闻出版总署将在完善学术期刊质量评估标准、建立健全学术期刊编辑队伍管理制度、加大对违法违规现象管理处罚力度等方面采取措施，优化学术期刊发展环境，推动学术期刊发展，为学术期刊健康可持续发展创造有利条件。

本次论坛特别邀请浙江大学校长、中国科学院院士杨卫，Nature杂志主编Philips Campbell，中国科学院北京生命科学院院长康乐，Wiley - Blackwell出版公司亚太区出版总监Mark Robertson，日本科学技术振兴机构（JST）科技信息部部长OHKURA Katsumi，中国科学院上海生命科学院院长、中国科学院院士、Molecular Plant共同主编陈晓亚，爱思唯尔（Elsevier）期刊出版高级副总裁Philippe M. A. B. Terheggen，中国学术期刊电子杂志社执行社长王明亮，北京卓众出版有限公司总经理刘泽林，中国激光杂志社有限公司总经理杨蕾围绕出版业变革中的中国科技期刊发展之路做了大会报告。

为加强国内外科技期刊间的交流，实施科技期刊“请进来、走出去、促合作”的发展战略，本次论坛同期还专门设立2010上海国际科技期刊高峰论坛，邀请国际知名出版商负责人与国内科技期刊主编、出版单位负责人同台交流，以学习国际化的办刊理念和运作经验，提高我国科技期刊的学术质量和经营水平。复旦大学医学院教授、中国工程院院士闻玉梅和Asian Journal of Andrology主编、上海第二医科大学原校长王一飞教授共同主持了高峰论坛。与会专家围绕中国科技期刊发展的政策需求和科学家眼中的科技期刊展开讨论。王一飞教授认为，中国“十二五”规划里应该包括科技期刊的发展规划，科技期刊界对体制改革的讨论需要主管部门具体的指导和关心，因此建议在每年一次的论坛上都能有主要领导参加听取业内的意见和建议。在总结时他还建议，希望中国科技期刊编辑们在管好编辑部的同时，要时刻准备伸出八只手：第一是联络专家和院士；第二要联系大学、科研院所；第三要联系学会和行业学会；第四要联系固定读者群，形成与读者的互动；第五要联系国际的出版界，联系国际的出版集团，让我们更快地走向世界；第六要联系媒体发挥媒体的宣传报道作用；第七是要紧密地联系政府的决策部门，要让他们知道科技期刊界需要什么，科技期刊界需要他们的支持；最后一只手就是知识，要及时更新自己的知识。

本次论坛还吸引了国际上11家知名科技期刊出版公司或服务商参与，包括Nature Publishing Group、Elsevier、Springer、ProQuest、Wiley - Blackwell、JST（日本科学技术振兴机构）、Oxford University Press、Taylor & Francis Journals、The Charlesworth Group、Wolters Kluwer、Edanz Group（Liwen Bianji）。

【深入开展科技期刊国际推广计划】

中国科协为了进一步深化科技期刊国际推广计划，根据外事工作的新要求和科技期刊国际发展趋势的新挑战，按照“请进来、走出去、促合作”的工作原则，充分发挥学会主办科技期刊的资源优势，2010年，对该项目实施的方式和内容进行了调整和充实，加强了学会申报项目的力度，扩大了支持学会组织开展科技期刊国际推广计划的项目数量。

2010年继续支持7项英文版科技期刊，每项支持8万元。支持其积极参与国际竞争，加强国际交流与合作，吸引国际国内优秀论文，充分发挥自身优势，通过在稿源、编审、出版、发行等方面开展的相应工作进一步扩大中国科协英文科技期刊在国际上的影响力和权威度，提高国际化水平，打造中国的世界名刊。该项目从2009年开始实施，经过两年的支持，一些英文版期刊加强国际化体系建设，已取得显著的成效。《中国化学》杂志，改进了稿件处理流程，压缩论文发表周期，同时将发表周期作为编辑考核指标之一，从而使论文发表周期缩短了14天。《机械工程学报》为了扩大国际影响，从论文国际流行格式、国际约稿、国际投稿、国际审稿入手强化国际化体系建设。有效开展与国际学术组织、国际出版机构的交流与合作，已与3家国际出版机构签署了意向与协议，并且研发了英文工作平台、电子刊，极大地方便了国外作者和读者，国际影响力有了较大提高，SCI数据统计结果表明该刊被引用次数大幅提高。

9月6日，在中国科协期刊发展论坛举办之际，开展了科技期刊国际化境内培训。有49位科技期刊出版单位的编辑人员参加了培训，来自国际著名出版机构的学者为学员讲课。培训围绕科技期刊发展趋势、国际科技期刊的发展现状与战略选择、科技期刊如何防止不端学术行为以及如何释放科技期刊的全部潜力等主题，许多报告内容都是最新研究成果。

10月5～14日，中国科协科技期刊代表团赴德国参加了第62届法兰克福书展，并开设了中国科协科技期刊展台，展台受到国内外出版机构代表的热情关注，有不少出版机构代表纷纷索取中国科协科技期刊相关信息资料，收到较好的效果。代表团还顺访了位于荷兰的爱思维尔出版公司和意大利欧洲陶瓷学会，双方对科技期刊发展进行了深入探讨和交流，对促进双方科技期刊发展与合作初步达成共识。代表团一行8人，由中国硅酸盐学会、中国物理学会、中国气象学会、中国林学会和中国药学会等组成。

【推进精品科技期刊工程项目有序成长】

2010年度精品科技期刊工程示范项目以支持培育代表我国科技期刊发展水平的国际知名期刊和国内领衔期刊，大力培育精品后备期刊为着力点，共支持99种科技期刊。

精品科技期刊工程的实施，推动了科技期刊学术指标、出版指标、期刊建设指标的稳步提升，影响力逐步扩大。据《中国科技期刊引证报告（2010）》（CJCR2010）显示的最新数据，总被引频次在本学科排名第一的期刊中，中国科协学术期刊占70.5%；影响因子在本学科排名第一的期刊中，中国科协学术期刊占49.2%；综合评价总分在本学科排名第一的期刊中，中国科协学术期刊占67.2%。三者同时排名第一的期刊中，中国科协学术期刊占84.6%。各学科领域期刊在扩大优质稿源、加强编辑队伍建设、加强数字化建设等方面取得良好进展，仅以收稿量为例，受资助期刊的年收稿量比2006年增长了17.7%，海外来稿量比2006年增长了63.7%。

在获第二届中国出版政府奖期刊奖的30种科技期刊中，中国科协科技期刊占比例最大，达到7种。

【中国科协推荐8个群体获创新研究群体基金资助】

根据国家自然科学基金委员会有关文件精神，2010年中国科协向自然科学基金委推荐候选创新研究群体22个。为做好推荐工作，中国科协学会学术部于2010年1月下发了《关于推荐2010年度候选创新研究群体的通知》，全国学会、地方科协及解放军总政治部按要求推荐候选群体，共收到候选群体申请78项。3月15日，中国科协组织评审专家组，按照《国家自然科学基金委员会创新研究群体科学基金试行办法》等有关规定，以中国科协学术与学会工作专门委员会为基础，增加有关领域专家，组成评审专家组，对候选创新研究群体进行了评审，推选出22个候选创新研究群体报送国家自然科学基金委员会。

创新研究群体基金的候选创新研究群体由中国科协、教育部、中国科学院以及国家自然科学基金委员会各科学部推荐，其中中国科协、教育部、中国科学院分别推荐22个。经国家自然科学基金委员会评审，共有29个群体获得资助，中国科协推荐的候选群体中有8个群体获得创新研究群体基金资助。

【中国科协联合民政部促进学会创新发展】

2010年，中国科协继续组织实施学会创新发展推广工程项目。按照项目牵引、骨干示范、夯实基础、服务创新的思路，重点培育和扶持一批具有较强示范性的骨干学会，资助创新发展示范项目9个，创新发展基础项目52个。支持经费620多万元。联合民政部对2009年设立的创新发展示范项目进行了中期评估和检查，加强对项目指导。配合民政部民间局开展关于科技社团创新发展机制研究的课题研究，受民政部委托，负责组织起草了《推动科技社团创新发展的若干意见（草稿）》，得到民政部有关部门的充分认可，课题研究成果得到课题设立部门科学技术部的肯定。

通过一年来的实践，学会创新发展示范项目社会效益良好，学会自身建设和服务创新能力有所增强。以中国心理学会、中国力学会、中国化学会为代表的示范学会以深化体制机制改革、促进自身建设为突破口，探索和完善秘书长聘用制、负责人差额竞选、秘书处人员公开社会聘用等改革措施，逐步健全内部治理结构，优化人员结构和素质，增强服务会员的能力。以中国纺织工程学会、中国电子学会、中国造船工程学会、中华中医药学会为代表的示范单位，围绕行业科技发展中的热点问题，发挥科技中介服务作用，搭建产学研相结合的平台，积极承担科技成果和人才评价、技术标准制定等社会化服务职能。中国造船工程学会承担了总经费1000多万元的工业和信息化部重大科研课题，会同有关单位围绕精品船型共性技术开展联合攻关。中国纺织工程学会联合有关单位建立了纺织科技人才服务战略联盟，面向业内企业和高校的需求开展人才培训。中国农学会、中国电子学会建立了产学研技术联盟，促进科技成果的转化和推广。中华中医药学会开展了中医药标准的制定工作，构建完整的标准化工作体系，得到政府部门的肯定。

【中日韩女科学家纵论“女性与科技”】

2010年11月2日，中日韩女科学家论坛在福建省福州市举行。中国科协副主席、中国科协常委会女科技工作者专门委员会顾问、中国女科技工作者协会会长韦钰，中国科协副主席、中国科协常委会女科技工作者专门委员会主任、中国女科技工作者协会副会长陈赛娟院士，福建省人大常委会副主任王美香，全国人大常委会委员、中国科协常委、中国女科技工作者协会副会长方新，中国科协书记处书记、中国女科技工作者协会副会长程东红，中国科协荣誉委员、中国女科技工作者协会荣誉顾问刘恕等出席会议。来自全国的高校、科研院所、企业科研人员 140 余人参加了论坛。

作为第十二届中国科协年会的国际分会场之一，论坛吸引了来自中日韩三国的众多女科学家和女科技工作者，论坛以“女性科技人才与创新发展”为主题，围绕女性与科技的话题就提高女性人才的创新发展展开了交流和讨论。

韦钰在论坛上表示，目前我国女性科技工作者队伍已达 1400 多万，占整个科技工作者队伍的 43%，而且呈现了年轻化和快速增长的发展态势，这是我国科技事业发展的重要力量。女科技工作者在科研、医疗卫生、教育等各个领域贡献自己的聪明才智，发挥了不可或缺的重要作用，在提升妇女科学素质方面也起到了示范带动作用。但同时也应看到，我国女性从事科技工作的参与率较低，不到女性人口的 7%，男女性别比与发达国家相比有一定的差距；科技女性在结构和分布上还存在很大差异性；从人才角度看，在女科技工作者的队伍中，高端女性比例偏低，远不能适应建设人才强国的战略目标。要研究女性科技低参与率背后的原因，鼓励更多女性全面参与科技，促进年轻的女性科技工作者尽快成长成才，不断提高科技女性高层人才比例。

论坛分为女性科技人才发展状况及比较、女性科技人才成长的机制与环境、女性科技人才与创新、科技女性助推构建低碳社会发展的优势和责任四个单元，中日韩三国的 12 位专家学者发言。中国科协常委、中国科协常委会青年工作专委会副主任、内蒙古科技厅副厅长杨劼，中国科协常委会女科技工作专门委员会委员、北京大学教授金芝，中国女科技工作者协会副会长、国土资源部原副部长寿嘉华，全国妇联组织部巡视员李晓云分别主持四个单元的论坛讨论。

日本东京大学性别平等办公室顾问都河明子等日本学者介绍了女工程师在全球性 IT 公司的地位及挑战、促进女研究人员参与科学研究的政策和行动，讨论了女性科技人才能否成为创新领域的问题。韩国梨花大学教授李惠淑等介绍了韩国女性科技人才的风采，以及韩国政府在提升女科学家和女工程师地位方面采取的主要政策。中国学者介绍了影响中国女性科技人才成长的机制、环境及相关问题，共同就女性科技工作者在推进知识创新和科技研发实践活动中扮演的角色、发挥的作用和面临的挑战进行了讨论。

程东红在论坛闭幕式上表示，希望各国专家学者今后进一步围绕女性发展问题开展更深入的理论研究，提出切实可行的政策建议。女性科技工作者协会要再接再厉，为推进女性成长、创新发展提供更多的服务搭建平台。同时，要不断扩大论坛的交流与影响，为推动女性发展做出更大的贡献。国务院参事、中国女科技工作者协会副会长曲维枝主持论坛闭幕式。中国科协常委会女科技工作者专门委员会委员、国家知识产权局副局长鲍红等也参加了论坛。本次论坛由中国科协常委会女科技工作者专委会和中国女科技工作者协会主办。

中日韩女科学家论坛先后于 2008 年和 2009 年在韩国和日本举办。论坛围绕女性参与科技的发展的现状、挑战和应对措施，女性在科技领域的领导力、女性如何平衡事业与家庭关系，以及各国政府在重视和积极开发女性科技人力资源的政策举措等方面进行了广泛的交流和讨论。

全民科学素质工作与科普活动

【举办“体验科学 快乐成长”活动】

2010 年 5 月 31 日上午，中共中央总书记、国家主席、中央军委主席胡锦涛来到中国科技馆新馆，同出席在北京召开的中国少年先锋队第六次全国代表大会的全体小代表和部分中外少年儿童一起参加“体验科学 快乐成长”活动。胡锦涛代表党中央，向出席少代会的小代表、向全国各族少年儿童表示节日的祝贺，向广大少先队辅导员和少年儿童工作者表示崇高的敬意，预祝第六次少代会取得圆满成功。

中共中央政治局常委李长春，中共中央政治局常委、中央书记处书记、国家副主席习近平，中共中央政治局常委、国务院副总理李克强也分别参加活动。

上午 10 时 30 分许，胡锦涛来到中国科技馆新馆。一名少先队员给胡锦涛系上鲜艳的红领巾。总书记高兴地拉着孩子们的手走进展厅，兴致勃勃地参观有趣的科普项目。

“华夏之光”展厅集中展示我国古代自然科学和工程技术领域的发明创造。几个小朋友正围在木版水印展台前，体验我国古代四大发明之一印刷术的操作步骤。胡锦涛走过去，和孩子们一块儿动手，将宣纸覆在涂好墨的木雕版上，用刷子均匀地刷起来。很快，一幅表现 6 个憨态可掬娃娃的传统版画印好了，展厅里响起一阵欢快的笑声。在汇集计时报时、天文观测、星象显示等多种功能的北宋“水运仪象台”模型前，几名小讲解员声情并茂地给大家介绍这个装置的原理、结构和用途。胡锦涛夸奖她们讲解得很生动，他对身边的中外小朋友说：“我们中华民族在历史上有过许多伟大发明，和世界各民族一道共同创造了灿烂的人类文明。希望中外小朋友们加强交流，相互学习，共同进步，长大以后把世界建设得更加美好。”

“探索与发现”展厅通过一些科学体验项目，激发少年儿童探索科学奥秘的兴趣。胡锦涛饶有兴致地观看光线通过不同溶液时发生不同散射、匀速小火车上弹球保持惯性运动等演示，并不时地让身边的孩子讲讲这些现象所反映的科学原理。二层中央大厅，正在进行小卫星五色土搭载实验结果揭晓活动。2009 年 12 月我国发射的第一颗专为青少年研制的科普卫星“希望一号”上，搭载着北京景山学校学生刘重华设计的实验盒，盒里摆放着五组不同颜色的陶瓷珠。在太空微重力状态下，这些陶瓷珠的排列将出现怎样的变化呢？现场孩子们正你一言我一语说着各自的猜想。刘重华小朋友拿起实验盒模型，向胡爷爷解释自己设计实验盒的构思。得知这个实验已经吸引了 2 万多名小朋友参与实验结果竞猜，总书记称赞刘重华的设计创意很好。揭晓答案的时刻到了，总书记和刘重华一同触摸揭幕台上的辉光球。随着绚丽的辉光闪亮，大屏幕上显示出“希望一号”卫星传回的实验结果照片。总书记为孩子们的实验取得成功感到高兴，勉励他们从小爱科学、学科学、用科学，培养动手能力，提高创新本领，将来努力成为国家科技事业的“希望之星”。

胡锦涛十分关心少年儿童的安全常识教育，特意来到安全岛展区，了解这里开展的地震避险、躲避雷电等模拟活动情况。在“紧急迫降”现场，小朋友们正有序地从“机舱”坐充气滑梯撤离；在“烟雾逃生”现场，小朋友们用湿毛巾捂着口鼻，俯身从“浓烟”滚滚的房屋中跑出来。看到小朋友们在躲避“危险”时动作迅速、方法得当，总书记十分满意。他关照孩子们，在遇到灾害时要用学到的安全小常识保护好自己，还要帮助其他小伙伴。胡锦涛对陪同的负责同志说，全社会都要高度重视少年儿童安全，千方百计保护好祖国的下一代，让他们在平安和谐的环境里健康成长。

在孩子们的簇拥下，李长春、习近平、李克强等领导同志也走到一个个展区参观、体验。在“旋转金蛋”、“小球旅行”等展区，奇妙的自然现象引起大家的浓厚兴趣。领导同志和孩子们一边观看演示，一边讨论相关的科学道理，还不时动手操作，共同体会科普活动带来的乐趣。在提水工具、手工制作等展区，领导同志和小朋友一道运砖砌墙、转动水车，还观看孩子们用废旧材料做成的纸扇和环保服装，为这些孩子从小就懂得节约资源、保护环境感到欣慰。在机器人之家、能源实验室等展区，领导同志和孩子们一起了解现代机器人的工作原理和性能，展望发展绿色能源的广阔前景。领导同志表示，这些展项引人思索、给人启迪，对培养少年儿童勤观察、勤动手、勤思考的习惯很有帮助。

为迎接中国少年先锋队第六次全国代表大会召开，中国科技馆新馆里专门设立了“美好人生从这里起航”少先队主题展区。胡锦涛等领导同志来到这里参观。一幅幅图片、一段段视频、一件件实物，集中展示了少先队高举队旗跟党走的光荣历程。2009 年中国少先队建队 60 周年之际，胡锦涛总书记对全国少先队员提出要争当热爱祖国、理想远大的好少年，勤奋学习、追求上进的好少年，品德优良、团结友爱的好少年，体魄强健、活泼开朗的好少年。展览生动反映了各级少先队组织开展争当“四好少年”活动的情况，充分展现出当代少年儿童牢记嘱托、奋发向上的精神风貌。领导同志一次次停下脚步观看展览、听取讲解，对我国少先队事业的蓬勃发展给予充分肯定。

“2020——我和我的祖国”巨幅儿童画前，孩子们有的在画面空白处现场作画，有的在粘贴彩纸做的心愿结。率真的儿童画、五彩的心愿结，表达了少年儿童对美好未来的憧憬。“我希望长大后当一名老师”、“我的心愿是做一名科学家”……看到胡爷爷走过来，孩子们争先恐后地向他讲述自己的心愿。来自青海玉树地震灾区的才仁旦周告诉胡爷爷：“我希望玉树重建后更美丽。”胡锦涛肯定地说：“你这个心愿一定会实现！”说着，总书记和小才仁一起将心愿结粘贴在巨幅儿童画上。

看着身边一张张天真烂漫的笑脸，总书记语重心长地对孩子们说：你们今天是少先队的小主人，明天将是祖国建设的生力军。希望你们从小树立远大志向，德智体美全面发展，努力争当“四好少年”，时刻准备着为建设富强民主文明和谐的社会主义现代化国家贡献智慧和力量。

胡锦涛又动情地说，长期以来，广大少先队辅导员和少年儿童工作者默默耕耘、无私奉献，为培养祖国下一代付出了大量心血和汗水。总书记希望大家再接再厉，积极探索适合当代少年儿童特点的教育方法，做少年儿童的良师益友，引导各族少年儿童在祖国大家庭里健康快乐地成长。

总书记话音刚落，大厅里响起了热烈的掌声。随后，胡锦涛和孩子们一同唱起《中国少年先锋队队歌》。“我们是共产主义接班人，继承革命先辈的光荣传统，爱祖国，爱人民，鲜艳的红领巾飘扬在前胸……”响亮的歌声在展馆内久久回荡。

王兆国、刘淇、刘云山、刘延东、令计划、韩启德、陈至立等也参加了活动。

【国务院办公厅牵头对《科学素质纲要》实施情况进行督查】

根据《国务院办公厅关于对全民科学素质行动计划纲要落实情况进行督促检查的通知》（国办函〔2010〕41号）精神，《全民科学素质行动计划纲要》（以下简称《科学素质纲要》）的实地督查工作于2010年9月上旬正式启动。

此次实地督查工作是由国务院办公厅牵头组织实施，主要目的是在前一阶段自查工作的基础上，通过对部分地区落实《科学素质纲要》情况进行实地检查，进一步督促各地强化工作责任，加快实施步伐，落实《科学素质纲要》确定的各项工作任务，为“十二五”《科学素质纲要》实施工作奠定基础。督查组由国务院办公厅和全民科学素质纲要实施工作办公室成员单位的人员组成，分为6个组，每组8人，分别到河北、山西、内蒙古、辽宁、黑龙江、安徽、湖北、广东、广西、贵州、重庆、宁夏12个省（自治区、直辖市）进行督查。督查主要采取听取省（自治区、直辖市）政府工作汇报，深入学校、社区、企业、乡村和科普基础设施查看等形式。

为确保督查工作顺利开展，9月1日上午，国务院办公厅督查室组织督查组全体成员召开了全民科学素质行动计划纲要督查培训动员会，对实地督查工作进行了动员和部署。国务院办公厅督查室主任雷武科指出，这次督查的主要任务是“摸清情况、查找问题、分析原因、提出建议”，各督查组成员要高度重视这次督查工作，精心准备，在督查中要做到突出重点、讲求实效；密切配合、团结协作；严格纪律、轻车简从。各督查组组长在会上介绍了各组准备的情况。纲要办主任、中国科协书记处书记程东红介绍了《科学素质纲要》实施的进展情况和实地督查的内容重点。

此次督查是国务院办公厅第一次对《科学素质纲要》实施情况进行督查，也是第一次对科协协调实施的工作进行督查。本次督查围绕《科学素质纲要》中2010年公民科学素质建设的主要目标、任务和措施，对2006年以来各省（区、市）人民政府、有关部门和单位实施《科学素质纲要》的情况进行督查。督查内容涉及各地建立和完善实施《科学素质纲要》工作机制的情况、开展“节约能源资源、保护生态环境、保障安全健康”主题工作的情况、实施“四个主要行动”和实施“四项基础工程”的情况，以及对“十二五”全民科学素质行动计划工作的建议等多个方面。

本次督查采取部门及单位自查、实地督查相结合的方式，分三个阶段进行。2010年2月23日，国务院办公厅印发《关于对全民科学素质行动计划纲要落实情况进行督促检查的通知》（以下简称《通知》）后，全民科学素质纲要实施工作办公室向各成员单位和各省（自治区、直辖市）纲要办印发了《关于做好全民科学素质纲要落实情况督查有关工作的通知》，进一步推动落实督查工作，并将此次督查和《科学素质纲要》的有关文件编印成《督查工作手册》，为各成员单位和各地纲要办落实有关工作任务和开展自查工作提供参考。目前《科学素质纲要》各成员单位和各省（自治区、直辖市）纲要办都已经陆续完成了《科学素质纲要》自查工作，开始进入实地督查阶段。

【科技下乡活动】

中国科协、国家民委、农业部联合主办“科技专家和致富能手下乡”活动。2010年5月16～20日，中国科协、国家民委、农业部联合主办“百名科技专家和致富能手进四川凉山彝寨”科技下乡活动。此次活动组织来自全国9个省、自治区、直辖市的百余名科技专家奔赴四川省凉山州西昌、冕宁、德昌三个县市开展科技服务活动，活动期间共举办主题报告会5场，各种实用技术培训18场，实地技术指导39场，接受咨询763人次，发放科普资料3000多份，直接受益群众4155人，解决群众农业生产和生活技术难题214个，为当地农业产业化建设提出合理化建议35条。2010年9月11～16日，中国科协、国家民委、农业部联合主办“全国科技专家和致富能手进云南文山壮乡苗寨”科技下乡活动。此次活动组织来自全国8个省、市的80余名致富能手组成6支科技下乡小分队分赴云南省文山、砚山、丘北、广南、富宁等县开展科技服务活动。活动期间共举办主题报告会11场，各种实用技术培训28场，实地技术指导39场，接受咨询992人次，发放资料1000余份，直接受益群众14952人，接收义诊215人，解决群众生产生活技术难题355个，签订养殖业、有色金属和八角产业等6个意向合作协议。

中国科协赴山西吕梁开展科技下乡活动。2010年9月6～9日，中国科协、山西省科协、吕梁市委、市政府共同举办2010年“全国科普日”暨第九届中国科协赴吕梁市科技下乡活动。本届科普日活动围绕“节约能源资源、保护生态环境、保障安全健康”和“低碳生活、低碳经济”的主题，开展现场咨询服务、《科学素质纲要》专题宣传、科普惠农巡回服务、农民技能培训、科普大篷车进校园、大型科普报告会等10项活动，近百名专家教授组成的中国科协专家服务团分赴吕梁市11个县（市、区），深入17个乡镇，4家医院，3所学校，3个社区，开展科普宣传、科技咨询、医疗义诊和科技培训指导等服务活动。据不完全统计，有3600个种植、养殖户接受了科技培训和指导，500余名患者、医护工作者接受了医疗义诊和医学培训，2000余名学生接受了科普教育。

中国科协配合全国政协教科文卫体委员会举办科技下乡活动。2010年9月17～18日，中国科协配合全国政协教科文卫体委员会在吉林延边州敦化市举办“全国政协教科文卫体委员会科技下乡活动”。内容主要有科普报告、农民培训。中国科协向敦化市第一实验小学、江源镇永发村、县科协分别捐赠了11台电脑、4台激光打印机、壁挂式科技馆1套（24张）和3000册科普图书等，捐赠物品总价值15万元。

八部委联合举办全国文化科技卫生“三下乡”活动。12月24日，全国文化科技卫生“三下乡”活动启动仪式暨集中示范活动在福建平潭综合实验区举行。此次活动由中宣部、科技部、司法部、农业部、文化部、卫生部、国家人口计生委、中国科协8部门和福建省委、省政府联合举办。此次活动，八部委向平潭捐赠了总价值近800万元的慰问金及实物、项目，其中中国科协赠送科普物品价值30万元。中国科协、福建省科协共同指导在平潭县建立了三个科普宣传栏、两个科普图书室和一个青少年科学工作室，赠送了电脑、电视、数码摄像机、摄影器材以及10台青少年科普车床、壁上科普仪器4台、电子百拼图10套，赠送科普图书近6000册、科普挂图30多套。活动邀请24位气象、地震、农业专家进行现场科普咨询和开展科普讲座活动，开展了低碳生活科学小实验、科普知识有奖问答等活动。发放各类科普图书、科普宣传小册子12000多册，科普知识光盘300张，农村科普春联、年画12000多张，近一万群众参与现场活动。举办农业实用技术培训2场、听众达200多人，气象科普讲座1场、听众达3500多人，全国文化科技卫生“三下乡”受到了农民和青少年朋友们的欢迎。文化科技卫生“三下乡”活动开展15年来，始终坚持为农民群众办实事、办好事，在促进农村经济社会发展、满足农民群众物质文化需求、密切农村党群干群关系等方面，发挥了积极作用，已成为全国上下非常关注、基层群众十分欢迎的惠民活动。

华硕科普图书室活动及华硕大学生IT科普志愿者行动。2010年，中国科协、华硕集团，在全国新建260个“华硕科普图书室”，截至2010年底，全国已建574个“华硕科普图书室”。2010年6月，中国科协、华硕集团面向全国在校大学生，启动“你的行动 中国的未来——华硕大学生IT科普志愿者行动”，活动历时5个月。从全国300所高校报名的5000多名大学生中选拔1100余名作为IT科普志愿者，经过主办方组织的集中培训，800多名志愿者投身全国31个省（自治区、直辖市）的1000多个村庄，助力科普事业和农村信息化建设。这些志愿者组织了3200余场讲座普及电脑和网络知识，进入近1.8万户家庭调查电脑使用状况、辅导电脑应用，累计影响近8万人。

2010年“全国农民科学素质网络竞赛”活动。2010年“全国农民科学素质网络竞赛”活动于8月1日在全国展开，农民科学素质行动协调小组各成员单位积极组织本系统基层单位，通过宣传、动员、培训和组织等相关工作，支持和帮助农民参与竞赛活动。截至9月30日，全国共有99.7万农民参加了农民科学素质网络竞赛活动，参与完成答题155万人次，参赛人员包括农民、农村科普工作者、农业技术人员、农业科研人员、农村学生等，涉及全国31个省（直辖市、自治区），参与人次在9万以上的有6个，1万以上的有13个。全国满分率约20%。此次竞赛促进了农民科学素质的提高、增强了使用网络的意识，为全国各地相关组织单位提供了参与农民科学素质工作的平台，得到了各方的积极响应和广泛的参与，推进了互联网技术在农民科学素质工作中的应用，取得了良好的社会效果。

【切实履行《科学素质纲要》实施工作办公室职责】

1月29日，中国科协常务副主席、书记处第一书记邓楠主持召开《科学素质纲要》实施工作会议，中组部等23个《科学素质纲要》实施工作办公室成员单位的有关负责同志出席。会议传达学习国务院听取《科学素质纲要》实施情况汇报的会议纪要和刘延东国务委员讲话，对《关于对〈科学素质纲要〉实施工作进行督查的工作方案》进行讨论，并研究部署2011年度工作任务。会后，《科学素质纲要》实施工作办公室根据各成员单位提出的意见、建议对《全民科学素质工作2009年工作总结和2010年工作要点》进行了修改，并于2月4日正式印发各地各成员单位。

2月10日，召开地方《科学素质纲要》实施工作电视电话会议，安排部署2010年重点工作，切实把《科学素质纲要》各项任务贯彻落实到基层。全民科学素质纲要实施工作办公室成员单位的有关负责同志出席主会场活动，江西、辽宁、宁夏、广西、湖北5个省、自治区的代表结合各自实际，从不同方面交流了各自推进全民科学素质工作的进展情况和经验体会。全民科学素质纲要实施工作办公室主任、中国科协书记处书记程东红出席会议并讲话。

召开多次《科学素质纲要》实施工作办公室会议和联络员会议，就《全民科学素质行动“十二五”规划》、《科学素质纲要》督查工作和《全民科学素质行动“十一五”期间工作总结》等工作与各成员单位进行了沟通和协商。

6月10～11日，《科学素质纲要》信息工作培训会在宁夏回族自治区银川市召开。旨在进一步提高各地纲要办信息采编和报送质量，交流分享各地在《科学素质纲要》信息工作方面的经验，推动各地科学素质工作实施。中国科协科普部副部长殷皓出席会议，宁夏回族自治区科协主席李锦平、副主席刘国民以及来自20多个省（自治区、直辖市）科协的纲要办信息工作者参加了会议。

编印《全民科学素质行动工作月刊》，为各级科学素质工作者服务。支持《大众科技报》开设《全民科学素质行动周刊》，面向公众宣传纲要工作信息和主题科普知识。支持《科学新闻》杂志开设“科学传播”专栏，开展科技记者科技传播能力的培训。举办“全民科学素质行动大家谈”系列宣传活动。开展《全民科学素质行动网站监测分析》和《纲要大众媒体报道情况分析报告》等课题研究，对全国纲要工作网站和纲要宣传工作进行了调查分析，为今后工作提供新的思路。建设完成了“纲要基础信息库”，以电子文档的形式分类整理和保存了纲要实施以来的重要文件和资料，并提供查询服务。

【第25届全国青少年科技创新大赛】

2010年8月9日，主题为“创新·体验·成长——走近低碳生活”的第25届全国青少年科技创新大赛在广东科学中心开幕。中国科协常务副主席、书记处第一书记邓楠，广东省委副书记、省长黄华华，教育部副部长陈小娅，团中央书记处书记罗梅，广东省副省长宋海，中国科协副主席、中国工程院院士黄伯云，中国科协副主席、中国工程院院士陈赛娟，中国科协书记处书记程东红等出席了开幕式。本届全国青少年科技创新大赛由中国科协、教育部、科技部、国家发改委、环境保护部、国家体育总局、团中央、全国妇联、国家自然科学基金委员会、广东省人民政府共同主办。

开幕式上，邓楠书记宣布“第25届全国青少年科技创新大赛开幕”。本届大赛共有来自全国的35支代表队、533名学生、186名科技辅导员参加，他们带来了391个学生创新项目、200个科技辅导员创新项目参加评选，共有180项优秀科技实践活动、152幅少儿科学幻想绘画获奖作品参加展示。全国青少年科技创新大赛不仅展示了青少年和科技辅导员课外科学研究的新成果，也代表了青少年科技创新活动的新进展，反映了青少年科技教育的新趋势，成为反映青少年科技活动水平的重要标志。

大赛期间举行了“走近低碳生活”主题体验活动、科技教育论坛、竞赛作品展示、专项奖颁奖晚会、大赛植树活动、闭幕式暨颁奖典礼等活动。来自美国、法国、德国、加拿大、奥地利等15个国家和地区的23个国际代表项目也参加展示和交流，是历年全国青少年科技创新大赛国际代表项目最多的一届。

【第10届“明天小小科学家”评选】

2010年11月22日，由教育部、中国科协、香港周凯旋基金会共同主办的第十届“明天小小科学家”奖励活动在中国人民大学附属中学落下帷幕。来自中国内地23个省（自治区、直辖市）的100名高二学生分获一、二、三等奖，来自吉林省实验中学的徐硕、中国人民大学附属中学的谢亚晴和辽宁省实验中学的曹人天等3名学生获得了“明天小小科学家”称号。

中国科协常务副主席、书记处第一书记邓楠，教育部部长助理吴德刚，中国科协副主席韦钰，中国科协书记处书记程东红，香港周凯旋基金会周凯旋小姐，以及王乃彦、欧阳自远、黎乐民、吴岳良、林群、林惠民、秦国刚、周立伟、简水生、朱邦芬10名院士，共同出席了活动颁奖典礼并为获奖学生颁奖，2008年诺贝尔化学奖获得者钱永健先生以视频方式与大家分享了科学研究的经验。

“明天小小科学家”奖励活动设立于2000年，在活动举办十周年之际，组委会特别为倡导、发起、坚持推动该项活动的中国科协副主席韦钰院士颁发了“特别贡献奖”。中国科协常务副主席、书记处第一书记邓楠和香港周凯旋基金会周凯旋小姐共同为韦钰院士颁奖。韦钰院士在致辞中希望“明天小小科学家”奖励活动一直举办下去，希望获奖的同学们成为种子，使更多同学参加科技创新活动，让社会上更多人了解科技创新活动，使奖励活动真正成为发现、培养成就未来科学家的金色摇篮。

第十届“明天小小科学家”奖励活动共收到来自全国各地581名高二学生的申报材料，为历届之最。为保证评审工作的科学、严谨、权威和公正，组委会先后聘请了百余名重点高校、科研机构的教授、研究员担任评审专家，经过资格审核、初评、复评等环节，最终甄选出一等奖 15 名，二等奖 35 名，三等奖 50 名，并在一等奖获得者中选出 3 名同学荣膺“明天小小科学家”称号。

在北京终评期间，组委会为学生们安排了一系列丰富多彩的活动，邀请 100 名入围选手参观中国科技馆、中国科学院国家重点实验室，参加青少年科学实验手拉手社会公益活动，与 10 名院士专家进行面对面的对话座谈，聆听美国基因组学教授爱德华·鲁宾教授的精彩演讲。5 天的共同生活，加深了彼此的感情，激发了同学们对科学研究的兴趣。

【第 10 届中国青少年机器人竞赛】

2010 年 7 月 21 日，第十届中国青少年机器人竞赛在北京工业大学举行，全国 489 支代表队、1308 名参赛选手和 489 名教练员参加。

中国青少年机器人竞赛是目前我国规模最大的青少年机器人比赛，是中国科协面向青少年开展的三大活动之一。本届竞赛由中国科协主办，中国科协青少年科技中心、北京市科协、北京市教育委员会、北京市科学技术委员会、北京工业大学等单位共同承办。竞赛的主题为“十年历程、快乐成长”，选手们将分为小学、初中、高中 3 个组参加 5 个项目的角逐。5 个项目分别有各自的主题：机器人基本技能比赛主题为“世博志愿者”、机器人创意比赛主题为“群星璀璨世博会——创建美好的城市生活”、FLL 机器人工程挑战赛主题为“快捷运输”、VEX 机器人工程挑战赛主题为“大获全胜”。FLL 机器人工程挑战赛和 VEX 机器人工程挑战赛的优秀代表队参加相关的国际比赛。

在两天的赛程中，16 个队获得机器人基本技能一等奖、18 个队获得机器人创意比赛一等奖、15 个队在 FLL 机器人工程挑战赛中获一等奖、18 个队在 VEX 机器人工程挑战赛中获一等奖、12 个队在机器人足球比赛中获一等奖，15 支代表队获得了冠军奖杯。有 50 支参赛队获得了未来伙伴未来技术精英奖、博思教育奖、西觅亚未来优秀工程师奖、中鸣科学奖、爱乐博拼搏专项奖、纳英特创新科技奖等企业专项奖。

第十一届中国青少年机器人竞赛将于 2011 年暑期在河南省郑州市举行。

【中俄青少年科技文化交流活动】

2010 年是俄罗斯的“汉语年”。由中国科协主办，中国科协青少年科技中心、中国宇航学会承办的中俄青少年科技文化交流活动于 7 月 12 ~ 21 日在莫斯科、圣彼得堡两地举行。来自中国科协、中国对外友协、中国宇航学会和景山学校，以及北京、上海和河南等地的青少年共计 33 人赴俄罗斯参加了有关交流活动。

交流活动的开营式在纳罗·福明斯基市的莫斯科利特维诺娃夏令营举行，市长亚·巴拉诺夫先生和副市长叶·西年卡女士分别在英雄纪念馆和联欢会上接见了代表团全体团员。活动期间代表团还到卡罗廖夫市经管和社会学学院进行了参观交流，学院校长向中国青少年介绍了学校的基本情况，并邀请中国的青少年到学校就读。在乡村体验活动中，青少年们参观了俄罗斯的民间手工艺制作、民间乐器和民族服饰，动手在俄罗斯民间玩具上绘画，活动不仅让青少年们对俄罗斯的民间文化有所了解，也让整个交流活动增添了丰富的色彩。

俄罗斯的航天技术在世界领先，参观航天设施是这次出访科技活动的主要内容之一。来自中国的青少年们走进了加加林宇航员培训中心，观看了和平号空间站模拟舱和离心机、失重训练的水槽、空间站模拟器等航天员训练设施。俄罗斯现役航天员亚历山大为青少年们讲解了俄国航天和世界航天的发展史，以及在空间合作方面所作的努力和贡献。团员们还参观了俄罗斯的飞行控制中心和空间站的指挥控制大厅，登上了阿芙乐尔号巡洋舰参观。在航天博物馆、兵器博物馆等场馆，团员们对俄罗斯及前苏联的航天、兵器的发展历程和军事科技发展水平有了基本的了解。

【第四届中国（芜湖）科普产品博览交易会】

2010 年 11 月 12 日，由中国科协和安徽省人民政府共同主办的第四届中国（芜湖）科普产品博览交易会在芜湖国际会展中心开幕。本届科博会以“共建创新平台，发展科普产业”为主题，展示“科普事业与科普产业并举、紧扣产业转移和新型产业发展、着力推动科技创新资源向科普资源应用转化”科普产业化理念。

中国科协常务副主席、书记处第一书记邓楠，中国航天科工集团副总经理曹建国，中国科协书记处书记程东红，安徽省委常委、省总工会主席王秀芳，安徽省副省长倪发科等领导同志出席了开幕仪式。

第四届科博会展会持续 3 天，近 300 家参展单位现场展示科普出版、科普展览和展品开发制作、科学艺术和玩具、科普教育、科普网站和科普游戏软件、科普旅游及综合项目六大类科普展品的最新成果。共有来自全国 13 个省（自治市、直辖区）、我国台湾地区，日本等国家和地区的高等院校、科研单位、企业和科普团体参展，设立特装展位47个，标准展位1000余个，为历年科博会之最。

专项展览和主题论坛也是本届科博会的一大特色。科博会开辟专区设立了“嫦娥探月”工程科普展、大学生科普创意创新大赛优秀作品展、新中国阅兵装备展区等专项展区。2010年中国科普资源共建共享论坛、院士专家报告会、英雄航天员事迹报告会等活动也同期举行，组委会还特别邀请到“神七”航天员景海鹏在科博会期间为中学生作航天科普知识报告。

2010年1月，在国务院批准的《皖江城市带承接产业转移示范区规划》和安徽省政府制定的《国家技术创新工程安徽省试点工作方案》中，科博会作为自主创新要素交易服务平台，首次把科博会上升到国家战略层面，要求不断提升科博会的影响力。

11月25日上午，我国首个科普产业园——中国（芜湖）科普产业园的正式开园。芜湖市紧密围绕建立“公益性科普事业和经营性科普产业并举体制”的目标，着力把科普产业园打造成我国第一家集产、学、研一体化，生产、展示、交易一条龙的科普资源集散中心，依托科普产业园、科博会、科普资源服务网三大平台，在承接产业转移、加快产业升级、促进自主创新等方面发挥重要作用。

科博会作为全国科普产品和技术展示交易的唯一展会，每两年举办一届。2004年以来，科博会已在芜湖市成功举办三届，累积有1000多家国内外高校、科研院所和企业参展，参展的科普产品达1.5万多件。科博会的举办展示出科普产品巨大的市场需求和发展潜力，是建立公益性科普事业与经营性科普产业并举体制的有效探索，促进了科技资源向科普资源的应用转化，在扩大科技成果的推广，推动科普产业形成等发面起到重要作用。

【首届中国科普作协优秀科普作品奖颁发】

2010年12月29日，由中国科普作家协会主办，中国科教电影电视协会、中国科普研究所协办的第一届中国科普作家协会优秀科普作品奖颁奖大会在中国科技会堂举行。中国科协书记处书记程东红、中国科普作家协会理事长刘嘉麒院士出席了颁奖大会，并向获奖者颁发奖牌和证书。

中国科普作家协会优秀科普作品奖是为贯彻实施《中华人民共和国科学技术普及法》和《全民科学素质行动计划纲要》，经国家科学技术奖励工作办公室批准，由中国科普作家协会所设立的国内科普创作领域的最高荣誉奖，也是中国科协系统组织开展的八项奖励活动之一，用于表彰奖励国内公开出版发行的中文优秀科普作品的作者和出版机构。

首届中国科普作家协会优秀科普作品奖奖励范围分为科普图书和科普影视动画作品两类，共征集科普图书类作品308种，科普影视动画类作品150余部。来自全国22个省级科普作协、100余家出版社及影视制作单位参与了作品推荐。2010年6～8月，评委会对科普图书类作品和科普影视动画类作品进行了评审。评出图书类优秀奖18种，提名奖40种；影视动画类优秀奖6种，提名奖12种。

这一奖项每两年评选一次。本次评选获奖作者中，既有资深的两院院士，也有一线年轻的科技工作者，其中很多获奖作者多年从事科普创作，具有丰富的创作经验，获奖作品大都做到了思想性、科学性、实用性与通俗性的结合。

【2010中国国际科教影视展评暨制作人年会】

由中国科教影视协会、江苏省科学技术协会、苏州市人民政府、北京科学教育电影制片厂、中国传媒大学、北京华风气象影视信息集团公司、中国农业影视中心、中国教育电视台共同主办的中国科教电影电视界最大的国际交流盛会——中国国际科教影视展评暨制作人年会2010（CICSEP 2010）于2010年9月17～20日在江苏省苏州市举办。中国科协名誉主席周光召出席。

本次盛会是CICSEP的第六届年会，30余位特邀嘉宾、186位注册代表及当地未注册代表，共计200余人参加了会议。他们分别来自中国内地及近20个国家和地区的媒体人士、生产商、发行商、投资商等业内人士。境外嘉宾分别来自CBC（加拿大）、DISCOVERY（美国）、NGC（美国）、ABC（澳大利亚）、NHNZ（新西兰）、KBS（韩国）、NHK（日本）、Off the Fence（荷兰）、BBC（英国）、RTBF（比利时）等媒体、影视制作机构。中外人士共同探讨和实施“本土节目国际化、市场化”的主题。

年会专业的高峰论坛，由多位来自国内外知名媒体、制作公司的资深专家现场交流节目创作经验、市场运作技巧，探讨专业发展趋势。来自中日韩的嘉宾深入解读了国际市场上亚洲节目市场开发的战略与技巧，成功案例与存在问题。美国探索频道的嘉宾介绍了探索频道成功之道，以及与中国大陆机构的成功合作案例。美国国家地理频道、英国BBC电视台和媒体的买家代表，向与会者介绍了节目创意如何才能赢得国际市场的关注。加拿大和澳大利亚的几位制片人的精彩论述，使与会者得以分享他们作为制片人的工作和经历。论坛上嘉宾还同与会者分享了国际版和合拍的成功之道和案例。本次大会特邀来自欧盟的制片人和买家，他们带来欧洲高质量的科学类电视作品，与国内同行共同探讨，分享经验与成功案例，推介欧洲获奖科学类纪录片，深度透视科学类影视作品在窄众、大众、新媒体上的国际潜力，并与同行进行国际合作发行、融资、合拍机会的答疑解惑。

本次大会推出节目预销售，特邀国际著名预售专家 Pat Ferns（方百德）与 Steven Seidenberg（苏德本）出任顾问。有15部优秀作品入围，获得与国际权威买家一对一进行交流及推销预销售方案的机会。最终有5部最有市场潜力的方案被选出，分别为：第一名《钓鱼城》，第二名《扬子鳄》，第三名《野鸭有家》，第四名《今生俑相随》，第五名《野性的呼唤》。

本次大会进行了“科蕾奖”和“中国龙奖”的颁奖。本届“科蕾奖”在数量、质量上均达到历史最佳水平，共有61个单位提供作品154部作品参选，最终选出获一、二、三等奖的作品40部。

“中国龙奖”总计有中国、美国、加拿大、澳大利亚、新西兰、德国、法国、比利时、荷兰、波兰、匈牙利、罗马尼亚、捷克、日本、韩国、新加坡以及中国台湾地区、香港特别行政区等19个国家和地区选送的共84部的作品参加，经初评有90部作品入围，其中“科蕾奖”入围作品24部，最终有38部作品获得奖项。

【“我的低碳生活”科技创意大赛】

为宣传节能减排知识，提高工作低碳意识，中国科协于2010年5月18日~9月24日举办“我的低碳生活”科技创意大赛。大赛共收到来自全国31个省、自治区、直辖市，以及香港、台湾地区的参赛作品2847件。全国共有234所院校、305家社区参与本次大赛。新华社、《人民日报》、《参考消息》、《中国日报》、中国教育电视台等媒体对大赛进行了宣传报道。

来自全国青少年科技创新大赛资深评委，清华大学、北京师范大学等高等院校，中国科学院、中国农科院等国家级科研院所的16位专家，组成“我的低碳生活”科技创意大赛评审委员会，对通过初评的719件作品进行了复评和终评。

评委根据作品类型和各自的学科专业领域，分别进行了分组评议和联组评议。各位评委从作品的创新性、可实施性、理念文字阐述质量、节能降耗与低碳环保理念、设计平面表达质量、造型新颖性等方面严格把关，最终评出创意类一等奖5名、二等奖10名、三等奖20名；作品类一等奖5名、二等奖10名、三等奖20名；大赛入围奖30名。

“我的低碳生活”科技创意大赛社会参与面广，群众反响热烈，虽受数量限制，只有少数作品能够获奖，但活动中所征集上来的作品充分体现了社会公众关注低碳、践行低碳的行为理念，许多生活小妙招、小发明、小制作，尽管没有获奖，仍具有很强的现实意义和推广价值。其中优秀作品在9月中旬全国科普日北京主场进行了展出。

【全民科学素质与企业社会责任论坛】

2010年7月22日，由中国科技新闻学会主办的“全民科学素质与企业社会责任论坛”在中国科技会堂举行。来自中国科协有关部门、“纲要办”成员单位的领导、专家及20多家知名企业代表出席了本次论坛。中国科协科普部部长杨文志、中国科技新闻学会秘书长杨艺、中国科普研究所所长任福君做了论坛发言。

2009年12月22日，刘延东国务委员在《全民科学素质行动计划纲要》实施工作汇报会上讲话中指出：“要完善多元投入机制，加大公益性科普事业投入，鼓励社会资金参与全民科学素质建设。要加强对经营性科普产业的政策扶持力度，逐步建立公益性科普事业与经营性科普产业并举的体制，营造多元化兴办科普的繁荣局面。”这为我国的科普发展提出来一个新理念、新要求，就要探索一条“公益性科普事业”与“经营性科普产业”并举的发展新思路。

为贯彻落实刘延东国务委员的讲话要求，2009年12月，中国科协科普部支持中国科技新闻学会、中国科普研究所等单位开展了“全民科学素质与企业社会责任——企业科普（科技公益活动）案例收集、调研、宣传”的课题研究。课题组针对国内外600多家企业开展科普工作的情况进行了专项调研，挖掘了一大批具有品牌效应和广泛社会影响的科普活动，例如“小小化学家”、“儿童互动实验室”、“太阳能科普万里行”、“一心一村”等，课题组从中选取了43个典型案例，集结成《全民科学素质与企业社会责任典型案例集》。这是《科学素质纲要》实施5年来，第一次全方位的关注企业在“全民科学素质行动”中发挥的作用，丰富了《科学素质纲要》实施以来的案例资源，为进一步整理社会资源，推动《科学素质纲要》落实和全民科学素质提高发挥重要的参考和推动作用。

全面科学素质建设是一项基础性社会工程，是政府引导实施、全民广泛参与的社会行动。企业参与全民科学素质行动建设，是履行企业公民的社会责任的真诚体现，是企业自愿履行的高尚价值行为。《科学素质纲要》实施五年来，很多企业纷纷参与到全民科学素质行动之中，利用自身优势资源，举企业之力，在农村科普、青少年科普、科普基础设施建设等方面，围绕“节约能源资源、保护生态环境、保障安全健康”这一工作主题做了大量的探索工作，为全民科学素质建设做出了积极的贡献。

中国科协科普部部长杨文志在发言中强调，企业参与全民科学素质建设的确是在为国分担，为社会分忧，希望更多的企业参与到全民科学素质行动中来，已经参与到全民科学素质的先导企业应向深度和广度进军。今后，中国科协科普部将在自己的职责范围内，按照《科学素质纲要》的要求，努力为企业参与全民科学素质建设创造良好的环境条件。

来自皇明太阳能集团、宝洁公司、雀巢公司、欧莱雅、诺基亚等中外知名企业的代表做了关于企业参与科普的论坛发言，来自中国科协相关职能部门和直属单位的代表介绍了中国科协系统现有科普政策及科普资源的情况，并与企业代表进行交流探讨。

中国科协科普部副部长殷皓主持了下午的讨论，他在总结发言中强调，推动企业参与社会科普活动，体现了中央对《科学素质纲要》工作的新要求，也是科普工作的现实需求，通过这次交流我们看到了企业在这些方面的行动和共识，我们将本着双赢、共赢、多赢的原则，开展多种形式的合作，携手推进全民科学素质的提高。

【第八次中国公民科学素养调查结果发布】

2010 年 11 月 25 日，中国科协召开新闻发布会，对第八次中国公民科学素养调查结果进行发布。调查结果显示，“十一五”期间，我国公民的科学素养水平明显提升，2010 年具备基本科学素养的公民比例达到了 3.27%，城镇劳动者和农民的科学素养水平提升速度较快。电视和报纸等传统媒体仍是公民获取科技信息的主要渠道，公民利用互联网等现代媒体获取科技信息的比例明显攀升，利用科普设施及参加科普活动的公民比例有所提高。公民对科技的理性支持态度和参与科技事务意识仍保持较高水平。

“十一五”期间我国公民的科学素养水平稳步提升，我国公民科学素养建设工作成效显著，实现了《科学素质纲要》所确定的阶段性目标。

调查显示，2010 年我国具备基本科学素养的公民比例达到了 3.27%，比 2005 年的 1.60% 提高了 1.67 个百分点，比 2007 年的 2.25% 提高了 1.02 个百分点。目前我国公民科学素养水平相当于日本（1991 年 3%）、加拿大（1989 年 4%）和欧盟（1992 年 5%）等主要发达国家和地区 20 世纪 80 年代末、90 年代初的水平。

城镇劳动者和农民的科学素质养水平提升速度较快。城镇劳动者具备基本科学素养的比例从 2005 年的 2.37% 提高到 2010 年的 4.79%；农民具备基本科学素养的比例从 2005 年的 0.72% 提高到 2010 年的 1.51%。城镇劳动者和农民科学素养的提升对我国公民科学素质的整体提高起到了重要作用。

公民主要通过科学技术教育、传播与普及等途径提高自身的科学素养。调查显示，电视和报纸等传统媒体仍然是我国公民获取科技信息的主要渠道，与此同时，公民利用互联网等现代媒体获取科技信息的比例明显提高。2010 年，我国公民获取科技信息的渠道，由高到低依次为：电视（87.5%）、报纸（59.1%）、与人交谈（43.0%）、互联网（26.6%）、广播（24.6%）、一般杂志（12.2%）、图书（11.9%）和科学期刊（10.5%）。与 2005 年的调查结果相比，2010 年公民利用互联网渠道获取科技信息的比例明显提高，比 2005 年的 6.4% 提高了 20.2 个百分点。

公民利用科普设施提高自身科学素养的机会增多。2010 年公民参观各类科普场馆的比例依次为：动物园、水族馆、植物园（57.9%），科技馆等科技类场馆（27.0%），自然博物馆（21.9%）。参观人文艺术类场馆的比例依次为：公共图书馆（50.3%），美术馆或展览馆（26.4%）。参观身边的科普场所的比例依次为：图书阅览室（54.5%）、科普画廊或宣传栏（48.7%）。参观各种专业科技场所的比例依次为：科技示范点或科普活动站（35.5%），工农业生产园区（34.2%），高校和科研院所实验室（11.2%）。与 2005 年相比，公民去过科普场所的比例明显提高，由于“本地没有”而没有去过科普场所的比例明显降低。以科技馆等科技类场馆的参观情况为例：2010 年参观过的公民比例为 27.0%，比 2005 年的 9.3% 提高了 17.7 个百分点。2010 年因“本地没有”而未参观过的公民比例为 37.6%，比 2005 年的 55.7% 降低了 18.1 个百分点。

公民在过去一年中参加过科技周、科普日等大型群众性科普活动的比例为 23.8%。参加过各类经常性科普活动的比例依次为：科技培训（35.6%）、科技咨询（31.4%）、科普讲座（29.4%）、科技展览（25.1%）和科普宣传车活动（13.7%）等。同时，对于上述科普活动“没有参加过但听说过”的比例均高于 45%。其中，对于科普宣传车活动，虽然参加过的比例较低，但听说过的比例却高达 62.8%。

此次调查显示，我国公民对科学技术保持积极理性的支持态度，2010 年我国有 74.8% 的公民赞成“科学技术既给我们带来好处也带来坏处，但是好处多于坏处”的观点。在对技术应用的看法上，我国有 57.2% 的公民认为“技术对环境既有好的影响，也有坏的影响”。在对待自然的态度上，我国有 72.9% 的公民认为应该“尊重自然规律，开发利用自然”。

我国公民支持科技事业并对其充满期望，有 77.0% 的公民赞成“尽管不能马上产生效益，但是基础科学的研究是必要的，政府应该支持”的说法；有 84.5% 的公民赞成“现代科学技术将给我们的后代提供更多的发展机会”的看法；有 77.6% 的公民赞成“科学技术的发展会使一些职业消失，但同时也会提供更多的就业机会”的看法；有 88.7% 的公民赞成“科学技术使我们的生活更健康、更便捷、更舒适”的看法；有 76.9% 的公民赞成“科学和技术的进步将有助于治疗艾滋病和癌症等疾病”的观点。

我国公民对与科技有关的新闻话题感兴趣的比例较高：科学新发现为 71.6%，比 2005 年的 54.5% 提高了 17.1 个百分点；医学新进展为 71.1%，比 2005 年的 45.9% 提高了 25.2 个百分点；新发明和新技术为 68.2%，比 2005 年的 50.9% 提高了 17.3 个百分点。2010 年我国公民最感兴趣的科技信息为医学与健康，感兴趣比例高达 82.7%。其他依次为经济学与社会发展（40.9%）、环境科学与污染治理（37.1%）、计算机与网络（29.9%）、军事与国防（29.8%）等。

对职业声望的调查结果显示，科学技术职业的声望较高，教师（55.10%）、科学家（44.02）、医生（44.02）排在前三位。对期望子女从事的职业调查显示，教师（50.81%）、医生（49.18%）、科学家（35.95%）仍排在公民最希望子女从事职业的前三位。

【第十届全国科技活动周】

以“携手建设创新型国家”为主题的第十届科技活动周开幕式于 2010 年 5 月 15 日在北京首都博物馆举行，中共中央政治局委员、国务委员刘延东出席科技活动周开幕式，参观了在首都博物馆举办的群众性科技示范活动，对参加活动的科普志愿者们表示亲切的问候。随后的一周时间里，全国各地同期举行丰富多彩的群众性科技活动。

开幕式上，全国政协副主席、科技部部长万钢为“科技列车巴中行”科技服务队代表授旗，中国科协常务副主席、书记处第一书记邓楠代表科技活动周组委会宣布 2010 年科技活动周暨北京科技周开幕。开幕式由中宣部副部长翟卫华主持。中央、国务院有关部门、北京市和解放军总政治部宣传部的领导同志和来自首都科技界、教育界、文化界和中央、国家机关的代表近 1000 人出席了科技活动周开幕式。

与会领导在开幕式上为获得全国科普工作先进集体和先进工作者的代表颁发了奖牌和荣誉证书，并为接受“农村青少年科技创新操作室”和“计算机教室”捐赠的四川巴中、甘肃玉树等中西部地区农村中小学校代表授牌。

2010 年全国科技活动周组织了科技服务经济发展、科技惠及民生、保护生态环境、提高公民科学素质等四个系列的重要科技活动。本次科技活动周有关部门组织了近百项大型活动，全国各地举办 1500 多项大型群众性科技活动。各地、各部门还结合各自的实际情况和行业特点，策划启动一系列各具特色、丰富多彩的科技活动，充分体现了科技活动周在开展群众性科普活动中的示范和带动作用。

国际学术交流

【中国科协成功举办联合国坎昆气候变化大会边会】

2010 年 12 月 6 日，墨西哥坎昆联合国气候变化大会召开期间，中国科协在坎昆会议中心举办了以“中国的绿色经济之路：政策、技术及管理的缘由和创新”为主题的边会。来自世界各地的 200 余名政府代表、非政府组织代表和媒体记者参加了会议。清华大学何建坤教授、中国社科院王谋博士，政府间国际组织“南方中心”主任 Martin Khor，国际全球环境变化人文因素计划中国委员会（CNC－IHDP）副秘书长叶谦博士，分别就碳公平、碳预算、西方国家的碳分配方案和气候变化风险作了大会报告。出席会议的嘉宾和专家就中国的绿色经济发展道路、低碳技术、应对气候变化行动和气候变化风险等进行了交流和讨论。

此次边会是中国科协自 2004 年取得联合国咨商地位以来，第五次在联合国气候变化大会举办边会，也是本次大会批准的唯一一个中国非政府组织主办的边会。边会宣传了中国应对气候变化所取得成就和所面临的挑战，增进了国际社会对我国立场观点的理解和支持，有力配合了我国政府代表团的工作。本次为历年来与会人数最多、影响最广泛的一次活动。

【中国科协代表团参加阿根廷世界工程师周活动】

2010 年 10 月 14～21 日，中国科协代表团一行 9 人赴阿根廷出席了世界工程师周相关活动。本次世界工程师周活动由世界工程组织联合会（WFEO）和联合国教科文组织（UNESCO）共同主办，阿根廷工程师协会联合会和阿根廷工程师中心承办，主题为“技术、创新、生产促进可持续发展工程大会”。

世界工程组织联合会（WFEO）副主席、信息与通信委员会主席、天津大学校长龚克教授代表中国科协在信息通信技术分会场作了题为《信息与通信技术促进发展中国家发展的案例研究》的报告，通过案例阐述了信息与通信技术对于发展中国家，特别是贫困地区的重要性。世界工程组织联合会执委、上海交通大学刘西拉教授在大都市及城市建设分会场作了题为《与自然和谐发展》的报告。报告以中国的城市化是21世纪全世界的两大事之一开始，介绍中国的工程成就，同时也介绍中国目前面临的严峻挑战，其中包括人口、能源、污染和灾害。

会议期间，中国科协代表团参加了世界工程组织联合会执委会及各专业委员会的会议，并主持召开了信息与通信委员会会议。中国科协代表团与2011世界工程师大会（WEC2011）瑞士组委会交流了将于2011年9月在瑞士召开的世界工程师大会相关事宜。中国科协作为2004年世界工程师大会的主办方之一，将大力支持WEC2011会议，组织协调中国科技界和工程界专家积极参会。

【中国科技史及其与世界其他文明的相互影响国际会议】

2010年11月10日，中国科技史及其与世界其他文明的相互影响国际会议在北京召开。此次国际会议由中国科协、联合国教科文组织、国家文物局联合主办。中国科协书记处书记程东红、国家文物局局长单霁翔，联合国教科文组织全国委员会秘书长方茂田，联合国教科文组织项目专员 Yoslan Nur 博士，伊斯兰教科文组织德黑兰地区办事处主任 Abbas Sadri 博士，以及国内和美国、英国、加拿大、印度、苏丹等国的专家学者共计150人出席了会议。会议开幕式由中国科协国际联络部部长张建生主持。

程东红在开幕式致辞中指出，中国科技的发展及其与其他文明的互动可追溯到汉朝。当今，世界各国科技社团间的交流与合作日益广泛，达到了前所未有的程度。实践表明，这类合作对推动科学的发展，对构建人与人之间的友谊与信任起到了积极的促进作用。面对全球化的机遇与挑战，我们应该尊重文化的多样性，应积极推动不同文明间对话与交融，而不是相互排斥。作为中国最大民间科技团体，中国科协将继续与国际科技组织加强合作，促进科技文化的发展，加强世界各国不同文化学者间的理解和友谊。

单霁翔在发言中表示，文化科技间的交流与合作，各文明之间的对话与包容，对于建设一个更加文明、进步、和谐的世界有着重要意义。中国位居世界的东方，在长期的文明发展进程中，与中亚、南亚、欧洲、非洲、美洲等世界许多国家都曾有过深入广泛的交流。举世闻名的丝绸之路，连接了古老的中国文化、印度文化、波斯文化、阿拉伯文化和古罗马文化。丝绸之路给我们带来的交流、学习、理解、融合，是一笔伟大的精神财富，对于我们继续开展深入合作、谋求共同发展具有深远的影响和指导意义。

中国科学院自然科学史研究所研究员刘钝、李约瑟研究所所长古克礼教授，阿拉伯和伊斯兰科学史专家乔治·萨里巴教授分别以《李约瑟问题的当代意义》、《西方的旅程：中国历史上科技交流方式与问题》、《中国与伊斯兰世界：科学技术与文化思想的交流》为题作主旨报告。

会议探讨了中国科学技术与其他文明、尤其是与伊斯兰、西方、印度和其他东亚国家之间科学技术相互影响的历史。与会专家们分为中国科学与伊斯兰科学互动、中国与印度科学互动、中国与西方科学互动、中国与其他东亚科学互动4个专题，对中国与世界其他文明的相互影响进行了讨论。通过讨论，展示不同文明之间文化、政治和历史经验的巨大差异性，展望中国科学与其他文明科学间的异同，它们各自的观念、变化和影响、发展模式、合作可能性及在全球社会和经济发展中的作用。

【中日韩在美国科促会年会上共同举办“公众科学传播研讨会”】

2010年2月19~21日，中国科协代表团赴美出席了美国科促会2010年年会，年会围绕“架起科学与社会的桥梁”这一主题，组织了147场专题讨论会，50多个国家的科学、工程、政策、教育和传播等领域的专业人士出席。年会期间，中国科协、日本科技振兴机构（JST）和韩国科学创意财团（KOFAC）共同举办了“东亚文化与社会背景下的公众科学传播”专题讨论会。这是中国科协首次主办美国科促会年会的专题讨论会并派学者作报告。

专题讨论会上中日韩三国学者分别介绍了各自国家及组织开展科学传播活动的情况。中国科协党组成员王可在《面向13亿中国人的科学传播》的报告中系统阐述了中国科普工作的法律和政策环境，他结合中国科协开展的主要科普活动，分析了以“大联合、大协作”为特点的科普工作运行机制，并以科技馆建设、电视广播节目及出版物等为例，介绍了科普基础设施和资源建设的情况。

美国康尼尔大学的 Bruce V. Lewenstein 教授、瑞典哥德堡大学的 Ilan. Chabay 博士作为主席和学术评论员，在总结发言中特别对中国将自上而下与自下而上相结合，以及“大联合、大协作”的工作机制等创造性的实践给予了高度评价。专题讨论会吸引了 200 多名听众。

【第二届中日青年科学家跨学科学术沙龙】

2010 年 11 月 3 日，第二届中日青年科学家跨学科学术沙龙在福建省福州市召开。这是中国科协和日本科学技术振兴机构在第十二届中国科协年会期间，联合主办的一次高端学术交流活动。沙龙旨在通过共同举办小型、高端、跨学科的学术交流活动，搭建中日两国青年科学家之间的交流与合作平台，加深两国科研学术领域的跨学科交流。学术沙龙开幕式由中国科协国际联络部部长张建生主持。

本次学术沙龙的主题是“森林环境与可持续发展”。中日青年科学家们围绕会议主题，从生态学、环境与资源、森林培育和水土保持、水污染控制、大气及土壤环境、生物环境与能源、农学、经济、法律等多个专业视角进行了交流和讨论。共有来自日本东京大学、一桥大学、岛根大学、日本国立环境研究所、土木研究所、地球环境战略研究机构、综合地球环境学研究所和北京大学、中国科学院大气物理研究所、中国农业大学、福州大学、福建农林大学、吉林建工学院的近 20 位中日青年科学家与会。

【世界月球会议】

2010 年 5 月 30 日 ~6 月 3 日，由中国宇航学会与国际宇航联共同主办的世界月球会议（The Global Lunar Conference）在北京召开，来自美国、俄罗斯、加拿大、德国、法国、英国、意大利、日本、韩国等 20 多个国家和地区的 59 个航天相关领域研究机构与企业，以及 29 所大学、6 个非政府组织的航天专家和月球科学家，与国内相关领域的专家学者就科学与探索、生命科学、载人月球—火星探测、生命保障等议题进行研讨。

5 月 31 日，国家工业和信息化部副部长、国防科技工业局局长陈求发，国际宇航联主席伯尔尼·费尔巴赫，中国宇航学会理事长、中国航天科技集团公司总经理马兴瑞，世界月球工作组执行主任伯纳德·福音，欧洲空间局局长让·雅克·多丹，中国航天科技集团公司科技委副主任、中国探月工程副总设计师于登云出席大会开幕式并致辞。出席大会开幕式的还有国际空间法学会主席坦娅·马森－左文，国际宇航科学院秘书长让·米歇尔·康坦，中国科学院副院长阴和俊，中国载人航天工程办公室主任王文宝，中国探月工程总设计师吴伟仁，中国载人航天工程总设计师周建平，国际宇航联副主席、中国宇航学会常务理事、中国航天科技集团公司副总经理吴燕生。

世界月球会议围绕人类有哪些探月计划，最近任务的结果，从空间站和探测器到月球基地，月球和人类社会、公众以及对年轻人的影响四个主要议题展开。大会共录取论文 335 篇，分为 32 个技术分组进行讨论。32 个技术分组会在技术层面重点讨论了月球软着陆器和巡视器的设计、仿真、验证等内容。对于未来载人深空探测提出了框架性的建议。61 篇论文以板报形式就科学与探索、技术与资源利用、基础设施、航天与社会等议题进行了广泛而深入的探讨，主题涵盖了无人、载人月球探索，以及更远的火星探测等。

【第 31 届国际影像科学大会】

2010 年 5 月 12 ~ 16 日，第 31 届国际影像科学大会在北京举行，会议由国际影像科学委员会和中国感光学会共同主办，主题为数字时代的影像科学技术。

来自国内以及美国、日本、英国、韩国、澳大利亚、俄罗斯、印度、挪威等 10 余个国家的 350 余位专家学者出席了会议。国际影像科学委员会主席 Gary House，国际影像科学委员会前主席 Tadaaki Tani，国际影像科学委员会委员 Michael A. Kriss 教授，中方大会主席、中国感光学会副理事长蒲嘉陵等出席会议。大会开幕式由组委会委员、中国感光学会副理事长晏磊主持。

会议共收到论文摘要 289 篇，240 篇全文论文包括了大会报告 7 篇，基调报告 6 篇，特邀报告 1 篇，分组口头报告 114 篇，展报 112 篇。其中 83 篇为境外来稿，境内来稿 157 篇。会议论文集全部收录于论文集 ICIS2010 the 31st International Congress on Imaging Science Conference Proceedings。

大会共设置 5 个分会场，分别以数字影像和相关技术、色彩科学与技术/评估方法、数字和按需印刷/出版技术和系统、新型影像和相关功能材料以及数字影像和相关功能材料为主题展开交流与讨论。专题内容涉及当今世界影像科技界普遍关注的热点问题，为国内外相关领域的专家学者提供了交流的平台。会议按 3 个专题进行了展报展示与交流，112篇展报论文内容展示了影像领域的新进展和新成果。

会议期间召开了国际影像科学委员会（ICIS）例会，确定2014年第32届国际影像科学大会在以色列举办。

【第23届国际计算语言学大会】

2010年8月21～28日，由国际计算语言学委员会与中国中文信息学会共同主办的第23届国际计算语言学大会在北京召开。历时5天的大会，以及会前、会后研讨会和学术讲座为来自47个国家和地区的710名专家、学生和企业界人士提供了计算语言学领域的学术交流平台，会议共资助10名发展中国家青年学者参会。

此次会议对信息检索、问答系统、信息抽取和文本挖掘，自然语言的机器学习方法，语言的语料库方法、话语学和对话，多语言处理、机器翻译和辅助翻译，语用、语义、句法、语法和词典，词汇语义和本体等内容进行了广泛交流。会议收到840篇论文，程序委员会经过严格审阅，最终录用口头报告论文158篇，录用率为19%；壁报论文181篇，录用率为22%。

【第18届国际真空大会】

2010年8月23～27日，由中国科学院物理所与中国真空学会联合主办的第18届国际真空大会（The 18th International Vacuum Congress）在北京召开。按照国际组织惯例，大会同时召开了国际纳米科技会议、第十五届扫描隧道显微镜及相关技术国际会议、第十四届固体表面国际会议、第五届亚澳真空与表面会议4个国际会议及两次国际真空科技与应用联合会执委会工作会议。中国科协副主席、中国科学院常务副院长白春礼出席大会。诺贝尔物理学奖获得者Heinrich Rohrer教授出席此次大会并作题为《科学、幻想和激情》的报告。

本届大会包含真空科学、表面科学、应用表面科学、薄膜、电子材料及工艺、表面工程、等离子体、纳米科学技术等内容，反映了当前材料科学、表面、纳米、薄膜和真空技术的最高水平和最新发展动向，同时也反映了物理、化学等学科的前沿。材料的表面态、新的量子现象、纳米材料的制备与器件、新信息和新能源材料与器件是当前关注的主要方向，各国在这些领域开展了大量研究和竞争，产生了大量新的科研成果，如石墨烯、拓扑绝缘体、分子与原子的操控、量子电子学、太阳能、有机电子学等。这些领域同时也将是未来几年信息、能源、新材料的发展方向。

此次大会的举办得到了国际真空科技与应用联合会及与会专家学者的高度评价，扩大了中国真空界在相关领域的国际影响，促进了与国际上相关领域的合作。

【第11届国际材联亚洲地区材料大会】

第十一届国际材联亚洲地区材料大会2010年9月26～28日在山东省青岛市召开，本届大会由中国材料研究学会主办、国际材联、美国材料研究学会和欧洲材料研究学会协办。包括国际材料研究学会联盟秘书长和20多名两院院士在内的1400余位国内外专家、学者出席了此次大会，共同探讨能源与环境材料、先进结构材料、纳米与非晶材料等新材料的研究与推广。

大会邀请了5位世界材料研究领域知名专家作大会报告。中国科学院院士卢柯在《纳米孪晶增强及纳米孪晶材》报告中介绍到，强度和导电性是金属材料两个至关重要的性能，但往往顾此失彼，不可兼得。对如何才能在保证金属材料强度的同时，获得良好的导电性、延展性及韧性，他介绍了利用脉冲电解沉积技术制备出具有纳米尺寸孪晶的纯铜，通过在纳米尺度的结构设计优化材料的性能，使得这种材料的拉伸强度、电导率等性能参数与普通纯铜相比都得到了很大的提高，同时它兼顾了金属材料的导电性能和强度，具有广阔的应用前景。

美国通用汽车研发试验室主任Mark Verbrugge、日本东京大学名誉教授Ryoichi YAMAMOTO、韩国科技部指导委员会委员Jea－Gun Park，及中国台湾新竹清华大学校长陈立俊分别以材料研究和电动汽车、生态环境发展和绿色增长、记忆装置及材料的未来技术进展、纳米结构的动态变化为题作大会报告。

本届大会共分设20个分会进行交流和讨论，内容包括了新能源材料、新信息材料、生物材料、节能环保材料、功能材料、高性能结构材料、智能材料、纳米材料等。

【中国科协成立灾害风险综合研究计划工作协调委员会】

为促进构建高水平的国际交流与合作平台，充分利用国际科技资源，提高我国防灾减灾水平，在中国科学院和中国社会科学院的支持下，中国科协灾害风险综合研究计划工作协调委员会（IRDR－CHINA）成立大会于10月8日在北京举行。中国科协副主席、中国科学院院士、国际科学理事会执委符淙斌，中国科协书记处书记程东红，灾害风险综合研究计划（IRDR）国际办公室执行主任Jane E. Rovins女士等领导、专家共计40余人出席成立大会。

会议宣布符淙斌任中国科协灾害风险综合研究计划工作协调委员会主席，中国科协国际联络部部长张建生、中科院国际合作局局长吕永龙、中国社会科学院国际合作局副局长王镭、中科院对地观测与数字地球科学中心主任郭华东任副主席，中国科协国际联络部副部长梁英南任秘书长。工作协调委员会专家委员会由来自各大专院校、科研院所和全国学会的16位相关领域专家组成。

第一届工作协调委员会的专家就委员会工作机制、如何协助灾害风险综合研究计划国际办公室实施该计划的具体办法和方式、协调各部委和科研院所的研究资源和科研力量积极参与灾害风险综合研究计划、积极协调国内的重大减灾项目与该计划的结合、协调组织该计划中国研究项目等议题进行了讨论。工作协调委员会根据与会专家们提出的具体意见和建议，确定灾害风险综合研究计划中国研究项目并拟定实施计划。

【第18届国际核工程大会】

2010年5月17~21日，第十八届国际核工程大会在陕西省西安市召开。来自46个国家和地区的1033名与会专家、学者就当前核能发展存在的问题与挑战以及未来趋势展开了深层次、多方面的交流与探讨。这是国际核工程大会继2005年以来第二次在中国举办，也是我国核能领域举办的规模最大的国际学术会议。

本届大会由中国核学会联合美国机械工程师学会和日本机械工程师学会共同主办，主题是核能推动世界可持续发展。国家环境保护部副部长、国家核安全局局长李干杰任名誉主席，中国核工业集团公司总经理孙勤任大会主席。

来自国内外相关领域科研机构的专家学者以及企业界人士在大会报告、专题讨论、技术分会、技术参观、学生竞赛、技术培训、小型展览等150多场学术活动中与同行们分享经验，并就核安全、技术进步、能力建设、人才培养、核电运营、合作交流等课题进行了交流和探讨。

本届大会共收到论文投稿1288篇。为了提高论文质量，保证大会的学术影响力，本届大会邀请了336名各国专家对论文进行了学术评价和审查，最终695篇论文被录用，并由美国机械工程师学会正式发表。大会特别设置了技术培训环节，美国机械工程师学会有关专家就其核电标准与规范向中国的年轻核技术人员及高校学生进行培训，并与中方专家共同探讨了核电标准建设。此外，计算流体力学研讨会作为国际核工程大会的传统附属会议，吸引了广大青年工程师的关注。

按照惯例，每届大会均资助至少50名来自世界各地的青年核科技工作者开展相应领域的课题探讨。本届大会有60名来自世界各国的学生，在会上展示了自己的研究成果和论文，与各国同行进行了交流。60名参加学生竞赛活动的学生中有13人获得了学生组最佳论文、最佳演讲、最佳制作以及日本Akiyama Medal奖项。

大会表彰了曾为国际核工程大会发展做出重要贡献的核能专家，来自美国Joe Miller博士和日本的Toshiaki Enomoto博士获得了成就表彰。

【第25届国际弹道大会】

2010年5月17~21日，由中国兵工学会主办的第25届国际弹道大会在北京召开。来自29个国家和地区的312名专家学者，围绕内弹道、外弹道、发射动力学、战斗部、装甲与人员防护、创伤弹道等领域的未来技术发展趋势与突破进行探讨与交流。56名专家在大会上作专题学术报告，其中中国学者17位。另有130名专家以海报张贴形式在分会场上展示研究成果并解答疑问。

中国兵工学会理事长马之庚，中国兵器工业集团公司副总经理、中国兵工学会副理事长焦开河，中国兵器装备集团公司副总经理、中国兵工学会副理事长龚艳德，南京理工大学校长、中国兵工学会副理事长王晓锋，太原理工大学校长、中国兵工学会副理事长张文栋等出席大会开幕式。中国科协书记处书记冯长根和国际弹道委员会主席Jack Riegel在开幕式上分别致辞。国际弹道委员会（IBC）中国执委、南京理工大学王中原教授作大会报告。

本届大会共收录论文212篇，经过专家组的评审，4篇论文获得大会设立的奖项。南京理工大学陈新虹获得周培基青年作者奖，加拿大Ming Cheng获得路易斯和伊迪丝·则诺奖，美国Richard Fong获得尼尔格里·菲斯纪念奖，本次大会新设立的萨博奖由石家庄军械工程学院陶辰立获得。这也是大会四个奖项首次由中国人、外籍华人包揽，标志着华人在弹道领域内做出的杰出贡献被国际弹道学术界所认可。

外事活动

【韩启德率团赴加拿大出席第六届国际病理生理学大会】

应国际病理生理学会（ISP）候任主席Pavel Hamet的邀请，全国人大常委会副委员长、中国科协主席、国际病理生理学会（ISP）现任主席韩启德2010年9月19~27日率中国科协代表团访问加拿大，并出席第六届国际病理生理学大会。

访问期间，韩启德出席了第六届国际病理生理学大会，主持了国际病理生理学会第六届理事会及执委会会议。韩启德在第六届国际病理生理学大会开幕式讲话中指出，本届大会是首次在北美洲召开的国际病理生理学大会，标志着病理生理学的蓬勃发展，也将对这一学科发展起到重要的促进作用。当前临床医学和基础研究之间存在着沟壑，也隐藏着巨大的机会，病理生理学工作者有责任推动两者的有机结合，推动基础医学和临床医学的发展。

共有来自 40 个国家的 500 余名代表出席第六届国际病理生理学大会。大会共举办报告 120 场，包括 5 场大会特邀报告，14 场分会场报告，展示挂图 340 幅。经国际病理生理学会理事会推荐、会员大会投票通过，韩启德当选前任主席，中国病理生理学会心血管专业委员会主任委员、第五届国际病理生理学会秘书长张幼怡教授当选副主席。

会后，韩启德与加拿大蒙特利尔市市长谭保利（Gerald Tremblay）举行会谈，在蒙特利尔市城市金册上题词“中加两国人民友谊万古长青”。他还与加拿大国家研究理事会（NRC）、魁北克大学、安大略科学中心等机构探讨了在科学传播、人员培训、科研诚信等领域内的合作。

9 月 25 日，韩启德率中国科协代表团在中国驻多伦多总领馆看望了蒙特利尔、多伦多当地的华人科技专家和学者。在座谈会上，韩启德首先听取了与会专家学者就国内基金制度及评审程序改革、研究生教育改革、海外团体在回国创业中的力量整合和信息沟通机制以及科协如何帮助海外团体为国内发展贡献力量等方面的意见和建议。他表示，华人科技专家和学者在各自学科领域及回国创业中取得了骄人成绩。他强调，回顾改革开放 30 年和中国近代发展 100 年的历史，改革开放仍将是中国发展的方向，希望已经取得成绩的华人学者能以历史的眼光看待中国的发展。他表示，人才的成长和发挥作用需要适宜的土壤和制度环境，国家在引进人才的同时正在加强学术环境和科研制度的建设。华人学者可结合个人情况选择发展道路。希望华人科技专家学者以团体形式同中国科协加强联系，推动“海智计划”的合作。中国科协国际联络部部长张建生向与会华人科技专家和学者通报了中国科协开展“海智计划”情况。

【韩启德会见出席中国科协年会的外国嘉宾】

2010 年 11 月 1 日，全国人大常委会副委员长、中国科协主席韩启德在福建省福州市香格里拉大酒店会见了出席第十二届中国科协年会的 1991 年诺贝尔生物学或医学奖获得者厄温·内尔教授，俄罗斯科工联、美国科促会、日本科学技术振兴机构、英国工程技术学会等机构的代表。

韩启德对出席中国科协年会的外国嘉宾表示欢迎。他简要介绍了中国科协的总体情况。他谈到，中国科协年会是中国科协最主要的综合性活动之一，宗旨是围绕科学技术和国家经济社会发展的重大问题以及举办地的实际需求开展跨学科的学术交流。第十二届中国科协年会除学术交流与科普外，在国际交流与合作方面也做了大量的工作。目前，中国科协已代表中国科技界加入了国际科学理事会等 200 余个国际科技组织，与 30 多个国家的科技组织签署了 70 余个双边合作协议或谅解备忘录。中国科协的年会是对外开放的，希望通过邀请国外学者和专家出席年会，进一步推动中国科协的对外交流活动，结识更多的朋友和组织。中国科协与俄罗斯科工联、美国科促会、日本科学技术振兴机构、英国工程技术学会等组织已交往多年，非常重视发展与相关机构的友好合作关系，很高兴能借这次中国科协年会之际邀请大家出席年会，希望通过这个活动进一步加深彼此的友好合作关系，也希望能够进一步推动中国与世界各国的科技交流与合作。

厄温·内尔教授表示，每次对中国的访问都会让他对中国有新的认识和更加深入的了解。中国经济社会发展所取得的成就令世人瞩目，中国科协在中国的科技发展中无疑发挥不可替代的作用。第十二届中国科协年会开幕式给他留下了非常深刻的印象，年会的大会报告不仅提到了中国科技发展所取得的成就，也提到了在发展中所面临的问题。中国科协年会已成为中国科技界的一大盛事，期望能够越办越好，发挥更大的影响，取得更多的成就。

中国科协书记处书记程东红，福建省委常委、宣传部部长唐国忠，省委常委、副省长陈桦，省人大常委会副主任王美香，副省长洪捷序，省科协主席吴新涛，中国科协国际联络部部长张建生，福建省外办主任宋克宁等陪同会见。

【海峡两岸“产业创新与投资开创华人科技新世纪”高峰论坛】

2010 年 8 月 12 日，海峡两岸“产业创新与投资开创华人科技新世纪”高峰论坛在上海开幕，150 余名专家学者围绕产业创新与投资主题展开讨论。

中国科协常务副主席、书记处第一书记邓楠，中国科协副主席、中国科学院常务副院长白春礼，中国科协副主席赵忠贤，中国科协常委、中星微电子董事长邓中翰等出席会议。

赵忠贤代表中国科协致辞，他指出，在当前严峻的世界经济形势下，科技创新和转化是摆脱经济危机和培育新的经济增长点的重要选择。大陆经济快速发展到今天，必须面对产业结构调整和培育新型战略产业的问题。这对于两岸的科技界和企业界都是机遇。两岸利用各自的优势，把握这个机遇，实现优势互补，就能够实现互利双赢。中国科协非常愿意为两岸科技界、产业界、经济界搭建交流合作的平台，在推动两岸经济大合作和两岸关系大发展中做出积极贡献。

台湾玉山科技协会理事长、台湾工业研究院院长李钟熙博士，台北市副市长林建元先生，悦智全球顾问股份有限公司董事长黄河明先生、华聚基金会董事长陈瑞隆先生分别在开幕式致辞。

白春礼以《大陆科技发展与未来科技展望》为题作大会报告。他以时间为脉络，介绍了大陆科技发展的历程和取得的主要成果，深入分析了大陆科技发展存在的问题与挑战，并强调了坚持“自主创新、重点跨越、支撑发展、引领未来”方针，进一步强化创新、培养人才、发展科技的目标。

两岸企业家和专家学者围绕“两岸三地的科技产业之分工与角色”、“创新”、“创投”、“产业与技术”等主题展开了讨论，对如何加强两岸科技产业合作，应对经济危机以及华人如何引领世界科技潮流等提出了建设性的意见和建议。

【捷克科技联向邓楠颁发威伦伯格奖】

2010 年 9 月 26 日，捷克科学技术学会联合会主席哈努斯教授向中国科协常务副主席、书记处第一书记邓楠颁发捷克科技联最高奖项——威伦伯格奖。邓楠表示，获颁捷克科技联威伦伯格奖既是她个人的荣誉，也是中国科协的荣誉，是中国科协与捷克科技联友好合作关系的见证，也必将推动今后的合作。

中国科协与捷克科技联保持着良好的合作关系，根据 2008 年新签署的合作协议，双方通过代表团互访就开展学术交流和技术合作等进行了沟通。互访加深了两国科学家的友谊，推动了双方的交流与合作。

作为捷克科技联颁发的最高奖项，威伦伯格奖用以表彰在捷克科技联发展过程中做出重要贡献的人。此次共有 6 人荣获威伦伯格奖，分别是捷克科技大学校长 Stanislav Hanzl 教授，捷克科技联首任主席 Korinkova 女士，德国工程师协会秘书长 Willi Fuchs 博士，斯洛伐克科技联主席 Lesinsky 教授，中国科协常务副主席、书记处第一书记邓楠女士，捷克前副总理 Martin Jahn 先生。

【英国工程技术学会授予邓楠荣誉会士称号】

2010 年 11 月 2 日，第十二届中国科协年会期间，中国科协、英国工程技术学会（IET）联合举办面向创新的知识共享与进步论坛暨 IET 荣誉会士授予仪式。英国工程技术学会授予中国科协常务副主席、书记处第一书记邓楠英国工程技术学会 2009 年荣誉会士称号，以表彰她在工程学领域中表现出的卓越领导力及做出的突出贡献。福建省委书记孙春兰、省长黄小晶，中国科协副主席、中国电机工程学会理事长陆延昌等出席荣誉会士授予仪式，授予仪式由中国科协书记处书记冯长根主持。

邓楠表示，感谢英国工程技术学会授予她的荣誉会士称号，对此她感到非常荣幸。这不仅是她个人的荣誉，也是中英两国科技交流合作的见证。她将继续为两国的友谊与合作做出努力。中国科协愿与英国工程技术学会共同推动两国工程界的联系，为两国科技人员提供交流的平台，为两国的科技合作做出新的贡献。

英国工程技术学会主席奈杰尔・伯顿说，英国工程技术学会每年都会荣幸地向评选出的优秀工程师和技术专家们授予英国工程技术学会荣誉会士的殊荣。荣誉会士是为那些在工程领域做出突出成就的个人，或是那些为英国工程技术学会做出巨大贡献的机构而设立的。2009 年英国工程学会荣幸地将荣誉会士授予邓楠女士，以此表彰她在工程学领域中表现出的卓越的领导力及做出的突出贡献。他非常高兴能够在他担任主席期间向邓楠女士颁发荣誉会士证书。

【邓楠会见古巴国务委员会科技顾问】

2010 年 10 月 9 日，中国科协常务副主席、书记处第一书记邓楠在中国科技会堂会见了古巴国务委员会科技顾问菲德尔・卡斯特罗・迪亚斯－巴拉特博士一行。

邓楠对菲德尔・卡斯特罗・迪亚斯－巴拉特博士一行再次访华表示欢迎，她对双方未来的合作前景抱有很大期望，中国科协将继续全力支持所属全国学会开展好与古巴的合作项目。她预祝筹备中的 2011 年中国古巴纳米技术研讨会取得成功，为两国科技界的合作搭建更加广阔的平台，中国科协愿在策划及设计理念等方面给予古巴科技场馆建设项目以帮助与协助。

2010 年 6 月，中国科协代表团访问古巴，中国材料研究学会和中国农业工程学会的专家们分别与古巴有关方面就进一步合作达成了初步意向。邓楠对古巴科技环境部及古巴驻华使馆在代表团访问古巴期间给予的协助表示感谢。

菲德尔・卡斯特罗・迪亚斯－巴拉特博士表示，在中古建交 50 周年之际，很高兴再次访问中国。他谈到，古巴目前正在进行纳米生物医学方面的研究。他邀请中国科协派出代表团出席将于 2012 年在古巴召开的第四届纳米技术研讨会。同时，他期待中国科协所属全国学会与古巴有关方面在农业工程领域内的合作取得成果。

中国科协国际联络部部长张建生等陪同会见。

【邓楠会见韩国科技团体总联合会代表团】

2010 年 5 月 6 日，中国科协常务副主席、书记处第一书记邓楠在北京会见了以会长李基俊为团长的韩国科技团体总联合会代表团，并与李基俊共同签署中国科协、韩国科技团体总联合会合作谅解备忘录。

邓楠对韩国科技团体总联合会代表团来访表示欢迎。她谈到，自 1992 年中韩两国建交后，中国科协与韩国科技团体总联合会就建立了密切的合作关系，两会高层也曾互访。合作谅解备忘录的签署是一个新起点，对推动双方实质性合作具有重要而深远的意义。中国科协是中国科技工作者的群众组织，是联系科技界和政府间的桥梁和纽带，同时也是中国科技发展的重要力量。繁荣学术、促进学科发展、提高全民科学素质都是中国科协的重点工作。

李基俊表示，很高兴能与中国科协建立起长期的合作关系。与上次访华相比，此次访问让他感受到了中国发展的巨大变化。不论是北京奥运会还是上海世博会都已成为中国经济社会发展的象征。

中国科协国际联络部部长张建生等陪同会见。

【中国科协与日本科学技术振兴机构签署合作协议】

2010 年 11 月 1 日，第十二届中国科协年会期间，中国科协副主席、书记处书记齐让代表中国科协与日本科学技术振兴机构（JST）理事川上伸昭在福州市共同签署合作谅解备忘录。

谅解备忘录约定，双方将积极开展双边务实合作，包括举办高层次学术交流活动，促进科技人员（包括研究人员、教师、学生等）的交流；开展数字科技馆及科普展品等科普资源方面的交流合作，促进科学传播；促进科学教育人才（科技教师、科普辅导员、讲解员等）及青少年科技教育活动交流等实质性内容。

齐让对川上伸昭理事率日本科学技术振兴机构代表团专程出席中国科协年会表示欢迎。近年来，中国科协与日本科学技术振兴机构开展了一系列注重实效的有益合作。2009 年 12 月，冲村宪树顾问专程来访，与中国科协常务副主席、书记处第一书记邓楠进行了友好会谈，就加强实质性合作，签署双边合作协议达成了一致意见。

川上伸昭表示，此次出席中国科协年会是他本人的首次访华，对中国科协举办如此规模的年会留下了深刻印象。近年来，中国政府加大了在科学技术领域内的投入，而日本民间企业则在促进本国科学技术创新发展方面承担了主要职责。因此，双方的成功经验是可以相互借鉴的。谅解备忘录的签署，为两组织提供了更多的合作与交流机会。10 月，中国科技馆馆长徐延豪出席了日本科学未来馆的论坛，担任科学未来馆的国际顾问委员会委员。8 月份，以 JST 科学网络部部长福岛三喜子为首的日本科学技术振兴机构代表团参加了在广州市举办的第 25 届中国青少年科技创新大赛。11 月，日本科学技术振兴机构参加了在安徽省芜湖市举办的第四届中国（芜湖）科普产品博览交易会。这些都表明，双方的交流与合作在进一步地加强。

中国科协国际联络部部长张建生等陪同会见。

【中国古代科学技术展览在澳门举办】

2010 年 1 月 25 日，由中国科技馆主办的中国古代科学技术展览在澳门科学馆开幕，中国科协副主席、书记处书记齐让率中国科协代表团赴澳门出席开幕式。齐让与中国科技馆馆长徐延豪、澳门科学馆总馆长叶赐权、中央人民政府驻澳门联络办公室文化教育部部长刘晓航等共同为展览剪彩。

齐让在致辞中表示，中国古代传统技术展览是中国科技馆举办的展示中国古代科学技术和传统工艺辉煌成就的展览。多年来，展览以精美的展品、丰富的内容，向世界各地的观众展示了中国古代劳动人民的聪明才智，展示了灿烂辉煌的中国古代科学技术成就。展览曾在世界 10 个国家、19 个城市及香港巡回展出。他希望闪烁着科学技术光芒且具有丰富艺术内涵的展项，能让澳门观众为我们中华民族博大精深的文化底蕴感到自豪。

澳门科学馆是澳门第一个科普教育公共设施，集求知、休闲和娱乐于一体，兼备科普教育、配合旅游及会展业发展三项主要功能，由著名美籍华人建筑设计师贝聿铭先生设计。科技馆建筑面积 2 万平方米，总投资 3.37 亿澳门元。本次中国古代科学技术展览在澳门科学馆展出，选取了个天文、机械、青铜冶铸、陶瓷、纺织、建筑等 10 个学科的内容，择其精要予以表现。通过展览使公众了解科学技术发展的历史继承性，在知古的基础上更好地通今，从而大踏步地走向未来。

【符淙斌赴港出席香港科技协进会等团体活动】

2010 年 3 月 18 日，中国科协副主席符淙斌应邀出席在香港会议展览中心举行的香港科技协进会第二十五届暨粤港科技产业促进会第二十届理事会就职典礼，并作了题为《城市是应对气候变化的重点区域》主题演讲。

符淙斌在演讲中结合中国实际，探讨了城市和气候变化之间的关系。他谈到，城市应当是我国应对气候变化的重点地区之一。在大规模城市化伴随的土地利用/土地覆盖快速变化的影响下，由温室效应、热岛效应加气溶胶效应，形成了独特和脆弱的城市和城市群区域气候，集中表现为频繁的暴雨等强降水事件和持续的高温热浪等气象灾害。与能源消耗相关联的污染物和温室气体的排放是城市对气候变化的主要影响因素。城市已成为温室气体和污染物排放强度最大的地区。必须采取强有力措施，提高清洁能源使用比例、降低单位 GDP 能耗、优化城市能源消费结构等多种方式，减少温室气体和污染物的排放、缓解温室效应、热岛效应和其他气候影响。城市化可以在多个空间尺度上影响气候和环境，我国东部城市化与国外的显著区别在于城市群和特大城市群发展迅速，形成了南北伸展达约 20 多个纬距（2000 多千米）的城市带，该城市带及其造成的大范围大气污染在空间范围上已与东亚季风尺度匹配，将可能在更大尺度上影响气候和环境。大范围大气污染物造成的对大气和对地表能量平衡的影响与东亚季风相互作用，形成的气候效应有可能是近 30 年东亚夏季风持续减弱和我国“南涝北旱”形成的重要因素之一，是叠加在季风系统自然振荡之上的不可忽略的重要过程。

符淙斌在演讲中表示，在全球变化研究国家重大科学研究计划和“十二五”国家应对气候变化科技专项的支持下，城市在应对气候变化中的作用的研究将有可能取得较大的进展。他期待在这个领域与香港同仁们有更多的合作。

符淙斌此次访港，还出席了 3 月 16 日晚香港工程师学会三十五届周年庆典活动及 3 月 17 日中国工程院院长徐匡迪在香港工程师学会的午餐演讲会。在港期间，符淙斌副主席访问了京港学术交流中心、香港城市大学能源与环境学院等机构。

【冯长根会见美国电气电子工程师学会主席】

2010 年 5 月 26 日，中国科协书记处书记冯长根在中国科技会堂会见了美国电气电子工程师学会（IEEE）当选主席 Moshe Kam 教授一行。Moshe Kam 教授一行此次来访的主要目的是在学术交流领域内推动两组织开展更加深入而广泛的合作。

会谈中，冯长根向 Moshe Kam 教授介绍了中国科协近期在学术交流、科学普及和国际合作等方面开展的主要活动。双方均表示愿意加强两组织在今后的合作，重点在工程师资格互认、学术会议、学术期刊电子化等领域开展具体合作。

Moshe Kam 教授还应邀请参加全国学会理事长高级研修班，以《学会的管理与发展及理事长的地位作用》为题作主题演讲。Moshe Kam 教授一行与中国科协相关全国学会的专家、学者就工程教育认证进行了专题座谈。

【中国科协代表团访问东欧三国达成合作意向】

2010 年 9 月 2 ~ 13 日，以中国科协书记处书记张勤为团长的 5 人代表团赴斯洛伐克、匈牙利和保加利亚三国，与斯洛伐克科技联、匈牙利科技联达成合作意向，并与保加利亚科技联签署合作谅解备忘录。

此次是中国科协首次派出高层代表团访问保加利亚科技联。张勤与保加利亚科技联主席席古洛夫院士分别代表双方在合作谅解备忘录上签字。备忘录约定，双方将加强在科学普及、信息共享和参加对方重大活动等方面的交流与合作。会谈中，双方均表示，将积极实施合作谅解备忘录的有关内容。

【张勤会见联合国教科文组织总干事伊琳娜·博科娃女士】

2010 年 5 月 18 日，中国科协书记处书记张勤在中国科技馆会见联合国教科文组织总干事伊琳娜·博科娃女士，代表中国科协对博科娃女士一行的来访表示热烈欢迎，向博科娃女士赠送了中国科技馆新馆模型并陪同参观了中国科技馆“华夏之光”、“探索与发现”等主题展馆。

中国科技馆党委书记赵有利向博科娃女士简要介绍了中国科技馆新馆建成开放后的基本情况，并对新馆模型“鲁班锁”造型所蕴含的“解锁”、“探秘”的寓意作了说明和解释，博科娃女士对中国科技馆新馆独特的建筑造型及深刻的寓意表示赞赏。

在参观过程中，博科娃女士饶有兴致地亲手操作了“龙洗”等多件互动展项，对中国科技馆新馆独特的展品设计创意、新颖的表现形式、先进的教育理念和完善的配套设施给予了高度评价。

【张勤会见美国物理联合会代表团】

2010 年 6 月 18 日，中国科协书记处书记张勤在中国科技会堂会见了以执行总裁 Frederick Dylla 为首的美国物理联合会（American Institute of Physics，AIP）代表团。

张勤代表中国科协对美国物理联合会代表团来访表示欢迎，对美国物理联合会在北京成立代表处表示祝贺。他谈到，中国科协把推动自主创新作为学术交流的首要任务，通过举办中国科协年会及各类学术交流论坛等活动，活跃学术思想，促进学科建设，为科学家与科学家、科学家与公众、科学家与政府之间的沟通与交流搭建平台，为推动经济社会全面协调可持续发展服务。为配合实施全民科学素质行动计划纲要，中国科协重点推进了科学教育与培训、科普资源开发与共享、大众传媒科技传播能力建设、科普基础设施等四大基础工程。全国青少年科技创新大赛、国际学科奥林匹克竞赛、中国青少年机器人比赛等全国性科学竞赛项目，培养了青少年的创新和实践能力，推动提高未成年人科学素质。中国科协还积极推动中国工程教育领域内的国际交流与合作，在工程师资格国际互认方面，为我国申请加入《华盛顿协议》等做准备，促进我国工程师制度的改革。

Frederick Dylla介绍到，美国物理联合会作为一家历史悠久、全球最具影响的专业社团，其出版物已占据全球物理学研究文献四分之一以上的内容，为学术界提供了全面而专业的出版技术及服务。他表示，美国物理联合会与中国科协在宗旨、任务、主要活动等方面有许多共同之处，希望能与中国科协建立长期合作关系，在共同举办国际会议、培训科技期刊编辑、英文论文写作和媒体记者及与中国科协所属全国学会共同出版国际性高水平科技期刊等方面开展交流与合作。

张勤表示，中国科协所属全国学会主办和参与主办的科技期刊已达954种，覆盖了自然科学、工程技术、医学和生命科学、交叉学科等各专业领域，在国内期刊中占有重要地位。中国科协正在实施精品科技期刊工程和科技期刊国际推广计划，希望在科技期刊出版方面与美国物理联合会开展更加深入的实质性合作。

中国科协国际联络部部长张建生等参加会见和座谈。

自身建设

【印发《关于在中国科协系统深入开展创先争优活动的指导意见》】

2010年12月5日，根据中央统一部署，中国科协印发《关于在中国科协系统深入开展创先争优活动的指导意见》（简称《意见》），号召在中国科协系统深入开展创先争优活动。

《意见》指出，在党的基层组织和党员中深入开展创先争优活动，是加强党的基层组织建设的一项经常性工作，也是新形势下加强党的先进性建设的有效载体和有力抓手。中国科协是科技工作者的群众组织，也是党领导下的人民团体，在科协系统开展创先争优活动，是深入贯彻落实科学发展观、以改革创新精神推动科协党建工作、促进科协事业又好又快发展的需要；是坚持以科技工作者为本、履行好党和政府沟通联系科技工作者的桥梁纽带职责、当好科技工作者之家的需要；是深入学习贯彻党的十七届五中全会精神，团结带领广大科技工作者为全面完成“十二五”规划提供科技支撑，充分发挥科协作为推动国家科技事业发展重要力量作用的需要。各级党组织和广大党员干部要充分认识科协系统开展创先争优活动的重大意义，切实把思想和行动统一到中央重大决策部署上来，联系基层党组织和党员队伍实际，积极开展创先争优活动，用扎实有效的活动成果为推动科协事业科学发展作出新贡献。

《意见》强调，科协系统深入开展创先争优活动的总体要求是：坚持以中国特色社会主义理论为指导，深入贯彻落实科学发展观，按照胡锦涛总书记在纪念中国科协成立50周年大会上的重要讲话精神，紧密联系科协工作实际，以抓党建、促发展为主题，以当好科技工作者之家、争当优秀服务标兵为载体，以团结带领广大科技工作者为加快转变经济发展方式、建设创新型国家作贡献为主线，加强统筹设计、做好分类指导，充分发挥科协系统基层党组织的战斗堡垒作用和共产党员的先锋模范作用，团结带领广大科技工作者在推动科学发展、促进社会和谐、服务人民群众的伟大实践中建功立业。

【中国科协举办西部地区科协主席培训班】

2010年8月24~27日，中国科协在北京举办西部地区科协主席培训班。8月27日，中国科协副主席、书记处书记、党组副书记齐让出席了西部地区科协主席培训班学员论坛并讲话。齐让在讲话中表示，作为科技工作者的组织，科协应该深刻学习领会其中的含义，并围绕纲领开展相关工作。各级科协应该积极争取地方党政对科协工作的关心和支持，要关注当地党委和政府在关心什么，希望我们做什么。围绕地方经济社会发展问题，发挥人才智力优势，积极主动进行研究和分析，提出意见和建议，形成决策咨询报告，从而引起当地党委和政府对科协工作的重视。要得到党委政府的支持关键还是要看科协自身的工作，要找准自己的位置，找好突破点，集中力量开展特色工作。同时还要善于与其他部门形成工作合力，做好工作，产生影响。

齐让强调，要加强新时期科协工作的能力建设。科协工作定位中的“一加强”，就是要加强能力建设，这个能力就是服务能力。要把握好权力、能力、财力这“三力”，其中关键是能力。要在“能力”方面下工夫，要沟通、合作、共赢。沟通是基础，在沟通的基础上合作，最后达到双赢、多赢的目的。要不断提高科协干部的履职能力。

来自新疆生产建设兵团科协所属的师团科协、科研院所、学会、高校科技处的负责同志，西藏自治区科协所属的地县级科协负责同志，山西省吕梁市所属的地县市科协负责同志共80余人参加了培训。中国科协书记处书记、党组成员程东红出席开班式并作了题为《以科普工作的创新发展，把〈全民科学素质纲要〉落实到基层——谈谈科普工作的任务和方法》的首场讲座。

程东红从中国科协的工作定位、中国科协贯彻落实科学发展观的总体思路和工作要求、科普工作所处的发展阶段、《科学素质纲要》的实施工作等多角度阐述了科普工作，尤其强调了如何创新科普工作机制和方法。她指出，要以大联合、大协作的工作方式搭建社会化科普工作平台，以资源共建共享为抓手，推动公民科学素质建设工作，以矩阵式工作格局，推进《科学素质纲要》落到基层。

培训班还邀请了中国农业科学院副院长屈冬玉、国家行政学院经济学部教授张占斌、中央党校教授刘炳香分别作了《发展西部特色经济，转变经济增长方式》、《大力发展县域经济，加快推进政府体制改革》和《领导科学和领导艺术》的专题讲座。除集中授课外，培训班还采取现场教学、分组讨论、学员论坛、参观考察等方式进行。

西藏自治区科协党组书记群增、新疆生产建设兵团农八师石河子市科协副主席陈美英、山西省吕梁市孝义市科协主席梁秀红、西藏自治区日喀则地区科协副主席陈合、新疆生产建设兵团农九师科协主席王旭安、山西省吕梁市方山县科协主席戴金虎分别就科协工作中的经验、参加培训的感受、工作中遇到的困难等作了论坛发言。

中国科协组织人事部部长李森作培训班小结。

【中国科协举办县级科协主席培训班】

2010年7月13日，中国科协县级科协主席培训在四川省成都市开班。来自31个省、自治区、直辖市科协主管干部培训工作的部门负责同志和全国部分县级科协主席160余人出席了开班式。

本次中国科协县级科协主席培训班是贯彻落实中央组织部《关于2008—2012年大规模培训干部工作的实施意见》精神，按照《中国科协党组学习实践科学发展观活动整改落实方案》中要求抓好县级科协和科协基层组织工作人员培训工作的有关意见和《中国科协2009年基层组织建设工作要点》举办的，为期四天的培训班包括关于科协的性质定位、职能任务、工作方式等基本问题，培训的方式主要有专题讲座、经验交流、参观考察、问题研讨、学员论坛等。

中国科协书记处书记、党组成员程东红在讲话中指出，此次培训的目的是为了提高科协系统服务科学发展的能力，要真正完成好三个服务的任务，必须提高自身的服务科学发展的能力，中国科协2010年把科协任务定为组织发展建设年，此次培训就是计划用三年时间把全国2000多个县级科协主席轮训一遍，提高科协主席服务科协事业科学发展的能力。

中国科协组织人事部部长李森作培训班小结。

【中国科协召开机关第七次党员代表大会】

2010年7月16日，中国共产党中国科协机关第七次党员代表大会在北京中国科技会堂举行，中共中央直属机关工作委员会副书记赵凯，中国科协常务副主席、党组书记、书记处第一书记邓楠，中国科协党组成员、书记处书记冯长根，中国科协党组成员、书记处书记程东红，中国科协党组成员、书记处书记张勤，中国科协党组成员、机关党委书记王可，中国科协原党组成员王麦林出席开幕式。会议由大会主席团执行主席、机关党委常务副书记、机关纪委书记兼组织人事部副部长王守东主持。中国科协机关第七次党员代表大会134名代表以及机关、直属事业单位部分党员干部参加了开幕式。

邓楠在讲话中指出，过去五年是科协事业蓬勃发展的五年，也是科协党建工作成绩斐然的五年。在中直工委的领导下，第六届机关党委带领科协机关和直属单位全体党员，高举中国特色社会主义伟大旗帜，深入贯彻落实科学发展观，紧密联系科协工作实际，在保持共产党员先进性教育、开展深入学习实践科学发展观活动、加强党的基层组织建设、开展反腐倡廉工作等方面做了大量卓有成效的工作，为科协事业发展提供了重要的思想和政治保证。

邓楠着重就加强科协机关党的建设提出三点意见。第一，以召开机关党代会为契机，切实提高科协党建工作科学化水平。科协党代会是科协机关、直属单位广大党员参与党内事务的主要渠道，也是加强和改善科协党建工作的重要方面。希望各位党员代表切实提高思想认识，从加强党的建设和科协事业发展大局着眼，既要身体力行，引导支持和鼓励党员积极发挥先锋模范作用，团结带领广大群众积极投身科协事业的科学发展；又要积极主动地监督和督促机关党组织充分尊重党员主体地位，落实好党员的各项权利，及时反映群众的合理意见、建议和要求，提出有针对性和可操作性的意见建议。

第二，进一步加强科协基层党组织建设，切实发挥战斗堡垒作用。中国科协机关加强党的基层组织建设，最重要的就是把中国科协机关各部门和各直属单位的65个基层党组织建设好，引导和支持它们健全组织、完善制度、改进作风，积极探索适合现代社会团体特点和工作规律的党组织建设方式，找准基层党建工作与业务工作的结合点，切实把基层党组织的战斗堡垒作用充分发挥出来，以扎实有效的基层党建工作推动科协各项工作上台阶、上水平。加强科协党的基层组织建设，要把分类指导、统筹协调作为一项基本原则，科协机关部门要特别处理好业务工作与党务工作之间的关系，自觉把科协工作放到党和国家工作大局中去思考、把科协机关部门的党务工作放到科协工作全局中去把握，努力为科协工作提供坚实的组织领导保障。科协直属单位要创新活动内容和活动方式，结合自身特点和业务实际开展党建工作。同时还要继续加强学会党组织建设，推动学会自身建设和学科繁荣。

第三，突出重点，抓住关键，全面开创科协党建工作新局面。中国科协作为中直机关38个组成单位之一，一定要准确把握中央精神实质，找准党建与科协工作结合点，努力开创科协工作的新局面。一要把开展创先争优活动作为事关科协事业科学发展的大事来抓。各部门各单位党组织要进一步提高思想认识，明确活动内容，按照“推动科学发展、促进社会和谐、服务人民群众、加强基层组织”的总体要求，借鉴和运用深入学习实践科学发展观活动的经验，确立具有自身特色的活动主题和方式，打造特色鲜明、基层党员群众喜闻乐见的活动载体，既要灵活多样、丰富多彩，又要求真务实、讲求实效。二要把建设学习型党组织作为提高科协党建科学化水平的关键来抓。机关各部门和各直属单位党组织要自觉把开展学习作为一项重要的工作内容，建立学习长效机制，要把学习政治理论和业务知识与深入思考科协事业发展的理论和实践问题结合起来，与工作需要和个人兴趣结合起来，既要向书本学习，更要注重向实践学习。三要把加强党风廉政建设作为科协党建的基础工作来抓。科协加强党风廉政建设，重点是建立健全教育、制度、监督并重的惩治和预防腐败体系，既要坚持用建立健全的规章制度管人，又要开展有针对性地示范教育、警示教育、岗位廉政教育，从源头上加大惩治和预防腐败的力度，同时还要加大对先进典型的宣传力度，不断提高科协组织对广大科技工作者的吸引力和凝聚力。

赵凯代表中央直属机关工委向中国科协机关党员代表大会的成功召开表示热烈祝贺。他希望中国科协机关党建工作能深刻把握中央对机关党建工作提出的新要求，切实增强做好工作的紧迫感、责任感和使命感。深入开展创先争优活动，努力形成组织创先进、党员争优秀、群众得实惠的生动局面。扎实推进学习型党组织建设，努力提高党员干部的思想理论素质。学习贯彻《中国共产党党和国家机关基层组织工作条例》，努力提高机关党建科学化水平。贯彻落实《廉政准则》，进一步推动机关党风廉政建设。

王可作了题为《深入贯彻落实科学发展观，努力开创科协机关党建工作新局面》和《求真务实，开拓创新，推动科协机关党风廉政建设与反腐败工作迈上新台阶》的大会工作报告。报告指出，自2005年12月换届以来，机关党委深入开展学习实践科学发展观活动，推动整改工作落实到位。抓好理论武装，着力提高党员干部思想政治素质。夯实党建工作基础，全面提高基层党组织的凝聚力和战斗力。教育为先、预防为主，扎实有效开展党风廉政建设和反腐败工作。坚持以人为本，推进精神文明建设，充分发挥工会等群团组织的作用。为全面推进中国科协事业的发展，不断开创工作新局面提供了强有力的思想保证、组织保证和精神动力。在当前和今后一段时间内，机关党委将以开展党员经常性教育为重点，继续推进学习型党组织建设。以创先争优活动为契机，进一步推进基层党组织建设。以确保机关党员干部廉洁从政为重点，加强党风廉政建设。以扎实推进和谐机关建设为重点，加强机关精神文明建设。以提高履职能力和水平为目标，切实加强机关党委自身建设。

报告指出，中国科协机关纪委坚持“标本兼治、综合治理、惩防并举、注重预防”的方针，紧紧围绕科协的中心工作，依靠各级党组织和广大党员干部，积极履行“教育、监督、保护、惩处”职能，深入开展党风廉政建设和反腐败工作，为科协事业的改革、发展和稳定提供了有力保障。认真贯彻落实《建立健全教育、制度、监督并重的惩治和预防腐败体系实施纲要》，紧密结合机关各部门、各直属单位的实际，整体推进、突出重点、加强监督、务求实效，不断开创党风廉政建设和反腐败工作新局面。

大会通过选举产生了新一届机关党委委员和机关纪委委员。

【中直工委到中国科协调研机关党建工作】

2010年4月26日，中直工委机关党建工作调研一组由中直工委常务副书记孙淦带队，到中国科协进行调研。

中国科协常务副主席、书记处第一书记、党组书记邓楠，中国科协副主席、书记处书记、党组副书记齐让，中国科协党组成员、机关党委书记王可等会见调研组全体同志，并就加强党建工作进行了会谈。

齐让在座谈中指出，党的工作首先是人的工作，科协第七次全国代表大会产生了1200名代表，代表全国5000多万科技工作者，每年中国科协都到各地走访看望代表，组织召开会议，听取代表建议；同时中国科协还在网上开通了代表服务平台，以各种方式为代表和科技工作者服务。

王可介绍了中国科协党建工作的总体情况。他强调，党组重视、加强领导是开展党建工作的重要保证，发挥基层党组织的战斗堡垒作用是开展党建工作的基础，发挥党员的先锋模范作用是开展党建工作的关键，紧密结合科协实际是开展党建工作的落脚点。中国科协将以创建先进基层党组织和争当优秀共产党员活动为抓手，扎实推进基层党组织和党员队伍建设，进一步推进学习型党组织建设，扎实做好理论武装工作，加强作风建设和反腐倡廉建设，打造风清气正的环境。

近年来，中国科协机关党建方面开展了大量的工作，一是大力推进学习型党组织建设，切实提高党员干部的思想政治水平。认真抓好党组理论学习中心组的学习，发挥示范带头作用。完善长效机制，做好学习实践科学发展观整改后续工作。加强干部教育培训工作。开展全民阅读活动。各部门、各单位党组织结合各自实际，开展学习活动。二是加强基层党组织建设和党员队伍建设，夯实基层工作基础。以党的基层组织建设带动科协的基层组织建设；积极参加第三批学习实践科学发展观活动，督促执导学会建立基层党组织。认真开展“创新亮点示范工程”工作。每年都按照中纪委、中组部要求，坚持民主生活会制度。认真学习贯彻党章，按照《中国共产党党和国家机关基层组织工作条例》的要求，指导和督促13个部门、单位党组织及时换届改选、增选或成立新的党组织，选好、配齐党组织领导班子。做好入党积极分子教育培养、审批接收预备党员、预备党员转正工作。三是加强党风廉政建设，打造为民、务实、清廉机关。认真贯彻落实中央关于加强反腐倡廉工作的精神，切实把制度建设作为完善惩治和预防腐败体系建设作为一项重要任务来抓，切实做好惩治和预防腐败的各项工作。通过多种方式，加强反腐倡廉教育。做好来信来访工作，加大查办案件工作力度。积极开展审计工作。四是加强精神文明建设工作，促进和谐机关建设。认真贯彻中直关于加强精神文明建设工作的要求，坚持把思想道德建设作为精神文明建设的核心内容和中心环境，加强理想信念教育。以“创建文明机关、争当人民公仆”为重要载体，进一步加强精神文明创建工作，营造争先创优的工作氛围；组织机关、直属单位庆祝新中国成立60周年文艺汇演，增强科协凝聚力。做好维护稳定工作。开展纪念建军节活动等。五是加强自身建设，切实做好党的群众工作。加强党务干部政治理论的学习，加强对群众工作的领导，支持他们发挥自身优势，创造性地开展工作。

孙淦表示，中国科协机关党建工作近年来取得一定成绩，有力地保障和推动了科协各项工作的落实。中国科协党组领导班子对机关党建工作十分重视，工作中重视发挥机关党组织的作用，增强组织凝聚力和向心力。中国科协认真贯彻落实中央部署和要求，及时主动地结合科协实际抓好党建工作，在党建工作方面不断改革创新，特别是在全国学会第三批学习实践活动中，扩大基层党组织建设取得实效，在干部人事制度改革方面做到公开、公正、科学，得到广大干部的好评。中国科协机关党委工作卓有成效，科协工作所取得的成绩和宝贵经验值得学习和借鉴。

中国科协计划财务部部长王延祐汇报了基层党组织建设情况，组织人事部部长李森汇报了中国科协干部队伍教育培训情况，机关党委常务副书记、纪委书记兼组织人事部副部长王守东汇报了学习型党组织建设情况和加强反腐倡廉制度建设情况，中国科协学会服务中心主任、党委书记李桐海汇报了全国学会基层党组织建设工作情况，中国科技馆党委书记、副馆长赵有利汇报了创新亮点示范工程情况。

中直工委副书记、纪工委书记吴毓萍，纪工委副书记兼办公室主任梁潮平，研究室主任张辉，中直分校副校长靳伟，中国科协办公厅主任彭友东，调研宣传部部长王春法等有关同志参加了会谈。

人　　物

2010年新当选全国学会、协会、研究会理事长

（按中国科协团体会员序列排序）

胡海岩，中国力学学会理事长。

1956年10月出生，福建闽侯人。1988年毕业于南京航空航天大学固体力学专业，获工学博士。历任南京航空航天大学讲师、副教授、教授、博士生导师、校长助理、副校长，2001年起任校长。现任中国航空学会副理事长，中国振动工程学会副理事长，*International Journal of Computational Methods* 等12种期刊的编委，国家科学技术奖评审委员会委员，国防科学技术奖励委员会委员及航空专业评审委员会主任，国家自然科学基金委员会数理学部咨询专家委员会委员。

致力于非线性动力学、振动控制等领域的研究，在时滞受控系统的稳定性与分叉、迟滞振动系统的动力学建模与分析、碰撞振动系统分叉与控制等领域作出了贡献。作为第一完成人完成"振动控制系统的非线性动力学"获国家自然科学奖二等奖，"飞行器中的非线性隔振技术"获国家科技进步奖二等奖。1991年被授予"有突出贡献的中国博士学位获得者"，1992年获政府特殊津贴，1994年入选"跨世纪优秀人才计划"，1996年获国家杰出青年科学基金，1998年被授予"国家有突出贡献的中青年专家"。出版著作5部。

田静，中国声学学会理事长。

1960年5月出生，安徽蒙城人。1991年12月在中国科学院声学研究所获理学博士学位。现任中国科学院声学研究所所长，全国声学标准化技术委员会常务副主任委员，中国电子学会声频工程分会副主任委员，中国环境科学学会理事、环境物理委员会主任委员，国际声学与振动学会会士。

长期从事电声与噪声学研究，先后承担或参加完成国家自然科学基金、国家"863"计划、"973"计划、预先研究计划、中国科学院重点重大、国际交流以及其他的企业横向等研究课题40余项，获得国家专利20余项。"有源消声"研究获1989年度国家教委科技进步奖二等奖，"有源抗噪声耳罩及受话器"的研制获1993年电子工业部科技进步奖一等奖和1995年国家发明奖三等奖，"加热炉声波除灰技术的开发"获1998年中国石油化工集团公司和江苏省科技进步奖三等奖，2000年获杜连耀声学二等奖。2004年9月进入"新世纪百千万人才工程"首批国家级人选。

姚建年，全国人大常委，中国科协常委，中国化学会理事长，中国科学院院士。

1953年11月出生，福建晋江人。1982年毕业于福建师范大学化学系，1993年于日本东京大学工学部合成化学专业获工学博士学位。2005年当选为中国科学院院士。现为中国科学院化学研究所研究员，国家自然科学基金委员会副主任。担任中国农工党中央副主席，全国人大常委、教育科学文化卫生委员会委员、代表资格审查委员会委员；《化学学报》、《感光科学与光化学》杂志副主编，《化学通报》杂志编委等职。

长期从事新型光功能材料的基础和应用探索研究，在利用纳米尺度效应调控有机分子的光物理、光化学性能、无机和有机/无机杂化材料的光致变色等方面开展工作。在国际知名杂志上发表论文150余篇，获多项国家发明专利，合著和合译著各一部。曾获国家自然科学奖二等奖、国家杰出青年科学基金资助，多次获中国科学院优秀导师奖。

崔向群，中国天文学会理事长，中国科学院院士。

1951 年 12 月出生，山东博兴人。中国科学院国家天文台南京天文光学技术研究所研究员。中国南极天文中心副主任，国际天文学会（IAU）光学红外技术分会组委，国际南极研究科学委员会（SCAR）南极天文学和天体物理学（AAA）科学规划组成员。曾任国家重大科学工程“大天区面积多目标光纤光谱望远镜”（简称 LAMOST）项目总工程师、中国科学院国家天文台副台长、中国科学院南京天文仪器研制中心副主任、国际天文学会天文仪器与技术委员会组委。2010 年当选第三世界科学院院士。

负责研制成功世界上新型的最大口径的大视场和光谱获取率最高的大天区面积多目标光纤光谱望远镜（LAMOST），在国际上首次提出并实现一种新型的主动光学方法：薄变形镜面和拼接镜面相结合的主动光学方法，成功实现六角形变形子镜和在一个光学系统中同时采用两块大口径的拼接镜面，使主动光学发展到新的水平。曾获国家科技进步奖二等奖、江苏省科技进步奖一等奖等。

秦大河，全国政协常委，中国科协副主席，中国气象学会理事长，中国科学院院士。

1947 年 1 月出生，山东泰安人。第三世界科学院院士。1981 年和 1992 年在兰州大学地理系获理学硕士、博士学位。1990 年起任中国科学院兰州冰川冻土研究所（现中国科学院寒区旱区环境与工程研究所）研究员。第十一届全国政协人口资源环境委员会副主任，中国地理学会名誉理事长，国际地理联合会（IGU）副主席。

系统研究了南极冰盖表层雪内物理过程和气候环境记录，在中国西部率先开展雪冰现代过程和生物地球化学循环实验研究，拓展了雪冰研究的科学内涵；开展中国冰冻圈动态过程及其对气候、水文和生态的影响机理与适应对策研究；组织全球气候变化中自然与人类活动影响评估等工作。建立了冰冻圈科学国家重点实验室。倡导冰冻圈科学概念，从冰冻圈与其他圈层相互作用以及冰冻圈变化的适应对策方面构建了冰冻圈科学的理论框架。参与领导 IPCC（政府间气候变化专业委员会）第三次、第四次和第五次气候变化评估报告，以及中国气候环境演变评估工作。主持《中国气象事业发展战略研究》，提出“公共气象、安全气象、资源气象”新理念，实施“科技兴气象、拓展领域、人才强局”战略和气象业务技术体制改革。参与领导的 IPCC 工作获诺贝尔和平奖，另曾获国际气象组织奖（IMO）、美国 NOAA 海洋大气研究杰出科学论文奖等，前后发表论文论著 300 余篇（部）。

刘燕华，中国地理学会理事长。

1950 年 4 月出生，河北邯郸人。1981 年毕业于中国科技大学研究生院自然地理专业，获硕士学位；1991 年获中国科学院地理研究所自然地理专业博士学位。历任中国科学院地理研究所助理研究员、副研究员、研究员，博士生导师、研究室室主任、所长，国家科委社会发展科技司副司长（正司级），科学技术部农村与社会发展司司长。2001 年 11 月～2010 年任科学技术部副部长、党组成员。2009 年 11 月受聘为国务院参事。

长期从事资源环境方面的科研、管理以及国际科技合作，是我国资源环境、气候变化领域科技方面具有较大影响的专家之一。享受国务院政府特殊津贴。

王曙光，全国政协委员，中国海洋学会理事长。

1945年7月出生，山东莘县人。1969年9月毕业于青岛海洋大学水产系，毕业后在中国人民解放军6094部队农场锻炼。1971年12月起，在山东省莘县农修厂、发电厂任技术员、副科长。1977年8月任莘县计划委员会副科长、副主任，1984年3月任莘县县长、县委副书记，1985年4月任莘县县委书记，1986年12月任聊城市委书记，1990年3月任聊城地区行署副专员，1991年7月任烟台市副市长，1992年12月任聊城地区行署专员、地委副书记，1995年9月任山东省海洋与水产厅厅长、党组书记，1997年10月任国家海洋局副局长、党组副书记，2000年1月~2005年11月任国土资源部党组成员，国家海洋局局长、党组书记。2008年3月，任第十一届全国政协人口资源环境委员会副主任。

陈运泰，中国地震学会理事长，中国科学院院士。

1940年8月出生，福建厦门人。历任中国科学院地球物理研究所研究实习员、国家地震局（中国地震局）地球物理研究所副研究员、研究员，中国地震局地球物理研究所所长。1999年当选为发展中国家科学院（TWAS）院士。曾任国际数字地震台网联合会（FDSN）副主席，国际大地测量与地球物理联合会（IUGG）第24届执行局委员，亚洲与大洋洲地球科学协会（AOGS）执行局委员与固体地球分会主席。现任中国地震局地球物理研究所名誉所长，国际大地测量与地球物理联合会（IUGG）第25届执行局委员。

20世纪70年代开始综合研究我国的大地震震源过程，开创我国震源物理过程的研究工作；80年代在地震震源动力学理论的研究中对地震破裂模式、地震序列模拟做出重要贡献。积极倡导和从事数字地震学研究，开展天然与人为地震的近震源观测与研究及其在减轻地震灾害中的应用研究，利用宽频带数字地震资料反演从小地震直至大地震的震源过程，增进了对地震破裂过程时空复杂性了解。主持国家攀登计划“东亚大陆地球动力学研究”等国家级重大项目，在国内外学术刊物上发表论著论文200余篇（部），《地震震源过程的理论研究》获国家自然科学奖三等奖，《地震监测及其对策研究》获国家科技进步奖三等奖。1986年获国家人事部中青年有突出贡献专家称号。1987年因促进中卢科技交流的突出贡献获卢森堡大公授予的勋章。2000年获何梁何利科技进步奖。2010年获美国地球物理联合会（AGU）国际奖。

王志新，中国生物化学与分子生物学会理事长，中国科学院院士。

1953年8月出生，江苏金坛人。1977年毕业于清华大学化学与化学工程系。1988年获中国科学院生物物理研究所理学博士学位。中国科学院生物物理研究所研究员。现任中国科学院生物物理研究所所长。

创造性地将统计力学应用于酶学研究，所有非解－聚合的别构酶模型给出了统一的理论框架；系统地研究了酶的抑制、激活作用机制及动力学等。提出一个确定蛋白质与配体结合常数的新方法；解决了蛋白质二级结构预测研究中的几个重要理论问题，用严格的统计学方法给出了蛋白质折叠类型总数仅为650种左右的估计。1990年获中国科学院自然科学奖一等奖，1993年国家自然科学奖二等奖、第三届中国科学院青年科学家奖一等奖和第二届中国青年科学家奖。

蒲嘉陵，中国感光学会理事长。

1959年12月出生，四川雅安人。1989年获日本千叶大学和东京工业大学工学硕士和工学博士学位；1989～1990年在日本东京工业大学从事博士后研究。曾任北京印刷学院印刷技术系副主任、院长助理兼教务处长等职务，1997年起担任副院长。现任国际影像科学委员会（ICIS）秘书长以及（教育部）印刷包装教学指导委员会、全国印刷标准化技术委员会等组织的副主任委员。

长期致力于光电成像材料、有机光电子材料的开发研究以及这些材料在信息记录和印刷领域的应用研究工作。发表学术论文180多篇，参编著作3本，申请专利10多项。1993年获“北京市高校青年学科带头人”称号，同年获国务院政府特殊津贴，1995年获“森泽信夫印刷奖”一等奖，1997年获“全国优秀留学回国人员”称号，2005年入选北京市属市管高校“拔尖创新人才”，2007年荣获我国印刷界最高奖“毕升印刷杰出成就奖”。

蔡晨，中国优选法统筹法与经济数学研究会理事长。

1944年2月出生，江苏如皋人。中国科学院科技政策与管理科学研究所研究员，《中国管理科学》主编。1968年中国科技大学应用数学系本科毕业。1977年进入中国科学院工作，在著名科学家华罗庚先生领导下，从事优选法统筹法的应用基础研究和管理科学的理论与应用研究。曾任中国科学院研究生院教授、博士生导师，中国科技大学博士生导师，北京工程管理科学学会副理事长等职。

研究领域主要包括项目与风险管理、工业工程、规划与优化等。获国家科技进步奖二等奖1项，三等奖1项；获中科院科技进步奖一等奖4项，二等奖3项等。在EJOR等学术刊物发表论文60余篇。1991年起享受国务院颁发的政府特殊津贴，1997年被授予首届全国优秀科技工作者荣誉称号。

汪寿阳，中国系统工程学会理事长。

1958年7月出生，江苏东台人。1986年获中国科学院系统科学研究所博士学位，1987～1988年为荷兰Delft理工大学运筹学系博士后研究员，1992年在Delft理工大学运筹学系做访问教授，1993～1997年任中国科学院管理、决策与信息系统重点实验室副主任，1997年3月～2000年8月任国家自然科学基金委管理科学部常务副主任，2000～2009年任中国科学院管理、决策与信息系统重点实验室主任，2003年6月至今任中国科学院数学与系统科学研究院副院长，2006年至今任中国科学院预测科学研究中心主任。

致力于决策分析、冲突分析和系统工程的一些其他领域研究，基于多目标决策的权衡分析提出的一和解决多派冲突的分析方法被国外环境专家作为主要方法用于解决国际环境谈问题，关于多目标决策理论主方法的系统研究获得国内外许多同行专家的高度评价，1993年获第三届中国科学院青年科学家奖。

罗锡文，中国农业机械学会理事长，中国工程院院士。

1945年12月出生，湖南株洲人。1982年6月华南农业大学农业机械化专业研究生毕业，获硕士学位并留校在农业工程系任教，历任副教授、教授，博士生导师。1987年10月～1988年7月在美国弗吉尼亚理工大学和州立大学进修，1988年8月～1989年7月在美国肯塔基大学进修，1992年6月～1996年5月任华南农业大学农业工程系系主任、工程技术学院院长，1996年5月～2006年5月任华南农业大学副校长。现任国务院学位委员会农业工程学科评议组召集人，国际地面车辆系统协会（ISTVS）会员、国际土壤耕作研究组织（ISTRO）会员、亚洲农业工程协会（AAAE）会员、美国农业工程师协会（ASAE）等国际学术组织成员。

主要研究农业机械化发展战略与规划、南方农业机械与装备关键技术，重点研究水田激光平地机、水稻工厂化育秧、水稻精量穴直播机和蔗田深松耕作关键技术，研究精细农业关键技术，重点研究3S技术在农业上的应用、农情信息快速采集技术、机器视觉及计算机图像分析和精细农业作业平台。获广东省科学技术二等奖2项，农业部科技进步奖三等奖1项，广东省农业技术推广奖一等奖2项、三等奖1项，国家教学成果二等奖1项，广东省教学成果一等奖3项、二等奖2项。出版专著、教材6部。

孙昌基，中国电工技术学会理事长。

1942年8月出生，上海人。1966年9月毕业于清华大学。1968年1月在四川东方汽轮机厂工作，历任科长、车间主任、副厂长、厂长等职务。1991年7月调任国家机械工业部生产司副司长，1993年4月任国家机械工业部副部长。1998年4月任国家机械工业局常务副局长（副部长级）。1999年1月任中国银行党委书记、副行长（副部长级），1999年9月～2001年8月兼任中国东方资产管理公司总裁。2000年11月任中国银行副董事长，2001年9月起兼任中银香港副董事长。2003年1月，当选为十届全国政协委员。2004年10月起兼任国家核电技术公司筹备组副组长。

张小虞，中国内燃机学会理事长。

1945年1月出生，四川合江人。1968年毕业于清华大学汽车拖拉机专业，1968～1979年工作于新疆汽车厂，1980～1983年工作于一机部汽车总局，1983～1993年先后在中国汽车工业公司、中国汽车工业联合会工作，曾任中国汽车工业总公司任规划司司长，1994～1998年任机械工业部汽车工业司司长，1998年5月～2000年12月任国家机械工业局副局长。2001年4月起任中国机械工业联合会副会长。2001年9月起连任中国汽车工程学会第六届、第七届理事会理事长，是中国科协第六届、第七届全国委员会委员。现兼任中国汽车工业协会名誉理事长、天津大学和西安交通大学兼职教授，《中国汽车工业年鉴》编委会主任。

多年从事汽车行业管理工作，并主持《若干重点产业技术创新战略研究》和《中国汽车与装备工艺同步发展战略研究》，分别获得1998年国家科学技术进步奖二等奖和国家机械工业局科技进步奖三等奖，主持编写《汽车工程手册》。

邓小刚，中国空气动力学会理事长。

1961年9月出生，四川绵阳人。1992年中国空气动力研究与发展中心流体力学博士毕业，1994年和1996年，分别在北京航空航天大学和日本东京电气通信大学进行博士后研究。现为中国空气动力研究与发展中心总工程师、空气动力学国家重点实验室主任，中国力学学会、全国计算物理学会常务理事。

在国际上首次提出一种新的微可压缩模型（SCM），为精确高效地数值模拟各类低马赫数流动奠定了基础，在国际上率先开展了高阶精度线性/非线性紧致格式的研究，并成功构造了高阶精度线性/非线性紧致格式（DCS/WCNS）。是我国“863”计划7项领域专家和3项“973”计划首席专家，在计算流体力学和流体力学理论分析领域，具有较高国际知名度与影响力。1996年入选国家“百千万人才工程”，1997年享受国务院政府特殊津贴，2002年获国家杰出青年科学基金。带领的研究团队于2004年和2007年连续两期获得国家自然科学基金“创新研究群体”资助，2006年被评为全军首届“创新研究群体”，2009年被评为全国专业技术人才先进集体。

李忠海，中国标准化协会理事长。

1941年10月出生，江苏武进人。国家质量监督检验检疫总局党组成员、国家标准化委员会主任。1964年和1967年分别于南京航空航天大学（原南京航空学院）飞机设计制造专业获得学士、硕士学位。1968～1986年在航空工业部航空工艺研究所历任技术员、工程师、车间主任、研究室主任、副所长；1986～1991年在航空航天工业部民机局任副处长、处长；1991～1996年在国家技术监督局任办公室副主任、主任、国际合作司司长；1996～2001年任国家技术监督局、国家质量技术监督局副局长。现任国家标准化委员会主任，十届全国政协委员。

胡希捷，中国公路学会理事长。

1945年11月出生，陕西庄里人。1965年9月～1970年7月在西安建筑科技大学工民建系（原冶金建筑学院）学习并毕业。1970年8月～1973年10月，在冶金部第十六冶金建设公司工作。1973年11月～1981年2月在陕西省汽车运输公司工作。1981年2月～1997年4月在陕西省交通厅工作，历任综合计划处副处长、西三公路建设指挥部副指挥兼办公室主任、副厅长、厅长兼党组书记。1997年4月任交通部副部长、党组成员。2004年8月任中国国际工程咨询公司党组副书记、常务副总经理。2008年12月～2009年12月任中国国际工程咨询公司党组书记、总经理。

康义，中国有色金属学会理事长。

1940 年 11 月出生，河北永年人。1965 年 8 月毕业于中南矿冶学院有色金属冶金专业。教授级高级工程师。现任中国有色金属工业协会会长、党委书记。中国共产党第十三、第十四、第十五次全国代表大会代表，十届全国政协委员。曾任青铜峡铝厂厂长，宁夏回族自治区经委主任，宁夏回族自治区党委组织部部长，宁夏回族自治区党委副书记。1997 年任中国有色金属工业总公司副总经理，国家有色金属工业局副局长。2001 年 4 月起任中国有色金属工业协会会长、党委书记。

陈光章，中国腐蚀与防护学会理事长。

1941 年 7 月出生，山东青岛人。1965 年毕业于哈尔滨工业大学金相专业，在中国船舶重工集团公司（中船重工集团）七二五所任研究员、所副总。工程师，从事舰船的腐蚀与防护研究工作。2003 年、2005 年中国工程院化工、冶金与材料工程学部院士增选有效候选人。2007 年 4 月任哈尔滨工业大学青岛校友会会长。

在金属材料的腐蚀与防护方面有专长，先后研制了锌基、铝基和镁基牺牲阳极，并保护了 1800 多艘舰船，制定了 14 个国标军标。制定牺牲阳极国家标准，获国家科技进步奖二等奖；军用港工设施阴极保护，获国家科技进步奖三等奖；辽阳石油化纤厂地下管网保护，获石化部二等奖；海滨电厂腐蚀防护获山东省二等奖；电解海水制氯防污研究获船舶总公司二等奖；开创城市地铁防杂散电流腐蚀研究等。主持海洋腐蚀与防护国防科技国家重点试验室工作。

欧阳平凯，全国人大代表，中国生物工程学会理事长，中国工程院院士。

1945 年 8 月出生，湖南湘潭人。南京工业大学校长、党委常委，工学硕士学位，加拿大滑铁卢大学工学荣誉博士学位。1963 年 9 月清华大学工程化学系学习，1968 年 12 月河北省石家庄电化厂工人、基建科技术员、聚氯乙烯车间主任，1978 年 9 月清华大学化工系化学工程专业硕士研究生，1981 年 3 月南京化工学院化工系、应用化学系讲师（其间：1985 年 4 月 ~ 1986 年 12 月加拿大滑铁卢大学工业生物技术中心访问学者，1987 年 1 月 ~ 1987 年 6 月美国普度大学再生资源实验室访问学者），1987 年 6 月南京化工学院应用化学系生物化工教研室副主任、主任，工业生物技术研究所所长，1991 年 3 月南京化工学院应用化学系副主任、生物技术研究所所长，1992 年 10 月南京化工学院应用化学系主任、生物技术研究所所长，1993 年 3 月教授，1993 年 6 月博士生导师，1994 年 1 月南京化工学院副院长、党委常委，1995 年 12 月南京化工大学校长、党委常委，2001 年 8 月南京工业大学校长、党委常委。中国石油与化学工业联合会副会长，世界化工联合会中方理事，国家生化工程技术研究中心主任，享受国务院政府特殊津贴。

孙瑞哲，中国纺织工程学会理事长。

1963年11月出生，北京人。历任纺织工业部科技情报研究所分室主任，中国纺织科技信息研究所副所长、所长，中国纺织信息中心副主任、主任，纺织产品开发中心副主任、主任。现任中国纺织工业协会副会长、中国纺织信息中心主任，兼任中国纺织工业协会企业社会责任办公室主任。教授级高级工程师。

主要从事纺织产业结构调整和纺织行业技术进步的研究和实践工作。组织实施了多项促进纺织行业可持续发展的重点项目，包括纺织期刊市场化运营、纺织流行趋势研究与发布、纺织工业检测网络建立、中国流行面料工程建设、中国应用色彩体系建立、纺织产业集群公共服务体系建立、中国纺织企业社会责任管理体系CSC9000T建设等。享受国务院政府特殊津贴。

于永湛，中国印刷技术协会理事长。

1946年10月出生，河北昌黎人。1970年3月毕业于清华大学土建系。1970年3月～1979年4月工作于北京新华印刷厂总务科。1979年4月～1980年9月在北京748工程担任程序设计员。1980年9月～1984年4月在北京新华照排中心担任程序设计员。1984年4月～1985年6月任盲文出版社社长。1985年6月～1985年9月任文化部出版局印刷处处长。1985年9月～1987年5月任文化部计财司副司长。1987年5月～1990年9月任新闻出版署秘书长、党组成员。1990年9月～2001年3月任新闻出版署副署长、党组成员。1993年5月～1999年5月兼任中国印刷技术协会第四届理事长；2001年3月任新闻出版总署副署长、党组成员。

赵沁平，中国科协副主席，中国系统仿真学会理事长。

1948年4月出生，山西介休人。历任北京航空学院计算机系教师、系主任助理、系主任，北京航空航天大学副校长，国务院学位委员会办公室副主任、主任，教育部副部长、党组成员，国家语言文字工作委员会主任。

提出可靠度最优布局概率多项式阵理论、模糊性测度、模糊逻辑方程、置换驱动的并行计算模型、归纳式程序设计方法、基于语用内涵逻辑的类比推理等新概念和新方法。作为主要设计、实现者之一，完成了我国第一台采用软硬件技术相结合的并行推理系统NDPIS；作为项目主持人实现了我国第一个功能比较完整的类比推理系统BHARS和类比推理部件板ARC。作为系统集成单位的负责人，主持国家“863”计划计算机主题重点项目“分布式虚拟环境”的研制工作。与合作单位一起，初步建立我国第一个基于关于专用网络的分布式虚拟现实研究与应用开发支撑环境。曾获国家科技进步奖一等奖1项、二等奖1项、省部级科技进步奖一等奖1项、二等奖2项、三等奖2项。出版专著2本，在国际刊物、国际学术会议和国内刊物上发表学术论文90余篇。

李静海，中国科协副主席，中国颗粒学会理事长，中国科学院院士。

1956年10月出生，山西静乐人。1987年获中国科学院化工冶金研究所博士学位，赴美国纽约市大学和瑞士联邦理工学院从事博士后研究。2004年2月任中国科学院副院长。

长期从事颗粒流体系统量化设计和放大的研究。提出量化非均匀结构的多尺度方法，建立局部结构的极值判据、整体分布的稳定条件以及状态突变的临界条件，形成能量最小多尺度（EMMS）模型。实现EMMS模型解析求解，建立工业设计的软件包；阐明两因素控制的系统中控制因素之间的协调导致有序结构，形成多元分解和机制协调为核心的研究多相复杂系统的多尺度方法。发明颗粒浓度线性响应的光纤探针，实现瞬时颗粒浓度和速度的同时测量。发明小型燃煤设备中通过解耦燃烧抑制NOx的无烟燃煤技术。申请16项专利并得到应用。曾获国家自然科学奖二、三等奖各1项；中国科学院自然科学奖一等奖2项、技术发明奖一等奖1项。

陈运法，中国颗粒学会理事长。

1965年2月出生，河北临城人。研究员，多相复杂系统国家重点实验室副主任。1984年毕业于唐山理工学院冶金系，1987年在中科院化工冶金研究所完成硕士学位后留所工作，1993年获法国路易－巴斯德大学（Univ. Louis－Pasteur Strasbourg I）材料科学博士学位；1994年8月在德国新材料研究所工作期间应邀回国工作，任副研究员，组建“材料化工”研究小组，1998年起任研究员，2003年9月起任副所长，2008年1月任党委书记，副所长。任 *Journal of Sol－Gel Science & Technology* 期刊的副主编、《过程工程学报》副主编、《中国颗粒学报》专业编审、中国颗粒协会理事、中国硅酸盐协会高技术陶瓷分会理事、国家标准化专家委员会委员等。

近年来主要从事纳、微粉体的制备与表面设计、无机－有机纳米复合材料的功能与界面优化、纳米材料组装技术以及环境净化材料的设计等研究工作。目前的研究课题涉及“863”计划、“973”计划、中科院知识创新重大科学研究方向、中科院装备项目、国家自然科学基金、多相基金、多相开放项目中日合作、地方攻关、企业合作。

李德毅，中国人工智能学会理事长，中国工程院院士。

1944年11月出生，江苏泰县人。1967年毕业于南京工学院（现东南大学）无线电系；1983年于英国爱丁堡大学获博士学位；1994～1995年于美国哈佛大学进修。2004年当选国际欧亚科学院院士。现任全军信息化工作办公室副主任、总装备部科技委委员、国家自然科学基金委信息学部主任，兼任中国电子学会副理事长、中国科学院计算机语言信息工程中心首席科学顾问，软件工程国家重点实验室学术委员会主任等职。在美国密歇根州立大学、国立新加坡大学、清华大学、北京航空航天大学等多所著名高校任兼职教授或客座教授。

主要从事指挥自动化和人工智能领域研究。发表论文170余篇，出版中文专著5部、英文专著2部。培养博士、硕士40余名。1985年获得IEE总部授予的计算机和控制类最佳学术成果奖；1999年攻克世界难题三级倒立摆动平衡问题，获得世界自动控制联合会杰出论文奖。17次获国家级和全军科技进步奖励。曾获首届具有突出贡献的归国留学人员、国家有突出贡献的中青年专家等荣誉称号，并享受国务院政府特殊津贴。

郭泽建，中国植物病理学会理事长。

1962年11月出生，湖南安乡人。1984年在华中师范大学化学系获理学学士学位，1988年3月获日本岐阜大学植物成分化学硕士学位，主要从事农药合成；1988年4月~1991年3月在日本京都大学农业化学方向获博士学位，主要从事农药作用机制和代谢方面的研究。1995年4月~1998年9月在美国Noble基金会和Salk研究所做博士后，1998年11月~2002年10月在浙江大学生物技术研究所工作，2002年11月至今在中国农业大学植物病理系工作。兼任国际植物病理学会理事、《植物病理学报》副主编。

主要从事大豆抗病信号传导和信号物质分离方面的研究。近年来主要从事水稻抗病性、抗病信号传导、基因调控以及纹枯菌致病机制等方面的研究，已在国内学术刊物发表论文70余篇。

翟虎渠，中国作物学会理事长。

1950年8月出生，江苏涟水人。曾任南京农业大学农学系教授，江苏东海县副县长，南京农业大学校长、党委副书记，现任中国农业科学院院长、党组书记，俄罗斯、印度农业科学院外籍院士，中国农学会副会长。

在水稻和烟草新种质及有利基因方面取得一系列重要成果。首次从水稻克隆了Poly（A）结合蛋白基因和叶绿体基因组中的PsbL和PsbI基因。在应用数量遗传方面开展多基因体系中基因效应、基因间交互作用、遗传方差组成、遗传力与选择响应、亲本配合力与组合间的遗传潜势预测、选择指数等研究指导作物新品种选育。组织杂交水稻Ⅱ优129、镇稻88等新品种推广达到国内领先水平。首次从遗传学上证实部分品种在雄配子不育位点上同样存在中性亲和基因，可消除配子体部分败育现象，提高籼粳亚种间杂种结实率。率先在国内开展利用转基因技术选育耐储藏水稻新品种和糖尿病专用稻米新品种工作，获得一批耐储藏水稻新品系，进入大规模推广后每年可为国家节省数十亿元谷物储藏费用。

刘宁，中国水土保持学会理事长。

1962年1月出生，辽宁丹东人。清华大学水利系水工建筑专业本科毕业，武汉水电大学管理工程专业在职硕士研究生、水文水资源专业在职博士研究生毕业，工学博士，教授级高级工程师。1983年7月在长江流域规划办公室工作，历任枢纽设计处过坝建筑物设计科项目组长、副主任科员。1991年4月任长江水利委员会设计局清江工程设计室副主任。1994年8月任长江水利委员会设计院枢纽设计处副处长兼三峡设计室主任、长江委枢纽处江垭工程部主任。1996年10月任长江水利委员会总工程师助理兼枢纽设计处副处长。1998年7月任长江水利委员会副总工程师（副局级），2000年7月兼任湖北长江招投标有限公司总经理。2001年12月任南水北调规划设计管理局总工程师。2002年4月任水利部副总工程师兼南水北调规划设计管理局总工程师。2003年2月~2009年5月任水利部总工程师。2009年1月任水利部副部长、党组成员。2009年4月任水利部副部长、党组成员、国家防汛抗旱总指挥部秘书长兼办公室主任。

陈竺，中华医学会会长，中国科学院院士。

1953年8月出生，江苏镇江人。1981年9月～1984年9月任上海第二医学院附属瑞金医院血液病研究室内科住院医师，1984年9月～1989年7月任法国巴黎第七大学圣·路易医院血液中心实验室外籍住院医师并攻读博士学位，后做博士后研究。1989年7月后历任上海第二医科大学附属瑞金医院内科主治医师，上海血液学研究所分子生物学中心实验室主任、研究员，上海血液学研究所副所长、所长，国家人类基因组南方研究中心主任。2000年10月～2007年6月任中国科学院副院长。2008年3月任卫生部部长。第三世界科学院院士、欧洲科学院外籍院士、美国科学院外籍院士、法国科学院院士、美国医学科学院外籍院士。

在血液学、分子生物学等领域有较高造诣，取得了突破性成果，曾获得法国抗癌联盟卢瓦兹奖、国家科技进步奖二等奖等多个奖项。

王晓民，中国生理学会理事长。

1956年3月出生，吉林梨树人。首都医科大学副校长，北京大学神经科学研究所客座教授。先后任北京医科大学副教授、教授，曾任教育部及卫生部神经科学重点实验室副主任、北京大学神经科学研究所副所长及北京大学基础医学院神经生物学系副主任。北京大学基础医学院常务副院长，北京大学医学网络教育学院常务副院长、院长等职。任教育部“神经变性病学”重点实验室主任，中国神经科学学会副理事长，中国生理学会副理事长及神经科学专业委员会主任委员。

主要从事针刺镇痛、阿片肽和抗阿片肽基因调控的机制、帕金森病和阿尔茨海默病防治等研究。先后主持部委级以上科研项目18项；在国内外发表论文80余篇，主编专著4部，参编专著6部；研究成果获部级奖5项（二等奖3项、三等奖2项）；获国际专利申请号1项，国内专利1项和专利申请号1项。1993年获“首届全国中青年医学科技之星”称号，1994年入选“国家教委跨世纪优秀人才计划”，1998年获美国中华医学基金会优秀青年学术骨干奖；1998年获国务院政府特殊津贴，2006年获北京市突出贡献专家称号。曾任国家“973”计划、“863”计划和北京市自然科学基金委重点项目等有关“帕金森病的发病机制和防治基础”研究的负责人，现任“973”计划“神经变性病的机制和防治的基础研究”项目首席科学家。

李云庆，中国解剖学会理事长。

1961年8月出生，河南新野人。第四军医大学国家重点学科——人体解剖与组织胚胎学教研室主任、教授。1984年毕业于第四军医大学，分别于1990年和1993年获得中国、日本两国的医学博士学位。现任中国神经科学学会常务理事、全军解剖组胚专委会主任，国务院学位委员会学科评议组成员、《神经解剖学杂志》主编。

主要从事镇痛机理的神经学基础研究，发表论文200篇，主编著作6部。承担国家级各类基金项目15项，获国家科技进步奖一等奖1项，省部级科技进步奖一等奖3项、二等奖5项。1996年获“国家杰出青年科学基金”资助，1998年入选国家“百千万人才工程”，1999年获中国科协求是奖，2000年被聘为“长江学者奖励计划”特聘教授。

吴立玲，中国病理生理学会理事长。

1954 年 8 月出生，江苏江阴人。1977 年毕业于南京铁道医学院医学系，1981 年毕业于北京医学院病理生理专业，获医学硕士学位，1995 年晋升为教授，1997 年起担任博士生导师。现兼任北京大学医学图书馆馆长和中国病理生理学会秘书长。曾作为访问学者于 1987 年、1993 年和 1999 年 3 次赴美国圣路易斯大学医学院进行科研工作。

主要从事细胞信号转导与心血管疾病方面的研究，先后承担了 3 项国家自然科学基金课题和一项教育部博士点专项基金课题，对心血管细胞信号转导的调节以及在疾病中的改变进行了较系统的研究。在国内外杂志发表论文 50 余篇，主编《心血管病理生理学》、《病理生理学》和教学参考书 4 本，参编教材和专著 3 本。获北京市学术成果奖（1985 年）、卫生部科技进步奖二等奖（1990）和国家教委科技进步奖三等奖（1992 年）。

王撷秀，中国防痨协会理事长。

1944 年 12 月出生，北京人。北京第二医学院、北京市结核病肺部肿瘤研究所结核病专业毕业。历任吉林省通化市结核病防治院内科医师、副主任，天津市结核病防治所主治医师，天津市结核病防治所副所长、副主任医师，天津市结核病控制中心主任、主任医师，天津市结核病控制中心党支部书记、主任，天津市卫生防病中心党委副书记、主任，市结核病控制中心主任，九三学社天津市委会副主委，市卫生防病中心主任、市结核病控制中心主任，天津市第十四、第十五届人大常委会委员。国际结核病与肺部疾病联合会结核病学会主席。

从事公共卫生事业 36 年，在结核病控制和公共卫生领域做出了杰出的贡献。担任世界卫生组织结核病高级顾问、国家卫生部结核病专家咨询委员会主任委员。2004 年 4 月荣获国家人事部、卫生部授予的全国卫生行业最高荣誉奖——白求恩奖章。

曹雪涛，中国免疫学会理事长，中国工程院院士。

1964 年 7 月出生，山东济南人。1990 年获博士学位。现任上海第二军医大学副校长、免疫学研究所所长，医学免疫学国家重点实验室主任。“长江计划”特聘教授，国家“973”计划免疫学项目首席科学家，“863”计划生物技术领域专家，国家自然科学基金免疫学重大项目负责人，国务院学位评议委员会学科评议组委员。

对树突状细胞（DC）的免疫学和肿瘤的免疫与基因治疗开展系统深入的创新性基础研究和临床应用研究。发现一种具有重要免疫调控功能的新型 DC 亚群，且发现成熟 DC 在基质作用下能进一步增殖和分化，提出 DC 的免疫调控新机制并发现其具有两类新的功能。从人 DC cDNA 文库中自主发现 124 条全长新基因并研究其中 20 余条的功能，发现的 22 种新分子获得 HUGO 命名。提出免疫与基因治疗肿瘤的新途径并开展其应用研究。发表论文 120 篇，编写和共同主编专著 3 部，参加编著 10 部。获国家自然科学奖二等奖 1 项、上海市自然科学奖一等奖 1 项、上海市科技进步奖一等奖 1 项、中华医学科技奖一等奖 1 项、军队科技进步奖一等奖 1 项、二等奖 2 项，获国家 II 类新药证书 2 个，获得授权的国家发明专利 10 项。

赵纯均，中国管理现代化研究会理事长。

1941年9月出生，四川荣昌人。历任清华大学学术委员会副主任、全国工商管理硕士教育指导委员会第一副主任、清华大学经济管理学院第二任院长。1986年2月任清华大学经济管理学院院长助理，系主任；1987年1月任学院常务副院长，2001年6月~2005年10月任院长。

作为先行开拓者催生、创办、建设和规范中国工商管理硕士（MBA）教育，1991年，清华大学联合国内其他八家院校，率先创办中国MBA教育。从1994年全国MBA教育指导委员会成立起，担任主持工作的副主任委员。主持与参与的主要科研项目有“山西整体发展专家系统”、“国际环境决策支持系统”、“动态交互会话式决策支持系统应用软件移植与研究”等。主持“管理干部硕士培养”项目获得北京市优秀教学成果二等奖、清华大学优秀教学成果一等奖、“经济管理案例库建设”项目获得清华大学优秀教学成果二等奖。

孙晓郁，全国政协常委，中国技术经济学会理事长。

1946年1月出生，河北满城人。全国政协经济委员会副主任。1968年毕业于法国格林诺布尔大学文学院。历任外交部驻法国大使馆随员、三等秘书，外交部礼宾司干部，全国人大常委会办公厅外事局处长、副局长，全国人大常委会秘书。1988年8月~1996年11月任国务院台湾事务办公室副主任。1993年起任中共中央台湾工作办公室副主任。1996年11月~2008年任国务院发展研究中心副主任。现兼任中国城乡发展国际交流协会会长、中国国际文化交流中心副理事长、全国台湾研究会副会长、中国经济社会理事会常务理事。

方新，全国人大常委，中国科协常委，中国科学学与科技政策研究会理事长。

1955年1月出生，湖北武汉人。1997年5月获清华大学经管学院博士学位。曾任中国科学院政策与管理研究所所长、党委书记、研究员。现任全国人大教科文卫委员会委员，中国科学院党组副书记，第三世界妇女科学组织主席。2010年当选第三世界科学院院士。

长期从事科技战略与科技政策研究。20世纪90年代以来出版著作5本，编著4本，在国内外发表论文70余篇。7项成果获部委级科技进步奖，3项成果被定为国家级科技成果。在国内率先提出技术创新的测度指标。在高技术企业创业与创新的研究方面研究深入，此项研究作为国家自然科学基金委重大项目的一个专题获得教育部科技进步奖一等奖。在S—863计划管理体制研究中提出国家级科技计划体制机制设计的原则和方法。

陈赛娟，全国人大代表，中国科协副主席，中国青少年科技辅导员协会理事长，中国工程院院士。

1951年5月出生，浙江鄞州人。1989年1~7月在法国巴黎第七大学做细胞和分子遗传学博士后。曾任上海血液学研究所细胞遗传学实验室主任、瑞金医院血液学研究所副所长。现任医学基因组学国家重点实验室主任、瑞金医院血液学研究所执行所长，国际人类基因组组织成员。

主要从事白血病细胞遗传学和分子遗传学研究，在多种白血病发生原理及诱导分化和凋亡治疗的分子机制方面具独特贡献。阐明了我国白血病核型变化的基本类型和分布格局，识别一批与白血病发病相关的基因。1991年在国际上首次发现急性早幼粒细胞白血病（APL）中变异型染色体易位t（11；17），继而克隆11号染色体受累的PLZF基因及PLZF－RARα；融合基因，1999年又获得PLZF基因全长201kb DNA序列。发表学术论文200余篇，主编或参与主编著作3部，参与编写的著作4部。所从事的细胞和分子遗传学内容为重要组成部分的成果获包括国家自然科学奖二等奖1项、上海市科技进步奖一等奖3项在内的10个科技奖项。

高登义，中国科学探险协会理事长。

1939年11月出生，四川成都人。中国科学院大气物理研究所研究员，挪威卑尔根大学“数学与自然科学学院”荣誉博士。

我国第一个完成地球三极科学考察的人。有科学专著《中国山地环境气象学》、《世界第一大峡谷雅鲁藏布大峡谷的历史、资源及其与自然环境和人类活动关系》等，科普著作《极地探险》、《乐在珠峰》、《地球“四极”奇趣》、《亲近地球之巅》、《梦幻北极》、《南极圈里知天命》、《与山知己——高山科学探险》等。1998年率领全队实现人类首次徒步穿越雅鲁藏布大峡谷科学探险考察，2001~2002年率队在北极朗伊尔宾建立中国人的北极科学探险考察站，为中国科学家提供研究“北极斯瓦尔巴德地区与青藏高原生态环境系统对比研究”的基地。曾获1987年度国家自然科学奖一等奖，1997年获“全国优秀科技工作者”称号。

朱丽兰，中国发明协会理事长。

1935年8月出生，浙江湖州人，研究员。1956年9月~1961年7月前在苏联奥德萨大学物理化学专业学习。1961年7月~1986年6月在中国科学院化学研究所主要从事高分子研究，任研究室主任、所长，其间1979~1980年在德国弗拉堡大学高分子化学研究所做访问学者。1986年6月~2001年2月历任国家科学技术委员会副主任、常务副主任、党组副书记、党组书记，科技部部长、党组书记。1995年任国务院学位委员会委员。1996年3月任国家科技领导小组成员。1996年5月任国务院信息化工作领导小组副组长。中共第十四届中央候补委员，第十五届中央委员。2001年2月任第九届全国人大教育科学文化卫生委员会副主任委员。2003年3月任第十届全国人大教育科学文化卫生委员会主任委员。1993年获美国美洲中国工程师协会颁发的“杰出服务奖”。1997年8月被选为国际欧亚科学院院士。

郑树山，中国国际经济技术合作促进会理事长。

1946 年 11 月出生，北京人。1968 年参加工作。中国科技大学管理科学专业毕业，研究生学历，硕士学位。曾任国家教委监察局副局长，国家教委办公厅副主任，国家教委电化教育办公室党组副书记、副主任，国家教委直属机关党委常务副书记，国家教委办公厅主任，教育部办公厅主任，教育部党组成员、部长助理，国家教育行政学院院长、党委书记。现兼任全国高校设置委员会副主任，中国教育学会副会长，中国高教学会高教管理研究会理事长，中国教育学会教育行政专业委员会理事长等。

2010年新当选的省、自治区、直辖市科协主席

侯晋川，山西省科协第七届委员会主席。

1954年10月出生，山西汾西人。理学博士，教授，博士生导师。现任太原理工大学副校长。1973年3月～1975年8月山西省汾西县民办教师，1975年8月～1978年8月山西师范学院数学系学习，1978年8月～1979年9月山西师范学院数学系教师，1979年9月～1981年7月陕西师范大学数学系硕士研究生，并于1982年在华东师范大学获理学硕士学位，1981年8月～1984年2月山西师范学院数学系教师，1984年2月～1986年7月复旦大学数学研究所博士研究生，获理学博士，1986年7月～2005年4月山西师范大学教授，数学系主任、党委副书记、校长，2005年4月至今任太原理工大学副校长。第七届中共山西省委候补委员，第八届中共山西省委委员，第九届中共山西省委候补委员。

欧阳平凯，全国人大代表，江苏省科协第八届委员会主席，中国工程院院士。

1945年8月出生，湖南湘潭人。南京工业大学校长、党委常委，工学硕士学位，加拿大滑铁卢大学工学荣誉博士学位。1963年9月清华大学工程化学系学习；1968年12月河北省石家庄电化厂工人、基建科技术员、聚氯乙烯车间主任；1978年9月清华大学化工系化学工程专业硕士研究生；1981年3月南京化工学院化工系、应用化学系讲师（其间：1985年4月～1986年12月加拿大滑铁卢大学工业生物技术中心访问学者，1987年1月～1987年6月美国普度大学再生资源实验室访问学者）；1987年6月南京化工学院应用化学系生物化工教研室副主任、主任，工业生物技术研究所所长；1991年3月南京化工学院应用化学系副主任、生物技术研究所所长；1992年10月南京化工学院应用化学系主任、生物技术研究所所长，1993年3月教授，1993年6月博士生导师；1994年1月南京化工学院副院长、党委常委；1995年12月南京化工大学校长、党委常委；2001年8月南京工业大学校长、党委常委。中国生物工程学会理事长，中国石油与化学工业联合会副会长，世界化工联合会中方理事，国家生化工程技术研究中心主任，享受国务院政府特殊津贴。

中国科协荣誉委员庄逢甘同志生平

中国航天事业的奠基者之一、中国科学院院士、中国科协荣誉委员、航天科技集团和航天科工集团高级技术顾问庄逢甘，因病医治无效，于2010年11月8日2时30分在北京逝世，享年85岁。

庄逢甘同志生于1925年2月，江苏省常州人。1947年，赴美国加州理工学院攻读航空工程和数学学位，师从国际著名流体力学家李普曼教授，并得到钱学森教授的指导。1950年，获得加州理工学院航空和数学博士学位。

1950年8月，庄逢甘同志毅然放弃了在美国已经获得的荣誉、地位和优裕的工作、生活条件，满怀振兴中华的宏图大愿，回到祖国。

从20世纪50年代起，庄逢甘同志主持了中国航天空气动力学试验基地的规划和建设，为中国的航空、航天以及导弹武器的气动试验和研究设计发挥了重要的作用。1964年国防科委成立以钱学森为组长、庄逢甘等为副组长的空气动力学专业组，对全国空气动力学试验基地的设备建设做了全面规划，奠定了中国航空航天空气动力学发展的基础，对中国飞机、导弹、运载火箭、卫星等各种飞行器的气动试验和研究设计起到了重要作用。

20世纪60年代中期以后，远程火箭及返回式卫星成为航天工程新的发展目标，再入气动研究成为关键技术之一。作为航天型号气动研究的带头人，庄逢甘同志组织力量攻克了再入飞行器的气动、防热等多项重大技术关键，为中国远程火箭的飞行试验成功起到了重要的保障作用。

20世纪80年代后，庄逢甘同志全力投入到中国空间计划发展蓝图的制定中去，亲自主持载人航天空气动力学关键问题研究，准确提出载人航天涉及的空气动力10大关键课题，积极促进和参与载人航天工程等重大工程的立项和论证。

1996年，庄逢甘同志在中国科协第五次全国代表大会上，当选中国科协副主席。2001年，经中国科协六届一次全委会议，授予中国科协荣誉委员职务。

庄逢甘同志一贯治学严谨、工作认真，对空气动力学技术做出多方面开拓性贡献。他重视与青年同行的合作，注意培养新生力量和发掘人才。他为人正直，谦虚谨慎，廉洁奉公。他的为人、治学和为师，在中国航天堪称典范，受到广大科技工作者的尊重和爱戴。

表彰奖励

关于表彰2010年全国科普惠农兴村先进单位和带头人的决定

科协发普字〔2010〕12号

各省、自治区、直辖市、计划单列市科协、财政厅（局），新疆生产建设兵团科协、财务局：

为贯彻落实党的十七届三中、四中全会和《中共中央 国务院关于加大统筹城乡发展力度 进一步夯实农业农村发展基础的若干意见》（中发〔2010〕1号）精神，中国科协和财政部于2010年继续实施“科普惠农兴村计划”。经农村科普组织和带头人申报，各地科协和财政部门推荐，中国科协和财政部组织评审并公示，2010年共评选出1785个全国科普惠农兴村先进单位和带头人，其中农村专业技术协会1000个，农村科普示范基地390个，少数民族科普工作队5个，农村科普带头人390名。

2010年全国科普惠农兴村先进单位和带头人都是广大农村科普组织和带头人的杰出代表，长期在农村发挥榜样示范作用，体现了新时代农业、农村、农民的新风貌。据初步统计，1000个农村专业技术协会辐射带动农户780万户，推广新品种新技术1.3万项（次）；390个农村科普示范基地开展科普培训讲座2.2万余次，推广新品种新技术4300余项（次）；5个少数民族科普工作队常年活跃在边疆少数民族聚居区，行程9万千米，编印发放少数民族语言科普资料10余种，制作展出少数民族语言科普展板130余块，在新闻媒体开辟少数民族语言科普宣传栏目80余个；390名农村科普带头人开展科普活动1.8万余次，受益人数达200万人次。

为表彰先进，进一步调动广大农村基层科普组织、科普带头人开展科普惠农的积极性，中国科协和财政部决定，授予北京市房山区长阳奶牛养殖协会等1000个农村专业技术协会、北京市密云县京郊农村“4050”人员培训就业科普示范基地等390个农村科普示范基地、内蒙古自治区乌兰察布市少数民族科普工作队等5个少数民族科普工作队“全国科普惠农兴村先进单位”称号，张树成等390名农村科普带头人“全国科普惠农兴村带头人”称号。

希望受表彰的先进单位和带头人再接再厉，继续组织实施好科普惠农工作，为广大农民提供更及时、有效、周到的科普服务，进一步发挥辐射带动作用，引导和帮助更多的农民建立起科学、文明、健康的生产和生活方式，促进农村经济社会又好又快发展。

各地科协和财政部门要深入贯彻科学发展观，按照党的十七届三中、四中全会有关要求，深入实施“科普惠农兴村计划”，分工合作、各负其责，加强对奖补资金管理和使用的监督，建立有效的激励和约束机制，提高资金使用效益。要大力宣传受表彰先进单位和带头人的先进事迹，做好对表彰对象的服务，引导、帮助农村科普组织和个人进一步提高科普惠农工作水平，建立完善科普惠农长效机制，以“科普惠农兴村计划”为旗帜，努力开创农村科普工作的新局面，为扎实推进社会主义新农村建设作出更大贡献。

附件：2010年全国科普惠农兴村先进单位和带头人名单

中国科协办公厅
2010年6月13日

附件

2010年全国科普惠农兴村先进单位和带头人名单

（一）农村专业技术协会

1. 北京市房山区长阳奶牛养殖协会
2. 北京市平谷区大兴庄镇蔬菜产销协会
3. 河北省承德市承德县下板城镇辛家庄村生态养殖协会
4. 河北省石家庄市晋州市东里庄乡梨果产业协会
5. 河北省石家庄市辛集市优质专用小麦协会
6. 河北省张家口市张北县海流图乡特色种养协会
7. 河北省石家庄市新乐市红薯协会
8. 河北省张家口市赤城县仁用杏产业协会
9. 河北省石家庄市灵寿县食用菌协会
10. 河北省唐山市滦南县姚王庄蔬菜协会
11. 河北省承德市隆化县优质稻产业协会
12. 河北省唐山市乐亭县金土果品产业协会
13. 河北省承德市滦平县付营子乡蔬菜协会
14. 河北省秦皇岛市昌黎县海产品养殖加工协会
15. 河北省张家口市治海杂交谷子农民专业合作协会（下花园区）
16. 河北省唐山市滦县燕滦富士苹果生产技术销售协会
17. 河北省唐山市遵化市绿野肉鸡养殖协会
18. 河北省保定市高阳县棉花技术服务协会
19. 河北省秦皇岛市青龙满族自治县大森店林果协会
20. 河北省廊坊市大厂回族自治县陈府乡肉牛养殖协会
21. 河北省邢台市宁晋县农友作物新品种研究会
22. 河北省唐山市迁安市贯头山养牛协会
23. 河北省廊坊市大城县大尚屯果品行业协会

24. 河北省邢台市南和县农民经济合作协会
25. 河北省廊坊市固安县渠沟乡利民养猪协会
26. 河北省保定市满城县农业高新技术推广协会
27. 河北省沧州市泊头市傻柱子种植协会
28. 河北省邯郸市邱县丰源食用菌专业技术协会
29. 河北省沧州市肃宁县绿苑蔬菜种植协会
30. 河北省沧州市盐山县农民合作经济组织协会
31. 河北省衡水市故城县三豆农业技术协会
32. 河北省沧州市任丘市永丰蔬菜技术协会
33. 河北省沧州市青县大众神禾辣椒协会
34. 河北省沧州市东光县秦一村果树协会
35. 河北省张家口市尚义县蔬菜协会
36. 河北省沧州市运河区养殖协会
37. 河北省邯郸市曲周县农业新技术推广服务协会
38. 河北省衡水市饶阳县葡萄产业协会
39. 河北省衡水市冀州市经济作物研究推广协会
40. 河北省邯郸市涉县柴鸡养殖协会
41. 河北省保定市定兴县肉鸡养殖协会
42. 河北省邢台市隆尧县农林技术开发协会
43. 河北省邯郸市邯郸县果树科技服务协会
44. 河北省石家庄市藁城市果蔬冷藏协会
45. 河北省沧州市沧县崔尔庄镇景欣农业技术研究会
46. 山西省大同市南郊区水泊寺区域蔬菜技术协会
47. 山西省忻州市代县水稻协会
48. 山西省长治市城区科萌稀特菜种植协会
49. 山西省吕梁市汾阳市核桃产业协会
50. 山西省吕梁市临县碛口镇绿色蔬菜协会
51. 山西省大同市灵丘县燕家湾瓜菜种植协会
52. 山西省太原市杏花岭区鑫昌益养殖协会
53. 山西省朔州市右玉县图丰马铃薯协会
54. 山西省晋中市太谷县河西村养鸡协会
55. 山西省太原市清徐县农业新技术协会
56. 山西省大同市天镇县金鸿雁柴鸡养殖技术协会
57. 山西省太原市古交市果药农协会
58. 山西省忻州市五台县旱作农业协会
59. 山西省忻州市原平市新兴玉米专业技术协会
60. 山西省忻州市静乐县静丰农业机械协会
61. 山西省大同市广灵县画眉驴养殖协会
62. 山西省忻州市定襄县种业协会
63. 山西省忻州市保德县岳家里村蔬菜技术协会
64. 山西省忻州市五寨县马铃薯产业协会
65. 山西省忻州市繁峙县西城街枣业协会
66. 山西省忻州市忻府区义井甜瓜协会
67. 山西省太原市阳曲县农协会
68. 山西省吕梁市方山县农村专业技术协会
69. 山西省吕梁市石楼县曹家垣乡红枣产品开发营销协会
70. 山西省吕梁市临县丛罗峪镇下峁惠农枣业经济协会
71. 山西省晋中市榆次区郭家堡乡农科信息交流协会
72. 山西省晋中市榆社县河峪酥梨小米经济协会
73. 山西省阳泉市平定县南上庄蔬菜种植协会
74. 山西省晋中市左权县桐峪镇峪盛核桃协会
75. 山西省晋中市祁县城赵镇养牛协会
76. 山西省吕梁市柳林县高家沟乡高家沟村支部加红枣协会
77. 山西省大同市阳高县惠农肉牛协会
78. 山西省朔州市山阴县养猪行业协会
79. 山西省晋中市介休市宋古养殖协会
80. 山西省晋中市和顺县禽业协会
81. 山西省吕梁市岚县马铃薯协会
82. 山西省阳泉市郊区东村种养协会
83. 山西省忻州市五寨县玉米研究协会
84. 山西省运城市好普生果树科技服务协会（盐湖区）
85. 山西省运城市绛县大樱桃生产销售协会
86. 山西省太原市娄烦县佳丰科技养殖协会
87. 山西省长治市平顺县北头养殖协会
88. 山西省晋城市陵川县礼义镇光明玉米协会
89. 山西省临汾市吉县桥南苹果农民专业营销协会
90. 山西省临汾市浮山县养殖协会
91. 山西省临汾市霍州市果业协会
92. 山西省运城市芮城县农业高新技术推广协会
93. 山西省太原市尖草坪区向阳镇葡萄协会
94. 山西省大同市大同县海森农村专业技术协会
95. 山西省忻州市岢岚县绒山羊舍饲养殖协会
96. 山西省吕梁市柳林县王家沟乡养殖协会
97. 山西省吕梁市兴县红枣协会
98. 山西省晋中市左权县核桃协会
99. 山西省阳泉市平定县黄安绿色农业专业协会
100. 山西省长治市武乡县养蜂协会
101. 山西省临汾市乡宁县枣岭乡果椒协会
102. 山西省临汾市古县养鹿协会
103. 山西省长治市襄垣县养羊产业协会
104. 山西省晋中市灵石县英武乡核桃协会
105. 内蒙古自治区呼和浩特市土默特左旗毕克齐镇林果协会
106. 内蒙古自治区呼和浩特市回民区乌素图林果协会

107. 内蒙古自治区呼和浩特市和林格尔县绿源肉业协会
108. 内蒙古自治区包头市固阳县农牧民科技服务协会
109. 内蒙古自治区包头市土默特右旗奶业协会
110. 内蒙古自治区呼伦贝尔市莫力达瓦达斡尔族自治旗坤密尔堤乡地道药材种植协会
111. 内蒙古自治区兴安盟科尔沁右翼前旗察尔森镇前进嘎查白鹅养殖技术协会
112. 内蒙古自治区通辽市科尔沁左翼中旗白兴吐苏木养牛专业协会
113. 内蒙古自治区通辽市霍林郭勒市巴润社区蔬菜专业种植协会
114. 内蒙古自治区通辽市扎鲁特旗高效畜牧草业协会
115. 内蒙古自治区赤峰市黑鱼泡子有机水稻开发协会（翁牛特旗）
116. 内蒙古自治区赤峰市林草种苗协会（松山区）
117. 内蒙古自治区赤峰市林西县老房身食用菌发展协会
118. 内蒙古自治区锡林郭勒盟镶黄旗科技兴牧股份合作协会
119. 内蒙古自治区乌兰察布市察哈尔右翼后旗生猪养殖营销协会
120. 内蒙古自治区乌兰察布市察哈右翼中旗大滩乡肉羊繁育协会
121. 内蒙古自治区鄂尔多斯市伊金霍洛旗“敏盖”白绒山羊生产者协会
122. 内蒙古自治区鄂尔多斯市达拉特旗展旦召苏木蔬菜种植协会
123. 内蒙古自治区巴彦淖尔市乌拉特中旗德岭山镇葵花协会
124. 内蒙古自治区巴彦淖尔市乌拉特后旗乌拉特戈壁红驼事业协会
125. 内蒙古自治区乌海市海南区农村专业技术协会
126. 内蒙古自治区兴安盟有机农产品开发协会（科尔沁右翼中旗）
127. 内蒙古自治区呼伦贝尔市扎兰屯市浩饶山镇葵花协会
128. 内蒙古自治区乌兰察布市卓资县大天蔬菜技术协会
129. 内蒙古自治区鄂尔多斯市乌审旗乌兰陶勒盖养殖协会
130. 内蒙古自治区赤峰市巴林右旗巴彦塔拉牧业养殖协会
131. 内蒙古自治区通辽市开鲁县生猪产业协会
132. 内蒙古自治区呼和浩特市清水河县脱毒马铃薯协会
133. 内蒙古自治区阿拉善盟阿拉善左旗吉兰泰镇查哈尔瓜果蔬菜行业协会
134. 辽宁省沈阳市法库县特种果业协会
135. 辽宁省辽阳市太子河区上王家花卉协会
136. 辽宁省大连市长海县大长山岛镇蔬菜协会
137. 辽宁省本溪市桓仁满族自治县北甸子乡冰葡萄协会
138. 辽宁省营口市老边区大笨兔养殖专业协会
139. 辽宁省抚顺市清原满族自治县中药材种植协会
140. 辽宁省朝阳市双塔区孙家湾大枣协会
141. 辽宁省铁岭市昌图县傅家镇富稼源花生农业专业技术协会
142. 辽宁省锦州市北镇市肉鸡养殖协会
143. 辽宁省盘锦市大洼县养鸡协会
144. 辽宁省鞍山市千山区观赏鱼协会
145. 辽宁省抚顺市抚顺县茂原有机水稻生产专业技术协会
146. 辽宁省葫芦岛市南票区葡萄专业技术协会
147. 辽宁省丹东市振安区同兴无公害蔬菜协会
148. 辽宁省沈阳市辽中县禽业协会
149. 辽宁省阜新市彰武县平安乡玉米种植协会
150. 辽宁省锦州市黑山县绿色甜瓜协会
151. 辽宁省丹东市凤城市蚕业协会
152. 辽宁省营口市大石桥市江南西瓜专业协会
153. 吉林省四平市双辽市科富花生协会
154. 吉林省通化市辉南县团林镇农民实用技术协会
155. 吉林省延边朝鲜族自治州敦化市食药用菌协会
156. 吉林省白城市洮南市黑水镇西瓜产业协会
157. 吉林省延边朝鲜族自治州龙井市御粮田协会
158. 吉林省松原市长岭县三青山镇马铃薯粉条研究会
159. 吉林省通化市二道江区养猪协会
160. 吉林省长春市德惠市布海镇瓜菜产业协会
161. 吉林省长春市双阳区太平山镇山野菜协会
162. 吉林省吉林市龙潭区乌拉街满族镇毛葱协会
163. 吉林省松原市前郭尔罗斯蒙古族自治县养鸡协会
164. 吉林省辽源市东辽县泉太生猪经济协会
165. 黑龙江省牡丹江市林口县果树协会
166. 黑龙江省哈尔滨市依兰县江湾镇玉米种植协会
167. 黑龙江省鸡西市虎林市绿都农民协会
168. 黑龙江省绥化市望奎县经济作物研究会
169. 黑龙江省鸡西市鸡东县万寿菊协会
170. 黑龙江省齐齐哈尔市甘南县葵花产业专业协会
171. 黑龙江省佳木斯市同江市农业技术推广协会
172. 黑龙江省绥化市北林区红旗乡瓜菜示范推广协会
173. 黑龙江省佳木斯市桦南县白瓜籽协会

174. 黑龙江省牡丹江市东宁县果农协会
175. 黑龙江省齐齐哈尔市克东县宏升葡萄生态园专业协会
176. 黑龙江省哈尔滨市方正县张广才岭山特产品专业技术协会
177. 黑龙江省黑河市五大连池市沾河林业地区食用菌产业协会
178. 黑龙江省齐齐哈尔市富拉尔基区长青乡永前村棚室带蔬菜种植协会
179. 上海市浦东新区农协会
180. 江苏省南京市高淳县食用菌协会
181. 江苏省无锡市惠山区阳山水蜜桃桃农协会
182. 江苏省徐州市沛县朱寨镇肉鸭养殖营销协会
183. 江苏省苏州市吴中区洞庭山碧螺春茶业协会
184. 江苏省南通市海门市海盛生猪专业技术协会
185. 江苏省淮安市洪泽县食用菌协会
186. 江苏省盐城市射阳县通洋镇食用菌协会
187. 江苏省扬州市江都市小纪镇朱合水产协会
188. 江苏省连云港市灌云县甘薯协会
189. 江苏省镇江市润州区一品红草莓协会
190. 江苏省宿迁市泗阳县卢集镇养猪专业协会
191. 江苏省宿迁市宿豫区养禽产业协会
192. 江苏省南通市启东市紫菜协会
193. 江苏省连云港市新浦区草舍西红柿协会
194. 浙江省杭州市淳安县水果产业协会
195. 浙江省温州市乐清市清江镇牡蛎养殖协会
196. 浙江省湖州市德清县水产协会
197. 浙江省绍兴市新昌县果农合作协会
198. 浙江省金华市兰溪市农民科技协会
199. 浙江省衢州市江山市白菇产业化协会
200. 浙江省舟山市普陀区登步乡水产养殖协会
201. 浙江省台州市椒江区食用菌技术协会
202. 浙江省丽水市遂昌县高山蔬菜产业协会
203. 浙江省宁波市鄞州区葡萄协会
204. 安徽省阜阳市颍上县六十铺养猪协会
205. 安徽省淮南市凤台县真菌协会
206. 安徽省合肥市长丰县立华养鸡专业技术协会
207. 安徽省安庆市宜秀区白泽湖水产协会
208. 安徽省六安市霍山县茧丝绸产业协会
209. 安徽省池州市青阳县皖南土鸡产业化协会
210. 安徽省阜阳市颍东区家禽协会
211. 安徽省合肥市肥西县三岗苗木花卉经纪人协会
212. 安徽省黄山市歙县深渡镇绿色枇杷专业技术协会
213. 安徽省芜湖市芜湖县高效农业研究会
214. 安徽省淮南市田家庵区养鸡专业协会
215. 安徽省马鞍山市金家庄区“放心菜”产销协会
216. 安徽省蚌埠市固镇县桥湖螃蟹协会
217. 安徽省宣城市宣州区宣科葡萄协会
218. 安徽省淮北市濉溪县铁佛镇瓜菜协会
219. 安徽省巢湖市和县历阳镇双严养鸭协会
220. 安徽省安庆市永强禽业专业技术协会（大观区）
221. 安徽省滁州市全椒县龙虾产业协会
222. 安徽省宿州市砀山县三泰果业名优梨生产协会
223. 安徽省亳州市蒙城县范集有机蔬菜协会
224. 安徽省蚌埠市禹会区西葫芦协会
225. 安徽省马鞍山市当涂县黄池镇蔬菜产销协会
226. 安徽省柳编产业协会（六安市霍邱县）
227. 安徽省淮南市潘集区养鸡协会
228. 福建省三明市将乐县食用菌协会
229. 福建省福州市闽清县云龙乡蔬菜协会
230. 福建省三明市宁化县河龙贡米协会
231. 福建省南平市邵武市竹业协会
232. 福建省宁德市福安市茶业协会
233. 福建省厦门市同安区明溪蔬菜协会
234. 福建省漳州市平和县白芽奇兰茶协会
235. 福建省泉州市晋江市深沪镇渔业协会
236. 福建省南平市武夷山市茶业同业公会
237. 福建省莆田市城厢区枇杷协会
238. 福建省漳州市龙文区粮食协会
239. 福建省三明市明溪县肉牛产业协会
240. 福建省三明市沙县养猪协会
241. 福建省莆田市涵江区养蜂协会
242. 福建省龙岩市永定县无公害蔬菜协会
243. 福建省龙岩市新罗区果树协会
244. 福建省三明市永安市竹业协会
245. 福建省泉州市南安市龙眼产销合作协会
246. 福建省宁德市柘荣县太子参协会
247. 福建省南平市光泽县中药材行业协会
248. 福建省南平市建阳市农业机械作业协会
249. 福建省龙岩市漳平市茶叶协会
250. 福建省三明市建宁县农机作业服务协会
251. 福建省福州市福清市畜牧业协会
252. 福建省福州市晋安区寿山乡毛竹专业技术协会
253. 福建省泉州市永春县玉斗镇茶叶研究会
254. 福建省泉州市洛江区花卉协会
255. 福建省南平市浦城县官路乡山薏米协会

256. 福建省龙岩市上杭县蓝溪镇瘦肉型猪养殖营销协会
257. 福建省宁德市福鼎市食用菌学会
258. 福建省福州市长乐市石壁蔬菜协会
259. 福建省福州市晋安区新店镇蔬菜专业技术协会
260. 福建省宁德市屏南县熙岭乡塘后村食用菌协会
261. 福建省漳州市平和县琯溪蜜柚协会
262. 福建省宁德市蕉城区茶业协会
263. 福建省三明市泰宁县金湖渔业协会
264. 福建省泉州市惠安县水产流通与加工专业技术协会
265. 福建省龙岩市永定县生猪产业协会
266. 福建省龙岩市连城县罗坊乡坪上村茶叶协会
267. 福建省南平市政和县竹产业协会
268. 福建省三明市三元区油桃协会
269. 福建省福州市闽清县茶叶协会
270. 福建省莆田市仙游县茶叶产业协会
271. 江西省九江市瑞昌市山药产业协会
272. 江西省抚州市东乡县农民丝瓜络协会
273. 江西省抚州市广昌县白莲协会
274. 江西省九江市湖口县农村专业技术协会
275. 江西省抚州市崇仁县树莓协会
276. 江西省南昌市新建县藠头行业协会
277. 江西省萍乡市湘东区猪沼气生态养殖协会
278. 江西省宜春市奉新县猕猴桃技术协会
279. 江西省赣州市宁都县黄鸡产业协会
280. 江西省九江市武宁县吊瓜专业技术协会
281. 江西省上饶市鄱阳县特种水产养殖协会
282. 江西省萍乡市莲花县海潭绿色林果业协会
283. 江西省上饶市上饶县金标果业协会
284. 江西省景德镇市昌江区绿康油茶产销协会
285. 江西省吉安市吉水县园艺科学技术协会
286. 江西省赣州市南康市果业协会
287. 江西省吉安市遂川县堆子前镇金橘产业化协会
288. 江西省吉安市泰和县螺溪镇肉牛行业协会
289. 江西省新余市马洪果业协会
290. 江西省鹰潭市余江县渔业协会
291. 江西省赣州市赣县阳埠无公害腐竹加工协会
292. 江西省景德镇市浮梁县西湖茶叶协会
293. 山东省青岛市平度市张戈庄镇尚河头蔬菜协会
294. 山东省临沂市莒南县大店镇草莓协会
295. 山东省淄博市张店区蓖麻产业协会
296. 山东省东营市河口区林下生态农业技术推广协会
297. 山东省菏泽市成武县养殖协会
298. 山东省泰安市肥城市秸秆综合利用协会
299. 山东省东营市利津县北岭乡蔬菜运销及技术服务协会
300. 山东省临沂市蒙阴县蒙山木瓜协会
301. 山东省日照市莒县小店镇芦笋协会
302. 山东省烟台市莱州市苗木协会
303. 山东省德州市禹城市渔业协会
304. 山东省济南市长清区文昌办事处无公害山药协会
305. 山东省烟台市莱阳市宏达果蔬协会
306. 山东省临沂市沂南县孔明蔬菜标准化生产协会
307. 山东省济宁市汶上县次丘镇养鸡协会
308. 山东省潍坊市潍城区萝卜协会
309. 山东省临沂市兰山区李官无公害蔬菜协会
310. 山东省莱芜市钢城区兔业协会
311. 山东省威海市环翠区桥头镇果业协会
312. 山东省临沂市平邑县兔业协会
313. 山东省济宁市泗水县苗馆镇核桃产销协会
314. 山东省青岛市胶南市张家楼镇东泮家庄村蓝莓种植协会
315. 山东省德州市庆云县枣树种植技术协会
316. 山东省泰安市宁阳县葛石镇林果新技术推广协会
317. 山东省东营市垦利县永安大闸蟹养殖协会
318. 山东省聊城市冠县斜店乡蔬菜协会
319. 山东省济南市商河县沙河乡黄金梨协会
320. 山东省烟台市龙口市长把梨协会
321. 山东省滨州市阳信县益农蔬菜协会
322. 山东省济南市历城区柳埠镇林果协会
323. 山东省潍坊市坊子区芦笋协会
324. 山东省菏泽市鄄城县高产优质小麦推广协会
325. 山东省淄博市沂源县土门镇果品营销协会
326. 山东省威海市文登市宋村镇蔬菜协会
327. 山东省菏泽市郓城县南赵楼乡蔬菜协会
328. 山东省日照市东港区古城农业绿色食品协会
329. 山东省青岛市胶州市养猪协会
330. 山东省菏泽市单县莱河镇桑蚕协会
331. 山东省济宁市嘉祥县梁宝寺镇养牛协会
332. 山东省烟台市招远市金岭镇农牧发展协会
333. 山东省菏泽市定陶县植物保护协会
334. 山东省淄博市淄川区樱桃协会
335. 山东省潍坊市奎文区农产品协会
336. 山东省枣庄市滕州市有机农业发展协会
337. 山东省济南市章丘市“绿祥”韭菜协会
338. 山东省威海市乳山市水产养殖协会
339. 山东省临沂市沂水县绿万家有机蔬菜协会

340. 山东省泰安市新泰市虫业协会
341. 山东省青岛市城阳区红岛水产养殖协会
342. 山东省聊城市茌平县小杨屯鸭业协会
343. 山东省淄博市博山天一果菜种协会（博山区）
344. 山东省烟台市芝罘区黄务街道大樱桃协会
345. 山东省滨州市滨城区小营办事处水稻协会
346. 山东省济宁市市中区唐口镇水产协会
347. 山东省潍坊市临朐县禽业协会
348. 山东省枣庄市山亭区长红枣产业化发展协会
349. 山东省泰安市岱岳区下港乡保家庄生姜专业技术研究会
350. 山东省青岛市即墨市畜牧科技协会
351. 山东省聊城市阳谷县畜牧兽医协会
352. 山东省日照市五莲县蔬菜协会
353. 山东省东营市东营区富康科技养殖协会
354. 山东省临沂市蒙阴县果业协会
355. 山东省泰安市东平县核桃发展协会
356. 山东省烟台市福山区农副产品销售协会
357. 山东省枣庄市台儿庄区穆柯寨甜桃协会
358. 山东省济宁市任城区长沟镇葡萄协会
359. 山东省潍坊市寿光市蔬菜病虫害防治协会
360. 山东省临沂市临沭县宏兴生态养殖协会
361. 山东省济宁市鱼台县老砦乡济宁利得来种猪繁育协会
362. 山东省烟台市栖霞市果品产业协会
363. 山东省德州市武城县大运发蔬菜种植技术协会
364. 山东省淄博市高青县翘嘴红鲌养殖协会
365. 山东省潍坊市高密市柴沟镇烤烟专业技术协会
366. 山东省聊城市临清市银海棉花育种协会
367. 山东省潍坊市寒亭区开元果业协会
368. 山东省烟台市海阳市果业开发协会
369. 山东省济宁市微山县鲁桥镇乌鳢养殖协会
370. 山东省潍坊市青州市何官胡萝卜协会
371. 山东省烟台市长岛县砣矶镇虾夷贝养殖协会
372. 山东省滨州市沾化县利国乡利四村优质肉羊产销协会
373. 河南省信阳市光山县茶叶协会
374. 河南省开封市尉氏县农村专业技术协会
375. 河南省洛阳市孟津县西瓜科技开发协会
376. 河南省平顶山市汝州市七里温棚蔬菜专业协会
377. 河南省安阳市文峰区宝莲寺镇崇召村瓜菜种植协会
378. 河南省鹤壁市淇滨区农村专业技术协会
379. 河南省新乡市延津县中药材种植协会
380. 河南省焦作市温县岳村乡铁棍山药协会
381. 河南省濮阳市台前县养兔协会
382. 河南省许昌市长葛市农学协会
383. 河南省漯河市召陵区农业科技推广协会
384. 河南省三门峡市渑池县尚正牛业协会
385. 河南省南阳市方城县蚕业协会
386. 河南省商丘市睢阳区冯桥乡农业种植协会
387. 河南省郑州市巩义市食用菌协会
388. 河南省周口市商水县无公害蔬菜技术协会
389. 河南省驻马店市正阳县梅营新红薯农村专业技术协会
390. 河南省济源市梨林镇范庄村养猪协会
391. 河南省郑州市登封市小苍娃绿色农产品协会
392. 河南省洛阳市洛宁县东宋乡烟叶技术协会
393. 河南省平顶山市叶县双孢菇协会
394. 河南省安阳市滑县棉花研究会
395. 河南省鹤壁市浚县农民科技专业合作协会
396. 河南省焦作市武陟县跃进薯类种植协会
397. 河南省濮阳市南乐县西邵乡红杏种植协会
398. 河南省许昌市青年食用菌生产协会（许昌县）
399. 河南省漯河市舞阳县新农绿色小麦良种种植协会
400. 河南省南阳市桐柏县程湾乡茶叶协会
401. 河南省商丘市宁陵县科技经纪人协会
402. 河南省信阳市平桥区五里镇茶叶协会
403. 河南省驻马店市驿城区奶业协会水屯分会
404. 河南省郑州市中牟县奶业协会
405. 河南省开封市开封县肉牛羊养殖新技术协会
406. 河南省平顶山市宝丰县养兔协会
407. 河南省安阳市林州市茶店乡中药材种植协会
408. 河南省新乡市牧野区无公害蔬菜生产协会
409. 河南省焦作市沁阳市禾丰养猪协会
410. 河南省濮阳市范县濮城镇养猪协会
411. 河南省许昌市禹州市翟山良种核桃种植协会
412. 河南省漯河市舞阳县侯集乡肉牛养殖协会
413. 河南省三门峡市卢氏县食用菌协会
414. 河南省南阳市西峡县食用菌生产协会
415. 河南省商丘市民权县双塔花生协会
416. 河南省信阳市潢川县羽毛产业协会
417. 河南省周口市项城市华峰养殖专业技术协会
418. 河南省驻马店市西平县食用菌协会
419. 河南省郑州市管城回族区众富养鸡协会
420. 河南省开封市杞县养羊业协会
421. 河南省洛阳市宜阳县仁用杏专业技术协会

422. 河南省新乡市卫辉市后河镇林果生产技术协会
423. 河南省新乡市新乡县高新西区李庄食用菌协会
424. 河南省南阳市内乡县养禽协会
425. 河南省商丘市虞城县优质奶牛养殖技术协会
426. 河南省信阳市淮滨县农业科技协会
427. 河南省驻马店市确山县食用菌协会
428. 河南省周口市川汇区蔬菜协会
429. 河南省郑州市新郑市鸭业养殖协会
430. 河南省洛阳市嵩县闫庄花生协会
431. 河南省濮阳市华龙区腾飞农业技术推广协会
432. 河南省郑州市上街区食用菌协会
433. 河南省洛阳市汝阳县养猪协会
434. 河南省开封市顺河回族区葡萄专业协会
435. 河南省南阳市镇平县农业高新科技协会
436. 河南省平顶山市鲁山县七里食用菌协会
437. 河南省安阳市安阳县富农薯业专业技术协会
438. 河南省濮阳市濮阳县种子协会
439. 河南省焦作市孟州市康之源蔬菜专业技术协会
440. 河南省信阳市固始县食用菌协会
441. 湖北省襄樊市老河口市苗木果品协会
442. 湖北省随州市随县马铃薯专业技术协会
443. 湖北省十堰市郧县金银花产业协会
444. 湖北省鄂州市养猪协会（鄂城区）
445. 湖北省襄樊市谷城县玉皇剑茶叶协会
446. 湖北省恩施土家族苗族自治州利川市黄连协会
447. 湖北省神农架林区木鱼镇茶叶协会
448. 湖北省仙桃市郭河镇民营养鸡协会
449. 湖北省武汉市江夏区法泗渔牧养殖技术协会
450. 湖北省十堰市丹江口市肉牛养殖业协会
451. 湖北省襄樊市宜城市花王花生协会
452. 湖北省鄂州市鄂城区路口特色蔬菜种植协会
453. 湖北省十堰市张湾区水产养殖协会
454. 湖北省十堰市竹溪县魔芋协会
455. 湖北省恩施土家族苗族自治州巴东县银杏种植专业技术协会
456. 湖北省随州市金银花专业技术协会（曾都区）
457. 湖北省黄冈市英山县中药材种植技术协会
458. 湖北省襄樊市南漳县五官山生态土鸡养殖协会
459. 湖北省随州市随县尚市镇葡萄协会
460. 湖北省襄樊市硒山养鸡专业技术协会（襄阳区）
461. 湖北省宜昌市宜都市天峡鲟鱼养殖协会
462. 湖北省仙桃市沙湖莲藕协会
463. 湖北省咸宁市兔业协会（咸安区）
464. 湖北省恩施土家族苗族自治州宣恩县玉露有机茶叶协会
465. 湖北省黄石市阳新县食用菌行业协会
466. 湖北省黄石市铁山区特种养殖种植技术协会
467. 湖北省孝感市汉川市庙头镇花卉园艺农民专业技术协会
468. 湖北省黄冈市团风县养鸡协会
469. 湖北省黄冈市罗田县胜利镇李家坳村蚕桑生产协会
470. 湖北省随州市广水市武胜关镇茶叶协会
471. 湖北省天门市蒋台益农农产品营销协会
472. 湖北省潜江市渔洋金城棉花产销协会
473. 湖北省荆门市沙洋县十里铺蛋鸡养殖协会
474. 湖北省襄樊市枣阳市平林镇油桃协会
475. 湖北省十堰市郧西县畜牧业协会
476. 湖北省潜江市蔬菜产销协会
477. 湖北省荆州市洪湖市小港管理区莲子溪村虾蟹养殖协会
478. 湖北省十堰市竹山县城关镇桥儿沟村杏李协会
479. 湖北省黄石市西塞山区苗木花卉协会
480. 湖北省武汉市汉南区邓南街养猪协会
481. 湖北省孝感市云梦县养蜂协会
482. 湖北省孝感市安陆市银杏技术协会
483. 湖北省鄂州市长港水产养殖协会（鄂城区）
484. 湖北省咸宁市崇阳县花木盆景协会
485. 湖北省恩施土家族苗族自治州咸丰县旭旺生猪养殖技术协会
486. 湖北省荆门市掇刀区优质鹅标准化生产协会
487. 湖北省黄石市黄石港区江北水产养殖技术协会
488. 湖北省宜昌市秭归县柑橘协会
489. 湖北省宜昌市当阳市两河镇农副产品产销者协会
490. 湖北省黄冈市浠水县油菜产业协会
491. 湖北省孝感市孝昌县果品产业协会
492. 湖北省宜昌市远安县鹿苑茶产业协会
493. 湖北省天门市健康村生猪养殖协会
494. 湖北省鄂州市华容区庙岭镇恒大新村优质花卉苗木繁育协会
495. 湖北省随州市曾都区养蜂技术协会
496. 湖北省荆门市钟祥市旧口砂梨产销协会
497. 湖北省咸宁市崇阳县石城镇水产养殖协会
498. 湖南省常德市安乡县果蔬科技协会
499. 湖南省湘潭市岳塘区伟鸿生态生猪产业协会
500. 湖南省永州市特种养殖专业技术协会（零陵区）
501. 湖南省常德市鼎城区灌溪镇优质稻产业协会

502. 湖南省衡阳市衡南县三塘良种肉鸽养殖技术协会
503. 湖南省邵阳市武冈市脐橙生产协会
504. 湖南省岳阳市湘阴县福湘木材协会
505. 湖南省岳阳市君山区蔬菜产销协会
506. 湖南省邵阳市城步苗族自治县下团村延季蔬菜协会
507. 湖南省娄底市涟源市祥兴油茶种植专业技术协会
508. 湖南省常德市石门县白云山有机茶协会
509. 湖南省益阳市沅江市西畔山洲垸有机农业协会
510. 湖南省湘西土家族苗族自治州古丈县化东茶叶协会
511. 湖南省永州市江华瑶族自治县食用菌专业技术合作协会
512. 湖南省张家界市慈利县岩泊渡红薯生产与加工专业协会
513. 湖南省郴州市苏仙区白鹿洞镇长冲铺村葡萄协会
514. 湖南省怀化市靖州苗族侗族自治县茯苓专业协会
515. 湖南省湘西土家族苗族自治州保靖县索源果业技术协会
516. 湖南省娄底市新化县农资科技协会
517. 湖南省益阳市安化县名特优水果技术协会
518. 湖南省岳阳市华容县肉鸽养殖协会
519. 湖南省益阳市资阳区绿色农业技术协会
520. 湖南省郴州市嘉禾县养殖业协会
521. 湖南省湘潭市湘乡市毅兴牲猪养殖协会
522. 湖南省怀化市溆浦县枣子产业协会
523. 湖南省株洲市荷塘区桂花无公害蔬菜协会
524. 湖南省永州市江永县橙类专业技术协会
525. 湖南省邵阳市北塔区养猪协会
526. 湖南省常德市临澧县汉蒙薯业协会
527. 湖南省湘西土家族苗族自治州吉首市马颈坳镇竹寨村椪柑协会
528. 湖南省邵阳市新宁县水域滩涂渔业养殖协会
529. 湖南省永州市冷水滩区西瓜协会
530. 湖南省长沙市长沙县黄兴蔬菜协会
531. 广东省茂名市高州市曹江深薯协会
532. 广东省梅州市梅县养猪协会
533. 广东省江门市江海区水产协会
534. 广东省河源市紫金县六和庄园山楂协会
535. 广东省韶关市始兴县隘子镇食用菌生产流通协会
536. 广东省清远市阳山县蔬菜行业协会
537. 广东省汕尾市红海湾经济开发区对虾养殖协会
538. 广东省佛山市三水区大塘镇蔬菜协会
539. 广东省东莞市花卉协会
540. 广东省阳江市阳春市养猪协会
541. 广西壮族自治区北海市合浦县党江海鸭蛋生产协会
542. 广西壮族自治区贺州市昭平县茶叶协会
543. 广西壮族自治区玉林市龙泉水产养殖协会（福绵管理区）
544. 广西壮族自治区贵港市覃塘区新长天木瓜协会
545. 广西壮族自治区南宁市宾阳县黎塘汇农萝卜协会
546. 广西壮族自治区来宾市金秀瑶族自治县大瑶山茶叶产业协会
547. 广西壮族自治区河池市天峨县龙滩电站库区淡水养鱼协会
548. 广西壮族自治区桂林市阳朔县漓江甲鱼养殖协会
549. 广西壮族自治区梧州市藤县西瓜协会
550. 广西壮族自治区百色市田林县八渡笋协会
551. 广西壮族自治区防城港市港口区光坡镇光坡鸡养殖协会
552. 广西壮族自治区柳州市柳江县里高镇青花梨技术协会
553. 广西壮族自治区崇左市天等县进结镇龙凤村内新种桑养蚕协会
554. 广西壮族自治区钦州市灵山县檀圩镇西瓜流通协会
555. 广西壮族自治区玉林市博白县文地镇车子铺养猪协会
556. 广西壮族自治区桂林市兴安县优质水稻种子生产协会
557. 广西壮族自治区百色市田东县祥周镇中平村无公害蔬菜协会
558. 广西壮族自治区玉林市有机农业生产协会
559. 广西壮族自治区桂林市灌阳县黑李专业技术协会
560. 广西壮族自治区防城港市东兴市马路镇大旺村无公害皇帝果产销协会
561. 广西壮族自治区贺州市平桂管理区大平瑶族乡腐竹加工协会
562. 广西壮族自治区桂林市灵川县大圩镇秦岸村委美国提子协会
563. 广西壮族自治区玉林市容县石头镇养蜂协会
564. 广西壮族自治区贵港市平南县蚕桑协会
565. 广西壮族自治区桂林市临桂县联兴养猪协会
566. 广西壮族自治区百色市靖西县旧州街刺绣技术协会
567. 广西壮族自治区柳州市得利良种猪养殖发展协会（柳北区）
568. 广西壮族自治区北海市铁山港区南康镇高田村委农副产品流通协会

569. 广西壮族自治区玉林市陆川县珊罗镇种养协会
570. 广西壮族自治区来宾市合山市河里乡河里村果蔬协会
571. 广西壮族自治区河池市金城江区甘蔗生产技术开发协会
572. 广西壮族自治区桂林市龙胜各族自治县凤鸡养殖协会
573. 广西壮族自治区梧州市养蜂协会（万秀区）
574. 广西壮族自治区百色市田阳县农产品产销协会
575. 广西壮族自治区崇左市江洲区四坝屯淡水鱼养殖协会
576. 广西壮族自治区南宁市武鸣县桂科养猪技术协会
577. 广西壮族自治区玉林市兴业县沙塘镇养殖协会
578. 广西壮族自治区百色市西林县茶叶种植营销协会
579. 广西壮族自治区桂林市资源县车田苗族乡永桦蔬果协会
580. 广西壮族自治区防城港市防城区那良镇水果蔬菜协会
581. 广西壮族自治区贵港市港南区妇女养猪协会
582. 广西壮族自治区南宁市江南区延安种植业技术协会
583. 广西壮族自治区来宾市兴宾区养蜂协会
584. 广西壮族自治区百色市凌云县陇雅村桑蚕协会
585. 广西壮族自治区河池市大化瑶族自治县水果行业协会
586. 广西壮族自治区桂林市恭城瑶族自治县西岭乡大岭山红花桃协会
587. 广西壮族自治区钦州市钦北区贵台镇洞利村松脂产业协会
588. 广西壮族自治区北海市海城区地角渔业发展促进会
589. 广西壮族自治区南宁市兴宁区三塘镇山地鸡养殖协会
590. 广西壮族自治区梧州市蒙山县名优水果产业协会
591. 广西壮族自治区贺州市八步区香菇协会
592. 广西壮族自治区河池市南丹县瑶鸡开发研究协会
593. 广西壮族自治区玉林市容县兰花协会
594. 海南省琼海市瓜菜专业技术协会
595. 海南省临高县水稻制种协会
596. 海南省海口市琼山区肉鸽协会
597. 海南省文昌市鲍鱼协会
598. 重庆市璧山县养蜂协会
599. 重庆市南川区中心辣椒协会
600. 重庆市城口县修齐镇养猪生产专业协会
601. 重庆市万州区白羊柠檬协会
602. 重庆市开县蔬菜产销协会
603. 重庆市潼南县果品生产者协会
604. 重庆市奉节县华源脐橙协会
605. 重庆市涪陵区南沱生猪养殖专业技术协会
606. 重庆市巴南区二圣水果蔬菜协会
607. 重庆市北碚区素心腊梅花专业技术协会
608. 重庆市永川区双竹渔业协会
609. 重庆市铜梁县水禽联合会
610. 重庆市万盛区茶叶协会
611. 重庆市武隆县惠众西瓜专业技术协会
612. 重庆市江津区花椒产业协会
613. 重庆市彭水苗族土家族自治县巾帼散养土鸡协会
614. 重庆市黔江区蚕桑专业技术协会
615. 重庆市荣昌县盘龙镇生姜协会
616. 重庆市云阳县上坝乡蔬菜协会
617. 四川省绵阳市北川羌族自治县羌绣协会
618. 四川省遂宁市大英县天保柚子协会
619. 四川省内江市威远县大头菜协会
620. 四川省南充市嘉陵区富华蔬菜协会
621. 四川省资阳市乐至县林果专业技术协会
622. 四川省乐山市夹江县土门海椒协会
623. 四川省泸州市合江县甜橙专业技术协会
624. 四川省德阳市中江县玉兴镇食用菌行业协会
625. 四川省乐山市峨眉山市禽业协会
626. 四川省绵阳市平武县古城野生蔬菜人工驯化专业技术协会
627. 四川省达州市宣汉县大巴山果业协会
628. 四川省绵阳市安县大竹魔芋专业协会
629. 四川省自贡市沿滩区养鸡协会
630. 四川省眉山市仁寿县方加镇水产养殖协会
631. 四川省乐山市沐川县茶叶专业技术协会
632. 四川省南充市高坪区果业协会
633. 四川省自贡市富顺县长滩镇无公害蔬菜专业协会
634. 四川省雅安市石棉县黄果柑协会
635. 四川省成都市双流县永安红提葡萄协会
636. 四川省雅安市名山县茶业协会
637. 四川省成都市蒲江县鹤山果品协会
638. 四川省成都市双流生态畜禽产业协会
639. 四川省广元市苍溪县魔芋协会
640. 四川省绵阳市盐亭县绿缘经济林果协会
641. 四川省遂宁市船山区遂宁美宁肉牛养殖协会
642. 四川省广元市朝天区羊木食用菌产业协会
643. 四川省成都市温江区大蒜专业协会

644. 四川省乐山市马边彝族自治县文楷果业协会
645. 四川省攀枝花市盐边县惠民瓜果协会
646. 四川省泸州市叙永县富康生态兔养殖专业技术协会
647. 四川省阿坝藏族羌族自治州红原县壤口乡酸奶协会
648. 四川省乐山市犍为县清溪茉莉花协会
649. 四川省巴中市平昌县铺垭苗木花卉种植协会
650. 四川省达州市万源市马铃薯协会
651. 四川省宜宾市南溪县四川白鹅养殖协会
652. 四川省成都市青白江区福洪乡优质杏产业协会
653. 四川省自贡市大安区庙坝镇肉牛养殖协会
654. 四川省成都市都江堰市猕猴桃协会
655. 四川省自贡市荣县鼎新镇蔬菜协会
656. 四川省德阳市旌阳区双东镇肉鸡养殖协会
657. 四川省宜宾市屏山县富荣镇楠木村葵瓜协会
658. 四川省广元市旺苍县万家乡黑木耳协会
659. 四川省宜宾市宜宾县双谊乡芽菜发展协会
660. 四川省广安市邻水县梨业协会
661. 四川省雅安市荥经县黄柏协会
662. 四川省阿坝藏族羌族自治州小金县沃日乡绿豌豆及绿色野生菌类真空保鲜协会
663. 四川省成都市新津县渔业协会
664. 四川省攀枝花市仁和区平地葡萄专业技术协会
665. 四川省宜宾市珙县优质种猪推广协会
666. 四川省广安市岳池县齐福兔业协会
667. 四川省广元市剑阁县花生流通协会
668. 四川省南充市南部县兴盛乡蚕业技术协会
669. 四川省雅安市芦山县中林有机魔芋协会
670. 四川省阿坝藏族羌族自治州金川县秦艽种植技术协会
671. 四川省凉山彝族自治州德昌县六所乡土门子果树协会
672. 四川省德阳市罗江县鄢家园艺协会
673. 四川省攀枝花市米易县草场乡枇杷专业技术协会
674. 四川省宜宾市长宁县长宁优质专用粮油产业化发展协会
675. 四川省广安市武胜县蚕桑协会
676. 四川省遂宁市射洪县郑葛养猪协会
677. 四川省凉山彝族自治州金阳县木府乡龙王庙青花椒协会
678. 四川省巴中市通江县梁山干果产销协会
679. 四川省成都市金堂县三溪镇脐橙产业协会
680. 四川省泸州市龙马潭区魏园生姜专业技术协会
681. 四川省达州市达县苎麻产业技术协会
682. 四川省凉山彝族自治州宁南县蚕桑生产技术协会
683. 四川省甘孜藏族自治州炉霍县宜木乡虾拉沱金鹿种养殖协会
684. 四川省成都市大邑县三岔镇编织业协会
685. 四川省达州市开江县兴旺养猪协会
686. 四川省眉山市彭山县公义镇中药材协会
687. 四川省甘孜藏族自治州九龙县牦牛种牛生产协会
688. 四川省资阳市简阳市东溪镇生态农业科技产业化协会
689. 四川省甘孜藏族自治州乡城县白坝村核桃销售协会
690. 四川省南充市仪陇县生猪产业发展协会
691. 四川省甘孜藏族自治州泸定县冷碛镇梅子坪村渐强坚果种植专业协会
692. 四川省攀枝花市米易县优质油桃协会
693. 四川省泸州市纳溪区天仙镇枇杷专业技术协会
694. 四川省德阳市旌阳区养殖技术协会
695. 四川省成都市蒲江县大兴果品协会
696. 四川省泸州市泸县兆雅镇花卉园林协会
697. 四川省自贡市贡井区白庙镇果树协会
698. 四川省广元市元坝区紫云猕猴桃协会
699. 四川省阿坝藏族羌族自治州马尔康县梭磨蔬菜协会
700. 四川省巴中市平昌县驷马富强生猪养殖协会
701. 四川省内江市隆昌县界市麻竹协会
702. 四川省眉山市青神县椪柑协会
703. 四川省宜宾市兴文县兴文石海花椒产业协会
704. 四川省绵阳市三台县古井镇枇杷专业技术协会
705. 四川省遂宁市蓬溪县宝梵原生态鹅协会
706. 四川省乐山市沙湾区范店中药材协会
707. 四川省达州市通川区复兴板桥瓜果协会
708. 四川省资阳市安岳县鑫源柠檬协会
709. 四川省雅安市名山县蚕桑协会
710. 贵州省黔南布依族苗族自治州龙里优丰果业协会
711. 贵州省黔东南苗族侗族自治州麻江县高山冷凉蔬菜专业技术协会
712. 贵州省安顺市普定县城关镇新堡村科技养殖协会
713. 贵州省贵阳市息烽县流长乡前奔经果林协会
714. 贵州省毕节地区大方县大方镇对江村蔬菜协会
715. 贵州省六盘水市六枝特区郎岱酱业协会
716. 贵州省黔西南布依族苗族自治州普安县江西坡果蔬协会
717. 贵州省黔东南苗族侗族自治州锦屏县茅坪镇香橘协会

718. 贵州省黔南布依族苗族自治州惠水县大龙乡生姜种植协会
719. 贵州省贵阳市白云区沙文镇扁山村蔬菜种植营销协会
720. 贵州省黔西南布依族苗族自治州贞丰县连环砂仁专业经济合作协会
721. 贵州省铜仁地区松桃苗族自治县孟溪镇香菇协会
722. 贵州省黔南布依族苗族自治州三都水族自治县大河镇养猪营销协会
723. 贵州省毕节地区毕节市梨树镇平乡村辣椒协会
724. 贵州省铜仁地区思南县华丰果蔬专业技术协会
725. 贵州省黔东南苗族侗族自治州镇远县羊坪镇龙塘村下虎坪沼气协会
726. 贵州省贵阳市花溪区盐菜协会
727. 贵州省遵义市道真仡佬族苗族自治县茶叶产业协会
728. 贵州省黔南布依族苗族自治州贵定县新铺乡晓丰村生态烤烟种植协会
729. 贵州省六盘水市水城县发耳果蔬专业协会
730. 贵州省铜仁地区德江县养蜂协会
731. 贵州省安顺市西秀区刘官南翠山药协会
732. 贵州省黔东南苗族侗族自治州岑巩县养猪协会
733. 贵州省黔南布依族苗族自治州荔波县玉屏镇果蔬协会
734. 贵州省黔东南苗族侗族自治州丹寨县牛角山茶叶协会
735. 贵州省遵义市务川仡佬族苗族自治县濯水镇反季节蔬菜协会
736. 贵州省黔东南苗族侗族自治州从江县柑橘协会
737. 贵州省贵阳市开阳县楠木渡镇楠木渡村养猪协会
738. 贵州省铜仁地区石阡县甘溪乡甘溪村茶叶协会
739. 贵州省安顺市紫云苗族布依族自治县林下种草养鸡协会
740. 贵州省黔南布依族苗族自治州都匀市平浪镇香米协会
741. 贵州省贵阳市乌当区头堡村蔬菜协会
742. 贵州省铜仁地区玉屏侗族自治县平溪镇皂角坪食用菌协会
743. 贵州省六盘水市钟山区大湾镇海开村金秋梨种植技术协会
744. 贵州省遵义市汇川区高坪镇大坡葡萄协会
745. 云南省昆明市官渡区坤华种植养殖技术协会
746. 云南省楚雄彝族自治州楚雄市干田优质梨协会
747. 云南省大理白族自治州巍山彝族回族自治县扎染协会
748. 云南省玉溪市江川县天丽脱水蔬菜产销协会
749. 云南省红河哈尼族彝族自治州建水县临安镇马军村果蔬协会
750. 云南省文山壮族苗族自治州麻栗坡县八布乡小粒咖啡协会
751. 云南省普洱市墨江哈尼族自治县渔业产业协会
752. 云南省昭通市彝良县小草坝乡蔬菜协会
753. 云南省保山市隆阳区中药材种植发展协会
754. 云南省德宏傣族景颇族自治州陇川县食用菌协会
755. 云南省丽江市玉龙纳西族自治县太安乡农产品营销研究协会
756. 云南省临沧市沧源佤族自治县勐省镇和平村甘蔗产业协会
757. 云南省昭通市镇雄县乌峰镇果蔬协会
758. 云南省玉溪市通海县花卉协会
759. 云南省昆明市安宁市太平镇塘房养猪协会
760. 云南省红河哈尼族彝族自治州蒙自县草坝果蔬种植协会
761. 云南省曲靖市宣威市倘塘镇果树协会
762. 云南省曲靖市陆良县马街生猪营销协会
763. 云南省曲靖市师宗县花卉协会
764. 云南省文山壮族苗族自治州马关县蔑厂乡草果产业发展协会
765. 云南省丽江市永胜县程海林果技术经济合作协会
766. 云南省楚雄彝族自治州牟定县茶叶协会
767. 云南省楚雄彝族自治州姚安县农哈哈食用菌产业协会
768. 云南省临沧市云县大寨镇花木协会
769. 云南省普洱市景谷傣族彝族自治县益智橡胶专业技术协会
770. 云南省玉溪市红塔区春和镇养殖研究会
771. 云南省昆明市东川区志旺种植养殖协会
772. 云南省玉溪市澄江县提古农民专业技术协会
773. 云南省玉溪市华宁县柿子协会
774. 云南省玉溪市元江哈尼族彝族傣族自治县花卉协会
775. 云南省红河哈尼族彝族自治州弥勒县弥阳镇大庄草莓药材协会
776. 云南省红河哈尼族彝族自治州石屏县宝秀镇养殖协会
777. 云南省红河哈尼族彝族自治州个旧市锡城镇戈贾绿色产业协会

778. 云南省昭通市盐津县乌骨鸡农村协会
779. 云南省文山壮族苗族自治州砚山县稼依辣椒产业发展协会
780. 云南省文山壮族苗族自治州西畴县坪寨土纸特色产业发展协会
781. 云南省曲靖市罗平县板桥镇黄姜生产加工及营销协会
782. 云南省楚雄彝族自治州大姚县百草岭蜂产业协会
783. 云南省普洱市景东彝族自治县景范村水产养殖研究会
784. 云南省普洱市镇沅彝族哈尼族拉祜族自治县田坝乡李家村养猪协会
785. 云南省德宏傣族景颇族自治州盈江县卡场镇草果协会
786. 云南省大理白族自治州祥云县彩云红梨协会
787. 云南省大理白族自治州南涧彝族自治县斯须乐茶叶协会
788. 云南省大理白族自治州漾濞彝族自治县苍山西镇沙河大箐核桃产业协会
789. 云南省保山市龙陵县石斛协会
790. 云南省保山市施甸县承德果蔬协会
791. 云南省德宏傣族景颇族自治州梁河县河西乡蔬菜技术经济合作协会
792. 云南省临沧市凤庆县凤山镇安石村茶叶产业协会
793. 云南省德宏傣族景颇族自治州潞西市风平镇法帕村奶水牛协会
794. 云南省大理白族自治州宾川县拉乌彝族乡拉乌核桃研究协会
795. 云南省丽江市华坪县兴农蔬菜开发协会
796. 云南省玉溪市新平彝族傣族自治县养猪专业技术协会
797. 云南省迪庆藏族自治州香格里拉县建塘镇藏猪养殖协会
798. 云南省迪庆藏族自治州维西傈僳族自治县叶枝镇梓里村葡萄种植协会
799. 云南省楚雄彝族自治州双柏县生猪养殖协会
800. 云南省临沧市耿马傣族佤族自治县四排山乡关弄村核桃产业协会
801. 云南省临沧市永德县大山乡泡核桃产业协会
802. 云南省保山市昌宁县柯街嘉肴蔬菜专业技术协会
803. 云南省曲靖市宣威市龙场镇养猪业协会
804. 云南省临沧市镇康县军赛乡忙吉利村橡胶协会
805. 云南省昆明市呈贡县洛羊镇家禽养殖协会
806. 云南省昭通市鲁甸县生猪产业发展协会
807. 云南省楚雄彝族自治州元谋县利明脱水蔬菜生产协会
808. 云南省普洱市宁洱哈尼族彝族自治县宁洱镇民主村肉猪养殖协会
809. 云南省红河哈尼族彝族自治州屏边苗族自治县玉屏镇半坡村委会石斛种植农技协
810. 云南省曲靖市沾益县西平镇庄家湾畜牧养殖协会
811. 云南省大理白族自治州剑川县林果研究协会
812. 云南省迪庆藏族自治州香格里拉县高原坝区油菜种植协会
813. 云南省德宏傣族景颇族自治州盈江县咖啡协会
814. 云南省楚雄彝族自治州永仁县仔猪营销协会
815. 云南省昆明市官渡区大板桥镇一朵云菜豌豆种植技术协会
816. 云南省曲靖市麒麟区白石江街道黄家庄葡萄种植技术协会
817. 云南省临沧市临翔区坝胡村农民养猪协会
818. 云南省玉溪市江川县九溪镇六十亩花卉专业技术协会
819. 云南省红河哈尼族彝族自治州金平苗族瑶族傣族自治县金河镇白马河石斛协会
820. 云南省文山壮族苗族自治州富宁县剥隘镇甲村村委会标村甘蔗协会
821. 云南省大理白族自治州鹤庆县草海镇新华民族手工艺品协会
822. 云南省保山市龙陵县象达牛羊养销协会
823. 云南省丽江市玉龙纳西族自治县白麦村种养殖业经济合作协会
824. 云南省楚雄彝族自治州武定县食用菌协会
825. 云南省昆明市宜良县花卉协会
826. 云南省昭通市昭阳区乐居乡养猪协会
827. 云南省楚雄彝族自治州元谋县种子产业协会
828. 云南省临沧市耿马傣族佤族自治县大兴乡大兴村核桃产业协会
829. 云南省玉溪市新平彝族傣族自治县桂山镇古城村白家寨生姜研究会
830. 云南省文山壮族苗族自治州麻栗坡县杨万茶叶协会
831. 云南省保山市昌宁县翁堵乡茶叶专业协会
832. 西藏自治区拉萨市堆龙德庆县农民营销协会
833. 西藏自治区林芝地区朗县朗香农畜产品协会
834. 西藏自治区山南地区隆子县隆子奶牛协会
835. 西藏自治区日喀则地区江孜县热索乡乃莎养猪协会

836. 西藏自治区日喀则地区南木林县艾玛乡马铃薯机械化作业协会
837. 陕西省宝鸡市凤翔县丰椒源辣椒协会
838. 陕西省咸阳市淳化县食用菌协会
839. 陕西省渭南市富平县柿饼花椒产业协会
840. 陕西省榆林市佳县手工挂面协会
841. 陕西省汉中市宁强县食用菌协会
842. 陕西省安康市岚皋县溢河乡高桥村魔芋协会
843. 陕西省商洛市丹凤县聚农生态养殖协会
844. 陕西省商洛市商南县富水镇邵山茶叶协会
845. 陕西省西安市灞桥区东李樱桃协会
846. 陕西省西安市蓝田县华胥镇娲氏杏果专业协会
847. 陕西省西安市阎良区养蜂协会
848. 陕西省西安市周至县楼观镇周一村猕猴桃协会
849. 陕西省铜川市宜君县有机核桃产业协会
850. 陕西省渭南市蒲城县鑫秦绿色果蔬发展协会
851. 陕西省延安市延长县长丰草业养殖协会
852. 陕西省汉中市洋县湑水镇无公害生猪生产营销协会
853. 陕西省汉中市勉县张家河乡大鲵保护与发展协会
854. 陕西省汉中市城固县五堵镇金牛村农民茶叶技术协会
855. 陕西省安康市石泉县中坝乡柏桥村蚕桑协会
856. 陕西省商洛市镇安县庙沟乡五一蚕桑协会
857. 陕西省商洛市商州区刘湾虫子鸡特色生态养殖产业协会
858. 陕西省商洛市洛南县保安豆腐干协会
859. 陕西省宝鸡市岐山县驸马庄养殖业协会
860. 陕西省宝鸡市眉县葡萄协会
861. 陕西省宝鸡市陇县河北乡核桃产业协会
862. 陕西省咸阳市礼泉县肖山石榴协会
863. 陕西省咸阳市永寿县成桥中药协会
864. 陕西省咸阳市秦都区马庄镇红薯产业协会
865. 陕西省渭南市临渭区官道冬枣协会
866. 陕西省榆林市吴堡县红枣专业技术协会
867. 陕西省榆林市靖边县宁条梁镇农民洋芋协会
868. 陕西省汉中市南郑县湘水镇山药协会
869. 陕西省汉中市留坝县西洋参种植协会
870. 陕西省汉中市镇巴县兴隆茶叶协会
871. 陕西省安康市紫阳县汉王镇柑橘产业协会
872. 陕西省安康市白河县中厂镇新厂村养猪专业协会
873. 陕西省西安市未央区果业协会
874. 陕西省咸阳市旬邑县车村绿琪有机苹果生产协会
875. 陕西省咸阳市兴平市养蜂协会
876. 陕西省铜川市王益区周家村苹果协会
877. 陕西省渭南市韩城市花椒协会
878. 陕西省延安市富县钳二乡上良村果农协会
879. 陕西省延安市子长县中药材协会
880. 陕西省延安市甘泉县石门乡魏家沟村蔬菜协会
881. 陕西省榆林市横山县波罗镇惠民养殖协会
882. 陕西省安康市宁陕县城关镇龙泉大鲵养殖协会
883. 陕西省安康市石泉县城关镇堡子村草莓协会
884. 陕西省宝鸡市陈仓区秦龙杂果科技协会
885. 陕西省宝鸡市千阳县南寨镇蚕桑协会
886. 陕西省咸阳市泾阳县云阳地区蔬菜技术协会
887. 陕西省咸阳市乾县乾礼兴合果业协会
888. 陕西省渭南市大荔县双泉瓜果产销协会
889. 陕西省渭南市潼关县高桥乡桃林寨村芦笋专业协会
890. 陕西省渭南市华县姜田大棚果菜协会
891. 陕西省延安市洛川县杨舒乡南杨舒果农协会
892. 陕西省榆林市神木县锦莲兔业协会
893. 陕西省榆林市子洲县曹砭村黄芪种植专业技术协会
894. 陕西省榆林市清涧县下廿里铺粉条产业协会
895. 陕西省榆林市佳县粉条加工协会
896. 陕西省安康市平利县正阳中药材规范化种植协会
897. 陕西省安康市汉阴县绿康农业科技推广协会
898. 陕西省安康市宁陕县汤坪镇食用菌协会
899. 陕西省安康市汉滨区食用菌协会
900. 陕西省商洛市山阳县富民生态农业协会
901. 陕西省杨凌农业高新技术产业示范区杨陵区创新果友协会
902. 陕西省西安市户县山野果业协会
903. 陕西省宝鸡市金台区马家塬葡萄协会
904. 陕西省咸阳市渭城区正阳禽业协会
905. 陕西省渭南市合阳县梁山食用菌产业专业协会
906. 陕西省渭南市白水县绿瑞果业协会
907. 陕西省延安市宝塔区青化砭镇中庄养殖协会
908. 陕西省延安市黄陵县田庄镇月子塬村果农协会
909. 陕西省榆林市神木县阳光种养殖协会
910. 甘肃省天水市武山县果农协会
911. 甘肃省白银市会宁县小杂粮产业协会
912. 甘肃省武威市天梯山人参果产业协会（凉州区）
913. 甘肃省张掖市山丹县奥尔丹肉牛养殖协会
914. 甘肃省张掖市临泽县倪家营乡玉米制种协会
915. 甘肃省临夏回族自治州临夏县葫芦种植协会
916. 甘肃省天水市麦积区朝阳村果农协会
917. 甘肃省武威市民勤县瓜产业协会

918. 甘肃省临夏回族自治州和政县宁远种猪养殖协会
919. 甘肃省平凉市庄浪县养猪协会
920. 甘肃省定西市漳县苹果矮化密植协会
921. 甘肃省庆阳市宁县春荣白公村养猪协会
922. 甘肃省陇南市成县店村镇蔬菜协会
923. 甘肃省定西市安定区李家堡镇马铃薯协会
924. 甘肃省临夏回族自治州东乡族自治县东塬育苗协会
925. 甘肃省张掖市高台县棉花协会
926. 甘肃省定西市通渭县襄南乡高店村养殖协会
927. 甘肃省兰州市永登县苦水玫瑰协会
928. 甘肃省庆阳市环县鸿康中药材产业协会
929. 甘肃省嘉峪关市兴农果蔬协会
930. 甘肃省金昌市永昌县养羊协会
931. 甘肃省白银市白银区水川镇桦皮川村蔬菜协会
932. 甘肃省定西市渭源县林业种苗技术协会
933. 甘肃省天水市秦州区中梁乡果品产业协会
934. 甘肃省武威市古浪县黄灌区养猪协会
935. 甘肃省陇南市文县中寨乡纹党专业协会
936. 甘肃省酒泉市肃州区金霞妇女养殖专业技术协会
937. 甘肃省平凉市静宁县仁大果农协会
938. 甘肃省定西市陇西县福星镇洋芋运销协会
939. 甘肃省庆阳市华池县兔业协会
940. 甘肃省武威市天祝藏族自治县食用菌协会
941. 甘肃省庆阳市镇原县孟坝镇瓜菜协会
942. 甘肃省平凉市泾川县羊业协会
943. 甘肃省陇南市苦荞专业技术协会（武都区）
944. 甘肃省天水市甘谷县磐安镇辣椒协会
945. 甘肃省酒泉市敦煌市李广杏协会
946. 甘肃省临夏回族自治州积石山保安族东乡族撒拉族自治县正大养鸡业协会
947. 甘肃省白银市景泰县中泉黄河石林果业协会
948. 青海省海东地区乐都县马铃薯协会
949. 青海省西宁市湟中县共和镇苏尔吉蔬菜营销协会
950. 青海省海东地区民和回族土族自治县川口镇南庄子养殖协会
951. 青海省海北藏族自治州刚察县察拉村草业协会
952. 青海省海北藏族自治州祁连县祁连山草原牦牛繁育协会
953. 青海省海东地区乐都县雨润大蒜协会
954. 青海省西宁市湟中县油桃种植协会
955. 青海省西宁市大通回族土族自治县沙棘协会
956. 青海省海南藏族自治州贵德县河西镇贺尔加村良种猪养殖协会
957. 青海省海东地区民和回族土族自治县花卉协会
958. 青海省海东地区互助土族自治县生态技术服务协会
959. 青海省海东地区化隆回族自治县甘都镇薄皮核桃协会
960. 宁夏回族自治区固原市西吉县蔬菜协会
961. 宁夏回族自治区固原市泾源县兴盛乡下金村养牛协会
962. 宁夏回族自治区吴忠市同心县农产品营销协会
963. 宁夏回族自治区中卫市海原县农丰种养殖专业协会
964. 宁夏回族自治区银川市贺兰县金贵镇螺丝菜产销协会
965. 宁夏回族自治区固原市彭阳县朝那乌鸡养殖协会
966. 宁夏回族自治区石嘴山市平罗县绿丰农副产品流通协会
967. 宁夏回族自治区吴忠市青铜峡市广武林果产业协会
968. 宁夏回族自治区银川市灵武市郝家桥镇王家嘴蔬菜协会
969. 宁夏回族自治区中卫市中宁县枸杞统防统治协会
970. 宁夏回族自治区吴忠市利通区金积镇芦沟闸村奶牛养殖协会
971. 新疆维吾尔自治区伊犁哈萨克自治州巩留县阿尕尔森乡沙尔乌泽克村林果协会
972. 新疆维吾尔自治区塔城地区沙湾县东湾镇玉米制种协会
973. 新疆维吾尔自治区阿勒泰地区布尔津县杜来提乡大豆协会
974. 新疆维吾尔自治区克拉玛依市克拉玛依区小拐乡榆树村花卉苗木种植协会
975. 新疆维吾尔自治区博尔塔拉蒙古自治州博乐市棉花种植管理服务协会
976. 新疆维吾尔自治区昌吉回族自治州玛纳斯县凉州户镇葡萄协会
977. 新疆维吾尔自治区乌鲁木齐市米东区养殖业协会
978. 新疆维吾尔自治区哈密地区山南众鑫养殖协会
979. 新疆维吾尔自治区巴音郭楞蒙古自治州轮台县杏子专业技术协会
980. 新疆维吾尔自治区阿克苏地区阿克苏市喀拉塔勒镇棉花专业技术协会
981. 新疆维吾尔自治区克孜勒苏柯尔克孜自治州阿合奇县牙朗奇村绒山羊良种繁育协会
982. 新疆维吾尔自治区喀什地区疏勒县库木西力克乡特色农产品协会
983. 新疆维吾尔自治区和田地区和田市吉亚乡艾德

莱斯绸专业技术协会
984. 新疆维吾尔自治区乌鲁木齐市乌鲁木齐县水西沟镇农家乐旅游专业协会
985. 新疆维吾尔自治区伊犁哈萨克自治州新源县哈拉布拉乡阿克俄依村种植协会
986. 新疆维吾尔自治区塔城地区额敏县玛热勒苏乡红花、番茄、打瓜、大豆农民协会
987. 新疆维吾尔自治区阿勒泰地区富蕴县喀拉通克乡大棚蔬菜协会
988. 新疆维吾尔自治区昌吉回族自治州呼图壁县二十里店镇奶牛养殖协会
989. 新疆维吾尔自治区乌鲁木齐市青格达湖乡联合蔬菜种植协会
990. 新疆维吾尔自治区巴音郭楞蒙古自治州和硕县乌什塔拉乡兴合养猪协会
991. 新疆维吾尔自治区喀什地区岳普湖县孜然协会
992. 新疆维吾尔自治区和田地区策勒县达玛沟乡蔬菜大棚专业技术协会
993. 新疆维吾尔自治区喀什地区疏附县林果业协会
994. 新疆维吾尔自治区昌吉回族自治州吉木萨尔县泉子街镇小浆果协会
995. 新疆维吾尔自治区伊犁哈萨克自治州察布查尔锡伯自治县天山马鹿养殖协会
996. 新疆维吾尔自治区和田地区民丰县甜瓜协会
997. 新疆维吾尔自治区阿克苏地区温宿县核桃协会
998. 新疆生产建设兵团农三师 48 团果农协会
999. 新疆生产建设兵团农四师 71 团蔬菜专业经济协会
1000. 新疆生产建设兵团农六师 101 团蔬菜协会

（二）农村科普示范基地

1. 北京市密云县京郊农村“4050”人员培训就业科普示范基地
2. 北京市延庆县刘斌堡大枣科普基地
3. 天津市蓟县孙各庄满族乡优质核桃基地
4. 天津市大港区海水养殖科普示范基地
5. 河北省邯郸市武安市金诺牧业科普示范基地
6. 河北省恒业薄皮核桃基地（邢台市临城县）
7. 河北省唐山市迁西县栗蘑无公害标准化示范基地
8. 河北省石家庄市平山县东方巨龟苑科普示范基地
9. 河北省石家庄市昊源林果场（井陉矿区）
10. 河北省张家口市宣化县洋河南兴隆养殖基地
11. 河北省衡水市阜城县红樱桃瓜菜科普示范基地
12. 河北省廊坊市三河市占路优良种猪改良站基地
13. 河北省保定市安国市中药材标准化种植示范基地
14. 河北省邢台市邢台县弘隆苹果科普示范基地
15. 河北省保定市徐水县森泰林业有限公司立体开发科普示范基地
16. 河北省秦皇岛市海港区向华果树种植服务部
17. 河北省唐山市滦南县 V 字形日光温室科普示范基地
18. 山西省太原市清徐县利兵种植科普示范基地
19. 山西省阳泉市平定县糯玉米生产加工基地
20. 山西省临汾市侯马市鸿舟银杏生物食品有限公司凤城乡银杏示范基地
21. 山西省忻州市五台县东冶镇五级村高科核桃种植科普示范基地
22. 山西省吕梁市岚县大蛇头乡绒山羊养殖基地
23. 山西省大同市阳高县龙泉镇兴农蔬菜日光温室
24. 山西省太原市东来生态园有限公司科普示范基地（杏花岭区）
25. 山西省忻州市繁峙县杏园乡南关生物多样性绿化科普示范基地
26. 山西省吕梁市交城县大辛实验种鸡场科普示范基地
27. 山西省长治市黎城县九龙山养殖科普示范基地
28. 山西省运城市盐湖区金井乡绿野蔬菜科普示范基地
29. 山西省忻州市岢岚县富民高科技种植秸秆生物反应堆技术科普示范基地
30. 山西省晋中市介休市瑞兴科技养殖园区
31. 山西省晋中市寿阳县宗艾镇康达豆制品厂科普示范基地
32. 山西省晋中市昔阳县清漳源蔬菜科普示范基地
33. 内蒙古自治区呼和浩特市武川县圣丰绿色农产品科普示范基地
34. 内蒙古自治区呼和浩特市新城区保合少镇高效农业综合利用科普示范基地
35. 内蒙古自治区包头市土默特右旗农牧业科技园区科普示范基地
36. 内蒙古自治区呼伦贝尔市陈巴尔虎旗珠儿苏木山丹花奶牛科普示范基地
37. 内蒙古自治区呼伦贝尔市根河市利民食用菌产销科普示范基地
38. 内蒙古自治区兴安盟乌兰浩特市太本站白绒山羊科普示范基地
39. 内蒙古自治区通辽市奈曼旗沙日浩来镇高效设施农业科普示范基地
40. 内蒙古自治区通辽市科尔沁区育新镇小三合兴村圆葱基地
41. 内蒙古自治区赤峰市喀喇沁旗赤峰荣兴堂药业有

限公司中蒙药材种植科普示范基地
42. 内蒙古自治区赤峰市巴林左旗林东镇蔬菜基地
43. 内蒙古自治区锡林郭勒盟正镶白旗满达拉图肉牛育肥基地
44. 内蒙古自治区鄂尔多斯市杭锦旗呼和木独镇肉苁蓉人工培育科普示范基地
45. 内蒙古自治区乌兰察布市商都县绿娃农业科普示范基地
46. 内蒙古自治区鄂尔多斯市准格尔旗周玉莲无公害农产品科普示范基地
47. 内蒙古自治区巴彦淖尔市临河区八一联丰科普示范基地
48. 辽宁省阜新市彰武县养猪科普基地
49. 辽宁省沈阳市康平县沙金杏果科普示范基地
50. 辽宁省葫芦岛市建昌县小德营子乡棚菜生产示范基地
51. 辽宁省朝阳市朝阳县食用菌科普示范基地
52. 辽宁省辽阳市辽阳县长寿沟科普示范基地
53. 辽宁省大连市旅顺口区绿鑫果蔬专业技术协会科普示范基地
54. 辽宁省抚顺市新宾满族自治县香菇生产科普示范基地
55. 辽宁省鞍山市台安县西佛镇冷棚西瓜生产基地
56. 辽宁省本溪市桓仁满族自治县大玉科技种业蔬菜种子繁育示范基地
57. 辽宁省营口市盖州市果业协会科普示范基地
58. 辽宁省锦州市义县职业教育中心生态养殖种植科普示范基地
59. 辽宁省丹东市宽甸满族自治县柱参协会科普示范基地
60. 辽宁省盘锦市盘山县高升南关万亩科普示范基地
61. 吉林省吉林市舒兰市天永有机食品科普示范培训基地
62. 吉林省辽源市农业科普示范基地（东辽县）
63. 吉林省长春市二道区千亩绿色无公害蔬菜基地
64. 黑龙江省哈尔滨市五常市喜春大豆超高产示范基地
65. 黑龙江省牡丹江市林口县“以琳”自然养禽科普示范基地
66. 黑龙江省黑河市北安市赵光镇东丰村万亩麦豆轮作示范基地
67. 黑龙江省大兴安岭地区呼玛县松涛鹿苑梅花鹿养殖及产品深加工示范基地
68. 黑龙江省双鸭山市饶河县蔬菜种植出口科普示范基地
69. 上海市宝山区陈行村科普示范基地
70. 江苏省徐州市铜山县江苏久久汇泉集团徐州久久农业科技发展有限公司科普示范基地
71. 江苏省天目湖生态农业有限公司科普示范基地（常州市溧阳市）
72. 江苏省连云港市灌南县天顺牧业有限公司科普基地
73. 江苏省苏州市吴江市东之田木农业生态园科普示范基地
74. 江苏省泰州市靖江市新胜野猪驯养养殖基地
75. 江苏省盐城市大丰市草庙镇圩东村林果基地
76. 江苏省镇江市句容市戴庄有机农业科普示范基地
77. 江苏省扬州市邗江区公道特种水产品生态养殖示范基地
78. 江苏省南通市海景农业科技发展有限公司通州景瑞农业现代产业园科普示范基地（通州区）
79. 浙江省宁波市振宁牧业有限公司科普示范基地（宁海县）
80. 浙江省海宁市尖山水果科普示范基地（嘉兴市）
81. 浙江省舟山市嵊泗县海洋科技开发服务中心
82. 浙江省晨龙太空农业科技园有限公司科普示范基地（丽水市缙云县）
83. 安徽省合肥市肥东县元疃丰宝生态农业示范园
84. 安徽省黄山市屯溪区黎阳新江无公害蔬菜基地
85. 安徽省宣城市绩溪县绿色农产品科普示范基地
86. 安徽省巢湖市含山县陶厂镇无公害生姜科普示范基地
87. 安徽省巢湖市无为县三缘养殖实业有限责任公司白鹅标准化养殖示范基地
88. 安徽省宣城市旌德县“中国肉牛一号”养殖科普示范基地
89. 安徽省宿州市灵璧县养鸭协会科普示范基地
90. 安徽省池州市贵池区梅里生态米业有机富硒稻科普示范基地
91. 安徽省滁州市定远县永康镇养鸡协会科普示范基地
92. 安徽省黄山市黟县五溪山有机茶科普示范基地
93. 安徽省六安市寿县板桥席草科普示范基地
94. 安徽省阜阳市太和县东方现代蔬菜种植协会科普示范基地
95. 福建省龙岩市漳平市永福杜鹃花科普示范基地
96. 福建省厦门市同安区文水生态农业园
97. 福建省福州市平潭县绿升综合农业有限公司科普示范基地
98. 福建省南平市延平区高坪闽北毛竹科普示范基地
99. 福建省泉州市惠安县紫山镇向阳林果综合场
100. 福建省三明市梅列区紫杉生物技术开发中心
101. 福建省宁德市霞浦县长沙村弹涂鱼科普示范基地
102. 福建省泉州市德化县春美十八格农场

103. 福建省漳州市华安县平溪植物园
104. 福建省莆田市华林蔬菜基地有限公司（涵江区）
105. 江西省吉安市安福县天锦肉牛养殖育肥基地
106. 江西省景德镇市乐平市黎光无公害稻米生产科普示范基地
107. 江西省吉安市青原区富田镇陂下蔬菜制种基地
108. 江西省九江市都昌县乡村果蔬早熟梨科普示范基地
109. 江西省新余市渝水区水北镇欣怡铁观音有机茶科普示范基地
110. 江西省抚州市黎川县木草生态猪开发有限责任公司生态猪养殖科普示范基地
111. 江西省鹰潭市贵溪市笋用竹科普示范基地
112. 江西省九江市永修县龙井梨业科普示范基地
113. 江西省赣州市龙南县桃江乡窑头村商品蔬菜科普示范基地
114. 江西省萍乡市天绿现代农业发展有限公司科普示范基地（上栗县）
115. 江西省赣州市寻乌县黄畲果园科普示范基地
116. 江西省上饶市余干县瑞洪生态渔业科普示范基地
117. 江西省宜春市宜丰县有机绿茶科普示范基地
118. 江西省赣州市全南县大吉山镇巨峰葡萄示范基地
119. 山东省临沂市苍山县会宝山生态产业科普示范基地
120. 山东省东营市广饶县丁庄镇万亩高效生态农业示范基地
121. 山东省烟台市莱山区天星航天育种科普示范基地
122. 山东省淄博市周村区秸秆养藕科普示范基地
123. 山东省德州市夏津县绿帝林果科普示范基地
124. 山东省济宁市邹城市食用菌试验示范基地
125. 山东省临沂市罗庄区临沂效峰菌业有限公司食用菌示范基地
126. 山东省滨州市惠民县农兴种业抗虫杂交棉科普示范基地
127. 山东省滨州市无棣县林牧渔生态立体农业示范基地
128. 山东省青岛市花都园林科普示范园（黄岛区）
129. 山东省青岛市特色作物科普示范基地（即墨市）
130. 山东省临沂市郯城县新村乡银杏 GAP 采叶圃标准化示范基地
131. 山东省菏泽市曹县芦笋科普示范基地
132. 山东省聊城市莘县黄金梨标准化生产基地
133. 山东省济南市彩石科普示范基地（历城区）
134. 山东省枣庄市薛城区周营镇无公害蔬菜示范基地
135. 山东省聊城市高唐县鱼丘湖街道办事处良种猪繁育基地
136. 山东省潍坊市临朐县特色农业科普示范基地
137. 山东省枣庄市峄城区阴平镇大枣科普示范基地
138. 山东省济南市济阳县垛石镇番茄科普示范基地
139. 山东省滨州市邹平县高新办东吕村大棚蔬菜基地
140. 山东省德州市德城区凯瑞肉鸡养殖基地
141. 河南省郑州市荥阳市王村镇留村无公害蔬菜科普示范基地
142. 河南省开封市金明区开封大地无公害蛋鸡养殖科普示范基地
143. 河南省洛阳市新安县万山湖辣椒示范基地
144. 河南省平顶山市舞钢市天成肉鸽养殖示范基地
145. 河南省安阳市内黄县枣相情无公害红枣科普示范基地
146. 河南省周口市鹿邑县草编加工示范基地
147. 河南省焦作市和丰生猪无公害生产基地（修武县）
148. 河南省濮阳市濮阳县柳屯镇绿色果蔬种植科普示范基地
149. 河南省许昌市襄城县尚庄大棚瓜菜科普示范基地
150. 河南省漯河市郾城区绿光生物科技示范基地
151. 河南省三门峡市义马市清风山大樱桃种植示范基地
152. 河南省南阳市邓州市土山羊养殖示范基地
153. 河南省商丘市永城市鱼山高新农业技术试验示范基地
154. 河南省信阳市罗山县灵山镇董桥茶场
155. 河南省濮阳市清丰县阳邵乡林卜经济科普示范基地
156. 河南省洛阳市偃师市绿惠苑果业葡萄基地
157. 河南省周口市淮阳县现代农业科普示范基地
158. 河南省商丘市宁陵县富民葡萄韭菜生产示范基地
159. 河南省南阳市卧龙区龙兴乡万亩石榴种植示范基地
160. 河南省新乡市长垣县康乐薯业科普示范基地
161. 湖北省随州市广水市大自然养虾科普示范基地
162. 湖北省咸宁市赤壁市绿态果业基地
163. 湖北省天门市沿江肉牛繁育科普示范基地
164. 湖北省神农架林区宋洛中蜂养殖科普示范基地
165. 湖北省黄石市大冶市保安镇湘莲种植科普示范基地
166. 湖北省恩施土家族苗族自治州来凤县杨梅科普示范基地
167. 湖北省孝感市孝南区朱湖糯米标准化生产科普示范基地
168. 湖北省襄樊市樊城区鑫顺天绿色蔬菜科普示范基地
169. 湖北省仙桃市胡场镇麻港渔场名优鱼养殖科普示范基地
170. 湖北省黄冈市麻城市福田河镇风播山村油茶产

业化科普示范基地

171. 湖北省武汉市广地农业科技有限公司三里万亩快生菜科普示范基地（黄陂区）
172. 湖北省十堰市茅箭区兴牧生态有机猪养殖示范基地
173. 湖北省荆州市沙市区御达长湖特种水产养殖基地
174. 湖北省潜江市熊口镇樱桃谷 SM3 瘦肉型肉鸭繁育及养殖科普示范基地
175. 湖北省荆门市有机稻生产科普示范基地（掇刀区）
176. 湖南省湘潭市韶山市韶丰生态农业科普示范基地
177. 湖南省年发样样红果业有限公司双峰县突尼斯软籽石榴基地（娄底市）
178. 湖南省长沙市湘蕈生物科技有限公司食用菌科普示范基地（雨花区）
179. 湖南省常德市桃源县农村实用技术培训基地
180. 湖南省长沙市望城县千龙茶业科技有机茶科普示范基地
181. 湖南省岳阳市汨罗市及时春金银花科普示范基地
182. 湖南省益阳市桃江县桃花江林木种苗基地
183. 湖南省郴州市安仁县龙海镇脐橙科普示范基地
184. 湖南省怀化市洪江市红岩冰糖橙科普示范基地
185. 湖南省长沙市宁乡县沩山茶业有限公司有机茶科普示范基地
186. 湖南省邵阳市大祥区长青科普示范基地
187. 湖南省邵阳市隆回县五里花木科普示范基地
188. 湖南省衡阳市衡山县景华园林科普示范基地
189. 湖南省株洲市茶陵县虎踞紫皮大蒜种植基地
190. 湖南省湘西土家族苗族自治州凤凰县移民科普示范基地
191. 湖南省衡阳市常宁市国辉科普示范基地
192. 湖南省岳阳市湘阴县华康食品加工基地
193. 湖南省常德市汉寿县湘湖龟鳖养殖示范基地
194. 湖南省岳阳市金凤苗木花卉科学普及示范基地（岳阳楼区）
195. 广东省广州市农业科学研究院花都区蔬菜科普示范基地
196. 广东省湛江市廉江市现代农业科普示范基地
197. 广东省云浮市云城区森旺湿加松无性繁育科普示范基地
198. 广东省揭阳市普宁市梅林军田村橄榄科普示范基地
199. 广东省汕头市智业畜禽养殖有限公司科普基地（潮阳区）
200. 广东省茂名市电白县绿缘绿色食品有限公司科普示范基地
201. 广东省阳江市阳西县金凤种养殖科普示范基地
202. 广西壮族自治区桂林市荔浦县夏橙标准化无公害生产科普示范基地
203. 广西壮族自治区春茂农牧集团有限公司科普示范基地（玉林市兴业县）
204. 广西壮族自治区梧州市岑溪市砂糖橘无公害生产科普示范基地
205. 广西壮族自治区贺州市富川瑶族自治县速丰杉种植生产科普示范基地
206. 广西壮族自治区北海市铁山港区南珠科技创新示范基地
207. 广西壮族自治区玉林市发东特种水产养殖基地
208. 广西壮族自治区百色市隆林各族自治县山羊养殖示范基地
209. 广西壮族自治区玉林市华港中等职业技术学校农民工培训基地
210. 广西壮族自治区柳州市柳城县古砦仫佬族乡优质米基地
211. 广西壮族自治区南宁市西乡塘区金陵养殖有限公司科普示范基地
212. 广西壮族自治区防城港市上思县阿拉伯塔淡水养殖示范基地
213. 广西壮族自治区贵港市港北区意科乐果蔬科普示范基地
214. 广西壮族自治区玉林市逸兴石栗能源种植示范基地
215. 广西壮族自治区来宾市象州县象州镇石贵村生态农业示范基地
216. 广西壮族自治区梧州市苍梧县沙头镇瘦肉型猪科普示范基地
217. 广西壮族自治区桂林市永福县百寿镇水果品改科普示范基地
218. 广西壮族自治区玉林市兴隆剑麻种植基地（福绵管理区）
219. 广西壮族自治区来宾市无公害柑桔出口科普示范基地（兴宾区）
220. 广西壮族自治区崇左市大新县新胜种草养牛科普示范基地
221. 广西壮族自治区百色市右江区四塘高产优质荔枝种植示范基地
222. 广西壮族自治区桂林市全州县天花果科普示范基地
223. 广西壮族自治区南宁市良庆区南晓镇团东黑皮冬瓜生产基地

224. 广西壮族自治区玉林市兴业县发记酸料食品厂农产品加工示范基地
225. 广西壮族自治区柳州市三江侗族自治县多耶楼茶叶科普示范基地
226. 广西壮族自治区崇左市扶绥县旺松龟鳖养殖基地
227. 广西壮族自治区贵港市桂平市北回归线生态农业科普示范基地
228. 海南省儋州市侨先养猪科普示范基地
229. 海南省海口市龙华区龙泉镇五一田洋无公害蔬菜生产示范基地
230. 海南省海口市美兰区道点下兰花科普示范基地
231. 重庆市皇华种子科普示范基地（忠县）
232. 重庆市云阳县泥溪乡南山峡黑木耳科普示范基地
233. 重庆市锦竹车厢板科普示范基地（荣昌县）
234. 重庆市武隆县高山蔬菜科普示范基地
235. 重庆市合川区海林禽业科普示范基地
236. 重庆市黔江区沙坝精品水果示范基地
237. 重庆市秀沧生态农业开发有限公司万亩金银花示范基地（秀山土家族苗族自治县）
238. 重庆市渝北区放牛坪梨园基地
239. 重庆市酉阳土家族苗族自治县宋氏食品有限公司枣木养殖基地
240. 重庆市蔬菜科普示范基地（九龙坡区）
241. 重庆市大渡口区石盘水果基地种植基地
242. 四川省泸州市泸县国家级生猪养殖标准化科普示范基地
243. 四川省达州市宣汉县食用菌科普示范基地
244. 四川省自贡市自流井区现代农业技术示范基地
245. 四川省遂宁市射洪县榨菜科普示范基地
246. 四川省阿坝藏族羌族自治州九寨沟县刀党道地中药材规范化种植示范基地
247. 四川省资阳市安岳县长河源罗曼鸡养殖示范基地
248. 四川省成都市彭州市隆丰大蒜生产科普示范基地
249. 四川省德阳市广汉市新平镇生姜大葱种植科普示范基地
250. 四川省绵阳市梓潼县文昌添宝水果科普示范基地
251. 四川省遂宁市安居区普升现代农业科普示范基地
252. 四川省内江市资中县冬尖产业科普示范基地
253. 四川省乐山市金口河区天麻科普示范基地
254. 四川省泸州市古蔺县丫叉猪科普示范基地
255. 四川省南充市营山县易发优质果业科普示范基地
256. 四川省达州市达县赵家镇柑橘种植示范基地
257. 四川省雅安市雨城区奶牛养殖科普示范基地
258. 四川省攀枝花市仁和区普达现代农业示范基地
259. 四川省巴中市通江县广纳镇新桥河村科普植物园
260. 四川省甘孜藏族自治州巴塘县万亩核桃基地
261. 四川省凉山彝族自治州布拖县木尔乡呷乌村科普示范（优质玉米生产）基地
262. 四川省广元市青川县乔庄镇种兔养殖基地
263. 四川省宜宾市筠连县双腾镇黄牛养殖科普示范基地
264. 四川省内江市隆昌县周兴镇东乡特种水产科普示范基地
265. 四川省乐山市五通桥区花木科普示范基地
266. 四川省眉山市洪雅县生态雅南猪生猪养殖示范基地
267. 四川省广安市广安区观塘蔬菜科普示范基地
268. 四川省达州市渠县贵福镇金垭村“香甜李”科普示范基地
269. 四川省绵阳市江油市双河有机食用玫瑰科普示范基地
270. 四川省宜宾市江安县夕佳山镇五里科普示范基地
271. 四川省巴中市巴州区獭兔养殖示范基地
272. 四川省成都市邛崃市棠子沟魔芋基地
273. 四川省雅安市天全县二郎山山葵科普示范基地
274. 四川省宜宾市兴文县石海塔罗科血橙基地
275. 四川省资阳市雁江区文章果业科普示范基地
276. 四川省遂宁市蓬溪县华亨泰丰循环农业科普示范基地
277. 四川省泸州市纳溪区护国镇沙田柚科普示范基地
278. 贵州省黔南布依族苗族自治州长顺县大学科普示范基地
279. 贵州省遵义市余庆县白泥镇上里社区无公害蔬菜科普示范基地
280. 贵州省贵阳市南明区永乐乡艳红桃生态种植科普示范基地
281. 贵州省黔东南苗族侗族自治州雷山县毛克翕茶叶发展科普示范基地
282. 贵州省毕节地区黔西县林泉镇生态果园科普示范基地
283. 贵州省铜仁地区江口县桃映乡萝卜猪科普示范基地
284. 贵州省六盘水市钟山区现代农业科技园
285. 贵州省贵阳市南明区永乐乡罗吏村蛋鸡规范化饲养基地
286. 贵州省安顺市普定县城关镇青山食用菌科学种植示范基地
287. 贵州省遵义市遵义县食用菌科普示范基地
288. 贵州省黔南布依族苗族自治州龙里县五子登科

养殖科普示范基地
289. 贵州省黔西南布依族苗族自治州兴义市桔山现代农业示范园
290. 贵州省黔东南苗族侗族自治州三穗县养鸭科普示范基地
291. 贵州省黔南布依族苗族自治州三都水族自治县交梨水晶葡萄科普示范基地
292. 贵州省毕节地区纳雍县万寿玛瑙红樱桃科普示范基地
293. 贵州省贵阳市清镇市恒霸中药材开发种植场
294. 贵州省铜仁地区沿河土家族自治县中界乡黄家洞茶叶基地
295. 云南省昆明市石林彝族自治县万家欢农业科技生态园
296. 云南省昭通市永善县白胜脐橙节水滴灌科普示范基地
297. 云南省曲靖市会泽县优质水果科普示范基地
298. 云南省楚雄彝族自治州南华县宏怡野生菌开发有限公司野生菌保育促繁示范基地
299. 云南省玉溪市红塔区满园红鲜食葡萄精品科普示范生产基地
300. 云南省红河哈尼族彝族自治州红河县龙胆草示范基地
301. 云南省临沧市双江拉祜族佤族布朗族傣族自治县有机茶科普示范基地
302. 云南省普洱市澜沧拉祜族自治县勐朗镇勐滨村城子科普示范基地
303. 云南省大理白族自治州永平县龙门乡八亩塘肉牛养殖科普示范基地
304. 云南省德宏傣族景颇族自治州梁河县生态茶种植科普示范基地
305. 云南省丽江市古城区核桃改良科普示范基地
306. 云南省普洱市西盟佤族自治县翁嘎科乡英腊村罗阳养猪示范基地
307. 云南省迪庆藏族自治州香格里拉县三坝乡无公害农产品科普兴农示范园
308. 云南省楚雄彝族自治州禄丰县恐龙山镇无公害蔬菜科普示范基地
309. 云南省曲靖市马龙县特色良种深沟鸡科普示范基地
310. 云南省昭通市盐津县豆沙镇石门村科普示范基地
311. 云南省临沧市永德县姬松茸科普示范基地
312. 云南省红河哈尼族彝族自治州开远市振东林果种植场
313. 云南省怒江傈僳族自治州兰坪白族普米族自治县恒通农业科普示范基地
314. 云南省玉溪市新平彝族傣族自治县科普示范基地
315. 云南省大理白族自治州弥渡县德苴辣椒生产科普示范基地
316. 云南省德宏傣族景颇族自治州潞西市遮放贡米种植科普示范基地
317. 西藏自治区林芝地区米林县多卡水果基地
318. 西藏自治区阿里地区噶尔县人工种草基地
319. 西藏自治区林芝地区朗县辣椒种植示范基地
320. 西藏自治区林芝地区波密县古乡蜂蜜加工基地
321. 西藏自治区山南地区乃东县良种奶牛繁育基地
322. 西藏自治区日喀则地区亚东县渔养殖示范基地
323. 西藏自治区日喀则地区白朗县现代农业科技示范基地
324. 西藏自治区山南地区浪卡子县卡龙乡黄牛改良基地
325. 西藏自治区林芝地区林芝县农技推广站玉米种植基地
326. 陕西省延安市延川县杨家圪台镇万亩无公害红枣“早密丰”科普示范基地
327. 陕西省西安绿叶鲜果花卉示范园（雁塔区）
328. 陕西省宝鸡市扶风县元宝枫苗木科普示范基地
329. 陕西省宝鸡市太白县咀头镇塘口村蔬菜苗木繁育科普示范基地
330. 陕西省咸阳市武功县永飞标准化良种繁育示范基地
331. 陕西省咸阳市秦都区园林花卉苗木科普示范基地
332. 陕西省铜川市王益区中心苗圃科普示范基地
333. 陕西省安康市平利县城关镇普济寺村富硒绞股蓝种植示范基地
334. 陕西省渭南市白水县优质核桃科普示范基地
335. 陕西省汉中市南郑县大汉山特种野猪养殖科普示范基地
336. 陕西省汉中市佛坪县国家级山茱萸规范化栽培示范基地
337. 陕西省商洛市商南县富水镇富民农牧业基地
338. 陕西省铜川市宜君县彭镇果菜科普示范基地
339. 陕西省渭南市合阳县行家庄村红提科普示范基地
340. 陕西省延安市志丹县永宁镇杨城科普示范基地
341. 陕西省榆林市靖边县森茂良种繁育科普示范基地
342. 陕西省汉中市宁强县燕子砭镇天麻科普示范基地
343. 陕西省安康市汉滨区早阳乡东湾村油橄榄基地
344. 陕西省安康市岚皋县横溪乡魔芋科普示范基地
345. 陕西省安康市紫阳县盘龙天然富硒绿茶有限公

司茶叶基地
346. 陕西省商洛市丹凤县山茱萸科普示范基地
347. 甘肃省酒泉市肃州区常青花木生态环境建设科普示范基地
348. 甘肃省白银市靖远县蒙家坪禽蛋产业科技示范基地
349. 甘肃省金昌市金川区食葵无公害节水丰产科普示范基地
350. 甘肃省嘉峪关市海洋生态养殖科普示范基地
351. 甘肃省定西市临洮县三易兰花科普示范基地
352. 甘肃省酒泉市棉花科普示范基地（敦煌市）
353. 甘肃省张掖市高台县黄河种苗繁育基地
354. 甘肃省张掖市民乐县三堡镇红提葡萄示范基地
355. 甘肃省天水市秦安县刘坪乡何湾万亩桃园科普示范基地
356. 甘肃省天水市麦积区南山果业科普示范基地
357. 甘肃省武威市凉州区天然无壳瓜籽科普示范基地
358. 甘肃省兰州市七里河区袁家湾村无公害甜甜百合科普示范基地
359. 甘肃省平凉市崆峒区寨河乡高寨村肉牛养殖科技示范园
360. 甘肃省庆阳市庆城县玄马现代农业示范基地
361. 甘肃省陇南市特种药材科普示范基地（武都区）
362. 青海省海东地区平安县大路苗木繁育科普示范基地
363. 青海省西宁市大通回族土族自治县斜沟乡通麦二号科普示范基地
364. 青海省海北藏族自治州畜牧兽医科学研究所良种绵羊繁育示范基地
365. 青海省海东地区循化撒拉族自治县查汗都斯线辣椒良种繁育和生产示范基地
366. 宁夏回族自治区石嘴山市畜禽产业协会大武口区科普示范基地
367. 宁夏回族自治区固原市原州区中河乡马铃薯种薯繁育基地
368. 宁夏回族自治区吴忠市红寺堡区乌沙塘设施农业科普示范基地
369. 宁夏回族自治区中卫市沙坡头区镇罗镇瑞农蔬菜种植基地
370. 宁夏回族自治区银川市兴庆区康源之家果蔬科普示范基地
371. 宁夏回族自治区银川市金凤区沙地生态基地
372. 新疆维吾尔自治区伊犁哈萨克自治州霍城县玫瑰鲜切花日光温室栽培技术示范基地
373. 新疆维吾尔自治区塔城地区裕民县新地乡红花良种繁育基地
374. 新疆维吾尔自治区阿勒泰地区青河县万亩大果沙棘示范基地
375. 新疆维吾尔自治区博尔塔拉蒙古自治州精河县精丰种业有限责任公司优质棉良种繁育科普示范基地
376. 新疆维吾尔自治区昌吉回族自治州华兴良种肉羊繁育基地
377. 新疆维吾尔自治区乌鲁木齐市乌鲁木齐县园林花卉种植科普示范基地
378. 新疆维吾尔自治区哈密地区伊吾县淖毛湖镇哈密瓜科普示范基地
379. 新疆维吾尔自治区吐鲁番地区吐鲁番市其盖布拉克九八一八精品哈密瓜科普示范基地
380. 新疆维吾尔自治区巴音郭楞蒙古自治州和静县和静镇夏孜尕提万亩生态经济林科普示范基地
381. 新疆维吾尔自治区阿克苏地区库车县阿拉哈格镇红枣示范基地
382. 新疆维吾尔自治区克孜勒苏柯尔克孜自治州乌恰县玛依喀克农业综合科普示范基地
383. 新疆维吾尔自治区昌吉回族自治州沃尔曼种业科技有限公司林木种苗示范基地
384. 新疆维吾尔自治区喀什地区莎车县番茄种植加工基地
385. 新疆维吾尔自治区和田地区皮山县设施农业科普示范园
386. 新疆维吾尔自治区伊犁哈萨克自治州特克斯县千亩苹果生产科普示范基地
387. 新疆生产建设兵团农一师 3 团现代农业节水灌溉示范基地
388. 新疆生产建设兵团农二师 21 团红色产业科普示范基地
389. 新疆生产建设兵团农十三师红山农场农业技术推广站
390. 新疆生产建设兵团农四师 69 团香极地香料公司芳香植物科技示范园

（三）农村科普带头人

1. 张树成，北京市门头沟区张家庄村
2. 刘进银，北京市房山区韩村河镇东营村
3. 崔秀荣（女），北京市通州区玉带河东街
4. 陈立福，北京市顺义区张镇小曹庄村
5. 付　顺，北京市昌平区南邵镇姜屯村
6. 代金所，北京市平谷区南独乐河镇新立村

7. 宋宝君，北京市密云县高岭镇石匣村
8. 马永存，北京市延庆县旧县镇大柏老村
9. 董家行，天津市静海县静海镇
10. 祁丙合，河北省承德市双滦区偏桥子乡三家村
11. 薛　贵，河北省张家口市沽源县西辛营乡羊囫囵村
12. 冯贵才，河北省秦皇岛市山海关区石河镇毛家沟
13. 郝　臣，河北省唐山市古冶区卑家店乡三街村
14. 兰金宝，河北省保定市易县凌云册乡龙湾头村
15. 刘玉峰，河北省沧州市新华区小赵庄乡王御史村
16. 苏福林，河北省衡水市景县北留智镇碱场王村
17. 马建军，河北省邢台市柏乡县北大江村
18. 申　道，河北省邯郸市峰峰矿区界城镇孙庄村
19. 武想兰（女），河北省邯郸市永年县永合会镇台口村
20. 方　华（满族），河北省承德市丰宁满族自治县大滩镇老羊圈村
21. 刘中玖，河北省秦皇岛市卢龙县双望镇刘各庄
22. 邵家金，山西省朔州市山阴县岱岳乡北王庄村
23. 王应义，山西省吕梁市石楼县县城
24. 王爱军，山西省阳泉市盂县孙家庄镇禅房村
25. 麻银福，山西省太原市尖草坪区马头水乡珍珠峁村
26. 周随生，山西省晋中市和顺县喂马乡河绪村
27. 王永敢，山西省晋城市泽州县金村镇小刘家川村
28. 褚满仓，山西省运城市盐湖区冯村乡郭西庄村
29. 贺德寿，山西省临汾市吉县吉昌乡东关
30. 文玉贵，山西省吕梁市交口县回龙乡田庄村
31. 房阿强，山西省晋中市灵石县英武乡平泉村
32. 李保全，山西省吕梁市临县安家庄乡后井头村
33. 甄红小，内蒙古自治区呼和浩特市清水河县城关镇杨家窑村
34. 张茂林，内蒙古自治区包头市达尔罕茂明安联合旗石宝村
35. 王淑琴（女，蒙古族），内蒙古自治区兴安盟科尔沁右翼前旗家畜改良工作站
36. 董有林（满族），内蒙古自治区兴安盟突泉县杜尔基镇杜祥村
37. 房殿武（蒙古族），内蒙古自治区通辽市科尔沁左翼后旗甘旗卡镇好力保村
38. 张茂才，内蒙古自治区通辽市库伦旗库伦镇
39. 苏先保，内蒙古自治区鄂尔多斯市准格尔旗十二连城乡蓿亥图村
40. 汪润虎，内蒙古自治区乌兰察布市四子王旗东八号乡古城南村
41. 梁万东，内蒙古自治区赤峰市元宝山区美丽河镇四家村
42. 张连威，内蒙古自治区呼和浩特市赛罕区黄合少镇格此老村
43. 张　功，内蒙古自治区乌兰察布市丰镇市南城区新城湾村
44. 张超平，内蒙古自治区阿拉善盟阿拉善左旗巴彦浩特镇梅桂花苑 1 号楼 4 单元 402 室
45. 祖国春，内蒙古自治区赤峰市红山区红庙子镇郎家营子村
46. 黄　斌，内蒙古自治区鄂尔多斯市鄂托克旗乌兰镇
47. 刘忠利，辽宁省沈阳市苏家屯区大沟乡杨城寨村
48. 孙继福，辽宁省朝阳市朝阳县杨树湾乡徐家村
49. 张卫方（满族），辽宁省锦州市北镇市鲍家乡龙宝村
50. 于永清，辽宁省盘锦市盘山县坝墙子镇居委会
51. 孟广仁（满族），辽宁省本溪市本溪满族自治县南甸子镇滴塔村
52. 王　飞，辽宁省抚顺市顺城区前甸镇大道村
53. 景希强，辽宁省丹东市凤城市草河区
54. 刘银河，辽宁省大连市金州区大魏家街道刘家村
55. 任柏岩，辽宁省鞍山市台安县城郊乡胜利村
56. 吴桂香（女，蒙古族），辽宁省阜新市阜新蒙古族自治县知足山乡
57. 戴　晶（女），辽宁省营口市盖州市太阳升乡黄大寨村
58. 刘　芳（女，满族），辽宁省葫芦岛市龙港区双树乡东砬村
59. 夏立仁，辽宁省铁岭市银州区龙山乡英城子村
60. 陈士银，吉林省白山市靖宇县靖宇镇靖安村
61. 关彦英（满族），吉林省延边朝鲜族自治州图们市凉水乡河西村
62. 王文学，吉林省通化市梅河口市梅河大街
63. 王永明，吉林省延边朝鲜族自治州汪清县汪清镇
64. 李志祥，吉林省松原市乾安县所字镇则字村
65. 张殿波，吉林省白城市通榆县开通镇
66. 荆连海，吉林省白城市洮北区三合乡三合村
67. 杨丰实，吉林省辽源市东丰县小四平镇太阳村
68. 赵玉茹（女），吉林省吉林市舒兰市水曲柳镇周家村
69. 王霄鹏，吉林省白山市江源区三岔子镇正岔街道村
70. 赵程忠，吉林省吉林市蛟河市奶子山街道建设村
71. 李云起，吉林省延边朝鲜族自治州安图县两江镇东江村
72. 叶　生，吉林省延边朝鲜族自治州延吉市依兰乡

兴安村
73. 鄢桂林，吉林省吉林市永吉县口前镇
74. 张春海，吉林省长春市九台市沐石河镇桦树村
75. 李明侠（女），吉林省长春市榆树市秀水镇大于村
76. 赵金辉，黑龙江省哈尔滨市依兰县依兰镇晨光村
77. 朴锦春（朝鲜族），黑龙江省牡丹江市宁安市渤海镇
78. 金长浩（朝鲜族），黑龙江省鸡西市密山市裴德镇德兴村
79. 卢连库，黑龙江省绥化市庆安县丰收乡丰华村
80. 孙立柱，黑龙江省黑河市五大连池市双泉镇三合村
81. 张学臣，黑龙江省伊春市铁力市双丰镇建国村
82. 王成海，黑龙江省伊春市嘉荫县青山乡建华村
83. 孙凤友，黑龙江省佳木斯市桦南县桦南镇五一村
84. 于洪臣，黑龙江省齐齐哈尔市拜泉县新生乡兴安村
85. 纪仁芬（女），上海市浦东新区老港镇建港村897号
86. 陆仁华，上海市宝山区罗泾镇
87. 王宏山，江苏省南京市江宁区横溪街道绿桥农副产品有限公司
88. 汤继友，江苏省徐州市邳州市官湖镇
89. 樊龙保，江苏省常州市金坛市朱林乡朱林村
90. 朱长满，江苏省南通市海安县城东镇开屏村
91. 左　磊，江苏省淮安市涟水县高沟镇高东村
92. 丁志用，江苏省盐城市东台市东台镇
93. 沈伯平，江苏省扬州市维扬区城北乡黄金村
94. 裴友坤，江苏省宿迁市泗洪县龙集乡洪湖村
95. 陆平华，江苏省无锡市滨湖区蠡湖街道夏家边景秀苑村
96. 郭　跃，江苏省苏州市太仓市陆渡镇江南路北侧
97. 殷益荣，江苏省镇江市丹阳市埤城镇西丰村
98. 曹　斌（女），江苏省泰州市高港区白马镇农业科技示范园
99. 李康义，浙江省绍兴市嵊州市金庭镇金庭村
100. 陈建海，浙江省衢州市衢江区黄坛口乡庄底村
101. 杜文忠，浙江省金华市金东区曹宅乡上明路村
102. 应启敏，浙江省台州市临海市永丰镇桥阳村
103. 高福明，浙江省湖州市长兴县斗村
104. 费洪标，浙江省嘉兴市桐乡市石门镇
105. 余德海，安徽省池州市贵池区涓桥乡七一村
106. 邓衍领，安徽省蚌埠市五河县头铺镇部台村
107. 部四羊，安徽省铜陵市铜陵县西联乡西湖村
108. 张思剑，安徽省亳州市涡阳县棉麦原种场
109. 陈长国，安徽省滁州市天长市永丰镇护桥社区
110. 叶科元，安徽省六安市舒城县城关镇梅河路403号
111. 戚良号，安徽省淮南市谢家集区孙庙乡刘郢村
112. 王　昶，安徽省黄山市祁门县五里牌村
113. 殷玉鹏，安徽省蚌埠市固镇县连城镇城南村
114. 王昌金，安徽省马鞍山市花山区霍里镇苏李村
115. 王彰秀（女），安徽省巢湖市居巢区天河办事处望城村
116. 孙在虎，安徽省安庆市迎江区长风乡元桥村
117. 胡必胜，安徽省宣城市广德县东亭乡柳亭村
118. 邵国金，安徽省阜阳市阜南县苗集镇邵寨村
119. 尹永帮，安徽省宿州市泗县墩集镇石梁河村
120. 霍　亮，安徽省亳州市谯城区十河镇西关村梅北路5号
121. 林长光，福建省福州市闽侯县竹岐乡苏洋村
122. 张联财，福建省泉州市南安市码头镇东大村
123. 兰帝明（畲族），福建省南平市延平区王台镇吴坍村
124. 郑智华，福建省龙岩市永定县培丰镇文溪村老屋组
125. 黄礼灼，福建省南平市政和县东大路13号
126. 薛彤云（女），福建省宁德市福安市城阳乡小溪边226－228号
127. 王钦杰，福建省福州市永泰县清凉镇山田村岑头2号
128. 林美和，福建省莆田市城厢区华亭镇五云村
129. 李德雄，福建省龙岩市武平县园丁村
130. 苏兴茂，福建省泉州市安溪县凤城镇凤鸣居委会
131. 游仁文，福建省宁德市屏南县长桥镇长新村
132. 陈吉文，福建省漳州市东山县陈城镇陈城村
133. 叶瑞玉（女），福建省南平市建瓯市徐墩镇富墩村
134. 肖章瑛，江西省吉安市吉安县横江镇屋头村
135. 钱怀璞，江西省萍乡市芦溪县芦溪镇
136. 洪克海，江西省鹰潭市余江县锦江镇灌田村
137. 袁松松，江西省九江市星子县泽泉乡观音桥村
138. 朱　博，江西省抚州市南城县建昌镇北城东路18－3号
139. 陈永利，江西省上饶市信州区朝阳乡朝阳村
140. 徐中元，江西省景德镇市浮梁县湘湖镇东安村
141. 张　健，江西省赣州市崇义县长龙镇
142. 唐筱燕（女），江西省赣州市安远县欣山乡水背村

143. 严由南，江西省赣州市南康市龙岭乡金塘村
144. 杨月标，江西省南昌市南昌县向塘镇丁坊村
145. 陶绪满，江西省南昌市新建县昌邑乡农业服务中心
146. 杨聚德，山东省烟台市招远市温泉路299号
147. 杨庆伟，山东省济宁市泗水县泗河办事处文化路55号
148. 沙树星，山东省济南市章丘市枣园镇万新村
149. 米培莲（女，回族），山东省泰安市泰山区省庄乡东孙村
150. 何传华，山东省淄博市沂源县东里镇东安村
151. 王立国，山东省莱芜市莱城区苗山镇苗山村
152. 张玉柱，山东省枣庄市薛城区陶庄镇后院山村
153. 赵法新，山东省菏泽市巨野县巨野镇
154. 胡星宝，山东省青岛市平度市植保站
155. 周凤礼，山东省济宁市金乡县鸡黍镇周连池村
156. 徐守军，山东省聊城市茌平县振兴街道办事处工交路东首
157. 李新村，山东省淄博市高青县田镇镇寨子村
158. 张海枫（女），山东省济宁市梁山县韩垓镇大李庄村
159. 陈永强，山东省日照市岚山区虎山镇陈家庄子村
160. 王连梅（女），山东省滨州市博兴县兴福镇
161. 颜培庆，山东省潍坊市奎文区北海路商贸经济发展区赵疃村
162. 王士杰，山东省临沂市费县费城乡邢家村
163. 朱绍远，山东省潍坊市昌邑市围子乡南寨村
164. 孙立省，山东省临沂市罗庄区册山乡白沙沟村
165. 刘宗杰，山东省枣庄市峄城区中兴大道188号
166. 朱元华，山东省滨州市阳信县阳信镇梨园郭村
167. 王艳玲（女），山东省威海市荣成市崂山街道办柳家庄
168. 李廷富，山东省德州市武城县广运街道办事处沙东村
169. 周　红（女），山东省东营市东营区胜利街道办事处王营村
170. 崔春龙，山东省烟台市莱州市文峰路街道办事处南崔家村
171. 玄承财，山东省济南市市中区党家办事处宅科村
172. 丰春英，山东省聊城市东昌府区闫寺街道办事处李什村
173. 陈国定，河南省郑州市惠济区长兴路街道老鸦陈村
174. 赵合地，河南省开封市兰考县董堂
175. 徐虎智，河南省洛阳市洛宁县城关镇
176. 信国彦，河南省平顶山市湛河区锦绣街9号楼中单元5楼西户
177. 耿冬红，河南省安阳市安阳县吕村镇吕村集
178. 李启明，河南省鹤壁市淇滨区大河涧乡洪峪村
179. 赵　峰，河南省新乡市封丘县城关镇南街村
180. 党市民，河南省焦作市孟州市河阳街道办事处东葛村
181. 田合献，河南省濮阳市南乐县谷金楼乡后平邑村
182. 秦　军，河南省许昌市魏都区向阳路6号
183. 宋　岗，河南省漯河市郾城区商桥镇靳庄村
184. 韩平巷，河南省三门峡市陕县大营乡温塘村
185. 王玉申，河南省南阳市新野县新甸铺镇津湾村
186. 杨世桢，河南省商丘市睢县畜牧局
187. 李贤忠，河南省信阳市潢川县伞陂镇伞陂村
188. 黄桃阁（女），河南省周口市川汇区建设路东段
189. 邹红敢，河南省驻马店市确山县
190. 潘李迁，河南省济源市五龙口镇谷堆头村
191. 陈小立，河南省驻马店市平舆县郭楼镇陈集村
192. 侯铁军，河南省南阳市淅川县毛堂乡老坟岗村
193. 刘圣福，河南省商丘市梁园区水池铺乡水池铺村
194. 胡福流，河南省驻马店市驿城区香山
195. 何向奎，河南省平顶山市郏县堂街镇李楼村
196. 肖光俭，河南省安阳市汤阴县五陵镇大宋村
197. 秦海军，河南省鹤壁市淇县红旗路16号
198. 吴建国，河南省许昌市禹州市夏都街道办事处南关村
199. 王焕德，河南省漯河市临颍县皇帝庙乡坡高村
200. 李四清，河南省商丘市柘城县安平镇
201. 田金相，河南省郑州市中牟县大孟镇草场村
202. 戚钦标，湖北省随州市曾都区沿河大道186号
203. 杨双权，湖北省仙桃市郭河镇明星村
204. 周国齐，湖北省天门市小板镇黄金村
205. 朱诗略，湖北省潜江市高石碑镇三建村
206. 沈绍权（土家族），湖北省神农架林区下谷坪土家族乡兴隆寺村
207. 董　伟，湖北省十堰市房县白鹤镇双河村
208. 杜其松，湖北省宜昌市枝江市马家店乡赵家河村
209. 曹帮杰，湖北省襄樊市襄城区欧庙镇石湾村
210. 李星铭，湖北省黄冈市武穴市大法寺镇两李村
211. 汪宝山，湖北省恩施土家族苗族自治州建始县

业州镇松树坪村
212. 张治国，湖北省武汉市洪山区和平街武丰村
213. 尹本贤，湖北省鄂州市华容区庙岭乡脉岭村
214. 王国庭，湖北省黄石市下陆区老下陆街道办事处王寿村
215. 何含阳，湖南省长沙市岳麓区玉江村
216. 唐　令，湖南省湘潭市湘潭县谭家山镇新泉村
217. 刘水林，湖南省衡阳市衡东县新塘镇樟坪村
218. 石建湘（女，苗族），湖南省湘西土家族苗族自治州花垣县花垣镇卧龙榜村
219. 廖帮文，湖南省郴州市永兴县开发区水南村
220. 童普选，湖南省岳阳市岳阳县城关镇巴陵居委会
221. 吴继忠，湖南省娄底市新化县科头乡立坳村
222. 唐乐生，湖南省邵阳市邵阳县下花桥镇又兴村
223. 滕纯森，湖南省常德市安乡县官当镇紫金村
224. 李运雪，湖南省永州市宁远县冷水镇夏璧村
225. 何昌春，湖南省永州市道县梅花镇正鹊村
226. 赵泽仆，湖南省张家界市武陵源区军地坪街道办事处未央路
227. 张再友，湖南省邵阳市邵东县黑田铺乡桃田村
228. 杨英兰，湖南省怀化市鹤城区黄岩旅游度假管理处大坪村
229. 刘化高（侗族），湖南省怀化市通道侗族自治县溪口镇古有村
230. 蒋艾初，湖南省衡阳市耒阳市大市乡下冲村五组
231. 江健生，广东省汕尾市海丰县海城乡西门村
232. 罗喜华，广东省梅州市丰顺县汤坑镇南门路 21 号
233. 张培康，广东省惠州市惠东县平海镇
234. 林尤顺，广东省汕头市金平区鮀莲乡莲塘村
235. 罗焕明，广东省清远市英德市望埠镇望河大街道 83 号
236. 许镇林，广东省潮州市湘桥区意溪镇橡埔村
237. 方秋盛，广东省揭阳市惠来县惠城镇盐岭村
238. 陈俊希，广东省汕头市澄海区隆都乡前美村
239. 梁移光，广东省河源市源城区埔前乡上村
240. 黄少发，广东省汕尾市城区东涌乡新地村
241. 刘宗健，广东省云浮市云城区思劳镇鸡村
242. 陈棠堂，广东省中山市世岐区上佳里 1 号 103 房
243. 陈　茹（女），广东省湛江市遂溪县杨柑镇龙湾新村
244. 冯达修，广东省肇庆市广宁县坑口镇上林村
245. 谭秀娣（女），广东省韶关市新丰县丰城乡文长村
246. 曾朝欢，广东省珠海市金湾区三灶镇中心乡木头冲村
247. 邱展宗，广西壮族自治区贺州市昭平县昭平镇龙坪村
248. 谢龙生，广西壮族自治区桂林市全州县龙水乡桥渡村
249. 石源广，广西壮族自治区贵港市港北区中山路西江大桥北
250. 黄树新，广西壮族自治区梧州市蒙山县蒙山镇北楼村
251. 黄增群（壮族），广西壮族自治区南宁市青秀区长塘镇定西村
252. 陆英梅（女，壮族），广西壮族自治区崇左市扶绥县中东镇四新村
253. 王　东，广西壮族自治区玉林市博白县江宁镇北新街 09 号
254. 郑科先，广西壮族自治区柳州市鱼峰区龙泉路 5 号
255. 项志勇，广西壮族自治区防城港市东兴市东兴乡河洲村
256. 韦丽华（女，壮族），广西壮族自治区河池市宜州市城西开发区园艺场
257. 周先雄，海南省万宁市和乐镇港下村
258. 肖贵伦，重庆市大足县龙岗街道办事处明星村
259. 谭祖礼，重庆市开县中和镇鹤林村
260. 陈朝平，重庆市永川区胜利北路 282 号
261. 池增军（土家族），重庆市南川区南大街渚堰塘中货区 18 号
262. 伍　进，重庆市涪陵区洗墨路 31 号
263. 江信元，重庆市北碚区金刀峡镇石寨村
264. 谭明海，重庆市万州区熊家镇古城村
265. 周代芳（女），重庆市綦江县永城镇中华村
266. 蔡金云，重庆市铜梁县平滩镇新华村
267. 张洪兵，重庆市垫江县白家镇
268. 邓格英（女），重庆市忠县石宝镇
269. 张跃勋（羌族），四川省阿坝藏族羌族自治州茂县南新镇白水村
270. 贾中科，四川省绵阳市游仙区街子乡回龙村
271. 羊波涛，四川省雅安市汉源县安乐乡安乐村
272. 吴尚孟，四川省巴中市巴州区曾口镇茨垭村
273. 甘　泉，四川省广安市邻水县丰禾镇福利村
274. 彭剑平，四川省遂宁市大英县蓬莱镇太吉办事处千福村

275. 土　翁（藏族），四川省甘孜藏族自治州石渠县俄多玛乡红旗三村
276. 李国章，四川省宜宾市筠连县双腾镇鱼井村
277. 文笃广，四川省资阳市雁江区祥符镇白狮村
278. 罗先武，四川省自贡市贡井区龙潭镇街道
279. 李申学，四川省泸州市江阳区江北镇马观村
280. 朱鹏程，四川省达州市大竹县庙坝镇寨峰村
281. 刘正根，四川省凉山彝族自治州雷波县永盛乡青坪村
282. 江达模，四川省德阳市旌阳区东湖乡高槐村
283. 何显春，四川省广元市旺苍县三江镇花园村
284. 叶大江，四川省南充市营山县小桥镇梯岩村九组
285. 唐华君，四川省眉山市仁寿县曹家乡高河村
286. 宋金泉，四川省乐山市夹江县察院街85号
287. 黄月凯，四川省巴中市南江县桥亭乡桥亭村
288. 聂立川，四川省达州市万源市大竹镇染房村
289. 李　斌，四川省德阳市中江县通济镇莒坡村2社
290. 秦发忠，贵州省安顺市西秀区刘官乡周官村
291. 胡启娥（女），贵州省遵义市余庆县敖溪镇官仓村
292. 李瑞珍（女，布依族），贵州省黔南布依族苗族自治州平塘县平湖镇双桥村
293. 龙登楷（侗族），贵州省黔东南苗族侗族自治州锦屏县三江镇排洞社区
294. 王大横（布依族），贵州省六盘水市水城县发耳乡新光村
295. 曾富财，贵州省黔西南布依族苗族自治州兴义市马岭镇龙井村
296. 何中东，贵州省贵阳市南明区小碧乡水坝村
297. 刘金友（侗族），贵州省铜仁地区万山特区高楼坪侗族乡夜郎谷村
298. 彭德远，贵州省毕节地区大方县小屯乡大田村
299. 李成书，贵州省安顺市平坝县白云乡平庄村
300. 李　勇（布依族），贵州省黔南布依族苗族自治州惠水县高镇乡姚新村
301. 邹宏娥（女，水族），贵州省黔东南苗族侗族自治州黎平县中潮镇乡口团村
302. 闵文卿，贵州省毕节地区毕节市杨家湾镇开林村
303. 陶忠智（苗族），贵州省黔东南苗族侗族自治州榕江县古州镇小堡村
304. 赵文礼，贵州省黔东南苗族侗族自治州凯里市龙场镇龙场村
305. 吴　珍（女，苗族），贵州省贵阳市乌当区水田镇水田村
306. 马慧祥（女），云南省昆明市禄劝彝族苗族自治县撒营盘镇撒老坞一村
307. 陈家奇，云南省临沧市云县幸福村
308. 陈兴片，云南省曲靖市宣威市宝山镇宝山村
309. 李志坚（彝族），云南省楚雄彝族自治州永仁县永定镇陵园路19号
310. 张奇忠（彝族），云南省玉溪市峨山彝族自治县双江镇土官村委会
311. 黄保明（壮族），云南省红河哈尼族彝族自治州河口瑶族自治县南溪镇南溪村
312. 陆会芳（女，壮族），云南省文山壮族苗族自治州西畴县兴街镇克广村
313. 岩三龙（佤族），云南省普洱市孟连傣族拉祜族佤族自治县富岩乡芒冒村
314. 李建雄，云南省大理白族自治州祥云县云南驿镇旧站村委会
315. 包元国，云南省保山市隆阳区汉庄镇贾官村
316. 李仕艳（女），云南省德宏傣族景颇族自治州盈江县铜壁关乡三合村
317. 张玉生（女，纳西族），云南省丽江市古城区七河乡五峰村
318. 杨志华（白族），云南省怒江傈僳族自治州贡山独龙族怒族自治县普拉底乡腊咱村
319. 杨永健（纳西族），云南省迪庆藏族自治州香格里拉县金江镇新建村
320. 魏爱华（女），云南省昭通市水富县太平乡太平村
321. 戴永胜，云南省大理白族自治州宾川县金牛镇金甸村
322. 陈安荣，云南省临沧市凤庆县回龙村
323. 胡德荣，云南省丽江市永胜县永北镇灵源居委会
324. 胡家云，云南省红河哈尼族彝族自治州屏边苗族自治县玉屏镇卫国社区新城区
325. 廖先旺，云南省文山壮族苗族自治州富宁县新华镇富泰小区A－10号
326. 黄元刚，云南省昭通市巧家县白鹤滩镇北门一村
327. 华红林，云南省普洱市思茅区南屏镇大开河村
328. 洛桑次仁（藏族），西藏自治区拉萨市堆龙德庆县乃琼镇波玛村
329. 达　瓦（藏族），西藏自治区昌都地区左贡县旺达中街33号
330. 格桑平措（藏族），西藏自治区拉萨市城关区纳金乡藏热村
331. 果　珍（女，藏族），西藏自治区林芝地区察隅

县机关大院
332. 扎西次旦（藏族），西藏自治区林芝地区波密县松宗镇郎秋村
333. 平措次仁（藏族），西藏自治区林芝地区朗县洞嘎镇诺村
334. 桑　珠（藏族），西藏自治区山南地区桑日县桑日镇洛村
335. 李秀英（女），陕西省宝鸡市麟游县九成宫镇紫石崖村
336. 王海水，陕西省西安市周至县骆峪乡红旗村
337. 孟天毅，陕西省安康市石泉县熨斗镇先联村
338. 孟庆弟，陕西省渭南市蒲城县龙池乡埝城村
339. 陈开选，陕西省商洛市山阳县高坝镇金山村
340. 黄　晓（女），陕西省西安市未央区肖家村气象巷2号
341. 郑米霞（女），陕西省榆林市府谷县清水乡石山则村
342. 王继东，陕西省汉中市佛坪县陈家坝镇陈家坝村
343. 林小康，陕西省宝鸡市渭滨区高家镇苟家岭村
344. 杜　辉，陕西省咸阳市渭城区北杜镇北里村
345. 付建利，陕西省铜川市印台区印台乡楼子村
346. 李　宝，陕西省延安市延川县延水关镇柏树洼村
347. 马玉亮，陕西省咸阳市淳化县十里塬乡马家山村
348. 焦　婷（女），陕西省咸阳市三原县渠岸乡惠家村
349. 冯　安，陕西省渭南市合阳县城关镇西街村
350. 陈向余，陕西省安康市汉滨区大同镇双兴村
351. 史存霞（女），陕西省商洛市丹凤县龙驹寨镇河涧村
352. 燕春菊（女），陕西省渭南市潼关县南头乡上北头村
353. 袁占梅（女），甘肃省平凉市崇信县黄花乡凉水泉村
354. 李勤英（女），甘肃省天水市甘谷县新兴镇蔡家寺村
355. 王生文，甘肃省张掖市甘州区长安乡农技推广站
356. 康克归，甘肃省定西市临洮县辛店镇康家崖村
357. 张子廉，甘肃省武威市天祝藏族自治县草原工作站
358. 赵生军，甘肃省金昌市金川区农牧局
359. 张斌林，甘肃省嘉峪关市镜铁区文殊镇冯家沟村
360. 李甲琪，甘肃省庆阳市镇原县屯字镇四岭村
361. 程得云，甘肃省白银市景泰县正路乡正路村
362. 曹会明，甘肃省天水市麦积区元龙镇上崖村
363. 张恩太，甘肃省酒泉市肃州区酒泉市农科所
364. 杨远拓，甘肃省陇南市宕昌县南阳镇杨集村
365. 韩　伟（撒拉族），青海省海东地区循化撒拉族自治县清水乡下滩村
366. 王顺邦，青海省海东地区互助土族自治县西山乡铁家村
367. 张前华（女），青海省海东地区民和回族土族自治县川口镇史纳村
368. 禹爱莲（女，回族），宁夏回族自治区固原市泾源县新民乡杨堡村
369. 黄小正，宁夏回族自治区固原市隆德县联财乡联财村
370. 王有云（回族），宁夏回族自治区吴忠市同心县王团镇北村
371. 魏礼强，新疆维吾尔自治区伊犁哈萨克自治州尼勒克县菜篮子工程办公室
372. 刘振强，新疆维吾尔自治区塔城地区额敏县玛热勒苏乡布尔汗德喀拉苏村
373. 乌拉力别克·拜木拉提（哈萨克族），新疆维吾尔自治区阿勒泰地区吉木乃县托斯特乡托斯特村
374. 张兰江，新疆维吾尔自治区克拉玛依市乌尔禾区乌尔禾乡
375. 李顺祥（满族），新疆维吾尔自治区博尔塔拉蒙古自治州博乐市宏祥种业有限责任公司
376. 张　威，新疆维吾尔自治区昌吉回族自治州新疆华兴投资集团有限公司
377. 高莉莉（女），新疆维吾尔自治区乌鲁木齐市乌鲁木齐县园林花卉研究所
378. 王　慧（女），新疆维吾尔自治区乌鲁木齐市乌鲁木齐县新疆华联现代农业科技示范园
379. 杜琳辉（土家族，女），新疆维吾尔自治区和田地区农业技术推广中心
380. 阿巴白克热·沙塔尔（维吾尔族），新疆维吾尔自治区吐鲁番地区托克逊县夏乡南湖村
381. 亚森·提力瓦迪（维吾尔族），新疆维吾尔自治区阿克苏地区乌什县依麻木乡十五村
382. 赵国庆，新疆维吾尔自治区喀什地区叶城县园艺站
383. 玉山江·阿不来提（柯尔克孜族），新疆维吾尔自治区克孜勒苏柯尔克孜自治州阿克陶县皮拉力乡畜牧兽医草原站
384. 赵湖捷，新疆生产建设兵团农二师30团
385. 田明堂，新疆生产建设兵团农六师103团

386. 冯志超，新疆生产建设兵团农七师 129 团
387. 苏安九，新疆生产建设兵团农八师 121 团
388. 缪秀琴（女），新疆生产建设兵团农十二师头屯河农场
389. 杨丽兰（女，瑶族），新疆生产建设兵团农三师 53 团
390. 杨 桦（女），新疆生产建设兵团农七师 137 团

（四）少数民族科普工作队

1. 内蒙古自治区乌兰察布市少数民族科普工作队
2. 广西壮族自治区百色市隆林各族自治县少数民族科普工作队
3. 贵州省铜仁地区科协少数民族科普工作队
4. 青海省海南藏族自治州少数民族科普宣传队
5. 新疆维吾尔自治区昌吉回族自治州少数民族科普工作队

关于授予王东临等 5 位同志中国科协求是杰出青年成果转化奖的决定

科协发办字〔2010〕28 号

为鼓励在科技成果转化工作中做出优异成绩的青年科技人员，经中国科协求是杰出青年奖评审委员会审议通过，决定授予王东临、汪清民、赵玉刚、徐科和廖峰等 5 位同志中国科协求是杰出青年成果转化奖。

荣获本届中国科协求是杰出青年成果转化奖的同志，既注重科学研究，又积极推动科研成果转化为现实生产力，取得了明显的经济效益和社会效益，在广大青年科技工作者中起到了良好的榜样作用。希望获奖同志再接再厉，努力进取，力争取得更加优异的成绩。希望广大青年科技工作者以他们为榜样，学习他们严谨治学、求是创新的科学精神，敢闯敢试、敢为人先的开拓精神，百折不挠、艰苦奋斗的探索精神，肩负起时代赋予的历史使命，为建设创新型国家做出新的更大的贡献。

中国科协办公厅
2010 年 10 月 21 日

关于授予王广东等 15 位同志中国科协求是杰出青年实用工程奖的决定

科协发办字〔2010〕29 号

为鼓励在工程技术科研和生产一线上的优秀青年科技人员，经中国科协求是杰出青年奖评审委员会审议通过，决定授予王广东等 15 位同志中国科协求是杰出青年实用工程奖。

荣获本届中国科协求是杰出青年实用工程奖的同志，热爱祖国，积极投身于工程技术相关领域的科研生产，在各自的工作岗位上，奋勇拼搏，勇攀高峰，作出了突出贡献。希望获奖同志再接再厉，锐意进取，力争取得更大的成绩。

获奖人员名单如下：

王广东　王秋菊　冯广斌　卢　凯　卢晓亭
刘东岳　张　卫　张　华　时家明　汪德武
周钢桥　陈　爽　钱保岐　曹　凯　彭述明

中国科协办公厅
2010 年 10 月 21 日

关于表彰全国“讲理想、比贡献”活动先进集体、科技标兵和优秀组织者的决定

科协发计字〔2010〕34 号

各省、自治区、直辖市、副省级城市科协、发展改革委、科技厅（局）、国资委，新疆生产建设兵团科协、科委：

为深入贯彻党的十七届五中全会精神，加快经济发展方式转变，增强企业自主创新能力，进一步推进“讲理想、比贡献”活动的深入开展，营造群众性技术创新活动的良好氛围，中国科协、国家发展改革委、科技部和国务院国资委决定，对 2009～2010 年度在“讲理想、比贡献”活动中作出突出贡献、有较强示范作用的宝钢集团有限公司等 119 家企业授予“全国‘讲理想、比贡献’活动先进集体”称号（含企业院士专家工作站 20 个），对蔡洙一等 97 名同志授予“全国‘讲理想、比贡献’活动科技标兵”称号，对王泽军等 99 名同志授予“全国‘讲理想、比贡献’活动优秀组织者”称号。

“讲理想、比贡献”活动（以下简称“讲、比”活动）是动员和组织广大企业科技工作者开展群众性技术创新活动的有效形式和重要载体，为推动企业创新发展、科学发展、和谐发展构筑强大的精神动力，在推动企业成为技术创新主体，建设创新型国家中发挥了重要作用。

这次受表彰的先进集体，共同特点是领导高度重视，建立健全“讲、比”活动组织体系，调动企业一线科技人员和各类人才的积极性，群众性技术创新活动成果突出；积极引进院士专家高端资源，在生产实践中培养人才，在创新实践中成就人才，培养了优秀的创新团队。受表彰的科技标兵积极参加“讲、比”活动，淡泊名利，甘于奉献，与技术团队共同攻克一批技术难题，充分展现

了他们迎难而上、攻坚克难的创新激情，为企业做出了重大贡献。受表彰的优秀组织者积极动员和组织广大企业科技工作者参与“讲、比”活动，整合各类创新要素服务企业，开展活动有创新、有特色、有成效，为群众性技术创新活动的蓬勃开展营造了良好氛围。希望受到表彰的集体和个人珍惜荣誉，再创佳绩！

即将迎来的“十二五”时期，是全面建设小康社会的关键时期，是深化改革开放、加快转变经济发展方式的攻坚时期。希望广大企业科技工作者胸怀大局，不懈探索，勇于实践，锐意进取，自觉肩负起新时期赋予的光荣使命，坚定信心，振奋精神，奋勇攀登科技高峰，为提升企业技术创新能力，为建设创新型国家，作出新的更大的贡献！

附件：全国“讲理想、比贡献”活动先进集体、科技标兵和优秀组织者名单

中国科协　国家发展改革委
科技部　国务院国资委
中国科协办公厅
2010 年 11 月 25 日

附件

全国“讲理想、比贡献”活动先进集体名单

（119 个）

宝钢集团有限公司
齐齐哈尔轨道交通装备有限责任公司
中国兵器工业集团第二〇三研究所
东风汽车公司
龙源电力集团股份有限公司
中国移动通信集团江苏有限公司
中航工业北京航空材料研究院院士专家工作站
中国航天科技集团公司第一研究院第一设计部院士专家工作站
中国石油化工股份有限公司催化剂分公司院士专家工作站
北京奔驰汽车有限公司
北京市电力公司
中国石化集团北京燕山石油化工有限公司院士专家工作站
天津市电力公司
天津港（集团）有限公司
秦皇岛港股份有限公司
宣化钢铁集团有限责任公司
中铁山桥集团有限公司
中国重汽集团大同齿轮有限公司
大同煤矿集团有限责任公司
太原重型机械集团有限公司
太原重型机械集团有限公司院士专家工作站
扎赉诺尔煤业有限责任公司
中盐吉兰泰盐化集团有限公司
大连机车车辆有限公司
中国有色集团抚顺红透山矿业有限公司
本溪钢铁（集团）有限责任公司
中航工业沈阳黎明航空发动机（集团）有限责任公司院士专家工作站
丹东东方测控技术有限公司院士专家工作站
中国石油吉林油田公司
通化钢铁集团股份有限公司
中国第一汽车集团公司院士工作站
中航工业哈飞
大庆石化公司矿区服务事业部职工医院
中国第一重型机械集团公司
上海电气电站设备有限公司
上海中信国健药业股份有限公司
上海中科电气（集团）有限公司
海隆石油工业集团院士专家工作站
中航金城集团有限公司
南车戚墅堰机车有限公司
长江润发集团有限公司
中交第三航务工程局有限公司江苏分公司
江苏苏中药业集团股份有限公司
一汽解放公司无锡柴油机厂
江苏扬农化工集团有限公司科协
徐州重型机械有限公司
远东控股集团有限公司院士专家工作站
江苏南自通华电气集团有限公司院士专家工作站
浙江八环轴承有限公司
三科电器集团有限公司
洁华控股股份有限公司
杭州钢铁集团公司
杭州锅炉集团股份有限公司
杭州前进齿轮箱集团股份有限公司
宁波浙东精密铸造有限公司院士专家工作站
加西贝拉压缩机有限公司院士专家工作站
安徽皖南电机股份有限公司

安徽江淮汽车集团有限公司
中国化学工程第三建设有限公司
龙岩烟草工业有限责任公司
福建大唐国际宁德发电有限责任公司
福建省闽东南地质大队
福建省南纸股份有限公司
福建先创电子有限公司院士专家工作站
中国石油化工股份有限公司九江分公司
江西洪都航空工业集团有限责任公司
济南轻骑摩托车股份有限公司
山东万得福实业集团有限公司
烟台鲁宝钢管有限责任公司
四八零八工厂威海修船厂
山东泰山钢铁集团有限公司
山东宏艺科技股份有限公司
山东时风（集团）有限责任公司
济南铁路局科学技术研究所
山东中保康医疗器具有限公司院士专家工作站
山东视聆通信有限公司院士专家工作站
河南金丹乳酸科技有限公司
河南煤业化工集团有限责任公司
中信重工机械股份有限公司
河南华南医电科技有限公司院士专家工作站
湖北三环专用汽车有限公司
武汉东湖新技术创业中心
武昌船舶重工有限责任公司
大冶有色金属集团控股有限公司
武汉钢铁（集团）公司
大禹电气科技股份有限公司院士专家工作站
中国石化长岭分公司
湖南柿竹园有色金属有限责任公司
湖南衡阳钢管（集团）有限公司
湖南新龙矿业有限责任公司
广州白云山和记黄埔中药有限公司
广州数控设备有限公司
广东骅威玩具工艺股份有限公司
广东省韶关钢铁集团有限公司
中山市中智药业集团有限公司
广东蓉胜超微线材股份有限公司
广东万和新电气股份有限公司院士专家工作站
广西柳州钢铁（集团）公司
桂林三金药业股份有限公司
中国海洋石油化学股份有限公司
重庆长风机器有限责任公司
力帆实业（集团）股份有限公司
重庆永荣矿业有限公司
宜宾三江机械有限责任公司
攀钢集团有限公司
成都印钞有限公司
自贡鸿鹤化工股份有限公司
东方汽轮机有限公司
首钢水城钢铁（集团）有限责任公司
云南驰宏锌锗股份有限公司
红河锌联工贸有限公司院士专家工作站
西藏自治区藏药厂
陕西宝成航空仪表有限责任公司
西安东风仪表厂
甘肃省小陇山林业实验局
北车兰州机车有限公司
西部矿业集团有限公司科协
宁夏英力特化工股份有限公司
神华新疆能源有限责任公司

全国“讲理想、比贡献”活动科技标兵名单

（97 名）

（按姓氏笔画排序）

于　龙　哈尔滨锅炉厂有限责任公司总工程师
王一森　德州博奥机械有限公司总经理
王文辉　天津钢铁集团有限公司技术主管
王永国（苗族）　贵州乌江水电开发有限责任公司东风发电厂主任
王廷举　新疆蓝山屯河节水科技有限公司工程师
王守清　中冶美利纸业股份有限公司副总工程师
王军明　中国石化齐鲁石化分公司热电厂副总工程师
王秀华（女）　长城电工天水二一三电器有限公司总工程师
王俊文　太钢技术中心高级工程师
王新山　山东日照尧王酒业集团有限公司总工程师
王德平（满族）　一汽集团规划部室主任
左凤珍（女）　江西长江化工有限责任公司技术处副处长
巴桑次仁（藏族）　西藏自治区藏药厂研发部经理
石义刚　葛洲坝集团股份公司技术中心建筑研究所所长
石文斌　山西阳泉铝业股份有限公司总工程师
石达君　四川杰特机器有限公司董事长、总经理
叶炽德　东莞泽龙线缆有限公司总经理

白飞平　厦门厦工机械股份有限公司技术中心主任
邢建良　中石化扬子石油化工有限公司副总工程师
曲秀兰（女）　北京汽车研究总院有限公司部长
吕　锐（蒙古族）　辽宁奥达制药有限公司副总经理
朱国民　中国人民解放军第四八０六工厂主任工程师
朱勇强　上海埃格环保科技有限公司技术总监
朱　雄　中国水电顾问集团中南勘测设计研究院宜昌设计院院长
刘明彪　赣州虔东稀土集团股份有限公司总经理助理
刘建文　天津大沽化工股份有限公司总工程师
刘振强　北京国电富通科技发展有限责任公司董事长、总经理
关泉生　新疆油田公司采油一厂厂长、高级工程师
许雄亮　株洲硬质合金集团有限公司高级工程师
苏新勇　中国人民解放军第四八零八工厂科协常务副主席
杨大锦　昆明冶金研究院副总工程师
杨永珠（女）　德力西集团有限公司主任
杨作毅（壮族）广州立白企业集团有限公司副总裁、总工程师
杨　忠　西宁特殊钢股份有限公司总经理
杨隽斌　通宇控股集团技术研发中心主任
李开国　中国通用技术集团中国汽车工程研究院有限公司副院长
李叶双　北京以岭药业有限公司总经理
李永平（白族）　云南铝业股份有限公司合金厂厂长
李宜祥　通钢集团板石矿业有限责任公司总工程师
李维佳　商洛市商州化工有限责任公司副总经理
李　毅　甘肃汇通化工防腐工程有限公司总经理
吴明辉　福建恒安集团有限公司技术中心研发部研发部总经理
吴建峰　江苏今世缘酒业有限公司副总经理
吴斌兴　长沙中联重工科技发展股份有限公司混凝土机械分公司总工程师
沈选举　宁波沁园集团有限公司主任助理
宋效奇　山西漳泽电力长治漳泽发电分公司科协秘书长
张大治　天津力神电池股份有限公司工艺经理
张　立　沈阳鼓风机集团有限公司工艺部一级专家
张　庆　天威保变（合肥）变压器有限公司总工程师
张志清　内蒙古龙旺地质勘探有限责任公司技术部长
张宏涛　哈尔滨汽轮机厂有限责任公司副处长、科协办主任
张国斌　呼和浩特众环（集团）有限责任公司副总工
张建平　山西三维集团股份有限公司副总经理
张春雷　上海华谊集团技术研究院常务副院长
张　寅　河南省义马煤业集团股份有限公司千秋煤矿矿长
张　琨　中国建筑第三工程局有限公司总工程师
张晶峰　东风汽车股份有限公司商品研发院轻型车开发中心常务副主任
张锦岚　中船重工集团第七一九研究所副所长
张　旗　沪东中华造船（集团）有限公司造船三部副部长
陈开碇　河南桑达能源环保有限公司董事长
陈日华　中国石油吉林石化公司科技与规划发展处科研高级主管
陈伟强　广东粤电油页岩发电有限责任公司总经理
陈志约　綦江齿轮传动有限公司产品开发部副部长
陈秀友　恒源煤电股份公司生产技术部副部长
陈科宇　中海石油化学股份有限公司研发工程师
陈　琼　锡矿山闪星锑业有限责任公司总工程师
罗　延　广西钦州力顺机械有限公司技术部经理
周光厚　东方电气集团东方电机有限公司副主任工程师
周宝生　沧州供电公司秘书长
周斌成　成都宁江机床集团股份有限公司研发院通机二所室主任
周暖云　上海水晶石信息技术有限公司研发部经理
郑祖义　广东志高空调有限公司常务副总裁
赵文强　河南平高电气股份有限公司总工程师
赵其春　四川省机械研究设计院院长、党委书记
赵　峰　保定天威集团有限公司总工程师
胡中常　隆回县金银花科技开发中心理事长
胡　钢　重庆钢铁股份公司烧结厂球团车间车间主任
胡燕寿　宜春钽铌矿技术部主任
钟　宁　重庆高速公路集团有限公司副总经理
姚海龙　石家庄市油漆厂技术组长
徐凤雏　重庆建设摩托车股份有限公司高级工程师
徐国民　大庆油田有限责任公司第四采油厂总工程师
徐焕俊　江苏金通灵风机股份有限公司常务副总裁
徐　銶　中国原子能科学研究院快堆工程部总工程师
高富春　龙煤集团七台河分公司科技环保部处长
海立鑫（蒙古族）　辽宁阜新矿业集团恒大煤业有限责任公司总经理
陶宏兵　宁夏凯晨电气有限公司副总经理
黄相山　南宁五菱桂花车辆有限公司总工程师
黄晓华　中国石油化工股份有限公司安庆分公司副

总工程师
董敬知　福建省马尾造船股份有限公司董事长
程凤兰（女）　齐齐哈尔二机床（集团）有限责任公司总工程师
蒲忠杰　乐普（北京）医疗器械股份有限公司总经理
鲍滨寿　江苏新海发电有限公司科技专职
蔡小平（瑶族）　中国石油吉林石化公司碳纤维厂总工程师
蔡洙一（朝鲜族）　大连造船厂集团有限公司副总工程师
黎建平　中航工业贵州双阳飞机制造厂工艺室副主任
滕彦进　中国兵器工业集团第二〇二研究所党委书记

全国“讲理想、比贡献”活动优秀组织者名单

（99 名）

（按姓氏笔画排序）

刁晓虹（女）　山西汾西重工有限责任公司主任
马云昆　昆明中铁大型养路机械集团有限公司党委书记
王子山　开滦（集团）有限责任公司科协常务副主席
王艺新　吉林省人民政府国有资产监督管理委员会副主任
王尔莉（女）　辽宁省鞍山市科协副主席
王　刚　大庆油田有限责任公司技术发展部主任工程师
王县贵　福建省三明双轮化工机械有限公司（福建华橡公司）研究所副所长
王利民　吉林市科协副主席
王泽军　中国重型汽车集团有限公司科协副主席
王宜峭　光谷（福建）通信有限公司科协主席
王思友　天津长芦汉沽盐场有限责任公司副主席
王隽锋　陕西略阳钢铁有限责任公司总工程师、科协主席
王　辉　内蒙古大兴安岭林管局科技处科长
邓世春　四川省遂宁市科协主席
邓森宏　广东省惠州市科协副主席
龙泽源　重庆市璧山县科协党组书记、主席
田洪福　一汽集团公司规划部副部长
兰文飞（女）　赣州市章贡区科协主席
冯　光　杭州前进齿轮箱集团股份有限公司科协主席
匡　华　衡阳泰豪通信车辆有限公司总经理
曲立望　湖南辰州矿业股份有限公司科协秘书长
吕锡云　宁波国家高新区科技局局长、宁波研发园区管理服务中心主任
朱　勇　丽水市经济贸易委员会处长
乔祝海　陕西榆林天然气化工有限责任公司总经理助理
伍东红　冷水江钢铁有限责任公司总工程师
任　玲（女）　雅安市科协企事业部部长、普及部部长
刘子良　山西省科协普及部部长
刘云清（女）　成都光明光电股份有限公司科协秘书长
刘玉强　哈尔滨电机厂有限责任公司科协副主席
刘　伟　云南澜沧江啤酒企业集团总经理
刘志刚　南通市港闸区科协主席
刘　兵　兰州市科协副主席
刘　杰　新疆众和股份有限公司党委书记、董事长
刘国江（女）　湖南省湘潭市科协主席
刘春雷　广西玉柴机器股份有限公司车间主任
刘洪敖　中国石油天然气股份有限公司大连石化分公司科协副主席
刘振信　天津市科协干部
闫光辉　濮阳濮耐高温材料（集团）股份有限公司科技管理研究员
闫　莉（女，满族）　本溪市科协组宣部负责人
许　军　山东省潍坊市科协科普部部长
许树坡　北京首都农业集团有限公司科协秘书长
严金奎　上海市政工程设计研究总院交通规划院党支部书记
苏世怀　安徽省马钢股份有限公司总工程师、科协常务副主席
杨建娥（女）　太原市科协主席
杨　彬　华北电网有限公司副总工程师
李传斌　安徽江淮汽车股份有限公司科技管理部部长
李　华（女）　中南建筑设计院股份有限公司党委书记
李学辉　锦州市科协副主席
李树才　伊春市科协主席
吴秀章　神华集团有限责任公司副总工程师、中国神华煤制油化工有限公司董事长
吴慧巍　上海市闵行区科协副主席
佟　燕（女，满族）　吉林省延边州科协组宣部部长
余其昌　广东中烟工业有限责任公司广州卷烟二厂生产一部厂长
沈学玮（女）　昆山市科协部长
宋学姮（女）　天津市滨海新区塘沽科协科长
张宏家　首都医科大学附属北京安贞医院科协秘书长
张英涛　石家庄市科协部长
张国华　河北金赛博板业有限公司董事长
张振雄　上海振华重工（集团）股份有限公司科技

部经理
张海燕（女） 东北制药集团股份有限公司科协副主席
张继生 奎屯锦业纺织有限责任公司总经理
陈兴杰 安徽金种子集团有限公司副总经理
陈 兵 重庆市工商业联合会（总商会）联络部部长
陈英武 黑龙江省黑河铁路（集团）有限责任公司党委副书记
陈昌华 山钢集团济南钢铁集团有限公司科协秘书长、技术中心副主任
陈建伟 四川省监狱管理局和强集团有限责任公司副总经理
陈惠民 绍兴市科协主任
林振元 福建龙溪轴承（集团）股份有限公司副总工艺师
金 环（女） 郑州高新技术产业开发区科协副主席
金洪生 上海石油化工股份有限公司科协学会管理高级工程师
金曙霞（女） 山东省济宁市科协副调研员
周家干 南方汇通股份有限公司总经理
底智尉（回族） 日照港集团科协秘书长
单锦宏 江苏盐城发电有限公司总工程师
郝 翔 河南省人民政府国有资产监督管理委员会干部
姜 文 永宁县科协主席
洪晓虹（女） 常州市科技咨询服务中心主任
袁 强 重庆市科协普及部部长
贾凤超 北京燕京啤酒集团公司总工程师、科协主席
贾厚颉 浙江省科协副处级调研员
夏建珍（女） 肇庆市科协学会部部长
顾大庆 山钢集团莱芜钢铁集团有限公司科协副秘书长、技术中心技术创新科科长
徐进康 湖北省襄樊市科协调研员
高崇华（女） 云南省科技咨询中心主任
郭 升 甘肃宝徽实业集团有限公司总经理
桑 涛 渭南市科协企工部部长
黄善辉 广东省科协科普部部长
曹建平 荆门市科协副主席
阎 瑜 青海省科协办公室主任兼科技报社社长
梁 军 熊猫电子集团有限公司秘书长
彭子林 中航工业贵州黎阳机械厂科协秘书长
董宏彬 湖北省发展和改革委员会处长
董 群 中国航天科工集团公司第三研究院党委副书记
蒋卫东 江西铜业股份有限公司科技开发部总经理
覃海军（壮族） 广西科技咨询中心主任
游世华 江西萍钢实业股份有限公司科协秘书长
简 易 西南兵工局科协常务副秘书长
谭钢军 武钢集团海南有限责任公司总经理
蔡兆丽（女） 巴彦淖尔市科协学会部部长

关于表彰全国优秀科技工作者的决定

科协发组字〔2010〕35 号

各全国学会、协会、研究会，各省、自治区、直辖市科协，新疆生产建设兵团科协，解放军总政治部干部部：

为深入贯彻党的十七大、十七届五中全会和全国人才工作会议精神，大力推进科教兴国战略和人才强国战略，在全社会弘扬“尊重劳动、尊重知识、尊重人才、尊重创造”的良好风尚，调动和激发广大科技工作者投身建设创新型国家的积极性和创造热情，根据《全国优秀科技工作者评选表彰办法》，经各全国学会，各省、自治区、直辖市科协，新疆生产建设兵团科协和解放军总政治部干部部评选推荐，公众投票，全国优秀科技工作者评审委员会评审，中国科协常委会批准，决定授予马伟明等 10 名同志“十佳全国优秀科技工作者”荣誉称号，授予王玉泽等 40 名同志“十佳全国优秀科技工作者提名奖”，授予王恩哥等 977 名同志“全国优秀科技工作者”荣誉称号。

获得“全国优秀科技工作者”荣誉称号的同志，是我国广大科技工作者的优秀代表。他们大力发扬创新、求实、协作、奉献的精神，立足本职，辛勤工作，拼搏进取，为我国总体科技水平提高、经济社会发展和人民生活改善做出了显著成绩和重要贡献。“十佳全国优秀科技工作者”荣誉称号获得者，是其中的杰出代表。希望受到表彰的科技工作者珍惜荣誉，谦虚谨慎，发扬成绩，再接再厉，为推动经济社会发展和科技进步创造新的业绩。

广大科技工作者要以全国优秀科技工作者为榜样，学习他们心系祖国、服务人民的高尚情操，学习他们求真务实、勇于创新的科学精神，学习他们坚持真理、诚实劳动的职业操守，学习他们爱岗敬业、脚踏实地的优秀品质，学习他们团结协作、淡泊名利的团队精神，积极投身建设创新型国家的伟大实践。

各级科协组织要大力宣传全国优秀科技工作者的先进事迹，创新工作方式，丰富工作内涵，以促进科技人才成长为己任，为全面提高我国自主创新能力和科学技术水平提供强有力的人才保证，为加快转变经济发展方式、实现“十二五”规划目标、夺取全面建设小康社会新胜

利作出新的更大贡献！

附件：1. “十佳全国优秀科技工作者”名单

2. “十佳全国优秀科技工作者提名奖”名单

3. “全国优秀科技工作者”名单

中国科协办公厅
2010年11月26日

附件1

“十佳全国优秀科技工作者”名单

（按姓氏笔画排序）

姓名	工作单位	推荐单位
马伟明	海军工程大学电力电子技术研究所	解放军总政治部干部部
王恩哥	北京大学物理学院	中国物理学会
尼玛卓玛（女、藏族）	西藏自治区农牧科学院农业研究所	西藏自治区科协
杨宝峰	哈尔滨医科大学	黑龙江省科协
张喜刚	中交公路规划设计院有限公司	中国公路学会
张新友	河南省农业科学院	河南省科协
张曙光	铁道部	中国铁道学会
陈　进	中国科学院西双版纳热带植物园	中国环境科学学会
易小刚	三一重工股份有限公司	湖南省科协
钟南山	广州呼吸疾病研究所	广东省科协

附件2

“十佳全国优秀科技工作者提名奖”名单

（按姓氏笔画排序）

姓名	工作单位	推荐单位
王玉泽	中铁第四勘察设计院集团有限公司	湖北省科协
王争鸣	中铁第一勘察设计院集团有限公司	陕西省科协
王庆煌	中国热带农业科学院	海南省科协
王临虹（女）	中国疾病预防控制中心	中华预防医学会
王静康（女）	天津大学化工学院	天津市科协
乔雄梧	山西省农业科学院	山西省科协
刘华平（女）	北京协和医学院	中华护理学会
刘　旭	中国农业科学院	中国农学会
刘庆峰	安徽科大讯飞信息科技股份有限公司	安徽省科协
刘泽明	中国航天科工集团第六研究院	内蒙古自治区科协
江风益	南昌大学	江西省科协
李　玉	吉林农业大学	吉林省科协
李兰娟（女）	浙江大学医学院附属第一医院	浙江省科协
李光范（朝鲜族）	中国电力科学研究院	中国电机工程学会
李　星	宁夏大学	宁夏回族自治区科协
李素芝	西藏军区总医院	解放军总政治部干部部
吴新涛	中国科学院福建物质结构研究所	福建省科协
张　军	北京航空航天大学	中国电子学会
张　罗	北京市耳鼻咽喉科研究所	北京市科协
张建云	南京水利科学研究院	中国水利学会
张恩和	中航工业沈阳发动机设计研究所	辽宁省科协
陈可冀	中国中医科学院西苑医院	中国中西医结合学会
陈　曦	中国科学院新疆生态与地理研究所	新疆维吾尔自治区科协
范泉水	成都军区疾病预防控制中心	云南省科协
林大泽	青海西部矿业科技有限公司	青海省科协
林尚扬	哈尔滨焊接研究所	中国机械工程学会
欧阳自远	中国科学院地球化学研究所	贵州省科协
周少雄	中国钢研科技集团有限公司	中国金属学会
周怀营	桂林电子科技大学	广西壮族自治区科协
郑时龄	同济大学建筑与城市空间研究所	上海市科协

赵治海	河北省张家口市农业科学院	河北省科协
南志标	兰州大学	甘肃省科协
施正荣	无锡尚德太阳能电力有限公司	江苏省科协
洪茂椿	中国科学院福建物质结构研究所	中国化学会
夏庆友	西南大学	重庆市科协
唐　波	山东师范大学	山东省科协
曹福亮	南京林业大学	中国林学会
彭心宇	新疆石河子大学	新疆生产建设兵团科协
樊代明	第四军医大学	中华医学会
魏晓峰	中国工程物理研究院	四川省科协

附件3

“全国优秀科技工作者”名单

（按推荐单位、姓氏笔画排序）

中国物理学会
王恩哥　金奎娟(女)
中国力学学会
黄风雷　孟庆国
中国光学学会
倪国强
中国声学学会
张仁和
中国化学会
严纯华　张德清　洪茂椿　裘式纶
中国天文学会
李向东
中国气象学会
王劲松（女、苗族）　张义军　胡秀清
中国空间科学学会
任建岳
中国地质学会
王玉华　王京彬　刘成林　杨经绥
中国地理学会
程国栋　蔡运龙　樊　杰
中国地球物理学会
方　慧（满族）　曲寿利　张少华
中国矿物岩石地球化学学会
钟　宏
中国古生物学会
万晓樵
中国海洋湖沼学会
王东晓　张国范
中国海洋学会
陈建芳　高　抒
中国地震学会
李小军　徐锡伟
中国动物学会
王祖望　郑守仪(女)　胡锦矗
中国植物学会
曹晓风(女)　强　胜
中国昆虫学会
任　东　黄大卫
中国微生物学会
刘双江　张　霆　李若瑜(女)
中国细胞生物学学会
何大澄
中国植物生理与植物分子生物学学会
王学臣
中国生物物理学会
阎锡蕴(女)
中国遗传学会
吕　红(女)　李凤霞(女)　周钢桥
中国心理学会
沈德立　黄希庭
中国生态学学会
于贵瑞　傅伯杰
中国环境科学学会
汪诚文　陈　进　柴发合　崔保山
中国自然资源学会
陈亚宁　夏　军
中国感光学会
刘书强
中国优选法统筹法与经济数学研究会
刘祥官　徐伟宣
中国岩石力学与工程学会
蔡美峰
中国野生动物保护协会
丁玉华　刘志平　张　伟

中国实验动物学会
秦　川(女)
中国青藏高原研究会
王宁练
中国环境诱变剂学会
郝卫东
中国运筹学会
章祥荪
中国菌物学会
刘杏忠
中国晶体学会
柴继杰（满族）
中国神经科学学会
路长林
中国机械工程学会
王益群　　印建安　　李德群　　林尚扬
中国汽车工程学会
吴建会（满族）　　欧阳明高　　黄佳腾
中国农业机械学会
陈　志　　郭志强
中国农业工程学会
应义斌
中国电机工程学会
许世森　　李光范（朝鲜族）　　饶　宏
夏　清
中国电工技术学会
元复兴　　李崇坚　　宓传龙
中国水力发电工程学会
李　云　　宗敦峰　　晏志勇
中国水利学会
王　超　　张建云　　钮新强　　温续余
中国内燃机学会
阳树毅（瑶族）　　苏万华　　金东寒
中国工程热物理学会
金红光（朝鲜族）
中国空气动力学会
曾学军
中国制冷学会
王如竹　　江　亿
中国真空学会
董振超
中国自动化学会
田　捷　　李东旭(女)　　陈翰馥

中国仪器仪表学会
尤　政　　武惠忠　　施一明　　靳世久
中国计量测试学会
方占军　　臧二军
中国标准化协会
叶盛林
中国图学学会
张　强
中国电子学会
张　军　　李启虎　　周　济　　段宝岩
中国通信学会
韦乐平　　余少华　　张　平　　张智江
中国中文信息学会
张桂平(女)
中国测绘学会
李建成　　李英成
中国造船工程学会
王立祥　　夏桂华　　崔维成
中国航海学会
贾大山
中国铁道学会
安国栋　　张　梅　　张曙光　　康　熊
中国公路学会
石宝林　　张劲泉　　张喜刚　　汪双杰
中国航空学会
介万奇　　尹泽勇　　武维新　　唐长红
中国宇航学会
齐润东　　祝学军(女)　　樊士伟
中国兵工学会
杜志岐　　杨绍卿　　曹贺全
中国金属学会
王运敏　　李　楠　　周少雄　　靳　伟
中国有色金属学会
卢亚锋　　石力开　　杨　斌
中国稀土学会
张志宏
中国腐蚀与防护学会
乔利杰
中国化工学会
李瑞亢　　杨为民　　曾本忠　　谭天伟
中国核学会
徐　銤　　龚　建

中国石油学会

王绪龙　周新源　袁发勇　隋　军

中国煤炭学会

刘炯天　胡千庭　殷作如　翟桂武

中国可再生能源学会

姚兴佳

中国能源研究会

龙先进

中国硅酸盐学会

王继扬　杨　辉　姚　燕(女)

中国土木工程学会

刘　辉　吕西林　肖绪文　缪昌文

中国生物工程学会

黄大昉

中国纺织工程学会

李嘉禄　汪少朋　俞建勇　蒋高明

中国造纸学会

邝仕均

中国文物保护技术协会

梁　涛

中国印刷技术协会

汤　帜

中国材料研究学会

韩恩厚

中国食品科学技术学会

王　硕　刘　昕　孙宝国

中国粮油学会

吴子丹

中国烟草学会

李永平

中国系统仿真学会

陈宗基

中国电影电视技术学会

宋宜纯

中国振动工程学会

何正嘉

中国颗粒学会

卢春喜

中国照明学会

郝洛西(女)　潘建根

中国动力工程学会

林富生

中国惯性技术学会

夏　刚

中国风景园林学会

邢福武　李延明　胡永红

中国电源学会

方卫中

中国复合材料学会

陈乐生

中国消防协会

林　松(女)　范平安　覃文清(女)

中国图象图形学学会

刘凯龙

中国人工智能学会

钟义信

中国体视学学会

刘国权

中国工程机械学会

石来德

中国农学会

田淑芬(女)　任天志　刘　旭　陈　阜

梅旭荣　喻树迅

中国林学会

宋湛谦　张启翔　费本华　曹福亮

中国土壤学会

万洪富　张玉龙　杨林章

中国水产学会

王　武　王清印　陈雪忠

中国畜牧兽医学会

沈建忠　康相涛　焦新安　童光志

中国植物病理学会

王　琦

中国植物保护学会

吴孔明　张友军　张跃进

中国作物学会

何中虎

中国热带作物学会

黄茂芳

中国蚕学会

牟志美(女)

中国水土保持学会

崔　鹏

中国茶叶学会

杨亚军

中国草学会

王　堃

中华医学会

宁　光　　纪立农　　陈香美(女、朝鲜族)

郎景和（满族）　　洪昭光　　樊代明

中华中医药学会

仝小林　　孙　涛　　朱立国　　杨明会　　黄璐琦

中国中西医结合学会

王文健　　陈可冀　　萧　伟　　黄光英(女)

中国药学会

匡海学　　邵荣光　　郭宗儒

中华护理学会

刘华平(女)　　杨顺秋(女)　　陈长英(女)

金静芬(女)

中国生理学会

王　韵(女)

中国解剖学会

徐群渊

中国生物医学工程学会

樊瑜波

中国病理生理学会

王建枝(女)

中国营养学会

孙长颢　　杨晓光　　顾景范

中国药理学会

杜冠华

中国针灸学会

朱　兵　　梁繁荣

中国防痨学会

马　玙(女)

中国麻风防治协会

张福仁　　沈建平

中国心理卫生协会

王焕林　　赵旭东　　蔡焯基

中国抗癌协会

朱正纲　　陈志南　　林东昕

中国体育科学学会

张忠秋

中国毒理学会

马　璟（女、回族）

中国康复医学会

何成奇　　励建安　　唐　丹

中华预防医学会

王临虹(女)　　王滨有　　郑荣梁（回族）

金银龙

中国法医学会

丛　斌

中华口腔医学会

王松灵

中国自然辩证法研究会

陈　凡

中国技术经济学会

吴贵生

中国现场统计研究会

于　丹

中国未来研究会

赵营波

中国科学技术史学会

张　藜(女)

中国图书馆学会

吴　晞　　杨玉麟

中国城市科学研究会

毛其智　　李　迅

中国科学学与科技政策研究会

刘则渊

中国农村专业技术协会

刘玉峰　　贾正国　　谭祖全

中国工业设计协会

李　北

中国科普作家协会

卞毓麟　　李　欣

中国自然科学博物馆协会

康熙民

中国可持续发展研究会

马宗晋

中国青少年科技辅导员协会

李　雪（女、回族）

中国科教电影电视协会

石永怡(女)

中国科学技术期刊编辑学会

王亨君(女)

中国流行色协会

朱　琳(女)

中国国土经济学会

张志强

中国土地学会

李万东　查宗祥

中国科技新闻学会

李　斌

中国老科学技术工作者协会

朱序弼　李智伟　徐一戎

中国科学探险协会

王会军

中国城市规划学会

段　进

中国产学研合作促进会

王建华

北京市科协

丁双六　邓　瑛　冯杰明(女)　刘存志

刘晓钟　华　炜(女)　朱　进

许　勇　闫　平　严登华　何方洋

吴季松（满族）　张　罗　张宏家

李本海　杜修力　杨立军　杨年华

杨勇平　苏建通　陈文柳(女)　屈宝香(女)

欧阳钟灿　郑大玮　赵进喜　赵春江

梁志杰　黄天祥　韩　平　雷平和

漆小瑾(女)　魏而巍

天津市科协

孔祥瑞　王　雁(女)　王延群　王静康(女)

冯世庆　司端运　母国光　孙德岭

张大宁　张伟平　张传友　张铁军

李忠献　杜胜利　苏　宜　韩振勇

河北省科协

任国栋　刘云飞(女)　刘建功　刘明生

齐章国　宋光耀　张书敏　张孟臣

张英泽　张祥宏　李卫胜(女)

谷子林　单保恩　武义青　胡万宁

胡春胜　赵治海　高瑞宏　景崇友

蒋春澜　韩立宪(女)　魏云祥

山西省科协

王礼田　王克智　王娟玲(女)　乔晓红

乔雄梧　吕晓云(女)　张文栋

张树勇　李思进　李钰生　杨新华

沈沛龙　范新民　柳　洁(女)　赵队家

寇林田　阎会平　黄庆学

内蒙古自治区科协

申利刚　刘长安　刘泽明　孙　炯　闫德仁

张和平　李保卫　阿拉坦松布尔(蒙古族)

庞　琢　姜洪福　特古斯（蒙古族）　郭　锋

辽宁省科协

于逢平　王越超　任永志　刘成雁（满族）

刘敬党　刘黎明　孙玉红(女)

朱蓓薇(女)　邢兆凯　吴玉厚

张世强　张恩和　李晓东　李耀祖

杨关林（锡伯族）　邹天来　周小珊(女)

尚　红(女)　罗俊生　徐兆东（满族）

贾贵起　郭启勇　黄国建　景希强

韩建荒　潘一山

吉林省科协

于化东　王立军　冯　江　刘淑莹(女)

朱俊义　张建秋　李　玉　李　骏

杨福合　邹广田　苗里宁　赵　华(女)

赵志魁　郭庆海　崔永吉（朝鲜族）

穆　钢

黑龙江省科协

卞红雨(女)　王　骐　王荣国　王晓红(女)

田家玮(女)　石志民　吴生富　张　斌

李良玉　李杰训　杨　野　杨传平

杨宝峰　陈继光（满族）　庞　达

姜　力　常　山　梁　鸣(女)

焦方义　韩端锋

上海市科协

丁文江　马大为　毛　颖　王拥军　刘昌胜

许　迅　吴欣之　张志愿　辛春华(女)

陆　卫　陈　楠(女)　陈代杰　陈芬儿

郁　竑　郑时龄　侯建文　姚诗煌　姚泉洪

娄维义　胡里清　夏四清　彭日荷　景益鹏

谭　琦(女)

江苏省科协

王子纯　王文虎　王志伟　叶　锋　叶建仁

刘　波　刘兆普　刘进军　吉沐祥　孙晓文

吴　敬(女)　吴海锁　时龙兴

李　萍(女)　杨惠林　沈洪兵　闵乃本

陆启兵　陈建荣　宓仲业　郑江文　施正荣

柏传志　段金廒　胡德霖　徐九华　殷凯生

莫风琴(女)　顾继礼　黄　和　黄　维

蒋　勇　裴冬生　魏少华

浙江省科协

孔建强　王文海　王如伟　冯晓宇　刘明放

江建军　严小军　何小勇　何光辉　张立彬

张利华(女)　张念慈　李兰娟(女)

杨红春 汪自强 邱建英 陈 梁 陈少勤
陈汉林 陈海啸 陈维虎 周熙文 姜翔鹤
赵国秋 唐 毅 益德清 黄东明 龚 勤(女)
程旺大 韩喜球(女) 楼 辉 潘劲松

安徽省科协

计国平(女) 包文新 刘 俊 刘文清
刘庆峰 朱恒银 吴成龙 吴满霞(女)
张良林 李 伟 杨良金 陆建辉
宛晓春 徐 宁 徐义流 曹云霞(女)
曹多志 彭 寿 焦发兆 程 桦
窦万波 魏建现

福建省科协

许旭明 吴新涛 应敏刚 杨江帆 陈元仲
陈玉村 陈立典 陈道炼 林占熺 范更华
侯伟生 夏宁邵 徐西鹏 翁伯琦 翁国星
常向真（女、回族） 黄金水 谢树森

江西省科协

江风益 江香梅(女) 何 明 吴希明
杨明桂 周健儿 姚素平(女)
洪 葵(女) 胡彬生 钱怀璞
黄路生 谢金水 雷晓燕 廖维林

山东省科协

丁书兵 王吉贵 王怀洪 王来明 刘志敏
刘季善 孙少军 孙永奎 朱孔来
吴树康(女) 应广东 张同波 张繁亮
李基恒 沈志强 邵 华 陈 权 陈晓阳
单国玲(女) 赵渤年 郝振刚 唐 波
袁洪刚 贾瑞宝 顾心怿 高艳国 鹿成洪
黄福昌 彭 伟(女) 谢俊霞(女) 韩金祥
潘云平(女)

河南省科协

卫修君 冯立杰 刘 昱(女) 刘静宇
吕子剑 宋宏伟 张广东 张许科
张治军 张新友 李大东 李会林
李红霞(女) 杨宗献 陈国平
陈性元 金新富 赵 亮 赵树英
袁 群 贾小波 贾朝京 郭天财
高丹盈 程敬亮 燕长海

湖北省科协

马 丁 马廉亭 王文力(女) 王玉泽
王石平(女) 刘耀林 孙蒙祥
朱 巍 何正国 余华强 李 杰
李 霆 杨百昌 汪在芹 周厚贵
柯卫东 胡文宝 赵修建 席刚明
傅连春 蒋 鸣 谢树成 潘东发

湖南省科协

王一棣 王建龙 卢芳云(女) 田红旗(女)
刘 权 刘永杰 刘清才 张振全
李 华 杨品红 肖 扬 邹学校
陈立云 周娇君(女) 易小刚
罗和安 郑健龙 胡建华 曹志强
梁通尧（苗族） 谌永毅(女) 廖怀章

广东省科协

万金泉 牛憨笨 王 丰 叶文才 刘 石
许大熊 邢 锋 吴清平 吴硕贤 寿伟春
张方秋 李民英 李康生 杨光华 苏 锵
邱显扬 陈 鸣 陈基镛 周岱翰 林浩然
郑 德 郑建飞 侯凡凡(女) 钟南山
徐义刚 徐天平 高天明 黄永红(女)
黄惠根(女) 彭少麟 曾庆孝 曾益新
蔡彤旻 蔡泽祺

广西壮族自治区科协

邓家刚 卢飞龙 吕 智 李 锋 杨炳壮(壮族)
杨道华 邹节明 周怀营 周善义（瑶族）
郑明德 赵劲民 徐世宏 曾建民 廖 宏(壮族)

海南省科协

王庆煌 刘 丹（满族） 吴曼峰 张 寿
林 强 罗素兰(女) 施耀忠 符生苗

重庆市科协

方清万 刘 庆 刘作华 孙洪旗 张 勇
李 伟 李先广 李祖伟 周建庭 郑建宏
夏庆友 黄爱龙 彭瑶玲(女)

四川省科协

文 宗 王为民 王玉忠 王晓宇 邓克文
刘 庆 刘方柏 刘清友 孙朝晖 吴 宁
宋胜武 张 健 张永华(羌族) 张立实
杜 军 陈 光 陈志平 庞小峰
易桂喜(女) 胡 灿 徐锡惠 贾正贵
解培惠 潘光堂 魏 刚 魏晓峰

贵州省科协

石 明 石京山(侗族) 何志旭 宋宝安
宋建波 欧阳自远 范福平 侯国佐
胡建兴 胡瑞忠

云南省科协

王嘉积 宁 平 何 黎(女、彝族) 张永林
李开斌 陆 林 和顺荣（纳西族） 明大增

范泉水　郭振宇　崔秀明　盛　军(满族)

西藏自治区科协

扎西次仁(藏族)　尼玛卓玛(女、藏族)　杜　军

欧　珠(藏族)　禹代林　姬秋梅(女、藏族)

普布次仁(藏族)　蒋宗华(藏族)

陕西省科协

王争鸣　白晋涛　刘代志　吴开春　吴宝宁

李　跃　李思训　杨　悦　杨世民　杨拉道

屈撑囤　郑　刚　赵　钰　郭学军　高　颀

高贵生　黄玉美(女)　黄春长　谭永华

薛永武

甘肃省科协

冯　起　刘维民　宋尚有　张　继(女)

张新虎　汪万福　汪有奎　邹天福

周爱兰(女)　南志标　夏佳文　高俊峰

青海省科协

冉向民　乔世雄　张永成　官却扎西（藏族)

林大泽　徐安花(女)　郭竟世

黄素霞(女)

宁夏回族自治区科协

王锡琴(女)　刘声锋　宋新华　李　星

李克昌　李桂鹏　郭玉林　盛之林

新疆维吾尔自治区科协

于胜存　马　祁　石　泉　宋　燕（女、满族)

李南方(女)　陈　曦　陈新发

茹仙古丽・沙吾尔（女、维吾尔族)

高　兴　董有锁

新疆生产建设兵团科协

吕　新　张利莉(女)　李保成　赵图强

彭心宇　谭志环

解放军总政治部干部部

马伟明　孔志印　王永良　王建新　王明孝

王明洋　王晓波　王维俊(女)　邓小刚

刘泽乾　刘晶儒(女)　吕世辉　吕家国

吕跃广　许爱强　余争平　张兵志　张志利

张建春　张维明　李　宁　李云庆　李决龙

李应红　李贤玉(女、朝鲜族)　李恒年　李素芝

汪　玉　肖华军　肖利华　苏定冯　邱志明

陈志杰　姚咏明　战晓苏　段雄林　胡晓峰

费爱国　卿　敏　徐永清　徐朝旭　殷仁方

贾　鑫　钱立志　笪良龙　黄民强　程　勇

韩雅玲(女)　裴雪涛　樊邦奎

中国科协 2010 年度事业发展统计公报

中国科协 2010 年度事业发展统计公报

2011 年 5 月

2010 年，在党中央、国务院的正确领导下，中国科协高举中国特色社会主义伟大旗帜，深入贯彻落实科学发展观，按照党的十七大、十七届三中、四中、五中全会精神和胡锦涛总书记在纪念中国科协成立 50 周年大会上的重要讲话要求，认真落实中央书记处对科协工作的指示精神，切实履行党和政府联系科技工作者的桥梁纽带职责，坚持为经济社会发展服务、为提高全民科学素质服务、为科技工作者服务、切实加强自身建设，团结奋斗，开拓进取，各项工作取得新进展。

一、组织、机构与人员

截至 2010 年底，各级科协及两级学会实有机构共计 7160 个，比上年增加 39 个。各级科协实有机构 3158 个，比上年减少 1 个。两级学会实有机构 4002 个，比上年增加 40 个。其中，中国科协所属全国学会 181 个，增加 6 个；各省级科协所属省级学会 3805 个，增加 35 个。

各级科协和两级学会从业人员共计 52151 人，比上年减少 1768 人。各级科协从业人员 37260 人，减少 89 人。两级学会从业人员 14891 人，减少 1679 人，其中，全国学会增加 83 人，省级学会减少 1762 人。

全国学会个人会员 411.4 万人，比上年减少 3 万人；省级学会个人会员 582 万人，比上年减少 1 万人。

全国学会团体会员 6.9 万个，比上年增加 2031 个；省级学会团体会员 16 万个，比上年减少 5215 个。

省级科协、副省级城市科协、省会城市科协、地级科协和县级科协联系的企业科协组织 17579 个，比上年增加 1540 个，加入企业科协组织的个人会员 310 万人，增加 21 万人；大专院校科协组织 729 个，比上年增加 31 个，加入大专院校科协组织的个人会员 54 万人，增加 9 万人。

地、县两级科协指导的街道科普协会 10429 个，比上年增加 885 个；乡镇科普协会 32095 个，比上年增加 436 个。

副省级城市科协、省会城市科协、地级科协和县级科协农村专业技术协会 103148 个，比上年增加 2168 个，加入专业技术协会的个人会员 1221 万人，增加 74 万人。

二、经费收入与支出

各级科协及两级学会经费收入总额 84.39 亿元。各级科协经费收入总额 60.38 亿元，占收入总额的 72%。两级学会经费收入总额 24.01 亿元，占经费收入总额的 28%。

各级科协及两级学会经费支出总额 79.49 亿元。各级科协经费支出总额 59.03 亿元，占支出总额的 74%。两级学会经费支出总额 20.46 亿元，占支出总额的 26%。

三、科普惠农兴村计划

2010 年，中央财政和地方财政投入奖补资金总额 4.86 亿元，比上年增长 50%。其中，中央财政投入奖补资金 3 亿元，比上年增长 50%，地方财政投入奖补资金 1.86 亿元，比上年增长 49%。

各级科协表彰奖励作出突出贡献的农村基层科普组织和个人共 14666 个（人）。其中，农村专业技术协会 4086 个，农村科普示范基地 3029 个，农村科普带头人 5585 人，少数民族科普工作队 92 个。

四、学术交流

各级科协及两级学会举办学术交流活动 3 万次，参加人数达 451 万人次，学术交流活动中交流论文共 70 万篇。

各级科协举办学术交流活动 1.4 万次，参加人数 241 万人次，交流论文共 4.2 万篇。

两级学会举办学术交流活动 1.6 万次，参加人数 210 万人次，交流论文共 65.8 万篇。

全国学会举办学术交流活动 3895 次，参加人数 76 万人次，交流论文共 34.78 万篇。其中，国内学术会议 3351 次，参加人数 60.3 万人次；国际学术会议 444 次，参加人数 13.8 万人次；双边学术会议 30 次，参加人数 0.44 万人次；同港澳台地区学术会议 70 次，参加人数 1.9 万人次。

中国科协 2010 年学术年会参加人数 3554 人次，交流论文 1622 篇。

五、科学技术普及

各级科协及两级学会共举办科普讲座16.5万次，受众人数8551万人次；科普展览7.4万次，受众人数2亿人次。各级科协及两级学会发放科普宣传资料1.96亿份，比上年增长5.8%；播放科普广播、影视节目9.8万小时，增长55%。

各级科协开展科技咨询23.6万次；实用技术培训人数3249万人次；推广新技术、新品种3.89万项，增长2%。

参加全国科普日、科技周、科技下乡、科教进社区等科普活动的科协、学会工作人员、志愿者、专家和科技专业人员共156万人次。

各级科协共举办青少年科普讲座（报告）2.19万次，受众人数1997万人次；举办青少年科普展览1.4万次，受众人数2231万人次。

各级科协及两级学会举办青少年科技竞赛9788次，参加人数3734万人次。其中，各级科协参加青少年科技创新大赛2742次，参赛人数1385万人次，获奖人数37.06万人次。举办青少年科技夏冬令营2539次，参加人数63万人次。

各级科协及全国学会组织青少年参加国际竞赛268次，参赛人数8773人次，获奖人数1381人次。

各级科协共有青少年科技教育机构990个，从业人员12209人，比上年增加430人。经费支出额2.39亿元，比上年增长12%。

六、科普基础设施建设

各级科协建有科技馆（科普活动中心）1029个，参观人数2735万人次。其中，建筑面积8000平方米以上91个。中国科技馆参观人数350万人次；省级24个科技馆参观人数865万人次，平均36万人次/个；副省级、省会城市17个科技馆参观人数174万人次，平均10.2万人次/个；地级156个科技馆（科普活动中心）参观人数522万人次，平均3.3万人次/个；县级831个科普活动中心参观人数823万人次，平均1万人次/个。

各级科协新建科普画廊（宣传栏）1.7万个，年末达到23.2万个；科普展示单元总长度222万米，比上年提高4%。

中国科协配发科普大篷车新增116辆，年末达到386辆；科普大篷车下乡行驶里程455.6万公里，比上年增长120%。

省、地、县三级科协研制配发的科普放映车、科普宣传车等形式的流动科普设施243辆。

各级科协命名科普教育基地（农村科普示范基地1.9万个）29973个，参观人数2亿人次。其中，中国科协命名全国科普教育基地650个，参观人数1650万人次；省级科协命名科普教育基地1463个，参观人数6695万人次；地县两级科协命名科普教育基地2.78万个，参观人数1.2亿人次。

省级科协命名的科普示范县745个；地级科协命名的科普示范县652个。

农村科普示范户229万户。

各级科协及两级学会主办科普网站2340个，比上年新增161个；浏览人数8亿人次。其中，各级科协主办科普网站1623个，新增130个；浏览人数1.7亿人次。两级学会主办科普网站717个，新增31个；浏览人数6.3亿人次。

基层科协科普员57.9万人，比上年增加3.8万人。

七、国际及对港、澳、台地区民间科技交流

各级科协及两级学会共接待和出访国外及港、澳、台地区团组6287个，比上年增长3%；接待和出访人员6.3万人次，增长19%。

中国科协及全国学会接待国外及港、澳、台地区来访科技团组共计1332个，增长5.5%，接待人数20289人次。出访国外及港、澳、台地区科技团组共计677个，比上年下降2.3%，出访人数5716人次，下降1.2%。

八、科技活动和社会服务

各级科协指导2.38万个企业开展“讲理想、比贡献”活动，“讲、比”活动立项数7.8万项，完成数5.8万项，完成数占立项数的74%。参与“讲、比”活动的科技人员195万人次。

各级科协及两级学会完成技术咨询合同2.65万项。其中，各级科协完成技术咨询合同2.09万项；两级学会完成技术咨询合同5648项。

各级科协及两级学会反映科技工作者建议3.8万条，比上年增长14%。其中，各级科协反映科技工作者建议2.67万条，增长1%；两级学会反映科技工作者建议1.18万条，增长64%。

各级科协及两级学会针对特定群体举办的培训班 5.7 万个，结业人数 702 万人次。其中，各级科协举办培训班 4.2 万个，结业人数 514 万人次；两级学会举办培训班 1.49 万个，结业人数 188 万人次。

各级科协及两级学会表彰奖励科技工作者 9 万人次。其中，各级科协表彰奖励科技工作者 5.76 万人次，两级学会表彰奖励科技工作者 3.27 万人次。

九、科普资源及科技传媒

各级科协编创科普读物总印数 8680 万册（幅）；开发制作科普展览 5748 个；制作科普活动资源包 1198 个。

各级科协及两级学会制作科普广播影视节目 1.2 万小时；制作科普动漫作品 12526 个。

中国科协、省级科协及两级学会主办科技期刊全年发行量 8691 万册；主办科技报纸全年发行量 16242 万份。

各级科协及两级学会编著科技图书发行量 985 万册。

中国科协及全国学会主办科技期刊发行量 5199 万册；编著科技图书全年发行量 174 万册。

全国学会主办科技报纸发行量 681 万份。

注：1. 各项统计数据均未包括香港特别行政区、澳门特别行政区和台湾省。

2. 本公报中各种范围所表述的含义：

各级科协：指中国科协、省级科协、地级科协、县级科协。

中国科协：指中国科协机关及直属单位。

两级学会：指全国学会、省级学会。

全国学会：指中国科协所属全国学会、中国科协委托管理全国学会。

3. 学会、协会、研究会简称学会。

4. 部分数据因四舍五入的原因，存在着与分项合计不等的情况。

全国学会、协会、研究会（含受委托管理的学会）简况

中国数学会

2010年中国数学会举办国际会议9个、国内会议16个，高端前沿学术会议1个，国内参会人数2245人，学术会议交流论文1795篇。学会召开了十届五次和十届六次常务理事会议，会议分别讨论了2011年中国数学会代表大会换届、下届理事会理事、常务理事会如何产生等有关事宜；对由中国数学会主办的华罗庚数学奖、陈省身数学奖的章程、申报程序作了讨论，重新修订了两个奖的条例。

学会举办科普讲座5次，其中院士讲座3次，受众千余人。普及工作委员会分别举办了中学生夏令营和冬令营、西部女子数学竞赛。10月，每年一次的全国高中数学联赛举行，全国12万名高中生参加了比赛，最终选拔出150名优胜者参加了冬令营决赛。派出代表队参加7月在哈萨克斯坦首都阿斯塔纳举行的第51届国际数学奥林匹克竞赛（IMO 2010 Kazakhstan），中国队以197分获得团体总分第一名，6名队员全部获得金牌。

8月15～17日，国际数学联盟第16届代表大会在印度举行。中国数学会理事长马志明，副理事长龙以明、巩馥洲，秘书长王长平出席。本次会员代表大会选举产生了国际数学联盟新一届领导机构和各工作委员会，中国数学会副理事长、中国科学院院士龙以明当选为国际数学联盟执行委员会委员。

在中国数学会主办的刊物中，《数学学报》（中文版）成为我国数学类唯一连续五次获“中国百种杰出期刊”的期刊。2010年，《数学学报》、《应用数学学报》、《数学进展》分别获得中国科协精品期刊A、B、C类的资助。

【首届中国数学会－韩国数学会联合国际会议暨中国数学会2010学术年会】

5月18～22日，首届中－韩数学会联合国际会议暨中国数学会2010学术年会在重庆市召开。本次会议由中国、韩国数学会联合主办，共300余名国内学者以及来自韩国、美国、西班牙，以及中国香港特别行政区、台湾地区的专家、学者出席了会议。在为期3天的会议中，学会理事长马志明院士、南开大学陈省身数学研究所所长龙以明院士、韩国高等研究所 Jong Hae Keum 教授、美国威斯康辛大学 Yong－Geun Oh 教授、西南大学长江学者讲座教授张高勇分别作了5场大会邀请报告。5月19～20日，大会进行分组报告，交流最新的数学知识，展示最新的科研成果。

【2010年全国复分析会议】

6月13～17日，2010年全国复分析会议在浙江省湖州市召开。本次会议有来自美国阿拉巴马大学、新加坡国立大学和印度马德拉斯理工学院等国内外60余所高校和科研院所的120余名从事值分布理论、复动力系统、拟共形映射、Teichmüller空间、亚纯函数正规族等复分析领域的专家、学者参加了本次会议。本次会议共收到学术论文48篇，会议主席、中国科学院院士杨乐、北京大学数学科学学院教授李忠和中国科学院数学与系统科学研究院研究员王跃飞分别在大会上作了学术报告。学术报告内容反映了目前国内外在值分布理论、复动力系统、拟共形映射、Teichmüller空间、亚纯函数正规族等复分析领域的最新研究动态，与会代表就近年来国内外复分析研究的进展和各自的最新研究成果进行了广泛深入的交流与研讨。

【华罗庚百年诞辰纪念座谈会】

为纪念我国著名数学家华罗庚先生诞辰100周年，2010年9月1日，中国数学会在中国科学院数学与系统科学研究院召开了华罗庚百年诞辰纪念座谈会，缅怀这位世界数学巨匠，追忆他对中国数学事业不可磨灭的贡献。出席会议的有中国数学会历届正、副理事长、秘书长和在北京的中国科学院院士，中国数学会理事长马志明主持了会议。

华罗庚先生曾在1951～1983年间担任中国数学会第一届、第二届、第三届理事长。与会者认为，中国数学会一直是一个学术氛围浓厚、学风严谨的学会，这与华罗庚先生长期以来对中国数学会的建设与指导是分不开的。华罗庚先生对中国数学事业不可磨灭的贡献和他特有的人格魅力，不怕艰难、百折不回的坚韧精神，大公无私、甘为人梯的崇高品质，改革创新、赶超先进的超前设想，心系国家、报效祖国的爱国主义精神将永远鼓舞后辈。

【第七届汉字文化圈及近邻地区数学史与数学教育国际学术研讨会】

8月6～9日，第七届汉字文化圈及近邻地区数学史与数学教育国际学术研讨会（ISHME7）在内蒙古自治区呼和浩特市举行。本届会议以“汉字文化圈数学：传统向现代的转变”为主要议题，11位专家学者做主题报告，近30位学者针对数学史与数学交流、数学教育与数学文化两个专题进行了报告。与会学者就中国传统数学再认识、西学东渐与清代数学发展、中外数学交流、近现代数学史研究、数学史在数学教育中的应用等议题进行了深入研讨。

【中国（大陆）7位数学家在2010国际数学家大会上作报告】

8月19～27日，第26届国际数学家大会在印度南部城市海得拉巴城举行。受国际数学家大会组委会主席 M. S. Raghunathan 教授的正式邀请，中国科学院院士、山东大学数学学院教授彭实戈在大会上作1小时报告，6位数学家被邀请做45分钟报告，10位大陆数学家在本次会议中得到资助。

作为第一位被邀请在国际数学家大会上作1小时报告的中国内地数学家，彭实戈院士的报告显示了我国数学家在非线性数学期望理论及倒向随机微分方程领域已取得国际领先水平的研究成果。

中国物理学会

2010年中国物理学会及分会、专业委员会共组织各类学术交流活动59次，参加人次10320人。其中，国际会议16次，参加人数3123人。

第22届亚太物理学会联合会理事会议于3月23日在日本筑波召开。学会常务理事张杰（AAPPS 主席）、吴令安（AAPPS 理事）以及副秘书长谷冬梅（AAPPS 司库）出席了会议。

第七届亚太物理学会联合会全体大会于11月13～14日在上海举行。学会理事长杨国桢，常务理事张杰、薛其坤、吴令安、龙桂鲁以及副秘书长谷冬梅参加了相关会议。经选举，张杰、吴令安和龙桂鲁当选新一届理事。学会推荐的复旦大学封东来、中国科学院物理所方忠和上海交通大学陈险峰获得本届“杨振宁奖”。

第11届亚太物理学术会议于11月14～18日在上海市召开，来自亚太各个国家/地区的近200名专家、学者出席会议。本届会议由上海交通大学承办。

根据中－韩物理学会2009年签署的合作协议，2010年成功举办了两次联合论坛。首届论坛于4月22日在韩国举行，主题为二维电子气：石墨烯和拓扑绝缘体（2D Electron Systems：Graphene and Topological Insulators），以中科院院士薛其坤为团长的中国物理学会7人代表团赴会。第二届论坛于9月18日在天津市举行，论坛主题为光子学和等离激元光子学（Photonics and Plasmonics），以韩国物理学会主席 Young－Pak Lee 教授为首的11位韩国专家、学者出席了研讨会。

受全国科技名词审定委员会委托，物理名词委员会自2006年起开始了对1996年公布的物理学名词的修订及增补工作。委员会2010年共组织了4次工作例会，继续审定新名词。

经学会推荐，中科院物理所研究员徐红星和中国科学院理论物理所研究员周海军荣获第十一届中国青年科技奖。北京大学物理学院教授王恩哥荣获“十佳全国优秀科技工作者”称号、中国科学院物理所研究员金奎娟荣获“全国优秀科技工作者”称号。

【2010年秋季学术会议】

9月17～19日，中国物理学会2010年秋季学术会议在天津市召开。会议特邀美国加州大学伯克利分校沈元壤、上海交通大学张杰、美国斯坦福大学张守晟、华中科技大学罗俊、波兰科学院物理所 M. Sawicki 作大会邀请报告。来自全国各地约1600名专家、学者及学生参加会议。会议设16个分会场进行分组交流，首次设立“优秀墙报奖”。本届年会由南开大学物理学院承办，得到国家自然科学基金委、中国科协等单位的资助。

【物理教学与竞赛】

物理教学委员会组织的“两岸三地物理教育学术研讨会”于7月30日～8月2日在北京召开。来自内地及港、澳、台地区高校的184位专家、学者参加了研讨会。中国物理学会前理事长陈佳洱、现任副理事长赵光达出席研讨会并分别在开幕式和闭幕式上致辞。

由全国中学生物理竞赛委员会组织的第27届全国中学生物理竞赛决赛于10月30日～11月3日在福建省厦门市举行。参加本年度竞赛预赛的学生超过44万人。参加决赛的学生280人，其中女生10人。决赛评出一等奖51名，二等奖95名，三等奖134名，另设四项单项奖。

第41届国际物理奥林匹克竞赛于7月17～25日在克罗地亚举行，来自80个国家/地区的376名选手参加了此次竞赛。中国队5名选手全部获得金牌，其中一名选手获得了总成绩最佳、理论成绩最佳、实验成绩最佳，以及欧洲物理学会创新等4个单项奖。

【关注女性科技工作者现状】

经中国物理学会常务理事会批准，女物理工作者委员会于2010年6月向国家自然科学基金委提交了《关于在国家自然科学基金青年科学基金项目中放宽女性年龄限制的提议》的报告，得到积极回应。

2010年女物理工作者圆桌讨论会于9月18日在天津市召开，与会的40余名代表交流了在各自单位及工作中遇到的性别问题。经国际纯物理与应用物理联合会（IUPAP）女性工作小组成员吴令安推荐，隋曼龄自2011年起成为 IUPAP 女性工作小组的新成员。

11月13～14日，第二届亚太女物理工作者大会在上海市举行，来自亚太国家/地区的50余位代表出席会议，交流各自国家/地区的女性工作者的现状。

中国力学学会

2010年，中国力学学会共组织各类学术会议52次，其中国内会议45次，国际会议7次。参加学术会议的人数共计5000余人，交流论文3100余篇。青年学术沙龙如期举办5次，13位专家学者围绕力学的多个分支领域做报告。

学会举办了“力学·环境·安全”科技周活动、奥迪童梦圆——力学挑战赛、超级家庭对对碰、第二届全国深空轨道设计竞赛、2010年海峡两岸力学交流暨中学生力学夏令营、第三届中学生趣味力学制作邀请赛等科普活动，累计受众达千余人。超级家庭对对碰、第三届中学生趣味力学制作邀请赛在中央电视台少儿频道《异想天开》节目播出。出版《涌潮随笔》、《漫话动力学》和《科学游戏的智慧与启示》3部科普书籍。

学会共举办继续教育活动6次，分别是：首届超限建筑结构有限元分析讲习班、力学史培训研讨会暨科技人才力学素养提高班、2010年爆炸、毁伤与安全暑期讲习班、第三期光测力学实验教学研讨班、生物材料与细胞力学高级讲习班和环境力学夏季讲习班。累计参加培训人数560余人。

筹建英文期刊 *Theoretical and Applied Mechanics Letters*（《力学快报》），组建中国力学学会期刊网，整合包括《力学学报》、*Acta Mechanica Sinica*、《力学与实践》、《力学进展》和 *Theoretical and Applied Mechanics Letters* 在内的五种期刊资源，为科技工作者提供摘要和全文数据服务。

理事会换届工作圆满完成，民主选举产生第九届理事会理事161人，其中理事长1人，副理事长9人，秘书长1人，常务理事41人。2010年，中国力学学会会员数量从2009年的19482人增加到21715人，同比增长11.5%。

由学会推荐的“电磁固体的变形与断裂”项目（主要完成人：方岱宁、刘金喜、刘彬、李法新、黄克智）获得2010年度国家自然科学二等奖。

经学会推荐，国家自然科学基金委员会数理学部研究员孟庆国、北京理工大学教授黄风雷获得中国科协“全国优秀科技工作者”称号。

【2010年全国会员代表大会暨第八、第九届理事会扩大会议】

10月17~20日，中国力学学会2010年全国会员代表大会暨第八、第九届理事会扩大会议在辽宁省大连市举行，中国力学学会第八、第九届理事，中国力学学会部分荣誉理事及特邀理事，各分支机构负责人，各省市力学学会和香港特别行政区力学学会理事长、副理事长、秘书长，共计200余位代表出席了本次会议。

此次会议对第八届理事会四年来的工作进行了总结，选举产生了第九届理事会。胡海岩当选为中国力学学会理事长，洪友士、刘人怀、龙勉、卢天健、佘振苏、杨卫、张洪武、郑泉水、周哲玮等当选为副理事长，冯西桥当选为秘书长。

【2010全国固体力学大会暨《固体力学学报》创刊30周年庆祝会议】

11月11~14日，2010全国固体力学大会暨《固体力学学报》创刊30周年庆祝会议在湖北省武汉市举行。中国力学学会固体力学专业委员会主任委员魏悦广研究员和《固体力学学报》主编郑泉水教授担任大会共同主席。来自清华大学、北京大学、中科院力学所、美国普林斯顿大学、香港城市大学、香港科技大学及澳门大学等70多所高校和科研院所近300名代表参加了会议。大会共收到276篇学术论文，内容涉及微纳米力学、材料力学行为、先进材料与结构力学、损伤与断裂、细观力学、生物力学、实验力学、冲击动力学、振动与波、岩土力学、计算与仿真等，基本涵盖了固体力学学科领域的研究方向。

【国际理论与应用力学联盟2010年全体理事大会】

7月16~19日，中国力学学会以国际理论与应用力学联盟（IUTAM）会员国的身份，代表中国组团参加了在法国巴黎召开的IUTAM 2010年全体理事会。其中，担任IUTAM理事的中国科学院院士李家春、中国科学院院士白以龙、中国科学院院士杨卫作为中国代表出席了全体理事大会，担任IUTAM大会委员会委员的中国科学院院士程耿东出席了大会委员会会议。学会作为ICTAM 2012大会的主办方，由担任主席的白以龙和担任大会秘书长的王建祥参加了IUTAM大会委员会及其执行委员会工作会议的讨论。在这次会上，IUTAM大会委员会及其执行委员会听取了我国ICTAM2012大会组委会关于由中国力学学会在北京承办第23届ICTAM大会的工作进展报告，提交的财务预算方案获得通过。第23届ICTAM大会上代表中国的开/闭幕式报告人、分会报告人和预提名会议主席（PNS）的科学家人数将比以往有所增加，这将成为2012年第23届ICTAM大会的一大亮点。

【北京国际力学中心（BICTAM）被批准为国际理论与应用力学联盟关联所属组织】

在国际理论与应用力学联盟（IUTAM）全体理事大会召开之际，学会提交的关于北京国际力学中心（BICTAM）成为IUTAM关联所属组织（Affiliated Organizations of IUTAM）的申请获IUTAM理事会批准，成为国际力学界最为权威的学术组织IUTAM中仅有的两个“国际力学中心”之一。

【第十八届欧洲断裂大会】

8月30日~9月2日，学会以2013年即将举办的第十三届国际断裂大会（ICF13）主办方的身份代表中国组团参加了在德国德累斯顿召开的第十八届欧洲断裂大会（The Eighteenth European Conference on Fracture，简称ECF18）。会议期间，共召开了3次ICF执委会工作会，主要就ICF的发展方向、ICF与相关学会的合作发展、ICF13的准备情况，以及ICF14的合同签订事宜展开了讨论。ICF执委会听取了ICF13大会组委会关于ICF13大会筹备情况的介绍。学会和德国材料研究与测试联合会就中德双方关于国际学术交流与合作等相关问题交换了意见，建立了沟通渠道。

【第三届国际动力学、振动与控制学术会议】

5月12~14日，第三届国际动力学、振动与控制学术会议（The Third International Conference on Dynamics, Vibration and Control，ICDVC-2010）在浙江省杭州市召开。中国科学院院士、浙江大学教授朱位秋和美国加州大学伯克利分校L. Q. Chua教授担任大会主席。来自20多个国家和地区共412位专家、学者参加了此次大会，11名国内外著名专家、学者分别作大会邀请报告。会议共收到600余篇论文摘要，经严格评审录用了494篇稿件，282位专家、学者进行了口头报告，内容基本上涵盖了动力学、振动与控制学科领域的各个研究方向，重点关注当前最新的课题和研究方向，诸如分数阶动力学与控制、神经动力学、复杂网络动力学与控制、时滞系统动力学等。

【国际理论与应用力学联盟专题研讨会】

5月10~14日，国际理论与应用力学联盟IUTAM非线性随机动力学与控制研讨会（IUTAM Symposium on Nonlinear Stochastic Dynamics and Control）在浙江省杭州市举行。来自13个国家（地区）的44名代表参加了本次研讨会，如中国科学院院士、浙江大学校长杨卫，中国科学院院士朱位秋，美国工程院院士、佛罗里达大西洋大学Y. K. Lin教授，美国工程院院士P. Spanos教授，波兰科学院院士K. Sobczyk教授等该学科领域内的多名国际著名学者均到会报告。研讨会收到论文32篇，31位专家、学者在会上作报告，内容涵盖非线性随机动力学与控制的各个分支领域，会议论文集由Springer出版社出版。

8月8~12日，IUTAM纳米材料和非均质材料力学中的表面效应专题研讨会（IUTAM Symposium on Surface Effects in the Mechanics of Nanomaterials and Heterostructures）在北京举行。来自9个国家（地区）的40多名专家、学者参加了本次研讨会。研讨会收到论文38篇，37位专家、学者在会上作了精彩的报告，内容涵盖了纳米材料和非均质材料力学中的表面效应的诸多分支领域，尤其关注前沿和热点问题。

中国光学学会

2010年4月18日，中国光学学会在安徽省合肥市召开了六届六次常务理事会，根据中国科协组织通则的要求和学会章程的规定，成立了以学会理事长周炳琨院士为组长，副理事长、秘书长和部分常务理事为组员的换届领导小组。成立了以秘书长倪国强教授为组长，副秘书长和若干工作人员为组员的换届工作小组。

4月6日，学会在广西壮族自治区南宁市召开了分支机构、地方学会秘书长工作会议，学会秘书长、副秘书长，专委会、地方学会秘书长等50多位代表出席了会议，秘书长倪国强教授就加强专委会、地方学会建设，积极组织会员参加8月在天津召开的光学大会和10月召开的国际光学大会等作了讲话。

4月18日，学会在安徽省合肥市召开了中国光学名词审定工作启动会议，10位院士和40多位大专院校、科研院所的专家、学者参加了启动会议，与会院士、专家就学科方向分工、学科框架、词条数量分配、工作计划节点等问题进行了讨论并提出了建议。

8月24日，在天津市举行了中国光学学会成立30周年的纪念大会，中国科协书记处书记冯长根、中国科协有关部门领导、天津市有关部门和天津大学、南开大学等领导、23位两院院士及来自全国大专院校、科研院所、企业的1000多位专家、学者科研人员参加了纪念活动，并对2009年评选出的王大珩光学奖中青年奖和学生奖获奖者进行了表彰奖励。

8月23~26日，中国光学学会2010年光学大会在天津大学隆重召开，本次大会共设立了18个分会场，1000多位来自全国各高校、研究院所和生产一些的科研人员参加了光学大会，研究探讨和交流光学最新科技成果，展望学科未来发展方向。

1月20~23日，应韩国光学学会邀请，学会副理事长刘旭教授一行4人赴韩国大田，代表中国光学学会出席了韩国光学学会成立20周年庆典大会。刘旭教授应邀作了题为《中国光学教育、研究与产业发展》的报告，续签了《中韩光学学会合作备忘录》，被授予韩国光学学会荣誉会员。10月18~20日，由学会和国际光学工程学会共同主办的2010年亚洲光电子会议在北京召开，会议设立了13个分会场，来自中国、美国、英国、德国和日本等十几个国家和地区的1000多位专家、学者和学生参加了会议。

由学会主办的第二届全国大学生光电竞赛于8月6～9日在吉林省长春市举行，来自全国70所高校的635支代表队报名参赛，经过层层选拔，共有37所高校的114支代表队晋级决赛，同济大学和华中科技大学分获“导盲组”和“赛车组”一等奖，32支代表队分获二等奖、三等奖和优胜奖。

9月6～9日，由学会主办的第十二届国际光电博览会在广东省深圳市开幕，中国科协副主席、书记处书记齐让等出席了开幕式。本次博览会展览面积83000多平方米，参展厂商2100多家，已经成为仅次于德国不莱梅光学展的全球第二大光学展。配合博览会的还有5个高峰论坛。

7月10～12日，由学会主办的第五届光学期刊合作与发展研讨会在吉林省长春市召开，来自全国各地20多种光学科技期刊的负责人计50多位代表参加了研讨会。

学会推荐的许宁生当选为中国科学院院士，饶长辉获得中国青年科技奖。

中国声学学会

2010年，中国声学学会及所属各分支机构举办各类学术年会、研讨会、交流会、报告会和学术论坛等共17次，征集交流学术论文747篇，有2142人次参加了交流活动。与2009年相比，学术交流的形式多样、次数增多、参加人数上升33%。高端前沿学术论坛4次，分别为生物医学工程分会的2010年全国超声医学和医学超声论坛、环境声学分会协助中国人民解放军三〇一医院开展的全国听力测试研讨会、学会与中国科学院声学研究所噪声振动实验室联合举办的首届中欧声与振动研讨会、声频工程分会的“相约2010”技术交流活动。语言、音乐声学分会还开展了6次语音方面的小型学术沙龙。组织了各类技术培训，共举办培训班5期，培训人数282人。

按照中国声学学会章程规定，2010年学会进行理事会换届改选。5月15日，中国声学学会在北京召开了六届七次常务理事会。参加会议的常务理事、常务理事代表24人，会议由理事长田静主持。副理事长杨德森就学会第七届会员代表大会筹备情况作了汇报，会上重点讨论了学会换届方案、《中国声学学会章程（修改稿）》，审议了第六届理事会工作报告等相关材料。

学会联合中国科学院声学研究所开展科普日、科普周活动，于2010年5月在声学所内开展活动。参加科普活动的科技工作者76人，受众人数1350人。环境声学分会开展科普讲座5次，分别是：为中关村二小开展的“噪声与危害”科普讲座，在四川省成都市开展的“换流站噪声控制”，在海南省海口市的“声环境导则”，在江西省开展的“噪声控制基本知识”讲座，在河北省石家庄市开展的“噪声控制基本知识”讲座。受众累计近千人。

【第七届会员代表大会】

中国声学学会第七届会员代表大会暨2010年全国声学学术会议于12月26～28日在黑龙江省哈尔滨市举行，来自全国各地的会议代表350余人参加了大会。

12月26日下午，学会召开了中国声学学会第七届会员代表大会。大会由六届理事会理事长田静主持，副理事长宗健、杨德森、钱梦騄 、程建春，秘书长张春华出席了会议。会议审议通过了六届理事会工作报告、财务报告、学会章程（修改稿）。按照学会章程，完成了换届工作，选举产生了中国声学学会第七届理事会、常务理事会和学会领导。田静任理事长，杨德森、王小民、程建春、宗健、毛东兴任副理事长，张春华任秘书长。

【第39届国际噪声控制工程大会暨展览会】

6月13～16日，中国声学学会理事长田静率团赴葡萄牙首都里斯本参加了第39届国际噪声控制工程大会暨展览会（INTER－NOISE 2010），应国际工程与技术科学院理事会（CAETS）邀请，在世界范围内的噪声源论坛中，组织并主持了以“中国低噪声产品设计面临的挑战”为主题的分会，中国学者分别作了《中国产品辐射噪声国家标准》、《中国家用电器噪声辐射与控制》、《中国工业噪声辐射评价与控制》、《中国产品噪声辐射的主观评价》的报告。最后，理事长田静作了《中国交通环境噪声控制现状及发展趋势》的报告。

上述报告系统地展示了我国在低噪声产品与技术方面的现状、进展、问题和经验。国际工程与技术科学院理事会（CAETS）对于中方的此次论坛报告给予了积极的评价和赞赏，美、日等多国的科学家发来E-mail，对中国在环境噪声控制方面的技术进展及对标准、法规政策的推动作用表示祝贺，同时希望进一步加强合作与交流。

【2014年第八届国际声与振动大会将在中国举办】

7月18～22日，中国声学学会理事长田静率团赴埃及首都开罗参加了国际声学与振动学会（IIAV）理事会和第17届国际声与振动大会（ICSV17），并代表中国声学学会和中国科学院声学研究所，向学会理事会提出了承办2014年第21届国际声与振动大会（ICSV21）的申请，获得了成功。在会议的开幕式上，国际声学和振动学会执行董事长Malcolm Crocker教授代表IIAV宣布授予田静理事长荣誉会士称号，田静应邀作了题为《泛在信息社会中声学的机遇》的大会报告，引起热烈反响。

【国际车辆噪声高级培训班】

10月26日，由中国声学学会、中国科学院噪声与振动重点实验室、瑞典皇家工学院Marcus Wallenberg声与振动研究中心共同举办的车辆噪声高级培训在北京开幕。会议邀请了国内外声与振动领域的知名教授和振动与噪音领域（NVH）资深专家，汇集了17个车辆噪声领域的专题报告。包括噪声源测量及分析、多孔声学材料及应用、阻尼隔振材料及应用、复合结构振动噪声特性及分析、主动噪声控制及应用、气动噪声分析及控制和噪声能量分析方法以及NVH应用和实例等。培训班是一个高水平的研究和创新平台，进一步深化了中欧在声与振动领域的交流和合作，提升中欧在声与振动领域的研究水平，更好地应对来自车辆制造业噪声与振动的挑战。

【表彰马大猷声学奖获奖者】

12月27日，由中国声学学会马大猷评奖委员会最终审定，评选出2010年度马大猷声学奖获得者：哈尔滨工程大学副校长杨德森、中国科学院声学研究所研究员颜永红。

杨德森教授一直在声学科学的重要分支——水声工程领域辛勤耕耘，勇于探索，取得了多项成果，特别是近十年来在矢量水听器方面的研究工作，为我国水声工程领域的科学研究和教育事业的发展做出了重要贡献。

颜永红研究员是国家新世纪百千万人才工程国家级人选、国家自然科学基金委国家杰出青年基金获得者。2002年入选中国科学院百人计划，加入声学所并筹建了语言声学实验室，在语音核心技术的研究和应用中做出了突出贡献，在语音识别、语音搜索等方面引领了国内行业的发展。在音乐检索（五次MIREX评测世界第一）、音频水印和发音评估等方面做出了国际领先的工作，所建实验室在国际语音行业有着一定的影响力。所研发的音频处理系统在国家工程和市场上得到了规模应用，打破了国外企业对中文语音识别市场的垄断，取得了市场的主导。

中国化学会

2010年组织学术活动共计23项，与会者11192人次，交流论文9030篇。有美国、英国、日本等国学者92人参加学术活动。组织海峡两岸交流活动2项，参加者350人，其中，台湾地区35人，交流论文113篇。2011年主办国际会议2项，参加人数共计105人，其中国外科学家84名，交流论文210篇。

中国化学会第九次全国会员代表大会11月在福建省武夷山市举行。会议选举产生了由173人组成的中国化学会第二十八届理事会。第二十八届理事会理事长由姚建年院士担任，10位副理事长分别为来自国内著名高校、中国科学院和化工企业的著名科学家或企业管理者，秘书长由杨振忠研究员担任。会议还一致通过了杨振忠秘书长提名的11名副秘书长人选。

中国化学会和英国皇家化学会、日本化学会、美国化学会和德国化学会，建立起合作伙伴关系，取得了实质性的成果。学会分别与美国化学会、英国皇家化学会继续签署了合作协议。

中国化学会举办2010年全国高中学生化学竞赛的组织及国际竞赛，共有14万人参加，颁发一等奖917名，表彰8000余人。

中国化学会共主办期刊21种，其中被SCI收录11种，为学会所主办期刊的52.38%，是国内被SCI收录期刊数量最多的学会。这11种期刊占了我国被收录的17种化学类期刊的64.71%。全年发表论文5290篇，出版发行41852册，发行学术会议、科普光盘27种，13050张。

中国化学会目前设立奖励12项，初步形成奖励对象配套的、具有一定梯度的表彰体系。因奖励颁发时间的差异，2010年度实施的奖励6项，包括“中国化学会－约翰·威立出版公司青年化学论文奖”、“中国化学会－巴斯夫青年知识创新奖”、“中国化学会－英国皇家化学会青年化学奖”、“中国化学会青年化学奖”、首届“中国化学会－阿克苏诺贝尔化学奖”、“中国化学会－中国石油化工股份有限公司化学贡献奖”，共有39名优秀学者分获这些奖项。

中国化学会推荐的洪茂椿院士（中国科学院福建物质结构研究所）、裘式纶教授（吉林大学）、张德清研究员（中国科学院化学研究所）、严纯华教授（北京大学）4人获中国科协授予的“全国优秀科技工作者”称号，洪茂椿院士荣获“十佳全国优秀科技工作者提名奖”。

中国化学会在2010年荣获民政部“全国先进社会组织”称号。

【第27届学术年会】

6月20日，中国化学会第27届学术年会在福建省厦门市举行。年会主题为“创新型社会与化学的责任”。

年会共举办4天，设绿色化学、环境化学、化学生物学、纳米化学、应用化学、有机化学、聚合物科学中的理论、模拟和计算研究、现代无机化学的现状和发展趋势、分析化学、电化学与能源化学、催化化学、光化学、胶体与界面化学、理论化学方法和应用、化学信息学与化学计量学、超分子组装与软物质材料、化学研究中的新仪器、新方法和化学教育等18个学术分会。会议同期举办了化学创新与发展论坛、海峡两岸化学论坛、中日青年化学家论坛3个论坛，以及中英超分子化学研讨会、英国皇家化学会期刊 *Chem. Soc. Rev.* 编委会、亚洲化学学会联合会执委会、第六届教育部科技委化学化工学部第一次全委会等一系列活动，还设置了新技术、新产品与新仪器成果展。年会期间，设置了6个大会报告、499个分会邀请报告及604个分会口头报告。会议共收到研究论文3074篇，墙报1964张。

参加会议的代表近3400名，其中包括中国科学院、中国工程院院士55位。中国化学会理事长、中国科学院常务副院长白春礼，中国化学会副理事长程津培、王基铭、朱道本、钱逸泰、习复，国家自然科学基金委副主任、中国化学会秘书长姚建年，中国科协书记处书记冯长根，北京大学校长周其凤院士，福建省科协主席吴新涛，教育部科技司副司长陈盈晖教授，国家自然科学基金委化学部常务副主任梁文平教授，厦门市委常委、组织部长黄笑影，厦门大学副校长孙世刚教授；英国皇家化学会当选会长 David Garner 教授、首席执行官 Pike 博士，德国化学会会长 Michael Droscher 教授，美国化学会前任主席 Thomas Lane 博士，日本化学会代表 Tamotsu Takahashi 教授，亚洲化学联合会执委 Ting - Kueh Soon 教授，台湾地区的化学会会长潘文炎教授、前任会长彭旭明教授，阿克苏诺贝尔公司中国公司总裁赛如阳，巴斯夫大中华区管理董事会董事长关志华，赢创德固赛大中华区总裁俞大海，德国《应用化学》杂志副主编、欧洲《有机化学》杂志主编 Haymo Ross 等出席了会议。

【第九次全国会员代表大会】

中国化学会第九次全国会员代表大会于11月23～25日在福建省武夷山市举行。共有来自全国31个地方学会、25个学科或专业委员会和37个团体会员单位的262位代表参会。

中国化学会理事长、中国科协副主席、中国科学院常务副院长白春礼院士，中国化学会副理事长、国家自然科学基金委员会副主任、中科院院士朱道本，中国化学会副理事长、中国石油化工股份有限公司顾问、中国科学院院士王基铭，中国化学会副理事长、中国科学院院士、中国科技大学、山东大学教授钱逸泰，中国化学会副理事长、中国科学院化学研究所习复教授，中国化学会常务理事、秘书长、中国科学院化学研究所副所长姚建年院士；中国化学会常务理事、中国科协书记处书记冯长根出席会议。

会议听取和审议通过了中国化学会理事长白春礼代表第27届理事会所做的工作报告。听取和审议秘书长姚建年所做的《关于修改会章的报告》，通过了修订后的《中国化学会章程》。选举产生了中国化学会第28届理事会。

第28届理事会由173人组成，其中来自地方学会（含海外分会）86名、学科和专业委员会员会62名，团体会员单位13名，中国化学会直接提名12名。第28届理事会理事长由姚建年院士担任，包信和、戴厚良、董孝利、洪茂椿、江桂斌、李新华、万立骏、张希、周其凤、周其林10位分别为来自国内著名高校、科研院所和化工企业的著名科学家或企业管理者任中国化学会副理事长，秘书长由杨振忠研究员担任。

自本届理事会开始，恢复了司库职务，其职责是实施对学会公共资金和财产进行宏观的管理、清算与监督，开拓团体的融资渠道等。

首次增设“中国化学会顾问”职务，理事会聘请前任理事长白春礼院士，副理事长程津培院士、王基铭院士、朱道本院士、钱逸泰院士和习复教授为“中国化学会顾问”。

【第二届化学科学与社会研讨会】

9月7～10日，第二届化学科学与社会研讨会（Chemical Sciences and Society Symposium，简称CS3会议）在英国伦敦召开，主题是“可持续发展的材料”（Sustainable Materials）。CS3会议由中、美、德、英、日五国化学会共同发起。会议讨论了化石燃料替代材料、绿色化学过程、无毒害材料、污染控制与转换材料等四个议题；提出了6个与人类社会可持续发展相关的重要材料科学问题，即：能源转化与储存材料、新兴材料及其工艺、化学原料（feedstock）、稀有元素资源保护、生物可降解材料，以及与CO_2减排相关的材料科学问题。中国科学院院士赵东元、中国科学院院士江雷，及彭笑刚教授、韩布兴研究员、朱利中教授、庄林教授和帅志刚教授出席会议。

中国天文学会

2010年，中国天文学会围绕学科发展前沿问题，共支持各类学术活动10项，参加人数达1100人，交流论文约520篇。举办2010年学术年会，把学术交流与推动西部少数民族地区科技发展、扩大中国天文学会学术年会影响力有机结合起来。

学会开展了天文科普系列活动，包括全国中学生天文奥林匹克竞赛和2010年滇西少数民族地区科普系列活动。抓住罕见的日环食等天文特殊现象，积极支持团体会员单位云南天文台承办少数民族地区科普系列活动。活动主要包括利用2010年罕见的滇西日环食机会，在滇西少数民族地区广泛开展系列科普宣传，如安宁县万辉新城科普活动、月掩金星观星科普活动和夏令营科普活动等。在云南，向少数民族地区的广大民众宣传和普及天文科学知识，提高少数民族地区广大民众的科学文化素质，对于破除迷信、反对邪教、促进各民族之间的团结、建立和谐稳定的社会秩序发挥了作用。

宣传表彰为天文事业作出贡献的优秀科技工作者，积极举荐优秀人才。中国天文学会开展了“从事天文工作四十年奖”、“基础服务奖”、“学会工作奖”、“科普工作奖”、“张钰哲奖”等奖项的推荐、评审、表彰工作，并在第十二次全国会员代表大会上表彰了134位优秀科技工作者。

2010年全国中学生天文奥林匹克竞赛预赛在全国14个城市的16个赛点举办，共有2400余人参加，139人参加决赛。赛后，选拔出32人进入国家队集训，并参加了第十五届国际天文奥林匹克竞赛，我国选手取得了4枚银牌、2枚铜牌的成绩。

【第十二次全国会员代表大会】

11月4日，中国天文学会第十二次全国会员代表大会在广西壮族自治区南宁市召开，来自全国各地122位优秀天文工作者出席了会议。会议听取和审议了学会第十一届理事会工作报告和财务工作报告、章程修改报告，表彰了134位先进工作者，以无记名投票方式选举出新一届53位理事。中国科学院院士崔向群当选为第十二届理事会理事长，杨戟研究员当选为第十二届理事会秘书长。

【中国天文学会2010年学术年会】

11月1~3日，中国天文学会2010年学术年会在广西壮族自治区南宁市召开，来自全国各地450多位天文工作者和6位中国科学院院士参加会议。与会的专家、学者开展学术交流、介绍最新研究成果，宣传天文科普知识。学术年会共设9篇大会报告，安排了射电天文分会场、恒星分会场、高能分会场等7个分会场，232篇交流报告，25篇张贴报告。

年会期间，学会特别安排院士和教授面向公众，紧扣广大群众关注的热点问题，在广西图书馆的八桂讲坛、广西大学、广西科技情报所等地先后共举办了4场科普报告。

中国气象学会

2010年中国气象学会举办了第27次全国会员代表大会，组织召开第27届中国气象学会年会。各学科委员会组织举办了延伸期（月内）过程预报研讨会，高原山地气象研究暨西南区域气象学术交流会（第四届高原气象论坛），第十三届航空与航天气象学术交流会暨优秀航空与航天气象工作者、优秀论文表彰会，短期气候预测学术研讨会，2010年度短期气候预测联合学术研讨会，气象影视学术交流会，第二届军事气象水文论坛等专题学术交流活动。

完成了理事会的改选换届，调整了理事会所属学科（工作）委员会的设置，设立学科委员会35个（较上届减少2个），工作委员会4个。新发展注册会员321名。

2010年6月出台的美国JCR报告公布了2009年度SCI期刊的影响因子及其他指标，《气象学报》（英文版）的影响因子为0.874，在被SCI收录的114种中国大陆（含港澳）期刊中位居第35位。《气象学报》（中文版）荣获2009年度“百种中国杰出学术期刊”称号，这是《气象学报》（中文版）第7次获得此称号。

2010年，学会的气象科普工作坚持以公共气象服务为引领、以防灾减灾和应对气候变化为重点，认真履行《中国气象局关于调整科普工作职责的通知》（气发〔2009〕114号）中所明确的职责，开展以“世界气象组织——致力于人类安全和福祉的六十年”为主题的世界气象日活动。正式授予北京理工大学附属中学“全国气象科普教育基地”匾牌，“全国气象科普教育基地”首次落户北京校园。举办了以“关注天气气候，倡导低碳生活”为主题的第二十九届全国青少年气象夏令营。设计策划了世博会世界气象馆长卷留言活动，为世界气象馆增添了一个新的亮点。启动了“气象科普常驻列车”活动，本次活动历时一年，通过在南昌铁路局辖区内每天始发的列车，将气象防灾减灾、应对气候变化和《气象灾害防御条例》、《国家气象灾害应急预案》等科普知识编印成口袋书供旅客阅读，同时组织专家编写列车气象科普广播稿件。组织了全国气象科普教育基地研讨培训班。参与《气象文化建设“十二五”规划》的编写工作。

学会组织了第二届邹竞蒙气象科技人才奖评选活动，中国科学院大气物理研究所研究员王自发、中国气象局兰州干旱气象研究所研究员王劲松、中国气象科学研究院研究员张义军、总参气象水文空间天气总站高级工程师张高英、中国科学院大气物理研究所副研究员李立娟、美国佛罗里达州大学教授邹晓蕾6位科技工作者获奖。中国气象学会推荐的3位候选人中国气象局兰州干旱气象研究所研究员王劲松、中国气象科学研究院研究员张义军、国家卫星气象中心研究员胡秀清获得“全国优秀科技工作者”称号。按照推荐两院院士的推荐规定，中国气象学会向中国科协推荐的中国气象科学研究院徐祥德研究员当选为中国工程院院士。中国气象学会第二十六届理事会对丁明虎等111名青年气象科技工作者予以表彰，并授予“全国优秀青年气象科技工作者”称号。学会理事长秦大河当选美国气象学会荣誉会员 。

【第二十七次全国会员代表大会】

10月17～19日，中国气象学会第二十七次全国会员代表大会在北京举行。大会主席团由第二十六届理事会常务理事与第二十七届理事会常务理事候选人共同组成，秦大河任主席团常务主席，王春乙任主席团秘书长。

大会听取和审议了第二十六届理事会工作报告，听取和审议修改《中国气象学会章程》报告，第二十六届理事会财务工作通报，选举产生第二十七届理事会及其领导机构。

大会以等额、无记名投票方式，选举产生了132位理事组成的第二十七届理事会理事和42位常务理事组成的第二十七届理事会常务理事。秦大河任第二十七届理事会理事长，李福林、谈哲敏、王会军、张人禾、费建芳、胡永云、李廉水当选第二十七届理事会副理事长，翟盘茂当选第二十七届理事会秘书长。聘请叶笃正、陶诗言、曾庆存、伍荣生4位院士为第二十七届理事会名誉理事，聘任王健等17位卸任常务理事为第二十七届理事会名誉理事，聘任李慧、程新金、付遵涛、张熠（女）、曾文华、崔先星、李北群、王灿新为第二十七届理事会兼职副秘书长。

大会审议通过了《关于第二十六届理事会工作报告的决议》和《关于修改中国气象学会章程的决议》。

【第27届中国气象学会年会】

10月21～23日，第27届中国气象学会年会在北京召开。本次年会主题为“天气、气候与可持续发展”。

学会理事长秦大河致辞。国家气候中心主任宋连春、中国工程院院士徐祥德、中国农业科学研究院研究员林而达分别作了《现代气候业务与服务》、《近年来我国大气科学学科发展及展望》、《农业观测到的影响和对策》大会特邀报告。

来自全国各个行业的气象科技工作者围绕着灾害天气研究与预报、重大天气气候事件与应急气象服务、应对气候变化、气候资源应用研究、城市气象、人工影响天气与云雾物理新技术理论及进展、雷达技术开发与应用、农业气象防灾减灾与粮食安全、副热带季风与气候变化、干旱半干旱区地气相互作用、空间天气自主资料应用与模式集成、大气物理学与大气环境、气象期刊发展、气候环境变化与人体健康、气象事业发展战略和低碳经济等15个学科领域和不同专业角度，进行了分会场交流，共同研究和探讨气象防灾减灾、应对气候变化和促进经济社会可持续发展等课题。

本届年会设立15个分会场、1个专题活动、1次墙报交流、3个特邀报告，近400个口头报告以及近200篇墙报得以报告和展示，评选出优秀论文14篇，优秀墙报11篇。

【国际气象学会论坛首届全体大会】

学会组团参加于1月17～22日在美国佐治亚州亚特兰大市举办的国际气象学会论坛（IFMS）首届全体大会和美国气象学会第90届年会。

IFMS首届全体大会（GM1）于1月19～20日在美国佐治亚州亚特兰大市召开。来自30多个国家或地区气象学会的近60名学者出席会议，就气象学会在气候变化科研、教育和科普中的作用，学会和政府职能部门的协同关系等4个议题展开讨论。学会理事长秦大河主持了关于气象学会在气候变化中的作用的第一主题分会。秦大河介绍了中国气象学会在应对气候变化中开展的各项工作及面临的挑战。本次全体大会确立了一个未来行动纲领，及每个行动计划的负责人，以期促进全世界气象及邻近学科学会之间的深入交流和合作发展。

秦大河被选为IFMS第二届指导委员会主席。按照IFMS论坛惯例，指导委员会主席所在学会即中国气象学会将领衔承办IFMS第二届全体大会（GM2）。GM2拟定于2011年10月与中国气象学会年会同时举办。

【首届中国气象学会理事长高层论坛】

6月18日，由中国气象学会主办、中国社会科学院可持续发展研究中心等单位协办的首届中国气象学会理事长高层论坛在北京举行。论坛以气候变化与低碳生活为主题，分设气候在变化、气候变化与低碳生活两个部分，分别由学会理事长秦大河、中国社会科学院可持续发展研究中心研究员潘家华主持。在华访问的全球气候服务框架高级别专题组联合主席Jan Egeland应邀与会。全国气象行业近120多名专家、学者和科技工作者参加了论坛研讨。

Jan Egeland对全球气候服务框架高级别专题组工作情况做了介绍。与会专家分别围绕对气候变化关键科学问题的认识、人类拯救地球的途径、关于气候变暖的争议、气候变化风险初步研究、关于适应气候变化的思考、气候变化对农业的影响、低碳消费与品质生活的关系、低碳发展社会参与和中国清洁发展机制基金的关系、低碳给企业带来的挑战和商机等问题展开演讲，并就公众关心的气候变化和低碳生活话题同与会人员及网友进行对话和探讨。

设立该论坛旨在紧紧抓住对我国经济社会发展和国防安全具有战略性、基础性、前瞻性、关键性作用的重大科技课题，力图从大气象的角度，为经济、社会可持续发展提供科学的决策咨询。

【生态文明贵阳会议——科学与技术论坛】

7月31日，生态文明贵阳会议——科学与技术论坛在贵州省贵阳市举行。本次论坛的主题是“强化科技支撑，应对环境挑战”。学会理事长秦大河和中国工程院院士徐匡迪分别任科学论坛、技术论坛主席。全国政协常委、人口资源环境委员会主任张维庆，全国政协办公厅三局局长、人口资源环境委员会办公室主任白煜章，中国工程院院士、清华大学教授钱易，中国工程院院士、中国环境监测总站教授魏复盛，日本立命馆大学教授中岛淳，中国科学院生态环境研究中心傅伯杰研究员等200余位专家、学者出席会议。

北京大学教授、中国科学院院士陶澍作题为《环境污染的健康危害与风险沟通》的报告，中国科学院寒区旱区环境与工程研究所副所长丁永建研究员作题为《中国西部生态环境变化及其驱动因素》的报告，中国气象学会秘书长王春乙研究员作题为《气候变化对农业的影响》的报告，中国科学院成都山地灾害与环境研究所方一平研究员作题为《生态文明的战略视野、系统组织与科学实践》的报告。

会议形成了以“立即行动起来、推动生态文明建设和绿色发展”为主要内容的《2010贵阳共识》。

【第七届全国优秀气象科技工作者学术研讨会】

9月3~4日，第七届全国优秀青年气象科技工作者学术研讨会在湖北省宜昌市召开。中国科协书记处书记冯长根，学会理事长秦大河，中国工程院院士徐祥德、南京大学副校长谈哲敏教授出席会议开幕式并分别作报告，111名全国优秀青年气象科技工作者受到表彰。

冯长根和秦大河分别在《年轻科研成员如何走上成功生涯》和《南极科考生涯》报告中，用亲身经历和感悟，激励青年气象科技工作者要奋发努力、扎根实践、虚心学习、勇于探索。徐祥德的《高原影响与科学试验》和谈哲敏的《台风结构与强度变化机理：同心眼墙形成》报告，则对青年气象科技工作者在学术研究上给予了启示。

来自全国各地的100余名青年气象科技工作者进行了为期两天的学术交流和讨论，并就青年人才培养和成长等问题进行座谈研讨。

【2010年海峡两岸气象领域学术交流】

9月9日，2010年海峡两岸气象科学技术研讨会在北京开幕。学会副理事长郑国光、李崇银和台湾地区气象学会理事长周仲岛在开幕式上致辞。中国气象学会秘书长王春乙主持开幕式。研讨会为期两天，与会专家就海峡两岸围绕共同面临的台风、暴雨等气象灾害问题，在气象科技、服务和业务等多方面展开广泛交流。

12月1日，2010年海峡两岸灾害性天气分析与预报研讨会在中国台湾台北市召开，来自海峡两岸有关高校、研究院所、业务单位的近50名专家围绕天气分析与预报、天气分析与反演技术、台风分析与预报、大气观测研究等4个主题，开展了深入研讨。中国气象局副局长许小峰率中国气象学会代表团出席了研讨会。开幕式上，许小峰在回顾两岸交流取得良好成绩的基础上，希望两岸进一步加强交流沟通，并逐步开展业务合作。台湾地区气象学会理事长、台湾大学教授周仲岛致欢迎辞，他回顾了海峡两岸气象交流的长远历史，并期待着两岸气象界进一步加强从研究到业务全方面的实质性合作。会议历时两天，共有23位专家进行论文交流。

【“气象科普走进渭北农家”活动】

5月25日，“气象走进渭北农家”农村科普示范活动，在陕西省渭南市澄城县王庄镇水洼村的村委会举办。活动由中国气象局、中国气象学会主办，陕西省气象局、陕西省气象学会承办，渭南市气象局、渭南市气象学会协办，这是继安徽阜阳小岗村、贵州长顺白云山村之后气象部门联合农业、林业、科协开展的第三个农村气象科普试点村。活动被列入2010年“全国科技周”活动之中，水洼村农民代表获赠了由中国气象学会等单位提供的气象灾害防御书籍、气象科普挂图、气象为农村服务资料等精美图书和资料，受到了水洼村农民的欢迎。

中国空间科学学会

2010年，中国空间科学学会各专业委员会分别召开了空间材料专业委员会学术交流与工作会议、空间物理学专业委员会全体会议暨中高层大气物理研究与应用专题研讨会、第八届成像光谱技术与应用研讨会暨交叉学科论坛、空间生命科学现状及未来发展展望研讨会、2010年空间机电与光学学术交流会、第23次空间探测学术会议等学术会议，共收录论文报告417多篇，与会专家、学者、学生约680人。

学会邀请欧阳自远院士、叶培建院士、顾逸东院士、赵玉芬院士、刘振兴院士、童庆禧院士、胡文瑞院士、姜景山院士、魏奉思院士、王家骐院士、薛永祺院士，肖佐教授、吴季研究员、陈善广研究员、刘志恒研究员、庄逢源教授、李莹辉研究员、王赤研究员、万卫星研究员等一批老中青科学家、专家，结合我国“神舟”载人飞船、与欧洲空间局合作的“双星计划”和探月工程的“嫦娥一号”、“嫦娥二号”等取得的巨大成功，为大学、研究院所、媒体、地方省市等作了多场科普报告。

参加10月16～23日在台北市举办的第九届海峡两岸空间/太空科学研讨会。这次会议是由台湾“国立中央大学”太空科学研究所和成功大学主办。

学会开展会员服务活动日，以不同的形式、规模举办多种多样的会员活动，并在上海、长春建立会员服务站，为会员搭建联谊平台。举办载人航天、探月工程等科普讲座，青年科学家之间的学术沙龙，空间科学知识竞赛等学术活动。

学会领导牵头、广大会员积极参加了国家重大专项载人航天后续工程（载人空间站）实施方案编制工作，深入开展了微重力科学（包括微重力流体物理、微重力燃烧、空间材料科学、基础物理）、空间生命科学与生物技术、空间物理与环境、空间天文、空间地球科学等领域的深化论证研究，提出了许多建设性、创新性的项目建议。

学会领导牵头、广大会员积极参加了国家重大专项探月工程二、三期规划和方案工作，开展了月球软着陆和巡视探测的科学目标与有效载荷需求研究，提交了有效载荷、VLBI与地面应用系统的技术方案和总体设计，并得到采纳成为工程实施的基础。在探月三期论证中会员提出了科学目标、月球采样、载荷需求和月球返回样品的处理、制备、存储和分析等方案，成为工程论证材料的重要组成部分。

学会推荐的中国科学院长春光机所任建岳研究员获中国科协“全国优秀科技工作者”称号。

【学会理事扩大会议】

2010年8月，在内蒙古自治区呼和浩特市召开了中国空间科学学会理事扩大会议，会议期间开展了综合性的学术活动，各专业委员会就本领域的学科研究进展、成果、发展前景等做了大会交流。大会报告题目是：《空间环境和空间天气效应》、《人类载人登火星的准备——火星500项目进展》、《微重力流体物理与航天工程应用》、《中国空间天文最新发展概要》、《高性能陶瓷材料在空间发动机中的应用》、《微波遥感技术与应用展望、空间生命起源与进化研究发展》、《我国空间站应用深化论证情况和启示》、《国际月球与行星探测的一些思考》、《子午工程最新进展及下一步规划》、《美国新的国家空间政策浅析与思考》。

【吴季副理事长当选国际空间研究委员会副主席】

7月，学会理事长顾逸东、副理事长吴季及部分常务理事、理事和会员约100多人参加了在德国举办的国际空间研究委员会大会（简称COSPAR）。学会副理事长吴季当选为COSPAR副主席。这是我国首位科学家成为国际上最具权威性和广泛代表性的空间研究组织COSPAR的领导成员，也是COSPAR成立50多年来，欧洲、美国以外的科学家首次担任该组织副主席，表明了我国空间科学领域的成就得到了国际上的广泛认可。

【第八届中－日－韩微重力科学研讨会及亚洲微重力科学预备会】

9月22～24日，第八届中－日－韩微重力科学研讨会及亚洲微重力科学预备会在日本仙台召开。会议由中国空间科学学会微重力科学与应用专业委员会（NSMSA）、日本微重力应用学会（JASMA）和韩国微重力协会（KMS）联合主办。Katsuo Tsukamoto教授（日本东北大学）、学会常务理事刘秋生研究员（中国科学院力学研究所）和Chi－Hwan Lee教授（韩国仁荷大学）担任会议联合主席。中国科学院力学研究所微重力重点实验室赵建福研究员担任会议组织委员会副秘书长。

本届会议是继2008年在中国杭州召开的第七届中日微重力科学研讨会之后，首次召开的亚洲地区的微重力科学多边学术会议。来自中国、日本、韩国、泰国、印度等亚洲国家的专家、学者共计180多人参会。会议共组织了3场大会报告和20个专题分组报告会，涉及微重力流体物理与燃烧、空间材料科学、空间生命科学与生物技术、基础物理、实验技术与设施、空间科学与探测及超高重力科学等方面。本次会议共宣读论文140余篇，其中大会邀请报告9篇，张贴报告40余篇。

中国地质学会

2010年，中国地质学会各级机构共举办学术会议、论坛、研讨班37次，国际学术会议5项，提交论文摘要2289篇，参加人数5590人。围绕推进地质找矿新机制，努力实现地质找矿“358”宏伟目标，召开21世纪中国矿产资源保障能力和前景学术研讨会、中国第三届青年矿山地质学术会议暨锡铁山铅锌矿深部找矿高层论坛等一系列学术研讨会。围绕国家急需的能源矿产资源，召开了第二届中国油气藏开发地质学术研讨会等学术会议。围绕影响关系国计民生的重大水文地质、环境地质和工程地质问题，召开了全国地下水与环境科学、第五届海峡两岸土壤及地下水污染与整治研讨会等一系列学术研讨会。围绕地质技术创新，召开了深部地质钻探技术培训交流会等学术会议。围绕学科发展，召开了旅游地学与地质公园第24届年会等会议。

学会利用现代的传媒手段，创新科普工作模式，联合江苏省江阴市委市政府、中央电视台社教中心等单位联合制作的9集电视纪录片《徐霞客》，以徐霞客当年的游历历程为脉络，引用大量历史文献资料，生动地再现了当年徐霞客游历过程中的重要发现，真实地展现了徐霞客不畏艰难、科学探索的实践精神，彰显了中华文化深厚的历史底蕴与科学传承。

学会新增单位会员20个，新增个人会员300名。加强对民办矿业企业的工作，内蒙古龙旺地质勘探有限责任公司被吸收为学会理事单位。学会调整了分支机构组织结构，水文地质、探矿工程、城市地质、桩基无损检测、地质学史、岩溶地质、地质科技期刊专业委员会和地学哲学、21世纪中国地质教育、大陆地壳与地幔研究分会完成了换届工作。

《地质学报》英文版继续被财政部、中国科协评为A类精品期刊，同时，还被国家自然科学基金委评为“重点学术期刊”给予资助。收录《地质学报》英文版的国际网站新增两家，达到22家。在SCI数据库中，《地质学报》影响因子位居中国地学科技期刊首位，超过了法国、加拿大、印度、俄罗斯地质学会所办刊物的影响因子，已成为世界中上游水平地学科技刊物。《中国地学期刊网》继续得到完善和加强，在线各期刊网站平均年度点击率达30万次左右。网上阅读我国地学刊物的读者来自世界20余个国家和地区，其中，最多的读者来自美国、日本、俄罗斯、巴基斯坦等国家。

完成第五届黄汲清青年地质科技奖评选工作，15名科技工作者获奖。完成2009年度“十大地质科技进展”和“十大地质找矿成果”评选，以及《中国地质学会年度成果汇编》编辑出版工作。经学会推荐，豫西南地区铅锌银成矿规律及调查评价项目获得国土资源科学技术奖一等奖；山西省沁水县端氏煤层气开发示范工程、中国南方贫煤省区煤炭资源赋存条件与潜力评价、大冶铁矿深部探矿关键技术研究与应用3个项目获二等奖。

由学会推荐的王玉华、王京彬、杨经绥、刘成林等4人荣获中国科协“全国优秀科技工作者”称号。由学会向中国科协、中国工程院举荐的新疆油田公司况军荣获第八届光华工程科技奖青年奖。

主动承担调研项目，为政府决策提供服务。2010年年初完成的中国科协资助的《中国地质学科史研究》，得到专家组的好评，并已正式出版；11月完成中国地质调查局的《科学技术方法对大地调的支撑作用研究》，通过了中国地质调查局和中国地质科学院科技处组织的验收，评价优秀。

【21世纪中国矿产资源保障能力和前景学术研讨会】

11月1~3日，21世纪中国矿产资源保障能力和前景学术研讨会在福建省福州市举行。会议以21世纪中国矿产资源保障能力和前景为主题，吸引了来自全国各部门130余位学者参加会议，提交论文及摘要80多篇。2009年度十大地质科技进展与十大地质找矿成果主要负责人，中国工程院院士裴荣富等19位专家在会上作学术报告。中国工程院院士卢耀如在第12届中国科协年会期间参加了福建省党政领导与院士专家座谈会，提出福建建设沿海大型港口的水文地质、工程地质、环境地质问题，得到中国科协、福建省的高度重视，并将建议纳入到福建省“十二五”规划中。

【金属矿山成矿理论与深部找矿新技术研讨班】

12月16~18日，金属矿山成矿理论与深部找矿新技术研讨班在北京举办。来自全国各金属矿山企业、地勘单位、设计与研究院所、大专院校、各省地质学会、专业委员会委员以及各级政府矿业主管部门领导与专家，以及从事钻探工程技术专家、找矿勘探设备、仪器专家170余人参加了本次研讨班，秘书长朱立新主持了研讨班开幕式。

学会常务副理事长孟宪来就当前地质找矿工作面临的挑战和机遇发表讲话，希望广大地质工作者通过不断的学习，提高业务水平，为地质找矿工作提供强有力的科技支撑。中国工程院院士裴荣富、中国科学院院士翟裕生，以及来自中国地质科学院、有色地质调查中心、中国冶金地质总局、中国地质大学、北京矿产地质研究院、西部矿业公司、紫金矿业公司、中南大学、铜陵有色集团公司、中金岭南凡口铅锌矿等单位的近20位专家，就近年来我国金属矿山成矿理论新进展、危机矿山深部找矿预测理论和方法、地球物理地球化学勘查理论与新技术、矿床深部勘探新技术新方法、矿山地质经济学研究新进展、探矿新仪器新装备在矿区中找矿应用分别作专题演讲。

【全国地下水与环境科学研讨会】

10月12~13日，由水文地质专业委员会等单位承办的全国地下水与环境科学研讨会在广西壮族自治区桂林市召开。近200位专家、学者围绕地下水资源与可持续发展、水安全和水环境、水文地质科研平台建设等3个主题进行了研讨。

与会专家、学者认为，近年来，我国水文地质工作在区域地下水资源评价、城市供水以及地下水相关环境问题方面，为国家中长期发展战略的制定和地方经济的发展提供了重要依据，也为地质灾害防治做出了重要贡献。目前，我国国土规划与主体功能区规划与建设、防灾减灾、保障饮水安全、重大工程和基础设施、国家节能减排计划、矿产资源开发与矿山环境保护等领域，都对地下水与环境科学提出了更高的要求。与会专家、学者提出了加大对已有水文地质资料的深入研究、进一步提高水工环地质调查工作程度、加大水文地质学研究以及支撑平台建设力度的建议。此次研讨会旨在通过从基础研究平台到地下水相关环境问题的一系列交流，加强学术交流和学科融合，相互吸取经验，做到先进技术方法共享共赢，使水文地质环境地质事业在地下水资源评价、城市供水、防治地质灾害以及地下水相关环境问题方面，为国家中长期发展战略的制定和地方经济的发展提供重要依据。

【第41个“世界地球日”纪念活动】

4月22日，国土资源部、辽宁省人民政府、中国地质调查局、中国地质学会以“珍惜地球资源 转变发展方式 倡导低碳生活”为主题举办丰富多彩的活动，隆重纪念第41个“世界地球日”。国土资源部部长、党组书记、国家土地总督察徐绍史发表署名文章。参加现场纪念活动的领导为将在上海世博会展出的“中华龙鸟”化石揭幕。北京的主活动现场设置了主题展览，介绍我国资源概况、节约集约利用矿产资源以及资源综合利用有关实践及最新成果、最新找矿成果，普及有关地球科学知识。中国地质学会等学会、协会的专家到现场开展咨询活动。中国地质博物馆4月22～23日向公众免费开放。中国地质科学院10多个重点实验室、李四光纪念馆等在“世界地球日”当天免费向公众开放。中国地质调查局、中国地质科学院举行多场科普报告会。北京大学、中国地质大学等高校师生举办了各种活动纪念“世界地球日”。

【首届全国大学生地质技能竞赛】

10月23～24日，由中国地质调查局和中国地质学会地质教育研究分会主办、成都理工大学承办的第一届全国大学生地质技能竞赛在四川省成都市举行。孟宪来、赵鹏大、钟自然、王宝才、朱立新、吴淦国、赵奇、余际从、倪师军等出席了开幕式。

竞赛吸引了来自北京大学、中国地质大学（北京、武汉）等26所高校的61支参赛队伍共计240名选手参赛。竞赛分为地质技能综合应用、地质标本鉴定、钻井岩心地质编录和综合地学知识与技能竞赛4个单元的比赛。举办地质技能竞赛，激发了大学生的参与精神，能够提高地学教育的观赏性，有助于推动地学教学体系、教学内容和教学方法的改革。

中国地理学会

2010年，中国地理学会强调专业化和国际化学术交流，注重学术建设，关注学科发展，跟踪国际前沿。全年开展国内外学术交流活动20多次，国内会议重点围绕国家发展需求以及学科发展问题进行专业化研讨，召开了面向“十二五”规划的人文经济地理学术研讨会、人文－经济地理学学科发展高级研讨会、自然地理与环境变化学术研讨会等学术会议。学会大力加强学术建设，自然地理学术会议试验性地开展了地理科学发展大讨论。学会承担了中国科协学科发展研究项目（人文－经济地理学），启动了当代中国地理学学术谱系研究，创建了“京师地理讲坛”活动平台。学会组织学者出境参加2010年国际地理联合会（IGU）特拉维夫区域会议、第31届亚洲遥感大会、2010年美国地理学会（AAG）年会、第五届中日韩地理大会等大型学术会议和重要国际学术会议。

科普活动主要面向青少年学生，以科学知识为载体，突出创新性和公众参与。参加了2010年科技周科普宣传活动、防灾减灾日和科普日等活动，组织了第四届地球小博士全国地理科技大赛活动和第七届全国青少年环境地图大赛活动。

学会召开了第十次全国会员代表大会，完成了学会理事会换届工作，刘燕华当选为学会理事长。学会决定成立了黄河分会（筹）。本年度学会发展新会员300多人，学会注册会员人数超过8000人。

学会围绕学会工作、组织建设、科普及教育等工作，开展了10多项表彰奖励活动，共有1万多名科技工作者和青少年学生受到表彰。表彰“学会工作先进集体”20个、“学会先进工作者”28人、“全国优秀地理编辑奖”30人，各类优秀论文、野外调查报告300多篇。

经中国地理学会推荐的中国科学院地理科学与资源研究所研究员樊杰等3人获“全国优秀科技工作者”称号，1人荣获第七届中国青年女科学家奖。

【第十次全国会员代表大会暨2010年学术年会】

5月29～30日，中国地理学会第十次全国会员代表大会暨2010年学术年会在上海市召开。中国地理学会第九届理事会理事长、中国科学院院士陆大道，华东师范大学校长俞立中教授分别致开幕词和欢迎词。中国科协书记处书记冯长根出席大会开幕式并讲话。大会开幕式由中国地理学会第九届理事会副理事长许世远教授主持。来自全国各地的会员代表、嘉宾，以及参加第五届全国地理学研究生学术年会的青年学者近600人出席了大会开幕式及学术报告会。

大会通过无记名投票形式选举产生了中国地理学会第十届理事会，理事会由145人组成。会议投票选举产生了中国地理学会第十届常务理事会，以及理事长、副理事长和秘书长。中国地理学会第十届常务理事会由35人组成，刘燕华当选为理事长，刘毅、陶澍、保继刚、陈发虎、崔鹏、傅伯杰、宫辉力、史培军、宋长青、王涛、杨桂山、俞立中当选为副理事长，张国友当选为秘书长。

会议期间，召开了中国地理学会2010年学术年会。年会进行了两场学术报告会和六个分会场学术交流。来自全国各地的专家、学者围绕学科发展、气候变化、防灾减灾和城乡统筹4个方面社会关注热点问题和学科发展难点问题作学术报告与研讨。北京大学城市与环境学院蔡运龙教授、河南财经政法大学李小建教授、华东师范大学资源与环境学院高炜教授、华东师范大学中国现代城市研究中心宁越敏教授等分别就自然地理学前沿领域、经济地理学的微观研究、观测数据与功能模型集成研究气候–作物相互作用和上海世博会主题演绎等问题做了学术报告。

【人文–经济地理学学科发展高级研讨会】

12月11~12日，全国人文–经济地理学学科发展高级研讨会在北京举行。来自全国各地的人文–经济地理学者110多人出席了会议。中国地理学会名誉理事长陆大道、中国地理学会副理事长刘毅先后致辞。会议由项目首席科学家樊杰研究员主持。

陆大道院士阐述了人文–经济学的科学内涵和发展空间，以及人文–经济学的主要科学问题。有关专家就经济地理、人文地理、城市地理、旅游地理、农业地理、世界地理、城市与区域管理、数量与计算地理、海洋地理、历史地理、区域规划等领域的研究进展作了汇报，并展开了热烈的讨论。

【第四届“地球小博士”全国地理科技大赛活动】

2009年10月~2010年6月，学会与中国科学院地理科学与资源研究所联合在全国中小学生中开展了以“节约资源、善待环境、科学发展”为主题的第四届“地球小博士”全国地理科技大赛活动。大赛得到了全国829所学校的积极响应，参赛学生有12万多人。

7月20日，第四届“地球小博士”全国地理科技大赛颁奖大会在北京举行。经中国地理学会“地球小博士”评审委员会评审，报请中国地理学会批准，表彰一等奖3639人，并授予其中黄凤婷、张杰华等200名同学第四届全国“地球小博士”称号；表彰二等奖5688人、三等奖6556人，优秀奖2256人，优秀科技辅导员2336人，地理科普教育先进学校151所。

【参加国际地理联合会区域会议】

国际地理联合会（IGU）2010年区域会议于7月12~16日在以色列特拉维夫举行。会议主题是构建多样性的全球化世界。来自40多个国家和地区的近500名学者出席了此次盛会。中国地理学会组织了20多人的代表团出席了会议。

王五一研究员、李小建教授、杨小平研究员、周尚意教授、康建成教授、张晓红教授、河南大学李立在相关专题会场做了学术报告。王五一、李立应邀分别担任“健康与环境”和“生物地理学与生物多样性”两个分会场主席。

中国地球物理学会

2010年，中国地球物理学会开展学术活动25次，学术交流的形式向与兄弟学会联合、主题研讨、学术论坛、出国交流等多样化方向发展。为促进学科交叉发展，学会与地震学会联合举办学术年会，830人到会交流，其中院士10人，共收录论文815篇，交流论文461篇，并首次设立了英文国际专题，该专题大部分参会代表来自我国台湾地区和美、日等国家。在国际交流方面，学会派出代表团参加了8月在澳大利亚悉尼举办的21届澳大利亚勘探地球物理学会（ASEG）国际地球物理年会和展览（21ST International Geophysical Conference and Exhibition），进行了学术交流，并与ASEG举行了合作协议的签字仪式。

学会承担了全国科技名词审定委员会交给的地球物理学名词修订工作，成立了由陈运泰院士为主任的第二届地球物理学名词审定委员会，聘请地球物理学界的18位院士和近70位分学科的专家学者完成此项工作。目前大部分学科分组已完成本组的征词、初稿工作。承担了中国科协《地球物理学史研究》项目。

学会新增会员113人，其中女会员33人，年轻人居多，截至12月31日，学会会员总数14298人，其中女会员1965人。

全年学会举办科普讲座28次，听众5500人；举办各种技术培训5种，528人参加。继续教育工作委员会举办的城市地球物理工程探测规范培训班受到地方学会的重视和基层单位与会员的欢迎。学会积极参加中国科协组织的科普活动，2010年以“节能减排、低碳生活”为主题，进社区、进学校开展科普宣传，举办讲座；出版了科普图书《关爱地球母亲》和18张低碳科普宣传彩页，并在中国科学院奥运科技园区参与了全国科普日的科普宣传，同时根据地方学会的科普需求，互通科普资源，共同开展全民科学素质教育工作。

学会委托地球物理技术委员会继续开展社会认可的职称资格认证工作，已评审了2名申报高级工程师人员、2名申报工程师人员。

评选出2010年傅承义青年科技奖，中国科技大学吴小平、中国地震局地球物理研究所周红、东方地球物理公司闫智慧、中国石油大学（山东）杜启振4人获奖。经会员单位推荐，中国地质科学院地球物理地球化学勘查研究所方慧、中石油东方公司张少华、中石化物探技术研究院曲寿利获得中国科协“全国优秀科技工作者”称号。

中国矿物岩石地球化学学会

2010年，学会召开了5次全国性学术交流会。4月12日，纪念涂光炽院士诞辰90周年暨涂光炽学术思想研讨会在北京举行。学者们分别介绍了中国科学院院士涂光炽在层控矿床、花岗岩与成矿、超大型矿床基础研究、分散元素与低温矿床成矿作用方面的学术思想和成就，以及对中国地球化学学科发展的贡献。

10月24～27日，2010年全国矿物科学与工程学术研讨会在福建省福州市举行。9个大会报告和5个分会场的69个报告讨论展示了近年来我国矿物科学与工程领域的最新研究成果，探讨了矿物科学与工程研究领域的发展趋势和存在的问题。

11月6～7日，第二届资源环境与生命过程成因矿物学学术研讨会在北京召开。会议探讨了陈光远先生有关成因矿物学思想和研究方法，围绕地幔与宇宙成因矿物学、地球表层系统成因矿物学、地球深部过程成因矿物学、矿床成因与找矿矿物学、生物成因矿物学，以及其他领域的成因矿物学等进行学术交流。

11月27～29日，第三届全国应用地球化学学术会在广东省广州市召开。会议围绕金属矿产资源领域应用地球化学、环境领域应用地球化学、矿业活动领域应用地球化学和应用地球化学新理论新技术，交流了最新科研成果。

11月27～29日，2010年火山研讨会在云南省腾冲市举行。会议回顾了近年来中国火山学的研究进展，在火山的监测与研究方面所取得的成果，期望通过这次研讨会，促进腾冲火山与我国有关火山研究与监测的交流，提高对火山的认知，为防灾减灾、稳定社会，推进火山科学的发展，促进腾冲火山旅游资源和地热资源的开发利用，推进区域经济的发展。

学会与有关研究机构共同主办的《岩石学报》进入SCI的核心库，*Chinese Journal of Geochemistry* 被EI核心库收录。

学会全年共组织科普报告28场次，听众6580余人次。另外，学会名誉理事长欧阳自远共作了11场报告，听众达2万余人。学会开展了观赏石和石文化的宣传，先后在北京、河北、云南、宁夏、广东、南京等地举办面向公众，特别是面向大中院校和小学学生的赏石活动，宣传地球科学文化。5月，全国科技活动周期间，学会与挂靠单位中国科学院地球化学研究所联合举办了第七次“开放日”，共接待1500余人参观。

学会完成了第13届侯德封矿物岩石地球化学青年科学家奖评选。本届侯德封奖共受理33份申请，评选出10名优秀青年学者为本届获奖人。学会推荐的候选人钟宏荣获“全国优秀科技工作者”称号。

2010年发展新会员18人，会员总数达7167人。

中国古生物学会

2010年，学会组织完成《古生物学学科发展报告》，组团参加在英国伦敦召开的第三届国际古生物学大会。各专业分会举办了多个学术会议。

根据中国科协学科发展战略研究项目总体规划，由中国科学技术协会主编、中国古生物学会组织编写的《古生物学学科发展报告》自2009年启动执行，于2010年初完成了全部15个报告的编写工作，内容包括综合报告和14个专题报告，并于2010年4月由中国科学技术出版社正式出版。《古生物学学科发展报告》是我国古生物学发展的一项重要工作，是继《古生物学名词（第二版)》后，学会组织的又一项大型集体学术工作，将进一步推动我国古生物学的学科发展，为国家基础科学研究、人才培养、科普教育以及国家能源战略需求等提供决策依据。

6月28日～7月3日，第三届国际古生物学大会在英国伦敦召开，来自40多个国家的近500人参加。中国古生物学会组团参加了此次盛会，大会设有中国古生物学新发现和新进展的专题分会，学会副理事长周忠和研究员当选大会副主席。

7月10～12日，中国古生物学会微体古生物学分会第十三次学术年会暨化石藻类专业委员会第十四次学术讨论会在新疆维吾尔自治区库尔勒市召开。来自27家单位共102名学者参加了会议，收到论文摘要53篇，25位专家、学者作报告。

9月13～15日，中国古生物学会古脊椎动物学分会第12次年会暨第四纪古人类—旧石器考古专业委员会第3次年会在山东省平邑县召开。190余位专家、学者参加了会议，43位专家作学术报告。

8月2～3日，中国古生物学会古生态学专业委员会第五次学术年会在黑龙江省哈尔滨市召开。40余位专家、学者参加了会议，会议收录论文摘要20篇，出版了年会论文摘要集。会间共有17位学者作了学术报告。

11月14～16日，古植物学分会第七届会员代表大会暨2010年学术年会在中国科学院西双版纳热带植物园举行，近30所高校、科研、博物馆及生产单位120余人出席了会议。共有包括8位国外学者在内的45位学者作了口头报告。

中国海洋湖沼学会

6月20～25日，第七届国际甲壳动物学大会在山东省青岛市召开，来自五大洲近40个国家和地区的400余位专家、学者和嘉宾出席开幕式。8月7～8日，第二届全国藻类多样性和藻类分类学术研讨会在山西省太原市召开，90多名专家、学者及研究生参加会议。8月27～31日，中国遥感大会在浙江省杭州市召开，海洋遥感专业委员会协助组织了本次大会。9月8～10日，海洋遥感专业委员会和技术交流会在甘肃举行，集中研讨了我国近海海洋海岸带遥感技术进展，海洋遥感专业委员会的运行模式。10月19～21日，第二届中韩生物资源保藏和利用双边研讨会在湖北省武汉市举行。来自韩国、日本和国内多个单位的120余位专家参加了会议。11月27～29日，中国海洋湖沼学会水环境分会和中国环境科学学会海洋环境保护专业委员会联合学术年会在安徽省黄山市召开，来自17个高校和科研院所的60余名科研人员参加了会议。

海洋专业委员会于7月18日海洋宣传日，在北京组织了相关社区的小学生和中学生到国家卫星海洋应用中心和海洋环境预报中心参观，专业委员会秘书长林明森研究员还专门为中小学生进行卫星遥感的成果展示和宣传。7月31日，为了庆祝中国科学院海洋所和中国海洋湖沼学会成立60周年，同时纪念“科学一号”下水30周年，由中国科学院海洋所、中国海洋湖沼学会和青岛市教育局联合举办，青岛市少年科学院承办的第三届青岛市中小学生“我心目中的海洋”绘画比赛举行。

《中国海洋湖沼学报》（英文）今年变更为双月刊。将出版6期近190篇论文，比去年增加约50%，共约1560页，比去年增加约57%。《海洋与湖沼》完成2010年第410卷1～6期的出版任务，每期页码平均增加60页。

【首届曾呈奎海洋科技奖】

10月8日，在山东省青岛市举行的中国科学院海洋研究所成立60周年庆典大会上，首届曾呈奎海洋科技奖揭晓，共有4名海洋科技工作者获奖。

中国科学院海洋研究所研究员管秉贤获得曾呈奎海洋科技奖——突出成就奖，中国科学院海洋研究所研究员宋林生、国家海洋局第二海洋研究所研究员陶春辉和厦门大学教授戴民汉荣获曾呈奎海洋科技奖——青年科技奖。

曾呈奎海洋科技奖由中国海洋湖沼学会设立，中国科学院海洋研究所承办，2008年经科技部国家奖励办公室批准，是我国首个以海洋科学家命名的科技奖项。曾呈奎海洋科技奖面向全国海洋科技工作者以及对中国海洋科学做出突出贡献的外籍专家，旨在继承、开拓和发展我国卓越科学家曾呈奎先生在海洋科学领域开创的事业，弘扬曾呈奎先生伟大的科学精神，鼓励广大中青年科技工作者热爱海洋科学事业，勇攀科学高峰。曾呈奎海洋科技奖每两年评审一次，其中突出成就奖2名，每人奖励人民币25万元，青年科技奖5名，每人奖励人民币5万元。

【纪念伍献文教授诞辰110周年】

8月1～6日，纪念伍献文教授诞辰110周年暨第八届鱼类学会员代表大会在新疆维吾尔自治区乌鲁木齐市召开，300余人参会。会议回顾了伍献文先生为鱼类学事业无私奉献的一生。学术研讨会共收到会议摘要267篇，墙报36篇。11位专家作大会主题报告，63位专家作专题报告，评选出优秀研究生论文奖特等奖2名，一等奖6名，二等奖10名。选举产生了鱼类学分会第八届理事会成员，中国科学院水生所曹文宣院士任理事长。

中国海洋学会

2010年，学会举办了第五届海洋强国战略论坛、北部湾海洋文化论坛、中国海洋学会第四届青年海洋科学家论坛等国内学术会议，举办了第一届中韩海洋科学研讨会、第32届国际海岸工程大会等国际会议。学会以中国海洋学会的名义组团赴台湾地区举办首届海峡两岸海洋论坛，即海洋环境管理研讨会。

学会推荐的南京大学高抒教授和国家海洋局第二海洋研究所的陈建芳研究员获“全国优秀科技工作者”荣

誉称号。

5月11日，在全国防灾减灾日即将来临之际，学会举办了科普展览进校园活动，举办了“加强防范，减轻自然灾害科普展览”，1000余人观看展览。2010年全国科技活动周期间，举办了“中国海岛”科普展览宣传。世界海洋日期间，推出以“海洋与船”为主题的系列活动。6月8日，以新落成的中国海洋学会全国海洋科普教育基地——“中国海监83”船展馆为依托，将展馆的揭幕仪式、首个开放日活动、海洋科普展览、海洋文化展览和海洋论坛讲座等内容相结合，推出以“海洋与船”为特色主题的系列活动。展览分全国海洋科普教育基地中国海监“83号船”、海洋科技、走进海洋科普展、南海分局书法摄影作品展四个展区。同时，举办了海洋科普讲座和中国南海形势报告会。中国海洋学会启动了《海问》科普丛书的编写工作。

经学会推荐，中国海洋学会全国海洋科普教育基地北京海洋馆被中国科协正式批准为“全国科普教育基地”。

学会推荐国家海洋环境预报中心王辉主任为中国科协灾害风险综合研究计划工作协调委员会委员。

【第七次全国会员代表大会】

12月16日，中国海洋学会第七次全国会员代表大会在北京召开。来自海洋界有关部门、科研院所、高等院校、企业、地方海洋机构、地方海洋学会及学会分支机构的代表共246人出席会议。国家海洋局局长孙志辉、国家海洋局副局长陈连增、中国科协书记处书记冯长根等出席了会议。

代表大会选举产生出由160人组成的第七届理事会和23人组成的第七届常务理事会，王曙光任理事长，雷波任常务副理事长兼秘书长，左其华、林龙福、周守为、孙松、吴德星、张颖、潘德炉任副理事长。聘请管华诗、洪华生、陈士标为第七届理事会名誉理事长，聘请相建海、迟学歧为第七届理事会顾问。

【第五届海洋强国战略论坛】

10月11日，由中国海洋学会联合中国太平洋学会、连云港市人民政府、淮海工学院主办，国家海洋局和江苏省人民政府支持，连云港市海洋与渔业局等单位承办的主题为“加速海洋科技创新，促进沿海区域经济发展”的第五届海洋强国战略论坛在江苏省连云港市举办。来自政府部门、军队、高校、院所和企业的400余人参加了论坛。中国海洋学会理事长王曙光、连云港市人民政府市长徐一平、国家海洋局副局长陈连增等在开幕式上讲话。

中国海洋学会常务副理事长陈士标主持了大会报告。中国海洋学会名誉理事长、中国科学院院士王颖，中国工程院院士麦康森，国家海洋环境监测中心首席科学家温泉，淮海工学院院长晏维龙分别作了题为《江苏省海岸海洋资源环境特点与开发建议》、《中国水产养殖与水产饲料工业的成就与展望》、《“十二五”海洋科技发展战略与规划思路》、《强化海洋学科建设提升服务区域经济发展能力》的主题报告。

论坛编印了论文集，收录论文77篇。中国海洋学会第五届海洋强国战略论坛设立了“海鹰”优秀论文奖，评选出9篇优秀论文。

【北部湾海洋文化论坛】

10月26日，北部湾海洋文化论坛在广西壮族自治区防城港市举办。此次论坛由中国海洋学会、广西壮族自治区科协、中共防城港市委、防城港市政府联合主办，国家海洋局和中国科学技术协会支持，防城港市科协承办。来自政府部门、高校、科研院所、企业等400余人参加了论坛。

中国工程院院士郑皆连主持了主题报告，中国工程院院士黄锷、中国科学院院士王颖、中国工程院院士丁德文和防城港市委书记禤沛钧分别作了题为《海洋在气候变化中的重要作用》、《提升海洋强国软实力：加强海洋文化建设——兼及北部湾蓝色经济区建设指导思想的思考》、《海洋文化与北部湾海岸海洋发展建议》和《防城港——崛起的中国海洋文化名城》的主题演讲。

论坛围绕“创海洋文化名城 助海洋产业发展”的主题，举行了防城港市党政领导与院士专家交流座谈会，以及北部湾海洋与历史文化专题报告会等4个分论坛。中国工程院院士黄锷、中国科学院院士王颖、中国工程院院士郑皆连、常务副理事长陈士标以及相关高等院校的领导、专家等结合当地的实际情况，就防城港市如何创建海洋文化名城、助力海洋产业发展建言献策，提出了具有较强针对性的建设性意见，并与当地党政领导干部开展了互动交流。

【2010年海洋文化论坛系列报告会】

学会与中国航海日活动办公室、中国太平洋学会、上海东方讲坛、上海海事大学联合主办主题为“海洋的多元价值与中国社会发展”的2010年海洋文化论坛系列报告会。报告会共举办了10场，其中在上海举办了8场，主要涉及与航海对话——当代中国航海先行者的探索及思考，从永乐到隆庆——明朝海洋观的一次飞跃，中国人走向非洲的航程——由海上丝绸之路谈起，海洋与人类的营养——对郑和船队饮食的科学考察，从国家海上安全的视角——中国海洋安全问题与国家远洋利益，东南亚（东盟）与中国关系问题，东方航海文明的辉煌——独领风骚的中国船文化，陆海统筹视角下的观察——中国的海权问题及走向。其他两场报告会分别在贵州省贵阳市和江苏省连云港市举办，共有约3600人参加了报告会。

【第六届中国海洋论坛】

9月15日，第六届中国海洋论坛在浙江省象山县举行。本届论坛由中国太平洋学会、中国海洋学会、中国海洋大学等联合主办，象山县人民政府、宁波市海洋与渔业局承办。来自高校、科研单位等的70多名专家学者和地方政府和企业等单位的代表共200余人参加了论坛。论坛以区域海洋经济发展与产业结构调整为主题，通过主题报告、互动讨论和发表宣言等形式探讨了区域海洋经济发展、海洋产业发展与结构调整等海洋经济发展中亟待解决的问题。

业内专家探讨了近几年在国家发展区域海洋经济的大背景下各地海洋经济该如何发展的问题，多视角地反映了我国区域海洋经济发展的现状和今后发展的趋势，为我国区域海洋经济发展提出了建议和意见，特别是为象山县如何打造浙江省海洋经济先行区提出了建设性思路。

论坛组委会编辑出版了《2010中国海洋论坛论文集》，收录论文51篇。

【第一届中韩海洋科学研讨会】

6月1～4日，以中国海洋学会赤潮研究与防治专业委员会主任委员、国家海洋局南海分局李立新局长为团长的中国海洋学会代表团赴韩国参加主题为有害赤潮研究的第一届中韩海洋科学研讨会。

研讨会由中国海洋学会、韩国海洋学会主办，中韩海洋科学共同研究中心、韩国海洋学会有害藻华分会、韩国济州大学海洋学院和韩国水产科学研究院协办。此次会议是在中、韩两国海洋学会2009年签署的《中韩海洋科学技术交流协议》生效后共同举办的第一届中韩海洋科学学术会议，来自中国、韩国的专家、学者40余人参加了研讨会。会议的交流采取了大会报告、互动交流和墙报展示的形式。

研讨会开幕式由韩国水产科学院李昌奎研究员主持，中国海洋学会代表团团长李立新代表学会理事长王曙光致辞，韩国海洋学会会长朴哲和有害藻华分会分会长崔仲基分别致辞。周名江、朱明远、黄韦艮研究员和3位韩国专家分别主持了研讨会，中韩两国13位赤潮研究的专家和学者作大会报告，其中中方代表6个报告，内容涉及赤潮研究和管理等方面。

【第32届国际海岸工程大会】

6月30日～7月5日，第32届国际海岸工程大会在上海市召开，大会由中国海洋学会申请举办，海洋工程分会承办。这是国际海洋工程大会第一次在中国大陆召开。来自40余个国家的600余名学者参加了会议，其中，国外学者490人。会议在大会报告的基础上分5个会场进行了交流，有478篇论文作者在会上报告。会议为促进国际海岸工程及其相关科学技术的进步与发展，为有关地区和国家的专家学者以及工程技术人员提供一个相互交流与学习的平台，同时提高了中国海岸工程科学技术界在世界同行中的知名度。

【“中国海岛”科普展览宣传】

为配合宣传《中华人民共和国海岛保护法》的颁布实施，进一步做好“中国海岛”、《海岛保护法》的宣传普及工作，促进全社会增强海洋、海岛资源保护意识，5月22日，由中国海洋学会主办、北京太平洋海底世界、中央电视塔中塔有限责任公司、北京海淀区向东小学协办的2010年全国科技活动周“中国海岛”科普展览开幕式在北京举行。

展览突出“中国海岛”这一主题，分中国海岛纵览、逶迤秀丽大陆岛、海上田园冲积岛、千姿百态火山岛、风光旖旎珊瑚岛、海岛保护区、《中华人民共和国海岛保护法》颁布等部分共65块图文并茂的展板。还向公众发放《图说中国海岛》宣传画册。

中国地震学会

2010年，中国地震学会与各专业委员会举办了一系列国内学术会议。1月8～12日，学会地震地质专业委员会与中国地震局地质研究所在四川省成都市联合承办了海峡两岸汶川地震专题研讨会。近40位地球科学工作者围绕大地构造与造山作用、构造与地震特性、地表破裂与古地震、大地测量与同震地表变形、地壳速度结构与震波特性、震源物理与大地应力、遥感测量与地表变形、强地震动与断层带特性等专题开展了充分的交流与研讨，会议交流报告共计32个。

3月15日，应中国地震学会地震社会学专业委员会的邀请，日本名古屋大学田中重好教授、高桥诚教授来北京中国地震局地球物理研究所进行了科技交流。田中重好教授作了《新型防灾体制——如何克服单纯依赖政府的防灾体制弊端》的报告。高桥教授作了《名古屋大学自然科学与社会科学学科融合型印度洋地震海啸研究体制概况》的报告。双方还就未来的合作可能性进行了探讨，初步同意在合适的时间由中国地震学会地震社会学专业委员会与日本灾害社会学会联合召开学术研讨会。

5月5~11日，地震预报专业委员会和江西省地震局在南昌市联合举办全国地震预测预警技术研讨会。来自中国地震局及其直属单位、各省市及地方地震局、中科院地质与地球物理研究所、美国康涅狄克（Connecticut）大学等近80名学者围绕地震预测预警技术、郯庐地震带地震危险性研究、地震预测新方法、汶川地震研究等主题展开研讨。会议共收到93篇论文摘要，会上交流了51个学术报告。

7月5~9日，地震系统科技信息研讨会暨地震科技情报专业委员会年会在内蒙古呼和浩特市召开。会议安排了6个大会报告，情报专业委员会副主任崔秋文介绍了美国科技信息服务业的发展趋势；情报专业委员会秘书长赵勇介绍了美国国家地震灾害减轻计划；中国地震信息网负责人吴敏介绍了中国地震信息网的发展历程；中国地震台网中心应急响应部副主任帅向华介绍了地震应急指挥技术系统的发展；中国地震台网中心付桂华副研究馆员介绍了《地震学专业分类表》编制修订工作；中国地震台网中心董军副研究馆员介绍了中国地震局数字图书馆资源建设与利用情况。

7月23~30日，地震电磁学专业委员会、空间对地观测专业委员会在黑龙江省哈尔滨市联合召开2010年学术研讨会。120多位专家参加本次研讨会。本次会议的专题报告分别围绕地震电磁学的观测方法和前兆机理最新研究成果、地震立体观测研究最新进展以及陆基与空间电磁现象的最新研究结果等进行。

8月10~13日，构造物理专业委员会与中国岩石力学与工程学会高温高压岩石力学专业委员会在河北省承德地震台举办学术研讨会。会议主要议题包括岩石力学、构造物理、岩石物理领域的实验、理论、数值模拟研究；高温高压实验技术等。

9月9~14日，历史地震专业委员会在甘肃省兰州市召开西部历史地震学术研讨会。历史地震方面的20余位专家参加会议。会议就历史地震的研究意义、地震参数、强震参数、抗震设防标准的制定等问题开展了讨论。

9月13~17日，地震观测技术专业委员会和吉林省地震局联合在吉林省长春市举办地震预警与观测技术及应用学术研讨会。70余位专家、学者参加了此次研讨会。本次会议的主题为地震预警与观测技术及应用的研讨。共设置了3个主题报告和14个学术报告。

10月17~20日，中国地球物理学会、中国地震学会首次联合举办学术大会。中国地球物理学会第26届学术年会、中国地震学会第十三次学术大会在浙江省宁波市召开。

12月24~25日，中国地震学会地震工程专业委员会与中国建筑学会抗震防灾分会以及中国地震工程联合会在重庆市共同主办了第八届全国地震工程学术会议。本次会议共有约350人参加。13人应邀作大会特邀主题报告，约170人次进行了分组学术报告，收集论文212篇，论文被收入《土木建筑与环境工程》（增刊）。会议期间，还开展了2010年度刘恢先地震工程学学术会议优秀论文、地震工程与风险管理奖学金、恢先地震工程奖学金的评选活动。

学会在浙江省宁波市召开了第八次全国会员代表大会，通过了中国地震学会第七届理事会工作报告、关于《中国地震学会章程》的修改意见等文件，选举出中国地震学会第八届理事会成员128位，陈运泰当选为第八届理事会理事长。

为落实科学发展观和贯彻实施《全民科学素质行动计划纲要》，及时将科普挂图、图书、画册、光盘、宣传折页等科普宣传作品6万多套（册）送到基层。开展科普“赶大集”活动，将防震减灾科普知识展板、防震减灾科普知识有奖问答活动、农村民房抗震知识挂图和防震知识挂图直接送到农村。开展科普进社区、进学校、进兵营活动，举办了多场防震减灾科普知识讲座。参加我国“防灾减灾日”大型科普活动，组织地震模拟车感受地震和中国应急救援队员现场解答观众提问的科普项目，受到群众欢迎，成为科普活动的新亮点。学会2010年共派出科普专家23人次，举办主题科普讲座6次，发放科普挂图数量6000余册，受众人数约1000人次。

9月8日，中国地震学会第七届李善邦青年优秀地震科技论文奖评比揭晓，中国地震学会第七届第九次常务理事会会议根据《李善邦青年优秀地震科技论文奖简章》的有关条例，经过评审，决定授予中国地震局地球物理研究所李永华的论文《用Rayleigh面波反演研究华北克拉通壳幔结构》二等奖。中国地震局地球物理研究所郝春月的论文《中国IMS地震台阵（LZDM）的P波后方位角和慢度异常》三等奖。中国地震局地球物理研究所常利军的论文《四川及邻区上地幔各向异性研究》三等奖。

据2010年中国知网发行与传播统计报告显示：《地震学报》机构用户总计有2259个（比2009年增加了218个），分布在5个国家和地区；个人读者分布在9个国家和地区；读者下载总量33744篇次。据2010年中国学术期刊影响因子年报显示，《地震学报》的被引频次为1273

（比 2009 年增加了 91 次），影响因子为 0.832（比 2009 年减少 0.054）。

【第八次全国会员代表大会】

10 月 16 日，中国地震学会第八次全国会员代表大会在浙江省宁波市召开。来自全国各地的 158 名代表参加了大会。大会通过了中国地震学会第七届理事会工作报告、关于《中国地震学会章程》的修改意见等文件。选举出中国地震学会第八届理事会成员 128 位。通过差额无记名投票选举的方式，选举出中国地震学会第八届理事会理事长陈运泰，副理事长陈颙、张国民、张培震、陈晓非，秘书长郝记川，常务理事会成员王兰民、吴忠良、张晓东、李小军、马胜利、金星、刘玉辰、石耀霖、孙柏涛等 15 位。会议还通过了授予廖振鹏、姚振兴、时振梁、李博、张先康、刘百篪六位同志荣誉理事称号的决定。

【中国地球物理学会、中国地震学会首次联合举办学术大会】

10 月 17～20 日，由中国地球物理学会、中国地震学会首次联合举办的学术大会——中国地球物理学会第 26 届学术年会、中国地震学会第十三次学术大会在浙江省宁波市召开。本次联合学术大会实际参会人员 830 人，其中中国科学院院士 9 人，中国工程院院士 1 人。年刊《中国地球物理（2010）》收录了 815 篇论文摘要。来自中国大陆、中国台湾的学者，以及来自美国、日本等专家共 461 人在大会上做了学术报告。2010 年度傅承义青年科技奖、第七届李善邦青年优秀地震科技论文奖的获奖者分别作了学术报告。

本届联合学术大会的学术交流和讨论中有以下的特点：一是采用了在相对固定的大类专题下，结合动态征集专题的方式来设置专题，为更多有志于参与专题召集者提供了可能。同时，为了进一步提升到会交流的学术报告水平，增设了专题邀请报告，并取得了一定的效果。二是首次设立了全英文的国际专题，该专题大部分参会代表来自我国台湾地区和美、日等国家，在推动国际交流方面向前迈出了一步。三是各个专题均有新的学术观点和新的应用成果，涉及领域比历届更广，尤其是在地震研究方面的交流广度和深度都得到了提高。

中国动物学会

2010 年学会加强学术交流，依托分会（专业委员会）开展专题学术交流，加强与国际（海外）学术交流与联系，扩大和提高学会的影响力。

10 月 15～18 日，第六届全国野生动物生态与资源保护学术研讨会暨中国动物学会鸟类学分会、兽类学分会成立三十周年纪念会在北京召开。10 月 14～15 日，中国青年鸟类学家研讨会暨第六届翠鸟论坛在北京召开。10 月 21～24 日，第十五次全国细胞与分子显微技术学术研讨会在广西壮族自治区桂林市召开。8 月 1～6 日，鱼类学分会 2010 年学术研讨会、纪念伍献文教授诞辰 110 周年暨第八届会员代表大会在新疆维吾尔自治区乌鲁木齐市召开。10 月 22～24 日，第二届全国现代生态渔业可持续发展交流研讨会在湖北省武汉市召开。9 月 17～19 日，2010 年中国发育生物学研讨会在北京举办。8 月 20～23 日，两栖爬行动物学分会 2010 年学术研讨会在江苏省南京市举办。

学会积极进行国际会议交流。8 月，学会派 9 人代表团赴巴西参加第 25 届国际鸟类学大会，中国科学院院士郑光美、丁平教授、张正旺教授、雷富民教授、丁长青教授、刘小茹教授被选为第 25 届国际鸟类学委员会委员，其中丁平教授被选为执委，刘小茹教授（台湾地区）被选为副主席。11 月，学会派 21 人代表团赴泰国参加第五届国际鸡形目学术研讨会。6 月 20～25 日，由甲壳动物学分会承办的第七届国际甲壳动物学大会在山东省青岛市召开。10 月 15～18 日，由甲壳动物学分会主办的第七届世界华人虾蟹养殖研讨会在福建省厦门市召开。

学会积极参加科技周宣传，5 月 15 日，联合中国科学院动物研究所、国家动物博物馆在中国科学院奥运园区组织了“保护动物 建设生态文明”科普宣传活动，展出展板 35 块和全国 30 个省份特有动物展板 36 块，邀请专家现场解答群众咨询，设置了有奖竞答。参加全国科普日宣传，联合道和环境与发展研究所、北京动物学会开展了“保护生态环境——动物会感谢你低碳”宣传活动，展出展板 15 块，设置了资料学习区、有奖问答区，专家答疑区、低碳践行区。开展了“青少年 1+6 气候影响力行动”宣传活动，发送奖品 4000 余件，宣传单页 2000 多份。

学会选拔、培训选手并派队参加第 21 届国际生物奥林匹克竞赛（IBO），我国选手取得了 3 金 1 银的成绩，其中郑州市第一中学的慕童同学获得金牌第 1 名。

《动物学报》2010 年第 1 期起被 SCI 收录。根据《中国科技期刊印证报告》数据，《兽类学报》总被引频次为 867 次；影响因子为 0.894，他引率为 0.62，引用刊数为 108 种；学科扩散指标为 1.77，在 61 种生物类期刊中排名第 7。

《动物分类学报》开通了网页，采用了网络投稿系统进行稿件管理。

《生物学通报》关注社会热点问题，及时为读者组织有关社会热点问题的稿件。如刊出了《中国虎的概况》等。2009年诺贝尔生理学或医学奖颁奖后，特约缪炜研究员撰写了《原生动物四膜虫“小材”有“大用”》，介绍了四膜虫作为模式生物对生命科学研究的重大贡献。配合高中课改，组织专家撰写相关系列文章，为广大生物学教师提供了丰富的教学资源，传播生命科学的新知识、新理念、新方法。

《寄生虫与医学昆虫学报》主动掌握学术动态，积极向国内外著名专家约稿组稿。部分英文稿件送国外编委审理，并聘请专业教授修改英文摘要。建立了网站，实现免费全文检索。

《蛛形学报》2010年起论文有详细的英文摘要，并组织专家对英文稿件进行审稿校对。

《动物学研究》被国际知名的医学文献数据库MEDLINE收录。

Chinese Birds 2009年6月获得新闻出版总署的批准，由北京林业大学和中国动物学会鸟类学分会共同主办。该刊为学术性英文期刊，是我国首份正式鸟类学专业杂志。创刊号于2010年3月出版。申请加入了国际跨平台链接组织（CrossRef），获得了刊物独有的数字对象标识码（DOI）。

【第七届国际甲壳动物学大会】

6月21日，由甲壳动物学分会承办的第七届国际甲壳动物学大会（Seventh International Crustacean Congress，ICC7）在山东省青岛市召开。本次会议为期5天，近40个国家和地区的348余位代表参加了会议。

国际甲壳动物学会主席、第七届国际甲壳动物学大会主席Akira Asakura教授，国际甲壳动物学会前主席Rafael Lemaitre教授、Jeffrey D. Shields教授，国际生物多样性联合会前主席John Buckeridge教授，第七届国际甲壳动物学大会组委会名誉主席、中国科学院院士、中国科学院海洋研究所刘瑞玉，中国科学院院士、中国水产科学院黄海水产研究所赵法箴，第七届国际甲壳动物学大会组委会主席相建海研究员出席会议。

会议期间，来自美国、英国、德国、以色列和中国的8位著名甲壳动物学家将做大会特邀报告，206多位来自世界各地的专家、学者分别在5个专题讨论会和12个分组讨论会上发言，另有123位学者以墙报形式展示自己的研究成果。本届大会共收到369篇论文摘要。

由国际甲壳动物学会主办的国际甲壳动物学大会（The International Crustacean Congress）每四年主办一次。这次会议是该国际例会首次在中国举行。

中国植物学会

2010年，学会举办了系统与进化植物学前沿国际学术研讨会、海峡两岸苏铁类及兰科植物保育研讨会、植物细胞生物学2010学术年会、第三届全国植物蛋白质组学学术研讨会、第九届全国植物结构与生殖生物学学术研讨会、国际地衣和苔藓系统学讨论会等学术交流活动。

5月15~17日，第九届全国植物结构与生殖生物学学术研讨会在陕西省西安市举行，210余位专家、学者参加了会议，33位专家做了专题报告。与会专家、学者就植物结构与生殖生物学研究领域的研究成果、进展动态、发展方向等进行了充分的研讨和交流。会议共收到论文摘要74篇。

学会常务理事扩大会议着重讨论了第十九届国际植物学大会的筹备工作并决定成立中国植物学会种子科学与技术专业委员会。该专业委员会在2010年下半年得到了民政部的批准而正式成立。学会的专业委员会增加到了13个。

3月，学会在山东省莱芜市举办中国（莱芜－钢城）第二届兰花大会暨“山东瑞冠杯”首届兰花博览会，共展出上千个品种的近万盆精品兰花，会展期间有3万余人次进场参观。

5月9日，学会主办全国生物学联赛，共有8万多名中学生参加，本届联赛共评出一等奖676名，二等奖2900名，三等奖5800名。8月18~22日，第十九届全国中学生生物学竞赛在湖北省武汉市举行，本届竞赛共决出一等奖24名、二等奖36名、三等奖60名。

学会主办的 *Journal of Integrative Plant Biology*（简称 *JIPB*，中文名称《植物学报》）已和国际最完善的物种基因功能数据库TAIR建立正式合作关系，TAIR于2010年5月开始收录发表于 *JIPB* 的所有关于拟南芥的基因数据（含过刊）。《植物生态学报》从2010年起改为月刊。*JIPB* 和《生物多样性》分别获得中国科协精品科技期刊工程A和B类项目资助。同时《植物分类学报》、《植物生态学报》和《植物学报》获得非资助类项目。

【第三届全国植物蛋白质组学学术研讨会】

5月21~23日，第三届全国植物蛋白质组学学术研讨会在湖北省武汉市召开，120余位专家、学者参加了研讨会。学会名誉理事长、中国科学院院士匡廷云出席了会议。来自美国、日本以及中国香港特别行政区和和国内的20位专家、学者作了大会学术报告。会议收到论文摘要33篇。研讨会重点讨论了我国植物蛋白质组学研究所面临的挑战与机遇，以及未来研究发展的方向和趋势。

【系统与进化植物学前沿国际学术研讨会】

7月7~9日，系统与进化植物学前沿国际学术研讨会在北京召开。学会理事长、中国科学院院士洪德元和国际植物分类学会主席 David Marbberley 教授出席了会议。来自中国、美国、英国、加拿大、法国、奥地利等14个国家共311人参加了研讨会。会议共收到论文75篇，收到海报21幅。本次会议是该领域的首次大型国际学术会议，会议侧重学科前沿进展，关注系统与进化领域的长远发展。

【第九届全国药用植物与植物药学术研讨会】

8月12~13日，第九届全国药用植物与植物药学术研讨会在海南省海口市召开。144位专家、学者参加会议，会议收到论文和摘要共117篇，会议论文及大会报告涵盖了药用植物资源、品质评价、作用机理研究、活性成分研究、分类鉴定、种质资源及栽培育种，以及创新药物研究等多个领域。

【2010年中国植物园学术年会暨海峡两岸植物多样性保护及园林植物资源交流与共享研讨会】

11月4~10日，2010年中国植物园学术年会暨海峡两岸植物多样性保护及园林植物资源交流与共享研讨会在福建省厦门市举行，会议的主题为植物园与城市发展。来自全国各地的320人参加了会议。学会理事长、中国科学院院士洪德元及有关领导参加了会议。会议就植物园与生物多样性保护，全球变暖与植物保育生物学，植物资源的收集、保育、开发与利用，海峡两岸园林植物的共享，植物园与社会可持续发展，园林植物园与城市园林绿化，植物园科普教育与生态旅游，现代植物园的建设与展望等8个热点议题展开深入研讨和交流。这是中国植物园学术年会举办以来规模最大的一次大会，也是首次与台湾地区植物园携手共同举办的大会，台北植物园等8家单位的24名专家、学者参加了会议。

【古植物学分会第十四届学术年会】

12月26日，中国植物学会古植物学分会第十四届学术年会在北京召开。50余位专家、学者以及研究生参加了会议。会议特邀美国史密森研究所 Francis Hueber 教授参会。大家共同围绕古植物学与孢粉学研究的最新成果进行了交流。16位学者作了学术报告，所涉及的古植物从4亿年前的古生代到新生代，报告内容丰富，包括泥盆纪似真蕨类植物、二叠纪华夏和安加拉植物、中生代蕨类植物、新生代植物、生物地理和古气候定量重建、早期农业活动及环境效应、考古植物，以及苹果亚科系统演化的研究等。

【植物细胞生物学2010学术年会】

10月29~31日，植物细胞生物学2010学术年会在江苏省南京市召开。共有256名专家、学者出席会议，大会收到论文摘要61篇。此次会议是植物细胞生物学领域高规格的学术会议，中国科学院院士武维华，中国科学院院士孙大业出席会议。8位学者做了大会特邀报告。33位学者做了植物细胞分化与发育、细胞遗传、细胞壁及细胞生长、细胞信号转导与胁迫响应、细胞代谢与基因表达调控等专题报告。

中国昆虫学会

2010年，中国昆虫学会重点举办了2010年学术年会、第十届全国昆虫区系分类与分布学术研讨会。

学会充分利用北京自然博物馆、上海野生昆虫馆、上海科技馆、西北农林科技大学昆虫博物馆、天津自然博物馆、周尧昆虫博物馆等单位的资源，常年进行科普活动，大力普及昆虫知识，除参观展览外，还定期及不定期地举办科普讲座，参与人次达210万。学会组织会员编写的科普读物《探秘昆虫世界》、《奇趣昆虫》等先后出版。学会举办各类讲座31次，特别是结合生产实践中出现的问题进行答疑解难，普及害虫防治知识。结合夏令营、冬令营、“大手拉小手”活动开展一系列的科普活动。学会在北京、上海、陕西、广西等地举办了昆虫摄影展，有31万名观众参观，激发了青少年热爱自然的情操，增强了公众保护昆虫多样性和可持续发展的意识。积极开展昆虫科普调查与研究，探讨新形势下昆虫科普的策略与方法。

学会编辑出版《昆虫学报》、《昆虫知识》、《中国昆虫科学》（英文版）、与中国动物学会合编《动物分类学报》、《寄生虫与医学昆虫学报》5种期刊，各刊采取了缩短出版周期、增加页码和加大稿件筛选力度等措施，增加论文刊载量，提高期刊学术质量。《中国昆虫科学》（英文版）采用提前在线出版，大大缩短稿件出版周期。《昆虫学报》收稿量上升，目前已收到国内外中英文投稿332篇，为历年同期最高。

学会发展了江西天人生态股份有限公司和深圳市富巍盛科技有限公司2个团体会员单位，批准了2个团体会员单位推荐的2名常务理事。

【2010年学术年会】

10月12~15日，由中国昆虫学会主办、云南省昆虫学会承办的中国昆虫学会2010年学术年会在云南省昆明市召开。来自全国29个省、自治区、直辖市的500多名学者参加会议。共收到论文摘要155篇，学术年会采取大会报告和分组交流的形式进行。专家们作《盲椿象种群区域性灾变的演化机制与控制策略》、《昆虫对全球气候变化的响应》、《害虫调控的化学生物学》等7个大会报告。专题报告以分组报告的形式开展，分别从分类学、毒理学、生态学、蜱螨学及化学生物防治等方面，报告了各自取得的科研成果。会议分为昆虫分类与资源昆虫专业组，昆虫生理生化及毒理专业组，医学昆虫、蜱螨及生物防治，昆虫生态专业组，农业昆虫专业组5个学科组分别进行了学术交流。

【第十届全国昆虫区系分类与分布学术研讨会】

8月21日，昆虫分类专业委员会主办、华南农业大学和广东省昆虫学会承办的第十届全国昆虫区系分类与分布学术研讨会在广东省广州市召开，150多名专家、学者参加会议。会议由华南农业大学资源与环境学院昆虫学系主任许再福教授主持，昆虫分类专业委员会主任张润志研究员，华南农业大学校长陈晓阳教授，副校长陈志强教授等出席会议并讲话。杨星科、任国栋、陈学新分别作了题为《鞘翅目多食亚目高级阶元的相关问题》、《六足动物分类与系统发育》、《我国昆虫分类学面临的问题及发展机遇》的特邀报告。

中国微生物学会

2010年，学会举办了第17届国际医学真菌大会北京卫星会、第十五届国际放线菌生物学大会、病原－宿主相互作用国际研讨会3次国际会议。

7月4～7日，第八届中日国际病毒学研讨会在黑龙江省哈尔滨市举行，与会者就流感、禽流感、手足口病、肝炎以及艾滋病等新现病毒和再现病毒感染性疾病等相关领域研究进行了深入探讨与交流。会议还设立了圆桌讨论，就中日双方在病毒学研究方面可能开展的合作领域和合作模式进行了讨论。11月5～8日，第十一届中日韩酶工程学术研讨会在四川省成都市举行，171人参加会议，共收到学术论文129篇。11月30日～12月3日，病原菌基因组学、进化与致病机制国际研讨会在江苏省镇江市召开，共有180人参加。

由中国微生物学会推荐，中国科学院微生物研究所刘双江研究员、北京大学第一医院皮肤科李若瑜教授、首都儿科研究所张霆研究员获得“全国优秀科技工作者”荣誉称号。

学会及专业委员会积极开展学术交流，开展国内学术会议17次。1月15日，传染病监测和病原微生物检测技术高级研讨会在广东省深圳市召开，近60余名专家参加了会议。6月1～4日，第三届生物资源与环境调控学术研讨会在安徽省合肥市召开，有120多名专家代表出席了会议。8月8～12日，全国第八届海洋生物技术与创新药物学术讨论会在上海市召开，256人参加。9月10～12日，2010年全国微生物毒素与创伤感染学术会议暨第八届脓毒症高峰论坛在重庆市举行，来自全国各地的368名专家学者出席了本次会议。9月26～27日，全国首届益生菌与食品微生物学研讨会在上海市召开。10月29日～11月2日，2010年中国微生物学会学术年会在安徽省黄山市召开，700余人参加会议，本次大会分4个分会场进行了学术交流，收到论文470余篇。11月11～14日，第十三次全国环境微生物学术研讨会在江苏省南京市召开，本次研讨会收到论文摘要220余篇、全文88篇，大会包含3个院士报告、27个大会报告和86个分会报告，共560余人参加会议。11月26～29日，第三届全国微生物基因组学学术研讨会在福建省厦门市召开，250余人参加会议。

【中国微生物学会2010年学术年会】

10月29日～11月2日，由中国微生物学会主办，安徽大学、安徽省微生物学会承办的2010年中国微生物学会学术年会在安徽省黄山市召开。学会秘书长肖昌松主持开幕式，学会理事长赵国屏院士致开幕词，安徽大学副校长许继荣教授，上海交通大学教授、中国科学院院士邓子新，学会副理事长谭华荣研究员、徐建国研究员、曲音波教授、张先恩研究员、盛军研究员等出席会议。700余位专家、学者参加会议。

本次大会收到论文470余篇，纪念中国微生物学界前辈事迹报告1篇，大会报告16篇，分4个分会场进行了学术交流。

此次大会首先由第四军医大学微生物学教研室主任徐志凯教授就老前辈汪美先教授的学术成就和科学研究生涯作了报告。老一辈科学家对科学的执著追求、恪尽职守、默默奉献、淡泊名利的科学精神值得年轻学者学习。

会议邀请了中国科学院上海生命科学研究院植物生理生态研究所、中国科学院院士赵国屏，上海交通大学、中国科学院院士邓子新，科技部基础司司长张先恩研究员，Case Western Reserve University教授Yiping Han，Ohio State University教授Hua H. Wang，军事医学科学院微生物流行病研究所研究员杨瑞馥，中国科学院生态环境研究中心研究员贺纪正，安徽大学教授肖亚中，南京师范大学教授邵蔚蓝，国家自然科学基金委生命科学二处处长温明章，上海交通大学教授赵立平，中国科学院武汉病毒研究所研究员周宁一，上海交通大学教授姚玉峰，浙江大学副教授黄益丽，山东大学教授祁庆生等16位专家作大会报告。报告内容涉及最近发现原核生物中代谢酶乙酰化修饰对中心代谢途径的全局性调控的研究过程、生物大分子 DNA 的磷硫酰化修饰、合成生物学的发展、高通量测序技术在微生物学研究中的应用等微生物研究的最新研究进展。

大会报告后，会议围绕微生物的多样性与微生物资源开发利用及保护，微生物与人类健康和社会安全，生物技术与工业、农业以及医学微生物学，以及微生物基因组学 4 个主题进行了分会场学术交流，50 多位专家学者做了专题报告。4 个分会场共评选出 12 名 2010 年中国微生物学会学术年会优秀学术论文交流奖，并给予了表彰奖励。

中国生物化学与分子生物学会

2010 年学会和各分支机构（分会和专业委员会）共召开学术会议 13 次，国际会议 1 次，交流学术论文 1399 篇，有 2510 人次参加，其中外国学者 60 人。

5 月 15 ~ 17 日，第三届全国生物质谱暨蛋白质组数据处理学术交流会在云南省丽江市召开。7 月 5 ~ 8 日，第 11 届中国国际多肽学术会议在甘肃省兰州市召开。8 月 17 ~ 22 日，中医药生物化学与分子生物学分会 2010 年学术年会在贵州省贵阳市召开。8 月 8 ~ 12 日，全国第八届海洋生物技术与创新药物学术讨论会在上海市召开。8 月 10 ~ 12 日，2010 年全国糖生物学学术会议在吉林省长春市召开。8 月 12 ~ 16 日，全国第二届生物化学与分子生物学教学研讨会在上海市召开。8 月 16 ~ 19 日，全国首届生化与分子生物技术学术研讨会在上海市召开。8 月 23 日，临床应用生物化学与分子生物学分会第一届全国青年学术论坛在江苏省南京市召开。8 月 23 ~ 26 日，第十届会员代表大会暨全国学术会议在江苏省南京市召开。8 月 27 ~ 30 日，第十届全国基因与基因组学术讨论会在上海市召开。9 月 15 ~ 17 日，蛋白质组学与疾病专题研讨会在上海市召开。9 月 27 ~ 28 日，第六届全国核糖核酸研讨会在广东省广州市召开。11 月 3 ~ 9 日，农业分会第二届全国代表大会和全国性学术研讨会在湖南省长沙市召开。

【第十届会员代表大会暨全国学术会议】

8 月 23 ~ 26 日，中国生物化学与分子生物学会第十届会员代表大会暨全国学术会议在江苏省南京市召开。来自全国各地的 760 余位专家、学者参加了会议。本次会议由中国生物化学与分子生物学会主办，江苏省生物化学与分子生物学会、南京大学、南京医科大学、中国科学院上海生科院生化与细胞所共同协办。

第十届理事会一次全体会议选出 51 名常务理事，同时选举产生了理事长、副理事长和秘书长。王志新当选为第十届理事会理事长，赫荣乔、焦炳华、景乃禾、尚永丰、沈岩、孙志贤、王红阳、吴家睿当选为副理事长，景乃禾当选为秘书长。

学术会议以生物分子与生命复杂性为主题，共收到论文 262 篇，其中大会组织特邀报告 5 篇，专题报告 20 篇，墙报交流 109 篇。会议围绕基因与非编码 RNA、蛋白质修饰与相互作用、代谢稳态与调控、生物大分子与复杂性疾病等当今生命科学研究领域最具活力的研究内容进行广泛的交流和探讨。会议首次设立了青年科学家论坛。会上，还宣布了“青年科学家论坛奖”、“优秀墙报奖”、“叶惠兰基金资助青年学生参会奖”、“郑集－张昌颖奖励基金获奖优秀论文”、“杰出研究论文奖、邹承鲁讲座奖（邹承鲁基金）”等奖项的获奖名单。

中国细胞生物学学会

2010 年，学会共开展各类活动 15 次，参加人数达到 3000 人次，交流论文数 702 篇。其中学术会议 12 次，分别为：4 月 16 ~ 18 日，在浙江省杭州市召开了第一届全国斑马鱼学术研讨会。5 月 14 ~ 18 日，在江西省南昌市和井冈山市召开了第三届细胞结构与功能的信号基础研讨会。5 月 22 日，在上海市召开青年细胞生物学论坛。6 月 18 ~ 27 日，在上海市举办了第三届全国医学细胞生物学骨干教师讲习班。7 月 4 ~ 7 日，在山东省威海市举办了第二届神经细胞生物学前沿研讨会。7 月 11 ~ 17 日，在上海市举办了第一届走向前沿——IFCC 国际高级生化和分子细胞生物学夏令营。7 月 18 ~ 22 日，在天津市召开了 2010 全国植物生物学研讨会。9 月 17 ~ 19 日，在北京召开 2010 年发育生物学研讨会。10 月 6 ~ 9 日，在浙江省杭州市召开第四届全国生物信息学与系统生物学学术大会。10 月 9 ~ 11 日，在上海市召开首届中国干细胞研究年会。10 月 9 ~ 12 日，在辽宁省大连市召开第三届医学细胞生物学大会。

学会联合其他学会于 1 月 8 日和 12 月 15 日在上海市开展了两次会员日活动，每次活动吸引了近百名会员参会，受到会员的欢迎。

学会新发展会员 1000 余名，新增植物器官发生分会和学术工作委员会 2 个分支机构。

学会名词审定委员会第一本《海峡两岸细胞生物学名词》于 4 月正式出版，并被全国科学技术名词审定委员会评为优秀分委员会。

学会主办的《细胞生物学杂志》于 2 月正式更名为《中国细胞生物学学报》。*Cell Research*（中文刊名《细胞研究》）影响因子达 8.151，在国际细胞生物学领域发表原创论文的 147 种核心期刊中排名第 14 位，首次进入前 10%，并连续 5 年在中国科技期刊中排名第一。

学会积极举荐人才，学会推荐的何大澄教授荣获中国科协“全国优秀科技工作者”称号。

【学会成立三十周年】

5 月 14 日，中国细胞生物学学会三十周年庆祝活动在江西省南昌市举行。

活动由中国细胞生物学学会第九届理事会秘书长丁小燕研究员主持。中国细胞生物学学会第九届理事会理事长、中国科学院院士裴钢致开幕词。

学会前任理事长徐永华研究员系统地回顾了中国细胞生物学学会发展的 30 年历程，展现了学会 30 年来不断壮大、日益繁茂、欣欣向荣的景象。《中国细胞生物学学报》主编郭礼和研究员回顾了学报创刊 30 周年的发展历史。

【第二届神经细胞生物学前沿研讨会】

7 月 4 ~ 7 日，第二届神经细胞生物学前沿研讨会在山东省威海市举办。来自中国科学院神经所、遗传发育所，首都医科大学、复旦大学、山东大学、南京医科大学、上海交通大学、四川大学等国内知名院校、研究机构的专家参加了本次会议。

山东大学长江学者特聘教授、国家杰出青年基金获得者陈哲宇教授主持开幕式，中国科学院神经所研究员罗振革代表中国细胞生物学学会神经细胞生物学分会致开幕辞。23 名项目负责人在 3 天的会议中分别就神经干细胞的基础与应用、神经元形态发生、神经网络的形成和功能构建、神经损伤和退行性疾病等领域的前沿科学问题作专题报告。

【首届中国干细胞研究年会】

10 月 9 ~ 12 日，由中国细胞生物学学会干细胞生物学分会主办，同济大学承办的首届中国干细胞研究年会在上海市召开。中国生物技术发展中心副主任马宏建，学会理事长、同济大学校长、中国科学院院士裴钢致辞，会议开幕式由学会干细胞分会会长、同济大学医学院常务副院长徐国彤教授主持。

大会共 13 个议题，52 篇议题报告，近 500 人参加会议。本次会议紧贴干细胞研究的重要前沿问题，大力推进干细胞基础研究与临床应用的转化。

大会设立了“干细胞研究突出贡献奖”，中国科学院动物所教授周琪获此殊荣。

【走向前沿——IFCC 国际高级生化和分子细胞生物学夏令营】

7 月 11 ~ 17 日，“走向前沿——IFCC 国际高级生化和分子细胞生物学夏令营”在上海市举行。本次培训班的主题是“表观遗传学：分子机制、生物学与人类疾病（Epigenetics：Molecular Mechanisms，Biology and Human Diseases）”。本届夏令营由中国细胞生物学学会主办，中国生化和分子生物学会和中国科学院上海生命科学研究院生化细胞所共同协办。本期共有 59 名学员参加，其中有来自台湾国家卫生研究院和香港科技大学生物化学系学员各 1 名，其余学员来自大陆各地科研院所和高校。活动邀请了 6 名主讲人和 5 名辅讲人等国际上本领域知名专家、学者，主要来自中国、韩国、美国、新加坡。

中国植物生理与植物分子生物学学会

2010 年，中国植物生理与植物分子生物学学会及专业委员会举办了一系列学术会议。

3 月 26 ~ 31 日，环境生理与营养生理专业委员会在广东省深圳市举办第六届中国植物逆境生理学与分子生物学学术研讨会。会议围绕作物抗逆高效的生理学基础、植物逆境信号转导、植物响应逆境相关基因及其调控、作物抗逆高效的生理基础、逆境整体响应的生理学机制，以及耐逆转基因技术等方面展开讨论，300 余名专家、学者参加会议，收录论文摘要 149 篇。

7 月 18 ~ 22 日，学会联合中国遗传学会、中国植物学会及中国细胞学会在天津市举办 2010 全国植物生物学研讨会。此次会议主题为“植物分子生物学与现代农业”。大会围绕植物细胞与发育、植物生物胁迫与非生物胁迫、营养与代谢和基因组与功能基因组五个专题展开热烈讨论，就植物分子生物学和现代农业研究的最新成果进行集中研讨和交流。来自全国各地 650 余名相关研究领域专家、学者参加了研讨会，收录论文摘要 101 篇。

8 月 13 ~ 16 日，植物修复生物学专业委员会在福建省厦门市举办第一届中国植物修复生物学学术研讨会。会议邀请国内在重金属和有机污染物修复生物学领域卓有建树的科学家介绍当前研究的最新进展，结合国内外的发展趋势和国内外研究现状，重点讨论如何整合力量、突出重点，解决限制植物修复技术应用的关键生物学问题，以促进我国植物修复生物学的研究。本次研讨会共有 103 名专家、学者参加，收录论文摘要 49 篇。

8 月 16 ~ 18 日，植物衰老专业委员会在上海市举行植物叶片衰老与作物产量、品质与抗逆性改良研讨会。研讨会邀请了 63 名国内植物叶片衰老研究专家学者，围绕叶片衰老启动的信号途径、叶片衰老进程的调控机理、叶片衰老进程中叶绿素代谢及营养转运与利用，以及主要作物叶片衰老研究进展等主题展开讨论。

8月18～21日，植物生长物质专业委员会在北京召开2010年全国植物生长物质研讨会，此次大会的主题为“面向‘十二五’的植物生长物质研究与创新”。371名专家、学者参加会议，收录论文摘要85篇。

10月15～22日，植物生物质与生物能源专业委员会在华中农业大学举办第二届国际生物能源与生物技术学术会议。会议邀请国内外知名专家学者300余名，围绕植物光合作用与生物质产量、植物细胞壁生物合成与降解、能源作物与环境适应、能源微生物与生物质转化、生物技术与生物能源工程和中国与全球生物能源政策六大主题展开讨论。大会共收录论文摘要55篇。

据美国科学信息研究所（ISI）2010年6月18日公布的《期刊引用报告》，由中国科学院上海生命科学研究院植物生理生态研究所（IPPE）与中国植物生理学会（CSPP）主办，中国科学院上海生命科学信息中心生命科学期刊社承办的学术期刊 *Molecular Plant*（《分子植物》）的2009年度影响因子为2.784。该影响因子在112种中国SCI期刊中排名第四，在植物科学领域的国内期刊中位列第一。在JCR报告收录的全球172种国际植物科学期刊中排名第26，位列前15%。

1月8日，学会联合中国神经科学学会、中国生物化学与分子生物学会、中国细胞生物学学会在中科院上海生命科学研究院共同主办了中国科协第二届会员日暨首届上海市生命科学学会会员日活动。本次会员日特邀军事医学科学院放射与辐射医学研究所研究员孙志贤做了题为《中华文化与中国科学家的文化自觉》的报告，160余名会员及师生参与了此次活动。参与会员日活动的各个学会在活动现场张贴了宣传海报，并向参会者派送了杂志、学科发展报告、学会主办期刊、自制的台历及科普丛书等。

【首届全球植物科学理事会年会】

7月28～29日，学会理事长许智宏与秘书长何祖华作为中国植物生理与植物分子生物学学会代表赴加拿大蒙特利尔参加了由加拿大植物生理学家学会主办的首届全球植物科学理事会（Global Plant Council，GPC）年会。来自全球植物科学组织的18位科学家出席了此次年会。会议的主题是通过植物科学来拯救地球，主要围绕全球饥饿、人类健康和福祉、环境变化、能源和生物材料，以及可持续发展和环境保护五大议题展开讨论，并达成如下共识：在应对全球饥饿问题的挑战上，植物生物学家应该利用他们的知识、技术和遗传资源来开发新作物和提高现有农作物的产量，并且提高它们对病虫害、干旱和其他环境胁迫的耐受能力；进一步运用植物生物学原理，让农作物在利用更少量的水、养分和能源的前提下持续提高产量。

中国生物物理学会

2010年，学会共主办、承办和参与协办了16个国内、国际学术会议，2个科学技术培训班。组团赴美国参加中美纳米生物和纳米医学研讨会，赴台湾参加了海峡两岸自由基医学与自由基生物学学术研讨会。

3月30日～4月3日，学会副理事长兼秘书处阎锡蕴、副理事长沈钧贤和常务理事刘平生参加了在日本召开的国际纯粹与应用生物物理学联合会（IUPAB）执委会。在会上向IUPAB汇报了筹备2011年国际生物物理大会的进展。

10月24～27日，由中国生物物理学会和中科院生物物理所联合主办的第一届国际脑功能与脑疾病学术研讨会在北京召开。来自美国、德国、意大利、澳大利亚、日本和中国的150多位专家、学者和学生参加了大会。会议期间，大家围绕着神经生物学的进展、神经系统的发育可塑性及神经环路的形成、神经系统重要基因的调控以及神经退行性疾病的细胞分子机制4个专题进行了研讨。

10月26日，中国生物物理学会主办，赛诺菲安万特公司协办的生物制药高峰论坛在北京召开。本次论坛邀请了12位来自国内科技界和企业界的知名专家作演讲。

11月9～12日，由中国生物物理学会、中国生化与分子生物学会和中国细胞生物学会等联合举办的第二次国际暨第十一次全国膜生物学学术研讨会在浙江省宁波市召开。会议围绕着膜蛋白结构与功能、生物膜与生物能学、膜运输和其他专题进行了深入交流和讨论。

8月8～12日，由中国生物物理学会、中国科学院生物物理所主办、电子显微镜学会和晶体学会协办的第三届郭可信电子显微学与晶体学暑期学校暨冷冻电镜三维分子成像国际研讨会（Third K. H. Kuo Summer School of Electron Microscopy and Crystallography，International Workshop of 3D Molecular Imaging by Cryo－Electron Microscopy）在北京召开。来自美国的Scripps研究所、Baylor医学院、英国MRC分子生物学实验室、德国Max Plank分子生理学研究所、日本京都大学等49所不同高校和研究所的专家、学者和学生近200人参加了本次暑期学校，其中35人来自国外，165人来自国内各大专院校和科研机构。

学会和上海市生物物理学会积极开展科普教育活动。在北京、上海、宁波、厦门、重庆、深圳等地举办了38场科普报告会，青少年科普活动8次，组织科普画廊1个。

为纪念学会的创始人贝时璋院士诞辰108周年及逝世一周年，学会编辑出版了《贝时璋传》。《贝时璋传》于10月出版发行。

学会副理事长兼秘书长阎锡蕴研究员荣获中国科学院优秀科学家奖、全国优秀科技工作者荣誉称号。学会常务理事施一公教授荣获2010年赛克勒国际生物物理学奖。学会常务理事许瑞明研究员荣获中国侨届创新人才贡献奖。上海生物物理学会自由基专业委员会被上海市科协授予“自由基医学生物学继续教育示范项目”称号。

【第七届全国光生物学学术会议】

8月6～9日，由学会主办的“第七届全国光生物学学术会议”在贵州省贵阳市召开。来自国内高等院校、科研院所的80余名研究员、学者和学生参加了会议。

会议围绕着光化学与光物理学、光谱学、光技术与光工程、光敏作用、光合作用与光能转换；光形态建成、光感应生物学、环境光生物学、时间生物学、光保护、光毒性、视觉、光医学、DNA损伤与修复、光致癌症发生、光治疗与光动力疗法、光皮肤病学、光免疫学、生物发光与化学发光和纳米光生物学等涉及多学科和交叉学科研究。会议安排了6个大会特邀报告，32个邀请报告和口头报告，并进行了墙报交流。

【国际钙信号前沿研讨会】

10月10～13日，由学会生物物理学会和美国生物物理学会主办的国际钙信号前沿研讨会（New Horizons of Calcium Singnaling）在北京召开。本次会议共收到来自中、美、亚、欧各国论文摘要180篇，250位学者参加了会议。这是中美两国生物物理学会第一次合作，联合举办高水平的学术会议。

大会围绕着“细胞迁移，癌症和细胞凋亡”、“线粒体钙信号”、“TRP通道，双孔通道”、“钙信号和分泌”、“神经元钙信号”、“心肌细胞钙信号”、“骨骼肌和心肌中的钙信号”7个学术专题进行了重点学术交流和深入细致的讨论。来自中国（包括香港和台湾）、美国、英国、德国、法国、澳大利亚、瑞士、挪威、俄罗斯、立陶宛、日本、韩国、新加坡等多个国家和地区的392位钙信号专家作了专题邀请报告，另有127幅墙报展示了最新的研究成果。这次研讨会全面展现了世界钙信号研究的新概念、新技术、新领域。美国科学院和医学科学院院士，著名旅美华人、神经科学家Richard Tsien应邀作了大会主题发言。

为激励青年学者，会议设立了“青年学者奖”。来自中国、美国、英国、日本、澳大利亚的7位青年学者获此殊荣。

【第4届上海国际生物物理与分子生物学学术会议】

8月8～12日，由学会的二级学会上海生物物理学会主办、上海市科学技术协会等单位协办的第4届上海国际生物物理与分子生物学学术会议在浙江省嘉善县举行。250余位中外专家参加会议，其中来自美国、英国、德国、日本、加拿大、法国、丹麦、澳大利亚、新西兰、新加坡等国境外专家教授100余人，共收到会议论文212篇。

会议设7个大会特邀报告、17场分组邀请报告、科学墙报展出、科技实物展出等一系列学术交流，展示了近年来生物物理学科在世界的发展。国际纯粹与应用生物物理联合会（IUPAB）现任主席Kuniaki Nagayama教授，IUPAB候任主席Gorden Robert教授，中国科学院院士、上海生命科学研究院张永莲教授，中国科学院上海应用物理研究院原所长、上海同步辐射光源设施总设计师徐洪杰教授等出席会议并作大会报告。

中国遗传学会

2010年，学会主办7次学术交流会，学术会议参加人数1500余人次，交流论文621篇。

4月12～14日，首届模式生物与人类健康研讨会在江西省南昌市召开。来自全国16个省、市的100多名学者，以及来自南昌当地科研单位和大学的数十名研究生出席了会议，会议收录论文66篇，并出版论文集。

5月8日，李汝祺教授诞辰115周年纪念会暨学术研讨会在北京召开，国内外遗传学界的相关专家和李汝祺教授的学生共计150多人参加了会议。

8月7～8日，由学会牵头，北方七省二市遗传学会主办的北方遗传资源的保护与利用研讨会在内蒙古自治区呼和浩特市召开，200余位专家、学者参加了会议。

8月18～21日，第十一届全国植物基因组学大会在吉林省长春市召开。学会副理事长、中国科学院院士张启发担任大会主席，参会学者500余人，提交论文摘要160余篇，共有39位国内外专家作大会报告。

9月19～21日，第四届全国微生物遗传学学术研讨会在浙江省杭州市召开。中国科学院院士赵国屏、邓子新等180多位学者出席了会议，提交论文摘要96篇，并出版论文集。

12月20日，学会第三届会员日活动“学会全国优秀科技工作者”报告会召开，获得“全国优秀科技工作者”称号的曹晓风、周钢桥、吕红作学术报告，学会北京区科研院所的会员和在读研究生参加报告会。

12月13日，学会副秘书长王兴智教授在北京市第一六六中学围绕基因组学、转基因等热点生物科学问题，结合中学生生物课的需要作报告，解答了同学们提出的有关遗传学方面的问题。学会还同时赠送了科普书籍200余册。

学会推荐的科协各奖项候选人中，复旦大学王红艳获“第七届全国青年女科学家奖”，中国军事医学科学院周钢桥、复旦大学吕红和东北师范大学李凤霞获“全国优秀科技工作者”称号，周钢桥获“第十一届青年科技奖”。

学会主办的学术期刊《遗传学报》（*Journal of Genetics and Genomics*）影响因子由2008年度的0.358，上升到2009年度的0.813；2010年12月，已经达到1.2以上。

《遗传》被美国医学索引（MEDLIAN）、中国科技期刊精品数据库等收录。被中国科学技术信息研究所评为“中国精品科技期刊”。

6月26日，在人类基因组草图绘制完成10周年之际，中国遗传学会、中国科学院北京基因组研究所、中国科学院遗传与发育生物学研究所共同主办人类基因组草图公布十周年纪念会。

【2010年中国青年遗传学家论坛】

11月4~7日，2010年中国青年遗传学家论坛在浙江省嘉兴市召开，主题为遗传学与社会可持续发展。来自全国20多个省、自治区、直辖市的院士、专家、青年遗传学工作者，以及在校研究生和大学生等260余人参加会议。

大会特邀中国工程院院士曾溢滔作了题为《遗传病基因治疗》的报告，回顾了中国遗传学会的组织下，开展全国大规模普查血红蛋白病的情况，介绍了从基因诊断到基因治疗的历程，展示了羟基脲调控基因治疗、反义和RNAi基因治疗以及正常基因生殖细胞治疗的成果。

中国心理学会

2010年，中国心理学会主办了第十三届全国心理学学术大会、首届中国疼痛信息学研讨会等学术会议。学会组织30名专家、学者参加了7月11~16日在澳大利亚墨尔本召开的第27届国际应用心理学大会。

各分会积极开展特色学术交流活动。临床与咨询心理学分会与四川省心理学会医学心理分会主办的第二届认知行为治疗大会在四川省成都市举办。理论心理学与心理学史分会召开2010年学术年会暨车文博先生心理学思想研讨会。普通心理与实验心理分会、北京大学心理学系、北京大学脑科学与认知科学中心联合美国纽约大学心理学系和神经科学系共同举办神经经济学和社会神经科学国际研讨会。中国心理学会学校心理学分会、华南师范大学心理应用中心主办学校心理学分会2010年学术年会。体育运动心理分会召开第九届全国运动心理学学术会议暨第二届华人运动心理学研讨会。社会心理学分会与中国社会心理学会合作举办2010年全国社会心理学学术会议。生理心理学分会主办第十届中国生理心理学学术研讨会暨理事工作会议。学校心理学分会主办全国中小学“同伴辅导”学术研讨会。心理学教学工作委员会召开第十五届学术年会。

学会新审批会员612人，其中研究生会员177人。截至2010年底，学会个人会员已近8600人，其中研究生会员约3000人。

第十届科技活动周期间，学会围绕携手建设创新型国家这一主题，以“健康和谐心理、创新美好生活”为活动理念，针对不同受众举行一系列科普活动，举办各类展览、讲座等科普活动近10次，累计受众约1600人次。

心理学普及工作委员会2010年共举行主题科普活动9次，共计开展科普讲座68次，科普展览48次，其他形式科普宣传27次，受众达5万人次。

9~12月，由心理学普及工作委员会和中国互联网协会网络科普联盟联合主办的2010年全国心理科普知识与作品大赛举行，本次大赛的主题是提升心理科学素养，共建和谐文明社会。通过在全国各大中小学校进行心理科普作品征集，在社会公众中进行网络心理知识竞答的活动，向公众宣传和普及心理学知识，倡导关注心理和谐建设，提升公众心理科学素养，促进公众心理健康水平。

【第十三届全国心理学学术大会】

11月20~21日，第十三届全国心理学学术大会在上海市召开。此次全国心理学学术大会的主题是走向世界、服务社会。大会由中国心理学会主办、上海师范大学承办。来自全国包括香港特别行政区、台湾地区在内的千名心理学专家、教师、学生，以及国际知名学者参加大会。此次大会还得到了国际心理学联合会和国外心理学组织的高度重视，来自美国、加拿大、德国、南非等多个国家的知名心理学家参加了会议。

德国心理学家Silbereisen教授和北京师范大学董奇教授分别在主会场作了题为Globalization and Human Development: People and Contexts和《中国6~15岁儿童青少年心理发育特征研究及成果应用》的大会报告，加拿大心理学家Ritchie教授、美国心理学家Overmier教授、北京大学教授魏坤琳、中国科学院研究员周雯、华东师范大学教授周永迪同时在5个大型分会场分别作了题为Current Issues in Clinical and Health Psychology: Diagnostic Classification and Primary care reform in Canada：a role for clinical and health psychology、Psychology Does Play a Role in Gastric Ulcers：Challenging the Helicobacter pylori Theory、《感知运动控制相关研究》、《人类嗅觉知觉及社会信息的嗅觉交流》和《初级体感皮层在交叉模式感知、工作记忆和决策中的作用》的大会重点报告。

中国心理学会、本届大会组委会、中国心理学会临床与咨询心理学分会和中国心理学会临床与咨询心理学注册系统还临时联合特设专门分会场，针对上海不久前发生的11.15特大火灾，举行突发危机事件后心理援助工作圆桌论坛，以具体行动体现本届大会服务社会的主题精神。

中国生态学学会

2010年，学会主办和参与主办的高水平、高规格的学术研讨会、高层论坛和咨询活动11次，其中国际会议5次、咨询活动3次。各专业委员会、工作委员会采取多种形式举办各种学术研讨会8次。累计参会2600多人次，编辑论文集9本。

8月13～15日，由学会和四川省生态学会主办的全国生态安全与灾后生态恢复学术研讨会在四川省绵阳市召开。200余名代表就重大灾害预警和灾后恢复重建等重大生态问题，以及生态安全与灾后生态恢复的具体模式进行了深入探讨和交流。

9月24～26日，学会和江西省生态学会主办的“全国第四届生物多样性保护、自然保护区管理与可持续利用研讨会暨生态安全与外来有害生物入侵控制学术研讨会”在江西省井冈山市召开。80多名专家、学者从理论上和实践上探讨生物多样性保护、自然保护区管理所面临的问题。

7月7～8日，黔东南生态文明建设试验区研讨会召开，18位院士及100多名参会代表从实验探索、生态建设和产业发展等不同层面，对黔东南生态文明建设进行了研讨，就黔东南生态文明建设试验区上升为国家级生态文明建设试验区形成了广泛的共识。

5月28～30日，由国际林联（IUFRO）、中国生态学学会等主办的杨树人工林多功能可持续经营国际研讨会在江苏省泗阳市召开。来自意大利、美国、加拿大等国以及国内相关领域120余位学者参加研讨会。研讨会围绕杨树人工林多功能可持续经营的主题，探讨我国杨树人工林的产业现状、发展方向。此次研讨会的召开对泗阳县杨树产业发展以及生态优先的科学发展理念具有积极深远的影响。

5月22～25日，由中日韩三国生态学会共同主办的中日韩生物多样性国际论坛在云南省丽江市举办。200多位参会学者共同探讨了生物多样性发展方向，交流促进亚洲生物多样性保护与研究方面的经验，强化亚洲生物多样性学术研究与合作交流机制，并就提高生态文明建设水平，更好地实现生物多样性的保护和可持续利用等热点问题展开了讨论。

4月12～14日，应对森林自然灾害国际学术研讨会在北京召开，会议由中国林学会、中国生态学学会等主办，200余名中外专家出席了研讨会。会议围绕“尊重把握自然规律，防御减轻灾害损失”的主题，探讨了森林应对自然灾害的对策措施。

3月30～31日，战略环境评价中的区域生态风险评价理论与方法国际研讨会在北京召开，此次会议由中国环境科学学会、中国生态学学会、环境保护部环境工程评估中心主办，环境保护部环境发展中心环境影响评价研究中心等6家单位协办。研讨会上，参会学者就环境保护参与宏观调控、战略环境评价，提出优化经济增长、推进产业转型、合理产业布局的对策与保障机制的建议，以及加强生态风险评价领域的研究和交流等方面展开讨论。

学会联合江苏省生态学会举办科普活动，此活动从3月22日“世界水日”起至6月5日“世界环境日”止。活动通过宣传点、展板或橱窗画廊展示、科普讲座、发放资料、优质课比赛、小论文评比、低碳家庭评比、“中国水周”科普宣传和爱鸟周等活动，对公众进行生态知识普及和传播。受教育人数逾万人，得到了公众的好评和赞赏。

9月，学会参与主办中国生态旅游与生物多样性科普展，该项活动以“倡导生态旅游，保护生物多样性，建设生态文明”为主题。通过展览、摄影作品评选、植物图片展、名家讲座、有奖答题、生态感言留言、儿童生态涂鸦、原生态歌舞表演以及现场专家咨询等，对公众进行生态科学知识的普及和教育。受众约7万余人，激发和培养了公众保护生态环境的意识。

10～11月，由上海市生态学会、浙江省生态学会、福建省生态学会承办的中国生态旅游与生物多样性科普展联展陆续在上海市、杭州市、厦门市举办。

6月8日，海洋生态专业委员会结合世界海洋日暨全国海洋宣传日，围绕世界海洋日的主题“我们的海洋——机遇与挑战”，以及我国海洋宣传日主题“关爱海洋——我们一起行动”，通过海洋日动员誓师大会主题签名、海滩清洁活动，向公众发放海洋科普宣传材料、有关海洋科考、海洋生物多样性和海洋环境保护等问题的咨询等，在福建省厦门市开展了一系列海洋科普活动。

《生态学报》在2009年核心版1964种科技期刊总被引11764次，全国排名第1；影响因子1.812，全国排名第14；两项指标均连续排名生物学科第1；连续第9次获得中国百种杰出学术期刊。三篇文章荣获“2009年中国百篇最具影响国内学术论文”。

《应用生态学报》总被引频次9430次、影响因子1.733，分别名列生物学科第2和第3位，《生态学杂志》的总被引频次4048次、影响因子1.396，两项指标均名列生物学科第5位。

学会举办了中国生态学学会成立三十周年庆祝活动，展示和回顾了学会三十周年发展的历史。

学会本年度新增会员103人，会员总人数为7500余人。学会恢复了11个分支机构的备案工作。

学会副理事长傅伯杰研究员和于贵瑞研究员获得“全国优秀科技工作者”称号。

【第二届中国生态文明腊子口论坛】

8月8日，学会与甘肃省甘南州委、州政府等主办的第二届中国生态文明腊子口论坛在甘肃省兰州市开幕。

中国工程院院士李文华、中国科学院院士蒋有绪、国家林业局科技司司长魏殿生、中国科学院资源环境科学与技术局副局长冯仁国、甘肃省人大常委会副主任朱志良，学会理事长、中国林业科学研究院副院长刘世荣，学会副理事长、兰州大学教授王刚，学会副理事长、中国科学院生态环境研究中心副主任欧阳志云，甘南藏族自治州委副书记柳鹏、副州长王勇等出席了开幕式。来自我国31个省、自治市、直辖区（包括香港特别行政区），以及美国、德国的200余位专家、学者参加了本次论坛。

本次论坛以“推动绿色长征、发展生态旅游、倡导低碳经济、建设生态文明”为主题，通过汇聚国内外众多知名学者和专家在区域生态文明建设和区域生态型产业发展方面的思想和方法，探讨如何在甘南州发展生态旅游，倡导低碳经济，弘扬生态文明，将甘南州建设成为我国生态文明建设示范区之一。

开幕式上，李文华院士和蒋有绪院士分别作了题为《用科学发展观指导生态文明建设》和《甘南生态文明建设和生态旅游的几点建议》的大会主题报告，中国社会科学院民族学与人类学研究所研究员孙宏开和中国科学院生态环境研究中心研究员欧阳志云作了题为《西北地区文化生态多样性的保护、传承和利用》和《生态系统服务功能与生态保护》的大会主题报告。

论坛主要围绕生态旅游与生态文明、低碳农业与生态文明、景观生态与生态文明等当前生态文明建设的热点问题展开讨论，部分专家还就《甘南藏族自治州的生态文明建设规划》、《白龙江水利风景区规划》等项目报告进行了咨询与评审。

中国环境科学学会

2010年，学会举办了2010年学术年会、淮河流域综合治理与开发科技论坛、2010年促进中部崛起专家论坛、第五届绿色财富论坛等学术活动50余次，累计参会人员8200余人，交流论文4400余篇。

学会分支机构积极开展学术交流活动。6月25～27日，由环境法分会主办的中国环境科学学会环境法学分会2010年会在上海市召开。年会主题为“环境法的解释与适用”，分为“环境法解释之基础理论”、“环境法解释与侵权责任法”、“环境法解释与环境司法”、“环境法解释与环境执法”4个议题，就当今我国环境法学理论界、实务操作中的热点、难点问题进行深入研讨，范围涉及环境法的法律术语、基本原则以及环境法的本质、理念领域的问题，最近颁布的《侵权责任法》关于环境侵权的构成要件，以及环境刑法犯罪、环境公益诉讼、环境行政处罚、环境监管等问题。来自全国各地各大院校、各环保机构、律师事务所等环境法学专家、学者、律师、环境执法、司法人员100余人出席本届年会，年会论文集收入论文53篇。

10月15～18日，中国大气环境科学与技术大会暨中国环境科学学会大气环境分会2010年学术年会在上海市举行。大会就大气气溶胶科学、大气复合污染（灰霾、酸雨、光化学烟雾）、污染气象与大气污染过程、空气质量模拟与预报预警、大气污染与人体健康、大气污染与气候变化、大气环境管理与政策、大气污染控制技术、大气综合观测与遥感技术、大气监测新技术与仪器研制10个主题进行了研讨。从事大气环境科学研究工作的院士、专家、学者等393名参加会议，110余位大气环境科学领域的研究人员在大会作口头报告。

11月12～16日，中国环境科学学会水环境分会在江西省南昌市召开2010中国水环境污染控制与生态修复高级研讨会，旨在交流水专项“十一五”成果，探讨“十二五”流域治理的理念、思路和技术设想。同时，针对鄱阳湖、洞庭湖等轻度污染湖泊的水污染和生态保护等问题，以水体污染防治、湿地生态保护、水资源利用等为主要内容进行研讨。会议设立了湖泊富营养化控制、大型通江湖泊与轻污染湖泊的水污染防治等10个专题，90余位专家发表交流了各自的最新研究成果和湖泊治理的经验、理念。600余位专家、学者参会，会议接收论文300

余篇，并结集出版。

积极开展咨询服务工作，完成了环保部、中国科协委托的《工业挥发性有机物控制对策研究》5 项课题，完成了环保部下达的《关于加快建立我国环境技术验证制度的建议》、《关于加快环境损害鉴定评估制度建设的建议》和《关于开展挥发性有机物综合污染防治工作的指导意见》、《石化制造（涂装）行业工业 VOC 污染控制指导意见》、《汽车制造（涂装）行业工业 VOC 污染控制指导意见》等 5 个给国家政府部门的建议稿，向中国科协提交《关于环境污染损害赔偿问题引发社会危机的对策建议》、《农村生活污水污染问题亟待解决》两个建议稿。同时承担了《水泥工业最佳可行技术指南》、《味精工业废水治理工程技术规范》、《染料工业废水治理工程技术规范》、《制药工业（发酵类）废水治理工程技术规范》和《火电厂烟气治理设施运行管理技术规范》等 5 项标准的编制工作，其中 4 项初稿已编制完成。

推进环境污染损害评估的研究与实践。进行了环保公益行业科研专项《环境污染损害鉴定评估技术规范研究》、《环评中的健康影响评价准则及化学污染因子健康影响评价方法研究》，以及环保部委托的《环境污染致健康损害案例年度趋势、特征分析报告》、中国科协委托的《环境污染损害鉴定评估管理体系研究》5 个相关课题研究。接受公安局、政府、法院及个人委托，着手开展 5 个环境污染损害案例的鉴定评估工作。

学会组织了 13 个省（直辖市）的 30 所高校大学生志愿者，携带 6 种近万余套画册和 10 万本宣传册参加千乡万村环保科普公益活动。6 月，学会与云南省环境科学学会和云南省科协在云南滇池流域联合举办了“让滇池休养生息，还高原明珠风采”系列科普活动。作为国家科技周的一项活动，通过科普报告、讨论会、展板展示、发放宣传品和宣传演出等方式进行环滇宣传。9 月 18 日，在中国科学院奥运科技园区全国科普日北京主会场热点聚焦板块，学会与环保部机动车排污监控中心合作开展了汽车与温室效应科普活动，共向公众发放宣传册 3000 余册。学会编辑制作了《农村环境与农民健康》（挂图、宣传册）、《农村环保科普知识》（挂图、宣传册）和《化肥使用环境安全技术导则》（挂图、宣传册）。其中，《农村环保科普知识》和《农村环境与农民健康》挂图各印刷 2000 册，印刷宣传册各 5 万册，通过大学生志愿者带到全国 12 个省（直辖市）的部分农村。

学会积极为会员提供信息服务。学会网站主页进行了改版，年内发布各类新闻 500 多条，制作宣传专题 5 个，上传各类图片资料 3000 多张，加快了信息更新速度，为会员提供及时便捷的信息服务。进一步完善会员数字化管理平台建设，年内发展了 500 余名新会员进入该系统。

举办了以颁奖、交流、联谊为主要内容且形式新颖的第三届中国环境科学学会会员日活动。

2010 年学会开展了第八届“优秀环境科技工作者奖”、“优秀学会工作者奖”、第七届“青年科技奖”评选工作。评选出“优秀环境科技工作者奖”128 名，“优秀学会工作者奖”37 名，“青年科技奖”76 人。学会推荐的中国科学院西双版纳热带植物园研究员陈进、中国环境科学研究院研究员柴发合、清华大学研究员汪诚文、北京师范大学教授崔保山获中国科协“全国优秀科技工作者”荣誉称号，其中陈进获“十佳全国优秀科技工作者”荣誉称号。

学会荣获科技部、中宣部、中国科协授予的“全国科普工作先进集体”荣誉称号。

【2010 年学术年会】

5 月 5 ~ 7 日，2010 年中国环境科学学会学术年会在上海市举办。主要内容包括 3 个大型学术交流活动：以“十二五”环境保护规划咨询建议为主题的中国环境科学学会第六届理事会第四次全体扩大会议，以“发展绿色清洁技术，促进节能减排”为主题的 2010 年学术年会报告会和专题研讨会，以适应低碳社会的环境与经济为主题的全球华人科学家环境论坛。年会期间，还举办了 2010 中国国际环保、废弃物及资源利用展览会。

本次学术年会组织与会专家、学者为国家环境保护“十二五”规划、低碳减排等工作大政方针的确定提供前瞻性的决策咨询意见和建议。此次会议共有 967 篇论文被收录，并由中国环境科学出版社正式出版发行，会议到会人员近 2000 人。

【首届传统文化与生态文明国际研讨会】

10 月 16 日，由学会主办的首届传统文化与生态文明国际研讨会在北京举行。700 余位国内外学者与会。会议围绕传统文化与生态文明进行研讨交流，并探讨如何吸取易学中的生态智慧。同期举办了第二十二届国际易学大会北京年会，16 位专家、学者作主旨报告，会议共收到学术论文近 500 篇。分会场围绕“生态文明、传统文化与可持续发展”、“易学、易理与生态环境保护”以及“易学、易理的应用与实践”3 个主题进行交流。

【第五届绿色财富论坛】

6 月 26 ~ 27 日，由环保部、中国科协、中国工程院支持，学会主办的第五届绿色财富（中国）论坛在北京召开。本届论坛以绿色经济与产业发展转型为主题，围绕绿色经济和低碳产业发展战略、政策措施和成果转化以及投融资、人才支撑等议题展开研讨、对话与交流。全国政协人口资源环境委员会副主任、学会理事长王玉庆致开幕词，环境保护部副部长吴晓青、中国科协书记处书记冯长根在大会致辞，全国人大环资委、中国社会科学院、国防大学、财政部、国家发改委、科技部、环保部、工信部等相关部门领导，及联合国环境署官员的主题报告前瞻性强，受到与会代表的广泛欢迎。10余家国内知名企业及投资机构，专家学者、行业组织代表、地方经济开发区代表近240人出席了论坛开幕式。

【2010年度环境保护科学技术奖】

组织评选2010年度环境保护科学技术奖。经过评委会审议，产生40项2010年度环境保护科学技术奖获奖项目，其中，环境保护部卫星环境应用中心等单位完成的《环境一号小卫星星座及应用关键技术研究》、北京大学等单位完成的《北京及周边大气污染形成机制、区域联控及奥运空气质量保障研究》、中国环境科学研究院等单位完成的《洱海富营养化综合防治成套技术》、环境保护部环境规划院等单位完成的《国家中长期环境经济综合模拟系统研究》4个项目获得一等奖。由中国环境科学研究院等单位完成的《极端嗜盐菌在三聚氯氰废水净化回用工程上的应用》等16个项目获得二等奖。由哈尔滨工业大学完成的《高寒地区生活污水处理工艺及回用技术研究与示范工程》等20个项目获得三等奖。

中国自然资源学会

2010年，学会与各专业委员会举办了中国自然资源学会2010年学术年会、自然资源科学发展前沿高端学术研讨会、第八届中国水论坛等一系列学术会议。

7月11～13日，由资源持续利用与减灾专业委员会参与主办的水文土壤学与地球关键带前沿研究及应用国际学术研讨会在北京举办。此次研讨会不仅推动了水文土壤学在中国的发展，也为今后该学科的国内外交流与发展提供了新的合作平台，给与会学者深入认识和解决当前生态、环境、农业、地质和自然资源领域内的重要科学问题提供了新的视角和理念。

7月17～20日，由学会天然药物资源专业委员会主办的2010海峡两岸暨CSNR全国第九届天然药物资源学术研讨会在广东省广州市、化州市召开。研讨会的中心主题为中药及天然药物资源的科学利用与可持续发展。

9月19日，自然资源科学发展前沿高端学术研讨会在北京召开。会议主题是“探索自然资源科学发展，加强国家资源安全保障”，旨在对自然资源科学的学科领域前沿和重大问题展开深入研讨，推进我国自然资源科学与地理学、生态学、环境科学等相关学科进一步交叉融合。70余名专家、学者及研究生参加了会议。全国政协人口资源环境委员会主任张维庆、北京师范大学副校长史培军、学会名誉理事长石玉林院士分别作了大会特邀报告。

12月15日，学会在京举办第三届会员日活动。80余名会员、志愿者和研究生参加了此次活动。学会秘书长沈镭介绍了学会开展会员服务、志愿者工作及资源学科建设有关情况，特邀学会所属的《自然资源学报》、《资源科学》、《应用基础与工程科学学报》、*Journal of Resources and Ecology*（《资源与生态学报》）交流学术期刊的办刊宗旨、关注重点以及投稿要注意的问题等，会员、志愿者进行了工作交流。

学会分支机构“旅游资源专业委员会”的申报得到中国科协的批准，已报民政部办理备案手续。

学会办事机构改革工作取得实效。重点探索专职人员与志愿者相结合的办事机构建设模式，在上海师范大学、西南大学等地建立了两个志愿者工作站，招募了近200名科技志愿者，并颁发了证书，逐步建立了专兼职人员相结合的工作模式。

学会副理事长陈曦获“十佳全国优秀科技工作者提名奖”、陈亚宁、夏军获“全国优秀科技工作者”荣誉称号。

学会和中国科学院地理资源研究所、中国生态学会联合主办，创办了*Journal of Resources and Ecology*（《资源与生态学报》）英文季刊。

《自然资源学报》再获“百种中国杰出学术期刊”称号，这是该期刊连续7年获得这一殊荣。根据最新出版的中国期刊引证报告（CJCR2010扩展版）的检索结果，《自然资源学报》的影响因子2.147，被引频次3971，在环境科学技术类期刊中均列前5，综合评分在全国期刊中排列前50名。

《资源科学》在CNKI系统19种资源科学类期刊中的综合影响因子位列第二，在经济计划与管理47种期刊中位列第一。

【2010年学术年会】

10月22～23日，中国自然资源学会2010年学术年会在重庆市召开，来自全国80多个科研院所、大专院校和企业的400多名专家、学者参加了年会。年会主题为“谋划西部加快发展，推动资源科学创新”，设立了土地综合整治与新农村建设，水资源与环境保护，山地资源循环利用与低碳经济，资源高效综合利用与减灾，农业资源利用，生物多样性与生态建设，山地休闲、旅游与可持续发展、地理信息与公共卫生安全，统筹城乡与区域协调发展9个专题分会场以及资源学院院长论坛、资源环境科技期刊论坛和第五届资源科学研究生论坛。年会期间，表彰了28名青年优秀论文奖获得者，成立了西南大学“中国自然资源学会志愿者工作站”，举办授牌仪式，并向64名志愿者颁发了证书。

【第八届中国水论坛】

8月2~3日，由学会水资源专业委员会等单位主办，黑龙江大学承办的第八届中国水论坛在黑龙江省哈尔滨市召开。107所高校、科研机构及相关企事业单位的300多人与会，18位专家作了大会特邀报告，102位专家作分会场学术报告。

本届中国水论坛主题为“农业、生态水安全及寒区水科学”，设立6个分论坛，从农业水安全、生态水安全、寒区水科学、地下水科学与工程、界河/国际河流研究、社会经济水循环6个分视角，立足东北寒区老工业基地、商品粮基地和资源能源基地的典型水问题，面向“人类活动/气候变化条件下的水安全和水支撑”这一大论题，展开多学科、多角度的深入研讨。为了让更多的青年学者能在会上作学术报告，会议专门开辟了“青年学者短报告专场”。“中国水论坛2010年度十佳优秀青年论文奖”获得者获得奖励。

【2010全国山区土地资源开发利用与人地协调发展学术研讨会】

7月22~23日，由学会土地资源研究专业委员会主办，云南财经大学国土资源与持续发展研究所承办的2010全国山区土地资源开发利用与人地协调发展学术研讨会在云南省昆明市召开，150余人参加研讨会，大会交流论文175篇。

学会名誉理事长、中国工程院院士石玉林等16位专家作了大会特邀报告。大会还设立土地评价规划与土地生态、城乡土地持续利用两个分会场，共有26位专家、学者作了分会场学术报告。与会学者围绕落实科学发展观和生态文明建设新形势下，我国山区土地资源开发利用与人地协调发展的热点、焦点和关键问题，展开了广泛的交流和讨论。为了激励土地资源青年科技人才，本次大会设立了“全国土地资源研究优秀论文奖”，20篇论文获一等奖，30篇论文获二等奖。出版了论文集《中国山区土地资源开发利用与人地协调发展研究》。

中国感光学会

2010年，中国感光学会共开展国内学术交流5次，400余名专家、学者参加，出版会议论文集2本，收录会议论文60余篇。举办国际学术交流3次，200余名国外专家、350余名国内专家参加，出版会议论文集2本，收录会议论文300余篇。

2010年召开多次理事长联合办公会议（常务理事会），集体决策，民主办会。5月召开了中国感光学会第八次全国会员代表大会，来自70多个单位的150多位代表参加会议。

学会继续开展继续教育活动。在数字影像处理与分析、光学检验与特种照相技术和辐射固化技术方面共组织举办了4次继续教育培训班，累计参加培训的科技工作者达350余人。

学会共组织了3次科普活动。5月举办公众科学日活动、9月参加全国科普日活动，11月举办了首届全国中小学生数码影像作品大赛科普活动，累计受众2万多人。

学会推荐的刘书强（天津美迪亚影像材料有限公司）荣获“全国优秀科技工作者”荣誉称号。

【第31届国际影像科学大会】

5月12~15日，学会和国际影像科学委员会在北京国家会议中心共同主办第31届国际影像科学大会。会议共收到论文摘要289篇，论文全文240篇，出版了论文集。110名境外专家、学者，241名境内专家学者出席会议。

大会组委会委员、学会副理事长晏磊主持了开幕式。中方大会主席蒲嘉陵、国际影像科学委员会主席Gary House分别致开幕词。随后，美国施乐公司副总裁Stephen Hoover，日本富士公司副总裁及高级官员Shinpei Ikenoue等分别就数字印刷、数字成像、硬拷贝技术、喷墨技术、紫外光固化和移动成像等主题作大会报告。

大会同时进行了分会场的分组报告。5个分会场分别以数字影像和相关技术、色彩科学与技术/评估方法、数字和按需印刷/出版技术和系统、新型影像和相关功能材料以及数字影像和相关功能材料为主题。会议还按3个专题进行了展报环节的研讨与交流，112篇展报文章充分展示了影像领域的新进展和新成果。

【第八次全国会员代表大会】

5月16日，在北京举行了中国感光学会第八次全国会员代表大会。来自全国各地70多个单位近150名代表出席了会议。

第七届理事会秘书长赵震声主持开幕式，宣布并请通过代表大会主席团名单。中国科学院理化技术研究所所长张丽萍致开幕词。中国科协书记处书记冯长根出席了换届大会，并代表中国科协发表了讲话。

第七届理事会理事长马礼谦代表第七届理事会向大会作了工作报告。挂靠单位中国科学院理化技术研究所财务处陆文处长向大会作了中国感光学会第七理事会财务报告。第七届理事会副理事长蒲嘉陵作了关于修改学会章程的报告。大会期间，全体与会代表对工作报告、财务报告、《中国感光学会章程》草案、修改章程的说明、《中国感光学会工作条例》、《中国感光学会会员管理条例》、《中国感光学会专业委员会、工作委员会和期刊编委会管理条例》、《中国感光学会学术委员会工作条例》、《中国感光学会青年优秀科技论文奖条例》等文件进行了讨论。大会通过与会会员无记名投票，选举了88名理事组成第八届理事会。

召开第八届一次全体理事会议，无记名投票选举产生了30名第八届常务理事；无记名投票选举产生了理事长、副理事长和秘书长；讨论并决定了常务副秘书长、副秘书长、分支机构主要负责人的聘任。蒲嘉陵当选为理事长，张丽萍当选为常务副理事长，马礼谦、杨万泰、杨斌、邱勇、晏磊、薛唯当选为副理事长，赵震声当选为秘书长。

【参加2010年全国科普日活动】

9月18～19日，学会参加了由中国科协主办的2010年全国科普日活动。今年全国科普日北京主场活动的主题为“坚持科学发展、走近低碳生活”。学会组织了科普工作者和科技专家6人，参加了此次科普活动，以展板、讲解、有奖竞答等形式向公众普及科学知识。学会常务副秘书长牛桂萍、科普工作委员会副主任金养智等到现场参加了活动。

结合此次科普日的主题，学会展出了“绿色建材与居住安全”和“光固化技术在生活中的应用”两个主题的8块展板。这些内容与公众生活密切相关，紧扣“节约能源资源、保护生态环境、保障安全健康”的主题，引起很多关注。在科普日活动中，学会根据本次科普日的活动主题以及学会展板内容设计了有奖竞答问卷。由于有奖竞答问卷涉及的内容贴近生活吸引了不同年龄段、不同层次的社会公众，特别是青少年前来参与。

此次科普活动，学会向社会公众发放科普问卷300多份，回收300多份，问卷答案正确率达到80%；发放奖品350份，赠送CNKI数字图书馆全文数据库检索阅读卡100张，赠送学会刊物《影像技术》50份。

中国优选法统筹法与经济数学研究会

2010年，中国优选法统筹法与经济数学研究会召开了第八届会员代表大会，完成了理事会的换届工作。研究会举办大型纪念华罗庚教授诞辰100周年系列活动，继承发扬华罗庚勇于创新献身科学的精神。

开展11项国内学术交流活动，参加学术交流人数1314人，交流论文781篇。举办4项国际学术交流活动，其中一项为国际组织系列学术会议，参加国际交流人数570人，其中境外人数77人，交流论文392篇，境外人员论文60篇。

在人才推荐方面，由研究会推荐的徐伟宣、刘祥官获得“全国优秀科技工作者”称号。

全年共举办科普讲座15次。在科普日期间举办两次科普活动，受众人数1270人，发放科普资料650册；举办全国性的青少年数学类科技竞赛3次，参赛人数达到1847456人次。组织青少年参加国际竞赛1次，8名参赛选手全部获奖。举办青少年数学冬令营2次，参加人数600人。

举办11期项目管理专业培训班，全年共有2345位项目管理界骨干、在校本科学生和在读项目管理领域工程硕士参加了培训。

研究会主办的《中国管理科学》科技期刊获得2009年度“百种中国杰出学术期刊”称号，在2009年管理学类期刊主要指标的综合评价总分中排名第一。

2010年，研究会对学会的门户网站进行改版，目前网站已成为研究会发布信息的重要平台，其下设分会网站也在不断地增设、充实、完善。

【纪念华罗庚诞辰100周年大型系列活动】

2010年是中国优选法统筹法与经济数学研究会的创始人数学家华罗庚教授诞辰100周年，为更好地传承、弘扬华罗庚勇于创新，热爱祖国献身科学的精神，分析、总结华罗庚教授在数学应用、普及推广优选法、统筹法以及管理科学方面的历程、经验和成果，研究会举办了一系列纪念华罗庚诞辰100周年大型系列活动。

11月6日，由中国优选法统筹法与经济数学研究会、中国科学院科技政策与管理科学研究所共同主办的“华罗庚教授诞辰100周年纪念大会”在北京举行。研究会第七届理事长、中国科学院科技政策与管理科学研究所原所长徐伟宣主持会议，民盟中央副主席、全国人大常委、全国人大法律委员会副主任委员李重庵教授，中国科学院党组副书记、全国人大常委方新，中国科学院科技政策与管理科学研究所所长穆荣平，中国科学院科技政策与管理科学研究所党委书记、副所长张京芳、副所长王毅，研究会原理事长陈德泉教授，研究会原理事长计雷研究员，和华罗庚教授生前好友、亲属出席会议。近400位来自社会各界的代表参加了纪念大会。

作为纪念系列活动之一的纪念华罗庚教授诞辰100周年追思会于11月7日在北京举行，来自全国各地的近70位曾经跟随华罗庚教授推广应用优选法统筹法的专家、学者，华罗庚教授的学生参加了会议，与会人员回忆普及推广“双法”历程，表示要继承发扬华罗庚勇于创新献身科学的精神，为国家科技发展做贡献。

研究会在整理核对大量历史资料的基础上，编纂完成《华罗庚推广优选法统筹法历程大事年表》和《华罗庚推广优选法统筹法路线示意图》，并收录在《贴近人民的数学家——华罗庚诞辰100周年纪念文集》中。该书收录了40多篇当年曾经跟随华罗庚教授推广应用优选法统筹法的助手、学生、科技工作者的回忆文章，从不同视角反映了华罗庚教授为祖国为科学勇于献身的事迹，11月5日由科学出版社出版发行。11月12日，在全国政协召开的华罗庚诞辰100周年纪念大会上，由研究会出版的《贴近人民的数学家——华罗庚诞辰100周年纪念文集》发送给每一位与会代表。

11月8～10日，为纪念华罗庚教授诞辰100周年，第十五届华罗庚金杯少年数学邀请赛在华老的家乡江苏省金坛市举行，本届大赛从初赛到总决赛共有近100万人参赛。

【第十二届中国管理科学学术年会】

11月6～8日，为纪念华罗庚教授诞辰100周年，以“华罗庚与管理科学”为主题的第十二届中国管理科学年会在北京举行，本届年会由中国优选法统筹法与经济数学研究会、中国科学院科技政策与管理科学研究所、《中国管理科学》编辑部共同主办，300余人参加会议。会议共收到学术论文360多篇，经专家审核后124篇论文刊登于《中国管理科学》杂志2010年专辑上。

本届年会设6个分会场，围绕管理科学与工程、金融市场与工程、供应链与资源管理、企业经济管理、统筹与优化、投资管理与经济发展6个专题进行学术研讨。

【第八届会员代表大会】

11月7日，中国优选法统筹法与经济数学研究会第八次全国会员代表大会召开。会议应到代表225人，实到代表179人，符合法定人数。第七届理事会秘书长魏一鸣主持了本次会议。

会议听取了第七届理事会理事长徐伟宣做的中国优选法统筹法与经济数学研究会第七届理事会工作报告，常务副秘书长傅继良做的中国优选法统筹法与经济数学研究会第七届理事会财务工作报告，副理事长王柱做的关于修改学会章程的说明报告。大会讨论并通过了以上3个报告，并形成报告决议在大会上进行了宣读。

会议对第八届理事会的换届人选进行了投票。根据中国科学技术协会的规定和中国优选法统筹法与经济数学研究会章程，大会通过民主程序，等额投票选举出149名理事组成第八届理事会。选举出52名常务理事组成常务理事会。选举蔡晨为理事长，并选出陈剑 、池宏 、范英 、黄海军 、梁樑、刘思峰、刘祥官、高自友、魏一鸣、徐玖平、张金隆11位副理事长，副理事长池宏兼任秘书长，组成新一届领导班子。

中国岩石力学与工程学会

2010年，学会举办了第十一次全国岩石力学与工程学术大会、岩爆监测预报与控制学术研讨会、第三届全国水工岩石力学学术会议等国内学术交流。

学会组织专家、学者参加了10月24～27日在印度新德里举行的第六届亚洲岩石力学大会暨国际岩石力学学会2010年年会。8月25～27日，学会承办的第五届国际岩石应力学术研讨会（ISRSV）在北京召开，研讨会的主题是“岩石应力与地震”，会议围绕地应力测量技术与理论、地应力测量在工程中的应用、岩石圈应力应变场及其动力过程模拟等内容进行了交流，会议收录论文143篇。1月29日，学会北美分会第四届学术研讨会在美国洛杉矶举行，研讨会围绕交通与水利工程中的岩土技术问题展开讨论。11月17～18日，学会承办的第六届国际地下物流会议（ISUFT2010）在上海市举行，与会者认为，地下物流作为世界范围内一个新兴的研究领域，将为解决世界范围内存在的城市空间资源紧张、城市交通与环境的改善等问题提供新思路与更加有效的途径，进一步推动城市可持续发展，建设资源节约型、环境友好型城市。

学会在承接政府职能转移过程中，主动争取科技咨询、成果认定、教育培训、技术规范、规程制定、科技人才的评价等政府职能转移和委托。学会开展了一系列高水平的成果鉴定会，即：西南地区水电工程复杂高陡边坡稳定性控制技术成果鉴定，锦屏辅助洞深埋长隧道工程关键技术研究及应用成果鉴定，秦岭终南山深埋特长公路隧道2号竖井下洞群建造关键技术成果鉴定和陆地声纳法技术和仪器设备研究及应用成果鉴定。

【第十一次全国岩石力学与工程学术大会】

10月19～21日，第十一次全国岩石力学与工程学术大会在湖北省武汉市召开。会议由中国岩石力学与工程学会主办、中国科学院武汉岩土力学研究所与岩土力学与工程国家重点实验室承办。来自不同行业与部门的600余名专家、学者参加了会议。大会还特邀来自美国、澳大利亚、瑞典、日本、加拿大、捷克、韩国等国家的知名岩石力学专家出席本次会议。

会议主题是岩石力学与工程的创新和实践。本次大会学术交流采用大会特邀报告与专题研讨会相结合的形式，对我国近年来岩石力学与工程创新成就进行回顾与总结。周维垣教授以《岩体工程结构的稳定性》为题，学会理事长、中国工程院院士钱七虎以《中国岩石工程技术的新进展》为题，中国工程院院士葛修润以《抗滑稳定分析新方法—矢量和分析法（VSM）基本原理及其应用》为题，中国工程院院士王梦恕以《实践发展中的岩土工程》为题，中国工程院院士周丰骏以《洪水波冰凌泥石流灾害防治》为题，中国工程院院士谢和平以《岩石变形破坏的能量分析》为题作特邀报告，反映了近年来岩石力学的理论与技术创新成就，突出体现了我国重大岩石工程成功实践，并通过汶川大地震、舟曲泥石流现场勘查与研究结果展示了我国岩石力学与工程界面临的严峻任务与挑战。

【岩爆监测预报与控制学术研讨会】

11月12～14日，由中国岩石力学与工程学会和二滩水电开发有限公司共同主办、大连理工大学与锦屏工程管理局联合承办的岩爆监测预报与控制学术研讨会在四川省西昌市召开。88名代表出席了本次会议，会议共收到论文21篇。本次会议旨在探讨岩爆监测、预报方法和控制技术，共同应对在深埋地下工程中日益增长的岩爆等岩石动力灾害，为工程和施工安全提供技术保障。

大会邀请了国内知名专家作了特邀报告。钱七虎院士和周小平教授以《地下洞室连续围岩岩爆定量预测》为题，二滩水电开发有限责任公司副总经理吴世勇以《锦屏隧道围岩力学性质实验研究》为题，锦屏建设管理局局长王继敏以《锦屏二级隧道施工中的岩爆及对策》为题，北京矿业大学何满朝教授以《岩爆实验及其岩爆控制对策研究》为题，中国科学院武汉岩土所冯夏庭教授以《岩爆风险估计、动态调控及智能方法》为题，大连理工大学唐春安教授以《岩爆及其微震监测预警》为题作大会报告。报告结合实际工程，反映了目前岩土工程与岩爆的最新研究动态与发展现状，提出了建设性意见。

【第三届全国水工岩石力学学术会议】

8月29日，中国岩石力学与工程学会主办、同济大学承办的第三届全国水工岩石力学学术会议在上海市召开。379位专家、学者参加了会议。会议主题为和谐地球上的水工岩石力学。

中国工程院院士钱七虎、郑颖人、顾金才、葛修润等分别作了特邀报告。14位学者作了大会报告，60位学者作了专题报告。报告紧密围绕水工岩石力学基础理论、试验方法、高坝坝基稳定、高边坡稳定与治理、超大规模地下洞室群和深埋水工长隧洞的设计和安全控制等会议议题展开。会议收到学术论文417篇，论文内容涉及大坝岩基、天然岩坡和工程边坡，以及各类水工隧道和地下厂房，大断面洞室等方面。

中国野生动物保护协会

2010年，协会以“繁荣生态文化，建设生态文明”为主线，加大科普宣传工作的力度，坚持开展爱鸟周、保护野生动物宣传月等品牌活动，普及野生动物保护知识，努力提高全民科学文化素质和生态保护意识。成功组织了以大熊猫为代表的珍稀野生动物国际交流活动。继续围绕《绿野寻踪》节目开展未成年人科普教育工作。不断壮大会员队伍，吸引更多的社会力量投身生态保护事业，目前全国会员已达32万余人。

协会与台湾中华农业交流协会、台湾中华诗书画家协会共同在台北动物园举办了海峡两岸团圆和谐生态文化展。

2月2日，协会开展会员日活动，张抗抗、邓友梅、舒乙、赵大年等首都数十位文化界名人联手提出“反对滥食野生动物，拒绝进入滥做野味饭店消费”的倡议。

2010年“斯巴鲁生态保护之旅”分别走访了吉林省珲春东北虎国家级自然保护区和新疆维吾尔自治区卡拉麦里有蹄类国家级自然保护区，以寻找人与自然的和谐家园为主题，拍摄人与自然和谐家园的纪实性纪录片。“2010年斯巴鲁生态保护奖”评选更加关注基层的生态保护者，评选出70个斯巴鲁生态保护奖先进个人。

6月，协会与日本神户王子动物园筹备并签署了大熊猫延期协议。7月，与日本东京上野动物园签署了大熊猫合作研究协议，来自卧龙的一对大熊猫“比力”和“仙女”将赴日参加十年合作研究。9月，我国在美合作的大熊猫“苏琳”和“珍珍”顺利返回中国雅安碧峰峡基地。11月，协会联合卧龙大熊猫保护研究中心举办“海归大熊猫乐园”的落成典礼，展现我国大熊猫国际合作的风采以及卧龙2010年繁殖成果。12月，在奥地利举办了大熊猫幼子命名仪式和中泰大熊猫项目回顾等重要外事活动。

协会利用地铁站客流量巨大的优势，举办野生动物图片展等活动，加大了野生动物保护宣传力度。制作了《熊猫宝宝成长日记》纪录片，在地铁视频中播放，介绍中国保护大熊猫的研究工作，讲述人类对于野生动物的关爱，展示我国野生动物保护成果。

协会开展中国鸟（兽）类之乡的评审、命名授牌工作，分别授予贵州省绥阳县中国布谷鸟之乡、湖北省襄樊市中国红嘴相思鸟之乡、河南省三门峡市中国大天鹅之乡、浙江省泰顺县中国黄腹角雉之乡、浙江省舟山市中国獐之乡。到2010年底，协会已在全国命名了46个“中国鸟（兽、爬行）类之乡”。其中“中国鸟类之乡”35个，“中国兽类、爬行类之乡”11个。

【创新开展2010年全国“爱鸟周”系列活动】

4月3日，协会在湖北省襄樊市举办2010年全国暨湖北省“爱鸟周”启动仪式。全国政协副主席罗富和莅临启动仪式，来自全国15个省野生动植物保护协会秘书长及襄樊市中小学生代表、行业代表等千余人参加了启动仪式。仪式上举行了授牌、表彰、文艺演出、生态讲座、生态书画展等各项活动。

举办首届“网络爱鸟周”活动，实现“爱鸟周”活动创新发展，“网上观鸟”、“爱鸟百句箴言”征集、爱鸟护鸟倡议支持、野鸟摄影作品鉴赏等活动陆续开展。

积极推广科学观鸟，引领爱鸟护鸟新风尚。5月10日，协会与河北省野生动物保护协会、秦皇岛市政府在河北省北戴河市联合主办了2010年中国·北戴河国际观鸟比赛颁奖及鸟类摄影大展启动仪式，共有11支国外观鸟队和20支国内观鸟队参加了观鸟比赛。

2010年“爱鸟周”期间，31个省、自治区、直辖市相继开展了各具特色的观鸟活动、野鸟摄影、书画展览、征文活动、文艺演出、知识竞猜等爱鸟活动。

【组织“2010中国爱虎行动”系列活动】

2010年1月起，协会相继组织开展了北京文化名人拒绝使用虎制品签名、万人爱虎倡议、虎年画虎演拍会，并在北京、上海、广州、长春等城市举办了爱虎书法、绘画、摄影展，在地铁五号线举办“走进虎的世界”摄影展等虎文化展示活动。

7月29日，协会召开“7.29全球老虎日、保护老虎·我们在行动”新闻发布会。

协会积极开展网络“虎生态文化寻踪”活动，在搜狐网开辟公益网页和专栏，通过老虎知识闯关、爱虎楹联征集、虎精美图片欣赏、寻找我身边的虎文化，以及为保护老虎所开展的活动的报道等，增加人们对虎知识的了解。

8月，协会组织20名志愿者开展了“走近虎的生活家园志愿者行动”。邀请了珲春东北虎保护区专家介绍东北虎现状和各项拯救措施的情况，现场察看密林深处被东北虎捕杀的马匹骨骸，走进与虎关系非常密切的当地居民区，科学考察了东北虎的活动踪迹，亲身感受了林业生态建设和保护东北虎的重大意义。

中国系统工程学会

2010年，学会召开了第八届全国会员代表大会，选举产生了第八届理事会。

学会举办了2010年中国农业系统工程学术年会、过程系统工程（PSE）学术交流会等一系列国内学术会议。7月29日~8月2日，学会在山东省威海市召开了2010年中国农业系统工程学术年会，会议主题为农业系统工程的创新与发展。2010年3月，学会草业系统工程专业委员会和中国人力资源开发研究会培训中心在海南省海口市联合举办“学习科学发展观，实践邓小平、钱学森倡导大农业草产业理论与核心技术，促进农牧林草产业全面发展”研讨会，讨论了关于草原退化、草原管理机制等问题，并就中国草原管理提出了相关建议。

10月26~28日，受国际系统研究联合会（IFSR）委托，学会在四川省成都市承办了国际系统与控制科学院首届院士大会。学会组团参加7月25~29日在韩国首尔召开的国际系统动力学学会第28届年会。

2010年学会期刊《系统工程理论与实践》继续获得中国科协精品工程支持，并与中国知网签订了独家战略合作协议。学会期刊《系统工程学报》在国内的影响力逐年提高，先后被选为全国中文核心期刊，国家自然科学基金委管理科学部认定的管理科学A级重要期刊，并被英国科学文摘SA/INSPEC、德国数学文摘、美国数学评论等国外检索机构检索。学会主办、清华大学现代管理研究中心承办的英文刊 *Journal of Systems Science and Systems Engineering* 被SCI、EI、INSPEC等国外知名检索机构和中国知网、万方数据等国内知名检索机构收录。

【第八届全国会员代表大会】

10月13~16日，中国系统工程学会第八届全国会员代表大会暨第十六届学术年会——纪念中国系统工程学会成立三十周年活动在四川省成都市举行，来自全国高等院校、科研院所的210余人参加会议。

大会选举产生了学会第八届理事会，汪寿阳研究员当选为第八届理事会理事长，高小山、王先甲、陈剑、孙宏才、张维、徐玖平、许晓鸣、张纪峰、李一军、高自友、黄海军、杨新民、朱桂龙当选为学会副理事长，薛新伟当选为学会秘书长。

中国系统工程学会第十六届学术年会以经济全球化与系统工程为主题，特邀于景元教授、李一军教授、杨伟教授等做大会报告，共计收到会议论文130多篇，安排6场大会报告、5个分组交流会场。

6位专家分别作了题为《探究复杂金融系统：计算试验及其面临的挑战》、《大型准备研发的系统综合集成模式》、《中国教育改革——基于系统工程视角的分析》、《大成智慧——钱学森的系统科学成就与贡献》、《完井管柱受力分析集成理论与方法》和《2010年基金评审工作介绍及相关分析》的大会报告。

【中国学者当选国际系统与控制科学院首批院士】

4月7日，国际系统研究联合会（IFSR）在奥地利首都维也纳成立了国际系统与控制科学院（The International Academy of Systems and Cybernetic Sciences）。学会第四、第五届理事长、国际系统研究联合会原主席顾基发研究员，第七届学会理事长陈光亚研究员，第八届学会理事长汪寿阳研究员和第八届学会副理事长徐玖平教授当选为国际系统与控制科学院的首批院士。

中国实验动物学会

2010年，学会多次组织开展和承办学术交流活动。9月18～20日，在新疆维吾尔自治区乌鲁木齐市召开第九届中国实验动物科学年会，约370人参加会议，收集交流论文122篇。9月18日，与中国工程院联合举办了第104场工程科技论坛——宠物与人类健康，190多名专家参会。学会组织参加了5月11～19日在日本京都召开的第57届日本实验动物学会年会，6月9～18日在芬兰赫尔辛基召开的第11届欧洲实验动物科学联合会暨第40届北欧实验动物学会联合大会、10月10～14日在美国亚特兰大市召开美国实验动物学术年会、11月9～11日在中国台北举办第四届亚洲实验动物学会联合会大会等国际会议。承办第十一次中国科协论坛——新发再发传染病与实验动物模型。

举办继续教育培训，培养实验动物人才。1月26～29日，在北京举办了实验动物常见疾病的诊断及处置办法培训班。5月31日～6月5日，在湖北省武汉市举办感染性疾病动物模型与标准化应用培训班。8月24～27日，在江苏省苏州市举办了实验动物福利与动物实验替代培训班，根据国家实验动物许可管理制度要求，实验动物从业人员必须经过培训、考核，持证上岗。学会2010年间在京举办了7期上岗培训，为北京各单位的332名从业人员颁发了上岗证书，为117名在校学生办理了上岗证书，为21人换发了新证。

学会主办的学术期刊《中国实验动物学报》和《中国比较医学杂志》均增加了“专家论坛”等新栏目，刊载论文的数量和质量都有了提高，影响因子逐步上升。《中国实验动物学报》总被引频次为416次，影响因子0.631，基金论文比0.632，引用期刊数为197。《中国比较医学杂志》总被引频次为640次，影响因子0.616，基金论文比0.56，引用期刊数为294。各项指标均不同程度的提高。

根据学科发展和学会工作需要，2010年4月学会常务理事会批准成立实验小型猪专业委员会和媒介实验动物专业委员会。

学会完成首次中国实验动物学会科学技术奖评选表彰活动，评出一等奖1个、二等奖4个和三等奖11个。由学会组织专家评选推荐，我国青年科技工作者赵小阳博士的题为《利用诱导性多能干细胞（iPS细胞）成功获得具有繁殖能力的活体小鼠“Tiny”》的论文获得了日本实验动物学会颁发的“2010年日本实验动物学会国际奖”。刘江宁博士的手足口病模型及疫苗的相关研究在第四届亚洲实验动物学会联盟大会上获AFLAS青年奖。

学会开展国家标准制定和有关建设工作。依托全国实验动物标准化技术委员会，年度内组织专家编写、申报了13项国家标准，其中《实验动物大小鼠引种供种规范》和《实验动物鱼类环境与质量控制标准》已经获得批准。为促进动物模型标准制定，统一规范动物模型的制作、保种和使用，向国家标准委员会申报成立动物模型分技术委员会。

1月31日～2月3日，学会组织了标委会委员以及各省（市）实验动物标准化主管单位、各省（市）实验动物检测站和各主要实验动物单位负责人共80余人，在广东省清远市召开了实验动物标准化体系建设研讨会暨全国实验动物标准委员会工作会议，探讨我国实验动物标准体系的建立和发展。

学会针对行业发展中亟待解决的问题建言献策，向科技部提交了《关于推进实验动物标准化规模化发展和人才队伍建设的建议》和《关于委托学会开展全国实验动物专业技术人员等级培训工作的请示》。向中国科协提交了《加快我国实验动物科学发展迫在眉睫（产业论坛的科技工作者建议书）》、《新发再发传染病与实验动物模型论坛备忘录》。

中国青藏高原研究会

2010年是中国青藏高原研究会成立20周年。11月22日，研究会在北京举行了中国青藏高原研究会成立20周年纪念暨学术论坛，100余位专家学者参会。

2010年，学会注重组织、制度和机构建设和实力发展。按照民政部和中国科协的要求，对专业委员会和专门工作委员会进行了调整和优化，充实办事机构工作人员，建立了杰出人才资料库。

学会多次举办学术会议，为科技工作者提供服务。4月6~7日，学会组织召开的青藏高原环境变化及其对全球变化的响应与适应对策项目学术年会在北京举行，80余名特邀专家和科研人员参加了会议。与会专家就青藏高原现代地貌与环境格局的形成机制、青藏高原过去环境变化的时空特征、青藏高原冰冻圈变化与能量水分循环过程、青藏高原环境变化的机制、青藏高原生态系统对环境变化的响应、青藏高原环境变化影响的适应对策研究等方面的研究进行了工作汇报和学术成果讨论，并落实了相关咨询报告的主题内容和主要撰稿人。

7月16日，学会理事长姚檀栋、副秘书长丁林组织的第三极环境（TPE）国际计划中亚、南亚科学考察报告及研讨会在北京举行，70余位专家学者参会。丁林研究员、田立德研究员、余武生副研究员分别就《第三极环境（TPE）国际计划——塔吉克斯坦气候环境科学考察》、《第三极环境（TPE）》及《国际计划——尼泊尔气候环境科学考察》的背景、进展和取得的初步成果进行了汇报。

7月19~21日，学会气候与环境变化专业委员会组织的第二届青藏高原和高海拔地区能量与水循环国际研讨会在西藏自治区拉萨市举行，来自12个国家的150余名专家学者出席研讨会。会议围绕青藏高原观测系统、卫星反演与数据同化、陆面水热过程、地气相互作用的物理和动力过程，以及气候变化对冰冻圈和生态的影响等5个方面展开学术研讨，进行了49个口头报告，设22块展板。

学会积极开展科技咨询活动。3月20~21日，针对气候变化引起的水资源短缺等问题，学会组织召开我国水问题研究咨询工作会议，50余位专家学者参会。

5~8月，学会依托“973”项目“青藏高原环境变化及其对全球变化的响应与适应对策”的研究成果，组织完成了《青藏高原冰川—湖泊变化对全球变化的响应以及人类适应对策分析》、《南亚黑碳排放加速青藏高原冰川融化》、《青藏高原高寒草地生态系统对气候变暖的响应与适应对策》、《西藏生态安全屏障功能评估和生态系统机制研究》4个咨询报告，并分别呈送西藏自治区人民政府和相关国家部委。

7月20日，学会组织召开黄河黑山峡段开发问题咨询项目研讨会，20余位专家学者参会。

9月，学会组织专家对青藏高原研究中存在的基础数据等瓶颈问题进行研讨，并向科技部提交了《第二次青藏高原综合科学考察研究》专项建议。

学会重视科学传播与人才表彰，宣传科研成果。5~8月，学会组织编辑由学会理事、中国科学院成都山地灾害与环境研究所研究员崔鹏主编的山地减灾科普宣传挂图1套，并在西藏自治区发放200余张。

5月15日，学会在中国科学院地理科学与资源研究所进行了图版、图书展示，宣传中国青藏高原研究的成就。

8月，学会的西藏自治区农牧科学院畜牧兽医研究所研究员姬秋梅荣获“第七届中国青年女科学家奖”。

9月，学会推荐的中国科学院寒区旱区环境与工程研究所研究员王宁练获“全国优秀科技工作者”称号。

【研究会成立20周年纪念暨学术论坛】

2010年11月22日，中国青藏高原研究会成立20周年纪念暨学术论坛在北京举行。中国科学院院士孙鸿烈、郑度、张新时、肖序常、李廷栋、吴国雄、滕吉文、钟大赉、刘嘉麒、姚檀栋，中国工程院院士郑绵平，以及中国科协、中国科学院、国家自然科学基金委等单位领导和100多名专家学者参加了会议。

姚檀栋理事长在《中国青藏高原研究和研究会：回顾与展望》的主旨发言中，对中国青藏高原研究发展的历史、现状和未来进行了总结和阐述，高度评价了20年来研究会为中国的青藏高原研究事业的发展所起的巨大推动作用。

名誉理事长孙鸿烈院士指出，中国青藏高原研究会作为一个强调创新意识、立足实地探索、提倡集体协作、结合区域发展、具有国际视野的科研共同体，必将继续创造青藏高原科学研究事业新的辉煌。

中国科学院资源环境科学与技术局副局长冯仁国、国家自然科学基金委员会地球科学部副主任宋长青表示，中国科学院和国家自然科学基金委员会将在未来给予青藏高原研究以更多的支持。中国地理学会秘书长张国友代表兄弟学会向大会表示热烈祝贺。

论坛期间，侯增谦、郭正堂、王宁练、刘纪远、崔鹏、赵新全、朱立平、张凡分别作《青藏高原碰撞造山与成矿作用》、《青藏高原隆升的环境效应——从地质记录看数值模拟的“新挑战”》、《青藏高原近代气候环境变化时空特征》、《三江源自然保护区生态建设工程的监测与评估——初步生态成效与面临的挑战》、《近年山地灾害活动特点与减灾对策》、《青藏高原高寒草地固碳功能及其适应性管理》、《青藏高原地表过程与环境变化观测研究平台建设》和《“第三极环境”计划》学术报告。

开幕式上，举行了第七届青藏高原青年科技奖颁奖仪式。

中国环境诱变剂学会

2010年，学会大力开展学术交流活动，普及科技知识。收集会议论文723篇，参会人数1097人次。

7月，学会致突变专业委员会在上海市举行第4届学术会议。学会风险评价专业委员会在青海省西宁市召开第11届学术年会暨低碳环境与遗传损害研讨会。8月，学会在北京举办致畸、致癌、致突变高级学术沙龙。10月，学会膳食与疾病专业委员会在北京召开膳食与健康学术研讨会。11月，学会风险评价专业委员会在福建省福州市举办第十二届中国科协年会第20分会场“环境危害与人类健康防护研讨会”。

2010年，学会利用各专业委员会的专业特点，开展科普活动、举办论坛、科普讲座、专家咨询、发放科普挂图、宣传册等活动，受众人数约4000余人。

4月和8月，抗诱变剂和抗癌剂专业委员会分别在黑龙江中医药大学举办以“食品安全”为主题的科普讲座、在哈尔滨医科大学公共卫生学院举办以“植物化学物的生物学作用”为主题的科普讲座。4月，致癌专业委员会举办了“预防肿瘤从我做起”的科普展览。膳食与疾病专业委员会举办2010北京营养知识宣传日，走向街头向群众分发宣传资料，进行问卷调查，开展咨询活动。6月，出生缺陷防治专业委员会在北京大学医学部举办了以“降低出生缺陷”为主题的科普讲座。9月，致畸专业委员会在北京军事医学科学院举办以“环境毒物致畸”为主题的科普讲座。

4月，学会召开第五届第六次常务理事会，11月召开第五届第七次常务理事会、第五届第四次理事会。会议对学会工作、组织承办第十二届中国科协年会20分会场、2012年组织承办亚洲环境诱变剂联合会第三次学术会议、2012年学会换届等事宜进行磋商。

学会主办的《癌变·畸变·突变》杂志，为中国科技核心期刊。2010年，发行7000册，收录本刊的数据库有14种。据中国学术期刊综合引证年度报告：总被引频次411，影响因子0.358，5年影响因子0.378，他引总引比0.92，基金论文比0.62。

中国运筹学会

2010年是中国运筹学会成立三十周年。10月16日，学会在北京举办了庆祝中国运筹学会成立三十周年大会暨2010年学术年会。

2010年，中国运筹学会各分会举办了中国企业运筹学第五届学术年会、图论与组合算法国际研讨会等一系列国内、国际学术交流活动。

5月21～25日，中国运筹学会数学规划分会在上海市举办了第八届全国数学规划学术会议暨数学规划分会代表大会，300余位专家学者参加会议。按照学会章程选举产生了新一届分会理事会。修乃华当选为新一任理事长，戴彧虹、李端、孙小玲、邢文训、张国川当选为副理事长，徐大川当选为秘书长。原理事长方伟武增加为资深理事。

按照IFORS的改选程序，由中国运筹学会推荐，章祥荪名誉理事长代表亚太运筹学会联合会APORS，出任2010～2012届IFORS副主席。在印度召开的APORS2009国际会议期间，经亚太运筹学会联合会理事会选举，学会理事长袁亚湘担任2010～2012届APORS主席。经过积极申办，APORS理事会决定，亚太地区三年一届的APORS2012大会将在中国西安举办。

为了团结和联合计算系统生物学的专业人士以及促进运筹学与生物学的深入交叉，一些在该领域非常活跃的会员申请在中国运筹学会下成立“计算系统生物学分会”。计算系统生物学作为一门新兴的交叉学科，涉及数学、系统科学、计算科学、物理和生物学等多个学科。越来越多的研究人员从各自学科背景出发加入了这个快速发展的领域。这个交叉学科众多的生物建模、数据处理、数据集成等实际问题都和运筹学有着密切关系，而且已经有很多的运筹学和最优化背景的科研人员利用线性规划、非线性规划、组合优化、图论、动态规划、马氏链等运筹学方法与工具对若干重要问题进行了研究。

2010年，学会各分会举办了一系列国内国际学术交流活动。

5月8～9日，排序专业委员会第七届理事会第二次(扩大)会议在河南省郑州市召开。会议讨论了2011年数学规划分会、排序分会和排队论分会学术交流会共同召开学术会议，编写《排序与调度论》丛书等有关事宜。

5月15日，教育工作委员会、天津运筹学会和天津工业大学联合主办，天津工业大学管理学院、工商学院和理学院共同承办的全国运筹学精品课程建设与题库案例交流研讨会在天津市举行，来自国内几十所高校的100余名专家学者参加会议。兰州交通大学教授李引珍、北京理工大学教授韩伯棠、江西财经大学教授刘满凤、山东大学副教授戎晓霞、东北电力大学教授张杰、天津大学教授杜纲分别作了《管理运筹学国家级精品课程建设》、《学以致用，知行合一》、《锐意创新，打造精品》、《找准定位，明确目标，突出特色，注重实效》、《运筹学课程平台与课程系列的整体优化》等运筹学精品课程建设经验介绍报告。

7月10~11日，由图论组合专业委员会与中国科学院数学与系统科学研究院图论组合网络研究中心共同举办的第三届图论与组合算法国际研讨会在北京举行。100余位专家学者参加会议，学会秘书长胡晓东担任会议组织委员会主席，中国科学院数学与系统科学研究院图论组合网络研究中心海外主任李皓担任程序委员会主任。

7月27~29日，由企业运筹学分会主办、东北电力大学理学院承办、国内一些知名企业协办的中国企业运筹学第五届学术年会在吉林省吉林市召开。全国30多所高校、科研单位和一些知名企业的60余位专家、学者和企业家参加大会。会议出版了《企业运筹学》论文集。

8月1~5日，由不确定系统分会主办、西安财经学院和西安石油大学承办的第八届中国不确定系统年会暨第十二届中国青年信息与管理学者大会在陕西省西安市召开。来自全国50余所高校和科研单位的100多位专家、学者参加会议。会议特邀21个大会报告和35个小组报告，出版论文集。年会入选文章进入中国期刊网和中国重要学术会议数据库。

8月16~20日，由对策论专业委员会主办、西北工业大学承办的第四届中国对策论及其应用国际学术会议暨首届中国－荷兰对策论国际研讨会在陕西省西安市召开，来自国内各高校、科研院所的研究人员以及荷兰、日本等国外科研机构的60余位专家、学者参加会议。本次会议同时作为中国运筹学会对策论专业委员会的换届年会。在充分征求意见和广泛推荐的基础上选举产生了中国运筹学会对策论专业委员会第二届理事会。

9月24~26日，模糊信息与工程分会第五届学术年会在辽宁省葫芦岛市召开。来自国内50余所高等院校和科研机构100余位专家学者出席会议。会议收到中英文论文368余篇，中文论文录用80篇，英文论文录用89篇。录用英文论文被收入到Springer出版、ISTP收录的会议论文集 *Advance in Intelligent and Soft Computing* 的 *Fuzzy Information and Engineering* 第1卷，会后选取部分录用优秀英文论文发表在国际杂志，选取部分录用优秀中文论文发表在辽宁工程技术大学学报《自然科学》版2010年第5期上。

【庆祝中国运筹学会成立三十周年暨2010年学术年会】

10月16日，庆祝中国运筹学会成立三十周年暨2010年学术年会在北京举行。来自全国各地的300多名专家学者出席庆祝活动。

中国科协书记处书记冯长根、中国科学院数学与系统科学研究院院长郭雷院士、中国数学会理事长马志明院士、国际运筹学会联合会副主席章祥荪、中国科学院应用数学研究所所长巩馥洲、中国运筹学会前任理事长越民义和徐光辉、国家自然科学基金委员会和中国科学院数理学部的领导，运筹学界前辈、老教授、老专家，亚太地区运筹学会联盟（APORS）成员日本、韩国、新西兰、新加坡、马来西亚等国运筹学会的理事长或代表应邀参加会议。国际运筹学会第19届大会学术委员会主席、香港中文大学梁美儿教授，台湾作业研究学会（运筹学会）理事长林进财教授应邀参加庆祝大会暨学术年会。

2010年，适逢中国运筹学会第一届理事长、中国科协副主席、我国著名数学家华罗庚先生诞辰100周年。学会和中国科协调研宣传部联合设计、印制了纪念华罗庚先生诞辰100周年邮折。

冯长根、郭雷、马志明分别代表中国科协、中国科学院数学与系统科学研究院、中国数学会致辞，对中国的运筹学科发展和运筹学会三十年来取得的进步给予了充分的肯定和赞扬，特别对华罗庚等老一辈数学家和运筹学家对学会的创建和发展做出的杰出贡献给予了高度评价。中国科学院应用数学与信息科学研究中心主任杨德庄回忆了华罗庚对我国数学和应用数学学科发展的思考以及一些重要的思想和观念。

会上，颁发了中国运筹学会科学技术奖、应用奖和青年科技奖。香港理工大学数学系祁力群教授荣获第二届中国运筹学会科学技术奖一等奖。期间，召开了国际运筹学组织发展报告会、亚太地区运筹学会联盟（APORS）理事会。

为庆祝中国运筹学会成立三十周年，学会编印了纪念集。纪念集汇集了学会三十年来珍贵的图片资料和文字资料，并邀请著名学者撰写纪念文章。

中国菌物学会

2010年，中国菌物学会发展会员68名，国际会员1名，成立了菌物产业专业委员会。

学会召开2010年中国菌物学会学术年会、首届曲霉与曲霉病新进展高峰论坛、第九届食用菌学术研讨会及首届中国蕈菌与健康高峰论坛等，加强学术交流，促进学科发展。

学会举办科普活动及科普讲座17次，受众人数约2500人次。受中国科协继续教育项目资助，学会与北京自然博物馆，上海科技馆联合举办中小学生真菌系列科普讲座5次，科技人员5人参加，受众人数约300人。举办菌物世界科普展览“真菌与人类”部分，科技人员12

人次参加，受众人数258人次。

7月15～18日，举办侵袭性真菌病实验室诊断培训班，培训学员30名。培训班设11场讲座，并从丝状菌鉴定、酵母菌鉴定药敏、组织病理学等三方面进行示教演示。

8月29日～9月2日，学会举办菌物多样性与系统进化讲习班，来自国内26个院校和科研单位的66名学员参加。讲习班邀请德国、加拿大、日本、瑞典以及国内在真菌分类、系统发育、生物地理学、群体遗传学及菌根学研究等领域的著名专家做学术报告。

9月9～14日，学会举办黄山医学真菌培训班，针对有关医学真菌学病原、诊断、临床表现及治疗等方面，对来自全国的80多名学员进行培训，编写了培训教材。

10月24～26日，学会举办真菌次生代谢产物制备与鉴定培训班，来自国内31个院校和科研单位的58名学员参加理论学习和实验演示。讲习班邀请国内真菌次生代谢产物方面的4位专家做学术报告。通过在中国科学院真菌地衣系统学重点实验室的实验操作演示，使各位学员在菌株的发酵与代谢产物粗提物样品的制备、化学与初步活性指纹的建立、放大菌株的选择、发酵及样品制备、代谢产物粗提物的分离、纯化、纯化合物的结构解析及活性评价等方面有了直观的接触认识。

2010年，重建学会网站，分中英文版，并实现在线会议注册、会员注册、杂志订阅、论文摘要提交等网络数据管理。学会会员信息全部实现建立电子信息数据库管理。

学会与TAYLOR & FRANCIS GROUP出版社合作创刊的菌物学国际杂志*Mycology-an international journal on fungal biology*分别于2010年3月、6月、9月出版3期。

经吉林省科协推荐，学会理事长李玉院士获“十佳全国优秀科技工作者提名奖”。经学会推荐，学会常务副理事长刘杏忠获中国科协“全国优秀科技工作者”称号。中国菌物学会授予张树庭教授“终身成就奖”。

【2010年中国菌物学会学术年会】

2010年8月14～17日，2010年中国菌物学会学术年会在湖南省张家界市召开，来自全国各地300余名专家学者参加会议，收集论文196篇。

年会邀请了4位专家，就菌物化学、菌物遗传及分子生物学、食用菌研究等领域作大会特邀报告。设置院士论坛，李玉院士、庄文颖院士、廖万清院士应邀结合自身成长经历，与参会学者就科研经历、研究规范、人生际遇、学海苦乐等方面进行深入探讨。

大会设4个分会场及3个专题讨论会，共安排108个报告。年会特别设立菌物产业专题讨论组，并成立了中国菌物学会菌物产业专业委员会，选举了专业委员会主任、副主任及主要成员。

年会设置学生组，45名同学分为3个专业组参与报告评选，共评出中国菌物学会2010年菌物杯青年科技创新奖3名，中国菌物学会2010年度研究生优秀论文奖3名。年会设菌物摄影展，共有100幅摄影作品参展，经摄影展评委会评选出菌物摄影展一等奖1名，二等奖2名，三等奖4名。

【首届曲霉与曲霉病新进展高峰论坛】

2010年7月15～18日，首届曲霉与曲霉病新进展高峰论坛在四川省成都市召开。220余位专家学者参加会议，交流论文36篇。

中国工程院院士廖万清，著名皮肤病学专家、医学真菌学专家吴绍熙，北京大学第一医院皮肤性病科主任李若瑜，四川大学华西医学院皮肤科博士生导师冉玉平，中国医学科学院皮肤病研究所真菌病研究室主任刘维达，中国科学院微生物研究所研究员张立新、金城，以及来自法国、美国、日本等国曲霉领域的专家学者应邀参加论坛。

【第九届食用菌学术研讨会】

2010年10月14～18日，第九届食用菌学术研讨会在上海市召开。来自全国食用菌各个科研单位、高等院校、企业等单位近500余位专家学者参加会议。

中国食用菌界泰斗张树庭先生、美国菌种保藏中心钟顺昌教授、上海市农业科学院研究员谭琦、中国科学院微生物所研究员郭良栋和姚一健5位专家做了大会主题发言，89位专家学者作分会场报告。会议交流论文139篇。

中国晶体学会

2010年，中国晶体学会着力开展国内外学术交流活动。3月3～6日，由中国晶体学会生物大分子专业委员会、中国生物物理学会分子生物物理专业委员会、中国电子显微学会冷冻电镜分会联合主办，中国晶体学会承办的第三届中国结构生物学学术讨论会在海南省三亚市召开。来自全国36个单位的66个结构生物学领域研究组的220余位专家学者参加会议。

5月21～23日，由中国药理学会、中国晶体学会与中国医学科学院药物研究所国家药物及代谢产物分析研究中心联合举办的第二届中国晶型药物研发技术学术研讨会在北京举行。来自全国大中型制药企业、高校与科研机构的近100位药物研究专家学者参加研讨会。

中国晶体学会四届三次常务理事会会议于6月17日在北京召开，会议通过成立中国晶体学会药物晶体学专业委员会。

国际晶体学联合会主席Sine Larsen教授于11月5~8日应邀访问北京。S. Larsen教授在北京大学化学院做了中国晶体学会科普系列讲座第四讲："晶体学的未来"。S. Larsen教授参观了北京大学化学学院及结构生物学实验室，并与中国晶体学会理事长林建华就如何加强中国晶体学界与国际同行的交流进行了交谈。S. Larsen教授表示，要积极推动和组织中国晶体学者参加2011年8月在西班牙马德里召开的国际晶体学联合会（IUCr）2011年年会。他与联合国教科文组织（UNESCO）一起推动2012~2013成为国际晶体学年，并希望中国晶体学工作者积极参与此活动。

2010年，学会承担了中国科协创新发展基础建设项目和晶体学学科发展报告（2009—2010）项目。《晶体学学科发展报告》（2009—2010）于2010年4月正式出版。

中国神经科学学会

2010年，中国神经科学学会积极推动国内外学术交流，承办了第八次中国科协论坛——脑的高级认知功能，举办了第六届海内外华人神经科学家研讨会、2010国际突触传递及可塑性学术研讨会。专业分会举办了首届脑成像与神经科学技术会议、第七届全国帕金森病及运动障碍学术会议等10余次学术交流会议。

2月27日，学会四届四次常务理事会议在河南省郑州市举行。会议讨论了2011年第九届全国学术会议的事宜，审核2010年度赛诺菲－安万特中国神经科学优秀学者候选人资格，讨论增设神经创伤与修复分会、张香桐基金会委托学会评奖等有关事宜。四届四次理事会议于11月27日在江苏省南通市举行，会议讨论了2011年学会换届事宜并成立了换届领导小组，确定了换届原则。

针对社会进入老龄化，影响老年人生活质量的常见病、多发病，神经病学基础与临床分会每年在4月11日和9月21日分别举行世界帕金森病日、世界阿尔茨海默病日活动。

5月15~16日，2010国际突触传递及可塑性学术研讨会（ISSTP）在江苏省杭州市举行，来自中国大陆、香港特别行政区及美国、加拿大、韩国等国家的150位科学家出席。进行了28个大会报告，涉及突触传递及可塑性研究的各个领域。

2010年10月，学会与张香桐基金会签署《张香桐基金会委托中国神经科学学会管理基金的进一步募集、评奖和颁奖的协议》。

学会加强继续教育工作。3月，神经外科基础与临床分会在陕西省西安市召开颅脑损伤学习班，700余名神经外科学专家学者参加培训。4月，举办微创神经外科和脊髓脊柱疾病研讨班，500余名医师参加。12月，计算神经科学和神经工程分会与西安交通大学联合举办计算神经科学冬季短期班，采用教授授课、讲座与学员讨论、研究报告相结合的形式进行培训。

【首届脑成像与神经科学技术会议】

4月23~25日，首届脑成像与神经科学技术会议在重庆市召开，400余位专家学者参加会议。

Seiji Ogawa教授等3位国际著名学者应邀做大会报告，26名国内学者做了多模态技术、疾病影像学、动物影像与电生理方法、分子细胞技术与应用和认知成像等5场专题报告。

【第八次中国科协论坛——脑的高级认知功能】

8月3~4日，学会承办了第八次中国科协论坛——脑的高级认知功能。中国科学院上海生命科学研究院神经科学研究所郭爱克院士担任本次论坛首席科学家，南昌大学李葆明教授担任执行主席。28位国内外专家学者应邀参加论坛。

论坛对脑高级认知功能的一些重要且在我国已经开展研究的议题进行了深入研讨，为专家之间的合作搭建了交流平台。

论坛着重研讨了神经系统疾病与脑的高级功能以及基于灵长类动物的脑高级功能的研究，促进了国内脑功能研究信息的交叉融合。

【第六届海内外华人神经科学家研讨会】

8月4~10日，由中国神经科学学会、中国生理学会主办，南昌大学承办的第六届海内外华人神经科学家研讨会在江西省南昌市举行。来自美国、加拿大及中国的235位神经科学家及学生出席研讨会，提交论文摘要54篇，墙报展示53篇。

研讨会立足于神经科学的最新进展，并突出基础与临床的结合，在神经发育、学习记忆及突触可塑性、神经性疾病、神经再生和干细胞、感觉系统、离子通道、神经计算、药物成瘾及精神疾病等领域展开探讨。

中国机械工程学会

由中国机械工程学会、河南省科协和洛阳市人民政府共同举办的2010年中国机械工程学会年会11月7~9日在河南省洛阳市召开，年会的主题是"发展战略性新兴产业，推动区域经济发展”。全国人大常委会副委员长、中国科学院院长、中国机械工程学会理事长路甬祥出席会议。

11月29日至12月4日，中国机械工程学会工业设计分会、广东省深圳市文体旅游局和宝安区人民政府联合主办的第三届中国（深圳）国际工业设计节在广东省深圳市举行，为期一周的工业设计节以“绿色设计助推低碳经济发展”为主题，举办了第四届中国国际工业设计高峰论坛暨第十五届全国工业设计学术年会、第七届“三诺杯”中国精英设计大赛颁奖典礼、全国工业设计产业创新联盟年会等一系列设计行业的交流与展示活动。中国工程院常务副院长、中国机械工程学会副理事长兼工业设计分会主任委员潘云鹤院士等国内外工业设计界专家发表演讲，来自新加坡、日本、韩国、美国、意大利以及中国香港、大陆地区的600多位工业设计界学者参加了相关活动。期间全国工业设计产业创新联盟正式发布了《中国工业设计宣言》。

3月26日，中国机械工程学会与内蒙古第一机械制造（集团）有限公司共建的“院士专家工作站”正式揭牌成立。同时，学会组织院士专家在内蒙古第一机械制造（集团）有限公司举办了“走进车间”之焊接技术专题研讨系列讲座报告，参会人员达1000多人次。

学会在为江苏省大丰市编制《抛丸机产业集聚区发展战略规划》的基础上，帮助其建立专家工作站，以进一步推动和支持产业发展。3月29日，江苏大丰抛丸机产业园专家服务工作站揭牌仪式在青岛江苏大丰抛丸机及相关产业专题推介会上举行。

9月13日，辽宁省第四届学术年会在辽宁省阜新市召开。学会作为主办单位与辽宁省科协共同主办了此次会议。阜新市是典型的资源枯竭型城市，中国科协把阜新市列为资源枯竭型城市依靠科技实现经济转型与振兴试点市。学会邀请并组织了铸造分会、流体传动与控制分会的多位专家参加会议并作了技术报告，并与参加专题论坛的其他业内专家和企业科技人员进行了技术交流。年会期间，学会秘书长张彦敏与阜新市市长潘利国签定了中国机械工程学会与阜新市政府的合作协议。

5月18～19日，由中国机械工程学会、宁夏回族自治区经济和信息化委员会和宁夏回族自治区银川市人民政府主办的再制造工程高层论坛在宁夏回族自治区银川市举行，约550余人参加了论坛。学会与宁夏回族自治区银川市人民政府达成协议，由学会帮助银川市编制再制造产业发展规划。

5月27～30日，第十五届北京·埃森焊接与切割展览会在北京举行，展览面积90000多平方米，比第十四届多2000平方米，来自30个国家和地区的973家厂商参展，比上一届多100多家，吸引了来自84个国家和地区的4万多人次参观。全国人大常委会副委员长、中国机械工程学会理事长路甬祥会见了各主办方及国际合作伙伴并参观了展览会。展会还同期举办了2010IFWT信息化焊接国际论坛、2010中国焊接产业论坛、2010年国际/欧洲焊接标准发展及新趋势报告会、焊接生产制造企业国际认证体系推广交流会、焊接培训与国际认证研讨会、2010北京国际焊接技能对抗赛、焊缝检测新技术应用专题论坛和多场技术讲座。

按照中国科协把学会建成国家科技思想库建设的要求和2010年学会理事长办公会议精神，学会于5月完成了中国机械工程学会咨询业务发展实施计划。

6月，首部《中国机械工程学会年鉴》编撰完成。内容包括学会活动剪影、重要文件、学会工作会议、理事长讲话、学科发展报告、主要工作、省区市机械工程学会活动、大事记和附录9个部分。截至2010年底，《中国机械史》全部书稿已基本完成，由中国科学技术出版社出版。《中国机械史》涵盖了从新石器时代晚期机械萌芽至公元2009年现代机械工业迅猛发展这一时期的全部内容。全套书约800万字，含《图鉴卷》、《通史卷》、《技术卷》和《行业卷》等，分卷（册）出版。此项目已获得2010年度国家出版基金资助。12月，学会编制完成第一期《学会要报》，刊载内容为《我国再制造产业面临的主要问题及对策建议》，已呈报国家发展与改革委员会、科学技术部、工业和信息化部、中国科学院、中国工程院、中国科协等有关机构。

11月9日，教育部高教司正式发函《关于公布全国工程教育专业认证专家委员会机械类专业认证分委员会人员名单及工作办法的通知》（教高司函［2010］264号），批准全国工程教育专业认证专家委员会机械类专业认证分委员会成立秘书处，秘书处挂靠在中国机械工程学会。秘书处由中国机械工程学会和机械类专业认证分委员会分别委派专、兼职工作人员组成，中国机械工程学会常务副理事长、机械类专业认证分委员会副主任宋天虎任秘书长。

2010年6月，再制造分会在山东省济南市正式成立。

【中国机械工程学会“深入基层、服务企业”活动】

2010年，中国机械工程学会大力推进“深入基层、服务企业”活动向纵深发展，活动的重点是促进以企业为主体、以市场为导向、产学研相结合的技术创新体系建设。中国创新论坛之走进地方和走进车间系列活动在

2010年继续深入开展，分别在内蒙古自治区包头市、山东省济南市、辽宁省沈阳市、黑龙江省齐齐哈尔市、吉林省长春市、四川省德阳市等地持续开展。

6月19~21日，主题为“科技创新，助推山东装备制造产业升级”的“中国创新论坛”之“走进山东”系列活动在山东省济南市举行。全国人大常委会副委员长、中国科学院院长、中国机械工程学会理事长路甬祥出席并致开幕辞，山东省人大常委会副主任鲍志强，山东省人民政府副省长李兆前等600多名领导、专家学者出席论坛。“中国创新论坛”之“走进山东”系列活动包括主题演讲、再制造学术报告会、2010高档数控机床与制造工艺创新论坛两个分论坛，以及“走进车间”技术研讨会。

9月7日，以“新装备、新工艺、新材料与汽车先进制造技术”为主题的“中国创新论坛”之走进“一汽集团”系列活动在吉林省长春市召开，300名专家、学者出席了各项活动。此次活动除主会场专家报告外，还进行了金属塑性加工、汽车数字化制造、焊接技术、检测与测量4个专业分会场的交流。专家与来自中国第一汽车集团公司的科研、生产人员共同交流产品研发、工艺改进、应用新技术的途径和经验。

【2010年年会】

11月8日，由中国机械工程学会、河南省科学技术协会和河南省洛阳市人民政府共同举办的2010年中国机械工程学会年会在河南省洛阳市开幕，年会的主题是“发展战略性新兴产业，推动区域经济发展”。全国人大常委会副委员长、中国科学院院长、中国机械工程学会理事长路甬祥出席会议，中共河南省委常委、洛阳市委书记毛万春，河南省副省长史济春到会致辞。来自全国各地的专家学者、企业家和政府官员近千人出席会议。

路甬祥在主旨报告大会上，以《绿色、智能制造与战略性新兴产业》为题发表演讲。路甬祥指出，金融危机后的世界将更加致力于科技创新，走绿色、智能、可持续发展之路。绿色、智能制造是制造业的发展方向，也是战略性新兴产业的重要支柱。战略性新兴产业的发展需求将对中国制造业发展提出新的要求、注入新的动力，将促进中国制造业的技术创新、产业结构升级，实现跨越式发展。绿色、智能制造也将为中国产业结构调整、升级和战略性新兴产业的发展提供新的技术和装备，并将促进中国经济发展方式的转变，实现中国经济依靠改革开放、科技创新驱动，走资源节约、环境友好的绿色、智能、可持续发展之路，实现由大到强的新跨越。

路甬祥要求中国机械工程学会，要以科学发展观为指导，按照国家发展战略需求、制造技术与产业发展的大趋势，调整工作重点，积极推进适应绿色、智能制造技术进步和突破的学科交叉与融合，着力推进以企业为主体、以市场为导向、产学研相结合的技术创新体系建设，提升我国制造业的自主创新能力，培育适应绿色、智能制造的创新创业人才，为服务国家创新发展、绿色发展、智能发展、科学发展、和谐发展、持续发展做出新贡献。

工业和信息化部装备工业司副司长李东、国家自然科学基金委员会工程与材料科学部机械学科主任王国彪教授分别以《战略性新兴产业发展及政策》和《机械工程学科基础研究回顾与展望》为题作主旨报告。

中国机械工程学会组织编写的《中国机械史》首发式在年会开幕式上举行，路甬祥和河南省人大常委会常务副主任李柏拴为《中国机械史》揭幕。

【中国机械工程技术路线图编制工作启动】

2010年6月，学会九届四次常务理事（扩大）会议通过了启动编写中国机械工程技术路线图的决议。7月，成立了组织机构（指导委员会、技术委员会和编写委员会），召开了首次编写会议，制定了编写大纲、编写要求，启动了编写工作。9月16日，学会在北京召开《中国机械工程技术路线图》编写工作会议，高金吉、关桥、胡正寰、林尚扬、柳百成、潘健生、谭建荣院士等40余位专家、学者出席会议。与会专家就《中国机械工程技术路线图》编撰工作组织机构及人选、编写原则、编写大纲和编写要求进行了讨论。会议原则通过了《中国机械工程技术路线图》编撰工作组织机构及人选，通过了《中国机械工程技术路线图》编写原则。

11月8日，学会在河南省洛阳市召开《中国机械工程技术路线图》研讨会。全国人大常委会副委员长、中国科学院院长、中国机械工程学会理事长路甬祥，钟掘、任露泉、谭建荣院士以及来自全国各地的机械工程专家、学者等60余人参加会议。路甬祥发表了讲话，各专题负责人汇报了各自编写进展情况，与会专家就《中国机械工程技术路线图》的内容进行了交流，提出许多重要的意见和建议。

中国汽车工程学会

2010年，中国汽车工程学会发展团体会员150家，个人会员300人，增补张进华、苑世剑为理事，增补兰凤崇、赵韩、刘宝波为常务理事，张进华兼任学会组织委员会主任委员和科技奖励工作委员会秘书长。

学会全年共组织各层次学术会议35次，交流论文700余篇，评选出大批优秀论文，上万名科技工作者参加了学会举办的技术交流活动。

2010年，学会分别召开了七届五次常务理事会、2010年全国汽车工程学会秘书长会、2010年学术年会和中国汽车工业科技进步奖设立20周年庆祝大会，主办了中国大学生方程式汽车大赛，并与中国电工技术学会联合举办了第二十五届世界电动车大会暨展览会。

2010年，学会先后组团参加了美国汽车工程学会年会、国际汽车工程师学会联合会（FISITA）年会及理事会。年会上，国际汽车工程师学会联合会理事会决定，国际汽车工程师学会联合会下一届年会将于2012年10月15～19日在北京举行。

10月，由中国汽车工程学会和汽车轻量化技术创新战略联盟联合组织的代表团前往德国和巴西，参加了德国白车身会议，访问了巴西汽车工程学会、巴西矿业公司（CBMM）。

2010年，学会完成了国家发展与改革委员会《中国汽车零部件行业发展状况及产品开发能力研究报告》、科技部“863”课题《节能与新能源汽车技术发展路径研究》、《汽车产业自主创新评价体系建设与创新机制的建立》，中国工程院《中国制造业可持续发展战略研究——汽车制造业可持续发展研究》，科技部“863”课题《小型纯电动汽车技术规范和法规体系研究》等多项研究工作。学会参与了《中国汽车产业节能减排中长期规划》、联合国开发计划署下达的《促进燃料电池公共汽车产业化发展的法规研究》、《燃料电池公共汽车发展与应用政策研究》，工业和信息化部有关新能源汽车中汽车电子部分研究等课题。

学会牵头组建的汽车轻量化技术创新战略联盟以共性关键技术为主线，以五种目标车型轻量化集成应用为平台，通过技术攻关，在轻量化设计技术、轻量化材料技术、轻量化制造技术和共性技术平台建设四个方面做了大量工作。2010年，汽车轻量化技术创新战略联盟纳入国家科学技术部首批36个技术创新试点联盟名单。汽车轻量化技术创新战略联盟组织的《汽车关键轻量化技术开发与整车的集成应用》项目已经被科技部列入国家“十二五”科技支撑计划。

2010年，中国汽车工程学会参与并承担了中国科协委托的《科协专业技术资格认证试点工作暂行办法》、《中国科协专业技术资格认证通用能力要求》和《中国科协专业技术资格认证试点学会管理和工作准则》的制订工作。为进一步推动汽车工程师专业技术资格认证工作，学会于2010年4月召开了工程师认证工作专家座谈会，邀请学会技术教育分会和来自企业的专家探讨汽车工程师专业技术认证工作。学会委托材料分会开展了《汽车用材技术规范》的编制工作，启动编制汽车用结构钢、弹簧钢、非调质钢、高强度钢板、测试方法等5个方面的技术规范共计20余项，该项工作的开展为我国汽车用材的标准化、规范化打下了良好的基础。

2010年，学会完成了《汽车产业发展蓝皮书(2010)》的编写和出版。学会学报《汽车工程》恢复被EI数据库收录，《汽车工程》是我国汽车工程领域唯一进入EI的期刊。科普杂志《汽车之友》完成转企改制工作。

12月，学会在北京举行了2010年度中国汽车工业科技进步奖颁奖大会。本年度共产生45个项目获奖，其中特等奖1项、一等奖2项、二等奖11项、三等奖31项。有5人获得“中国汽车工业优秀科技人才奖”，3人获得“中国汽车工业优秀青年科技人才奖”。

【第25届世界电动车大会暨展览会】

11月5～10日，第25届世界电动车大会在广东省深圳市举行。作为全球顶级学术交流大会，本次会议是聚焦节能、减排、发展新能源汽车的高端合作平台。美国、加拿大、法国、德国、荷兰、瑞士等国家组团出席了大会，中国、美国、欧盟等国家和地区的政府高层和国际组织的高管也出席了展览会。展览会总面积达4.5万平方米，参展的国内外企业近300家。

会议组织了多场学术研讨、技术交流和展览、巡游等活动，研讨活动包括开幕式、城市论坛、可充电式混合动力车研讨会、轻型电动车产业发展论坛、全球节能与新能源汽车技术创新品牌暨市场营销高峰论坛等，会议共征集学术论文800篇。

【2010年会暨中国（长春）国际汽车论坛】

7月18日，2010中国汽车工程学会年会暨中国（长春）国际汽车论坛在吉林省长春市举办。会议为论坛和学术年会两部分，分别以“责任与挑战”与“汽车与可再生能源”为主题，来自政府、学界、国内外知名车企和主流媒体的1300余人出席了会议。

会议得到了世界汽车工程学会联合会（FISITA）的支持。世界汽车工程学会联合会前任主席Huss先生，现任主席Robertson先生和下任主席李骏博士出席了大会。与会专家、学者围绕13个技术热点问题展开了技术交流，内容涉及整车与系统性能开发、发动机、可靠性与汽车评价、工程建设与装备、安全、轻量化、新能源汽车、传动与底盘、智能交通与安全、汽车经济发展研究、企业现代化管理、商用车技术等。

中国汽车工程学会和13家自主品牌核心企业共同发

表了题为《技术创新，合作共赢》的“长春共识”。“长春共识”共提出10条举措，力图在中国汽车产业发展的关键阶段，从根本上解决自主创新中存在的问题，进一步提升企业核心技术开发能力，通过“技术创新，合作共赢”，实现中国汽车工业的由大变强。

青年学者论坛首次亮相年会，为促进青年技术人才更好更快的发展提供了交流的平台。中国汽车工程学会第一家大学生俱乐部也在年会期间成立。

【中国汽车工业科技进步奖设立20周年庆祝大会】

4月24日，中国汽车工程学会和中国汽车工业科学技术进步奖励基金委员会在北京人民大会堂举行了中国汽车工业科学技术奖设奖20周年暨2009年度中国汽车工业科学技术奖颁奖典礼。

20年来，中国汽车工业科技进步奖励基金委员会受理奖项申报近2500项，先后评出“中国汽车工业科学技术进步奖”994项，“中国汽车工业优秀科技人才奖”50人，“中国汽车工业优秀青年科技人才奖”42人，总授奖人数达到6500人，累计颁发奖金总额达1543万元。此外还向国家科学技术进步奖推荐了近90个优秀科技项目，其中29个项目获得了国家级的科学技术进步奖。

与会领导向获得2009年度中国汽车工业科学技术奖的单位和个人颁发了奖励证书，其中，“一汽解放第六代J6重型系列商用车及其重型柴油机自主开发”项目获得特等奖，这是中国汽车工业科学技术奖20年来首次颁发的特等奖。

【首届中国大学生方程式汽车大赛】

中国大学生方程式汽车大赛（FSAE）是一项由高等院校汽车工程或汽车相关专业的在校学生组队参加的汽车设计与制造比赛。11月16~19日，中国汽车工程学会主办的首届中国大学生方程式汽车大赛决赛在上海市举行。清华大学、吉林大学、北京理工大学、同济大学、湖南大学等全国20个院校的20支车队参加了本届比赛。经过成本与制造分析、营销报告、设计、直线加速、8字绕环、高速避障、耐久、燃油经济性8个项目的角逐，北京理工大学、华南理工大学和西华理工大学分别获得冠军、亚军和季军。

中国农业机械学会

2010年9月17日，在上海市举行了第九次全国会员代表大会，300余人出席了大会。大会选举产生了由162人组成的第九届理事会。九届一次理事会议选举产生了由54名理事组成的常务理事会。中国工程院院士、华南农业大学教授罗锡文当选第九届理事会理事长，中国农业机械化科学研究院常务副院长李树君当选第九届理事会秘书长（法人），丁翔文等13人当选第九届理事会副理事长。

2010年3月，学会联合天津市农机与农工学会等单位在天津市举办了第二届全国现代物理农业工程技术发展研讨会，参会人员140余人。6月，为总结“十一五”期间农机化发展情况，分析“十二五”期间农机化发展面临的机遇和挑战，学会农机化分会联合广西壮族自治区农业机械局、柳州市政府主办的2010中国农业机械化论坛在广西壮族自治区柳州市召开。论坛主题为“‘十二五’农业机械化发展战略”，参会专家、学者200余人。8月，学会联合江苏省农机学会等单位在江苏省南京市召开了首届农村废弃物及可再生能源开发利用技术装备发展论坛，参会学者300余人。此次论坛对于促进农业废弃物和可再生能源开发利用技术和设备的交流、探索和提高，发展我国农村循环经济、低碳经济有着积极的意义。

结合各个专业领域的特点和学术交流需要，2010年，学会有关分会分别举办了形式多样、内容丰富的活动。农机维修分会召开了第九次会员代表大会暨第十四次全国农机维修学术会议，拖拉机分会分别举办了拖拉机桥研发能力研讨会、2010拖拉机、农用车、农用发动机行业发展研讨会，农垦农机化分会举办了2010年全国农垦农业机械技术培训班，普及工作委员会联合其他单位举办了第4届《农业机械》全国用户满意品牌颁奖活动。

4月7日，国际农业工程学会会刊（CIGR Ejournal）落户中国。9月，学会联合亚洲农业工程学会等组织共同举办了2010国际农业工程大会和第一专题分会场——亚洲论坛，亚洲农业工程学会学报的编辑和期刊网站建设工作开始在中国开展。

2010年，学会会刊《农业机械学报》收到来稿2400篇，按时出版12期正刊，配合2010国际农业工程大会征集论文出版增刊1期。全年刊出各专业栏目研究论文594篇，论文全部被国际著名检索系统EI Compendex全文收录。会刊《农业机械学报》的各项指标与2009年度相比有所增长。据2010年《中国科技期刊引证报告（核心版）》统计发布的数据，《农业机械学报》总被引频次2331，在农业工程类14种期刊中列第3位，在全部1946种期刊中列第144位，影响因子0.678，在农业工程类14种期刊中列第4位，在全部1946种期刊中列第314位。据2010年《中国学术期刊影响因子年报》统计数据，《农业机械学报》复合总被引6522，复合影响因子1.254，综合总被引3121，综合影响因子0.829，技术研究影响因子0.826，在农业工程类14种核心期刊中位居第二。

2010年，学报编辑部更新并完善期刊网站的功能，新的期刊网上投稿系统正式投入使用。

【2010国际农业工程大会】

9月18~20日，中国农业机械学会联合亚洲农业工程学会（AAAE）等国内外单位举办的2010国际农业工程大会在上海市召开。来自13个国家和地区的农业工程科技领域的专家学者600余人出席了大会。国家标准化管理委员会、科学技术部、农业部的领导分别在开幕式上致辞。9位中外农业工程专家围绕国际农业工程及相关领域的技术发展，在大会上作了主题报告。

大会还举办了11个分会场，其中第1~3分会场为国际分会场，分别为：亚洲论坛、国际农业机械标准研讨会和中美农产品加工论坛，第4~11分会场为国内分会场，研讨题目分别为：《提升装备技术水平，促进农产品、食品和包装加工业发展》、《数字化设计与仿真技术》、《“十二五”低碳农业装备技术创新研究；现代畜牧业装备创新与产业化》、《现代物理农业工程技术研讨》、《发展循环农业，推动低碳经济》、《节水灌溉工程，促进农业可持续发展》和《现代农机新技术应用研讨》。共有近200人次作了口头学术演讲，530余人参加了相关分组学术讨论。学会的11个分科分会，上海市、天津市和内蒙古自治区3个地方的农业机械学会和江苏大学、吉林大学、山东理工大学等理事单位还联合组织了专题分会场的学术交流。

【国际农业工程学会会刊落户中国】

经过中国农业机械学会的积极运作、认真准备，国际农业工程学会会刊（CIGR Ejournal）2010年落户中国，由中国农业机械学会、中国农业工程学会共同承办，编辑部新址办公室设在学会挂靠单位——中国农业机械化科学研究院。国际农业工程学会会刊落户中国，为推动中国农业工程领域科学家参与国际学术交流、更快走向世界搭建了平台和桥梁。该会刊落户中国是学会国际合作的巨大成就，也是该刊物历史上具有里程碑意义的大事。

中国农业工程学会

2010年，中国农业工程学会积极参加第三批学习实践科学发展观活动及创先争优活动，建立了学会党支部。

学会开展农业工程学科发展与战略研究，共组织各类学术会议22次，参加人数3500余人次，交流论文1400余篇，编辑出版论文集3本（册），主办、协办科技展会4个。学会参与主办了北京国际现代农业展览会、第四届中国可再生能源及节能产品技术博览会，协办了2010第五届中国黑龙江·北大荒国际农业机械展览会和第九届中国国际产业用纺织品及非织造布展览会等。《农业工程学报》七届编委会，设施园艺工程、农业系统工程、农业水土工程、蓖麻经济技术分会，田间育种试验机械化、畜牧工程、特种水产工程、电气信息与自动化、农业机械化、农产品加工及贮藏工程等11个分支机构根据自身特色组织召开了15次学术会议。

《农业工程学报》首次进入了中国自然科学类“百种中国杰出学术期刊”。

4月7日，国际农业工程学会（CIGR）正式将《国际农业工程学会会刊（CIGR Ejournal）》从美国移交到中国，会刊承办工作由中国农业机械学会、中国农业工程学会共同承担。中国农业工程学会王应宽博士通过国际农业工程学会招聘，成为期刊主编。该期刊为网络出版物，学会承办的第一期会刊在2010年6月加拿大召开的国际农业工程学会会议期间进行展示和发放，受到国际农业工程学会和参会专家、学者的认可。目前，期刊已出版4期，刊稿70余篇。

9月，经中国科协学会学术部批准，由中国农业工程学会、中国农业机械学会、中国园艺学会、中国作物学会、中国沼气学会、中国农村能源行业协会发起成立的全国农口学（协）会农业产业联盟正式成立。联盟秘书处设在中国农业工程学会。

经学会推荐，浙江大学现代农业装备与自动化研究所所长应义斌获“全国优秀科技工作者”称号，朱明等10名专家入选中国科协决策咨询专家库，200位专家进入中国科协高层次人才信息采集库。

中国农业工程学会农业水土工程、农业系统工程等6个分支机构完成了换届工作。

【中国农业工程学科发展战略高层论坛】

5月7~8日，中国农业工程学科发展战略高层论坛在江苏省镇江市举行。论坛由中国农业工程学会、国务院学位委员会农业工程学科评议组主办，江苏大学承办，主题为“农业工程学科发展2020愿景”。

江苏省副省长曹卫星出席论坛并讲话。他认为，农业工程学科的发展必须把握好以下六个方面的关系，即：传统与现代的交叉、研究与开发兼顾、农机与农艺结合、优势与特色协同、学科与平台联动、交流与合作互补。江苏省教育厅副厅长殷翔文、江苏大学校长袁寿其致欢迎词，中国农业工程学会理事长朱明致开幕词。中国农业工程学会名誉理事长汪懋华院士、李佩成院士，中国农业工程学会常务副理事长罗锡文院士，中国农业工程学会、国务院学科评议组部分成员以及有关高校、科研院所的专家学者和江苏大学部分师生共300余人出席了论坛。开幕式由学会副理事长、江苏大学副校长李萍萍主持。

论坛对农业工程学科“十二五”科技发展规划与中长期发展战略思路、农业工程学科高水平科技创新平台建设与共享机制，以及农业工程学科相关院校共同持续发展的对策等，展开了开放性研讨。

【第九届全国高等院校农业工程相关学科建设与教学改革学术研讨会】

5月31日～6月2日，由国务院学位委员会农业工程学科评议组、中国农业工程学会、中国农业工程学会教育委员会、中国农业机械学会教育委员会和全国高等院校农业工程相关学科校长联谊会联合主办，华中农业大学承办的第九届全国高等院校农业工程相关学科建设与教学改革学术研讨会在湖北省武汉市召开。来自全国近50所高等院校及科研单位的150余名专家学者参加了会议。

中国农业工程学会名誉理事长、中国工程院院士汪懋华，学会理事长朱明，常务副理事长、中国工程院院士罗锡文，常务副理事长傅泽田，副理事长佟金、应义斌、张长利、李天来、李萍萍和崔明等出席了开幕式。会议开幕式由华中农业大学副校长陈兴荣主持。湖北省人民政府副省长郭生练代表湖北省人民政府对研讨会的召开表示热烈祝贺。

罗锡文院士在开幕词中总结了我国农业工程学科在发展现代农业和建设社会主义新农村，在加强现代农业物质支撑和服务体系、加快农业科技创新步伐、加快推进农业机械化现代化等方面取得的成就，同时也指出了目前我国农业工程学科面临的问题和挑战。

汪懋华院士、傅廷栋院士、朱英国院士、李佩程院士、朱明研究员和赵匀教授围绕“凝练研究方向，加强团队建设，促进学科发展，创新培养模式”的会议主题，分别作了题为《把握机遇，创新发展》、《有关学科建设的思考》、《精神、事业与团队》、《再论中国农业水土工程面临的新问题及其历史使命》、《协力提升农业工程科技创新能力　为现代农业建设提供科技人才支撑和装备设施保障》、《现代设计方法在农机研究中的探索》的专场报告。中国农业大学等19所高等院校在大会上介绍了农业工程学科建设与教学改革的经验。

与会专家、学者分为农业机械化工程、农业电气化与自动化、农业水土工程和农业生物环境与能源工程四个小组，围绕大会主题展开了交流和讨论。

【2010国际农业工程大会】

9月18～20日，2010国际农业工程大会在上海市召开。会议由亚洲农业工程学会（AAAE）、中国农业机械学会（CSAM）、全国农业机械标准化技术委员会（SAC/TC201）和中国农业工程学会（CSAE）联合主办，来自13个国家和地区的农业工程科技领域专家、学者600余人出席了大会。

国家标准化管理委员会副主任孙晓康，中国工程院院士、学会常务副理事长罗锡文，中国工程院院士、学会名誉理事长汪懋华，中国科学院院士任露泉，学会理事长朱明，亚洲农业工程学会前主席V. M. Salokhe、Yoshisuke Kishida，国际农业工程学会主席、佛罗里达大学副首席信息官Fedro Zazueta，美国农业部农业研究服务局西部研究中心主任Howard Zhang，美国农业生物工程师学会标准委员会主席、美国约翰迪尔公司标准化经理Douglas Durant，美国农业生物工程师学会标准技术主任Scott Cedarquist等出席开幕式。亚洲农业工程学会主席、中国农机院常务副院长李树君主持了大会开幕式。

学会理事长朱明在致辞中表示大会遵循“创新 合作 分享”的理念，汇聚国内外农业工程科技工作者，搭建良好沟通平台，为广泛的国际交流创造了条件，他同时表示希望中国农业机械学会、中国农业工程学会秉承良好的合作关系，继往开来，攀登新的台阶。

中外农业工程专家就《农业工程科技创新驱动发展的战略思考》、《21世纪在线教育》、《食品与饲料生产过程中的食品安全问题》、《中国农业装备的技术发展》、《创新——是中国食品工业新一轮增长的必由之路》、《工程仿生学研究进展》、《农副产品的增值利用》、《日本农业的信息化与机械化》、《美国农业生物工程师学会在本国及国际农机标准发展中的作用》等做了大会报告。

大会举行了专题交流，设有亚洲论坛、国际农业标准研讨会、中美农产品加工论坛和11个国内外分会场。

【第四届国际计算机及计算技术在农业中的应用研讨会】

10月23～24日，第四届国际计算机及计算技术在农业中的应用研讨会（CCTA2010）暨第一届国际智能无损检测与信息处理技术学术研讨会（INDIP2010）在江西省南昌市召开。会议由中国农业大学、中国农业工程学会、北京农业信息化学会、国际信息处理联合会、国家自然科学基金委员会联合主办。

会议旨在促进国内外农业领域信息化技术与信息发展，提高计算机及计算机技术在农业中的应用水平，汇集国际社会研究者和从业人员，推动国际知名专家学者之间的合作与交流，回顾和探讨计算机及计算技术在农业领域中的最新进展和未来的发展方向。

研讨中，专家们分“农业决策支持系统、专家系统及人工智能应用”、“农业机器视觉、仿真、云计算”，“智能传感、监测和控制技术”、“农产品质量安全、检测与溯源技术”4个专题进行了研讨。

会议共录用SCI论文170余篇，EI论文350余篇，来自中国、美国、英国、以色列、意大利、伊朗等国家的200余名专家学者参加了会议。

中国电机工程学会

2010年，中国电机工程学会围绕低碳电力、节能减排和发展智能电网共组织学术会议85次，参加人数达11024人次，交流学术论文3869篇。其中国际学术会议11次，高端前沿学术会议（论坛）20次，组团参加在境外举办的学术会议40次，办事机构接待境外来访40余次。学会与美国机械工程师协会和美国电气与电子工程师学会电力能源分会两个国际组织签订合作协议，承担了国际大电网委员会、国际供电会议组织两个全球性国际组织和电机工程国际学术会议区域国际组织的国家委员会秘书处工作。

2010年，学会共组织主题科普活动30次，科普讲座66次，科普展览52次，科普活动的受众达3万多人次。学会组织编写了科普图书《风吹电来》，出版了科普图书《假如没有电》。学会参加了主题为“坚持科学发展，走近低碳生活”的2010年全国科普日北京主场活动，联合中国科学院在新能源新技术模型展示区组织了12个沙盘模型的展出。11月，学会组织了赴广西壮族自治区东兰县的电力科普下乡回访活动，以捐赠科普图书、节能用品等形式宣传普及电力科学技术知识。

2010年，学会完成决策咨询报告20份，举办决策咨询专家论坛4次。学会承担了国家电网公司委托的《国家电网2030技术路线图》科技项目、神华集团委托的《发电企业本质安全管理体系研究》项目，形成了《发电企业本质安全管理体系框架》、《发电企业本质安全管理体系考核评价标准》、《发电企业本质安全管理体系研究报告》等研究成果，完成了中国科协委托的《我国大规模风电的科学发展的战略研究报告》项目。

受国家能源局委托，学会承担了国家能源科技奖电力专业组、新能源和可再生能源专业组的工作，完成了国家电监会全国电力安全委员会秘书处日常工作，完成了国家标准《发电机组并网安全条件及评价》的送审稿，完成了《电力企业安全生产标准化规范》初稿的编写工作，为神华集团、中国电力投资集团公司、国投电力公司、华润电力控股有限公司等39个发电企业进行安全会诊、安全评价与安全培训。学会组建的安全评价机构，获国家安全生产监督管理总局《国家安全生产监督管理总局令》实施后首批安平机构甲级资质的许可。

2010年，中国电力科学技术奖共受理21个推荐单位的推荐项目约400项，表彰科技工作者348人次，表彰科技集体16个，宣传优秀科技工作者51人次。学会推荐的国家科技奖项目中，获得国家科学技术进步奖一等奖1项、二等奖1项。学会加大了对青年科技工作者的奖励，获奖科技工作者中，40岁以下的占总数的76%。

学会与美国电气与电子工程师学会电力能源分会共同设立了顾毓琇电机工程奖，纪念中国电机工程学会的创始人之一顾毓琇博士。该奖旨在表彰在电气、电机、电力系统工程和/或相关领域取得杰出成就、对中国社会产生持久有益影响的专业人士。10月25日，首届顾毓琇电机工程奖颁奖典礼在浙江省杭州市举行，在我国电力系统故障分析与继电保护学科取得开拓性成就的天津大学教授贺家李获此荣誉。

学会向中国科协推荐的“全国优秀科技工作者”人选中，1人获得“十佳全国优秀科技工作者提名奖”，4人获得“全国优秀科技工作者”称号。

2010年，学会主办的期刊数量为18种，较2009年增加13种，期刊印发数量为200多万册，较2009年增加近100万册。《中国电机工程学报》连续7年被评为中国百种杰出学术期刊，在1868种中国科技核心期刊中，《中国电机工程学报》总被引频次位居第1位，影响因子排名第28位，并先后被7家国际著名检索机构收录为来源期刊。

第三届电力名词审定委员会被全国科学技术名词审定委员会评为优秀分委员会，陆延昌理事长当选全国科学技术名词审定委员会第六届全国委员会委员。学会承担了中国科协的《动力与电气工程学科发展研究》项目，2010年1月完成了《动力与电气工程学科发展报告》，中国科协审核后由中国科学技术出版社出版。

2010年，学会办事机构直接发展单位会员13家，个人高级会员183人，普通会员和学生会员共331人。

11月24日，学会在海南省海口市召开了第九届三次常务理事会，审议通过了理事、常务理事和副理事长变更，杰出青年工程师奖，会士遴选与管理等报告。

6月2日，学会和ABB中国公司在北京联合召开了储能技术在可再生与分布式能源发电中的应用研讨会。会议邀请了8位报告人就智能电网概述及储能动因、储能的应用、储存技术、电池储能系统等内容做了报告。100多位专家、学者参加了论坛。

6月9～10日，学会和美国机械工程师协会在天津市联合召开了超超临界机组管道及管件国产化研讨会。会上，美国机械工程师协会、国外主要材料生产企业、国内有关研究院所、发电厂以及相关领域的10位专家等就P91/P92钢特性、应用、标准等作了主旨报告，并就相关技术问题和应用经验等与参会学者进行深入研讨。130余人参加了研讨会。

9月12～16日，学会在江苏省南京市召开了第四届中国国际供电会议。会议主题为“发展更加智能的供电系统”，议题有配电系统的应急和灾害预防、分布式能源的应用与实践、分布式能源联网、智能配电网与配电自动化、状态监测与资产管理等。近700多名国内外专家、学者参加了会议。

10月24～28日，学会与美国电气与电子工程师学会电力能源分会联合主办了以“技术创新，推动电网智能化”为主题的电力系统技术国际会议。会议在浙江省杭州市举办，会上交流了中国坚强智能电网的发展战略，并就太阳能发电（光和热）、智能控制中心技术、先进的配电系统运行和大规模可再生能源并网等进行了讨论。

10月19～20日，学会在浙江省宁波市召开了以“清洁高效发电与低碳发展之路”为主题的清洁高效燃煤发电技术协作网2010年会。220余位专家、学者参会。

11月1～3日，学会与中国通信学会和中国电机工程学会（台湾地区）在福建省福州市联合承办了第十二届中国科协年会第28分会场信息通信技术（ICT）与智能电网研讨会。会议的主要内容是推动物联网技术发展和应用，培育和发展新一代信息技术等战略性新兴产业，促进通信、电力行业和其他现代服务业的发展。近200人参加了论坛。

11月11～13日，学会主办、清华大学承办的第十一届青年学术会议在北京召开，青年工程师和在校学生近200人参加会议，其中包括4名院士。

11月25日，学会召开了以“低碳时代的电力发展”为主题的2010年年会。

3月，学会副理事长陈峰率团参加日本电气学会（IEEJ）年会并在开幕式上讲话。

5月24日，学会与美国机械工程师学会共同签署了《中国电机工程学会和美国机械工程师学会合作备忘录》，旨在推进双方在信息交流、合格评定、技术人员发展、国际会议组织、职业培训和认证、技术评估以及动力设备及其新材料等技术标准的制订、验证及推广等领域的合作。

7月，学会理事长陆延昌率团参加了在韩国举办的2010年电机工程国际学术会议，会议由韩国电气学会（KIEE）承办。会议决定成立电机工程国际学术会议理事会并创立电机工程国际学术会议刊物。

8月，学会理事长陆延昌率团赴英国参加了中英智能电网战略论坛，中国电机工程学会为论坛主办方之一。来自中英两国学术界、工业界以及政府机构的70多位著名专家、学者齐聚牛津大学，就中英两国研究和发展智能电网共同关心的技术和问题，展开了为期两天的交流研讨活动。

8月，学会常务副理事长陈峰率团参加了两年一次的国际大电网会议巴黎大会，共50余名中国学者参加了会议。国际供电会议组织中国国家委员会全额资助了5位青年工程师参会，南方电网公司副总经理祁达才在电力系统大扰动论坛上作了主旨报告。2010年，国际大电网会议会员中中国会员的总数已经成为亚洲第一，成为国际大电网会议指导委员会的固定成员。大会期间举行的亚太地区国际大电网会议理事会会议上，中国成为国际大电网委员会亚太区域理事会轮值主席国，李若梅任主席，任期2年。

9月12日，由中国电机工程学会、中国电工技术学会、中国可再生能源学会共同发起组建的国际供电会议组织中国国家委员会在江苏省南京市召开国家委员会成立大会及第一次全体会议。会议讨论并通过了国家委员会章程，选举产生了国家委员会组织机构。学会理事长陆延昌当选为国家委员会主席及指导委员会主席。

10月，学会秘书长李若梅作为世界工程组织联合会能源委员会委员，参加了在阿根廷举办的世界工程师周和工程师论坛活动，并参加全球电梯大会WEC2011筹备组会议。

10月27日，学会理事长陆延昌、常务副理事长陈峰、秘书长李若梅与美国电气与电子工程师学会电力能源分会主席A. C. Rotz、秘书长Patrick Ryan会谈。双方以2002年合作协议为基础，修改完善了有关条款，重新签订了新的合作协议。

【2010年年会】

11月25日，2010年中国电机工程学会年会在海南省海口市召开。会议主题为“低碳时代的电力发展”。来自国内外电力领域的350余位专家、学者就新形势下电力技术如何促进国民经济发展，如何通过技术创新推动低碳社会的建设进行了交流探讨。

中国科协副主席、学会理事长陆延昌出席开幕式并致辞。学会常务副理事长、国家电网公司总经理助理陈峰，中国工程院院士李立浧，香港工程师学会高级副会长陈福祥，香港大学教授吴复利，国际大电网组织前秘书长科瓦尔·吉恩等出席了开幕式。

年会上，中国电力科学研究院名誉院长、中国科学院院士周孝信作了题为《新能源变革中电网和电网技术的发展前景》的主旨报告，中国电力投资集团公司副总经理张晓鲁作了题为《核电技术发展及工程实践》的主旨报告，韩国电气学会会长朴锺根作了题为《韩国智能电网技术及发展》的主旨报告，国家发展和改革委员会能源研究所副所长李俊峰作了题为《国内外可再生能源发展回顾与展望》的主旨报告。

中国电工技术学会

2010年1月22~24日，中国电工技术学会在北京召开了中国电工技术学会第七次全国会员代表大会，选举产生了由158名理事组成的第七届理事会，选举孙昌基为中国电工技术学会第七届理事会理事长，裴相精为中国电工技术学会第七届理事会秘书长。

2010年，中国电工技术学会全年组织学术交流活动164次，参会人员达32200人次，发表学术论文1793篇，学术交流质量和水平进一步提升，影响力不断增强。

6月3~5日，学会在黑龙江省哈尔滨市召开了2010年电气工程学院院长论坛。会议受到院长及学者的重视，与会专家学者围绕智能电网发展和智能设备等热点问题展开研讨。

6月21~24日，学会与日本电气学会、韩国电力电子学会联合在日本札幌举办了国际电力电子会议。

8月21~23日，学会在北京召开了第五届中国电工装备创新与发展论坛及智能电网和智能设备论坛。邀请院士、专家学者就关键理论和技术、智能电网信息安全、智能输电技术、智能配电系统、智能调度系统、智能变电站、物联网在智能电网与装备中的应用、柔性直流输电技术等热点问题作专题报告。

10月10~13日，学会与大韩电气学会、日本电气学会联合在韩国仁川举办了2010年国际电机与系统会议，会议征集论文300篇。

11月10~13日，电接触及电弧专业委员与西安交通大学联合在陕西省西安市承办了第十届国际机电元件会议，这是该会议首次在中国召开。

11月5~9日，学会在广东省深圳市召开了第25届世界电动车大会，会议以“可持续动力革命”为主题，来自55个国家和地区新能源汽车领域的2700余名专家、学者参会。会议收录论文557篇，开设分会场36个。

3月19日，电镀涂敷、电工产品环境技术专业委员会与国际电工委员会等组织合作，在广东省广州市举办了首届电气电子材料检测和认证技术国际论坛，邀请了国际电工委员会、美国线路板协会、美国麦克罗泰克实验和国际电子工业联接协会的专家、学者作专题报告，近200名科研、企业界的专家、学者参会。

5月，电磁发射专业委员会参加了在布鲁塞尔召开的第15届国际电磁发射技术会议，取得了2012年在北京举办第十六届国际电磁发射技术会议的主办权。电工产品可靠性专业委员取得了2012年在北京举办第26届国际电接触会议的承办权。

4月13~15日，学会在北京举办了第十五届电磁兼容技术交流与展览会，本届展会在以往技术、产品展示内容的基础上扩大了展示范围，在同期举办的专题论坛上，积极推广电磁兼容技术的应用和新技术，使展会成为电磁兼容技术领域较有影响的品牌会议。

11月7~19日，学会在上海市承办了2010第十五届中国（国际）小电机技术展览会，展出面积14000平方米，300多家中外厂商参展，参展内容涉及七大类、近千个品种。

电焊技术专业委员会结合行业技术发展及电焊新技术的推广应用，承办了9月20~22日在辽宁省大连市举办的中国焊接博览会、2010年船舶焊接技术发展论坛、2010江苏石化装备行业焊接技术交流论坛和2010中国焊接界销售商论坛，并以此为平台，广泛宣传、推广国内外焊接新设备、新技术、新工艺。

9月18~24日，学会参加了由中国科协组织的全国科普日活动，以新能源汽车为主题制作印刷了宣传资料，现场专家答疑、电动车试乘试驾等活动，吸引了众多参观者参与互动。5月16日，机电一体化专业委员会在北京组织了以“新能源的发展”为主题的公众科普开放日活动，接待参观人员300余人。

直线电机专业委员会定期召开直线电机技术与应用座谈会，根据机械装备对直线电机技术的需求，与企业合作开发了复合式三维电机驱动的抽油机，节能率达50%，该项目获得教育部科技进步二等奖。

2010年，学会主办、承办、参与编辑的专业期刊达20多种，已形成以期刊为载体的学术、科普、信息交流协调互动平台。《电工技术学报》2010年收稿1652篇，首次被中国科协评为C类精品期刊。《电气技术》杂志完成转制。

大电机、微特电机、绝缘材料与绝缘技术、电力电容器、电力电子、电热、碳-石墨、电控系统与装置、电工产品环境等专业委员会分别承担和参与了《大电机技术》、《微电机》、《绝缘材料》、《电焊机》、《电气传动》、《电力电容器与无功补偿》、《碳素》、《环境技术》等国内外发行一级期刊的工作。输变电设备、电工陶瓷、工业与建筑应用电气、电动车辆等专业委员会组织专家编辑出版了《输变电信息》、《绝缘子避雷器动态》、《电碳信息》、《电动车辆研究与开发》等内部期刊。

学会推荐的宓传龙、元复兴和李崇坚被选为"全国优秀科技工作者"。

2010年，学会调整了《中国电工技术学会科学技术奖奖励办法》，扩大了奖励范围，并探索与电工行业科研组织、知名企业联合办奖，努力提高中国电工技术学会科学技术奖的影响和经济支撑能力，全年共评出8个获奖项目。8月，学会与正泰公益基金会签署了《电工行业——正泰科技奖》合作协议。

根据《中国电工技术学会先进集体、单项工作优秀奖评选办法（试行）》和《中国电工技术学会先进集体、单项工作优秀奖评选条件》，2010年，学会对电力电子专业委员会等48个专业委员会、省市学会给予表彰。

2010年，学会在天津工业大学等12所院校举办了20期培训班，培训人员1034人次。8月23～27日，学会在上海市举办了车用电机实用技术及特种工艺研修班。8月2～6日，举办了无刷直流与永磁同步电机技术培训班，对从事微特电机制造、设计、控制、检测及微特电机应用方面的专业人员进行培训，共有31个单位的58名学员参加了培训。

学会专业技术资格认证试点工作程序逐步规范。学会被教育部确定为电子信息与电气工程试点工作组秘书处挂靠单位。6月、10月，学会在教育部等部门的指导下，组织了对哈尔滨工业大学、浙江大学、北京邮电大学6个专业入校考察的认证，对东南大学、上海交通大学、西安交通大学的"认证有效期延长"进行了评估工作。

2010年，学会对7个工作委员会的组成人员进行了调整，讨论制定了工作委员会工作职责，奠定了学会系统开展工作的组织基础。10个专业委员会进行了换届工作。经民政部（民设登［2010］第6094号）批准，学会成立了移动电站技术专业委员会和轨道交通电气设备专业委员会。

学会针对新一届理事会人员结构发生的变化，对理事会新成员、专业委员会换届调整的人员信息及时录入会员信息管理系统，完成了会员信息管理系统与中国科协的会员信息管理系统对接，扩大了会员跨地区、跨部门、跨行业信息交流渠道。

【第七次全国会员代表大会】

1月22～24日，中国电工技术学会第七次全国会员代表大会在北京召开。大会选举产生了由158名理事组成的第七届理事会，选举孙昌基为中国电工技术学会第七届理事会理事长，段瑞春、王建华、陆仁琪、杨庆新、郝玉成、朱元巢、肖立业、杨清、苗立杰、沈小宇、唐春潮、黄迪南、裴相精、裴振江为中国电工技术学会第七届理事会副理事长，裴相精为中国电工技术学会第七届理事会秘书长。

会议表彰了学会先进集体、先进个人，并向先进集体、先进个人颁发了荣誉证书，举行了2009年度中国电工技术学会科学技术奖颁奖仪式。冶金自动化研究设计院、中国科学院电工研究所、北京金自天正智能控制股份有限公司共同完成的"大功率IGCT交直交变频调速系统"，河北工业大学和厦门宏发电声有限公司完成的"继电器电寿命试验计算机集中监控设备"，常熟开关制造有限公司完成的"CM2（Z）系列塑料外壳式断路器"，中国科学院电工研究所完成的"高压纳秒脉冲绝缘材料特性研究"4个项目获得一等奖。上海新华控制技术（集团）有限公司和上海交通大学完成的"基于IGBT多电平变频技术的抽水蓄能电站机组新型变频启动系统SFC"，保定红日电气有限公司完成的"智能电解水制氢控制系统"两个项目获得二等奖。

【第25届世界电动车大会】

11月5～9日，学会在广东省深圳市举办了第25届世界电动车大会，会议以"可持续动力革命"为主题，来自55个国家和地区新能源汽车领域的2700余名专家、学者参会。全国人大常委会委员长吴邦国发来贺信，中共中央政治局委员、广东省委书记汪洋出席会议并宣布会议开幕。全国政协副主席、科技部部长万钢出席会议，并在同期举行的全球节能与新能源汽车技术创新、品牌与市场营销高峰论坛上作了主旨报告。

会议收录论文557篇，开设分会场36个，举办了轻型电动车产业发展论坛、可充电式混合动力车研讨会、先进电池技术研讨会等学术活动。

中国水利学会

2010年，中国水利学会召开了九届二次理事会，讨论通过了理事建议案制度，进一步提高了理事对于学会改革与发展的参与度。

2010年，学会共召开各类学术会议60余次，参会人数逾7000人。

5月12日，纪念张含英同志诞辰110周年座谈会在北京举行。全国政协原副主席钱正英出席会议。水利部部长陈雷在座谈会上发表讲话，他强调，学会要继承张含英同志等老一辈水利工作者的优良传统，发扬“献身、负责、求实”的水利行业精神，开拓进取，扎实工作，加快推进传统水利向现代水利、可持续发展水利转变，着力做好民生水利工作，让水利更好地惠泽民生、造福人民。座谈会由中国水利学会理事长、水利部原副部长敬正书主持。

张含英是中国水利学会第一、第二届理事长，第三、第四届名誉理事长，1999年荣获水利部授予的从事水利工作75周年特殊贡献奖，2001年被授予中国水利学会功勋奖。

10月14日，由中国水利学会主办，浙江省宁波原水集团有限公司与河海大学承办的首届中国原水论坛在浙江省宁波市召开。论坛围绕“维系生命之水，共创和谐社会”的主题在水资源开发利用与管理、水资源保护与水生态修复、水工程与调度、水经济与水文化等方面进行了交流和探讨。会议收到论文240余篇，与会专家、学者400余人。

10月23~24日，学会在安徽省蚌埠市召开了淮河研究会第五届学术研讨会。会议是纪念新中国治淮60周年重要纪念活动之一。与会院士、专家、学者150余人对淮河流域综合治理、水资源开发利用与保护、大坝安全、河道整治、节水型社会建设等进行了研讨。

11月2~4日，中国水利学会2010年学术年会在贵州省贵阳市召开。年会的主题是“民生水利——理念与行动”。与会专家、学者400余人，共收到学术论文190余篇，评选出优秀论文30篇，出版了《中国水利学会2010学术年会论文集》（上、下册）。中国水利学会九届三次常务理事会、九届二次理事会和专委会工作会议同期召开。

11月17~19日，学会主办的2010中国水博览会在北京举行，来自19个国家和地区的256家企业参展，参观观众11000余人次，来自33个国家和地区。第五届中国（国际）水务高峰论坛也同期举办。

7月27日至8月5日，学会和台湾农田水利会联合会主办的第八届海峡两岸农田水利技术交流与研讨活动在中国台湾地区召开，主题为“节水灌溉与新农村建设”，两岸的56位农田水利专家参加了研讨会。12月5~13日，应学会农村水利专业委员会邀请，台湾农田水利会联合会参访团一行22人在北京市、重庆市和湖北省进行了为期9天的交流、参访。

9月7~10日，应韩国水资源协会和日本水文水资源学会邀请，学会组织水利部水文局、中国水利科学院、北京师范大学等单位的专家学者参加了日本水文水资源学会年会。

4月21~24日，学会环境水利专委会2010年年会暨学术研讨会在江苏省扬州市召开。50个会员单位的100余名专家、学者审议了专委会2010年总结及2011年工作计划，并就水利规划的环境影响评价技术及管理、水生态保护与修复及水工程环境保护措施设计、水利水电工程环境影响回顾性评价等议题进行了大会交流和讨论。

4月22日，水力发电专委会在浙江省杭州市举办了第一届中国小水电论坛。论坛主题为“小水电与生态文明”。水利部副部长胡四一出席论坛并讲话。论坛共征集论文85篇，41篇优秀论文入选大会论文专辑。7月14日，水力发电专委会参与承办了中国小水电清洁发展机制论坛。

7月7日，北京水利学会等单位举办了北京低碳城市发展高层论坛，与会的120名专家、学者就低碳生态绿色、低碳经济发展的重点领域及工程、低碳水务的含义与实践、低碳城市发展纲要研究等进行了交流。

9月26~27日，辽宁省水利学会主办的2010年东北三省水利学会学术年会在辽宁省沈阳市召开，议题包括“建设生态型水利”、“水与社会主义新农村建设”和“水利信息化技术与应用”，出版了《东北三省水利学会2010年学术年会论文集》。

11月26日，湖北省水利学会等主办的实行最严格水资源管理制度高层论坛在湖北省武汉市举行。论坛围绕“划定三条红线，落实最严格水资源管理制度”这一主题和湖北省提出的《引江补汉工程神农溪方案》进行了深入研讨，与会专家、学者200余人。

根据中国科技期刊统计结果，2010年，学会主办的《水利学报》参与中国科技信息所2010年期刊综合指标评价，在全国1868种统计源期刊中排名第8。《水利学报》和《岩土工程学报》期刊获2010年度中国科协精品期刊项目C类资助。

8月30~31日，学会主办的大禹水利科学技术奖评审委员会在北京召开，评出2010年度大禹水利科学技术奖获奖项目49项，其中“中国历史大洪水调查研究”获特等奖，“长江口综合整治开发规划关键技术研究及应用”等9个项目获一等奖，19个项目获二等奖，20个项目获三等奖。

2010年，学会推荐的张建云院士荣获“十佳全国优秀科技工作者提名奖”，王超、张建云、钮新强、温续余荣获“全国优秀科技工作者”称号。学会申请中国科协国际组织专项并获得批准，资助国际大坝委员会主席、学会副秘书长贾金生博士赴越南参加并主持国际大坝委员会年度工作会议。

2010年，学会加强了在编水利标准项目的管理力度，完成了300余项在编标准项目的清理检查，参与完成了《水利技术标准制修订项目管理细则》等水利标准化规章制度的制定工作。

学会承担了2010年度水利部直属单位职称考试工作，约5000余人参加了晋升职称考试，参与了水利部职称考试管理办法的起草，修订了职称考试大纲和试题库，进行了职称考试考务培训。

学会参加了中国科协、教育部组织的工程教育专业认证工作，认证了吉林大学、南京大学的水文与水资源工程专业，与水利部人事司联合推荐了水利其他专业认证专家队伍，申报了中国科协《水利工程教育专业认证》课题并获得批准。

学会与甘肃省水利科学院、加拿大土木工程师学会共同承担的科技部国际科技合作专项“石羊河流域生态环境修复研究与示范”于2010年11月按期通过了项目验收，并于2010年12月通过了由水利部国际合作与科技司组织的项目科技成果鉴定。

【2010年学术年会】

11月2~4日，中国水利学会2010年学术年会在贵州省贵阳市召开。年会的主题是“民生水利——理念与行动”。水利部副部长胡四一出席并作了题为《小水电改善民生》的主旨报告，贵州省副省长禄智明到会致辞，12位专家学者作大会特邀报告。与会专家、学者400余人。

大会颁发了2010年度大禹水利科技奖特等奖一项，一等奖9项，二等奖18项及2010年度学会学术优秀论文奖。年会共设6个分会场，其中一个为国际分会场，收到论文190余篇，评选出优秀论文30篇，出版了《中国水利学会2010学术年会论文集》（上、下册）。

中国内燃机学会

2010年，中国内燃机学会的重点工作是筹备和召开第七次全国会员代表大会、理事会换届选举，举行中国内燃机学会第八届学术年会，表彰和奖励在内燃机领域有突出贡献的内燃机科技工作者。

10月16~19日，中国内燃机学会第七次全国会员代表大会暨第八届学术年会在上海市举行。大会选举产生了新一届理事会，选举张小虞为理事长，选举阳树毅为秘书长。

2010年，根据学会评选、表彰突出贡献奖暂行条例和实施办法（试行），经学会推荐和评选，金东寒、卓斌和黄佐华荣获第二届“杰出成就奖”，佟德辉、黄成海、马凡华、杜海明、孙洁和王士杰荣获2010年度“突出贡献奖”，李国祥、廖日东和吴志军荣获2010年度“史绍熙人才奖”。学会在举行的第七次全国会员代表大会暨第八届学术年会闭幕大会上对获奖者进行了表彰。

2010年，学会编辑出版的《内燃机学报》（双月刊）共刊出学术论文90篇，编辑出版的《内燃机工程》（双月刊）共刊出学术论文130篇，编辑出版的《内燃机》（双月刊）共刊出科普类文章114篇。三种期刊全年共发行35400册。

【第七次全国会员代表大会暨第八届学术年会】

10月16~19日，中国内燃机学会第七次全国会员代表大会暨第八届学术年会在上海市举行。来自学会10个分会（含编委会）、18个省市内燃机学会和全国各有关单位的专家、学者300多人参加了会议。大会由学会理事长张小虞主持并致开幕词。

学会常务副理事长兼秘书长阳树毅受理事长张小虞和第六届理事会委托，作了《中国内燃机学会第六届理事工作报告》，副理事长马童立作了《中国内燃机学会章程修改说明》的报告，副理事长金东寒作了《中国内燃机学会第七届理事会候选人推荐工作报告》。与会专家、学者书面审议了有关文件，表决通过了《中国内燃机学会第六届理事会工作报告》、《财务审计报告》、《中国内燃机学会第七次全国会员代表大会选举第七届理事会的选举办法》等。

大会选举产生了中国内燃机学会第七届理事会129名理事，选举产生了44名常务理事，张小虞当选为理事长，阳树毅当选为常务副理事长兼秘书长，马童立、孙少军、张树勇、李骏、李树生、沈捷、苏万华、欧阳明高、金东寒、黄松和黄佐华等当选为副理事长。

在七届一次理事会会议上，通过了新一届理事会的聘任人选，颁发了聘书。聘任何光远、蒋德明为名誉理事长。聘任蒋德明为专家委员会主任委员，徐兴尧、卓斌、王之麒和袁银男为专家委员会副主任委员，聘任计维斌为常务副秘书长，吴国明为专职副秘书长，冯明志和陶陆根为副秘书长。会议对各分支机构的挂靠单位进行了确认，并聘任了各分支机构的主任委员。

大会还颁发了第二届“杰出成就奖”和年度“突出贡献奖”、“史绍熙人才奖”。

第八届学术年会分别由学会常务理事长兼秘书长阳树毅教授级和副理事长李树生主持。上海汽车工业（集团）总公司技术中心副总工程师平银生、中国船舶重工集团第七一一研究所所长金东寒院士、天津大学“973”首席科学家苏万华、清华大学教授王建昕、中石油济柴动力总厂总工程师李树生等专家分别结合《上汽自主品牌创新之路及中心直喷汽油机的开发》、《分布式供能技术及产业发展》、《柴油机燃烧控制技术的可变性研究》、《高效清洁车用汽油机的研究进展》、《石油钻井动力技术》等题目作了大会报告。

学术年会公开出版发行了论文集《内燃机科技——中国内燃机学会第八届学术年会论文集》，论文集共收录学术论文161篇，其中宣读交流128篇，书面交流33篇。论文评审小组对宣读交流的论文进行了评选，评出优秀论文一等奖5篇，二等奖8篇，三等奖17篇。大会对获奖者颁发了优秀论文证书和奖金。

中国工程热物理学会

【学术沙龙提出热质理论研究主要方向】

3月26~28日，中国工程热物理学会举办了中国科协第38期新观点新学说学术沙龙。沙龙针对当前国家节能降耗和高新纳米技术攻坚问题，提出了热质理论及其应用研究的主要方向和关键科学问题。

新概念：为解决能量传递和转换过程的能效和纳米技术中经典傅立叶导热定律不成立的问题，有必要在经典热学的基础上引入新概念，如热质（与19世纪的热质概念完全不同）、热量/热质运动速度、加速度、热质能（火积）和能势等一系列新物理量。

新方法：基于新概念可以突破经典热学中没有动力学和分析力学方法的缺憾，从而建立新的分析方法，以拉格郎日方程、哈密顿原理分析传热过程，从而把现有传热学提高到分析传热学的水平。

新定律：提出新的定律——普适导热定律，它不仅适用于常规条件下，而且能够适用于时间和空间极端条件下的传热过程。常规条件下，它又能够蜕化为傅立叶导热定律。

新原理：建立新原理——热质能（火积）耗散极值原理，它与最小熵产原理相平行，火积和熵都是传热过程的最小作用量，它们分别应用于不同的传热过程优化，提高能源利用效率。

新技术：热设备优化设计，提高能源利用效率；可再生能源等低碳能源系统的优化，提高能源利用效率；脉冲激光加工、激光武器、热分析和热设计；碳纳米管等低维材料的热分析；热质能（新驱动机制）驱动的纳米机器。

【2010年中国工程热物理学会传热传质学及国家自然科学基金多相流领域项目进展交流会议】

10月8~10日，2010年中国工程热物理学会传热传质学术会议暨国家自然科学基金传热领域项目进展交流会议在上海交通大学召开。会议由中国工程热物理学会与国家自然科学基金委主办，上海交通大学机械与动力工程学院制冷与低温工程研究所和工程热物理研究所承办。来自国内科研院所和企业界的专家、学者约700人参加了会议。传热传质学术会议每年举办一次，是国内工程热物理领域规模最大的学术会议。

本届会议共收到学术论文636篇，其中165篇做了口头报告，其余作为张贴报告展示，会议邀请了过增元院士，日本大阪大学Kenichiro Takeishi教授，国家自然科学基金委员会工程三处处长刘涛和哈尔滨工业大学教授谈和平作了特邀主旨报告。会议还邀请了国内外10余名知名学者作了分会场主题报告。专家、学者围绕传热传质及相关领域的前沿和热门问题，以及我国传热传质研究领域的研究现状与发展趋势进行交流与研讨。

国家自然科学基金传热传质领域项目进展交流会议同期举办，近100个相关项目进行了进展情况展示。国家自然科学基金委指定了相关重点项目和杰出青年基金项目负责人进行分会场主题报告。2010年中国工程热物理学会传热传质学及国家自然科学基金项目进展交流会议从形式和内容上得到了高度融合，体现了国家自然科学基金对基础研究的导向作用。

【2010泵与风机国际学术会议】

10月18~21日，中国工程热物理学会主办，浙江大学、清华大学协办，浙江大学承办的2010年泵与风机国际学术会议在浙江大学召开。学会理事长徐建中院士、清华大学王玉明院士、浙江大学副校长褚健、欧洲泵制造商协会主席Gerard BOIS教授和亚洲流体机械学会前主席Kwang-Yong KIM教授等泵与风机领域的专家、学者120人参加了会议。

大会共收到来自英国、德国、法国、日本、韩国等9个国家高校、研究机构和企业专家学者的论文208篇，经会议学术委员会评审，168篇论文入选会议交流。

大会邀请报告PIV Measurement on Internal Instantaneous Flows of a Centrifugal Pump，完成了瞬时流场的测量及DES非定场湍流计算，通过比较说明了计算和试验在瞬时流场结果中的吻合，同时根据瞬时流场结果还给定了法向和切向雷诺平均主应力分布及黏性分布，为发展水泵中不可压缩流动的非定常湍流计算提供数据验证。法国里尔力学实验室邀请报告 Numerical and experimental comparison of the vaned diffuser interaction inside the impeller velocity field of a centrifugal pump 受到大会与会者的广泛关注。

3 天的会议中，与会专家就泵与风机领域的理论研究、技术开发和技术发展趋势展开广泛的交流和讨论。

【2010 年工程热力学与能源利用、热机气动热力学和流体机械学术会议暨国家自然科学基金项目进展交流会议】

1 月 8～10 日，中国工程热物理学会 2010 年工程热力学与能源利用、热机气动热力学和流体机械学术会议暨国家自然科学基金项目进展交流会议在江苏省南京市举行，会议由中国工程热物理学会主办，东南大学能源与环境学院承办。来自国内外高校、研究机构的多位院士和近 600 名专家、学者参加了会议，中国科学院蔡睿贤院士、东南大学党委副书记刘京南出席开幕式并致辞。

在开幕式上，来自瑞典的“千人计划”获得者严晋跃教授、中国科学院理化所的吴剑峰研究员、西安交通大学教授席光、清华大学教授张寅平、中科院工程热物理研究所的朱俊强研究员以及东南大学教授张小松先后结合低碳技术、我国天然气液化技术发展、离心压缩机气动性能与控制、室内空气化学污染控制、小型涡扇发动机设计、热湿解耦环境控制等项目的国内外研究进展和成果作了专题报告。

会议共收到论文 460 篇，分为 8 个分会场，就制冷循环、热力与节能、能源的高效利用及工质热物性、流体机械和气动热力学等主题进行了研讨交流。

【2010 年中国工程热物理学会多相流学术会议暨国家自然科学基金多相流领域项目进展交流会议】

11 月 26～29 日，中国工程热物理学会多相流专业委员会会议暨国家自然科学基金多相流领域项目进展交流会议在福建省厦门市集美大学举行，280 余位专家、学者参加了会议。

学会理事长徐建中院士，中国科学院顾国彪院士、衣宝廉院士、西安交通大学教授陶文铨、国家电力公司东北公司总工程师黄其励、中国矿业大学教授彭苏萍等参加了会议。

开幕式上，基金委纪检监察审计局局长彭连明作了《科学道德与职业道德》的报告、国家自然科学基金会工作人员报告了国家自然科学基金申报、评议、最新动态以及重点资助领域等情况。会议对 8 名 2009 年度青年学者优秀论文陈学俊奖获得者进行了表彰，颁发了证书和奖金。

会议共进行了 5 个特邀学术报告。比利时 University of Chemical Technology and Metallurgy 的 Jordan Yankov Hristov 教授就 Magnetic Field Assisted Fluidization. Basic Principles and Hydrodynamic Problems 最新研究成果与进展进行了学术交流。西安交通大学郭烈锦教授、上海理工大学教授蔡小舒、华北电力大学教授刘石、大连理工大学教授宋永臣等分别就“能源高效节约和可再生转化利用的多相流理论基础”、“气固两相流场多参数在线测量方法研究”、“致密多孔介质内超临界 CO_2、水及原油输运特性的基础研究”“融合热物理信息的多机理层析成像研究”等研究成果进行了交流。

会议设置了气液两相流与沸腾传热传质、气固两相流与燃烧及其污染控制、多相流数理模型和数值方法、石油工程多相流、多相流测量技术、反应堆热工水力、两相流相变传热强化和节能、高新技术中的两相流与传热传质等 8 个专题。

会议共收录论文 257 篇，宣读和交流了 212 篇。国家自然科学基金进展交流会共有 41 个面上项目通过口头和墙报的方式汇报项目进展。

【2010 年中国工程热物理学会燃烧学学术会议暨国家自然科学基金燃烧项目进展交流会】

12 月 4 日，2010 年中国工程热物理学会燃烧学学术会议暨国家自然科学基金燃烧项目进展交流会开幕式在广东省广州市召开，会议由中国工程热物理学会和国家自然科学基金委联合主办，中国科学院广州能源研究所承办。来自全国近 60 个高校和研究所的 550 多位专家、学者参会。

学会理事长徐建中院士，华中科技大学教授郑楚光，中国科学院广州分院、广东省科学院院长陈勇研究员等出席会议。广州能源所所长吴创之出席开幕式并致欢迎词。会议由中国工程热物理学会常务理事、燃烧学会主任、天津大学内燃机燃烧学国家重点实验室姚春德教授主持。

会议对 2009 年燃烧学学术会议优秀论文进行了表彰，清华大学姚强教授作了第 33 届国际燃烧年会总结，国家自然科学基金会工作人员介绍了 2010 年度基金项目评审情况。学会理事长徐建中院士、华中科技大学教授郑楚光、上海交通大学教授黄震、广州能源所研究员赵黛青分别在会上作了专题报告。

会议共录用 340 篇论文参加了会议宣读交流。会议期间，与会的国家自然科学基金项目（共计 130 项）负责人通过口头汇报和展板展示相结合的方式交流了基金项目进展情况。

中国空气动力学会

2010 年度，中国空气动力学会团体会员 62 个，个人会员 2081 人。

5 月 31 至 6 月 3 日，中国空气动力学会第六次全国会员代表大会在四川省绵阳市召开。中国空气动力研究与发展中心研究员邓小刚当选为第六届理事会理事长。

11 月 20 日，中国空气动力学会举办了第二届钱学森学术讲座，会议由清华大学承办，150 余人出席了会议。学会理事长邓小刚研究员作了题为《高阶精度非线性格式及其应用》的报告，中国科学院院士、兰州大学副校长郑晓静教授作了题为《风沙流与风成地貌》的报告，中国科学技术大学近代力学系陆夕云教授作了题为《激波和湍流旋涡分离流动的数值模拟》的报告。会议对钱老光辉的一生进行了回顾，钱老对科学锲而不舍的钻研精神鞭策着广大空气动力学中青年科技工作者努力奋斗。

12 月 9 ~ 11 日，学会主办的工程湍流转捩学术研讨会在海南省海口市召开。来自清华大学、北京大学、中国航天空气动力技术研究院、中国科学院力学研究所等高等院校和科研院所的 50 余名专家、学者参加了交流研讨。此次会议是庄逢甘院士生前针对我国湍流转捩应用研究发展现状提出召开的，旨在搞清现有湍流转捩模式理论研究进展和形成计算软件的情况。研讨会邀请了 8 位国内知名专家到会作特邀报告，专家、学者结合自身工作实际，围绕湍流转捩研究现状、模拟实验、工程应用和数值模拟等主题进行了研讨和交流。

【第六次全国会员代表大会】

5 月 31 日至 6 月 3 日，中国空气动力学会第六次全国会员代表大会在四川省绵阳市召开。59 个单位的 191 名专家、学者参加了大会。大会进行了换届改选工作，选举产生了 136 位理事。六届一次理事会选举产生了学会第六届理事会理事长 1 名、副理事长 9 名、秘书长 1 名，常务理事 39 名。中国空气动力研究与发展中心研究员邓小刚当选为第六届理事会理事长，范召林当选为秘书长，上一届理事长张涵信院士当选为名誉理事长。

会议邀请了 4 位空气动力学界的著名院士和专家做了学术报告，报告介绍了我国航空航天最新研究进展和对空气动力学研究的要求。

中国制冷学会

2010 年，中国制冷学会分别在湖北省武汉市、山东省青岛市、浙江省杭州市等地举办了第六届全国制冷空调新技术研讨会、第七届全国食品冷藏链大会、第十七届全国暖通空调制冷学术年会、全国制冷学科发展高层研讨会等 7 次学术会议及技术研讨会，参会人员共计 1820 人次，发表论文和报告 938 篇。

学会派出代表团 10 批，共 103 人次，分别出席了美国制冷空调采暖工程师学会年会及 ISO/TC86 例行会议、国际氨制冷学会年会、第九届国际天然工质大会、第五届亚洲制冷空调大会、法国制冷学会年会和国际制冷学会执委会会议等。学会组团参观、参展了美国制冷展、印度制冷展、意大利制冷展、土耳其制冷展和德国制冷展。在 6 月 2 日召开的法国制冷学会年会上，法国制冷学会向中国制冷学会常务副秘书长邱忠岳颁发了法国制冷学会最高荣誉奖 Charles Tellier 奖，这是该奖第一次颁发给外国人。

9 月 16 ~ 17 日，由中国制冷学会主办的第七届全国食品冷藏链大会在山东省青岛市召开。来自全国冷藏链行业的研究机构、设计院所、设备制造企业、终端用户的 200 多名专家、学者参加了会议。会议围绕“安全 健康 环保 节能”主题，针对食品冷藏链各个环节进行 8 个主题报告，并就冷库设计与运营管理、食品贮藏保鲜、冷藏运输、冷藏链标准化和制冷系统优化设计安排了分会场报告。会议出版了论文集，共收录论文 63 篇。

学会成立了由江亿院士为组长的中国制冷学会学科战略研究工作组，开展制冷战略研究活动。

11 月 4 日，按照中国科协《制冷学科发展研究报告（2010—2011)》研究课题计划，学会在北京举行中国制冷学科发展高层研讨会，就研究报告征求意见稿及中国制冷科学技术发展战略进行研讨，来自全国相关社团、高等院校、研究院所、企业的 69 位专家参加了会议。

11 月 5 日，学会组织了《制冷学科发展研究报告（2010—2011)》课题组第二次全体工作会议暨中国制冷学会第 30 次专家咨询委员会会议，针对征求意见稿反馈意见及中国制冷学科发展高层研讨会提出的修改意见进行讨论。确定了《制冷学科发展研究报告（2010—2011)》和《中国制冷科学技术发展战略研究课题》的下一步工作计划。

11 月 9 日，由中国建筑学会暖通空调分会、中国制冷学会空调热泵专业委员会联合主办的第十七届全国暖通空调制冷学术年会在浙江省杭州市召开。来自全国各设计院、研究院、高校、企业和媒体的 1300 余人参加了会议。会议围绕“低碳排放、你我通行”的主题，分别就建筑空调设计、建筑节能、供热计量和系统节能以及与节能相关的研究等进行了深入探讨。大会共设置了 25 个分会场。颁发了吴元炜暖通空调奖及第三届中国建筑学会暖通空调工程优秀设计奖等奖项。

经评审及网上公示，中国制冷学会科学技术奖评出进步奖二等奖 2 项，三等奖 3 项，评出青年奖 1 人，贡献奖 1 人，获奖人次达 43 人次。学会完成了工程师资格考试，全年共有来自全国 12 省、市的 52 人提出申报全国制冷专业技术资格认证，其中 42 人申请工程师资格，10 人申请高级工程师资格。

学会与美国制冷学会合作举办了高校学生建筑节能设计竞赛，来自 22 所高校的 26 个设计团队参加了竞赛。

学会完成了《卤代制冷剂回收与再利用》、《蓄冷系统性能检测方法》推荐性国家标准和《冷库安全规程》强制性国家标准报批稿，召开了全国制冷标准化技术委员会和冷藏柜分技术委员会工作会议，讨论通过了《制冷术语》国家标准和《瓶装、罐装和其他封装饮料自动售货机的性能试验方法》送审稿。

《制冷学报》2010 年按时出版六期，共发行 27600 册。《中国制冷简报》，全年出版六期，共发行 29000 册。学会编辑完成了《中国制冷空调行业名册》。

2010 年，学会有资深会员 84 人，团体会员 473 家，高级个人会员 708 人，普通个人会员 7691 人（重新注册者），学生会员 2176 人。

【2010 中国制冷展】

4 月 7 ~ 9 日，学会在北京举办了第 21 届中国制冷展，展览规模达到 8 万平方米，国内外参展厂商达到 1006 家，来自全球 100 余个国家和地区 4 万多名观众参观。

本届展览会成立了中国制冷展专家委员会，强调了科技办展的理念，举办了高水平的学术、技术论坛，颁发了国际友好合作组织奖、优秀参展商奖和积极支持制冷展个人奖。展览会还对自主创新产品进行了推广。

中国真空学会

2010 年，中国真空学会第七届理事会第二次常务理事会讨论通过了学会第七届各分支机构负责人聘任的决议，并上报中国科协和民政部，各分支机构的换届工作基本完成。

2010 年，学会评选出“真空科学与技术硕士生奖学金”及“真空科学硕士、博士优秀论文奖学金”共 10 名。评选出“中国真空科技成就奖”和“中国真空科技青年创新奖”共 3 名，并在第 18 届国际真空大会的开幕式上进行了颁奖。

8 月 20 ~ 22 日，学会在北京承办了由国际真空科技与应用联合会主办的国际真空联合会（IUVSTA）第 109 次执行委员会会议（ECM109）。来自 31 个国家的专家、学者 60 人参加了会议。

8 月 29 ~ 31 日，中国真空学会联合德国真空学会、中国真空网和上海真空学会举办的中德国际学术研讨会（AVT2010）在上海华东师范大学召开，德国真空学会理事长 Frank Richter 博士率团参加。来自中国、德国、新加坡、日本等国的专家、学者共 100 余人出席会议。

9 月 10 ~ 12 日，2010 年纳米、表面和 Graphene 科学与技术全国会议在南京大学举行，会议由中国真空学会纳米与表面科学与技术专业委员会主办。来自全国的 200 多名专家、学者及来自日本、韩国、新加坡、加拿大和中国香港特别行政区的 7 位专家、学者作了大会报告。近 40 位国家杰出青年基金获得者、长江学者入选者和 10 余位教授作了邀请报告。

【第 18 届国际真空大会】

8 月 23 ~ 27 日，学会承办的第 18 届国际真空大会在北京召开，来自 76 个国家的 1600 余名专家、学者参加了大会。

国际真空大会每 3 年举办一次，是国际真空联合会组织的全球真空科技水平最高、参加会议人数最多的大型国际真空学术会议。大会在真空领域的学术交流，产业展览，国际合作等方面都取得了丰硕的成绩，展示了我国在纳米科技、电子、光电子材料及工艺等真空科技领域的突出成就。

国际纳米科技会议（ICN + T2010）、第十四届固体表面国际会议（ICSS - 14）、第五届亚澳真空与表面会议（VASSCAA - 5）也与大会同期召开。

中国自动化学会

2010 年，中国自动化学会把党组织建设列入学习实践活动的一项重要任务。1 月 13 日，中国自动化学会（秘书处办事机构）党支部正式成，为在学会工作中充分发挥党员的先锋模范作用和党支部的战斗堡垒作用，创立了坚实的平台。

钱学森先生是中国自动化学会的创始人，2010 年 6 月，为响应中央关于深入学习钱学森精神的号召，中国自动化学会九届三次常务理事会通过了《深入学习宣传钱学森精神，为推动自动化学科发展做贡献》的决定。9 月，由中国自动化学会主办、西安交通大学承办的钱学森教育思想研讨会系列活动在西安交通大学举行。10 月 15 日，模式识别与机器智能专业委员会在北京举办了钱学森近年对科学的伟大贡献与智能搜索研讨会。

2010年，中国自动化学会组织国内学术交流活动共29次，共有4302人次参加，交流论文报告2821篇。

4月8日，第五届中国自动化产业世纪行活动在北京举行，主题为“积聚、融合、超越”，旨在以“公正、公平、公开、专业”的原则全面展现2009年中国自动化产业的成就。近200位引领中国自动化产业发展的专家、企业高层、媒体人员齐聚一堂展开交流与探讨，中国科学院院士、中国自动化学会理事长戴汝为等出席活动并致辞。

6月2日，AUTOMATION SHANGHAI 2010第十四届国际工业自动化与控制技术展览会暨第十四届中国国际传感器、测试测量展览会在上海市开幕。中国科协书记处书记冯长根、中国自动化学会理事长戴汝为院士出席了开幕式，开幕式由中国自动化学会理事长孙优贤院士主持。

7月18~20日，由中国自动化学会机器人竞赛工作委员会、机器人世界杯足球锦标赛中国委员会、科学技术部高技术发展研究中心和内蒙古自治区鄂尔多斯市人民政府主办，内蒙古鄂尔多斯市康巴什新区管理委员会、内蒙古大学鄂尔多斯学院和鄂尔多斯职业学院承办的2010中国机器人大赛暨机器人世界杯足球锦标赛公开赛在内蒙古自治区鄂尔多斯市举行。900多支队伍约1800人参加了大赛活动。

7月17日，由中国自动化学会集成自动化技术专业委员会主办，同济大学电子与信息工程学院承办的首届全国集成自动化学术会议在同济大学召开。同济大学副校长陈小龙致欢迎词，中国自动化学会理事长孙优贤院士代表中国自动化学会致贺词，集成自动化技术专业委员会主任吴启迪教授讲话。论文作者、相关专家以及研究生共100多人参加了会议。

7月24~25日，全国第十四届空间及运动体控制技术学术会议在四川省召开，会议由中国自动化学会空间及运动体控制专业委员会、中国宇航学会空间控制专业委员会、空间智能控制技术国家级重点实验室和航天五院科技委控制与推进技术专业组联合主办，30个大专院校和科研院所的109位专家、学者参加了会议。会议由空间及运动体控制专业委员会主任刘良栋研究员主持，共收到论文摘要投稿155篇，经专家审定，收录到会议论文集110篇，会议分两个组共计8个单元进行了学术交流，交流论文76篇。

7月29~31日，第29届中国控制会议（CCC'10）在北京召开。会议由中国自动化学会控制理论专业委员会主办，北京理工大学承办。中国科学院数学与系统科学研究院陈翰馥院士任本届会议总主席。会议开幕式由大会程序委员会协主席陈杰教授主持，中国科协书记处书记冯长根、中国自动化学会理事长戴汝为院士、中国科学院数学与系统科学研究院院长郭雷院士出席了开幕式。参会人员达1200余人。会议共收到投稿论文2633篇，1191篇论文被第29届中国控制会议论文集收录。

8月7~8日，第二十一届中国过程控制会议在浙江省杭州电子科技大学召开。大会由中国自动化学会过程控制专业委员会主办，中国工程院院士、东北大学柴天佑教授担任本届会议程序委员会主席，杭州电子科技大学校长薛安克教授担任本届会议大会组委会主席。来自海内外过程控制领域的320余位专家、学者出席了会议，本届会议共收到投稿论文554篇。

8月7~8日，由中国自动化学会智能自动化专业委员会主办，北京科技大学承办的自主系统智能控制专题研讨会在北京召开。出席会议的专家、学者共50余人。会议安排了7个特邀专家报告，12个专题研讨报告。

8月6~10日，由中国自动化学会系统仿真专业委员会和中国系统仿真学会仿真技术应用专业委员会联合主办的2010系统仿真技术及其应用学术年会在吉林省长春市召开，来自全国各地的专业委员会委员、高等院所的专家学者及论文作者共75人出席了本次年会，年会的主题是“发展仿真科技，促进自主创新”。会议收到论文203篇，录用150篇，编辑出版了论文集《系统仿真技术及其应用》第12卷，大会评选出优秀论文40篇。

8月5日，首届全国技术过程故障诊断与安全性战略研讨会在浙江省杭州电子科技大学召开，会议由中国自动化学会技术过程故障诊断与安全性专业委员会主办。专委会部分委员共计20余人参加了研讨会，会议由专委会主任委员周东华教授主持。

8月5~8日，中国自动化学会代表团赴港进行科技交流活动。代表团参加了由营运工程师学会香港分会主办的国际节能减排、推动绿色、智能为特征的屋宇设备发展技术会议，戴汝为理事长作了题为《节能环保实现自然与社会和谐，体力、脑力自动化促进人类发展完善》的大会主题报告。

9月28日，钱学森教育思想讨论会在西安交通大学举行，活动由中国自动化学会主办。中国自动化学会理事长戴汝为院士、搜索引擎Yebol公司创始人、CEO尹红风博士分别在讨论会上作主题报告，300余人参加报告会。

10月28日，2010中国国际远程测控系统与RTU技术发展应用高峰论坛在北京举行，近200位来自自动化领域的专家学者、生产制造商、系统集成商、设计院工作者和最终用户参加了论坛。

10月21日，由中国自动化学会和模式识别国家重点实验室主办，重庆大学计算机学院承办的2010年全国模式识别学术会议（CCPR2010）在重庆大学召开。来自全国的专家、学者近200人参加了会议。在大会开幕式上，中国科学院院士、IFAC Fellow、中国自动化学会理事长戴汝为教授被大会授予“中国模式识别科技终身成就奖”。

2010年6月，中国自动化学会与中国宇航学会共同实施的“杨嘉墀科技奖”，完成了第一届的评奖活动。北京控制工程研究所的胡军研究员和东北大学教授柴天佑院士获得一等奖，二等奖分别由上海交通大学李少远教授、清华大学张学工教授和中国科学院自动化研究所侯增广研究员获得。

4月，中国自动化学会副理事长兼秘书长王飞跃研究员在美国圣路易斯召开的美国电气电子工程师协会智能交通系统大会上荣获智能交通应用杰出成就奖

7月，中国自动化学会理事长戴汝为院士被选举为国际自动控制联合会会士（IFAC Fellow），以表彰他在所研究的科学领域中做出的非凡成就和卓越贡献。

学会电气自动化专委会在上海市举办国内风电技术的进展及检测学术交流会的同时，开展决策咨询专家论坛活动，针对风电、光电逆变器技术专题，高压、低压变频器专题，变频器与电动机节能新技术及市场应用推广等问题，向政府及有关单位和部门提供决策咨询报告3篇，受理科技工作者来信来访5件。

10月23日，学会在中国科技馆为广大科普爱好者做了《我所知道的钱学森》的专题报告。在全民科普日期间活动，学会策划并实施“节能减排”科普活动，展示自动化领域先进成果，邀请专家学者作了题为《节能减排、生态文明》、《变频节能技术》和《变频节能、低碳生活》三场专题报告，参与科普活动的科技工作者25人，活动受众达1000余人。

2010年，学会定期主办了2010中国国际系统仿真技术大会暨展览会、第十一届西南地区自动化及仪器仪表国际展览会、第十四届国际工业自动化与控制技术展览会暨第十四届中国国际传感器、测试测量展览会等活动，参观人数达2万人次。

学会各分支机构举办了12期各种专项技术培训班、继续教育工程研讨班等。教育工作委员会组织召开了中国自动化教育学术年会、全国高校自动化系（学院）主任（院长）会议等，围绕自动化学科发展战略、自动化专业教学质量评估和自动化专业系列教材建设等问题深入讨论，向教育主管部门献计献策，组织编写了《全国高等学校自动化专业系列教材》等。2010年，学会启动了第五批自动化系统工程师认证试点工作。8月，学会理事长戴汝为率中国自动化学会代表团赴香港与英国营运工程师学会进行双边专业技术合作交流，并签订了《中国自动化学会与英国营运工程师学会合作意向书》。

2010年，中国自动化学会设立在各省（直辖市、自治区）的省市级学会共25个，筹建中的省级学会3个（内蒙古自治区、青海省、甘肃省），分支机构和工作机构共31个（其中专业委员会24个、工作委员会7个），现有全国会员26272人，团体会员约400余个。

6月2日，中国自动化学会首批会士在第九届三次常务理事会上获得通过。28人获得首批中国自动化学会会士资格，其中院士17名，11人在国际有关学术组织中任Fellow职务。

【第一届杨嘉墀科技奖】

3月31日，第一届杨嘉墀科技奖评审会在北京举行，经专家评审委员会严格评审，第一届杨嘉墀科技奖揭晓，5位科学家获得第一届杨嘉墀科技奖殊荣。一等奖获得者为北京控制工程研究所胡军研究员和东北大学教授柴天佑院士，二等奖获得者为上海交通大学李少远教授、清华大学张学工教授和中国科学院自动化研究所侯增广研究员。

6月2日，第一届杨嘉墀科技奖颁奖仪式在上海市举行。中国科协书记处书记冯长根，中国自动化学会理事长戴汝为院士、孙优贤院士及杨嘉墀先生家人出席了颁奖仪式。颁奖仪式由中国自动化学会副理事长、秘书长王飞跃研究员主持。中国科协书记处书记冯长根和中国自动化学会理事长戴汝为院士等领导和中国航天部门有关领导向首届杨嘉墀科技奖获奖者颁奖。

【首批会士产生】

6月2日，中国自动化学会首批会士在上海市召开的第九届三次常务理事会上获得通过。28名院士和专家获得首批中国自动化学会会士资格。他们是：宋健、吴宏鑫、李衍达、张钹、陈翰馥、郭雷、黄琳、戴汝为、王天然、王玉普、刘玠、孙优贤、吴澄、郑南宁、徐扬生、柴天佑、黄瑞松、王飞跃、田捷、刘德荣、李子青、唐远炎、曹希仁、黄捷、程代展、熊范伦、管晓宏、谭铁牛。

中国自动化学会试行会士制度，是根据中国自动化学会第九次全国会员代表大会通过的《中国自动化学会章程》和《中国自动化学会会员条例》有关规定，为充分发挥自动化领域专家作用，加强国际学术交流与合作而产生的会员管理形式。获得中国自动化学会首批会士

资格的28位科学家，有17位是院士，11位在国际有关学术组织中任Fellow，他们在自动化科学中从事的学科理论与方法、技术与系统、工程与应用的研究及实践所做出的成绩和贡献被社会所公认。

【戴汝为院士荣获国际自动控制联合会会士称号】

2010年7月，中国自动化学会收到国际自动控制联合会（IFAC）秘书处发来的邮件，中国科学院院士、中国科学院自动化研究所研究员、中国自动化学会理事长戴汝为因在自动控制、模式识别、复杂系统等领域的开创性工作和杰出贡献，当选为2010年国际自动控制联合会会士（IFAC Fellow）。8月，在意大利米兰召开的国际自动控制联合会会议上举行了国际自动控制联合会会士授奖仪式，国际自动控制联合会主席Alberto Isidori为戴汝为院士颁授奖项。

20世纪50年代，戴汝为在钱学森回国之初即追随其学习研究工程控制论，是钱学森《工程控制论》的主要翻译者。他还是我国模式识别研究的开创者。20世纪90年代，戴汝为与钱学森、于景元一起，发表了《一个科学新领域——开放的复杂巨系统及其方法论》，开创了人机结合、综合集成和从定性到定量的研讨方法，在国际复杂系统研究中独树一帜。

【戴汝为院士荣获“中国模式识别科技终身成就奖”】

10月21日，在重庆大学召开的2010年全国模式识别学术会议开幕式上，中国科学院院士、IFAC Fellow、中国自动化学会理事长戴汝为教授被大会授予“中国模式识别科技终身成就奖”。

在中国，戴汝为院士在“模式识别”研究和发展的领域中，不仅是研究的组织者和开拓者，而且还做出了重要的贡献。

20世纪70年代初，戴汝为院士在中国最早将“Pattern Recognition”翻译为“模式识别”四个字，80年代初，被国务院学位委员会直接批准为我国第一位“模式识别学科”博士生导师。戴汝为院士系统地提出了模式识别学科并组织开展研究，把“统计模式识别”与“句法模式识别”有机地结合起来。他提出的新的“语义、句法模式识别方法”在应用领域成为“汉王”核心技术的理论基础，并荣获了“国家科学技术进步一等奖”。当今，“语义”研究已经成为信息领域重要的课题，对于“智能化”起到画龙点睛的作用。

【自动化领域三位科学家荣获“全国优秀科技工作者”荣誉称号】

2010年，中国自动化学会向中国科协推荐的中国科学院院士、中国科学院数学与系统科学研究院研究员陈翰馥，中国科学院自动化研究所研究员田捷，国防科技大学教授李旭东三位科学家，均荣获“全国优秀科技工作者”荣誉称号。

陈翰馥，中国科学院院士、第三世界科学院院士、IEEE Fellow、IFAC Fellow，长期专注于系统控制领域的关键科学问题及其应用研究，在随机系统的辨识和适应控制、随机逼近及其在系统、控制及信号处理中的应用研究等方面做出了突出贡献，先后两次获国家自然科学三等奖，曾任IFAC执委会委员、中国自动化学会第六、第七届理事会理事长等，为推动我国控制理论及其应用的发展、提升我国在国际控制界的影响和地位做出了杰出贡献。

田捷研究员是2006年度和2011年度新立项的两任“973”项目首席科学家，2002年度国家自然科学基金杰出青年基金获得者以及中国科学院百人计划入选者，IEEE Fellow。田捷研究员主要从事以医学影像分析与处理方向的研究与应用工作。面向国家关于生命健康的重大需求，其在分子影像关键技术研究以及面向肿瘤和药物研发的应用方面，先后获得两次国家科技进步二等奖，及2010年度国家技术发明二等奖（已通过评审委员会评审）。

李东旭教授长期专注于载人航天领域和卫星技术领域的关键问题研究，在大挠性空间桁架结构动力学分析与模糊振动控制、挠性航天器结构动力学等方面做出了突出贡献，先后荣获国家技术发明奖二等奖、国家科技部“国家‘863’重大贡献奖”和中国人民解放军“全军优秀教师育才奖”等多个国家及省部级奖项。目前，他担任载人航天领域总体专家组专家以及解放军总装备部卫星技术专业组总体组专家等，为推动中国控制理论和应用以及航天事业的发展做出了杰出贡献。

12月25日，在中国自动化学会理事长工作会上，学会理事长戴汝为院士为获奖的三位科学家颁发了奖章和荣誉证书。

【2010中国国际远程测控系统与RTU技术发展应用高峰论坛】

10月28日，由中国自动化学会主办，中国仪器仪表行业协会、中国计算机行业协会、全国工业过程测量和控制标准化技术委员会、全国机械安全标准化技术委员会协办的2010中国国际远程测控系统与RTU技术发展应用高峰论在北京举行。

论坛主题为“以可靠、智能、绿色——制造业转型下的远程测控系统”。中国自动化学会理事长、中国科学院院士戴汝为，本届论坛主席、中国自动化学会副理事长、中国科学院院士吴宏鑫出席论坛并致辞。近200位来自自动化领域各个行业的专家学者、生产制造商、系统集成商、设计院工作者和最终用户参加了本届论坛。

上海工业自动化仪表研究院彭瑜教授、霍尼韦尔（中国）有限公司自动化控制系统部技术专家金奇、北京安控科技股份有限公司总工程师卢铭、ABB中国石化部油气业务销售经理刘艳明、艾默生过程控制有限公司公用事业部市场支持经理王军、中国仪器仪表行业协会现场总线专业委员会卞正岗教授、贝加莱工业自动化（上海）有限公司市场部经理宋华振、SIXNET中国代表处技术总监王运等以《SCADA系统发展中的几个问题》、《RTU在石油天然气管道SCADA中的应用》、《安控科技系列RTU产品的发展与应用》、《SCADA vantage TM在油气领域的应用》、《市政SCADA与RTU应用》、《关于远程测控系统——SCADA和RTU》、《贝加莱产品在SCADA系统中的应用》、《SIXNET RTU及其在SACDA系统的典型应用》为题作了学术报告。

大会现场还特别设置了RTU产品的展示区域，在与会者和厂商之间创造了良好和直接的沟通平台。

中国仪器仪表学会

2010年，中国仪器仪表学会科学技术奖评出科技一等奖2项，科技二等奖2项，科技创新奖13项，科技成果奖20项，以及优秀产品奖32项。其中一等奖分别由青岛高校软控股份有限公司和江苏伟屹电子有限公司获得。

2010年，54名学生获得仪器仪表奖学金，其中特等奖2名（浙江大学、中国计量学院），一等奖12名，二等奖40名。截至2010年，学会共举办了19届仪器仪表奖学金授予仪式，共计914名学生获奖，发放奖金100多万元。

2010年，学会向中国工程院推荐的学会常务理事王健荣获“光华工程奖青年奖”。

5月22～25日，由中国仪器仪表学会电子测量与仪器分会组织的第三届国际自动化测试与仪器仪表学术会议（ISTAI’2010）在福建省厦门市召开，主题为“测试技术的革新——智能化、网络化、集成化”。来自俄罗斯、美国、加拿大、日本、韩国、德国、中国等9个国家和地区的约200人参加了会议。会议共收到论文600余篇，录用了320篇并编成大会论文集，ISTP全文收录。

7月28～30日，由中国仪器仪表学会办公自动化分会承办的办公自动化国际学术研讨暨展览会在北京召开，主题为“低碳OA”。研讨会邀请到英国、秘鲁、墨西哥、智利等国专家、学者参会。

8月23～24日，由中国仪器仪表学会主办，中国仪器仪表学会青年工作委员会、河北省仪器仪表学会和东北大学秦皇岛分校联合承办的中国仪器仪表学会第十二届青年学术会议在河北省秦皇岛市召开，65位专家、学者参加了会议。会议共收到论文72篇，刊登在《仪器仪表学报》2010年增刊上，论文集共收录论文60篇，评选出优秀论文8篇。

9月17～20日，由中国仪器仪表学会嵌入式仪表及系统技术分会承办的2010生命系统建模仿真暨可持续能源与环境中的智能计算国际学术会议在江苏省无锡市召开，来自15个国家和地区的255名专家、学者出席了会议。会议共收到来自23个国家和地区的论文800余篇，260篇论文被录用，全部在国际著名的施普林格（Springer）出版社学术期刊上不定期发表。

9月25～27日，由中国仪器仪表学会医疗仪器分会主办的2010年两岸四地生物医学学术年会在福州大学召开。来自海峡两岸四地的70多名专家、学者参加了会议。

10月16～18日，由中国仪器仪表学会仪表材料分会、重庆仪表材料研究所等单位联合主办的第七届中国功能材料及其应用学术会议在湖南省长沙市召开。中国材料科技界的16位院士为大会题词，9位中国科学院、中国工程院院士参会，来自国内外专家学者、企业家共1100余人出席了大会。

10月25～27日，由中国仪器仪表学会电磁测量信息处理仪器分会与全国电工仪器仪表标准化技术委员会共同举办的2010年第二十一届电磁测量技术、标准、产品国际研讨展会在北京召开。400多位专家、学者出席了会议。会议主题为“提速关键标准制定，加强行业技术引领”。

11月，学会承办了2010年在福建省福州市举办的中国科协年会第11分会场。会议主题为“全球气候变化背景下的气象水文海洋观测技术研讨会”，探讨了全球气候变化背景下的气象水文海洋观测新理论、新方法和新技术及新的仪器装备等问题。

学会副理事长张钟华院士担任分会场主席，空军装备研究院少将王汉杰、空军装备研究院气象防化研究所所长张建国、中国气象局大气探测中心主任李柏、福建省气象局副局长魏应植等专家、学者在分会上作了学术报告。

159位专家、学者出席了会议。会议收录论文70篇，分会场论文集收录74篇，评选出优秀论文10篇，会议上交流论文18篇。

【2010 多国仪器仪表学术会议暨展览会】

9月6~9日，中国仪器仪表学会主办的2010多国仪器仪表学术会议暨展览会在北京举行。本届展览会启用了全新的场馆，场馆位于北京国家会议中心，展览面积达3万平方米，近600家中外企业参展，全球22个国家和地区以及来自全国30个省、自治区、直辖市的观众参加了展览会。

多国仪器仪表学术会议用户大会作为2010多国仪器仪表学术会议暨展览会的主打会议，是本届展会的一个亮点。多国仪器仪表学术会议用户大会是学会为提高学术地位，强化行业作用，实现产、学、研、用一体化目标而举办的大会。大会由高峰论坛、专题报告、对话与专访等多种形式组成。科学技术部、中国船舶重工集团、国家核电技术公司等单位的专家、学者分别在大会上作了《科学仪器创新发展》、《为实现建设世界第一造船强国大国目标而努力》、《合作共赢携手推进三代核电自主发展》等众多资讯性强的专题报告。

【2010 中国仪器仪表学术、产业大会】

11月10~11日，中国仪器仪表学会主办的2010中国仪器仪表学术、产业大会（CIC大会）在北京召开。大会主题是“测控技术推动战略性新兴产业”，参会专家、学者549余人。

中国仪器仪表学会名誉副理事长金国藩院士、中国仪器仪表学会理事长庄松林院士、中国机械工作联合会执行副会长宋晓刚、中国仪器仪表学会名誉副理事长陆廷杰教授、名誉副理事长周兆英教授等出席了会议。大会由学会副理事长兼秘书长吴幼华主持。学会理事长庄松林院士致开幕辞。

大会设立了仪器科学与技术学科院长论坛、自动化测量技术论坛、科学仪器论坛、未来趋势论坛4个专题论坛和1个学术与产业界互动交流论坛。

余贻鑫院士、刘韵洁院士、复旦大学鲍敏杭教授、程京院士、吴澄院士等分别以《智能电网基本理念和技术组成》、《物联网的发展与展望》、《现代传感器技术、应用与发展》、《临床分子诊断系统的设计与开发》、《工业信息化、自动化的现状、问题及未来20年》为题作了大会报告。

【振兴上海市仪器仪表与控制系统产业研讨会】

3月，中国仪器仪表学会根据上海市市委书记俞振声的多次批示，联合上海市经济和信息化委员会在上海市共同举办了振兴上海市仪器仪表与控制系统产业研讨会。全国自动化与测量控制系统和科学仪器领域的多位院士、专家以及仪器仪表界的知名企业家参加了研讨会。

研讨会通过专题研讨、重点座谈等形式，共同探讨上海地区如何在新的经济形势下，加速与国内外仪器仪表院校及科研院所的合作，提高测量控制与仪器仪表产业自主创新能力，从而吸引更多海内外高水平的企业、人才投身上海，共同推动上海市测量控制与仪器仪表产业的再度振兴。

研讨会围绕工业自动化仪表、科学仪器、光学仪器、计量仪器、医疗仪器、航空航天测控技术、传感器、电工仪器等技术的发展，企业新技术引进和资本融合等专题展开研讨。

【辽宁省仪器仪表学会成立大会暨2010’辽宁（丹东）仪器仪表产业基地发展高峰论坛】

10月，学会联合辽宁省丹东市委、市政府和辽宁省科协，在辽宁省丹东市共同举办了辽宁省仪器仪表学会成立大会暨2010’辽宁（丹东）仪器仪表产业基地发展高峰论坛。来自辽宁省各地及丹东市科技界、产业界的专家、学者300多人参加了会议。

学会理事长庄松林院士和副理事长、天津大学胡小唐副校长在大会上作了主题报告。报告内容涉及仪器科学的发展现状与趋势、仪器仪表人才培养战略等。

学会还组织了企业座谈会和仪器仪表产业基地巡视考察。2010年，辽宁省丹东仪器仪表产业基地已经初具规模，已有220家企业入驻，并建成了一个现代化研发大楼和一个仪器仪表学院。

中国计量测试学会

2010年4月，亚太法制计量论坛（APLMF）燃气表计量技术法规培训班在重庆市举办。研讨班由国家质量监督检验检疫总局国际司和计量司主办，中国计量测试学会、重庆市质量技术监督局、重庆市计量质量检测研究院承办。来自中国、新加坡、马来西亚、菲律宾、泰国、越南、印度尼西亚、蒙古、巴布亚新几内亚等10个国家和地区的60多名计量技术人员参加了培训班。

5月，第53届国际测量技术联合会（IMEKO）在斯洛文尼亚召开。学会秘书长王顺安作为第53届国际测量技术联合会总理事参加了会议。会议讨论了2015年召开的第21届国际测量技术联合会世界大会申办事项。

5月，学会在江西省南昌市召开了纪念5.20世界计量日十一周年暨低碳经济、质量安全与计量保障研讨会。来自全国各地计量领域的150多位专家、学者参加了会议。国家质量监督检验检疫总局计量司副司长刘新民等出席会议。会议对2010年全国先进个人会员进行了表彰。“5.20”世界计量日期间，学会和修正药业集团主办的中国度量衡研讨会暨修正展览馆度量衡展在吉林省通化市举行，40多位专家、学者参加了活动。本次度量衡展绝大多数展品都是第一次向公众展示，既有重达180千克的石质秤砣，也有纤细精巧的微型古权，其中不乏价值连城、全国罕见的古权实物。展品对于全方位了解我国度量衡的发展历史和各历史时期的律制都具有重要意义，也为国内外专家学者研究度量衡发展历史提供了实物依据。修正药业展览馆度量衡馆藏品丰富，内容系统全面，其藏品之全在全国绝无仅有，是研究我国各时期律制乃至东亚各国历史经济交流与发展的重要依据。

6月，容量计量专业委员会在江西省景德镇市召开了全国容量计量学术交流会暨换届会议。会议完成了第六届容量计量专业委员会的换届选举工作。来自全国科研院所、大专院校以及企事业单位的87名专家、学者参加了会议。会议收到论文30余篇，大会上宣读和交流论文12篇，25篇论文收录论文集。

学会接待了台湾计量工程学会代表团，到广东省广州市、深圳市等地参观广州市计量科学研究院、深圳市计量质量检测技术研究院，并协商了第八届海峡两岸计量研讨会有关事项。10月，应台湾计量工程学会邀请，大陆计量访问团赴台湾参加了第八届海峡两岸计量与质量学术研讨会、流量技术委员会年会、海峡两岸计量管理制度及业者座谈会、海峡两岸计量名词术语研讨会。

学会与国际测量与仪器委员会（ICMI）共同发起组织的第六届精密工程测量与仪器国际学术研讨会（ISPEMI 2010）8月在浙江省杭州市举办。到会专家、学者约260人，其中境外专家、学者约60人。会议共收到论文637篇，收录论文266篇。

在国家国防科技工业局科技与质量司与中国船舶重工集团公司的指导下，由国防科技工业微电子一级计量站、武汉数字工程研究所、中国计量测试学会联合主办的国际微电子计量与测试技术研讨会（CMMT2010）9月在湖北省武汉市召开。会议的主题是“推动微电子计量与测试技术国际协作”，来自美国、德国、韩国以及中国大陆、台湾地区、香港特别行政区等多个国家和地区的125名专家、学者参会。会议收到论文48篇，录用37篇。

学会组织工作委员会和学术工作委员会在安徽省黄山市联合召开了组织工作委员会六届三次和学术工作委员会六届一次工作会议，来自全国各地的48位委员和会员参加了会议。

由中国计量科学研究院主办、中国计量测试学会和中国分析测试协会共同协办的2010北京国际标准物质研讨会在北京召开。来自世界各地的200多名专家、学者参加了会议。研讨内容涉及化学计量与标准物质发展的最新趋势和最前沿领域等。

2010年，《计量学报》采用了升级版的编辑排版软件，提高了编辑排版的质量和速度。4月《计量学报》召开了第六届编辑委员会会议，产生了新一届编辑委员会委员。2010年，《计量学报》平均发行量为每期2000册，与历年基本持平，共刊登论文125篇。全年共收到稿件230余篇，比2009年减少约50篇，所刊登的论文被美国ELSEVIER《Scopus》数据库、中国核心期刊（遴选）数据库、中国期刊全文数据库等国内外10多种知名数据库或检索性期刊收录。

2010年，学会出版《会讯》5期，共刊发各类文章36篇。其中法律法规10篇，科技信息26篇，总计约36万字。学会全年向大陆和港澳会员及团体会员单位发送《计量学报》、学会《会讯》、《国际计量动态》和《标准物质简讯》等刊物和资料3万多份，协助高级会员及会员单位在各类刊物上发表学术文章72篇，为团体会员单位提供国家最新发布的标准6份。

学会组织编写了标准物质目录，截至2010年6月底，共收录国家一级标准物质1686种，国家二级标准物质4096种。组织编写了有关标准物质的培训教材，内容涉及标准物质的法律法规、管理办法、技术规范，介绍了标准物质的分类、分级、溯源体系、用途及在质量控制过程中的作用，定值数据的统计处理，测量不确定度的评定与表示，标准物质的分析方法选择，使用中应注意的事项及应用技术等。

学会完成了《带温带压堵漏工》职业技能鉴定教材的编写和终审工作，已交付出版社出版，完成了食品检验工教材中的乳品及制品分教材初审工作和微生物检验教材的修订工作，参与了国家质量监督检验检疫总局“十二五”人才规划中质量技术监督行业高技能人才队伍建设部分的编写工作。完成了成立玻璃分析检验技术专业委员会的初审材料，目前已通过国家民政部初审。

2010年，学会受国家质量监督检验检疫总局计量司委托，承担了全国计量技术法规的审查工作，全年共接收各种计量技术法规草案66项，审查完毕并上报国家质量监督检验检疫总局计量司55项（其中2010年40项，2009年15项）。

学会下属的“中启计量体系认证中心”统一实施全国的测量管理体系认证工作，同时承担全国测量管理体系审核员培训工作。2010年，中心共审定AAA认证企业144家，AA认证企业175家，A认证企业174家，共计

493 家。

为宣传贯彻 ISO1002 标准、GB17167－2006 标准，使企业对测量管理体系和能源计量更加了解，帮助企业应用测量管理体系和管理手册和程序文件。2010 年，学会举办测量管理体系外审员培训 6 次，培训审核员 322 人。组织内审员培训班 8 次，培训内审员 604 人。各分中心直接培训内审员 1120 人。

为了更好地推广 ISO10012 国际标准，学会组织专家开发了“测量管理信息系统”软件，并在内审员培训中，为企业学员进行了软件的使用培训。

学会举办了考评人员、质量督导员培训考核，培训考评人员共计 105 人，其中考评员 72 人，高级考评员 33 人，培训质量督导员 11 人。

2010 年鉴定工作较 2009 年有所增加，发证 38030 人次。为加强从事计量、检验高技能人才队伍培养，学会组织开展了食品检验职业高级技师技能鉴定的试点工作，高技能人才取证 27219 人，其中技师取证 882 人。

9 月，学会协助国家质量监督检验检疫总局计量司在浙江省杭州市召开注册计量师资格考试命题事项以及“十二五”规划子项目研讨会。10 月，学会协助国家质量监督检验检疫总局计量司在福建省福州市召开了标准考核和人员考核及注册计量师工作座谈会。

2010 年，学会在全国举办了 6 次检测和校准数据控制培训班，参加人员有 242 人。

2010 年学会团体会员单位有所增加，总数为 460 多家，比 2009 年增加了 80 多家。

【纪念 5.20 世界计量日十一周年暨低碳经济、质量安全与计量保障研讨会】

2010 年 5 月，中国计量测试学会在江西省南昌市召开了纪念 5.20 世界计量日十一周年暨低碳经济、质量安全与计量保障研讨会。国家质量监督检验检疫总局计量司副司长刘新民及来自全国各地计量领域的 150 多位专家、学者加了会议。

大会进行了学术研讨与交流。国家质量监督检验检疫总局韩建平处长做了题为《国际计量发展与分析》的大会报告。报告从科学计量的发展、法制计量的发展、我国参加的国际计量合作项目、国家计量体系的评价等四个方面，阐述了国内外计量工作的现状与发展。中国计量学院张树生教授做了题为《低碳经济与计量保障》的大会报告。报告从什么是低碳经济、低碳经济的形成和发展、新能源技术与能源发展战略、发达国家的低碳经济法规与碳交易、低碳经济的计量保障等五个方面讲述了计量在国家低碳经济和新能源发展战略方面的重要作用。

【第六届精密工程测量与仪器国际学术研讨会】

8 月，学会与国际测量与仪器委员会（ICMI）共同发起召开的第六届精密工程测量与仪器国际学术研讨会（ISPEMI 2010）在浙江省杭州市举办。与会专家、学者约 260 人，其中境外学者 60 人。会议共收到论文 637 篇，收录论文 266 篇。

德国联邦物理研究院（PTB）首席科学家、精密工程部部长海尔德·布斯教授，澳大利亚科学院与工程院院士、澳大利亚斯威本大学副校长、著名多维光存储技术专家顾敏教授等 8 位世界知名学者到会作特邀报告。会议研讨内容涉及仪器科学理论与方法、仪器与系统、超精密传感技术、先进光学加工与测量技术、微/纳制造与测量技术、生物医学光学与仪器、激光测量技术与仪器和光电仪器技术等仪器学科领域重大热点问题。会议共组织了 16 个分会，口头报告 84 篇，其中专题邀请报告 21 篇，张贴报告 182 篇。

【亚太法制计量论坛（APLMF）燃气表计量技术法规培训班】

4 月，亚太法制计量论坛（APLMF）燃气表计量技术法规培训班在重庆市举办。研讨班由国家质量监督检验检疫总局国际司和计量司主办，中国计量测试学会、重庆市质量技术监督局、重庆市计量质量检测研究院承办。来自中国、新加坡、马来西亚、菲律宾、泰国、越南、印度尼西亚、蒙古、巴布亚新几内亚等 10 个国家及地区的 60 多名专家、学者参加了培训班。

加拿大计量局 Steve Clyens 先生和 Brad Pavlove 先生在培训班上授课，就燃气表中计量控制要求、法定单位及其检定、气表及计量应用、气表型式批准、气表检测仪器及标准和测试设备等内容进行了讲解。中外专家、学者结合各自国家和地区燃气表行业的情况进行了研讨和交流。培训班还安排学员进行了现场操作。

【全国容量计量学术交流会暨换届会议】

6 月，中国计量测试学会容量计量专业委员会在江西省景德镇市召开了全国容量计量学术交流会暨换届会议。来自全国各地的科研院所、大专院校以及企事业单位的 87 名专家、学者参加了会议。

会议进行了容量计量专业委员会第六届委员会换届选举。选举产生了新一届容量计量专业委员会主任委员、副主任委员、秘书长、副秘书长。

大会进行了容量计量技术的研讨与交流，收到论文 30 余篇，大会上宣读和交流论文 12 篇，25 篇论文收录论文集。会议还安排了容量计量仪器设备的展示与交流，就

"三维激光扫描仪"等高新设备进行了现场操作和讲解。

中国标准化协会

2010年10月9日，中国标准化协会在北京召开了第七次全国会员代表大会暨七届一次理事会。大会选举李忠海为协会理事长，选举马林聪为秘书长。

12月1日，中国标准化杂志社在北京举行了重组揭牌仪式。重组后的中国标准化杂志社由中国标准化协会主办的《中国标准化》、《中国标准化》（英文版）和由中国标准化研究院主办的《标准科学》、《标准生活》和《术语标准化与信息技术》5本杂志组成。杂志社由国家质量监督检验检疫总局主管，中国标准化协会和中国标准化研究院共同主办。

协会在浙江省杭州市举办了第33届ISO/REMCO年会，来自46个国家和地区的近50位专家、学者出席了会议。协会与中国合格评定国家认可委员会（CNAS）和全国标准样品技术委员会共同主办的REMCO在中国——2010年标准样品国际研讨会在浙江省杭州市召开。来自英国、美国、德国和中国的130多位学者参加了会议。5月27日~6月1日，协会参加了在蒙古国乌兰巴托举行的第33届太平洋地区标准大会（PASC），来自蒙古国、澳大利亚、美国、加拿大、中国、日本等亚太地区20多个国家以及国际标准化组织（ISO）、国际电工委员会（IEC）、国际电信联盟（ITU）等国际组织及亚太计量规划组织（APMP）区域组织的80余位专家、学者参加了会议。国家标准化管理委员会副主任石保权率中国代表团参加了大会。

协会主办，上海国际可再生能源网和上海申正国际商务咨询有限公司承办的中国机动车轻量化技术、材料、标准高峰论坛6月22~23日在上海市举行。40多家科研机构、高校和企业的专家、学者参加了会议。

由国家标准化管理委员会主办，山东省标准化研究院、山东省标准化协会和中国标准化协会承办的第七届中国标准化论坛9月8~9日在山东省济南市召开。来自全国29个省、自治区、直辖市的400多名专家和数十名国际企业的学者参加了论坛。论坛主题是"实施标准战略，加快转变经济发展方式"。

作为中国科协会员活动日之一，协会在北京组织了提高能效、节能减排——推广变频电机的应用国际研讨会，共有120名协会会员单位人员参加。

2010年，中国标准化协会承接了中国科协科普专项活动工作组的转移交接工作，按照中国科协要求，拟定了2010年中国科协科普专项活动申报通知和指南。自2010年开始，"全国学会科普活动专项"工作的管理和宣传工作，由协会科普工作部承担，协会成立了中国标准化协会科普工作委员会负责该项工作。5月13日，协会召开了2010年全国学会科普活动专项项目评审会。对前期申报情况进行了汇报。

协会与全国校车高科技产业化委员会合作，12月28日在北京成立了中国标准化协会校车标准工作指导委员会，着手制定中国标准化协会校车标准，编写校车标准体系。

2010年，协会完成了《洁净室及相关受控环境》等6项国家标准制定并上报，承担了《海洋能资源调查与评估指南第7部分：海洋风能》的国家标准制定和"海洋风能"行业标准体系编制工作。

协会与瑞典标准化协会（SIS）开展了有关国家标准英文版制作工作。截至2010年底，中译英的国家标准共完成上报114个，其中37个标准已经出版发行。英译中的瑞典标准共完成58个，其中完成上报36个。

协会共完成了慈溪杨梅、镇江香醋等4项标准及剑南春酒修改单的报批工作，推荐了"金华火腿"和"安溪铁观音"2个项目申报2010年的中国标准化创新贡献奖。

全国原产地域产品标准化工作组2010年承担的质检行业公益性项目"地理标志产品标准化研究"经过项目组成员的努力和两年的工作，全面完成了项目规定的目标和任务，7月通过了国家质量监督检验检疫总局组织的验收。由全国项目管理标准化技术委员会秘书处、上海标准化研究院、现代卓越集团共同承担的质检公益性科研项目"项目管理国家标准体系构建及关键标准研究"，完成收尾验收。

2010年，协会完成了ISO14644和ISO14698系列国际标准转化为国家标准工作，完成《项目管理通用标准》、《国际工程项目管理》、《项目后评价实施指南》3项国家标准制修订项目计划的申报工作。其中《项目后评价实施指南》已经获得批准立项。

协会组织有关单位申报了《洁净室及相关受控环境 空气分子污染控制指南》、《洁净室及相关受控环境 空气过滤器应用指南》、《洁净室及相关受控环境 围护结构板材应用技术指南》3项国家标准，按计划编辑出版4期《洁净室技术标准化杂志》。协会与《中国标准化》杂志合作，组织编辑了《地理标志产品集锦——酒类篇》，以《中国标准化》杂志2010年增刊出版，约25万字。

2010年，协会共开展各类培训班22期，培训总人数近2000人。其中自办培训班11期，培训人数650余人，承担国家标准化管理委员会培训任务4期，培训500余人，与河南省工业和信息化厅、江苏省南京市标码技术与应用协会、攀枝花钢铁集团公司等共同举办培训班7期，培训人员800余人。完成了青岛南车四方机车车辆股份有限公司标准化咨询服务项目，2010年，该公司顺利通过4A级标准化良好行为验收确认工作。与河南省南阳市鸭河口发电有限公司签订了标准化良好行为咨询服务项目，已安排完成两次现场咨询服务工作。

2010年，中国标准化协会提高了会员服务质量和服务水平。中国标准化协会会员800会员服务专线（800－810－3000）2010年提供标准查询服务和标准代购服务累计12517次，比2009年度增长4%。截至2010年底，协会新发展和续签会员413家，包括中国标协理事6家，个人会员59人。

【第七次全国会员代表大会暨七届一次理事会】

10月9日，中国标准化协会在北京召开了第七次全国会员代表大会暨七届一次理事会。国家质量监督检验检疫总局党组成员、国家标准化管理委员会主任纪正昆，中国科协书记处书记冯长根，中国标准化协会理事长李忠海及来自国家质量监督检验检疫系统的专家、学者190余人参加了会议。大会选举李忠海为协会理事长，马林聪为协会秘书长。

中国标准化协会名誉理事长袁宝华为大会发来贺信，他在信中对中国标准化协会所取得的成绩给予了充分肯定。国家质量监督检验检疫总局党组成员、国家标准化管理委员会主任纪正昆在讲话中对协会的发展提出要求：第一，不断开拓创新，努力提高服务的有效性；第二，加强协会自身建设，进一步完善协会的管理机制；第三，把中国标准化协会办成培养标准化人才的基地。

中国科协书记处书记冯长根在讲话中强调，中国标准化协会是社会和国家创新体系的重要组成部分，承担着政府科技发展的重要职能，在加快经济增长方式转变，优化产业升级等方面发挥着重要的作用。

中国标准化协会理事长李忠海在大会上提出协会要开拓创新，拓展业务，加强自身建设，集中各方面的力量，开创中国标准化协会工作的新局面。协会秘书长马林聪作了第六届理事会工作报告，对5年来的主要工作进行了全面总结，提出了中国标准化协会未来工作发展方向及工作任务。

会议表决通过了第六届理事会工作报告和财务报告以及未做修改的《中国标准化协会章程》。

【中国标准化杂志社完成重组】

12月1日，中国标准化杂志社重组揭牌仪式在北京隆重举行。国家质量监督检验检疫总局副局长蒲长城、国家标准化管理委员会主任纪正昆、协会理事长李忠海、新闻出版总署报刊司副司长张泽青、中国标准化研究院院长王忠敏、副院长马林聪出席仪式并讲话。

蒲长城指出，重组整合的中国标准化杂志社要在标准化的宣传上进行创新，为全系统各项工作的宣传提供经验；要抓住机遇，打造品牌，扩大影响，成为国家标准化政策的权威解读者、标准化工作的权威宣传者及标准化新闻的权威发布者，并立足标准化工作，连接社会热点，搭建服务平台，不断加强典型报道、深度报道和系列报道，使五本杂志都形成各自的特点和风格。

纪正昆希望杂志社紧紧围绕中国经济社会发展的需求和国家标准化管理委员会的重点工作，继续肩负起宣传报道国家标准化方针政策、服务行业、服务企业、服务标准化工作者的重任，充分发挥专业媒体的作用，架起沟通上下、联系左右的桥梁，全景式报道中国标准化进程，成为中国标准化事业发展的忠实记录者、积极建言者、热情推动者和中国标准化界的龙头媒体。

重组后的中国标准化杂志社由原来中国标准化协会主办的《中国标准化》、《中国标准化》（英文版）和由中国标准化研究院主办的《标准科学》、《标准生活》和《术语标准化与信息技术》五本杂志组成。杂志社由国家质量监督检验检疫总局主管，中国标准化协会和中国标准化研究院共同主办。

【国际标准用户联盟（IFAN）中国第五届高层研讨会】

6月23～25日，国际标准用户联盟（IFAN）中国第五届高层研讨会在新疆维吾尔自治区乌鲁木齐市举行。来自国际标准用户联盟、科学技术部、国家认证认可监督管理委员会、中国合格评定国家认可委员会、新疆维吾尔自治区质量技术监督局、以及国内外标准科研机构、认证机构、检测机构和企业的140多名专家、学者参加了研讨会。

研讨会以“低碳经济－标准－认证”为主题，研讨标准和认证对低碳经济所开展的工作和作用，交流中国与其他国家在标准化和认证认可方面的信息和经验，探讨国际间标准化交流与合作机制的建立与完善，从而促进标准和认证工作对低碳经济的推动作用。

中国合格评定国家认可委员会副秘书长宋桂兰、国际标准用户联盟董事会副主席David Felinski、中国质量认证中心副主任陈伟、SAC/TC120全国能源基础与管理标准化技术委员会刘玫等10多位专家，在研讨会上作了主题演讲。

本次研讨会采取互动交流的方式进行。参加会议的专家、学者向主题演讲专家提出问题，交换意见，交流观点，咨询了解情况，并就相关事宜进行交流。

【REMCO在中国——2010年标准样品国际研讨会】

5月8~9日，协会与中国合格评定国家认可委员会（CNAS）和全国标准样品技术委员会共同主办的REMCO在中国——2010年标准样品国际研讨会在浙江省杭州市召开。英国、美国、德国、荷兰、巴西及有关国际机构的学者参加了会议。

协会理事长李忠海在致词中表示，标准样品是标准必不可少的另一种形态，与文字标准一起构成完整的标准体系，并希望将这样的高水平研讨会长期办下去。协会秘书长马林聪和中国合格评定国家认可委员会副秘书长宋桂兰分别做了题为《中国标准样品的发展》及《认可与RM》的专题报告。

来自国际原子能机构、亚太实验室认可合作组织、德国联邦材料研究院、美国标准与技术研究院、英国政府化学家实验室、欧洲标准样品和测量研究院、荷兰计量院和巴西认可机构及泛美认可合作组织的8名专家做了专题报告，分别介绍了标准样品和RMP认可领域前沿的国际动态及发展趋势、国际标准化组织/标准样品委员会（ISO/REMCO）相关工作的进展以及不同国家标准样品工作的成果。

来自国家纳米科学中心、国家钢铁研究总院、环境保护部标准样品研究所、辽宁省出入境检验检疫局、中国建材科学研究总院、国家质检总局新疆维吾尔自治区质检中心、新疆维吾尔自治区出入境检验检疫局、辽宁省沈阳市产品质量监督检验院、北京市理化分析测试中心、CAS以及CNAS的专家、学者也在会上发言，介绍了各自领域标准样品研制情况及RMP的认可情况。报告的主题既涉及到传统RM领域，也涉及了纳米科学以及定性RM等前沿领域。

中国图学学会

2010年7月，经中国科协和民政部的批准，中国工程图学学会正式更名为中国图学学会，并在11月14日学会成立30周年庆祝大会上，举行了中国图学学会揭牌仪式，中国科协副主席、书记处书记齐让和学会理事长孙家广为中国图学学会揭牌。

2010年，学会及所属分支机构以不同形式在本领域内开展学术交流活动，参加人数1000余人，发表论文237篇。8月5~9日，第14届国际几何与图学会议（ICGG2010）在日本京都大学举行。中国图学学会组织了由26位专家、学者组成的代表团出席了会议。

7月21日，由学会土木工程图学分会和工程勘察设计图形分会主办的建筑信息模型技术应用国际会议在北京举办。会议共收录学术论文50余篇。8月10~12日，由图学教育专业委员会与教育部高等学校工程图学教学指导委员会主办的第十七届全国图学教育研讨会在甘肃省兰州市举办，与会专家、学者230人。会议共收到论文88篇，录用85篇。

7月21日，由土木工程图学分会、工程勘察设计图形分会主办的建筑信息模型技术在设计、施工及房地产企业协同工作中的应用国际技术交流会在北京举办。来自设计、施工、房地产企业、软件开发企业、科研单位、高等院校320多名专家、学者参加了会议。会议出版了大会论文集及演讲记录，共收录建筑信息模型技术相关学术论文50余篇。

8月10~12日，第十七届全国图学教育研讨会在甘肃省兰州市举办，会议由中国图学学会图学教育专业委员会与教育部高等学校工程图学教学指导委员会主办，甘肃省兰州交通大学承办，与会专家、学者230人。

会议共收到论文88篇，录用85篇，分别刊登在《工程图学学报》、《工程图学学报》（增刊）及《第五届机械类课程报告论坛论文集》上。会议通过邀请国内知名学者作学科发展与教学改革报告，向与会各高校教师介绍了全国图学教育信息调查的研究结果，发布了近两年来学科发展动向与研究热点。

《工程图学学报》为全国中文核心期刊，2010年，《工程图学学报》每期发表论文30余篇，共刊登论文206篇，出版了1期增刊，刊载40篇论文。2010年，学会启用了期刊网络化管理，实现网上投稿、审稿等电子化管理。英文期刊CADDM（计算机辅助绘图设计与制造），全年两期（半年刊）共刊登论文28篇。季刊《土木建筑工程信息技术》2010年共出版四期，刊载论文85篇。

2010年，学会联合国际几何与图学学会在全国范围内共同开展了CAD技能等级培训与考评工作，并于6月和12月办了第四、第五期CAD技能等级考试，共有4万余名学员报名参加考试。8月，学会在黑龙江省牡丹江市举办了第二期全国CAD技能等级考试考评员培训班，来自全国各地的大专院校教师参加了培训。学会邀请全国高校和企业专家、学者编写了《全国CAD技能等级考试培训》系列教材，已出版4套。

【中国图学学会成立30周年庆祝大会】

11月14日，中国图学学会成立30周年庆祝大会在北京举行，来自全国各地的学会理事，各省、市学会会员、团体会员及高级会员等180余人出席了会议。

国际几何与图学学会，日本图学会，中国计算机学会等学会发来贺词和贺信。中国科协副主席、书记处书记齐让，北京航空航天大学党委常务副书记谭振亚等出席了会议。学会理事长孙家广院士致欢迎辞。

大会对30年来为学会工作作出贡献的学会老领导、老前辈进行了表彰，为获奖者代表颁发了奖牌。

学会理事长孙家广、学会副理事长谭建荣、何援军、孙林夫、韩永生分别以《抓住机遇，团结奋斗，为中国图学事业又快又好发展作贡献》、《从工程图学到数字化设计制造》、《几何计算》、《产品服务生命周期管理模式》、《优化企业流程，提高企业核心竞争力》等题目，在大会上作了学术报告。

学会2010年成立30周年之际，编制了《奋进30载——中国工程图学学会成立30周年纪念册》，通过大量历史照片和资料，介绍了学会成立30年来的发展历程。

【第14届国际几何与图学学会学术会议】

8月5～9日，第14届国际几何与图学会议(ICGG2010)在日本京都大学举行。会议由国际几何与图学学会主办，来自30个国家和地区的200余位学者参加了会议。中国图学学会组织了由26位专家、学者组成的代表团出席了会议。

本次会议是学会组团参加境外国际会议人数最多的一次会议，6位中国专家、学者作为分会主席主持了会议，中国是作为分会主席主持会议人数最多的国家，学会组织专家、学者在会议上宣读论文20篇，是学会在国际会议上宣读论文篇数最多的一次。

中国电子学会

2010年，中国电子学会整合学术资源，把学术交流与推动经济发展方式转变结合起来，全年共举办学术活动114项，其中，国内学术交流活动103项，国际学术交流活动10项，同港澳台地区学术交流活动1项。发表论文6596篇，参加活动人次达18560人。

2010年，学会围绕云计算举办了5次活动，2010深圳市云计算产业峰会、第二届中国云计算大会、透明计算/云计算产学研研讨会、云计算与全国计算中心数据中心创新发展论坛和云计算与医卫信息化创新研讨会。学会围绕物联网举办了3次活动，2010中国物联网大会、物联网产业与技术应用峰会和2010(上海)RFID技术与物联网应用高级研讨会。

2010年，学会主办了2010中国高校电子信息院长(系主任)论坛、第十八届集群通信应用与发展论坛、首届亚洲智能卡大展和物联网论坛、首届中国国防科技信息高峰论坛、2010中国电子签名与计算机取证技术创新论坛、2010中国电子制造技术论坛等10余个技术论坛。

学会首次主办了“中华IT合作共赢”海峡两岸科技研讨会，承办了由RSA国际信息安全大会主办的2010信息安全国际论坛，主办了第十五届国际广播电视技术讨论会、2010国际微波与毫米波技术会议、第九届国际天线电波传播电磁理论学术讨论年会、2010国际电子封装技术和高密度国际会议(ICEPT－HDP2010)，与美国电气和电子工程师协会北京分会、北京交通大学共同主办了第十届国际信号处理学术交流会，与中国化学与物理电源行业协会联合主办了国际电池前沿研讨会，与日本精密工程学会(JSPE)联合主办了第四届亚洲机械电子学学术会议(AISM2010)等国际学术会议。

2010年，学会接受国外组织来访9次，出访8次。学会与工业和信息化部相关部门的代表团出访欧盟，在德国等地交流关于节能减排方面的议题。

5月8～11日，由中国电子学会主办，中国电子学会微波分会、成都电子科技大学承办的2010年国际微波毫米波技术会议(ICMMT)在四川省成都市举行。来自国内外11个国家和地区的专家、学者500余人参加了会议。会议主要议题包括微波天线、计算电磁学、低噪声设备和技术、计算机辅助设计、智能天线、微波遥感和传感器，微波及毫米波系统等方面的内容。会议收到17个国家和地区的专家、学者论文811篇，录用584篇。

10月24～28日，学会联合美国电气和电子工程师协会北京分会、北京交通大学在北京共同主办了第十届国际信号处理学术交流会。欧、美、亚、非洲和澳大利亚等30多个国家和地区的300多位专家、学者参加了会议。

11月29日～12月2日，由中国电子学会主办，中国电子学会电波传播分会、天线分会和中国电波传播研究所承办，西安电子科技大学和复旦大学协办的第九届国际天线、传播和电磁理论学术讨论会议(ISAPE2010)在广东省广州市召开。来自27个国家和地区的250余位学者出席了会议，境外学者32位。大会共录用论文407篇。会议得到了美国电气与电子工程师学会(IEEE)和国际无线电科学联盟(URSI)的支持和国家自然科学基金委员会的资助。

2010年，学会主办的15种刊物全部通过了新闻出版总署年检，全年发行期刊100多万册，发表学术论文3210篇。《电子学报》编辑部出版英文刊*Chinese Journal of Electronics* 4期，《电波科学学报》完成了《全球定位系统》全年6期的编辑出版工作。《半导体学报》积极开展和英国物理学会（IOP）的合作，增加了海外发行量，《信号处理》首次使用网上采编系统，《电子测量与仪器学报》、《信号处理》积极推进办刊工作。学会全年向会员发送学会《简报》（电子版）2万多份、科技期刊6938份。

学会编辑的《中国科学技术专家传略》电子信息科学技术卷三的编纂工作已基本完成，共收录专家63位。学会分会编辑完成了《开拓者》、《电磁兼容理论及应用技术丛书》、《电子机械工程丛书》、《电子制造中的电气互联技术》、《电子设备人机工程设计及应用》两个分册、《2010/2011传感器与执行器大全》、《物联网在中国》（系列丛书）、《信息系统科普丛书》等书。

2010年，学会推荐的中国电子学会青年工作委员会主任委员、北京航空航天大学副校长张军获得“十佳全国优秀科技工作者提名奖”和“全国优秀科技工作者”称号，学会信号处理分会副主任委员、中国科学院声学研究所原所长李启虎，元件分会副主任委员、清华大学教授周济，电子机械工程分会主任委员、西安电子科技大学校长段宝岩获得“全国优秀科技工作者”称号。

学会在2010中国电子技术年会上颁发了2009年度中国电子学会电子信息科学技术奖的项目奖牌和证书，其中，一等奖6项、二等奖13项、三等奖35项。12月30日，学会在北京召开了2010年度中国电子学会电子信息科学技术奖终评会，产生了2010年度中国电子学会电子信息科学技术奖一等奖7项、二等奖13项、三等奖26项。

2010年，学会完成电子工程师进修大学2010年招生、教学和考试工作，全年招生4867人，共设有54门课程，新增课程1门。举办了电子设备热设计、EMC、天线、表面组装技术（SMT）等13个专业的培训班22个，共培训学员近1000人次。开办电子设计工程师认证师资暨考评员培训班，全年共认证电子设计工程师认证师2360人。国内洁净室技术基础培训和工程师资格认证培训6次100人，40人获得了洁净室工程师资格，国际洁净室技术认证培训4批，79位学员通过了国际认证。

2010年，学会进行了首届大学生创新作品评选，165件作品获奖，主办第六届“博创杯”全国大学生嵌入式设计大赛全国总决赛，全国100多所高校450支队伍报名参加，22支队伍获奖。

2010年，学会组织专家、学者提供了《物联网安全技术问题报告》、《关于推进电子病历应用与立法工作的建议案》等决策咨询报告11篇，其中5篇获得有关领导或机构的批示。举办决策咨询专家论坛4次。承接了“中国科协创新推广工程项目”、“博士生就业调查等课题研究”、“科技部科技支撑研究”等咨询研究项目。

声频工程分会编制完成的《公共广播系统工程技术规范》，被住房和城乡建设部认定为国家标准并予以公布。计算机工程与应用分会牵头组织启动了我国物联网标准体系研究及相关标准的制订、修订工作。

2010年，学会共发展个人会员1058名。其中学生会员177名、会员442名。评定高级会员437名、会士2人。

11月16日，中国电子学会专门为学生会员举办了会员日活动，组织北京航空航天大学、北京传媒大学、北京工业大学、北京工商大学、清华大学等高校的中国电子学生会员共30多名，参观了中国科学院高能物理研究所正负电子对撞机和计算中心。

依据《中国电子学会章程》，2010年初，学会先后在清华大学、北京航空航天大学、北京工业大学、中国传媒大学、海军航空工程学院、北京工商大学等6所院校设立了学生会员工作站，并于9月25日举行了中国电子学会学生会员工作站授牌仪式。

7月23日~8月5日，学会召开八届八次常务理事会议，审议并原则通过了《中国电子学会理事会换届方案》，审议通过了电子线路与系统分会、信息论分会、消费电子分会、电子系统工程分会、遥感遥测遥控分会、应用磁学分会委员会换届改选和部分分会变更主任委员、秘书长，增补副主任委员、委员等情况的报告。

12月16~24日，学会召开八届十次常务理事会议，会议审议并原则通过了《中国电子学会2010年度工作总结》、《中国电子学会事业发展“十二五”规划》。会议审议通过了生命电子学分会、通信学分会、核电子学与核探测技术分会、电子机械工程分会委员会的换届改选报告，审议通过了电子制造与封装技术分会关于增补副主任委员、委员的报告。

【中国电子技术年会】

4月9日，中国电子学会、中国电子信息产业集团总公司联合主办的2010年中国电子技术年会在广东省深圳市开幕。来自科研院所、大专院校、企业单位的专家、学者600余人参加了大会开幕式。

中国电子学会理事长、原信息产业部部长吴基传，工业和信息化部总会计师周子学，深圳市人民政府常务副市长许勤出席了开幕式。学会理事长吴基传为大会致辞，工业和信息化部副部长娄勤俭发表书面致辞。

2010年中国电子技术年会的主题是“新技术促进产业结构调整升级”。大会特邀决策部门专家、院士发布技术前沿主题报告，工业与信息化部总经济师周子学、姚健铨院士、李德毅院士、周寿桓院士分别在大会上作了题为《信息产业结构调整与升级》、《物联网技术及其发展》、《云计算对信息产业的影响》、《光电子技术发展与应用前景》的大会主题报告。

大会期间，与会专家、学者与深圳市政府共同举办了以“新技术、新机遇、新挑战”为主题的深圳高新技术产业发展院士专家咨询会。咨询会上，院士、专家针对深圳市得天独厚的产业背景和区位优势，为深圳高新技术产业把脉，为促进和带动会议举办地的经济可持续发展及技术进步服务。

第75届中国电子展、首届中国（深圳）消费电子展和深圳市云计算产业峰会、物联网产业与技术应用峰会、自动测试测量论坛、中国电子签名与计算机取证技术创新论坛、第一届印制板电镀专题研讨会、中国消费电子渠道商产业协同发展高峰论坛/中国消费电子渠道商联盟（中国CECA）筹备大会、2010首届中国电子书产业高峰论坛、2010移动世界深圳峰会等10余个社会关注的热点技术论坛也与大会同期举办。

2009年度中国电子学会电子信息科学技术奖在大会开幕式上进行了颁奖仪式。本届中国电子学会电子信息科学技术奖企业获奖单位所占比例明显高于往年。

【首届全球信息技术主管大会2011年在华召开】

3月6~12日，学会副理事长兼秘书长刘汝林、副秘书长林润华赴保加利亚首都索菲亚出席国际信息处理联合会（IFIP）理事会会议。会议决定首届全球信息技术主管大会将于2011年下半年在中国举办，由中国电子学会承办。

9月，学会代表团参加了国际信息处理联合会的全体理事会议，并向理事会汇报了全球信息技术主管大会的筹备进展情况。12月1日，应国际信息处理联合会、西班牙信息技术协会和荷兰计算机学会的邀请，以中国电子学会理事长吴基传为团长的中国电子学会代表团一行5人，前往欧洲进行了为期8天的访问。期间，学会理事长吴基传代表中国电子学会与国际信息处理联合会主席Leon Strous共同签署了《中国电子学会承办全球信息技术主管大会的协议》，根据协议，全球信息技术主管大会将于2011年11月在中国举办。

中国计算机学会

2010年度，中国计算机学会及下属专业委员会共组织学术会议59次，参与人数近万人次，发表论文3000余篇。学会青年计算机科技论坛继续保持贴近前沿热点的特点，总部和分论坛全年共开展88场活动，其中报告会45场，论坛43场，共有约5000人参加，新成立分论坛1个。

10月11~12日，2010中国计算机大会在浙江省杭州市举行，主题为“网联世界 计算无限”。来自全国1200余位计算机及相关领域的专家、学者参加了会议。大会共收到论文360篇，录用120篇，其中32篇在《计算机学报》上发表。

2010年，学会共组织了主题分别为信息检索、多核技术、电子服务、信息可视化与可视分析、人机交互技术、数字取证和信息隐藏、移动计算、海量数据挖掘与知识发现、物联网与传感器等11期学科前沿讲习班。

2010年，中国计算机学会继续参加教育部计算机专业本科工程教育认证试点工作，对两所高校的计算机科学与技术专业进行认证考查，并完成对4所高校计算机科学与技术专业有效期延长的考评。

学会承担了清华大学计算机系博士学位毕业论文隐名评审工作，发挥了学会作为学术社团作用，推动同行学术评价体系的建立，2010年度完成对70篇论文的评审。

中国计算机学会走进高校活动2010年走进21所高校，面对大学生们“应该有怎样的知识结构”、“应该具备怎样的能力才能适应未来快速变化的社会，才能为社会创造价值等”诸多问题和困惑，学会组织科研、教育、管理、职业规划等各个领域的计算机专家、学者，为本科生开办了专题报告会。

2010年，学会共有主办刊物6种，其他刊物11种，编辑出版《中国计算机技术发展报告》（2009）和《中国计算机学会通讯》（月刊），编辑出版《中国计算机学会年鉴》（2009）等。

5月24日，学会网站全新改版，改版后的网站提供了丰富的学术资源，其中，数字图书馆整合了学会几十年来积累的学术资源，汇集了学会旗下17种学术期刊和计算机领域30多个顶尖学术会议的文献资料，提供了包括音频、视频资料在内的由学会主办的各个学科的培训资料。改版后的网站提供了学术论文搜索引擎，可以帮助会员在全球范围内找到相关学术领域内的科学家、会议、论文和权威期刊。改版后的网站还开辟了互动交流平台，“我的数字图书馆”为会员定制自己的学术空间、与同行分享学术成果建立了便捷的平台。

1月31日~2月7日，学会在山东省烟台市举办了全国青少年信息学奥林匹克冬令营，5月3~7日，在北京航空航天大学举办了国际信息学奥林匹克竞赛中国队选拔赛暨精英赛，5月7~11日，在北京航空航天大学举办了亚洲和太平洋地区信息学奥林匹克竞赛，7月31日~8月6日，在山东省烟台市举办了第27届全国青少年信息学奥林匹克竞赛暨CCF NOI 2010夏令营。

8月14~21日，第22届国际信息学奥林匹克竞赛（IOI2010）在加拿大滑铁卢大学举行，来自80个国家的300名选手参赛，参赛的4名中国选手获得两枚金牌和两枚银牌。竞赛期间，国际信息学奥林匹克竞赛国际委员会将“IOI杰出服务奖”授予学会秘书长杜子德，以表彰他长期以来对国际信息学奥林匹克竞赛改革和发展所作出的突出贡献。

7月18~19日，学会继续到山西省吕梁地区教育扶贫。活动涉及吕梁地区的石楼县和中阳县。按照“请进来，派出去”的扶贫方针，学会在吕梁地区石楼县进行了优秀教师评选活动，并出资支持优秀教师到北京的对口学校观摩和学习。

2010年，学会成立了奖励委员会，奖励委员会是学会负责奖励的机构，对理事会负责，接受理事长领导。其职责是起草、修订有关奖项提名、评审规则，提交理事会，审批评奖分委员会报送结果、终评有关奖项，向理事会提出设立新奖项的动议、计划、政策等。

2010年，学会评选并颁发中国计算机学会王选奖。从2010年起，该奖项面向个人设奖，表彰在计算领域做出创新性成果、有突出贡献的个人，2010年评出2位获奖者。评选并颁发了中国计算机学会海外杰出贡献奖，表彰海外个人对中国计算机事业的贡献。评选并颁发了中国计算机学会优秀博士论文奖，鼓励创新性研究，促进青年人才成长，2010年共评出优秀奖10名，奖项得到微软亚洲研究院的支持。评选出中国计算机学会青年科学家奖4人，表彰在科学研究、技术发明、系统开发及应用推广等方面有突出成就和重大贡献、年龄不超过40岁的学会会员。新设立了中国计算机学会终身成就奖，授予70岁以上、在计算领域做出卓越成就与贡献、被业界广泛认可的老科学家，张效祥院士和夏培肃院士获奖。

根据《中国计算机学会专业委员会评估办法》的规定，学会进行了2010年度专委会评估。学会32个专委会中31个参加了本次评估，5个专委会获得优秀，23个合格，3个不合格。有3个专委会获得单项奖。

成立了服务计算和协同计算专委会，完成了中文信息技术专委会的重组。九届五次常务理事会议通过规范所属各专业委员会名称的决议，对学会所属专业委员会的中英文名称及英文缩写进行了规范。新增了软件工程师工作委员会，为来自企业的软件工程师、项目经理和技术主管等提供针对性的服务。

10月11日，学会与美国计算机学会签署了战略合作协议，从2010年10月开始，双方在服务会员、资源共享和出版等多方面进行深入合作。在开始合作的第一年内，中国计算机学会会员都可自动成为美国计算机学会会员，并免费享受该学会的服务，参加学会主办的会议，免费阅读《ACM通讯》电子月刊等。

【2010中国计算机大会】

10月11~12日，2010中国计算机大会在浙江省杭州市举行，主题为“网联世界 计算无限”。杭州市人民政府副市长沈坚为大会发来贺信。

来自全国1200余位计算机及相关领域的专家、学者参加了会议。大会首次资助了30多名西部边远地区或经费有困难的教师或学生参加大会。大会共收到论文360篇，录用120篇，其中32篇在《计算机学报》上发表。

大会包括9个特邀主题报告、7个专题论坛、5场优秀论文报告会。大会新增了科技成果展览，展览分为“973”项目成果、863项目成果、高校科研成果和技术创新成果等四大部分，66个展位集中展示了80多项最新研究成果和创新产品。

会议期间举行了2010年度中国计算机学会王选奖、中国计算机学会海外杰出贡献奖和中国计算机学会杰出贡献奖的颁奖晚会。

中国通信学会

2010年，中国通信学会总部直接受理高级会员申请20人，核准地方学会发展的高级会员57人，备案地方学会发展普通会员480人，发展学生会员249人，完成了北京理工大学学生会员分部的组建，组织开展了2010年度会士遴选工作，评出会士20人。

2010年，学会共举办国际、国内学术交流活动9项，其中，国际学术会议3项，国内学术会议参加人数2810人。第七届学术年会征集论文656篇，录用384篇。各专业和工作委员会开展学术活动21项，参加人数3735人，国内学术会议交流论文1030篇，出版论文集7册。

1月21日，学会举办的中国移动阅读产业论坛在北京举行，论坛以“融合、创新、共赢”为主题。200多位专家、学者出席了论坛。

4月27日，学会主办的2010年LTE国际峰会暨第三届LTE技术发展战略高层咨询会在北京召开，200余人出席会议。大会主题为“LTE从标准化迈向商用策略”。会议分3G时代的LTE演进及部署策略，TD-LTE研发、设计、调度等技术所面临的挑战，LTE的挑战与机遇，LTE商业模式及产业链机遇4个分议题举行了专题研讨。

6月1日，第二届CDMA世界论坛在上海市开幕。论坛由学会和中国电信、CDMA发展集团联合主办，近20个国家和地区的专家、学者400多人参加。学会副理事长冷荣泉，CDMA发展集团董事长Perry M. LaForge出席并致词，中国电信副总经理张继平介绍了CDMA商用网络运营以来，网络规模和移动业务的发展情况。

6月8日，由学会和天津市滨海新区人民政府、天津市通信管理局共同主办的第八届国际手机产业发展高峰论坛在天津市举行，主题为“3G时代的手机产业”。中国电信、中国移动、中国联通、天津通信学会、天津大学及来自美国、日本、韩国等国家和中国台湾地区的专家、学者400多人参加了会议。

6月18日，由工业和信息化部、农业部、重庆市政府支持，中国移动主办，学会和重庆移动联合承办的2010年中国移动信息化服务三农推进大会在重庆市召开。200余名专家、学者出席了会议。

7月20日，学会和北京大学创新研究院共同主办的2010第一届中国通信业务创新论坛在北京召开，300余人出席了会议。

8月25～27日，学会主办的中国卫星应用大会暨卫星应用技术与设备展览会在北京召开。工业和信息化部、国家发展与改革委员会、科学技术部、国家航天局、国家广播电影电视总局等主管部门领导出席了开幕式。来自国内外的专家、学者500余人参加了大会。大会同期举办了中国国际卫星应用技术与设备展。

8月27日，学会在北京组织召开了2010中国移动支付应用发展大会。大会以“应用，产业发展源动力”为主题，展示分享移动支付领域的创新技术解决方案。200余位专家、学者参加了会议。

9月28日，学会主办的2010中国手机新媒体发展大会在北京开幕。300位专家、学者参加了会议。会议就手机新媒体的发展、行业标准与监管政策、手机新媒体赢利模式等主题组织20多场主题演讲。

10月14日，学会和广西壮族自治区通信管理局共同主办、广西通信学会承办的第七届中国通信学会学术年会在广西壮族自治区南宁市召开。学术年会的主题为“未来的信息通信网络”，400多位来自全国通信企业、科研院所的专家、学者参加了会议。会议共收到论文656篇，录用论文384篇。

11月5日，中国通信学会、江苏省张家港市人民政府、北京大学创新研究院联合举办的2010ICT创新与城市发展高层论坛在江苏省张家港市召开。来自中国电信、中国移动、中国联通、软件生产和设备制造企业、ICT技术与标准化研究所等单位的专家、学者150人出席了论坛。

12月9～10日，中国通信学会和中国联通信息化部共同举办的第二届中国联通信息化发展战略高层研讨会在海南省三亚市召开，150余人出席会议。与会专家围绕数据集中与应用发展、云计算技术与数据中心发展趋势、信息终端发展趋势、电信行业的ERP观等四大议题进行了探讨。会议同期颁发了“2010中国联通信息化卓越奖”。

2100年，学会主办的5种期刊积极吸引优质稿件，全年总印量为46.8万册，刊登文章1438篇，期刊整体出版能力得到明显提升。根据国家深化出版体制改革的要求，中国通信学会成立了《中国通信》杂志社。

学会网站开通了网上会员申请和受理服务功能。全年学会网站总访问人数906218人，日访问人数2721人，总浏览次数38582511次，日均115863次。

4月8日，中国通信学会编辑的《中国通信学科史》由中国科学技术出版社正式出版发行。《中国通信学科发展史》具有较高的史料性、学术性和可读性。它的出版发行，填补了中国通信学科发展历程的空白。

7月14日，学会编辑的《通信新技术普及丛书》新书发布会在北京举行。学会副理事长冷荣泉及丛书编委会委员等50多人出席了发布会。2008年，学会启动了《通信新技术普及丛书》的编辑工作，该书共8本，首次采用多媒体动漫（光盘）的方式阐述通信技术知识。

8月，学会完成了《我国重大突发事件应急无线电应用频谱需求与管理研究》课题研究报告，11月，通过了中国科协组织的研究课题结题评审。学会青年工作委员会承担的《中国通信学会在线学术社区的构建》研究项目已通过结题验收，达到预期研究目标。学会信息通信发展战略与政策委员会承担了工业和信息化部电信管理局的《3G促进两化融合策略研究》课题，已通过结题评审。

截至2010年10月，学会共举办了不同类型的科普系列活动和技术发展论坛9项，参加人数2010人。

1月21日，学会在北京举行了“全国科普教育基地”授牌仪式。中国电信博物馆、中国邮政邮票博物馆、北京通信电信博物馆、上海邮政博物馆成为全国科普教育基地。

5月14日，科学技术部、中共中央宣传部和中国科协联合发文授予中国通信学会“全国科普工作先进集体”称号。7月14日，中国通信学会2008～2009年度普及与教育先进集体和先进个人表彰会在北京举行。大会为17

个科普先进集体和15个科普先进个人颁发了荣誉证书。

2010年，学会向中国科协推荐的韦乐平、余少华、张平和张智江荣获“全国优秀科技工作者”称号。

4月24日，《科学中国人》2009年度人物在北京揭晓，学会推荐的解放军理工大学工程兵工程学院首席教授周璧华和北京邮电大学无线新技术研究所（WTI）所长张平教授获此殊荣。

【《中国通信学科史》正式出版发行】

4月8日，中国通信学会编辑的《中国通信学科史》由中国科学技术出版社正式出版发行。本书从通信教育、科研、学术共同体、产业和政策5个方面阐述通信学科发展的历史进程，并反映它们之间的交叉关系，从通信网络及交换技术、有线及光通信技术、无线及移动通信技术、数据及互联网通信技术4个主要领域阐述通信学科的知识体系和中国通信学科的发展历程，同时将中国军事通信技术的发展作为相对独立的内容进行阐述。

中国通信学会于2008年9月开始承担《中国通信学科史》研究项目。该书的编写是一项全新的研究工作，在缺乏系统的研究体系框架、研究方法、研究队伍和史实素材的情况下，编委会工作人员经过多方征求意见和反复讨论，确立了以通信知识体系发展和学科建制发展两条主线为框架的基本写作思路。

在本书近两年的编写过程中，编委会共召开编委会议3次，编写组会议12次。编写组进行了大量的资料收集、调研、采访和提炼工作，先后收集了400万字的资料，进行了上百次的调研活动，采访了100多位专家、学者。200多位老领导，老专家和科技工作者为本书的完成提供了大量的第一手资料和修改意见。

【中国通信学会科学技术奖】

12月22日，2010年度中国通信学会科学技术奖颁奖大会在北京举行。工业和信息化部副部长奚国华、工业和信息化部通信科技委主任宋直元、中国工程院朱高峰院士、中国通信学会理事长周德强、工业和信息化部科技司司长闻库、中国移动通信集团公司副总裁李正茂和中国通信学会副理事长刘彩，以及获奖单位、获奖项目及获奖者代表约130人参加了会议。

工业和信息化部副部长奚国华在颁奖大会上发表了讲话。他强调指出，通信业是当今世界科技发展最活跃的领域之一，新技术、新业务日新月异。中国通信业在取得举世瞩目发展成绩的同时，也面临着科技进步带来的各种机遇和挑战。通信业只有通过不断的技术创新和业务创新，才能保持自身健康、可持续的发展。

2010年，中国通信学会科学技术奖的评奖工作，继续秉承“大通信、大行业、多视角”的学会发展理念。学会共受理申报项目92项，项目涵盖了通信运营企业、信息通信科研设计院所、高等院校、通信设备制造企业，软件开发商等单位的主要科技进步成果。学会成立了以工业和信息化部通信科技委主任宋直元为主任、邬贺铨院士、陈俊亮院士为副主任的评委会。11月6日，经评委会评审和网上公示，共评选出31个获奖项目，其中一等奖5项、二等奖14项、三等奖12项。

【通信科学讲坛】

9月29日，学会举办的通信科学讲坛首次科普讲座在北京开讲，100多人参加讲座活动。科学讲坛结合信息通信技术发展过程中的热点问题，邀请知名科普专家与公众开展面对面的交流，传播科学理念、科学思想和科学方法。

首次科普讲座邀请了工业和信息化部电信研究院信息所副所长徐玉，无线营销专家朱海松，中国人民大学新闻与传播学院教授匡文波，中国科学院电信专家侯自强等专家、学者，就当前业界关注的手机新媒体运营管理、手机媒体创新思维、手机新媒体赢利模式和手机新媒体相关技术及演进等热点问题作了讲座。

中国中文信息学会

2010年8月23～27日，第23届国际计算语言学大会在北京召开。会议共收到投稿840篇，是历届会议投稿数量最多的一届，录取口头报告论文155篇，壁报论文179篇。大会共有3个大会特邀报告、39场次口头论文报告、5场次壁报论文展示、3场次系统或产品演示及1场次专题讨论会。来自47个国家和地区的710名专家、学者参加了会议。

5月28～30日，第九届中国语音学学术会议在南开大学召开。会议共接收论文165篇，来自国内外近百所高校和研究机构的209位学者（包括国外及中国台湾地区30余位）参加了会议。国立澳大利亚大学Phillip Rose教授、南开大学石峰教授、日本高等科技学院党建武教授、清华大学蔡莲红教授分别结合“Wonderful Wu - In synchronic and diachronic Wu dialect phonology”、“从实验语音学到实验语言学”、“Investigation of vowel structure and its learning process”、“言语知觉与特色语音生成”等主题做大会报告。会议分15个小组宣读论文，另设“国际音标研讨”、“实验音系学方法”、“语音听辨实验”及“语调格局研究”等5个专题讨论会。

6月27～28日，第三届全国少数民族青年自然语言信息处理学术研讨会在新疆大学召开。来自全国23所大学以及科研院所的92名专家、学者参加了会议。会议收到55篇论文，内容涵盖少数民族语言词法、句法、语义分析，自动分词、词性自动标注等大规模语料建设和加工技术及少数民族语言机器词典、机器翻译、文本自动校对、全文检索、搜索引擎等智能化技术。

6月29日，第二届全国多语言知识库建设研讨会在新疆大学召开，来自全国20所大学以及科研院所72名专家、学者出席了会议。会议收到41篇论文，内容涉及少数民族语言知识库、多语言知识库建设、语音语料库的建设及基于少数民族语言知识库、语音语料库的文字识别、语音识别（合成）等识别技术。

8月28~29日，中、韩、朝正音置换编码的国际标准的制定和应用研讨会在吉林省延边朝鲜族自治州召开，中国、朝鲜、韩国信息处理领域和标准化方面的82位专家出席了会议。

10月1~3日，国际速联中央全会在匈牙利首都布达佩斯召开，来自16个国家的72名学者出席了会议。学会副理事长曹右琦、辽宁公安司法管理干部学院书记韩学军、国际速联教育委员会主席唐可亮等中国代表一行10人出席了大会。第47届国际速联大会运行总指挥孙惠民向大会做了2009北京国际速联大会的总结报告，辽宁公安司法管理干部学院书记韩学军在教育专题研讨会上发言，介绍中国速录教育的新进展，中文速录学院院长李晓棠代表教育委员会向大会做工作报告，南京亚伟速录公司总经理方中、福州亚伟公司总经理雷永辉也分别就比赛规则、国家代表队等方面情况向大会作相关工作报告。

10月11~13日，第五届全国青年计算语言学研讨会在湖北省武汉市华中师范大会召开。百度高级科学家王海峰、武汉大学姬东鸿教授、中科院计算所刘洋副研究员在会上作特邀报告。研讨会进行4场论文报告，共有65人次作了大会论文报告。本届研讨会共征集到论文122篇，录用口头报告论文76篇，评选出优秀论文10篇。

12月19日，2010年全国机器翻译战略研讨会在中国科学院软件研究所召开。国内从事机器翻译研究的高校、研究所的40多位学者参加了研讨会。会议分为专题演讲和自由研讨两部分。在专题演讲部分，微软亚洲研究院的周明研究员、中国科学院计算技术研究所刘群研究员、百度高级科学家王海峰研究员、国家知识产权局中国专利信息中心处长王丹分别作了题为《机器翻译的产业化》、《多语种和小语种机器翻译》、《百度的机器翻译研究与应用》、《国家知识产权局机器翻译应用》的报告。

12月28~30日，亚洲语言处理国际会议在黑龙江省哈尔滨市黑龙江工程学院召开。会议按机器翻译、语言资源、语义、信息抽取、文本理解和摘要、句法和分析等专题进行了论文宣读和讨论，出版了论文集。

【第23届国际计算语言学大会】

8月23~27日，第23届国际计算语言学大会在北京召开。国际计算语言学大会是国际计算语言学委员会（International Committee on Computational Linguistics，ICCL）每两年举办一次的学术盛会，是国际计算语言学界最具影响力的学术会议之一。

第23届国际计算语言学大会主会的征文主题涵盖词法分析、句法分析、词义消歧、形式语义学、机器翻译、信息检索、自动文摘以及语音技术等人类语言技术的各个方面。会议共收到论文投稿840篇，为历届会议投稿数量最多的一届，经过程序委员会审核，录取口头报告论文155篇，壁报论文179篇。录用论文按第一作者的国别分布，前三位是美国80篇、中国64篇、德国30篇。

大会主会共设有3个大会特邀报告、39场次口头论文报告、5场次壁报论文展示、3场次系统或产品演示及1场次专题讨论会。历时5天的主会和会前、会后8个研讨会及2场学术讲座，为来自世界47个国家和地区的710名专家、学者提供了计算语言学领域的学术交流机会。

【亚洲语言处理国际会议】

12月28~30日，亚洲语言处理国际会议在黑龙江省哈尔滨市黑龙江工程学院召开。会议由中国中文信息学会、新加坡中文与东方语言信息处理学会、美国电气和电子工程师协会新加坡计算机协会和黑龙江工程学院联合举办。来自日本、韩国、新加坡、泰国、斯里兰卡、马来西亚、印度、印度尼西亚、德国、美国和中国等国家的132位学者出席了会议。

会议邀请新加坡南洋理工大学教授Francis Bond做了题为“Cross-lingual Word Sinse Disambiguation Using Word-Net”的报告、邀请百度在线网络技术（北京）有限公司的高级科学家王海峰研究员做了题为“Box Computing”的报告。会议还按机器翻译、语言资源、语义、信息抽取、文本理解和摘要、句法和分析等专题进行了论文宣读和讨论。会议出版了论文集“*IALP* 2010（2010 *International Conference on Asian Language Processing*）”。

【2010年钱伟长中文信息处理科学技术奖颁奖】

12月18日，2010年钱伟长中文信息处理科学技术奖颁奖大会在北京举行。哈尔滨工业大学的“语言技术平台（LTP）”和中国科学院计算技术研究所的“ICTCLAS汉语词法分析系统”项目荣获一等奖；中国科学院计算机语言信息工程研究中心和中国盲文出版社联合研制的

“中国盲文计算机系统”和新疆大学的新疆维哈柯阿文多语种信息处理平台研制及产业化等项目荣获二等奖。

2010年度增设的企业冠名的“汉王青年创新奖”也同期颁奖，该奖旨在鼓励青年人才成长。清华大学的刘奕群和哈尔滨工业大学的车万翔荣获该奖一等奖。

中国测绘学会

2010年，中国测绘学会完善了会员沟通服务制度，印发了《关于中国测绘学会发展团体会员的通知》，发展团体会员单位279个。学会召开了团体会员工作会议，就搭建学术交流平台、促进科技进步、做好会员服务等方面进行讨论。

11月9~11日，中国测绘学会2010年学术年会在江苏省南京市召开。国家测绘局党组书记、局长徐德明，江苏省副省长李小敏出席会议并讲话。大会主题为“提升能力、服务民生”，参会人数超过500人。

11月1~6日，中国测绘学会与中国工程院、武汉大学共同主办了现代测绘科学技术与信息化社会的可持续发展高层论坛。学会通过院士专家论坛这一高层平台，汇集国内著名专家、学者和广大科技工作者，围绕“现代测绘科学技术与信息化社会的可持续发展”这一主题，交流了国内外地球空间信息技术，探讨了现代测绘科学技术在可持续发展方面的学术、技术、管理以及政策等问题。

11月，学会参加了在福建省福州市举办的第十二届中国科协年会及31分会场学术交流；10月，参加了在云南省昆明市举办的第十届21世纪继续教育论坛。

贯彻落实国家测绘局“走出去”战略，学会积极组织测绘企业参加国际测绘会展活动，积极开展对外学术交流。根据中国测绘专家在国际行业协会和组织任职的情况，完成《关于国际民间科技组织后备队工作的情况报告》。4月，学会协助国家测绘局组团赴澳大利亚参加了国际测量师联合会（FIG）大会，赴德国参加了国际测绘技术与设备中国展团招展工作。7月，参加了在奥地利维也纳举办的国际摄影测量与遥感学会（ISPRS）成立百年庆典，11月，参加了在澳门举办第6届海峡两岸测绘发展研讨会等活动。

7月，学会在广东省中山市主办了2010年全国学生定向越野锦标赛暨“四维测绘杯”第六届全国测绘职工定向越野大奖赛。106所高校、154所中学、23家测绘单位283支队伍参赛，领队、教练员、运动员、裁判员约2200人，参赛单位涉及26个省市。活动成为各有关部门认识测绘作用、了解测绘功能的平台，成为学生了解测绘知识、学习测绘技术、传承测绘精神的阵地。

在国家测绘局和中国科协的大力支持下，7月，中国测绘科技馆全国科普教育基地正式成立，国家测绘局局长徐德明和中国科协书记处书记程东红共同为其揭牌。中国测绘科技馆成为全社会认识了解测绘基础知识和地图悠久文化的窗口。截至2010年年底，中国测绘科技馆已累计接待省部级以上领导约350人次、社会各界人士5000余人。

在2010年全国科普日活动中，学会以GIS这一新兴技术在节能减排、科学规划、合理利用资源等方面的实例，通过科普画册发放、科普知识问答和心愿贴板互动等形式，展示“坚持科学发展，走近低碳生活”的科普日主题。活动共接待参与科普互动人员约2600人，发放奖品1500份、《漫游GIS世界》科普画册900份、《GIS时代》专业杂志1000本。

2010年，学会受国家测绘局委托，组成“国家西部1:50000地形图空白区测图工程”项目中期检查组，赴甘肃、新疆等地对西部测图工程的各项管理工作，“三江源、青藏高原东部、塔里木东部”1230幅成果数据和地形图的质量情况进行了调查、研究和评估，圆满完成项目中期检查评估工作。

2010年，由中国测绘学会、教育部学生体协联合秘书处、中国定向运动协会共同起草的《中国定向运动地图规范》课题，通过国家测绘局的验收，自此，中国有了统一的国家定向运动地图规范。《中国定向运动地图规范》由国家行政及标准部门正式颁布，在国际定向界尚属首次。

12月，学会针对国家无人机测绘遥感高级技术人员紧缺的现实情况，在北京举办无人飞机测绘技术高级研修班。研修班得到人力资源和社会保障部、中国科协的大力支持。通过此次高质量的、高水平的、现代理论与实践相结合的培训班，创新了无人机测绘技术人员的培训模式，对学会的高级技术人员培训起到了推动作用。

2010年，学会完善了测绘科学技术奖励制度，调整了中国测绘学会科技奖励委员会人员以及测绘科技进步奖、优秀地图作品裴秀奖评审委员会人员，调研了测绘科学技术奖励基金管理的有关制度办法。学会的测绘科技进步奖得到了中测新图（北京）遥感技术公司、陕西天润科技有限责任公司和拓普康（北京）科技有限公司捐赠的奖励资金。

学会组织开展了2010年测绘科技进步奖和优秀地图作品裴秀奖的评选工作，对申报测绘科技进步奖的124个项目和申报优秀地图作品裴秀奖111件作品进行了评审。

评选出测绘科技进步奖获奖项目84项，其中一等奖9项、二等奖25项、三等奖50项；评选出优秀地图作品裴秀奖获奖项目88项，其中金奖16项、银奖25项、铜奖47项。

为解决非公有制测绘单位专业技术人员的评审问题，2010年，学会起草了《关于开展测绘专业技术职务任职资格评审认定工作的通知》和《测绘专业技术职务资格评审认定办法》，加快推动测绘专业技术职务资格认定工作，为企业吸引人才、留住人才、激励人才创造条件。

9月13～14日，学会在浙江省杭州市组织国际著名测绘仪器品牌和国内全部测绘仪器制造商共约130家企业，举办了全国测绘仪器展览会，展示国内外最新测绘仪器产品和技术，展览面积超过6000平方米。主题为“新测绘装备发展前瞻”的第七届测绘仪器发展高端论坛和测绘仪器新产品发布会也同期举办，为行业服务和促进我国测绘仪器发展起到了积极作用。

学会支持中地数码集团在全国20个城市举办了主题为“地理空间信息彰显城市智慧”的“智慧地球、智慧城市”研讨会，探讨将空间地理信息技术融入智慧城市建设的主要思路。

2010年1月，学会完成第十届理事会149名理事（含正副理事长、正副秘书长及常务理事）、18名分支机构负责人以及161名分支机构副主任委员的聘任工作。3月，召开了中国测绘学会十届理事会第一次理事长会议，制订了学会2010年工作要点，确定了学会正副秘书长职责分工，研究探讨了新形势下加快学会发展的新思路、对策与建议，明确了学会工作重点。

2010年，《测绘学报》继续得到中国科协实施的“精品期刊工程”资助。学会指导《测绘学报》建立了作者、审稿者、编辑、读者四位一体的期刊编辑、审稿队伍，提高了编委会和审稿队伍的国际化程度。建立完善了期刊数字平台，实现了期刊的数字化、信息化、智能化、国际化，保持了科技期刊数据资料的完整性，增加了科技论文共享性。

【中国测绘学会2010年学术年会】

11月9～11日，中国测绘学会2010年学术年会在江苏省南京市召开。国家测绘局党组书记、局长徐德明，江苏省副省长李小敏出席会议并讲话。大会以“提升能力、服务民生”为主题，500多位专家、学者参加了会议。

徐德明在讲话中对新时期的学会工作提出三点要求：一是要围绕中心，发挥优势，更加自觉地为“十二五”测绘事业发展服好务。要把服务党和国家中心工作、服务测绘事业科学发展作为学会工作的立足点、着眼点和切入点，以增强自主创新能力、推进测绘学科发展、突破测绘核心技术为重点，加强调查研究，广泛交流研讨，着力关键技术创新，在制定发展规划、实施重大工程、决策重要事项等方面积极建言献策。二是要提升能力，突出特色，更加认真地为广大测绘科技工作者服好务。要提高学术交流质量，建立鼓励和支持自主创新的科研评价机制，为测绘科技工作者开展国际合作创造条件，通过奖励优秀科技成果、优秀学术论文、优秀科技人员等途径，鼓励测绘科技工作者攻坚克难、奋发争先、创新发展。三是要凝聚力量，开拓进取，更加努力地把中国测绘学会组织建设好。要进一步发展学会会员，特别要注重培养科普专家。

本届年会由中国测绘学会主办、省级测绘行政主管部门和学会具体承办，是近年来学会组织的较大规模的学术交流会。年会举办了报告会和测绘新产品新技术发布会等，通过开展专题讲座、成果展览以及论文评选等活动，搭建测绘学术交流平台，展示测绘工作成果，实现了年会举办模式和内容形式的新突破。

中国造船工程学会

2010年，中国造船工程学会发展高级会员78人，普通会员89人。

2010中国海事技术论坛是学会在整合各项资源的基础上推出的系列科技论坛。全年共组织3场，1000多人次参加。与会专家、学者分别就“低碳、绿色与可持续发展”、“低碳技术与船舶工业创新发展”等议题进行研讨。

5月29日，计算机应用学术委员会2010年度管理信息系统及自动化学术交流会在上海市举行，会议以“提升信息化水平，创新做强船舶工业”为主题，24个单位、58名专家、学者参加会议。会议收到学术论文55篇，出版了学术论文集。

8月，船舶力学学术委员会在四川省成都市举行了庆祝学术委员会成立三十周年暨第七届学术委员会全体会议，20多家单位的120多名专家出席了会议，宣读和交流学术论文30余篇。

8月12日，船舶材料学术委员会与学会上海分会船舶材料学术委员会联合在上海市举行了学术交流会，65人出席。10月，船舶轮机学术委员会召开了船舶轮机学术年会，30多位专家学者参加，录用论文40篇。

修船技术学术委员会组织召开的全国修船企业“斯佩克”会议于1月、4月、7月、11月分别在上海市、河北省秦皇岛市、江苏省江阴市等地召开，102人参加。

10月11～15日，第九届国际水动力学学术会议（简称 ICHD）在上海市举行，学会理事长黄平涛出席会议并致贺词。

10 月 27 ~ 28 日，学会组织国内从事油船设计建造的 10 个骨干单位 15 名专家赴日本出席油船结构合作论坛船厂大会。

4 月，船舶设计学术委员会与上海市船舶工业行业协会、中国船舶工业行业协会船艇分会，在上海市联合主办了 2010 年中国国际高性能船学术报告会，200 多人参加。会议收到来自中国、美国、德国、西班牙、澳大利亚等国家的 40 多篇论文。

1 月 15 日，军船学术委员会在北京举办了主题为“海军转型建设与军船发展”的学术年会。25 个单位的 50 多名专家、学者出席，收到论文 45 篇，会议探讨了海军装备转型发展所面临的机遇和挑战以及适应转型所需要攻克的一系列技术难点。

电子技术学术委员会 2010 年以军事需求为切入点，开展了主要内容为雷达与电子对抗一体化及仿真技术、光电装备技术、舰船武器装备测试性、电磁兼容性技术等的学术交流。

5 月 20 ~ 22 日，2010 中国（北京）船舶和海洋工程装备展览会在北京举行，120 家企业参展，展出面积约 6000 平方米，观众约 2000 人。

10 月 26 日，第七届中国大连国际海事展览会在辽宁省大连市举行，来自 20 个国家和地区的 389 家企业参展，展览面积 2.5 万平方米，专业观众 1.5 万人。

11 月 11 日，2010 中国舟山国际船业博览会在浙江省舟山市举行，展览面积 2 万平方米，来自中国、日本、韩国、英国、芬兰等 10 余个国家和地区的 376 家企业和单位参展。

12 月 8 ~ 10 日，第四届中国广州国际海事贸易展览会在广东省广州市举行。展览面积 2 万平方米，20 多个国家和地区的近 500 多家企业参展。

2010 年度，学会组织船史研究学术委员会和船舶信息中心共同编纂了《中国古近代船舶文化展》和《中国船舶企业文化展》素材，分别在 5 月 20 日中国（北京）船舶和海洋工程装备展览会、5 月 26 ~ 28 日天津（国际）海洋工程及造船工程展览会、11 月 11 ~ 13 日中国舟山国际船业博览会、11 月 12 ~ 14 日第四届中国（芜湖）科普产品博览交易会和 12 月 8 ~ 10 日第四届中国广州国际海事贸易展览会上展出，受到专业人士和社会大众的普遍欢迎。

7 月 11 ~ 17 日，学会通过网络举办了 2010 年全国舰船及航海知识竞赛活动，20 多个省、自治区、直辖市的参赛者参加了竞赛活动，59 人分获一、二、三等奖，2 人获幸运奖。

8 月 2 ~ 6 日，作为国家航海日系列活动之一的 2010 中国青少年舰船夏令营在福建省举行。来自全国 5 个省、市造船学会的营员和辅导员近 50 人参加了为期 5 天的夏令营活动，活动主题是“了解舰船、认识航海、探索海洋”。

学会作为行业科技组织，参加了工业和信息化部装备司、商务部产业司、发展与改革委员会高技术司等部门组织的涉及产业规划、企业评估、项目评审等方面的研究工作，提出了建议。

2010 年，学会联合中国船舶工业行业协会、中国船舶工业集团公司、中国船舶重工集团公司和中国船级社等单位共同申报了《精品船型共性设计技术研究项目》，7 月，项目建议书获工业和信息化部、财政部批复。9 月 11 日，学会和造船行业协会在北京共同组织召开《精品船型共性设计技术研究项目》指导协调组会议，对编制项目研制任务书的内容、项目组织管理方式、项目管理办法和规定等进行了审定。10 月 12 日，学会召开了项目启动会议，就《精品船型共性设计技术研究项目研制任务书》进行了通报。该项目的实施，对提高中国三大主流船型的设计建造水平、打造中国自主品牌船型具有重要意义。

2010 年，学会参加了《应对国际新公约新规范顶层研究》课题研究，并提出应对建议。

学会秘书处和游艇设计与建造学术委员会共同承担了《中国人民武装警察边防部队后勤部委托进行边防派出所执勤摩托艇论证选型》课题研究工作，对适用于边防派出所执勤摩托艇的艇型提出建议，供装备选型参考。

2010 年，学会与中国船舶工业行业协会、中国船级社、中国船东协会建立了秘书长联系机制，定期开会通报有关情况，积极参与和谋划国际海事三方会议、亚洲造船技术论坛等国际会议的有关工作和议题，为中国船舶工业发展争取有利的国际地位。2010 年，学会向有关单位发起了组建船舶与海洋工程领域产业技术联盟的倡议，并参加了船舶与海洋工程特辅机产业技术联盟。

根据十三届二次常务理事会批准的《船舶设计大师评选暂行办法》，11 月 9 日，学会在浙江省舟山市召开了评审会议，评选出朱英富、夏飞、王立祥、赵耕贤、周国平、范模 6 位同志，授予“船舶设计大师”荣誉称号。

11 月 10 日，2010 年中国造船工程学会科学技术奖评审会议在浙江省舟山市召开，在 45 项推荐项目中评审出奖励项目 29 项，其中，一等奖 1 项，二等奖 11 项，三等奖17项。

11月11日，根据《中国造船工程学会船用设备品牌产品评分暂行办法》，2010年度品牌产品评审会议在浙江省舟山市召开，在参评的17项产品中评出7项产品作为学会2010年度品牌产品。

【中国海事技术论坛】

“2010中国海事技术论坛”是学会在整合各项资源的基础上推出的系列科技论坛。

第一场论坛5月20日在北京举行，主题是“低碳、绿色与可持续发展”。论坛由主论坛和海洋石油工程装备、船舶焊接及工艺技术、海洋涂料与涂装技术、船舶轮机与节能减排、游艇及水上休闲产业发展等5个专题分论坛组成，300余名专家、学者出席。

第二场论坛10月26～28日在辽宁省大连市举行，主题是“低碳技术与船舶工业创新发展”。论坛包括高层论坛和丹麦·中国海洋工程、船舶动力低碳技术与产品创新、游艇产业与技术、船舶与海洋工程用钢、铸造及热加工、船舶修造、防腐防污7个专题论坛及学术会议，500余名专家、学者出席。

第三场论坛12月8～10日在广东省广州市举行，包括海洋工程学术会议、国际船舶配套产业发展、船舶与海洋工程焊接新技术发展3个专题论坛。

中国航海学会

2010年，中国航海学会及所属专业委员会围绕航海学科发展前沿，组织开展综合性、专题性学术交流活动21次，参加人员达1300余人，交流论文700余篇。举办国际会议2次，近500人参加，交流论文38篇。出版论文集18集，印发6750册，收录论文800多篇。总会与分支机构共建立及完善网站6个，浏览量约65万人次；制作科技光盘1种，600张；出版科技期刊8种，11.6万册，刊载论文约900篇。派专家3次赴台湾地区与相关民间组织对热点问题进行研讨与洽谈相互合作事宜。派往国外参加学术交流会议1个团组，23人次，交流论文73篇。

开展科技成果鉴定工作，为交通运输部科技计划外项目和航海领域内的企、事业自筹经费、自主开发两类科研项目提供科学民主、客观公正的科技成果验收平台。2010年度对“远程在线船员考试与评估系统”、“VTS、AIS与CCTV集成联动监控技术开发应用”、“全球海上遇险安全系统关键技术产业化研发”等22项成果进行鉴定。开展科技咨询29项，开展磁罗经技术服务，校正船舶约14600艘次、罗经19000台，为船舶航行安全提供了服务。

举办各类培训班76项/次，8244人结业。其中，学会举办的全国海船高级专业技术资格标准条件培训班40人参加，磁罗经校正员、校正师考证培训班61人参加，引航专业委员会举办的引航员培训班200多人参加，船舶防污染专业委员会举办的“溢油应急培训班”97人参加；船检专业委员会与挂靠单位中国船级社联合举办了行业所需的“船舶检验基础知识”、“CCS《验船师须知》（1010版）”等60多个培训班，参加人员达7000多人次。

开展航海科技相关奖励3种，获奖人数共680人，颁发奖金20.73万元。其中，航海科技奖申报项目83项，55个项目获奖，受奖人432名，奖金11.9万元；在航海奖学金评审中，71位大、专航海院校上船专业的优秀学生获奖，奖金8.83万元；在航海学会优秀论文奖评选中，38位论文作者及139位在期刊上发表论文的作者受到了表彰。

学会借上海世博会之机，对社会开放上海海运学院试验室，宣传介绍有关港口装卸及码头物流相关知识，利用“航海日”广泛宣传热爱航海、认知航海、发展航海的理念。举办了赴台湾地区航海夏令营，59人参加。

2010年，学会推荐的大连海事大学白敏冬教授荣获“第八届光华工程科技奖”，贾大山获得“全国优秀科技工作者”荣誉称号。学会推荐了180余人作为中国科协高层次专家人才库候选人。在全国海船高级职务任职资格评审中，57人通过了评审，其中高级船长26人、高级轮机长19人、高级引航员12人。

2010年10月，学会网站完成改版。新版网站现设有“学会简介、科技普及、技术服务、资格评审、表彰奖励、在线论坛”等栏目。

2010年，水运技术经济专业委员会办理了更名手续，现在更名为水运规划与技术经济专业委员会。

【2010年学术年会】

12月15～16日，中国航海学会2010年学术年会在四川省成都市举办。与会专家、学者90余人，学会常务副理事长刘功臣出席会议并发表讲话。会议由学会秘书长丁宝成主持。

会议交流论文55篇，论文内容涉及航海信息技术、船舶污染防治、抵御国际经济环境不良影响、搜救和清障理论研究与实践、航行安全和权益保障、船舶节能研究与实践等方面，27篇优秀论文的作者在会上分别作了交流发言。会后，学会出版《中国航海科技优秀论文集（2010）》一部。

会议邀请大连海事大学副校长刘正江等9位专家组成

评委会对到会的交流论文进行了评选，集美大学航海学院李春晓撰写的《基于模糊聚类分析的海上交通事故原因的评价研究》等5篇论文被评为二等奖，广东海洋大学航海学院毕修颖撰写的《船舶转向避让时机与行动的确定及估算误差对其影响》等14篇论文被评为三等奖。

【中、日、韩航海学会学术交流会】

11月4~6日，2010年度中、日、韩航海学会学术交流会在韩国仁川举行。会议由韩国航海与港湾学会主办，仁川港务局，仁川引航协会等单位协办。学会派出23人组成的代表团与会并作论文交流，学会副秘书长、上海海事大学商船学院院长施朝健和大连海事大学副校长刘正江分别担任正、副团长。学会副秘书长施朝健在大会开幕式和欢迎晚会上代表中国航海学会致辞。

会议共组织论文73篇，其中中国26篇。会议主要对航行与值班、气象定线与定位系统、定位系统碰撞危险和决策支持系统、助航标志、海上事故和危险货物管理、海上通信和信息、海上安全措施、海上安全政策及事故、船舶保安与安全、船舶操纵模拟器、船舶操纵、海上交通、绿色航海技术、港口管理、港口建设、海浪与潮汐分析等领域相关学术问题进行了交流与研讨。会议期间召开了三方代表会议，通报和商讨了相关事宜。

在大会论文交流中，施朝健教授、刘正江教授、刘敬贤教授、胡勤友教授等分别担任了分会主席。

【海峡两岸海洋污染防治学术交流活动】

应台湾地区海洋污染防治协会邀请，8月28日，学会副理事长刘功臣率15人代表团赴台湾出席了由船舶防污染专业委员会与台湾地区海洋污染防治协会合作举办的两岸海洋污染防治学术交流研讨会，并考察了由台湾地区海洋污染防治协会具体承办、两岸相关应急部门积极参与的金厦水域2010两岸油污染紧急应变协作演练活动。

8月30日，学术交流会在台北市举行，台湾地区海洋污染防治协会理事长会杨磊和学会常务副理事长刘功臣分别致辞。会议共交流学术论文11篇，60名专家、学者参加了会议。9月1日，代表团参观访问了高雄港的油污船及应急设备库。9月2日，两岸专家、学者在高雄模拟了金厦水域化学品和散货船碰撞，演练油和苯泄露后的应急处置。

【第六届中国国际救捞论坛】

9月8~11日，第六届中国国际救捞论坛暨展览在陕西省西安市举行，与会中外专家、学者300多人。论坛收到论文140多篇，110多篇选入年度论文集，28篇论文进行了交流发言。

在“提高专业应急救助力量”的主题下，会议就中国应急管理的实践与思考、专业应急救援能力、海上大规模人命救助、海峡两岸联合救助、水上救助志愿者队伍建设、直升机公路救援，人命和财产救助的典型案例、新技术新工艺在救捞和水下工程的应用、当代潜水行业的发展趋势、我国潜水行业法规建设及发展等热点问题进行了交流与探讨。

针对2010年美国墨西哥湾溢油事故和大连7.16溢油事故，论坛专门开辟了“环境救助”专题分会。专家对海上重特大溢油处置能力的建设，海上溢油污染处置技术以及环境救助案例和相关法规问题等进行了交流，为救捞事业及技术的发展和创新积极献计献策。

【学会网站全新改版】

为了展示学会蓬勃发展的形象，更好地为广大会员提供服务，以及提升学会管理水平，2010年，学会对网站进行了全新改版。10月下旬改版完成，改版后的新网站具备宣传学会形象、服务广大会员、传播科学知识、提供交流平台等功能，为会员及广大航海爱好者提供一个重要的信息交流平台。

学会招聘了网站建设人才，配备了相应的设备，购买了先进的网站管理系统，建立了“中国科协个人会员管理系统”与学会网站的对接，形成了个人会员网上申请的路径。

新版网站现设有“学会简介、科技普及、技术服务、资格评审、表彰奖励、在线论坛”等栏目。为便于查看和浏览其他重要信息，还特别在首页开设了“办事指南、专业委员会和地方学会、人物介绍、会员单位、杂志、专题”等栏目，促进了管理工作的规范化和信息化。新网站还开设了航海论坛，共设有10个版块，浏览率持续升高。

中国铁道学会

中国铁道学会2010年年会3月31日在北京召开，230余人参加了会议。中国科协党组成员徐延豪，工程院院士、中国铁道学会理事长孙永福出席会议，并为2009年度中国铁道学会科技奖、2009年度铁道环保奖，2009年度中国铁道学会优秀学术论文获奖代表颁奖。铁道部副部长王志国在会上作了讲话。

4月27~29日，美国2010年联合铁路大会在美国伊利诺伊州举行。中国铁道学会7人代表团参加了会议。会议主题是“高速铁路及城际客运”。350余名专家、学者参加了会议。4月22~23日，第八届海峡两岸通道工程学术研讨会在福建省福州市举行。240多人参加了会议。

会议交流论文28篇。8月15～19日，国际重载协会2010理事会年会在南非约翰内斯堡举行，学会副理事长兼秘书长吕长清率团出席会议。年会上，中国获得了国际重载协会常设技术审查委员会1个任职名额。

9月26日，京津城际铁路与区域经济社会发展研讨会在北京交通大学召开。铁道部副部长王志国、学会理事长孙永福、国家发展和改革委员会基础产业司副司长吴晓等200多人参加了会议。会议由学会秘书长吕长清主持。王志国在开幕式上做了讲话。孙永福作了《充分认识京津城际高速铁路的示范作用，切实加强高速铁路经济研究》的发言，国家发展和改革委员会技术产业司副司长吴晓在会上发言。会议共征集论文近60篇，10位专家在会上做了专题报告，会后编辑印刷了论文集并形成专家建议。

10月22～23日，铁路工程地质研究学术研讨会在四川省成都市举办。来自铁路工程建设、科研院校、勘察设计、施工单位的专家，以及西南交通大学师生共150多人参加会议，17位专家作大会报告。会议开辟互动专场，进行现场答疑。会议征集论文124篇，录选84篇编入论文集，17篇论文获优秀奖，其中一等奖5篇、二等奖12篇。

11月2日，高速列车创新与发展研讨会暨第十二届中国科协年会第12分会场会议在福建省福州市召开。学会理事长孙永福、学会副理事长杨建兴、学会副理事长兼秘书长吕长清、学会常务副秘书长马福海等出席研讨会。220多名专家、学者参加了研讨会。

4月20～21日，学会分别在武汉、广州举办了高速列车控制技术报告会。武汉铁路局局长余卓民、广铁(集团)公司总经理郭竹学分别参加了两地的报告会并致辞。报告由铁道部运输局基础部处长莫志松主讲，近300人参加报告会。

5月28～30日，学会在海南省海口市与粤海铁路公司联合举办了高速铁路技术系列讲座。宁斐、袁湘鄂等5位高速铁路专家介绍了高速铁路技术，1000多人参加了专题讲座。

4月12～13日，学会在北京举办了全国铁路第二期科普创作培训班。8月25～26日，学会在内蒙古自治区呼和浩特市举办了第三期科普创作培训班。共计70余人参加了培训。

5月15日，学会在北京举办了2010年铁路科技周活动。根据中国铁道学会，铁道部科技司、运输局、政治部、宣传部、财务司联合下发的《关于开展铁路2010年科技周、科普日活动的通知》，2010年铁路科技周以“坚持科技创新，铁路成就辉煌”为主题，向18个铁路局和30个省级铁道学会发放了870多张光盘，现场展示铁路科技创新成果图片近百张，发放资料近万册（份），有奖知识答卷近1000份。《人民铁道》、《大众科技报》和铁路电视台等新闻媒体对活动进行了报道。

2010年，学会与铁道部科技司、人事司、运输局、宣传部和《人民铁道》报社联合签发了《关于开展“铁道科技奖”宣传工作的通知》，为科技奖励成果宣传作为奖励工作的长效机制奠定了基础。学会完成了《铁道科技奖励办法》、《铁道环保奖奖励办法》初稿，向中国科协推荐的4人选获“全国优秀科技工作者”称号，其中1人获“十佳全国优秀科技工作者”称号。

2010年初，“《铁道学报》在线稿件处理系统”正式投入使用，提高了稿件收发、编辑、处理效率。上半年，学会对科学技术奖励系统进行完善、升级，茅以升铁道工程师奖纳入系统。6月，学会完成“中国铁道学会会员管理系统”开发工作，7月完成培训，8月开始在全部省级学会、单位会员中试用。9月，学会与铁道部信息技术中心合作，学会信息化办公系统开始建设，增建铁路内网学会网站，2011年1月1日正式投入使用。

【2010年会】

3月31日，中国铁道学会2010年会在北京召开。在北京的学会理事、常务理事，省级铁道学会和专业委员会秘书长，单位会员和2009年中国铁道学会科学技术奖获得者代表，共230余人参加了会议。

中国科协党组成员徐延豪，学会理事长孙永福出席会议并为获得2009年度中国铁道学会科技奖特等奖、一等奖，2009年度铁道环保奖，2009年度中国铁道学会优秀学术论文一等奖的代表颁奖。

铁道部副部长王志国在会上讲话，对学会第六次会员代表大会以来的工作给予充分肯定，并对以后的工作提出了要求。孙永福作了工作报告，回顾总结了2009年的工作，对2010年的重点工作作了部署。

铁道部总工程师、中国工程院院士何华武和铁道部运输局副局长、基础部主任康高亮分别在会上作了题为《武广高速铁路建设与技术创新》和《适应铁路技术进步，建立高效精干的工务养护队伍》的学术报告。

【美国2010年联合铁路大会】

4月27～29日，美国2010年联合铁路大会在美国伊利诺伊州举行。中国铁道学会7人代表团参加了会议。会议主题是“高速铁路及城际客运”。来自美国、中国、法国、德国、英国、加拿大、西班牙、日本、韩国、印度、希腊以及中国台湾地区的350余名专家、学者参加了会议。

大会就铁路基础设施工程、铁路装备、高速铁路的经验与发展、客货共线与分线、管理与运营、安全与环境6个专题进行了交流，共征集论文210篇，185名学者进行了论文交流。铁道部运输局副巡视员侯卫星在全体大会上宣读了《中国高速铁路技术体系与系统集成方法研究》的论文，介绍了中国高速铁路技术体系架构和特点，提出了中国高速铁路系统集成的基本方法和技术发展方向。

铁道部运输局综合处处长张才春在大会上作了题为《中国铁路既有线提速技术》的发言，介绍了中国铁路既有线的提速战略及第六次大面积提速调图情况，既有线提速技术和安全保障体系，以及由此产生的经济和社会效益。

中国代表团的《高速铁路综合检测技术》（作者侯卫星）、《高速铁路设计与施工技术》（作者吴彩兰）、《中国高速列车的发展》（作者张新宁）、《世界铁路运输和路网发展趋势》（作者杨晓莉）等论文也在分会场进行了交流。这些论文从不同角度展现了中国高速铁路发展取得的成就。

中国铁道学会组团参加本次大会，是中国铁路首次在国际舞台上较全面地宣传中国高速铁路成就，为中国高速铁路专家利用国际学术会议平台，系统地展示中国高速铁路技术，了解美国高速铁路建设状况、整体规划、技术储备、技术标准等提供了平台。

【第八届海峡两岸通道工程学术研讨会】

4月22~23日，第八届海峡两岸通道工程学术研讨会在福建省福州市举行。来自两岸三地的专家、学者240多人参加了会议，交流论文28篇。会议由中国公路学会、中国铁道学会、福建省交通协会、福建省文化经济交流中心、中华道路协会（台湾）和中华土木技师工会联合会（台湾）联合主办，福建省交通协会承办，主题是“海峡两岸通道（桥隧）工程关键技术及经济影响”。会上，铁道部总工程师、中国工程院院士何华武做了题为《台海铁路通道方案探讨》的学术报告。

【国际重载协会2010理事会年会】

8月15~19日，国际重载协会2010理事会年会在南非约翰内斯堡举行。中国铁道学会副理事长兼秘书长吕长清率团出席会议。中国、美国、澳大利亚、南非、印度、瑞典、巴西、加拿大等国的理事、特邀嘉宾及国际铁路联合会代表共18人参加了会议。

会议由国际重载协会理事会主席麦克·罗内先生主持。会议通过了国际重载协会2009年理事会会议纪要及各项提案，选举了新一届理事会主席和副主席，并首次颁发了国际重载协会会员证书。年会上，中国获得了国际重载协会常设技术审查委员会1个任职名额。

会议审议通过了吕长清所作的第九届国际重载运输大会总结报告。

中国公路学会

中国公路学会第七届全国会员代表大会12月16日在北京召开。来自全国公路交通行业的200多名代表参加了会议。会议选举产生了中国公路学会第七届理事会，252人当选中国公路学会第七届理事会理事，胡希捷当选为第七届理事会理事长，刘文杰当选第七届理事会秘书长。

2010年，学会围绕行业中心工作，在公路建设技术、公路管理技术、公路信息化技术、新材料技术等方面进行了学术交流和探讨，积极组织开展多种形式、高质量、高水平的学术活动。全年学会共开展各种学术活动42次，交流论文4863篇，参加人数10032人次。主办和承办了第五届全国公路科技创新高层论坛、第十二届中国科协年会第24分会场暨海峡两岸公路发展与安全论坛、第十二届中国高速公路信息化管理及技术研讨会等学术交流活动。在国际学术交流方面，2010年学会共组织出国和赴港澳台交流学习9次，接待国外相关组织6次。主办和承办了第二届世界农村公路大会、第八届海峡两岸通道（桥隧）工程学术研讨会，召开了现代钢桥关键技术国际专家论坛。

2010年，学会完成了《青岛海湾大桥无封底混凝土套箱》课题研究和技术咨询。与有关单位联合开展了《基于机器人平台的复杂条件下桥梁无损检测系统研发》科研攻关，成功申报交通运输部西部科技项目的重大专项课题。组织对《农村公路养护管理评价体系研究》、《中国高速公路运输量调查统计技术研究》、《公路运行速度体系、安全性评价与工程应用技术研究》、《复杂地形地质条件下山区高速公路建设成套技术》等14项课题项目进行了科技成果评审鉴定。学会还组织专家对西藏公路自然灾害情况进行了实地考察，并形成了考察报告，提交了《西藏公路自然灾害情况及治理对策》专题报告。

学会从申报的333个项目中评出了130个2010年度“中国公路学会科学技术奖”获奖项目，其中特等奖4项，一等奖19项，二等奖45项，三等奖62项。2010年，学会设立了“金鹿奖”，受到公路行业高度关注。

学会推荐的刘文杰担任国际路联中国大使，推荐的张喜刚荣获“十佳全国优秀科技工作者”称号，推荐的张喜刚、张劲泉、石宝林、汪双杰荣获“全国优秀科技工作者”称号。学会开展了“第五届中国公路青年科技奖”评选，共有39名青年科技工作者申报该奖项，郭大进等10名青年科技工作者当选。

2010年，学会承担了“交通部自然科学研究系列高级专业技术职务任职资格和成绩优异的高级工程师”的职称评审，承办了中国科协主办的首届全国科学博客大赛，承担了交通运输部交办的《中国公路史》编写工作，完成了《2010年度中国交通信息化发展报告》编写工作，主持编制桥梁行业专用产品标准7项，承担了营运客车等级评定工作。

2010年《中国公路学报》再次入围“百种中国杰出学术期刊”，这是《中国公路学报》第六次获此殊荣，是中国公路交通领域唯一获此殊荣的学术期刊。《中国公路学报》2010年来稿量达1700篇，发稿量为117篇，发表率仅6.9%。《中国公路学报》复合影响因子达到1.966，高居交通运输工程学科学术期刊首位（总共122种期刊）。2010年成为荷兰斯高帕斯数据库（Scopus）的检索源期刊。被牛津大学、普林斯顿大学、美国国防大学等75个海外机构用户订阅。

2010年，学会承担了中国科协“学会创新发展推广工程项目”中“推进学会办事机构人员队伍建设”的改革试点任务。学会加强了制度体系建设，制定了《中国公路学会分会管理办法（试行）》、《分会办事指南》和《中国公路学会学术活动管理办法》。

【第七届全国会员代表大会】

12月16日，中国公路学会第七届全国会员代表大会在北京召开，交通运输部党组书记、部长李盛霖向大会发来贺信。交通运输部副部长冯正霖，交通运输部原副部长、学会终身名誉理事长王展意，学会六届理事长李居昌，交通运输部原副部长胡希捷，交通运输部总工程师周海涛，交通运输部办公厅主任杨咏等出席会议。全国公路交通行业的200多名专家、学者参加了会议。

会议听取、审议，并通过了第六届理事会工作报告、《中国公路学会章程》修改报告、第六届理事会财务报告、会费管理规定等。会议选举产生了中国公路学会第七届理事会，252人当选中国公路学会第七届理事会理事。胡希捷当选为第七届理事会理事长，周海涛、周济昌、周伟、李作敏、李兴华、王玉、刘家镇、马建、董学博9人当选第七届理事会副理事长，刘文杰当选第七届理事会秘书长。

会议表彰了北京市公路学会等18个地方先进学会和戴东昌等28位先进工作者。

【中国公路学会“金鹿奖”】

中国公路学会2010年设立了“金鹿奖”，该奖是中国公路交通科技领域的最高荣誉，仅授予中国公路学会科学技术奖特等奖获奖项目。

2010年，学会对荣获2009年度中国公路学会科学技术奖特等奖的5个项目授予“金鹿奖”，其中“苏通大桥千米级斜拉桥结构体系及设计施工关键技术”和“秦岭终南山公路隧道建设与运营管理关键技术”两个项目获得“金鹿奖”科研项目，经学会推荐，两个项目分别荣获2010年度国家科学技术进步一等奖。

【第二届世界农村公路大会】

10月27~29日，第二届世界农村公路大会在山东省济南市召开。会议由国际道路联合会主办，交通运输部和山东省人民政府支持，中国公路学会、山东省交通运输厅承办。会议主题为“农村公路的可持续发展与新农村建设”。

交通运输部部长李盛霖为大会发来贺信。交通运输部副部长冯正霖，山东省副省长才利民，国际路联主席卡比拉先生，学会理事长李居昌，交通运输部原副部长胡希捷及来自35个国家的专家、学者500余人参加了开幕式。会议旨在加强国际间在农村公路建设、养护管理以及运输领域的合作，通过交流，促进世界各国发展农村公路，为广大农村提供道路交通，以推动农村经济发展和社会进步。

大会共有各类报告34场，来自世界银行、国际路联、亚洲开发银行等组织的专家作了“货物运输的发展”、“国家公路安全运动与公路安全评价”等特邀报告。会议还举办了“农村公路建设与养护的机械化”沙龙，“农村公路的建设与养护”和“农村公路的运输与安全”两个专题交流会以及中国农村公路发展历程与成果展等。

会议期间，国际路联授予中华人民共和国交通运输部和山东省人民政府“农村公路与社会公平发展成就奖”。中国公路学会授予国际路联主席卡比拉“中国公路学会荣誉理事”荣誉，中国公路学会理事长李居昌为卡比拉颁发了证书。

【第五届中国公路青年科技奖】

2010年9月，经各省、自治区、直辖市公路学会、各分会及有关单位推荐，中国公路学会青年科技奖评审委员会严格审核，郭大进、裴岷山、岑晏青、刘建勋、李国锋、胡力群、张娟、任回兴、袁卓亚、李立峰10名同志获得“第五届中国公路青年科技奖”。

作为“中国青年科技奖”的推荐单位，截至2010年9月，学会青年专家委员会委员中已有同济大学交通运输工程学院院长孙立军、北京交通运输委员会主任刘小明、交通运输部公路科学研究院研究员潘玉利、交通运输部公路科学研究院研究员王旭东、山东省交通运输厅公路局研究员张玉宏五位委员获得“中国青年科技奖”。

【2010 年世博交通论坛暨全国排水性路面技术研讨会】

3 月 17 ~ 18 日，2010 年世博交通论坛在上海市举行。论坛由中国公路学会主办。中国公路学会理事长李居昌，交通运输部原副部长王展意、林祖乙，交通运输部科技司副司长张延华等 200 多名专家、学者出席会议。

研讨会上，中国公路学会副理事长汪临发、上海市交通工程学会理事长许培星、上海市城乡建设和交通委员会巡视员王以中分别致词。北京市交通委员会副主任李建国和上海市城市综合交通规划研究所总工程师朱洪分别作了题为《奥运交通的实践与经验》和《上海世博交通保障方案》的主题报告。

长安大学原校长孙祖望、同济大学交通运输工程学院教授孙立军、吕伟民和上海路桥沥青材料有限公司总经理徐斌等分别就排水性沥青路面技术的概念、现状、性能及应用作了近 10 场学术报告。

【现代钢桥关键技术国际专家论坛】

6 月 19 ~ 20 日，现代钢桥关键技术国际专家论坛在重庆市召开。会议由中国公路学会、重庆市建设委员会、重庆市交通委员会主办。中国公路学会理事长李居昌，学会秘书长刘文杰，学会青年专家委员会常委、重庆市交通委员会总工程师张太雄等 160 余名专家、学者参加了会议。

现代钢桥关键技术国际专家论坛以重庆“两江大桥”的设计和建设为背景召开。会议由林同棪国际（重庆）工程咨询有限公司董事长、美国工程院院士邓文中主持。国际桥协原主席伊藤学，美国里海大学教授、美国工程院院士 Alan W. Pense，美国里海大学教授、美国工程院院士 John W. Fisher，韩国成均馆大学教授张丞弼，德国卡塞尔大学教授 Frieder Thiele 等 8 位专家，就各国钢桥的建设情况、钢桥的设计、建设及维护技术等与国内公路科技工作者进行了交流。

在两天的会议中，与会院士专家作了“钢桥的疲劳与断裂”、“大跨度桥梁风震控制”、“韩国钢桥结构实例介绍”、“德国钢桥结构实例介绍”、“旧金山奥克兰海湾桥钢结构介绍”、“正交异性桥面铺装”等学术报告。

【全国大型桥梁工程耐久性技术发展研讨会】

9 月 8 ~ 10 日，由中国公路学会主办，山东高速公路集团承办的全国大型桥梁工程耐久性技术发展研讨会在山东省青岛市召开，来自中国、美国、加拿大、日本以及中国香港特别行政区的 160 余名专家、学者参加会议。

学会理事长李居昌，国际桥协主席康宝特，学会专家委员会主任王玉，秘书长刘文杰，交通运输部科技司副司长张延华，山东高速公路集团董事长孙亮、副总经理周勇，山东省交通运输厅总工程师伊大迈，青岛市交通运输委副主任韩守信，中交养护工程技术有限公司董事长杨俭存等出席了开幕式。

会议期间，中国工程院院士侯保荣，加拿大工程院院士、香港工程院院士张慕圣等 14 位与会专家围绕“中国大型桥梁工程的耐久性和管养技术”这一主题，就实现桥梁建设与运营的成本最优配置、降低桥梁结构全寿命周期的经济投入、节约桥梁设计使用年限内的资源消耗等议题进行了交流、研讨。

中国航空学会

2010 年，学会加强了会员发展与服务工作，新发展单位会员 3 家、个人会员 3000 余人，发展了波音公司中国副总裁 Al Bryant 为外籍会员，全面部署实施了主题为“科技民生与学会发展”的 2010 年会员日活动。

2010 年，中国航空学会和分支机构共举办国内学术交流活动 46 项，参加人数 4915 人，交流论文 3027 篇，评选优秀论文 172 篇，编辑论文集 27 种，光盘 10 种。全年共组织国际会议 8 个，参加人次 1012 人，其中境外 200 人，交流论文 566 篇，其中境外 141 篇，编辑论文集 3 种，光盘 4 种。

学会在上海市召开民用飞机舱内声学设计技术发展暨 C919 飞机舱内声学设计发展规划研讨会，针对大型客机 C919 的舱内声学目标进行研讨。

学会牵头与中国机械工程学会在辽宁省沈阳市联合召开领先接触——第二届民用飞机制造技术及装备高层论坛，邀请林尚杨、赵振业院士等 10 多位专家做大会报告。学会与中航工业通飞公司、上海市航空学会共同举办 2010 中国（上海）通用航空暨通用飞机制造与装备技术国际高峰论坛，学会理事长刘高倬出席大会并致开幕词。学会和中国航空运输协会在北京联合主办了 2010 中国国际航空维修峰会，约 140 位国内外专家、学者参加。学会与空军航空大学在吉林省长春市联合举办空天时代飞行人才培养高层论坛。论坛主题为“空天时代飞行人才培养理论与实践创新”。中国空军司令员许其亮出席论坛并发言，学会理事长刘高倬致开幕辞，王越、钟群鹏、王家骐、杨凤田等院士、专家发表演讲。学会与中航工业集团公司科技委、中国航空研究院在北京联合组织学术讲座，邀请俄罗斯莫斯科航空学院航空工程系教授茹拉夫列夫博士做了“航空科学技术发展展望”学术报告。

学会联合东风汽车公司在湖北省举办了汽车行业发展方式转变与科技创新研讨会，就科技创新促进汽车企业转变经济发展方式相关议题进行探讨。刘大响、冯培德、张福泽、张贵田4位院士到会参与研讨。学会在上海市主办召开了2010年商用飞机复合材料应用国际论坛，来自国内外240多位专家、学者参加论坛。

2010亚太航空航天技术学术会议9月在陕西省西安市召开，会议由中国、澳大利亚、韩国和日本4国的航空学术组织联合举办，中国航空学会承办。10个国家（地区）的262位专家、学者参加会议，其中境外学者90余人。会上，164位学者就30个专题进行分组交流。会议收到论文392篇，录用291篇结集正式出版。

第27届国际航空科学理事会大会9月在法国举行，来自40个国家的718位航空界专家、学者出席大会，中国航空学会作为国际航空科学理事会会员，组团出席了会议。大会录用论文575篇，收入文集光盘519篇，交流宣读约440篇论文，安排了7篇大会报告。学会代表中国商用飞机有限责任公司的赵克良在大会作了“ARJ21支线飞机项目”报告。理事会上通过了中国航空学会推荐学会理事符松教授担任程序委员会委员的提议，接纳中国航空研究院为国际航空科学理事会副会员。

学会与辽宁省航空宇航学会联合举办了2010年航空科技周，活动邀请了学会理事长刘高倬、常务理事张聚恩为沈阳航空航天大学师生作专场报告。6月，学会在北京举办了尖兵之翼——第三届中国无人机展览会，展览占地面积3200平方米，70余家单位参展，52架无人机整机展出，近3万余人次专业观众参观了展览会。7月，学会与黑龙江省林业厅等单位联合举办了2010中国黑龙江林业系统通用航空博览会与通用航空与现代林业建设论坛。

学会联合空军装备部、中航工业集团公司在天津市举办了创新杯——第四届全国未来飞行器设计大赛，大赛共收到作品3000余幅，评选出一等奖获得者9名。大赛颁奖仪式于11月在广东省珠海航展期间举行，学会理事长刘高倬、中航工业集团公司副总经理顾惠忠和9名一等奖作者出席了颁奖仪式。

9月19~24日，学会在广东省江门市举办了第六届中国高台人力飞行大赛。中国、利比亚、苏丹、美国、加拿大等国的百余名选手参加比赛。

10月12~14日，学会在上海市举办了2010年航空科普工作研讨会。学会秘书长吴松出席会议并做了题为“创新机制，推动科普社会化，实现跨越式发展”的主旨报告。会议对16个航空科普工作先进集体和22个航空科普工作先进个人进行了表彰。

2010年，学会完成了中国航空百年展的后续事宜，组织编写了《龙腾东方——中国航空百年展画册》。科普工作委员会与航空网合作组织开展了空军八一飞行表演队歼十表演机涂装方案的网上展示和投票评选活动。航空网浏览人次超过100万次，投票人次33万次，留言2500余条，联合网站浏览人次达500余万。

2010年，中国航空学会科学技术奖进行第四次评选工作。学会收到4个省市学会和22个单位会员推荐的51个项目申报材料，评选出24个获奖项目，其中二等奖9项、三等奖15项，一等奖空缺。学会向中国科协推荐的尹泽勇、武维新、唐长红、介万奇4位航空科技工作者优秀代表荣获“全国优秀科技工作者”称号。

2010年，学会各级组织面向科研生产一线的广大科技工作者组织开展了十余项培训活动。《航空学报》编辑部先后前往中国航天气动技术研究院、中国航空综合技术研究所、北京航空制造技术研究所、清华大学等单位进行科技论文的撰写与投稿培训。

2010年，学会承担了中国科协“航空科学技术学科发展研究”项目，学会副理事长兼学术工作委员会主任张新国任首席专家。项目研究内容涉及2009~2010年航空学科发展情况、无人飞行器及其系统、旋翼飞行器及其系统、航空武器系统、飞行力学、飞行试验、飞行安全、飞行技术、空中交通管理、航空地面保障、航空复合材料和航空可靠性工程等内容。12月完成定稿。

2010年，学会主办的《航空学报》和*Chinese Journal of Aeronautics*引证指标不断攀升，包揽航空、航天类学术期刊冠亚军。《航空学报》影响因子蝉联航空、航天类学术期刊冠军，高出第2名24.30%，高出学科平均值138.85%，总被引频次较2009年增长10.00%，高出学科平均值210.50%。

《航空学报》2010年荣获“中国百种杰出学术期刊”奖项，成为中国航空航天领域唯一连续9年获此殊荣的期刊，期刊综合评分93.50分，居全国1946种核心期刊第10位。*Chinese Journal of Aeronautics*作为国内航空航天科学类唯一的英文期刊，2010年影响因子跃居学科第2位，较2009年增长59.20%，总被引频次较2009年增长41.08%，在国内200余种英文核心期刊综合评分排名中居第6位。*Chinese Journal of Aeronautics* 2010年影响因子在全球航空航天工程类SCIE源期刊中排名第21位。

学会与西北工业大学联合主办的学术期刊《航空工

程进展》2010 年正式出版，面向国内外公开发行。

2010 年，学会基层组织建设进一步加强，先后完成第八届理事会各工作委员会及信息融合分会的组建、航空动力学报编委会换届，基本完成通用航空分会的筹建，启动航空声学分会的申请登记工作。

经第八届二次常务理事会讨论，学会文化建设的核心框架基本完成，集中表述为，学会发展愿景：建设国内领先、国际知名的现代科技社团；学会工作理念：提升位势、创造价值；学会工作方针：激情创新、开放共享。

中国宇航学会

2010 年，学会组织学会本部和所属各专业委员会围绕中国航天中心工作，面向航天科研和型号生产的实际需要，积极开展学术交流活动。举办了深空探测的未来发展论坛、航空航天先进制造技术学术会议、临近空间飞行器发展途径研讨会、新概念航天器未来发展学术沙龙等学术活动。参会人数 3400 余名，交流论文 2470 余篇。全年各专业委员会召开学术年会和研讨会 19 次。

11 月 28 ~ 29 日，学会在北京举办了中国宇航学会 2010 年学术年会，来自中国航天科技集团公司、中国航天科工集团公司、中国科学院和有关高校的院士、专家，围绕我国航天发展的重要发展方向和前沿性基础理论研究进展进行研讨，提出了推动航天研究和研制工作的新思路、新理论、新技术和新方法。

学会组织策划了首届世界月球会议、第十二届环太平洋地区国际空间会议等一系列国际学术会议。组团参加了第二十六届全美国家航天大会、第五届亚太空间战略研讨会等国际学术交流活动。9 月 26 日 ~ 10 月 3 日，学会组织 29 名专家、学者出席了在捷克首都布拉格召开的第 61 届国际宇航联合会大会，会议期间，学会获得了 2013 年第 64 届国际宇航联合会大会举办权。

学会继续举办梦想航天——全国青少年航天科技体验活动。组织实施两岸四地共希望——“希望一号”卫星青少年业余无线电通信、“希望一号”卫星青少年科学实验猜想——看五色土七十二变、“希望一号”卫星太空摄影拼图——拼出你心中神奇的宇宙、中国科技馆希望一号卫星应用等活动。还举办了“梦想航天、情系中华”航天科技夏令营、赴美太空营训练夏令营等青少年文化交流活动。

学会推荐的祝学军、齐润东、樊士伟 3 名科技工作者荣获“全国优秀科技工作者”称号。中国航天科技集团公司副总经理、中国宇航学会常务理事袁洁当选为 2010 ~ 2012 年国际宇航联合会副主席。

《宇航学报》被美国 EI 数据库收录，被国内清华 CNKI、万方数据全文检索。审稿专家由 2009 年的 900 位增加到 2010 年的 1200 多位。

学会重视分支机构建设，支持有发展前景和有利于航天事业发展的学科申报成为学会的分支机构。2010 年，中国宇航学会电磁信息专业委员会正式成立。学会推动和支持卫星应用、飞行器任务规划、空间碎片等专业筹备申报专业委员会。

【首届世界月球会议】

5 月 31 日 ~6 月 3 日，中国宇航学会与国际宇航联合会在北京共同主办了首届世界月球会议暨第十一届月球探测与利用大会。467 名来自美国、俄罗斯、加拿大、德国、法国、英国、意大利、日本、韩国、中国等 20 多个国家和地区的专家、学者参加会议。

中国兵工学会

2010 年，中国兵工学会发展会士 1 名，高级会员 53 名，增补副理事长 1 名、常务理事 1 名、理事 3 名。

2010 年，中国兵工学会共举办国内学术交流 16 次，国际学术会议 1 次。参会总人数 1464 人，递交论文 2456 篇，收录论文 1582 篇，专题报告 144 篇，大会交流论文 227 篇。

5 月 17 ~ 21 日，学会主办的第 25 届国际弹道大会在北京举行。

中国科协主办，学会和西安现代控制技术研究所承办第十次中国科协论坛 10 月 22 ~ 23 日在陕西省西安市举行。中国兵器工业集团公司科技委主任、学会理事长马之庚出席会议并致开幕辞。20 多位国内智能化弹药领域的专家围绕“智能化弹药与未来战争”展开研讨，为国家智能化弹药发展建言献策。12 月 14 ~ 15 日，中国兵工学会主办，中国航空学会、中国宇航学会协办的全国火炸药、火工品青年科技学术交流会在陕西省西安市召开。120 多位青年学者参加会议，15 人在会议上做了交流。会议论文集收集论文 249 篇，并对优秀论文作者进行了颁奖。

4 月 23 日，学会与火炸药专业委员会、光学专业委员会、阻燃专业委员会、军工科技管理研究专业委员会、应用力学专业委员会、爆炸与安全专业委员会在北京理工大学联合举办高技术战争与国防现代化建设专题报告。报告由中国知名军事科普专家、国防大学乔松楼教授主讲。

2010 年，学会举办科普讲座一次，推荐的沈阳理工大学兵器博物馆、中国北方国际射击场、陕西省兵器游乐世界等3个单位获中国科协核准并命名为"全国科普教育基地(2010—2014年)"。

2010年,学会承担了中国科协《2010—2011兵器科学技术学科发展报告》研究课题,并完成初稿的撰写工作。李鸿志院士担任课题首席专家,课题以2010年在中国召开的第25届国际弹道大会为背景,结合中国近两年兵器学科领域的成就,对兵器科学技术的几个重要支撑学科——弹道学、弹药技术、含能材料等进行了研究。

学会向中国科协推荐的4名科技工作者获"全国优秀科技工作者"称号。5月21日,国际弹道学会成立,中国兵工学会成为黄金单位会员,学会许多会员成为国际弹道学会终身会员,第25届国际弹道大会志愿者免费成为学生会员。

学会主办的《火炸药学报》2010年被美国Ei Compendex数据库收录。《兵工学报》2010年的影响因子为0.35,较2009年增长23%。

【第25届国际弹道大会】

5月17~21日,中国兵工学会主办、南京理工大学协办的第25届国际弹道大会在北京举行。来自29个国家和地区的312名专家、学者围绕内弹道、外弹道、发射动力学、战斗部、装甲与人员防护、创伤弹道等领域的未来技术发展趋势与突破进行探讨与交流。

会议采取专题学术报告和海报张贴交叉的形式进行。56名专家在大会上做专题学术报告,其中中国学者17人,130名专家以海报张贴的形式在分会场上进行学术交流。大会共收录论文212篇,其中4篇论文作者获得大会设立的奖项。南京理工大学陈新虹获得周培基青年作者奖(Pie and Rosalind Chou Young Author Award),加拿大Ming Cheng获得路易斯和伊迪丝·则诺奖(The Louis and Edith Zernow Award),美国Richard Fong获得尼尔·格里菲斯纪念奖(Neill Griffthsmm Memorial Award),石家庄军械工程学院陶辰立获得大会新设奖项萨博奖。

【中国兵工学会科学技术奖】

12月9日,学会在北京召开"第四届中国兵工学会科学技术奖"评审工作会议。学会共收到15个专业委员会、8个地方学会及高级会员联名推荐的54名候选人材料。

学会科技奖励工作委员会主任委员焦开河担任评审委员会主任,邹汝平、马作庭、许毅达副主任委员任副主任,委员会由院士及专家共21位成员组成。评审委员会依据《中国兵工学会科学技术奖奖励条例》和《中国兵工学会科学技术奖评奖细则》,评选出特等奖1名、一等奖2名、二等奖8名和三等奖12名。

中国金属学会

2010年,中国金属学会举办国内外学术交流活动93次,参加人员11735人次,提交论文4996篇。

3月28~30日,学会在福建省武夷山市召开了2010年工作会议,理事长翁宇庆在会上发表了讲话。

5月26~28日,学会在北京主办2010年全国炼铁生产技术会议暨炼铁学术年会,来自钢铁企业、科研、设计、大专院校、事业单位和冶金设备制造厂家的185个单位、520多名专家、学者参加会议。会议文集收录论文291篇,大会报告13篇,五个分会场交流了100多篇。与会专家、学者对高炉炼铁以精料为基础,低碳炼铁、节能减排、实现炼铁清洁生产等6方面的技术问题进行了交流。

6月23~24日,学会主办的2010年全国能源环保生产技术会议在江西省九江市召开,160名专家、学者参加了会议,会议文集收集论文160多篇。会议总结交流2009~2010年度钢铁企业在节能减排、环保方面的成果和经验,并对促进钢铁企业节能环保技术发展的问题进行了探讨。

8月31日~9月3日,2010年全国炼钢-连铸生产技术会议在河北省迁安市召开。会议主题为"重视高效率、低成本洁净钢生产平台建设,推动钢厂技术升级"。会议邀请殷瑞钰院士等著名专家针对中国炼钢、连铸生产技术创新的重点问题、发展方向作了专题报告,并围绕高效率、低成本洁净钢平台建设,实现低排放清洁生产等重点问题进行研讨。近280余名冶金科技工作者参会,会议文集收录论文115篇。

8月10~13日,2010年全国轧钢生产技术会议在内蒙古自治区赤峰市召开。智能化、高效化和柔性化轧制成为与会学者关注的重点。与会学者围绕无头和半无头轧制技术进展,柔性化轧制生产与快冷技术、在线与离线热处理生产技术的新进展,钢材组织性能在线预报与控制技术进展,高精度、高强冷轧板生产技术的新进展等进行了交流和研讨。166名冶金科技工作者参会,会议文集收录论文138篇。

10月12~15日,全国冶金节水与废水利用技术研讨会在四川省成都市举办。会议的主题为"节能减排——提高水资源利用效率"。会议围绕钢铁行业节水领域的热点问题、焦点问题和当前节水政策、法规、节水新理念、节水新技术等问题进行研讨。234名专家、学者参加了会议,提交论文87篇。

11月4~5日,第五届中国金属学会青年学术年会暨首届中国钢铁工业低碳发展论坛在北京召开。学会理事长翁宇庆，学会常务副理事长兼秘书长洪及鄙以及来自国内钢铁企业、相关研究院所和大学的100多名专家、学者参加了本次会议。翁宇庆院士为大会做了“高炉炼铁CO_2减排与煤气高效利用关键技术开发”的报告。与会专家就钢铁工业低碳技术和相关政策，最新“低碳”技术成果进行了交流。

9月15~18日，第十届国际轧钢大会在北京召开。会议由中国金属学会主办，鞍山钢铁集团公司协办，会议的主题为“轧制的未来：工艺，产品和环境”。来自中国、比利时、德国、日本、韩国、美国等国及国际钢铁协会的9位轧钢技术专家作了大会报告。来自21个国家和地区的600多名专家、学者参加了会议。会议就轧钢领域如何倡导清洁轧制、优化钢铁产品全生命周期的生态效率和可持续发展等议题进行交流和讨论。

8月24~26日，学会和达涅利冶金设备有限公司共同主办的达涅利特钢技术研讨会在江苏省苏州市召开。来自全国各钢铁企业、大专院校、科研、设计等44个单位的131名专家、学者参加了会议。

2010年，学会加强与国际钢铁组织的合作，组织国际学术交流活动。学会组团出席2月在美国西雅图召开的第139届美国矿物、材料和金属学会年会，并出席了同期召开的第七届环太平洋先进材料国际会议第三次组委会。

11月，学会组团出席德国钢铁学会2010年会及德国钢铁学会成立150周年活动，并出席了在德国钢铁学会总部召开的国际钢铁或金属学会负责人会议。

5月，中国金属学会ESP技术考察团在殷瑞钰院士率领下访问了欧洲，参加了ESP技术研讨会，与DANIELI和S－VAI进行了技术交流。

8月，中国、美国、日本、韩国、澳大利亚金属学会在澳大利亚凯恩斯共同举办了第七届环太平洋先进材料国际会议。全球近1000人参加了会议，其中国内学者300名。师昌绪院士、翁宇庆院士和洪及鄙教授担任会议国际顾问委员会委员，仲增墉教授、谢锡善教授和韩亚芳教授担任会议国际组织委员会委员，尚成嘉教授担任中方技术总代表。会议共邀请国内14个单位的19名材料界专家担任13个分会的分会主席。中国学者向会议提交摘要近330篇，会议录取中国学者论文全文近190篇。

10月，由殷瑞钰院士率领，学会组团参加了在日本举办的第十二届中日双边钢铁技术研讨会。会议为中日两国交流钢铁科研动向和关键技术问题提供了平台。

2010年，学会举办了冶金科技活动周，参加了全国科普日活动。5月17~22日，学会与本溪钢铁（集团）公司联合举办的2010年冶金科技活动周在辽宁省本溪市举行。活动围绕“节约能源资源、保护生态环境、保障安全健康”主题，邀请院士、部级领导等讲授科普知识，向社会开放科研院，举办技术咨询、培训、科普展览等多项活动。9月18~19日，学会参加了2010年“全国科普日”活动。学会以“发展绿色钢铁、走进低碳生活”为题，组织策划了多种科普活动。活动期间，学会发放科普宣传材料2000余份，收回有奖知识答卷500份，咨询人数达2500人次。

2010年，学会在重要钢铁企业举办培训班、召开现场会，持续开展继续教育活动。5月17~18日，学会在辽宁本溪钢铁（集团）公司举办了钢铁企业节能减排培训班。洪及鄙、蔡九菊、温燕明、郑文华等12位冶金节能减排专家，分别就中国钢铁工业走低二氧化碳排放的战略研究、科学用能的理论与技术、冶金企业煤气资源结构优化及高效利用、节能减排建设低碳绿色焦化厂等方面的内容，对来自全国钢铁企业的220名学员进行了讲授。

10月28日，学会在安徽省马鞍山市举行了转底炉处理冶金尘泥技术现场交流会。中国工程院翁宇庆院士，学会常务副理事长兼秘书长洪及鄙，以及来自全国42家钢铁企业的180名专家、学者参加了会议。会议就钢铁炉料结构、成本和环境优化、转底炉处理冶金尘泥技术原理与应用、马钢转底炉处理含锌尘泥的技术和生产情况等议题进行了探讨和交流。

11月17~19日，学会在辽宁省鞍山钢铁集团公司举办了网络炼钢师资培训班。培训班设置了转炉、电炉模拟操作、连铸模拟操作、轧钢工艺的模拟操作以及炼钢和轧钢的串联操作等课程。来自钢铁企业、高校等17个会员单位的近40名学员参加了培训。

2010年，学会继续与国际钒技术委员会合作，由国际钒技术委员会资助，启动了新一轮冶金优秀人才培养合作计划。经过遴选，宝山钢铁股份有限公司、上海交通大学、东北大学、上海大学和北京科技大学的5个博士生培养项目入选。

2010年，学会向中国工程院推荐的“光华工程科技奖”候选人中，李卫获第八届光华工程科技奖、毛新平获第八届光华工程科技青年奖，向“第十一届中国青年科技奖”推荐的候选人中，张忠铎获得“中国青年科技奖”，向中国科协推荐的“全国优秀科技工作者”和“十佳全国优秀科技工作者”候选人中，王运敏、李楠、周少雄、靳伟荣获“全国优秀科技工作者”称号，周少雄荣获“十佳全国优秀科技工作者提名奖”。

7月，国家科学技术奖励工作办公室正式向中国金属学会冶金青年科技奖颁发了《中华人民共和国社会力量设立科学技术奖登记证书》。11月4日，在第五届中国金属学会青年学术年会上举行了颁奖仪式。

2010年，学会组织大型冶金企业、大学、科研院所8家单位组成产学研联合体，承担了“十二五”国家支撑计划项目《高炉炼铁 CO_2 减排与利用关键技术开发》课题的研究工作。12月，课题组完成了项目建议书、可行性研究等论证评审工作，获得原则通过，纳入中国应对气候变化科技专项行动工业领域减排优先启动项目。结合工业和信息化部节能与综合利用司的要求，课题组组织提出了“钢材无加热成形生产技术开发”、“预还原烧结技术”、“新型低碳直接还原铁技术”等一批钢铁工业低碳技术项目建议。

学会聘请多位专家协助收集国外冶金科技发展动态，重点跟踪德国、日本、美国、韩国、俄罗斯、印度等国在冶金科技方面的发展信息，收集、整理和翻译了近13万字的资料，在学会网站上登载，供会员参考，发挥了学会作为冶金行业科技组织的作用。

作为中国科协“专家企业工作站”支撑体系建设试点单位之一，2009年为湖北省襄阳市建站之后，2010年，学会组织了宝钢集团有限公司、武汉钢铁（集团）公司、中国钢研科技集团公司等单位的专家先后为湖北省襄阳市企业提供技术咨询服务。

《国际钢铁研究（英文版）》在国际冶金界具有权威性，是SCI检索的期刊源之一。原由德国、法国、奥地利、瑞典金属学（协）会主办，2010年9月，中国金属学会正式成为《国际钢铁研究（英文版）》主办单位之一。仲增墉教授和徐金梧教授为期刊的编委会成员，王国栋院士和张家芸教授被聘为期刊顾问委员会成员。

学会组织了《冶金学名词》第二版的编审工作，本版包括总论（包括能源环保）、采矿、选矿、物理化学、钢铁冶金、有色冶金、金属材料、金属压力加工等八个部分，每个词条均有中英文对照和注释。12月，《冶金学名词》第二版完成初稿，共收录近一万个词条，数量是第一版的两倍，并对每个词条增加了中文注释。

学会承担了中国科学技术协会《中国科学技术专家传略》（冶金卷Ⅱ）的编纂工作，12月已完成定稿工作，入传专家68人。学会组织专家翻译出版了德国钢铁学会编著的《钢铁生产概览》，为中国钢铁企业的技术人员、管理人员以及相关行业的有关工作人员，提供学习了解钢铁生产和技术的科普读物。

2010年，学会加强了网站“专家库”、“会员库”和“论文库”专栏的建设，并定期进行数据审核及更新，充分利用学会资源，建设国内外行业的科技项目库和科技鉴定及科技成果数据库，服务行业和企业。

1月28日，学会召开八届五次理事会议。通过投票，选举王天义为中国金属学会第八届理事会副理事长，接纳冶金工业规划研究院和重庆科技学院为中国金属学会团体会员，李新创为中国金属学会第八届理事会理事。11月30日，学会召开八届五次常务理事会议。会议审议并通过了《关于接纳团体会员的议案》、《关于更换常务理事、理事的议案》和《中国金属学会2011年和未来五年工作设想》等议案。

【2010年工作会议】

3月28～30日，学会2010年工作会议在福建省武夷山市召开，来自专业分会、地方学会、团体会员、期刊编辑部和工作总部的155个单位的218人参加了会议。学会理事长翁宇庆、常务副理事长兼秘书长洪及鄙、副理事长王天义等参加了会议。

学会理事长翁宇庆在会上发表了讲话，他指出，钢铁行业进入一个关键的转变时期，中国金属学会今后的工作必须适应钢铁行业发展形势的变化、为行业转变发展方式、调整产业结构提供更优质的服务。常务副理事长兼秘书长洪及鄙作了题为“坚定信心，开拓奋进，为推动钢铁工业科技发展作出新贡献”的工作报告。

【中国金属学会冶金青年科技奖】

2010年7月，国家科学技术奖励工作办公室正式向中国金属学会冶金青年科技奖颁发了《中华人民共和国社会力量设立科学技术奖登记证书》。

8月，学会召开了第四届中国金属学会冶金青年科技奖评审会议。评选出13名冶金青年科技奖入选者和16名冶金先进青年科技工作者入选者。9月，学会在《中国冶金报》、《世界金属导报》、中国金属学会网站等媒体上对入选者进行了公示，授予于浩等13人第四届中国金属学会冶金青年科技奖，授予王付其等16人第四届中国金属学会冶金先进青年科技工作者称号。

11月4日，学会在第五届中国金属学会青年学术年会上举行了颁奖仪式，为获奖者颁发了获奖证书。

【2010年冶金科技活动周】

5月17～22日，学会与本溪钢铁（集团）有限责任公司在辽宁省本溪市联合举办了2010年冶金科技活动周。活动主题为“节约能源资源、保护生态环境、保障安全健康”，逾万人参加了活动。

围绕活动主题，学会邀请院士、部级领导等讲授科普知识，面向社会公众开放科研院，举办技术咨询、培训、科普展览等多项活动。活动展出展板100多块，设计了《金属元素与生活》系列小册子，编印了《"锌"会跟爱一起走》、《"镁"的生活》、《"钼"不斜视》、《铅中毒危害儿童健康》等十余种科普读物。

学会开发了远程会议、培训系统，并在2010年冶金科技周报告会上，邀请法国阿赛洛米塔尔 Jean－Pierre Birat 教授通过网络视频做了关于"二氧化碳减排技术"的报告。视频报告为学会科普活动引入了新的宣传形式，让群众亲身体验网络视频的便捷性与时效性。

【第十届国际轧钢大会】

9月15～18日，第十届国际轧钢大会在北京召开。会议的主题是"Rolling the future: Process, Products, Environment"。来自中国、比利时、德国、日本、韩国、美国等国家及国际钢铁协会的9位轧钢技术专家作了大会报告。来自21个国家和地区的600多名专家、学者参加了会议。

会议文集收入论文275篇，其中32篇重点报告和119篇口头宣讲论文分别在中厚板、热轧带钢、冷轧、管线钢、型材、轧制技术模拟与控制、轧辊与轧制设备等17个技术分会场上做了宣讲，74篇技术报告以墙报的形式进行了展示和交流。

会议就轧钢领域如何倡导清洁轧制、优化钢铁产品全生命周期的生态效率和可持续发展等议题进行重点交流和讨论。会议认为，轧钢技术的发展要把资源、能源与环境问题作为轧钢技术创新和进步的战略任务，更加关注成熟、先进以及前沿技术的应用及推广，节约资源、节省合金、工序紧凑、降低成本是未来轧钢技术发展的方向。

中国有色金属学会

2010年9月19日，学会在北京召开了第六次全国会员代表大会暨第八届学术年会，完成了学会换届工作。大会选举出第六届理事会理事202名、常务理事67名，选举康义为中国有色金属学会第六届理事会理事长、李静海等12人为第六届理事会副理事长、张洪国为第六届理事会秘书长。

2010年，学会组织参加国际学术会议3次，组织召开国内学术会议27个，参会人数2600余人，发表论文1200余篇，编辑出版论文集8本，举办技术培训班11期，实际培训1200人次。

1月13～14日，学会主办，中国科学院半导体研究所等承办的第十一届全国 MOCV 学术会议在江苏省苏州市召开，150多家单位的350多名专家、学者参加了会议，13家企业在会议期间做了现场展示。24位院士、专家做了专题报告或大会发言。会议出版了论文集，收录论文92篇。

3月29日至4月2日，低碳经济条件下重有色金属冶金技术发展研讨会在云南省昆明市召开，79家企业的142名学者出席会议。会议收到论文64篇并出版论文集，另外有15篇报告做了大会交流。

4月22～25日，2010年全国冶金物理化学学术会议在安徽省马鞍山市召开，219名专家、学者参加了会议。会议出版了论文集，收录论文181篇。9位专家做了大会报告，分3组交流论文94篇。

5月23～25日，全国采矿技术与装备进展年评报告会在福建省厦门市召开，180个单位的400余人出席了会议。中国工程院院士古德生等出席了会议并作了大会报告，12位专家做了大会发言。会议期间举办了采矿设备及仪器展览，30多个企业做了现场展示。会议出版了论文集，收录论文57篇。报告和论文内容涉及矿业可持续发展、采矿工艺和方法、凿岩爆破、安全环保、矿山自动化和信息化等众多领域。

7月12～14日，第七届全国重有色金属冶炼烟气处理及低位热能回收、酸性废水处理技术研讨会在浙江省杭州市召开。在目前国家环保政策逐步严格的背景下，会议就在整个有色金属行业推广新设备、新技术，以治理冶炼产生的二氧化碳尾气及实现冶炼厂酸性废水零排放进行了交流。会议论文集收集论文42篇。

8月23～27日，学会在辽宁省大连市召开了2010中国矿山安全管理与技术装备大会。177个矿山企事业单位和设备制造厂家的283名学者出席了会议，国家安全生产监督管理总局专家组的5位成员出席了会议。会议为专家、学者互相交流学习矿山安全隐患预防与治理、安全救护、安全体制创新等方面的实践经验提供了平台。会议收录论文65篇，其中46篇汇编成会议论文集。

5月30日～6月4日，由学会贵金属学术委员会组织的中国有色金属学会代表团一行4人赴德国柏林参加了第四届贵金属国际会议并做了大会报告。9月3～12日，第25届国际矿物加工大会（IMPC2010）在澳大利亚布里斯班召开，1100多名专家、学者参加，其中中国学者130余人。学会组织了以选矿学委会主任委员孙传尧院士为首的11人代表团参加了大会。大会上，学会第四、五届理事会副理事长王淀佐院士被授予国际矿物加工终身成就奖。

【第六次全国会员代表大会暨第八届学术年会】

9月19日，学会在北京召开了中国有色金属学会第六次全国会员代表大会暨第八届学术年会，完成了学会换届工作。有色金属及相关行业会员代表共275人出席了会议。全国政协原副主席徐匡迪为大会召开发来贺电，中国科协副主席、书记处书记齐让出席了会议。大会由学会副理事长屠海令主持。

学会副理事长兼秘书长钮因健代表中国有色金属学会第五届理事会在大会上作了题为《学习实践科学发展观，促进有色金属工业科技创新》的工作报告，副秘书长张洪国作了关于修改学会章程的报告，副秘书长杨焕文作了学会财务收支情况报告。会员代表大会审议通过了《关于学会第五届理事会工作报告的决议》、《关于学会章程（草案）和章程（草案）修改报告的决议》和《关于学会第五届理事会财务收支情况报告的决议》。

大会进行了学会第六届理事会理事选举，选举出第六届理事会理事202名、常务理事67名，选举康义为学会第六届理事会理事长、李静海等12人为学会第六届理事会副理事长、张洪国为学会第六届理事会秘书长。大会上，还表彰第五届理事会期间工作突出的17个先进集体和55名优秀学会工作者。

9月20日，学会举办了第八届学术年会，300多名专家、学者出席了年会。

会议就有色金属工业科学发展的方针与战略，有色金属工业科技创新成果，有色金属低碳生产新工艺、新技术，有色金属生产节能减排技术创新，有色金属工业科研成果应用与推广，各种有色金属矿产资源的高效与综合利用和有色金属与相关工业的新材料、新工艺介绍等议题进行了研讨、交流。

年会上，5位专家作了大会特邀报告。学会理事长康义作了题为《有色金属工业发展形势与科技创新》的报告，古德生、邱定蕃、屠海令三位院士分别作了题为《我国金属矿业面临的问题和挑战》、《低碳经济与中国有色金属工业初探》、《我国有色金属工业发展现状与前瞻》的特邀报告。

大会共收到交流论文200多篇，编审组评选出160篇汇编成中国有色金属学会第八届学术年会论文集《中国有色金属工业科学发展》。

中国稀土学会

2010年，中国稀土学会共召开学术会议、专题研讨会、科技培训班14个（次），交流论文400余篇，参加人数2400多人。

8月2~6日，学会主办的第六届国际稀土开发与应用研讨会暨首届中国稀土峰会在北京举行，21个国家的356名稀土专家、学者参加了会议。会议收到论文371篇。

8月8~10日，第二届中国包头·稀土产业论坛在内蒙古自治区包头市召开，论坛主题为“中国稀土发光材料产业的发展与共赢”。20多位国内专家、学者围绕稀土原料—稀土发光材料—稀土节能灯及灯具—照明电器产业链，国家稀土行业管理新政策、科研新成果、稀土发光材料产业链等作了学术报告。

10月15~19日，中国稀土学会信息专业委员会、技术经济专业委员会和全国稀土信息网共同主办的第十三届中国稀土企业家联谊会暨世博稀土企业家论坛在上海市召开，来自全国20多个省、自治区、直辖市260余位专家、学者参加了会议，会议的主题是“保护资源、转变方式、调整结构、发展低碳”。

11月9~11日，学会选派学者出席了在香港特别行政区举行的第六届国际稀土会议。会议由英国罗斯基尔公司和金属商情公司共同主办。200余位专家、学者参加了会议。18位专家做了主题邀请报告，内容涉及世界稀土供求关系，建立未来稀土多渠道供应体系的前景，中国稀土产业，稀土在催化、发光、磁致冷等应用领域的现状与未来等方面。学会秘书处学术部主任陈占恒就中国稀土资源、产业现状、国内市场、配额与出口、稀土与环境等方面，向与会者进行了解读。北京有色金属研究总院、有研稀土新材料股份有限公司庄卫东就中国稀土发光材料的开发现状和发展前景作了报告。《稀土信息》编辑部王彦作了有关稀土磁制冷材料的报告。

12月28日，中国稀土学会和中国五矿化工进出口商会联合在北京举办了2010年国际稀土研讨会，研讨会主题是“保护资源、发展低碳、自主创新、扩大应用”。

2010年，学会进一步加强咨询服务工作，通过调研、综合专家意见和建议，向国家有关部门递交了促进中国稀土发展的建议材料，把学会工作提高到了与国家宏观管理和科技政策紧密结合的层次。

学会向商务部全面介绍了稀土资源产业、科技、知识产权、市场等情况，参加了工业和信息化部关于稀土准入条件的讨论并提出修改意见，参加科技部《稀土材料“十二五”科技发展专项规划》的编写与修改工作，为国土资源部整顿稀土等矿产资源会议提供稀土行业及科研方面的有关背景资料、发展建议等。

11月2日，在第十二届中国科协年会上，中国稀土学会与福建省龙岩市人民政府签订了合作框架协议。学会为龙岩市稀土产业进行技术指导，推介稀土行业最新科技成果，开展国内外稀土学术活动，培养稀土科技人才，协助龙岩市做好稀土产业“十二五”发展规划等。

2010年，学会完成了中信银行《轻稀土行业分析报告》、国家开发银行《钕铁硼项目意见书》等研究项目，完成了包头神润高新材料股份有限公司的《稀土新型脱氧剂》技术咨询报告，向中国工程院提供了稀土资源及政策方面的情况介绍。

技术经济和信息专业委员会2010年完成了稀土综合信息服务平台建设，为稀土行业提供全面、及时的稀土资讯、稀土知识、市场行情等信息。理化检验专业委员会参与了2010中国稀土标准化技术委员会测试方法国家标准审定和起草工作。稀土化学与湿法冶金专业委员会参与编制了《稀土工业污染物排放标准》的工作，并参与多项稀土冶炼产品标准制修订工作和国家工业和信息化部稀土行业协会的筹备工作。

2010年，学会完成了《中国稀土学会年鉴》（2008）、（2009）的编辑出版工作。年鉴全面展示了2008、2009年稀土学术研究、技术进步、专利、标准与科研成果等方面的新进展，选载了国内外稀土行业动态、科技要闻和综述文章，加强了稀土科技与产业、贸易与市场方面的信息交流。

《中国稀土学报》（中、英文版）2010年全年投稿、发稿量继续增加。据2009年中国科技期刊引证结果，《中国稀土学报》影响因子继续保持了材料学科领域影响因子领先水平。《稀土学报》（英文版）SCI影响因子0.573。2010年，《稀土学报》（英文版）图文彩色印刷，增加了专业栏目标题，方便了读者阅读。《稀土学报》（英文版）荣获科技期刊国际推广项目2010年度资助。《中国稀土学报》（中、英文版）完善了具有独立域名的网站，于2010年12月正式运行英文在线编辑出版系统。

2010年7月，《稀土》杂志编辑部组织了第六届《稀土》杂志优秀论文评选活动，对2008年和2009年发表在《稀土》杂志的论文进行评选，选出第六届《稀土》杂志优秀论文10篇，并颁发获奖证书。编辑部召开了《稀土》杂志成立30周年暨第四届编委会成立大会，成立了第四届《稀土》杂志编委会。

【第六届国际稀土开发与应用研讨会暨首届中国稀土峰会】

8月2~6日，学会主办的第六届国际稀土开发与应用研讨会暨首届中国稀土峰会在北京举行。来自21个国家的356名稀土专家、学者参加了会议，国外学者74人，国内学者（含港、澳、台）282人。会议收到论文371篇，其中国内291篇，国外80篇，稀土化学类114篇、永磁类25篇、催化类47篇、发光类84篇、固体新材料类101篇。

北京大学严纯华教授、欧洲稀土与锕系元素学会秘书长J.－C. Bunzli教授、澳大利亚矿业公司总裁达德利先生、英国罗斯基尔信息服务公司总裁车竹薇女士、美国杰克利夫顿咨询公司杰克·利夫顿先生等12位专家作了特邀报告。

会议按照专业领域分别进行了稀土化学与湿法冶金、磁学与稀土磁性材料、稀土催化、稀土发光材料和储氢与新材料五个领域的分会学术交流，80多人做了口头报告，近300人听取了学术报告，76篇论文进行了墙报交流。研讨会还同期举办了稀土论坛，70余名学者参加。会议邀请了17位国内外稀土企业家和专家，结合本企业现状与未来、当前稀土领域热点问题进行了研讨。

会议期间还举办了小型稀土与设备展览，多家国内外仪器厂商及科研院所参展。

【2010年国际稀土研讨会】

12月28日，中国稀土学会和中国五矿化工进出口商会联合在北京举办了2010年国际稀土研讨会。研讨会主题是“保护资源、发展低碳、自主创新、扩大应用”。

研讨会为国际、国内稀土企业家们搭建了交流与探讨的平台，与会专家、学者围绕稀土企业关注的稀土原料供给、市场价格变化、产业整合重组、企业节能环保、稀土储备以及稀土深加工、稀土新材料发展方向等热点问题开展交流与讨论。

中国腐蚀与防护学会

中国腐蚀与防护学会第八届全国会员代表大会8月7~8日在云南省昆明市召开。来自全国科研院所、高等院校、生产与施工企业的200多位代表出席会议。

4月22日，学会科普教育工作委员会参加了第四十一个“世界地球日”科普活动。学会以展板展示、资料散发、咨询问答的形式进行科普宣传，帮助广大民众了解什么是腐蚀，腐蚀的危害，提高防腐蚀的意识，防止和减少腐蚀的发生，以达到节约资源、保护环境、低碳生活，促进社会可持续发展的目的。

5月和6月，学会与美国腐蚀工程师国际协会（NACE International）联合举办的阴极保护技术二级和三级认证培训课程在北京科技大学举办。来自石油天然气、管道、防腐蚀工程等行业的科技人员24人参加了阴极保护技术二级认证培训，21人参加了阴极保护技术三级认证培训。美国腐蚀工程师国际协会选派Chris Ringas博士、John Grills Chase、Bob Gummow等防腐专家进行英文授课。每个级别课程为6天，5天教学，1天考试。阴极保护技术二级班中22人通过了资格审查，取得了美国腐蚀工程师国际协会颁发的阴极保护技术二级资质证书。

学会主持编写《材料延寿》系列丛书，3月，在北京召开了《材料延寿》系列丛书编写大纲第一次评审会，评审组专家就评审原则及分册评审意见达成共识。5月，学会在浙江省杭州市召开编写大纲第二次评审会，对16个分册的编写大纲进行了第二次评审。6月，学会将《材料延寿·材料表面保护层》样书送顾问委员会主任师昌绪和副主任严东生、王淀佐、干勇、肖纪美审阅，图书进入全面编写阶段。6月，学会在北京召开了10个分册主编会议，对首批10个分册的编写工作做了具体要求。7月，学会对入选的分册进行了调整，并安排了空出分册和尚未确定分册的主编。

【第八届全国会员代表大会】

8月7~8日，中国腐蚀与防护学会第八届全国会员代表大会在云南省昆明市召开。来自全国科研院所、高等院校、生产与施工企业的200多位代表出席会议。

学会理事长陈光章代表第七届理事会做学会工作报告，副理事长乔利杰做修改学会章程报告，监事长吴荫顺做监事会报告，秘书长高克玮做财务报告。

会议选举产生了由95位理事组成的第八届理事会和5位监事组成的监事会。陈光章当选第八届理事会理事长，刘坐镇等9人当选副理事长，李晓刚当选秘书长，左禹当选监事长。

中国核学会

中国核学会成立30周年庆祝大会在北京举行，学会理事长李冠兴做主题报告。学会编辑的《使命与发展》和《中国核科学技术进展报告（第一卷）》发行仪式也与大会同期举行。同时，学会个人会员计算机登记系统也于庆祝仪式上正式开通。

3月23~26日，第11届中国国际核工业展览会在北京举行。展览会以“绿色核能、低碳未来”为主题，来自中国、法国、加拿大、美国、俄罗斯、西班牙、瑞典、芬兰、意大利等15个国家的200余家展商参展，展厅面积1万平方米。国务院副秘书长肖亚庆、科技部副部长杜占元、工业和信息化部副部长苗圩、国务院国有资产监督管理委员会副主任金阳、中国工程院副院长杜祥琬、国家能源局副局长刘琦、国防科工局副局长王毅韧、中国科协书记处书记张勤等出席了展览会开幕式。

学会和加拿大核学会联合举办的2010超临界水堆会议4月25~28日在加拿大多伦多举行，20余名专家、学者参加了会议。

第18届国际核工程大会5月17~21日在陕西省西安市召开。大会由中国核学会、美国机械工程师学会和日本机械工程师学会共同主办，主题为“核能推动世界可持续发展”，来自40多个国家和地区的近千名专家、学者参会，收到论文近1300篇。大会开设了专题讨论会、技术分会、技术参观、学生竞赛、技术培训、小型展览和海外华人研讨会等150多场学术活动。

6月11~13日，第一届中国国际同位素和辐照加工技术设备展览会暨学术研讨会在上海市举行。活动由学会与南方六省（市）核学会及长三角辐射加工联合会共同举办，得到国际原子能机构（IAEA）、国际能源组织（IEA）和国际辐射联合会（IIA）的支持。来自中国、英国、日本、澳大利亚、印度、越南、泰国等国的同位素和辐射领域的近200名专家、学者齐聚一堂，交流学术、展示技术设备（产品）。

7月28日~8月1日，学会主办，吉林省核学会承办的第七届中国核学会省市区“三核”（核科技、核应用、核经济）论坛暨中国放射医学教育50年庆典在吉林省长春市举行。200余名专家、学者参加了论坛，征集论文164篇。论坛设立了1个主会场，核工业、放射医学与核医学、放射毒理学3个分会场。

10月13~14日，中国核学会和财团法人核能科技协进会共同主办的第十届海峡两岸核能学术交流研讨会在江苏省连云港市田湾举行。台湾地区核能研究所、台湾地区电力公司、中国核工业集团公司、中国核工业建设集团公司、中国电力投资集团公司、国家核电技术公司、中国广东核电集团公司等单位的近100名学者出席会议。学会理事长李冠兴、财团法人核能科技协进会董事长欧阳敏盛和中国核工业集团公司总工程师雷增光出席开幕式并致辞。来自海峡两岸核能领域的18位专家就核电建造、核电营运与安全管理、核废料管理等专题作了大会报告。交流研讨会前后，台湾地区代表团先后参观考察了中国电力投资集团山东核电有限公司海阳项目施工现场和田核三、四号机组建造现场。10月15日，代表团赴上海与国家核电技术公司上海核工程研究设计院的专家们进行座谈交流。

10月10~14日，学会主办，上海交通大学承办的第八届反应堆热工水力、运行和安全国际会议在上海市召开。来自20多个国家和地区的近300名专家、学者就当前反应堆热工水力、运行和安全等领域的问题与挑战展开了交流、探讨。大会收到论文240篇。

2009年学会学术年会共征集论文1709篇，经过学术评审和保密审查，889篇论文获得通过收进论文集。论文集定名为《中国核科学技术进展报告（第一卷）》，共10

本分册和21个分卷（每个二级学科列一卷），计7000页。2010年12月，论文集在庆祝核学会成立30年时举行了发行仪式。

在中国核工业集团公司及金原铀业公司的支持下，学会科普读物《国家宝贵的资源——铀》，经过铀矿冶现场试讲、散发初印本和广泛征求意见，2010年1月由原子能出版社正式出版发行。这是继《走近核科学技术》和《宇宙能源——聚变》之后，学会组织编写的科普读物。

2010年7月，学会作为5个试点单位之一参加了中国科协专利信息资源应用试点工作。21家会员单位索取注册码安装了系统光盘，16家提交了《专利应用情况反馈表》，7家反馈了检索和利用情况，另两家索取了专利说明书全文。

10月26~28日，中国工程院院士李冠兴和叶其蓁走进东华大学和江西省万安县核电厂址，在东华大学举办两场报告会，在万安县核电厂址举办了两场科普报告会，为该地核电发展营造良好舆论氛围。

中国石油学会

2010年中国石油学会和各省、自治区、直辖市石油学会及各分会、专业委员会共组织开展各类学术技术交流活动626次，参会代表人数32602名，征集论文9925篇，会议交流论文4430篇，出版论文集29本。中国石油学会总部及各分会、专业委员会共组织国内外学术活动75次，参会人数13745名，征集论文6747篇，会议交流论文3312篇，约占征集论文的1/2，并出版论文集9本。截至12月，学会网站点击率达427116次。

3月26~28日，在广西壮族自治区南宁市组织召开了中国石油学会第二届石油石化专用软件交流会暨科普报告会。来自国内三大石油集团、相关院所和国内外石油石化专用软件供应企业的200多人参加了会议，共同探讨交流了石油石化专用软件业的产品应用情况和技术发展前景。

4月，学会与江西省石油学会联合举办了石油科普报告会暨地质考察活动，来自石油企事业单位的40多人参加了活动。

2010年《石油知识》总发行量为60000册，并通过中石油外网《石油知识》栏目发布各类油气科技信息385条。

各分会和专业委员会，各省、自治区、直辖市石油学会结合本省、本地区的实际情况和中国科协组织的“全国科普日”活动，通过展览、举办讲座、发放科普宣传材料等形式，开展了大量丰富多彩的科普宣传活动。为提高石油、石化行业广大职工和公众的科学文化素质起到了积极的促进作用。

2010年，中国石油化工股份有限公司勘探与生产分公司与学会签订了“国内外低渗透油田提高单井产量的措施与方法”合作项目，在韩大匡院士的领导下，学会组织有关专家到大庆、吉林、延长等油田进行了调研和现场试验，项目已进入编写报告阶段。

8月9~11日，学会组织召开了2010年物探技术研讨会，主题是复杂断块区油气藏精细勘探开发技术。来自中国石油天然气集团公司、中国石油化工集团公司和中国海洋石油总公司系统物探企业及相关科研院所的400多位物探工作者参会。会议共收到论文255篇，其中164篇论文进行了会议交流。交流内容涵盖了复杂断块区地震资料采集、处理及解释技术研究与应用，高精度地震勘探技术研究及应用，岩性油（气）藏地震勘探技术与应用，海上地震数据采集、处理及解释技术研究与应用，非地震勘探技术研究与应用，物探装备研发与应用，油气勘探中的地球物理新技术、新方法等。

9月1~2日，学会召开了天然气学术年会，主题是“以科技进步促进天然气产业又好又快的发展”，满足经济和社会发展的需求。来自三大石油集团（总）公司的320多名专家学者和工程技术人员出席了会议。中国工程院童晓光院士出席会议，作了《大力提高天然气在能源结构中比例的意义和可能性》专题报告。国土资源部专家车长波作了《我国天然气未来十年发展趋势》专题报告。中国石油勘探开发研究院廊坊分院万玉金等10名专家分别在石油地质勘探、开发开采、钻井集输等3个分会场上作专题报告，另有76名工程技术人员在会上进行了论文交流。

8月17~19日，学会与河北省石油学会联合举办了低渗油气层评价与试油压裂技术研讨会。来自中国石油天然气集团公司、中国石油化工集团公司和中国海洋石油总公司，以及延长油田所属17个单位80多名专家和工程技术人员参加了会议，会议发表学术论文18篇。中国科学院院士郭尚平在会上作报告。与会人员围绕我国各油田在低渗低孔油气藏勘探开发方面所取得的最新技术成果进行了交流和研讨。

8月25~26日，学会与中石油煤层气有限责任公司共同举办了2010年中国非常规天然气勘探开发技术研讨会。会议的主题是创新高技术，加快非常规天然气发展。来自中国石油天然气集团公司、中国石油化工集团公司、中联煤层气有限责任公司等企业和有关研究院所、高等院校300多名专家和技术人员参加了会议。胡文瑞作了题为《中国非常规天然气资源开发与利用》的主题报告，贾承造作了题为《我国煤层气勘探生产的重大科技问题与进展》的主题报告。研讨会共收到论文101篇，内容涵盖煤层气政策与法规、资源评价与基础理论研究、采气采煤协调发展以及页岩气压裂技术等诸多方面。经过专家评委评议，共有8篇论文获得优秀论文一等奖、22篇论文获得优秀论文二等奖。

6月21～25日，学会与国际海洋与极地工程师学会（ISOPE）联合主办的2010年北京国际海洋与极地工程学术年会在北京召开。来自全球50多个国家的800多位专家学者和工程技术人员参加了会议。中国海洋石油总公司副总经理、中国工程院院士周守为作了题为《中国海洋石油发展前景》的主题发言，美国埃克森美孚公司上游区域总监Mr. Michael Ray作了《全球能源需求及其对尖端资源的影响》主题报告，挪威国家石油公司的Bernt Bjerkreim先生作了题为《奥曼－朗格油田的海底压缩系统》的发言。会议共收到论文1875篇，在149个分会场对750篇论文进行了交流。

8月13～15日，学会与俄罗斯欧亚地球物理学会联合主办的第六届中俄测井国际学术交流会在山东省青岛市召开。160多位国内外专家学者出席会议，共交流论文43篇，内容涵盖了测井技术发展综述、地层测试、脉冲中子测井、电法测井、声波测井、核磁共振测井、生产动态监测、处理解释软件、测井资料应用等10多个领域。

5月26～28日，学会与日本石油产业活性化中心（JPEC）和韩国石油管理院（K－Petro）三方联合举办的2010年中日韩炼油技术研讨会在韩国庆州召开，共76人出席会议。学会派12人代表团参加会议。会议的主题为“石油加工与替代燃料”。会议共有三方演讲基调报告3篇、技术报告16篇，学会副理事长曹湘洪代表中方作了《中国精炼油工业可持续发展策略》基调报告。日本石油联盟Masaaki SUGIYAMA先生和韩国SK能源高级副总裁Seok－Chan JANG先生分别代表日方和韩方作《日本石油工业防止全球变暖的举措及对生物质能源的使用》和《韩国精炼油工业面临的新挑战》基调报告。

8月27～28日，由学会与中国石油集团石油管工程技术研究院、塔里木油田分公司和石油管工程重点实验室联合举办的第三届非API油井管工程技术国际研讨会在新疆维吾尔自治区乌鲁木齐市召开。来自美国、日本、德国、阿根廷的技术专家和国内三大石油集团（总）公司所属油田科研单位及国内外油井管生产企业代表150多人参加了会议。会议共收集了学术论文72篇，并出版了论文集。

【2010年中国国际石油天然气会议暨展览】

6月8～10日，学会与国际石油工程师学会（SPE）联合主办的2010年中国国际石油天然气会议暨展览在北京召开。来自37个国家近200个国际知名石油公司和服务公司以及科研机构的1600多名高级管理人员、专家学者和工程技术人员参加了会议。会议的主题为“动荡环境中的机遇与挑战”。会议执行委员会主席、中国石油天然气集团公司副总经理、中国石油天然气股份有限公司总裁周吉平作主题报告《石油工业的变革与机遇》。会议执行委员会联合副主席、中国石油化工股份公司高级副总裁王志刚，中国海洋石油总公司中海石油（中国）有限公司执行副总裁陈璧也分别作了《发展低碳技术，创造优美环境》和《发展中的中国海洋石油》的主题发言。会议还举办了“高端研讨大会”和3个专题会议、45个学术分会、学生教育周、青年专业人员研讨会等多种形式的学术交流活动。会议共安排了15个专题发言，与会专家学者在会议期间宣讲和张贴交流论文300余篇，围绕“对应目前和未来的能源挑战”、“技术与创新管理”和“亚太地区油气开发的机遇与挑战”3个议题展开了讨论。与此同时，40多家国际石油公司和服务公司参加了展览。展览面积达1250平方米，参观人数达4000多人。

【首届信息化创新克拉玛依国际学术论坛】

8月12～13日，由中国石油学会与中国科协学会学术部、中国科学院院士工作局、中国工程院学部工作局、新疆维吾尔自治区科协和克拉玛依市政府联合主办的“首届信息化创新克拉玛依国际学术论坛”在克拉玛依市召开。本次论坛的主题是“信息化城市与数字油田”，来自美国、英国、加拿大、法国、德国、新加坡、伊朗、俄罗斯等10多个国家的100多名外国专家、学者，以及国内三大石油集团（总）公司、10多个大中城市的760多位中方专家学者和参展商参加了本届论坛。他们围绕“信息化城市与数字油田”、“数字城市建设与发展”、“数字油田建设与发展”、“信息产业建设与发展”等议题进行了交流和讨论。

【第六届石油炼制学术年会】

10月20～22日，学会召开第六届石油炼制学术年会，主题为低碳经济对中国炼油工业的挑战。中国工程院院士闵恩泽、王基铭、曹湘洪，中国科学院院士贾承造，分别作了《迎接低碳经济的生物质车用燃料》、《低碳经济下我国炼油工业发展》、《面向后石油时代我国炼油工业技术对策的思考》、《中国石油工业上游的成就与前景》的报告。中国石油化工股份有限公司石油化工科学研究院院长龙军作了题为《高酸原油全馏分催化裂化脱酸技术研发——从认识到实践》的报告。中国汽车工程学会常务副理事长付于武、中国石油大学（北京）副校长徐春明、中国石油天然气集团公司石油化工研究院院长刘显法等专家分别作了《中国汽车产业发展及趋势》、《重油加工的基础研究与应用》等大会报告。这些报告从不同方面讨论了我国炼油工业在低碳经济下面临的挑战，存在的机遇，提出了相应的应对措施和建议。另有 91 篇报告分别在炼油工艺与工程，炼油催化剂与催化材料，石油产品与添加剂，炼油分析、设备与信息技术和替代燃料等 5 个分会场进行了会议交流。

【中国油气论坛——2010 石油测井技术专题研讨会】

10 月 29～30 日，学会与世界石油大会中国国家委员会、国家科技部等单位联合举办的中国油气论坛——2010 石油测井技术专题研讨会在北京召开。会议的主题是“石油测井——油气勘探开发的眼睛”，这是迄今国内举办的最高层次、最高水平的测井技术专题研讨会。国际职业测井分析家学会（SPWLA）主席 Matt Bratovich 先生，中国石油天然气股份有限公司副总裁孙龙德，斯仑贝谢公司电缆测井全球副总裁 Stephen Harrison 先生，世界著名岩石物理学家、马来西亚国家石油公司的 Lutz Riepe 先生分别以《测井评价技术的未来》、《中国石油工业测井技术进展与展望》、《电缆测井的历史沉积与发展进步》、《岩石物理在油气工业中的过去、现在和未来》为题作学术报告。来自斯仑贝谢、哈利伯顿、贝克休斯、威德福等国外著名油田技术服务公司，以及中国石油天然气集团公司、中国石油化工集团公司、中国海洋石油总公司、中国中化集团公司、中国石油大学及有关院校和研究单位的 310 位专家、学者对石油测井新技术进行了交流和研讨。会议征集到论文 82 篇，其中 60 篇在会上交流。

【《石油学报》总被引频次提高 15%】

2010 年，《石油学报》由 2009 年的 160 页/期（全卷 192 万字），增加到 176 页/期（全卷 211 万字），增幅约为 10%。完成《精品科技期刊工程项目合同书》中的各项任务，全年共发表学术论文 189 篇，发表的学术论文中有 98% 属于国家和省部级各类基金项目，优秀论文率 98%。2010 年连续第 9 次荣获“百种中国杰出学术期刊”奖。

根据 2010 年中国科学技术信息研究所最新发布的《中国科技期刊引证报告》，《石油学报》的总被引频次由 2009 年的 3240 提高到 3723，提高了 15%；影响因子由 2009 年的 1.702，提高到 2.07，提高了 21.6%，影响因子和总被引频次均达到历史最高水平。在全国 6063 种科技期刊中，影响因子排名为第 47 位，在能源科学技术类期刊中，综合排名为第 2 位。2010 年，《石油学报》发表的论文全部被美国工程索引（核心库）和美国石油文摘数据库收录。

在报道内容方面，《石油学报》更加注重具有创新性的基础理论和应用研究成果的报道，追踪重大项目的研究进展。如《中国多旋回叠合盆地立体勘探论》、《准噶尔盆地石炭系油气成藏组合特征及勘探前景》、《四川盆地大中型天然气田分布特征与勘探方向》、《高含水油田油藏地球物理技术——中国石油物探的新领域》等论文提出了许多新观点，为今后油气勘探提供了新的思路和依据，并且前瞻性地提出了中国油气勘探的潜在领域和方向。《石油学报》近 15 年发表的论文的中、英文摘要已全部上网。

《石油学报》（石油加工）全年出版 6 期，发表稿件 166 篇，总字数 170 余万字。比 2009 年发文增加 12%，总字数增加 20 余万字。其中属于国家自然基金会项目论文 127 篇，优秀论文数量占论文发表总数的 76.5%。在 2010 年中国学术期刊影响因子年报中，《石油学报》（石油加工）期刊综合指标位列石油化工领域（下游领域）第一名。

目前，《石油学报》（石油加工）已被《美国工程文献索引》（EI compendex）、《化学文献》（CA）、俄罗斯《文献杂志》（AJ）、日本《科学技术文献速报》（CBST）和荷兰斯高帕斯（Scopas）等国际重要检索系统收录。2010 年发表论文已全部被 EI 收录并入选了荷兰斯高帕斯数据库。同时，《石油学报》（石油加工）已被中国科学引文数据库（CSCD）、中国科技论文与引文数据库（CSTPC）、万方、维朴、《中国学术期刊文摘》、《中国学术综合评价数据库》等收录。

《石油学报》（石油加工）期刊自 2006 年建立网站以来，目前每天的访问量均在 100 次以上，全年访问量超过 3 万次。2010 年，《石油学报》（石油加工）期刊再次荣获中国科协精品科技期刊称号。

中国煤炭学会

2010 年，中国煤炭学会和各专业（工作）委员会共举办专业学术会议 26 次，学术论坛 2 次，会议收到学术论文 2275 篇，编辑出版论文集 20 本，其中正式出版 14 本，参会的各类科技人员达 3243 人。科普工作委员会等 7 个分支机构评选表彰了优秀论文。

学会承担的中国科协创新发展推广工程项目《中国煤炭学会会员服务管理》通过验收。学会加强了会籍管理，修订了《中国煤炭学会会员登记号编制方法》。已有7800名个人会员资料进入科协学会会员管理系统，22591名会员使用了规范的会员登记号。

经国家科学技术奖励工作办公室批准，学会与中国煤炭工业协会共同组织的中国煤炭工业科学技术奖的评奖工作，共收到煤炭企事业单位、科研院所、高等院校申报项目521项，经过评审，评出获奖项目234项，其中特等奖2项、一等奖25项、二等奖73项、三等奖134项。

按照《中国煤炭学会科技成果鉴定、评审工作实施办法》，学会分支机构和团体会员单位共同组织专家完成了“煤与瓦斯突出综合预警技术与系统”、“沁南煤层气开发利用高技术产业化示范工程技术研究”等30项科研成果的技术鉴定工作。

我国煤矿高效安全中的井下辅助运输机械化是当前的薄弱环节，在调研基础上，学会组织有关企业和专家编写了《煤矿井下辅助运输机械化》文集，汇集了煤矿辅助运输机械化的综合介绍、主要产品和应用实践，以供企业领导、各级管理人员以及相关人员交流借鉴，并于12月17~18日与国家煤矿安全监察局共同组织了全行业的交流推广会议。

承担并完成了中国科协“第四批高层次人才库信息采集”项目，对煤炭行业200余位专家的信息进行了采集和整理，并录入中国科协高层次科技人才库。为实施“煤矿低碳经济与生活和科学采矿宣传科普项目”，学会科普工作委员会在《当代矿工》杂志开辟了低碳经济宣传专栏，在科普工作会上举办专题报告，面向矿区和员工大力宣传普及“低碳经济”、“低碳生活”、“科学开采”等知识理念。承担完成了中国煤炭工业协会的研究项目——我国煤炭开发与利用战略研究，在深入调研基础上提出了有关煤炭生产建设的决策建议。

经中国煤炭学会推荐，中国煤炭科工集团天地科技股份公司的首席专家康红普研究员荣获第八届“光华工程科技奖青年奖”。刘炯天、胡千庭、殷作如、翟桂武等4位专家荣获“全国优秀科技工作者”称号。颁发第十一届“煤炭青年科技奖”、“孙越崎科学技术奖”，孙继平教授和黄福昌研究员获得“孙越崎能源大奖”，王凯等20名优秀青年分别获得“煤炭青年科技奖”和“孙越崎青年科技奖”。学会评选出煤炭生产一线“优秀青年科技工作者”20名，优秀科技论文100篇，并编印出版了论文集。

在中国科协会员日活动中，学会在京举办分支机构秘书长联谊会，邀请30余位秘书长和专家应邀出席。到会人员充分发表意见，提出工作建议。为青年会员举办化工合成技术讲座，向到会青年赠送工作手册、台历等。

【中国煤炭学会六届四次常务理事会暨高层学术论坛】

3月29日，中国煤炭学会六届四次常务理事会暨高层学术论坛在北京召开。学会理事长、副理事长、两院院士，以及来自全国煤炭生产、建设、科研、院校的常务理事共38人出席会议。学术论坛报告人、学会主管刊物负责人等12人列席。会议由学会理事长濮洪九主持。会议对学会工作进行了讨论，钱鸣高、谢和平等7位院士，路耀华、李晓红、葛世荣、杨景才等常务理事对煤炭科技事业的发展和煤炭学会的当前任务提出了意见和建议。

会议建议，学会开展的学术交流要紧密结合煤炭生产建设和安全事故的难题，如煤与瓦斯共采、西部软土层矿井建设、水患治理、矿压问题、机械化推广等深入交流研讨，促进技术创新；要结合低碳经济、科学开采、安全发展等进行探讨，加快推出新理念和新技术。神华集团有限责任公司、兖矿集团有限责任公司等企业的常务理事还希望加大与学会、高校和科研机构的联合，弥补企业技术力量弱，管理人员水平亟需提高等现实问题。

会议通过了中国煤炭学会2009年工作总结和2010年工作要点。刘峰当选为中国煤炭学会秘书长，增选中国工程院院士刘炯天为学会常务理事。

在3月29日下午举行的高层学术论坛上，刘炯天院士，学会理事、中国煤炭科工集团重庆研究院研究员胡千庭，中国矿业大学教授武强，中国煤炭科工集团太原研究院研究员张彦禄等专家分别就煤炭合理利用与节能减排、预防煤岩瓦斯动力灾害的研究进展、矿区水害治理理论与实践、煤矿井下自动化综采工作面技术在现代化矿井的应用、我国煤矿采掘技术装备的新进展等内容作报告，70余位博士生、硕士生参加了高层学术论坛。

【第五届全国煤炭工业生产一线青年技术创新交流表彰大会暨第十一届全国煤炭青年科技奖颁奖大会】

10月26日，学会主办的第五届全国煤炭工业生产一线青年技术创新交流表彰大会暨第十一届全国煤炭青年科技奖颁奖大会在河北省邢台市召开。来自全国各煤炭生产企业、科研单位和高等院校的240多名生产、科研、教育一线的优秀青年科技工作者参加了此次大会。

学会理事长濮洪九在大会上介绍了我国煤炭工业的发展方向和煤炭在我国经济发展中的重要地位，强调了加快培养煤炭生产一线科技创新人才的迫切性。学会副理事长袁亮院士介绍了自己由一名基层青年科技工作者到中国工程院院士的成长经历和心路历程，并作了题为《煤与瓦斯共采理论与实践》的专题报告。

大会表彰了王凯等10名全国煤炭青年科技奖获得者，20名全国煤炭工业生产一线优秀青年科技工作者，交流了优秀科技论文。截至2010年，全国煤炭工业生产一线青年技术创新活动共评选出优秀青年科技工作者100名，“全国煤炭青年科技奖”共评选青年人才102名。

【2010中国新型煤化工发展及示范项目进展论坛】

由中国煤炭学会煤化工专业委员会、中国煤炭加工利用协会煤转化分会、中国石油和石化工程研究会、煤炭科学研究总院共同主办的2010中国新型煤化工发展及示范项目进展论坛于11月22~23日在北京召开。国务院参事、国家能源局能源咨询委员会主任徐锭明出席论坛并讲话。来自国家主管部门、煤化工示范项目单位、煤炭企业，煤化工/石油化工/冶金/电力企业，科研及设计院所、大专院校的近150人出席论坛。

论坛的12个学术报告围绕我国新型煤化工的发展动向、发展重点及一批煤化工高新技术示范项目进展，我国煤炭资源、特别是低阶煤资源的加工与利用技术，煤制烯烃、煤制油、煤制天然气、煤制乙二醇的市场竞争力分析；神华集团煤直接制油项目最新进展及开车运行情况，内蒙古伊泰煤间接制油项目最新进展及开车运行情况；甲醇制丙烯FMTP工艺技术，国内外煤化工技术的比较及煤种适应性分析，新型煤制乙二醇项目最新进展；神华集团煤制烯烃项目最新进展及开车运行情况，甲醇制取烯烃（DMTO）技术及产业化前景，煤制天然气项目的最新进展，托普索甲烷化技术最新进展和硫回收技术在煤化工的应用等内容，集中反映了“十一五”期间我国煤化工快速发展过程中所取得的代表性成果和示范项目的进展情况。

本届论坛共征集论文50余篇，论文紧密联系新型煤化工发展及示范项目进展中出现的新问题、新情况，提出了许多有创新性的新思维、新思路、新建议，对我国新型煤化工的未来发展具有重要的参考价值和指导意义。

中国可再生能源学会

2010年，中国可再生能源学会新增团体会员15个，个人会员7人。风能专业委员会注册登记的个人会员达1089人，团体会员765个；海洋能专业委员会团体会员达到54家，地源热泵专业组各类会员达70余家。

年度内，学会分别授予浙江省嘉兴市秀洲区、河北省邢台市开发区、辽宁省锦州市硅材料及光伏产业化基地等为学会可再生能源产业化基地。

学会及各专业委员会共主办或联合主办、承办各类国际国内学术会议及交流活动40余次，与会总人次超过8600人，交流论文超过1200篇。

5月，经国家能源局推荐，学会被中共中央宣传部、科技部、中国科协评为“全国科普工作先进集体”。

学会承担了中国科协“新能源科普原创素材库开发”项目，围绕新能源领域的科技新成果和社会热点问题，开发新能源的科普原创素材。天然气水合物专业委员会在广东省广州能源所科普基地分别为粤港等地的大中小学生组织了5场科普活动，共有500多人次参与。在第41个“世界地球日”活动中，天然气水合物专业委员会向公众派发了各种新能源、低碳技术和低碳生活的宣传单近1000份，并请专家在现场接受市民的科普咨询。

2010年，风能专业委员会举办了“2010年中国风能摄影大赛”和“中小学生风能绘画大赛”成果展览，组织小学生参观了北京国际风能大会暨展览会，以增进对青少年风能知识的普及教育。

经新闻出版总署批准，风能专业委员会主办的《风能》杂志2010年正式出版发行。风能专业委员会还编辑出版了《风电产业地图（2008、2009）》、《风电中国30年》画册、翻译出版了《欧洲大规模风电并网研究》报告等。

经过近半年的准备，10月18日，学会与德国能源署签署合作备忘录，成立“中－德可再生能源工作组”。该工作组将从2011年开始筹建“中－德（可再生）能源中心”。该中心的主要活动拟包括：培训、宣传和能力建设，促进政府和私营企业合作关系，项目申请、执行与管理，开展商务活动，为中德企业提供交流与合作的平台。

12月，学会与中国太平洋经济合作全国委员会签署协议，成立了中国太平洋经济合作委员会中国可再生能源学会项目办公室，负责组织国内外机构参与太平洋经济合作理事会的活动，开展与太平洋经济合作理事会（PECC）及其成员国（地区）在可再生能源产业的技术转让、项目合作、咨询服务等领域的交流活动。

学会于10月18~20日与挪威王国驻广州总领事馆主办了为期3天的“海上风电关键技术培训班”，共计50余人参加了培训。

学会与西班牙马德里市政府、西班牙国家技术创新部和中西技术创新协会在上海市共同主办了“中国—西班牙绿色城市研讨会”。此次研讨会以“绿色城市”为主题，共吸引了来自中西两国政府、欧盟驻华使团、亚洲开发银行以及中西两国企业、科研机构、行业协会的代表等150多人参加会议。学会与中国工程热物理学会在海南省三亚市共同主办了2010太阳能热发电技术三亚国际论坛。来自中国、西班牙、美国、德国、韩国、意大利等国家的政府部门、投资公司和科研院所、企事业单位的200多位专家、学者，企业代表、投资商和政府官员出席了论坛。学会与中国电机工程学会、中国电工学会在江苏省南京市共同主办了2010中国国际供电会议。来自电网公司、研究院所、大学、制造企业、学会、媒体等的近700多名中外来宾出席了大会开幕式。供电设备展览面积5000平方米，集聚了国内外60余家重要的供电设备生产企业，展示了供电设备新的技术发展，以及储能技术、电动汽车、光伏发电等。

学会与四川省成都市人民政府、工商联新能源商会、中国资源综合利用协会可再生能源专业委员会共同主办了“2010中国（成都）新能源国际峰会暨展览会”。联合国开发计划署、联合国工业发展组织、德国勃兰登堡州经济发展局等10余家单位协办，10多个国家的30多家新能源机构以及杜邦、西门子等30余家国外企业参会。与会人数超过1500人。

10月17日，学会举办了国家“十二五”可再生能源发展座谈会。会议由学会理事长石定环主持，国家能源局、科技部、全国人大环境与资源保护委员会、国务院参事室等部门有关领导，学会各专业委员会、科研院所、可再生能源相关企业共计60余人参加了座谈会。与会代表就我国可再生能源的发展背景、“十一五”取得的成绩、当前面临的问题、“十二五”发展战略目标及发展设想、产业具体布局、产业体系建设规划框架、政策措施等进行了座谈。

2010年，学会及各专业委员会结合行业难点、热点问题，开展了专题调研及政策、行业发展研究，为政府部门和地方政府及有关单位在发展规划、项目策划、政策制定等方面提供咨询。

学会与西班牙合作开展了了安徽歙县林业生物质电厂可行性研究项目，组织完成了世界自然基金会支持开展的“中国可再生能源低碳经济创新技术发展条件研究”项目，协助国家能源局开展了美国能源基金会支持的“十二五”中国农村能源发展课题研究，承接了“中国科协人才库建设”项目中的可再生能源人才库的专家推荐工作。

光伏专业委员会为配合宏观产业政策制定开展了我国多晶硅产业状况调研活动，并向有关部门提交了《我国多晶硅产业现状调研报告》、《中国光伏产能是否过剩的分析》、《多晶硅和薄膜电池现状分析》等专题报告。

风能专业委员会分别受国家能源局、工业和信息化部等部门委托，组织风电技术并网标准和行业准入标准的调研和专家座谈会，并将报告和意见、建议上报各有关部门。受中国工程院委托完成了《中国能源中长期（2030、2050）发展规划——风能子专题研究报告》和《风电产业创新能力建设研究报告》等3项研究课题。

产业工作委员会在世界自然基金会的支持下，组织编写了《2008/2009中国两岸光伏产业发展报告》，在绿色和平组织和全球风能理事会等机构的支持下，组织编写《中国风电发展报告2010》，并与美国可再生能源理事会合作发布《中美可再生能源政策与市场分析报告》。

太阳能建筑专业委员会完成国家“十一五”科技支撑项目《被动太阳能设计技术在建筑中的应用研究》、《太阳能热水供热采暖建筑设计技术研究》、《可再生能源与建筑集成示范建筑研究》、《新型建筑室内热湿负荷调节系统应用技术研究》，编制完成行业标准《民用建筑太阳能光伏系统应用技术规范》、国家标准图集《民用建筑太阳能光伏系统设计与安装》，组织编制行业标准《被动太阳能建筑设计规程》、国家标准《民用建筑太阳能空调工程技术规范》、产品标准《民用建筑光伏构件》。

天然气水合物专业委员会分别受中国工程院、国家自然科学基金委员会、国土资源部、中国科学院的委托开展了《我国天然气水合物勘探开发工程技术发展战略研究》和青海省科学技术厅委托的《青海省天然气水合物勘探开发方案研究》课题。

中国能源研究会

2010年，中国能源研究会完成委托课题研究《河南省生物质成型燃料可行性研究》。组织开展了《典型行业污染防治投资界定及成本效益分析》的课题研究，与北京石油化工学院合作完成了《中国可再生能源配额制度研究》。

5月29日，研究会和美国联邦能源监管委员会在北京共同举办了中美风电发展和智能电网研讨会。研究会理事长柴松岳、美国联邦能源监管委员会主席乔恩·威灵霍夫，以及来自国家电力监管委员会、国家能源局、国务院发展研究中心，美国联邦委员会的代表，共计50余人出席研讨会。中美两国的专家、学者及企业界人士就风力发电发展现状、技术、鼓励政策及智能电网发展方向等进行了交流和探讨。

中国能源研究会节能与企业能源管理专业委员会还在福建省厦门市、江苏省苏州市、山西省太原市分别举办了企业节能量计算方法、用水单位水计量器具配备和管理通则、能源管理与节能及设备能效系列国家标准汇总宣贯等多期培训班。

编辑出版了中国能源战略与“十二五”能源发展论

坛论文集，全国地热资源开发利用与保护考察研讨会论文集《中国地热资源开发与保护》，科学开发中国地热资源高层研讨会论文集《科学开发中国地热资源》，2009 国际地热协会西太平洋分会地热研讨会论文集《地热能的战略开发》。

翻译出版了《煤和生物质制液体运输燃料——技术状况、成本和环境影响》、《美国能源未来——技术和能源体系转变》，编辑出版书籍《外事工作十年回顾》、《中国地热大事记》。

【中国能源战略与“十二五”能源发展论坛】

为配合国家“十二五”能源规划的制定，6 月 19 日，中国能源研究会在北京主办了中国能源战略与“十二五”能源发展论坛中国能源研究会顾问曾培炎出席会议。来自政府相关主管部门、主要能源企业和科研单位及院校的 280 余人出席论坛。论坛就我国中长期能源战略和“十二五”的能源发展规划、我国能源领域深化改革与体制创新、科技环保、节能减排、新能源利用与发展等内容展开了研讨。

根据研究会理事长柴松岳的提议，与会专家学者对论坛研讨过程中形成的主要观点进行了概括、提炼和总结，并最终形成了《关于我国能源战略及“十二五”能源规划的建议》。温家宝总理在建议报告上作了批示。

【中外能源企业家圆桌会议】

为分享中外能源企业在低碳发展中的经验和体会，加强中外能源企业家之间的交流合作，研究会于 11 月 4 日在北京主办了以“低碳发展与能源企业作为”为主题的中外能源企业家圆桌会议。来自国内外能源领域的企业负责人，就智能电网、核能发展利用的趋势、低碳发展中石油企业作为、天然气（页岩气）业务发展、绿色煤电、运输燃料业的突破性技术、未来能源发展趋势与可持续发展等内容进行了交流与讨论。

中外专家达成如下共识：

节能高效，低碳发展是能源企业的目标。如何在需要发展经济，获取能源的过程中减少碳排放，解决方案是多种多样的，例如：天然气，替代性能源和可再生能源。

全球范围内并不存在油气资源的短缺。预计天然气可能会作为从当前过渡到未来的过渡型燃料，并在未来仍作为一种主要的燃料能源存在。是否会承担大量的发电功能，需拭目以待。

未来十年，全球的能源行业将会产生巨大的转型。在此过程中，可再生能源将会扮演重要角色，每一个经济体都应该在这方面加以投资，从而来实现可再生能源长足的发展。

开发可再生能源的同时，仍然有必要对于天然气的基础设施以及非常规性的石油开发方面进行投入。同样还需要持续投资，建设一个必要的能源体系来支持这些石油和天然气资源的开发工作。

中国从应对气候变化，保障能源安全，促进经济发展的需要，加快了能源行业的智能化发展，而智能电网的发展是能源智能化的关键，发展前景广阔。

能源并购领域出现的新趋势：通过国际间合作，加强合作伙伴关系，把握市场，是获得先进技术，获取资源、资产和融资的有效方式。

中国硅酸盐学会

2010 年，中国硅酸盐学会在北京市、上海市、浙江省杭州市三地同时开展了会员日活动。年度内，《我国城镇住宅建筑材料的应用现状及未来需求研究》通过中国科协的项目验收。学会常务理事彭寿获“第八届光华工程科技奖”工程奖。

2010 年，学会共召开国内、国际学术会议 20 个，其中国际会议 3 个，5429 人次参会，交流论文 3320 篇。这些会议分别是第 16 届国际晶体生长会议、第 12 届亚洲固态离子学会议、第 7 届水泥混凝土国际会议暨第 11 届混凝土可持续发展国际会议、玻璃纤维技术研讨会、全国无机材料测试与评价学术年会、第二届水泥物料自动计量与给料技术交流会、2010 年国内外水泥粉磨新技术交流会、2010 年中国商品混凝土可持续发展论坛、建筑固废资源化学术研讨会、全国第 12 次防水材料技术交流会、玻璃熔窑优化设计与节能技术交流会、陶瓷分会 2010 学术年会、2010 年全国玻璃技术交流研讨会、2010 年全国玻璃窑炉技术研讨交流会、第 18 届全国玻璃钢/复合材料学术年会、第 16 届全国高技术陶瓷学术年会、光电子玻璃技术交流会、混凝土与水泥制品学术交流会、混凝土外加剂年会、第 5 届全国混凝土膨胀剂学术交流会。

3 月，学会理事长张人为会见韩国陶瓷学会理事长韩庆燮、副理事长李秀一行，就双方开展合作有关事宜进行了探讨；会见国际陶瓷联盟前主席巴比尼、欧洲认证组织股份有限公司总裁卡罗先生一行，就在建材认证方面的合作进行了初步商谈。11 月，张人为在会见国际玻璃协会主席尼哥拉蒂博士时表示，学会将全力承办好定于 2016 年在上海市举办的第 24 届国际玻璃大会。双方还就加强交往与合作、举办 2011 年国际玻璃协会年会（深圳）等事项进行了探讨。

6 月，来自 26 个国家的 824 家厂商参加第 21 届中国玻璃展，展出面积64394平方米，来自95个国家的22563名观众参观了展览。

9月，学会代表团出席了在巴西召开的第22届国际玻璃大会，参加了国际玻璃协会理事会和执委会会议，并在会上获得2016年第24届国际玻璃大会承办权。11月，学会代表团出席在日本召开的第3届国际陶瓷大会，参加了国际陶瓷联盟理事会和执委会换届会议。清华大学教授南策文当选国际陶瓷联盟候任主席，并将于2012年继任主席，这是我国代表首次进入该联盟领导层。11月，学会派团赴美国参加了2010年美国材料研究学会秋季会议，并参观了第10届国际粉体工业技术展览会。

《硅酸盐学报》全年共刊登论文434篇，其中英文论文92篇。据《中国科技期刊引证报告（核心版）》统计，2009年，《硅酸盐学报》总被引频次为1984，影响因子为0.549，被评为“2009年百种中国杰出学术期刊”。《硅酸盐学报》刊登的1篇论文被评为“2009年中国百篇最具影响国内学术论文”。学会开展了第5届“《硅酸盐学报》优秀论文奖”评选、奖励工作，5篇论文获奖。《硅酸盐通报》全年出版6期，刊登论文300篇，共计1500页。2009年，《硅酸盐通报》的总被引频次为666、影响因子为0.265。《硅酸盐辞典》修订再版工作进入了选词阶段。

中国建筑学会

2010年，中国建筑学会全年共接待来自美国、朝鲜、西班牙、俄罗斯、日本、韩国等国家，以及台湾地区相关建筑师学会、协会等临时访问团组8个，共26人次；派出或参加出访团组4个共13人次，访问了美国、日本、菲律宾等3个国家，出席了3次国际会议，进行了1次双边交流。

学会所属21个专业分会遵照建设资源节约型、环境友好型社会，推进节能减排的要求，结合本学科特点，广泛开展了内容丰富、形式多样的学术交流会、技术推广会、专题报告会、科技讲座、人才培训、竞赛活动、专题展览、奖项评定等活动。分会编辑出版的多种学术、科技刊物刊发了近3000篇学术论文和科技文章。全国31个省、自治区、直辖市土木建筑（建筑）学会结合本地区的实际和国家经济建设的中心任务，开展了大量形式各异的学术交流等活动。

2010年，依照国家文物局、中宣部、科技部、中国科协等十部委联合发文的关于做好“指南针计划——中国古代发明创造的价值挖掘与展示工作”的有关精神，学会成立了中国古代发明创造国家名录认定工作建筑行业专家组，召开了第一次专家组会议，起草了落实该项目的具体方案。

学会主办了“长城脚下·建筑艺术博览园”全国大学生设计方案竞赛。此次竞赛共收到20多个省、自治区、直辖市和香港特别行政区的50多所高校师生的设计方案326项。竞赛评出一等奖2项，二等奖10项，三等奖15项，优秀奖43项。此次竞赛层次高，关注面大，亮点多，设计竞赛选题新颖而富有深度。多数设计者重视设计前期的社会调研与基地分析，设计理念表达充分，效果富有感染力。大多作品普遍注重设计成果的可实施性及实用技术的应用。

10月24日，在深圳市举行了第四届中国建筑学会建筑教育奖评审工作会议，莫天伟等3人为第四届中国建筑学会建筑教育奖的获得者，戴复东等9人为第四届中国建筑学会建筑教育特别奖的获得者。为了培养优秀建筑设计人才，学会于8月举办了“第八届青年建筑师奖”的评选工作。刘书兴等36位青年建筑师为此届评选的获奖者。

8月5～6日，学会与山东省住房和城乡建设厅、烟台市人民政府在山东省烟台市隆重举办了第四届全国建筑设计创新高峰论坛暨第二届山东省绿色建筑设计高峰论坛。来自全国各地建筑师、城市规划师及部分高等院校的师生共400多人参加了会议。论坛主题为“绿色·文化·创新”。会议围绕创新设计思想、建筑低碳理念、地域文化传承等课题进行研讨和交流，论坛期间还举行了当代著名建筑师作品展。

受青海省住房和城乡建设厅委托，学会在全国范围内组织设计团队和著名设计大师分别对玉树重点工程项目进行规划和设计。学会理事长宋春华，副理事长、设计大师崔愷、秘书长周畅率领各设计团队20余人赴青海省玉树地震灾区进行实地调研，察看了工程现场，并于9月在青海省玉树州和西宁市召开座谈会，听取领导、专家和社会各界群众的意见。11月在北京对玉树重点工程项目的设计方案进行了第一次评审论证。

【第一届中国生态人居国际论坛】

为进一步提升海南国际旅游岛的整体水平，打造生态人居的发展模式，加快推进海南绿色、低碳材料的发展和建筑设计的创新，学会生态人居学术委员会、中国建筑材料集团有限公司和海南省定安县人民政府于11月27～28日在海南省共同举办了以“低碳环保住房与建筑”为主题的第一届中国生态人居国际论坛。学会理事长宋春华，海南省省长助理、省旅游委员会主任陆志远，中国建筑材料集团有限公司董事长宋志平等出席论坛。全体与会代表通过了《第一届（2010）中国生态人居国际论坛定安宣言》。宣言提出：建设生态文明，基本形成节约能源资源和保护生态环境的产业结构、增长方式、消费模式，是21世纪中国的发展战略。生态人居是生态文明社会的缩影，是基于发展的理念，在特定条件下，以尊重自然、依托经济、培育社会为前提，既满足人类栖居生活的基本需求，又具备可持续发展能力的人居环境空间体系。

【2010中国建筑学会学术年会】

5月25～28日，以“世博建筑——绿色创新设计”为主题的2010中国建筑学会学术年会在上海市行。中共中央政治局委员、上海市委书记俞正声，住房和城乡建设部副部长郭允冲，学会名誉理事长叶如棠，学会理事长宋春华等，以及来自业界的建筑师近1000人出席。会议开幕式上举行了中国建筑学会“新中国成立60周年建筑创作大奖颁奖典礼”，并向第五届梁思成建筑奖获得者柴裴义、黄星元，第五届梁思成建筑提名奖获得者黄锡璆，以及中国建筑学会新中国成立60周年建筑创作大奖的获奖建筑师代表、设计院代表、建筑使用单位代表颁发了证书和奖牌。

【第五届中国国际建筑展暨2010中国建筑论坛】

10月20日在北京举办第五届中国国际建筑展暨2010中国建筑论坛。在上海世界博览会接近尾声之际，本届论坛围绕“感悟世博·低碳建筑在中国”展开讨论，论坛共计6场，其中以建筑设计为核心的中国建筑论坛主论坛共3场，此外还有与现代建筑设计紧密相连的装饰混凝土、太阳能、石材3场主题论坛。在论坛中各位发言的学者概括总结了上海世界博览会所取得的成就，分别从设计、材料以及地产项目开发等不同的角度，为大家诠释了他们对我国发展低碳建筑的理解与思考。500余位国内外建筑设计师、房地产企业家、建材厂商、使馆商务处官员以及相关政府机构的代表出席了本届论坛。本届论坛全面、深入的回顾和总结了上海世界博览会建筑以及先进的节能、环保材料与技术，同时对未来十年的建筑界发展提出了新的方向及建议。

中国土木工程学会

2010年，中国土木工程学会召开了第八届九次常务理事会、地方学会工作会议、专业分会秘书长工作会议和《土木工程学报》理事会工作会议。审核批准了计算机应用分会、隧道及地下工程分会、水工业分会、桥梁及结构工程分会、城市燃气分会的换届报告。学会招标投标分会、市政工程分会、科普工作委员会完成负责人变更。正式批准成立城市轨道交通技术工作委员会。

学会全年共举办学术会议70余次，参会人数万余人次，出版论文集40余种，提交论文4000余篇。召开了2010中国北京国际建筑科技大会、第二届工程废弃物资源化与应用研究国际会议暨第二届中国再生混凝土研究与应用学术交流会、2010中国长春国际轨道交通与城市发展高峰论坛、2010中国国际轨道交通技术展览会、第九届海峡两岸隧道与地下工程学术及技术研讨会、第四届中日岩土工程学术会议、第五届国际土木工程复合材料大会等国际会议。

6月8日，中国土木工程学会城市公共交通分会和法国公共交通协会在法国巴黎联合主办了中欧城市公共交通论坛。论坛围绕提高城市公共交通性能这一主题展开讨论，从公共交通车辆的制造和运营安全角度交流经验和教训。会议确定，2011年的中欧城市公共交通论坛将在我国重庆市举办。

年度内，学会完成了“十一五”国家科技支撑计划重点项目“新型城市轨道交通技术”之《城市轨道交通技术发展和创新体系研究与示范》课题研究，通过了住房和城乡建设部、科技部组织的专家验收。学会开展了住房和城乡建设部的专项课题《城市轨道交通工程抗震设防研究》、《“建设工程抗御地震灾害管理条例”相关问题研究》。完成了国家技术规范《城市轨道交通地下工程建设风险管理规范》报批稿，《城市轨道交通建设项目管理规范》送审稿。

市政工程分会秘书长、同济大学白云教授当选国际隧道与地下工程协会副主席，桥梁与结构工程分会副理事长、同济大学葛耀君教授当选国际桥梁与结构工程协会副主席。

由学会推荐的“国家游泳中心”项目（2008北京奥运会主场馆之一）获得2010年国际桥梁与结构工程协会杰出结构大奖。9月，国际桥梁及结构工程协会第34届年会在意大利威尼斯召开，国际桥梁及结构工程协会主席Combault先生向我国代表颁发了荣誉证书。理事长谭庆琏率高级代表团赴越南考察交流土木工程技术。美国土木工程师学会主席Blaine D. Leonard教授率团访问学会，签署《2025年土木工程未来展望合作协议》。

学会出版了《新型城市轨道交通技术丛书》、《城市轨道交通运营管理指南》、《防护工程》、《建筑市场与招标投标》、《煤气与热力》、《城市公共交通》、《公交信息快递》、《公交文摘报》、《预应力技术与工程应用》、《空间结构简讯》、《土木工程师》、《住宅信息》、《城市道桥与防洪》、《住宅建设的创新/发展》图文集、《第九届中国土木工程詹天佑奖获奖工程集锦》大型画册等。

年度内，学会举办了第九届中国土木工程詹天佑奖颁奖典礼，共有30项工程获奖。开展了第九届中国土木工程学会优秀论文奖、2010年度“中国土木工程学会高校优秀毕业生奖”、2010年度“茅以升土力学及岩土工程大奖”、“茅以升土力学及岩土工程青年奖”和“第三届欧维姆预应力技术奖”的评选表彰工作。由学会推荐的“苏通长江公路大桥”项目获得了2010年度国家科技进步奖一等奖。

【2010中国（北京）国际建筑科技大会】

11月14～15日，由中国土木工程学会、中国工程院土木水利与建筑工程学部、北京工业大学等单位在北京共同主办了2010中国国际建筑科技大会。会议主题为“低碳经济与土木工程科技创新”，旨在推进土木工程科技创新，实现土木工程的可持续发展。中国工程院院士杨秀敏、王梦恕、张杰、孙伟、马克俭，中国科学院院士周锡元，学会理事长谭庆琏，以及来自美国、日本、加拿大、印度、荷兰等国的土木建筑工程科研人员共200余人出席论坛。本次会议共录用论文186篇。

专家们探讨了低碳理念下的规划、建筑设计、工程结构设计新理论、新方法、新技术、新材料，绿色施工新技术和新工艺等内容。对工程防灾减灾技术，工程监测与检测技术，生态、环保、可再生能源技术及应用，水资源循环利用与节水技术，地下交通、物流、商业街道等地下空间开发与城市可持续发展等热点问题进行了交流。

【第二届工程废弃物资源化与应用研究国际会议暨第二届中国再生混凝土研究与应用学术交流会】

10月13～15日，由中国土木工程学会、加拿大工程师学会、香港工程师学会、中国工程院土木水利与建筑工程学部和同济大学共同主办的第二届工程废弃物资源化与应用研究国际会议暨第二届中国再生混凝土研究与应用学术交流会（ICWEM2010）在上海市举行。来自加拿大、日本、美国、澳大利亚、捷克、巴西、德国、西班牙、新加坡、马来西亚、伊朗等国家，以及中国香港特别行政区的土木工程、材料工程、城市规划和管理、能源和环境等方面的专家、学者、政府职能部门决策者、相关企业界代表，以及国内的高校及科研机构研究人员共150余人出席会议。本届会议以“建筑废物再生利用及土木工程可持续发展”为主题，设置了建筑废弃物、土木工程可持续发展、空气质量、废水等分主题。会上，50余位国内外专家作报告。此次会议旨在通过与会专家的讨论与交流，在世界各国都面临能源短缺和生态环境恶化的环境下，从工程废弃物角度找到低碳节能的方案。会议论文集共收录论文100余篇，由材料与结构研究实验所国际联合会（RILEM）出版。

【优先发展城市公交和推广轨道交通技术系列学术会议展览】

5月27～28日，由中国土木工程学会、中国国际贸易促进委员会、中国国际商会、中国市长协会、吉林省人民政府、长春市人民政府共同主办的2010中国（长春）国际轨道交通与城市发展高峰论坛在吉林省长春市召开，共400余人参会。本次论坛围绕“发展轨道交通、让城市更美好”主题，以发展为目标，以推进轨道交通装备制造业为核心任务，引起业界关于轨道交通与城市发展的热议。

11月11日，中国土木工程学会城市轨道交通技术工作委员会、上海市土木工程学会共同主办的2010中国城市轨道交通关键技术论坛（第二十届地铁学术交流会）在上海召开。本次大会的主题是：突出展示近年来我国城市轨道交通的创新技术，探讨在低碳经济新形势下城市轨道交通领域可持续发展，展示上海城市轨道交通建设的技术成果。来自北京、上海、南京等地的有关专家作了关于新型城市轨道交通技术成果体系、上海市轨道交通规划与建设、北京市轨道交通规划与建设、南京市轨道交通建设与发展、国内城市轨道交通工程施工技术发展等内容的主题发言，对城市轨道交通系统制式及应用 、以轨道交通为骨干的规划方法及案例、地下工程施工技术及风险控制等3个专题进行了交流和探讨。

11月18～20日，由中国土木工程学会主办的2010中国国际轨道交通技术展览会（CRTS China）在北京展览馆举办。本届展会集中展示了轨道交通行业各个环节的技术水平与市场动态。展区分为品牌区、轨道技术展区、车辆内饰展区、铁路基础设施展区、配件展区以及装备制造展区六大展区。包括重点项目与建设成果、设计咨询、施工工程、施工设备、车辆内装与配件、机电设备、高速铁路与客运专线、铁路重载运输技术与装备等。同时，活动期间还举办了2010中国国际地下工程与隧道技术展览会专场和2010中国地下工程与隧道国际峰会等活动。

【2010年世界隧道大会暨第36届ITA年会】

5月14～20日，2010年世界隧道大会暨第36届国际隧道与地下工程协会（ITA）年会在加拿大温哥华（Vancouver Canada）召开。中国土木工程学会组团参会，隧道及地下工程分会理事长郭陕云代表我国参加成员国会议。大会主题为“瞻望2020隧道”，共有873人参会。其中，来自中国大陆及香港特别行政区、澳门特别行政区的有113人，台湾地区的有2人。

大会共收录论文244篇，内容涉及隧道及地下工程运用规划、环境保护、安全防灾、设计施工、工程设备、运营维修等各个方面。

会议期间，选举产生了国际隧道与地下工程协会新一届的主席团及执委会成员，中国土木工程学会市政工程分会秘书长、同济大学白云教授当选国际隧道与地下工程协会副主席，分管发展和协调成员国关系。会上，国际隧道与地下工程协会主席团应中国提议，正式表决同意成立地震灾害研究防治工作组，组长单位为西南交通大学土木工程学院，组长由仇文革教授担任，这是国际隧道与地下工程协会由中国担任组长的第一个工作组。

【第九届中国土木工程詹天佑奖颁奖典礼】

3月28日，中国土木工程学会在北京召开第九届詹天佑奖颁奖典礼。荣获第九届詹天佑奖的30项工程、191家获奖单位的代表和来自全国各省、自治区、直辖市的土木建筑科技工作者800多人参加了颁奖典礼。

住房和城乡建设部副部长郭允冲，科技部副部长曹健林，中国科协书记处书记冯长根，学会理事长谭庆琏出席颁奖典礼并讲话。铁道部副部长彭开宙，交通运输部副部长冯正霖，水利部副部长鄂竟平，学会副理事长、全国人大环资委副主任委员、清华大学副校长袁驷等出席颁奖典礼。

郭允冲在讲话中指出，詹天佑奖的获奖项目是我国土木工程发展与技术创新的缩影，是我国土木工程技术水平和建设成就的集中展现，希望通过詹天佑奖评选和示范工作，进一步带动和引领我国土木工程建设行业技术的不断进步和发展。他强调，我国的土木工程建设在有些方面与世界先进水平相比还存在一定差距。要按照温家宝总理在2010年全国科技进步奖励大会上的讲话精神，不断推动土木工程科技创新和技术进步，为经济社会持续协调发展作出贡献。一是要依托重大专项，加强土木工程基础理论研究，拓展市场空间，完善政策保障，促进创新驱动与产业发展结合，将新能源、新材料、新技术、新设备、新工艺等成熟技术，应用于土木工程建设。二是要围绕节能减排、应对气候变化、环境保护等加强科技攻关，突破技术瓶颈，促进低碳经济、循环经济、绿色经济与土木工程的相互促进与发展。三是要推动土木工程科技成果更多地惠及民生，加强工程质量安全管理，提高城乡规划建设水平，提高我国土木工程防震减灾能力，改善人居条件，保障公共安全，提高人民群众物质文化生活水平。四是要扩大科技对外开放，搭建合作平台，创新合作方式，拓展合作渠道，深化合作机制，重视引进消化吸收再创新，提高国际科技合作水平。五是要切实转变政府职能，加强管理创新，加强科技工作的统筹协调，进一步完善科技管理体制机制，加强科技管理的基础性工作，提高科技工作的科学化水平。

中国生物工程学会

2010年，中国生物工程学会组织专家完成了国家发展和改革委员会《高技术产业发展年鉴（2009）》的编写工作，中国工程院的《新时期我国生物安全战略与法律法规研究》咨询报告编写工作。参加了由中国工程院和中国科学院联合组织的“战略性新兴产业‘十二五’发展重点项目”。

2010年，为促进同行交流及与学科交叉，中国生物工程学会举办了各类学术会议。1月13～14日在辽宁省大连市召开了糖链结构与糖生物学专题研讨会，与会的结构分析专家与糖生物学家共同交流，探讨糖生物学与质谱技术的结合及糖组学的发展。8月10～13日，糖工程专业委员会与复合糖专业委员会在吉林省长春市共同主办了2010年全国糖生物学学术会议，150余位来自高校与科研院所的专家、学者出席，45位科学家的大会报告和124篇会议摘要与墙报，涉及了糖生物学基础研究、糖组学、糖工程及糖化学。8月11～13日，以“工业生物技术与低碳经济——工业酶与生物催化”为主题的2010年生物产业技术研讨会在宁夏回族自治区银川市召开。10月9～12日，医学生物技术专业委员会与中国人民解放军生物技术专业委员会，在福建省福州市共同主办了全国医药生物技术2010年学术研讨会暨全军第十届生物技术学术研讨会。海洋生物工程专业委员会举办了以“海洋创新药物——人类健康的新希望”为主题的第十届中国海洋药物学术研讨会。

学会于6月与10月在上海和北京分别举办了两期蛋白质分离纯化技术专题研讨班，来自全国生命科学与生物技术领域的科研院所、大学、企业等单位的200余名专业人员和研究生参加了学习与交流。

为推动“转基因新品种培育”研究和产业发展，学会组织专家分赴全国各地做了10余场科普和学术讲演，组织编撰、制作和散发《国家粮食安全的战略选择——透视转基因》、《转基因食品安全问题》等宣传资料和视频10万余份。学会专家分别深入街道、书店、商场、企业、院校，与消费者和青少年面对面探讨转基因安全问题，接受新闻媒体采访逾百次，为公众解疑释惑。学会还在全国政协“中国生物科技与产业发展论坛”上作了《坚定不移推动转基因育种产业化》专题报告，为全国人大常委会作了题为《农业转基因技术和安全管理》的科技讲座。

9月21日，学会科普专业委员会在北京举办了转基因技术与生物安全专题科普会。会议围绕转基因生物的应用、转基因技术的研究进展、我国对转基因的安全管理等问题，邀请中国农业科学院张春义研究员、中国农业大学罗云波教授、中国医学科学院朱平研究员与上百位北京市海淀区重点高中生物学老师进行对话，就转基因技术与生物安全的相关问题开展了科学家与生物学教育者的交流。

【第五届会员代表大会】

12 月 28 日，由中国生物工程学会主办、南京工业大学承办的中国生物工程学会第五届全国会员代表大会在江苏省南京市召开，来自全国各地的 200 余名代表参加了此次会议。

中国科协书记处书记冯长根出席大会并讲话。中国生物工程学会理事长杨胜利院士主持大会并致开幕词。大会听取了由学会副理事长兼秘书长曹竹安所作的《中国生物工程学会第四届理事会工作报告》，通过了修订后的《中国生物工程学会章程》，选举产生了中国生物工程学会第五届理事会。12 月 28 日，学会召开了中国生物工程学会第五届理事会第一次会议。会议选举产生了新一届常务理事。南京工业大学校长欧阳平凯院士当选为中国生物工程学会第五届理事会理事长，选举产生 12 位副理事长，马树恒当选第五届理事会副理事长兼秘书长。会议推举新增杨胜利院士为中国生物工程学会名誉理事长，曹竹安教授等资深专家为中国生物工程学会顾问。

【第四届中国生物产业大会】

6 月 18 ~ 20 日，在国家发展和改革委员会等国家部委的支持下，中国生物工程学会、山东省人民政府联合 16 家国家级学会（协会）、《科学时报》社共同主办的第四届中国生物产业大会在山东省济南市、德州市两地召开。此次大会的主题是“创新生物经济环境，培育战略新兴产业”。

全国人大常委会副委员长桑国卫院士担任大会主席并发表演讲，国家发展和改革委员会副主任张晓强、山东省省长姜大明、济南市市长张建国出席开幕式并分别致辞，来自欧盟、经济合作与发展组织（OECD）的官员出席了大会。

全国人大常委会副委员长桑国卫在高层论坛作了《我国创新药物发展战略和现状》的报告。他指出，创新药物的研制是为了保障我国人民的健康以及促进我国医药产业实现跨越发展，是建设医药强国的重大战略举措。要在三个阶段促进发展我国的药物创新产业。2008 ~ 2010 年是转型阶段，基本形成国家药物创新体系。2011 ~ 2015 年，快速增长阶段，与发达国家的差距明显缩小。2016 ~ 2020 年，跨越发展阶段，接近国际先进的产业化水平。重点任务包括创新药物的开发、药物大品种技术改造、创新药物研究开发技术平台建设、企业新药物孵化基地建设、新药研究开发关键技术研究等。

大会组织举办了一系列论坛及研讨活动。学会主办了其中的大会高层论坛、国际生物技术前沿论坛、生物产业发展中的传媒推动力论坛，参与主办了中德生物技术与产业合作论坛。

本届生物产业大会秘书长、中国生物工程学会副秘书长马延和在闭幕式上介绍说，本届中国生物产业大会汇集和发布生物技术研究成果项目、企业需求项目共计 800 余个。现场签约的项目 29 个，总投资金额近 240 亿元，其中技术对接项目 7 个、产业合作项目 5 个、金融对接项目 16 个，项目涉及湖北、山东、北京、吉林等省市的 30 余家单位。

在大会高层论坛及专题论坛中，院士专家和权威机构领导，集中围绕生物产业的国家政策、技术成果转化、新技术和新产品研发、项目投融资及国家生物产业基地建设与发展等问题，发表了演讲。

来自全国的 120 多家生物企业和 22 个国家生物产业基地在大会进行了特别展览，集中展示生物医药、生物农业、生物能源、生物制造、生物环保、生物服务等方面的最新技术与产品。同时，大会特别设立了科技成果展，为参会者展示了国家“973”重大项目的科研成果，以及来自中国科学院、中国农业科学院、教育部各高校的最新科研成果。大会展览面积达 2 万多平方米，参观展览人数达 30000 余人次。

【2010 年《中国生物产业发展报告》】

2010 年《中国生物产业发展报告》由国家发展和改革委员会高技术产业司与中国生物工程学会共同编写。本年度报告编发了生物产业“十二五”发展规划思路研究，对《关于加快培育和发展战略性新兴产业的决定》生物产业相关内容的解读，以及生物医药产业、生物育种产业和生物制造产业 3 个专题调研报告。其主要内容包括：生物产业发展战略与政策、生物技术发展前沿与热点、生物医药、生物农业、生物能源，生物制造、生物环保等战略性新兴生物产业发展现状与趋势、生物专利分析、生物投资分析、国家生物产业基地等内容。

本年度报告将国家生物产业基地的发展状况作为重点之一，系统地反映国家生物产业基地的发展状况。

中国纺织工程学会

2010 年，中国纺织工程学会共举办全国性学术会议

20次，参加人数达4000余人次，出版论文集16本，发表论文集790篇。承担并完成中国科协4个课题项目。

学会承担了《2010—2011纺织科学技术学科发展报告》研究任务。包括2位院士在内的24人专家组，在2006、2008年已有研究的基础上编撰了综合报告和纤维与材料、纺纱工程、机织工程与产品设计、针织装备技术与产品开发、纺织化学及染整工程、服装设计与工程、产业用纺织品与纺织复合材料、纺织机械共8个专题报告。

学会承担了中国科协A类创新项目“纺织行业科技人才服务战略联盟创新机制”的建设工作，开启面向新经济下的纺织科技人才培养工程。学会有关专家针对目前纺织行业就业需求进行调研，启动了“纺织科技人才服务战略联盟高校行活动”。

学会共举办技术培训班8个，培训600多人。

为提高中国纺织行业的科技贡献率，推动纺织产业升级和可持续发展，2010年，学会新建技术研发中心6家。截至2010年底，学会已在17家单位建立技术研发中心，涵盖了纺织全行业的工艺、技术、装备的研发和推广协作系统。

【第24届全国会员代表大会暨学会成立80周年庆典】

中国纺织工程学会第24届全国会员代表大会于12月8日在北京召开。中国科协、国家发展和改革委员会、工业和信息化部、中国工程院、中国纺织工业协会和香港纺织服装学会等单位的领导，以及来自全国各地的近300名代表和嘉宾出席了会议。

学会常务副理事长毕国典向全体代表作第23届理事会的工作报告和财务报告，学会秘书长王竹林作了修改中国纺织工程学会章程的报告和修改会费收取标准的报告。大会选举产生了第24届理事会、常务理事会和理事会。理事会由161人组成，常务理事会由73人组成，孙瑞哲当选为理事长。王竹林、王启明、朱勇、李金宝、刘元风、伏广伟、陈建勇、肖长发、周华堂、赵强、徐卫林、俞建勇、施楣梧、潘跃进、潘雪平为副理事长，龚进礼为秘书长。

大会授予杜钰洲、许坤元、王天凯、谢红胜、季国标、王曾敬、孙晋良、周翔、周国泰、郁铭芳、姚穆、蒋士成为高级顾问；王蕴强、华用士、华树嘉、毕国典、张延恺、张怀良、张建春、杜双信、杜燕孙、杨东辉、杨纪朝、陈树津、徐文英、高勇、韩恩业为顾问。成立了专家委员会，姚穆为主任，毕国典为常务副主任，凌宝银、贾路桥为副主任，吴永生、吴慧莉、张林泉、李瑞、李椿和、闻力生、蒋文惠、魏福源为委员。成立了学术委员会，张怀良为主任，王竹林、卢润秋、郑植艺为副主任，王智、叶永茂、吴迪、张世平、杨若玲、陈大鹏为委员。

会议表彰奖励了22家先进集体和26名先进工作者。

12月8日下午，中国纺织工程学会80周年庆典在人民大会堂举行。中国纺织工程学会全国会员代表、有关企业及高等院校的600多人参加了庆典活动。庆典活动开展了“学会80年风雨历程心语”活动，回顾了中国纺织工程学会80年的光辉历程。历届学会领导以“承前启后、继往开来”为主题，在对话访谈中回顾了他们在多年学会工作中曾经经历的困难和取得的成绩。在庆典活动中，为学会工作做出突出贡献、德高望重的8位老前辈被授予了学会终身荣誉奖。

【全国纺织科技人才服务机制创新高层论坛】

6月28~30日，全国纺织科技人才服务机制创新高层论坛在浙江省杭州市举办。来自工业和信息化部、中国科协、纺织工业协会的领导，全国各纺织大专院校、科研院所和企业的主要负责人等共300人参加了本次大会。大会以“探求人才培养机制、传导企业用人之道、搭建人才服务平台”为主题，探讨了“十二五”期间我国就业状况及人才需求趋向，我国纺织科技进步和人才建设目前面临的挑战，我国职业技能培训的现状及趋势展望，转型期中我国科技创新人才的需求及特征分析，我国纺织产学研结合现状及科技人才需求，纺织人才建设市场化模式和应对思考。

6月30日，学会召开了纺织科技人才服务战略联盟新闻发布会，介绍纺织科技人才服务联盟建设情况及具体实施方案，对首批入选的纺织科技人才培训试点单位授牌并颁发荣誉证书，对纺织科技人才战略联盟的特聘专家颁发荣誉证书。

【中国国际染整新技术论坛】

2010年中国国际染整新技术论坛于6月18~19日在浙江省杭州市举办。来自美国、德国、英国、瑞士等国家，以及国内10个省市的200位染整从业人员参加了论坛。论坛由中国纺织工程学会、雅式出版有限公司联合举办。英国染色师协会、亨斯曼（Hunsman）、德司达（DyStar）、科莱恩（Clariant）、美国科潘诺实验设备公司、爱色丽（亚太）有限公司、TESTEX瑞士纺织检定有限公司等国际企业和机构，作为本届论坛的支持单位参加了大会并作了技术演讲。

本届论坛中心内容是节能减排和可持续发展的染色及前处理先进技术，论坛第一天安排了10多场演讲，中国印染行业协会环保技术专业委员会主任、东华大学教授奚旦立的《染整行业节能减排要求与实施途径》，英国染色师协会的技术总监 Andrew Filarowski 先生的《正确处理水的重要性》等发言，对如何在纺织加工厂实现可持续发展进行了举例分析。多位来自企业的专家讲解了当今染色节能减排的实用工艺。大会对天然纤维的漂白技术的新发展、纺织染整行业色彩管理最新进展、Oeko-Tex®标准在全球纺织产业链中的最新应用、发展动态等内容作了介绍。

为增强主题内容的针对性，论坛举办了“染整前处理”和“染色”两个专业会场。

【第五届全国染整行业技术改造研讨会】

10月26~28日，第五届全国染整行业技术改造研讨会在山东省泰安市召开。来自全国17个省、自治区、直辖市的300多名专家、学者出席会议。本次会议的主题为“加快产业技术改造，推动产业调整升级”。

中国纺织工业协会副会长、学会副理事长孙瑞哲作了《中国纺织行业形势分析》的大会主题报告。从政治经济、纺织业历史纵深、印染业本身三个层面剖析了目前中国染整业所处的政治经济大环境。

大会以报告交流与技术研讨的形式，介绍了染整技术近几年在节能降耗、环境友好、拓展用途上的发展，以及印染生产在改变传统粗放式的加工模式，与信息技术、生物技术、自动化技术等高新技术相融合的情况，自动化和信息化印染设备的发展趋势等。

染整企业技术改造、节能减排经验交流是本次会议一大亮点。一批在技术革新方面取得显著成效的大型知名企业先后介绍并交流了技术革新如何带动节能减排，以及技术改造、节能节水、清洁生产、资源再生利用，新工艺、新材料、新技术、新装备研发应用等方面的经验。

学会学术委员会副主任卢润秋在总结发言中指出，我国染整业经过了多个五年计划，在技术改造中经历了“棉改涤”、“色改花”、“窄改宽”，为适应“小批量、多品种、快交货”，从连续加工发展到连续式和间歇式互补的加工方式；由单一原料向多种原料和多功能性方向发展，用高新技术改造传统产业等过程，取得了技术进步，为染整业发展打下了基础。

【第30届全国毛纺年会暨“唯尔佳”优秀新产品评比活动】

10月13~17日，第30届全国毛纺年会暨“唯尔佳”优秀新产品评比活动在江苏省无锡市举行。本次年会有来自科研院所、专业高校、毛纺面料各相关企业的120余位专家学者参会。会上，各位专家就如何提高毛织物的经济附加值作报告。解放军总后勤部军需装备研究所施楣梧博士就如何使毛型面料具有阻燃功能进行了介绍。嵌入式复合纺纱技术的发明人，武汉纺织大学的徐卫林教授详细讲解了嵌入式复合纺纱的关键技术环节。年会共征集论文100余篇，有6篇论文获得一等奖。

在“唯尔佳”杯优秀新产品评比中，共有200余款产品参评，其中精纺男装面料89款、女装面料44款，粗纺面料60款，披肩7款。有6款面料获优秀设计奖，19款面料获得一等奖，49款面料获得二等奖，29款面料获得三等奖。

【纺织领域技术创新方法的推广应用课题】

为实施《纺织领域技术创新方法（TRIZ）的推广应用》课题，学会制定计划，成立了技术创新领导小组，对纺织纤维和染整两个与国外存在较大差距的专业进行了重点研究，编写了《用TRIZ理论和方法促进纺织技术创新》一书。组织高等院校、科研院所和纺织企业内致力于提升我国纺织行业创新能力的科技人员，介绍技术创新方法（TRIZ）理论的发展历史和现状、理论体系和创新方法，以纺织技术和产品为实例，讲解了具有可操作性的方法，以及解决纺织技术问题的各类科学效应。

建立并开通中国纺织创新网站（www.triztex.com）。技术创新专家组的专家们，在创新案例研究和日常科研项目中，通过运用技术创新理论和方法解决了科研项目中的实际问题，取得了工作成效。部分创新内容已经申请专利，已经公开或授权的5项。

中国造纸学会

2010年，中国造纸学会团体会员为198个，其中新增团体会员3个。学会以通讯方式举行了六届五次常务理事会，审议通过了《中国造纸学会各专业委员会设立的调整方案》和新修订的《中国造纸学会专业委员会工作条例》。7月6日，中国造纸学会第六届第二次理事（扩大）会议在江苏省无锡市召开，160人出席会议。会议对六届理事会以来的工作进行了总结，对本年度的工作计划进行了调整和安排。

本年度，按照国家有关社团登记管理的规定和中国科协的要求，学会完成了5个工作委员会的名称和负责人的变更报批，以及部分专业委员会的上报审查等工作。学会完成了《制浆造纸科学技术学科发展研究》的编写工作，出版了《2010中国造纸年鉴》。

8月3~6日，学会在北京举办了制浆造纸废水深度处理理论与技术高级培训班，此项活动是中国科协继续教育试点示范活动择优资助项目。来自企业一线的造纸科技工作者共计45人参加了培训。

5月17~18日，第三届中日造纸技术交流会在日本东京召开，国内大专院校和企业的110名专家、学者赴日参会。中日双方18名专家作报告，重点交流了节能减排、非木材纤维和废纸利用等方面的经验。在日本期间，中方代表团参观了日本制纸研究所、王子制纸研究所、静冈县技术研发中心、丸富制纸富士根工厂、王子特殊纸株式会社（富士工厂）、日本制纸富士工厂、兴阳制纸、大日制纸、特种东海制纸三岛工厂。会议出版了论文集，中方发表论文18篇，日方发表论文9篇。

10月28～29日，前沿高端学术交流活动——低碳造纸理念与实践论坛在北京举办。来自全国各地的造纸企业、大专院校及科研院所的100名专家、学者出席了会议。召开此次会议的目的是推广低碳造纸理念和低碳造纸新技术新成果，加快实现我国造纸工业向绿色产业发展。论坛共发表论文27篇，并出版了论文集。

【2010中国国际造纸技术报告会】

9月14日，2010中国国际造纸技术报告会在上海市召开。来自国内外的200余名专家、学者参会。芬兰、加拿大等国家及国内的10位造纸专家作专题报告。会议发表论文10篇，出版了中英文对照论文集。会议举办专题讨论，以“在中国对制浆造纸工业的投资，同时也是技术进步的动力——对未来的看法”为主题进行了探讨。与会专家学者针对中国造纸工业在加入世界贸易组织后的结构调整期内，如何从淘汰旧产能中取得市场等造纸工业迫切需要克服的困难等问题展开讨论，并就“中国纸机的发展方向”、“固体废弃物的处理状况”、“新闻纸、铜版纸和白卡纸的市场发展”，以及“电子媒介从长远角度对文化用纸的影响”等内容进行了交流。

【第十四届学术年会】

7月6～8日，中国造纸学会第十四届学术年会在江苏省无锡市召开。来自全国各地的造纸行业学会、科研院所、大专院校、企事业单位的160多名代表出席了会议。中国造纸学会第六届青年科技奖颁奖仪式于同期举行。华泰集团有限公司副总经理张凤山、陕西科技大学造纸工程学院副院长徐永建和中国制浆造纸研究院院长助理李杰辉获奖。

29位专家学者在大会上宣读了论文，内容涵盖了我国造纸工业现状和可持续发展、制浆造纸用纤维原料、节能减排、环境保护、造纸化学品以及制浆造纸装备技术等领域，较全面地反映了我国造纸工业的研究成果和技术进步。学会秘书长曹振雷作了《中国造纸工业现状及展望》专题报告。

本次年会共征集论文130篇，经专家评审，录用103篇。评选出优秀论文33篇，其中一等奖3篇、二等奖6篇、优秀奖24篇。此次年会结合应用基础研究、技术创新和造纸行业发展趋势开展了讨论和交流，对我国造纸行业的技术进步与行业可持续发展起到了推动作用。

【全国科普日“开发城市森林，使用再生纸”活动】

9月18～24日，在全国科普日活动中，学会举办了主题为“开发城市森林，使用再生纸”的科普活动。活动紧扣“节约能源资源，保护生态环境，保障安全健康”和“坚持科学发展，走近低碳生活”的主题，以手工制作再生纸的现场演示和观众体验相结合，吸引了以青少年为主体的众多参观者，日参观人数近千人。

活动期间，刘云山、刘延东等中央领导同志在展台和活动区域内与中小学生一起进行了互动体验，他们对互动活动给予高度评价，希望全社会关注再生资源的回收利用工作，对学会展示的再生纸产品和相关工作给予了肯定。

中央人民广播电台还就城市废纸回收利用专题采访了活动的参与单位中国制浆造纸研究院的冯文英博士，并进行了新闻直播报道。

本次活动由学会与中国制浆造纸研究院和北京金色啄木鸟节能环保中心等单位共同实施，再生纸产品展示包括了再生纸制作的会议桌、椅，再生纸制作的文具用品等。同时，学会向参观者发放了活动宣传手册、心愿卡和碳足迹计算罗盘等。

中国文物保护技术协会

2010年，中国文物保护技术协会着力对石窟寺保护技术专业委员会、文物保护技术专业委员会进行了改选换届工作，委托相关人员组织对这两个专业委员会的改选工作，由民主程序提名并进行了改选。其中原石窟寺保护技术专业委员会，由于近年来我国土遗址的保护技术发展很快，国内有大量的土遗址类文化遗产亟需保护研究，鉴于岩石（石窟）与土遗址同属“岩土力学”研究范畴，在研究方法与保护技术上有共通之处，我国大型石窟与土遗址又多同处西北地区，因此该专业委员会拟将名称改为“石窟与土遗址保护技术专业委员会”，并将住所迁往我国此类研究水平最高的敦煌研究院内。目前，这两个专业委员会的换届已通过中国科协的审核，正在民政部办理登记手续。改选之后，协会的三个专业委员会均完成了新老交替，一批高学历的中青年文物保护专家充实到了专业委会员中。

为了增强协会文物保护专项研究实力，更广泛的开展业务研究与咨询工作，推进文物保护技术的研究水平，并把国内一些好的研究成果发布和推广到全国各文物保护单位，协会于2008年成立了中国文物保护技术协会石质文物保护研究基地，并于2009年与成都华通博物馆联合成立了中国文物保护技术协会成都华通文物检测研究基地。2010年，协会加强了对研究基地的监督和管理，责成各基地对2009年的工作进行了全面的总结，并于2010年增加了对各基地的业务指导，初步取得了一些成果，尤其是在古建筑石质构件保护、古建筑室内环境及材质劣化影响因素研究、世界遗产环境监测等方面取得了长足的进步，大多数成果已经应用于包括故宫在内的全国多个文物单位之中，并获得了肯定与好评。

2010年，在协会学术交流、科学研究的同时，协会进一步加大了对学术书籍的编辑出版工作力度，出版的书籍有《中国文物保护技术协会第六次学术年会论文集》、《中国文物保护技术协会三十年》、《文物保护技术1981—1991》。

【协会成立三十周年纪念活动】

11月26日，中国文物保护技术协会成立30周年纪念大会暨学术讨论会在四川省成都市召开。国家文物局副局长宋新潮，中国文物保护技术协会理事长李化元等出席了开幕式。纪念大会回顾了协会成立30年来的风雨历程与成就，展望了协会在新时代下的发展前景。

为纪念中国文物保护技术协会成立30周年，协会组织老专家及知名学者撰写文章，整理协会资料，集结成册后出版了《中国文物保护技术协会三十年》。书籍全面回顾了中国文物保护技术协会成立30年来的工作，从不同侧面反映了老一辈文物保护工作者从创立协会到发展协会所做出的努力，以及协会所取得的成就。协会还从80年代出版发行的6本经典文集《文物保护技术》中，挑选出经典文章进行修改，出版了《文物保护技术1981—1991》。

中国印刷技术协会

2010年，经中国科协和新闻出版总署协商同意后，中国印刷技术协会的业务主管单位由中国科协变更为新闻出版总署，仍保留中国科协团体会员资格。6月22日，协会在民政部完成了全部变更登记手续，实现了从专业性社团向行业性社团的转变。

为落实2009年8月国务院发布的《文化产业振兴规划》，新闻出版总署在2010年启动“数字印刷和印刷数字化”工程，委托协会协助做好工程的组织实施工作。协会经新闻出版总署向国家发展和改革委员会申报了数字喷墨技术与设备产业化项目、数字喷墨技术与设备产业化项目、免化学处理CTP版材产业化项目、数字化单张纸对开多色胶印机产业化项目在内的第一批需要国家政策和资金支持的“数字印刷和印刷数字化”工程子项目，已有10个子项目获得批准。

2010年，协会拟定的《中国印刷史研究》作为全国政协十一届三次会议提案，已获得新闻出版总署正式批复同意立项。中华商务印刷公司成立百年之际，协会支持并参与了《中华商务百年史》编撰工作，并作为《中国印刷史研究》的重要组成部分。

本年度，协会完成并颁发了《GB/T 18359－2009 中小学教科书用纸、印制质量要求和检验方法》、《GB/T 23649－2009 印刷用反射密度计的光学、几何学和测量学的要求》2项国家标准，《纸质印刷品制盒过程控制和检测方法》3项包装印后行业标准。正在制定《印刷标准体系表》、《数字印刷标准体系表》和《纸质印刷品覆膜过程控制及检测方法》系列国家标准，以及《印刷加工用水性胶黏剂有害物质限量》新闻出版行业标准。启动了柔性版装潢印刷品国家标准以及便携文件格式（PDF）标准的制定工作。

受新闻出版总署委托，协会参与了绿色印刷体系建设工程实施中的调研、标准起草、宣传推广等工作。通过与环境保护部环境认证中心等相关部门的合作，协会组织了21家参编企业和23家协编企业，在调研基础上共同进行了印刷环境标志产品技术要求——平版印刷、凹版印刷、票据印刷标准的编制。平版印刷环境标准意见稿已由国家环境保护部进行了终审。协会与北京华联印刷有限公司联合主办了以“弘扬中国古老印刷文明，大力推广现代印艺技术”为宗旨的“华联印刷中华印刷之光开放月”等活动，推进印刷文化建设和企业文化建设。

4月，协会在广东省深圳市举办了绿色经济下包装印刷业创新发展之路研讨会。5月，与新闻出版总署印刷发行管理司在第六届中国（深圳）国际文化产业博览交易会上共同主办了中国绿色印刷发展成就展和绿色印刷新技术研讨会。

10月，协会组织中国印刷标准化代表团参加了在巴西圣保罗举办的ISO/TC130第24届年会，并在会上主持召开国际印后标准任务组会议。这是我国实质性参与国际印刷标准化工作的重要标志，表明中国印刷业在国际标准化组织中拥有话语权和主导权。

协会承办了第二届全国印刷行业职业技能大赛。大赛共分为胶印工、平版制版工和网印三个专业类别。本届比赛制定了一系列竞赛制度和规定，建立了全国印刷行业国家级裁判员队伍。

协会与中国印刷总公司、中国成人教育协会培训中心、燕京行实业（深圳）公司等单位合作，先后举办了如胶印质量、制版、营销业务骨干提高班、印刷企业精细化管理与成本控制方法培训班、胶印技能模拟系统高级培训班、网版印刷普及型培训班、纺织品印花专题型培训班、初级中级网版印刷工、网版制版工培训班、商业票据印刷职工技术培训班、票据印刷企业信息安全管理标准与信息化建设培训班、初级（五级）柔性版印刷工培训班等。与海德堡（中国）有限公司联合开展了胶印机操作人员培训项目。

【第七次会员代表大会】

12 月 18 日，协会在北京召开了第七次会员代表大会。来自全国各省、自治区、直辖市印刷协会，以及协会企业会员的主要负责同志共计 300 余人参加了大会。会议由中国印刷技术协会常务副理事长张双儒主持。

新闻出版总署副署长阎晓宏出席大会并讲话。他表示，中国印刷技术协会始终坚持科技兴业、人才强业的战略，积极推进科学技术与产业经济的结合，围绕我国印刷事业的战略方针和行业的发展方向，团结全国印刷工作者，在开展学术技术交流和科技技术服务，加强国内外印刷业交流合作，发挥政府与企业之间的桥梁纽带作用方面做了大量的卓有成效的工作。换届后，协会新一届领导班子应进一步立足于为会员企业服务、维权，承接政府的政策职能，参与行业的政策制定、反映会员的利益诉求，为会员单位排忧解难等方面多做努力。

大会先后审议并通过了协会六届理事会的工作报告和财务报告，第七届中国印刷技术协会选举办法，《中国印协理事会条例》、《中国印协监事会条例》、《中国印协财务管理条例》、《中国印协会员条例》，以及协会第七次会员代表大会关于《中国印刷技术协会章程》（修改稿）的决议。会议无记名投票选举产生了新一届理事会、监事会，于永湛当选协会新一届理事会理事长。

大会通过了《中国印刷技术协会更名为中国印刷协会的决议》，并向民政部提出了更名申请。

中国材料研究学会

2010 年，学会以学术交流为主，在为广大会员服务的同时，积极完成决策咨询任务。全年召开国内学术会议 1 次，国际学术会议 1 次，并举办了 2 个论坛。举办 2010 中国材料研讨会，共有 1400 名专家、学者参加会议，交流学术论文 572 篇，编辑出版了会议摘要集（光盘版）。举办第十一届国际材联亚洲会议，与会的专家学者有 1400 人，交流论文 1000 余篇，编辑出版了论文摘要集。学会还举办了海峡两岸新材料产业合作论坛暨上海张堰新材料深加工园区项目洽谈会和 2010 航天重大工程新材料需求与应用高层论坛，其中航天论坛是学会首次与航天部门合作。

学会为国家发改委高技术产业司提供新材料产业化决策咨询，参与国家发改委高技术产业司关于“十二五”新材料产业发展规划预研咨询，围绕国家发展新兴战略产业的总体目标和布局，学会多次召集专家调研编写有关材料，2010 年 4 月提交规划初稿 5 万字。与国家发改委高技术产业司联合编写年度系列报告《中国新材料产业发展报告》。

经中国科协批准，学会理事韩恩厚荣获“全国优秀科技工作者”荣誉称号。

2010 年，学会对门户网站进行了改版并新建了英文网站，会员信息也与中国科协成功对接。

【2010 中国材料研讨会】

6 月 18～21 日，由中国材料研究学会主办，中南大学、湘潭大学、湖南大学和国防科技大学承办的 2010 中国材料研讨会在湖南省长沙市召开。湖南省委副书记、代省长徐守盛出席开幕式并讲话。中国工程院副院长干勇，中国科协副主席赵忠贤，湖南省委常委、长沙市委书记陈润儿，学会理事长黄伯云，以及 10 多位中外院士出席研讨会。

大会设立 17 个学术交流分会场和材料教育、材料产业 2 个论坛，以及新材料、新技术、新工艺展览会。近 1400 名专家、学者参加会议，会议共收到论文摘要近 1300 篇，交流学术论文 572 篇，编辑出版了会议摘要集（光盘版）。

【第十一届国际材联亚洲会议】

9 月 25～28 日，第十一届国际材料联合会亚洲会议（11th IUMRS International Conference in Asia）在山东省青岛市召开。来自日本、韩国，我国大陆和台湾地区在内的 1400 多名专家、学者、新材料科技工作者和产业界人士，以及来自美国和欧洲的一些学者出席会议。国际材料联合会 2011～2012 主席 B. V. R. Chowdari，国际材料联合会秘书长 R. P. H. Chang，三位国际材料联合会前任主席出席大会。学会理事长黄伯云，中国工程院副院长干勇，青岛市委常委、副市长秦敏分别在开幕式上致辞。

本届大会以“新材料引领新未来，创造新生活”为主题，内容涉及能源与环境材料、高性能结构材料、功能和电子材料、纳米与非晶材料、生物医用材料以及材料模拟和评价等六大领域。中国科学院院士卢柯、美国材料研究学会 Mark Verbrugge 博士、日本材料研究学会 Ryoichi YAMAMOTO 教授、韩国材料研究学会 Jea－Gun Park 教授以及台湾清华大学教授陈力俊5位材料科学家在大会上作了学术报告。与会人员就新材料领域最新的研究成果和产业动态，以及各国、各地区政府在低碳经济背景下为发展新材料所采取的政策和取得的成功经验展开了广泛的交流。

本届大会由中国材料研究学会和国际材料联合会主办。大会共设21个分会场，1个论坛。收到论文摘要近2000篇，论文1000余篇。会议期间还举办了“先进材料、先进工艺和测试仪器大型展览会”，有60多家企业参展。

国际材联亚洲会议是国际材料联合会（IUMRS）重要的系列会议之一，每两年举办一次，是亚太地区广大材料科技工作者开展学术交流的重要国际学术会议。

【2010航天重大工程新材料需求与应用高层论坛】

10月15～18日，由中国材料研究学会与中国空间技术研究院、航天材料及工艺研究所共同主办的2010航天重大工程新材料需求与应用高层论坛在北京召开。这是学会首次与航天部门合作。此次论坛是围绕目前和今后20年我国航天工程的发展规划对新材料的需求而召开的。来自航天部门和材料界近300名专家、学者参加论坛。论坛特别邀请神舟1～5号总设计师戚发轫院士作了《中国载人航天成熟及未来发展》的报告，嫦娥1～2号总设计师叶培建院士作了《中国深空探测成就与未来发展》的报告。来自航天部门的孙京研究员、孟松研究员、冯志海研究员分别就我国空间技术“十二五”及中长期规划对新型空间材料的发展需求，航天器结构“十二五”及未来对高性能材料的需求，宇航材料工艺制造业“十二五”及未来发展展望，高性能碳纤维及其在航天领域中的应用等作了专题报告。学会副理事长屠海令作了《我国新材料发展现状及前景展望》的报告。材料界的知名专家韩恩厚、张清杰、张新明、丁文江和赵永庆等在会上介绍了与航天有关的材料研究新进展，包括航天材料的空间环境损伤与控制，高效热电材料器件及其在航天工程中的应用，新型镁合金、新型钛合金、新型铝合金及高性能C/C复合材料的航天应用及发展等。

论坛还安排了金属材料、高分子及复合材料、功能材料等3个分会场，64位专家在分会场作了交流。与会专家、学者围绕我国“十二五”及中长期航天事业的发展，航天工程对高性能材料的需求，以及航天材料的发展状态和趋势展开了交流和讨论。

与会专家表示，此次论坛使中国新材料科研人员更加了解航天、走近航天、参与航天。本次论坛为新材料设计、研发和制造与航天项目的合作和对接搭建了良好的交流平台，促进了新材料、新技术在航天工程和空间技术领域更加广泛的应用，推动了我国与新材料有关的大学、科研院所与航天领域企业的紧密合作。

中国食品科学技术学会

2010年，学会共组织了4次大型会议，8个专题会议，派出5个出访团组，出版了16期专业和学术刊物及2期《会员通讯》。组织编辑和撰写了36期《中国食品报》的科技版面。同时，还承担了16项来自中国科协、国家质量监督检验检疫总局、国务院国有资产监督管理委员会的科研课题和科普项目。

学会加强学术交流，召开了第七届中国食品科学技术学会年会、2010年国际食品安全论坛、第二届两岸食品产业合作及交流会议、反式脂肪酸现状与评估研讨会、食品安全快速检测技术专家研讨会、食源性有害物质多靶标同步快检与纳米增敏技术及免疫快检产品研制专家鉴定会、珍奥核酸项目与生命科学对接研讨会等。

8月7日，由中国卫生监督协会和中国食品科学技术学会共同主办的碱性蛋白和乳铁蛋白科学技术研讨会在北京市召开。中国卫生监督协会常务副会长赵同刚、中国食品科学技术学会副理事长兼秘书长孟素荷在大会上致辞。大会邀请新西兰农业研究中心、台湾地区食品科学技术协会、中国疾病预防与控制中心和江南大学的专家、学者作了有关碱性蛋白和乳铁蛋白的学术报告。国内众多食品企业代表参与探讨最新的研究动态。中国工程院院士陈君实主持会议。

举办三大行业会议，提升行业科技水平。5月，举办了第五届乳酸菌与健康国际研讨会。8月，召开了第九届冷冻与冷藏食品大会，250人参会。9月8～10日，由面制品分会主办的第十届中国面制品大会在北京市召开。500余位专家出席会议，共同探讨行业现状和未来发展趋势。与会专家结合不同需求，探讨产品创新对咸味香精的需求，特别是对天然口味的诉求，以及设备的节能减排、提升产品价值、包装自动化等行业问题。大会发布了2009～2010年度行业创新产品，召开了面制品新产品、新技术业内交流会，还召开了以“方便面真好”为主题的消费者课堂活动。

加强海峡两岸交流。2009年，学会与台湾食品工业发展研究所在台北市首次进行大规模交流。2010年8月4～6日，双方共同举办了第二届两岸食品产业合作及交流会议。

2010年，学会共组成5个出访团组，分别赴中国香港、马来西亚、英国、美国、南非就食品科技与产业进行交流。

学会积极参与科普活动，5月，在中国科技馆举办肠道健康科普活动。6月4日，学会与世界贸易中心协会、国际食品科技联盟在上海市举办主题为“挑战与机遇：食品安全宏观管理与技术保障”的食品安全主题论坛，共同探讨食品安全领域热点话题。9月，在面制品产业大会期间，举办了方便面消费者课堂。

中国食品科学技术学会科技创新奖包括技术发明奖、技术进步奖、产品创新奖及优秀论文奖四个专项奖。2010年，进行了第二次技术进步奖和产品创新奖评审，首次启动了技术发明奖评审。

根据卫生部2010年国家食品安全标准清理完善工作安排，学会参与饮料、香辛料和调味品、谷物及其制品、食品企业通用卫生规范、食品经营过程卫生规范五大类食品安全标准的制修订工作。

学会通过招投标承接政府项目16个。其中，国务院国有资产监督管理委员会投资165万元的“食品安全公众科普网”项目进展顺利，硬件采购已到位，2200道科普题组成的题库已经建成。

【2010年国际食品安全论坛】

4月22~23日，由国际食品科技联盟和中国食品科学技术学会联合主办的2010年国际食品安全论坛在北京市召开，此次论坛以“风险管理：概念与实践”为主题，来自世界各地的近300位政府官员、科技专家、知名企业的代表参加会议。论坛名誉主席、卫生部部长陈竺出席开幕式并讲话。

陈竺在讲话中指出，食品安全问题是当前全球所面临的共同挑战，保障食品安全是国际社会共同的责任。长期以来，各国政府和相关国际组织在解决食品安全问题、减少食源性疾病、强化食品安全体系方面不断探索，积累了不少经验，食品安全管理水平不断提高。特别是风险评估、风险管理和风险交流构成的风险分析理论与实践得到了各国一致公认和广泛应用。目前风险分析方法已经成为评价食物链中的危害与人体健康风险相关性、制定食品安全标准和管理控制措施、确定监督管理重点领域和品种的重要手段。

他强调，中国愿意和各国一道为维护全球食品安全做出更大的努力，也乐于在构建食品安全交流平台方面发挥作用。

论坛共同主席、全国政协常委、学会理事长潘蓓蕾表示，中国对食品安全工作的管理，正逐渐从“危机应对”走向“风险预防”，管理水平有效提升。她认为，食品安全的问题，是道德、法规、技术三个层面的问题。破解世界食品安全的难题，必须依赖科学的思维、理念及食品安全科学技术的水平提升，需要全球科技界相互间的沟通与互补。中国的食品科技工作者要坚定地站在推进中国食品安全产业链不断进步的前沿，用科学家的专业和学识，筑起一个让消费者放心、健康、干净的中国食品产业。

来自卫生部、世界卫生组织、国际食品科技联盟国际食品安全专家委员会，以及中国、美国、加拿大、日本、韩国等国的专家对全球所面临的食品安全问题进行了分析，并对处理食品安全问题的解决途径提出了探求方法。

论坛召开前，学会首次举办了食品安全培训班，来自食品工业界、食品进出口贸易、政府部门以及食品安全教育科研等领域90余人参加培训。

【第二届两岸食品产业合作及交流会议】

8月4~6日，由中国食品科学技术学会与台湾食品工业发展研究所共同主办的第二届两岸食品产业合作及交流会议在北京召开。国家发展改革委、国务院台湾事务办公室、工业和信息化部等部门的领导出席开幕式。学会副理事长贾志忍主持开幕式。来自两岸的210余名食品科技界、产业界人士参加会议，在大陆的100余名台资食品企业家参会。本次会议是海峡两岸食品界在大陆的首次跨行业的大规模交流。

本次会议主席、全国政协常委、学会理事长潘蓓蕾表示，食品产业对于两岸人民来说，不仅是民生产业和文化交流，更是两岸食品人对中华饮食文化相融共生的载体。两岸食品产业的发展历程和特点完整地体现了两岸人民共同的饮食文化传统，见证了两岸食品人为传承中华饮食文化的艰苦奋斗和成功。中华饮食文化之源，为两岸食品产业的繁荣与发展提供了不竭动力与源泉，同时成为支撑两岸食品产业发展的重要内生力量。

潘蓓蕾认为，食品安全、营养与健康、产业的自主创新等问题的破解需要两岸食品科技与产业界的共同努力，需要在互补中共同提升，这是两岸食品产业面临的共同问题。食品产业的进一步发展，需要凝聚两岸食品人的智慧和力量，而融合与借鉴将会为两岸食品产业产生更大的发展动力，将促成两岸食品产业发展水平的共同提升。

学会副理事长兼秘书长孟素荷以“相融以深入合作、竞争以共同发展”为题，深入探寻台资食品企业在中国大陆的发展。她认为，大陆食品行业仍处于成长期，支撑这一成长的是人民收入的有效提升及对自身健康的需求。13亿人口的内需市场是中国食品工业持续发展的主要动力，而台湾食品工业的先期发展优势，将为之提供宝贵经验。她呼吁两岸食品产业应把握新一轮发展机遇，适应未来5～10年大陆食品工业“由大到强”的重要战略转型，推进由跟进式开发向自主创新的重要突围，在坚守中华饮食文化传统中，实现共同发展！

会议期间，来自两岸的行业代表及专家分别就大陆食品产业发展方向和重点、台湾地区食品产业发展、台资食品企业在大陆的情况、中华食品之全球发展进行了分析，并就食品产业趋势与科技支撑、冷冻食品产业与现代物流、功能食品与益生菌、东方风味与传统食品工业化、两岸食品安全与标准的现状与愿景等进行了交流。还组织召开了台资企业家座谈会，就企业关注的政策、食品安全等话题进行了交流。

【第七届年会】

11月3～5日，中国食品科学技术学会第七届年会在北京召开。本届年会以“反思、前瞻与发展”为主题。国内25家食品科研院所、62个食品高校、58家食品企业、29家其他相关行业的领导及国外食品界专家共400余人参加会议。

国家发改委产业协调司副司长贺燕丽出席开幕式并致辞。她认为，“十二五”期间，随着城市化进程的加快，食品工业仍将继续保持稳步增长，但发展方式将面临重要调整。食品安全将越来越得到社会的重视，食品工业对科技的依赖将进一步加大，食品企业将加强全产业链建设。

会议举行了2010年度中国食品科学技术学会科技创新奖颁奖仪式。

本届年会开启了中日食品科技界大规模交流的序幕，两国专家、学者、企业科研负责人首次在年会的平台上进行交流，来自日本企业界的代表，结合各自企业发展特点，与中国同行分享经验。

会议还举行了中国食品科学技术学会第三届研究生论坛、食品科研院所新时期发展论坛、科技与企业对接论坛、中日食品研讨会、食品安全与检测、食品营养与健康评价、新产品与新技术等专题论坛与学术研讨会，吸引了各地食品工作者共同探讨我国食品产业发展之路。

【第五届乳酸菌与健康国际研讨会】

5月27～28日，学会在北京举办了第五届乳酸菌与健康国际研讨会暨2010年乳酸菌分会年会。

本次会议以“乳酸菌带来肠道健康”为主题，邀请法国、丹麦、日本等国家和台湾地区的知名科学家、企业家，会同国内专家近150人参加会议。与会专家和企业家针对乳酸菌政策信息解读、科技前沿、产业发展、营养与健康研究等热点问题进行深入探讨。会议高度关注行业标准与科技支撑话题，在乳酸菌领域营造科技创新氛围，支撑中国乳酸菌产业健康成长。本次会议还首次新增了“产品创新”及热点问题的“对话与交流”两个板块，使产学研的对接更加顺畅。

中国科学院微生物研究所研究员东秀珠在发言中引述最新研究提出，人体牙齿表面的生物膜中生活着由500多种微生物组成的复杂群体，口腔链球菌群通过种间互作维持着生态平衡及口腔健康。致龋细菌——变形链球菌产生大量的乳酸引起龋病，而口腔链球菌具有抗氧胁迫能力产生过氧化氢，从而抑制变形链球菌生长。因此龋病的发生取决于菌群间的竞争结果。

上海交通大学生命科学技术学院教授赵立平表示，高蛋白、高脂肪、高糖、低膳食纤维的膳食是破坏菌群结构、增加有害菌、减少有益菌的最重要的因素。以恢复和保持结构均衡的肠道菌群为目标的膳食干预将是慢性病的预防和治疗最有潜力的方法。积极发展监测肠道菌群结构和活性变化的可靠方法，对于干预食品配方筛选和效果评价等具有重要意义，是决定食品产业未来发展的关键技术。

【2010年食品安全快速检测技术专家研讨会】

1月16日，学会主办的2010年食品安全快速检测技术专家研讨会举行。会议就食品安全快速检测技术的现状、未来和在食品安全体系中的作用进行了研讨。

中国疾病预防与控制中心营养与食品安全所研究员刘秀梅在讨论中提出，现在国际上已经有很多的微生物快速检测方法，有的已经非常成熟，并在国际标准中得以应用，此外，国际上微生物的快速检测也正在向全自动微生物鉴定系统方向发展，应该说这是最终的努力方向。目前我国国家标准中有关微生物快速检测方法还很少。她表示，从整体上来说，在解决好样品前处理等相关问题的基础上，食品安全快速检测技术有很大的发展潜力。

中国计量科学研究院化学计量与分析科学所常务副所长李红梅强调，快速检测技术不仅包含有毒物，对于一些营养成分的测定也应包括在内。她认为，生物芯片是目前快速检测方面发展最快的技术，需要加大关注。

北京农学院动物类实验教学示范中心主任吴国娟介绍了国内外兽药残留的快速检测技术研究进展，她强调食品安全应该从源头做起，对于饲料和用药的把关应该作为养殖业的一项重要工作来做。

学会副理事长、中轻食品工业管理中心主任贾志忍表示，能够迅速、有效并且低成本地提供食品安全的企业内控和政府执法方法，是快速检测技术在我国获得快速发展的重要原因，也说明食品安全快速检测技术有着巨大的发展空间。

【反式脂肪酸现状与评估研讨会】

6月30日，由中国食品科学技术学会和南昌大学共同主办的反式脂肪酸现状与评估研讨会在江西省南昌市召开。近100名专家、学者参加会议。开幕式上，江西省政协副主席李华栋、南昌大学校长周文斌和学会副理事长兼秘书长孟素荷分别致辞。

反式脂肪酸是全球都在研究的一个课题。我们究竟应该如何控制反式脂肪酸的摄入，反式脂肪酸的风险又有多大，全球对于反式脂肪酸的研究现状如何，针对这一系列问题，会议邀请多位反式脂肪酸及相关领域专家、企业研发人员作大会报告。

中国疾病预防控制中心营养与食品安全所副所长李宁提出，含有反式脂肪酸的食品不等于有毒、有害食品，并不是说标签上有反式脂肪酸就表示这个食品不能吃了，过分强调反式脂肪酸也是不可取的，因为人们可能摄入的饱和脂肪酸比反式脂肪酸要多得多，不能因为强调了反式脂肪酸而忽视了饱和脂肪酸，最重要的是控制脂肪的摄入总量。

南昌大学副校长谢明勇对我国反式脂肪酸现状提出建议：建立与国际接轨的脂肪酸（包括反式脂肪酸）检测标准体系；加强科研经费投入；加强营养知识的教育和宣传，积极推动强制性食品营养标签的立法。

浙江大学食品科学与营养系教授李铎认建议，我国应尽快形成与反式脂肪酸相关的产品数据与摄入量等统一、权威的数据。

南昌大学生命科学学院副院长邓泽元认为，我国居民日常膳食的反式脂肪酸摄入水平与欧美国家还有一定差距，但高于韩国和日本。我国居民将有可能面临反式脂肪酸威胁。

福州大学生物科学与工程学院教授傅红提出，我国市售油脂食品中，反式脂肪酸的含量普遍较高，对人民健康造成危害，形势严峻，不容乐观，应尽快建立有关食品反式脂肪酸控制法规与监管体制。

解放军总后勤部军需装备研究所军用汉麻材料研究中心高级工程师何锦风对一种优质的油脂——汉麻籽油做了介绍，并详细讲述了其多种功能，提供了一种新的思路。

益海嘉里集团丰益全球研发中心研发总监姜元荣高级工程师通过对各国法规的分析和借鉴，认为本着对消费者负责的态度，在宣称“无或不含反式脂肪酸”时，应同时加上对饱和脂肪酸含量的限制。

中国粮油学会

2010年，学会积极开展学术交流和研讨活动，召开了第六届学术年会。油脂分会召开第十九届学术年会暨换届大会。储藏分会召开第六届绿色储粮技术研讨会及储粮新技术研讨会和第七次全国粮食储藏学术交流会。发酵面食分会召开第五届发酵面食产业发展大会。米制品分会召开第二届会员代表大会暨第六届中国米粉、粉丝产业发展大会。

为推动我国杂豆加工技术创新与产业的快速发展，满足市场对营养健康食品的需求，2009年11月开始，学会与加拿大豆类协会就双方合作开展杂豆类的营养健康与开发利用、构建杂豆联合研究平台进行多次商谈。2010年3月，双方初步确定了合作研究项目的重点领域，初步形成了合作框架协议书，并开展密切合作，该项目得到了中加两国政府的高度重视和支持。4月13日，加拿大农业部部长格里·雷兹和中国国家粮食局局长聂振邦、副局长张桂凤出席中国粮油学会与加拿大豆类协会关于杂豆类合作协议备忘录签字仪式。

8月22~26日，中国粮油学会组成以学会秘书长胡承淼为团长的代表团一行6人参加了第十五届国际食品科学和技术大会。代表团就欧盟食品质量与安全项目（MoniQA）的后续工作安排，以及2012年在北京召开的第十四届ICC国际谷物与面包大会等方面内容，与相关专家和学者进行了磋商。

6月27日~7月7日，中国粮油学会储藏分会常务副会长郭道林任团长、常务理事牛银虎任副团长一行10人，出席了在葡萄牙举行的第十届国际储藏物保护工作会议。来自全球40个国家的300位代表参加会议。

积极开展科普宣传活动。储藏分会参与了全国科技活动周，举办主题科普讲座和科普展览，向广大群众宣传农村储粮技术与装具方面的知识，受众约2000人次，发放农村储粮科普挂图2000余份。发酵面食分会在全国11个省的24个县开展了面向逾20万农民群众、10万面点从业人员的发酵面食科普宣传和面点加工职业技能培训等系列专题活动。粮油营养分会于4月举办了以“均衡营养，聪明成长”为主题的营养强化大米捐赠科普活动，启动了粮油营养入省行活动，普及粮油营养知识，改善公众营养摄入结构，提高疾病预防能力和健康水平，提高公众对粮油产品证明标识的辨别能力，提高优质粮油产品的公众认知度，引导科学、理性的粮油产品消费。

努力做好科技奖评审与成果推广工作，2009年度中国粮油学会科学技术奖共评出31个获奖项目。为了扩大影响，促进科技成果向实际生产能力的转化，学会编辑出版了《2009 年度中国粮油学会科学技术奖获奖项目汇编》，以图文并茂的形式向广大读者介绍获奖成果、获奖单位和获奖人员的基本情况。2010 年度共收到 26 个推荐单位申报的 39 个科研项目，其中 38 项通过形式审查。

《2010 中国粮油科学技术学科发展报告》被批准列入中国科协 2010 年学科发展研究项目计划。为做好此项工作，学会成立了专家委员会和专家组，并邀请中国工程院院士盖钧镒担任首席科学家。报告分为综合报告和 10 个专题报告，专题报告分别由 10 个分会负责，分别为粮食加工、油脂加工、粮食储藏、饲料加工、粮食物流、粮油检验、发酵面食、粮油营养、玉米深加工、米制品。该项目首次列入中国科协的学科发展研究与发布项目，将以粮油科学技术学科亮相社会公众。粮油学科在现有学科分类体系中位置不十分明确，做好这个项目，可以很好彰显粮油科学技术学科的进步、功能和作用，扩大粮油学科在学术界和社会中的影响力，促进学科分类体系的完善。同时，也将充分发挥学会优势，提升学会的学术发展和引领能力。

《中国粮油学报》质量不断提高，再次获得中国科协精品科技期刊工程 2010 年度精品科技期刊示范项目 C 类资助，资助额为 5 万元/年。与此同时，注重提升期刊的编辑水平，重视对编辑人员的业务培训，8 ~ 9 月，先后派 4 人参加“中国知网”学术期刊优先数字出版系统培训班。《中国粮油学报》已纳入全国食品工业类中文核心期刊，属全国重点期刊之一，并被美国《化学文摘》收录入库，是国内农业、粮油、食品院校、科研院所、科技人员的重点参考读物和订阅刊物。

【第六届学术年会】

7 月 17 ~ 19 日，中国粮油学会第六届学术年会在北京召开。来自学会所属 12 个分会和上海市粮油学会、天津市粮油学会、湖南省粮油科技经济学会的 320 多名专家、学者出席大会。会议以我国粮油科学技术学科发展研究为主线，围绕粮食流通产业发展特邀有关专家、学者作大会学术报告，会议还设立了分会场和专题论坛。大会还为荣获“中国粮油学会 2009 年度科学技术奖”、“中国粮油学会第六届优秀论文奖”、“中国粮油学会第二届全国粮油优秀科技工作者奖”、“中国粮油学会第二届优秀团体会员奖”、“中国粮油学会首届全国粮油优秀科技创新型企业奖” 5 个奖项的获奖者颁发了荣誉证书和铜牌。

中国职业安全健康协会

2010 年，协会完成了社团组织年审工作，完成了民政部《社团名录》上报工作并获“全国先进社团组织”称号。注册登记并成立了安全社区工作委员会，委员会由 40 名委员组成，杨中任主任委员。完成了防火防爆专业委员会的换届工作，委员会由 40 名委员组成，牟善军任主任委员。受理了中国定向运动协会拓展与露营委员会提出的申请组建中国职业安全健康协会户外教育分会的报告。10 月，协会在上海市召开第五届二次理事会，会议审议并通过了关于《高空清洗悬吊作业企业安全生产证书管理办法（试行)》和《高空清洗悬吊作业企业安全生产证书验证员管理办法（试行)》的议案，关于《中国安全科学学报》编委会换届议案，关于防火防爆、职业卫生、高空服务业 3 家分支机构选举委员会议案，关于防火防爆、职业卫生、高空服务业等 3 家分支机构的工作条例。中国职业安全健康协会与香港特别行政区职业安全健康局联合申请成为世界卫生组织社区安全推广合作中心。

协会为会员搭建了学术交流平台，组织召开了中国职业安全健康协会 2010 年学术年会，2010 年全国安全社区工作会议，与国家煤矿安全监察局、全国总工会共同组织召开了全国煤矿职业健康工作经验交流会暨全国煤矿尘肺病防治现场会等会议。组团赴我国台北参加第十八届两岸四地职业安全健康学术研讨会，赴毛里求斯参加亚太地区职业安全健康 25 届年会，赴英国参加第十届世界伤害与安全促进大会，赴韩国、日本参加国际安全社区大会等。此外，还与北京理工大学等单位共同举办了国际研讨会。接待了美国安全生产专家代表团一行 38 人，双方就各自在职业安全健康方面开展的工作进行了经验交流，并对今后合作事宜进行了洽谈。

2010 年，协会签订安全评价项目合同 150 个，合同额近 800 万元。《中国铝业公司安全生产评价考核体系研究》项目 9 月完成并通过验收。完成国家安全生产监督管理总局、国家煤矿安全监察局委托的煤矿建设项目安全核准 2 项。完成了《山西西山杜儿坪矿全井瓦斯预抽采》项目二期研究工作，并通过鉴定。《大型储罐群安全检验技术体系研究和工程示范》项目获协会科学技术一等奖、国家科学技术进步二等奖。《北京市经济技术开发区企业安全生产事故隐患排查》项目，获北京市安全生产科技成果二等奖。6 月 30 日，组织召开了《煤矿井下瓦斯事故个体逃生装置》项目专家论证会，并获得立项。煤矿职业病危害防治调研项目 3 月底结束，上报了调研报告。

协会支持和帮助北京市劳动保护科学研究所工业卫生实验室于 9 月获得国际上多数国家互认的关于职业危害

因素检测的认证，是我国获得美国 AIHA 实验室认可的第一家职业卫生实验室。

在 2009 年出版《职业健康监督管理培训教材》的基础上，举办两期职业卫生监管人员培训班，培训人员近 300 人。防尘防毒分标委会完成 9 项标准修订任务。

12 月，完成《中国安全科学》学报编委会换届工作，组成 43 人的编委会，并颁布了《学报编委会工作条例》。

【安全社区建设】

2010 年，协会启动建设安全社区 460 个，总数达到 1085 个，评定 80 个安全社区，总数达到 204 个，其中 5 个以区、县为单位，共涉及人口 8000 余万。推荐并组织评定国际安全社区 9 个，共达到 42 个（全世界 203 个）。促进了山西平朔、华北油田等 4 个企业主导型社区启动建设，组建了北京、上海、大连和济南 4 个地方支持中心。2010 年累计举办安全社区建设学习班 6 期，培训人员近 1000 人。起草了《企业主导型安全社区标准》，并进行了《安全社区数据库》课题研究。完成并颁布执行了《地区支持中心管理办法》、《安全社区评定指标》和《安全社区工作委员会章程》。

【中国职业安全健康协会科学技术奖评选颁奖】

6 月 25 日，协会在北京人民大会堂举行了协会 2009 年“神华杯”科学技术奖颁奖大会。该奖项是我国安全生产和职业健康领域内唯一经科技部正式批准和登记备案的全国性科技奖项。这次中国职业安全健康协会科学技术奖评审，在全国尚属首次。最终 65 个项目获奖，包括一等奖 8 项、二等奖 16 项、三等奖 41 项，涉及安全管理、公共安全与应急救援、个体防护、防尘防毒、职业卫生、特种设备等多个学科领域。该奖项将每两年评选一次。

【全国煤矿职业安全健康经验交流会暨全国煤矿尘肺病现场会】

11 月 9 ~ 10 日，全国煤矿职业安全健康经验交流会暨全国煤矿尘肺病防治现场会在山东枣矿集团召开。会议总结交流了全国煤矿职业安全健康暨煤矿尘肺病防治工作经验，学习和推广枣矿集团等典型煤炭企业加强职业危害和尘肺病防治的做法，研讨了新形势下煤矿职业危害综合防治措施。会议期间，全体与会专家观看了枣矿集团自主研发产品展览和全国煤矿尘肺病防治工作图片展，并到枣矿集团的 7 个矿进行现场考察。

【2010 学术年会】

10 月 12 ~ 14 日，中国职业安全健康协会 2010 学术年会在上海市召开。会议分主会场和 3 个分会场，围绕“坚持安全发展，保障安全健康”的主题进行了论文交流。本次年会共收到论文 120 余篇，30 余篇论文在会上进行交流。编辑出版了《中国职业安全健康协会 2010 年学术年会论文集》。

中国烟草学会

学会加强组织建设，3 月 19 日，电子商务专业委员会成立大会暨中国烟草电子商务和现代物流发展论坛在广东省广州市举行。会议选举产生了电子商务专业委员会委员，表彰了中国烟草电子商务和现代物流发展论坛优秀论文获奖者。12 月 6 日，学会在北京召开第六届理事会第四次常务理事会议。会议审议了中国烟草学会 2010 年工作情况，通过部分理事、常务理事、专业委员会主任委员的调整提议，审议通过中国烟草学会 2011 年财务预算。8 ~ 12 月，学会组织开展烟草科技人员状况调查，各省（市）烟草学会共同参与，调查采取问卷调查与座谈相结合的方式，共涉及 35 个市，发放问卷 840 份，回收 812 份，调查对全面了解烟草行业科技人员状况具有重要价值。8 ~ 12 月，在中国烟草学会华北东北片区、华东片区秘书长工作会议上，围绕如何做好学会调研工作进行交流，围绕学会工作对与会的秘书长进行培训。8 月，由中国烟草学会推荐，经中国科协批准，闫亚明等 13 名烟草科技工作者入选中国科协决策咨询专家库，这些科研人员将在中国科协调研选题拟定、课题立项评审、中期评估、结项验收等工作中担任特聘专家。11 月 26 日，经中国烟草学会推荐，云南省烟草农业科学研究院研究员李永平被中国科协授予“全国优秀科技工作者”荣誉称号。

4 ~ 12 月，学会开展了“企业节能减排助推低碳经济与生活”主题科普活动。完成了专题科普资料片《共创低碳新家园——上海烟草节能减排工作纪实》的制作，资料片将在中国烟草学会网等网站中播放。此次专项科普活动中制作的节能减排科普宣传画报、视频资料、科普挂图将作为科普宣传资料在行业内进行运用与传播。

完成《烟草科学与技术学科发展报告》研究和发布。作为被中国科协选定承担 2009 ~ 2010 学科发展研究的 26 家全国学会之一，学会从 2009 年 6 月开始组织课题组开展《烟草科学与技术学科发展报告》研究工作，经过课题组的努力，2010 年 1 月完成研究任务，研究报告由中国科学技术出版社正式出版。

受国家烟草专卖局委托，学会组织专家编撰了烟草行业地震灾害分卷志稿。5 月，经《汶川特大地震抗震救灾志》总编办专家评审，确定国家铁道部、国家烟草专卖局、四川省体育局提供的志稿为地震灾害分卷志稿范本。

9月20~21日，卷烟材料专业委员会在河南省郑州市召开《烟用材料技术手册》编审会议。编写该手册是为从事相关专业领域管理人员、技术人员及工作人员提供技术参考，是一本普及性的工具书和参考书。《烟用材料技术手册》编纂工作于2008年9月启动，全书约30万字，于2010年底出版。

【第六届理事会第二次会议暨学术年会】

3月30日~4月1日，中国烟草学会第六届理事会第二次会议暨学术年会在安徽省合肥市召开。学会理事长张辉出席会议并讲话，学会第六届理事会理事、常务理事，省级烟草学会秘书长，优秀论文作者参加会议。

会议回顾了学会一年来的主要工作，审议通过了学会常务理事的调整、增补方案，并对2010年的工作做了安排部署：一是学术交流，注重为行业战略和推进技术创新服务；二是发挥各省级烟草学会和专业委员会作用，组织相关专业领域专家及生产科研一线科技人员开展不同层次、形式多样的学术研讨，学术交流既要贴近行业现状需要，又要着眼行业未来发展；三是培养学科带头人，为行业发展提供人才支撑；四是提高《中国烟草学报》质量，做好科学技术发展和成果转化，提高期刊质量，逐步扩大读者范围，不断提升学报在国内外影响力；五是科普宣传，突出宣传重点。

学术年会以“中式卷烟制丝设备和超高速卷接包机组的研究与发展”重大专项为主题进行了学术交流。会议还表彰了2009年度优秀论文奖获奖者。

中国系统仿真学会

2010年，中国系统仿真学会大力开展国内外学术交流活动。召开了中国系统仿真学会2010年学术年会，承办了中国科协海峡两岸青年科学家活动月活动。

7月11~14日，中国系统仿真学会常务理事、国际交流工作委员会副主任张霖教授代表中国系统仿真学会参加了在加拿大渥太华召开的SCS2010年夏季仿真会议，并在会上做学术交流和宣读论文。张霖教授与SCS现任主席Mohammad S. Obaidat教授探讨了在中国召开SCS夏季仿真会的可能性，并应邀参加了SCS教育委员会工作会议。会议上特别讨论了通过各国的学位教育促进仿真成为一个独立的学科。

学会着力开展科普工作。8月24~29日，由中国系统仿真学会主办的第五届“西门子杯”全国大学生控制仿真挑战赛在上海市举行，主题为“低碳、安全”。来自全国48所高校的110余支队伍报名参赛。本届大赛对大赛题目进行了新的设计和开发，共有20支获胜队伍进入决赛，华东理工大学海洋之心队、南京理工大学探索队获得一等奖。

【第六次全国会员代表大会】

10月23~26日，中国系统仿真学会第六次全国会员代表大会在湖南省长沙市召开，来自全国102个会员单位及12个专业委员会、4个工作委员会、2个办事机构、4个地方学会的348名会员代表参加会议。

大会主席李伯虎院士致开幕词，中国科协副主席、书记处书记齐让出席大会并致辞，湖南省科协党组书记、副主席邹志强，国防科技大学科研部部长沈志宇分别在大会致辞。

第五届理事会理事长李伯虎院士作工作报告，学会副理事长肖田元作《修改学会章程报告》，学会秘书长吴云洁作《学会财务工作报告》，学会副秘书长张平宣读了《会费交纳办法和使用管理规定》，与会全体代表一致通过四个报告。

大会进行了第六届理事会理事、常务理事、正副理事长、秘书长选举。共选出理事159名，常务理事44名，选举李伯虎为前任理事长，选举赵沁平为现任理事长，副理事长11名，秘书长1名。

新一届理事会于10月24日分别召开了第六届第一次理事会与第六届第一次常务理事会。

【中国系统仿真学会2010年学术年会】

10月25日，中国系统仿真学会2010年学术年会在湖南省长沙市召开，主题为“发展仿真技术、服务科技创新”。80余名专家学者参加会议。

年会以大会报告及分会场报告形式进行学术交流。年会共收到论文234篇，经专家评审，有145篇论文被录用，并以光盘形式出版发表。论文作者分别在2个专题会场进行了学术交流活动。经程序委员会评审，9篇论文被评为优秀论文，并颁发荣誉证书。

学术交流期间，有3个公司分别介绍了本公司的仿真产品，通过学术交流，对于推广、普及和提高仿真领域中的新理论、新方法、新工具起到推动作用。

【中国科协“海峡两岸青年科学家”活动月——仿真科学与技术学术研讨会】

11月1~5日，由中国科协主办，中国系统仿真学会承办，清华大学、台湾新竹清华大学、北京航空航天大学、台湾大学、上海交通大学、新竹交通大学协办的2010“海峡两岸青年科学家”学术活动月——仿真科学与技术学术研讨会在福建省福州市召开，主题是“两岸科学家推动仿真科学与技术的创新发展”。来自海峡两岸的80余位专家学者参加研讨会。

启动仪式上，中国系统仿真学会前任理事长李伯虎院士致辞，中国系统仿真学会荣誉副理事长陈宗基教授做了大会报告。

研讨会上，中国系统仿真学会常务副理事长、清华大学教授肖田元，原台湾地区自动化学门召集人、台湾大学教授黄汉邦，中国系统仿真学会副理事长、北京航空航天大学教授张霖，EMBA执行长、新竹清华大学教授林则孟，中国系统仿真学会副理事长、国防科技大学教授邱晓刚，中国系统仿真学会理事、北京大学教授荣起国等做了专题报告。

学术研讨会采取专题报告和分会场讨论的形式进行学术交流。与会专家学者围绕仿真科学与技术中的热点话题交流研讨，展示了海峡两岸仿真科技工作者在工业、农业、商业、教育、交通、社会、经济、医学、生命、生活服务领域的研究成果。

中国电影电视技术学会

2010年，中国电影电视技术学会筹备成立学会科普与教育工作委员会。学会及各专业委员会跟踪影视技术发展前沿，通过举办各种学术研讨活动，推进学术活动创新。

照明专业委员会在陕西省西安市召开2010电视灯光专业设备展览会与灯光工作委员会年会。图像专业委员会举办第一期电视包装创意与应用技巧培训班，聘请央视数码业务和艺术总监授课，培训内容包括频道和栏目包装理念、新闻和赛事在线包装系统和工艺流程等。数字特效与三维动画专业委员会举办“2010视觉效果高峰论坛数字电影论坛”。来自国内外的电影设备厂商、制作机构、播出机构相关人士300多人参加论坛。节目制作与传输专业委员会在四川省举办了四川电视技术协会第三届年会。化妆专业委员会召开了第十三届年会、第八届化妆金像奖和第四届化妆造型大赛。

4月，学会和松下电器（中国）有限公司在浙江省杭州市联合举办了第三届高清新技术应用峰会。

5月，学会与中央电视台联合召开北京国际电视技术研讨会，在福建省厦门市举办第二期大型电视转播技术研修班活动。

6月7日，学会与索尼（中国）、上海文广集团联合在江苏省昆山市举办了第十届中国高清发展论坛。

洗印环保专业委员会与北京师范大学合作，完成国家环保部委托的《感光材料冲洗行业水污染物排放标准》制订工作，已报国家技术监督局待批。放映专业委员会完成2010年度放映技术优秀论文评选，与北京市电影发行放映协会联合举办了电影放映技术资格证班。

2010年，学会在中国科协的支持与指导下，完成在线影视科技成果库、校园电视台科普教育节目制作技能培训、2010年度全国学会重点活动和创新发展回顾展示视频制作等科普项目。

学会评奖评估和资质认证工作取得新进展。其中，学会举办了第二届高清晰度电视节目优秀制作奖评奖活动，评选出一等奖2名，二等奖5名，三等奖7名，共奖励118人次。举办了第七届中国电影电视技术学会电视美术灯光设计工程奖评奖活动，评选出一等奖2名，二等奖9名，三等奖16名，最佳灯光、最佳美术各一名，共奖励96人次。举办了学会声音制作奖评选活动，从各电视台选送的75部（集）作品中评出电视剧类、综艺类、新闻及体育实况类、高清环绕声类的一等奖、二等奖和三等奖共30名。

学会举办了的2010年度中国电影电视技术学会摄影比赛。共征集135人的307幅参赛作品。经评委会评审，41件摄影作品获奖。

2010年，学会完成学会网站改版工作。

中国振动工程学会

2010年，学会启用会徽，会徽由学会英文名称缩写字母CSVE组成的圆形图案，其中CSVE中的字母“V”与振动波形相结合，用波动突出了振动抽象的概念，将图与字母融合成一个统一整体。正式开通新版网站（www. csve. net. cn或www. csve. com. cn）。

学会积极组织举荐人才工作。学会推荐的西安交通大学何正嘉教授被中国科协授予“全国优秀科技工作者”称号。学会开展了2010年中国振动工程学会青年科技奖候选人推荐与评选工作。经学会青年科技奖评审委员会组织评审，第六届常务理事会第四次扩大会议审定，中国振动工程学会决定授予毕传兴（合肥工业大学）、彭志科（上海交通大学）、徐赵东（东南大学）、张文明（上海交通大学）4名同志2010年度中国振动工程学会青年科技奖。

2010年，《振动工程学报》出版7期，其中出版增刊1期。共发表论文186篇，其中增刊发表论文78篇。《振动与冲击》出版14期，其中出版增刊2期。共发表论文801篇，其中增刊发表论文165篇。

2010年，学会多个专业委员会召开学术会议。

5月21～23日，随机振动专业委员会在湖北省武汉市举办了第七届全国随机振动理论与应用学术会议和年度工作会议，120余位专家学者参加会议。会议录用学术论文86篇，其中安排12个特邀报告和大会报告，全部论文在2010年第5期《武汉理工大学学报》发表。

7月20~21日，由机械动力学专业委员会、故障诊断专业委员会和湖南科技大学机械设备健康维护湖南省重点实验室共同主办的2010年中国机械动力学与故障诊断高层研讨会在湖南省湘潭市召开。150余位专家学者参加会议。

8月5~7日，转子动力学专业委员会在贵州省贵阳市举办了全国第九届转子动力学学术讨论会（ROTDYN'2010）和工作会议，60余位专家学者参加会议。会议印制了《全国第九届转子动力学学术讨论会论文集》，以《振动与冲击》增刊的形式出版，收入学术论文49篇。

8月16~17日，由故障诊断专业委员会和振动与噪声控制专业委员会联合主办的2010全国振动工程及应用学术会议暨第十二届全国设备故障诊断学术会议和第二十三届全国振动与噪声控制学术会议在辽宁省沈阳市召开，260余位专家学者参加会议。多名院士、教授作大会主题报告。

8月19~21日，由振动利用工程专业委员会、辽宁省振动工程学会、国家自然科学基金委员会、东北大学联合主办的第一届国际振动利用及控制工程学术会议暨第四届全国振动利用工程学术会议在辽宁省沈阳市召开。167位专家学者参加会议。会议共收到学术论文151篇，宣读论文125篇，其中大会报告6篇。

8月21~23日，由包装动力学专业委员会、中国包装联合会包装工程专业委员会（筹）、世界包装组织亚洲包装中心联合主办的第十三届全国包装工程学术会议在湖北省武汉市召开，会议主题是“构筑产学研用平台 促进包装原创科技发展”。来自全国20个省、自治区、直辖市和韩国的高等院校、科研机构及知名包装企业的190余位专家学者参加会议。会议特邀部分龙头企业代表作了“产学研用”报告。专家学者就包装动力学、结构设计及测试技术、包装先进装备、包装新材料与新工艺等十大专题进行交流和研讨。会议共征集学术论文252篇，其中229篇参加大会交流。经学术委员会两轮评审，89篇论文被ISTP收录，66篇由中文核心期刊《包装工程》杂志录用，并在正刊发表。

【学会六届四次常务理事会（扩大）会议】

2010年10月22日，中国振动工程学会第六届常务理事会第四次（扩大）会议在河北省石家庄市召开。

会议原则通过了《学会第七次会员代表大会和理事会换届工作方案》，责成组织工作委员会进一步细化并付诸实施。会议原则通过了正副理事长、秘书长碰头会提出的下一届学会理事会负责人提名，责成学会办公室按照民政部与中国科协的要求上报预审。

会议原则通过了第十次全国振动理论与应用学术会议学术委员会和组织委员会组成原则，对会议筹备工作提出了一些建议，提请承办单位南京航空航天大学进一步细化，做好这次学术会议的筹备工作。

会议决定评选中国振动工程学会2010年度青年科技奖。聘任高金吉院士任故障诊断专业委员会主任委员，陈进教授任副主任委员兼秘书长。聘任王太勇教授任机械动力学专业委员会主任委员，翁泽宇教授任副主任委员兼秘书长。

中国颗粒学会

2010年，中国颗粒学会召开第五次全国会员代表大会，选举产生第五届理事会。召开中国颗粒学会第七届学术年会暨海峡两岸颗粒技术研讨会，第四届大气细及超细粒子技术研讨会，生物颗粒与粉体制备、应用技术研讨会，积极开展国内外学术交流，推动学科进步。

第六届世界颗粒大会4月25~29日在德国纽伦堡举办，学会理事长李静海率学会代表团10余人参加会议，并在会上代表会议组委会介绍了将于2014年5月在北京举办的第七届世界颗粒大会的筹备情况。

中国颗粒学会第七届学术年会暨海峡两岸颗粒技术研讨会8月18~21日在陕西省西安市举行，365位专家学者参加研讨会，其中台湾地区学者28人。会议收到论文及报告185篇，其中台湾作者的文章26篇。会议共安排口头报告172个，其中大会报告8个，分会邀请报告43个。同时安排了附展，有16家设备制造企业及仪器公司展示了本公司的产品。为鼓励青年学者及在读学生积极参会，会议还评选并颁发了中国颗粒学会宝洁青年优秀论文奖（40岁以下）5名，中国颗粒学会宝洁研究生优秀论文奖6名。

9月27~29日，由中国颗粒学会主办，沈阳药科大学承办的2010年生物颗粒、粉体制备与应用技术研讨会在上海市举行。120余位从事生物颗粒的专家学者围绕生物颗粒（药品、食品、保健品、中草药、饲料添加剂、药用辅料等）的加工和应用进行了交流和研讨。

3月18~23日，由超微颗粒专委会组织召开的2010年海峡两岸超微颗粒技术研讨会在台湾大同大学举行，60余位专家学者参加会议，其中大陆学者19人。会议就超微颗粒在环境、能源、传统产业中的应用及相关理论、技术等进展进行了交流和研讨。

7月21~24日，由气溶胶专委会组织召开的第四届大气细及超细粒子技术研讨会在河北省秦皇岛市召开。来自北京大学、香港理工大学、中国科学院、中国气象局的40名专家应邀参加会议。专家介绍了近年来气溶胶观测技术的最新研究方法和进展，对当前气溶胶研究过程中存在的技术问题进行了探讨。

2010年中国颗粒学会青年颗粒学奖。授予程易（清华大学）、葛蔚（中国科学院过程所）、薛冬峰（大连理工大学）。

【国际空气与废物管理学会（A&WMA）国际特别会议】

5月10~14日，由国际空气与废物管理学会及中国分会、中国颗粒学会气溶胶专委会、中国科学院地球环境研究所和美国沙漠研究所共同主办的国际空气与废物管理学会（A&WMA）国际特别会议在陕西省西安市召开。450余名专家学者参加会议，其中国外专家学者180余位，分别来自美国、法国、意大利等35个国家（地区）。这次国际特别会议是国际空气与废物管理学会首次将会场选择在北美以外的国家举行。

会议安排了6个大会报告、220个分会报告、70个宣传海报，有来自全球的22家展商参加了仪器展览。会议议题包括区域和城市排放源清单研究方法，大气及排放源特征研究与技术，空气质量模式应用，污染物跨境输送，清洁交通选择方案，污染源排放控制技术，空气污染及其健康效应，对能见度、材料及生态系统的负面影响，气候变化及可持续发展，空气质量管理的成本及收益分析科研与政策的联系，面向大众的科普活动，优化区域和城市地区复合污染的空气质量管理政策。

【第五次全国会员代表大会】

8月15~18日，中国颗粒学会第五次全国会员代表大会及理事会会议在陕西省西安市召开。学会理事长李静海作《中国颗粒学会第四届理事会工作报告》，张仁健副理事长作《中国颗粒学会第四届理事会财务报告》，选举产生了学会新一届理事、常务理事及学会负责人。

李静海院士、陈运法研究员当选为新一届理事会理事长。会议决定聘请蔡杰等13位同志为学会荣誉理事。

中国照明学会

2010年9月15日，中国照明学会第五届四次理事会、常务理事会在北京举行。会议审议通过了五届三次理事会以来的工作报告，审议通过了有关变更、增补理事、常务理事等事项。

2010年，中国照明学会决定在北京建立中国照明学会照明科普教育基地，计划于2011年二季度完成，三季度将向社会公众开放。

学会积极开展学术交流活动。承担了中国科协2010年学科发展研究“照明科学与技术学科发展研究”项目。4月13日，召开了照明科学与技术学科发展研究开题会。学会组织专家编写组，制定研究项目工作进度，确定项目的综合研究报告和专题研究报告大纲，组织有关专家编写完成了综合报告和9篇专题研究报告。11月28日，召开照明科学和技术学科发展报告研讨会，完成项目规定任务。

4月10~12日，由学会与有关单位联合组织的2010中国（北京）第十一届国际照明电器博览会在北京中国国际展览中心开幕。博览会主题为“绿色照明、节能减排”，来自国内外200多家照明电器企业参加博览会。博览会展示了近年来照明领域的新产品、新技术，LED照明作为新型光源在展会上展出。展会期间，举办了中国逐步淘汰白炽灯、加快推广节能灯项目的专题论坛。

4月13日，学会主办的第八届中国照明电器OEM合作交流洽谈订货会在广东省广州市举行。洽谈会以促进照明电器产品的OEM合作及照明配件、原辅料与成品的配套为宗旨，有国内70余家企业及80余家采购商到会订货洽谈。

为发挥学术期刊在促进学术交流活动中的作用，《照明工程学报》从2010年起从季刊改为双月刊。为配合第七届中国国际半导体照明论坛举办，《照明工程学报》于11月出版了《固态照明技术》增刊，增刊共征集论文22篇。2010年，《照明工程学报》出版英文版1期。

9月18~24日，学会参加了由中国科协举办的全国科普日活动。分别在北京、上海、天津和重庆4个城市开展以“节约能源资源，走近低碳生活”为主题的照明科普活动。活动过程中，分别举办了绿色照明科普课、绿色照明宣传栏、绿色照明科普问答等系列活动，发放绿色照明科普宣传手册500余册，参加科普问答600人次，发放照明科普小礼品300余件。

为推动我国白炽灯生产企业的转型，提高节能灯质量和完善节能灯推广机制，学会于2009年底承接了《2009年度照明产品市场调查分析》项目，2010年6月，学会完成了项目规定的任务。《2009年度照明产品市场调查分析》包括《中国白炽灯、节能灯产销情况》、《生产商、销售商、生产、销售调查报告》、《2009年各类用户白炽灯、节能灯在用量调查报告》、《2009年各类用户高效照明产品市场占有率分析报告》、《逐步淘汰白炽灯、加快推广节能灯问题及解决方案》等报告。项目组还对增加高效照明产品市场份额提出了政策性建议。

6月开始，学会分别在北京、上海、广州举办了1期高级照明设计师（国家职业资格一级）和5期照明设计师（国家职业资格二级）培训班，共有271名照明设计师参加培训。经过培训和考试，对成绩合格的学员，正式颁发国家人力资源和社会保障部印制的“高级照明设计师”、“照明设计师”职业资格证书。

2010年，学会开展第五届中照照明奖的评奖工作，此次活动设置中照照明奖、照明工程设计奖。共收到申报项目71项，经评奖工作办公室组织专家进行初审、评审、实地考察、终审等环节，最终评出一等奖4项、二等奖9项、三等奖12项、优秀提名奖23项。6月10日，颁奖仪式在广东省广州市举行，同期举行了中照照明奖获奖项目专题报告会。

3月18～20日，新能源照明专业委员会和电光源专业委员会在北京举办了无极灯技术与发展研讨会。来自无极灯设计、研究、生产部门的150余位专家学者参加会议，25位专家做专题报告。会议总结了多年来无极灯在我国开发研制的经验，并建议启动制定无极灯的能效标准和规范。会议还讨论通过了《关于加快我国无极灯技术创新和产业化发展的建议书》，并以中国照明学会名义向国家有关部委建议将无极灯纳入国家高效、绿色照明产品目录。

8月20日，由学会与深圳众明半导体照明有限公司共同举办的首届LED普通照明产品与技术研讨会在北京召开，300余位专家学者参加会议。会议就国内外相关企业LED照明产品研发现状和相关标准的建立，以及用户试用的成功案例进行了交流与研讨。会议为我国逐步淘汰白炽灯，推广应用高效节能LED室内照明产品探索了有益的经验。

9月16～17日，由学会主办的中国照明论坛——绿色照明与低碳技术科技研讨会在北京召开，主题是“实施绿色照明，为实现低碳发展做贡献”。来自全国各地的200余位专家学者参加会议。会议就采用先进照明设计标准，推广高效节能照明产品和技术（尤其是LED照明产品和技术），利用新能源与可再生能源，实施绿色照明工程等内容进行深入研讨。22位专家学者作专题演讲。会议征集学术论文36篇，并编辑出版论文集。

11月2日，由中国照明学会承办的第十二届中国科协年会分会场“LED照明技术及应用设计论坛”在福建省福州市举行。论坛以“经济发展方式转变和自主创新”为主题，就我国半导体照明技术和产业现状及发展趋势以及LED照明技术和应用方面的热点、难点问题进行研讨。130余位专家学者参加会议，会议收集论文30余篇，22篇收录会议论文集。

11月16～18日，中国照明学会与台湾地区照明灯具输出业同业公会共同举办的海峡两岸第十七届照明科技与营销研讨会在福建省云宵县召开，主题为“照明节能与LED的挑战”，来自海峡两岸的照明界200余位专家学者参加会议，其中来自台湾地区学者67人。会议邀请了2位专家作特邀报告，9位专家作专题报告。会议设节能照明的新产品、新技术和LED照明技术与应用两个专题分会场进行交流与研讨。共征集论文75篇，并编辑出版论文集。

【照明科普教育基地】

2010年，为搭建社会化科普服务平台，中国照明学会决定在北京建立“中国照明学会照明科普教育基地”。基地的建设将根据自身的特点，面向社会公众，以发展低碳经济、节能减排、绿色照明为重点，展示体现现代照明的原理、技术、产品和方法，并利用基地积极开展贴近实际、贴近生活、贴近群众，具有特色和实效的科普活动。

基地建设面积近1400平方米，北京清华城市规划设计研究院为基地无偿提供建设场所。3月10日，学会召开照明科普教育基础建设信息发布会，得到了许多国内外知名照明企业的支持和捐助，24家照明企业参与了基地的建设工作。

目前基地的土建施工已经完成，基地一期工程计划于2011年二季度完成，三季度将向社会公众开放。

【第三届中日韩照明研讨会】

9月29日，第三届中日韩照明研讨会在韩国首尔国际会展中心召开，主题为“照明与绿色能源”，来自中国照明学会的26位专家学者参加会议。

中国标准化研究院高级工程师赵跃进就中国逐步淘汰白炽灯，推广应用高效节能照明产品作特邀报告。会议评选出优秀论文一等奖1篇，二等奖、三等奖各2篇。中国学者蒋金波、曹冠英的论文分别获得二、三等奖。

会议期间，韩方举办了照明展，召开了中日韩照明研讨会组委会第六次会议。会议确定，第四届中日韩照明研讨会定于2011年9月21～23日在中国大连市举行。

中日韩三国照明学会举行了合作协议续签仪式。中国照明学会理事长王锦燧、日本照明学会理事长橘邦英、韩国照明电器设备学会会长李福熙分别在协议上签字。

中国动力工程学会

2010年，中国动力工程学会举办了多种形式学术交流会议近10次，交流论文300多篇，参加人数达到800多人次。

学会组织召开的600/1000 MW超超临界机组技术交流2010年会11月28~30日在浙江省温州市召开，400余位专家学者出席会议，56位专家学者作演讲交流。专家学者围绕机组设计特点、运行实践、检修管理、节能新技术、关键材料用钢等方面展开研讨。会议出版论文集3卷，收录论文138篇，涵盖材料、汽机、锅炉、控制等各方面内容。

学会各专业委员会结合相关学科开展了多次学术活动。热力专委会与北京机械工程学会动力工程分会联合召开城镇供热厂工程项目标准（建标112－2008）宣读技术报告会。

8月，工业煤气专委会与全国煤气科技信息网华东分网在山东省潍坊市召开科技讨论会，45位专家学者出席会议，发表交流论文11篇。

8月19~22日，由环保技术与装备专委会主办的环保型火电技术与环保装备产业化研讨会在上海市召开，54位专家学者出席会议，会议出版了论文集。会议认为，环保火电与火电环保是清洁生产与污染治理的统一体，有着各自的研究对象和丰富的内涵。特别是整体煤气化联合循环发电方式有着节能、高效、低排放或零排放的显著优点，清洁煤发电是未来环保型火电的发展方向，是低碳发电的最佳方式之一。

自控专委会在江苏省江阴市召开电站自动化信息化学术和技术交流年会，来自40余家单位的60余位专家学者出席会议。会议收录论文80篇，并编辑出版论文集。

新能源设备专委会在上海市召开新能源利用技术交流会，20多个单位的近40位专家学者参加会议。会议就地热、风电、海洋能以及新能源现代农业集成园区等方面进行交流和探讨。

学会加强国际交流与合作。7月，受美国机械工程师学会邀请，学会派代表团赴美国芝加哥参加ASME POWER 2010会议，并和日本机械学会共同与美国机械工程师学会举行多次会议，交流了国际动力工程会议（ICOPE）举办10多年来所存在的主要问题，探讨了未来的合作前景。

8月底至9月初，由材料专委会组织的中国动力工程学会代表团9人参加了在美国圣达菲举行的第六届燃煤电站材料技术进展国际会议，代表团在会上作了1个大会报告和4个分会场报告，会后访问了美国电力研究院（EPRI）和里海大学。

学会工业煤气专委会组团9人于9月25日~10月6日对俄罗斯、捷克等东欧国家进行了技术考察。

学会加强为企业和社会服务工作。在学会理事长蒋以任等领导的关心和指导下，在上海市科委申报的国家科技支撑计划“后世博专项”中增加了大型清洁高效火电机组用高温耐热钢管性能研究课题。课题将通过学会联合行业内相关单位共同完成。

2010年，学会承担中国科协“动力机械工程学科发展”研究项目，研究范围主要为：锅炉技术、汽轮机技术、燃气轮机技术、水轮机技术领域。在调研、分析、讨论的基础上，已形成了约25万字报告初稿。报告进一步完善和修改后，计划于2011年初向中国科协提交。

2010年，学会受有关单位委托，组织召开了690t/h（200MW）超高压再热循环流化床锅炉、煤粉锅炉EOBS型微油点火系统、660MW等级超超临界锅炉产品鉴定会。组织了75t/h秸秆直燃锅炉、上海锅炉厂自主研发300MW燃用煤矸石CFB锅炉技术方案评审会。组织了部分专家针对上海锅炉厂锅炉CFB、塔式锅炉和余热锅炉自主知识产权司法鉴定作技术咨询。

9月17~21日，由中国机械工业联合会等主办、中国动力工程学会和中国电工技术学会等承办的2010年中国国际核电装备展览会在北京国际展览中心举行。来自美国、英国、日本、法国等20多个国家和地区的400多家厂商参加展览，展览面积超过10000平方米。

会刊《动力工程》1月正式更名为《动力工程学报》，2010年共收到论文587篇，发表180篇，录用率为30.7%，录用率与2009年基本持平。学会网站（www.cpeweb.com.cn）在2010年试运行期间，共刊发新闻、通知、公告、公示、图片等近50条（张）。

学会加强人才举荐工作。由学会推荐的上海发电设备成套设计研究院副总工程师、研究员级高工、九三学社社员、学会材料专委会主任委员林富生被中国科协评选为“全国优秀科技工作者”。

学会加强组织建设及管理。4月10~12日，2010年度秘书长工作会议在福建省厦门市召开，学会、各工作委员会、各专业委员会的秘书长（或代表）共23人出席会议，学会理事长蒋以任出席会议并作讲话。会议主要围绕中国科协的工作重点，结合学会自身特点和实际，讨论了学会和各分支机构今年的主要工作任务和活动安排。

6月22~23日，学会第十一次团体会员工作会议在上海市召开，团体会员单位联系人或代表共45人参加会议。会议听取了学会副理事长程钧培所作的《能源装备可持续发展战略研究》专题报告，秘书处所作的学会主要工作及会员的发展与管理工作汇报以及今后学会工作的初步安排和设想。会员单位对学会今后工作的开展提出了意见和建议。

10月11～13日，学会在上海市召开九届三次理事会议暨动力工程学科发展研讨会，学会理事长蒋以任，名誉理事长陆燕荪、孙昌基、翁史烈出席会议并讲话，副理事长朱元巢、张素心、商中福、舒世安，副理事长兼秘书长严宏强等112名理事或代表参加会议。会议听取了上海电气电站集团总工程师袁建华所作的《上海电气技术创新》、上海外高桥第三发电有限公司总经理冯伟忠所作的《未来低碳煤电技术发展的思考》的报告，听取了《2010年度学会工作和财务状况》等报告。会议对动力机械工程学科发展研究课题提出修改意见和建议。会议通过了有关理事增补和更替事宜等。

【《中国电气工程大典》首发式】

2010年1月22日，《中国电气工程大典》首发式在北京举行。全国人大常委会副委员长、中国科学院院长路甬祥，全国政协原副主席、中国工程院院长徐匡迪出席会议。

原能源部部长黄毅成，原航空航天部部长林宗棠，原电力工业部部长史大桢，原机械工业部部长何光远、包叙定，原机械工业部副部长沈烈初、唐仲文、孙昌基，大典编委会主任陆燕荪等领导及作者代表、电力企业和制造企业负责人140余人应邀出席。首发式由大典执行主任周鹤良主持。

路甬祥在讲话中指出，《中国电气工程大典》这部首次由中国动力工程学会等5个一级学会联合组织编纂的、集专业手册和专著为一体的工具书，凝结着改革开放30多年来的电气领域科研成就，必将在普及传播新技术、新知识，支持自主创新等方面产生深远的历史影响。

中国惯性技术学会

2010年，中国惯性技术学会新发展团体会员4个，比2009年增加了3.3%。发展个人会员148人，比2009年增加了4.1%。

2010年，学会开展国内学术交流会议9次，国际学术交流会议3次。参加学术交流会议人数500余人，交流论文300余篇，评选优秀论文26篇，出版论文集4册。

6月和9月，学会分别组团参加了俄罗斯陆地重力测量静动态测试方法国际研讨会和德国陀螺国际学术交流会。

10月19～20日，学会联合南京航空航天大学、东南大学、香港理工大学、南京惯性技术学会在江苏省南京市召开了惯性技术与导航国际学术交流会。来自中国、美国、俄罗斯、英国、日本、乌克兰、澳大利亚、巴基斯坦、泰国9个国家150余位专家学者参加会议。会议征集论文155篇，经大会学术委员会评审录用92篇，会议出版论文集。学会理事长徐强、汪顺亭院士作大会特邀报告。大会主会场交流论文6篇，惯性仪表、惯性导航系统、组合导航及其他3个分会场交流的论文37篇。

测试专业委员会组织召开基于静电陀螺的惯性导航系统原理及发展的专题技术讲座。

光电技术专业委员会召开光纤陀螺技术与应用研讨会和我国光电惯性技术发展最新成果学术交流会。

学会承担中国科协《惯性技术学科发展研究报告》项目。学会组织近百名专家、学者进行研讨和编写，经4次研讨，2次评审，7易其稿，2010年3月，完成了17.8万字的《惯性技术学科发展研究报告》的编写工作，已印刷出版。

经对《惯性技术手册》(2010年版) 200余万字稿件的梳理、筛选、评审，现已完成80余万字的送审稿的编写工作。

学会主办的《中国惯性技术学报》2010年进入美国EI检索，实现了学会和全体会员多年的夙愿。2010年《中国惯性技术学报》出版6期，发表论文149篇。

《海陆空天惯性世界》科普杂志2010年由双月刊改为月刊，出版发行12期，刊载各类文章110余篇，220万余字，图片3000余幅，全年出版、发行12万余册，实现了平均每期出版发行1万册的阶段目标。

学会加强人才举荐工作。由学会推荐的中国航天科技集团公司十三所研究员夏刚被中国科协评选为“全国优秀科技工作者”。

3月17日，学会在北京召开五届八次常务理事会。审议了学会2010年工作计划及经费预算，审议并通过了2009年学会财务工作报告和财务决算。

【惯性技术科普教育基地揭牌】

2010年2月8日，学会联合北京理工大学共同建设的惯性技术科普教育基地揭牌。学会理事长徐强、北京理工大学校长胡海岩和丁衡高院士、汪顺亭院士及京津地区60余名科技工作者参加揭牌仪式。

在全国科普活动日和全国科技活动周期间，惯性技术科普教育基地对社会开放，接待观众100余人。

北京理工大学组织65名大学四年级学生到惯性技术科普展厅进行惯性技术基础知识培训，利用多媒体、实物、图板展示、原理性和功能性演示及互动展品等多种形式，展示了惯性技术的物理原理、产品的技术特征和在陆、海、空、天各个领域的应用，使学生们对惯性技术有了直观的认识和了解，增加了他们学习研究惯性技术的兴趣。

中国风景园林学会

2010年，中国风景园林学会举办学术会议11次，参加人数3722人次，交流论文441篇。参会人数比2009年增加1807人次，论文数量比2009年增加269篇。

2010年，学会积极推荐科技人才，开展科技评价。承办第47届国际风景园林师联合会（IFLA）世界大会。

学会进一步推进国际学术交流，为IFLA杰里科奖评选提供赞助，推荐了孙筱祥、程绪珂参加2011年度IFLA杰里科奖评选，推荐了学会副秘书长杨锐担任IFLA文化景观委会员委员。6月，特邀IFLA前任主席戴安妮·孟塞斯（Diane MENZIES）博士作为国际专家，参加大西安总体规划发展战略国际论坛。10月，学会副秘书长刘晓明作为IFLA代表之一，应邀参加了联合国教科文组织在巴黎召开的国际风景公约可行性专家研讨会。

5月，学会与国际风景园林师联合会（IFLA）共同组织召开了十国风景园林学（协）会会长圆桌会议，澳大利亚、智利、西班牙、美国等9个国家的风景园林学（协）会会长应邀出席会议。会议交流了各国风景园林学科和行业发展情况，以及各自学（协）会的基本情况，增进了彼此间的友谊，为开展合作奠定了基础。

10月，学会组团赴日本横滨参加第十二届中日韩风景园林学术研讨会，主题为“风景园林可持续发展的挑战——置身于本土化风景园林的地方智慧和新策略”。学会副理事长王向荣应邀介绍了我国风景园林行业近年发展情况。研讨会上，来自中日韩三国的9位学者分别宣读了论文，9位专家进行了专题评议，出版了会议论文集Journal of Landscape Architecture in Asia（Volume 5）。

在住房和城乡建设部的支持下，学会组织专家开展了风景园林学科申报一级学科的相关论证工作。此项工作得到了国务院学位委员会的重视。学会多次组织专家，进行了注册风景园林师执业制度的前期调研和准备工作，以推动此项工作尽早实施。

受中国科协委托，中国风景园林学会承担了中国古代发明创造国家名录认定的部分工作，对人居环境专业领域的文化遗产开展专项调查，讨论提出了推荐名录。

4月，学会在北京召开了钱学森科学思想研讨会——园林与山水城市，业界、文化界知名专家，行业主管领导等应邀参加会议。与会专家学者围绕钱学森“园林与山水城市”学术思想进行研讨，回顾了钱学森对园林学科发展的重要贡献。

10月18日~11月18日，学会与河南省开封市人民政府共同主办了第十届中国菊花展览会，吸引了全国63个城市参展。展会设1个主会场和11个分会场，室外景点170个，展出菊花1100多个品种，145万盆，品种数量和展出规模均创历届之最。开封市设计制作的菊花长龙成功创建一项吉尼斯世界纪录。开封市编纂的新版《菊谱》在展会期间出版发行。经开封市申请，中国风景园林学会授予开封市“中国菊花名城”称号。

学会加强组织建设及管理工作。学会常务理事会议审议并原则通过了中国风景园林学会组织工作委员会设置和职能安排。第四届第三次理事会议讨论通过了《中国风景园林学会理事会工作条例》。学会聘任了规划设计、菊花研究两个专业委员会和教育工作委员会（筹）3个分支机构的负责人，正在筹备成立理论历史与遗产等4个专业委员会。风景名胜、规划设计2个专业委员会进行了换届改选。5月和12月，分别在江苏省苏州市和云南省昆明市召开全国各省风景园林学（协）会理事长交流会和全国风景园林学（协）会秘书长工作会议，加强与地方风景园林行政主管部门和地方学（协）会的联系。

学会会员部9月在北京林业大学开展现场入会宣传和办理入会手续活动。11月，在广东省深圳市举办了主题为“服务与沟通”的第二届会员沙龙，70余家单位会员的110余位代表参加交流。

应中国科协关于整理老科学家科技资料的工作要求，学会对行业内做出较大贡献的80岁以上的老科学家进行调查，选出20多位老科学家，对他们的学术成长资料进行采集和整理。

由学会推荐的李延明、邢福武和胡永红三位同志被中国科协授予“全国优秀科技工作者”称号。

学会继续在会员中开展优秀园林工程奖评选和年会优秀论文评选。2010年，优秀园林工程奖共评出获奖项目125项，其中，优秀园林绿化工程奖大金奖3项、金奖59项，优秀园林古建工程奖金奖5项。

中国风景园林学会启动了首届优秀规划设计奖的评选工作，并积极筹备中国风景园林学会终生成就奖（拟定名）、优秀科技成果、先进集体和先进个人的评选工作。

学会积极开展先进人物的宣传。学会和地方合作，整理了浙江省杭州市余森文、安徽省合肥市吴翼、广东省广州市林西三位老一代专家型市长的事迹，委托中央电视台制作了宣传片，在2010年5月召开的第47届国际风景园林师联合会（IFLA）世界大会上播放。

学会组织了2010 IFLA国际大学生风景园林设计竞赛，并组织国内大学生参加了中日韩大学生风景园林设计竞赛，中国大学生在竞赛中取得优异成绩，摘获了主要奖项。

学会继续推荐优秀项目参与2010年度IFLA亚太区风景园林奖评选，《汶川地震灾区风景名胜区灾后重建规划》、《2010年上海世界博览会绿地系统规划》分获本年度风景园林规划类一、二等奖。

【第47届国际风景园林师联合会（IFLA）世界大会】

2010年5月28～30日，第47届国际风景园林师联合会（IFLA）世界大会在江苏省苏州市举行。主题是“和谐共荣——传统的继承与可持续发展”，来自50个国家和地区的3000余位专家学者出席大会。

此次大会由住房和城乡建设部与国际风景园林师联合会（IFLA）共同主办，中国风景园林学会、苏州市人民政府、江苏省住房和城乡建设厅、上海市绿化和市容管理局和北京林业大学5家单位共同承办。

全国政协副主席王志珍出席开幕式并作重要讲话，对风景园林在城市发展和生态文明建设中的作用给予充分肯定，勉励风景园林工作者要顺应社会发展需求，积极探索，锐意创新，充分发挥风景园林行业优势，在推动低碳城市建设、促进城市健康可持续发展，应对全球气候变化，以及促进人类文明进步等方面做出更多、更大的贡献。

住房和城乡建设部副部长仇保兴在开幕式上致辞并作大会主旨报告。仇保兴在报告中，全面阐述了中国在风景园林建设和城市发展方面的理念、政策、行动、经验和发展方向等，深入总结了中国政府在城市绿色基础设施建设方面取得的可喜成果和经验，充分展示了中国城市建设坚持科学发展之路，迈向生态文明的思路和举措。

周干峙院士、李德仁院士、孟兆祯院士、美国哈佛大学科克伍德教授、日本东京农业大学进士五十八教授等也分别作主旨报告。苏州市、上海市、江苏省和广东省有关部门负责同志做大会交流发言，介绍了当地风景园林建设的成果和经验。

大会设7个分论坛进行研讨，80位专家和学者围绕文化遗产与自然遗产的保护、生态系统的建设、风景园林规划与设计、风景园林教育、风景园林工程技术、风景园林管理及风景园林植物等议题在分论坛上发言。

大会首次设置了永久性纪念物——纪念鼎和纪念墙，并举办了中国风景园林展等5项专业展览。同期还举办了国际风景园林师联合会（IFLA）国际大学生风景园林设计竞赛和大学生营活动。中国大学生包揽了设计竞赛的主要奖项。

中国电源学会

2010年，中国电源学会积极开展国内外学术交流活动。举办了首届中国电源技术年会、2010中国电力电子技术应用发展论坛等学术会议。

3月16～17日，中国电源学会与德国慕尼黑国际博览集团联合主办的2010中国电力电子技术应用发展论坛在上海市召开。此论坛是以介绍最新电力电子应用技术为主要内容的综合性技术论坛，内容涉及新材料、新器件、新装置、新系统、电机传动与控制、各类新型电源及应用。论坛上，20位专家作报告，400余位产品开发设计人员参加会议。

4月15～16日，2010年通信行业UPS应用技术高峰论坛暨绿色运维与管理创新通信经理人论坛在北京举办。论坛由中国计算机用户协会、北京电子学会、中国电子信息产业发展研究院、中国电源学会交流电源专业委员会共同主办。通信行业专家、UPS行业专家、业界媒体、厂商代表、行业用户等100余人参加会议。论坛重点探讨了UPS在通信行业的机遇与挑战。

10月29日～11月1日，由变压器电感器专业委员会举办的2010第四届中国电子变压器、电感器联合学术年会在福建省福州市举行。60多家企业、120多名专家和工程技术人员参加会议。专业委员会主任、福州大学教授陈为，以及台达电子（东莞）股份有限公司、美国库伯工业集团爱迪生电气研发（上海）有限公司、美国伊顿电气山特电子（深圳）有限公司、横店集团东磁股份有限公司等单位代表做了特邀报告。福州大学副教授毛行奎，以及天通控股股份有限公司、南京精研磁性技术有限公司等单位10位专家作了大会报告。

11月10日，2010中国绿色电源技术研讨会在上海市举办，300余位国内外从事绿色电源技术研究的专家应邀参加论坛。论坛共设9场学术报告。论坛上，专家学者共同探讨了绿色电源最新技术发展和应用，尤其聚焦于可再生能源发电技术、LED驱动电源技术等新型技术的研究和应用。

12月10日，由变频电源与电力传动专业委员会和上海大学机电工程与自动化学院联合主办的2010电力电子新技术与新能源学术论坛在上海市召开，160余位专家学者参加会议。上海大学教授陈伯时作了题为《电力电子应用的拓展和系统理论的提高》的主题演讲。上海海事大学教授汤天浩、同济大学教授张逸成、上海大学教授黄苏融等分别就电力电子与新能源、电力电子与燃料电池电动汽车等领域作了主题演讲。深圳市库马克新技术股份有限公司董事长李瑞常作了《ES9000 与 ACS2000 高压变频调速技术及产品介绍》的主题演讲。

8 月，学会在上海市举办了首期可再生能源发电技术高级研修班，邀请英国、丹麦等国家的 5 位知名专家，安排 20 课时课堂讲学和 8 课时实验室操作，实地参观了上海电气风电制造基地和晶龙太阳能公司生产线。50 余人参加研修班。

2010 年，学会加强能力建设，开拓学会服务功能。新成立了中国电源学会专家咨询工作委员会，已有电源、电力电子及相关行业的 80 多位专家学者参加。

学会六届三次常务理事会议决定，在会员单位中发展理事单位、常务理事单位和副理事长单位。

经学会申请，2010 年，国家科技部为学会颁发了《中华人民共和国社会力量设立科学技术奖登记证书》，设立学会科学技术奖旨在奖励在我国电源领域的科学研究、技术创新、新品开发、科技成果推广应用等方面做出突出贡献的个人和单位。

学会编辑工作委员会与出版社合作，出版书籍 2 本：《高频电子镇流器设计与制作详解》（中国电力出版社 2010 年 1 月出版）、《实用 LED 驱动电路设计详解》（机械工业出版社 2010 年 10 月出版）。

【《电源学报》创刊】

2010 年，经国家新闻出版总署批准，学会创办会刊《电源学报》，双月刊。《电源学报》是目前我国电源领域最高学术刊物，将为我国电源学术界开展高层次学术交流、发布最新科研成果提供一个权威平台，将对我国电源科技水平的提高和电源事业的发展发挥重要作用。

8 月 3 日，学会理事长扩大会议对《电源学报》的主要负责人、组织机构、各机构职责，以及出版的具体事宜作出了决定。

《电源学报》首刊于 2011 年 1 月正式出版。

【首届中国电源技术年会】

2010 年 6 月 25～26 日，在 2008、2009 两届中国电源工程师技术交流大会的基础上，学会在广东省深圳市组织召开了首届中国电源技术年会。

技术年会包含技术交流、技术成果推广、技术咨询、人才招聘等 4 个环节，以交流推广电源应用技术为主要内容。年会组织主题报告 39 场，并设大会报告和分会场专题报告。

1300 余位电源工程技术人员和电源开发设计人员、500 余家企业参加年会。同期还举办了人才招聘会，60 多家企业参加招聘。

中国复合材料学会

2010 年，中国复合材料学会积极开展国内外学术交流活动。召开第 9 届中日复合材料学术会议、第 16 届全国复合材料学术会议，承办第十二届中国科协年会第 15 分会场“新能源与复合材料论坛”、中国科协海峡两岸青年科学家学术活动月“环保、节能复合材料自主创新学术研讨会”。

学会主办的《复合材料学报》影响因子为 0.955，在材料类期刊中排名第 1 位，并入选为“百种中国杰出学术期刊”。

2010 年，学会承担中国科协第四批人才库入库人选的信息采集工作。

9 月 6～7 日，学会主办的第 9 届中日复合材料学术会议在内蒙古自治区呼和浩特市召开。30 位中方专家、16 位日方专家参加会议。中日各 1 名学者作了特邀大会报告，19 位学者做了学术报告。会议为 6 位中日学者颁发了荣誉证书，以表彰他们在中日复合材料学术交流中所做的突出贡献。本次会议论文集共录用论文 56 篇，由国防科技出版社出版。

10 月 23～24 日，由中国复合材料学会主办、国防科学技术大学承办、株洲时代新材料科技股份有限公司协办的第 16 届全国复合材料学术会议在湖南省长沙市召开，会议主题为“复合材料——创新与可持续发展”。来自全国 33 所高等院校、21 家科研院所及 14 家企业单位从事复合材料科学与技术研究的 181 位专家学者参加会议。5 位国内外知名学者作特邀报告，74 位专家学者作分会场报告。国防科技大学电视台、湖南经济电视台、湖南教育电视台、《三湘都市报》等媒体对会议进行报道。会议论文集收录论文 218 篇。

11 月 2 日，学会承办、国电联合动力技术有限公司风电设备及控制国家重点实验室协办的第十二届中国科协年会第 15 分会场“新能源与复合材料论坛”在福建省福州市召开，60 位专家学者参加会议。会议安排了 20 个专题报告。论文合集收录论文 39 篇，并由国防工业出版社出版了论文集《风力发电低碳先“风”——风能与复合材料》。

中国消防协会

2010 年，中国消防协会加强组织建设。共发展单位会员 115 个，个人会员 136 名。召开 1 次分支机构负责人工作座谈会、2 次常务理事会、1 次理事会和各省、自治区、直辖市消防协会负责人工作座谈会。完善分支机构管理制度，对现行的《中国消防协会分支机构、实体机构管理规定》进行了重新修订和完善，经五届九次常务理事会审议通过后已正式施行。调查专业委员会等 6 个分支机构完成换届工作。重新修订了《中国消防协会会员管理办法》，经五届九次常务理事会审议通过后已正式施行。

协会积极开展国内外学术交流活动，组织召开 15 场国际消防新产品、新技术报告会。协会所属分支机构组织开展 8 次专题学术交流，征集论文 717 篇，出版论文集 5 本。

10 月 15 ~ 16 日，2010 中国消防协会科学技术年会在北京举行。来自全国各地消防机构入选论文作者和专业技术人员 140 余人参加年会。公安部消防局领导在会上作了《关于我国现阶段消防工作的形势和任务》的特邀报告。50 多位专家和论文作者在会上作了学术报告。年会收到论文 414 篇，有 187 篇选入由中国科技出版社出版的《2010 中国消防协会科学技术年会论文集》。

协会组织举办第十四届国际消防设备技术交流展览会，来自霍尼韦尔生命安全集团等国内外 15 个单位的专家，在会上作了 15 场报告，2000 余人次参加报告会。

12 月 7 ~ 9 日，协会与清华大学、中国科技大学、中山大学共同主办，中山大学承办的火灾科学与消防工程—第五届消防性能化与消防工程研讨会在广东省广州市举行。研讨会共收到论文 208 篇，129 篇入选论文集。有 8 位专家、学者及 60 位论文作者在会上作报告。

2010 年，协会 5 次组团赴美国、德国、法国、瑞士、意大利、日本、韩国，及中国台湾地区参加国际会议或开展民间消防友好交流。并接待了美国、德国、澳大利亚、马来西亚、新加坡、日本、韩国，及中国港澳台地区的 18 个消防团体共 224 人次的消防友好访问团，并就多个交流项目达成一致意见。

5 月 18 日，首届中国消防协会科学技术创新奖颁奖典礼在北京举行。公安部消防局、国家科学技术奖励工作办公室、中国科协等单位的领导出席颁奖典礼，向 25 项获奖项目的 31 个主要完成单位颁发了奖牌和奖金，向 119 位获奖项目的主要完成人颁发了证书。

协会加强消防科普宣传教育工作。3 月 24 日，协会在江西省南昌市组织召开了全国科普教育基地授牌暨经验交流会，100 余位专家学者参加会议。中国消防协会受中国科协委托，向被命名的 7 家消防科普教育场馆授牌。10 家全国科普教育基地的代表在会上介绍了各自的经验，并就如何推动全国科普教育基地建设、发挥科普教育基地作用进行了研讨。

5 月 20 日，协会在团中央青少年消防安全教育基地举办了中小学生校外消防安全培训的启动仪式和首次示范培训，200 多名学生接受了首次培训。培训项目集知识性、趣味性和参与性为一体，使学生们通过亲身体验掌握防火、灭火、逃生、自救的知识与技能。协会按照教育部中小学生校外活动大纲的要求，编撰了《中小学生校外消防安全手册》，提出了 3 个课时、17 个必训项目的规范化培训方法，可使中小学生在规定的时间里学会必备的消防安全知识。

协会组织开展第八届“火凤凰杯”全国优秀消防科普宣传工作者评选活动。经过严格评选，有 12 名优秀消防科普宣传工作者获得“火凤凰杯”奖项。4 月 20 日，协会举办“锁龙杯”全国青年消防英语翻译大赛。大赛共收到 172 篇译文，共评出二等奖 3 名，三等奖 6 名，优秀奖 33 名。协会组织举办“耀星杯”全国消防挂图和宣传画大赛。大赛共收到 244 份作品，经专家评审，评出一等奖 1 名，二等奖 3 名，三等奖 6 名。

经商务部信用工作办公室、国务院国有资产监督管理委员会行业协会联系办公室批准，2010 年，协会承担并正式启动了消防行业信用等级评价工作，制定了相应的管理办法，并于 2010 年 10 月下发通知正式开始受理企业申报。

协会主办《中国消防》2010 年出版 24 期，刊发文章 1013 篇，发行 153. 5 万册。《消防技术与产品信息》共出版 12 期，刊发文章 436 篇，发行 4. 8 万册。《消防科学与技术》出版 12 期和 2 期增刊，刊发文章 554 篇，发行 8. 09 万册。

【第十四届国际消防设备技术交流展览会】

经公安部和科技部批准，10 月 13 ~ 15 日，协会主办的第十四届国际消防设备技术交流展览会在北京举行。来自亚洲、欧洲、美洲、澳大利亚的 74 个国家和地区的消防机构参加展览或参观展会。

展览会展出面积 55000 平方米。展出了新一代国产消防车专用底盘、应急救援无线通讯指挥系统、大功率远射程重型消防车、气体灭火系统在线防爆装置、个人防护监控网络系统等代表国际先进水平的高科技消防产品和技术装备。

2 万余位国内外消防科技和产业界人士参观了展览。

【消防行业职业技能鉴定】

2010 年，有 27 个省、自治区、直辖市消防协会启动了消防行业职业技能鉴定站的筹建工作，内蒙古自治区、新疆维吾尔自治区、浙江省等先后完成了建站工作并通过验收。北京等12个省、自治区、直辖市完成建站任务，其中有9个省已取得人力资源和社会保障部颁发的特有工种职业技能鉴定站的标牌和《消防职业技能鉴定许可证》，并正式开展消防行业特有工种职业技能鉴定工作。

协会按照统一命题、交叉督导的形式，于4月、7月和10月份，分别组织进行了3次消防行业特有工种职业技能鉴定全国统一理论考试，3万余人报名参加鉴定统考，9000余人取得消防《国家职业资格证书》。

按照公安部消防局的指示，协会组织完成了《灭火救援员》国家职业标准的编制，并通过了由人力资源和社会保障部职业技能鉴定中心组织的审查。

中国图象图形学学会

2010年，中国图象图形学学会新增个人会员35人，团体会员单位4个。

学会大力开展学术交流活动，召开了第四届立体图象技术专业委员会学术研讨会暨展示会、第四届全国教育游戏与虚拟现实学术会议、第六届中国图象图形学学会青年科学家论坛等多次学术会议。学会组织成立科普部，组织多期研究班、培训班，广泛开展科普活动。

学会深入部队、院校组织开展多期图象图形技能研究班、培训班，举办科学技术讲座。立体图象专业委员会建立了立体图象科普基地，设立了立体图象技术展览馆，普及立体图象知识、设备和技术，向中、小学和社会开放。学会在会员单位之间安排信息交流活动，邀请有关机构、部门介绍情况，讲解研究领域的课题指南。学会吸收上市公司等科技企业会员，了解他们的技术需求，互通有无，优势互补，协商建立联合研究机构和共同开发模式。

1月15日，学会与北京师范大学联合举办了学会进校园暨中国图象图形学学会会员日活动。学会理事长潘云鹤院士介绍了学会历史沿革和发展历程，并和学会老会员一起为学会成立20周年题词。举办了中国图象图形学学会相关知识竞赛及学会团体单位和个人新会员入会仪式。

【第四届立体图象技术专业委员会学术研讨会暨展示会】

5月21～23日，由中国图象图形学学会主办，天津三维显示技术有限公司、沈阳四维数码科技有限公司等联合承办的中国图象图形学学会第四届立体图象技术专业委员会学术研讨会暨展示会在辽宁省沈阳市召开。80位专家、学者参加会议。

会上，18位专家、学者作了学术报告，报告中涉及了带有方向性、前瞻性的立体图象技术。会议展示了许多3D展品，既有近期研究的成果，也有历史发展过程中百年前的实物。

专家们就一些深层次的学术领域方面问题进行了研讨，一致认为，学术研究与拓展市场两个方面应相互呼应，积极配合，才能使我国的3D事业走向更加成熟并稳定发展。

【第四届全国教育游戏与虚拟现实学术会议】

7月21～22日，由中国图像图形学学会、学会虚拟现实专业委员会、中国教育技术协会信息技术教育专业委员会联合主办，中国传媒大学动画学院、中国科学院自动化研究所联合承办的第四届全国教育游戏与虚拟现实学术会议（EGVR’2010）在中国北京举行。

会议的主要议题有：虚拟现实、游戏设计与开发、游戏引擎开发与定制、游戏中的人工智能与人工生命、游戏中的物理学、游戏渲染与动画、游戏和动画中的数字特效、虚拟人物与Agent、在线游戏/移动游戏/视频游戏、动画/游戏中的故事写作与故事叙述、游戏中的情感交互、E－learning标准平台与工具、学习资源管理、体验型学习、教育与远程课堂、协同学习环境、移动学习与协同学习、教育中的虚拟现实技术、动画技术在教学中的应用、增强现实与混合现实在教学中的应用、教育游戏在教育教学中的应用等。

会议内容包括学术报告、专题研讨、最新成果和应用系统演示，并邀请国内外著名专家到会作特邀报告。

【第六届中国图象图形学学会青年科学家论坛】

2010年7月29日，第六届中国图象图形学学会青年科学家论坛在湖南省张家界市召开。论坛包括专题报告、座谈讨论。

中国大恒（集团）有限公司北京图像视觉技术分公司总经理何建国、西安交通大学副教授黄华、北京航空航天大学副教授史振威、北京师范大学珠海分校教授黄静、安徽大学副教授汤进、山东科技大学副教授范迪等青年专家分别作了专题报告。

座谈会上，中国图象图形学学会青年工作委员会的青年科学家们分别介绍了自己最新的研究成果，探讨了图象图形学科的发展方向，很多委员还回顾了自己的科研成长历程。

【第五届电子学习与游戏国际会议】

2010年8月16日，由中国图象图形学学会、浙江大学和中国图像图形学会虚拟现实专业委员会联合主办的第五届电子学习与游戏国际会议（Edutainment’2010）在吉林省长春市举行。

会议共收到来自27个国家和地区的222篇论文。论文主题包括：E-learning平台与工具、学习资源管理、体验型学习、自适应学习、E-learning标准、移动学习、教育与远程课堂、终身学习、协同学习环境、远程群体仿真、协同学习、教育中的虚拟现实技术、游戏设计与开发、游戏引擎开发与定制、游戏中的人工智能与人工生命、游戏中的物理学、游戏渲染与动画、虚拟人物与Agent、在线游戏/移动游戏/视频游戏、编故事和故事叙述、游戏中的情感交互、数字博物馆、数字化遗产、动画技术、增强现实与混合现实、游戏中的视频与图像技术、虚拟仿真实验室，以及其他有关动画、虚拟现实和多媒体方面的创新性研究或进展。

【第六届和谐人机环境联合学术会议】

9月24~26日，第六届和谐人机环境联合学术会议（HHME2010）在河南省洛阳市召开。联合学术会议包括第19届全国多媒体学术会议、第6届全国人机交互学术会议、第5届全国普适计算学术会议。160余位来自高校和科研院所的教师、研究人员和学生，以及来自企业的专家学者参加会议。

学术界和产业界相关领域研究者，共同探讨了以人为本计算模式的最新发展和和谐人机计算的新理论、新方法、新技术。会议论文集由清华大学出版社出版。和谐人机环境大会网站启用新的域名：http：//www. hhme. org。

【第七届智能CAD与数字娱乐学术会议】

10月14~15日，由中国图象图形学学会主办、北京大学软件与微电子学院承办的第七届智能CAD与数字娱乐学术会议（CIDE2010）在江苏省无锡市举行。

会议共收到来自40个高等院校、科研机构的59篇论文，最终录用论文49篇。论文内容以智能CAD、计算机图形图像处理、虚拟现实、计算机动画及游戏为主，并涉及计算机辅助几何设计、图形算法与技术、多媒体技术、信息融合、模式识别、人工智能和人机交互等领域。会议论文集《智能CAD与数字娱乐技术——全国第七届智能CAD与数字娱乐学术会议论文集》由吉林大学出版社出版。

【第七届中国国际机器视觉展览会暨机器视觉技术及工业应用研讨会】

10月27~29日，第七届中国国际机器视觉展览会暨机器视觉技术及工业应用研讨会（Vision China 2010）在北京举办。来自美国、德国、日本、新加坡、韩国、马来西亚、芬兰，以及中国大陆和香港特别行政区的近100个厂家参加展览，展览面积3500平方米。

展览会举办专题研讨会22场，专业参会代表500余人。来自国内外的7600余名专业代表参观展览。

【第十五届全国图象图形学学术会议】

12月10~11日，由中国图象图形学学会主办、广东工业大学承办、广东省图象图形学学会、广东省计算机学会协办的第十五届全国图象图形学学术会议（NCIG2010）在广东省广州市召开。250余位专家学者参加会议。

美国飞利浦北美研究院的闫平昆博士、中国香港浸会大学教授阮邦志和中国香港理工大学教授张大鹏应邀做大会报告。5个企业应邀做了技术交流报告。论文作者安排在4个会场的12个分会场进行了口头报告交流。

会议共收到论文172篇，录用107篇。会议论文集由清华大学出版社出版。

中国人工智能学会

2010年，中国人工智能学会召开全国会员代表大会，选举产生由184名理事组成的中国人工智能学会第六届理事会，李德毅院士当选为新一届理事长。

2010年，学会筹备成立了智能服务专业委员会、社会计算智能专业委员会、机器翻译专业委员会，学会分支机构总数增加到32个。

学会举办了2010中国人工智能学会第13届全国学术年会，2010国际高等智能集群会议，第九届中国Rough集与软计算、第三届中国Web智能、第三届中国粒计算联合会议，第七届国际计算机博弈学术会议，第十二届中国机器学习会议等23次境内学术会议，其中包括国际学术会议5次。参加境内学术会议国内外学者2352人次，交流论文1057篇。

2010年，学会及学会所属分支机构着力开展科普宣传活动。5月25日，学会与科学出版社联合在北京举办了学会组织编写的科普新书《创意的革命——今天你“可拓”了吗?》新闻发布会及科普报告会。新华社、《光明日报》、《科技日报》等15家媒体记者出席新闻发布会。

可拓学专业委员会通过网易、新浪、搜狐等30多个网站播放科普视频《智力的革命：开启智慧的可拓方法》，学会理事蔡文、学会秘书长李兴森介绍中国人创立的新学科——可拓学的过去、现在和未来。

2010年，学会申报设立的“吴文俊智能科学技术奖”获得国家科学技术奖励办公室的正式批准。拟每年评奖一次，颁奖奖金不超过15万元。

【全国会员代表大会】

8月21～23日，中国人工智能学会全国会员代表大会在北京召开，全国各地近400名代表参加大会。中国科协书记处书记冯长根出席大会开幕式。

会议选举产生了由184名理事组成的中国人工智能学会第六届理事会，由44名常务理事组成的第六届常务理事会，以及由李德毅院士为理事长，何新贵、赵沁平、谭铁牛、李祖枢、韩力群、黄河燕、焦李成、马少平等8人为副理事长，王万森为秘书长的新一届学会领导集体。

中国体视学学会

2010年，中国体视学学会组织各类学术交流活动4次，参加人数约260多人次，收集会议论文110余篇。开展继续教育活动4次，参加人数约160人次。

7月1日，由CT理论与应用分会主办的全国工业射线成像和CT应用技术研讨会在上海市举行。来自各大高校、科研院所的专家、学者近100人参加研讨会。分会副主任张朋作特邀报告。多位专家学者应邀作专题报告，报告内容涉及工业射线成像、CT理论算法及其在工业检测、医学、材料、地震、勘探、考古等多领域的应用内容。

8月15～18日，金相与显微分析分会在河北省保定市召开材料科学中的数学应用研讨会。76位专家学者参加会议。交流论文37篇，出版论文集。与会专家学者参观了河北立中集团铝合金轮毂生产线，并与河北立中集团就相关技术、人才培养和企业技术管理等方面进行交流。会后，河北立中集团和到会部分院校教师达成继续合作意向。

8月21～23日，仿真与虚拟现实分会在湖南省吉首市召开了虚拟技术与环境仿真学术年会。会议旨在促进建模仿真理论与方法、虚拟现实技术、环境仿真方法与技术、仿真应用技术学术成果的交流，促进仿真科学与技术在理论、方法及应用领域的创新。年会采取大会报告和分会交流的形式，有5位专家作了大会发言，68名专家学者参加会议。

10月25～29日，由生物医学分会、国际体视学学会、美国查尔斯德鲁医科大学等共同举办的第四届中美体视学与图像分析研讨会在美国加利福尼亚州洛杉矶市举行。国际知名体视学专家因加德教授、巴斯金教授等就体视学和图像分析基本原理、重要参数测量方法、体视学新方法进展等内容作了论文报告，并与参会代表进行了交流。共有来自美国、中国和丹麦等国家的20位专家学者参加研讨会。

10月19～23日，学会在重庆医科大学举办了体视学应用（生物医学）培训班。培训活动采取理论讲解与实际操作相结合方式，既有理论讲解和体视学操作实践也有先进的体视学设备操作演示。每一单元内容按照先理论讲解，后动手操作，授课专家现场进行体视学操作指导的方式进行。培训活动后，安排了讨论会，参加培训者结合自己的工作，提出体视学应用方面的具体问题，由授课专家轮流解答并共同研讨。

11月13日，由学会主办的第四届CT和三维成像科技新进展奖评审暨颁奖活动在北京举行。经过学术评议委员会两轮的评议，有12个项目进入了最后一轮评审。经过项目介绍、回答评委质询和评委打分评选，黄志峰、吕杨、张慧滔、龙泳、李亮、阎浩、王荣福、胡栋材等8人获得了第四届CT和三维成像科技新进展奖。

2010年，学会主办的《中国体视学与图像分析》杂志出版4期，刊登论文81篇，其中各类基金项目论文数超过60%。

2010年，中国体视学学会创办了《体视学电子通讯》，并于9月初向会员发送了第一期电子通讯，主要栏目包括：学会要闻、学术动态、学会工作。

【筹备国际体视学大会】

2011年召开年国际体视学大会是国际体视学界的盛会。根据大会筹备方案，2010年，学会先后启动了大会网站网址的申请和网站建设工作、大会论文征集工作和大会赞助工作。

为使2011年国际体视学大会在北京顺利召开，并获得国际体视学界更广泛的支持，2010年，学会邀请国际体视学会主席来华考察了2011年国际体视学大会的筹备情况，听取了国际体视学会对大会筹备工作建议。双方还就国际体视学大会的组织机构、交流形式、会议日程、会议保障、会议宣传、会议网站建设、参观活动、会议注册费用等具体问题进行了沟通和协商。

中国工程机械学会

2010年，中国工程机械学会于12月17～19日召开会员代表大会，选举产生第四届理事会、常务理事会及学会的负责人。

6月，学会举行了常务理事会。会议传达中国科协七届四中全会的精神，总结了2009年学会工作，讨论并通过第四届理事候选人名单、召开第四次代表大会及大会议程、学报三年工作总结、2009年财务状况报告、2010年博士论坛的主题、2011年国际会议的征文通知、各分会交流2009年活动情况和2010年工作计划。

2010 年，学会及各分会开展学术交流活动 14 次。

8 月，学会在辽宁省大连市举办了第二届博士论坛，60 位专家学者参加会议。评选出优秀论文 30 篇。港口机械分会在湖南省长沙市参与组织召开了第十二届大型起重运输设备安全技术研讨会，在江苏省连云港市召开理事会和 2010 年学术年会。会议围绕转变港口的发展方式、低碳经济与港口机械节能减排新技术新成果、港口机械安全制动新技术、现代港口管理与信息化等方面进行交流和研讨。维修分会在辽宁省大连市与中国国际科技工业企业管理协会联合主办了装备应急抢修、抢险救援学术交流与技术展示会，征集论文近 200 篇，近 300 位专家学者参加会议。测试技术分会在上海市召开 2010 年年会，交流工程机械测试技术领域的发展现状，展现该领域的全新发展方向，探讨学会在领域及行业所应发挥的作用。工程起重机分会和中国工业报社共同举办工程起重产业技术创新战略联盟专题研讨会，探讨如何将主机厂、零部件厂、高等院校及研究所组成战略联盟，共同为我国工程起重机厂产量、质量和技术的水平再上一个台阶而奋斗，探讨了联盟的组织框架、运行模式和利益分配等。工程起重机分会在上海市召开第十二届分会年会，主题为“轻量化与安全评估技术”。混凝土机械分会在上海市召开分会年会，会议总结了 2009 ~ 2010 年度分会工作，并请中联科技发展股份公司高级总裁张建国作《抓主机遇、迎接挑战、趋利避害、加速发展》的主题报告，邀请了中国企业家协会研究会主任胡迟作了《宏观经济走势、房地产行业调控与混凝土机械发展》的专题报告。与会专家学者就混凝土机械最新技术发展动态、差异化产品定位等内容进行了交流和研讨。液压技术分会在陕西省西安市召开第六次理事扩大会议。9 个研究报告在会上进行了学术交流。中国工程机械发展非常迅速，然而，高档次的液压元件还依赖国外，会议希望工程机械主机厂、液压件厂和相关高校要加速联合，提高本国液压件的性能和质量，以满足国内的需求。挖掘机械分会在江苏省昆山市召开主题为“工程机械再制造、电动挖掘机、混合动力挖掘机的技术研究”的学术研讨会。

中国农学会

2010 年，中国农学会在全国学会中率先启动了院士专家企业工作站建设试点工作，在上海市、广东省、浙江省建立了 3 家院士专家农业企业工作站。首次开展农业科技成果评价试点工作，制定了评价规范、方法和程序，建立了评价专家库，并对 3 项农业科技成果进行了试评价。

学会围绕农业农村经济发展热点问题，举办了全国低碳农业研讨会、全国一县一业与农民增收论坛、全国都市型现代农业发展研讨会、全国现代农业发展高级研修班等综合性学术交流活动，11000 余人参加了研讨交流，收到学术论文 6280 余篇。

组织所属分会分别召开了全国葡萄学术研讨会、耕作制度学术年会、农产品贮藏加工学术年会、中国农业产业化年会、中国农业园区论坛、计算机农业应用学术研讨会等 80 余次学术研讨会，6000 余名专家学者参加研讨交流。

实施学会创新示范推广项目，联合相关学会共同开展专题调研，完成了《立足学会特色强化服务意识为建设社会主义新农村提供人才支撑》等系列研究报告。开展 2010 年基础农学学科发展研究工作，组织近百名国内相关学科领域专家分设农业生物技术、植物营养学、农产品质量安全、农业资源区划等 9 个专题展开研究，提出了年度学科进展报告。

举办了英语、日语及农业技能培训班，择优派遣 20 余名优秀基层青年农业工作者赴美国和日本进行农业技能实践研修。

开展第九届全国农业技术推广研究员评审工作，制定评审工作方案，举办评审工作业务培训班，组织专家完成评审工作。组织农业部系统专业技术职务评审工作，259 名专业技术人员晋升专业技术职务。

提升学会主办的《中国农学通报》、《中国农村小康科技》、《中国棉花学报》等期刊质量。将《中国农学通报》由半月刊改为周刊，缩短出版周期，扩大信息容量。举办编辑加工标准与技术专题培训，制定稿件编辑加工规程，实行高水平专家审稿把关和严格的编审校对程序。

组织召开农民科学素质行动试点村现场经验交流会，选派 82 名试点村带头人到农业部农村实用人才培训基地参加免费培训学习。举办低碳农业与有机农业生产科普活动，发展低碳经济、开展低碳生产、倡导低碳生活科普活动和手牵手——农村青少年读书活动，向城乡居民普及农业科普知识。组织专家编制并发放《农村节能减排》、《农村沼气综合利用》、《秸秆综合利用》、《农业主导品种和主推技术》、《科技示范户手册》、《技术指导员手册》、《农村致富新技术》等系列科普图书，提高农民科学素质。

学会承担或参与了事业单位领导体制机制研究、竞争性选拔干部方式研究、农民家庭科技需求及其实现途径研究、《全国县域科技工作者状况调查》课题研究。组织开展了农业技术推广法立法后评估工作，形成了农业技术推广法立法后评估报告。组织中国农业专家咨询团专家对海南繁种业科技园区建设项目进行咨询和论证，撰写了《关于建设国家（海南）南繁种业科技园区的报告》和《国家南繁种业科技园区总体规划》。

学会积极开展继续教育培训，举办农产品质量安全监管能力建设高级研修班和基层农业技术推广人员知识更新工程师资建设高级研修班，来自全国各地的110余名农业专业技术人员参加了研修。举办了两期农产品质量安全检测机构考核评审员培训班，培训学员370名。召开农产品质量安全国际研讨会，来自美国、澳大利亚、英国、爱尔兰、韩国、日本和国内的160位专家学者参加研讨交流。

完成11项职业标准、8个鉴定试题库编制开发工作。为80个基层鉴定站配置900余万元仪器设备，规范职业技能鉴定管理，印发了《关于进一步规范农业行业职业资格证书核发有关问题的通知》，配合有关部门组织了农业职业院校技能大赛、橡胶割胶工技能大赛、农机修理技能大赛和沼气生产工技能大赛活动。

【院士专家农业企业服务工作站】

9月2日，中国农学会根据中国科协等部门的有关精神和工作部署，与中国科学技术咨询服务中心签署了院士专家农业企业服务中心（以下简称"服务中心"）共建协议。服务中心积极开展企业难题需求库、院士专家信息库和科技成果库建设，筛选建站重点项目，指导有关农业企业建站。

中国科协有关部门领导认为，将全国学会作为院士专家工作站共建主体是一项创新，有利于加强学会与企业的联系，促进人才流、技术流向企业汇集，形成产学研合作互动的良好局面。

中国农学会在多次深入农业企业调研的基础上，紧密结合主导产业和特色产业，率先在上海浦东国家农业科技园区（上海孙桥现代农业联合发展有限公司）、宁波慈溪国家农业科技园区（慈溪市蔬菜开发有限公司）和广东温氏食品集团有限公司等3家农口企业设立了院士专家农业企业工作站（以下简称"工作站"）。

9月9日，在云南省昆明市举行授牌仪式，9月28日、10月23日、11月11日分别在上述3家企业举行了揭牌仪式，标志着由中国农学会开展的"院士专家农业企业工作站"建设工作全面启动。中国农学会名誉会长、中国农业专家咨询团主任委员洪绂曾，副会长、原人事部常务副部长舒惠国，副会长、科技部原副部长韩德乾参与工作站授予和揭牌活动。

9月中下旬，在中国农业科学院和中国农业大学有关院士专家团队的大力支持下，根据院士专家团队和农业企业的合作愿望，与首批3家设站企业对接，通过柔性引智，把院士、专家等高端科技人才引入建站企业，积极为企业解决技术难题、培育创新人才，不断提升企业科技研发能力和院士专家团队科技成果转化与应用水平。

学会开展高层次创新型科技人才培养基地和一线工程创新人才训练基地建设工作，通过与院士专家团队合作项目、定向培养、专题讲座等多种形式，帮助企业培养人才。

中国农业大学有关院士专家多次深入广东温氏食品集团有限公司调研，从公司长远发展战略层面提出关于发展肉鸡深加工、延长产业链的建议。学会还经常组织农业产业化分会和科技园区分会会员围绕农业产业发展、科技园区建设、农业企业人才培养、技术成果转化应用、企业产业结构调整开展主题研讨与咨询交流活动，提出的相关建议和研究报告，得到农业企业的高度重视。

【全国科普日"低碳农业与有机农业生产"活动】

9月18～24日，中国农学会参加了2010年全国科普日北京主场活动。活动主题为"坚持科学发展，走进低碳生活"。结合学会近几年所承担的农业部和中国科协的工作，举办了"低碳农业与有机农业生产"科技成果展示与科普知识宣传活动。

自2004年起，学会承担了有机农业科普宣传与培训项目。几年来，学会依靠有关专家，在当地农业部门和科协系统的紧密配合下，在青海省、湖南省、内蒙古自治区等适宜发展有机农业生产的地区，向公众广泛宣传普及有机农业生产理念和科学知识，开展有机农业技术培训，推广有机鸡、有机茶、有机柑橘、有机稻等生产技术，指导有机农产品的生产，取得了较好的社会、经济和生态效益，深受广大农民，特别是少数民族农民群众的欢迎。学会组织专家所编创的《有机农业110》科普图书、《有机农业技术与实践》汉维双语图书、《有机农业》科普挂图等系列科普制品，荣获首届农民科学素质优秀科普作品称号，并被列入"农家书屋"推荐书目。

在科普日活动中，学会与有机农业开发企业、团体会员等单位合作，展览展示了有机粮食、有机蔬菜、有机瓜果等有机产品，向青少年学生和公众发放了有机农业生产的"科普明白纸"，引导广大市民正确认知和消费有机产品，参观和咨询人员络绎不绝，成为本次活动的一大亮点。

18日上午，中央政治局委员、国务委员刘延东同志冒雨参观了中国农学会展台，兴致勃勃地询问了有机农业生产科普知识，并鼓励学会开展好低碳农业技术推广和科普宣传工作。学会将充分发挥自身的专家优势和科普优势，围绕“三农”工作，进一步搞好技术推广和科学普及，争先创优，扎扎实实地为发展现代农业服务，为建设新农村服务，为提高亿万农民科学素质服务。

中国土壤学会

2010 年，学会开展学术交流活动 13 次，多个国家的近 2000 人次参加，报告人数 420 余人次，收录论文 750 余篇。专业（工作）委员会组织开展学术活动 11 次。5 月，正式开通学会英文网站（http：//www. csss. org. cn/en/）。

学会主办或合办《土壤通报》、《土壤学报》、《水土保持学报》、《PEDOSPHERE》和《干旱区研究》5 种期刊。全年各完成 6 期编辑印刷工作，刊出文章共计 1031 篇，发行总量达 28500 册。

沈阳农业大学张玉龙教授、中国科学院南京土壤研究所杨林章研究员和广东省生态环境与土壤研究所万洪富研究员获得 2010 年度“全国优秀科技工作者”荣誉称号。

5 月 4 ~5 日，第四届土壤微生物生态学研讨班在福建省厦门市召开，来自美国、比利时、荷兰及中国的 40 余位科学家参加研讨。

8 月 1 ~6 日，我国 100 余位土壤学及相关领域的科学家出席了在澳大利亚布里斯班举行的第十九届国际土壤学大会。18 位专家被安排作了口头报告，100 余位科学家研究成果进行了墙报展出。

8 月 23 ~26 日，2010 年中国土壤学会土壤化学专业委员会学术研讨会在宁夏回族自治区银川市召开，105 位从事土壤化学理论研究和实际应用的教授、专家学者等出席会议，35 位教授、副教授、博士生作学术报告。收集到学术论文摘要 47 篇，并汇编成论文摘要集。

8 月 26 ~28 日，中国盐碱土资源利用学术研讨会暨公益性行业（农业）科研专项经费项目——盐碱地农业高效利用配套技术模式研究与示范进展交流会在新疆维吾尔自治区乌鲁木齐市召开。60 余家单位 200 余位专家学者参加会议，会议报告 49 个，收到国内外 51 篇学术论文并编制了论文集。

10 月 14 ~16 日，中国林学会、中国土壤学会第十一届森林土壤专业委员会扩大会议暨森林土壤可持续发展及应对全球气候变化学术研讨会在浙江省临安市浙江农林大学举行，56 位专家学者参加会议。

10 月 19 ~21 日，第十一届全国土壤微生物学术讨论会暨第六次全国土壤生物与生物化学学术研讨会和第四届全国微生物肥料生产技术研讨会在湖南省长沙市召开。出席会议的正式代表 289 人。54 位知名专家、学者就大家关注的热点问题作了大会报告。会议收到论文 106 篇，汇编了《第十一届全国土壤微生物学术讨论会论文（摘要）集》。

10 月 20 ~22 日，中国土壤学会土壤环境专业委员会第十四次会议暨全球变化下的土壤环境科技与管理学术研讨会召开。80 余位专家学者参加会议。收到论文摘要 32 篇，会议安排 28 个口头报告。

10 月 23 日，第五次全国农业大学资源与环境学院院长联席会暨全国农业资源与环境学科教育研讨会在华中农业大学国际学术交流中心举行。

10 月 23 ~26 日，第十二届中国青年土壤科学工作者暨第七届中国青年植物营养与肥料科学工作者学术讨论会在华中农业大学举行。406 位专家学者参加会议，115 位土壤—植物营养青年科研人员和博士生代表分别交流了各自最新的研究工作进展。会议收到论文 170 篇。

11 月 4 ~7 日，中国土壤学会土壤遥感与信息专业委员会和土壤发生分类与土壤地理专业委员会 2010 年学术研讨会在福建师范大学召开。100 余名来自国内的专家学者及保加利亚地理所的学者出席会议。会议收到 60 多篇学术论文及报告。

11 月 19 ~23 日，2010 泥炭与腐植酸、土壤肥力与肥料学术研讨会暨中国煤炭学会泥炭与腐植酸专业委员会年会在广东省深圳市召开。来自相关专业的 50 余人参加会议，大会选取了 33 篇会议交流论文汇编成集。共有 16 位相关行业的专家作了大会演讲交流。

12 月 9 日，2011 ~2020 年我国土壤与植物营养学科的“十二五”发展战略和优先发展领域交流研讨会在中国农业大学召开。参加会议的近 30 位专家学者就土壤—植物营养学科的发展历史、内涵和发展趋势，以及与国际同学科的比较进行了交流讨论。

【《土壤学学科发展》专题研讨会】

11 月 11 ~12 日，学会主办、南京农业大学承办的《土壤学学科发展》专题研讨会在海南省海口市召开。会议得到了中国科协及中国科学院南京土壤研究所的大力支持。赵其国院士、学会理事长、理事、秘书长及来自全国各地的有关专家学者和研究生共 200 余人出席会议。17 名专家作了主题报告，共收录论文 46 篇，编印了论文摘要集。

围绕 2010 ~2011 土壤学学科发展，赵其国、沈仁芳、张维理、赵成义、赵永志、张佳宝、徐建明、骆永明、胡锋、黄标、贺秀斌、袁力行、石元亮、杨劲松、赵小敏以及德国专家 Kuchenbuch 和 Kolbe 共 17 名专家分别作了《土壤科学发展的战略思考》、《虚拟肥料研究中心（VPRC）

简介及思考》、《互动施肥技术原理研究与应用》、《新疆绿洲灌区土壤盐分问题与对策》、《建世界城市发展低碳农业势在必行》、《土壤物理学学科的发展与展望》、《我国土壤化学学科的发展》、《中国土壤环境科技与管理的需求和展望》、《土壤生态学科发展态势与发展战略分析》、《土壤矿物学研究进展与展望》、《土壤微形态学现状与展望》、《土壤与植物营养学科发展与展望》、《土壤肥力变化与肥料学科发展概况》、《盐渍土研究现状与展望》、《土壤遥感与信息技术发展与展望》、P Index as a management tool to evaluate the risk of diffuse P losses from agricultural fields"、"Introduction of soil organic matter balance methods for use in common soil fertility management systems in Germany 的大会学术报告，与会专家学者进行了交流和研讨。大会较为全面地总结了土壤学学科各领域的研究成果和研究进展。

【第八届海峡两岸土壤肥料学术交流会】

12 月 5 ~ 12 日，由台湾中华土壤肥料学会和中国土壤学会共同举办的第八届海峡两岸土壤肥料学术交流会在台湾台北市举行，200 多名来自海峡两岸的土壤肥料界专家学者、生产技术人员及研究生出席。在中国土壤学会沈仁芳常务副理事长带队下，内地近 20 个省相关专业的科研院所和高等院校的专家学者 28 人组成中国土壤学会代表团出席会议。期间，拜访了台湾中华土壤肥料学会、台湾大学和中兴大学等相关单位。

开幕式上，沈仁芳团长作了《水稻耐铝能力与铵硝偏好的偶联》专题报告。

研讨会设土壤基础研究、土壤肥料与施肥技术、土壤生态与微生物利用、土壤环境与污染整治、土壤改良与土壤物理以及土壤资讯与管理应用等 6 个主题，共安排了 41 个口头报告，53 份墙报展示，基本涵盖了目前土壤学研究的各热点领域。其中中国土壤学会代表团作口头报告 23 个，提交学术论文 26 篇。

中国林学会

2010 年，中国林学会荣获了科技部、中宣部、中国科协授予的"全国科普工作先进集体"称号。决策咨询工作得到中国科协的充分肯定，在中国科协人才与调宣工作会议上作了典型经验介绍。在第十二届中国科协年会上承办的林业分会场和论坛被评为优秀分会场。主办的期刊《林业科学》再次荣获"百种中国杰出学术期刊"称号。

2010 年，中国林学会及各分会共举办学术交流活动 40 余次，参会学者 7000 人次，交流论文 2000 余篇。成功举办了第九届中国林业青年学术年会、第三届全国森林保护学术大会、中国科协年会分会场——全球气候变化与碳汇林业学术研讨会等重点学术交流活动。与福建省林业厅共同举办了"森林福建"论坛，对"森林福建"建设提出了建议和意见，福建省委省政府依据专家建议和意见，下发了《关于加快造林绿化、推进森林福建建设的通知》。

2010 年中国林学会正式成为世界自然保护联盟团体会员。召开了首届森林科学论坛——森林应对自然灾害国际学术研讨会、生物质资源化学利用国际学术研讨会。加强与国外林业非政府组织的交流，吸收国际林业非政府组织的先进管理经验，学会组团赴韩国参加了国际林联第 23 届世界大会。组团赴澳大利亚、新西兰考察访问，参加外单位组团赴美国、英国、德国等考察交流。有关分会举办了中德矿区植被恢复与生态治理、挑战性地区的城市林业、统计遗传与计算生物学等国际研讨会。

全年共举办科普讲座 70 余次，受众人数 14890 人次。举办科普展览 15 次，受众人数 45000 余人次。组织科技下乡 60 余次。联合北京园林学会等 6 家单位在北京地坛公园开展了以"播洒一片绿色让世界更美，爱护千万树木让你我同行"为主题的植树节宣传活动。联合中国地震学会、国家林业局等 13 家单位开展了"防灾减灾日"科普宣教活动。举办了"倡导低碳生活，共建绿色家园"科普展览活动，向公众普及森林应对气候变化、森林碳汇、森林火灾、森林病虫害、沙尘暴等科普知识，引导公众养成绿色低碳、健康文明的生活方式。举办了第 26 届林学夏令营，使在校学生增强了生态意识。深入辽宁、江西、浙江、陕西等地开展科普服务林改调研，增加浙江、陕西两省部分县市为林改试点县，制定完善了科普服务林改试点实施方案。组织开展了科普资源共享建设，制定了《林业科普资源共建共享项目实施方案（2011 - 2015)》，围绕经济林、林下种养业等林业实用技术组织开展林业科普资源共建共享，与 7 个省级林学会签订了合作协议。举办了油茶高新品种选育与规模化扩繁技术、核桃高效栽培技术、人工林可持续经营技术培训班，300 多人参加培训。

学会下发了《中国林学会关于贯彻落实〈中国科协关于加强决策咨询工作推进国家科技思想库建设的若干意见〉的通知》，对学会系统加强决策咨询工作提出了具体要求。组织开展长防工程专家考察活动，完成了《长江流域防护林体系建设工程专家考察报告》，总结了工程建设的成效，指出了存在问题，提出了今后加强长防林工程建设的思路、对策和建议；组织起草了《关于加强长江流域防护林体系三期工程建设的建议》，并以专家名义通过中国科协上报国务院领导。开展木本粮油产业发展调研，组织专家对油茶、油桐、核桃、栗、枣等木本粮油资源分布和总体产量、产业化现状、开发利用潜力等方面进行调研，组织有关专家撰写《木本粮油产业化发展战略研究报告》。开展木材安全问题研究，完成了《中国木材安全问题研究报告》和《关于山东、河南、江苏三省保障木材安全的专题调研报告》初稿。开展湿地资源保护与湿地生态建设对策研究，完成了《我国湿地资源保护与湿地生态建设对策研究报告》、《盐城湿地资源保护与湿地生态建设对策分析报告》、《洞庭湖湿地资源保护与湿地生态建设对策分析报告》、《三江源湿地资源保护与湿地生态建设对策分析报告》和《三江平原湿地资源保护与湿地生态建设对策分析报告》。与相关学会共同组织编写《2009年生物灾害状况和2010年预防与控制生物灾害报告》，具体组织了《林业生物有害防控分报告》，温家宝总理作了重要批示。国家林业局贾治邦局长批示要求主管司局研究提出意见，认真贯彻落实总理批示精神。生物质材料科学分会提出了《关于加大生物质材料产业发展力度的建议》，分别上报全国政协、北京市有关部门。有关信息在《北京统战信息》上刊发，得到了中共中央政治局委员、北京市委书记刘淇的批示。经济林分会组织专家提出了《关于加快我国战略性绿色新兴产业"杜仲天然橡胶产业"发展的建议》，由全国人大代表作为建议递交全国两会，受到国家有关部门的高度重视。

与国际林联、国际杨树委员会、江苏省泗阳县政府共同主办了第三届中国杨树节，期间举办了国际杨树产业博览会、杨树人工林可持续经营国际研讨会、中国人造板发展论坛、杨树文化展示、经贸合作洽谈等活动。成功举办了桉树论坛暨新产品展示会、第六届中国竹业学术大会和2010中国赤水首届竹文化节暨中国竹产业高端论坛。承办了由国家林业局主办的林源中药开发与利用研讨会。森林昆虫分会举办了第三届全国林用药剂药械开发应用经验交流会及产品展示会，林业机械分会"林业技术装备发展战略研究"科技论坛、新形势下林业机械发展论坛等。

学会组织开展了"全国优秀科技工作者"候选人评选推荐工作，曹福亮、宋湛谦、杨传平、张启翔、费本华等5名同志荣获"全国优秀科技工作者"称号，其中曹福亮教授为"十佳全国优秀科技工作者"提名奖获得者。组织开展了第三届梁希青年论文奖评选活动。评选共收申报论文221篇，比第二届增加了88篇。最终产生获奖论文112篇，其中一等奖11篇、二等奖31篇、三等奖70篇。森林昆虫分会组织开展了"萧刚柔森林昆虫奖"评选，林业机械分会开展了优秀论文奖的评选，造林分会成立了"沈国舫森林培育奖励基金"。

2010年学会主办期刊《林业科学》再度被列为2010年中国科协精品科技期刊B类示范项目，并作为40家精品科技期刊代表之一参加了第62届法兰克福国际图书展。2010年11月，在中国科技期刊综合评价总分排名中，《林业科学》在国内近5000种科技期刊中的1946种核心科技期刊中位居第7位，较2009年提高了2位，再次被评为"百种中国杰出学术期刊"。采用在线采编系统、聘请国际编委、加大国际赠阅力度，推进学术期刊国际化与现代化进程。竹子分会主办的《竹子研究汇刊》被评为全国优秀核心期刊，林业期刊分会完成了《林业科技期刊编排规范》标准制定工作。

学会继续健全会员档案，坚持实施《中国林学会员优惠优先实施办法》。加强对分支机构换届改选的指导，2010年共有森林经理、树木生理生化、木材科学、引种驯化、森林土壤、森林公园分会等6个分支机构进行了改选换届。完善了学会网站。在国家林业局子网站中，学会网站点击率一直位于前5位。加强了信息报送和对外宣传工作，2010年共向中国科协、国家林业局报送信息100余条。

【第九届中国林业青年学术年会】

7月30~31日，第九届中国林业青年学术年会在四川省成都市召开，主题为"推动科技创新，造就杰出人才"。由中国林学会主办，中国林业科学研究院、国际竹藤网络中心、北京林业大学、东北林业大学、南京林业大学、中南林业科技大学、西南林业大学、西北农林科技大学、浙江农林大学协办，中国林学会青年工作委员会和四川省林学会承办。

全国政协人口资源环境委员会副主任、中国林学会理事长江泽慧在开幕式上致辞，国家林业局副局长张永利，四川省委常委、副省长钟勉等领导、专家出席会议开幕式。开幕式由中国林学会副理事长兼秘书长赵良平主持。来自政府部门、科研机构、大专院校、林业基层单位600余名专家学者参加了年会。

江泽慧致开幕词，钟勉、张永利做重要讲话。中国林科院首席科学家彭镇华研究员，江苏省首席科学家、南京林业大学校长曹福亮教授，中国林科院副院长刘世荣研究员，北京林业大学林学院院长骆有庆教授，东北林业大学王清文教授，四川省林业厅副厅长郭亨孝研究员分别作了题为《中国城市森林建设的理论与实践》、《林业科学和森林生态系统经营决策系统的关系》、《森林生态系统管理与土壤可持续固碳能力》、《森林生物灾害的生态调控理论与实践》、《生物质资源高效利用模式探索》、《建立和完善生态补偿机制的思考》的特邀报告。大会还邀请了河北塞罕坝林场场长刘春延同志为青年科技工作者作了题为《塞罕坝精神的内涵和时代要求》的特邀报告，进一步增强林业青年科技工作者的责任感和使命感。

年会共设8个专题分会场，分别围绕困难立地的品种选育与栽培技术，高效森林培育技术与对策，现代森林经营管理与高新技术应用，生态保护与生物多样性，林业工程与资源化利用技术，林下经济发展与林源生物资源开发，林权改革与制度创新，野生动植物、湿地与自然保护区等组织学术报告，开展专题研讨并提出对策建议。本届年会共提交学术论文345篇，各分会场共有188人作了专题学术报告。

年会开幕式上颁发了第三届梁希青年论文奖和第三届梁希青年论文奖优秀组织单位奖。会议期间还召开了中国林学会青年工作委员会一届三次全委会。

大会结束后，中国林学会根据各分会场在提交论文、会议报告、人员组织、会务工作等方面完成任务的实际情况进行了打分与现场评定。颁发年会优秀组织奖，并对获奖单位进行了表彰。

【首届森林科学论坛——森林应对自然灾害国际学术研讨会】

4月13日，首届森林科学论坛——森林应对自然灾害国际学术研讨会在北京召开。全国政协人口资源环境委员会副主任、国际竹藤组织董事会联合主席、中国林学会理事长、国际木材科学院院士江泽慧出席大会并致开幕辞，国家林业局副局长祝列克、中国科协书记处书记程东红出席大会并讲话。

首届森林科学论坛——森林应对自然灾害是中国林学会确定的“森林科学论坛”第一次国际学术会议，由中国林学会、国际林联、世界自然保护联盟共同发起，由中国林学会、中国生态学会、中国水土保持学会、中国气象学会共同主办。论坛以“尊重把握自然规律，防御减轻灾害损失”为主题，以“认识自然，把握规律，共同提高应对自然灾害能力”为主要任务。

中国科学院院士、著名生态学家蒋有绪，中国工程院院士、著名气象学家丁一汇作了特邀报告。来自美国、加拿大、芬兰、日本、印度、尼泊尔、巴基斯坦、孟加拉国等13个国家的专家，野生救援、森林趋势、世界自然保护联盟、世界自然基金会等国际组织官员，以及中国从事气象、水利和林业的学者近200人出席了论坛。

会议指出，森林在减轻各种自然灾害中有着特殊的作用，森林资源的多少、质量的优劣，已经不仅是一个国家、一个地区的经济问题，而是全球的生态问题和人类的生存问题。搭建森林科学论坛这一国际学术交流平台，旨在长期聚集世界各国同行专家，共同探索林业发展的新途径，为建设生态美好、社会和谐的地球家园作出更大的贡献。

【生物质资源化学利用国际学术研讨会】

10月22～26日，由中国林学会主办、中国林业科学研究院林产化学工业研究所和南京林业大学承办的生物质资源化学利用国际学术研讨会在江苏省南京市召开。来自日本九州大学、日本神户大学、日本明治大学、法国普罗旺斯大学、希腊雅典大学、美国南方林业工作站、美国北卡州立大学，美国加州大学、瑞典皇家工学院、韩国能源研究所、华盛顿州立大学、芬兰赫尔辛基大学、新西兰坎特伯雷大学等多家国外院校和研究机构，以及有来自中科院能源研究所、东南大学、北京林业大学、东北林业大学、广西大学等国内院校近180位学者参加研讨会。

中国工程院王涛院士、宋湛谦院士以及来自韩国能源研究所的Jin－Suk Lee教授分别作了中国森林生物质能源资源研究现状、林产化工与生物产业、韩国生物质能源研究现状的主题报告。

大会分生物质能源、生物材料与化学品及树木提取物与分泌物3个议题。共收到论文摘要138篇，论文127篇，其中生物质能源方面论文37篇，主要包括生物质乙醇生产技术、生物质原料处理方法、生物质柴油生产技术、生物质气化发电、固体成型燃料、生物质制备生物油等领域，生物质材料与化学品方面论文63篇，主要包括活性炭及新型碳材料、生物可降解聚合物和塑料、木质纤维材料、木质素利用、生物质资源高附加值化学品等，树木提取物与分泌物方面论文27篇，主要包括松香及松节油、萜类化合物、现代提取方法与技术、天然精油及色素、植物多酚等。

【2010中国赤水首届竹文化节暨中国竹产业发展论坛】

11月10～11日，2010中国赤水首届竹文化节暨中国竹产业发展论坛在贵州省赤水市举行。大会由中国林学会竹子分会和赤水市政府联合举办。来自全国16个省市的林业部门领导、竹类专家、学者、管理工作者、企业家、30个中国竹子之乡的领导、第三届全国竹种园联谊会成员等200余人参加了会议。

中国林科院亚林所首席科学家萧江华、国家林业局竹子研究开发中心主任王树东、浙江大学教授张英等9位专家针对竹产业宏观发展、微观产品开发，现代竹林培育、竹文化产品的培育，以及中国东西部竹产业发展比较等方面对我国竹产业发展中存在的问题和挑战提出了新的见解和思考。

赤水首届竹文化节暨竹产业发展论坛通过推介竹乡文化旅游资源、竹业经济发展、竹制工艺精品、科技成果荟萃和举办经贸合作恳谈、专题讲座、信息发布等多种形式，搭建了赤水与世界交流的平台。

【全球气候变化与碳汇林业学术研讨会】

11月2日，由中国林学会、福建省林业厅承办的第十二届中国科协年会第5分会场全球气候变化与碳汇林业学术研讨会在福建省福州市召开。中国林学会理事长、国际木材科学院院士江泽慧教授，中科院院士、北京大学教授、中科院植物所所长方精云院士，福建省林业厅厅长陈家东等出席会议开幕式。开幕式由中国林学会副秘书长尹发权主持。来自国内高校、科研院所和相关部门的近200位专家学者出席了会议，共收到学术论文70多篇。

分会场主席江泽慧理事长致开幕词。方精云院士做了题为《中国陆地碳汇的过去与未来》的学术报告。中国气象科学研究院副院长周广胜研究员作了《中国森林生态系统碳收支及其对气候变化的响应》的报告。大自然保护协会气候变化研究科学家张小全研究员作了《土地利用、土地利用变化和林业碳源汇》的报告。国家林业局亚太网络中心副主任王春峰高工作了《气候变化林业议题谈判及趋势》的报告。福建师范大学地理科学学院院长杨玉盛教授作了《森林碳汇经营》的报告。闽江学院教授潘辉博士作了《县域尺度森林碳汇价值评估——以厦门同安为例》的报告。来自中科院、中国林科院、东北林业大学及其他林业院所的10位专家学者做了专题报告，分别从林业碳汇认证、林业碳汇交易、森林碳汇价值评估、森林碳贮量和群落呼吸量测定、区域森林碳汇及潜力、森林可持续经营等方面介绍了最新研究成果。

【“森林福建”论坛】

10月31日，由中国林学会、福建省林业厅举办的“森林福建”论坛在福州市举行。福建省林业厅厅长陈家东主持论坛。福建省政府省长助理郑松岩出席论坛并致辞。

全国政协人口资源环境委员会副主任、中国林学会理事长、国际木材科学院院士江泽慧作《践行绿色发展理念，推进森林福建建设》专题报告，对未来“森林福建”建设提出了六项建议：第一，实现林业战略重点转移，构建完善的森林生态网络体系。第二，大力推进森林经营，提升森林质量。第三，切实加强森林保护，巩固造林绿化成果。第四，加快绿色产业发展，强化林业科技创新。第五，大力弘扬生态文化，提升“森林福建”文化品质。第六，将“森林福建”建设纳入“十二五”计划，提供强有力的条件保障。

中国工程院院士李文华、中国科学院院士蒋有绪、中国林业科学院首席科学家彭镇华分别做了题为“建设森林福建，发挥生态系统服务功能”、“福建天然商品林可持续经营”、“福建城乡人居林建设”的专题报告。专家们从不同角度对福建林业建设和生态环境保护提出了一系列的构想和建议，对福建林业发展建言献策。

【第三届中国森林保护学术大会】

9月27~29日，第三届中国森林保护学术大会在上海市召开。会议由中国林学会主办，南京林业大学、中国林学会森林病理分会、中国林学会森林昆虫分会、上海市林学会承办。会议的主题是：促进低碳经济，维护森林健康，实现森林有害生物的可持续控制，来自全国各地的270余名专家、学者参加了会议。

开幕式上，中国林学会副理事长兼秘书长赵良平致开幕词。上海市林业局蔡友铭副局长介绍了上海市林业建设取得的重大成就及未来发展思路。薛建辉副校长代表南京林业大学介绍了近年来南林大在科研方面所取得的成就和重要科技进展。国家林业局科技司副司长李兴从科技、生产和全局层面全面分析了森林保护工作的重要性以及森保工作面临的机遇与挑战。会议还邀请 中国农科院植保所万方浩研究员、中国科学院上海植生所杜家纬研究员、南京农业大学周明国教授分别作了题为《中国外来生物入侵研究的新进展》、《我的科研生涯》、《国内外杀菌剂研究进展》的特邀报告。邀请南京林业大学叶建仁教授、浙江农林大学张立钦教授、西北农林科技大学曹支敏教授等7位学科带头人分别作了主题报告，另外还有22位专家作了专题报告，20名青年学者在青年学术沙龙作了交流报告。

与会学者重点围绕危险性林业有害生物的监测预警，森林有害生物流行成灾机制和可持续控制，高新技术在森林病虫防控中的应用以及城市森林有害生物的防控与管理等4个专题展开了深入交流。经大会学术委员会评选，产生了12篇优秀报告。会议决定第四届中国森林保护学术大会于2012年在黑龙江省哈尔滨市举行。

【林源中药培育与开发利用研讨会】

11月25~26日，中国林学会承办了由国家林业局科技司、国家质检总局科技司主办的林源中药培育与开发利用研讨会专题活动。国家林业局副局长张永利出席会议，国家林业局科技司副司长杜纪山在会上作了主题报告，中国工程院院士、东北林业大学马建章教授等7位来自林源中药各研究领域的知名专家就林源中药的培育和开发等内容作了专题报告。来自全国20多个省市的200多名学者出席了会议。此次研讨会通过专家报告、大会交流、分组研讨和林源中药产品的展示等多种形式的活动，宣传了森林所蕴涵的丰富药用资源，展现了林业科技在林源特色药用植物良种繁育、活性物提取、加工利用等方面的成果，全方位体现林业在发展中医药领域中的作用。

【森林经营与森林质量问题专家座谈会】

7月20日，中国林学会在北京召开了森林经营与森林质量问题专家座谈会，特邀中国科学院院士唐守正，中国林科院研究员盛炜彤、侯元兆、黄鹤羽、惠刚盈、张会儒、陆元昌，北京林业大学教授亢新刚等专家参加会议。座谈会上各位专家就我国森林经营现状、现有森林质量、森林经营需要解决的问题进行了交流和探讨，建议将森林经营如何布局、森林经营方案的编制、森林经营试点的建设以及森林经营人才队伍建设等内容作为2011年专题调研的重点。

【第三届中国杨树节暨中国杨树产业博览会】

5月29～30日，第三届中国杨树节在江苏省泗阳县举办，主题是“杨树造福人类”。本届杨树节由中国林学会、国际林联、国际杨树委员会、江苏省泗阳县人民政府共同主办。

全国政协副主席孙家正和国家林业局局长贾治邦发来贺电。国家林业局总工程师姚昌恬出席开幕式。江苏省人大常委会副主任丁解民、江苏省政协副主席包国新、中国工程院院士张齐生、中国工程院院士宋湛谦、中国工程院院士马建章等250多名专家学者，国际林联主席李敦求、国际杨树委员会主席斯蒂芬·比索菲、联合国粮食与农业组织官员吉姆·卡尔等30多位国外学者以及200多名企业家出席了本次活动。中国林学会副理事长兼秘书长赵良平致开幕辞。

节会期间举办了国际杨树产业博览会、杨树人工林可持续经营国际研讨会、中国人造板发展论坛、杨树文化展示、经贸合作洽谈、“魅力泗阳”大型文艺晚会等形式多样的活动。第三届中国杨树节的举办，成功搭建了一个杨树产业综合性的交流平台，促进了杨树科技创新，全面展示了杨树产业发展新成果，加强了杨树文化的传播与交流，为推进杨树产业健康发展发挥了积极作用。

中国水产学会

2010年，学会着重加强科普教育基地建设工作，通过命名、认定科普教育基地2家，重新认定2家。

2010年，学会在青岛市成立了中国水产学会第一个会员之家，新成立学生会员工作站2个。

2010年，学会着重加强科普教育基地建设工作。在中国科协命名的第三批全国科普教育基地中，学会推荐3家，通过命名、认定的有2家，一家是中国水产科学研究院东海水产研究所的鱼类标本馆，另一家是上海市育民中学的蓝鸿铭海洋鱼类标本馆。另有2家获得了重新认定。

3月、4月，学会相继完成了对4个全国科普教育基地授牌仪式。以此为契机，上海市育民中学举办了以“海洋文化、人文育民”为主题的“蓝鸿铭海洋鱼类标本馆”全国科普教育基地揭牌仪式，正值世博会之前，受到了上海社会各界的广泛关注。北京市水生野生动物救治中心结合该中心接收中华鲟等国家级保护动物的活动，举行了授牌仪式。

学会连续三年举办水产科技周活动，推广最新科技成果，普及最新科学知识，通过科技讲座、现场指导等交流活动，帮助和指导渔民解决水产养殖中遇到的技术问题，为提高渔民科学素质、加快科技成果在产业中的推广应用、支撑现代渔业发展起到了积极作用，形成学会特色活动之一。

2010年，学会共发展会员1332名，发展会员数量与往年有所增加。为会员进行了建档登记工作，采用中国科协统一编码，为会员发放了会员证。通过对学会会员的重新登记和调查，对每位会员立档建卡，更新和完善会员的基础信息，改变了会员有数无名的状态。学会西南大学学生会员工作站会员数超过千名，网站点击量突破35万。

学会着重抓好会员服务的基础工作，完善个人会员和单位会员的基本信息，了解会员的分布和结构情况，有的放矢地做好服务工作。根据会员的分布情况，11月底，在会员人数多、单位会员集中、条件较好的青岛市成立了中国水产学会第一个会员之家，使会员服务工作更贴近需求、更有针对性，也更方便会员开展交流与合作。

此外，为进一步发展学生会员并做好服务工作，2010年学会新成立了两个学生会员工作站，分别挂靠在大连海洋大学和黑龙江生物科技职业学院。

学会搭建学术交流平台，促进人才成长。8月27～29日，第十一届全国水产青年学术年会在浙江省湖州市召开，主题是“责任、创新、科技引领未来”，以相互交流、共同提高、增进友谊为宗旨，共同探讨我国水产学领域的发展趋势，致力于推动我国渔业的全面发展，将最新的研究进展、学术信息和科研创新呈现给来自全国各地的参会者。

9月中旬，学会与上海海洋大学、全国水产技术推广总站共同主办了首届全国渔药学术研讨会，400余位渔药行业的代表参加会议。10月20～22日，2010年中国水产学会学术年会在陕西省西安市召开，主题是“低碳·责任·科技推动产业转型升级”，500余位水产科技专家学者参加会议，交流论文200余篇。

11月1～3日，学会承办了第十二届中国科协年会第21分会场——生物技术与水产健康养殖研讨会。

学会提出省级信息采集体系建设工作方案，并按照省部共建、信息共享的原则争取农业部和各省（自治区、直辖市）渔业主管部门的支持，列入2012年的信息体系开发计划。在2009年工作的基础上，2010年对信息采集系统进行完善，维护信息采集系统数据，修正错误数据；对价格指数进行可比性修正，完成《水产品批发市场信息采集系统需求分析》报告。学会建立了市场分析专家队伍，形成了专家定期会商机制。

在推荐全国优秀科技工作者的工作中，经过投票、公示、上报等一系列环节，学会推荐的3名科技工作者均获此殊荣，并召开先进事迹学习报告会，鼓励广大科技工作者积极学习他们几十年如一日的奉献精神。

积极开展水产养殖规范用药科普下乡活动，配合中国科协年会的科普展览工作，参加人数101000人次；举办科普讲座、科技培训702次，累积59000人次参加；编写并出版科普读物461000册、挂图2套，受众规模401000人次。

渔业统计工作是农业部渔业局委托学会的重要工作之一。2010年，学会分别在海南省海口市、广西桂林市、四川省成都市和陕西省西安市举办了4期全国渔业统计培训班。

加强对WTO渔业补贴研究，积极参与谈判，进一步维护了中国在渔业补贴领域的权益，2010年1月、5月和10月，学会三次派专家参与前方谈判。在主会议外，谈判期间还安排多次双边和多边谈判，特别是与印度、巴西和墨西哥等发展中成员双边谈判富有成果，并促成中国与巴西、印度以及墨西哥联合提案一份，有力地维护了中国渔业补贴的核心利益。积极参与中日韩自贸区研究工作，2010年学会派专家赴韩国参加了中日韩自贸区联合研究首轮会议，此次会议确定了联合研究的内容将包括货物、服务贸易、投资、经济合作及规则制度有关议题等内容。

作为农业部渔业局对外贸易跟踪研究专家组的日常工作联系单位，学会组织渔业国际贸易跟踪研究专家组的专家针对当前渔业国际贸易特点和热点问题，讨论2010年度渔业国际贸易研究计划和重点研究内容，设立《我国水产品来进料加工业面临的困境及对策研究》、《水产品出口贸易对渔业产业的带动作用》、《中国水产品出口贸易良性发展的战略研究》、《自贸区建设对中国水产品贸易的影响》等7个课题，组织有关专家研究，供行业主管部门决策参考。

为把握市场运行和贸易情况，及时反映欧盟、美国、日本等全球主要水产品市场及中国水产品市场与贸易的情况，为政府和企业提供及时准确的预测预报信息产品，学会每月出版一期水产品市场与贸易监测报告，分发给农业部相关司局和各省（自治区、直辖市）渔业行政主管部门，以及渔业国际贸易跟踪研究专家组成员。

【2010水产科技周】

5月15～21日，学会联合中国水产科学研究院黄海水产研究所、青岛市海洋与渔业局和集美大学等单位分别在南方和北方两地开展水产科技周活动。

北方的活动以黄渤海区域为中心，以科研项目辐射带为着力区，专家们奔赴山东省、天津市、辽宁省等地，就水产健康养殖和疾病防控举办5次讲座，培训基层技术人员400余人，发放技术资料400余册，积极实施科技入户。

南方的活动是以厦门为中心，活动由学会集美大学学生会员工作站承办。系列活动紧密联系专业，让学生在参与活动的过程中感受渔业文化的魅力和内涵，从而激发学生的专业兴趣，促进良好学习氛围的形成。

中国园艺学会

2010年，学会作为国家会员参加国际园艺学会组织问题取得突破性进展，国际园艺学会理事长来函修改了章程，邀请中国派3位代表作为国际园艺学会委员参加在葡萄牙里斯本召开的国际园艺大会。中国园艺学会孙日飞、韩振海、张启翔出席会议。

学会加强学术交流。5月19～22日，第13次全国无籽西瓜科研与生产协作会在湖北省襄樊市召开，会议由中国园艺学会西瓜甜瓜专业委员会、国家西瓜甜瓜产业技术体系等共同承办。来自20个省市76个单位的150名专家学者参加会议。会议收到论文42篇，经筛选整理编辑，部分论文在《长江蔬菜》2010年学术版第8期正式发表。

5月21日，新时期设施农业高新技术发展对策专题报告会在天津市举行，报告会由中国园艺学会和天津园艺学会共同举办。天津市从事园艺科研、生产和管理的146名科技人员参加报告会。会议邀请中国农科院蔬菜花卉研究所研究员、中国园艺学会设施分会理事长张志斌作了《现代设施蔬菜低碳生产技术的发展》的学术报告。

7月20～23日，观赏园艺专业委员会2010年学术年暨观赏园艺与西部发展学术研讨会在青海省西宁市举行，来自全国74个单位的258位专家学者参加会议。6位专家做学术报告，29位研究人员做了大会发言，内容涵盖花卉遗传育种、种质资源、花卉生物技术、花卉生理、采后处理与保鲜、花卉产业化开发等方面。

8月15～18日，第四届全国果树种质资源研究与开发利用学术研讨会在黑龙江省牡丹江市召开，会议由中国园艺学会果树专业委员会主办，黑龙江省农科院牡丹江分院承办。117位来自全国18个省市的教学、科研、行政业务部门的专家学者参加会议。会议共收到论文42篇，19位学者在会上作学术交流报告和发言。

4月26日～5月3日，中国园艺学会西瓜甜瓜专业委员会组织了以中国工程院院士吴明珠为团长的中国大陆西瓜甜瓜专家团31人赴台湾参加了海峡两岸西瓜甜瓜学术交流活动。在西瓜甜瓜学术交流会议上，吴明珠院士致辞，并做了有关特色甜瓜育种与推广的专题报告。

【中国园艺学会2010年学术年会】

9月26～29日，中国园艺学会2010年学术年会在辽宁省沈阳市召开，主题是“促进园艺标准园建设，提高园艺产品质量”。来自全国29个省、直辖市、自治区的教学、科研、管理部门334位专家学者参加会议。

年会特邀农业部科教司产业技术处处长张国良、中国农科院蔬菜花卉所所长杜永臣、中国农科院蔬菜花卉所副所长孙日飞、沈阳农业大学副校长李天来分别就国家现代农业产业技术体系、园艺作物基因学研究进展、第28届世界园艺大会概况和辽宁省园艺产业发展现状及相关研究进展作了大会报告。

会议设蔬菜、果树、观赏园艺和西甜瓜等3个分会场进行学术交流，共有73名专家学者在分组会上进行了论文交流。

【中国西部（重庆）蔬菜产业发展高端论坛】

6月21～24日，中国园艺学会和农业部国家大宗蔬菜产业技术体系共同主办的中国西部（重庆）蔬菜产业发展高端论坛在重庆市举行。来自国家大宗蔬菜技术体系岗位专家和有关综合试验站站长，西部地区蔬菜生产业负责人、蔬菜加工运销和种植企业的共计300余人参加会议。

国家蔬菜产业技术体系首席专家、中国农业科学院蔬菜研究所所长、中国园艺学会副理事长兼秘书长杜永臣出席论坛并致词，重庆市政府副秘书长丁先军对重庆蔬菜产业的优势、成绩和发展思路进行了介绍。国务院参事刘坚出席论坛并做重要讲话。

农业部种植业司司长叶贞琴介绍了我国蔬菜发展的形势和西部地区在蔬菜发展中的地位，并就园艺作物标准的创建等问题作了深入的分析和总结。

农业部科教司副司长刘艳指出，要认真做好西部蔬菜产业规划，充分挖掘利用西部优势资源，来推动西部蔬菜产业健康持续发展。

中国园艺学会理事长、中国工程院院士方智远总结此次论坛时强调，在我国全面实现经济增长方式转变的大背景下，我国蔬菜产业也面临着需要转变增长方式。第一，要从面积扩张型向质量效益型转变，提高质量、单产和效益，调整产品的结构；第二，要从高投入、高产出的资源密集型向环境友好型的发展方式转变，保障蔬菜的产品卫生安全；第三，要由分散经营逐步向规模化、合作集约化的方向发展，提高产品质量，保证蔬菜价格的稳定；第四，科学技术研究要向自主创新转变，扭转我国蔬菜高端品种由国外引进的被动局面，提高我国蔬菜的创新能力和产品加工出口能力；第五，要从劳动密集型逐步向标准化、智能化、机械化方面转变，努力提高蔬菜生产技术水平，降低蔬菜成本。

专家学者考察了重庆市涪陵区榨菜加工企业、榨菜种植基地、“稻菜轮作”蔬菜种植模式区及潼南县蔬菜标准园、新品种示范园。

中国畜牧兽医学会

2010年，是学会所属分会近年举办各类活动最多的一年。全年有31个分会举办了学术年会、专题研讨会、论坛等，开展了主题突出、内容丰富、形式多样、贴近生产实践的学术交流、研讨活动。有11个分会结合召开会员代表大会、理事会、常务理事会，积极开展了学术研讨、继续教育培训、科普等活动。

学会结合畜牧兽医产业发展中的热点、难点问题，联合相关单位，开展了一系列贴近生产实践、主题突出的研讨交流活动。4月24日，在河南省洛阳市举办了2010中国猪瘟防控高层论坛。5月15日，在北京举办了2010中国氨基酸及蛋白原料产业发展高层论坛。7月17～19日，在上海市举办了世界免疫营养与饲料加工技术高层论坛。9月28日，在北京举办了2010中国酵母蛋白产业发展研讨会。12月2～3日，在浙江省杭州市举办第五届中国维生素产业发展高层论坛。这些高层论坛的特点是：一是解读宏观政策，把握行业风向标；二是关注生产实践和用户需求，解惑答疑技术应用难点；三是解析市场前景，科学分析、预测产业的发展现状；四是注重互动交流，会场气氛活跃，参与性、互动性增强。

学会积极开展科普、科技帮扶活动。9月10日，学会与河南省鄢陵县政府、国家水禽产业技术体系，在河南省鄢陵县举办全国鹅业大会，推广林下科学生态养殖技术，吸引了国内外上千名鹅业客商和养殖业者参会。大会以“整合产业资源、应对市场变幻、研讨营销方略、推动创新发展”为主题，以全国苗木、花卉、果园、林地养鹅现场示范会和全国农民养鹅专业合作社经验交流会为主线，结合专家演讲、答疑解惑，进行养鹅业的项目交流、经贸洽谈、技术合作、产品交易等活动，为鹅业企业和农村养殖户及时提供信息技术、市场资源，受到广泛好评。

继“5.12”四川省汶川地震后，学会在中国科协的支持和中国农科院、四川省畜牧兽医学会、汶川县科协等相关单位的积极配合下，先后3次组织20多位专家、教授深入汶川灾区、边远乡镇调研，举办生猪养殖培训班，传授生态养猪技术，指导、帮助灾后恢复发展生猪产业。2010年，学会又提供2万元资金，用于汶川县瓦砾乡猪场的恢复发展，为120余农户提供仔猪1300余头。

学会加强自身建设，为会员和科技工作者服务。2010年8月，学会与北京大北农科技集团签署了合作协议，通过与大北农集团的合作，学会形成了由中国科协一家业务主管，中国农业大学、北京大北农科技集团、中牧集团等3家挂靠，多方支持，形成产学研紧密结合，互利共赢的发展格局。

11月26日，在北京联合举办了纪念任抟九先生诞辰100周年座谈会，深切缅怀为创建我国、我军兽医工作做出杰出贡献的任抟九先生，鼓励和激励后人把老一辈畜牧兽医科技工作者开创的这项事业发扬光大。

学会向国家级科技思想库推荐决策咨询专家18位，入选中国科协决策咨询专家库并受聘任职。向中国科协推荐全国优秀科技工作者候选人，童光志、焦新安、康相涛、沈建忠等4名专家被中国科协评为全国优秀科技工作者，受到表彰奖励。

学会创办的国内首个英文版畜牧学术刊物《畜牧与生物技术杂志》（季刊），2010年上半年已正式出版，共出版3期，面向国内外发行，成为国外同行了解我国畜牧科技发展成果、交流信息的重要窗口。

【2010年学术年会——第二届中国兽医临床大会】

8月16~18日，由中国畜牧兽医学会主办，吉林大学畜牧兽医学院承办，吉林农业大学和学会所属分会协办的2010年学术年会——第二届中国兽医临床大会在吉林省长春市举办，主题是“重视临床、加强交流、拓展领域、提高水平”，来自全国及海外畜牧兽医领域的1200余位专家学者参加会议。

大会特邀中国工程院院士夏咸柱，中国农业大学动物医学院院长汪明教授，吉林大学农学部副学部长王哲教授，北美兽医师大会副主席 Dr. Laurel Kaddatz 分别作了大会报告，210余位国内外临床专家学者在分会场进行了专题交流。

大会共收到论文426篇，评选并颁发了中国畜牧兽医学会奖优秀论文奖10名、优秀论文提名奖20名和兽医临床大会优秀论文奖20名。

大会期间，举办了青年学者、基层兽医与专家、企业家互动交流的“兽医、教育、人才、创新”座谈会。

【2010年全国狂犬病防控高层论坛】

9月16~17日，中国畜牧兽医学会联合中华预防医学会、中国工作犬管理协会、中国疾病预防控制中心、中国动物疫病预防控制中心等单位在北京举办了2010年全国狂犬病防控高层论坛。来自国内外从事狂犬病预防控制工作的200余位专家学者出席会议。

来自世界卫生组织、美国、日本、法国的专家介绍了全球狂犬病防控策略及美国、日本等国家人间狂犬病的治疗经验。与会国内专家从多方面、多角度介绍了我国狂犬病防治工作进展情况，进行了广泛交流和探讨。

会议期间，还召开了狂犬病防控策略专家论坛，形成了《狂犬病防控策略建议书》，为国家有关部门防控狂犬病工作提供了重要决策依据。

中国植物病理学会

2010年，中国植物病理学会召开第九届全国会员代表大会，选举产生了中国植物病理学会第九届理事会。完成了学会所属的植物病害流行学及植物病原真菌专业委员会的换届选举。换届后的植物病害流行专业委员会主任由中国农业大学马占鸿教授担任，植物病原真菌专业委员会主任由云南农业大学李成云教授担任。

学会2008年成功获得2013年在北京举办第10届国际植物病理学大会的主办权，2010年是第10届国际植物病理学大会筹备工作全面展开的一年。核心工作是建立大会的科学日程（Scientific Programme）。科学日程质量是评价一个学术会议成败最重要的指标，组委会高度重视。要建立高质量的科学日程，其前提是必须要有一个强大的科学委员会。为了取得广泛的国际支持，吸引更多国际植物病理学界的优势力量参与到本届大会科学日程的组织中，大会组委会首先和国际植物病理学会（ISPP）的23个专业委员会进行联系，广泛沟通。

学会积极拓展与国际植物病理学组织机构以及其他国家植物病理学会的交流工作。8月25～27日，种子病理学专业委员会联合中国农业大学种子健康中心、北京植物病理学会等单位共同承办的第三届种子健康与农业发展国际研讨会在北京召开，全国第六届种子病理学学术研讨会同期举行，这是在我国首次举行的种子健康领域国际会议，也是种子健康国际和大区机构第一次将系列性会议委托中国的种子病理学和种子健康机构承办。近50名来自美国、德国、丹麦、印度、坦桑尼亚等12个国家的10余家国际种子病理和种子健康机构、国际知名大学、国际研究机构和知名企业，及120余位来自国内的专家学者参加会议。大会共收录稿件74篇，其中口头报告28篇，墙报24篇，论文集《种子健康与农业发展》由中国农业科学技术出版社正式出版发行。

学会继续保持与美国植物病理学会（APS）的友好合作。学会自2008年5月和APS签署合作协议以来，双方在会员交叉入会、学术交流、双边会议、信息共享等很多方面都进行了友好合作。双方合作后，两会合作会员都享受到了交叉入会后的优惠待遇，尤其是学会加入APS的合作会员，除了在入会会费、订阅APS书籍和在线期刊、参加APS年会等方面享受优惠待遇之外，还获得了在APS三种期刊上发表研究论文减免版面费的机会，而且一些会员已享用了这个优惠。

学会积极开展学术交流。5月，植物病原细菌学专业委员会举办了第七届中国植物病害生物防治学术研讨会。来自国外3所大学，科研机构及企业，国内63所大学与科研机构的180余位专家学者参加会议。

9月，抗病育种专业委员会在西北农林科技大学主办了植物抗病性与作物病害控制国际学术研讨会。来自全国20多个省、市、区的老、中、青植物病毒学专家学者135位参加研讨会。会议特邀海内外15位著名专家学者做了大会特邀报告。此次学术活动是纪念我国小麦条锈病研究的主要奠基人之一，中国植物病理学会植物抗病育种专业委员会前任主任李振岐院士逝世3周年的重要活动之一，主要探讨国内外近年来在植物抗病性与作物病害控制研究领域的最新进展。

11月，学会抗病育种专业委员会在西北农林科技大学举办了小麦抗条锈育种国际学术研讨会，西北农林科技大学副校长侯曦教授到会致辞。来自美国、澳大利亚、英国、西班牙、墨西哥、南非等6个国家以及国家小麦产业体系、农业研究与教学单位的120位植物病理学和小麦育种专家出席了研讨会。研讨会以“通过选育具有持久抗性的品种达到条锈病可持续性控制”为主题，国内外18位专家就全球小麦条锈病发生现状、小麦抗条锈资源挖掘与利用、持久抗性品种选育的理论与方法、抗病基因合理布局与条锈病持续控制等方面做了全面分析研讨。

11月，化学防治专业委员会在海南省海口市召开了第七届中国植物病害化学防治学术研讨会。来自教学、科研、推广和从事农药生产、经营管理等部门的154名专家学者参加会议。会议正式出版论文集《中国植物病害化学防治研究》（第七卷）。其中28篇论文在会议上作了学术报告。

【第九届全国会员代表大会】

7月4日，中国植物病理学会第九届全国会员代表大会在福建省厦门市召开。来自全国31个省、自治区、直辖市的183名全国会员代表参加了本次会员代表大会。

大会通过无记名投票方式选举产生了中国植物病理学会第九届理事会，新一届理事会共有理事107名，全部具有高级职称。会议期间召开了第九届理事会第一次会议，选举产生了本届常务理事会和理事会领导机构以及聘任学会副秘书长。新常务理事会由35位常务理事组成。郭泽建当选为第九届理事会理事长，于嘉林、王宗华、王锡锋、王慧敏、刘大群、李宝笃、陈保善、周雪平、郑小波、侯明生当选为副理事长，韩成贵连任学会秘书长。理事会聘任邹菊华担任学会常务副秘书长，杨普云、周益林研究员、彭德良、孙文献、李晖、刘建华担任学会副秘书长。

新一届理事会确立了学会工作重点，即在现有工作基础上，进一步提高学术交流水平，继续将中国植物病理学会学术年会办成学会的精品项目，进一步提高《植物病理学报》的出版质量，加强对外交流与合作，积极开展双边和国际间的学术交流。

【中国植物病理学会2010年学术年会】

7月4日，中国植物病理学会2010年学术年会在福建省厦门市召开，主题是“科技创新与植物病理学”。来自全国及美国、英国、韩国等海内外植物病理学界的1100余位专家学者参加会议。

会议特邀了15位国内外专家作了专题报告，146名专家学者作了口头报告，约50余位专家学者还将研究成果通过墙报形式进行了展示。各位专家学者的学术报告、墙报得到了与会者的极大关注。

会前正式编辑出版了由彭友良和王宗华研究员主编的《中国植物病理学会2010年学术年会论文集》，共收入440余篇论文及论文摘要。

中国植物保护学会

2010年，学会共举行国内外学术交流活动27次，其中高端前沿学术会议2次，学术沙龙2次，总计参加人数5627人，其中境外专家32人，共交流论文1500篇。

学会加强决策咨询、建言献策工作。1月19日，学会牵头，与中国林学会、中国畜牧兽医学会、中国水产学会、中国气象学会联合在北京召开了2010年中国科协生物灾害防治研讨会，50余名专家参加研讨。编著的《2010年预防与控制生物灾害咨询报告》，由中国科协报送国务院办公厅，受到中央领导的高度重视，温家宝总理、回良玉副总理和刘延东国务委员分别作了批示。

2月10日，组织15位院士、专家学者，在北京召开了农作物重大病虫害防控法制化建设研讨会。会后，组织中国工程院院士郭予元等12位专家联名向国家信访局呈报了《关于尽快制定〈农作物病虫害防控条例〉的建议》函，于2月26日得到了回良玉副总理的批示。

1月30日，中国植物保护学会十届二次常务理事会在北京召开，35位常务理事出席会议。会议介绍了有关全国学会开展科技奖励情况，传达了国家科技奖励办公室2009年社会力量设立科学技术奖工作研讨会精神。通报了关于编写2010年植物保护学学科发展报告的计划。审议了关于增补第十届理事会理事的建议。4月14～17日，中国植物保护学会2010年工作会议在江苏省扬州市召开，58位各省级植保学会和分支机构负责人参加会议。

学会组织专家完成了由中国科协主编的《2010－2011植物保护学科发展研究报告》的编著工作。全书约16万字，对2008－2010年国内植物保护学科发展现状、重大研究进展、成果进行研究分析、评价，并与国内外研究进展比较，提出了发展趋势和研究方向。

学会评选出吴孔明等9位同志为首届中国植物保护学会优秀科技工作者，推荐中国农业科学院植物保护研究所吴孔明、全国农业技术推广服务中心张跃进、中国农业科学院蔬菜花卉研究所张友军等3位同志为全国优秀科技工作者。在10月27日召开的中国植物保护学会十届二次理事会上，授予中国科学院资深院士、中国农业科学院植物保护研究所邱式邦研究员“中国植物保护学会终身成就奖”荣誉称号。

学会积极举办科普培训。3月16日，信息技术专业委员会在西南大学植物保护学院举办了农作物病虫害预测预报培训班，48位学员参加培训。培训班对主要农作物病虫害的监测预警技术、防控技术进行了培训。11月9～12日，鼠害专业委员会在福建省福州市召开了第七期全国农区鼠害监测及防控技术培训班暨2011年全国农区鼠害发生趋势会商会。有280名技术人员参加了培训和会商。11月29日～12月3日，科学普及专业委员会在海南省海口市举办了农作物病虫害绿色防控高级培训班，培训了技术骨干40多人。

科普工作委员会编印了植保技术科普图书《水稻病毒病防治技术彩色挂图》，发行20000册。园林病虫害专业委员会编印了《蔬菜花卉病虫害防治挂图》，发行了3000册。青年工作委员会编印了《棉花病虫害防治技术挂图》，发行15000册。杂草学分会编印了《中国外来杂草原色图鉴》，发行5000册。

2010年，学会主办的《植物保护学报》和《植物保护》杂志进行了网站改版，丰富了学术交流形式和服务内容，缩短了出版周期，分别发行6200册和23740册，发行量比2009年有所增加。

7月4～7日，国际土壤消毒技术研讨大会在北京召开，102位国内及15位国外专家学者参加会议。会议举行了有关甲基溴相关政策和法规、化学熏蒸技术的研究与创新、生物熏蒸技术的研究与创新、物理处理技术的研究与应用、熏蒸剂环境行为、熏蒸机械的研究与发展等6个方面的19场专题报告。

7月26～28日，鼠害防治专业委员会在宁夏回族自治区银川市召开了农区鼠害防控工作研讨会。140余位专家学者参加会议。会议交流了“十一五”期间我国农区鼠害防控工作、存在的问题及“十二五”规划制订情况。

8月17～18日，科普专业委员会与全国农技中心在辽宁省大连市举办了“绿色植保”高层论坛，130余位专家学者参加会议。会议就绿色防控前沿技术研究、产品研发和推广应用的最新动态进行专题报告，总结了“绿色植保”理念提出5年来的成绩，提出了推进我国主要农作物病虫害绿色防控技术集成创新与产业化推广的指导思想、目标任务、核心技术对策和工作重点。

9月13～19日，中国植物保护学会分别在浙江省杭州市和上海市召开2010年植物保护高层论坛暨全国植保所长联谊会，90余名专家和领导与会。会议就公共植保与绿色植保面临的若干问题以及如何使我国植物保护事业持续健康发展展开了讨论，取得了诸多共识，增加了各植保研究单位之间的交流与合作。

9月15～17日，植保机械与施药技术专业委员会在北京召开了第二届植保机械与施药技术国际学术研讨会。会议交流了各国植保机械与施药技术。包括10余名国外专家学者在内的200余位专家学者参加会议。

9月18~21日，生物入侵分会在上海市召开全球变化与生物灾害高层论坛，80余位专家学者参加会议。会议就气候变化、土地利用格局变化、大气组成变化对生物灾害的影响进行学术交流。论坛对于加强我国全球变化对生物灾害的影响研究，寻求新思路与新方法，推动和提升我国生物入侵的研究水平具有重要的战略意义。

9月28~30日，园林病虫害防治专业委员会在安徽省合肥市召开了第四届全国园艺作物病虫害预防与控制学术研讨会，248位专家出席会议。会议围绕“植保科技创新与园艺食品安全”主题，总结交流了“十一五”以来我国园艺作物病虫害预防与控制领域所取得的重大成果和最新进展，研讨了“十二五”期间园艺作物病虫害防治领域的优先主题及科研方向。

11月26~29日，生物入侵分会在海南省海口市召开了第三届全国生物入侵学术研讨会，来自国内外300余名专家、学者围绕“全球变化与生物入侵”主题，展开广泛的学术交流。

【中国植物保护学会2010年学术年会】

10月28~31日，中国植物保护学会2010年学术年会在河南省鹤壁市召开，主题是“公共植保与绿色防控”。来自全国31个省、自治区、直辖市的1000余位专家学者参加会议。

大会邀请编写《2010年植物保护学科发展研究报告》专题报告的8位专家介绍了近年来我国植物病理学、农业昆虫学、杂草学、生物防治学、农药、转基因生物安全学、生物入侵学和鼠害防治学等8个学科的主要研究进展与发展趋势。会议设4个分会场进行学术交流，300多名中青年科技工作者参加交流。

会议收到论文300多篇，正式出版论文集。

【中国植物保护学会科学技术奖】

2010年，为进一步完善和规范评奖工作程序，提高奖励工作质量，提升科技奖励的公平、公正与权威性，学会对2007年审议通过的《奖励办法》进行了修改完善，建立了网络评审系统，完成了中国植物保护学会科学技术奖延续登记申请和法人代表的变更手续，获得科技部和国家科技奖励办的批准。

经各单位推荐，奖励工作办公室审查，组织专家初评和召开评审委员会复审，最后经奖励委员会审核，有33项成果获得2010年中国植物保护学会科学技术奖奖励，其中一等奖4项、二等奖9项、三等奖17项，科普类成果奖3项。

中国作物学会

2010年，学会积极开展国内外学术交流活动。组织召开、参加学术会议（专业委员会）27次，指导各专业委员会（分会）开展了各学科的学术会议26次。参加境内学术会议人数1690人次，会议共交流论文1752篇。

9月13~14日，2010年中国作物学会学术年会在辽宁省沈阳市举行，包括9名院士在内的1600位专家学者及沈阳农业大学师生参加会议，此次会议是历届年会规模最大的一次。会议收到152篇论文，汇编成《论文摘要集》。

学会加强组织建设。10月18日，河北省作物学会正式成立，挂靠在河北省农科院粮油作物研究所。水稻产业分会、马铃薯专业委员会和粟类作物专业委员会和麻类作物专业委员会完成换届选举工作。完成了新增的种子专业委员会报批工作。

学会继续做好奖励表彰工作。王连铮、许为钢和董树亭等3位专家获第三届中国作物学会科学技术成就奖。北京作物学会等12个单位获得中国作物学会第八届理事会先进团体会员单位，陈刚等27位同志获得中国作物学会第八届理事会先进工作者。

由学会推荐，中国科协遴选和中国工程院光华工程科技奖专业委员会评审，何中虎研究员获得第八届光华工程科技奖的工程奖。何中虎研究员被中国科协授予“全国优秀科技工作者”称号。

学会及各专业委员会（分会）积极开展科普活动。9月18~19日，参与全国科普日北京主场学会展区活动，围绕“坚持科学发展，走近低碳生活”主题，结合工作实际，组织开展了“了解低碳农业生产”系列宣传活动。

粟类作物专业委员会开展简化栽培技术的研发和适合产业化生产单项技术的组装集成。初步统计，2010年组织大规模现场观摩会8次，技术培训会15次，培训技术骨干、农民1400人次，发放技术资料1.6万份、光盘千余张。

甘蔗专业委员会共组织甘蔗生产科普讲座25次，受众达5286人，累计发放科普宣传资料27万份、科技光盘5万张；有104名会员专家参加了90次科技下乡活动。举办甘蔗生产技术培训班50期，学员数达1万人。

9月14日，《作物学报》编委会在辽宁省沈阳市召开了四年一度的换届大会，编委会总人数由原来的92人增加到122人，其中两院院士25位，占编委总人数的20%。据中国科学技术信息所2010年的统计，《作物学报》在2010年版《中国科技期刊引证报告》（扩刊版）中的总被引频次为6124次，比2009年的5677次提高了7.9%；影响因子为1.701，比2009年的1.572提高了8.2%；即年指标为0.277，比2009年的0.144提高了57.6%。

2010年11月27日，由中国作物学会甘薯专业委员会发起的中国徐州第四届国际甘薯学术研讨会暨第四届中日韩甘薯学术讨论会在江苏省徐州市召开，主题是"甘薯——粮食与能源安全"。250余位来自日本、韩国等16个国家和地区以及国内甘薯领域的著名专家、学者交流了科研进展，探讨了发展战略。

10月11～14日，由中国作物学会协办，中国农业科学院作物科学研究所和中国科学院遗传与发育研究所主办的第四届亚洲动植物染色体研讨会在北京召开。来自中国、日本、韩国、俄罗斯、印度、泰国等亚洲各国专家学者参加会议。

6月1～4日，中国作物学会小麦产业分会组织25人代表团赴俄罗斯圣彼得堡参加第八届世界小麦大会。大会就小麦育种遗传、种质资源、生理和栽培管理等方面进行交流研讨。

10月31日～11月3日，学会常务副理事长万建民教授、学会副秘书长赵明研究员赴美国参加美国作物学会2010年学术年会，并就申办第七届世界作物科学大会提交了申办报告。制作和播放了《社稷中华 粮安天下》电视宣传片。

4月15日，中国作物学会马铃薯专业委员会、甘薯专业委员会等单位协办的首届中国国际薯业博览会在北京全国农业展览馆举行，荷兰、德国、美国、韩国等13个国家和地区以及国内22个省（自治区、直辖市）的200多家薯业单位到会参展。展出内容包括薯类育种及繁育、加工品、生产资料、设备和技术等。同时举办了荷兰—中国马铃薯产业研讨会、红薯之路国际研讨会、新产品发布会等活动。

【第九次全国会员代表大会】

9月13～14日，中国作物学会第九次全国会员代表大会在沈阳农业大学召开。

会议代表听取、审议并通过了第八届理事会理事长路明教授《凝聚作物科技界力量，为国家农业现代化服务》的工作报告、秘书长张保明研究员《中国作物学会章程（修改草案）》的报告、赵久然副秘书长《中国作物学会第八届理事会财务工作》的报告。

代表们采取无记名投票方式，选举产生了由159名理事组成的第九届理事会。在第九届理事会第一次会议上，选出了53位常务理事，翟虎渠当选为第九届理事会理事长，万建民当选为常务副理事长，叶贞琴、刘旭、李云伏、李登海、李召虎、曹卫星、谢华安、薛勇彪当选为副理事长，张保明当选为秘书长。

中国热带作物学会

2010年，中国热带作物学会努力开展科技救灾工作。上半年，学会积极配合挂靠单位，组织割胶与生理专业委员会、植保专业委员会、牧草与饲料专业委员会、剑麻专业委员会、科普工作委员会以及各省级热带作物学会的专家们参加我国南方各省（云南、广西、贵州等）的科技抗旱、抗寒工作。7月，参加了海南东方的旱灾调研和3号台风对广东茂名、湛江的灾情调研，并对受害较严重的8个地区进行风害调查和抗灾技术指导。10月，海南遭受60年不遇的特大雨水灾害。海面省热带作物学会、割胶与生理专业委员会、植物保护专业委员会、热带牧草与饲料专业委员会、棕榈作物专业委员会、遗传育种专业委员会等积极配合挂靠单位，组织专家队伍奔赴救灾一线，开展救灾抗灾技术服务，同时还从技术、专家队伍、资金等多方面给予全力保障。

5月5日，学会在海南省海口市组织召开了国际旅游岛热带现代农业发展研讨会。与会领导与专家先后围绕热带现代农业与国际旅游岛的关系、热带现代农业的内涵与功能、具体产业发展的建议、发展热带现代农业要把握的原则做了发言。研讨会汇总了专家意见，以中国热带作物学会的名义向海南省政府递交了《发展国际旅游岛热带现代农业的建议》，得到海南省有关部门高度重视。以吕飞杰理事长名义的建议作为省政府参阅件印发全省各部门、各市县参考、研究。

10月11日，新割胶技术学术研讨会在北京召开。来自生产、科研单位的15位专家学者在研讨会上发言，交流了各地区、各单位气刺微割技术试验、示范的情况和结果，围绕气刺微割技术存在的关键技术难点进行了深入探讨，提出解决这些技术难点的思路和今后在气刺微割技术试验示范推广方面的设想，研讨会对16篇优秀论文进行了表彰，并颁发了证书。

9月23～28日，遗传育种专业委员会2010年度学术研讨会在四川省成都市召开，来自广东、广西、四川和海南等地的80余位专家学者参加会议。会议设15个学术报告，共收到论文30余篇。

天然橡胶生产者工作委员会分别在云南省昆明市召开了天然橡胶市场动态分析会议、在福建省厦门市召开2010年秘书长、联络员暨橡胶加工对策研讨会、在广东省广州市召开中国天然橡胶市场信息交流会。并适时提供了《天然橡胶仓储机制研究》、《中国天然橡胶关税情况调研》等决策咨询报告。

农业经济专业委员会与海南大学经济与管理学院联合举办了2010年热带农业经济管理学术论文大赛，评出优秀学术论文20余篇，获奖论文还在《热带农业科学》杂志上专刊登载。

3月27～31日，热带牧草与饲料作物专业委员会为了响应商务部关于援外农业技术示范中心边建设边启动的号召，刘国道主任委员带领6位相关专家，在刚果（布）农牧渔业部农技推广中心举办了第一期热带农业技术培训班。

4月8～12日，学会植保专业委员会和园艺专业委员会、海南省热带作物学会等积极参加在三亚举办的第九届世界芒果论坛。

7月，云南省热带作物学会两次组织相关专家与泰国国家天然橡胶种植基金会组织天然橡胶种植与生产培训班。交流了天然橡胶产业发展的经验，促进了云南与泰国在发展天然橡胶产业方面的交流与合作。

为配合全国科技活动周、全国科普日和科普基地开放周，学会共举办科普讲座75次，科普展览30次，受众2万多人次，发放科普宣传资料近2万册。

科普工作委员会组织木薯产业体系的“百日科技服务”活动，到广西、广东、海南等地进行木薯产业的科技调研活动，同时进行木薯科技培训活动，参加科技人员60多人次，培训农民1000余人次，赠送《木薯丰产栽培技术》和《木薯主要病虫害》等科普图书1200册。

棕榈作物专业委员会以椰子大观园为依托，积极开展棕榈植物知识和科普教育与宣传活动，共接待大、中、小学生以及棕榈植物爱好者2000多人次。

天然橡胶协会开展了多次主题科普活动，参加主题科普活动的科技工作者达80人次，主题科普活动受众人数达3000多人次。

四川分会开展形式多样的科技咨询与服务活动，推广优良品种和技术，同时为政府献计献策，开展科技咨询服务活动50余次，发放技术资料5000多份。

云南热带作物学会在科学调研和勘察的基础上先后组织有关专家、工程技术人员完成《老挝万象新河天然橡胶加工厂建设可行性研究报告》和《勐腊嘉创公司老挝南塔替代种植示范项目建设规划及实施方案》。根据西双版纳蓝山农牧有限公司、顺达公司和国务院扶贫办科技扶贫综合试点项目申报要求，组织有关专家编制了《西双版纳蓝山农牧有限公司绿色咖啡示范园建设项目可行性研究报告》和《西双版纳顺达公司替代种植示范项目建设规划及实施方案》。

2010年，《热带作物学报》由季刊改为月刊，年发行量7200册。《云南热带科技》更名为《热带农业科技》，年公开发行5200册（1300册/期）。

【2010年学会理事会】

10月26～29日，学会在云南省德宏傣族景颇族自治州召开年度理事会，学会121名理事参加了会议。

会议通过了增补学会理事及常务理事名单，表决通过了增补常务理事6名、理事8名名单。表决通过了增补刘康德、杨伟林为中国热带作物学会副理事长。新增2个专业委员会和1个工作委员会。会议审议通过了2010年学会工作报告、2010年学会财务报告、增补理事及常务理事说明。

会议还召开了学术研讨会。来自北京、海南、云南、广东、广西、福建、湖南、四川等省、自治区、直辖市的热带农业专家学者参加会议。各省热带作物学会、分会、各专业委员会共提交交流论文91篇。各地南亚办代表本省区市作了“十二五”时期发展思路的报告，各专业委员会代表本专业做了“十二五”发展思路的报告，表彰了学会评选的“2010年廿十大优秀论文”和“农业科技示范基地”。

【热带作物技术推广】

2010年，学会组织开展各类技术培训近300期（次），直接培训各类人员近3万人，辐射培训6万余人次，发放相应技术资料25种共7万余册。

海南省热带作物学会积极配合海南省农垦总局组织开展海胶集团第三届“割胶神刀手”技术比武暨“农垦杯”农村实用人才全国割胶工技能大赛和海南省首届割胶工技能大赛选拔赛活动。

广东省热带作物学会协助广东省农垦总局组织举办广东农垦举行全国第二届割胶工技能大赛选拔赛以及代表广东农垦参加在云南省举办的全国第二届割胶技能大赛，比赛考核内容包括磨刀技能、理论和树桩割胶技术，这些活动较好地提高了职工的技能水平和专业知识。

割胶与生理专业委员会为配合热科院科技支撑海南中部六市县农民增收计划行动，魏小弟研究员、罗世巧研究员到中部六市县进行割胶技术巡回辅导培训，总共培训科技人员和胶工758人次。7月，罗世巧研究员应邀到云南省勐腊县进行了7场次的民营胶园割胶技术培训，受训科技人员和胶工达900人次。

海南省热带作物学会为提高垦区橡胶、胡椒、芒果等农户的栽培技术及施肥水平，分别在海南省东昌、文昌所、东红、红明、东升等农场开展技术培训198场，培训人员26800多人次，发放技术标准手册、科技资料或宣传册3万多份。

中国蚕学会

【第八届四次常务理事会】

3 月 17 ~ 19 日，中国蚕学会第八届四次常务理事会暨专业委员会负责人会议在云南省昆明市召开。中国农学会副会长舒惠国，中国工程院院士、西南大学教授向仲怀等出席会议。舒惠国在讲话中，对中国蚕学会如何在人才和技术与推动产业发展之间更好地发挥桥梁纽带作用提出了希望和建议。

鲁成理事长对 2010 年学会的工作提出了要求，中国蚕学会名誉理事长向仲怀院士就当前我国蚕业科技发展水平和今后蚕业科研工作重点以及如何服务和改造产业做了指导讲话。

中国蚕学会秘书长张国政研究员代表学会办公室对中国蚕学会 2009 年度工作进行了总结并布置了 2010 年的主要工作。各专业委员会负责人简要汇报了 2009 年开展的交流活动以及 2010 年的工作重点与活动计划。

与会代表还就实现茧丝绸行业一体化管理和市场化运行、实行宏观调控促进茧丝绸生产平稳发展、完善茧丝绸科研教育系统建设、发挥蚕学会在产业发展中的桥梁与纽带作用等议题，进行了研讨。

【全国家蚕病害控制技术与安全养蚕模式学术研讨会】

8 月 16 ~ 20 日，由中国蚕学会主办，浙江大学蚕蜂研究所和农业部蚕桑产业技术体系办公室等单位联合承办的全国家蚕病害控制技术与安全养蚕模式学术研讨会在浙江省淳安县召开。

中国蚕学会蚕生理病理专业委员会主任委员、浙江大学鲁兴萌教授主持开幕式，中国蚕学会常务理事、浙江省农业厅经作局副局长吴海平，杭州市科协副主席王绍明和淳安县副县长吴新民等应邀出席并致辞。农业部蚕桑产业技术体系病虫害防控研究室蚕病岗位的科学家，以及来自相关部委、高等院校、科研院所及地方蚕业主管和生产等部门的 80 余位专家学者出席研讨会。

会议分专题报告、座谈研讨和实地考察三部分。在专题报告会上，苏州大学医学部贡成良教授、中国农科院蚕业研究所沈中元研究员、西南大学生物技术学院万永继教授、华南农业大学蚕桑系主任刘吉平副教授、西南大学潘国庆副教授和浙江大学鲁兴萌教授分别作了《转基因 RNAi 提高家蚕对 BmNPV 抗性的研究》、《蚕药使用技术与存在问题》、《通过拓叶饲养构建的病蚕系统对家蚕 BmNPV 易感染发病机制的研究》、《华南蚕区蚕病流行调查报告》、《家蚕微粒子虫病原学研究进展》和《养蚕的规模化与病害控制》等专题报告。

会议收到论文 20 余篇。

【现代栽桑养蚕学术研讨会】

8 月 17 ~ 20 日，由中国蚕学会、国家蚕桑产业技术体系主办，中国农业科学院蚕业研究所、云南省蚕学会、云南省农业科学院蚕桑蜜蜂研究所承办的现代栽桑养蚕学术研讨会在云南省昆明市召开，来自广西、重庆、江苏、河南等 16 个省、自治区的 58 名专家学者参加会议。

云南省农业科学院蚕桑蜜蜂研究所所长黄平交流了云南省蚕桑产业的生产情况、存在的主要问题及产业发展趋势。山东农业大学教授崔为正、中国农科院蚕业研究所研究员程嘉翎分别作了《速生丰产省力化蚕桑配套技术试验示范》、《桑树工厂化育技术的研究进展》的报告。广西蚕业技术推广总站站长祁广军、四川农科院土肥所罗春燕博士、湖北省农科院经济作物研究所研究员胡兴明等在大会上作了发言交流，就各省蚕桑科技现状及趋势、桑树营养与施肥研究进展、蚕桑生态生理研究、分子生物研究等内容进行了探讨。

【鄂豫皖蚕业经济研究会第十四届学术年会】

10 月 27 ~ 29 日，中国蚕学会鄂豫皖蚕业经济研究会第十四届学术年会在湖北省武汉市召开。来自安徽、河南、湖北、江苏等四个省 61 个蚕业科研、教学及生产单位的 110 余名专家学者参加会议。

会议由中国蚕学会鄂豫皖蚕业经济研究会主办，湖北省蚕学会、湖北省农业厅经济作物站、国家蚕桑产业技术体系武汉综合试验站、湖北省农业科学院经济作物研究所承办，湖北农科生物化学有限公司、湖北经纬蚕丝科技有限公司协办。

中国蚕学会理事长鲁成教授，中国蚕学会常务副理事长郭锡杰研究员，湖北省农业科学院党委书记戴贵洲，湖北省蚕学会理事长、湖北省农科院经济作物研究所所长胡兴明研究员，中国蚕学会鄂豫皖蚕业经济研究会副会长、河南省农业厅经作站郑作运研究员，中国蚕学会鄂豫皖蚕业经济研究会副会长郝瑜研究员，中国蚕学会鄂豫皖蚕业经济研究会秘书长张颖高级工程师等出席了会议。

农业部种植业管理司处长封槐松在讲话中指出，鄂豫皖蚕区地处中部，位置特殊且很重要，依托中国蚕学会鄂豫皖蚕业经济研究会这个平台，在加强三省蚕桑科研协作、促进产业平稳发展的基础上，要努力扩大影响力，辐射带动整个中部蚕区的快速平稳发展。

中国蚕学会理事长鲁成教授在讲话中特别提到，中国蚕学会鄂豫皖蚕业经济研究会组织特色鲜明、特点突出，为大别山区蚕桑产业发展、革命老区群众脱贫致富做出了重大贡献，期望今后为推动鄂豫皖蚕桑产业稳定发展，为整个中部蚕区的崛起做出更大努力。

中国水土保持学会

2010年，中国水土保持学会成立了城市水土保持生态建设专业委员会，现学会共有14个专业委员会。广东省、湖北省、宁夏回族自治区先后成立水土保持学会，现全国共有23个省（直辖市、自治区）成立了水土保持学会。

12月14日，中国水土保持学会在北京召开中国水土保持学会第四次全国会员代表大会，选举产生了第四届理事会，水利部副部长刘宁当选为理事长。

3月27日~4月4日，中国水土保持学会泥石流滑坡防治专业委员会赴巴基斯坦积极开展国际减灾援助，对巴基斯坦KKH公路堰塞湖进行考察，完成巴基斯坦KKH公路堰塞湖应急处置研究。

4月26日~5月5日，由中国水土保持学会、台湾中华水土保持学会主办，台湾中兴大学承办的第七届海峡两岸山地灾害与环境保育学术研讨会在台湾地区召开。7月6~10日，应中国水土保持学会邀请，台湾水土保持学会代表访问了北京林业大学、水利部水土保持司、中国水土保持学会、中国水利水电科学研究院和北京市水务局等单位。10月25日~11月2日，中国水土保持学会组团赴台湾地区进行了水土保持科技示范园建设及经营管理交流考察。

7月9~13日，中国水土保持学会水土保持生态修复专业委员会、水土保持与荒漠化防治教育部重点实验室、林业生态工程教育部工程研究中心在贵州省贵阳市联合召开了第二届全国水土保持生态修复学术研讨会。

8月14~17日，全国沙棘学术研讨会在黑龙江省孙吴县召开。会议由水利部沙棘开发管理中心、中国水土保持学会沙棘专业委员会、黑龙江省黑河市委、黑河市政府主办，黑龙江省孙吴县县委、孙吴县人民政府承办。全国有关沙棘的管理、生产、科研和加工企业等方面的120余位专家学者参加研讨会。

9月25~27日，中国水土保持学会规划设计专业委员会2010年学术年会暨换届选举会议在贵州省贵阳市召开，会议选举产生第三届专业委员会，31人任副主任委员，165人任委员。

8月8日，甘肃省舟曲县暴发特大泥石流并导致特大灾害发生后，8月9日，泥石流滑坡防治专业委员会组织第一批考察队赴灾害现场，对三眼峪和罗家峪沟泥石流开展了灾后调查工作。8月12日，第二批考察队奔往舟曲泥石流灾区，开展新一轮的科学调查工作。此次灾害应急调查获取了宝贵的第一手资料和数据，为灾害的防治、灾后科学重建和开展后续研究工作奠定了坚实基础。8月中旬，考察队会同甘肃省林业厅专家，又一次赴灾区考察，重点考察生态变化与区域灾害的关系。随后，中国科学院、中国水土保持学会泥石流滑坡防治专业委员会等单位的专家学者陪同温家宝总理考察灾区，并在舟曲县将《关于舟曲特大山洪泥石流灾后重建与全国城镇泥石流减灾的认识和建议》当面呈交给温家宝总理，温总理在部署舟曲灾后重建工作时采纳了其中部分建议。青海省玉树藏族自治州玉树县地震发生后，泥石流滑坡防治专业委员会进行了震区地表灾害解译工作，提交了《玉树地震次生山地灾害遥感调查与灾后重建危险性评估报告》。在对贵州关岭6.28重大滑坡进行灾后考察并取得第一手资料后，向当地有关部门提交了有关暴雨滑坡成灾条件、发生过程、灾情评估、预警防治等问题的考察报告及治理建议。

学会在全国科普日活动中组织北京林业大学附属小学的同学们，开展了以“低碳生活 从小做起”为主题的手抄报科普活动。4月3日，学会的学生科协参加了主题为“低碳生活 节能减排；水土保持 青山绿水”的第26届绿色咨询活动。4月3日和10日，学会学生科协举办了低碳生活—世博—让生活更美好主题知识竞赛预赛和决赛活动。5月12日，学会整合中国科协提供的中国数字科技馆的科普资源，组织水土保持防灾减灾及相关领域的专家，在北京林业大学开展了山地灾害防灾减灾基本知识及应对策略的科普展览、科普宣传和咨询活动。7月10~14日，学会的学生科协在北京市百望山森林公园内对植物进行了样线调查及土壤紧实度测量等实践活动，对景区内游客进行了“物种保护，低碳消费”宣传。7月13日，学会与林丰源生态环境规划设计院、北京林业大学水土保持学院共同组织了中国水土保持学会学生科协科尔沁沙地生态恢复实践暑期社会实践活动。7月19~21日，学会与北京市密云县水土保持工作站、北京林业大学附属小学在北京市密云县联合举办2010小学生水土保持科普教育实践活动。

学会举办了4期全国甲级编制建设项目水土保持方案资格证书单位持证上岗人员培训班，参加培训学员1000人。

学会与中国水利水电勘测设计协会联合举办了3期注册土木工程师（水利水电工程）水土保持考前培训班，培训学员300余人。

通过增加网站的内容，及时发布信息，学会网页点击率逐年提高，2010年点击率达50多万人次。

《中国水土保持科学》出版5期，刊出文章105篇。增刊1期，刊出文章27篇。

【第四次全国会员代表大会】

12月14~15日，中国水土保持学会第四次全国会员代表大会在北京召开。中国水土保持学会第三届理事会理事长、国务院南水北调工程建设委员会办公室主任、水利部副部长鄂竟平主持大会开幕式。来自学会专业委员会，各团体会员单位，各省、自治区、直辖市水土保持学会，有关部、委、局，有关流域机构，各省、自治区、直辖市、新疆生产建设兵团、计划单列市水土保持行政主管部门，有关高等院校、科研院所、企事业单位代表共计180人出席会议。

中国水土保持学会第三届理事会副理事长、水利部水土保持司司长刘震代表理事会作《与时俱进 科学发展 开创中国水土保持学会工作新局面》的工作报告。学会秘书长吴斌书记作了第三届理事会财务报告，常务副秘书长张淼作了学会章程及会费收取和使用管理暂行办法意见的说明。全体会议表决通过了中国水土保持学会第三届理事会工作报告、会费收取和使用管理暂行办法。

会议以无记名投票选举产生了第四届理事会理事168名。第四届理事会第一次全体会议选举产生了常务理事35名。水利部副部长刘宁当选理事长，水利部水土保持司司长刘震、国家林业局造林绿化管理司司长王祝雄、农业部种植业管理司副司长胡元坤、中国科学院水利部水土保持研究所所长刘国彬、北京林业大学原校长朱金兆当选副理事长，北京林业大学党委书记吴斌当选秘书长。

【土地退化防治国际学术研讨会暨第一次世界水土保持协会理事会会议】

2010年10月12~14日，土地退化防治国际学术研讨会暨第一次世界水土保持协会理事会会议在陕西省西安市召开。会议由世界水土保持协会（WASWAC）和中国水土保持学会（CSWCS）发起，中国科学院、水利部、陕西省人民政府共同主办，中国科学院水利部水土保持研究所承办。

来自美国、澳大利亚、法国、德国、印度、新西兰、泰国、荷兰、中国等36个国家的300余名从事土地资源管理、土地退化与荒漠化治理和流域管理领域的专家、学者参加会议，其中国外专家学者100余名。

会上，代表们围绕土地退化现状与演变过程、土地退化机理与驱动因子、土地退化防治技术与模式、土地退化与治理的环境效应评价、土地退化与区域社会－经济可持续发展、全球变化与土地退化及防治对策等问题进行交流与探讨。4个分会场共80余人做了报告。

中国茶叶学会

2010年，学会新发展团体会员37家，个人会员49人，科技示范基地6家，目前学会共有团体会员498家，科技示范基地35家。9月，新成立中国茶叶学会茶叶机械专业委员会，目前学会共有分支机构9个。

2010年1月，根据中国科协学习实践科学发展观活动的要求，中国茶叶学会办事机构成立党支部，在挂靠单位党委的领导下，开展活动。

2010年，学会承办第十二届中国科协年会16分会场“茶叶深加工学术沙龙”、第六届海峡两岸茶业学术研讨会、大宗茶发展与品质鉴评研讨会。10月18~20日，承办第六期中国科协所属全国学会秘书长沙龙。

学会积极开展为会员与产业发展服务活动。学会举办首届“国饮杯”全国茶叶评比，共收到全国18个省区市选送的419只茶叶样品。依据评比办法，设特等奖、一等奖，共有243只茶样获奖，获奖率为58%。

根据《中国名茶之乡评选办法》，开展第二届“中国名茶之乡”评选活动。对安徽、福建、广西、贵州、河南、湖北、江苏、江西、山东、陕西、四川、浙江、广东、重庆等14个省区市的产茶县（乡）的45家申报单位的材料进行了严格的形式审查，最终评选出26家单位。经常务理事会审核通过，命名安徽省舒城县等26个县（市）、乡（镇）区域为第二届“中国名茶之乡”。

11月28日~12月1日，在安徽省合肥市举办2010中国茶叶学会团体会员会议暨科技创新与低碳茶业学术研讨会。会议主题为“低碳茶产业”。500余位专家学者参加会议。会议安排了《茶业低碳策略和低碳生产技术》、《进行茶树植保与安全技术》、《茶树新品种》、《茶树施肥技术》、《茶叶加工技术》、《茶叶加工新设备》、《田间作业机械》、《茶业经济研究进展发布》主题报告。同时举行第二届中国名茶之乡、中国茶叶学会科技示范基地授牌仪式，“国饮杯”全国茶叶评比颁奖典礼，中国茶产业发展县市长论坛，人才交流和科技成果展示等活动。

学会开展2010全民饮茶日活动，以“京杭大运河，南北大茶会”为主线，通过运河沿线城市和上海、广州，及香港、澳门特别行政区、台湾地区等33个城市联动，采用统一标志、统一主题、统一口号，集中在谷雨前后，举办各种活动。全国约有上百万人参与此项活动。

9月20日，由学会和中国农业科学院茶叶研究所主办的中国茶叶专家走进恩施科技下乡活动在湖北省恩施土家族苗族自治州举行。恩施州八县（市）有关领导及专业技术人员、茶叶专业教师及学生共计200余人参加活动。活动以科技讲座的形式，分四个专题传播科学技术知识。专家们还深入到当地茶树良种繁育基地、有机茶园、加工厂进行考察指导，就田间管理、茶树良种繁育、老茶园改造、茶树病虫害等方面问题提出建议和指导意见。

9月起，学会在浙江省杭州市采荷二小开展少儿茶艺公益性培训，老师每周授课一次。以茶为载体，通过茶历史、茶文化、泡茶练习等，培养少儿热爱传统文化，热爱祖国，尊敬师长的良好道德素质和团结合作的精神。

2010年，学会举办茶业职业技能培训班18期，高级研修班2期，专业人才技术培训班4期，培养农技推广研究生57名。建立、修订、完善了茶艺师、评茶员试题库，初、中、高、技师、高级技师五个等级各五套试题，严格执行鉴定制度。

9月27～29日，学会在浙江省杭州市举办茶叶精深加工高级研修班。来自浙江、江苏、上海、贵州、广西、江西、湖北、湖南、福建、广东、海南、安徽、天津、重庆等省市及韩国学员80多人参加。

6月25～27日，学会组织举办茶文化茶料理高级研修班，来自浙江、江苏、上海、贵州、广西、江西、湖北、福建、广东、海南、辽宁、山东等省市及韩国学员50多人参加了研修班。研修班进行了中国茶宴文化与茶宴设计、中国茶肴、中国茶道与休闲、中国古代茶事书画赏析、紫砂茶具鉴赏等内容的培训。

5月26～28日及6月21～23日，受浙江省人力资源和社会保障厅的委托，学会组织专家赴浙江省景宁市、开化市分别举办浙江省欠发达地区农村实用人才培训班，培训学员300多名。10月26～28日，在浙江省杭州市举办茶叶生产技术高级研修班，50余名广西壮族自治区各县市茶叶骨干、行政管理人员参加培训。6月12～18日，受浙江省杭州市干部培训中心的委托，组织专家举办遵义地区茶叶专业人才培训班，贵州省遵义市政府机关负责茶叶产业领导干部以及从事茶叶种植、生产、销售的企业管理人员50余人参加培训。

学会与大专院校联合开展职业技能鉴定工作，近200名学生取得相应职业资格证书。

2010年，《茶叶科学》编辑部与中国知网合作启用“网上采编平台”和“学术不端文献检测系统”。《茶叶科学》已经拥有印刷版、光盘版、网络版、编辑部网站、网上采编平台、各类管理和资料数据库。《茶叶科学》接收稿件323篇，编辑收录45篇，出版6期，出版“茶叶深加工沙龙”增刊1期，收录论文19篇。

【茶叶深加工学术沙龙】

10月30日至11月2日，中国茶叶学会承办的第十二届中国科协年会16分会场“茶叶深加工学术沙龙”在福建省福州市举行。中国工程院院士、中国茶叶学会名誉理事长陈宗懋研究员、英国finlays公司技术总监王华夫、湖南农业大学教授刘仲华及来自以浙江、安徽、福建等10个省、自治区、直辖市的102位专家学者参加沙龙。

沙龙分“茶叶生化及功能性成分提取”和“茶叶深加工产品开发”两个专题，18位专家、学者就天然产物提取与制备技术、天然产物功能研究及开发、茶饮料研发新技术、茶食品及相关药物的开发利用等茶叶深加工前沿学术问题进行交流、讨论。

沙龙收录论文65篇，20篇学术论文做学术墙报交流。

【第六届海峡两岸茶业学术研讨会】

11月2～5日，学会与台湾茶协会联合主办的2010中国科协青年科学家活动月——气候变迁与茶产业发展暨第六届海峡两岸茶业学术研讨会在福建省武夷山市召开，海峡两岸186位专家学者参加研讨会，其中台湾地区学者22位。

中国茶叶学会名誉理事长陈宗懋院士、台湾茶协会执行长德海法师、中国茶叶学会理事长杨亚军、台湾茶业改良场场长林木连分别作了题为《中国茶产业的转型与升级》、《台湾有机茶产业发展状况》、《科技创新与茶产业发展》、《茶艺文化创新与茶产业发展》的专题报告。两岸专家、学者围绕茶树资源与育种、茶叶生化与功能成分、茶树栽培与植保、茶叶加工与深加工、茶业经济、茶文化等六个专题分别进行研讨，56位学者在会上作了交流报告。

研讨会共收到论文145篇，录用133篇，其中台湾地区学者论文15篇，15篇论文进行学术墙报交流。

【大宗茶发展与品质鉴评研讨会】

8月3日，大宗茶发展与品质鉴评研讨会在浙江省杭州市召开，茶叶感官审评与检验专业委员会委员、首届“国饮杯”大宗茶评比专家组成员陈宗懋院士及茶叶品种、加工、营销等领域专家共22人参加会议。会议由中国茶叶学会副理事长、茶叶感官审评与检验专业委员会主任委员毛祖法主持。

毛祖法提出，在重视名优茶的同时，也要重视大宗茶的发展，促进大宗茶的发展跟上现代社会的需求和消费者的要求，这是我们今后工作的重点之一。

研讨会结合首届“国饮杯”全国大宗茶评比，围绕我国大宗茶发展、大宗茶的涵义、大宗茶品质鉴评以及“国饮杯”全国大宗茶审评标准等主题展开讨论。

大家对“大宗茶”有一个基本的认识，主要包括以下几个方面：第一，工艺技术比较成熟；第二，规模化、机械化、标准化生产；第三，原料嫩度在一芽二叶以上；第四，价格适中，普通消费者能买得起的茶叶。开展首届“国饮杯”大宗茶评比，就是引导大宗茶的科学、健康发展。

我国近二十年来大力倡导、推动名优茶的发展，名优茶已成为茶产业发展的支柱。但对占我国茶产业60%～70%产量的大宗茶，重视不够，部分地区只采春茶，加工名优茶，造成了茶叶资源的极大浪费。专家认为：应该重视大宗茶，推动大宗茶发展。发展大宗茶，有利于提高茶园的生产效益，从而提高茶农及茶企的效益；有利于弘扬“茶为国饮”，让普通老百姓喝上经济、安全、优质的茶。坚持“大宗茶发展”和“名优茶发展”两条腿走路，实现我国茶产业可持续发展，专家建议大力推进大宗茶的标准化生产，引导企业提高劳动生产率，提升加工工艺，提高机械化水平。

中国草学会

2010年是中国草学会成立30周年。3月13日，中国草学会2010年常务理事扩大会议在北京召开。学会名誉理事长洪绂曾、中国工程院院士任继周、中国工程院院士南志标出席会议，来自全国20多家单位的38位常务理事参加了会议。会议总结了2009年中国草学会工作，并对2010年学会的工作计划以及学会近期的工作活动具体安排进行讨论。

学会“王栋奖学金”奖励在草业研究中成绩优异的硕士、博士研究生，极大地鼓舞了青年学子报效草业的赤子之心，对草业科学学科的发展起到巨大促进作用。“王栋奖学金”奖励办法实现了多元化，除了固定每年给予优秀研究生奖金鼓励和颁发证书以外，还将为部分优秀研究生提供到国外学习和研究的资助。

2010年，学会开展学术交流活动20余次，比2009年有所增加。会议共收到论文1200余篇，与2009年相比大幅增长。

8月18～20日，学会承办了第八届博士生学术年会“草业与畜牧”分会专题，会议征文71篇，经过专家评审，推荐40篇优秀博士生论文参加专题会议，13名博士生进行了大会报告，26名博士生参与了海报交流。

10月17日，学会与中国畜牧业协会草业分会和内蒙古蒙草抗旱股份有限公司在内蒙古自治区呼和浩特市联合举办了北方草原原生草种应用高层研讨会。内蒙古蒙草抗旱股份有限公司详细介绍了蒙草抗旱绿化研究成果。

11月17日，由中国草学会、中国畜牧协会草业分会、新疆维吾尔自治区阿勒泰地区行政公署、新疆维吾尔自治区自然生态保护委员会、广东省深圳市罗湖区政府共同主办，深圳戈宝绿业有限公司承办的第十二届国际高新技术成果交易会暨五万亩戈宝麻荒漠变绿洲工程推介交流会在广东省深圳市召开。会议推介了新疆阿勒泰的戈宝红麻5万亩仿生栽培工程及保护区对生态贡献、对当地经济发展的带动等相关成果。

11月28日，中国草学会等多家单位联合主办的全国首届草地农业产业化高层论证会在广东省珠海市举行，来自全国300余位专家学者和相关学科带头人参加会议。会议围绕我国农业发展方式转变及农业未来发展、“三农”问题，草地农业产业化现状、学科前景和未来趋势等相关问题进行学术交流。

2010年，学会各专业委员会积极开展学术交流活动。5月13日，种子科学与技术专业委员会与全国畜牧总站在北京共同组织召开了我国草种业发展战略研究论坛。论坛围绕草种质资源保护、良种培育、种子生产与经营、良种推广和草种监管5个主要环节，从制度、技术、政策三个方面展开讨论，在分析了我国草种业发展中存在问题的基础上提出相关对策和建议。

8月18～20日，牧草遗传资源专业委员会承办蒙古高原草原生态生产功能区优化模式国际学术研讨会。此次研讨会是在《中国西部草地可持续发展（ACIAR LPS/2001/094）》和《通过改进家畜生产和完善草地经营系统改善内蒙古养羊牧民的生活状况（DAFF，CSU/OPA 3291）》中澳国际合作项目，以及中俄合作项目《中俄优异牧草遗传资源搜集评价及其挖掘利用研究（2008－2014）》的基础之上发展和建立起来的，旨在进行蒙古高原草原生态学、生物多样性、种质资源评价利用深入研究，建立草地管理、草地生态健康评价、草地畜牧业可持续经营优化模式，扩大建立中长期试验研究基地，培养和锻炼一支多学科的中青年科学家团队。

8月19～21日，草坪专业委员会学术研讨会在上海市召开，主题是“草坪与低碳城市”。来自15个省市45家单位的150余位专家学者参加会议，共收到论文30余篇。

9月，草地植保专业委员会在甘肃省天祝县召开草原植保专题研讨会，研讨草地病虫害发生规律和监控技术，总结交流防治经验，报告国家牧草产业技术体系牧草虫害研究及防治工作进展。

9月12日，中国草学会青年工作委员在上海市举行中国草业科技创新论坛，180余位专家学者参加会议，会议收到论文100余篇，出版了51万字的论文集。

草地植保专业委员会组织开展了草原蝗虫防治技术、全国草原病虫草鼠为害情况、草原植物保护等学术报告和学术讲座，展开了草原主要害虫、害鼠发生、防治情况等调研活动，对青海省、西藏自治区和内蒙古自治区阿拉善盟、锡林郭勒盟的鼠害、虫害进行了一系列的考察研究，对发生虫害、鼠害的具体情况进行分析调查，对其防治提出一系列的方针政策。

9月，牧草育种专业委员会完成“十一五”国家科技支撑牧草育种专项课题，通过专家鉴定验收。

2010年，学会会刊《草地学报》刊载文章161篇，比2009年有所增加。

【中国草学会30周年庆典暨首届中国草业大会】

5月12日，中国草学会30周年庆典暨首届中国草业大会在北京召开。会议由中国草学会和中国畜牧业协会联合主办。来自全国草业界的600余位专家、学者参加会议。全国政协副主席罗富和，农业部首席兽医师于康震，农业部原副部长、中国草学会名誉理事长洪绂曾，农业部原副部长、中国畜牧业协会理事长张宝文，中国农业大学党委书记瞿振元和副校长王涛等领导出席了大会开幕式。

会议举办了草原生态保护与建设、草原碳汇功能、草原畜牧业、南方草业、草畜牧业发展和草业政策等六个专业论坛，共收到论文1000篇。

学会表彰奖励了30年来有突出贡献的会员代表，草学功勋奖6名、荣获金质奖章，草学荣誉奖27名、荣获银质奖章，从事草业科技工作40年奖93名，中国草学会优秀会员奖91名。

【草业科学技术奖】

2010年3月17日，学会设立国家科技部社会力量奖“草业科学技术奖”。此奖项是经国家科学技术部批准，面向全国的草业科学技术奖，奖励在草业科学技术进步中做出突出贡献的集体和个人，以鼓励草业科技创新，充分调动广大草业科技工作者的积极性、创造性，加快实现草业跨越式发展。草业科技奖的奖励范围包括：基础研究及应用基础研究成果，推广应用成果，实用新产品、新技术、新工艺，软科学成果。

草业科技奖每两年评选一次，设一等奖、二等奖、三等奖，对获奖项目分别颁发奖励证书和奖金。评选活动实行公开、公平、公正的原则。草业科技奖的组织领导机构是草业科学技术奖奖励管理委员会，其职责是对奖励工作进行宏观管理和指导，包括制定奖励政策，筹措奖励资金，组建评审委员会，批准评审结果并授奖。

中华医学会

2010年，中华医学会任期届满的31个分会顺利完成换届工作。有3个专科分会成立了青年委员会，已成立青年委员会的专科分会超过60个。

学会在本届理事会专门增设“卫生发展研究工作委员会”，以“充分发挥商业保险的作用，推进我国医药卫生体制的改革”为题展开调研。

学会83个专科分会中有40个定期召开了学术年会，比2009年增加了5个。经过压缩、整合，学会的会议数量由2009年的304个减少到256个。其中，由学会专科分会主办的全国性学术大会或学术年会等综合性学术会议56个，国际、地区或双边学术会议21个，中青年学术会议13个，专题学术会议125个，由杂志社或音像社举办的组稿会议44个。

受中国科协委托，学会组织8名医学专家于9月5~9日参加了2010年“全国科普日”暨第九届中国科协·吕梁市科技下乡活动，在5个区县开展了健康科普报告会、技术培训、义诊和咨询等。

学会与卫生部临床检验中心共同启动了“中国糖化血红蛋白教育计划”。针对糖化血红蛋白作为评价长期血糖控制金标准的重要性，开展常见多发病防治技术要点筛选和普及研究。分别于8月17日在北京市、9月19日在山西省太原市、9月28日在天津市、10月16日在辽宁省沈阳市、10月27日广东省广州市等地开展了10场内分泌医师及检验医师培训，共培训医务人员2000多人。

2010年，学会根据承接的全国继续医学教育委员会办公室工作职能，继续受理国家级继续医学教育项目申报并组织评审，通过网络远程方式对5455项2011年国家级继续医学教育申报项目进行集中评审，有4649项获得通过，通过率为85.2%；印制、发放国家级学分证书达75.7万册。11月中旬，学会接到卫生部规划财务司关于组织开展2010年医用设备使用人员业务能力考评工作的委托任务，要求于12月31日前完成。接到任务后，学会领导分头带队，共派出23人分赴21个省巡考，确保了考试的公平、公正，使这项涉及全国31118名医用设备使用人员的考试任务提前圆满完成。

为激励我国医学领域创新性研究，继续开展“中华医学科技奖”评审工作。经过形式审查、初审、公示、终审等程序，从全国240项推荐项目中评选出2010年度“中华医学科技奖”一等奖8项，二等奖26项，三等奖45项，卫生管理项目2项，共计81个获奖项目。该评审结果以通讯会议方式报请学会常务理事会审批。作为国家科学技术进步奖的直接推荐单位，学会从2009年“中华医学科技奖”一、二等奖中择优推荐7个项目，有3项被列为国家科技奖励办公室的建议授奖项目。

2010年，学会利用专家资源优势，积极承担上级部门的各项委托任务，全年共完成涉及项目评审、技术论证与咨询、诊疗方案制修订等委托任务30余项。

2010年学会共收到委托并组织案例论证220例，受理鉴定38例，鉴定结论属医疗事故率的占87%。在预防接种异常反应鉴定工作方面，除接受卫生部委托派遣专家赴山西进行技术指导外，还对20余次来自各地医学会、卫生行政部门咨询进行了鉴定指导。

学会全年共组团出访18次，参加了在法国举办的世界医学会第185次理事会和美国医学会、英国医学会年会等重要会议，组织主办了“京港医学交流”、“华人健康平台2010会议”等重要活动。全年共接待国际抗癌联盟、英国医学杂志出版集团、美国医学会候任会长、加拿大皇家内科外科学院、意大利医学组织（基金会）等国际医学专业组织及港澳台医学专业组织的代表10余次。

2010年，中华医学会系列杂志总数为123种（中华系列共84种，中国15种，国际24种），全年共出版1326期杂志，办刊地点在学会机关的22种学术类期刊的论文收稿数约28000篇，存稿约8000篇，刊出稿约9000篇，刊用率约32%。据对办刊地点在机关内21种期刊（《中华医学信息导报》除外）的统计结果，全年总印数约172万册，较2009年上升1.7%；总发行量约170万册，上升2.18%，总收入则上升了5%。从全年总发行量的角度看，自办销售占总销售量的22.1%，与2009年相比上升23.9%，收入上升26.8%；单行本印数85万册，收入上升了15.6%。

2010年，学会主办的中华医学电子音像出版社从健全制度和加强管理入手，确保了全部8项“十一五”国家重点音像、电子出版物出版规划项目的按时完成。新增2种电子期刊进入《中国科技论文统计源期刊》，使被纳入统计源的中华医学会电子版系列杂志达到7种。全年共编辑出版了155个版号的电子音像出版物，其中，音像制品86个版号，电子出版物47个版号，连续电子出版物（电子版杂志）22个版号113期。全年共压制光盘527060张，与其他出版社合作出版图书20种。经济收入和利润分别比2009年增长20%和30%。

2010年，杂志社数字化网络拓展工作取得进展。已有90种杂志正式使用中华医学会远程稿件管理系统，已完成5种杂志的子网站建设，系统已收到5万余篇各类稿件。另有多种杂志开始尝试手机出版形式。

【第二十四次全国会员代表大会】

4月24~25日，中华医学会第二十四次全国会员代表大会在北京召开，来自全国各省、自治区、直辖市、新疆生产建设兵团的500余名代表参会。中共中央政治局常委、国务院副总理李克强出席大会并发表重要讲话。他在讲话中指出，长期以来，中华医学会为维护人民群众健康、繁荣发展卫生事业，做了大量工作，做出了突出贡献。中华医学会要认真落实党中央、国务院的决策部署，在医药卫生事业改革中充分发挥医疗卫生工作者的主力军作用。全国人大常委会副委员长、中国科协主席、中华医学会名誉会长韩启德，全国政协副主席王志珍，国务院副秘书长尤权，卫生部部长陈竺，中国科协常务副主席、书记处第一书记邓楠，卫生部党组书记、副部长张茅，卫生部原部长、中华医学会第22届会长张文康等有关领导出席大会开幕式。钟南山在大会上作第23届理事会工作报告。大会选举产生了中华医学会第24届理事会，卫生部部长陈竺当选为中华医学会第24届会长，选出理事251名，常务理事55名。会议通过了第23届理事会工作报告和关于修改《中华医学会章程》等各项决议。大会还通过决议，号召全体会员和全国医疗卫生工作者向参与玉树抗震救灾的医疗卫生工作者、医学会会员学习。会议对中华医学会先进集体和优秀学术期刊进行了表彰。

【2009年中华医学科技奖颁奖大会】

2009年中华医学科技奖颁奖大会于1月24日在上海市举行。来自全国各地的700多名医学科技工作者参加了会议。中共中央政治局委员，中共上海市委书记俞正声，全国人大常委会副委员长桑国卫，卫生部部长陈竺，学会会长钟南山等出席大会，并向获奖代表颁发了奖杯、获奖证书及奖金。2009年度中华医学科技奖共有235项科研成果进行申报，最终评选出83项获奖成果。中国人民解放军总医院的“细胞、器官衰老的分子机制研究与个体化衰老评价的建立及应用”等7项科研成果获一等奖，“人参皂苷Rgl的多靶点作用和机制分析”等26项科研成果获二等奖，“胃癌前病变癌变准确监测和有效阻断技术体系的建立”等47项科研成果获三等奖。2009年度中华医学科技奖首次对卫生管理学项目和医学科普项目进行了奖励。

【新设临床医学科研专项资金6项】

为鼓励临床医学创新性研究，2010年中华医学会与中国医药卫生事业发展基金会、上海柯莱逊生物技术有限公司、葛兰素史克中国公司、辉瑞制药有限公司就设立中华医学会临床医学科研专项资金事宜分别签署了合作协议，共设立了6个专项资金。专项资金分别是疑似艾滋病恐惧症探索性干预研究专项资金、柯莱逊肿瘤生物治疗临床研究专项资金、哮喘患病情况及危险因素流行病学调查专项资金、糖尿病流行病学调查Ⅱ期专项资金、内分泌疾病临床研究专项资金、2010年麻醉临床研究专项资金，共募集资金2073万元。

【国家临床重点专科建设项目申报评估工作】

受卫生部医政司委托，中华医学会于3月23日组织召开了制订部分国家临床重点专科评分标准专家讨论会，会议邀请了44名专家，按照卫生部发布的通用标准，分学科制定了消化内科、骨科、儿科、妇科、产科五个重点专科评分标准。会后，将会议制定的专科评分标准通过邮件形式向消化内科、骨科、儿科、妇产科分会主任委员征求了专科分会意见，并将意见上报卫生部。根据特急卫发明电【2010】102号文件《关于做好2010年国家临床重点专科建设项目申报工作的通知》，中华医学会按照卫生部要求，12月8～11日，在北京召开了国家临床重点专科建设项目评估工作会，319位评估专家分为17个专业组参加了评估工作，完成522份材料审核，有243个项目进行了现场答辩。

【世界心脏病学大会2010】

由世界心脏病联盟（WHF）主办，中华医学会承办的“世界心脏病学大会2010”于6月16～19日在北京国家会议中心举行。

大会学术内容涵盖了当前心脏病学领域所有相关内容，展示当前国际领域最前沿研究成果。本次大会共邀请了来自五大洲共计478名心脏病学及相关领域专家作报告和讲座。在26个会场同时举行了共计154场专题讲座。会议共收到论文2741篇，采纳2107篇，其中502篇被录用为口头发言，1605篇被录用为壁报交流。被大会采纳的论文摘要已在美国心脏协会官方杂志《循环》（*Circulation*）的网络版上发表。会议参会者还获得了18学时的欧洲心脏病学继续教育学分（EBAC）。心血管疾病的防治工作是本次会议的重点内容，有28%的专题讲座涉及该领域。会议公布了10场最新临床试验结果，举行的7场新闻发布会内容涉及了心脏病的最新治疗方法进展、控烟以降低心血管病风险、妇女健康、高血压、心血管疾病与种族的关系、根治风湿性心脏病、在发展中国家治疗心血管病的最新数据等。10245位注册参会代表来自119个国家和地区，其中国内参会代表4141人，境外参会代表6104人。

【中华医学会第十二次全国骨科学术会议及第五届COA国际学术会议】

11月11～14日，中华医学会第十二次全国骨科学术会议及第五届COA国际学术会议在四川省成都市召开。本次会议是中华医学会规模最大的一次学术会议，参会医生达10144人，其中境内9921人，境外223人；参展企业167家，参会企业人员约4000人。本次会议共收到稿件11464篇，按脊柱、关节、骨肿瘤、创伤、足踝、骨质疏松、微创、关节镜、康复与护理等专业分为17个分会场进行了学术交流和讨论。单独设立的国际会场吸引了国内外500余名专家学者，以及10余个国家或国际组织的代表出席。在会议前一天举办的骨科基础研究大会，专门介绍骨科基础研究的新进展，为从事骨科基础研究和临床研究的医生搭建交流和合作的平台。会议期间，每天早上7：30～8：30举办骨科继续医学教育讲座，邀请国内外著名专家系统介绍骨科新技术、新理论。这两项举措均受到广大基层医生的欢迎，成为本次会议学术交流的特色。

中华中医药学会

2010年，中华中医药学会个人会员达187741人，团体会员188家。学会举办全国性学术活动75次，累计参会人员9700人，交流论文6300篇。

中医诊断、中医外科、中医体质等15个分会的先后进行了换届改选工作。经民政部批准，成立了中医疼痛、对外交流与合作等两个分会。

学会举办了中医药在重大公共卫生事件中的地位和作用论坛、国学国医论坛、全国首届冬病夏治高峰论坛、第二届全国中药房规范化建设与管理高层论坛、中医药防治代谢综合征高峰论坛等学术会议，以温病、络病、情志、亚健康等为专题的国际研讨会。与中国工程院医药卫生学部、中华医学会、中国中西医结合学会、中国医师协会在天津市共同主办了第六届国际络病学大会。学会组织中医药专家3次赴台湾地区出席学术研讨会，分别就中医药技术交流与品质管理、医院文化建设及中医药标准化工作等内容进行了交流。

5月21～23日，国学国医论坛即第四届国学国医岳麓论坛在湖南省长沙市举行，1000余人参加会议。会议的召开旨在进一步推进中医“治未病”及亚健康中医干预研究重点项目的建设，推动亚健康中医干预产业的发展。论坛分设国学论坛、国医论坛、亚健康论坛、经络调理论坛、书画与养生论坛、养生与新媒体论坛、长寿研究论坛等7个分论坛。

7月2~4日，中医药防治代谢综合征高峰论坛暨高级研修班在北京召开。首届“国医大师”唐由之、陆广莘以及来自全国各地的中医药专家200余人出席会议。会议交流了中医药多靶点、个体化、整体调节治疗的优势，探讨了中医、中西医结合防治代谢综合征及其靶器官心脑血管疾病的新思路、新方法和最新研究进展，为中医药防治代谢综合征新提供了可借鉴的思路、方法和模式。

9月11日，第十六次全国中医耳鼻咽喉科学术会议在北京召开。大会共收到学术论文209篇，包括综合研究33篇、耳科38篇、鼻科58篇、咽喉49篇、经验介绍22篇、其他9篇。本次会议有190名正式代表和70余名列席代表参会。

10月14~17日，中华中医药学会肛肠分会成立30周年纪念大会暨2010年中医肛肠学术交流会在福建省福州市召开，共有788名肛肠学科医务工作者出席。来自日本和中国香港特别行政区、台湾地区的肛肠病专家出席了会议。大会共收到论文572篇，《中医肛肠理论与实践》录入其中的552篇。39位国内外肛肠病专家在大会上以中医肛肠学术继承与发展，结直肠和肛门疾病的新思维、新理论、新技术为专题作学术报告。

2010年度中华中医药学会科学技术奖评选，共收到申报项目188项，评选出一等奖10项，二等奖39项（含科普2项），三等奖50项（含科普3项）。中华中医药学会李时珍医药创新奖评选，评选出4项拟授奖项目（人选）。完成了第四届学术著作奖的评选活动，评选出了一等奖17部、二等奖25部、三等奖28部。开展“中华中医药学会科技之星”推选活动，评选出107位“中华中医药学会科技之星”。

曾获得中华中医药学会科学技术奖一等奖、由北京中医药大学王庆国等完成的“经方现代应用的临床与基础研究”和中国人民解放军第二军医大学张卫东等完成的“基于中医药特点的中药样品库的建立与新药研究”，经学会推荐荣获2010年度国家科学技术进步二等奖。

学会副会长杨明会、糖尿病分会主任委员仝小林、亚健康分会主任委员孙涛、中药鉴定分会主任委员黄璐琦、骨伤分会常务副主任委员朱立国获得2010年中国科协“全国优秀科技工作者”荣誉称号。

2010年，学会共组织大型科普报告会26场，参与人数3.5万人次；组织专家巡讲750场，听众达58万余人。学会推出11位首席健康科普专家，开展“全国中医药科学普及先进个人”的评选活动，评出“全国中医药科学普及金话筒奖”82名、“全国中医药科普编辑金牛奖”22名、“全国中医药科学普及传播奖”15名。举办全国第五次中医药科普高层论坛。学会联合深圳市卫生局、深圳市精神文明建设办公室、深圳市关爱行动组委会办公室等多家单位共同举办了“幸福人生大讲堂”大型科普公益活动，10余位全国中医药知名科普专家与深圳市民共同分享中医药养生之道，传递中医药养生中的大智慧。

学会共发布《中医外科常见病诊疗指南》等216项标准，编制完成并审查通过《中医骨伤科常见病诊疗指南》等130项标准。

学会完成继续教育项目54项，受训人员5000余人，培养了一批适用于农村、基层的中医骨干。传授内容包括了中医钩活术、脊诊整脊推拿技术、中医蜂疗技术以及小儿推拿技术等操作简便易学、疗效可靠、费用低廉、安全性高的中医适宜技术。

学会主办期刊28种，其中已经有3种进入了中文核心期刊，有7种进入了科技核心期刊。《中医杂志》（英文版）被列为SCI来源期刊，这是继《中国结合医学杂志》之后，我国第二个进入SCI的中医药类期刊。

承接国家中医药管理局新闻办公室“图书、期刊、报纸”三项审读办法修订座谈会，圆满完成2010年局管“图书、期刊、报纸”的集中审读工作，协助国家中医药管理局新闻办公室出版了2010年《中医药新闻出版通讯》。

学会积极参与抗震救灾和灾后重建工作。考虑到玉树地震灾区群众及救援人员易患上呼吸道疾病，4月25日学会联合安徽济人药业有限公司向灾区捐赠价值1000万元的疏风解毒胶囊。6月21日，江西省抚河唱凯堤突发决口，学会再联合安徽济人药业有限公司，向灾区捐赠价值1000万元的疏风解毒胶囊。

中华中医药学会学术会议管理系统正式开通。门户网站日点击次数达2746人次。

【首席健康科普专家】

学会推出了尤昭玲、王琦、王新陆、仝小林、张伯礼、张国玺、唐旭东、晁恩祥、高学敏、温长路、樊正伦11位首席健康科普专家，倡导和推广科学养生，引领中医养生的方向，进一步健全科学的养生机制、校正养生宣传的导向、提高大众对养生问题的认知。学会与人民军医出版社共同对这11位专家的养生经验进行了整理、编辑，并推出《首席专家话健康》一书。

【弘扬名老中医学术经验】

学会以名老中医的有关纪念活动为契机，推动名老中医学术思想的研究与传承。学会主办或协办了国医大师路志正从医70周年学术思想研讨会、金世元教授从事中医药工作70周年庆典、陈彤云行医60周年庆祝大会、纪念国医大师方和谦逝世一周年活动。学会以培训班、学术研讨会为载体，推动名老中医药专家学术经验的传承。在学会主办的“全国虫类药在风湿病中的应用暨风湿病新进展学习班”上，“国医大师”朱良春教授亲自授课，通过“点面结合，兼收并蓄”，使每位学员不仅有机会聆听到国医大师亲身授受，而且还可以与国医大师的学生交流师承的经验。

中国中西医结合学会

2010年，中国中西医结合学会新成立了重症医学专业委员和信息专业委员会，学会分支机构达到49个。学会的传染病、心身医学、消化系统疾病、心血管疾病、医学影像、肝病、精神疾病等7个专业委员会完成换届改选工作，组建了新一届专业委员会，民主选举产生了新一届主任委员、副主任委员和常务委员。

为推动中西医结合事业不断发展并带来新的生机和活力，补充各专业委员会的青年后备力量，神经科、肾病、呼吸病、精神疾病等12个专业委员会增补成立了青年委员会。

学会第六届五次常务理事会议修改了《中国中西医结合学会专业委员会管理规定》，审议通过了《中国中西医结合学会继续教育基地建设管理办法（草案）》。

2010年，学会共举办学术会议45次，其中国际会议1次。出席会议的人员共计1万余人次，编印会议论文集43种，印刷9200余册，交流学术论文7000余篇。

由皮肤性病专业委员会主办的2010全国中西医结合皮肤性病学术会议4月在上海市召开。会议共收到论文700余篇，来自全国26个省市的皮肤科医生以及部分国外专家等共1000余人参加会议。会议就中西医结合皮肤学科领域的前沿问题进行了探讨和交流。

11月，第二届国际中西医结合肝病学术会议在上海市召开。来自世界各地及国内的250名专家学者出席。会议展示了在慢性病毒性肝炎的中西药联合治疗、肝纤维化及早期肝硬化的阻断和逆转及其机理的研究等方面取得的成果。

7月，教育工作委员会在河北省承德市召开了全国中西医结合临床教学工作研讨会暨中国中西医结合学会教育工作委员会2010年会议。研讨会共收到论文106篇，举办学术交流15场。175名中西医结合教育专家学者，围绕中西医结合临床教学工作交流经验，提出了改革的思路和建议。

学会23个继续教育项目被国家中医药管理局列入局级继续教育活动项目。2010年共完成包括烧伤、肿瘤、围手术期、急救、泌尿外科、灾害医学等继续教育项目21个，1900余人次参加学习。4月，2009年度中国中西医结合学会科技奖在上海颁奖，共有34项中西医结合领域的科研成果分获一、二、三等奖。

2010年度中国中西医结合学会科技奖的申报项目113个，初审首次采用了函审的形式，制订了函审办法与细则。经形式审查和初审，79个项目获得通过。经终审评选，35个项目获奖。

8月和9月，美国整合医学学会会长陈兆明教授、美国亚利桑那大学医学院亚利桑那整合医学中心主任安特鲁·魏尔（Andrew Weil）医学博士来华访问，分别与学会会长陈凯先院士、名誉会长陈可冀院士等针对中西医结合发展和西方整合医学发展等内容交换了意见。

学会联合全国高等中医药教材建设研究会、国家中医药管理局教材办公室、中国中医药出版社，共同启动对新世纪全国高等医药院校中西医结合临床医学专业临床课程规划教材的第二版编纂工作。完成与中华医学会共同承担的《中国中西医结合学科史》的编写任务，已由中国科学技术出版社正式出版发行。协助中国医药科技出版社组织专家编写《临床疑难病中西医结合特色治疗推广丛书》，普及和宣传中西医结合医疗方法和成果，扩大中西医结合的影响。

2010年，学会完成了国家中医药管理局人事教育司委托的制订《中西医结合临床医学专业中、高级技术资格评审条件》的工作。受国家中医药管理局政策法规与监督司委托，学会承担了中西医结合标准化示范项目的组织制订工作。心血管病、消化疾病、活血化瘀等专业委员会分别完成了《冠心病中西医结合诊疗指南》、《溃疡性结肠炎中西医结合诊疗指南》和《血瘀证中西医结合诊疗指南》的制订工作。

中国药学会

2010年，中国药学会先后被国家民政部授予“全国先进社会组织”荣誉称号，被科技部、中央宣传部、中国科协评选为“全国科普工作先进集体”。

学会共组织开展国内学术交流活动56次，参加人数12810人，论文征集3861篇，论文交流488篇；在国内开展国际学术交流活动1次，参加人数300人，论文交流31篇；参加国外学术交流活动4次，参加人数236人，论文交流30篇；组织开展继续教育培训班24个，受训人员3175人次。组织全国青年药学工作者最新科研成果交流会，与中国生物工程学会等17家全国学会、地方政府等联合举办了学科论坛等会议。

2010年，学会率团赴法国参加了欧洲医院药师协会第十五届年会，与欧洲医院药师协会建立了联系。协助澳大利亚药学会在北京召开海外培训会，在会上介绍了我国医药事业发展和药师的执业管理情况。

2010年世界药学大会暨国际药学联合会（FIP）第70届年会于8月28日~9月2日在葡萄牙里斯本召开，5位中国专家在会上作大会报告，30篇壁报参加大会交流。在同时召开的国际药学联合会理事会会议上，中国药学会国际学术交流工作委员会委员、解放军总后勤部卫生部陈征宇当选为国际药学联合会军事与急救药学分委会（MEPS）主席。11月，学会推荐的8位国内著名药学专家赴美出席美国药学会年会暨2010年世界药学科学大会，担任大会主席并作大会报告。

《中国天然药物》杂志进入北京大学核心期刊目录。《中国药学杂志》原副主编陈新谦、《中草药》执行主编陈常青获得中国期刊协会“新中国60年有影响的期刊及期刊人”荣誉称号。《药学名词》编辑工作获得全国科学名词审定委员会表彰。

与美国药物信息学会（DIA）签订合作框架协议，联合出版内部刊物《全球药讯》，介绍全球药品研发、管理、使用等方面的最新动态，该刊于10月创刊。学会组织翻译并出版了《WHO－FIP药学发展实践》、《美国卫生系统药师协会实践指南汇编》等书籍。

征集《中国药学会继续药学教育十二五规划》意见和建议，讨论和修订《中国药学会继续药学教育管理办法》等4项继续药学教育规章制度。向人力资源和社会保障部申报2010年知识更新工程项目“国家基本药物制度研究高级研修班”获批准。

受科技部、工业和信息化部、卫生部、中国科学院及国家食品药品监督管理局等委托，承担国家“十一五”科技支撑计划项目“基层医疗机构主要基本药物合理使用评价和研究”等10项课题。承接了世界卫生组织“国家药品应急体系建设研究”（中国/世界卫生组织2010/2011卫生合作项目）、中国科协委托的“创新发展推广工程基础项目——承担社会化服务职能”等8项课题研究。

完成2010年中国药学会科学技术奖、第11届吴阶平医学研究奖·保罗杨森药学研究奖、第13届中国药学会——施维雅青年药物化学奖及项目资助、2010年中国药学会——赛诺菲安万特青年生物药物奖、2010年中国药学会——石药集团青年药剂学奖、2010年中国药学会优秀药师等奖项的推荐评选工作，共表彰奖励药学科技工作者及药学工作者120名。

全国医药经济信息网入网网员医院已达770家，其中三甲医院占52%，分网数量增加到31个。除西藏自治区，香港特别行政区、澳门特别行政区和台湾省以外，数据来源覆盖全国，实现了从恢复重建到稳定发展的跨越。完成工业和信息化部、商务部、卫生部、国家食品药品监督管理局等部委赋予的专项数据调查任务。2010年，通过美国软件能力成熟度模型（CMMI）认证，成为我国医药界通过该项认证的唯一网站。

学会先后组织专家在湖北省武汉市等地举办了7场“安全合理用药全国巡讲”讲座。配合国家食品药品监督管理局开展“安全用药 关注农村”系列活动，分别在江西省井冈山、河北省西柏坡举行科普宣传数字电影首映式和“安全用药 关注农村”农家书屋健康工程启动仪式，向农民及基层单位传输健康理念，指导公众树立合理用药知识。

4月22日，受工业和信息化部委托，学会与第二军医大学专家共同赶赴青海省西宁市，调研玉树地震灾区的药品物资应急保障情况，特别制作15000份“抗震救灾情系玉树”的安全用药等方面的汉藏文本科普知识宣传折页，内容涉及地震避险、自救、防疫、心理调节、安全合理用药知识，通过青海省药学会和全国医药经济信息网向灾区发放。

配合科技部、中国科协做好全国科技周科普工作。5月15日，共同在北京龙潭公园举办的以“携手建设创新型国家——节约能源资源、保护生态环境、保障安全健康”为主题的宣传活动中，发放安全合理用药宣传资料近500份，回收调查问卷约150份，接受群众咨询千余人次。

【2010年中国药学大会暨第十届中国药师周】

11月5~7日，以“发展生物医药新兴产业，保障人民身体健康”为主题的2010年中国药学大会暨第十届中国药师周在天津市举行。全国人大常委会副委员长、中国药学会理事长桑国卫，天津市委副书记、天津市人民政府市长黄兴国，卫生部副部长、国家中医药管理局局长王国强，卫生部副部长刘谦，全国人大常委会委员、中国科协书记处书记冯长根，国家食品药品监督管理局副局长吴浈，天津市人大常委会副主任李亚力，天津市人民政府副市长张俊芳，以及两院院士、特邀嘉宾、中国药学会理事、各省（区、市）药监局局长、药学会秘书长、药学专家学者等2000多人出席了大会。

大会向获得2010年中国药学会科学技术奖，2010年中国药学会——石药集团青年药剂学奖、第13届中国药学会——施维雅青年药物化学奖及项目资助、中国药学会——赛诺菲安万特青年生物药物奖和中国药学会优秀药师奖的获奖者颁发了奖杯和证书，为中国科协全国科普教育基地——天津天士力集团有限公司授牌。

桑国卫等8位院士和1位企业研发负责人先后作大会报告。中国药学会所属生化与生物技术药物、中药和天然药物、抗生素、医院药学等19个专业委员会所推荐的19位专家和200多个候选优秀论文代表作分会场报告。

会议期间还召开了“关注安全合理用药 促进社区医疗服务”基层医疗卫生机构基本药物安全合理使用培训、中药资源的持续利用卫星会、生物制品研发新进展论坛、天津市第二届药学专业大学生自主创新学术论坛、国家“重大新药创制”实施计划专题报告会、医院药剂科品质管理专题研讨会、我国医药行业发展政策研究研讨会、药学科普公益活动、中国药学会22届理事会第四次会议、2010年全国医药经济信息网工作会议。本次大会共征集论文765篇，经过论文评选专家组评选，9个专业分会场及卫星会场共评出一等奖2名、二等奖20名、三等奖26名。

本次大会，通过对生物医药科技领域及生化与生物技术药物、中药和天然药物等相关专业领域广泛交流，分析研讨生物医药科技和产业领域以及药学学科发展现状和前景，展望了我国医药卫生科技事业未来发展。

本次大会为无烟会议，同时中国药学会向全国广大药学科技工作者发出倡议：“拒绝烟草 干净呼吸”。大会号召全国广大药学科技工作者要更加自觉地把个人前途与国家命运、人民需要紧密结合起来，努力创造无愧于国家、无愧于时代的光辉业绩。

【“安全用药 关注农村”农家书屋健康工程在西柏坡启动】

6月28日，由国家食品药品监督管理局、新闻出版总署联合主办，中国药学会和中国医药科技出版社承办的“安全用药 关注农村”农家书屋健康工程启动仪式在河北省西柏坡纪念馆广场举行。全国人大常委会副委员长、中国药学会理事长桑国卫、国家食品药品监督管理局副局长李继平、新闻出版总署副署长阎晓宏，以及中国科协、河北省、石家庄市有关领导，学会部分药学专家和河北省部分县市的农民代表1000余人参加了启动仪式。

桑国卫在启动仪式上指出，药品安全是我国的民生问题，是关系到人民生命安危的大事，是全社会共同关注、共同努力、共同参与的一项系统工程。当前，我国医药卫生事业正处在快速发展阶段，药品安全的宣传教育工作日益重要。他希望社会各界积极参与，通过群众喜闻乐见的方式，切实把科学、合理、有价值的知识和理念带给广大人民群众，促进社会和谐和进步。

新闻出版总署副署长阎晓宏表示，将安全用药科普知识同农家书屋结合起来，向农民群众赠送安全用药合理用药的科普图书，既传播了安全合理用药知识和理念，又促进了农家书屋工程建设，今后希望这样的活动越来越多。

当天，国家食品药品监督管理局有关领导和药学专家在西柏坡村农家书屋开展药学科普讲座，了解了农民群众对药学科普的需求和关注重点。活动向河北省2230家农家书屋分别赠送了一套30种的《常见病合理用药》系列丛书，共计66900多册。

中华护理学会

2010年是中华护理学会第二个百年的开局之年。截至10月，中华护理学会全国普通会员达到72467名，资深会员1279名，合计会员总数73726名。向民政部申请设立的造口、伤口、失禁护理专业委员会，静脉治疗护理专业委员会，重症监护护理专业委员会获得批准。

学会在年度内共举办36次学术会议，参加人员近5900余人。学会组织39名国内护理专家出席了11月19~26日在日本召开的第二届中日韩护理交流会，组织手术室专科护士和造口治疗师分别参加了在美国举办的国际手术室年会和世界造口年会，继续与国际护士会开展“结核培训”项目，获得了世界卫生组织“2010－2011年世界灾害培训”项目。学会还先后派出3批次38人赴台湾地区和澳门特别行政区参加了第二十六届两岸学术交流、肿瘤专科交流和两岸四地学术会议。

学会受卫生部委托承担了卫生部“2010—2020医药卫生人才发展规划——护士队伍建设研究”课题。学会领导组织在京部分常务理事和护理管理专业委员会专家共同承担了课题研究工作。课题组专家在一个月的时间里，针对课题中“背景情况、现状分析、问题分析、供需情况分析、发展目标与思路、战略重点与主要任务、政策建议”8个部分撰写了近7万字的规划报告、可行性分析及预算报告。

参与了卫生部《缺血性脑卒中筛查和防控指导规范》项目，完成《脑卒中专科护理》部分的编写，参与了卫生部组织的2010年国家临床重点专科建设项目评估工作和临床护理及专科护理学科的评审工作，接受卫生部医政司护理处委托，编写了《临床护理实践指南》。

学会理事长李秀华向全国政协提交了《关于合理开发精神卫生人才，促进精神卫生事业发展》议案。学会领导带领护理专家到甘肃省进行了护理质量及手术室管理的科普宣传。3月16日，人民卫生电子音像出版社正式出版了《历史的回眸——纪念中华护理学会百年诞辰》DVD光盘。学会网站开通试运行。

继续扩大对专科护士的培训，学会全年共举办8个专科护士培训班，培养各专科护士875名，其中重症监护(ICU)、肿瘤、经外周导入中心静脉置管（PICC）专科护士培训班最受欢迎。

【《中国护士之歌》被确定为学会会歌】

学会于2010年5.12护士节之际在全国举办了唱响《中国护士之歌》比赛活动。各地对此项活动高度重视，积极响应。先后举办了不同形式的唱响《中国护士之歌》合唱比赛。在比赛活动中，许多省卫生系统和学会的各级领导亲自担任大赛评委，并特聘音乐团体专业人员担任艺术评委，参赛者真挚的演唱充分诠释了《中国护士之歌》的内涵，抒发了中国护士的职业情怀。通过评比，16家医院合唱团获得中华护理学会唱响《中国护士之歌》优秀奖，16家护理学会获得活动优秀组织奖。在中华护理学会第6次全国常务理事、第3次全国理事扩大会上，《中国护士之歌》被确定为中华护理学会会歌。

【“医改新政下护理改革之路”系列研讨会】

针对目前国家医药卫生体制改革工作的重点，结合卫生部“优质护理示范工程”的深入进行，学会在卫生部医政司护理处的指导下先后在湖北、内蒙古、辽宁、陕西、浙江、北京等6个省、自治区、直辖市举行了六期“医改新政下护理改革之路”系列研讨会。约4000名护理管理、护理教育、临床护理工作者共同研讨了新医改形势下护理管理实践中运行的新机制、新方法、新举措，总结“优质护理示范工程”工作中的亮点及创新点，探索了新医改形势下我国护理管理发展新方向。

中国生理学会

2010年，中国生理学会及7个专业委员会共主办学术会议6次。学会举办的“机能学课程开设与实验新技术”研修班，其新型教学模式课程吸引了来自全国各地高校的90余名教师参加研修。

在2010年的科技周和科普日活动中，学会科普工作委员会和办公室根据活动的主题要求制作了展板和宣传材料。为活动特别设计了面对青少年的36道题目，通过答题让他们了解和掌握基本的生理医学知识。每次活动发放的宣传材料均达到了2000~3000份。

为进一步完善了会员的个人信息，学会安排专人负责会员管理，更新了现有会员数据库。2010年新增会员427人，均已颁发了新会员证。在建立网络版《生理通讯》双月刊的同时，自筹资金为会员免费寄送纸质版《生理通讯》。

【第23届全国会员代表大会暨生理学学术大会】

中国生理学会第23届全国会员代表大会暨生理学学术大会于10月18~21日在陕西省西安市召开。来自全国各地867位代表及企业界人士与会。

全国会员代表大会听取了学会理事长范明所作的《中国生理学会第22届理事会工作报告》，副理事长兼秘书长王宪所作的《第22届财务收支情况报告》，副理事长袁文俊教授所作的《修改中国生理学会章程的报告》，选举产生了新一届理事会。

会议选举首都医科大学常务副校长王晓民教授为中国生理学会第23届理事会理事长，选举马兰、王宪、王建军、李葆明、夏强、谢俊霞为中国生理学会第23届理事会副理事长，选举王韵教授为中国生理学会第23届理事会秘书长。

会议邀请国际生理科学联合会（IUPS）现任秘书长、美国生理学会前主席Walter Boron教授、国际生理科学联合会教育专业委员会主席Penelope A. Hansen教授参会并分别作大会报告。

在冯德培纪念讲座上，国际生理科学联合会前主席、日本RIKEN脑研究所的Masao Ito教授以《生理学的挑战》为题作报告；韩济生院士在王志均纪念讲座上作了题为《针刺疗法的基本原理》的报告；饶毅教授在蔡翘纪念讲座作了题为《社会行为的分子遗传研究》的报告，以此来纪念为我国生理学发展做出了巨大贡献的老一辈生理学家。

为了推动中国生理科学的发展，让更多年轻人得到中国生理学界大师们的指导和教诲，本次会议设立生理学家讲坛，邀请了3位中国生理学界德高望重的老教授前来演讲。陈宜张院士从整合生理学角度作了题为《从突触到脑》的报告，唐朝枢教授从转化医学角度作了题为《现代生物医学研究的热点问题分析》的报告，赵志奇教授从发展中国生理学杂志的角度作了《〈生理学报〉的辉煌、低谷和未来》的报告。

本次会议共设16个分会场，涵盖了细胞生理学、神经生理学、感觉生理学、血液和循环生理学、呼吸生理学、代谢和体温、稳态和泌尿、内分泌和生殖生理学、比较生理学与应用生理学等多个方面，学术报告阐述了生理学界的众多研究热点，体现了我国生理学各分支学科研究水平都有了不同程度的提高，展示了中国生理学界所取得的最新研究成果。

本次学术大会共收到稿件667篇，包括大会报告3篇、特邀纪念讲座3篇、生理学家讲坛3篇，经常务理事会审核，遴选出56篇专题报告，158篇一般口头报告，445篇墙报，并由专家评选出43篇优秀墙报。

为提高全国生理学教学质量，大会专门设置讨论会交流生理学教学改革及教学成果。来自各院校生理学教学一线的教师，交流并展示了他们在生理学方面的教学经验。

中国解剖学会

2010年，中国解剖学会共发展新会员111名，现有普通会员2160名，团体会员6个。经过两年的会员重新登记工作，目前，学会会员管理已经纳入中国科协会员管理系统。

2010年，学会继续承担了解剖学科名词第二次审定工作，4月在山东省潍坊市召开了第二次审定工作会议。在学会科技开发与咨询工作委员会主任委员丁文龙教授主持下，学会继续实施修订人体教学模型标准的任务，目前已初步完成15个教学模型标准的制定。

中国解剖学会原理事长徐群渊教授和现任理事长李云庆教授被中国科协评选为“全国优秀科技工作者”。

学会承接了薛社普院士学术成长采集任务，成立了由陈克铨教授负责的采集工作小组。工作小组已完成3次对薛社普院士的口述资料采集，对薛院士的家属和学生进行了采访。工作小组还按照要求，采集多种实物资料，撰写了薛社普院士的生平年表。

【第十二届全国会员代表大会】

中国解剖学会于10月16日在上海市召开了第十二届全国会员代表大会。119位来自全国各省、自治区、直辖市的解剖学会（西藏除外）和香港特别行政区选出的代表出席了大会。

学会理事长李云庆教授代表第十三届理事会向大会作了题为《发扬优良传统，努力开拓进取，为中国解剖学会的美好明天而奋斗》的工作报告，副理事长张绍祥教授作了中国解剖学会章程（草案）的修改说明，秘书长郭顺根教授作了制定组织工作细则的说明，副理事长兼司库席焕久教授代表第十三届理事会作了财务报告。

出席会议的代表在分组讨论的基础上，对工作报告和章程（草案）提出了补充和修改意见，经会议表决通过了以上各项报告和说明。

出席会议的代表无记名投票选举产生了由63人组成的中国解剖学会第十四届理事会。理事会中新任理事24人，超过理事会总人数的1/3。在随后召开的第十四届理事会第一次理事会议上，以无记名投票方式选出了由18人组成的新一届常务理事会。选举李云庆为新一届学会理事长，选举席焕久、顾晓松、李和、周国民、张绍祥为副理事长，选举周长满为秘书长。

第十四届理事会第一次常务理事会议调整和确定了学会下设各分支机构的名称及主任委员的聘任，通过了对学会主办的8种期刊主编的聘任，确定由副理事长席焕久教授担任本届理事会的司库，聘任房桂珍、武胜昔、周德山为本届理事会的副秘书长。

【学会90华诞庆典】

中国解剖学会自1920年成立至2010年已90年，10月16日，学会在上海市举行了以“发扬90年的优良传统，开拓进取，为中国解剖学会的美好明天奋斗”为主题的庆典活动，800多人出席。庆典活动上还同时举行了《中国解剖学会90年历程》一书的首发式。

学会名誉理事长徐群渊教授、蔡文琴教授，老一辈专家责长恩教授、刘斌教授，第八、九届全国人大常委徐静博士，中国科学院院士、香港大学教授苏国辉，以及来自友好学会的代表到会祝贺。

学会理事长李云庆在庆典发言中表示，解剖学历史源远流长，是生命科学领域的基础、主干、支柱学科。随着生命科学的飞速发展，特别是在干细胞、组织工程、微创检查和治疗、数字化和信息化、神经生物学等方面取得的进步，对解剖学科的发展提出了挑战，也提供了机遇。近年来，解剖学专业工作者在数字医学、干细胞、组织工程、神经解剖学等领域取得的突出成就充分地说明了这一点。

【中国解剖学会2010年学术年会】

10月15～19日，中国解剖学会2010年学术年会在上海市召开，来自全国各地的800余位解剖学工作者与会。以理事长Kathryn J. Jones教授为团长的美国解剖学会12人代表团，以理事长钱宗良教授为领队的台湾地区解剖学会6人代表团出席了大会。

香港大学苏国辉院士和美国威斯康辛大学教授、复旦大学特聘教授、长江学者张素春博士分别以《成体神经元再生与抑制》、《干细胞与再生医学》为题作了开场报告。美国解剖学会Lydia L. DonCarlos等5位教授，香港大学教授吴武田，香港中文大学教授陈新安，台湾长庚大学教授欧阳品，台湾大学教授李立仁，上海同济大学教授康九红就“发育神经生物学与再生”作专题报告，报告赢得了与会专家、学者的高度关注。

大会共设定21个研究专题，分设6个分会场和墙报展示。共有260余位学者就21个专题进行了学术报告和交流。美国解剖学会还就教育、在国外期刊发表论文等内容进行了专题研讨。会议打破了以往按学科分类的方式，按研究内容分设了21个专题，并将这些专题有机地整合到6个分会场和墙报展示大厅内进行报告和交流，促进了学科之间的交叉与融合。为更好的展示国内外的先进研究与教学设备和书刊，促进厂商与参会学者间的互动，会议将分会场报告厅、墙报展示和厂商展示区域进行了整合和集中。

大会还评选出了第二届“李继硕青年优秀论文奖”、中国解剖学会2010年学术年会优秀青年论文报告奖。

本届学术年会首次采用网络会务系统。自2009年12月年会网站启用后，共制作网页300多个，发布通知和信息38条，接受注册900多人次，征集稿件800多篇，来往电子邮件500多封，提升了会议的效率与质量。

【“脊椎动物骨骼系统的进化”科普系列活动】

4月22日，学会举办的科普系列活动“脊椎动物骨骼系统的进化”科普展览在辽宁省大连市开幕，此展览由大连医科大学教授隋鸿锦负责组织实施，中国科协科学技术普及部给予了专项资助。通过各种专题性讨论及实验性互动活动，让广大的参观者及生物学爱好者了解不同种类的动物骨骼的相似性和差异性，更好地理解同源器官及同功奇观的概念。

展览以多生物标本、科学展板、仿真化石、计算机模拟等多种形式展现了各类生物骨骼的进化，展示了脊椎动物的骨骼在大小、形态、结构、力学特征及功用等方面的变化，揭示了生物体从低级向高级进化，由简单向复杂进化的过程。展览内容在设计上通俗易懂，使没有接触过此类自然科学知识的观众也能在轻松、自然的氛围中，轻松掌握展览呈现给观众的知识点。展览被广大观众称之为“最好的生物课堂”。

5月15~21日，第十届全国科技活动周期间，“脊椎动物骨骼系统的进化”科普展作为大连市科技周的分会场，免费接纳大专院校及中小学校的学生参观。

在举办展览的7个月时间里，共接待学生和自然科学的爱好者近3万余人次，得到了医学院校及生物科学专业学生的一致认可，成为多家大、中专院校学生的科普教育实践基地及中小学生的生物学教育课堂。

中国生物医学工程学会

2010年正值中国生物医学工程学会成立30周年，作为民政部、中国科协科技社团组织管理体制改革试点单位，学会不断探索学会组织管理体制改革。截至10月，中国生物医学工程学会注册登记并缴纳会费的会员人数为4258人。

年度内学会共举办会议34次，其中国际会议8次，参会人员9222余人，其中外国学者110人。会议交流论文1702篇，其中外国学者提交论文72篇。

学会主办了中国生物医学工程学会成立30周年纪念大会暨2010学术大会，生物医学工程学科建设研讨会。在2010年学会会员日活动中，举办了“中国生物医学工程产业机遇与挑战战略研讨沙龙”。在江苏省南京市召开了2012年生物医学工程世界学术大会（WC2012）筹备会议。与北京航空天大学、香港中文大学共同主办了京港2010手术规划与辅助技术双边研讨会，在第22届国际医疗仪器设备展览会上主办了基层与城乡社区创新医疗装备研讨会，在中国国际医疗器械秋季博览会上主办了中德医疗器械高层论坛暨中德医疗器械合作工作组会议。学会临床工程分会还在北京主办了海峡两岸临床医学工程学术交流座谈会。学会所属各分支机构也开展了各种形式的学术交流。

2010年，学会接受中国医学科学院医学信息所的委托，承担了科技部科技支撑计划科普类项目“公众健康知识整合技术研究与应用”中子课题“医疗器械信息的采集与加工”的研究。

学会重点加强继续教育工作，年度内完成了《中国生物医学工程学会继续教育部管理规定（讨论稿）》的草拟工作。完成了2010年国家级继续教育项目电子学分证书网上申报的各项工作，并实现了学会及各分会的网上电子学分证书申报、办理和备案。学会共举办各类培训11期，参加培训人数约350人次。班次及培训人数较往年有所减少，但讲课内容与临床密切结合，实用性强，培训质量得到了提高，受到各地学员的好评。

《中国生物医学工程学报》启动了《2010回顾与展望专家评述》专栏的筹备约稿工作，邀请各领域专家撰写评述，针对国内外生物医学工程各研究领域的学术前沿动态，回顾和展望研究上的突出进展、有影响和有创新性的研究工作、新的研究手段的兴起和发展、某研究领域中新兴的研究方向等，发挥引领国内生物医学工程研究的作用。

2010年，学会在中国科协领导下，深入开展学习实践科学发展观活动。作为中国科协全国学会学习实践活动联系点，学会成立了以樊瑜波理事长为组长，以在学会工作的党员为组员的学习小组，全面围绕“加强组织建设，提高服务能力”的主题，学习实践科学发展观，探索工作规律，总结实践经验。1月，学会按照组织规定和组织程序成立了党支部，并与其他党支部联合开展学习实践活动。

【中国生物医学工程学会 30 周年庆典暨 2010 年学术大会】

12 月 3 日，中国生物医学工程学会成立 30 周年纪念大会在北京召开。大会邀请了中国科学院院士、中国工程院院士，生物医学工程领域学者及相关部门领导，医疗器械企业代表。来自生物医学工程领域的专家、学者 450 人出席会议。会议分 9 个专题分会场进行了学术交流，内容涉及生物力学、数字医疗、生物医学传感与生物测量、医学神经工程、生物材料、组织工程、军事医学工程等。

中国科学院外籍院士、美国国家科学院、工程院、医科院、艺术院院士钱煦，中国工程院院士、航空医学与生物医学工程专家俞梦孙，中国工程院院士、中国医学科学院院长刘德培，中国工程院院士李兰娟、杨胜利，在纪念大会上分别以《2010 生物医学工程展望》、《中国生物医学工程三十年》、《系统生物医学与转化医学》、《数字卫生建设与医疗卫生事业改革发展》、《转化医学的现状与未来》为题作主题报告。

钱煦院士谈到，21 世纪，健康已成为公众高度关注的问题，生物医学工程在提高公众健康与生活质量方面发挥着越来越重要的作用。近些年，现代生物学的进步令人瞩目，对大量生物信息的综合分析，则需要工程领域内新概念与新技术的应用。生理调节机制的新视角，对人类疾病诊断、治疗与预防的新方法，都需要综合性研究手段。包括了生物、医学、工程相结合的跨学科研究与分析，贯穿生物学各个层次的综合研究（从基因到细胞/组织和器官/系统），协调科学技术成果和转化（药物控释、生物成像、生物材料、干细胞、再生医学、无创手术等）非常重要。

俞梦孙院士在回顾中国生物医学工程 30 年发展时谈到，面对 21 世纪的医学变革，生物医学工程学科要为我国医疗卫生事业的“战略前移、重心下移”开路架桥，推动了医学以疾病诊断为中心向以人（人体化）的健康为中心的转变。中国生物医学工程发展的这 30 年，就知识结构而言，头一个 10 年是来自不同学科的有志者在解决问题过程中交流、学习，互相交叉渗透的 10 年；第二个 10 年是由交叉渗透进而达到有机结合，受过交叉学科训练新一代成长的 10 年；第三个 10 年是受过良好交叉学科教育的新一代成为中坚主力的 10 年。他认为，中国生物医学工程的春天已经来临。

中国病理生理学会

2010 年，中国病理生理学会重新登记缴费的会员为 3307 人，终身会员 117 人。

学会及其所属专业委员会通过联合召开学术会议，促进了学科间的交流与合作。4 月 16 ~ 19 日，中国病理生理学会第十届受体信号转导专业委员会，第十二届肿瘤专业委员会和第十三届免疫专业委员会在安徽医科大学召开了联合学术会议。来自 17 个省市、30 余所高等院校、科研院所的 115 位学者参加了会议。会议收到论文摘要 109 篇，特邀报告 15 篇。与会者围绕受体信号转导、肿瘤与免疫学前沿热点问题进行了交流。10 月 14 ~ 17 日，中国病理生理学会危重病专业委员会与医师学会共同举办了 2010 中国 ICU 创新与发展大会，与会 1800 余名专家学者对 ICU 学科热点问题进行了交流和探讨。中医专业委员会和炎症、发热、感染、低温专业委员也联合召开了学术会议。

《中国病理生理杂志》2010 年荣获广东省期刊评选最高奖——品牌期刊奖。学会网站在 2010 年进行了全面改版，网站首页设置了滚动新闻栏，展示学会的最新动态。建立了与各专业委员会网站的相互链接；开通了会议网上投稿系统，推出会员资格查询、注册系统和会员数据库管理系统。

【第九届全国会员代表大会暨学术会议】

11 月 4 ~ 7 日，中国病理生理学会在江苏省南京市举办第九届全国会员代表大会暨学术会议，约 500 名代表和学者参加本次大会。韩启德理事长代表第八届理事会向全国会员代表大会做工作报告，提出了病理生理学科应该着重考虑和解决的四个问题：“是什么？教什么？何人教？何时教？”。他提出医学的各个学科是在医学发展中自然产生的，但随着发展的进程学科之间的界限越来越模糊，病理生理学科具有很强的交叉学科的性质，倡议在第九届理事会工作期间组织一场“病理生理学科性质的大讨论”，从而促进病理生理学会的发展，明确病理生理学的任务，搭建科研和教学的交流平台，推进学风建设。会议进行了换届选举。选举产生中国病理生理学会第九届理事会，吴立玲当选为理事长，陈琪、高钰琪、王华东、王建枝和朱广瑾当选副理事长，张幼怡当选秘书长。

同期举办的学术会议共设置 9 个大会报告、40 个专题报告，内容涉及心血管疾病的基础与临床 、干细胞生物学及应用、肿瘤发病学及其干预 、炎症与免疫、神经生物学与疾病代谢病。会议收到论文摘要 406 篇，进行了青年优秀论文和优秀壁报评选。

【第六届国际病理生理学大会】

9月22～25日，中国病理生理学会组成50人代表团出席了在加拿大蒙特利尔召开的第六届国际病理生理学大会，来自世界各地40个国家的500名学者出席会议。大会共举办报告120场，包括5场大会特邀报告，14场分会场报告，展示壁报340个。全国人大常委会副委员长、中国科协主席、中国病理生理学会理事长、第五届国际病理生理学会主席韩启德主持大会开幕式。他在讲话中指出，当前临床医学和基础研究之间存在着沟壑，也隐藏着巨大的机遇，病理生理学工作者有责任推动两者的有机结合，推动基础医学和临床医学的发展。中国病理生理学会心血管专业委员会主任委员、第五届国际病理生理学会秘书长张幼怡教授汇报了网站建设、杂志出版、国际病理生理教学交流与发展等方面的工作成果。北京大学基础医学院院长尹玉新受邀在系统生物学专题全体会议上作大会特邀报告，广东医学科学院单志新等4人作专题报告。来自广东医学科学院的余细勇获得了大会颁发的最佳壁报奖，河北医科大学的付丽红获得了加拿大基因组奖。

大会选举产生了第六届国际病理生理学会理事会和执行委员会。经国际病理生理学会理事会推荐、会员大会投票通过，韩启德当选学会前任主席，张幼怡当选副主席，王建枝教授连任理事，任期4年。

【2019年国际心脏研究会世界大会在北京举办】

5月13～16日，国际心脏研究会（ISHR）第20届世界大会在日本京都举行，本次大会以“转向整合心脏病学模式——基因、功能和生命”为主题，来自世界各地从事心血管基础与临床研究的1000多位专家、学者出席。国际心脏研究会中国分会主席惠汝太教授和中国病理生理学会心血管专业委员会主任委员张幼怡教授率98名中国心血管领域专家、学者出席会议，为历届大会中国参会人数之最。国际心脏研究会中国分会争取到20个旅费资助名额，为中国青年学者进行国际交流提供了机会。经中国科协批准，国际心脏研究会中国分会向国际心脏研究会提出在中国举办国际心脏研究会世界大会的申请，经全体会员代表大会审议通过，决定2019年在北京举办国际心脏研究会第二十三届世界大会。中国代表团通过积极参与本次大会各项活动，与国际同行进行交流，展示了中国研究者在心血管领域的最新研究成果，展现了中国分会的活力，得到了国际同行的赞许。

中国营养学会

2010年，中国营养学会个人会员人数超过14000人，单位会员18家。编辑《会员通讯》6期，免费发放1万余册，并开始为会员提供《会员通讯》电子版。老年营养分会、公共营养分会分别举行换届选举，产生了新一届委员会。

2010年共举办15次学术会议，共2000多人参会，交流论文849篇，编辑论文集13种。

4月19～22日，第二届两岸四地营养改善学术会议在四川省成都市召开，会议的主题是“膳食变迁对民众健康的影响：挑战与应对”。来自大陆、台湾地区、香港特别行政区和澳门特别行政区的355名营养学科技工作者参加了会议。会议针对两岸四地民众共同关注的问题，即社会经济发展带来的膳食变迁及其对公众健康的影响，从营养状况调查、营养与慢性病的关系、营养干预措施等方面开展学术交流。

7月2日，维生素D科学新认识论坛邀请了来自美国、加拿大参与维生素D摄入量制订的专家，与国内专家一起共同就维生素D的新功能作用、膳食营养素参考摄入量（DRI）制定依据等进行学术交流，为我国维生素D摄入量的研究和摄入量标准的制订，指导消费者提供参考意见。

10月20日，饮料摄入与健康学术研讨会邀请了美国北卡罗来纳大学Barry Popkin等从事含糖饮料以及水与疾病关系研究的专家，针对饮料与健康关系等问题进行了讨论，为我国饮料与人体健康的政策制定及为《中国居民饮料摄入指南》的制定提供科学依据。

11月10～11日，中国营养学会膳食营养素参考摄入量（DRIs）研讨会邀请美国、日本、中国台湾以及国内资深专家就DRIs研究进展等进行了学术研讨。本次会议为参与中国营养学会膳食营养素参考摄入量修订的工作人员提供了学习和借鉴国外修订经验的机会，加强对目前修订工作的了解和认识，积累了修订工作经验。

11月18日，中国营养学会邀请加拿大、美国、瑞士、日本以及国内资深专家出席了膳食脂肪酸和健康高层研讨会，针对脂肪酸与人体健康、免疫调节和炎症反应、适宜摄入量的研究等主题进行了学术交流。来自全国各地250位营养科技工作者出席了此次会议。

12月1日，在学会举办的反式脂肪酸专家座谈会上，专家们对食物中反式脂肪酸的含量、健康风险、WHO推荐建议，以及消费者指导等内容在讨论后达成共识。他们指出，反式脂肪酸过量摄入会增加心血管疾病风险，影响血脂健康。因此有义务提醒公众关注这一问题并注意减少反式脂肪酸的摄入。我国居民反式脂肪酸摄入量远低于国际组织提出的危害健康的水平，所以无须恐慌。多种食物都含有反式脂肪酸，且含量范围变化很大，选择食品时要选择那些含反式脂肪酸低的食品。

为增进海峡两岸营养学领域的学术交流与合作，学会代表团赴台湾地区参加了第六届营养公会年会。2010年，俄罗斯医学科学院院士、营养学专家 Victor Tutelyan 教授，美国营养学会分别访问中国营养学会，增进了学会与国际营养学术团体之间的联系。

2010 年举办科普讲座 25 次，受众人数 35250 人次；其中科技下乡讲座 12 次，科教进社区讲座 13 次。举办科普展览 1 次，受众人数 4000 人次；免费发放科普宣传资料 51650 份。12 月，学会召开了第五次全国科普工作会议，评选表彰了近两年来优秀营养科普个人和集体，共有 10 位先进个人和 10 个先进集体获奖。

举办了“第二十期营养知识更新班”等 5 个继续教育培训班，培训学员 552 人次，编辑培训教材 5 种。分别在北京、南京各举办两次孕期、哺乳期妇女及婴幼儿、学龄前儿童营养与健康培训班，是学会首次针对儿科、儿童保健、围产科医生举办培训。

学会接受卫生部的委托，起草了《营养改善工作管理办法》草案，这是营养工作第一个较为全面的法规文件，于 8 月由卫生部向全国卫生系统正式发布。

11 月，学会正式启动对 2000 年编辑出版的《中国居民膳食营养素参考摄入量（DRIs）》的修订工作，计划于 2013 年 3 月完成修订并正式出版。

本年度学会继续从公共营养、基础营养、食物营养、疾病营养、人群营养、营养学实验方法等 6 个方面进行《营养科学辞典》的编撰工作。

2010 年，学会《营养学报》的年度发行总量为 12000 册，发表论文 166 篇，被评为全国“2009 年度百种中国杰出学术期刊”。

【中国居民膳食指南宣教工作】

开展“宝塔进社区”、“宝塔进农村”、“宝塔进校园”等科普宣传活动，将儿童青少年、农民等列为重点宣教人群，西部为重点地区，进行宣教活动。在“宝塔进农村”科普活动中，继续为吕梁两所寄宿制小学的 400 余名学生免费提供鸡蛋及进行膳食调查的同时，又增加了一所学校，使受益的学生总数达到了 700 余名。向学生赠送《中国居民膳食指南》小学生读本、趣味拼图等科普材料。根据当地饮食习惯和学生们的膳食状况，有针对性地进行了通俗易懂的营养知识讲座，强化了学生们的营养意识。

开展“中国儿童营养健康教育项目”，针对 4 所城市的共约 4 万名小学生、3 个农村地区共约 2 万名小学生，通过营养课程、小工具、游戏、竞赛等多种方式，进行营养健康教育及干预。

开发了“平衡膳食宝塔”冰箱贴、围裙、拼图等多种营养科普产品。承担了中国科协“科普志愿者远程教育培训项目”，以网络为平台，全国 11 个会场同步听课、交流。招募科普志愿者，使志愿者人数从原来的 267 名增加到了 505 名。

中国营养学会、中国疾病预防控制中心营养与食品安全所共同开展了《中国居民膳食指南》全国百场科普宣讲活动。活动于 2010 年 11 月 23 日启动，学会名誉理事长葛可佑作为宣讲团首席专家作了首场报告。

【第三届中国营养学会科学技术奖】

2010 年第三届中国营养学会科学技术奖共收到来自 8 个省市的 10 份申报材料，经过函审、会审后，有 6 个项目获得奖项。一等奖：经济高速增长时期中国居民营养变迁的队列研究，获奖者葛可佑、翟凤英。二等奖：食物血糖生成机制及其体外预测模型的研究，获奖者杨月欣；四省区孕妇营养状况调查及微量营养素补充对孕妇贫血改善效果研究，获奖者马爱国。三等奖：广西城乡居民膳食营养变迁趋势与慢性病关系及其干预策略的研究，获奖者唐振柱；微量元素硒对镉诱导肾细胞凋亡的保护作用及其抗氧化分子机制的研究，获奖者蔡云清；湖北居民膳食营养状况变迁与经济、文化、生活行为、慢性病关系的研究，获奖者易国勤。各类奖项共颁发奖金 11.2 万元。

中国药理学会

2010 年，中国药理学会会员人数 4559 人。根据会员发展的工作需要，学会讨论制订了《中国药理学会会员注册管理办法》等相关管理文件。中国药理学会教学与科普专业委员会、数学药理专业委员会、抗炎免疫专业委员会、心血管药理专业委员会、神经药理专业委员会、中药药理专业委员会等 6 个专业委员会进行了换届。为推动麻醉药理学的学术交流，加快麻醉药理学的学科发展，中国科协批准中国药理学会成立麻醉药理专业委员会。

2010 年，学会举办了 20 余次各种类型的学术活动。5 月 20 ~ 23 日，第三届全国定量药理研究方法学研讨会在北京召开，共有 300 位专业人士参会。会议讨论了定量药理学在国内外的研究现状和发展方向及在新药研发中的作用，21 世纪的个体化医学及转换科学，群体药物动力学/药效动力学在临床试验模拟方面的应用，药物相互作用研究、耐受性及生物等效性试验设计与分析等议题，并提出了许多建设性的意见和建议。

为促进学科交叉和融合，由中国药理学会和中国晶体学会联合举办的第二届中国晶型药物研发技术学术研讨会于5月21~23日在北京召开。来自全国各地知名制药企业和研究机构的100名科研人员参加了会议。会议邀请了主持国家“重大新药创制”科技重大专项“十一五”计划内的“创新药物筛选体系及新技术平台”和“化学药晶型关键技术”项目的多位专家作大会报告，专家们对晶型药物研究的药理学内容进行了学术交流。

6月10日，新药研发暨新药发现学术研讨会在北京召开，来自全国高校和研究机构的近百名专家学者出席会议。会议介绍了国内外新药研发的最新发展前沿动态，对新药研究领域新技术、新方法进行了交流。

中国药理学会数学药理专业委员会理事会暨第四届全国定量药理研究方法学研讨会于7月10~11日在上海市召开，150人出席会议。研讨会内容涉及定量药理学在药物研发的各环节，包括药物体内外相关性研究、复方药物设计与药物相互作用定量分析、受体动力学、群体药动/药效学在临床试验模拟方面的应用、适应性设计及药物安全监测等内容。

抗炎免疫药理专业委员会主办的第十届全国抗炎免疫药理学学术会议于7月29日~8月1日在青海省西宁市召开，共有200余人出席。会议就近年来国内外抗炎免疫药理学研究的新理论、新进展等问题进行了充分交流。

第八届全国抗菌药物临床药理学术会议暨北京大学临床药理研究所成立三十周年大会于9月4~5日在北京召开，300余人出席。会议就近年来细菌感染现状、细菌耐药及机制、新的抗菌药物的临床使用、抗菌药物的临床合理使用、新抗菌药物的开发等国内外研究和临床实践经验进行了学术交流。

9月10~12日，第十届全国化疗药理暨抗感染药理高峰论坛在北京召开，160余位专家学者参加了本次会议。会议针对感染与抗肿瘤化疗药物药理研究领域的热点难点问题进行了学术研讨。

第12次全国临床药理学学术会议于10月22~25日在湖北省武汉市召开，共有400余位相关领域专家学者参加了本次会议。会议就遗传药理学与个体化药物治疗、临床药动学与基于模型的新药研发、药物临床评价与临床合理用药等议题进行了交流。

10月29~31日，第二届“定量药理与新药评价”国际学术会议在福建省厦门市召开，200余位国内外专家学者参加了本次会议。会议就定量药理学的发展现状及研究展望、药代动力学与药效动力学在新药开发及临床药理学中的应用、基于数学模型的新药开发技术、群体药代动力学、药代动力学和药效学结合模型（PK/PD模型）、临床试验模拟、药物相互作用、药物吸收建模及生物利用度与生物等效性评价、基因药物体内代谢动力学、基因药物给药途径，安全性及质量控制等相关研究领域的最新进展进行了学术交流。

药学监护专业委员会主办的第二届全国药学监护第二次学术会议于10月29日~11月1日在安徽省合肥市召开，150余人参加了本次会议。会议讨论了药学监护的相关基础研究和临床药学实施中的有关问题。

11月15~17日，合理用药及新药评价专题研讨会在山东省烟台市召开，近200人出席会议。会议分为“临床合理用药”及“新药药效评价”两个专题进行，邀请了国内从事实验药理学和临床医学研究的专家以及国家药品审评中心的专家到会做专题学术报告及发言。

2010年，学会举办了定量药理研究方法学培训与研讨班，全国药物临床前安全性评价（GLP）第三期高级培训班，2010年度全国医药学术论文交流会暨临床药学与药学服务研究进展培训班。年度内，中国药理学学科发展研究项目获得中国科协立项资助。

抗衰老及老年痴呆专业委员会主办的2010年世界老年痴呆日宣传活动9月18日在北京举行，共有320余名患者参加了本次活动。本次活动就老年痴呆的防治知识进行了宣传与科普，并开展了义诊。

学会理事长杜冠华教授，副理事长杨宝峰院士、苏定冯教授获得中国科协“全国优秀科技工作者”称号，杨宝峰院士获得“十佳全国优秀科技工作者”称号。

中国药理学会SERVIER青年药理学工作者奖举办了第14届奖励活动。2010年共有12名国内优秀的青年药理学工作者获奖。

学会与中国科协合作共同建设的“院士专家工作站”已正常运行，学会联系多名院士专家作为建站顾问，协助中国科学技术咨询服务中心建立了院士专家信息库。

学会对网站全面升级，开通网上入会功能，会员入会全部实现网上填报，并与中国科协会员库进行了对接。与中国知网合作，向会员免费开通了中国药理学会历年会议论文集查询功能。

学会主办的7种学术期刊共印发杂志164300册，发表论文共计2174篇。2010年，《中国药理学报》（英文版）和《中国药理学通报》继续获得中国科协精品期刊A类和C类资助。

【第十六届世界药理学大会】

7月17~23日，第十六届世界药理学大会在丹麦哥本哈根召开。中国药理学会理事长杜冠华教授、名誉理事长林志彬教授、副理事长兼秘书长张永祥教授、副理事长李学军教授、苏定冯教授及学会184名会员参加了大会。在2009年中国药理学会第十次学术年会上受到表彰并得到学会资助的青年药理学工作者参加了会议。

5位来自中国大陆专家学者受邀作大会报告，9名专家学者作分会场报告，专家们在报告中介绍了我国新药研究的最新成果。林志彬教授、张永祥教授应邀担任大会主持人。

大会召开期间，中国药理学会与多个国家药理学会进行了交流。与英国药理学会讨论了中英药理学会合作事宜，商定于2011年12月在英国伦敦举行中英第一次联合学术研讨会。

在同期召开的国际药理学联合会（IUPHAR）会员国代表会议上，选举产生了由8名不同国家的药理学家组成的新一届国际药理学联合会执行委员会，张永祥教授当选为新一届（2010～2014）执行委员会委员。

中国针灸学会

2010年，中国针灸学会新发展个人会员200余人，针灸器材专业委员会完成换届选举，腧穴分会等9个分支机构完成了到期更换新证工作。经批准，学会成立针推结合专业委员会，129名学者在《关于将针灸推拿学科设置为一级学科的建议》上签名。

学会第四届八次常务理事会决定，学会第五次会员代表大会延期一年召开。

本年度，学会及专业委员会共举办全国性学术会议14个，召开2010国际针法灸法技术演示暨学术大会等3个国际性学术会议。参会总人数2235人，编印论文集11册，收录学术论文1385篇。

9月20日，学会在四川省成都市举办了针灸特色疗法科学普及培训班。基层医生和成都中医药大学在校生共计45人参加了培训。同时，学会在全国科普日期间举办了科普义诊咨询活动，发放认知中医针灸调查问卷300份，回收有效问卷200份。

学会承担的《耳穴名称与定位》标准项目获得2010年“中国标准创新贡献奖”二等奖。学会推荐的朱兵、梁繁荣两位教授获得“全国优秀科技工作者”称号。

经评审公示，13个项目获得2010年中国针灸学会科学技术奖，其中二等奖5项，三等奖8项。

完成2010年度国家级中医药继续教育项目13项，组织学习、研修等各类培训班40余期，培训学员1961人次。

8月，学会主办的《中国针灸》杂志启动为期1年的“创刊30年，送刊到乡村”等系列纪念活动，在台湾地区举办的第十一届“祖国大陆图书期刊展”上对杂志进行了展出和宣传。《针刺研究》入选了世界卫生组织西太平洋地区全球医学索引。

【2010’华佗杯全国大学生针灸操作技能大赛】

学会与上海中医药大学共同主办了2010’华佗杯全国大学生针灸操作技能大赛。大赛主题为“继承与创新——加强实践教学，促进人才培养”。此类比赛在中医院校教育历史上属首次，得到了全国中医药高等院校和部分综合性医学院校的积极响应。大赛历时半年，最终有28所院校代表队、107名选手参加了11月在上海市举办的全国总决赛。经过角逐，产生个人全能奖9项、个人单项奖63项和团体奖28项。比赛对针灸实践教学具有示范效应，促进了针灸教育工作者对教学中存在问题的思考。

【针灸标准化工作】

受国家中医药管理局的委托，经国家标准化管理委员会批准，学会承办的全国针灸标准化技术委员会。第一次工作会议于11月召开，会议审议通过《全国针灸标准化技术委员会章程》等相关文件。

学会制定了《中国针灸学会针灸标准化示范基地运行管理与评估管理办法（试行）》，新建北京中医药大学附属东直门医院、广东省中医院、天津中医药大学等3个针灸标准示范基地。举办国家标准《针灸技术操作规范》推广应用培训班、针灸临床实践指南方法学培训班和针灸国家标准宣传实施培训班，培训人员200余人。

学会组织编写的《中医循证临床实践指南·针灸分册》（中英文版）定稿，已交付出版社印刷发行。制作并出版了《国家标准针灸技术操作规范应用指导》系列光盘，监制完成了2部国家标准宣教光盘。

重新报批了《针灸学通用术语》等6项国家标准，完成《针灸技术操作规范艾灸》等4项国家标准向国际标准转化的申请，启动了《针灸临床治疗指南导则》等6项标准的研制工作和中医药标准化项目《临床病症针灸治疗指南》的制定工作。

学会完善了针灸标准数据查询系统，建立了针灸标准数据库检索平台，公众可通过网络查询有关针灸标准的相关信息，促进了针灸标准的社会普及与推广运用。

中国防痨协会

2010年中国防痨协会有团体会员53个，新增9个；企业会员3个，减少1个；会员人数为2268人，新增400人。

8月18～22日，科普工作委员会在西藏自治区林芝召开学术大会，156名专家、学者参加会议，会议交流论文118篇，出版论文汇编。10月22～26日，临床、基础细菌免疫专业委员会在上海召开学术会议，158名专家、学者出席。会议交流论文85篇，出版论文汇编。10月28日～11月2日，控制专业委员会在海南省三亚市召开学术交流大会，142名专家、学者参加会议，会议交流论文85篇，出版论文汇编。

11月22～26日，接待韩国国家防痨协会代表团。11月10～16日，协会秘书长万利亚等参加了第41届国际防痨学术交流大会以及亚太区工作会议。

5月10～16日，2010年现代结核病控制知识培训研讨班在北京举办，来自全国20多个省市的145名学员参加了此次培训。培训班邀请了12名我国著名的结核病及相关学科专家、教授讲课，内容包括现代结核病防治策略、结核病流行病学、结核病的治疗和管理等。协会对西部地区的学员继续实施优惠政策，保证了西部贫困地区结核病防治人员的学习机会。

截至7月，《中国防痨史》（初稿）已集结成册。31个省、自治区、直辖市地方防痨史提交30份稿件，约36万字。国家级防痨史已完成26万字。

《中国防痨杂志》全年共印发54000册。《国际结核病与肺部疾病杂志》全年共印发8800册。

【第十次全国会员代表大会】

11月21～23日，中国防痨协会在北京召开第十次全国会员代表大会。来自全国31个省、自治区、直辖市，新疆生产建设兵团，计划单列市，香港、澳门特别行政区，以及解放军等单位的近300名代表参加了此次会议。

理事长端木宏谨教授作了题为《在防痨事业中熠熠生辉》的工作报告，对中国防痨协会第九届理事会自2006年11月成立以来，在加强协会建设、提高学术交流水平、促进国际学术交流、培养防痨人才、开展科普活动、承担和参与项目工作、推进期刊改革、组织编写《耐药结核病化学治疗指南》和《中国防痨史》、增强协会凝聚力、参与其他活动等方面所开展的工作、取得的成绩和工作中存在的问题，进行了详尽的报告，并对协会未来4年的工作提出了建议。副理事长安燕生作了《关于修改〈中国防痨协会章程〉的报告》，副理事长、组织委员会主任傅瑜作了《中国防痨协会第十届理事候选人产生过程及理事候选人资格审查的报告》，副秘书长蒋建英作了《中国防痨协会第九届理事会财务报告》。与会人员对上述报告进行了分组讨论。

出席大会的会员代表按照《中国防痨协会章程》规定的程序，选举产生了120名理事，组成第十届理事会。在随后召开的第十届理事会第一次全体会议上，选举天津市疾病预防控制中心名誉主任、卫生部疾病控制专家委员会副主任委员、结核麻风分委员主任委员王撷秀教授为理事长，万利亚为副理事长兼秘书长，刘剑君、刘志敏、许绍发、洪峰、梅建为副理事长，同时选举产生了41名常务理事。在其后召开的第十届第一次常务理事会议提名通过了端木宏谨等5人为名誉理事长，马玙教授等9人为顾问，提名通过了8个分支机构主任委员名单，聘任了6位副秘书长。

新当选的王撷秀理事长表示，新一届理事会将会“学习、继承、发扬”防痨协会各届领导和协会的优良传统，做出更大的努力。中国防痨协会将致力于搭建一个更宽广的通道，把国内外结核病防治领域的最新进展和动态及时传递，为提高全国的结核病防治工作水平做出不懈的努力。

【少数民族人群健康促进试点】

1月和7月，协会理事长端木宏谨、秘书长万利亚到贵州省黔东南苗族侗族自治州黎平县（侗族县）、麻江（苗族县）少数民族人群健康促进试点县参加基层调查、督导和预试验。麻江县创作5首防痨苗歌及2个小品脚本，组织民间歌手、文艺队进行演唱和表演。同时把表演内容制作成适合放映的短片，以光盘形式提供给下乡的电影播放队，在电影开播前后进行播放。黎平县创作了6首防痨侗歌和一个侗戏脚本，组织民间艺术团表演，并录制了光盘。

中国麻风防治协会

2010年，中国麻风防治协会共收取会费15.04万元。在云南省文山、红河州，贵州省黔西南地区，四川省凉山州，湖北省恩施州建立会员代表处，在会员代表处所属县、市级麻风防治单位建立会员工作站，开展了系列活动。

歌唱家祖海女士担任我国麻风防治公益形象大使，用音乐宣传麻风防治公益事业。12月20日，协会会长张国成、秘书长潘春枝与祖海女士一同到河北省望都皮肤病院拍摄了公益宣传片，同时慰问了住在那里的残老麻风康复者及麻风病人。

协会与北京市热带医学研究所合作，以“低碳生活与热带病防治”为主题，围绕全球气候变化和促进低碳经济发展，根据公众健康生活的实际需求，组织有关专家参加了中国科协于9月18～19日在中国科学院奥运科技园区举办的全国科普日北京主场活动。据不完全统计，到现场咨询和参加有奖问答活动的公众达到千余人，免费发放宣传品和纪念品千余件。

协会眼科医疗队的4位医生，在各地协助单位工作人员的共同努力下，行程50000余千米，历时120天，分别到广东、海南、江西、陕西、河北、河南、安徽、四川、山东和云南等省的几十个康复村，诊治康复者上千人。完成白内障手术200例、外眼手术200例、诊治病人千余例。澳门利玛窦社会服务等友好团体为此项活动捐赠经费40余万元。

应台湾地区“中国台海关系研究发展协会”理事长李春凰的邀请，协会会长张国成率67人代表团，于6月21~28日赴台湾地区出席了2010年度海峡两岸麻风防治新进展学术交流与合作研讨会。

8月26~30日，《麻风误诊及其临床案例分析》培训班暨全国麻风皮肤病学术年会在宁夏回族自治区银川市召开。此次培训为2010年国家级继续医学教育项目。来自全国各地的麻风管理、科研、防治一线的400余名工作人员参加了培训及学术年会。

10月10~15日，关节病型银屑病研究进展培训班在山东省潍坊市举办。协会副会长张福仁等专家在培训班上重点讲授了关节病型银屑病的国内外流行病学概况、研究进展、临床表现、诊断标准、病例展示、多普勒彩色超声在关节病型银屑病早期发现中的应用、治疗进展及今后需要重点研究的领域等。

12月8~10日，《麻风早期诊断与麻风畸残防治》培训班广东省珠海市举办。协会副会长杨斌等专家向参加培训的人员重点讲授了麻风病的早期诊断和畸残防治等。

《中国麻风皮肤病杂志》组建了新的编委会，协会会长张国成任编委会主任，副会长张福仁任主编。

【世界防治麻风病日宣传活动】

1月31日是第57届“世界防治麻风病日”暨第23届“中国麻风节”。1月28日，卫生部党组书记、副部长张茅率卫生部、民政部、中国残疾人联合会、中国红十字会、中国麻风防治协会、马海德基金会的有关工作人员在山东省政府副省长王随莲、省卫生厅厅长包文辉等的陪同下，在济南市皮防院麻风病区举行了2010年“世界防治麻风病日”宣传慰问活动。张茅看望当地的麻风病治愈者和医务人员，查看了刚刚改造的麻风病房和医疗、康复用房，了解了住院者的生活、医疗、康复等情况。

【《麻风病学学科发展报告（2010—2011）》】

由中国麻风防治协会副会长——“泰山学者”岗位特聘专家张福仁研究员率领的科研团队，将麻风瓶颈性研究与一线防治相结合，采用国际最新的全基因组关联分析方法，通过对11400名麻风病患者及健康对照者的研究，发现7个麻风病的易感基因，取得了具有世界领先水平的重大原创性成果。

为了展示麻风病学领域的突破性研究成果，受中国科协委托，协会承担了《麻风病学学科发展报告（2010—2011）》的撰写工作。4月17~18日，研究报告项目开题会议在山东省济南市召开，确定了编写组成员及编写大纲，分配了项目工作任务。8月28~29日，《麻风病学学科发展报告》研讨会在宁夏回族自治区银川市召开，除项目编写组成员外，协会邀请50位相关领域专家学者出席会议，讨论了《麻风病学学科发展报告（2010－2011年）》的初稿，各个评审组在仔细审读文章的基础上，对专题编写的内容、章节等进行了评审，提出了很多修改意见。11月3日，麻风病学学科发展研讨会再次在江苏省南京市召开。会议针对学科发展研究项目征求了编写组以外专家、学者及麻风防治工作人员的意见和建议，力求使麻风学科发展研究项目报告臻于完善。

【《马海德博士诞辰一百周年纪念文集》出版】

2010年9月26日是中国麻风防治协会首届理事会理事长马海德博士诞辰100周年。2010年也正值马海德博士倡导的中国麻风防治协会恢复成立25周年。为纪念和缅怀马海德一生不懈奋斗的光辉历程，追忆他对我国卫生事业做出的卓越贡献，真实反映马海德先进的学术思想、严谨的治学态度、高尚的道德情操和平易近人的性格特征，感受马海德高尚的人格魅力和学者风范，弘扬他赤诚的国际主义精神。中国科协、中国麻风防治协会、马海德基金会联合编印了《马海德博士诞辰一百周年纪念文集》，卫生部部长陈竺为该书作序，马海德夫人苏菲任该书的主编。文集收集了我国麻风、性病防治管理、科研及一线人员，以及国外友人追忆马老在中国麻风病、性病防治事业中的活动与业绩的文章、诗词、照片等。文集由中国科学技术出版社正式出版。

【全国麻风DDS综合征规范治疗骨干培训】

受卫生部疾病预防控制局的委托，11月1~4日，全国麻风DDS综合征规范治疗骨干培训班在江苏省南京市举办。主讲专家们对氨本砜（DDS）过敏现状及其临床特征、氨本砜综合征和综合征易感基因研究、麻风氨本砜综合症的治疗和抢救经验进行了详细的讲解。根据与会教学人员的意见，协会在培训结束后向卫生部提交六条建议：制定统一规范的“麻风病治疗知情同意书”及病历；对新发病人（尤其是多菌型病人），给予半年的住院治疗；对于不能住院的病人应加强监测；治疗氨苯砜（DDS）综合征和神经炎等病症的药品纳入社会医疗保险或新型农村合作医疗制度进行支付；建议各级综合医院收治重症麻风病人；加强麻风健康教育，加大投入，消除麻风歧视，提高全民科学素质。

中国心理卫生协会

2010年，中国心理卫生协会在学术会议、科普培训、继续教育等方面开展了大量工作。中国心理卫生协会与国际精神分析协会中国委员会、世纪委员会共同主办了国际精神分析协会2010年首届亚洲精神分析大会，心理卫生科普宣传走进农村和油田，为心理卫生知识的推广和行业交流做出了努力。

经中国科协批准并在民政部正式注册，学会成立了精神分析专业委员会、职业心理健康促进专业委员会。大学生心理咨询专业委员会、青少年心理专业委员会、心身医学专业委员会、残疾人心理卫生分会、护理心理专业委员会等5个专业委员会和分会完成了换届选举工作。

协会推荐的蔡焯基、王焕林、赵旭东获中国科协“全国优秀科技工作者”称号。

在全国科普日活动中，协会组织心理卫生专家进行义务心理咨询，举办心理拓展活动，开展了有奖问答和有奖猜谜游戏。活动期间共接待公众1000余人次，发放宣传品1000余册。

11月1~3日，继2010年科普讲师团的培训工作启动后，协会举办了讲师培训班，邀请著名朗诵艺术指导老师、孙敬修儿童故事研究会常务理事陶岚琴授课，对50名心理卫生、精神卫生专业的人员进行了培训。

【国际精神分析协会2010年首届亚洲精神分析大会】

10月20~24日，国际精神分析协会（IPA）首届亚洲精神分析大会在北京举办，大会由国际精神分析协会中国委员会、国际精神分析协会世纪委员会和中国心理卫生协会主办。这是国际精神分析协会首次在亚洲举办的学术会议，大会的举办也是对国际精神分析协会这一国际精神分析学界最高学术组织百年诞辰的献礼。

国际精神分析协会主席Charles Hanly、国际精神分析协会中国委员会主席Peter Loewenberg，中国心理卫生协会理事长蔡焯基，中国心理卫生协会副理事长兼秘书长、首都医科大学附属北京安定医院院长马辛，上海市精神卫生中心院长肖泽萍，中国精神分析学组创始人杨华渝，东欧精神分析研究所所长Paolo Fonda、澳大利亚精神分析协会主席Frances Thomson Salo、莫斯科精神分析协会主席Marina Arutunyan、韩国精神分析协会主席Do－un Jeong、日本精神分析协会上任主席Masahisa Nishizono、印度精神分析协会秘书长Arup Ghoshal、以色列精神分析协会代表Mira Erlich－Ginor和贝加尔湖精神分析协会代表Elena Vorobeva，台湾地区精神发展中心副主席刘佳昌等专家学者出席开幕式。

本次大会以“弗洛伊德与亚洲——亚洲精神分析的发展与变革”为主题，结合精神分析领域及其与其他社会相关领域间的关系等内容，设立了工作坊21个、大会报告8个、特别演讲19个、专题讨论31个、公开演讲2个，同时开展了个人体验和案例督导、著作欣赏、电影赏析、小组学术交流——相聚在北京等一系列文化活动，为来自30个国家的500余名与会学者提供了形式多样的交流机会。

10月24日，国际精神分析协会2010年首届亚洲精神分析大会落下帷幕。协会理事长蔡焯基教授在闭幕词中表示，本次大会的召开为精神分析在中国乃至亚洲的发展开启了新的征程，国际精神分析协会也必将因为中国和亚洲的加入而更加充满魅力，中国心理卫生协会将尽己所能，为精神分析事业的发展创造和提供条件，以迎接这一事业更加辉煌的未来。

【科普讲师团走进东营胜利油田】

5月20日，中国心理卫生协会科普讲师团走进山东东营胜利油田，针对不同人群举办了3场科普讲座。

心理治疗与心理咨询专业委员会主任委员赵旭东教授面向中国石油大学的大学生和辅导员作了《大学生的适应、发展与心理健康》主题报告。报告通过生动翔实的案例，从心身医学的角度，阐述了脑的生理功能和情绪变化对人生理的影响。报告会使大学生对心理健康与环境适应、人生规划、未来发展的影响有了更清晰的认识，对心理健康有了更深入的理解。

协会副理事长马辛在东营党校为胜利油田300余名各级党政领导干部和医务工作者作了《压力管理与心理健康》报告。报告阐述了领导干部需要了解自我心理健康水平，学会如何管理情绪、缓解压力、放松心情。

中国心理卫生协会常务理事武国城教授以《心理健康与压力应对》为题，为300余名油田机关工作人员和油田基地社区工作人员作了专场报告。武国城教授从情绪的特点和调节等日常生活中常见的问题入手，通过大量图片和小故事，总结归纳出情绪管理的必要性，并由此引出心理健康的标准和压力评估的重要性这一主题。

【心理卫生下乡】

7月12日，中国心理卫生协会在北京延庆张山营镇小河屯村和延庆交通管理局分别举办了科普大集和科普讲座。

在科普大集上，五幅以“如何缓解压力”为主题的彩色展板吸引着来赶集的人。500余册《心理与健康》期刊，400余册心理卫生知识宣传手册不到一个小时全部发完，情绪自测量表也激发了广大农民群众了解自己情绪状况的兴趣。

在科普讲座上，协会心理卫生专家崔永华博士以“辛苦并快乐着”为主题，让来自延庆县交通管理一线的50余名干警了解了应该如何看待压力，如何缓解压力。

【精神卫生日专题活动】

为了纪念第19个世界精神卫生日，协会组织了以“沟通理解关爱　心理和谐健康”为主题的专题活动。

10月9日，协会在北京市高碑店乡白家楼村举办了心理卫生走进社会主义新农村活动。白家楼村地处北京市的城乡结合部。围绕农村富裕起来后如何让村民们更好地享受幸福生活的主题，心理卫生专家崔永华博士作了题为《快乐夕阳红》的专题讲座，为村民们进行了心理咨询。活动共发放《心理与健康》杂志及科普资料300份。

应卫生部疾病预防控制局邀请，协会组织专家为江苏卫视万家灯火栏目录制了《做个幸福职场人》系列专题片。本节目由7个单元组成，包括张梅玲教授主讲的《最实用的现代育儿经》、《家庭和睦的法宝》，杨凤池教授主讲的《人际交往读心术》、《上下级沟通技巧》，郑毅教授主讲的《扫除职场坏情绪》、《给自己减减压》和《逃离抑郁的魔爪》。

中国抗癌协会

2010年，中国抗癌协会共发展普通会员2150名、高级会员1548名，增补3个事业团体会员。会员总数为35040人，其中普通会员28434名，高级会员达到6606名。

经中国科协学会学术部批复，天津市编制委员会办公室批准了中国抗癌协会秘书处编制，协会秘书处为正处级事业单位，编制15人。协会对《中国抗癌协会组织管理条例》进行了修订。共有6个专业委员会进行了换届，7个专业委员会建立了青年委员会。

共召开全国专业性学术会议46次，参加会议19000余人次；召开国际学术会议49次，参加会议6800余人次；召开地区性学术会议226次，参加会议16000余人次。

承接中国妇女乳腺癌筛查项目，配合卫生部疾病预防控制局，在全国13个地区开展了超声检查技术培训，覆盖了全国200个项目点的检查人员。截至11月，该筛查项目累计检查443960人，完成本年度检查任务的113.2%，确诊病例210人。

协会与制药企业合作，开展了肿瘤新药临床试验、肿瘤防治状况调研、继续医学教育等14项科技服务项目。

举办继续教育和医学培训班131期，参训人数30637人次。其中国家级培训项目22个。为提高培训质量，协会相继编制了《中国版甲状腺癌诊治指南》、《乳腺癌临床诊治规范与指南》、《胃癌HER2检测指南》、《结直肠癌诊疗纲要——中国肿瘤医师临床实践指南丛书》、《神经系统常见肿瘤诊疗纲要》等教材。部分专业委员会开展了诊疗指南巡讲活动。

首届中国抗癌协会科技奖进行了项目的初评、终评和审定，首届科技奖共评出一等奖4项、二等奖11项、三等奖15项。5月21日，在第六届中国肿瘤学术大会上进行颁奖。

在深入开展学习实践科学发展观活动中，被国家民政部、中国科协等部委联合评为全国社会组织深入学习实践科学发展观活动先进单位。

陈志南院士、林东昕教授、朱正纲教授被中国科协评为“全国优秀科技工作者”。

协会主办和合办的7种期刊共出版68期177500册，征集论文5200篇，刊登论文1622篇，刊用比例达31%。

协会网站年内发布信息541篇，其中英文类信息90余篇。围绕中心工作，网站先后制作了2010年世界癌症日，第十六届肿瘤防治宣传周，中国癌症防治科普宣传促进计划2010年《传递希望》，第六届中国肿瘤学术大会，第21届世界抗癌大会，国际乳腺癌关注月等专题。

【第六届中国肿瘤学术大会】

5月21～23日，第六届中国肿瘤学术大会在上海市召开。会议主题为“科学抗癌，让生活更美好”。本届大会由中国抗癌协会、中华医学会肿瘤学分会及中国工程院医药卫生学部共同主办。出席会议专家学者达3500余人，其中院士17名。国际抗癌联盟主席大卫·希尔、美国安德森肿瘤中心院长约翰·门德松、法国古斯塔夫鲁西研究所所长托马斯·塔尔兹，中国工程院院士汤钊猷、郝希山等51位国内外专家作大会报告。大会共设立33个分会场，有430位学者作分会场报告。举办了10场卫星会议，交流了当前国内外肿瘤防治的前沿技术、规范治疗、创新理论和最新科研成果。会议同期召开海峡两岸肿瘤学术会议，开幕式上还颁发了首届中国抗癌协会科技奖会议共收到学术论文1926篇，63篇论文获中青年优秀论文奖。

【第 21 届世界癌症大会】

8 月 18 ~21 日，第 21 届世界癌症大会在广东省深圳市举办。这是在我国首次举行的世界最高水平的肿瘤学术会议。卫生部部长陈竺，国际抗癌联盟卸任主席大卫·希尔、联盟新任主席爱德华多·里昂·卡扎普，南非第一夫人图贝卡·马蒂芭·祖玛、约旦公主迪纳·米雷德、乌拉圭前总统塔瓦雷·巴斯克斯、世界卫生组织助理总干事阿拉·阿尔文博士、中国抗癌协会理事长郝希山院士等出席大会。

来自 92 个国家和地区的 3222 名专家学者与会，其中 500 多位国内外知名专家在 102 个专场中发布了全球高发癌症的最新治疗进展，围绕癌症预防、筛查、早期检测和有效治疗管理进行探讨，并就目前全球癌症防治面临的难题及未来发展的战略提出建议。

本次会议特别设立了适合中国肿瘤防治特点的 9 个中国专场，14 名院士在专场上发布我国肺癌、肝癌、乳腺癌、消化道系统肿瘤等全球高发癌症的最新治疗进展。会议期间召开了主题为“癌症防控关系你我”世界领导人峰会，来自世界各国的 156 位卫生部门官员，就抗癌政策、战略、经验进行交流，初步达成了今后一段时间可参照使用的抗癌、防癌原则。

国际抗癌联盟首席执行官凯瑞·亚当斯对大会的评价是：“这次大会创造了三个‘最’，参会人员最多，演讲水平最高，媒体覆盖面最广。”

【癌症防治科普宣传】

举办“2. 4”世界癌症日活动。活动主题为“癌症同样可以预防”，14 个省市抗癌协会、20 家医院，47 个地区相关医疗单位分别开展了知识讲座、义诊咨询等活动，张贴主题宣传画上千幅，发放科普宣传品 15000 份。

4 月 11 ~17 日，协会举办了第 16 届全国肿瘤防治宣传周，主题是：“关爱生命，科学防癌，让生活更美好”。将肿瘤预防作为活动主线，从控制吸烟、限制饮酒、拒绝超重和肥胖、平衡膳食、合理运动、疫苗注射和重视癌前病变等方面开展科普宣传活动。启动仪式在安徽省合肥市举行。全国 55 家医院，152 家相关学术团体、医学院校参与宣传周活动。活动共举办知识讲座 106 场，义诊咨询 152 场，发放科普资料 18. 86 万份，参与活动的专家达 800 余名，受益群众达 76000 余人。包括报纸、杂志、电台、电视台、网络等 153 家媒体对活动进行了报道。

实施中国癌症防治科普宣传促进计划。4 月在北京启动“传递希望”项目，该科普项目每月举办一项大型活动。10 月 22 日，在上海市举行了“传递希望”项目总结会，200 多名抗癌明星出席总结会，他们共同点燃了象征“生命希望”的主火炬。

中国体育科学学会

2010 年，中国体育科学学会全年重新登记和新发展个人会员 255 人，单位会员 5 个。

学会主办了中国体育科学学会成立 30 周年纪念活动、第四届全国体育大会论坛活动暨第二届全民健身科学大会、第 26 届中国国际体育用品博览会体育产业与体育用品业发展论坛、中国体育博士高层论坛等学术交流活动。18 个分会在全年举办了 62 项国内外学术交流活动。

在 2010 年全国科技活动周期间，学会组织专家分别在中国航天科工集团公司、中国航天科工集团第二研究院、北京西城区月坛街道举办了 3 场“向锻炼要健康”科普活动系列讲座。9 月 18 日，在全国科普日活动中，学会利用 2 台国家国民体质检测车开展了公众体质测试活动。活动普及了科学健身知识，创新了科普方法。

完成了第四届学会科技奖的申报工作，共收到申报项目 79 项，评选出获奖推荐项目 32 项，其中，一等奖 2 项，二等奖 8 项，三等奖 22 项。

9 月 7 ~11 日，学会副秘书长祝莉教授，副秘书长程新，体育社会科学分会秘书长黄亚玲教授一行 3 人应邀出席了日本体育科学学会学术年会，双方就学会间的进一步合作与交流举行了会谈。北京体育大学黄亚玲教授在会上作了《中国优秀运动员的文化教育研究》的学术报告。

由青海省政府主办、中国体育科学学会和青海省体育局联合承办的环青海湖国际公路自行车赛研讨会于 10 月 20 日在北京召开。本次研讨会是在“环湖赛”即将迎来 10 周年之际举办的，旨在提升赛事品质、提高“环湖赛”的影响力，为青海乃至西部的发展发挥体育的综合影响力。

受国家体育总局委托，学会全年共为国家队采购了 1200 余万元运动营养品。编印了《洞察力——实现梦想的指导法》、《临床运动营养》、《最佳肌肉训练》、《竞技运动中的身体平衡》、《奥林匹克运动科医手册——运动损伤预防》、《营养时间选择——运动营养学的未来》等 6 本书籍。

本年度，学会网站共刊登综合消息 51 条，通知公告 46 条。2010 年网站相关内容的阅读量超过 5 万人次。

【学会成立 30 周年纪念活动】

12 月 15 日是中国体育科学学会成立 30 周年纪念日。12 月 15 日上午，中国体育科学学会召开座谈会，纪念学会成立 30 周年。国家体育总局副局长、学会理事长段世杰，国家体育总局科教司司长、学会副理事长蒋志学，学会副秘书长、国家体育总局科研所副所长祝莉教授，德国体育科学学会副会长 Andreas Hohman 教授，芬兰体育科学学会会长 Uutela Antti 教授，学会第六届常务理事会成员、学会部分老领导，以及专家学者和会员代表共 120 余人出席了座谈会。座谈会回顾了学会 30 年的历程，总结了工作经验，探讨了新的历史起点上中国体育科学学会的发展之路。

座谈会上，来自德国的 Andreas Hohman 教授和芬兰 Antti Uutela 教授分别作了《德国体育科学学会在德国体育事业发展中的作用和影响》、《芬兰体育科学学会——芬兰体育与教育活动的强力推动者》的报告。

为纪念学会成立 30 周年，《中国体育科学学会史（1980－2010）》由人民体育出版社正式出版。

【第四届全国体育大会论坛活动暨第二届全民健身科学大会】

第四届全国体育大会论坛活动暨第二届全民健身科学大会于 5 月 15～16 日在安徽省合肥市举办。本次会议由国家体育总局和中国体育科学学会主办，共有体育工作者、专家学者等近 400 人在会上进行了学术交流和专题研讨。

国家体育总局局长刘鹏出席开幕式并讲话，安徽省省委常委、合肥市委书记孙金龙，副省长谢广祥分别致辞。卫生部中国疾病控制中心杨功焕教授和苏州大学体育学院的董新光教授分别作了《全民健康生活方式行动》、《创新与改革：群众体育制度建设的回顾与展望》大会主题报告。第四届全国体育大会共分为“赛、展、论、游”四大板块，第二届全民健身科学大会是“论”板块的主要组成部分。以“全民健身十五周年：回顾与展望”为主题，共设群众体育活动与体质现状调查，群众体育产业与市场，科学健身与大众健康，社区、学校体育与全民健身，休闲体育理论与实践，民族传统体育与全民健身等 6 个专题论坛沙龙，176 份墙报进行学术交流，共录用论文 420 多篇。

【第 26 届中国国际体育用品博览会“体育产业与体育用品业发展”论坛】

由中国体育科学学会和中国体育用品联合会共同主办的第 26 届中国国际体育用品博览会“体育产业与体育用品业发展”论坛于 5 月 20～21 日在北京召开。论坛的主题是“繁荣体育用品市场、促进体育产业发展”，来自全国体育院校、企业的专业人士近 200 人参加了论坛。

国家体育总局科研所研究员鲍明晓，国家知识产权局知识产权研究中心副主任毛金生，国家体育总局体育器材装备中心副主任、中国体育用品业联合会副主席连秋利，新华社体育部高级记者徐济成，以及各地体育院校的研究人员，分别就我国体育产业政策及发展趋势、体育用品营销与品牌发展战略等专题与参会学者进行了沙龙式研讨。参会学者的学术成果通过墙报形式进行了展示和交流。

【第三届中国体育博士高层论坛】

8 月 25～28 日，中国体育博士高层论坛在辽宁省大连市召开，论坛的主题是“体育强国建设与体育科技创新”。

学会副理事长、国家体育总局科教司司长蒋志学、学会常务理事姚颂平教授分别作了《坚持体育科技创新，推动体育大国向体育强国迈进》和《我国体育产业的现状和发展》的大会主题报告。来自国家体育总局有关部门、科研单位的专家、学者，分别就体育强国的构建、竞技体育研究的学科体系建设、体育文化与体育产业、群体研究与健康促进、体育教育与博士生培养等 5 个专题，与 100 余名博士进行了交流。

本次专题论坛以沙龙形式进行学术交流。学会特邀请国家体育总局体育科学研究所研究员鲍明晓、北京体育大学钟秉枢教授、任海教授、张力为教授等专家作为专题论坛主持人，为参会博士和博士生代表作学术交流引导，并进行评述。

【第二届中芬体育学术论坛】

6 月 12 日，以学会副秘书长祝莉为团长的中国体育科学学会代表团一行 5 人赴芬兰韦斯屈来市参加了第二届中芬体育学术论坛。本次活动是继 2008 年中国体育科学学会在广东省广州市举办首届论坛后，由芬兰体育科学学会承办的第二届中芬体育学术交流活动。

6 月 14 日，两国学者在于韦斯屈来大学进行了学术交流。林显鹏教授、刘兵副教授和陈振勇副教授分别从后奥运时期全民健身活动在北京奥运场馆的利用—北京奥运遗产的战略思考、中国体育产业当前形势与展望和中国传统体育的发展与健康促进等方面介绍了各自领域的研究进展。祝莉教授阐述了中国体育科技的现状与趋势。Vuolle 教授、Kannas 教授和 Uutela 教授分别介绍了芬兰体育博士的教育与就业、芬兰体育与健康系在芬兰体育科技中的作用和芬兰体育学会的现状。Karjalainen 教授介绍了芬兰体育科技的现状与趋势。陈振勇副教授还在会后向芬兰专家展示了我国传统养生法——五禽戏，并介绍了其对身体健康的作用。

【2010 年中美体育科技与现状研讨会】

7 月 19 日，学会邀请在华巡回讲学的国际华人体育与健康协会会长、美国德克萨斯 A&M 大学教授向平，美国南康涅狄克州立大学教授杨进进，美国西密西根大学教授刘沅龙和美国伊萨卡大学关红卫博士与在京的 12 个分会秘书长，就中美体育科技现状与发展中共同关心的问题进行了研讨与交流。本次会议是学会实施“海智计划”，拓宽引智渠道的重要内容。

向平教授从师资培训、中小学课程设置等方面介绍了美国体育教育的发展现状。杨进进教授、刘沅龙教授和关红卫博士分别从美国残疾人体育与运动，体育测量评价在田径领域的应用，美国全民健身领域的研究进展和应用前景等角度作了报告。在京分会秘书长则分别介绍了各自的主要业务工作，以及开展与海外华人体育学者交流的情况。

中国毒理学会

2010 年，中国毒理学会共发展个人会员 636 人，会员总数达到 5368 人；发展团体会员单位 8 个，团体会员单位总数达到 64 个。

11 月，学会在五届三次常务理事会上通过了《中国毒理学会理事会条例》，条例明确规范了理事会和常务理事会的工作程序，按照学会章程规定了理事和常务理事的职责和义务，规范了对理事和常务理事的约束。为奖励在毒理学科学技术领域中做出突出贡献的个人和集体，充分调动毒理学科学工作者的积极性和创造性，学会制定了《中国毒理学会奖励条例》，并经五届三次常务理事会通过。

分析毒理学专业委员会、毒理学史专业委员会、分子与生化毒理学专业委员会完成了换届改选工作。

5 月 21 日，经民政部批准，神经毒理学专业委员会正式成立。8 月 1 ~ 3 日，神经毒理学专业委员会成立大会暨第一届全国神经毒理学学术会议在辽宁省丹东市召开。大会依照中国毒理学会章程选举产生了以第四军医大学教授陈景元为主任委员的领导机构。

学会成立了中国毒理学会会员管理工作委员会，负责全面统筹会员服务和管理工作。制定了《中国毒理学会会员管理工作委员会工作条例》和《中国毒理学会志愿者管理条例》，在全国范围内招募学会工作志愿者 81 名。

为了普及毒理学科学知识，7 月 2 日，学会理事长庄志雄应邀做客人民网，接受了记者的采访，就毒理学相关问题回答了网友的提问。针对公众日益关注的环境污染、食品安全等热点问题，毒理学史专业委员会申请主办毒理学科普教育材料的编制与展览，完成了近 8 万字脚本的编制工作，宣传毒理科学成就、毒性灾害应急处置、防毒解毒等内容。

7 月 11 ~ 15 日，学会在北京举办了第二期“现代毒理学基础与进展”继续教育高级研修班，95 名来自全国各地的毒理学骨干参加了学习。10 月 18 ~ 20 日，学会与美国毒理学院（ACT）和药物信息学会（DIA）联合举办的毒理专题负责人（SD）研修班在北京举行，100 多人参加培训。

2010 年，学会在 2009 年开展毒理学资格认证工作的基础上，继续开展了此项工作。9 月 10 日，学会正式开通“中国毒理学会毒理学资格认证考试”报名网站，接受考试报名和个人资料的提交。

《中国毒理学通讯》是学会主办的内部刊物，以刊登学术论文全文及学会活动消息为主。为了使刊物能提供更多的信息，2010 年学会对刊物进行改版。学会聘请 44 名特邀通讯员，拓宽了《中国毒理学通讯》的信息源，加大了信息量。改版后，《中国毒理学通讯》每期发行量达到 3000 份。以刊登国内外学科发展动态为主，兼顾学会内部活动信息，包括了新理论、新技术、新方法、学术活动、新书介绍等内容，全面反映了国内外毒理学学科发展的各个方面。

【2010 国际生物医学和环境科学技术大会】

中国毒理学会联合军事医学科学院放射与辐射医学研究所、首都师范大学、中国环境诱变剂学会等单位于 5 月 9 ~ 12 日在北京举办了 2010 国际生物医学和环境科学技术大会（icBEST2010），大会主题为“DNA 修复与癌症干预”。来自美国、法国、英国、爱尔兰、德国、加拿大、日本等国的 80 多名外国专家，以及国内学者共计 280 余人出席了大会。

大会邀请军事医学科学院院长贺福初院士、美国国立环境健康科学研究所（NIEHS）执行所长 Samuel Wilson 教授、美国约翰霍普基斯大学 Chien - Jen Chen 教授分别以《KRAB 型锌指蛋白对 p53 的调节和 DNA 损伤反应中的新功能》、《DNA 修复与环境因素致癌易感性》、《通过引用水途径长期砷暴露的健康危害》为题作大会主旨报告。

大会 12 场专题研讨会共进行了 64 个大会报告和 1 场论文墙报展示，交流学术论文 130 余篇，内容包括了 DNA 损伤修复与细胞学响应信号机制、DNA 复制应激反应与忠实性、基因组不稳定性与人类疾病、干细胞放射生物学、DNA 损伤修复与环境毒理、DNA 损伤修复与癌症治疗新技术、新材料与纳米粒子的 DNA 损伤与基因毒性等。

大会还专门邀请了《细胞》（*Cell*）、《细胞研究》

(*Cell Research*)、《生物化学》(*JBC*)、《癌基因》(*Oncogene*)等国外著名学术期刊主编或资深编辑及审稿人，在讨论会上就如何提高国内研究人员在国际高水平学术刊物发表论文的能力作了演讲，并就有关问题与参会学者进行了互动。本届大会共评选出13篇优秀墙报展示论文，其中6篇论文获奖者由大会主办者中国毒理学会授奖，7篇论文获奖者由美国华人生物学家协会（CBIS）授奖。

【乡村医生继续教育培训】

9月7～28日，中国毒理学会、中国农工党天津市委员会和天津市蓟县卫生局共同主办2010年蓟县乡村医生继续教育培训班。这是中国毒理学会为进一步做好乡村医生继续医学教育工作，提高乡村医生的专业技术水平而申请的继续教育项目。蓟县1200名在聘乡村医生分8个批次，进行了为期两天的培训。

培训班为蓟县乡村医生提供了学习机会，使他们对如何安全合理用药、糖尿病的防治、侵权责任法与医疗纠纷的防范、乡村医生基本诊疗规范、急症的抢救与治疗、突发公共卫生事件应急处置、重点传染病报告和管理等有所了解和认识，提升了他们的医疗、预防、保健服务能力。

【第十二届国际毒理学会议】

7月19～23日，学会名誉理事长、中国工程院院士陈君石，理事长庄志雄和副理事长王心如、付立杰等率28人代表团参加了在西班牙巴塞罗那举行的第十二届国际毒理学大会。这是历届国际毒理学会议我国参会人数最多的一次。5位来自国内的专家在会上作专题报告，26篇国内论文摘要在大会上进行了墙报展示，其内容涵盖了环境健康、职业毒理、生态毒理、致突变性与基因毒性、致癌性、生殖与发育毒性、靶器官毒性（肝毒性、神经毒性、其他靶器官毒性）、药物研发、纳米毒理、金属毒性、食品安全等11个专题。

为与国际认证体系接轨，并为学会会员创造更多的国际交流机会，在同期召开的国际毒理学联合会（IUTOX）常务理事与亚洲毒理学会理事会联席会议上，代表团报告了中国毒理学会的资格认证工作。陈君石、庄志雄、付立杰代表中国毒理学会资格认证委员会先后约见了日本、韩国、德国以及欧盟毒理学会的理事长及认证工作负责人，就开展毒理学资格双边互认进行了讨论磋商。日本、韩国和德国毒理学会均对双边互认协作表达了合作意愿，同意马上着手进行这方面的交流协作。

中国康复医学会

2010年，中国康复医学会共举办学术交流活动16次，4654人次参加会议，交流论文4128篇，印制论文集13种共7000册，制作学术会议光盘3种共2100张。

7月23～25日，全国首次康复教育大会暨康复医师论坛在江苏省南京市召开。大会开幕式以高层访谈取代了传统的主席台致辞模式，1200余位国内外相关领域的专家学者出席了论坛。来自国际物理医学与康复医学学会、境外学术组织和国内的专家、学者，与卫生部、教育部及部分省市有关厅局的代表，就有关议题分10个分会场进行了讨论。

9月17～19日，中国康复医学发展、综合医院康复医学科建设暨ICF临床应用研讨会在北京召开。本次研讨会由中国康复医学会与中国医师协会、北京市卫生局联合举办，国内外学者300多人出席了会议。会议交流了近年来国内外发展康复医学工作的经验，讨论了“十二五”期间我国康复医学事业的发展思路，并重点就国际功能、残疾和健康分类（ICF）在我国康复医学界的推广应用举行了专题报告会。

2010年，学会进行了首次全国康复医疗资源调查，促成了将部分医疗康复项目纳入基本医疗保障问题的解决。受卫生部委托，起草了《中国康复医学事业“十二五”发展规划纲要》。对《综合医院康复医学科管理规范》重新进行了修订，承担了《康复医院基本标准》、《康复诊所基本标准》等标准的制订。

【康复医疗费用纳入国家医疗保险支付范畴】

2010年，学会受卫生部委托，在2009年工作的基础上进行了首次全国康复医疗资源调查，以不同方式对全国各省、自治区和直辖市康复医疗在医保报销方面的现状和问题进行了调研。学会协助政府主管部门两次召开康复医疗项目纳入基本医疗保险支付的专家论证会，就首批纳入国家医保支付的具体项目和限定条件进行了讨论，向政府主管部门提供了客观、翔实的决策依据，促成了康复医疗纳入职工基本医疗保险问题的最终解决。9月6日，卫生部等5部委正式下发《关于将部分医疗康复项目纳入基本医疗保障范围的通知》，将运动疗法、偏瘫肢体综合训练、脑瘫肢体综合训练等9种医疗康复项目纳入基本医疗保障范围。

【康复医学领域相关技术标准和服务规范】

2010年，针对《综合医院康复医学科管理规范》（1996年颁布，以下简称《规范》）已滞后于学科发展现状的问题，学会建议卫生部根据学科发展的现状和需求对《规范》进行重新修订。受卫生部委托，学会组织专家对部分省、市、自治区不同层次的医疗机构进行多次现场调研，召开各种座谈会、论证会十余次，广泛听取卫生行政部门、专家和基层医务人员以及患者的意见和建议，完成了《综合医院康复医学科基本标准》、《综合医院康复医学科建设与管理指南》的起草和论证工作。

青海玉树地震发生后，受卫生部委托，学会组织专家选派由12名专家组成的国家康复医疗队在第一时间赶赴地震灾区参加重症伤员的康复救助，为321名重症伤员制定了个体化康复方案，起草了《玉树地震伤员康复规范》、《地震伤员常见损伤康复治疗指导原则》等一系列紧急康复干预指导规范和技术标准。

学会承担了《康复医院基本标准》、《康复诊所基本标准》、《国家临床重点专科评估标准》（康复医学科）和《2010－2020卫生专业技术人才发展规划》（康复治疗师）等标准的制定，以及《残疾人康复辅具配置目录》的论证工作。

学会利用综合性学术会议和小型专题学术研讨活动，不断健全康复医学领域的各类技术标准和服务规范。在颈椎病康复学术会议上正式发布了《颈椎病诊治与康复指南》，康复护理高峰论坛制定并通过了《神经源性膀胱康复护理技术规范》。

【《中国康复医学事业“十二五”发展规划纲要》】

2010年，接受卫生部委托，学会承担了《中国康复医学事业“十二五”发展规划》的起草工作。学会成立了由部分专家组成的起草小组，先后到十几个省、市现场调研，听取各方意见，实地了解我国康复医学发展现状、存在问题和社会需求。经过为期一年的工作，按时完成了起草和论证工作。《中国康复医学事业“十二五”发展规划》主要内容包括：通过科学规划、政策引导和有针对性的措施，力争实现康复医疗机构专业设置科学、业务流程规范、功能特点鲜明、服务网络健全，形成综合医院康复医学科、康复专科医院和社区康复机构一体化的康复医疗服务体系；逐步规范康复医学从业人员培训体系、专业结构、准入机制和岗位职责；建立行业准入制度和质量控制体系，保障康复医学服务功能和作用的发挥；制定和完善有关康复医学发展的政策、措施和相关专业标准，営造有利于学科发展的政策环境，迅速提高康复医学的整体水平和服务能力，更好地适应经济发展和社会进步的需求。

【多途径开展继续教育活动】

2010年，学会与香港复康会签署了为期3年的康复医师、治疗师、康复护士培训协议，以“康复医学科建设的理论与实践”为主题，在广东省深圳市建立了康复医学继续教育基地。利用香港复康会的资金支持和技术资源，面向中西部16个省区，连续举办了7期康复新理念、新技术培训班，全年共230人参加了培训。

12月5～7日，为推动国际功能、残疾和健康分类（ICF）在我国的应用，学会联合世界卫生组织国际功能、残疾和健康分类（ICF）项目研究部在江苏省无锡市举办了首届ICF－中国康复临床应用高级培训班，邀请世界卫生组织ICF康复项目组专家Pavel Ptyushkin教授、Melissa Selb教授等就ICF在康复医学中的应用、临床组合、分类结构及代码等进行了专题演讲，来自全国各地三级医院的康复医学科主任参加了培训。学会江苏康复医学培训中心由江苏省南京市迁至无锡市，培训方式由原来的医师、治疗师混合培训改为康复医师、物理治疗师、作业治疗师分别培训。中心全年共举办两期为期3个月的专业培训班，培训学员113人。

【多位康复专家进入国际学术组织领导层】

9月29日，在国际物理医学与康复医学学会（ISPRM）召开的理事会会议上，学会常务副会长兼秘书长、南京医科大学第一附属医院教授励建安当选该组织理事会副主席。根据国际物理医学与康复医学学会理事会规定，励建安教授在两年后将自动成为理事会候任主席，4年后自动升任主席。另有4名中国康复医学专家，北京大学第一医院王宁华教授、佳木斯大学康复医学院李晓捷教授、中山大学孙逸仙纪念医院燕铁斌教授、第三军医大学西南医院吴宗耀教授同时进入国际物理医学与康复医学学会理事会。励建安教授的当选以及我国4名专家入选国际组织理事会，标志着我国学者正式进入康复医学领域国际组织的决策层，享有了重要话语权。

中国免疫学会

2010年，中国免疫学会新发展个人会员286名，目前会员总数达到3657人，团体会员单位14个。四川省免疫学会、江西省免疫学会和广西免疫学会宣布成立。

8月，中国免疫学会代表团出席了在日本召开的第14届国际免疫学学术大会，国际免疫学联合会（IUIS）同期召开了理事会会议并进行了换届选举，学会理事长曹雪涛院士当选为国际免疫学联合会新一届执行委员。

11月12～16日，第一届《细胞与分子免疫学》（CMI）国际免疫学学术交流会在中国科学技术大学举行。本次会议由中国免疫学会和中国科学技术大学主办。来自美国、加拿大、韩国、新加坡等国家，我国香港特别行政区、台湾地区和大陆的36位专家学者，以及杂志编委会的成员出席了本次会议。会议特邀美国科学院院士Tak Mak等14位国际知名教授分别就免疫细胞与免疫应答、天然免疫识别、免疫信号分子、感染免疫等专题作报告。

在同期举办的杂志发展专题研讨会上，专家和杂志栏目编辑还就杂志的国际化、杂志特刊等内容进行了交流和讨论。

3月27～29日，学会移植免疫分会主办的第一届中国移植免疫学学术会议在上海召开。美国马萨诸塞州大学医学院肝脏中心主任Gyongyi Szabo教授、哈佛大学医学院Yong－Guang Yang教授、英国剑桥大学细胞信号实验室Christopher E. Rudd教授，中国工程院院士曹雪涛、黎介寿等40多位国内外器官移植领域和免疫研究领域的专家学者出席会议。他们围绕器官移植的新理论与新策略，移植免疫学研究新进展，器官移植排斥、围手术期并发症的治疗、诊断新技术和方法，免疫抑制剂的临床应用与评价，器官保存方法的研究，移植排斥的病理研究，造血干细胞和骨髓移植等专题进行了交流和讨论。

9月25～26日，学会感染免疫分会与解放军第302医院在北京共同主办了第一届中美国际肝病峰会。本次会议旨在通过中美两国一线肝病专家的交流，探讨肝病（乙肝、丙肝、肝癌等）诊治方面面临的难题，优化临床诊治新方法。美国纽约长老会医院Robert Brown教授、中国工程院院士庄辉等相关领域的专家，围绕目前肝脏疾病最新的临床研究进展、典型病例、肝癌治疗和肝移植的治疗经验和方法展开交流和探讨，特别针对病毒性肝炎抗病毒治疗、肝硬化治疗、中西医结合治疗肝病的治疗方案交换了意见。

【第六次全国会员代表大会】

10月23日，中国免疫学会第六次全国会员代表大会在北京召开。全国各省市免疫学会推荐的163名会员代表出席大会。会议听取了中国免疫学会第五届理事会工作报告、财务工作报告，讨论并通过了对中国免疫学会章程的修改，选举产生了第六届理事会、常务理事会。中国工程院院士、第二军医大学免疫学研究所所长曹雪涛再次当选学会理事长。

在中国免疫学会第六届一次常务理事会上，学会理事长曹雪涛提出了中国免疫学会第六届理事会总体的工作目标。会议充分讨论了第六届理事会的重点工作计划，强调了会员发展、省市学会及专业委员会的组织建设、学会的网站建设，确定了副理事长的分工，通过了学会秘书长何维对副秘书长人选的提名。

【第七届全国免疫学学术大会】

中国免疫学会第七届全国免疫学学术大会于10月24～26日在北京召开，参会人数1300余人，收到论文摘要857篇，参展厂商40家。

大会邀请包括美国哈佛大学医学院达纳法伯（Dana－Farber）癌症研究所Harvey Cantor博士，美国国立卫生研究院（NIH）的William E. Paul博士和华盛顿大学的Wayne M. Yokoyama博士在内的12位国外著名免疫学家，以及学会理事长曹雪涛院士，同济大学的裴刚院士等17位中国免疫学专家，分别就免疫识别、淋巴细胞分化、调节性T细胞、细胞内信号传导途径、免疫反应基因调控、感染免疫、肿瘤免疫、免疫耐受和人源化小鼠模型研究等免疫学相关领域研究和发展趋势，各实验室最新工作成果等内容作大会报告。

大会设立了基础免疫、肿瘤免疫、临床免疫、神经免疫、移植免疫、感染与疫苗、免疫学技术、中医中药与免疫、畜牧兽医与免疫和新药研发等分会场。分会场由上届会议的6个增加至10个，分会场论文报告188篇，报告内容展示了我国免疫学研究工作的最新成果。本次会议再次安排了“如何在国际权威杂志上发表科学论文”专场学术活动，我国中青年免疫学工作者与国内外著名免疫学家就此话题进行互动式的交流。

【中国免疫学会学术奖】

中国免疫学会于2010年向国家科学技术奖励工作办公室递交了《关于设立中国免疫学会学术奖的报告》，于同年得到批准并予以颁发。中国医学科学院北京协和医学院巴德年院士，因其在LAK细胞对肿瘤治疗方面的创造性工作，吉林大学医学院教授杨贵贞，因其在免疫调节相关领域的创造性工作获得本届中国免疫学终身成就奖。上海复旦大学医学院教授何球藻，因其在移植免疫和肿瘤免疫领域的杰出工作，第四军医大学教授金伯泉，因其在新免疫膜分子和单克隆抗体领域的杰出工作分别获得本届中国免疫学杰出学者奖；20位年轻的免疫学工作者获得本届中国免疫学青年学者奖。

中华预防医学会

2010年，中华预防医学会举办学术会议110个，其中国际学术会议及港澳台地区学术会议4个，参会学者16856人次，交流论文2850篇。办理13批出国（境）团组共49人次，分别赴瑞士、加拿大、奥地利、法国、德国、日本、南非、泰国等国家以及中国的香港特别行政区、台湾地区出席国际会议或访问、考察。接待了德国国际继续教育与发展协会、日本国际协力事业团（JICA）、比尔及梅琳达·盖茨基金会、亚太艾滋病协会、美国艾滋病防治基金会、台湾地区欧巴尼纪念基金会等代表团来访。

10月，世界公共卫生联盟西太区联络办公室在北京成立，秘书处设在中华预防医学会。这是公共卫生领域国际非政府组织在中国设立的第一个联络办公室，标志着学会在亚太地区公共卫生领域的话语权和领导地位提升，为今后在国际舞台开展工作奠定了良好基础。

学会率团赴台湾地区参加了海峡两岸灾后疾病预防控制经验交流会、第四届海峡两岸自由基生物学与医学学术研讨会和海峡两岸传染病防治研讨会等学术活动。

学会新成立循证预防医学专业委员会和卒中预防与控制专业委员会。学会接受了肿瘤预防等3个专业委员会的成立申请，已提交常务理事会审核。

截至11月，学会已执行继续医学教育项目72项，其中国家级18项、学会级54项，参加培训学员5.3万余人次。举办科普讲座2次、科普展览6次，科普展览观众6万人次，发放科普宣传资料3.5万份。完成技术咨询合同5项，技术合同实现金额达150万元。举办培训班20个，设立专项奖励基金1个，基金总额500万元。表彰奖励科技工作者105人次。

学会对“公共卫生与预防医学发展贡献奖”进行了第二次评选。评审结果于12月初进行了公示。

学会承担了国家“公众健康普及技术筛选与评价研究”项目的分课题，即《常见、多发传染病防治技术要点筛选和普及研究》。2010年土源性线虫病综合防治与健康促进项目覆盖了全国6个省、1个自治区、1个直辖市的100个区县，共计面授培训乡镇卫生院医生8520人。“共筑健康之路”全国基层糖尿病预防控制健康促进项目于10月启动。该项目是我国目前规模最大、覆盖面最广的基层糖尿病防治项目，计划在2010~2012年期间，在全国29个省市的1000个县（社区）开展糖尿病预防控制专业培训，培训近10万名基层卫生医疗人员。

受卫生部疾病预防控制局委托，学会承担的“医疗机构传染病管理工作规范与考核评价标准”项目，在北京、上海等地进行了试点，广泛征求了意见，并已结题。按照卫生部卫生应急办公室要求，制订了《“调整国家突发公共卫生事件专家咨询委员会”方案》，同时，对《“十二五”期间国家突发公共事件卫生应急体系建设和发展规划》提出了修改意见。

2010年，学会主办的67种科技期刊总印数达237万册。2010年7月召开了《中国病毒病杂志》编委会换届会议，成立了新一届《中国病毒病杂志》编委会。

学会对网站进行了改版，网站信息量增长迅速，浏览人数达到39万人次。

5月10日，第五次中国科协论坛——中国艾滋病疫苗高层论坛在上海召开。本次论坛设置了国际国内传染病及艾滋病疫苗研究进展、未来艾滋病疫苗研发策略以及中外艾滋病疫苗合作研究模式及重点领域3个专题。会议邀请12位国内外知名专家进行了大会报告。大家一致认为，艾滋病疫苗作为医学界当今所面临的重大科学难题，只有加强国内和国际合作，整合优势资源，避免重复性工作，开展创新性研究，才能共同应对艾滋病疫苗的科学挑战。

7月31日，首届全国网络成瘾学术研讨会在北京召开。110多名来自全国各地诊治青少年网络成瘾的医务工作者、教育工作者和关心下一代社会工作者参加了会议。会上，北京军区总医院网络成瘾治疗中心、中国科学院心理研究所等从事网络成瘾研究和矫治的专家作大会报告。会议还通过网络视频形式与美国心理学会副主席、美国西雅图网络成瘾矫治中心主任Cash博士就网络成瘾的矫治经验进行了交流。经过交流和研讨，与会专家在网络成瘾的性质、病因、流行病学、诊断、脑影像学、治疗和预防等达成了共识。

9月16~17日，学会与中国畜牧兽医学会等单位合作共同举办了2010年全国狂犬病防控高层论坛。全国人大常委会委员、中华预防医学会会长、中国工程院院士王陇德，世界卫生组织总部热带传染病研究部主任François-Xavier Meslin，美国疾病预防控制中心狂犬病部主任Charles E. Rupprecht，卫生部、农业部、中国疾病预防控制中心等单位，以及来自全国狂犬病防控领域的专家、学者共180余人参加了会议。

10月，由学会和中国疾病预防控制中心共同主办的第三届媒介生物可持续控制国际论坛在浙江省杭州市召开。来自世界卫生组织，美国、英国、以色列等国家的30位专家，国内27个省、直辖市、自治区，以及香港特别行政区、台湾地区的300余位代表出席了本次论坛。来自世界卫生组织、美国疾病控制与预防中心的20位国内外专家在会上作特邀报告，35位国内外同行进行了自由报告，就媒介生物可持续控制各方面的研究和管理的成果进行了交流。

6月13日，2010卫生工作者控烟“双十”行动高层论坛在北京举行。全国人大常委会副委员长、中国科协主席韩启德，卫生部副部长刘谦，美国中华医学基金会主席Lincoln Chen和中华预防医学会会长王陇德，世界卫生组织《烟草控制框架公约》秘书处秘书长Haik Nikogosian博士出席会议并讲话。会议倡议，全国医学社团和医学院校应于2010年底全面禁烟，实现室内公共场所和工作场所100%无烟。

2010年，在中国科协科技扶贫开发工作领导小组办公室等单位共同举办的“全国科普日暨中国科协·吕梁市科普月”活动中，学会组织北京部分医院的内科和保健科医师赴山西省吕梁地区进行为期一周的义诊咨询活动。每天义诊、咨询达100余人次，举办专业知识讲座2场。

6月19日~10月31日，学会和中国疾病预防控制中心免疫规划中心在北京、上海、深圳等21个城市同时开展了“规范接种——安全升级”知识竞赛活动。这次竞赛活动旨在对基层广大预防接种医务人员普及安全接种知识，强化安全接种意识，提高安全接种技能。

11月，学会承办了第五届（福州）“预防疾病·科学生活”健康博览会，围绕“拒绝烟草，引领健康”、“家居，饮食与低碳”、“消除肝炎歧视，共建和谐家园”、“遏制艾滋，信守诺言”4个方面开展科普宣传活动。活动现场设专家咨询区、健康检测区、科普展示区、互动活动区等4个区，让公众当场接受健康知识教育。

【公共卫生应用研究与疫苗可预防疾病科研资金支持项目】

2010年，学会设立并正式启动了“公共卫生应用研究与疫苗可预防疾病科研资金支持项目”。该项目重点是支持基层科技工作者开展公共卫生应用研究和疫苗可预防疾病的科学研究工作。

学会共收到25个省、市、自治区和5个分会、专业委员会推荐的59项科研项目。经专家评审确定支持公共卫生应用研究项目17项，其中重点项目2项，普通项目15项；支持疫苗可预防疾病科研项目4项。支持经费总额达到421万元。

【实施艾滋病防治项目】

1~3月，学会编写印制了《携手抗击艾滋病——艾滋病防治试点项目总结与回顾》一书。该书是亚洲开发银行区域技术援助项目6321子项目6的总结报告。学会会长王陇德为该书作序。

中华预防医学会一直承担着中国科协联合国咨商工作生命科学与人类健康专业委员会（CCLH）办公室工作。7月18~23日，第十八届世界艾滋病大会在奥地利首都维也纳召开。学会组织3位专家作为中国科协联合国咨商工作生命科学与人类健康专业委员会代表团出席本次大会。代表团参与主持了中国非政府论坛和比尔及梅林达·盖茨基金会资助的论坛。代表团在2个分会场论坛上作报告，介绍了中国近期的艾滋病防治情况，防治工作所取得的成绩，面临的挑战以及未来研究发展的方向。

8月，第63届联合国公共信息部/非政府组织年会在澳大利亚墨尔本召开。年会的主题是“推进全球卫生，实现千年发展目标”。中国科协联合国咨商工作生命科学与人类健康专业委员会主席李世绰受邀出席会议。在第三次全体大会上，针对“加强综合性和系统性途径实现全球卫生发展目标”，李世绰作大会专题报告，并现场回答代表的提问，同时散发了书面发言资料。他在报告中阐明的“综合卫生政策的标准”，受到与会专家、学者和媒体的关注。

中盖艾滋病项目是卫生部、国务院防治艾滋病工作委员会办公室与美国比尔及梅琳达·盖茨基金会共同实施的艾滋病防治合作项目。中华预防医学会是中盖艾滋病项目的重要合作伙伴之一。2010年，中盖艾滋病项目执行经费达1700万人民币，比2008年和2009年有了大幅度增长。为了发挥社会组织在艾滋病防治工作中的作用，集合不同层面非政府组织的建议和经验，中国科协联合国咨商工作生命科学与人类健康专业委员会（CCLH）与中华预防医学会承担的中盖艾滋病项目于6月19~20日联合在上海市召开了社会组织参与疾病防治策略研讨会。与会专家就社会组织参与疾病防治进行了交流和讨论。

为适应中盖艾滋病项目的战略需要，2010年8月成立了中国公共卫生领域社会组织技术支持中心。该中心的成立，有利于发挥中华预防医学会学术团体的优势，整合卫生资源，为社会组织提供技术支持的职能作用，促进我国公共卫生领域的社会组织更好的发挥作用。

学会申请国家艾滋病防治社会动员项目共64万元，分别在广西、贵州、四川、北京等地完成了“广西自治区北海市外来渔民工艾滋病防治策略探讨”、“通过综合干预减少男男性接触者（MSM）人群高危行为发生和艾滋病传播”、“贵州高校男男性接触者（MSM）人群中开展预防艾滋病健康教育行为干预与同伴教育”，以及感染者社区支持能力建设等5个项目。项目结题报告已上报国务院防治艾滋病工作委员会办公室。

中国法医学会

为申报司法鉴定机构资质认定评审，中国法医学会司法鉴定中心在2010年起草、修改、完善了司法鉴定《质量手册》、《程序文件》、《作业指导书》和各种程序表格，使司法鉴定的每项工作、每道程序、每个环节的工作都按规范化要求进行。鉴定中心全年无偿为各界人士提供司法鉴定业务咨询600多件次。接受委托开展司法鉴定案件共635起，其中疑难、复杂、重新鉴定、多次鉴定，当事人长期上访，久拖不决的案件占80%以上。

学会会长刘耀于6月4~9日率代表团赴日本东京出席了由日本和韩国共同举办的赔偿科学会议。中日韩三方就建立三国赔偿科学定期交流机制，共同推动中日韩在赔偿科学领域的合作问题进行了讨论。

【毒（药）物体内过程及物质代谢组学国际论坛】

9月15～17日，由中国法医学会和四川大学华西基础医学与法医学院共同主办的毒（药）物体内过程及物质代谢组学国际论坛在四川省成都市召开，来自日本、韩国和我国香港特别行政区及内地10余所院校的30余位高级专家、学者，就国内外毒（药）物体内过程研究，机体内代谢物组相关高端前沿学科技术问题进行了交流。

代谢组学是后基因组时代的研究领域，涉及分析科学、数学、计算机应用等多学科领域，在毒（药）物的体内过程研究及中毒诊断等领域发挥着越来越重要的作用。代谢组学在毒（药）物的药理、毒理及作用机制方面的研究作用已经得到国内外学者的认可，对法医毒理学中毒机制的研究同样具有价值。此次论坛对汇集国内外该领域最新理念与应用技术成果，推动该领域的研究和法庭科学的应用具有重要意义。

在论坛上，学会会长、中国工程院院士刘耀，日本医科大学法医分野主任大野曜吉教授，香港中文大学药学院左中教授分别作了《代谢组学在法庭科学中的应用展望》、《关于乌头事件和乌头碱的法医毒化学的检证实验》、《代谢及基因组学在个体化医疗上的应用》的主题演讲。与会专家就代谢组学的法庭科学应用研究、日本著名案例“乌头中毒事件”的毒物分析和个体化用药的发展前景等论题进行了交流，探讨了细胞色素P450酶基因单核苷酸多态性、小鼠乳腺癌进展生物标记物的代谢组学研究及氯胺酮对大鼠血浆代谢组的影响等。

在论坛的小型分组内部讨论中，各位专家学者针对当前的毒（药）物代谢组学研究领域的热点和难点进行了交流，并对学科的发展和今后的协作策略和模式提出了建设性意见和建议。

【第八次全国法医医学学术交流会】

3月2～5日，第八次全国法医学学术交流会议在海南省召开。这次会议得到了公安部、最高人民法院、最高人民检察院、司法部、卫生部、教育部和中国科协等有关部门的支持，是中国法医学会10年来召开的最大规模的学术会议，270名法医学工作人员出席会议。

会议共征集到全国各省、自治区、直辖市法医学术论文1000余篇。经专家审阅，500余篇论文，约160万字，被编入《中国法医学新进展》，分上、下两册公开出版。

本次会议交流内容涵盖了法医病理学、法医损伤学、法医临床学、法医物证学、法医毒物学、司法精神病学、法医人类学等学科，反映了法医学的最新研究成果，系统全面地总结了办案实践中的宝贵经验。

学会会长刘耀在会上作了《中国法医工作的现在与未来》的主题发言，全国人大常委会委员、中国法医学会名誉副会长、河北医科大学副校长丛斌，重庆医科大学副校长万立华分别作了《应激与法医学》、《不全颅面复原与校正关键技术研究》专题发言。另有64位专家分别在3个分会场上作大会发言，发言内容涉及法医学各个分支学科的最新研究成果及国际发展动向。

在会议的分组讨论中，与会学者就法医学领域关注的各类热点、难点问题进行了广泛的交流。交流讨论的热点问题，包括了利用不同方法和指标进行死亡时间及损伤经过时间的推断、猝死的病理基础、脑干损伤研究成果及鉴定方法、我国法医DNA数据库的建设和利用、法医命案现场勘查及现场重建、损伤程度评定、国产DNA试剂开发、单核苷酸用于法医学实践的方法及应用研究、法医遗传学实验的质量控制、我国公安机关DNA技术应用现状及建议、毒物死后再分布研究、毒物分析实验室能力验证、滥用药物的快速检验，新型毒品的研究、法医人类学研究及应用，以及法医学教育及继续教育的现状及改革建议、我国司法鉴定标准化建设等内容。

【《疑难命案高级侦办培训班》举办】

本着“服务实战、服务诉讼、服务社会”的办班指导原则，从提高全国刑侦队伍业务水平出发，学会针对不同地区分别于3月、4月、8月在湖南、江西举办了3期每期8～10天的《疑难命案高级侦办培训班》，共培训学员906人，其中公安系统891人，法院及检察院系统15人。所有参训学员均来自工作一线。

培训班邀请了国内25位拥有丰富实战经验的专家授课，选择针对法医学及法庭科学实践中的技术难点、热点问题，并结合当前国内外发展动向进行授课，内容涉及命案现场分析重建及难点问题剖析，命案侦办工作的组织与指挥，现场生物检材的发现、提取、检验与保存，典型命案分析及鉴定，枪击现场枪弹痕迹检验作业要点，DNA技术在命案侦破中的应用，颅脑损伤鉴定分析等。

为总结培训成果，交流近几年来命案侦破工作的技术进展，培训班围绕命案侦破专题征集论文300多篇，经专家评审择优录用后，由中国法医学会编辑出版。

【《中国法医学杂志》完成转企改制，成立杂志社】

根据国家新闻出版总署和公安部宣传局部署，《中国法医学杂志》编辑部在2010年完成转企改制，成立具有独立法人资格的《中国法医学杂志》社，并于1月正式运行。改制后《中国法医学杂志》在内部管理上，实行责任制和奖惩制，扩充了刊载内容，对杂志封面和栏目内容进行了调整。2010年，杂志共收到投稿394篇，出版发行正刊6期。据《中国学术期刊影响因子年报》数据显示，《中国法医学杂志》在“发表文献被各种文献引用频次”、“影响因子”及一些其他参考指标均有不同程度的增加，其中“影响因子”从2009年的0.241上升到0.392。《中国法医学杂志》社成为“中国知网/清华光盘杂志社”独家出版单位。

中华口腔医学会

2010年，中华口腔医学会新发展个人会员2695人，个人会员总数达7327人；新发展团体会员6个，团体会员达到97个。甘肃、青海、贵州和江苏等4省成立省级口腔医学会，截至目前，已有26个省、自治区、直辖市成立了口腔医学会。年度内，学会向参加继续教育培训的会员提供50~100元的注册费优惠，免费向会员发放学会通讯；会员在学会网站会员中心栏目内可免费下载相关继续教育信息，团体会员在学会网站上享受发布信息的权力。

2010年，口腔生物医学和口腔病理学2个专业委员会完成换届工作，口腔医学设备器材分会宣布成立。3月20日，卫生部下达了“关于同意中华口腔医学会口腔正畸专业委员会加入世界正畸联盟”的正式批准文件。

2010年，学会召开理事会议1次，常务理事会会议4次。会议共审议议题24项，其中审批同意成立口腔医学设备器材分会、口腔医学伦理委员会，口腔医疗服务分会、口腔麻醉学专业委员会困难气道学组、口腔麻醉学专业委员会镇静学组、口腔颌面外科专业委员会牙槽外科学组、口腔生物医学专业委员会等7个分支机构。3月30日，学会在广东省广州市召开了第二次省、自治区、直辖市、副省级城市口腔医学会会长工作会议。

发挥学会网站的窗口作用，结合社会热点问题制作了“镍铬合金烤瓷修复使用”专栏；与北大网院合作开办远程教育《口腔专业护士培训》项目，填补了口腔专业护士毕业后教育的空白。

印制一年四期《中华口腔医学会通讯》，宣传、报道学会重要事件，免费向学会会员及相关业务主管部门、合作单位送阅，发行总量20万份。

中华口腔医学会共申报并批准的国家级继续教育项目达13项，学会级继续教育项目为52项 。

完成卫生部委托项目及回复建议共11项，分别为“口腔种植技术临床应用规范”、“种植、儿童及黏膜的临床路径”、“口腔科标准”、“单病种收费测算”、“第三类医疗技术审核工作”、“回复卫生部行业标准中有关氟斑牙诊断标准”、“专科医院评价标准”、“关于口腔诊疗科目的意见”、“口腔卫生人才发展规划专题研究报告”、“国家临床重点专科评估项目”、“牙周病防治指南项目”。

接待了来自美国、英国、日本、泰国等国家，香港特别行政区和台湾地区代表团的来访。参加了在香港特别行政区举办的亚太口腔医学展览会，参加了在巴西萨尔瓦多召开的2010世界牙科联盟年会。

学会与美国牙医学会（ADA）签署协议，中华口腔医学会成为美国牙医学会继续教育学分授予单位，并于12月1~4日在福建省厦门市召开的全球口腔医学大会上，为450多名海外会议代表授予美国牙医学会认可的继续教育学分。学会还与香港牙医学会、美国牙医学会签署《美国牙医学会杂志》（JADA）中文版合作协议。

学会共召开学术会议13次。6月9~12日，与卫生部国际交流与合作中心、北京大学口腔医学院联合举办了第十五届中国国际口腔设备材料展览会，会议期间举办了第十五届北京口腔医学新进展报告会，牙周和种植体周感染的预防及控制策略、牙髓病临床诊治技术系列培训班，种植治疗并发症的预防与处理专题讲座，瓷修复系列讲座等6个理论班及2个操作班，学员人数共1779人。

【首届全球华人口腔医学大会暨2010中国国际口腔医学大会、2010中国口腔设备器材展览会】

12月1~4日，学会联合全球华人口腔医学学术团体在福建省厦门市召开了“全球华人口腔医学大会暨2010中国国际口腔医学大会”，来自40多个国家的14000余名口腔医学工作者出席了大会。全国人大常委会副委员长、中国科协主席韩启德，卫生部部长陈竺向大会发来贺信。7000余名中外嘉宾及专家学者出席了以“全球华人共筑微笑家园”为主题的大会开幕式。

2010第七届国际微笑列车唇腭裂学术会议、第十三届国际口腔种植医师学会（ICOI）亚太年会、第六届国际牙科研究会（IADR）中国分部杰出青年学者奖比赛也同期举行。大会共举办各类会议118场次，24547人次参会。大会颁发了“杰出华人口腔医师奖”和“杰出海外学子奖”，举办了学术论文壁报展示和评比等活动。大会秘书处编印《华人口腔风华录》大型彩色画册。同期举办的2010中国口腔设备器材展览会，展会面积达1.3万平方米，482个展台，共247家企业参展，17224人次参观。

【口腔健康促进与口腔医学发展西部行大型社会公益活动】

2010年，学会在内蒙古、陕西、广西、云南、宁夏5个省、自治区实施了人员培训、志愿者医生、口福行动等项目。

4月，在北京莱顿生物材料有限公司的支持下，在广西举办了一期口腔种植牙临床技术培训班，来自广西全区的200多名临床医生参加了学习。在普阳科技有限公司的支持下，在广西医科大学口腔医学院举办了儿童口腔临床技术培训班，来自全区的180多名临床医生参加了学习。在登士柏（天津）国际贸易有限公司的支持下，7~9月，学会分别在内蒙古自治区、陕西、广西壮族自治区、云南、宁夏回族自治区各举办了一期现代根管治疗技术培训班，学会组织了7个院校的11名牙体牙髓病专家在培训班上授课，有1000余名基层口腔医生参加。

2010年共有2名医生志愿到“西部行”目标地区开展工作，共有12家医院参加了“口福”行动，为中国西部偏远地区经济困难的无牙颌老人免费镶装义齿。

【与美国微笑列车基金会合作“唇腭裂修复慈善项目”】

由中华口腔医学会主办，美国微笑列车基金会资助，中华慈善总会和卫生部支持的第七次国际微笑列车唇腭裂学术会议于12月1~4日在福建省厦门市召开。这次会议与全球华人口腔医学大会同期召开，是微笑列车进入中国11年来举办的最大规模的学术会议，有1500余人参会。来自国外的唇腭裂修复、麻醉专家与国内专家一起组织了内容丰富的学术交流，医生、护士、麻醉医在不同专业的分会场上交流讨论。会议还表彰了微笑列车优秀合作医院。

6月，学会组织微笑列车合作医院按照专家指导片区，分别在西安、广州、北京、青岛、赤峰相继举办了区域培训活动，参加人数近400人。区域培训以现场手术示教（现场操作演示）为主，使学习者近距离看到老师的手术操作。培训的小班授课，手术医生与麻醉医生共同参与讨论手术安全性，促进了承办医院和地区唇腭裂修复技术水平的提高。

9月，在美国微笑列车基金会资助下，学会启动进修补助计划。选拔优秀合作医院的手术医生和麻醉医生分别到北京大学口腔医学院、上海交通大学口腔医学院、四川大学华西口腔医学院、武汉大学口腔医学院进修学习，计划给予100位学员经费支持。2010年已完成培训60人。

学会还在美国微笑列车基金会资助下启动语音训练培训计划，编写语言培训教材，培养语音培训讲师，建立语音培训基地。

中国女医师协会

2010年9月，中国女医师协会正式成为中国科协团体会员。

中国女医师协会成立于1995年7月，协会现有个人会员2万余人，团体会员150余家。中华医学会原副会长、卫生部妇幼卫生局局长林佳楣担任了协会第一届、第二届会长。2006年4月，何界生当选第三届协会会长，林佳楣、顾秀莲任名誉会长。协会现有理事218名、常务理事87名。北京、上海、广东、广西、山东、山西、湖南、湖北、河北、云南、青海、黑龙江和香港特别行政区成立了女医师协会。

为贯彻协会“立足科技前沿引领方向；走向社会基层普及健康知识”的方针，协会设立“中国女医师协会五洲女子科技奖”，为中青年女医务工作者搭建了交流和展示平台。近年来，学会围绕如何发挥中国女医师的作用，如何为公众健康事业服务开展了多项活动。举办了2003全国巾帼建功表彰大会、2003全国关心妇女儿童健康工程启动大会、2005中国女医师红色之旅健康西部行活动、2006重走长征路、送健康贵州行，送健康中国行、2009乳房健康巡回讲等活动。

2010年，协会成立了妇产科、肿瘤科、心血管科、儿科、眼科、公共卫生、卫生发展与管理、美容整形、皮科、医学影像等10个专家委员会。10月13日，协会在上海市召开组织工作会议，明确了协会为女医师服务、为基层服务的定位，对组织建设工作提出了规范化的管理办法、细则和要求。

协会为林佳楣、胡亚美、黄翠芬、江一清、许曼音、严仁英和张丽珠7位80岁以上的女医务工作者颁发了终身成就奖。为陈璧、陈翠菊、邓惠琼、方佩华、胡蕴玉、李小鹰、李亚里、刘江秋、梁秀龄、刘伊丽、蒲佩玉、宋后燕、陶其敏、吴坤、王海燕、吴希如、王士雯、吴坤仪、魏丽惠、杨英珍等20位60岁以上的女医务工作者颁发了杰出贡献奖。完成了第二届“中国女医师协会五洲女子科技奖”的专家评审、终审和公示。

在协会开展的“送健康 中国行”活动中，将北京兰超制衣有限公司捐赠的价值460万元的1万件义乳文胸分送到北京、上海、黑龙江、陕西、河南、宁夏、内蒙古、四川、福建等9个省、自治区、直辖市乳腺癌术后患者手中。

4月19日，协会与中国人口福利基金会联合举办了“萌芽工程”。来自北京、上海、广东、江苏专家医疗队奔赴革命老区四川巴中，义诊近600人、接受咨询200多人。协会为藏族中学捐赠了图书、羽毛球拍等学习、体育用品。

与上海市健康教育协会、全国健康教育事业项目推行办公室及利洁实（家化）责任有限公司，共同开展了倡导“细菌易滋生，经常消毒保无忧”为主题的教育活动，提醒社会公众肃清家中的四大肮脏区域和八个卫生死角，建立好卫生防病的第一道防线。

为提升贫困地区医疗卫生的软件水平，协会与中国妇女基金会联合举办了“母亲安馨工程”，参与编写教材，培训了1000名乡村医生。

【首届中国女医师大会】

4月15~17日，首届中国女医师大会在北京召开。大会主题为“中国女医师的机遇与风采”。全国人大常委会副委员长陈至立向大会发来贺词。全国人大常委会副委员长、中国科协主席韩启德，全国政协副主席孙家正分别致函祝贺。卫生部党组书记张矛，国际女医师协会会长 Atsuko Heshiki 到会祝贺。美国女医师协会、日本女医师协会以及香港女医师协会代表团出席大会。

协会副会长魏丽惠教授作了《21世纪女医师的机遇与风采》主题报告。协会秘书长于冬公布了《2600名中国女医师现状调查》结果，呼吁全社会高度重视女医师的健康问题。女专家们在会上作了《女性素养与魅力》、《呵护健康，发展事业》、《愉悦心情获得职场成功》、《顺利度过女性更年期》等大会报告。中央电视台女性节目主持人张越与女专家们就“女医师的事业与生活”进行了对话。

大会设立了公共卫生、心血管、妇产科、儿童健康、眼科、基础医学、康复医学、肿瘤、内科、口腔、整形美容、妇幼保健、女性领导力、中医等13个分论坛进行学术交流，交流会议论文278篇。

中国自然辩证法研究会

2010年8月，研究会成立了中国自然辩证法研究会自然辩证法研究所。研究所成立后，确定了首个研究课题《当前自然辩证法为国服务的理论与实践》。

研究会推荐中国工程院能源与矿业学部周世宁院士参加“百名专家、致富能手进阜新”系列科技服务活动，推荐刘大椿教授等45名专家、学者入中国科协决策咨询专家库。研究会名义副理事长陈凡教授等4位专家当选为高校研究生教学指导委员会委员。

研究会各级组织共举办学术活动160多项，是研究会建会以来，国内学术会议和学术活动次数最多的一年，这些活动呈现出基础研究与应用研究并重、形式多样、学术活动规模大小并举、活动区域分布广泛的特点。举办了全国科学技术学暨科学学理论与学科建设2010年联合年会，第二届科学、宗教与社会文明论坛，第四届全国生命伦理学研讨会，研究生思想政治课程改革研讨会，首届全国科学·艺术·哲学论坛，“太空探索与科学发展”高峰学术论坛、创新思维方法与低碳经济论坛和科学传播继续教育培训班暨《工作通讯》研讨会等。

1月15~17日，第三届全国科技哲学暨交叉学科研究生论坛在北京市举行。来自全国各科学技术哲学（自然辩证法）博士点、硕士点的161位研究生（其中博士生51人，硕士生110人）论文作者参加论坛角逐。54名研究生在论坛中获奖。

5月3~4日，第四届马克思主义与生态文明国际学术论坛在美国克莱蒙大学城召开。会议由中美后现代发展研究院（IPDC）和中国自然辩证法研究会未来哲学与发展战略专业委员会联合主办。来自中国大陆高校与科研系统50多个单位的70余位专家，以及30多位美国学者参加会议。

5月15日，朱训学术思想研讨会在北京市举行。会议由中国自然辩证法研究会，地学哲学专业委员会和中国地质大学（北京）等联合主办。中国科学院院士孙枢、於崇文、翟裕生、莫宣学、赵鹏大等120多位专家参加研讨会。

7月18日，由北京师范大学科学与人文研究中心、美国中美后现代发展研究院、中国怀特海智慧教育研究中心、未来哲学与发展战略专业委员会联合主办的第四届怀特海智慧教育国际研讨会召开。国内外专家、学者近100人参加研讨会。

8月5~7日，第十三次科技进步与当代世界发展全国中青年学术研讨会在黑龙江省哈尔滨市和黑龙江省伊春市召开。会议由中国自然辩证法研究会，青年工作委员会、科技与社会（STS）专业委员会等联合主办。本次研讨会的主题是“科技进步与当代社会的发展转型”。60多名专家、学者出席会议。

8月5~7日，由中国自然辩证法研究会党校系统专业委员会主办的创新方法与能力建设上海高层论坛暨中国自然辩证法研究会党校系统专业委员会年会在上海市举行。90余名专家、学者出席大会。此次会议是为了推动创新方法的普及应用，提升企业、高等院校和科研单位的自主创新能力和核心竞争力，并探讨全国党校系统领导干部创新课程体系建设。

8月12~17日，中国自然辩证法研究会、河南省自然辩证法研究会和辽宁省自然辩证法研究会联合举办全国科学发展与“十二五”规划学术研讨会。20多名专家参加会议。与会者围绕科学发展与“十二五”规划等一系列问题展开了交流和研讨。

9月11~13日，由技术哲学专业委员会、上海自然辩证法研究会、上海大学和东北大学主办的第13届技术哲学学术年会在上海市召开。150余名专家、学者参加会议，会议收到论文100余篇。

11月6~7日，战略性新兴产业与“两型社会”建设暨第七届全国科技文化与社会现代化学术研讨会在湖南大学举行。会议由科技文化专业委员会、湖南省自然辩证法研究会、湖北省自然辩证法研究会联合主办。100余人参加会议。与会专家、学者围绕战略性新兴产业与“两型社会”、科技文化与社会现代化、自然辩证法学科建设等三个主题进行了探讨。

12月14~17日，华南师范大学、哈佛大学哲学系、中国自然辩证法研究会等单位联合举办了当代科学哲学与心灵哲学的交叉及前沿问题国际研讨会。100多名专家、学者参会。录用论文40篇，论文内容反映了科学哲学和心灵哲学交叉领域的研究动态和进展。

【全国科学技术学暨科学学理论与学科建设2010年联合年会】

4月9~11日，全国科学技术学暨科学学理论与学科建设2010年联合年会在江苏省南京市召开。会议由中国自然辩证法研究会科学技术学专业委员会、中国科学学与科技政策研究会科学学理论与学科建设专业委员会、江苏省自然辩证法研究会联合主办，河海大学承办，清华大学、中国科技大学、浙江大学、武汉大学、福州大学等10多家高等院校协办。来自高等院校与研究院所的近200位专家、学者和研究生参加大会。会议共收到河海大学、清华大学、浙江大学、大连理工大学、江苏省自然辩证法研究会的专题论文集5本，论文数量近150篇。

【第二届科学、宗教与社会文明论坛】

5月30日，由研究会未来哲学与发展战略专业委员会（筹）和北京师范大学科学与人文研究中心主办，并得到教育部价值与文化研究基地“理性、信仰与和谐文化建设”重点研究项目支持的第二届科学、宗教与社会文明论坛在北京师范大学举行。美国哈佛大学费正清研究中心高级研究员吴秀良教授、美国亚利桑那州立大学教席教授许如艺先生、美国旧金山大学生物系原系主任钱琨教授、美国波士顿大学全球伦理与宗教研究中心王忠欣研究员，以及国内学者等近40人出席论坛并发言。

【第四届全国生命伦理学研讨会】

8月6~8日，由中国自然辩证法研究会生命伦理学专业委员会、昆明医学院和昆明理工大学共同主办的第四届全国生命伦理学研讨会在云南省昆明市召开。来自全国高等院校、科研院所、医疗机构，以及香港、台湾地区的70余位专家、学者参加会议。大会采取主题报告、专题讨论及分组会议（共组织了11次全体会议、4次分组会议、8个分会场）等方式，围绕高新技术伦理、西南旱灾、临床伦理、公共卫生伦理、艾滋病与性伦理、遗传伦理、研究伦理、动物伦理、转基因伦理，以及生命伦理的哲学与文化层面等十个方面展开了广泛而深入的研讨。

【研究生思想政治课程改革研讨会】

2010年教育部出台了《研究生思想政治课新课程试点工作方案》，对高等学校研究生思想政治理论课程设置进行了调整，其中涉及自然辩证法学科的两门课程。研究会组织召开了3次研讨会，探讨自然辩证法教学改革的思路和应对举措。8月13日，在北京市召开了研究生思想政治课程改革研讨会。8月20日，在辽宁省沈阳市召开了自然辩证法学科发展研讨会。9月18日，在北京市召开了自然辩证法教学与学科发展座谈会。

【首届全国科学·艺术·哲学论坛】

8月16~18日，由中国自然辩证法研究会、四川省科协主办，四川大学等高校及四川省凉山州科协、四川省自然辩证法研究会协办，四川省科技青年联合会、四川青鸾科技文化传播交流中心承办的首届全国科学·艺术·哲学论坛在中国航天城——四川省凉山州西昌市举行。本届论坛共收到论文127篇，撰文者大多为长期从事科技探索、艺术实践、哲学研究的中青年专家、学者。来自清华大学、中国人民大学、武汉大学、东南大学、东华大学、山西大学、解放军国际关系学院、国防科技大学、四川师范大学、成都理工大学、四川宜宾学院、成都体育学院、成都纺织高等专科学校和四川省社会科学院、四川省农业科学院等单位的96名专家、学者出席论坛。

【“太空探索与科学发展”高峰学术论坛】

10月19日，中国自然辩证法研究会和研究会天文学哲学专业委员会在北京市举办“太空探索与科学发展”高峰学术论坛。与会专家围绕太空探索与我国经济社会发展、太空探索与思维方式变革、嫦娥登月工程的影响和意义等议题进行了多学科、多角度、多视角深入而热烈的讨论。研究会理事长朱训出席会议并讲话。中国科学院院士，国家天文台研究员、名誉台长，研究会天文学哲学专业委员会主任王绶琯，以及天文学界、航天界、自然辩证法界近20位专家、学者参加研讨。

中国管理现代化研究会

2010年，研究会召开了第五次全国会员代表大会和第五届（2010）中国管理学年会。研究会所属专业委员会和分支机构积极开展学术交流活动，在各自领域推动管理学科的发展和进步。

市场营销管理专业委员会在上海交通大学组织了全国MBA培养院校课程设计与教学内容改革研讨会，以“市场营销管理”为主题进行了研讨，尤其对新形势下如何提高MBA学生实际操作能力问题和社会责任展开了广泛的讨论。在天津大学组织了关于营销应用研究研讨会，有200位市场营销教授参加，探讨了在中国加强应用性研究的方法、途径，同时，对于如何在国际一流杂志发表高水平论文，如何在新形势下做好市场营销教学管理的经验作了交流。在对外经济贸易大学，与《营销管理科学》杂志一起组织了2010年JMS中国营销科学学术年会，300多名教授参加会议，进行了8个专题的研讨。

中小企业管理专业委员会组织开展了一系列学术交流活动。4月，组织召开了2010年海峡两岸管理理论与应用学术研讨会。8月，与吉林大学和中山大学共同组织召开了新创企业早期成长机理暨国家自然基金中期研讨会。10月，与南开大学、清华大学、吉林大学联合组织召开了创新与创业成长2010年度会议。12月18～19日，与中山大学联合组织召开了中小企业管理专业委员会学术会议“创业研究：国际前沿与中国情景”。

组织行为与人力资源管理专业委员会为了提高全国MBA、本科院校人力资源管理课程的教学水平，并为从事人力资源管理课程教学研究的教师提供机会进行业务经验交流，7月20～21日，面向全国MBA院校人力资源管理课程教师举办了第十一届全国人力资源管理课程师资研讨会。

技术与创新管理专业委员会全年组织开展了10余项国内外学术交流活动。研究会常务理事、技术与创新管理专业委员会主任委员李垣教授受联合国教科文组织、巴西国家教育部的邀请，作为中国唯一代表参加在巴西召开的世界创业教育大会，并在会上作了《转型时期中国高等创业教育：过去、现在与未来》的大会主题报告，会后受到巴西总统的接见。技术与创新管理专业委员会副主任委员穆荣平教授率团参加了第五届中日韩科技政策研讨会。技术与创新管理专业委员会副主任委员陈劲教授受广东省深圳市“自主创新大讲堂”邀请，为深圳市政府部门、高新企业高管和广大师生作了题为《企业创新能力建设与创新型人才培养》的学术报告。技术与创新管理专业委员会副主任委员张宗益教授率团访问台湾地区高校，洽谈合作。研究会理事蔡莉教授参加了中国技术经济学会2010年学术年会。

运作管理专业委员会与全国MBA教育指导委员会生产运作管理教学指导小组共同主办了第十二届全国MBA生产运作管理教学和学术研讨会。本次会议由福州大学管理学院和福州大学MBA教育中心承办。来自美国、我国香港特别行政区和内地的120余位专家、学者参加会议。会议安排了6场大会报告，并邀请了4位来自企业的管理者为研讨会带来了企业论坛。10月27～29日，与重庆大学经济与工商管理学院共同举办运作管理前沿研讨会。该专业委员会注重运作管理师资力量的培训工作，2010年底，在华中科技大学举办了一期MBA运作管理课程师资培训班。进行了专业委员会的换届选举，选举出新一届专委会负责人。

决策模拟专业委员会与北京大学光华管理学院、北京大学经济管理实验教学中心、广东商学院共同承办了2010年第九届全国MBA培养院校企业竞争模拟大赛，比赛由全国MBA教育指导委员会主办。与高等学校国家级实验教学示范中心联席会共同主办了第二届全国大学生管理决策模拟大赛。5月，全国大学生管理决策模拟大赛正式启动，来自全国220多所高校参赛队进行初赛，来自45所高校的64支队伍晋级决赛。

系统管理与复杂性科学专业委员会与中国自动化学会系统复杂性专业委员会共同主办的首届全国社会计算会议、首届全国平行管理会议、首届全国平行控制会议于12月20～21日在北京召开。来自国内外相关领域的专家、学者，围绕各自领域的相关问题进行了探讨和交流。参与组织了5月11～13日在韩国举办的第4届信息科学与服务科学新趋势国际会议。5月27～29日，组织了第二届IEEE计算交通科学研讨会，20余人参加研讨会。

国际商务谈判专业委员会举办了首届大学生商务谈判技能培训班，对提高大学生的商务谈判能力，增强就业竞争力作出了积极的探索。6月5日，举办了首届“外经贸”杯未来商务英语谈判精英邀请赛。大赛由对外经贸大学英语学院承办，来自北京、天津的6所高校参加。在举办邀请赛的同时，邀请北京、天津部分高校的老师、学者和国有大型企业的高层管理人员，开展了商务谈判学术研讨会，就商务谈判的理论和实践在教学和社会实践两个层面上，进行了深入的研讨。6月21日，与农业部国际交流服务中心合作举办了第三期商务谈判理论和实践培训班，针对国内各级农业外事、外经机构和事业单位的官员和干部开展了“实施农业走出去战略”商务谈判理论和实践培训。与农业部国际交流服务中心举办了第一期外向型产业发展研修班。组织了2010名校商务谈判精英邀请赛。专业委员会组织专家对历届比赛用的商务谈判案例进行重新编写和解析，将这些商务谈判的知识、经验、感悟、精华整理成册，既作为研究会的学术成果，也为高校商务谈判教学提供参考书和教材。

【第五次全国会员代表大会】

11月13～14日，研究会第五次全国会员代表大会在辽宁省大连市举行。第四届理事会理事长成思危出席会议并讲话。

成思危从多个角度分析和阐述了管理科学的发展，介绍了研究会开展的重要活动，如中国管理模式评选、《中外管理》杂志每年举办的官产学恳谈会、“复旦管理学杰出贡献奖”评选等。

成思危认为，管理学界要更加积极地参与到国际交流中去。管理学界的骨干要团结起来把学会做好，要体现团结、包容的精神。

出席本次全国会员代表大会的代表由单位理事、分支机构和专业委员会，以及个人理事推荐组成。大会进行了换届选举。第五届理事会候选人由来自全国除西藏、青海之外的省、自治区、直辖市，解放军和企业的代表组成，具有广泛的代表性。理事会和常务理事会成员调整不少于1/3。

研究会第五届理事会第一次会议选举出76名常务理事，选举赵纯均为理事长，石勇、李维安、吴世农、汪寿阳、陈国青、陈晓红、张维、张维迎、陆雄文、周子康、席酉民、赵曙明为副理事长，石勇任秘书长。新当选的理事长赵纯均提名成思危为研究会名誉理事长，获得大会一致通过。

【第五届（2010）中国管理学年会】

11月13～14日，第五届（2010）中国管理学年会在辽宁省大连市举行。本次年会由中国管理现代化研究会主办，大连理工大学管理与经济学部承办。第九、十届全国人大常委会副委员长、研究会第四届理事长成思危，大连理工大学党委书记张德祥，美国管理学会会长徐淑英，中国工程院院士王众托，清华大学经济管理学院原院长赵纯均，北大光华管理学院院长张维迎，大连理工大学管理与经济学部部长苏敬勤等出席年会。参加年会的有来自全国各地管理学界的学者、科技工作者、企业界管理人士、政府机构和其他各类组织的管理工作者等700余人。

2010年管理学年会以“后金融危机时代的管理创新”为主题展开研讨。本届年会由成思危担任组委会主席，苏敬勤担任程序委员会主席。中国工程院院士郭重庆、刘源张、王众托等担任大会副主席。赵纯均、张维迎、席酉民、王重鸣、李维安等49名学者担任组委会委员。

【第十八届亚太金融、经济、财务与管理会议】

7月23～25日，商务智能专业委员会在北京举办了第十八届亚太金融、经济、财务与管理会议，这是该系列国际会议第一次在中国大陆举办。来自30多个国家和地区的金融、经济、会计和管理等领域的专家、学者，以及政界、企业界人士约200人参加会议。本次会议的主题为“亚太在全球经济复苏中的影响”。本次大会共包括6场大会主题演讲、5场小组会议以及近30场学术讨论会。与会学者、专家、业界人士围绕银行监管、后证券化时代——金融海啸后的全球财富重分配、银行风险及信用评价、财务工程在亚洲金融市场的应用、亚洲经济等业界热点问题，以及宏观经济政策、财税政策、国际金融、公司财务、资产定价、投资分析、证券分析与组合管理、会计与审计、企业战略、人力资源管理、银行管理、风险管理等热点学术问题，进行了深入的探讨与交流。

中国技术经济学会

2010年，学会召开了第五次全国会员代表大会，选举产生了第五届理事会和常务理事会。成立了产品创新管理专业委员会。

组建学会研究所，组织学会专职干部针对技术经济学科发展状况、技术经济人才队伍建设、学会事业发展等问题开展研究。开展了《我国技术经济领域学术研究的发展趋势分析》课题研究。

全年发展会员80名，其中学生会员26名。11月13日，学会参加了中国科协学会服务中心组织的办事机构挂靠在中国科协的15家全国学会联合举办的2010年全国学会会员日活动，专门编印了《专家解读十二届五中全会》的材料，就“十二五”规划涉及国计民生的有关问题向会员和游人宣传。

推荐吴贵生为“全国优秀科技工作者”。表彰丁和平等50名优秀会员。评选优秀论文一等奖6篇、二等奖22篇。

全年举办的主要学术活动12项，参加人员1320余名，提交学术论文660余篇，出版会议论文集3种。主要的学术会议有：第七届技术管理学术年会、第十八届中国技术经济学会学术年会、复杂科学管理首届国际研讨会、第四届两岸三地价值工程会议等。

5月22～23日，通信技术经济专业委员会2010年学术年会在河南省焦作市召开。会议的主题是“信息通信技术发展及其对社会生活影响”。会议交流的内容包括通信新技术：RFID，Wimax，HSDPA 等；下一代网络和融合；互联网管理；信息技术及低碳规划；ICT 的创新、普及、应用；ICT 和青年；ICT 和世博会；ICT 对社会经济文化发展的影响；电信的发展给青少年生活带来的变化；ICT 的机遇与挑战等。

7 月 10～11 日，第五届产品创新管理国际会议在湖北省武汉市召开。120 余名专家、学者参加会议，其中外国学者 20 余人。会议主题为“产品创新管理的国际比较”。我国学者以中国自主创新大战略、中国自主创新的新态势、金融服务模块化创新机理与实证等内容发表了演讲。会议着眼于世界当前经济发展形势与长期发展趋势，通过大会演讲、专题讨论和对话交流等方式，探讨了在当前科技快速发展、产业不断升级的新形势下，在不同地区和行业如何进行产品创新，对产品创新管理的重点、热点、难点问题交流了意见和看法。汇集 280 余篇论文的会议论文集编印出版，获 CPCI（原 ISTP）整体收录，并申请 EI 检索。

7 月 16 日，知识经济推动我国发展方式转变高层论坛在北京召开。80 余名专家、学者出席论坛。论坛以“知识迎接挑战 创新引领未来”为主题，围绕知识经济在推动发展方式转变中的战略地位与基础作用、新时期知识经济的内涵与新形态、国内外知识经济研究历程回顾等议题，进行了理论和实践多层面的深入研讨与交流。会上，北京市科委有关领导介绍了北京市知识经济发展的相关情况。

8 月 25 日，农业技术经济分会 2010 年年会在山西省太原市召开。来自全国 13 个省（自治区、直辖市）的 40 余名专家、学者，就农业技术经济学科的发展方向、研究动态、人才队伍建设等问题展开研讨。

11 月 20～21 日，由林业技术经济专业委员会等单位联合主办的第五届中国林业技术经济理论与实践论坛在广西壮族自治区北海市召开。论坛的主题为“低碳经济与林业技术创新和管理创新”。30 多名专家、学者出席会议。10 位学者围绕论坛主题作了主题演讲，2 位专家作了点评。大会共收到论文 20 余篇，论文围绕低碳经济与林业技术和管理等前沿问题，探讨了低碳经济背景下林业技术与管理等方面的问题。会议论文汇集出版。

12 月 8～10 日，农业技术经济分会主办的农业科技进步测算理论、方法及应用研讨会在浙江省杭州市召开。会议围绕农业技术进步贡献率测定的理论方法最新研究进展、研究成果和未来的发展方向展开研讨。65 位学者出席会议，10 位学者在大会上发言。

【第五次全国会员代表大会】

4 月 24 日，中国技术经济学会第五次全国会员代表大会在北京市召开。中国技术经济学会第二届、第三届理事会理事长、第四届理事会名誉理事长吴明瑜和中国科协党组成员王可出席会议并讲话。学会名誉理事长于光远向大会发来贺信。来自高等院校、科研院所、政府有关部门及企业等从事技术经济教学、科研和实际工作的会员代表出席大会。学会第四届理事会理事长罗冰生主持开幕式。

于光远在贺信中说，中国技术经济学会走过了近 32 年的历程，为我国的经济体制改革和经济发展以及国家创新战略的实施作出了应有的贡献。他希望学会在新一届理事会的带领下继续为技术经济学科发展和国家的经济建设作出更大的贡献。

吴明瑜在讲话中回顾了中国技术经济学会的发展历程。在国家制定铁路、通信、计算机等重大产业技术政策时，技术经济评价工作为政府科学决策提供了服务，技术经济工作者作出了很大的贡献。

王可对中国技术经济学会第四届理事会的工作给予肯定。他希望学会加强学术交流，做好科技评价和决策咨询工作，重视、发现、培养和激励科技创新人才，增强服务意识，竭诚为广大会员服务，把学会建设成为会员之家的各项工作落到实处，努力发展成为创新型、学习型、服务型的现代学术团体。

大会听取并审议通过了学会第四届理事会工作报告、财务工作报告和修改后的《中国技术经济学会章程》。表彰了研究会优秀会员和优秀论文获得者。大会选举产生了由 158 名理事组成的新一届理事会。全国政协常委、国务院发展研究中心原副主任孙晓郁当选为第五届理事会理事长，罗冰生、吴贵生、蔡莉、张宗益、王祥明、吴季松、李平、李志军、郑琦当选为副理事长，郑琦兼秘书长。

【第七届技术管理学术年会】

6 月 19～20 日，第七届技术管理学术年会在上海召开。来自 70 余所高校的学者及知名企业的企业家共计 200 余人参加会议。会议以“低碳经济、产业转型与技术创新”为主题，围绕国家与区域技术创新体系、后危机时代的企业技术创新、网络环境下的企业技术管理、开放性企业创新管理、中小企业技术创新能力的塑造、服务创新与知识管理、经济转型与战略性新兴产业、新兴产业的技术预测与决策、低碳经济与节能减排、环境友好型企业的技术选择、经济转型中的新产品开发管理、服务型制造业的科技管理以及生产性服务业的科技管理等内容进行了研讨。会议倡导学术界与企业界的对话，成为这次学术会议的一大亮点。

【第十八届学术年会】

8月9～10日，第十八届中国技术经济学会学术年会在青海省西宁市召开。年会的主题为“战略性新兴产业与科学发展”。150余名专家、学者出席年会。学会副理事长罗冰生主持大会开幕式并致开幕词。理事长孙晓郁等10位专家、学者分别在大会上作主题报告和专题发言。与会专家围绕战略性新兴产业发展、低碳经济与可持续发展和技术经济学发展机遇与使命三个专题进行了研讨，交流了各自的研究成果和学术观点。专家们一致认为，人与自然必须和谐相处，低碳经济是人类经济理性发展的必然选择。区域均衡发展、城乡均衡发展、城市发展模式、低碳经济技术范式、新能源发展、低碳经济的评价、低碳制度建设等一系列重大问题，是今后相当长一段时间里技术经济领域研究的重点课题。年会共收到学术论文70余篇。

【复杂科学管理首届国际研讨会】

10月23～24日，由中国技术经济学会、武汉大学、国家自然科学基金委管理学部联合主办的复杂科学管理首届国际研讨会在湖北省武汉市召开。来自管理学界的专家、学者400余人，面对21世纪管理全球化、知识化、复杂性、临界性、和谐性等特点，交流复杂科学管理研究成果。

会议收到学术论文78篇，其中49篇被录入会议论文集出版，并获国际检索系统ISHP收录。首届复杂科学管理国际研讨会的举办，搭建了一个良好的国际交流平台，凝聚了一支复杂科学管理的学术研究队伍，促进了复杂科学管理理论、方法及实践的深入研究。会议决定第二届复杂科学管理国际研讨会在华北电力大学举行。

复杂科学管理有很大的伸展空间，无论是理论，还是方法，可以进一步拓展、深入、完善。它有非常广阔的应用前景，它的理论、方法、思维模式，可以广泛应用于各个研究领域：金融系统、供应链管理、规划、项目管理等；可以广泛应用于各种组织的管理：企业、公司、学校等；可以广泛地应用于各个层次的管理：宏观、中观、微观。

【第四届两岸三地价值工程会议】

11月13日，由中国技术经济学会价值工程专业委员会主办的第四届两岸三地价值工程会议在浙江大学召开。来自两岸三地多所知名院校及企业的40多位专家、学者参加会议。会议探讨了价值工程本体理论的发展和延伸问题，突破价值工程本体体系的局限，拓展了新的理论和应用空间。

本次会议共举行了7场学术报告和1场预备会，内容涉及价值工程基本理论和创新、价值工程在各领域的应用、企业价值系统与工程价值系统的理论研讨、价值工程与价值系统的组织创新和管理体系建设，以及产品创新、产业创新与区域创新等，全面展示了我国两岸三地和海外学者近年来在该前沿领域的研究成果及成果的推广和应用。

中国现场统计研究会

2010年4月24日，研究会在北京市召开研究会八届三次常务理事扩大会，修改并通过了新的《中国现场统计研究会二级专业委员会工作管理及考核制度条例》。经理事长提议，表决通过了中国现场统计研究会法人变更为研究会副理事长、挂靠单位北京工业大学张忠占教授的决议。

研究会加强学术交流，举办了第八届泛华统计（ICSA）国际学术会议、灾害天气气候预测理论和监测应用方法研讨会等一系列学术会议。

4月3～6日，由中国现场统计研究会生存分析分会、香港浸会大学数学系、香港浸会大学统计研究与咨询中心、海南师范大学联合主办，海南师范大学承办的第五次全国生存分析与应用统计研讨会在海南师范大学举行。40多名专家、学者参加会议。会议对现代统计模型的理论和方法、应用统计和保险精算等领域共同关心的一些热点问题进行了研讨和交流。

7月5～7日，由中国现场统计研究会、中国统计学会、中国统计教育学会和中国概率统计学会联合主办的第七届海峡两岸统计与概率学术研讨会在台湾成功大学举行。500余名专家、学者参加研讨会，其中大陆学者40名。统计学家刁锦寰教授作了《关于探寻数据中异常值方法》的专题演讲。会议收到学术论文200篇。研讨会对统计学基本理论与方法前沿问题进行了探讨，讨论了统计学在生物医学、人口社会、资源环境、经济金融等诸多领域的应用问题。

8月15～18日，由中国现场统计研究会工程概率统计专业委员会主办、中南大学数学科学与计算技术学院承办的2010年中国工程概率统计学会年会暨学术研讨会在湖南省长沙市举行。130名专家、学者参加会议。在分组报告会上，共有22名学者报告了各自的学术论文和研究成果，与会专家进行了讨论与交流。经专家评审，共有29篇论文在《数学理论与应用》专刊上发表。

10月16～17日，由中国现场统计研究会、中国统计学会、中国教育统计学会、日本统计学会等单位联合主办，四川省统计局协办，西南财经大学承办的第十届中日统计研讨会在西南财经大学召开。47名日本学者和国内高校的60余名学者参加研讨会。本次会议的主题是“统计理论、方法和应用”。会议共设14个分会场，全英文交流论文70余篇。

【第八届泛华统计（ICSA）国际学术会议】

11月19～22日，第八届泛华统计（ICSA）国际学术会议在广州大学召开。本次会议由泛华统计协会、中国现场统计研究会、中国数学会概率统计学会、美国统计学会、美国数理统计学会（IMS）和国际贝叶斯分析学会（ISBA）联合主办，广州大学承办。参加会议的境外学者有260余人，国内学者200余人。严加安院士、彭实戈院士和美国COPSS奖获得者、哈佛大学Jun Liu教授，美国伊利诺伊大学Xuming He教授等专家参加会议。会议由中国科学院院士、中国科学院数学与系统科学研究院马志明研究员和泛华统计协会主席、美国加州大学伯克利分校Bin Yu教授共同担任程序委员会主席。北京大学教授耿直和广州大学教授李元共同担任地方委员会主席。会议的主题是“概率论与数理统计的理论、方法及其应用”，内容涉及试验设计、多重比较、贝叶斯推断、生物信息、金融工程、空间统计、高维数据分析、生物统计、环境统计等。会议得到国家教育部高校数学研究中心、国家自然科学基金委和广州大学的资助。

本次会议有6个大会特邀报告，63组邀请分会报告和20组自由报告，45个分会场报告，共300多个分会报告。

【灾害天气气候预测理论和监测应用方法研讨会】

8月18～22日，中国气象科学研究院灾害天气国家重点实验室、中国现场统计研究会气象地质统计委员会、中国计算物理学会计算大气物理专业委员会联合举办的灾害天气气候预测理论和监测应用方法研讨会在内蒙古自治区乌兰浩特市召开。60余名专家出席会议。会议由徐祥德院士主持。

本次研讨会围绕高原区域JICA观测系统应用研究与未来计划设计、高原区域或特殊下垫面区域模式同化与参数化改进研究、气候变化及其应对研究等内容进行了研讨。研讨重点集中于科研成果业务转化与科研联合设计、实施构想。会议期间，徐祥德院士作了题为《高原影响研究与未来高原科学试验设计》的主题发言。

这次会议的特色是多学科、跨省区、业务与科研联合，以现场观测设计与资料分析为主。学科涉及天气、气候、边界层、环境科学、城市气象、农业气象等。通过不同学科、不同单位在多种不同环境与气象条件下进行的现场观测和获取资料的统计计算分析结果的学术交流，推进了大气观测试验现场统计和计算分析的理论和技术水平的提高。

【统计应用科普演讲会】

6月19～22日，中国现场统计研究会多元统计分析专业委员会在甘肃省兰州市义务举办了5场统计应用科普演讲会。中国现场统计研究会多元统计分析专业委员会会长何晓群教授先后为西北师范大学、甘肃政法学院、兰州商学院师生作了3场《关于六西格玛管理与竞争战略》的演讲。听众达1000余人。中国现场统计研究会多元统计分析专业委员会秘书长彭非教授为西北师范大学、兰州商学院师生作了2场《关于社会经济发展指数》的报告。在此期间，中国现场统计研究会多元统计分析专业委员会与兰州商学院就学会进一步发展以及如何加强与甘肃高校、企业合作事宜进行了商讨。

中国未来研究会

2010年，研究会加强学术交流，举办了中国未来研究会2010年学术年会、“学术之路——走进福州”系列活动、第十二届中国科协年会第6分会场——创新思维方法与低碳经济论坛、第七届中国教育家大会等学术会议。9月29日，由研究会和中国社会科学院马克思主义学部等单位联合举办的新中国61周年回顾与展望理论座谈会在北京召开。会议以“科学发展，奔向未来”为主题。

5月18日，韩国世界未来论坛（WFF）郑知宪、雷洪亭研究员一行2人在北京与研究会秘书处举行会谈。5月25日，研究会理事长张文范会见德国不来梅国际大学Nicola Spakowski（中文名史明）教授，研究会首席顾问秦麟征和秘书长夏震参加会见。6月8日，英国驻华使馆前外交官、中国战略（香港）创建者Peter Wood先生拜会研究会的领导及专家，双方建立了工作联系。

研究会研究中心针对低碳经济这一当代世界经济发展潮流，从学术专业领域，开展世界各国低碳经济竞争力评价及活力评价课题研究，科学评定各国低碳经济发展。

经中国科协批准，研究会推荐的赵营波被授予“全国优秀科技工作者”称号。

11月13日，研究会与其他14家办事机构挂靠在中国科协的全国学会在北京海淀区紫竹院公园联合举办了会员日活动。研究会理事长张文范、秘书长夏震、办事机构专职工作人员参加活动。

2010年，研究会教育培训中心继续独立和联合国内外大学开展EMBA课程与管理信息化工程硕士培养项目、北京大学高级工商管理研究生课程进修项目、北京大学资本运作与产业投融资研修项目、全球产业领袖培养工程等4个项目。

学会会刊《未来与发展》杂志全年出版12期。全年共收到稿件1326篇，发表309篇，用稿率23.3%，其中，基金项目199篇，占稿件刊登总数64.4%。认真做好在杂志上刊登会员号的工作，刊登会员登记证号数70个。

【2010年学术年会】

7月17日，中国未来研究会2010年学术年会在天津市召开。研究会理事长张文范致开幕词，天津市科协副主席白景美、天津未来与预测科学研究会会长荣长海以及天津工业大学副校长李克敏出席会议并致辞。研究会秘书长夏震主持开幕式。

研究会副理事长高恒作了《从环保角度看环渤海发展前景》的主题报告。报告指出，环境问题是环渤海发展的最大制约因素。

会议以“生态城市建设和生态危机管理”为主题，围绕从环保角度看环渤海发展前景、纺织业低碳化研究、国外建设生态城市的做法及其带给我们的启迪、生态城市建设与生态旅游、低碳革命与我们的选择、天津市中心城市生态调查与规划调控、天津城市总体规划与生态城建设规划等内容进行了大会报告和交流研讨，为天津特别是天津中心生态城的建设提出了建议。通过研究和交流，扩大了未来学的影响，推动了未来学和未来理论研究与实际工作相结合。

【“学术之路——走进福州”系列活动】

10月31日，研究会联合福建省图书馆在福州市举办了“学术之路——走进福州”系列活动。中国工程院院士侯立安、研究会理事长张文范、副理事长高恒、首席顾问秦麟征、常务理事邓寿鹏、罗肇鸿，秘书长夏震，以及福建图书馆馆长郑智明参加活动。张文范代表研究会向福建省图书馆捐赠学术著作1100余册。

“学术之路——走进福州”系列活动旨在回顾15年中国科教兴国之路，展望中国科教未来与发展，记录15年中国学者的学术之路，展示中国学术专著与成果。系列活动还举办了学术专著与成果展览以及中国未来与发展论坛等。学术专著与成果展览向市民开放，许多专家、学者、大专院校学生及市民参观了学术成果展览。200余人出席了中国未来与发展论坛。在论坛上，研究会理事长张文范作了题为《科学技术未来发展趋势》的学术报告。研究会首席顾问秦麟征作了题为《未来十年中国安全形势预测》的学术报告。

“学术之路——走进福州”系列活动产生了良好的社会反响，福建电视台、《福建晚报》对系列活动进行了宣传报道。

【第七届中国教育家大会】

11月28日，第七届中国教育家大会在北京国家会议中心开幕。全国人大常委会副委员长周铁农、十届全国人大常委会副委员长顾秀莲、十届全国政协副主席郝建秀等出席大会开幕式。研究会理事长张文范致辞。全国知名学校的校长、著名教育家和优秀教育工作者共计500余人汇聚一堂，以回顾新世纪第一个10年的教育事业发展成就，展望未来10年教育事业发展为主线，对当前教育热点、难点及发展趋势等问题展开深入的探讨。

顾秀莲在讲话中指出，要站在科教兴国、人才强国的高度，更加关注教育、关心教师、关心教育家的成长，加大政策的导向作用，进一步提高教师特别是农村教师的地位、待遇，切实维护广大教师的合法权益，大力宣传教育战线的先进事迹。广大教师要不断增强人民教师的光荣感、责任感和使命感，把教书育人作为自己的理想和事业，淡泊名利、志存高远，做社会道德的楷模，作受学生爱戴、让人民满意的教师，以至于成长为时代需要的教育家，从而为提高全民族思想道德素质和科学文化素质作出自己应有的贡献。

张文范在致辞中指出，要想成长为教育家，仅有教育思想、懂教育规律、责任感强是不够的，还要做到有教育家的情感、有教育家的信念、有教育家的胸怀。要因人制宜，因材施教，锐意改革，探索创新，紧跟时代，独辟蹊径，自成特色，体现人类智慧，为学生提供人生理想、信仰和价值导向以及科学知识的探索路径。

开幕式上，举行了2010~2020中国教育家成长10年工程启动仪式。从2010年起，中国教育家大会每年遴选一百名青年教育工作者入选成长工程，实施著名教育家指导活动，促进优秀教育工作者涌现。开幕式上还举行了“华夏师魂”荣誉九鼎定鼎仪式，对十年来为我国教育事业作出杰出贡献的教育工作者和企事业单位授予“华夏师魂”荣誉九鼎。举行了2010教育名家名师师德宣言仪式。

本次大会由中国未来研究会教育分会、现代教育报社、中国教育电视台《点燃希望》栏目组共同主办。与会专家学者围绕教育名家论坛、名校长论坛、教育国际化论坛、厅局长论坛、学前教育与职业培训专题论坛、名师风采展示、央视访谈专场、中国教育发展趋势六方会谈等多个板块进行了广泛的交流讨论。

中国科学技术史学会

2010年，学会结合自身特点，积极探讨学会承担各类项目的管理方法，参照《中国科学院知识创新工程项目管理方法》进行管理。6月27日，学会第八届理事会第三次会议在北京召开。16个分支机构向理事会作了工作报告。各专业委员会（工作委员会、研究分会）在过去一年中积极开展活动，举办了历史城市与历史建筑保护国际学术讨论会、东亚农业史国际学术研讨会、中韩医学现代化进程之比较等学术会议。筹划、参与上海世博会科普活动，组织科技史小型展览、巡展，部分专业委员会积极开展国家、省部级以及国外合作研究课题，加强科技史教育与培训等。

10月25日，中国科协事业发展“十二五”规划编制工作会议在北京召开。学会秘书处及时向学会理事传达了会议精神，并由理事长主持召集通讯会议，以秘书处为主开始编制《中国科协“十二五”科学技术史事业发展规划（草案）》。11月15日，《中国科协“十二五”科学技术史事业发展规划（草案）》在学会网站公开征求意见。12月15日，《中国科协“十二五”科学技术史事业发展规划》报送中国科协。

学会与国内多家学术团体、机构及单位联合举行了一系列学术研讨会、年会，在提高科学技术史学科研究水平的同时，通过树立“品牌”学术会议，进行研究性科学普及与科学传播。学会还注重加强国际学术交流，充分发挥我国在国际科技史事务中的作用。2010年，学会组织或参与组织国际会议4次、国内学术会议3次。组织或参与的重要会议有第12届国际中国科学史会议、第二届中国当代口述历史学术研讨会、中国科技史及其与世界其他文明的相互影响国际会议、第二届全国科技史教育工作研讨会等。8月26～28日，由北京大学科学与社会研究中心、中国科学技术史学会主办的“传播中的达尔文”（Darwin in Communication）国际研讨会在北京召开。本次国际研讨会延续了2009年学界借达尔文诞辰200周年、《物种起源》发表150周年之际掀起的关注达尔文的学术热潮，研究和探讨了达尔文思想对科学技术与社会发展的深刻影响。来自中国、英国、美国、德国、加拿大的专家、学者提交会议论文20余篇，内容涉及达尔文研究的诸多最新进展，专家对达尔文进化论在世界各国（尤其是中国）的复杂传播过程进行了讨论。

学会积极组织科普活动，承担科学史教育职责。在上海世博会举办期间，传统工艺研究分会为配合世博会工作，组织了世博园内的部分科普活动，接待来访公众达110万人次。11月，学会与中国科技馆、英国李约瑟研究所联合在中国科技馆举行了“（战时）李约瑟图片展”，接待公众上千人。

学会参与了老科学家学术成长资料采集工程相关工作。参与主持编写了《老科学家学术成长资料采集工程实施方案》。6月10日，老科学家学术成长资料采集工程正式启动，学会成立了老科学家学术成长资料采集工程项目办公室，学会常务理事张藜研究员担任项目办公室主任，组织专家委员会对52个项目采集小组做了评议。2010年，在中国科协老科学家学术成长资料采集工程领导小组办公室指导下，发布了老科学家学术成长资料采集工程通讯6期，组织培训活动两次、中期汇报评估会一次。

农学史专业委员会委员郑有贵、李成贵长期从事农民农业农村问题研究，在对中央十个“一号文件”进行梳理的基础上，为农村改革发展方向提供了观点独到的调研咨询。

学会承担了中国科协《中国当代化学家谱系研究》、《中国当代医学家谱系研究》项目，系统梳理相关学科的当代科学家谱系，揭示科学传统、学术传承脉络，弘扬祖国传统科学精神。上述项目已通过中期评审。

学会承担了《三钱学术编年研究》项目，该项目以编年史研究方法，揭示钱学森、钱伟长、钱三强“三钱”学术思想发展历程。为了全方位展现“三钱”学术思想，该项目参照《邓小平思想年谱》编撰形式，对“三钱”学术思想按时间顺序进行编排，并对重要条目进行扼要归纳和点评。该项目的设立，有利于学界对“三钱”思想的进一步研究、有利于社会对“三钱”思想的深刻理解。该项目已通过中期评审。

4月，中国科协学会学术部资助、学会组织实施的《2009—2010科学技术史学科发展研究报告》由中国科学技术出版社出版发行。中国科协学会学术部资助、学会化学史专业委员会组织撰写的《中国化学学科史》同期出版。

学会与中国工艺美术学会、中国硅酸盐学会共同承担了中国科协、国家文物局组织的《中国古代发明创造国家名录》“轻工组”名录推荐、撰稿工作。组织开展了《“十二五”学术交流平台建设研究》、《中医科普研究》、《学术成果交流研究》、《陈璋壶复制研究》等项目研究。

12月14日，中国科协在北京人民大会堂举行了“全国优秀科技工作者”颁奖大会。学会常务理事张藜荣获中国科协“全国优秀科技工作者”称号。张藜以中国当代科学社会史、化学史等领域的系列研究成果，创新性地拓展了中国现代科技史研究方向，促进了对共和国早期科学体制、科学家社会生存状态等问题的深入认识。张藜以大量学术组织工作，推动了口述历史这一研究方法在科技史领域的广泛应用和深入发展。张藜担任2010年度老科学家学术成长资料采集工程项目办公室主任，组织国内同行，致力于抢救、挖掘、整理近百年来记录中国科学发展历程的珍贵史料。

【第12届国际中国科学史会议】

6月26～30日，第12届国际中国科学史会议在北京召开。来自法国、英国、德国、俄罗斯、希腊、葡萄牙、保加利亚、美国、日本、韩国，以及我国大陆和香港、澳门特别行政区，台湾地区的共150多位科学技术史专家出席会议。中国科学院吴院士文俊、柯俊，清华大学教授李学勤，美国加州大学圣迭戈分校物理系教授程贞一出席会议。著名科学史家、阿拉伯科学史研究权威 Roshdi Rashed 教授担任会议学术顾问。国际科学技术史学会主席、中国科学技术史学会第六届、第七届理事会理事长、中国科学院自然科学史研究所研究员刘钝担任会议学术委员会主席。中国科学技术史学会第八届理事会理事长、时任中国科学院自然科学史研究所所长廖育群研究员担任大会地方组织委员会主席。

会议主题为“多元文化视角下的中国科技史研究”。会议共收到论文90余篇。

【中国科技史及其与世界其他文明的相互影响国际会议】

11月10～11日，中国科技史及其与世界其他文明的相互影响国际会议在北京召开。本届会议由中国科协、联合国教科文组织、国家文物局联合主办。中国科协书记处书记程东红、国家文物局局长单霁翔、联合国教科文组织中国委员会秘书长方茂田、联合国教科文组织项目专员 Yoslan Nur 博士、伊斯兰教科文组织德黑兰地区办事处主任 Abbas Sadri 博士，以及来自中国、美国、英国、法国、加拿大、印度、日本、韩国的专家和青年学者共计120人出席会议。开幕式由中国科协国际联络部部长张建生主持。

本次会议的重点是探讨中国科学技术与其他文明尤其是伊斯兰、西方、印度和其他东亚国家之间科学技术相互影响的历史。与会专家围绕中国科学与伊斯兰科学互动、中国与印度科学互动、中国与西方科学互动、中国与其他东亚科学互动四个专题，对中国与世界其他文明的相互影响进行了讨论，以展示不同文明之间科学文化、政治和历史经验的差异性，探讨科学文化观念的变化和影响、发展模式，展望科学文明融合的可能性及其在全球社会和经济发展中的作用。会议期间，与会专家还参观了“华夏之光——中国古代科技成果展”和“李约瑟图片展”。

中国科学技术情报学会

2010年，学会举办了一系列学术交流活动，推动了全国科技情报界业务发展。举办的重要学术会议有：第24届全国计算机信息管理学术研讨会、中国竞争情报第十六届年会、信息生态理论与应用学术研讨会、情报研究创新与发展学术研讨会等。召开了第九届全国科技情报工作研讨会和第十四届全国情报学会秘书长及专职干部工作研讨会等工作会议。

《情报学百科全书》正式出版，全书设情报学理论与方法、情报源与情报采集、情报加工处理与信息组织、情报检索、情报服务、情报研究、情报技术与基础设施、情报事业与管理、情报成果与专著、情报机构与人物、综合与相关学科等11个分支领域，收录了1219个条目，130万字。

【第24届全国计算机信息管理学术研讨会】

11月5～7日，第24届全国计算机信息管理学术研讨会在广西壮族自治区南宁市召开。来自政府部门、部队、院校和企事业单位从事信息技术研究、应用和信息服务的50余名专家、学者出席会议。

会议的主题是“拓展与创新：从信息服务到知识服务”。会议重点探讨了知识服务的理论基础及模式分析、知识服务的技术构架及关键技术、知识服务的用户需求及效果评估等。有关单位介绍了重点工程的建设情况，交流了成功经验，展望了“十二五”的发展。中国科学技术信息研究所介绍了汉语科技词系统的研究与实践情况，分析了传统知识组织系统编制和使用中的问题。北京拓尔思信息技术股份有限公司作了题为《网络舆情监测和服务》的报告，介绍了舆情分析的关键技术，舆情服务案例分析及其应用前景。中国科学院国家科学图书馆作了题为《支撑面向 E－Science 环境的知识服务——国家科学图书馆知识技术的实践举措》的报告，介绍了国家科学图书馆对知识服务的理解、知识技术支撑思路，以及知识技术实践的举措。CALIS 管理中心作了《CALIS 数字图书馆云服务平台与服务整合》的报告，介绍了 CALIS 三期的主要技术发展及新的服务的方式。同方知网（北京）技术有限公司介绍了同方知网资源建设及知识服务最新进展。

本次会议的主题反映了信息服务与信息技术领域的发展现状与趋势。在从信息服务到知识服务的转型过程中，通过对知识服务的理论基础研究的不断交流和探讨，在技术手段和服务模式上持续创新，不断寻求信息情报服务行业新的运作模式和发展策略，以提升信息服务行业的技术与服务优势，为“十二五”信息服务行业的更快更好发展打下坚实基础。

会议共收到论文72篇，论文集全文收录其中的58篇。

【中国竞争情报第十六届年会】

11月10～13日，竞争情报分会在湖南省张家界市召开了中国竞争情报第十六届年会。来自全国企业界、咨询界、学术界的领导、专家和竞争情报工作者共130余人参加年会。本届年会采取了演讲、演示和互动交流相结合等形式，分大会报告、互动论坛、征文评奖颁奖等。

法国学者荣励先生、上海图书馆上海科学技术情报研究所竞争情报部主任张左之、竞争情报分会副秘书长陈峰博士分别作了题为《区域经济竞争情报》、《以“法”为鉴——中法竞争情报比较研究》、《我国大力培育发展战略性新兴产业产生的竞争情报需求问题》的主题报告。博锐奕典信息技术（北京）有限责任公司总经理张世平、重庆亚利贝德科技咨询有限公司总经理林俊杰、北京华通人商用信息有限公司研发经理王卓飞和郑州航空工业管理学院信息科学学院副院长周九常分别作了《新建情报部门如何开展工作》、《竞争情报服务的“钱”途》、《中国网络舆情研究实践》和《连锁特许经营框架下的竞争情报》的报告。会议探讨了竞争情报的理论与方法以及竞争情报的实践活动，研究了中国产业发展的新特点、新问题、新趋势，对竞争情报的发展作了全面总结和展望，形成了一些有价值的观点与见解。会议共收到论文61篇，入选论文50篇。

【情报研究创新与发展学术研讨会】

11月23日，情报研究创新与发展学术研讨会在北京举行。会议由中国人民大学信息资源管理学院与中国科技情报学会情报研究与咨询专业委员会主办。40余名专家参加会议。中国人民大学信息资源管理学院院长赵国俊、中国科技情报学会秘书长郑彦宁在会上致辞。

周庆山教授在题为《信息的属性及其法律意义》的报告中，对信息的属性及其法律意义进行了阐述，重点论述了信息的公共属性、商品属性、人格属性、客观属性、非物质属性、媒介依附属性、普遍属性和国家主权属性。周庆山认为，信息的这些属性反映了信息的主体对于信息在社会活动意义上的利益诉求以及矛盾冲突，并且需要从法律规范角度加以确认和规制。信息各种属性之间的矛盾，导致了信息属性的多重利益交叉性，包括信息知情权与信息保密权的矛盾、信息共享与信息产权的矛盾、信息表达自由与信息表达限制的矛盾等。如何恰当处理这些矛盾，找到平衡点，已成为当前社会急需解决的问题。

冷伏海教授的报告题目是《基于文献的知识发现的应用进展研究》。冷伏海介绍了相关文献、非相关文献和全文献的概念以及知识发现的内涵，探讨了基于相关文献知识发现的共词与共引理论、基于非相关文献知识发现的Swanson理论和基于全文献的文本挖掘理论，分析了基于文献的知识发现的应用前景和进展。其中重点论述了文本挖掘（Text Mining）理论的开创性研究成果及其应用进展。

与会专家还就情报研究理论与方法集成、情报研究机制、国内外情报研究比较、我国情报研究发展对策、情报研究教育与人才培养、情报研究与咨询专业委员会未来工作重点等议题展开了深入的专题讨论。

【第九届全国科技情报工作研讨会】

11月2～6日，第九届全国科技情报工作研讨会在湖南省长沙市召开。近180人参加会议。会议的主题为“科技情报工作创新发展”。学会常务副理事长、中国科技信息研究所所长贺德方作了题为《落实定位 做好规划 打好基础》的大会主题报告。湖南省科技信息研究所所长肖雪葵、湖北省科技信息研究院院长程鹏、天津市科技信息研究所所长叶缘民、山西省科技情报研究所所长郭茂林、江苏省科技情报研究所所长夏太寿、山东省科技情报研究所所长胡艳苹、广东省科技情报研究所所长曾祥效、湖南省衡阳市科技信息研究所所长黄宁山、山东省菏泽市科技情报研究所所长李卫东分别作了大会报告，这些报告从不同侧面介绍了各自单位工作进展，并提出许多新思路、新想法。

此次会议探讨了涉及科技情报行业发展的一些关键性问题，包括情报网工作的协同协作，信息资源共建共享与服务，科技情报机构人才队伍建设，科技情报机构管理创新，科技情报机构联合发展等问题。

【第十四届全国情报学会秘书长及专职干部工作研讨会】

6月20～24日，学会在福建省福州市召开了第十四届全国科技情报学会秘书长及专职干部工作研讨会。来自省、自治区、直辖市科技情报学会以及中国科技情报学会分会和团体会员单位的近70人参加会议。

会议交流了近年来各地科技情报学会在促进科技情报机构改革与业务发展、开展学术交流、组织建设、会员发展等方面取得的成绩，以及在推动各地科技情报工作发展中发挥的重要作用。

会议认为，各地情报学会要不断地创新学会工作方式、方法和工作内容，要研究出适应新环境新要求的工作方式方法和工作内容；要加强为企业、高等院校、科研院所和科研人员等创新主体服务，服务于以企业为主体、产学研结合的国家创新体系建设，这是做好科技情报学会工作的重要基点；要加强科技情报学会之间的联系与合作，各地科技情报学会可联合举办各种不同类型会议和活动，共同研讨区域之间面临的共同或类似热点问题，使全国科技情报学会的工作更具影响力和更具深度；各地科技情报学会要肩负起引导和推动各地科技情报工作发展的责任，特别是要关注各地市科技情报机构的改革与业务发展。

经全体代表投票、评审委员会审议，学会决定对在学会工作中取得显著成绩的19个省级学会给予表彰，授予先进学会称号。同时，对在学会工作中作出突出贡献的35位同志给予表彰，授予优秀学会干部称号。

中国图书馆学会

2010年，学会加强组织建设，发展个人会员844个、团体会员24个。完成会员数据库和“会员论坛”的更新与维护，开展了“会员论坛”征稿及“会员论坛之星”评选活动。开展了韦棣华奖学金评选活动，实施专项资助。

中国图书馆学会2010年秘书长联席会议1月在福建省厦门市召开，60余人与会，通报了2009年工作，安排部署了2010年工作，各省、自治区、直辖市图书馆学（协）会交流了工作经验。

举办了2010中国图书馆学会年会，围绕数字资源建设与共享、全国十五城市公共图书馆工作、西部地区市（地、州）公共图书馆协作网、民族地区图书馆、全国中小型公共图书馆、学术期刊的规范和评价、图书馆年鉴等主题召开研讨会9场，参会人数总计715人，征文295篇。

中国图书馆学会2010新年峰会1月在浙江省杭州市举办，讨论了《公共图书馆法》与支撑性研究等涉及事业发展的前沿议题。

第三届百县馆长论坛5月在江苏省江阴市举办。论坛由中国图书馆学会、江苏省图书馆学会和江阴市人民政府联合主办，130余位县级图书馆馆长参加论坛，论坛形成《第三届百县馆长论坛江阴共识》。

召开了全国数字图书馆建设与服务联席会议第九、第十、第十一次会议，发布了《数字图书馆服务政策指南》、《数字图书馆资源建设指南》、《数字图书馆资源建设和服务中的知识产权保护政策指南》、《数字图书馆安全管理指南》。

学会组织图书馆工作者参加了于8月10～15日在瑞典哥德堡举行的2010年世界图书馆与信息大会暨第76届国际图书馆协会联合会大会，以及于8月6～8日在挪威奥斯陆举行的“享有阅读权力”卫星会议，先后为190余名图书馆专业人员提供了咨询与服务。

9月9～10日，学会与国家图书馆、美国国会图书馆共同主办了第五届中美图书馆合作会议，主题为“数字资源共享：机遇与挑战”。200余名中、美两国图书馆界专家参加会议。会上，举行了《中美图书馆员专业交流项目补充协议书》签换仪式。

接待了印度、美国、阿根廷、德国、马来西亚、新加坡等国图书馆界的61位专家来访。邀请美国图书馆协会主席、德国图书馆协会主席等专家举办专题讲座4场。根据《中韩两国图书馆学（协）会合作交流协议》，于9月选派2人赴韩国参加韩国图书馆协会年会并访问韩国图书馆。

组织开展中美图书馆员专业交流项目。组织1860位中国图书馆业界专家与354名美国同行开展交流，覆盖我国9个省、自治区及美国7个州和特区。建设“中文信息共享试点平台”，为美国读者提供优质信息服务。鉴于项目取得的良好效益，中美双方签署了《中美图书馆员专业交流项目补充协议书》，项目延长至2012年。

7～8月，中国图书馆学会全国图书馆志愿者行动——基层图书馆馆长培训活动在福建、江苏、辽宁、浙江、广东、内蒙古开展。图书馆界的28位专家志愿者累计授课288小时，683名基层图书馆馆长接受了专业培训。鉴于全国图书馆志愿者行动产生的巨大影响力，美国图书馆协会于6月授予该项目“国际创新奖”。

1～10月，学会共举办图书馆科普展览22场，受众33000人。全国科技活动周期间，举办了“从青灯黄卷到数字网络——中国阅读之旅”体验区活动，全国科普日期间，举办了“低碳经济与低碳生活in图书馆”展览。学会共举办科普讲座45场，受众1950人。开发科普挂图6种，发放科普挂图612张。7月和12月，以图书馆百年馆庆、贺年卡、书签、邮票等为内容的图书馆文化展览在吉林省长春市举办。中国科协会员日期间，图书馆建筑、馆徽、馆服、图书馆及学会刊物等主题展览在国家图书馆展出。

接受文化部和国家图书馆委托，学会开展了《公共图书馆法》立法支撑性研究工作，对已制定相关法规的省（自治区、直辖市）进行调研，并召开《公共图书馆法》立法支撑性研究调研座谈会。受文化部委托，编制了《公共文化站建设标准》，承担了《全国图书馆节能减排现状调查与对策分析》项目。

【2010年会】

7月25～28日，2010中国图书馆学会年会在吉林省长春市召开，900余人出席大会。会议主题为“提升能力与效益，促进学习与创造”。年会共设置20个分会场，收到学术论文1346篇，其中710篇获奖，15个机构获得组织奖，编辑、出版了《中国图书馆学会年会论文集》。年会期间，举办了“少儿阅读在中国——全国少年儿童阅读年图片展”等7个展览，参观人数达2000人次。此外，还举办了2010中国图书馆应用技术与专业设备及图书馆资源展览会，26家企业参加了展览会，展示了企业最新产品与服务，参观人数达2000人次。

【全民阅读活动】

2～6月，举办第二届全国读书漫画大赛。继续实施全民阅读赠书计划，筹集30万码洋新书赠送给吉林省基层图书馆。4～12月，学会与中央广播电视大学联合主办“手牵手——农村青少年阅读行动”，150余万人参加了活动。举办了全国少儿阅读年嘉年华、第三届建筑图书奖颁奖典礼暨第一届建筑文化遗产北京论坛、源远流长的中华典籍等4.23世界读书日系列活动。实施国家图书馆文津图书奖广东、黑龙江、湖南、福建等地推广活动。召开第四届全民阅读论坛及2010年全国少儿阅读公共论坛。评选出全国少年儿童阅读年特殊贡献奖、“全民阅读”年度优秀组织奖和先进单位奖。命名“全民阅读示范基地”53个。

中国城市科学研究会

2010年，研究会申请筹建城市水务与水环境专业委员会、城市综合交通专业委员会、住房政策和市场调控研究专业委员会、数字城市研究专业委员会。经中国科协审批，并报经民政部核批登记，住房政策和市场调控研究专业委员会、数字城市研究专业委员会正式成立。研究会召开了第五届第四次理事会暨秘书长、团体会员工作会议，决定增补研究会副理事长1名、常务理事2名、理事15名。

研究会加强学术交流，举办了第六届国际智能、绿色建筑与建筑节能大会，2010城市发展与规划国际论坛，第十七届海峡两岸城市发展研讨会，2010中国城镇水务发展国际研讨会与技术设备博览会，“生态城市中国行”长沙站活动等。

经国务院纠正行业不正之风办公室批准，研究会获得“城市科学研究奖”的组织评选资格，这是一项周期为两年的评比表彰活动。获得评奖资格后，研究会征求多方意见，拟定了评选办法。

经中国科协批准，毛其智、李迅被授予“全国优秀科技工作者”称号。不断补充和完善专家信息库，已补充296名专家入库。为配合数据库的管理和应用，起草并计划实施专家库管理办法。

《城市发展研究》杂志，在城镇化、低碳生态城市、城乡统筹、城市交通、景观设计、区域经济发展、中小城镇发展规划、社会保障方面设置了专题栏目。发行量比2009年增长15%。

编纂中国城市科学研究会系列年度报告。先后完成了《绿色建筑年度发展报告》、《城市规划发展报告》、《低碳生态城市发展报告》、《城市公共交通发展报告》、《小城镇和村庄建设发展报告》的编写出版工作。

与中国国际经济交流中心合作，开展有关绿色城镇综合试验项目实施方案的研究，针对中国目前的快速城镇化进程，从政策、技术、管理等多个层面探寻中国城镇化健康发展的合理路径，通过以绿色城镇综合试验示范区为试点项目，探索经济、社会、环境协调可持续发展的城镇化模式。与德国技术公司（GTZ）合作，开展有关低碳生态城市建设指南研究编写工作。与住房和城乡建设部建筑节能与科技司、德国技术公司合作，编制低碳生态城市规划建设发展导则。与同济大学建筑与城市规划学院合作，完成全国市长培训中心城乡规划建设管理系列教材之一《低碳生态城市的理论实践》的撰写工作。与美国联合技术公司（UTC）合作，开展为期5年的“生态城市指标体系构建与生态城市示范评价”项目研究工作，并于第六届绿色建筑大会上进行了项目成果的发布和介绍。与麦肯锡咨询公司合作筹建中国城市科学研究院，开展有关城市发展政策咨询方面的工作。与经济合作与发展组织（OECD）合作，开展有关中国城市可持续发展研究方面的调查研究工作。与中国城市规划设计研究院深圳分院、深圳城市规划院合作开展《深圳低碳生态城市指标体系》课题研究。与复旦大学共同承担有关“十二五”规划的城镇化专题研究。在对我国经济发展和结构调整趋势分析的基础上，结合我国资源环境条件和经济社会发展目标，提出我国新型城镇化发展道路、发展模式的内涵。

组织完成住房和城乡建设部城乡规划司《城乡规划法》实施评估研究项目，对我国中部地区（晋、豫、皖、鄂、湘、赣）《城乡规划法》的实施效果进行评估，提出政策性建议。开展有关《城乡规划法》配套制度研究——城乡一体化规划管理体制研究工作，采用定性与定量结合的科学系统分析方法，总结各地在城乡统筹规划方面的政策经验和典型做法等，探索建立城乡规划建设一体化的管理体制思路。

组织完成住房和城乡建设部建筑节能与科技司“节能省地型和公共建筑专项研究”项目《节能减排与低碳城市研究》、《夏热冬冷地区绿色建筑技术的集成设计研究与技术规范》、《国外推广绿色建筑政策研究》、《公共照明应用LED产品技术导则》研究工作。

组织完成住房和城乡建设部城市建设司“中国人居环境评价指标体系研究”项目，结合当前城乡建设工作的实际情况，通过比较研究、实例检验、问卷调查等方法对“人居环境奖”的评价指标体系、评选方法、实施监督机制等方面的问题进行研究修订，建立了一套更加完善、更加科学，符合我国城乡建设实际的指标体系和评选方法。

组织完成住房和城乡建设部村镇建设司“宜居小城镇标准研究”项目，研究明确了宜居小城镇在解决“三农”问题和经济发展中的地位和作用，厘清了宜居小城镇在发展中的问题，总结成功经验，从社会文明、经济发展、规划建设、综合管理等方面提出宜居小城镇标准。

协助起草《住房和城乡建设部与河北省共同推进生态城市建设的合作协议》。完成绿色建筑设计标识评价相关文件的更新、修订，完成绿色建筑运行标识评价相关文件的编制工作，根据项目评价情况，组织评审专家对评价实施细则进行修订、细化。编制《绿色工业建筑评价导则》并发布。

协助住房和城乡建设部城市建设司完成了《城市照明管理规定》的制定，协助起草《关于切实加强城市照明节能管理严格控制景观照明的通知》，组织开展“半导体照明产品应用示范工程”。

与部分城市签订战略服务协议，为城市的生态城市规划、建设、管理与可持续发展提供思路与政策指引。目前已与山西省阳泉市就生态新区规划咨询项目达成合作意向，与上海市奉贤区南桥新城生态城市规划建设达成咨询服务意向，与安徽省合肥市滨湖新区签订生态城市规划建设咨询服务意向，签订厦门市集美新城核心区低碳生态地块开发控制指引研究协议和厦门市集美新城低碳生态城市指标体系研究协议。

【第六届国际智能、绿色建筑与建筑节能大会】

3月29～30日，由中国城市科学研究会主办的第六届国际智能、绿色建筑与建筑节能大会在北京召开。大会的主题是“加快可再生能源应用，推动绿色建筑发展”。大会交流、展示了国内外绿色建筑与建筑节能的最新成果、发展趋势和成功案例，研讨了绿色建筑与建筑节能技术标准、政策措施、评价体系和检测标识，分享国际国内发展智能、绿色建筑与建筑节能工作新经验，促进我国住房和城乡建设领域的科技创新及绿色建筑与建筑节能的深入开展。与前五届大会相比，本届大会具有内容与时俱进、学术水平更高、嘉宾规模更大、参展范围更广、影响力更大、更持久的特点。展览会展示了国内外绿色建筑、智能建筑、建筑节能和绿色建材等方面的新成果与应用成果。

【2010城市发展与规划国际论坛】

6月22～23日，由中国城市科学研究会、河北省住房和城乡建设厅主办的2010城市发展与规划国际论坛在河北省秦皇岛市召开。会议以“绿色、生态和数字化：中国城市的发展模式转型”为主题。与会者围绕绿色交通、公交优先与城市的可持续发展，数字化城市管理，中国市政设施的投资与市场化——国际经验与启示，中外生态城市理念与范例，城市废弃物低碳研究，碳减排技术与生态城市建设实践，低碳生态城市的规划与设计，低碳经济、历史名城与产业发展，高寒地区、少数民族地区应急救灾及灾后恢复规划建设，气候变化与低碳城市，可持续发展的城市规划理论与实践等议题进行了研讨和广泛交流。

【第十七届海峡两岸城市发展研讨会】

9月6～13日，由中国城市科学研究会和台湾地区都市计划学会共同主办的第十七届海峡两岸城市发展研讨会在台湾地区举办。以研究会副理事长赵宝江为团长的代表团一行22人赴台湾参加研讨会。来自海峡两岸近100位城市发展方面的专家、学者，以“低碳、绿色与生态城市”为主题，进行了交流与探讨。会议围绕生态城市规划与减碳、生态城市规划的理论与实践、绿色建筑与生态住区、城市生态保育、绿能技术与资源合理利用、城市绿色交通的规划与实践、历史文化名城的保护与更新等相关议题进行了14场主题演讲和讲座，集中展现了两岸学界在城市科学研究相关领域的最新研究成果与学术动向。与会专家还参观访问了新竹、台南、台中、南投、台北等城市，考察了台湾地区在城市规划与城市更新、生态与自然环境保护和历史文化遗产保护等方面的多个案例。

【中国（天津滨海）·国际生态城市论坛】

9月28日，由中国城市科学研究会参与协办的中国（天津滨海）·国际生态城市论坛在天津市滨海新区召开。论坛以“生态城市创造和谐未来”为主题，由1个主论坛和5个分论坛组成。来自20多个国家和地区的350多名政府官员、专家、学者和企业代表围绕绿色发展、生态城镇化、低碳技术应用、发展清洁能源等议题进行交流。研究会具体承办了生态城市理论与实践的创新发展论坛，论坛以什么是真正意义上的生态城市、如何建设真正意义上的生态城市、我们需要怎样的生态城市为探讨主题，系统解读和剖析了当前国内外有关生态城市最新的理论与实践进展。

【“生态城市中国行”长沙站活动启动】

10月12日，“生态城市中国行”活动走进第二站湖南省长沙市。活动由中国城市科学研究会生态城市研究委员会和长沙市人民政府主办，长沙市住房与城乡建设委员会承办。活动以“绿色让城市更幸福”为主题，通过搭建交流平台，推广交流生态城市建设相关的政策、机制和技术信息，广泛探讨生态城市建设体系与方法，交流生态城市发展思路与实践经验，引导生态理念和思维，引领行业发展趋势。活动为政府、发展商、规划建设管理部门、规划师、建筑师提供信息共享与交互的平台，促进生态城市建设理念在全国范围内的推广，加强各地区、各城市之间在生态建设与可持续发展方面的合作。

住房和城乡建设部副部长、研究会理事长仇保兴在主题演讲中阐明，现代生态城市规划必须汲取中国传统文化原始生态文明的养料，摈弃西方现代主义对城市规划的种种不良影响，重建“人类-城市-自然”的共生关系，以绿色低碳技术超越工业技术占主导的实践发展模式，重建“人类-城市-历史文化”的共生关系，以科学的态度来对待历史文化，以包容传承开放的态度来弘扬民族、地域文化中的精华。长沙市规划管理部门主管领导与与会专家围绕有关议题进行了对话互动，分享国内有关生态城市发展实践方面的经验，总结长沙市在生态城市建设方面的特点，交流长沙在生态城市规划建设方面政策的着力点，推行的主要障碍、困难和突破点。

【2010中国城镇水务发展国际研讨会与技术设备展览会】

11月1日，由中国城市科学研究会、中国城镇供水排水协会、江苏省住房和城乡建设厅、江苏省无锡市人民政府联合举办的2010中国城镇水务发展国际研讨会与技术设备博览会在江苏省无锡市召开。本届大会的主题是“推进节水减污，保障供水安全，促进人水和谐”。住房和城乡建设部副部长、研究会理事长仇保兴，江苏省人民政府副省长何权，无锡市人民政府市长毛小平，新加坡公用事业局助理总裁兼供水署署长陈玉仁，国际水协会（IWA）荣誉主席David Garman及企业界代表出席开幕式。综合论坛和专题研讨会上，来自国内外的政府官员、专家、学者和企业界人士近180人发表演讲，围绕供水水质达标与安全保障、膜法水处理技术及其应用、污水达标处理与再生利用、污泥处理处置技术与应用等议题，针对城市水行业改革、水处理技术、水质监测、再生水利用、污泥处理处置、节水管理、给排水系统的运行管理、城市湿地资源保护管理等内容展开专题研讨与交流，分析存在的突出问题及面临的新挑战，探寻解决问题的策略、途径和方法。

【研究会第五届第四次理事会暨秘书长、团体会员工作会议】

6月22日，中国城市科学研究会第五届第四次理事会暨秘书长、团体会员工作会议在河北省秦皇岛市召开。会议从组织管理工作、学术研究工作、学术交流活动、宣传出版工作、自身建设工作等5个方面全面回顾了研究会一年来的工作，并总结出三点学会工作经验：一是通过分支机构的工作加强学会组织工作；二是抓住“可持续发展”这一核心主线，组织研究及学术交流工作；三是有为才能有位，通过自身工作和贡献来确立社会地位。

各位理事、秘书长和团体会员单位代表就《城市科学研究奖评选管理办法（征求意见稿）》和城市科学研究面临的形势与任务进行了讨论。与会人员认为，城市科学研究伴随我国城镇化的迅速发展，要积极适应新形势发展要求，紧紧围绕转变城镇发展方式，以增强社团服务意识为切入点，服务于住房和城乡建设部中心工作，以“住房建设、城乡统筹、节能减排、生态安全”为重点题目，开展相关学术交流活动。

会议宣布了《关于增补副理事长的决议》，决定增补李兵弟为中国城市科学研究会副理事长。审议并通过了《关于调整和增补理事、常务理事人员名单的建议》，增补陆克华、顾朝林为常务理事，增补叶青等15人为理事。向北京市城市科学研究会等25个省（自治区、直辖市）城市科学研究会、团体会员颁发了团体会员单位证书。颁发了《城市发展研究》（2007~2009年）优秀论文奖，赵燕菁等13人分获一、二、三等奖。

中国科学学与科技政策研究会

2010年，研究会组织召开6次学术交流活动，其中，国内学术交流5次，国际会议1次，学术会议参加人数共计1050人，交流论文875篇，与2009年相比，参会人数增加620人，论文增加525篇。举办的主要会议有：第六届科技政策与管理学术研讨会、第十二届中国科协年会第31分会场——海峡两岸区域合作与协同发展研讨会、第十届全国科技评价学术研讨会、经济与环境分析中的政策模拟理论与地理信息技术学术研讨会等。

4月9~11日，全国科学技术学暨科学学理论与学科建设两委联合学术年会在河海大学举行。160余人参加会议。与会专家、学者就科学学、科学技术学，以及相关的科技哲学、科技社会学、科技史等学科的理论、方法与应用问题展开了研讨。年会出版了题为《走入科学技术学》的论文集。

11月5~6日，第六届科学计量学与大学评价国际研讨会在武汉大学召开。来自美国、英国、日本、比利时等10多个国家和地区的100多所知名高校和科研机构的230名专家、学者、教授参加会议。会议收到来自10多个国家和地区的200余篇学术论文，出版英文论文集1部(上、下两册)，编印中文论文集1部。

研究会承担了国家发展改革委、科技部、中国科学院、中国科协等部门委托的政策类研究项目。参与了科技部“创新方法研究专项计划”的整体设计和战略研究，以及“我国科研诚信建设”相关文件的起草和研究工作。研究会各团体会员单位也从各自领域积极为政府建言献策，开展咨询服务。

大连理工大学人文社会科学主要学术带头人、研究会常务理事刘则渊教授被评为“全国优秀科技工作者”。

研究会召开了第六次全国会员代表大会，选举产生了新一届理事会。根据学科发展形势和研究会工作需要，2010年，研究会对专业委员会进行了变更，撤销学会学专业委员会，新成立政策模拟专业委员会，科技管理专业委员会更名为科技创新专业委员会；更换了组织工作委员会、传播与公关工作委员会、科技人力资源专业委员会的负责人。

2010年，研究会吸收5家团体会员单位，其中包括2家高等院校、3家科研院所。吸收个人会员300余人。学会办事机构进一步加强信息化建设步伐，利用学会网站平台，切实做好会员登记、会议通讯、学术资源共享等工作。更新了会员资料和信息，完善了会员信息数据库。此外，研究会逐步建立和完善了科学学与科技政策数据库和资料库，跟踪收集整理国内研究成果、政府的相关举措，以及国际相关研究的动态，为会员提供内容充实、实时更新的信息资源。

4月3~5日，科学学理论与学科建设专业委员会和大连理工大学科学学与科技管理研究所联合举办了第二届科学知识图谱与科学计量学方法与应用高级讲习班。培训内容涉及科学计量学理论的历史沿革、期刊计量指标、网络计量、专利计量、蚁群觅食及CiteSpace信息可视化工具的使用等。国际科学计量学与信息计量学协会(ISSI)主席Ronald Rousseau和德国科学计量学家Bernd Markscheffel参与授课。

研究会出版的《科学学研究》、《科研管理》、《科学学与科学技术管理》三种期刊，已被国内CSCD、CSTPC、CSSCI等多家权威数据库定为统计源期刊，被引频次、影响因子等指标居全国同类刊物前列，被国家自然科学基金委员会管理科学学部遴选为重要期刊。《科学学研究》和《科研管理》质量稳步提升，发行量和发表论文数与2009年持平。《科学学与科学技术管理》全年发行42000本，发表论文420篇，与2009年相比，发行量增加24000本，发表论文增加240篇。杂志社与相关部门合作举办的“大学评价”等项目，受到社会各界的关注。

研究会方新教授和王春法教授主编的“决策科学化”丛书，邱均平教授所著的《评价学：理论・方法・实践》、《网络计量学》等著作，刘则渊教授所著的《科学知识图谱：方法与应用》于2010年出版。由研究会主办、刘则渊教授和王续琨教授主编的《科学・技术・发展——中国科学学与科学技术管理研究年鉴2008/2009年卷》(总第4卷)于2010年9月由大连理工大学出版社出版。该年鉴除年度研究进展、学术信息集锦、国内期刊文献索引、中文版图书索引等资料性内容外，还发表了17篇研究论文和译文。

【第六次全国会员代表大会】

12月4日，中国科学学与科技政策研究会第六次全国会员代表大会在北京召开。研究会名誉理事长冯之浚、罗伟出席会议。来自全国各地的200余名代表参加大会。大会开幕式由研究会副理事长、中国科学院科技政策与管理科学研究所所长穆荣平主持。

研究会理事长方新代表第五届理事会作了工作报告。她从学术交流活动、咨询服务与课题研究、编辑出版工作、重要纪念活动、组织建设和其他工作等几个方面总结了近5年的学会工作情况，并提出了下一步工作的基本思路。

代表大会选举产生的第六届理事会由155名理事组成。第六届理事会选举方新为理事长，穆荣平、李健民、李新男、李廉水、陈劲等5人为副理事长，王春法等49人为常务理事，吕敬华任秘书长。

在研究会第六届常务理事会第一次会议上，常务理事们就学科定位、学术活动、学会发展等发表了自己的见解。方新理事长在总结时强调，要从以下几方面做好研究会工作：开展学术交流活动，打造精品平台；加强基础理论研究，以课题带动学术活动；以会员为基础，加强学会自身建设。

【第十二届中国科协年会第31分会场——海峡两岸区域合作与协同发展研讨会暨两岸博士生论坛】

11月1～3日，第十二届中国科协年会第31分会场——海峡两岸区域合作与协同发展研讨会暨两岸博士生论坛在福建省福州市举行。本次会议由中国科学学与科技政策研究会、福州大学、台湾地区东海大学和高雄大学共同承办，旨在促进海峡两岸学者共同探讨全球化背景下的两岸协同发展之路，研究如何有效推进未来两岸在区域经贸、科技、教育、文化和城市发展中的交流与合作。论坛吸引了200余人参加。中国科学院党组副书记、研究会理事长方新和福州大学校长付贤志在开幕式上致辞。开幕式由研究会常务副理事长张碧辉教授主持。

论坛以"海峡两岸区域合作与协同发展——成就·机遇·展望"为主题。6位专家围绕论坛主题分别以《城市发展的绿色根本》、《从资源基础观点谈两岸高等教育交流与合作》、《闽台交流合作的现状与展望》、《闽商与区域经济社会发展》、《我国沿海经济区产业转型与转型战略》、《两岸关系的发展现状与主要挑战》为题作了主题报告。

【第十届全国科技评价学术研讨会】

9月13～15日，第十届全国科技评价学术研讨会在黑龙江省哈尔滨市召开。会议由中国科学学与科技政策研究会、《科研管理》编辑部和哈尔滨工业大学联合主办。来自清华大学、北京大学、南京大学、武汉大学、同济大学、厦门大学、重庆大学、天津大学、英国肯特大学以及中国科学院科技政策与管理科学研究所、中国科学院管理创新与评估研究中心、汤姆森路透科技信息集团等63家高校、科研院所和评估机构的160余名专家参加会议。

研究会副理事长穆荣平在开幕式上致词。他提出学术面前人人平等，鼓励广大学者勇于质疑，并指出目前学术界存在研究过于简单化、评价需要的数据很难获取等现实问题，倡议学者们打破条条框框，勇于提出新的方法。期待更多的科技评估研究有更多的突破。

会议采取报告和现场提问相结合的互动交流模式。大会设1个主会场，根据会议主题设"科技评估基本理论、方法与实践、科研机构"、"科技人才及科技团队的评价方法与实践"、"大学评估、学科评估、社科和教育评估的方法与实践"、"企业R&D创新能力评估"、"科学基金项目资助评审的方法与实践、区域创新能力评估、期刊论文评价"等5个分会场。

会议特别邀请了国家自然科学基金委员会计划局副局长郑永和、英国肯特大学商学院教授刘文斌、哈尔滨工业大学经济与管理学院院长于渤、中国科学院管理创新与评估研究中心主任李晓轩、武汉大学中国科学评价研究中心主任邱均平、高等教育教学评估中心主任王战军等分别作了题为《科学基金同行评议及挑战：以NSFC和RCUK同行评议比较为例》、《REF科研评估框架》、《基于技术生命周期的企业技术管理能力评价研究》、《中国科学院知识创新工程评估方法研究》、《中国高校创新指数的测评与分析》、《中国高水平大学50强》的主题报告。

80余名学者在分会场会议中作了专题报告。会议对科技评价、大学评估、科学基金项目资助评审，以及科技政策领域的其他热点、难点问题进行了研讨和交流。

大会共收到论文114篇，是历届研讨会中最多的一次。大会评选出优秀论文5篇，被《科研管理》收录。3篇论文被《哈尔滨工业大学学报》（社科版）收录。

【经济与环境分析中的政策模拟理论与地理信息技术学术研讨会】

11月28～30日，经济与环境分析中的政策模拟理论与地理信息技术学术研讨会在北京召开。来自香港中文大学、中国科学院、中国社会科学院、国家信息中心、北京大学等20余家高校、科研院所的95名专家、学者参加会议，其中教授35人，青年学者6人，研究生54人。其中30余名学者进行了大会学术报告。中国科学院党组副书记、研究会理事长方新参加会议并讲话。

方新认为，政策模拟一定要关注当前社会发展中的重大问题。要把政策作为一门科学，以科学的研究作为基础，为政策的制定和重大决策提供参考。在政策研究的过程中，要有一个通盘的考虑，对问题的分析和研究需要进行科学论证。政策模拟很有意义，在未来的研究中，需要在方法上不断进行创新。

会议围绕政策模拟中的地理信息技术和气候保护的政策模拟两个主题展开了讨论和学术探讨。

【第六届科技政策与管理学术研讨会】

12月4日，由中国科学学与科技政策研究会主办，中国科学院科技政策与管理科学研究所承办，《科学学研究》、《科研管理》、《科学学与科学技术管理》编辑部协办的第六届科技政策与管理学术研讨会在北京召开。

针对"十二五"期间创新模式转变问题，会议特别邀请研究会副理事长穆荣平、清华大学公共管理学院教授薛澜、浙江大学公共管理学院教授陈劲、科技部政策法规司李新男研究员、社会科学院数量经济研究所研究员齐建国、北京理工大学管理与经济学院教授朱东华、西安交通大学公共管理学院教授孙海鹰、大连理工大学21世纪发展研究院教授刘则渊等8位专家作了专题报告。

会议围绕科学学理论和科技体制改革、创新理论与创新政策、低碳经济与产业发展战略、区域发展战略等4个专题进行了分组讨论和学术交流，约40位学者报告了自己的最新研究成果。大会遴选出8篇优秀论文，并向获奖者颁发了荣誉证书。

中国农村专业技术协会

2010年1月和7月，北京市和海南省分别召开省级农技协联合会成立大会，截至2010年底，全国已有22个省、自治区、直辖市成立了省级农技协联合会组织。

根据《中国农技协技术交流中心管理办法》，对已经建立的8个专业技术交流中心加强了指导与服务，并新设立了河南洛阳食用蜗牛养殖技术交流中心和吉林鹿业养殖技术交流中心，使技术交流中心数量达到10个。完成了科普示范基地的重新确认工作，推动了科普示范基地建设。

经中国科协批准，协会推荐的河北沧州科普惠农服务中心主任刘玉峰、山东汶上县次丘镇养鸡协会会长贾正国和四川乐山五通桥花木协会理事长谭祖全3名同志被评为“全国优秀科技工作者”。

协会承办了第十二届中国科协年会第25分会场——农民专业合作组织与新型农业社会化服务体系研讨会。组织基层农技协参加了第十七届中国杨凌农业高新科技成果博览会。3月，协会组织北京、河北、辽宁、河南、安徽、广西、陕西等7个省（自治区、直辖市）的基层农技协参加了第五届中国（菏泽）农资交易会。设立21个展位，发放技术资料1万余份，接受项目咨询1000余人次，开展交易洽谈36个，签订意向性交易订单12份。

协会积极开展国际农业交流和与台湾地区的农业技术合作洽商。7月，协会参与组织第五届世界鹿业大会，来自新西兰、澳大利亚、美国、加拿大等12个国家和地区的60位专家与内地200余名鹿业专家、学者及企业家，围绕鹿养殖、产品加工等新成果、新技术进行交流与洽谈。10月21~30日，协会组团赴澳大利亚和新西兰学习两国的畜牧业发展和农民专业合作组织建设的情况。12月20~25日，协会组团赴美国学习美国现代农业，并访问相关农民专业合作组织。10月，协会联合台湾21世纪基金会，在北京召开海峡两岸现代农业和农民专业合作组织研讨会。

协会在中国科协、国家民委、农业部等相关部委的支持和指导下，在四川省凉山自治州、云南省文山州和山西省吕梁山地区分别组织了科技专家和农业技术致富能手科技下乡活动（三山行动）。

5月，根据凉山自治州农业发展现状及农村实际需求，协会组织了来自全国9个省（市）、自治区的百余名农业科技、营养、医疗卫生以及青少年教育等方面的科技专家和致富能手，组成3支科技下乡分队，奔赴凉山州西昌、冕宁、德昌3个县市开展了科技服务活动。活动期间，共举办主题报告会5场，各种实用技术培训18场，实地技术指导39场，接受咨询763人次，发放资料3000多份，直接受益群众4155人，解决群众生产生活技术难题214个，为当地农业产业化建设提出合理化建议35条。

9月，根据文山州农业发展现状及农村实际需求，协会组织了来自全国8个省、自治区直辖市的80余名农业、工业、林业、营养、医疗卫生以及青少年教育等方面的专家和致富能手，在文山州4个县开展科技下乡活动。活动期间，共举办主题报告会11场，各种实用技术培训28场，实地技术指导39场，接受咨询992人次，发放资料1000余份，直接受益群众14952人，接受义诊215人，解决群众生产生活技术难题355个。签订养殖业、有色金属和八角香料产业等6个意向合作协议。

9月，协会联合中国科协扶贫办、山西省科协、吕梁市科协，组织各地的医疗、农、林、牧等专业的专家、教授与300名科普志愿者开展了“全国科普日”暨第九届中国科协·吕梁市科技下乡活动。活动开展了科普宣传、科技咨询、医疗义诊和科技培训指导等服务活动。据不完全统计，有3600个种植、养殖户接受了科技培训和指导，500余名患者、医护工作者接受了医疗义诊和医学培训，2000余名学生接受了科普教育。

按照《中国科协2010年基层组织建设工作要点》，协会组织编写了《基层农技协领办人培训大纲》，在全国普遍开展农技协领办人和骨干的科技培训，培训共约100万人次。协会会同有关省（自治区、直辖市）科协在广西、安徽、广东、四川、陕西、河南、河北、云南、湖南等12个省（自治区、直辖市）举办培训76期，培训近3万人次。

协会联合华硕集团在16个省（自治区、直辖市）的200多个县共建260个“华硕科普图书室”，每个图书室配置3000册科普图书、1台电脑和1台打印机，对提高基层科普单位的服务能力、为广大群众提供科技服务发挥了积极作用。

在中国科协科学技术普及部的指导与支持下，开展并完成了《农业技术推广法》立法后评估研究项目。协会组织专家组，以文献梳理、问卷调查、实地调查和专家访谈相结合的方法，对10个市科协、30个县科协、30个基层农技协进行了问卷调查，对4个省、16个市、12个县科协的30个基层农技协开展了实地调研，专程拜访了国家农业技术推广部门、农业科研院所及大专院校，与全国农业技术推广服务中心和全国水产技术推广总站负责同志进行座谈，对部分省、地（市）、乡镇的农业技术推广服务部门负责同志进行了访谈。在充分调研的基础上完成项目调研报告，提交全国人大农业和农村工作委员会，《全国人民代表大会常务委员会执法检查组关于检查〈中华人民共和国农业技术推广法〉实施情况的报告》的附件《农业技术推广法评估报告》中，采纳了协会的有关意见和建议。

在中国科协组织人事部的指导与支持下，协会对全国10个省30个地市和90个县的科协、党的组织部门基层农技协进行基层农技协党组织建设问卷调查，并根据问卷调查情况，选择安徽、四川和吉林3个省的相关地市进行实地考察，深入了解基层农技协党组织建立、运行情况，农技协党组织所发挥的作用，以及农技协党组织建设和发展过程中遇到的问题及其解决措施等。

编辑出版了纪念农技协诞生三十周年文集——《辉煌的三十年》，收录了20多个省、自治区、直辖市农技协和有关单位及个人200余篇文章，近40万字。

【农民专业合作组织与新型农业社会化服务体系研讨会】

11月1~3日，协会承办了第十二届中国科协年会第25分会场——农民专业合作组织与新型农业社会化服务体系研讨会，来自全国10余所科研机构的专家、学者以及来自河北、山西、海南等21个省、31个地市科协、农技协负责人和政府办、农林、畜牧、及农技推广等部门共计90余人参加研讨会。编辑了《论文汇编》，收录论文109篇，约86万字。会上，专家和代表就农民专业合作组织的建设和发展、农村网络科普建设、农产品市场开拓、农村实用人才评价等内容作了16个专题报告，肯定了农技协在新型社会化服务体系建设中的重要地位和作用，同时，也突出了新时期农技协、合作社等农民专业合作组织开拓创新，与时俱进，不断提升服务能力的特点。

【第十七届中国杨凌农业高新科技成果博览会】

11月，协会组织北京、河北、山西、辽宁、安徽、山东、河南、陕西、甘肃、广西等20余个省（自治区、直辖市）的133个基层农技协，以及近300余名基层代表参加了第十七届中国杨凌农业高新科技成果博览会。

展团以“科技兴农、科普惠农、产业强农、市场富农”为宗旨，集中展示基层农技协的种植、养殖、农产品深加工等新技术、新产品，内容涵盖了种植业、畜牧业、种苗林木、农业生物技术、设施农业、节水灌溉和农副产品加工等。协会已连续3届推荐农民代表在杨凌农高会“中外农民论坛”上发言，重点介绍协会的发展和市场销售及前景等。各参展农技协通过这个平台，宣传推介各自的技术、产品、供给、需求等相关信息，并有优质产品在现场展示，广泛进行技术咨询和交易洽谈工作，取得了较好的成效。

中国工业设计协会

2010年3月，温家宝总理在政府工作报告中首次提出要大力发展工业设计。协会抓住这一历史机遇，积极主动配合工业和信息化部，多次组织召开专题研讨会，对国家产业政策草案中的内容反复酝酿和推敲，提出修改意见。在协会的配合下，7月22日，工业和信息化部等11个部门联合颁布了《关于促进工业设计发展的若干指导意见》。我国首个国家层面的工业设计产业政策的出台，标志着我国工业设计事业由此步入了一个全新的发展阶段。为落实《关于促进工业设计发展的若干指导意见》，协会参与研究制定了《国家级工业设计示范园区认定管理办法》和《国家认定企业工业设计中心管理办法》。承担了国家工业和信息化部的3项研究课题：《工业设计从业人员职业评价体系研究》、《国家级工业设计示范园区认定的管理研究》、《工业设计发展指标体系及统计分析基本框架研究》。为全国工业设计大奖赛做了前期策划及实施方案的准备工作。

协会注重发挥资源优势，不断增强与各级地方政府的合作。与北京市大兴区、福建省莆田市等地方政府共建工业设计产业基地。与福建厦门路达集团公司达成协议，共建陶瓷卫浴研发设计中心。已达成意向并正在落实的还有：共建海南旅游产品研发设计基地、浙江义乌小商品研发设计基地、福建瑞达钟表设计中心、北京顺义（北石槽）工业设计园等项目。

协会继续开展多种形式的品牌活动和赛事，推动工业设计发展。举办了第五届中国工业设计周、第五届广东工业设计活动周、2010广州国际设计周。协会与各级政府机构或企业合作开展的设计大赛、展会活动共35个，2010年新启动的活动有“和丰奖”工业设计大赛、“天府宝岛”工业设计大赛、深圳国际工业设计博览会、天津滨海新区工业设计成果展交会等。

协会在2009年初步制定《中国工业设计示范基地、示范企业、示范设计机构管理办法》和《工业设计机构资质认证管理办法》的基础上，2010年又通过多种形式广泛征求会员意见，修订后报理事会批准，并正式启动了工业设计示范基地（企业、设计机构）和工业设计机构资质认证的评定工作。这些办法的制订和实施，有利于建立行业规范，加强行业自律，促进行业健康发展。

组织发起成立中国工业设计园区联盟，探索园区建设与良性发展的途径。4月下旬，协会召开了首次全国工业设计园区专题研讨会，在与会单位的共同倡议下，由协会牵头组织发起成立中国工业设计园区联盟。12月10日，由全国24个设计（创意）园区、机构作为发起成员单位，中国工业设计园区联盟在广东省广州市召开成立大会，推举协会作为联盟的主席单位，北京DRC工业设计创意产业基地作为2011年度轮值副主席单位。

协会加强组织建设，积极做好新会员发展工作，2010年，发展个人会员20个、团体会员23个，其中有14家会员单位被增补为协会理事单位。

根据行业特点和会员需求，协会与振邦（北京）知识产权代理服务有限公司签订了战略合作框架协议，拟共同组建协会知识产权保护工作委员会，为广大会员提供知识产权方面的培训、维权咨询及法律援助。

经中国科协批准，协会副会长、深圳飞亚达集团公司副总经理李北获得“全国优秀科技工作者”荣誉称号。协会推荐的2项外观设计专利成果被国家知识产权局授予第十二届中国专利（外观设计）优秀奖。协会理事单位顺德工业设计园区被工业和信息化部认定为国家新型工业化产业示范基地。协会推荐的多名会员获得“中国设计界十大杰出青年”提名。此外，协会还向国际设计联盟推荐由北京申办2014年世界设计之都活动。

协会进一步加强工作制度建设，建立了《中国工业设计协会理事会工作规则》、《中国工业设计协会分支机构、代表机构管理办法》等规章制度。初步完成了协会分支机构清理的基础工作。

协会门户网站改版后开通。协会主办的专业杂志《设计》发行量有所增加。协会会刊《设计通讯》进行了改版。

【第五届中国工业设计周】

12月6~13日，协会联合广东省经济和信息化委员会联合举办了第五届中国工业设计周·第五届广东工业设计活动周，协会与广州市人民政府联合举办了第五届中国工业设计周·2010广州国际设计周。第五届中国工业设计周首次以协会与省、市联动的方式进行。工业和信息化部、广东省政府和广州市政府的领导，以及社会各界共1000余人参加了启动仪式和首日展览。协会会长朱焘参加了设计周活动。

第五届中国工业设计周的主题是“全面推动工业设计健康快速发展”，举办了2010中国工业设计峰会、中国工业设计园区联盟成立大会，以及中国创新设计“红星奖”作品展等活动。

在中国工业设计峰会上，工业和信息化部产业政策司副司长卢希以《以加快转变经济发展方式为主线，推进我国工业设计加快发展》为题，解读了《关于促进工业设计发展的若干指导意见》。协会荣誉副会长、清华大学教授柳冠中，协会副会长、湖南大学教授何人可，协会副秘书长、北京工业设计促进中心副主任宋慰祖，广东工业设计城总经理邵继民等在演讲中分别介绍了发展工业设计的成功经验，以及工业设计的最新发展趋势。

中国工业设计园区联盟成立大会是此届设计周的一项重点活动。联盟成立大会上，首批成员单位暨发起单位一致推举朱焘为联盟主席，选举赵卫国为联盟秘书长。

中国创新设计“红星奖”作品展集中展示了历届“红星奖”优秀作品，是对“红星奖”的一次大巡礼。

第五届广东工业设计活动周的主题是“改变·创新”。主要举办了“省长杯”工业设计大赛作品及“省长杯”优良工业设计奖作品展览、“珠江论坛”系列国际论坛活动、工业设计成果对接会、“设计师之夜”设计师联谊活动等。“省长杯”工业设计大赛作品及“省长杯”优良工业设计奖作品展览规模空前，展区面积达到13000多平方米，分为10个展区，共有474块展板，介绍了20多个广东设计研发机构和企业的工业设计创新案例。共有380件展品，涉及装备、交通工具、家电、家具、家居用品、医疗用具、科学设备、包装等多个行业。

2010广州国际设计周的主题是“赢在设计”，举办了“红棉奖”——年度中国创新设计大奖作品展示、“金羊奖”——2010中国低碳生活设计大奖作品展示、荷兰设计节、“赢在设计”系列国际论坛活动、“D+B博览会”综合展销活动等。

【2010中国创新设计“红星奖”颁奖典礼】

11月18日，2010年中国创新设计红星奖颁奖典礼在北京展览馆举行。来自英国、德国、澳大利亚、美国、韩国、日本等14个国家及国内26个省自治区、直辖市的106家企业的196件产品获奖，其中包括9项金奖，10项最具创意奖，177项红星奖及1个最佳团队奖和1名最佳新人奖。中共北京市委常委赵凤桐、北京市副市长苟仲文、协会理事长朱焘等领导出席颁奖典礼并为获奖企业颁奖。

中国创新设计“红星奖”由中国工业设计协会与北京工业设计促进中心联合举办。2010年是“红星奖”最具突破性的一年，主要表现出以下特点：一是注重创新设计。本届“红星奖”获奖产品具有节能减排、低碳环保、促进科技成果产业化、关注民生、融合传统文化等特点。二是数量增长迅速。2010年共有1072家单位的5132件产品参评，比2006年奖项设立之初的200家单位的400件产品分别实现了5倍和12倍的增长，产品涵盖了电子、汽车、医疗、重大装备等八大重点领域。三是更加国际化。2010年“红星奖”首次面向外国企业开放征集，西门子、LG电子、索尼爱立信等29家跨国公司的设计产品参加评选。同时，“红星奖”评审组建了国际化的评审团，进行国际化的展览推介。

中国工艺美术学会

2010年，学会加强组织建设，发展个人会员1200人，个人会员总数达到6400人，团体会员37个。金属专业委员会进行换届选举，并增设北京办公地点。石雕专业委员会召开成立大会，选举出首届理事会。

学会结合不同专业特点，组织国内学术交流活动29次，参加人数1151人；国际学术会议5次，参加人数1168人；国际及对港澳台地区民间科技交流组团72个，参加人数761人；会议次数、交流组团次数及总参加人数比上一年度均有所增长。承办了以“科技进步与工艺美术发展”为主题的中国科协第48期新观点新学说学术沙龙，主办了主题为“传承、创新、发展”的中国工艺美术学会首届工艺美术师沙龙。专业委员会组织的研讨会有民间工艺美术的弘扬发展、非物质文化遗产保护与民间美术研究、明清家具在世界范围的影响、第十六届中国雕塑论坛、心声木鸣——中国当代木雕、中国民族织锦的发展战略、培养工艺美术后续人才、科技进步与纤维艺术发展、乔十光漆画艺术学术研讨会、中日韩漆艺作品研究、2010第三届国际漆艺论坛、第11届中国国际展览会议论坛、中国（东阳）木雕竹编工艺研讨会等。

国际及对港澳台地区民间科技交流活动有：雕塑专业委员会邀请韩国清州国际工艺品双年展组委会赴北京考察国际民间科技交流活动，组织艺术家考察团赴德国和奥地利等中欧国家考察欧洲雕塑，访问考察韩国造型设计学会年会。书画专业委员会在泰国曼谷组织了《圣裔丹青传四海》孔子后人书画展。织锦专业委员会参加了在澳门举办的世界遗产论坛，与台湾云林大学进行学术交流。纤维艺术专业委员会邀请英国皇家艺术学院、英国南安普敦大学、韩国产业大学学者来清华大学美术学院进行学术交流，组团参加波兰洛兹国际纤维艺术三年展。玻璃艺术专业委员会在北京接待了来自印度、印尼、新加坡的访问学者。漆艺专业委员会组织了中日韩三国漆艺文化交流。金属专业委员会接待了来自台湾地区的金属工艺品专家。

为促进工艺美术作品、产品的推陈出新，学会组织了2010年中国工艺美术“百花奖”评选活动、第八届中国（大连）工艺美术博览会暨古典家具收藏博览会、2010中国（合肥）国际文化博览会暨第四届中国工艺美术精品博览会等。专业委员会组织的展会有：第三届中国（上海）国际艺术家具展览会、第三届国际漆艺展、舒乙画展、中国民族织锦大展、从洛桑到北京——第六届国际纤维艺术展、从河姆渡走来——2010第三届国际漆艺展、中华艺术·国家大师珍品系列荟展——中华木雕精品展、神工天韵——苏帮玉雕精品展、苏绣大师纪念展等。学会参与了由工业和信息化部、文化部等九部委联合主办的第六届中国工艺美术大师的评审工作，组织完成了“中国工艺美术终身成就奖（2010）”评审工作，主持进行了第五批工艺美术专业资格认证。

【2010中国（莆田）工艺美术“百花奖”】

6月20日，中国轻工业联合会、中国工艺美术学会、中国轻工珠宝首饰中心共同主办的2010中国（莆田）工艺美术“百花奖”评审工作结束。经过近5个月的紧张工作，评委会对1500余件入围作品进行了最终评审，产生了本届“百花奖”特别金奖作品5件、金奖作品80件、银奖作品100件、铜奖作品100件。2010中国（莆田）工艺美术“百花奖”评审与第五届中国（莆田）海峡工艺品博览会同步进行。中国轻工业联合会会长步正发与福建省政府有关领导参加了6月19日举行的第五届中国（莆田）海峡工艺品博览会开幕式，参加了6月20日举行的2010中国（莆田）工艺美术“百花奖”颁奖晚会，共同为获奖者颁奖。

【（2010）中国工艺美术终身成就奖】

为了表彰为中国工艺美术事业作出卓越贡献的工艺美术工作者，并从学术方面给予他们高层次的认定，学会于2009年5月重启了“中国工艺美术终身成就奖”的评审工作。各省、自治区、直辖市工艺美术学会、协会、专业委员会（分会）共上报推荐材料78份，被推荐者来自北京、天津、江苏、浙江、湖北、广东、福建、河南、陕西、山东、河北、甘肃、安徽等地，涵盖了景泰蓝、紫砂、漆艺、抽纱、刺绣、织锦、染织、鼻烟壶、陶瓷、雕塑、雕刻、硬木家具、剪纸、泥人、脸谱、制笔、宣纸等行业，还有长期从事工艺美术教学、研究和管理的工艺美术工作者。中央工艺美术学院原院长常沙娜等专家组成了“中国工艺美术终身成就奖”评审委员会，经评审，最终评出59人获得“中国工艺美术终身成就奖”荣誉称号。获得此项殊荣的工艺美术家、工艺美术工作者大多长期并连续从事工艺美术研究、设计、制作以及教学，并且现在仍能从事一定的工艺美术研究、创作、传艺等工作，有突出的艺术成就，在本专业领域很有影响力。

【科技进步与纤维艺术发展国际学术研讨会】

10月23日，由中国科协重点资助、中国工艺美术学会主办的科技进步与纤维艺术发展国际学术研讨会在河南省郑州市召开。来自美国、日本、澳大利亚、德国、瑞典、丹麦、奥地利、芬兰、挪威、韩国、加拿大、波兰、拉脱维亚、立陶宛等14个国家，以及我国大陆、香港特别行政区和台湾地区的艺术家、学者出席会议。研讨会共征集论文48篇，经评审，其中42篇论文收入2010《科技进步与纤维艺术发展》论文集。论文的主要内容包括新材料、新技术的应用，国际纤维艺术运动的历史渊源，对当代国际纤维艺术运动的理论评述，纤维艺术创作方法、观念、工艺的探索和研究，对西方纤维艺术发展历史的理论研究等五方面。

此次学术研讨会达到了广泛交流、增进了解、分享世界各国艺术家的创作经验和学术成果的目的，促进了各国艺术家之间的交流，带动了项目合作，推动了科技与纤维艺术的融合发展。

中国科普作家协会

2010年，协会积极开展科普学术交流活动，举办了第三届海峡两岸科普论坛，承办了第十二届中国科协年会第30分会场——科普创作与新媒体研讨会等。4月2~4日，协会在河南省洛阳市举办了影视动漫科普作品创作论坛。与会专家、学者分别就发展我国科普动漫的时机、科教片选题漫谈、探索影视科普作品发行之路、3G时代的科普创新、我国科普动漫作品创作现状研究等问题进行了研讨。

协会认真做好“全国优秀科技工作者”评选推荐工作。经协会五届四次常务理事会议讨论、投票及网上公示，决定推选卜毓麟、李欣两位同志为“全国优秀科技工作者”候选人，上报中国科协。经中国科协批准，上述两位同志获得“全国优秀科技工作者”荣誉称号。

组织了第一届“中国科普作家协会优秀科普作品奖”评奖活动和“2010年度国家科学技术进步奖”科普作品推荐。

经过近3年的努力，一套由院士担任主编，著名科学家、科普作家主笔的大型科普图书《当代中国科普精品书系》(15个分册，160余种)已见雏形。《科普童话绘本馆》出版30余种，《新编十万个为什么》出版15种。《读古诗学科学》(8册)，《尖端兵器图文读本》(8册)和《太空闲庭信步》(10册)完成编撰。举办了全国青少年科学幻想绘画大展和第17届全国中学生爱科学夏令营活动。

4月，中国科普作家协会与中国铁道学会在北京联合举办第二期全国铁路科普创作人员培训班。参加培训的学员，都是长年工作在铁路科技工作第一线的同志，具有丰富的实践经验和专业知识，又热心科普工作，通过铁路科普创作培训班的举办，能够建立起一支政治思想素质高、专业知识丰富、热心铁路事业的科普编创专家队伍，以此大力推进铁路科普工作。

整合资源，加强网站建设，对协会网站的结构、栏目、数据等重新进行设计和完善，为每位会员预留了个人网络空间，并增加了网络视频直播和会员之间在线交流的功能，加强了协会与会员、会员与会员之间的联络。全年，网站共更新科普图书550多本，更新图片650多幅。组织撰写图书评论100多篇。

【第一届“中国科普作家协会优秀科普作品奖”评奖活动】

为推出更多的科普精品，繁荣科普创作和宣传出版事业，提高全民族科学文化素质，经国家科学技术奖励工作办公室批准，中国科普作家协会特设立“中国科普作家协会优秀科普作品奖”。本奖为科普创作领域的最高荣誉奖，每两年评选一次，用于表彰奖励国内公开出版发行的中文优秀科普作品的作者和出版机构。根据《中国科普作家协会优秀科普作品奖章程》的规定，评选产生的优秀奖作品将直接向国家科技进步奖报送推荐。奖励范围分为科普图书和科普影视动画作品两类。

第一届评奖活动由中国科普作家协会主办、中国科教电影电视协会和中国科普研究所协办，共征集科普图书类作品308种，科普影视动画类作品150余部。全国22个省级科普作家协会、100余家出版社及影视制作单位参与作品推荐。

12月29日，在北京举行“中国科普作家协会优秀科普作品奖”颁奖大会。中国科普作家网对颁奖大会进行网络实况直播。颁奖大会上，协会理事长、组委会主任刘嘉麒院士作了评奖情况报告，中国科协书记处书记程东红讲话，协会副理事长、中国科普研究所所长任福君宣布获奖名单，并向获奖者颁发奖牌和证书。

经评审，《月球密码》等18种科普图书获优秀奖，《化石真相》等40种科普图书获提名奖，《利器之首——国庆60周年阅兵中的电子装备》等6部科普影视动画类作品获优秀奖，《中国大鲵》等12部科普影视动画类作品获提名奖。在获奖作者中，有两院院士、科普作家和科技专家，其中，相当多的获奖作者多年从事科普创作，具有丰富的创作经验，获奖作品的共同点是做到了思想性、科学性、实用性与通俗性的较完美结合。

【“2010年度国家科学技术进步奖”科普作品推荐】

1月29日，协会召开专家评审工作会议，确定6种科普作品作为2010年度国家科技进步奖科普类推荐项目。8月，国家科学技术奖励工作办公室公布了2010年度国家科技进步奖评审通过项目目录，由中国科普作家协会推荐的《追星——关于天文、历史、艺术与宗教的传奇》（卞毓麟著，上海文化出版社出版）和《李毓佩数学故事系列》（李毓佩著，湖北少年儿童出版社出版）获得了国家科学技术进步奖二等奖。

【全国青少年科学幻想绘画大赛】

4月24日，由中国科普作家协会主办、中国科普作家协会科学美术委员会等单位承办、广西柳州众菱汽车投资管理有限公司独家赞助并联合举办的“众菱杯”全国青少年科学幻想绘画大展在北京开幕。参展作品面向6～25岁的儿童、青少年征集，作品形式为国画、油画、水彩水粉画、版画、剪纸、电脑美术等平面美术作品。作品内容涵盖了航天、航空、智能、信息等领域。大展共收到3000余件从大、中、小学选拔的美术作品。作品来自全国各省、自治区、直辖市，约有10万多名学生及辅导教师参与。大展评审组从来稿中评选出参展作品800多幅，并从中评选出一等奖4名、二等奖6名、三等奖17名。

2010年11月28日～2011年1月5日，“众菱杯”全国青少年科学幻想绘画大展在广西壮族自治区柳州市举行巡展，此次巡展由中国科普作家协会、柳州市委文明委联合主办。协会理事长刘嘉麒院士、副理事长兼秘书长居云峰、柳州市人大常委会副主任林桂平、柳州市副市长张虹等出席巡展开幕仪式。为进一步延伸活动成果，协会编辑出版了《“众菱杯”全国青少年科学幻想绘画大展作品集》，由广西人民出版社出版。

【第17届全国中学生爱科学夏令营活动】

7月和8月，第17届全国中学生爱科学夏令营活动分两批在北京举行，每批有500多人参加。协会副理事长兼秘书长居云峰出席了在中国地质大学国际会议中心举行的开营仪式。活动的主要内容包括：聆听大师教诲、畅游科学海洋、饱览人文胜景、陶冶爱国情操、了解首都北京、体验大学生活、锻炼综合素质、享受快乐假期等。活动期间，还举行了优秀日记和摄影作品评选、科普知识竞赛和以“畅谈生物多样性”为主题的征文活动。

第17届全国中学生爱科学夏令营活动由中国科普作家协会和北京燕园华夏英才教育科技发展中心联合主办，北京大学科学与社会研究中心（科学传播中心）和中国科协—清华大学科技传播与普及研究中心等专业机构联合策划，并组织了由资深院士、科学家、教育家组成的专家指导委员会。活动的宗旨是引导青少年树立以崇尚科学为荣的价值观，帮助中学生丰富暑期生活，拓宽知识视野，提高学习兴趣，树立远大理想，促进中学教育与高等教育、课堂教学与校外教育更好衔接。

【第三届海峡两岸科普论坛】

5月22～30日，第三届海峡两岸科普论坛在台湾元智大学举行。102名专家、学者出席会议，其中大陆代表团专家、学者62人。论坛征集论文83篇。论坛以“科技发展与科普教育”为主题，与会专家围绕两岸科普教育现况与实践、科普教育与通识（素质、博雅）教育、科普创作与美学形式、科普与传播、节约能源与永续生命资源、科技研究与伦理、科普资源的概念与内涵、科普教育的改革与发展、科学素养与社会发展等议题进行交流与讨论。

大会开幕式上，台湾元智大学通识教学部主任王立文教授作了题为《易经的科普面向》的专题演讲，协会副理事长兼秘书长居云峰作了题为《中国大陆科普的现状与对策建议》的专题演讲。居云峰、陈东云、郭树华、董仁威、马伊文5人代表中国科普作家协会和中国科普研究所参加了会议。与会者分别在10个分会场围绕4个科普主题、8个科普子题进行了学术交流。

两岸学者对科普的内涵达成了共识，对两岸科普机制、内容、形式等方面存在的差异进行了深入探讨。大陆科普工作显现出政府行为的特点，各级科协组织发挥科普主力军作用，多种新闻出版媒体在传播科技中起着重要的作用，专家、学者更注重探讨怎样通过科学普及、科技传播提高公众科学素质，促进科学发展。台湾地区学者更多地从各自从事的专业领域探讨科学普及的重要作用，更多的是探讨从科学教育入手，培养高素质科技人才的问题。但无论有何差异，科普工作一定要根据社会环境的实际情况，充分发挥现有条件的综合优势，使科普为提高公众的科学素质水平发挥作用。

论坛期间，大陆代表团还访问了台中教育大学、高雄第一科技大学、科学工艺博物馆、台湾科学教育馆和太极影音科技股份有限公司等机构。两岸专家认为，两岸的科普教育有同有异，可以交流互学的内容很多。

中国自然科学博物馆协会

2010年是中国自然科学博物馆协会成立30周年，为扩大会员单位的社会影响、丰富科普资源、加强不同领域科普场馆的沟通和相互学习借鉴，中国自然科学博物馆协会举办了纪念协会成立30周年系列纪念活动。

协会在做好现有会员服务的基础上，积极发展新建成场馆会员。按照中国科协的工作安排开展个人会员重新登记、注册工作，发展新的会员，本年度新发展个人会员近100名，团体会员20余家。召开东北三省会员联谊会和企业会员联谊会。申请成立自然保护区专业委员会。

协会联络员工作进一步发展，全国会员单位的联络员网络已经建立，联络员工作制度逐步完善。联络员在协会开展的各项工作中发挥了重要作用。

协会积极组织会员单位业务骨干参加11月在上海市举办的国际博物馆协会第22届大会，结合此次大会开展学术活动。11月7~12日，国际博物馆协会第22届大会在上海市召开，协会作为承办单位之一，配合国家博物馆协会的工作，参与了此次大会。中国自然科学博物馆协会自然历史博物馆专业委员会协助筹办了2010年国际自然历史博物馆和藏品委员会年会。年会的主题为“生物多样性与气候变化—— 一个多元文化的探索”，年会注册人员123人，分别来自31个国家和地区，是历史上人数最多的一次。

国际博物馆协会科技博物馆专业委员会与中国科学技术馆、中国自然科学博物馆协会科技馆专业委员会共同主办，浙江省科技馆、绍兴市科协承办的2010年（浙江绍兴）国际博物馆协会科技博物馆专业委员会分会场会议暨全国科技馆学术年会于11月9~10日在浙江省绍兴市召开。会议以“博物馆致力于社会和谐”为主题，对科技馆与社会沟通的方式、科技馆的实体载体与虚拟载体、科技馆与科技馆文化、科技馆与科学文化、科技馆中互动形式的反思与发展、新世纪我国地市级科技馆内容建设及运行管理研究等方面的内容进行了探讨和研究。

9月11日，协会五届三次理事会暨“2010上海世博会对我国自然科学类博物馆发展的启示”研讨会在浙江省宁波市召开。与会学者作世博会建设的主题报告，研讨世博会为自然科学博物馆行业带来的启示。

水族馆专业委员会于10月18~21日在山东省蓬莱市举办学术年会。来自全国45家海洋馆、12家企业、4家科研院所的170余位专家参加会议。年会就水生物饲养繁育、动物训练、节能减排、科普教育等议题作了报告，并进行了交流讨论。

天文馆专业委员会20余家会员单位的30多人参加了由中国天文学会天文普及工作委员会、教育工作委员会、天文学史专业委员会和中国自然科学博物馆协会天文馆专业委员会联合举办的学术年会。北京天文馆、上海科技馆、辽宁大连市沙河口区青少年科技中心、山东青岛观象台、上海天文博物馆等单位在会上作了学术报告。

协会特效影视工作委员会成立登记手续基本完成，建立特效影视作品交流平台的相关工作进入实质性阶段。在江苏省苏州市举办的影视工作会议上，多家从事特效影视制作的单位就今后特效影视资源的集成、行业统一标准的制定达成了共识，为这一产业的健康发展打下了基础。

科技馆专业委员会鼓励科技馆大胆创新，支持各级科技馆在展览资源研发与合作上探索尝试，连续两年与中国科技馆合作，成功开发大中型临展26个，组织馆际交流的巡展达150多场次，观众超过250万，发挥了资源共享和联动的作用。

【协会成立30周年纪念活动】

12月21日，中国自然科学博物馆协会成立30周年纪念大会在北京召开，中国科协常务副主席、书记处第一书记邓楠，书记处书记冯长根，中国科学院、教育部、民政部、国土资源部、国家林业总局的有关领导、关心中国自然科学类博物馆事业发展的各界人士以及各类自然科学博物馆的代表300余人出席。纪念大会由中国科协党组成员、中国科技馆馆长徐延豪主持。

中国自然科学博物馆协会理事长徐善衍发表主题讲话，总结概括了30年来中国自然科学博物馆事业的发展概况以及近年来取得的成绩，并展望了未来中国自然科学博物馆事业的发展方向。

纪念活动特别设立“终身荣誉奖”，以表彰为新中国科技博物馆事业发展作出突出贡献、有重要研究成果和理论建树，具有典型代表性和开创性成就的老专家。毛昭晰、甄朔南、胡承志、程昭武、李象益等5位老专家获得“终身荣誉奖”，中国科协常务副主席、书记处第一书记邓楠为他们颁发了荣誉证书。

协会理事长徐善衍和中国科协学会学术部部长沈爱民分别以《当代自然科学博物馆发展的走向》和《国内外学会管理的特点》为题作了学术报告。

除召开纪念大会，还举办了“走进自然与科学的殿堂”专题展览，编辑出版了《科学传播者的探索——中国自然科学博物馆协会成立30周年论文集》和《中国自然科学博物馆协会成立30周年走进系列丛书》，开展了先进会员单位和优秀会员个人的评选和表彰活动。

《中国自然科学博物馆协会成立30周年走进系列丛

书》包括《走进自然历史博物馆》、《走进科技馆》、《走进专业科技博物馆》、《走进天文馆》、《走进水族馆》、《走进自然保护区》和《走进地质博物馆》7个专业分册和《企业会员》分册，共收录了484家场馆和自然保护区的场馆（保护区）概述、展厅规模、科普活动、场馆特色、基本信息，以及42家企业的简介、业绩和特色产品等。

先进会员单位和优秀会员个人的评选和表彰活动严格按照评选标准和程序，共评出终身荣誉奖5名、先进单位奖12名、先进集体奖25名、先进个人奖92名和特殊贡献奖16名，总计150名。

中国可持续发展研究会

2010年，研究会被国家民政部评为“全国先进社会组织”，并参加了2月26日在人民大会堂召开的全国先进社会组织表彰大会。研究会积极为会员服务，向全体会员提供了《能源产业研究报告》、《财经分析预测》、《部委政策动态报告》和《社会管理参考》等学术参考资料共计124份，编发《会讯》26期。组织近40家单位会员参加了科技部、中国科协、中国21世纪议程管理中心等单位组织的中欧清洁生产技术研讨会、“863”计划海洋技术成果转化推广暨产品推介对接洽谈会、应对气候变化培训和中英迈向可持续发展的城市——低碳技术发展主题研讨会等活动。印发了新的《理事证》、《会员证》、《单位会员证》、《章程》等。

围绕应对气候变化与低碳技术，积极开展学术研究活动。举办了2010中国可持续发展论坛暨中国可持续发展研究会学术年会。11月2~3日，研究会承办了第十二届中国科协年会第7分会场——中国低碳发展之路研讨会。低碳经济研究学组学术委员会主席倪维斗院士，研究会副理事长张坤民、甘师俊，常务理事叶文虎、何建坤等，以及来自9个国家和地区的160多位专家、学者出席研讨会。第7分会场被中国科协评为“优秀分会场”。

研究会作为联合国新闻部联系单位，近年多次派人参加联合国新闻部非政府组织年会。2010年，《中国人口·资源与环境》编辑部负责人赴澳大利亚墨尔本参加了联合国新闻部非政府组织第63届年会（DPI\NGO）。

2010年初，《求是》杂志先后发表了研究会理事长邓楠《从挑战中把握可持续发展的机遇》和副理事长张坤民《发展低碳经济要有紧迫感》的理论文章。2月22日，研究会理事潘家华、徐华清在中共中央政治局第十九次集体学习会上，就进一步做好应对气候变化各项工作，确保实现2020年我国控制温室气体排放行动目标等问题进行了讲解。

7月7~8日，研究会名誉理事长孙鸿烈、副理事长王浩出席黔东南生态文明建设试验区发展研讨会，常务理事欧阳自远院士主持大会开幕式并在会上发言，常务理事李文华院士在会上作主旨报告，会议形成了一份有16名院士签名的工作建议。会前，研究会理事曲久辉院士率研究会调研组前往黔东南地区进行考察调研，调研报告受到了当地政府的重视。

为落实国务院关于海峡西岸经济区开发建设及对平潭岛长远规划，研究会组成以副理事长王浩为首的调研组先后两次赴平潭岛考察，撰写了指导平潭岛可持续发展的咨询报告。10月31日，研究会与福建省发展改革委共同举办了低碳·智慧平潭岛建设与发展论坛。福建省有关部门已着手安排调研成果后期立项。

11月2日，常务理事曲久辉院士参加了由中国科协与福建省人民政府共同主办的院士专家座谈会，在座谈会上从低碳发展与生态建设角度对福建的发展向福建省提出了建议。

研究会组织国内外专家前往福建省龙岩市国家可持续发展实验区进行考察，并在考察现场组织外国专家与当地市、县、镇三级领导进行交流，对龙岩新农村建设提出了很多建议。

8月26~28日，研究会联合广东省深圳市人民政府和中国工业合作协会等单位，在深圳会展中心举办了中国（深圳）国际节能减排和新能源科技成果转化及投融资博览会。展出面积30000平方米，国内外245家企业参展，1000多家机构参会，实现投融资授信额246.5亿元人民币。成为继中国（深圳）国际高新技术成果交易会、中国（深圳）国际文化产业博览交易会，在深圳举办的又一个具有国际影响力的盛会。

研究会副理事长张坤民、王浩等专家、学者先后在中央党校、中国科协等单位以低碳经济、可持续发展为主题作了30余场报告。

5月15日，研究会与北京市科学技术委员会、共青团北京市委员会、中国联合国协会、北京航空航天大学共同主办“低碳——我们在行动”大学生主题教育活动。研究会常务理事何建坤和周大地为师生们作了报告。12所高等院校的300余名师生参加了活动并签署了《首都大学生低碳生活公约》。

6月5日，研究会配合中国21世纪议程管理中心、科技部青年联合会，与北京市科学技术委员会、共青团北京市委员会和北京市西城区可持续发展实验区办公室等单位，在北京市什刹海社区共同举办了“低碳减排 青春

同行 科技青年志愿者在行动”主题宣传活动。

10月30日~11月2日，研究会与中国发明协会、施耐德电气（中国）投资有限公司共同组织了2010大学生节能增效创新大赛决赛，来自全国14所高校的18支入围参赛队携带作品参加了角逐。研究会副理事长甘师俊，常务理事叶文虎、季坤森参加了决赛阶段的评审。理事长邓楠参观了大赛获奖作品展览。倪维斗院士、副理事长张坤民等专家为获奖代表队颁奖。

研究会理事周海林、唐波入选“新世纪百千万人才工程”国家级人选。研究会常务理事马宗晋院士被评为“全国优秀科技工作者”。常务理事欧阳自远、理事唐波荣获“十佳全国优秀科技工作者提名奖”。

根据我国可持续发展理论研究与实践的发展需要，研究会学术期刊《中国人口·资源与环境》由双月刊改为月刊，扩大了学术文章的发表量。《中国人口·资源与环境》英文版境外来稿较往年显著增加，占总来稿量的25%。为进一步密切会刊与研究会重要学术活动的联系，提高学术年会的征文质量，2010年研究会学术年会后编辑部选出优秀论文在正刊上发表。

【2010中国可持续发展论坛暨中国可持续发展研究会学术年会】

10月22~23日，2010中国可持续发展论坛暨中国可持续发展研究会学术年会在山东省济南市召开。会议的主题为“全球气候变化与低碳发展战略”。研究会理事长邓楠、科技部副部长王伟中、山东省政府副省长李兆前、国务院参事刘燕华等，以及35位研究会理事出席会议。来自全国各地高等院校、科研院所、政府部门、国家可持续发展实验区、企业、社会团体和新闻媒体共400多人参加会议。

邓楠作了题为《坚持科学发展 走中国特色的低碳发展之路》的大会主旨报告，王伟中在会上讲话，刘燕华、中国气候变化专家委员会副主任何建坤、“863”计划资源环境领域专家组副组长余刚分别作了报告。

本次会议以“六方论谈”的形式，举行了“应对气候变化，中国在行动”主题活动，政府、科研机构、社团、企业、媒体、青年学者分别从各自立场阐明建设“两型社会”，推动实现我国政府提出的2020年控制温室气体排放行动目标的观点与决心。

本届年会共收到论文372篇，评出优秀论文79篇。

中国青少年科技辅导员协会

2010年，协会召开了第六次全国会员代表大会，并坚持向理事会报告制度，分别召开2次理事会、1次常务理事会。按照党的十七届四中全会“新社会组织建立党的组织”的要求，经中国科协机关党委批准于1月成立了协会党支部。

协会积极采取措施服务会员，开展了“赠阅1本优秀科教图书”活动，为每一位交纳会费的新会员邮寄科普图书。加强协会网站建设，增加栏目针对性和信息量，为基层会员搭建活动交流互动平台。会员可以免费浏览、下载协会网站的科教资源，免费浏览《中国科技教育》杂志电子刊。会员可优先参加协会主办的“会员日”、培训等各项活动及协会的其他服务项目。

按照中国科协要求，协会在基层科技辅导员中组织了全国优秀科技工作者推荐工作，经中国科协批准，北京市西城区科技馆李雪获得“全国优秀科技工作者”荣誉称号。

10月14日，协会组织中国高校教授及中学科学教师8人，与美国人民对人民大使项目代表团的29名美国教师进行了交流，就如何开展校外科技教育活动等内容展开讨论。协会和美国科学教师协会根据2009年签署的友好合作协议，共同举办了2010年中美科学教育论坛。

协会依托东南大学、天津师范大学、华东师范大学和上海市科技艺术教育中心建设培训基地4个，分层举办中小学骨干科技辅导员和科技教师短期集中培训。协会分别在河南省郑州市、上海市、广西壮族自治区南宁市、江苏省南京市和吴江市、天津市、吉林省吉林市、四川省和北京市举办了8期全国科技教师和科技辅导员培训班，累计培训1150人。同时，协会还派出培训专家团队分别为河南、内蒙古两地基层科技教师和科技辅导员进行专题培训。

协会重点资助了青海、新疆、宁夏和云南等省、自治区的青少年科学工作室以及广西壮族自治区柳州市、内蒙古自治区包头市、贵州省贵阳市云岩区、黑龙江省富锦市和四川省甘孜州等地的青少年校外活动场所，使西部青少年科学工作室建设得到加强。在北京、吉林举办2期工作室辅导员培训班，培训140多名辅导员。

协会完成了第25届全国青少年科技创新大赛科技辅导员板块的相关工作。经终评，共评出科技辅导员创新项目一等奖29项、二等奖64项、三等奖92项和十佳优秀科技辅导员获奖人10名。

4月~12月，协会发挥会员优势，组织会员承担了“中国科协科普主题展览开发和巡展”项目的督察、评估工作。

协会组织中国科学院老科学家科普报告团37人次赴湖南、天津、河北、广西、江西、陕西和福建等省（自治区、直辖市）作科普报告350场，为30多万名青少年和机关干部讲解了航天航空、气候变化、节能减排、防灾减灾、低碳环保、海洋经济、卫生健康等科普知识。

9月18～19日，在全国科普日北京主场——“坚持科学发展，走近低碳生活”活动中，协会共组织协调23家全国学会在北京主场开展“促进低碳经济发展——全国学会在行动”活动，逾46000多名公众参与活动。

协会承担了中国科技馆“科学讲坛”科普报告专家协调工作，截至2010年底，共安排专家讲座6场。

【中国青少年科技辅导员协会第六次全国会员代表大会】

1月27日，中国青少年科技辅导员协会第六次全国会员代表大会在北京召开。中国科协副主席、书记处书记齐让出席会议并讲话。中国科协副主席、中国工程院院士陈赛娟，教育部、共青团中央、全国妇联、国家体育总局等单位的相关领导以及214名会员代表出席会议。

齐让希望新一届理事会要积极建言献策，为青少年教育提出建议，要努力打造协会品牌活动，活动中要注重培养孩子的创新意识和节约意识，要研究教育孩子的方法。

会议听取和审议了第五届理事会工作报告、财务工作报告和《中国青少年科技辅导员协会章程修订报告》，选举产生了新一届理事会领导机构。中国科协副主席、中国工程院院士陈赛娟当选为理事长，中国科协科普资源办公室主任牛灵江任常务副理事长。丁鹏、王路、王延祜、王定华、王海波、王渝生、邓丽、赵有利和钱景林为副理事长，赵建龙任秘书长。

【2010中美科学教育论坛】

11月16～18日，由中国青少年科技辅导员协会、美国科学教师协会、上海市科学技术协会联合主办的2010中美科学教育论坛在上海市举行。中国科协副主席、协会理事长陈赛娟院士，中国科协副主席韦钰院士，协会副理事长、上海市政协副主席钱景林，美国科学教师协会主席阿兰·麦考马克先生等出席论坛。

本届论坛主题为“科学教育设计与实施的经验分享”，中美两国科学教育界知名教授、学者，来自全国各省市的100名科技辅导员，以及来自美国30个州的50名科技教师，围绕科学教育领域相关问题和成果展开研讨。论坛分别以主旨报告、主题报告和专题论坛形式进行，并设有圆桌会议和科教活动参访等环节。

陈赛娟在致辞中表示，当前，中国正处在由学科知识教育向人才素质教育转型与融合的新阶段，发展中的中国愿意同世界各国携起手来致力于科技进步与教育发展。科学与教育的结合，在于培养更多科技创新后备人才和具有良好科学素质的未来公民，这是实现国家科学进步与技术创新的起点。这一切的实现在于教师，特别是科技教师。广大科技教师是科技教育活动实践和改革的直接承担者和参与者，因此提高科技教师队伍创新能力和科学素质，推进国家科技教育工作发展的任务任重而道远。

韦钰以《中国科学教育改革试验的设计、实施和展望》为题，简要介绍了我国科学教育的改革发展历程，强调了科学教育对于国家发展的重要性。报告着重介绍了2001年由教育部和中国科协共同发起的科学教育实验项目——“做中学”，这是一项在5～12岁儿童中实施的基于探究的科学教育项目。“做中学”项目一开始就明确了几项原则，把教育改革作为系统工程来设计，强调了教育改革的核心是要使课堂发生变化；在教育改革的全过程中，教师的参与和对教师的培养是改革成败的关键。同时，用跨学科的转换教育学的研究方法引导和支撑改革；用开放的态度实现科学界和教育界携手、国内外专家共谋，运用ICT技术来共享资源和经验。经过10年的努力，“做中学”实验项目取得了较好的成效，在实验项目的基础上，完成了义务教育阶段小学科学教育标准的修订。韦钰院士从十年亲历科学教育的改革与实践中认识到，科学是最高层次的革命，教育现代化的进程不仅需要在科学和教育之间搭建桥梁，而且需要使科学研究成为嵌入教育中不可分割的部分。教育改革需要基于实证，需要基于科学研究。

美国芝加哥伊利诺伊技术学院的诺曼·莱德曼教授简要介绍了美国科学教育改革中的承诺与挑战。他认为，在过去的120年中，美国对教育进行了几次重要改革，可以说是关于美国科学教育的改革。这些改革不是凭空出现的，而是在很大程度上反映了联邦政府、州政府、企业界、家长、教师、学生等各个利益相关群体的不同利益和需求，这些改革所作的承诺和面临的挑战也总是强烈地受到当时的背景影响。

诺曼教授在报告中还对美国教育系统的结构和特点进行了概述。他认为，科学教育改革只有接受评判，改革的各种目标、挑战、压力才能被更好地理解。报告论述了美国多年来对于科学素养的重视和紧迫感，这种紧迫感来自教育界对主题、过程和将科学理解为社会事业的关注。此外，报告还关注到其他一些改革重点，如探究式教育、知识的深度与广度，以及最近关于科学、技术、工程和数学学科之间的相互影响等。最后，报告还阐述了影响改革目标和目标成功实现的因素——科学教育研究和教学实践之间的关系。

本届论坛共邀请发言人42名，其中大会主旨报告人2名、主题报告人8名、引导发言及案例发言人32名。翻译和校对会议各类资料近4万字。大会论文集共收录论文摘要59篇，其中，大会发言摘要29篇、协会2010年优秀论文摘要30篇。

中国科教电影电视协会

2010年，协会召开三次常务理事会，重大事项交常务理事会审议。努力开展为会员服务工作。举办高清培训班一次，出国交流考察一次，会员日活动一次，并为常务理事、团体会员配发优秀作品光盘一套（50盘）。

协会积极开展学术交流活动，举办了“科蕾奖”、“中国龙奖”评奖，优秀论文评选。本届“科蕾奖”共有61个单位选送的154部作品参选，最终评选出一、二、三等奖作品40部。

协会坚持开展科普活动，科技周期间，协会复制部分优秀科普影片在全国10余家电视台和一些部门播放。参与了“繁荣科普创作”资助工作、“中国科普作家协会科普作品奖”评选工作和科技下乡活动。

协会与有关部门一起启动了科教影视评价指标体系的研究，初稿已完成，正在征求业内人士意见修改完善。

【2010中国国际科教影视展评会暨制作人年会】

本届“中国龙奖”有美国、加拿大、澳大利亚、新西兰、德国、法国、比利时、荷兰、波兰、匈牙利、罗马尼亚、捷克、日本、韩国、新加坡等15个国家和我国大陆、台湾地区、香港特别行政区选送的作品124部，超过“中国龙奖”历史最好水平。经初评有90部作品入围。经过评委会筛选最终评选出特等奖2名、金奖6名、银奖12名、铜奖18名。评选结束后，举行了颁奖大会。从入围作品中挑选出部分优秀作品，全国科技周期间在10余家电视台进行展播。

本届大会在上届的基础上，引进国际流行的科教影片“预销售”方案。前期，协会举办了三次“预销售”培训班，使会员开阔了眼界，与世界接轨。国际著名预售专家PAT FERNS（方百德）与Steven Seidenberg（斯蒂芬·赛登博格）出任顾问亲临现场，经过前期的激烈选拔，有15部优秀作品入围，获得与国际权威买家一对一进行交流的机会，并最终从中选出了5部最有市场潜力的方案。本届大会旨在用国内优秀科教影片吸引国际投资者，为我国科教影视节目走向国际打开一条通道，从而更好地贯彻国家广播电影电视总局关于“科教影片应走出去”的精神，更好地为会员服务，为会员单位走向国际市场起到桥梁作用。

中国科学技术期刊编辑学会

2010年，学会努力加强组织建设，做好换届筹备工作。学会网站进行改版，网站的定位确定为：学会的宣传窗口，联系会员的桥梁，信息交流的平台。

举办形式多样的学术交流与研讨活动，为各期刊社沟通交流、共同发展搭建平台。举办了第二届2010科技期刊发展创新研讨会、第八届全国医药卫生期刊编辑出版学术会议暨医学出版与健康促进论坛、第十届中国科技期刊青年编辑学术研讨会、第八届全国核心期刊与期刊国际化、网络化研讨会等学术活动。

在继续与国际科学编辑联合会保持联系的基础上，加强与国际期刊联盟（FIPP）的交流和联系。继续做好向国际重要检索系统推荐国内科技期刊的工作。加强与港澳台期刊界的联络，并进一步推动与亚洲地区期刊界的交流。

积极参加科普宣传活动。配合科普宣传周（月）主题，向公众特别是青少年宣传科普知识，推荐优秀期刊，引导有针对性地阅读。同时，制作展板、宣传手册，在青少年中开展保护环境、节约能源，建立健康、正确的消费和生活方式的宣传。

在会员单位中举办第四届“金牛奖”和“银牛奖”评选活动。“金牛奖”和“银牛奖”是学会的一个品牌活动，该奖项的设立是为了表彰和鼓励在科技期刊领域长期工作并作出突出贡献的编辑。第四届“金牛奖”获奖者64名，“银牛奖”获奖者129名。在会员单位中举办第六届“中国科技期刊青年编辑奖——骏马奖”评选活动。“骏马奖”的评选，是为了筛选出一批热爱编辑事业、具有渊博知识、踏实肯干和理想高远的青年编辑，为科技期刊事业发展培养和造就后备力量。第六届“骏马奖”获奖者156名。

学会副理事长王亨君被中国科协授予“全国优秀科技工作者”荣誉称号。学会副理事长苏青、学会科普工作委员会主任张品纯被国家新闻出版总署评为“全国新闻出版行业领军人才”。

继续承担中国科协主管期刊的审读工作，2010年审读工作的范围有所扩大，除中国科协主管刊物外，还审读了各全国学会主办的刊物。这对规范科技期刊出版秩序，提高期刊编辑出版质量起到了一定的促进作用。承担“科技期刊编辑工作者的职责与使命”有奖征文活动。完成中国科协调研宣传部课题“我国科技期刊经营模式研究”。承担中国科协课题，撰写并出版《科技期刊病句评改》一书。

【第二届 2010 科技期刊发展创新研讨会】

3 月 29 日 ~4 月 3 日，学会发展工作委员会在海南省三亚市召开第二届 2010 科技期刊发展创新研讨会。围绕我国科技期刊发展现状与改革趋势、科技期刊体制创新发展、学报类管理体制与运作模式改革创新、期刊编辑的出版品牌意识、科技期刊的知识产权问题、科技期刊数字出版运营模式思考、科技文稿编辑加工、科技期刊编排规则、编辑的沟通能力与技巧、编辑应有的职业道德、期刊编辑素质培养与管理、成功期刊的运作示范、科技期刊发展创新的建议等议题展开了研讨。

【第八届全国医药卫生期刊编辑出版学术会议暨医学出版与健康促进论坛】

5 月 15 ~ 19 日，学会医学期刊工作委员会在上海市召开第八届全国医药卫生期刊编辑出版学术会议暨医学出版与健康促进论坛。会议主要内容包括：医学出版在人类健康促进中的作用、地位、意义，如何围绕全球和我国政府健康促进规划发挥医学出版在健康促进中作用；出版体制改革中科技期刊面临的问题、挑战、对策、实践经验；医学期刊精品建设、品牌化建设、国际化、数字化、网络化等实践经验、体会和探讨；新传媒时代对医学期刊传播方式的机遇与挑战，如移动传媒在医学期刊信息传播中的应用与实践；新传媒时代背景下，医学期刊经营模式与盈利模式研究与实践，品牌延伸经营，品牌期刊塑造方法和内容等；医学期刊出版经营风险管理与控制实践，医学期刊编辑决策实践经验和体会，如审稿质量控制研究、网络环境下在线远程审稿的质量控制方法和实践经验；医学期刊学术质量、编辑质量和出版质量的质量控制理论与实践研究；医学期刊总体设计、栏目设计、编辑策划实践与理论研究；其他相关编辑学理论、实践、经验和体会等。

【第十届中国科技期刊青年编辑学术研讨会】

7 月 22 ~23 日，学会青年工作委员会在贵州省贵阳市召开第十届中国科技期刊青年编辑学术研讨会暨新世纪初 10 年科技期刊发展回顾与未来展望论坛。240 余人出席会议。会议主题是“新世纪初 10 年科技期刊发展回顾与未来展望”。本次大会共收到学术交流论文近 100 篇，论文主题从理论研究到经营管理，从新技术应用到改革探索，从人才培养到办刊之道，涉及范围广泛。

【第八届全国核心期刊与期刊国际化、网络化研讨会】

9 月 10 ~ 15 日，学会网络化工作委员会在湖北省武汉市召开第八届全国核心期刊与期刊国际化、网络化研讨会。会议共征集论文 113 篇，经过专家评审，评出一等奖 12 篇，二等奖 25 篇，三等奖 45 篇。这些论文从不同层面、不同角度反映了我国期刊现状及面临的机遇与挑战。8 位获奖者在研讨会上就目前期刊行业发展现状发表了自己的见解。《科学技术与工程》编辑部许昌淦的《期刊强国辩》、《山东科学》编辑部贾巍巍的《开放存取与传统出版模式共存环境下的相关问题思考》、《科技进步与对策》编辑部主任赵峰的《以自主创新提升科技期刊“双力双效”的思路与对策》，结合现状提出了科技期刊发展模式的新思路。

中国流行色协会

2010 年，协会学术交流活动和专业活动日趋多样化，全年共举办学术会议 5 次，其中国际会议 1 次，国内会议 4 次。740 人次参加学术交流活动，其中，国外 10 人次，港、澳、台 33 人次。出版论文集一本，包括论文 52 篇。协会学术交流活动以会员为中心，以基地企业和会员企业为服务对象。协会注重国际交流，举办了色彩设计国际论坛等国际学术交流活动，并组织中国色彩科技工作者赴韩国、日本等国家参加学术交流。加强海峡两岸的交流与合作，承办了中国科协海峡两岸青年科学家学术交流月活动——海峡两岸传统色彩和现代应用学术研讨会。

3 月和 9 月，协会分别与德国 SILFOX 公司、英国 GCR 色彩公司合作在北京和上海两地举办了中国多领域色彩趋势研讨会。来自联想、长安汽车、LG 中国设计中心、华孚、立邦涂料、千艺千惠等会员企业的设计负责人和协会趋势中心研究员以及来自德国和英国的 30 位色彩专家参加了研讨会，共同探讨了未来 18 ~24 个月的色彩趋势走向。

6 月 22 日，由中国流行色协会和第九届中国（大朗）国际毛织产品交易会组委会联合主办的 2011/2012 秋冬中国毛针织服装流行趋势研讨会在广东省东莞市大朗镇举行。与会专家针对毛针织服装的色彩趋势发表了自己的看法，并对 2011/2012 秋冬中国毛针织服装流行趋势进行了预测，对企业未来产品的生产、销售起到了指导作用。

年初，协会代表我国参加了在英国伦敦召开的第 95 届国际流行色委员会会议，发表了我国的提案，介绍了中国时尚、设计和环境领域未来的色彩发展方向，受到国际专家的好评。会议确定了国际 2011 年春夏的色彩流行趋势，与会专家以最快的速度向国内企业传达。

协会积极参与亚洲色彩联合会工作，促进与日本、韩国、泰国等亚洲各国的交流和合作。4 月底，协会国际总监齐梅参加了在韩国首尔和釜山举行的2010年色彩与设计论坛，并在大会上介绍了CNCS中国应用色彩体系。9月，协会应邀与韩国亚洲经济合作基金会、韩国纺织设计协会、韩国设计文化协会在韩国首尔共同举办了2010亚太色彩与设计论坛，协会组织近20名国内相关专业人士参加论坛，协会趋势中心研究员王旭和ESMOD（北京）高级时装艺术学院校长左哈发表演讲。

7月下旬，协会常务副会长梁勇、副会长胡松等应邀访问了国际著名的色彩公司——德国SILFOX公司和RAL公司，就流行色预测、汽车色彩标准、色卡制作等进行沟通，达成合作共识。

继成功举办中东、南亚、南美、南欧等色彩文化之旅后，8月下旬，协会又成功开展了北非色彩文化之旅，组织14名会员赴突尼斯、摩洛哥进行以文化艺术和色彩应用为特色的采风和考察活动。

10月中旬，协会秘书长朱莎率团赴阿根廷参加2010年国际色彩大会（AIC），国际色彩学会主席白瑞特女士希望能够与中国流行色协会建立更加紧密的合作关系。

2010年，协会分别接待了美国潘东公司、美国爱色丽公司、瑞典NCS、韩国KTDA、德国SELFOX、德国RAL、英国GCR、日本立邦涂料、日本丰田、韩国SSCP等近20多家国际知名色彩企业和涂料、汽车、工业设计公司来华访问，就色彩应用、设计和相关专业领域开展交流和合作进行商讨。

协会注重色彩科学知识的普及与传播，提高公众色彩科学素养。2010年，协会针对大学生群体开展色彩知识公益讲座，在全国20所大学巡回举办科普讲座70场次，共计8000余人参加讲座。围绕上海世博会的成功举办，协会于9月26日在上海举办“世博色彩”专题培训，邀请国内外著名色彩专家介绍世博色彩，并在20多所高等院校进行世博色彩巡回展示。

协会向中国科协推荐的波司登羽绒服装有限公司设计总监朱琳被评为“全国优秀科技工作者”。2010年初，由新华社和协会共同主办、中国光华科技基金会公益支持的“光华龙腾奖——2009中国设计业十大杰出青年”评选活动结果在北京揭晓，协会推荐的北京宝颜先锋造型技术培训机构设计师马松岩获得第五届“中国设计业十大杰出青年”称号。4月，由协会和福建七波辉鞋服有限公司联合主办的“七波辉”首届国际青少年服饰设计大赛及青少年产业发展趋势峰会在福建省泉州市举行。大赛评审活动于9月在韩国首尔举行。10月17日，在福建省泉州市举行了颁奖典礼。大赛吸引了来自6个国家的设计新秀参加，这也是协会第五次与福建七波辉鞋服有限公司合作。此外，协会还参与了中国国际纺织面料设计大赛、炫彩中国·数码服装服饰设计创意大赛、“嵊州领带杯”2010全国丝绸服装设计大赛、韩国“伊富家”家用纺织品设计大赛等活动，并举办了“霞客杯”第一届环保彩纤产品设计大赛颁奖典礼。

协会承接中国科协项目能力进一步加强。色彩文化、心理与现代生活项目，“色彩世博”——解析色彩科学助力世博会项目，中国色彩设计发展研讨会，海峡两岸传统色彩与现代应用学术研讨会，第95届国际流行色委员会会议等5个项目获得中国科协资助。2009年开始的中国科协“色彩检测与认证创新示范项目”于2010年7月通过了项目中期评审。

2010年，协会荣获民政部“全国先进社会组织”称号，参加了在北京人民大会堂举行的颁奖典礼，成为中国科协所属190多个全国学会中获此荣誉的9家学会之一。2010年，协会发展个人会员618人，达到6034人，发展团体会员77家，达到612家。基地建设工作再创辉煌，红蜻蜓时尚女鞋、劲霸夹克、龙盛染料、圣得西男装、丝绸之路丝绸家纺、红孩儿童装、金意陶仿古陶瓷、宝达硫化鞋、世界绸都等一批国内优秀品牌企业成为协会的基地企业，同时，与霞客环保、爱登堡商务男装、联想、扬纤、潮流前线等原有基地续约。协会加大服务基地企业的力度，结合协会趋势中心对色彩和流行款式预测成果，与企业产品设计开发人员进行面对面的沟通，开创了上下游资源有效整合、点对点服务的创新模式，并加大对基地企业设计人员的培训力度。

根据会员要求和市场发展，协会在3月底确定成立拼布色彩与艺术研究专业委员会，向中国科协和国家民政部申报。8月，在上海亚洲拼布节期间，召开了拼布色彩与艺术研究专业委员会筹备会议，国内拼布研究机构、大专院校和企业的相关人员出席会议。10月，国家民政部正式批准成立拼布色彩与艺术研究专业委员会。

协会与合作伙伴英国权威色彩机构“GCR”一起发行的Mix色彩快讯，通过精选、翻译、编辑，为协会会员提供中文电子简版，以邮件的形式免费供会员参考，使会员与国际色彩趋势同步。依托中国纺织信息中心CNCS最新色彩资讯，用图文并茂的形式，以电子信息的方式传递给会员，丰富会员专业资讯。为会员提供各种专业报告及协会出版物，利用协会刊物及网站积极宣传协会会员，完善协会会员管理系统，建立潜在会员数据库等。

对《色彩中国》进行改版，在增加色彩趋势和为企业服务内容之外，增加杂志的设计感和色彩感，逐渐提高杂志的品位。与汇高文化传播有限公司合作，出版《色彩中国》季刊，进一步向社会宣传色彩科学，扩大协会的影响力。充分利用协会的公共关系资源，为七波辉公司、皇明太阳能集团、露露集团等企业提供日常的公关服务工作，配合这些企业的整体营销策略，在平面、网络、电视等媒体上为这些公司进行专业宣传服务。

6月，协会联合中国纺织信息中心、上海交通大学等机构在上海松江纺织服装创业园筹备建立中国流行色协会色彩创新中心，中心面积约3000多平方米，分为色彩成果展示区、办公区、培训区和检测与认证区。与美国、德国等国际色彩公司进行多次交流和谈判，并邀请协会副会长宋建明担任设计顾问，委托中国美术学院进行装饰设计。

为发挥中国流行色协会与中国服装协会、中国纺织信息中心、国家纺织产品开发中心等机构共同组建的中国时尚同盟的作用，协会承担了时尚同盟秘书处的工作。3月和10月，分别在北京市和上海市举行了中国时尚同盟时尚发布，吸引了福建省石狮市人民政府和鼎天、向兴、3M、盖奇、华联、凡客诚品等知名企业的参加，进行发布的企业产品都是由协会流行趋势中心设计师和特邀签约设计师设计制作。

6月，协会和中国纺织信息中心、上海经济与信息委员会共同举办了上海时尚之都建设座谈会，邀请在上海的美特斯邦威、恒源祥、海天、盖奇等协会会员企业负责人参加。协会与上海长宁区人民政府达成战略合作协议，于10月18日在上海时尚同盟时尚发布之际，发布了《长宁时尚宣言》，双方表示要共同努力，提供便利，积极帮助协会会员企业和国内外时尚界机构进驻上海长宁区，推动上海时尚之都建设。中国时尚同盟和上海长宁区人民政府共同举办中国时尚产业论坛，推动上海时尚之都建设。

2010年，协会继续教育工作取得了较大进展。在上海市举办了色彩设计与现代设计专题研修班，邀请国际知名色彩和趋势专家授课。在广东省深圳市举办了企业色彩营销战略与色彩管理高端培训。为佛山摩力克家居布业有限公司进行“家居搭配色彩营销”主题培训，为东风汽车有限公司进行“美丽人生从形象开始，精英人士的形象价值”主题培训，为东莞市步步高教育电子产品有限公司和广东步步高电子有限公司进行“工业产品设计与色彩搭配”主题培训2次，为北京崇文新世界房地产发展有限公司进行“时尚服装搭配”主题培训，为帝王洁具进行“工业产品色彩搭配设计及应用”主题培训，为江苏新民纺织科技股份有限公司进行“展台色彩搭配设计指导”服务，为佛山市摩力克家居布业有限公司进行“布艺产品色彩搭配设计及应用”主题培训。此外，协会还与中国人民大学合作开设色彩研究生班，共招生20人。

色彩搭配师专业培训共举办各级培训认证26期，培训人员800余人。其中，色彩搭配师（三级）培训22期，培训会员600余人，色彩搭配师（二级）培训4期，培训会员100余人；远程教育达150人。经过几年的培养，我国色彩搭配师三级讲师队伍已经建立，从2010年开始，色彩搭配师三级讲师逐步启用国内讲师。目前，协会已经与1000多家中等以上职业院校建立联系，首家中国流行色色彩继续教育基地落户常州纺织服装职业技术学院，高等院校色彩继续教育招生新增合作院校10家。

【海峡两岸传统色彩和现代应用学术研讨会】

11月2~3日，由中国科协主办、中国流行色协会和台湾地区中华色彩学会承办的海峡两岸传统色彩和现代应用学术研讨会在福建省厦门市召开。共有包括33名台湾专家、学者在内的150余名色彩科技工作者参加研讨会。与会专家围绕建筑环境与色彩、工业设计与色彩、色彩心理等方面的内容展开了交流和讨论。中国美术学院副院长宋建明教授以《中国传统色彩及现代应用》为题、台湾地区中华色彩学会理事长李天任以《五行中的色彩理论与应用》为题、广州毅昌科技股份有限公司董事长冼燃以《工业设计带动色彩趋势》为题、台湾云林科技大学曾启雄教授以《中国文字中的色彩字句》为题、台湾中华文化大学环境设计学院院长郭琼莹以《环境色彩与城乡美学》为题作了大会报告。研讨会择优录用学术论文52篇，其中20篇来自台湾地区科技工作者，论文集光盘由社会科学文献出版社出版发行。

作为第十二届中国科协年会的专项活动，以及中国科协海峡两岸青年科学家活动月的重要部分，海峡两岸传统色彩和现代应用学术研讨会是海峡两岸色彩界第一次携手举办的专业活动，加强了海峡两岸彼此间的学术交流和争鸣，推动了学术成果与市场的结合，促进了两岸色彩科学研究和应用水平的提高，使海峡两岸色彩界的交流上了一个新台阶。

【“色彩世博——解析色彩科学 助力世博会”科普巡展】

12月，由中国流行色协会主办、中国流行色协会色彩教育专业委员会、重庆大学艺术学院、惠州学院、宁波大学艺术学院共同协办的“色彩世博——解析色彩科学助力世博会”科普巡展活动举办。本次活动旨在让高等院校师生更多地了解色彩科学、色彩知识，并在工作和生活中更好地使用色彩、把握色彩，利用色彩创造价值，为世界增色。协会副会长、世博会中国馆——“东方之冠”色彩总设计师、中国美术学院副院长宋建明，同济大学建筑与城市规划学院视觉与照明实验室郝洛西教授，协会理事缪维教授，大连工业大学教授张长江等专家参加了此项科学传播活动。

【“霞客杯”首届环保彩纤产品设计大赛颁奖】

6月8日，由中国流行色协会、国家纺织产品开发中心和霞客环保色纺有限公司联合主办的“霞客杯”首届环保彩纤产品设计大赛颁奖典礼在广东省广州市举行。上海市纺织科学研究院面料设计中心姜淑梅凭借设计作品《水的涟漪、树的年轮》获得了“霞客杯”首届环保彩纤产品设计大赛金奖，姚爱花、王慧等7位选手囊括了银奖、铜奖和最具商业价值奖、最受媒体欢迎奖、最具创新意识奖。创新设计与环保理念的融合成为本项大赛的亮点。“霞客杯”中国环保彩纤产品应用设计大赛以“有色纤维创造时尚”为主题，旨在提升中国彩色纤维的色织面料设计水平和开发应用水平，推动中国纺织服装产业的环保和可持续发展，挖掘和推荐优秀的设计人才。

【色彩设计与现代设计专题研修班】

9月27~29日，色彩设计与现代设计专题研修班在上海市举办。此次活动邀请的演讲嘉宾有德国著名色彩设计和趋势专家、希尔德斯海姆大学应用科学与艺术学院阿克赛尔·维恩教授，上海世博会中国馆——“东方之冠”色彩设计团队领衔专家、中国流行色协会副会长、中国美术学院副院长宋建明教授，国际著名色彩专家、色彩营销集团亚太区主席、CMG主席的亚太地区特使简·斯托克尔女士，日本奈良女子大学生活环境学部教授、日本纤维制品消费科学会副会长今冈春树先生。参加本次活动的学员有60余人，涵盖了纺织服装、工业产品、汽车电子、工程建筑、文化教育、美容形象、手工布艺等行业领域。此次培训为协会会员提供了一次高端专业培训服务的良机。

【色彩设计国际论坛】

5月28~30日，由中国流行色协会和江苏省常州市科教城管理委员会主办、常州纺织服装职业技术学院承办的色彩设计国际论坛在江苏省常州市举办。来自常州纺织服装职业技术学院师生以及上海蓝业实业有限公司、重庆长安汽车有限公司、江苏海澜集团、齐齐哈尔大学、湖南大学、上海师范大学、广东海洋大学等50多个单位的近500人出席论坛，共同研讨色彩产业现状与发展、色彩培训、色彩设计、色彩技能性人才培养。来自日本、韩国和中国流行色协会的专家从色彩与趋势、色彩教育、色彩与营销、色彩与生活等多角度作了精彩的演讲。

中国档案学会

2010年，学会注重办事机构能力建设，先后派2名秘书长到中央党校和浦东干部学院学习，多人次参加国家档案局等机关组织的能力建设培训班学习。

学会建立、完善了理事长办公会议制度、理事会和常务理事会议制度。在常务理事会休会期间，中国档案学会的重大事务要经过由理事长、副理事长、秘书长等理事长办公会议人员的集体研究决定。中国档案学会七届一次常务理事会议制订了《中国档案学会常务理事会议事规则》，对常务理事会召开、议题、主持、程序、决议实施等问题做出了明确的规定，并按照这些规定全年召开了三次常务理事会议，讨论、通过了《中国档案学会会员管理办法》，授权中国档案学会组织工作委员会对入会申请进行审批，审批了8家企业、28个人的入会申请。2010年，学会召开理事会议和理事会通讯会议各一次，增补中国档案学会理事李学香、王国振为中国档案学会常务理事。召开了全国档案学会秘书长会议。

经学会常务理事会的批准，学会组建了7个专业委员会。建立了中国档案学会组织工作委员会，并经学会七届二次常务理事会的授权，开始对入会申请进行审批。

完成《档案学研究》杂志改版工作。5月，开通了中国档案学会新的网站——中国档案学术网（http://www.idangan.cn）。

加强档案学术交流和学术研究，学会组织召开档案安全体系建设研讨会、全国青年档案工作者研讨会、“三个体系”建设高层论坛、2010年全国档案工作者年会等一系列学术活动，参加了2010年海峡两岸档案暨缩微学术交流会议。

【2010年学会秘书长会议】

4月16~20日，中国档案学会在湖南省长沙市以“如何提高档案学会影响力”为主题召开了2010年全国档案学会秘书长会议。全国各省、自治区、直辖市和计划单列市、副省级城市档案学会秘书长及分管学会工作的领导，中央各专业系统档案学会秘书长，各分会、各专业委员会主任80余人出席会议。

国家档案局副局长、中央档案馆副馆长、学会理事长李和平致信会议，要求档案学会要抓住机遇、迎接挑战，在总结和继承以往经验的基础上，加强自身组织建设，完善会员结构，提高会员素质，同时，要大胆创新，通过创新使档案学会在档案学术研究、业务促进、科普宣传方面取得新的进展，在工作思路、工作内容和工作方法方面实现新的突破。

会上，中国密码学会秘书长强志军作了《如何提高档案学会影响力》的专题报告。

会议邀请天津、内蒙古、江苏、重庆、广西、四川等省、自治区、直辖市档案学会秘书长介绍了提高档案学会影响力的经验。

【档案安全体系建设论坛】

5月12日，中国档案学会在四川省成都市召开档案安全体系建设论坛。论文作者、特邀专家60余人参加会议。国家档案局局长杨冬权、四川省副省长钟勉出席会议并讲话，学会理事长李和平主持会议。

杨冬权在讲话中指出，建立档案安全体系是落实中央领导同志档案安全保护工作一系列重要指示的需要，是防止国内外敌对势力窃取我国核心档案信息的需要，是预防和减轻自然灾害、人为灾害对档案造成损失的需要，是解决公共档案信息服务与档案信息安全之间矛盾的需要，是应对新技术条件下数字档案信息安全挑战的需要，是消除档案部门各种安全隐患的需要。杨冬权要求，各地档案部门在建设"两个体系"的同时，一定要建设第三个体系，即确保档案安全保密的档案安全体系。要动员全国各级档案部门和广大档案工作者，上下一心，共同努力，积极完成这一任务。

会议期间，解放军总参谋部办公厅保密档案局局长、学会常务理事刘英，辽宁省档案局局长、学会理事孙成德，国家档案局技术部原主任、学会理事王良城，四川省档案局副局长张新，青海省档案局局长龚国平等在会上发言，重点就档案安全体系的内涵、档案安全保障体系的战略构建、档案安全保障体系标准、汶川地震中抢救档案的经验、玉树地震中档案的抢救等问题进行了交流和研讨。通过会议论文交流、发言研讨，明确了国家档案安全体系的内涵、构成，以及该理论对于建设中国特色社会主义档案事业体系的重要意义。

会议期间，与会专家、学者参观考察了北川档案抢救现场。

2007年下半年，国家档案局向全国档案部门提出了建立"两个体系"的任务，即要在全国档案部门建立起覆盖人民群众的档案资源体系、方便人民群众的档案利用体系。近年，由于自然灾害频发、档案利用工作的进一步开展、社会信息化步伐的进一步加快，国家档案局提出建立第三个体系，即确保档案安全保密的档案安全体系。为此，学会决定召开档案安全体系建设论坛。2010年1月，学会向各地档案学会、各分会以及中国档案学会分支机构发出通知，以"档案安全体系建设"为主题征集论文。截至4月28日，共征集论文300余篇。经专家评审，评出优秀论文101篇。学会组织专家对论文进行修改，印刷成《中国档案学会档案安全体系建设论坛文集》。

【全国青年档案工作者学术研讨会】

6月22～24日，中国档案学会在甘肃省兰州市召开2010年全国青年档案工作者学术研讨会。会议以"档案事业发展与青年档案工作者的责任"为主题。甘肃省副省长郝远，学会理事长李和平出席开幕式并致词。国家档案局局长、中央档案馆馆长杨冬权为研讨会发去贺信。

李和平要求各地档案学会要为青年档案工作者搭建更为广阔的交流学习平台，提高学术活动质量和水平，活跃学术研究，推进理论创新，推进档案事业发展。

研讨会采取主题发言、专家评议与现场互动相结合的方式进行。各场会议的主持人、发言人和评论人全部由青年档案工作者承担。与会学者围绕"三个体系"建设、档案资源建设、档案信息安全保障、档案行政管理和档案人员职业素质提高等问题展开讨论，从青年档案工作者的视角诠释新时期档案工作者的责任。

会议收到论文300余篇。经过专家评选，102篇论文被评为优秀论文，学会将这些论文编辑成《档案事业发展与青年档案工作者的责任——2010年全国青年档案工作者研讨会论文集》。

与会的青年档案工作者向全国青年档案工作者发出了《致全国青年档案工作者倡议书》。

【"三个体系"建设高层论坛】

"三个体系"建设，即国家档案局提出的要在全国档案部门建立起覆盖人民群众的档案资源体系、方便人民群众的档案利用体系、确保档案安全保密的档案安全体系。

8月18～19日，学会在黑龙江省哈尔滨市召开七届三次理事会议，并以参加理事会议的理事为主体，举办了"三个体系"建设高层论坛，探讨"三个体系"建设的途径。学会理事及特邀嘉宾90余人参加会议。黑龙江省委副秘书长陈长有、学会理事长李和平出席并讲话。

本次论坛分四个议题：三个体系的内在关系、档案资源体系建设、档案利用体系建设、档案安全体系建设。组织了四场报告和讨论。河南省档案局局长、学会常务理事王国振，解放军总参谋部办公厅保密档案局局长、学会常务理事刘英，浙江大学公共管理学院教授、学会理事傅荣校，安徽省档案局局长、学会常务理事李学香，湖南省档案局副局长、学会理事胡振荣，青岛市档案局副局长、学会理事潘积仁，长春市档案局局长、学会常务理事梁伟，哈尔滨市档案局局长、学会理事邵继红，广东省档案局副局长、学会理事李仕智，国家档案局巡视员、学会理事王良城，吉林省档案局局长、学会理事薛云，苏州大学社会学院教授、学会理事张照余分别围绕四个议题在论坛上发言。

通过这次高层论坛研讨，与会专家在三个体系的内在逻辑性、国家档案资源建设存在的问题和对策、档案资源开发与服务方向、档案安全状况与解决方案等方面的认识得到了进一步的深化。

【档案工作在国家重大活动中的重要作用学术报告会】

9月16日，中国档案学会和中国科学院档案馆在中国科学院国家科学图书馆联合举办档案工作在国家重大活动中的重要作用学术报告会。100余人参加报告会。

北京市档案局副局长姜之茂、四川省档案局副局长张新分别作了《奥运档案工作的努力与收获》和《重大自然灾害后的行动与反思》的专题报告。

姜之茂从奥运档案工作的六大基本特点入手，以大量例证结合奥运档案工作的实践，阐述了北京市档案部门秉承“人文奥运、科技奥运、绿色奥运”理念，做好奥运档案资料收集、整理与利用工作的经验，以及在奥运会和残奥会筹办、举办中的权益维护、精细管理、展览宣传、赛时保驾、编史修志等方面发挥的重要作用。

张新以5.12汶川地震后档案抢救工作为背景，分析了新中国成立以来规模最大、难度最大的档案抢救案例。他认为，档案馆在应对重大自然灾害时，要坚持以预防为主、抗灾和救灾相结合，完善防灾减灾法律体系，健全组织保障体系，同时坚持科技进步、技术创新，从而推动档案防灾减灾工作走向科学化、规范化、制度化，促进档案安全体系建设。

【2010年全国档案工作者年会】

11月17～20日，中国档案学会在广西壮族自治区南宁市召开2010年全国档案工作者年会。1400余名专家、学者参加会议，创下档案系统学术会议规模之最。国家档案局局长杨冬权向会议发来贺信，广西壮族自治区区委常委、秘书长余远辉出席会议并讲话。学会理事长李和平主持会议。

中国人民大学副校长冯惠玲、中国明史学会会长商传、中国军事科学院齐德学少将、中国社会科学院法学所研究员周汉华等分别围绕国家数字记忆库建设、晚明时期中国社会转型及其影响、抗美援朝战略决策及其影响以及政府信息公开及其策略等主题作大会报告。

年会还组织了7个分会场。以专题学术报告、新产品新技术发布和推介、自由论坛的形式，围绕相关主题，进行交互式的讨论。

年会收到学术论文近2000篇，经专家评审，评出优秀论文224篇，年会入选论文1076篇，并对评选出的优秀论文进行筛选，选出87篇论文进行修改，编成《回顾与展望——2010年全国档案工作者年会论文集》。同时，学会各专业委员会还撰写了各自专业领域的档案学术发展研究报告，学会将这些报告汇集编成了《回顾与展望——中国档案事业发展研究报告》。

【中国档案学会会刊《档案学研究》改版】

2010年，学会对会刊《档案学研究》的编辑工作进行改革，建立《档案学研究》编辑指导委员会。以高校和企业单位会员为重点，建立了《档案学研究》编辑指导委员会。目前该委员会的成员单位共20家，其中高校单位会员14家，企业单位会员6家。成立《档案学研究》编审委员会。该编审委员会由《档案学研究》编辑部的编辑和外聘的专家、学者组成，外聘专家10人左右。杂志刊登的稿件由编审委员会专家评审、决定，部分稿件由编审委员会专家进行加工。依托新建立的中国档案学术网，学会开发了《档案学研究》在线编辑系统，杂志的投稿、查询、编审等业务环节全部在网络上完成。改变《档案学研究》的内容与风格，对栏目作了较大调整，调整后共有10个栏目：基础理论研究、档案行政管理、档案法规标准、档案资源建设、档案资源开发、档案安全保障、档案信息化、境外学术交流、人力资源建设、档案史料研究等。杂志的开本改为国际流行开本，页码由2009年的65页增加到96页。

【2010年海峡两岸档案暨微缩学术研讨会】

11月1～10日，中国档案工作者代表团一行28人赴台湾参加2010年海峡两岸档案暨微缩学术研讨会。

本次研讨会的主题为“档案文献的保护与利用”，海峡两岸的专家、学者分别就档案文献的保护、档案文献的利用、档案文献的标准与法规等方面撰写并发表论文18篇，其中大陆12篇、台湾6篇。

研讨会的论文突出探讨了档案如何应对信息全球化和网络社会化的冲击，使档案馆所藏的珍贵档案由传统保存和保护扩展为开放和利用。

中国国土经济学会

学会加强组织建设，调整、补充、完善了分支机构管理条例。学会所属7个分支机构中的2个分支机构申请了负责人变更手续。8月20日，经中国科协和国家民政部批准，成立了沙产业专业委员会。

4月3日，举办了十大高校会员献策低碳生活研讨会，来自10所高校的部分学生、会员代表30余人参加会议，为践行低碳生活献计献策。11月13日，在北京紫竹院公园举办会员日活动，会员日活动以低碳国土为主题，目的是为了倡导低碳生活，保护环境，增强会员的环保意识。

学会组织实施全国低碳国土实验区共建工程，为经济社会可持续发展服务。

6月17～20日，学会理事长张怀西，在学会副理事长兼秘书长柳忠勤等陪同下前往全国中小城市生态环境建设实验区山东省枣庄市台儿庄区、峄城区以及全国低碳国土实验区预选单位山东省枣庄市市中区考察。山东省政协原副主席周鸿亮，枣庄市委书记刘玉祥，市长陈伟等陪同考察。考察期间，张怀西对台儿庄区从促进农村富余劳动力就业入手，对接沿海市场，引入劳动密集型来料加工，鼓励农民创业，使数万中年以上的农村半空闲劳动力实现就业，拓展农民进一步增收的空间，给予高度评价。

为加强学术研究与交流，促进国土经济学学科建设与发展，学会举办了中国特色低碳经济研讨会、站在国家安全高度研究国土经济学学术研讨会、第三届中国国土区域城市经济学家新春联谊会、中国生态与资源补偿高峰论坛等。环境与发展专业委员会分别于1月9日和3月28日召开了用好矿产资源发展低碳经济研讨会和科学开发整合矿产资源研讨会，学会副理事长陈洲其，以及来自国土资源部、水利部、中国科学院、中国地质大学的专家、学者30多人出席会议，与会者围绕我国矿产资源的科学整合与开发利用问题进行研讨，并就整合矿产资源，提高矿产资源利用效率提出了路径选择。

学会积极开展科普活动，广泛宣传国土资源可持续发展的科学知识。在全国中小城市生态环境建设实验区共建工程实践过程中，学会注重资源环境知识的宣传和普及。专门制作了多媒体，以图文并茂的方式，向实验区的各级领导干部宣传科学利用资源，保护生态环境，保证国土经济持续发展的重要性及相关知识。同时，邀请专家到实验区进行科普讲座。6月4日，全国低碳国土实验区专家委员会副主任、中国循环经济研究中心主任、瑞典皇家工程院院士吴季松应邀到山西省长治县作了关于低碳经济发展的报告，长治县100多名干部听取报告。吴季松介绍了低碳经济的理论知识，并结合长治县的实际提出了一个典型、两个开发、解决三个问题发展思路。

2010年，学会把宣传科技人物、介绍实验区的工作经验以及学术研究成果作为会刊主要宣传内容。会刊刊登宣传科技人物文章8篇，实验区先进工作经验文章10余篇，学术研究成果20余篇。

【站在国家安全高度研究国土经济学研讨会】

12月26日，中国国土经济学会在北京举办了站在国家安全高度研究国土经济学学术研讨会。第十届全国政协副主席、学会理事长张怀西，国家环境咨询委员会第一副主任、中国科学院院士孙鸿烈，学会副理事长陈洲其，学会副理事长兼秘书长柳忠勤，学会常务理事、交通运输部党组成员戴东昌出席会议。来自全国的70多位专家、学者参加会议。会议由全国政协委员、学会副秘书长谢俊奇主持。

会议围绕张怀西提出的“站在国家安全的高度研究国土经济学”的命题，就如何从经济、生态、社会的安全角度来服务于社会、维护国家安全展开了讨论。学会历届秘书长对国土经济学科建设问题作了系统发言。参加会议的各位专家、学者结合自己的业务工作对站在国家安全高度研究国土经济学的重要意义、从大国土的范畴研究国土经济学、国土经济学侧重经济问题研究、做好国土规划对科学配置国土资源的重要性、研究国土经济学充分考虑国际战略、建立有效的培训机制等方面的内容进行了研讨。

【中国特色低碳经济研讨会暨全国低碳国土实验区共建工程启动】

全国低碳国土实验区共建工程是在中国科协领导下，由中国国土经济学会组织实施的一项全国性、持久性、深化性共建工程。该工程以城市、地区、乡镇和各级、各类经济开发区、产业园区、城市社区、产业空间为对象，以5年为周期，在全国逐步建立一批具有代表性、特色性、先导性、示范性的低碳国土实验区，以及重点基地、园区、社区、空间、窗口，通过丰富多样的宣传与推动，强化人民群众的低碳国土意识，倡导低碳国土生活，发展低碳国土经济，推动科技创新和节能减排，促进资源的合理配置和科学利用，改善并保持良好的生态环境，确保区域经济的可持续发展，进而为全国其他同类地区的建设提供切实可行的成功经验与发展思路。

4月22日，中国特色低碳经济研讨会暨全国低碳国土实验区共建工程启动仪式在北京举行。第十届全国政协副主席、学会理事长张怀西出席会议并讲话。来自国家发展改革委员会、国土资源部、水利部等有关部门负责人，以及云南省丽江市，广东省肇庆市、东莞市勤上工业园区，山东省烟台市牟平区、枣庄市市中区，深圳市蛇口工业区，吉林省通化市，河南省商丘市等全国低碳国土实验区预选地区的代表出席会议。全国政协人口资源环境委员会副主任、学会第一副理事长江泽慧主持会议。

会议审议并原则通过了指导全国低碳国土实验区工作的纲领性文件《全国低碳国土实验区建设与发展纲要》。

工程启动后，学会理事长、全国低碳国土实验区指导委员会主任张怀西，副理事长兼秘书长柳忠勤等与实验区办公室工作人员，分别对第一批申报全国低碳国土实验区预选地区云南省丽江市、广东省肇庆市、山西省长治县、山西省黎城县等进行了10多次考察。9月17～18日，在北京人民大会堂召开的全国低碳国土实验区工作会议上，张怀西向云南省丽江市、吉林省通化市、广东省深圳蛇口工业园区、河南省商丘市梁园区、山东省烟台市牟平区、山西省长治县、河南省商城县、江西省婺源县、甘肃省肃南县、山西省黎城县、河北省崇礼县、浙江省金华市双龙风景区、广东省肇庆市千里旅游画廊、内蒙古鄂尔多斯市恩格贝生态示范园、天津市团泊湾花园授予全国低碳国土实验区铜牌。

【第三届中国国土区域城市经济学家新春联谊会】

1月30日，第三届中国国土区域城市经济学家新春联谊会在北京召开。中国社会科学院原副院长龙永枢、中国工程院院士李京文、中国社会科学院名誉学部委员陈栋生、学会副理事长柳忠勤以及来自国家部委、高校和科研院所的专家、学者50余人出席联谊会，并联合呼吁加强国土整治。

由中国国土经济学会、中国区域经济学会、中国城市经济学会联合主办的中国国土区域城市经济学家新春联谊会已成功举办过两届。专家、学者通过参与这个活动，互相沟通、了解，并围绕会议主题展开学术交流。此次会议的主题是“国土整治与区域规划”，专家们认为，多学科交叉研究是推动国土整治的科学方法，区域经济发展是推动国土整治乃至中国经济发展重要的增长剂，城市化是解决生态环境保护和国土整治的有效途径，发展低碳经济，营造低碳国土是搞好国土整治的重要手段。

【中国国土经济学会沙产业专业委员会成立暨第六次沙产业学术研讨会】

8月20日，中国国土经济学会沙产业专业委员会成立大会暨第六次沙产业学术研讨会在北京召开。中国科协书记处书记冯长根，学会副理事长陈洲其，中国国土经济学会沙产业专业委员会主任委员刘恕参加会议。会议由学会副理事长兼秘书长柳忠勤主持。

冯长根在讲话中指出，沙产业是人民科学家钱学森开创的一项事业。中国国土经济学会沙产业专业委员会的成立是沙产业发展的一个里程碑。

20世纪80年代初，钱学森提出了有关“沙产业”的理念。多年来，在甘肃河西走廊、内蒙古鄂尔多斯、宁夏中卫等干旱荒漠戈壁的昔日不毛之地上，初步建成了一批示范样板。在以万亩计的沙产业基地上，验证了钱学森关于沙产业论述预言的准确性和前瞻性，成为科学发展观在干旱荒漠的生动实践。

【中国国土经济学会四届二次理事会议暨中国生态与资源补偿高峰论坛】

12月26日，学会四届二次理事会议暨中国生态与资源补偿高峰论坛在北京举行。学会理事长张怀西，全国政协人口资源环境委员会副主任、学会第一副理事长江泽慧，以及学会理事等200余人出席大会。

学会副理事长兼秘书长柳忠勤代表学会作工作报告。会议增选秘书长助理杨巧英、办公室主任王京涛为专职副秘书长，进一步强化学会秘书处的领导，提高秘书处的工作效率。

在中国生态与资源补偿高峰论坛上，科技部原副部长、国务院参事刘燕华就生态补偿的机制问题作了主题报告，就我国资源利用的现状及存在的问题，资源补偿的对策及方式方法作了阐释。

张怀西在讲话中强调，建立生态补偿机制，便于通过法律手段调整相关各方生态及其经济利益的分配关系，促进生态和环境保护，促进城乡间、地区间和群体间的公平性和社会的协调发展。生态补偿涉及复杂的利益关系调整，有必要通过深入研究探讨，找出存在的问题和解决路径，为全面建立生态补偿机制提供方法和经验。

【中国国土经济学会与山西长治县振兴村签署党支部共建协议】

12月12日，学会副理事长兼秘书长、秘书处党支部书记柳忠勤与山西省长治县振兴村党支部书记牛扎根签署了党支部共建协议书，这标志着由中国国土经济学会组织实施的党支部共建工程正式启动。

共建协议签署后，柳忠勤向牛扎根赠送了由学会常务理事、科技部原副部长刘燕华题序的一批农用科技图书。

学会自2009年11月10日深入开展学习实践科学发展观活动开展以来，积极筹备成立党支部，2010年8月13日，经中国科协机关党委批准，学会秘书处党支部正式成立。

中国土地学会

2010年，学会组织了中国土地学会成立30周年系列纪念活动。召开了纪念大会。在学会网站上设置专栏，登载土地战线老领导、老专家纪念学会成立30周年的文章。收集、整理了大量学会历史资料。

学会召开了六届二次常务理事会，审议通过了学会副理事长、秘书长和各工作委员会、各分会组成人员调整方案等。会后，以文件形式印发王世元理事长在学会六届二次常务理事会上的讲话和六届二次常务理事会会议纪要，组织学会系统认真学习、贯彻落实。召开学会六届二次理事会，审定了学会新增副理事长、秘书长和各工作委员会、各分会组成人员。

召开年度全国土地学会秘书长会。学会办公室报告了年度工作情况，3位省级学会负责人介绍了工作经验，并研究了《中国土地科学》发行问题。会议由学会秘书长郑凌志主持。

学会组织了国土资源科技奖推荐工作，完成报奖材料的审查和报送工作。完成全国优秀科技工作者候选人推荐工作。根据中国科协有关通知精神，在自荐和推荐基础上，经理事长会议确定推荐两名土地学科领域的优秀人才李万东和查宗祥为全国优秀科技工作者候选人，上报中国科协，并得到中国科协批准。

学会加强学术交流，举办了2010年中国土地学会学术年会和2010年海峡两岸土地学术研讨会。11月2日，学会承办的第十二届中国科协年会第26分会场——节约集约用地与经济增长研讨会在福建省福州市举行。学会名誉理事长李元、邹玉川，福建省国土资源厅副厅长叶敏，福建省土地学会理事长林耀华，以及全国各地国土资源系统、科研院所、大专院校的60多名专家、学者出席会议。学会副理事长黄小虎主持会议。会议共收到论文35篇，其中33篇收入年会论文集，12位专家、学者作学术报告。

加强土地科普宣传，学会积极参加第20个全国土地日纪念活动。学会参加了国土资源部组织的“4.22”地球日纪念活动，制作了10块宣传展板，并发放宣传材料，开展现场咨询活动。

开展土地规划甲级机构资质年检工作。对全国229家土地规划甲级机构的基础材料，进行了重新收集、整理，以便开展新的年度检查。

学会协助中国土地勘测规划院外事办公室开展有关外事工作。协助组织了日本神户早川教授来中国土地勘测规划院的学术交流活动。协助组织了关于瑞典和卢旺达土地规划的专题讲座。

完成中国科协《土地科学学科发展报告（2009—2010）》统稿和出版工作。学会组织国内近20位著名土地科技专家历时半年多时间完成该报告，报告总结了土地科学的最新进展情况，主要包括研究内容、主要结论，重要的理论创新和技术创新，重要成果的应用等。2010年3月，报告由中国科学技术出版社正式出版。

继续与中国土地勘测规划院等单位合作，深入开展年度土地科学学科发展专题研究，完成《土地科学学科发展蓝皮书（2010年）》。

编辑出版《中国土地科学》和《土地科学动态》。2010年《中国土地科学》共收到自然来稿600多篇，其中394篇进入外审，180篇论文通过终审，全年共编辑出版《中国土地科学》12期。《土地科学动态》全年初审稿件290多篇，终审130篇，共编辑出版《土地科学动态》6期。

《中国土地科学》编辑部联合教育部公共管理教学指导委员会土地资源管理学科组、全国高等院校土地资源管理院长/系主任联席会，于8月23~26日在江西省南昌市和井冈山市共同举办了2010年中国土地科学论坛。近100名专家、学者出席论坛。论坛期间，学术工作委员会召开了学科发展规划研讨会。会议围绕土地学科的建设和发展问题进行了研讨，有26位专家在分组讨论上发言。

【2010年学术年会暨纪念学会成立30周年大会】

12月18~21日，2010年中国土地学会学术年会暨纪念学会成立30周年大会在安徽省合肥市召开。会议传达了国土资源部部长、党组书记、国家土地总督察徐绍史对做好中国土地学会工作的重要批示。国土资源部党组成员、副部长、学会理事长王世元出席会议，并围绕“土地节约集约利用与转变发展方式”的年会主题，对学会的工作提出了新的要求。安徽省政府副省长倪发科出席会议并致词。学会名誉理事长邹玉川致词。近200人参加会议。会议由学会副理事长兼秘书长郑凌志主持。

徐绍史在批示中指出，中国土地学会成立30年来，在历届理事会的领导下，开拓进取，在土地学科建设、基础理论研究、对外学术交流、科普宣传以及自身建设方面，做了大量卓有成效的工作，为推动土地管理事业发展作出了积极贡献。在当前我国加快推进工业化、城镇化和农业现代化的历史进程中，土地问题已经成为事关经济社会发展全局的战略性问题，需要我们在落实严格的耕地保护制度和节约用地制度、建立和完善土地宏观调控机制、积极稳妥推进农村土地管理制度改革和农村土地整治、规范土地收益分配等方面，加大探索创新的力度。

徐绍史希望，中国土地学会充分发挥自身的独特优势，引领广大会员、土地科技工作者和会员单位，认清历史使命，加强自身建设，求真务实，勇于创新，为开拓国土资源事业发展的新局面，为我国加快转变经济发展方式、实现科学发展作出新贡献。

王世元在讲话中强调，“十二五”时期，中国土地学会工作的总体思路是：以党中央、国务院关于国土资源一系列方针政策为指引，在国土资源部党组的关心领导下，在中国科协的指导下，按照徐绍史部长的要求，以提供强有力的政策支撑、加强学科建设、搭建交流平台，服务全体会员为工作方式，大力推进土地科学的理论创新和技术进步，加大理论和技术成果的转化应用，力争在土地学科理论、技术方法及探索创新等方面取得突破，在土地学科建设、基础理论研究、对外学术交流、科普宣传以及自身建设等方面有较大的提升和发展，为土地管理事业发展提供技术支撑和决策服务，努力建设适应社会主义市场经济体制、增强会员凝聚力、提升社会公信力和自我发展能力的新型学术团体。

王世元指出，中国土地学会要围绕节约集约用地做好以下几方面的工作：一是要打造科普宣传平台，提高全社会节约集约用地的意识；二是要打造学术交流平台，积极探索节约集约用地的有效途径；三是要打造学科建设平台，以土地科技创新促进节约集约用地；四是要打造沟通交流平台，搭建党和政府与社会公众之间互动交流的桥梁。

中国土地学会学术年会特邀北京大学周其仁教授、加拿大女王大学梁鹤年教授作了主题学术报告。

本次年会共收到论文190多篇，经专家评审，有95篇论文入选年会论文集。28位论文作者在大会或分会场上交流，并评出10篇优秀论文给予奖励。

【2010年海峡两岸土地学术研讨会】

9月13~15日，学会与台湾地区“中国地政研究所”共同组织的2010年海峡两岸土地学术研讨会在台北市举行。学会副理事长兼秘书长郑凌志率团一行21人，赴台湾参加研讨会。本次研讨会的主题是“气候变迁与土地利用调整”，两岸专家、学者100余人参加研讨会。大会共收到两岸专家、学者的论文25篇，其中大陆学者12篇、台湾学者10篇在研讨会上进行交流，内容涉及土地开发与产权管理、气候变化与灾害防治、土地规划编制、遥感技术与土地利用监督管理等多个议题。会后，学会形成多条政策建议上报国土资源部。

【第20个全国土地日纪念活动】

学会参加了第20个全国土地日宣传口号征集活动。召开了纪念第20个全国土地日专家座谈会。学会理事长王世元出席并讲话。国务院发展研究中心党组成员、办公厅主任蒋省三出席会议并发言。中国人民大学教授叶剑平作主题演讲。国家土地管理局原副局长、学会顾问刘文甲，最高人民法院研究室副主任孙佑海，国土资源部耕地保护司司长朱留华，国土资源部规划司副司长刘国洪等在会上发言。学会副理事长、常务理事以及国土资源部机关有关业务司及相关事业单位部分领导参加座谈。中央电视台、新华网、人民网、《中国日报》、《经济日报》、《科技日报》、《第一财经日报》、《中国国土资源报》等10多家媒体对会议进行了报道。

在中国土地学会网、中国土地勘测规划网、国土资源网上举办了第9期6.25全国土地日网上论坛，主题为“土地与转变发展方式——依法管地集约用地”。在论坛上发言的专家有38人，是从全国各地的60多名报名者中精选出来的。

学会参加了第20个全国土地日主题宣传活动。配合国土资源部宣传中心制作科普展板，开展现场咨询活动，并发放700多册土地科技图书。

中国科技新闻学会

2010年，学会召开了第十次学术年会。本次年会的主题为“科技传播与科学发展观”。大会收到论文100余篇，87篇收入年会论文集。

9月，全国科普日期间，学会组织媒体展示低碳宣传的经验和成绩，并组织“T台秀低碳”节目作为科普日一项重要活动内容。动员人民日报、新华社、《经济日报》、《科技日报》、《农民日报》、《科学时报》、《北京日报》、《北京晚报》以及中央人民广播电台等媒体参加展板宣传。邀请中央电视台、北京电视台参与制作“T台秀”节目，两家电视台派4名主持人到场主持节目。“T台秀”节目得到了中央领导同志肯定，并受到了现场观众的热烈欢迎。学会荣获科普日组委会“精品节目奖”。此外，还组织了“中国恐龙大调查”、“科技传播进校园”等科普活动。

11月23日，学会与中国宇航学会、中国互联网协会网络科普联盟组织举办“科学与媒体对话——嫦娥二号探月”活动。嫦娥二号探月工程相关专家栾恩杰、于登云、黄江川、刘建忠等与在京主要媒体记者约40人，就嫦娥二号卫星探月工程进行了互动交流。

受中国科协科学技术普及部委托，学会完成了“全民科学素质与企业社会责任科普（科技公益）活动案例征集”工作。此次征集活动，全方位关注企业在“全民科学素质行动”中所发挥的作用。联系企业500余家，回收有效案例60余个。4月，召开案例评定会，编印1000册《全民科学素质与企业社会责任优秀案例集》。

学会手机媒体新闻传播专业委员会成功地在手机传播平台上开办了中国科技手机报。

年初，举办了“2009年度网友最关注的十大科技新闻事件”评选活动。中国互联网协会网络科普联盟、人民网活动投票页面访问量超过86万，网友有效投票18万张，评选出网友最关注的十大科技新闻事件。

组织召开电视片《世博会的科学传奇》座谈会，邀请科技传播界的专家和媒体记者参加，推介了学会会员单位武汉电视台《科技之光》和中央电视台海外中心联合摄制的20集大型科普系列片《世博会的科学传奇》。

受中国科协国际联络部、调研宣传部的委托，学会组织相关专家对由中国科学技术馆与瑞士联邦外交部、瑞士伯尔尼历史博物馆承办的《阿尔伯特·爱因斯坦(1879－1955)》展览的视频资料从政治性、科学性等方面进行审查，提出了修改建议，确保了展览如期顺利进行。

8月27～29日，由中央电视台科教频道发起，学会组织报刊、广播、电视、网络等多家媒体在山东省诸城市举办了“中国恐龙大调查”活动。

6月7～10日，全国第二十三届科技报系统优秀作品评选会在上海市举行。对消息、通讯、言论、科普文章、版面、专栏、新闻照片、标题等8种体裁的219篇（幅）作品进行了评选。

1～12月，共举办11期中国科协科技期刊与新闻媒体见面会（第二、三期因春节合并），收到来自9种科技期刊的论文成果176篇，经专家评审筛选，重点推荐论文成果52篇，书面推荐论文成果62篇，共推荐论文成果114篇。《人民日报》、新华社、《工人日报》、《农民日报》、《科技日报》、《科学时报》、《大众科技报》、《北京晚报》、《第一财经日报》等27家新闻媒体报道了见面会的相关科技新闻，见诸报刊网络的报道共400余篇。

完成了2010年度全国科技工作者调查站点的调整工作，对全国219个站点中的47个站点进行调整并就各站点的基本信息进行核对，完善调查站点的建设和评估工作，共收到站点信息858条。在此基础上，学会委托常务理事卓培荣进行总结，提出了当前科技工作者的10个问题，受到有关领导的高度重视，王兆国、刘延东、李源潮同志分别作了重要批示。

2010年，推荐会员单位新华通讯社记者李斌为“全国优秀科技工作者”候选人。从1994年至今，李斌一直在新华通讯社国内部从事科技新闻报道工作，在科学传播和科学普及领域作出了一定的贡献。经全国优秀科技工作者评选办公室评议，李斌获得“全国优秀科技工作者”称号。

1月23日，学会科技报分会成立暨首届会员代表大会召开。来自全国34家科技报出版单位的50余名代表出席。大会审议通过了科技报分会工作报告和组织通则，选举产生了48个理事单位，组成了中国科技新闻学会科技报分会第一届理事会。在随后召开的科技报分会理事会第一次会议上，选举产生了常务理事会，选举焦洪波任理事长，黄安文等13人任副理事长，李时夫任秘书长。

《科学新闻》进行改版，版面扩展到80页，比原来增加了四分之一。增设了“专论”、“探究”、“研讨”、“思考”、“动态”、“友刊”、“生涯”、“文摘”等新栏目。为了提高专刊的学术性、权威性、服务性，编辑部加大了对指导性论文的征集，如领导同志的讲话、报告和对新闻界整体发展的思考和探讨类的稿件，注意刊载新闻单位或个人的具有一定推广价值的经验类的文章，使读者有所借鉴。《科学新闻·学术专刊》的“动态”栏目，加大了对学会活动的报道力度，增加学会工作的透明度。

经过对市场的分析与调研，对《科幻画报》杂志的栏目设置进行了较大幅度改版。目前固定栏目6～8个，其中“主打连载”一栏中，作品数为5～6部，成为该刊最核心的重头栏目之一。2010年，《科幻画报》参与社会及业界大型活动3场，如承办第7届金龙奖系列活动等，有效拓展了期刊的品牌影响力。

【第十次学术年会】

4月10日，中国科技新闻学会第十次学术年会在北京举办。中国记协党组书记、常务副主席翟惠生出席会议并作报告。中国科协调研宣传部部长王春法到会祝贺并讲话。学会理事长焦洪波、顾问杨时光及理事、会员和来自全国各地报刊、广播、电视、网络数字等媒体和高等院校、科技传播研究机构的编辑记者、专家学者等70余人出席会议。本次会议以“科技传播与科学发展观”为主题，与会者围绕技术发展和新兴传播手段对媒体带来的各种新的挑战和机遇等话题进行了热烈讨论。大会收到论文100余篇，经专家审阅，共有87篇收入年会论文集。

本届年会由中国科技新闻学会与科学时报社共同举办，把年会办到科技传播第一线，是一种创新性的做法。科学时报社的记者编辑把在新闻采编工作中遇到的问题，与科技新闻的专家、学者一起研讨交流，既提高了理论水平，也有助于实际采写能力的提高，同时也使学术会议更加务实。这种会议形式，为今后学术年会的形式创新、学术活动的多样化、贴近实际服务媒体，提供了成功范例。

【“科技传播进校园”活动】

2010年，学会举办多场“科技传播进校园”活动，分别邀请中央电视台原社教中心科技专题部记者陈晓夏、人民日报科技记者蒋建科、发明家张开逊、著名天文学家李竞等，先后走进大、中、小学，以亲身经历，讲述科学精神和科学发明。陈晓夏到北京师范大学和北京第二外国语学院作了两场《世界尽头的奇迹——亲历第21次南极考察》科学讲座。他以丰富的文字、图片、视频资料展示和充满感染力的语言，向到场的千余名同学介绍了中国南极考察的艰辛历程，展现了中国科技记者在考察活动中所做的贡献。蒋建科为北京师范大学附中向师生作了《生态变化与绿色农业》科学演讲。李竞在北京天文馆向北京小学的师生、家长科学解读了“2012世界末日”。张开逊到北京小学，深入浅出的讲述科学发明的理念，启发同学们的科学思想，对同学们的发明成果进行点评。

北京电视台对“科技传播进校园”活动进行了全程录像，并在电视节目中播出，产生了广泛的社会影响。

中国老科学技术工作者协会

2010年，协会深入开展调查研究，积极开展以建言献策为重点的科技咨询活动。组织了《离退休科技人员状况调查》课题调研。《离退休科技人员状况调查》是在人力资源和社会保障部、中国科协的支持下开展的课题。6月8日，协会在北京召开离退休科技人员状况调查工作布置会。协会会长程连昌、副会长宋南平、秘书长陈秀保出席会议。河北、辽宁、黑龙江、上海、安徽、江西、山东、河南、湖南、广东、广西、重庆、四川、云南、陕西、甘肃等省（自治区、直辖市）老科协和有关分会负责人等37人参加会议。会议决定正式启动离退休科技人员状况调查工作，并向有关省（自治区、直辖市）老科协、分会、事业单位老科协部署实施方案，分配调查问卷。截至8月，回收调查问卷11000余份。在调查问卷的基础上，由程连昌会长、宋南平副会长任组长的两个调研组于10月9~13日分别赴四川省、湖南省调研，张春园常务副会长率领调查组赴山东调研，分别召开省会城市离退休科技人员、老干部管理部门负责人、地市离退休科技人员、县离退休科技人员、企业离退休科技人员座谈会。为最终形成调研报告奠定了基础。

组织了《以森林经营为核心的现代林业建设人才短缺表现及对策》课题调研。4月，调研组召开专门会议，研究落实具体工作计划，分为华北、华东、中南、西南、西北五大区进行重点调研。通过调研，了解了林场森林经营状况、人员结构情况和基层林业工作站人员现状。此外，调研组还收集了714个国营林场、1429个基层林业工作站的基本情况。在调研的基础上，调研组撰写了调研报告和建议，并上报有关单位。

组织了《加速我国主要能源煤炭的清洁与高效利用》课题调研。3月，调研组召开专门会议进行调研安排和部署。4月和5月，调研组先后赴河南省平顶山市中平化能源集团公司和山东省兖州市煤业集团公司进行调研。

组织了《海水利用政策研究》课题调研。海水淡化是解决水资源短缺的重要途径，在沿海开发海水淡化是国家出于工业总体战略布局考虑的必然选择。调研组通过调查研究，提出解决制约我国海水淡化发展瓶颈相关对策。

协会和北京老科学技术工作者总会联合组织在京有关专家、政府部门工作人员及企业家对“地沟油”问题进行调研，并召开了专家研讨会。在调查、研讨的基础上形成了调研报告《北京地区建立地沟油统一回收制度的建议》。调研报告认为，北京作为首都、世界城市，对“地沟油”的整治和管理有着特别重要的意义，它不仅关系首都百姓食品安全和身体健康，而且涉及节能减排、改善环境卫生及发展新兴产业，还对全国整治“地沟油”工作起到表率作用。调研报告建议，北京整治“地沟油”应采取疏堵结合，以疏为主的方式进行，尽快建立并实施“地沟油”统一回收制度，变废为宝、治害为宜。报告梳理了北京“地沟油”状况，存在的主要问题，实施“地沟油”统一回收的重要性、必要性，国外处理“地沟油”的成熟做法，以及北京市整治“地沟油”的有利条件，并提出了六点建议。建议得到北京市委书记刘淇、副市长黄卫的批示。

组织了《工程和建筑物跨过和靠近活动断层情况》课题调研。我国是多地震的国家，大陆地区41%的国土和70%左右百万以上人口的大城市，不仅面临着较高的地震危险性，而且多有活断层穿过市区，这更增大了地震破坏的危险。由于我国经济不够发达，多震区面积大，所以只在建设国家重大工程时，考虑避开活断层，而对于一般民用建筑，一般没有考虑断层问题。在探明一个地区的活断层位置及活动性质之后，政府部门在规划和选择建筑物的位置时，就可以作出避开断层的相关规定。该课题拟通过调研掌握实际情况，提出相关建议，推动活断层的探测工作。

组织了《加强全国中小河流综合治理问题》课题调研。2009年秋季以来云南大部分地区发生了百年不遇的特大干旱，干旱范围之广、历时之长、程度之深、损失之重历史罕见。通过调研，对灾害所暴露出的问题进行分析，提出当前和今后一段时期，西南地区要围绕提高中小河流水保障能力这个重点，迅速加强水利工程建设，改善城乡水资源配置，扭转供水保障水平低的被动局面，促进社会和谐稳定发展。广西、云南、贵州三省也开展了调研和整理材料的工作。

《保障木材安全问题的建议》于2009年12月15日上报部级联席会议和有关部委，协会会长刘于鹤以个人名义向国务院回良玉副总理反映保障我国木材安全问题的调研报告。2010年1月6日收到回良玉副总理的批示，1月21日中央财经领导小组办公室以《经济要情》简报形式，全文转载了中国老科学技术工作者协会《关于保障和木材安全的建议》，1月21日温家宝总理和回良玉副总理分别在《经济要情》简报中作了重要批示。

《抓紧防治煤矿最大危害——粉尘的建议》于2月上报部级联席会议有关部委和全国人大常委会、中央财经领导小组等部门。全国人大常委会将此报告上报国务院领导。3月14日，国务院副总理张德江对调研报告作了批示，并批转国家安全生产监督管理总局局长骆琳。3月底，调研组将补充材料上报国家发展改革委员会。

《大力加快矿区国土综合治理和生态建设的建议》的调研报告，经专家评审后于3月1日上报部级联席会议有关部委。

协会积极开展科普活动，组织了“万名科技专家讲科普”活动。据17个省、自治区、直辖市老科协及2个老科协分会和中国水产学会等共计29个报告团2010年的数据统计，2010年共完成讲课39656场次，听课人数达563万余人次。

组织了院士专家科学报告会。协会和北京老科学技术工作者总会组织了杜祥琬等76位“院士专家科学报告团”成员，赴北京、河南、山东、河北、宁夏、天津、新疆、黑龙江等15个省（自治区、直辖市）进行了160场科学报告活动，听众达到7万人次。

10月20日，由协会和中国老年学学会联合主办的第四届老年人才论坛在江苏省扬州市召开，250人出席会议。会议收到论文300多篇，入选论文172篇。

10月15日，中国老科学技术工作者协会会员活动日启动仪式暨北京老科学技术工作者总会第六届老年科技日启动活动在北京市举行。协会会长程连昌、北京市科协党组书记夏强、中国科协计划财务部部长王延祜等以及来自首都各界的300余名老科技工作者参加了活动。本次活动的主题是“携手共建科技北京、倡导绿色低碳生活、建设通州国际新城”。程连昌在讲话中希望老科技工作者充分利用这个平台，积极围绕建设世界城市和“人文北京、科技北京、绿色北京”的战略目标，继续发挥自己的聪明才智，老当益壮，老有所为，多做贡献，再立新功。

经中国科协批准，协会推荐的徐一戎、朱序弼、李智伟获“全国优秀科技工作者”荣誉称号。

《今日科苑》杂志共出版24期，全年共收到来稿3212篇，与2009年的2820篇相比，增加12%；其中发表学术论文2489篇，与2009的733篇论文相比，增加70.5%。各栏目刊发文章数为230篇，总被引频次为129。

中国科学探险协会

2010年，协会召开第四次全国会员代表大会，选举产生了新一届理事会，并完成了第四届理事会的备案工作。为加强和规范协会组织管理，完善协会工作运行机制，2月成立了协会秘书处，秘书处加强了办公室和国际合作部的工作职能，恢复了会员管理部和会员活动部的工作。修订完善《中国科学探险协会管理制度（暂行）》和《中国科学探险协会财务制度》。制定《中国科学探险协会会员管理细则》，该管理细则对入会程序、入会条件、会费标准、协会对会员提供的服务方式和服务内容，以及会员参加活动的原则等进行详细说明和规定。制定《中国科学探险协会关于创收奖励的规定》和《中国科学探险协会关于活动项目预算编制的规定》。重新修订《中国科学探险协会印章管理使用规定》，该规定明确了印章管理和用章请示程序。制定《中国科学探险协会指定产品实施办法》和《中国科学探险协会内部审计制度》，以及《中国科学探险协会征集科考、科普项目实施办法》，该办法对征集项目的时间、评选、采用及奖励等做了具体规定。

4月，协会在北京组织召开了雅鲁藏布大峡谷科学考察座谈会，与会专家对雅鲁藏布大峡谷的可持续发展从战略高度提出了一些科学的建议，对大峡谷今后的考察提供了新的观点和想法。

11月，协会与中国青藏高原研究会以“地球三极气候环境变化与可持续发展”为主题共同设立第十二届中国科协年会分会场。会议讨论的关于青藏高原可持续发展的问题引起了媒体的关注。

6月下旬，协会与美国的民间组织地球观察研究所签订了缔结战略合作伙伴关系协议。地球观察研究所在全球各地设立了100多个有科考志愿者参与的科研项目。协会与地球观察研究所将利用双方各自优势，联合在国内外设立科考项目，召集组织志愿者参与。合作项目开展将对协会的发展及提高协会影响力起到积极作用。

7月21日~8月6日，协会与北京青少年科技俱乐部活动委员会共同组织了第三次北京中学生北极科学考察。7所中学的17名高中生参加了北极斯瓦尔巴群岛和格陵兰岛的科学考察活动，在科学家带领下，学习、实践野外科学考察的基本方法，了解北极地区的自然现象，培养学生对于大自然的好奇心，进而培养学生对自然科学的热爱。

为开发探索新的科普考察项目，7月、8月、10月，协会组织人员分别对内蒙古锡林郭勒草原、内蒙古科尔沁国家级自然保护区、吉林省向海国家级自然保护区及云南三江并流地区进行考察。

协会理事高登义、张继民、陆龙华等在全国作了近100场科普报告，主要就地球三极气候环境变化与可持续发展关系、地球南极与北极的不同特点，以及人类如何认识与适应地球气候变化的问题等内容进行讲解。其中，在气候预测不确定的前提下人类如何确定地生活的问题引起了广泛关注。

【中国科学探险协会第四次全国会员代表大会】

1月10日，协会严格按照中国科协和协会章程关于换届的有关规定和程序，在北京召开了中国科学探险协会第四次全国会员代表大会。会议审议通过了协会第三届理事会工作报告，对协会章程进行了修改，确立协会的主要工作内容为科学探险和科学普及。会议选举产生了新一届理事会、常务理事会及理事会领导班子，高登义当选为协会主席。

中国城市规划学会

2010年，学会举办2010中国城市规划年会等国内学术会议23次（60余场），国际学术会议7次，总参加人数8829人，发表会议论文1898篇，编辑论文集11套8050册；派往国外的团组共4个19人次。举办了2010中国城市规划年会、城市工业遗产保护和利用专题研讨会、城市环境安全与防灾减灾专家座谈会、全国城市规划专业基础教学研讨会、城市规划教育高端论坛、2010年中国城市规划信息化年会、提高城市规划水平理论务虚会、第二届规划理论年聚、旧住宅区宜居更新技术研讨会、上海世博·低碳宜居城市发展论坛、气候变化与全球媒体论坛等主要学术交流活动。

3月22~26日，联合国人类住区规划署在巴西里约热内卢举办第五届世界城市论坛，学会副理事长兼秘书长石楠在对话会上作为专家发言。

4月20日，学会副理事长兼秘书长石楠一行与瑞典大使馆参赞柯拉克、高级官员伯瑞特·琳达娜等进行会晤，探讨了双方的合作意向。4月26~29日，石楠访问瑞典，考察了瑞典生态城市规划建设情况，听取了瑞典有关机构就城市规划、环境保护、能源、交通、垃圾处理、水资源等领域推行可持续发展理念的做法。

5月上旬，学会副秘书长耿宏兵一行考察巴西。考察团与库里蒂巴城市规划研究院进行了学术交流。巴方介绍了库里蒂巴城市规划发展情况，着重介绍了城市公共交通系统，特别是快速公交系统规划情况。

5月30日~6月1日，日本居住福祉学会会长早川和男访问中国，参观北京城市建设成就。学会名誉理事长周干峙、副理事长兼秘书长石楠与早川和男进行工作会晤。

6月26日，学会副理事长兼秘书长石楠参加了澳门滨海城市设计专家座谈会，与澳门各界人士就滨水地区开发进行交流。

7月2~6日，澳门特别行政区运输工务司司长刘仕尧率团赴上海参观考察城市规划及城市建设经验。学会副理事长兼秘书长石楠陪同考察。

7月14日，由中国城市规划学会、英国文化委员会和马德里市政府共同主办的城市的开放性在全球竞争中的影响研讨会在上海市举行。学会副理事长兼秘书长石楠作了专题学术报告。研讨会就什么是城市的开放性、城市的开放性如何影响城市的长远发展、开放性战略如何使城市具有更加美好的发展前景等问题进行了学术交流。

8月3~6日，由中国城市规划学会、中山大学和美国乔治亚理工学院主办的第九届国际城市规划与环境学术会议在广东省广州市举行。会议的主题是“可持续规划的挑战——快速城市化、全球性衰退以及气候变迁”。英国伦敦大学学院教授迈克尔·巴蒂（Michael Batty）、美国哥伦比亚大学教授萨斯基娅·萨森（Saskia Sassen）、同济大学副校长伍江等作主旨报告。

8月10~21日，以学会理事苏蕴山为团长的考察团赴奥地利、匈牙利和捷克等国进行考察，学习借鉴奥地利、匈牙利和捷克在城市复兴、遗产保护和城市文化等方面的成功经验。

9月14日，世界银行学院城市项目部负责人凯萨琳·维特克维奇女士访问学会，双方探讨了开展进一步合作的可能，双方商定在2010中国城市规划年会期间继续合作举办专题论坛。

9月19~23日，国际城市与区域规划师学会第46届国际规划大会在肯尼亚首都内罗毕召开，本届大会的主题是“可持续的城市/发展中的世界”，来自80多个国家的近1000名专家、学者参加会议。中国城市规划学会在大会上举办了中国城市规划专场报告会，对“天津滨海新区空间发展战略研究”等6个项目进行了介绍。由广州市规划局申报的“广州战略规划”等荣获国际城市与区域规划师学会2010年度优秀奖。在本届大会上，我国有9篇论文在各专题会场交流，2篇论文入选国际城市与区域规划师学会会刊《规划评论年报》。学会副理事长兼秘书长石楠当选为国际城市与区域规划师学会科学委员会委员，并与国际城市与区域规划师学会候任秘书长阿历克斯·麦克雷格（Alex Macgregor）进行了工作磋商。

12月7~8日，中国城市发展国际研讨会在香港大学召开。住房和城乡建设部副部长、学会理事长仇保兴，学会名誉理事长邹德慈作主旨报告。会议就城市经济、城市化与行政区划、大城市区域、流动人口、城市住房、遗产保护、小城镇、城市贫困、社会包容、生活质量等规范进行了专题交流。

12月27日，大韩国土和都市计划学会一行7人访问了中国城市规划学会，双方探讨了将来的合作事宜。

12月29日，世界银行学院城市项目部代表访问学会，与学会副理事长兼秘书长石楠就合作进行城市规划远程教育培训项目进行探讨，并达成初步合作意向。

修订了《中国城市规划学会会员管理办法》，出台了《全国优秀城市规划科技工作者评选表彰办法》。新技术应用学术委员会、工程规划学术委员会、小城镇规划学术委员会、国外城市规划学术委员会等4个专业委员会进行了换届。完成了交通规划学术委员会隶属关系变更工作，由隶属于中国建筑学会变为隶属于中国城市规划学会，更名为中国城市规划学会城市交通规划学术委员会。

学会名誉理事长吴良镛院士荣获2010年度陈嘉庚技术科学奖，获奖项目为《人居环境科学》。学会推荐的东南大学建筑学院教授、学会理事段进获得“全国优秀科技工作者”。

10月30日，中国城市规划学会和金经昌城市规划教育基金会联合举办了2010金经昌中国城市规划优秀论文奖颁奖典礼。

学会开展“规划西部行”系列公益活动，为西部欠发达地区的城市规划建设提供义务咨询。学会参与的《大连城市总体规划（2010—2020）纲要》通过了评审。完成了澳门总体城市设计研究项目。承担了江阴总体城市设计研究。进行了宁波杭州湾新区咨询活动。参与了哈尔滨市松花江沿江产业带规划研究，承担并完成了其中空间布局专题研究，成果已由中国水利水电出版社出版。启动了澳门新城填海区总体规划。

参与编写《中国城市状况报告（2010/2011）》。作为联合国人类住区规划署城市状况报告系列出版物的中国版本，《中国城市状况报告（2010/2011）》中英文版本在北京出版。参与编写《中国城市发展报告（2010版）》。

受住房和城乡建设部人事司的委托，学会组织专家对城市规划学科地位问题进行专题调研，形成调查报告，专报住房和城乡建设部，为增设“城乡规划学”为一级学科提供了有力的论据。

受中国科协委托，学会组织专家对福建省区域协调发展与城乡统筹问题进行专题调研，完成了《福建省城乡统筹与区域协调发展的调研报告》。在11月2日召开的福建省党政领导与院士专家座谈会上，邹德慈院士就报告的内容向福建省党政领导提出建议。学会还承担了中国科协调研课题《典型工业遗产保护与科普开发研究》。

受住房和城乡建设部委托，学会组织专家编写注册城市规划师继续教育必修课程教学指定用书，举办了《省域城镇体系规划编制审批办法》培训班。

【城市工业遗产保护和利用专题研讨会】

4月23日，中国城市规划学会组织的城市工业遗产保护与利用专题研讨会在湖北省武汉市召开。与会专家认为，城市工业遗产的保护和利用具有重要的现实意义。在城镇化高速发展的转型时期，在城市产业结构升级调整和城市空间不断更新发展的过程中，传统工业遗产的保护和利用在迎来新的发展机遇的同时，也面临着严峻的挑战，不少城市工业遗产亟待抢救性保护。城乡规划与相关业界应从发展战略的高度对城市工业遗产的保护与利用予以高度重视并付诸切实行动。

对于当前城市工业遗产保护和利用方面出现的问题和误区，与会专家建议，一是尽快统一对城市工业遗产的内涵界定，摸清工业遗产现状；二是进一步明确城市工业遗产保护和利用的指导思想，确立基本原则；三是积极探索对城市工业遗产保护和利用的模式，实现多元化利用；四是逐步探索对城市工业遗产保护和利用的实施路径，加强规划指导；五是建立城市工业遗产保护和利用的保障制度，做到有法可依；六是积极运用各种先进的理念和先进技术，科学利用工业遗产。

【全国城市规划专业基础教学研讨会】

6月24~25日，由中国城市规划学会和全国高等学校城市规划专业指导委员会主办的全国城市规划专业基础教学研讨会在陕西省西安市召开。150余名专家参加会议。这是国内首次针对城市规划专业基础教学召开的专题研讨会。来自国内60余所院校的专家针对当前城市规划专业基础教学面临的问题进行了研讨，并在教学理念、教学内容和教学方法与手段等方面进行了交流，观摩了西安建筑科技大学城市规划专业基础课程的教学，并就专业人才培养目标体系及基础课程建设和教学实践进行了自由讨论。与会专家认为，应该建立符合城市规划专业自身需求和学科特点的基础教学体系，各所大学的城市规划专业应在保证质量的前提下突出特色，以满足社会对于城市规划人才需求的多样性要求。会议期间，还举办了通过城市规划专业评估院校的基础教学成果展览。

本次会议共征集论文140余篇，《规划专业基础教学研讨论文集》由中国建筑工业出版社出版。

【城市环境安全与防灾减灾专家座谈会】

9月14日，中国城市规划学会组织召开了城市环境安全与防灾减灾专家座谈会。专家们认为，我国城市环境安全与防灾减灾形势严峻，必须统筹考虑快速城市化进程中的社会经济发展与城市安全减灾平衡问题，强化城市安全减灾意识，明确城市安全减灾、规划建设和管理的指导思路和发展理念。

专家们建议，建立健全常态和应急的城市安全减灾保障体制与机制，克服规划管理中存在的体制制约，强化防灾规划的地位和功能，确保规划在建设安全保障性城市中的引导作用。确立城市综合防灾规划在城市安全减灾中的龙头作用，加速重构城区、社区、化工园区等为基本单位的城市群防群救综合防灾规划体系。坚持“预防为主，防、抗、避、救相结合”的基本方针，实现将单灾种各自为政向灾害综合防御为主的转变，提高城市综合防灾能力。优化区域和城市“点线面”空间结构布局，建立具有抗灾和救灾并重的综合防御规划体系，协调社会、经济的安全、和谐、可持续发展。考虑城市灾害背景和环境因素，因地制宜，编制城市规划，制定城市安全减灾策略。构建基于风险分析与管理的城市安全减灾基本框架体系，为城市土地利用科学规划提供科学的决策支持。增强极端灾害条件下城市安全减灾理念，不断提高城市应对突发极端灾害事件的处置能力。全面构建城市安全减灾能力评估制度，开展全国城市灾害隐患点调查，摸清城市安全防灾能力底数，逐步提高城市安全减灾能力。全面推进相关法律法规、技术标准等修订和编制工作，根据我国社会经济的发展水平和地区不平衡性，与时俱进地逐步提高设防水准，加强技术支撑体系建设。加强部门之间的协调与合作，建立高层次的领导管理机构。直面问题，系统反思，扩大城市安全减灾规划理念宣传。

【2010中国城市规划年会】

10月15日，2010中国城市规划年会在重庆市开幕，3000余名专家、学者参加会议。学会名誉理事长周干峙和重庆市副市长凌月明在开幕式上致辞。开幕式由学会副理事长王静霞主持。

住房和城乡建设部唐凯总规划师、国务院发展研究中心李佐军研究员、铁道部总工程师何华武院士、学会名誉理事长邹德慈院士、江苏省建设厅厅长周岚、同济大学副校长伍江教授、清华大学范维澄院士、住房和城乡建设部村镇建设司原司长李兵弟研究员等8位专家，围绕“规划创新”的会议主题，分别作了题为《回顾与展望》、《城市定位与产业选择》、《客运铁路助推城镇化快速发展》、《论城市更新》、《历史文化名城的积极保护和整体改造》、《工业遗存的保护再利用与创意产业》、《城市公共安全保障与应急管理的思考》、《城乡统筹规划：制度构建与政策思考》的学术报告。

开幕式上，学会为8名全国优秀城市规划科技工作者、16名2010年度杰出学会工作者、13家获得2010中国城市规划年会优秀组织者奖的单位，5名2010中国城市规划年会优秀建议奖获得者、27名“规划西部行——2010中国城市规划年会规划师区县行”先进个人、6名第四届求是理论论坛获奖者进行了颁奖。

年会共设9个专题会议、6场自由论坛、2个特别论坛、3场高端论坛、4个行业工作会议，以及专门为青年学生开设的青年学术报告会。

在专题会议上，共有16篇特约主题报告和118篇学术论文分别围绕城市规划管理、区域研究与城市总体规划、城市生态与风景园林规划、小城镇与村庄规划、历史文化保护与城市更新、详细规划与城市设计、住房建设与社区规划、城市道路与交通规划、城市工程规划与防灾减灾等当前城市规划中的热点问题进行了广泛交流和研讨。

年会6个自由论坛的选题分别是：以低碳生态的名义、城市更新规划与城市规划更新、何去何从话控规、规划师的职业规划、城市设计面面观、“规划浪费”谁之过。与会专家围绕主题自由发言，争鸣不断。

年会期间，学会与世界银行合作推出“国际最新学术进展：气候变化与城市应对”特别论坛，世界银行专家发布了《2010年世界发展报告：发展与气候变化》以及《城市与气候变化：一项紧迫的议程》等报告，交流了世界银行在城市应对气候变化方面的最新研究成果。学会与香港规划师学会共同举办了“公众参与——香港的探索、创新与实践”特别论坛，香港规划师学会专家介绍了香港公众参与城市规划的演变和机制等问题。

年会还开设了两江规划论坛、城市规划教育论坛和求是理论论坛等3个年会高端论坛。

此外，全国城乡规划标准规范编制工作会议、城市规划对口支援新疆工作座谈会、中国城市规划学会四届四次常务理事会扩大会议和城市规划专业期刊编辑出版工作会议等同期召开。还举行了内地与香港注册城市规划师资格互认办证仪式、学会与澳门运输工务司项目合作签约仪式、2011 中国城市规划年会承办权交接仪式等。

年会共征集学术论文 1602 篇，其中 774 篇论文入选《2010 中国城市规划年会论文集》，该论文集已由重庆出版社出版。

【城市规划教育高端论坛】

10 月 17 日，由中国城市规划学会和全国高等学校城市规划教育专业指导委员会主办的城市规划教育高端论坛在重庆市召开。论坛邀请各地规划管理部门、规划编制研究单位以及大专院校三方的负责人员参加。与会专家从各自角度对规划教育问题进行了讨论。

与会专家认为，社会对规划的要求是全方位的，规划教育应该是全方位的培养，规划的综合性和多学科性，在规划高等教育的课程设置中如何体现是一个重要问题。如何根据城市规划人才需求的多样性实现更有针对性的、差异化的教育，这是高校和用人单位持续培养的过程，针对不同类型的人才相应地应有针对性地培养教育。

为适应行业需求，必须转变人才培养方式，进行规划教育改革。从专业教育方面讲，首先是基础学科的设置问题。如何体现规划的综合性和多学科性至关重要，是规划教育指导和评估需要衡量的重点。其次综合性大学如何利用自身资源优势，促进学科和专业之间的交叉渗透，培养能够适应不同需求的人才。从用人单位来讲，规划设计单位加强与学校的合作，除了科研课题的合作、项目的合作之外，还包括人才培养的合作。规划设计单位可以与学校结成战略合作伙伴关系，把规划设计单位作为学校学生实践和再教育的基地，这样可以把两者的优势更好地结合起来，以达到更好的效果。另外，用人单位还要承担规划从业人员知识更新和继续教育的责任，建立规范的职工培养体系。

【2010 年中国城市规划信息化年会】

9 月 27 ~ 28 日，由中国城市规划学会和中国城市规划协会主办的 2010 年中国城市规划信息化年会在四川省成都市召开。200 余名专家参加会议。本次年会以“规划信息技术在推动城乡一体化建设、规范化服务型政府建设中的应用；信息化技术在自然灾害重建中的作用”为主题，就规划编制、规划管理、技术支持与政府决策、公共服务平台、体制与机制、境外经验六个主题进行探讨。14 家单位在大会上作报告。会议还针对《城市空间地理信息应用研究》课题进行座谈，专家对空间地理信息技术在城市规划中的利用程度和现状进行了梳理，并提出了建议。

此次会议还探讨了新的规划信息技术在推动城乡一体化建设和灾后重建中的作用，不仅交流了各地城市规划行业在信息整合、信息要素标准化、信息管理制度化，各种高新技术在规划编制、规划设计、规划管理等方面的经验，还对城市三维建设、在三维平台下进行电子报批和三维 GIS 在数字规划信息化平台建设中的作用进行探讨。

中国产学研合作促进会

2010 年，促进会充实了软科学研究专家委员会的专家队伍，加强了研究部的研究力量，承担了中国科协调研宣传部的政策研究类课题《科技社团承接政府转移职能研究》。与武汉大学中国产学研合作问题研究中心合作，组织落实促进会的品牌项目《中国产学研合作发展报告》（年度蓝皮书）编辑出版工作。

为提升促进会的工作水平和咨询服务能力，更好地为推进国家技术创新体系、区域创新发展、企业创新发展服务，在原有专家委员会的基础上，新组建了产学研公共服务平台专家委员会、产学研创新基地专家委员会、技术创新战略联盟专家委员会，成立了知识产权与法律事务中心。

促进会继续积极推进产学研合作创新示范基地建设，召开了产学研合作创新示范基地试点单位工作会议，对前两批认定的试点单位工作情况、存在的问题进行了交流分析。在此基础上，修订完善了《示范基地认定管理办法》，并对不符合条件的试点单位进行了清理。根据地方申请、专家评审委员会审议，新认定 9 家单位为第三批全国产学研合作创新示范基地、10 家单位为第三批全国产学研合作创新示范基地试点单位，并在 12 月召开的第四届中国产学研合作（北京）高峰论坛暨促进会年会上对示范基地及示范基地试点单位进行授牌和颁发证书。至此，全国产学研合作创新示范基地已达 32 家，产学研合作创新示范基地试点单位 10 家。

促进会把推进产业技术创新战略联盟建设作为推进产学研合作工作的重点，在技术创新战略联盟专家委员会的推荐和指导下，促进会与政府有关部门合作，多方整合创新资源，召开了不同领域产业联盟的筹备会议，支持和参与建立各种不同形式的产学研技术创新战略联盟，积极探索产学研结合的新机制、新模式，截至 2010 年底，促进会新组建产业技术创新联盟 2 家，14 家在产业或学科领域发挥引领作用的技术创新战略联盟，成为促进会的团体会员。

产学研创新资源共享服务平台在原有基础上得到进一步发展，各子系统的开发建设工作全面启动，完成了平台软硬件架构的总体设计，并完成平台支撑软件的初步测试版本。促进会在四川省成都市成立了平台战略发展研究中心，聚集多位专家专门针对平台的建设、发展、推广，进行多方位多层次的战略研究，并初步拟定平台建设发展战略研究报告。平台的应用试点单位进一步扩大，并正在积极筹建产学研合作公共服务平台创新联盟。

推进区域创新体系建设，为区域经济社会创新发展服务。促进会支持和参与广东、湖北、广西、四川等省的产学研合作创新活动，并于9月与内蒙古自治区科技厅、乌海市政府在内蒙古自治区乌海市举办了全国首届西部区域产学研合作创新高峰论坛。11月，配合中国科协年会举办了以“绿色驱动、创新发展”为主题的分论坛。

为适应经济全球化深入发展的新形势，促进会加强产学研领域的国际交流与合作，开展了学术会议、人员互访、信息交流、合作研究等方面的活动。支持举办了首届中国国际乳酸菌及发酵乳制品加工技术创新学术大会、首届国际大豆产业博览会、第三届亚洲企业环境论坛。赴白俄罗斯进行产学研项目考察，提供了300多项白俄罗斯最新技术和项目。

促进会根据企业的不同需求，整合政产学研用多方面的创新资源，为企业搭建平台。组织协调召开了用友公司技术创新汇报会。为促进会理事单位、上海洛仑兹动力系统有限公司牵线搭桥，促成了该公司与白俄罗斯国家科学院热质交换所的技术合作。与中国科学院继续教育学院、广东省中山市科技局合作，在广东省中山市举办科技型中小企业领导者管理能力提升研修班。与科技部政策体改司合作举办产学研技术创新战略联盟培训班。

为了奖励我国产学研合作中涌现出的突出创新成果，推动产学研用的紧密结合，同时，为了奖励在推动我国产学研合作事业中作出突出贡献的个人，经报国家科技奖励办公室批准，中国产学研合作与创新奖新增设了创新成果奖和突出贡献奖，使奖项设置种类更加完善。在总结第一届中国产学研合作与创新奖奖励工作经验的基础上，对2010年的各奖项申报材料编制、评审要求和程序进行了细化和明确，共评出产学研合作突出贡献奖10名、产学研合作创新奖（单位）59家、产学研合作创新奖（个人）39名、产学研合作促进奖（单位）59家、产学研合作促进奖（个人）38名、产学研合作创新成果奖70项。

【第四届中国产学研合作（北京）高峰论坛暨2010中国产学研合作促进会年会】

12月22日，第四届中国产学研合作（北京）高峰论坛暨2010年中国产学研合作促进会年会在北京召开。中共中央政治局常委、国务院副总理李克强，全国人大常委会副委员长陈至立向大会发来贺信。全国政协副主席、科技部部长万钢出席高峰论坛并讲话。中国工程院院长周济、工业和信息化部副部长杨学山、中国科协书记处书记张勤等出席会议。会议由国务院参事、促进会常务副会长石定环主持。

会议由中国产学研合作促进会与北京市人民政府共同主办、北京中关村科技园区管理委员会和北京市科学技术委员会承办，得到国家发展改革委、教育部、科技部、工业与信息化部、财政部、环境保护部、商务部、国务院国有资产监督管理委员会、中国科协、中国科学院、中国工程院、国家知识产权局、国家自然科学基金委、中华全国总工会、国家开发银行等15个部门的支持。大学、科研院所、企业、高新区、经济开发区、金融机构、社会团体负责人，荣获产学研合作创新与促进奖的单位和个人，全国产学研合作创新示范基地试点单位和部分技术创新战略联盟负责人，中国产学研合作促进会理事及会员代表以及新闻媒体等800余人参加会议。

会议的主题是“产学研合作与战略性新兴产业发展”，会议主要包括高峰论坛，产学研合作与创新人才、创新企业、创新园区，产学研合作与产业技术创新联盟建设，产学研合作公共服务平台与环境建设，产学研合作与金融创新，产学研合作与知识产权保护等五个分论坛。北京市委常委赵凤桐和促进会会长徐志坚分别代表主办方致辞，工业和信息化部副部长杨学山、中国工程院副院长干勇、上海交通大学党委书记马德秀、中国建材集团公司总经理姚燕分别代表政、产、学、研界作了演讲。

为表彰和鼓励在促进产学研合作及创新方面作出突出贡献的单位及个人，大会公布并颁发了2010年产学研合作创新与促进奖，为第三批中国产学研合作创新示范基地和产学研合作促进会产业技术联盟团体会员进行授牌。

中关村科技园区管理委员会党组副书记、副主任李石柱宣读了《中关村宣言》。

中国知识产权研究会

2010年，研究会加强组织建设，召开了第五届理事会届中理事大会，增补4名常务理事、7名理事和1名副秘书长。申请并获批成为中国科协团体会员。

大力加强会员发展、管理和服务工作，全年发展团体会员300余家。进一步明确和完善团体会员和个人会员服务内容，并加大落实力度。组织会员开展各类培训、研讨活动。出刊《知识产权竞争动态》18期、《中国知识产权研究会通讯》26期，向会员提供国内外最新知识产权信息。研究会网站全面改版升级，并与会员单位网站链接。

积极开展“制度建设年”活动。新制定《人力资源管理办法》等6项制度，修订《组织会议活动管理办法》等4项规章制度。并切实贯彻落实制度。10月开展了“制度建设月”活动，集中举办规章制度学习班，并将17项规章制度印制成册，秘书处人手一册，加强监督检查。

大力开展学术交流，举办了2010中外企业知识产权大会、国际知识产权环境论坛、中美知识产权研讨会、企业知识产权管理研讨会、后危机时代的中国企业知识产权机遇和核心竞争力论坛等学术活动。

不断深化知识产权国际交流与合作，巩固和建立与美国、日本等国非政府组织间长期合作机制。组团赴美国参加美国知识产权法学会（AIPLA）年会，并与美国专利商标局、美国联邦法院、美国高通公司等进行交流沟通。接待美国知识产权法学会（AIPLA）代表团访华，组织安排了代表团在北京、杭州、上海的交流活动。组团赴日本参加知识产权国际研讨会，与日本知财学会就搭建亚洲学者交流平台达成共识，并签署长期合作协议。

为规范课题研究管理工作，制定《课题研究管理办法》，并以此为指导，完成“各行业专利技术现状及其发展趋势”研究工作，继续开展“重点领域专利技术分析报告”研究，并向相关部门和企业推介研究成果。与最高人民法院、国家知识产权局专利复审委员会联合开展典型知识产权事件和专利纠纷案件分析研究工作，并编写《专利名案解读》。深入广东省汕头市等地企业，针对需求开展课题研究服务，促进了学术研究与经济社会发展的结合。由研究会牵头，联合国家知识产权局人才办和河北省知识产权局共同建立了国家知识产权局高培人员与河北重点企业专利战略研究项目对接工作机制，探索课题研究新路径。国家知识产权局办公室将该项工作编写成政务信息报国务院。承担了国家知识产权局规划发展司、保护协调司和专利管理司委托的课题研究工作。

研究会所属司法鉴定中心加强专家队伍建设，司法鉴定案件数量和鉴定水平显著提高，从以专利为主的鉴定业务扩展到商标、版权、商业秘密和计算机软件等多领域。

紧紧围绕知识产权战略实施、法律法规修改等重要工作，全年举办知识产权培训班20余期，培训3000余人次，对提高全社会知识产权意识、培养知识产权人才起到促进作用。

为提高《知识产权》杂志的质量，制定了改进和加强杂志理事会管理和服务工作的具体措施，杂志栏目及封面封底改版，进一步增强了杂志的规范性和严肃性。《知识产权》杂志被国家知识产权局推荐参加“第二届中国出版政府奖期刊奖”评选。

中国发明协会

2010年，协会召开了第六次全国会员代表大会暨协会成立25周年纪念会，举办了第四届中国发明家论坛和第十九届全国发明展览会，表彰了第五届“发明创业奖”获得者，组织了第六届“发明创业奖”评选。

完成了国家知识产权局委托的2010年度“专利成果产业化工程”专项，共有17个优秀专利项目获得了专项支持，有力推动了相关发明成果的实施转化。此外，在2010年“中国专利周”期间，配合“加强专利实施转化”的专利周主题，在主会场重庆市举办了优秀专利成果展示对接会。

积极推动非职务发明工作委员会的各项工作，开展非职务发明人教育培训，编写有关教材，组织有关培训教育工作。

协会组织发明项目参加了法国巴黎和德国纽伦堡国际发明展。纽伦堡国际发明展是首次参加，共组织了33个发明项目参展，获得金奖5项、银奖7项，铜奖4项；巴黎国际发明展共组织了27个发明项目参展，获得金奖8项、银奖9项、铜奖6项。

【第六次全国会员代表大会】

12月15～16日，中国发明协会第六次全国会员代表大会暨协会成立25周年纪念会在北京召开。中共中央政治局常委、国务院总理温家宝致信祝贺。

温家宝在贺信中说，中国发明协会成立以来，致力于推动我国群众性发明创造事业，为我国经济建设和社会发展作出了重要贡献。希望发明协会再接再厉，更加广泛地激励广大科技工作者和亿万群众发明创造的主动性，取得更多的自主知识产权，涌现更多的发明家，努力实现发明成果的转化和产业化，为建设创新型国家做出更大贡献。

中共中央政治局委员、国务委员刘延东出席大会并讲话。她希望协会开拓进取，勇于创新，将群众性发明创造活动不断引向深入。

刘延东强调，鼓励和支持发明创造，事关创新型国家建设和国家核心竞争力。要围绕转变经济发展方式、优化产业结构等重大部署，促进创新创业，激励发明创造，既要充分发挥千百万专业科技工作者的先锋骨干作用，又要高度重视发挥广大群众的创新积极性，深入挖掘社会蕴藏的巨大创新潜力，引导广大科技人员和社会公众多开发贴近实际、易于运用的好技术好成果。要重能力、重业绩、重贡献，善于发现和培养发明创新人才，让更多群众发明家和技术革新能手竞相涌现。要做好优秀发明成果特别是非职务发明成果的评价筛选，积极推动成果产业化，为经济社会发展提供有力支撑。

全国人大常委会副委员长桑国卫，全国政协副主席、科技部部长万钢和中国发明协会名誉理事长倪志福出席会议。

来自全国各省、自治区、直辖市发明协会以及解放军等全国发明界的200余人出席会议。会议听取和审议了协会第五届理事会工作报告和财务工作报告，表彰了50位“促进民间发明事业先进工作者”，选举产生了新一届理事会，朱丽兰当选为第六届理事会理事长。会议期间，还举办了民间重大发明与产业化项目推介会和民间发明高峰论坛。

【第十九届全国发明展览会】

9月8日，第十九届全国发明展览会在陕西省西安市举办。本届展会共设立展位近500个，共有参展项目1700余项。展会共评选出金奖项目314项、银奖项目382项、铜奖项目460项。展会期间，协会还成功举办了优秀发明项目展示对接活动以及妇女发明论坛。

【第六届“发明创业奖”评选活动】

在科技部、中华全国总工会、国家知识产权局支持下，2010年，协会开展了第六届“发明创业奖”评选活动。来自30个省、自治区、直辖市、计划单列市和台湾地区的186名优秀发明创业者参评。申报人包括工人、农民、军人和非职务发明人等，分别来自国有企业、民营企业、大专院校和科研院所，推荐项目涉及资源环境、电子通信、农业、机械电机、轻工纺织、医疗保健、交通建筑等七个领域，这突显了本届活动的群众性和广泛性的特点。经专家评委认真评审，常务理事会审议决定50人获奖，其中有10人获特等奖，并授予“当代发明家”荣誉称号。

【第四届中国发明家论坛】

4月22日，协会举办了第四届中国发明家论坛暨第五届“发明创业奖”颁奖典礼。全国人大常委会副委员长桑国卫、科技部副部长张来武、国家知识产权局副局长鲍红等出席典礼并为获奖者颁奖。

桑国卫在致辞中对广泛开展的发明创造活动给予高度评价。他指出，拥有知识产权不等于拥有直接的经济效益和社会效益，只有将知识产权转化为生产力，才能为社会创造财富。要大力实施国家知识产权战略，加强知识产权的创造、运用、保护和管理，进一步激发广大科技工作者和全社会的创新活力，大力发展战略性信息产业及新能源、新材料、节能环保等高端制造业，抢占经济、科技制高点。他强调，只有把应用作为发明创造的方向，通过各种形式促进发明成果的产业化，才能解决经济与科技脱节的现象，实现创新型社会的目标。

来自全国各地的近500名发明人参加活动，进行了互动交流，论坛期间，有上万人次浏览了中国发明网对本次活动的现场直播。

中国密码学会

2010年，学会积极推动密码学术研究，全年共举办学术交流活动9次，联合举办国际学术会议1次，累计1400余人参加，征集学术论文200余篇，交流论文148篇，出版论文集2本。

10月16～17日，中国密码学会2010年会在北京召开。来自国内大专院校、科研院所的专家、学者及企业家共370余人参加会议。会议邀请4名国内外密码专家作特邀学术报告，33位论文作者作专题报告。《轻量级分组密码KeeLoq故障攻击》被评为大会优秀论文。

10月17～18日，学会举办了2010年密码芯片产业论坛。来自国内密码与信息安全领域从事管理、技术开发和密码研究的科技工作者、相关院校师生共200余人出席论坛。论坛邀请中国人民银行和国家密码管理局等相关单位的21位专家，分别从不同的视角就我国密码芯片产业的发展作专题报告。

8月，2010年全国密码学与信息安全教学研讨会暨创新人才培养研讨会在云南省昆明市举办，来自大专院校的师生约60人参加了研讨和培训。

完成中国科协学科发展项目《2009—2010密码学学科发展报告》的编撰和出版。报告首次系统梳理了我国密码学学科研究和发展的现状，指出了我国密码学研究进展，比较了国内外密码学研究进展情况，展望了密码学发展趋势，并就我国密码学学科发展提出了建议等。

组织征集、编辑并出版密码学科论文集《密码学发展报告（2009）》。

6月，学会常务理事来学嘉教授参加了在法国尼斯举办的国际密码学会理事会议，并代表中国密码学会向大会作了申办国际密码学会2012年亚洲密码学会议的报告。会议最终确定2012年亚洲密码学会议由中国密码学会承办，来学嘉担任会议执行主席，王小云教授担任会议程序委员会主席。

12月1日，中国密码学会2010年科普活动日活动在北京举办，游福成教授作了题为《密码学与信息安全》的科普讲座，70余人参加活动。

组织编写了密码科普读物《密码学故事》，并签署了有关出版合同。

经民政部批准，学会成立了量子密码、密码数学理论、密码算法、密码芯片4个专业委员会，在3月召开的中国密码学会一届八次常务理事会上，审议通过了这4个专业委员会的组织架构、负责人及委员人选。各专业委员会陆续召开了第一次工作会议暨专业委员会成立大会，研究了各专业委员会的目标任务和工作计划。

2010年，学会新发展单位会员14家，个人会员168人，分别约占单位会员总数的22%，个人会员总数的13%。

根据发展的需要，学会升级重建了学会网站。3月，专门组织召开了中国密码学会网站验收会。7月，新网站经过完善、试运行后正式上线。

学会加强制度建设，提升管理能力，修订了《中国密码学会财务管理规定》，制订了《中国密码学会分支机构管理办法》、《中国密码学会贡献奖奖励办法（试行）》和《中国密码学会分支机构评估管理办法（试行）》。

中国国际经济技术合作促进会

2010年，促进会加强组织建设，召开了第四次全国会员代表大会，进行了换届选举。对促进会的工作管理章程、财务管理制度等进行完善和修订。对网站进行了全面改版。

1月17日，促进会在北京市主办了爱我中华——共和国经济建设杰出贡献人物事迹报告暨新年座谈会。九届全国政协副主席王文元、国务院原副秘书长张镜源、司法部原部长邹瑜、全国工商联原副主席王治国等参加座谈会。

5月1日，促进会召开了全国各行业杰出人物代表"五一"座谈会。国务院有关部委领导、专家、学者，以及来自全国各地的先进人物，各行各业的杰出代表共计300人出席大会。

8月，促进会举办了第十五届中日韩社会经济国际论坛。论坛以"发展区域经济，构建可持续发展的和谐社会"为主题，分设企业、环保、文化、经济、人口与健康等专题会场进行了研讨。100余名中外专家、学者和企业家出席论坛。

9月，促进会在北京市举办了国际经济技术合作论坛暨中外杰出企业CEO圆桌会议。十届全国人大常委会副委员长蒋正华、十届全国政协副主席郝建秀，以及来自36个国家和地区的专家、学者和企业家共计300余人参加会议。会议主题为"全球共享中国机会"。与会专家围绕创业、创新和"引进来"、"走出去"等问题进行了交流。

【第四次全国会员代表大会】

6月6日，中国国际经济技术合作促进会第四次全国会员代表大会在北京召开。大会审议通过了第三届理事会工作报告、财务报告、修改章程说明，并选举产生了新一届理事会。大会选举郑树山为第四届理事会理事长，毛武、李雨时、海闻、陈凯慧、汪超涌为副理事长，田来福任秘书长。吕薇、张兰春、郑今朝等20人当选为第四届理事会常务理事，张红晨、张志立、王阳生等51人当选为第四届理事会理事。

会员代表大会后，召开了第四届常务理事会第一次全体会议。会议决定，滕道阳继续担任学会副秘书长。

中国反邪教协会

2010年11月13～14日，中国反邪教协会成立十周年纪念大会暨2010年年会在北京召开。来自全国28个省、自治区、直辖市协会的代表，以及会员代表共计200余人参加会议。

4月，为维护社会稳定，服务科学发展，营造上海世博会和谐的社会氛围，协会在上海市召开第七届全国反邪教协会秘书长联席会议。来自全国各省、自治区、直辖市，副省级城市、计划单列市以及胜利油田、中国运载火箭技术研究院等53家反邪教协会的秘书长和有关领导参加会议，上海市部分区、县反邪教协会领导列席会议。会议商讨布置全年工作，对全年开展的学术交流、宣传教育活动等达成共识。

协会努力支持地方反邪教协会开展区域间工作交流和研讨。5月，内蒙古自治区反邪教协会召开了第五次论文研讨会暨通讯员培训班。6月，河北省反邪教协会召开了全国反邪教协会工作研讨会。9月，福建省反邪教协会召开了全国部分省市反邪教协会宣传教育研讨会。云南省反邪教协会召开了第六届西部反邪教论坛。协会选派人员参加了15个地方反邪教协会的学术交流和科学普及活动，接待了18个地方反邪教协会的来访交流。

中国反邪教协会支持地方反邪教协会进行课题研究和实践总结，有力地促进各地反邪教协会的理论研究，进一步巩固了反邪教协会的理论基础。

协会积极加强与世界上反邪教团体和人士的交流。

年初，协会下发了做好科普教育的通知，鼓励和支持地方反邪教协会依托科协系统组织的"科技周"、"科普日”、“科普大篷车”和“科技下乡”等活动，做好反邪教的科普宣传教育工作。

针对邪教组织借自然灾害进行造谣惑众等突出问题，协会同中国地震局宣传教育中心联合拍摄了一部地震知识科普片，内容主要包括：有关地震的预测预防和抗震设防科普常识等。

与《大众科技报》、《科学世界》和《科学与无神论》等杂志合办反邪教宣传栏目。针对不同的人群，开办了“弘扬科学、破除愚昧迷信”、“弘扬科学精神要从青少年抓起”、“反邪教问题理论研究”3个内容不同的栏目，开展反邪教科普宣传和教育。

加强中国反邪教网和各地反邪教协会网站群建设。中国反邪教网每天更新内容6条以上，每天有3万人次浏览，发挥了网上反邪教宣传的作用。

省、自治区、直辖市科协，新疆生产建设兵团科协简况

北京市科学技术协会

决策咨询工作深入开展。2010 年，组织完成了《发挥海外智力优势为首都决策咨询服务的研究》、《中关村科技园区“一区十一园”科技工作者状况调查》等 14 项重点课题研究。围绕“首都产业进步和城市发展”两大关键领域，支持所属团体举办首都设计产业发展论坛、首都城市综合减灾论坛等 21 项综合性论坛。2010 年向北京市委市政府相关部门报送科技工作者建议和团体提案 180 余项，其中《关于保障首都蔬菜安全有效供给的政策建议》、《关于北京发展等离子体垃圾处理技术高端产业的建议》等 8 项建议，得到了北京市委书记刘淇、市长郭金龙等市领导的批示。

服务企业自主创新成效显著。联合市发展改革委、市科委、市国资委，组织科技工作者广泛开展“讲理想、比贡献”活动。联合市商务委、意大利坎帕尼亚大区科研创新和大学部，共同举办了 2010 年北京—坎帕尼亚科技经贸周活动，中意两国 67 家企业，200 余人参加了科技周。在北京北重汽轮电机有限责任公司、神华集团有限责任公司等 7 家单位建立“院士专家工作站”。目前，已建立 10 个院士专家工作站，进站院士近 50 人。举办首都企业创新论坛、创新理论培训活动，累计培训 400 余位企业技术负责人。组织实施“金桥工程”项目 240 项。

科技支农力度不断加大。科普惠农兴村计划奖补资金投入 789 万元，表彰了一批农民专业合作组织、农村科普示范基地和农村科普致富带头人及专家、指导员。与市农委联合，实施“科技套餐配送工程”，示范推广科技成果 70 余项，技术支持 100 余支林果专业服务队，开展各种培训活动 400 余次，累计培训乡土专家 1600 余名。在怀柔、密云、延庆等北部山区，试点推广联合国粮农组织谷子推荐新品种“张杂谷 5 号”2000 余亩，发送农业科技书籍、资料 80000 余份。

重点工程建设有序推进。开展了“百万奖金征创意——2010 北京科学中心功能设计方案征集”活动，征集方案 51 套。完成了“北京科学中心”整体功能区域划分和展区概念设计方案，组织召开了北京科学中心规划设计研讨会。加快推进“蝌蚪五线谱网站”建设工作，《北京科普网站技术实施方案》通过北京市经济和信息化委员会评审，完成了政府立项。完成网站的技术平台设计、运行测试、网站内容和功能框架规划、栏目功能设计、网站内容征集指南编制等工作。成立了网站运营招标工作小组，制定了《北京科普网站建设政府采购项目招标公告》、《北京科普网站建设政府采购项目招标文件》，有关招标工作顺利启动。

扎实推进《科学素质纲要》实施工作。以国务院《科学素质纲要》工作实施情况督查为契机，全面总结“十一五”期间全市科学素质建设工作，形成了《北京市科学素质纲要自查报告》上报中国科协。开展了北京市全民科学素质调查，组织编写了《北京市全民科学素质行动“十二五”规划》，设立了北京市实施《科学素质纲要》工作办公室。

广泛开展科普活动。实施社区科普益民计划，投入资金 1300 万元，奖补优秀科普社区 74 个、优秀基层科普场馆 18 个、优秀社区科普宣传员 200 名，建设户外科普园地 8 个，实现全市每个区县都建有一个户外科普园地的目标。编写《领导干部和公务员科学素质培训教材》，开展公务员电子政务与信息化培训，累计培训人数 4.5 万人次。举办大手拉小手系列科普活动、科技专家进校园、青少年科学调查体验活动等活动。坚持每周免费为公众举办“首都科学讲堂”，50 名院士专家参与其中。

加强科普资源共建共享。建成了“网上科普超市”资源集成、共享与交易平台，完成了中山公园电子科普画廊改造工程。举办了北京科普创意动漫大赛，征集科普动漫作品 5200 余件。委托专业科普企业，成功开发出科普视窗互动产品，并在 10 个区建设运行。制作“低碳生活”、“节能减排”主题数字科普产品，发放基层社区。“北京科普创作出版专项资金”征集资助选题 148 项，资金资助的图书《月球密码》、《回望人类发明之路》、《潘家铮院士科幻作品集》，获第一届中国科普作家协会优秀科普作品奖。举办了“节能减排社区”、“关爱生命·科学养生”等主题展览，在海淀、朝阳等 5 个区县巡展 43 场。组织开展“心理与健康”、“低碳生活·节能减排”、“地震体验”等主题科普展，面向全国巡展 36 站。

学术交流广泛开展。资助生理科学、地球物理等基础科学学会，开展学科内综合性学术年会，促进学科发展。支持林学、数字科普等 8 家学会，围绕首都中心工作与相关委办局联合开展重点学术研讨，服务科学决策。引导土壤、植物病理等农科学会，举办低碳生态型设施栽培综合管理技术论坛、种子健康与农业发展国际研讨会等 25 项研讨会，服务首都新农村建设。举办 2010 国际化妆品法规与技术高峰论坛、环保节能型 IC 设计及其应用国际研讨会等 42 项面向企业一线科技工作者的学术交流。召开热物理与能源工程学会青年科学家成长论坛、细胞生物学会 2010 研究生学术沙龙等 64 项以青年科学家为参与主体的学术活动。举办第三届北京感染医师论坛、第六届能源及石油问题研讨会、第九届北京迈向国际化大都市经济论坛等 26 项学术交流。

对外交流渠道不断拓展。2010 年接待来访科技团组 27 个，与境外科技组织签署合作协议 43 份。图象图形学会副理事长阮秋琦教授当选国际电气和电子工程师协会（IEEE）北京分会主席，细胞生物学会会员钟佳宁荣获美国癌症研究学会（AACR）青年学者奖。国际学术交流积极开展，举办 2010 北京四国低碳节能学术研讨会、第四届北京国际粘接技术研讨会等国际及双边学术会议 28 项。对台科技交流务实高效，2010 京台青年科学家论坛以“农业物联网发展”为主题，实现了技术、产品、市场的网络对接。

全面实施科技人才计划。资助青年学者出版学术著作 5 部，资助 18 人次参加境外高端学术交流，举办青年学术活动 64 项。北京青年学术演讲比赛吸引 800 余名青年科技工作者踊跃参加。推荐第七届“中国青年女科学家奖”候选人 3 名，评选、表彰“茅以升北京青年科技奖”15 名，“北京优秀青年工程师”165 名。实施《青少年后备人才早期培养计划》，组织 294 名中学生走进 116 个国家和北京市重点实验室，在 130 余位专家教授指导下开展科研实践活动。广泛开展“校园科普”、“科学名家讲座”、“野外科学考察”等活动，10000 余名中学生参加。海外智力为首都建设服务计划深入开展，组织活动 30 余项，接待 200 余位海智专家来访。举办第十届海外侨界高新技术人才为国服务志愿团项目推介会。举办科普论坛，全年邀请院士专家做报告 95 场，听众近 4 万人次。科普讲师团举办讲座、选修课 200 余场，听众 5 万余人次。

加强科协基层组织建设，2010 年成立了中国建筑材料科学研究总院、时代集团公司、北京大北农科技集团股份有限公司科协等 7 个基层组织，全市企业科协数量达到 230 家。新发展北京物理医学工程学会、北京低碳经济促进会等 3 家学会，成立了北京光华设计发展基金会、北京吴秉铨病理学发展基金会等 4 家基金会，学会、基金会等法人社团数量达到 185 家。

深入开展科技工作者状况调查。完善科技工作者调查站点布局，增设了中国原子能科学研究院、中关村科技园区丰台园管委会、北京天山新材料技术股份有限公司等 7 个站点，共计设立站点 26 个。

【第 30 届安捷伦北京青少年科技创新大赛】

3 月 19 ~ 22 日，由市科协、市教委、市科委、市知识产权局、通州区人民政府和北京青少年科学基金会联合举办了以“体验 · 创新 · 成长”为主题的第 30 届安捷伦北京青少年科技创新大赛。北京市市委书记刘淇、市长郭金龙专程赴通州台湖学校调研青少年科技教育工作。刘淇书记强调：要把“青少年科技创新大赛”打造成为代表首都创新型城市形象的知名品牌。大赛收到参赛作品 1268 项，28 万余名青少年参加了大赛各项活动，大赛评出一等奖 95 项、二等奖 194、三等奖 265 项。

【2010 年北京科技周】

5 月 15 ~ 21 日，举行了以“携手建设创新型国家—提高科学素质，参与低碳行动”为主题的第 16 届北京科技周。举办了“2010 中美科技馆馆长论坛”等 9 项标志性活动、55 项重点活动，以及近千项基层科普活动，发放资料 700 余万份，受益群众超过 420 万人。

【第 13 届北京科技交流学术月】

9 月 16 日至 10 月 17 日，第 13 届北京科技交流学术月举行。本届学术月以“人文北京 · 科技北京 · 绿色北京——推动自主创新，加快经济发展方式转变”为主题，围绕能源资源和环境，信息产业与现代制造业，都市型现代农业，人口、医学与生物技术，城市管理、建设与交通运输，防灾减灾与公共安全，基础学科与应用基础研究，交叉学科和新兴学科等科学技术发展的 8 个重要方面，举办了 149 项学术活动，其中综合性学术论坛 21 项，专业学术活动 46 项。

【2010 北京两界联席会议高峰论坛举行】

7 月 29 日，由市科协、市社科联共同主办以“低碳经济与世界城市建设”为主题的 2010 北京两界联席会议高峰论坛在京举行。国务院参事、亚洲低碳经济促进会会长牛文元作《北京绿色世界城市之路》基调报告，华北电力大学副校长杨勇平作《发展低碳经济与北京能源结构转变》主题报告，北京大学中国低碳发展研究中心主任王建国作《对北京发展低碳经济的几点建议》主题报告，北京国际城市发展研究院副院长朱颖慧作《世界城市建设与北京交通发展》主题报告，中国人民大学经济学院教授杨志作《智能网络与城市低碳》主题报告，清华大学建筑学院副院长朱颖心作《生活模式与建筑能耗的关系》主题报告，北京市人大常委会法制办王爱声处长作《低碳经济背景下的北京节能立法》主题报告。来自两界的专家学者近百人出席了会议。

【市委办公厅、市政府办公厅出台《关于进一步加强新时期科协工作的意见》】

2010 年，市委办公厅、市政府办公厅印发了《关于进一步加强新时期科协工作的意见》。《意见》深入总结多年来北京市科协工作实践，深刻分析当前科协和科技工作者面临的新形势和新任务，结合北京市实际，对各级党委、政府在大力支持和切实加强科协团体建设、充分发挥科协组织作用等方面提出了新要求，为科协组织更好地围绕中心、服务大局、促进首都科学发展进一步指明了方向，是当前和今后一个时期北京市科协工作的一个重要的指导性文件。

天津市科学技术协会

2010 年，市科协组织开展了 30 余项决策咨询课题研究。在天津市第十一届优秀调研成果评选活动中，市科协系统获二等奖 1 项，三等奖 5 项。向市委、市政府报送 3 期《科技工作者建议》。出台《关于贯彻〈中国科协关于加强决策咨询工作 推进国家级科技思想库建设若干意见〉的实施意见》，制定并实施了《天津市科协学术活动项目管理办法（试行）》，对市级学会的 17 项课题给予资助。

2010 年，全市开展“讲、比”活动企业 213 个，比 2009 年增加 110.9%，4 万余名科技人员参与活动，是 2009 年的近 5 倍。组织“讲、比”活动立项 3500 余项，其中市级项目 531 个，创造经济效益 24 亿元，同时全年完成“节能降耗、减排增效”的“讲、比”项目 1927 项，达到 2009 年的 12 倍。在市级“讲、比”活动中共提出合理化建议 3832 条，被采纳 2376 条，比 2009 年提高 33.1%。组织“百名专家进百企”活动，向企业征集技术难题 150 余项，组织院士专家深入企业 180 余人次，完成项目对接 115 项。出台了《院士专家工作站资助经费使用办法》。推动 11 家企业建立了“院士专家工作站”，先后有 20 名院士及其研发团队、133 名专家进站工作，签署并实施研发项目近 40 项。全年科协所属各学术团体通过各种形式为企业提供技术服务近 500 项，完成技术咨询合同 649 项，实现技术合同金额近 950 万元，技术交易额近 900 万元。

实施科普惠农兴村计划，发放科普惠农奖补资金 175 万元，其中中国科协和财政部奖补 45 万元，市科协和市财政 130 万。组织推荐 2 个基地获全国“科普惠农兴村计划”先进单位、1 人获“全国农村科普带头人”称号。与财政局共同出台《天津市“科普惠农兴村计划”实施方案》，授予 5 个农村专业技术协会和 5 个农村科普示范基地“天津市科普惠农兴村先进集体”荣誉称号，授予 7 名农村科普带头人“天津市科普惠农兴村带头人”荣誉称号，并给予表彰奖励。积极推进科普大篷车配置工作，2010 年支持区县购置配发大篷车 9 辆，其中争取中国科协资助 40 万元，与市农委协调共同支持 60 余万元。科协系统全年共组织开展 2676 次科技下乡活动，覆盖 2024 个村。2010 年开展农村实用技术培训 2000 余次，数万名农民参训，推广新技术、新品种近 1900 项，一批农民获得农村经纪人证书。各级科协举办培训班 114 个，培训结业人员 4 万余人次，其中农函大本年结业学员近 4000 人次、农村基层干部 1.2 万余人次、城镇劳动者 2 万多人次。

2010 年，市科协及所属学会开展 550 余项高水平学术活动，参加人数达 7 万人次，交流论文 2 万余篇，其中国际学术会议 25 次，比 2009 年提高 39%，境外参会人数 700 余人次，并提交论文 300 余篇，是 2009 年境外论文数的 2 倍。市科协及所属学会共主办科技期刊 34 种，其中学术期刊 19 种、科普期刊 5 种、技术期刊 9 种，刊发论文 4000 余篇，印发 120 万册。编辑出版科技图书 22 种，其中科普图书 17 种，分别比 2009 年提高 83% 和 142%；编辑论文集 67 种，23000 余册，发表论文 5000 余篇。制作科技光盘 20 种，55 万张。主办科技网站 24 个，比 2009 年增加 22%，浏览人数 1300 万人次。

打造科技活动周、科普日、社区主题科普月等品牌活动，推出“百名专家进百校”和“百名专家进社区”活动。科技活动周共组织 3 层次、3 系列科技活动 3000 余项，吸引了 100 余万名市民群众参加。天津“全国科普日”和社区主题科普月在全市城乡开展了 102 项形式多样的群众性科普活动，吸引数十万群众参加。“百名专家进百校”和“百名专家进社区”活动中，中国科学院老科学家科普演讲团 50 多位科学家和本市 140 多名科普专家，深入全市 12 个区县、260 个社区，作科普报告 500 余场，数万名中小学生和社区居民受益。据统计，2010 年，天津市各级科协及所属团体共举办科普报告、讲座近 4400 场次，受众人数 130 万人次；举办科普展览近 2200 次，其中专题展览近 400 次，受众人数 190 万人次。印发科普读物（含科普挂图）55000 套。新增全国科普教育基地 17 个，3 个项目被评为“2010 年百县百项科普示范特色建设专项”。科技馆全年开馆 249 天，举办各类科普活动 40 余次，放映穹幕电影和天文节目 362 场，全年接待观众 41 万人次。

2010 年末，天津市 16 个区县（塘沽、汉沽、大港并为滨海新区）实施了“四个一”工程，其中 75 个街道、17 个乡、85 个镇、1337 个村和居委会建设了 1493 个科普宣传栏（画廊）、15733 延米，配备了 3152 名科普宣传员，建立和完善了 1218 个科普活动室、总面积达 59747 平方米。16 个区县有线电视台都设立了《科普大篷车》节目，完成了科普电视协作网建设。基层科协主持参与建设了红桥区创意产业街、河北区 3522 创意产业园。

全年举办青少年科技竞赛 11 次，参加人数 9 万人次，比 2009 年增加 15%，其中天津市青少年科技创新大赛参加人数6万人次，1039人获奖。组织青少年参加国际竞赛2次，参赛人数6人次，全部获奖。在4000余名高中生参赛的生物奥赛中，24名一等奖获得者取得了保送升大学资格。

在2010年天津市第八次全国公众科学素质调查中，天津市具备基本科学素质的公民比率为8.5%，高于全国3.27%的平均水平。经区县科普工作测评指标体系测算，2009年度天津市县级科协科普工作条件总体得分81.94，科普工作绩效总体得分114.06。

2010年，出台了《关于贯彻落实中国科协和我市人才工作两个文件精神的实施意见》，修订了《天津市优秀科技工作者评选办法》和《天津市科协自然科学学术专著基金资助办法》。会同市委组织部和市人力社保局召开天津市第十届青年科技奖表彰暨青年科技奖20周年纪念大会，23位青年科技工作者获奖。会同市人力社保局和市公务员局开展天津市优秀科技工作者评选工作，评选出50名天津市优秀科技工作者，其中16人被评为全国优秀科技工作者。全年表彰奖励123名科技人员，其中女性科技工作者45名。推荐5位科技工作者参加中国科协“求是杰出青年成果转化奖”评选，推荐老科学家学术成长资料采集工程候选人15名。开展科技工作者状况调查6项，收集科技工作者信息40余条。至2010年底，已建立15个科技工作者状况调查站点，其中国家级站点11个。2010年，推荐天津市111人入选中国科协第三批高层次人才库、3500名专家入选海外专家人才库，近200名院士专家等海内外高端智力人才来天津服务。实施优秀科技工作者系列宣传计划，与《天津日报》合作推出专版，宣传23位青年科技工作者。

加强自身建设，增强科协实力，基层科协组织建设取得了新的进展。滨海新区和10家企业分别成立了科协组织，企业科协总数从2009年的476家提高至496家。1个区科协和28个学术团体完成了换届工作。根据科协业务工作的需要，与市编委协调，市科协机关增设了调研宣传部。组织机关和直属单位青年干部科协业务知识系列培训班，已举办5次讲座。“科技之家”项目获市政府批准启动建设。天津科技馆主管部门由市政府办公厅调整为市科协。启动了“科技工作者继续教育引导工程”，整合科协系统继续教育资源，支持引导各学会为高层次科技人才学术成长提供高端培训，为各类人才提供多种形式的继续教育。2010年市科协根据《天津市科协学术活动项目管理办法（试行）》资助了8个继续教育项目。

【大力开展决策咨询研究】

市科协组织开展了30余项决策咨询课题研究。承担中国科协和市委研究室的《关于建设滨海新区国际人才自由港的研究》、《留学回国人员对国内环境的认知与适应情况调查》、《公民用药行为调查》、《科学家参与决策的体制与机制研究》等课题，分别就国内环境对海外人才的吸引力与科学制定引进海外智力政策、引导公民用药行为推动医疗事业健康发展、发挥科学家智力优势促进决策科学化民主化进程等方面课题进行深入调查研究，提出可操作性的对策建议，得到了中央、天津市领导和有关部门的重视。王兆国、刘延东对天津市组织的《高新区科技工作者状况调查报告》分别做出重要批示。《关于建设滨海新区国际人才自由港》的对策建议，由市委研究室以《参阅件》的形式专报张高丽、黄兴国等市委、政府、人大、政协领导同志，张高丽等市领导分别做出批示，崔津渡副市长要求市人力资源与社会保障局认真研究。《今后再也不要走毁田移土做绿化的老路了》的建议受到市委书记张高丽的关注，批示市政府和滨海新区加以研究。市委副书记、滨海新区区委书记何立峰，区长宗国英也分别批示，并组织专家进行了专题研究。

在天津市第十一届优秀调研成果评选活动中，市科协报送的《提高自主创新能力，率先建成创新型城市研究》荣获二等奖，市科协报送的《高新区科技工作者状况调查报告》、《提升天津市软实力的战略研究》、《加强知识产权管理与保护促进人才激励与保障研究》3项课题及市灾害防御协会报送的《突发灾害的防范与应急研究》、市工业工程学会报送的《滨海新区大气污染预警管理分析研究》荣获三等奖。

【启动“百名专家进百企”活动】

4月15日举行“百名专家进百企”活动启动仪式。市委常委、市委教育工委书记苟利军出席会议并讲话，市科协主席王静康院士进行活动部署，天津渤天化工公司、南开大学蓖麻工程科技公司、国际机械公司分别与相应学会和高校的专家团队签署合作协议。该项活动向企业征集技术难题150余项，并针对企业需求组织院士专家180余人次深入企业，开展技术咨询、技术诊断、技术推广、技术培训等多种形式的服务活动，完成项目对接115项。苟利军对“百名专家进百企”活动给予充分肯定，要求市科协认真组织好，力求取得实效。

【开展全国科普日天津活动】

举办全国科普日天津活动。9月18日上午，以“坚持科学发展，走进低碳生活”为主题的2010全国科普日天津活动暨百名专家进社区活动启动仪式在天津实验中学举行。市委常委、副市长崔津渡，市人大常委会副主任李亚力，市政协副主席陈永川，市科协主席、中国工程院院士王静康出席，崔津渡讲话。来自市全民科学素质工作领导小组的负责同志、各区县分管领导、市内六区居民代表和青少年代表700余人参加了活动。此后，全市140多名专家深入260个社区，结合社区居民实际需求，开展有针对性的科普讲座、健康咨询等，受益2万余人。

【天津市第十届青年科技奖表彰暨青年科技奖20周年纪念大会】

5月11日，市科协会同市委组织部、市人力社保局联合召开了纪念天津青年科技奖20周年大会暨第七届天津青年科技论坛开幕式。市委常委、市委组织部部长史莲喜，市委常委、市委教育工委书记荀利军，市人大常委会副主任李亚力，市政协副主席曹小红，市科协主席、中国工程院院士王静康，在津两院院士郝希山、刘昌孝、张伟平、钟登华出席。史莲喜就加强青年科技人才队伍建设讲话。王敏等23位第十届青年科技奖获奖者受奖，其中李勇建荣获第十一届中国青年科技奖。历届天津青年科技奖获奖者以及来自天津市各有关学术团体的负责同志近300人参加会议。

河北省科学技术协会

2010年，河北省科协发挥优势，服务经济社会发展。根据省委统一部署，开展利用京津优势促进河北科技创新对策研究，提出了河北省提高科技创新能力的对策与途径，同时提出了加强与京津科技合作的基本思路、重点领域和保障机制。完成推进河北低碳经济发展的研究。从产业方向、技术路径和制度创新三方面提出了发展低碳经济的对策建议。

实施科普惠农兴村计划。召开科普惠农工作现场会，规范科普惠农项目管理，印发了《河北省“科普惠农兴村计划”实施方案》、《河北省“科普惠农兴村计划”专项资金使用管理办法》等一系列管理办法。争取一批国家科普惠农项目，中国科协和财政部对河北省43个农技协、13个科普示范基地和12个农村科普带头人进行资助，获得惠农资金1180万元。建立省级科普惠农兴村计划专项资金，从2010年起，河北省财政决定每年单列300万元专项资金，并逐年增长。

组织参加了第十七届中国杨凌农业高新科技成果博览会。展会期间，河北省共展出产品2000余件，发放各类宣传资料10万余份，接受咨询5万余人次，达成合作意向100余个，交易额达千万元。280个农技协产品获优秀产品奖。河北省科协、省农技协获博览会优秀组织奖。组织召开纪念河北省农技协成立三十周年纪念大会。举办华北、东北、西北“三北”地区农技协发展论坛。

开展面向农村企业的科技服务。针对麦田冻害情况，组织专家对麦田管理提出技术指导意见，成立小麦专家服务团，在《河北科技报》开辟了“科学管麦，誓夺高产”专栏和技术咨询热线电话。针对河北省大部分地区出现大风天气，及时编写《劲风毁棚、专家献策》。继续实施“百千万农业技术普及工程”。策划《农村改革与发展》系列报道。开辟《感受农村新变化》专栏和低碳生活专版。完成“四技”服务合同项目300余项，技术合同额2000余万元。省、市科技司法鉴定中心受委托承揽各类鉴定项目100余项。

指导学会打造品牌学术活动。完成重点学术活动20项，省农业系统工程学会、省动物学会、省预防医学会、省翻译工作者协会、省超声医学会、省老科协等承担的重点学术活动成效明显。省灾害防御协会召开了河北省2010年度灾情趋势预测与减灾对策研讨会，会议形成了《关于河北省2009年灾情概况及2010年灾情趋势预测与减灾对策的报告》并呈报省政府，陈全国省长和付志方常务副省长作了重要批示。积极开展对外科技交流与合作。省科协先后派出4个团组12人次出国执行科技交流任务。资助了4名省级学会中青年学者赴境外参加技术交流与合作。

实施《科学素质纲要》。配合国务院督查，推进全民科学素质工作。召开“全国科普教育基地”和“河北省科学素质教育基地”授牌仪式暨座谈会。省委办公厅、省政府办公厅联合印发了《河北省公民科学素质教育示范单位创建办法》。组织开展第八次全国公众科学素质调查和河北省第二届公众科学素质调查。完成了《科学素质纲要》落实情况自查和国办督查，撰写了《河北省实施〈全民科学素质行动计划纲要〉落实情况报告》，总结2006年来河北省实施《科学素质纲要》的情况，提出了存在的问题，形成实施《科学素质纲要》的建议。起草《河北省全民科学素质行动“十二五”规划》。

举办主题科普活动。举办以走进低碳生活为主题，以“节约能源资源，保护生态环境，保障安全健康”为主要内容的科普日系列活动，河北省安排重点活动300项。举办“低碳社会——河北科普工作论坛”。开展了以“减灾从社区做起”为主题的“防灾减灾日”科普系列活动，河北省科协系统安排重点科普宣传活动180多项，6700多名科普志愿者深入社区、农村、企业、学校、商场等公共场所开展科普宣传，发放各种科普资料12万份（册），举办讲座60场，受益群众达30万人。暑期组织6所高校2000多名大学生科普志愿者深入基层，开展了多种形式的科普宣传活动。

青少年科普活动丰富多彩。在保定举办了以“创新、体验、成长——走近低碳生活”为主题的“名将杯”第25届河北省青少年科技创新大赛活动。与省教育厅联合组织举办了“燕赵青少年科技创新宣讲辅导万里行”暨中国科学院老科学家科普演讲团万里行报告活动，来自中国科学院的6名专家及省内有关专家，分别深入到河北省部分市区的30多所学校作报告。举办了河北省青少年机器人科普展示活动。

加大科普进社区工作力度。起草《关于加强社区科普工作的意见》，制定了《河北省科普示范社区标准》。提高基层科普组织科普能力，完成科普车资助计划，资助资金100万元，新资助32个县（市、区）科协和单位配备了科普车。推进百县百项特色科普活动。石家庄第十二中学等10个单位获得华硕科普图书室的捐赠。

推进科普资源开发和共建共享。实施第六批社会化科普资助项目，从各地申报的135个项目中，选取36个科普项目进行了资助，资金达70万元。举办了“三农”科技网络书屋建设和农村信息技术科普培训，推动河北省科普资源的共建共享工作，保定、沧州、唐山、张家口等市建网络书屋405个。河北省科普中心开发集成优质科普资源，自行设计的《节能减排 低碳生活》科普挂图在全国优秀科普挂图征集活动中获奖。

科技馆科普活动日益活跃。河北省科技馆常设展览、宇宙剧场和4D电影厅开放天数达300天，接待观众10余万人次，展品完好率98%以上，设备保障率98%以上。河北省科技馆被中国科协认定为全国科普教育基地（2010~2014年），被省科协授予首批河北省科学素质教育基地。制作完成防震减灾临展，开放“李元科普图书室”，组织《南极》专题科普展和“心理与健康大型主题科普展”巡展。

加强自身建设，服务能力进一步提高。河北省科协召开党组理论学习中心组学习扩大会，学习贯彻中央和省委关于加强党建工作精神。深入开展创先争优活动。确定“提高自身素质、增强服务能力、争创一流业绩、服务科学发展”的活动主题，设计百场讲座进百村、百名科普示范带头人进百村、百名专家大义诊、创新方法进百企和百千万农业技术普及工程的活动载体，开展支部结对帮扶工作，开展了夺旗争星、对标升级等活动，取得了成效。

完成所属省级学会深入开展第三批学习实践科学发展观活动。按照中央和省委的统一部署，河北省科协进一步推动学会的党建工作和规范化建设。按要求开展新社会组织学习实践活动群众满意度测评，群众满意度测评率达98%以上。河北省冶金学会等3个学会被评为社会组织深入学习实践科学发展观活动先进单位。河北省医学会获得“全国先进社会组织”荣誉称号。省科协也被评为河北省优秀指导单位。指导省天文爱好者协会等4个学会成立了党组织。

【2010年京津冀区域协作论坛】

北京、天津、河北三省（直辖市）科协、社科联联合举办了2010年京津冀区域协作论坛。围绕发展战略性新兴产业这一主题，三地自然科学界和社会科学界专家学者100余人进行了广泛的探讨与交流。会议共征集论文8篇，中科院院士何祚庥、中国工程院院士王静康等13位专家作了大会主题发言。河北省委政策研究室主任助理马建章、河北省计算机学会理事长王新川分别作了题为《新形势下京津冀一体化的发展定位、重点领域和保障机制研究》和《京津冀电子信息产业发展现状与合作研究》的发言。

山西省科学技术协会

深入实施科普惠农兴村计划，国家奖补资金1535万元、省级奖补资金209万元，充分发挥了先进农技协、农村科普示范基地和农村科普带头人的科普示范辐射作用。加大“一站一栏一员”建设力度，在已建成17100余个的基础上，又新增科普惠农服务站2294个，实现了覆盖全省60%以上行政村的目标。“农科110”五级服务指挥系统初步建成，全省建成“农科110”服务站1000多家，开通涉农科技手机报16种，全年电话、视频解决农民难题2.5余万人次，科普惠农服务队下乡服务32次150多天。解放军264医院被吸纳为科普惠农定点医院，为科普惠农绿色通道会员提供多项医疗服务，同时医院的科普惠农医疗服务队定期赴基层巡回义诊。启动了全省百万农民远程教育培训工程，计划利用3年时间，通过手机报、网络、报刊等培训农民100万人次。开创了科技、统战两条战线合作实施科普惠农的“中阳模式”，推动了科普惠农计划的创新发展。

贯彻落实《科学素质纲要》，为提高全民科学素质服务。根据《国务院办公厅关于对全民科学素质行动计划纲要落实情况进行督促检查的通知》精神，从5月开始，利用近一个月的时间，通过自查、互查、实地督查三个阶段在全省广泛深入开展了一次纲要落实情况督促检查。9月2~6日，国务院督查组莅晋进行实地督查，充分肯定了山西省在近年来实施纲要工作中取得的成绩，并强调要继续发挥优势，创造性地开展科学素质建设工作，努力走在全国前列。

面向重点人群，广泛开展丰富多彩的科普活动。省科协结合自身实际，确定了突出重点人群，抓好重点活动的工作思路，四大重点人群的科学素质工作有了创新和突破。省科协和省委党校签署了关于联合开展领导干部和公务员科学素质行动工程的协议，在省委党校建立了“山西领导干部和公务员科学素质教育基地”。9月中下旬，省科协围绕“节约能源资源、保护生态环境、保障安全健康”的主题，组织开展了山西省2010年“全国科普日”暨第七届“科普三晋”系列活动。据不完全统计，全省共举办科普讲座164场次，培训班150场次，科普咨询活动5762场次，科普巡展98场次，制播电视电台科普节目120多期，分发科普资料63万余份，受众70余万人次。此外省科协会同省科技厅、省委宣传部在全省范围开展了山西省科技活动周，通过科普作品展播展示、科研机构和高校向社会开放等多种形式，集中宣传了山西科技政策和科技事业发展的最新成果。省科协联合省教育厅等单位于3月举办了第25届山西省青少年科技创新大赛。在随后的全国青少年科技创新大赛上，山西省选手共获得一等奖5项、二等奖5项、三等奖7项的好成绩，有15名学生获高校保送资格，金牌总数名列全国前茅。4月，全省青少年机器人竞赛在太原市举行，竞赛规模再创新高。在随后的第十届中国青少年机器人竞赛上，山西省荣获一等奖1项、二等奖3项、三等奖10项的优异成绩，并荣获全国十佳优秀组织单位，是继2004年以来，参加全国竞赛取得成绩最好的一次。省青少年科学工作室作为校外科技教育活动示范基地，共接待学生5000余名，充分发挥了其社会科普教育平台的作用。省科协还先后举办了纪念华罗庚院士百年诞辰座谈会、“青少年玩世博”科普网络游戏活动等特色活动。

推动科普资源共建共享。科技报刊总社自主编创100套科普挂图，13套入选中国科普资源库。与解放军264医院合作编印10万册《农村健康科普知识33问》及1万套科普挂图。科普惠农挂图每期17000多套，已印10万多套80多万张。山西科普网年上传新闻信息5.5万余条，总访问量突破650万人次。将17种手机报扩展到35种，订阅总量近20万份，同时打造了山西省首份科技生活类电子杂志《i尚i》；在山西电视总台制作播出各类科普节目120多部，创作的动漫作品《走进低碳新生活》荣获“科蕾奖”自然环境类一等奖。

精心搭建学术交流平台，推动科学技术的繁荣与发展。11月23日，在省科协的积极推动下，由中国科协和省政府主办，省科协、太原市政府承办的“2010年促进资源型城市转型发展论坛”召开，来自全国部分资源型城市市长、有关院士专家等300多人出席论坛，围绕“产业创新转型，城市持续发展”的主题，深入研讨，共谋出路。会上，全国10个资源型城市市长联合发出了加快创新转型的倡议书。论坛出版了市长专家报告论文精选、论文集，形成了《关于促进资源型城市转型发展的建议》。7月12～15日，省科协联合太原理工大学主办了第五届矩阵与算子理论国际学术研讨会，来自海内外的160多位数学界专家学者参加会议。

省科协充分发挥学会的学科优势和人才资源优势，围绕经济社会发展中的重大问题、改革发展稳定中的热点问题和关系人民群众切身利益的突出问题，以“学术茶座”为平台，举办了一系列高层次、高水平的学术交流活动。2010年，针对绿色经济、循环经济、低碳技术、安全生产、农业等问题，举办各类“学术茶座”33场，超额完成了原定30场的目标考核任务，为有关部门进行决策提供了大量建设性的意见和建议。“学术茶座”活动目前已经从省城延伸到了各市，从省级学会扩展到了市级学会。

为规范和加强学术活动项目管理，提高学术交流质量和成效，培育新的学术增长点，促进学科繁荣及创新人才成长，省科协实施了《山西省科协精品学术活动管理办法》。该办法以项目资助的形式，对基层科协组织开展的高端学术交流活动、精品学术交流活动、学术交流平台基础建设等进行择优支持，努力打造高层次、宽领域、重实效的学术交流平台。

切实加强团体自身建设，增强科协事业发展能力。2010年5月21日，省委常委会召开会议，听取省科协工作汇报并作出安排部署。随后，省委出台了《关于进一步加强新时期科协工作的意见》（晋发〔2010〕15号）。《意见》充分体现了省委对科技工作者和科协组织的高度重视，对各级党委、政府加强和改善对科协工作的领导，保障科协履行职责，依法办会和民主办会、经费落实、科普设施建设等方面作出了明确规定，是指导新时期全省科协工作的纲领性文件。

2010年省科协加大对学会的管理和服务力度，对105个省级学会进行了年检，进一步加强管理和引导。推动省林学会、省制冷学会等8家学会完成换届工作，新接纳了省新世纪专家学者协会入会，对于一些超期不换届、长期无活动的学会向省民政厅提出注销建议。

【省科协“七大”召开】

2010年7月5～7日，山西省科协第七次代表大会在山西省太原市召开。中国科协和省委、省人大、省政府、省政协领导同志出席大会。中国科协常务副主席、书记处第一书记邓楠，省委副书记、省政协主席薛延忠，省委常委、统战部长李政文在会上作了重要讲话。“七大”的胜利召开，在科技界和全社会产生了广泛影响，对于进一步团结动员科技工作者，投身山西省转型跨越发展宏伟事业具有重要意义。

【评选表彰“山西省十佳中青年优秀科技工作者”、“科技奉献奖”】

省科协深入开展了“第四届山西省十佳中青年优秀科技工作者”的评选表彰工作，评选出10名“山西省十佳中青年优秀科技工作者”，对获奖人员各奖励1万元，同时通过各种社会传媒广泛宣传优秀科技人员的先进业绩。省劳动竞赛委员会对“十佳”获得者授予了“山西省五一劳动奖章”。省科协会同省人社厅等单位联合开展了山西省“科技奉献奖”评选活动，评选出先进集体120个、先进个人308名。省科协认真做好“全国优秀科技工作者”推荐工作，推选了一批具有代表性的优秀科技人员参选。经中国科协评选，山西有18位同志被评为“全国优秀科技工作者”，其中1名同志荣获“十佳全国优秀科技工作者提名奖”。

【开展山西省优秀学术论文评选】

山西省优秀学术论文评选表彰是省科协的品牌活动之一。省科协联合省人社厅、省科技厅等单位开展了山西省第十五届优秀学术论文评选工作，共征集30多个学科610篇论文，申报篇数与历届相比呈上升趋势。经过各学科评委的严格评选，遴选出特等奖2篇、一等奖54篇、二等奖246篇、三等奖203篇，其中一等奖以上论文多是被国际SCI、SCII源期刊收录的刊物发表的学术论文。

内蒙古自治区科学技术协会

2010年，内蒙古科协积极开展科技咨询专家在线视频、内蒙古技术交易中心、政府大型项目引进等重点工作，努力为经济和社会发展服务。“讲、比”活动覆盖面和影响力不断扩大。与自治区党委组织部等联合举办了内蒙古自治区“讲理想、比贡献”活动总结表彰大会。建立了全区首家低碳型高科技农牧业企业院士工作站，全区院士专家工作站达到3家。继续实施全区科普惠农惠牧计划，表彰全区科普惠农惠牧先进集体，奖补资金达200万元。争取中国科协、财政部奖补资金1000万元。组织基层实施“站栏员”和科普惠农服务站项目建设。截至2010年底，全区共有12个盟市、90个旗县（市、区）开展了该项目建设，有4个旗县（市、区）全国科普活动站建设示范试点网络书屋开通。

开展对《科学素质纲要》实施情况的督促检查工作，督促各地将公民科学素质建设纳入经济社会发展总体规划和政府年度工作目标考核，进一步优化工作环境。组织开展了内蒙古自治区第二次公民科学素质调查工作。以“节约能源资源、保护生态环境、保障安全健康”为主题，与自治区党委宣传部、科技厅等部门共同举办了2010年内蒙古科技活动周暨全区第十五届科普活动宣传周、全国科普日、文化科技卫生三下乡和科教进社区等活动。自治区、盟市、旗县（市、区）文化科技卫生三下乡活动形成长效机制。

开展青少年科技创新活动，培养创新型后继人才。与自治区教育厅等单位共同开展了第25届全区青少年科技创新大赛。经积极争取，内蒙古自治区获得第26届全国青少年科技创新大赛承办权。成功举办了内蒙古中俄蒙青少年科技教育论坛，论坛共收到全区科技教育论文45篇，评出特等奖3篇、一等奖9篇、二等奖12篇、三等奖21篇。在全区开展了“我的低碳生活”青少年科学调查体验系列活动。组织Ⅲ型科普大篷车在9个旗县26所中小学进行了科普宣传活动，受益中小学生2万余人。与自治区党委宣传部等部门共同举办了内蒙古自治区第三届动漫展，参赛队伍近百支，收到动画、漫画原创参赛作品546幅（部），600余人参加了电子竞技和Cosplay大赛，近4万人参观了动漫展。开展了“侏罗纪世界”大型活体恐龙展、“天文奇观、宇宙揭秘、防灾减灾”等科普展览和“科技馆进校园活动”。

开展科普示范创建活动。组织开展申报创建全国科普示范县（市、区）工作。全区现有自治区级科普示范乡镇（苏木）36个，科普文明街道（办事处）14个，科普文明社区（居委会）8个，创建科普教育基地68个（国家级5个）。

搭建科普工作平台。成功举办了内蒙古中西部地区科普工作经验交流现场会。努力打造草原文化品牌“乌兰牧骑”，命名了19支自治区首批科普“乌兰牧骑”。组织指导盟市、旗县（市、区）创办“社区科普大学”。全区4个盟市、10个旗县（市、区）成立“社区科普大学”15所。继续与中国科协、中国信息产业商会、华硕电脑集团合作，联合开展“科技照亮金土地，IT科普百城行”活动，全区新建“华硕科普图书室”35个，受赠华硕电脑35台、打印机35台、图书10万余册。在乌兰察布市建立了“低碳”电子科普走廊。组织实施爱德基金会锡林郭勒盟阿巴嘎旗和西乌旗“草原管理与社区发展项目”，给予189万元的资金支持。继续实施“科普报刊村村通”工程，为全区每个村和部分嘎查的边远贫困地区农牧民赠送《内蒙古科技报》和蒙文《身边科学》杂志，为数万名农牧民送去了科学技术、科学的生活方式以及农牧业技术知识。

广泛开展“内蒙古科协2010年学术活动月”活动。中国工程院院士秦伯益为自治区高校学生作了题为《文理交融，多元并举》的学术报告。特邀中国力学学会理事长、中国科学院院士李家春在呼和浩特做学术报告。与内蒙古水土保持学会等共同主办了水土保持生态建设与水土资源可持续利用学术研讨会。搭建青年科技人才成长平台，召开主题为“创新与使命”的内蒙古自治区第三届青年学术论坛，评选出优秀论文230篇，其中一等奖19篇，二等奖75篇，三等奖136篇，编辑出版了《创新与使命——内蒙古自治区第三届青年学术论坛优秀论文集》。举办了“首届内蒙古青年创新思维演讲比赛”。与内蒙古农业大学、气象局共同主办了首届气候变化与生态系统响应大型国际学术研讨会。与台湾神农科技发展协会等联合举办了第八届海峡两岸休闲农业发展学术研讨会。

引进高端人才，为自治区经济发展献计献策。承办了国务院学位委员会第八届博士生学术年会。

与自治区人力资源和社会保障厅共同开展内蒙古自治区优秀科技工作者评选和全国优秀科技工作者推荐工作，共评选表彰40名内蒙古自治区优秀科技工作者，推荐1人参加“十佳全国优秀科技工作者”评选。与中国科技咨询服务中心合作，开展了中国科技咨询专家视频系统内蒙古地区创建工作，目前已有500多位专家进入数据库。多次组织科技工作者开展考察活动。

加强自身建设。举办内蒙古科协党组中心组理论学习研讨班，机关领导班子成员及部门、事业单位主要负责同志30余人参加培训。组织召开了内蒙古2010年盟市科协学会工作座谈会。指导内蒙古水产学会、内蒙古食品药品学会、内蒙古电机工程学会、内蒙古物理学会召开了会员代表大会和换届工作。指导成立了内蒙古乳酸菌学会。进一步加强宣传和信息工作。承办了中国科协网工作交流会，积极落实《中国科协网与地方科协信息采编合作机制项目》，取得阶段性成果。

【第八届博士生学术年会】

9月16～17日，由中国科协常委会青年工作专门委员会、国务院学位委员会办公室和中国科协组织人事部联合主办的第八届博士生学术年会在内蒙古呼和浩特市召开，自治区党委副书记、副主席任亚平出席会议并致辞，600名专家学者参加会议。本次年会以“汇聚人才，推动创新”为主题，围绕气候变化与生态环境、低碳发展与资源可持续利用、新能源技术与稀土资源绿色开发、草业与畜牧、中医药与民族医药传承等5个专题开展学术交流。开幕式后，中国科协常委会科技工作者道德与权益专委会委员王乃彦院士及中国科协常委、中国科协书记处书记、中国科协常委会青年工作专门委员会副主任冯长根分别作了题为《科学工作中的诚信》和《研究生如何夯实成功科研生涯的基础》的主题报告。20余名来自气象科学、自然资源、稀土、草业、中医药等领域的院士、专家，近200名全国有关高校和科研院所的博士生代表，以及内蒙古大学、内蒙古师范大学、农业大学、工业大学、医学院、科技大学、民族大学、农牧科学院、林业科学院等高校、院所的博士生400多人参加了本届年会。

次日在内蒙古科技馆举行了“高层次人才推介与对接（招聘）洽谈会”，其中参加第八届博士生学术年会的区内外53名博士生向用人单位投放了简历，13位博士生与用人单位达成了就业意向。

【内蒙古科技馆新馆开工奠基】

8月18日，内蒙古科技馆新馆建设项目举行开工奠基仪式。内蒙古自治区政协副主席、自治区科协主席牛广明出席了开工奠基。2009年10月14日，内蒙古自治区发改委对内蒙古科技馆新馆建设项目正式立项，工程建设总面积为48300平方米，建成后的新科技馆展览教育面积约28000平方米，工程总投资4.6亿元。新馆外形设计将采用以旭日腾飞为创意的方案。内蒙古科技馆新馆建设项目位于呼和浩特市新华东街北侧，南侧为已建成投入使用的内蒙古乌兰恰特和内蒙古博物院，西侧为筹建中的演艺中心。

辽宁省科学技术协会

2010年，省科协深化“讲理想、比贡献”活动，全年提出合理化建议4.6万余条，立项2.4万项，参加活动的科技人员12.4万余人，创经济效益近10亿元。省科协召开全省企业科协工作会议，联合省国资委、发改委、经济和信息化委员会等单位对“讲、比”活动60个先进集体、97名科技标兵、50名优秀组织者予以表彰。在中国科协召开的“讲、比”活动总结表彰会上，有5个先进集体、4名科技标兵和5名优秀组织者受到表彰和奖励。“金桥工程”进展良好，省、市两级立项83项，取得经济效益7亿元，节约资金1.4亿元，近3000名科技人员参加活动。资助“金桥工程”孵化资金项目20项，全年完成省级“四技”合同额1960万元。紧紧围绕产业技术创新和企业自主创新，集聚创新要素，继续推动院士专家工作站建设。目前，全省建站53个，进站院士222名，其中，企业工作站28个、高校工作站16个、区域工作站9个。编辑整理10期《科技专家建议》，省政府领导对《建立高校毕业生基层就业项目长效机制的对策建议》和《关于加快发展阜新液压装备产业的建议》作出重要批示。组织省海洋学会等10个学会围绕全省重点发展的新兴产业开展调研，形成的10篇行业科技发展报告上报有关部门。

开展《科学素质纲要》督查工作。省科协协调召开全省实施《科学素质纲要》工作电视电话会议，副省长滕卫平出席会议并讲话。会后，省政府组成7个督查组赴各市开展《科学素质纲要》实施情况检查，省人大教科文卫委员会对科普经费没达标的市开展工作落实情况的专题调研，国务院办公厅对辽宁省实施《科学素质纲要》情况进行了督查。通过《科学素质纲要》检查，葫芦岛市和朝阳市市县两级科普经费均达到了人均0.5元。3月，联合省统计局率先在全国采取省、市联动的办法开展辽宁省第四次公民科学素质调查。

推动农村科普工作，全省新增科普惠农兴村计划项目62个，获国家、省财政奖补资金1025万元，同比增长50%，773名大学生科普志愿者已经成为农村科普的新生力量。以“科普惠农、科协搭桥、农产品进超市”为主题的第23届辽宁省暨铁岭市“科普之冬”活动启动仪式举行，来自全省120余家单位的8个系列、共266个品种的特色农产品参展。全省有38个县（市、区）参加中国科协“2011～2015年科普示范县（市、区）创建活动”。

开展以“生活处处有低碳，低碳生活有蓝天”为主题的全国科普日活动。建立了社区科普大学数据库。科普大篷车在全省各地开展了百天巡展和“走进神奇的科学世界”百日行动。第25届辽宁省青少年科技创新大赛和第七届辽宁省青少年机器人竞赛吸引了56.5万余名青少年参加，创历届大赛之最。组团参加全国大赛，辽宁省获金牌9枚、银牌19枚、铜牌27枚。继续开展中学生“五学科”奥林匹克竞赛，加强科技辅导员队伍建设，开展百所“科技示范校”评选活动。在科技部、中国科协表彰的全国科普工作先进集体中，辽宁省青少年活动中心获此殊荣。《科普与生活》和《科技致富》电视栏目、省科普展品展具中心5系列主题巡展和6期23万张科普挂图已经成为引领公民科技致富、健康生活的重要载体。辽宁省科技馆新馆外形设计已经完成，内容规划设计正在论证之中。朝阳市科技馆已投入使用，鞍山市、辽阳市新科技馆正在建设之中，锦州、盘锦、葫芦岛科技馆建设已纳入“十二五”规划。

开展学术交流活动，全年省级学会共开展学术交流活动370次，参加人数达3万人次，交流论文1.5万篇。9月13～14日，辽宁省科协联合阜新市委、市政府，中国机械工程学会举办主题为“建设（阜新）国家液压装备高新技术产业化基地”的辽宁省第四届学术年会，专家学者和阜新市有关部门领导对发挥高技术的引领作用和开发高端产品、高附加值产品，加强高新技术企业引进等达成了共识。接待朝鲜橡胶技术交流团和以色列水产养殖专家来辽宁学习、考察和培训。联合省人社厅开展2010年辽宁省自然科学学术成果奖评审工作，共征集学术成果3126项，同比增长17.8%，评出获奖成果1862项，其中获奖论文1702篇、著作131部、科技建议29篇。

建立省级高层次专家库，首批录入了1351名专家信息。全省18个中国科协调查站点完成调查任务。《基层（县域）科技活动的组织研究》、《辽宁新能源发展研究报告》被评为全省优秀调研成果一、二等奖。第7届辽宁省优秀科技工作者评选已经揭晓，马晓刚等140名科技工作者获此殊荣。在中国科协开展的全国优秀科技工作者评选中，辽宁省推荐的张恩和荣获十佳全国优秀科技工作者提名奖，李晓东等26人荣获“全国优秀科技工作者”称号。新资助出版自然科学优秀学术著作22部。联合辽宁大学、省统计局开展首次全省科技工作者状况调查，对10200个法人单位、9836名科技工作者进行了抽样调查，数据录入和中期评估工作均已结束，6个子项目报告和总报告已完成初稿。

加强自身建设，建立省科协常委联系点制度，改版辽宁科协网站，创办《领导参阅》，提升《辽宁科技界》质量和覆盖面。新成立省园艺学会、食品质量与安全学会、植物保护学会、理财规划师协会和可持续发展促进会等5家学会。省科协开展主题为“提高服务能力，推动科学发展，促进全面振兴”的“创先争优”活动，把领导班子建设、干部职工队伍建设和机关建设作为“创先争优”活动的重中之重。省科协荣获省直机关定点扶贫工作标兵单位。

【辽宁省第四届学术年会】

9月13～14日，辽宁省科协联合阜新市委、市政府，中国机械工程学会举办主题为“建设（阜新）国家液压装备高新技术产业化基地”的辽宁省第四届学术年会。年会邀请了50位来自哈尔滨工业大学、兰州理工大学、燕山大学、太原理工大学、沈阳工业大学、沈阳金属研究所、中国科学院沈阳自动化研究所、沈阳铸造研究所等国内有关高校、科研院所和企业的院士和专家学者、企业家，为阜新液压装备产业基地发展把脉支招。阜新市人民政府同中国机械工程学会签定了合作协议，中国机械工程学会将长期对阜新液压和相关产业发展提供科技和人才保障，并承担了为阜新液压产业发展制定发展规划的任务。沈阳铸造研究所同铸造行业协会、兰州理工大学同阜新阜太泵业制造有限公司也签定了合作协议。年会期间举办了液压产业及高新技术发展论坛、阜新铸造产业发展高峰论坛和信息化服务于工业化专题论坛，举办了阜新液压（铸造）产业推介对接会和阜新液压产业发展高端对话会。

【首届辽宁现代农业发展论坛】

5月14日，辽宁省科协与省发展改革委、省财政厅、省农委、省农科院和沈阳农业大学共同发起举办生物技术与现代种业——首届辽宁现代农业发展论坛。省委副书记张成寅出席论坛并讲话。吴常信、盖钧镒和陈温福院士，省农科院院长陶承光应邀作主题报告，论坛形成的《关于辽宁发展生物育种产业的建议》已上报辽宁省委、省政府。论坛由省畜牧兽医、农学、水产、农业经济等学会承办。

【第18届海峡两岸都市交通学术研讨会】

7月4日，由辽宁省科协、上海市科协和台北市交通安全促进会主办，沈阳市科协、沈阳市交通局和沈阳市交通学会承办，以"区域经济发展与交通运输"为主题的第18届海峡两岸都市交通学术研讨会在沈阳市举行。来自海峡两岸300余名交通领域的专家学者围绕沈阳经济区一体化交通发展战略、规划与实施，城际连接带、新城、新市镇交通规划与发展，铁路、航空、轨道交通与常规公交协调发展、管理运营与衔接策略，城市交通组织策略及解决拥堵对策优化方案，城市交通的新技术应用等10个议题展开探讨。研讨会提交论文181篇，促进海峡两岸都市交通产学研各有关单位的交流与合作，推动辽宁省城市交通事业的发展。

【"建家创优工程"活动】

2010年，辽宁省科协在全国率先开展了"建家创优工程"活动，活动力争经过3～5年使全省90%以上科协组织达到有健全的组织服务机构，有完善的服务政策和制度，有规范的服务项目，有成效的服务活动的"建家"目标，成为党政满意、科技人员拥护、社会认可的"科技工作者之家"。2010年率先在全省县（区）科协和基层科协中进行"建家创优工程"考评工作，经各县（区）科协和基层科协申报，各市（地）科协初评推荐，省科协考评验收，25个县（区）科协获得"建家创优工程"优秀组织单位，23个基层科协获得2010年度辽宁省科协"先进科技工作者之家"。优胜单位均授予相应牌匾，并给予适当奖励。

【加强科协机关制度建设】

制定《辽宁省科协议事规则》、《辽宁省科协机关和事业单位人事管理暂行办法》、《辽宁省科协重要工作（事项）督查办法》、《辽宁省科协机关公文处理暂行办法》、《辽宁省科协机关财务管理暂行规定》、《辽宁省科协直属事业单位财务管理暂行办法》等十项规章制度，初步形成了管权、管人、管事的制度框架和风清、气正、和谐的工作氛围。开展机关干部培训与交流，中层正职交流100%，副职交流57%，实现了干部整体的优化配置。成立关心下一代工作委员会和青年工作委员会，省科协直属事业单位全部列为社会公益类单位，完成岗位设置、人员聘用和财务审计工作，首次面向社会公开招聘17名全日制本科以上学历的毕业生，建立良好的办公秩序。

吉林省科学技术协会

2010年，全省各级科协组织专家学者就当地特色产业、支柱产业和经济社会发展中的重大问题建言献策，共上报科技工作者建议1175条，获得领导批示239条。制定印发《关于进一步加强企业科协工作的意见》，大力开展企业"讲、比"活动和"金桥工程"、"四技服务"，促进科技创新，并对两年来"讲、比"活动开展情况进行总结表彰。开展企业科普工作室创建活动，批准25家科普车间或科普展室为省级优秀科普车间（室）创建单位。继续开展院士专家企业行活动，与企业进行一对一咨询交流，进一步完善院士专家信息库、企业信息项目库和企业难题需求库。在海智计划的带动下，来吉林服务的国际及港澳台科技服务团组20余个，200余人次。吉林省科协、长春市科协（海智长春工作基地）、吉林市科协被评为中国科协海外智力为国服务行动计划先进单位。

进一步提升科普惠农兴村计划的社会影响力和认知度。开展省级科普惠农兴村计划先进典型创建工作。首次争取到省财政厅列支30万元专项资金予以支持，对评选出的42个省级科普惠农兴村计划创建典型拨付了奖补资金。围绕新农村建设，指导联合全省各地科协深入开展了"科技专家边疆行"、"科技专家西部行"、"新型农民科技培训乡下行"、"科技能人培训工程"、"科普图书进农家"、"走百乡，帮千户，畜牧（博士）专家乡下行"、"农村科技致富工程"等不同主题的送科技下乡活动。

深入实施《科学素质纲要》。成立吉林省全民科学素质纲要实施工作办公室，召开《科学素质纲要》工作联络员会议，确定全年《科学素质纲要》工作要点，对吉林高端讲坛等一批重点科普项目、优秀科普作品和科普教育基地进行表彰。完成中国公民科学素质调查吉林省抽样调查工作，在全国率先完成全省全民科学素质建设自查工作。

开展主题科普活动。省内各级科协及所属学会组织开展主题科普活动1200多次，参加活动科技工作者1.6万人次，受众70万人次。举办青少年科技竞赛154次，参赛人数20万人次。编写科普读物310种，发放科普宣传资料600万份。全省各级科协共举办不同层次、不同类型的科普报告会1100多场，听众近10万人次。吉林省科协科普艺术团深入社区为广大居民举办科普演出40多场次。全国科普日暨吉林省第八届科普周活动期间，在辽源市启动中医大讲堂系列科普讲座。基层科协广泛开展科教进社区活动，已覆盖全省60%以上的社区。延吉市的邻里科普日、长春市绿园区的红书兜科普行动、抚松县的科普学校进社区、蛟河市的科普服务"一线通"等特色科普项目受到中国科协表彰。面向青少年开展了科技创新大赛、科技艺术大赛、机器人竞赛、航模竞赛、科学调查体验活动、科技馆活动进校园等各类科技活动。参加第25届全国青少年科技创新大赛，吉林省参赛的14个青少年科技创新成果竞赛项目全部获奖，其中一等奖3项、二等奖6项、三等奖4项、专项奖4项。

加强科普基础设施建设。投资1.1亿元的吉林省科技馆新馆已完成布展施工、展品定制、进场安装等各环节、各阶段工作任务，计划2011年开馆接待观众。"科协·科普视频传播网"即电子科普画廊建设工程进一步加大覆盖面，并实现全省电子科普画廊内容无线传输，全年视频传播网共制作和播出科普节目10期。已实施4年的千街万米科普画廊建设工程已建科普画廊近7500延长米。"一站一栏一员"建设已形成农安、九台、前郭片区，蛟河、桦甸、磐石片区，梅河口、辉南、柳河片区的区域性建设。

推动科普资源共建共享，自主或联合有关单位共同开发科普挂图12套，有3套被中国科技馆评为优秀作品，获资助6万元。完成6期科普挂图的制作和配发工作，全年共配发基层科协35个类别挂图4000套、40000多张。每两个月为全省300所学校（包括部分企事业单位）刻录配发《科普大篷车》节目光盘，全年共配发光盘近8000张。向全省市、县发放邪教危害警示教育宣传挂图3000多套，发放《让校园充满阳光》、《开启心灵的钥匙》等6种警示教育和反邪教教育转化图书、资料4000多册。为基层科协配发双面科普展板700块。

丰富学术交流内容与形式，举办吉林省第六届科学技术学术年会、吉林省第四届青年科学家论坛、第八届生命科学大型学术报告会、2010农特产品加工研讨会、第二届健康生活方式科技论坛等各学科各层次的学术交流活动。与多家单位联合承办2010中国（长春）国际汽车论坛暨中国汽车工程学会年会。举办国际环境科技研讨班。首次组织代表队参加第九届海峡两岸大学生辩论赛，组织专家、学者赴中国台湾地区参加海峡两岸首届农业专业合作组织创新发展研讨会并考察相关单位，邀请中国台湾地区4位农业专家到吉林省开展"台湾农业管理培训"。与日本、南非等国家的科技社团保持良好联系，搭建交流沟通的平台。吉林省科协国际部被全日本中国人博士协会誉为"海外科技工作者之家"。

促进学会工作科学化、规范化、制度化建设。在省级学会中全面推行学会评价工作，指导成立了吉林省人畜共患病学会、风能太阳能学会、昆虫学会。举办全省科技界迎新春联谊会、全省青年科技工作者座谈会及形式多样小规模的科技工作者联谊活动。积极举荐人才，评选推荐邹广田、李玉等16人获得"全国优秀科技工作者"荣誉称号，李玉获得"十佳全国优秀科技工作者提名奖"。评选推荐刘冰冰、韩艳春、窦慧莉3人为中国青年女科学家候选人，吉林大学超硬材料国家重点实验室刘冰冰教授获奖。加大宣传工作，在《吉林日报》开办专栏25期，宣传穆钢、严干贵、刘亚斌等科技、科普人才13名。中国科协网、《吉林日报》、吉林电视台等新闻媒体刊发吉林省科协稿件216篇，市州、省级学会稿件221篇。

【决策咨询和建言献策】

组织省科学技术与工程咨询委员会委员建言献策，其中《关于建设年产1000万吨页岩油工业园区的建议》得到吉林省委书记孙政才的批示，《关于进一步加大粉煤灰综合利用的建议》得到省长王儒林的批示，《关于在"十二五"时期重视发展县域产业集群的几点建议》得到省政府副秘书长张宝田的批示。在省政府决策咨询会议上，《关于珲春出口加工区转型升级为综合保税区的建议》得到省长王儒林认可，已申请国家批准。管欣等委员分别就发展新能源汽车、加快石化产业发展、推进长吉图先导区建设、提高城市集中供热系统运行可靠性、风电产业发展等重大问题提出的建议，为吉林省政府领导决策提供了重要参考。围绕吉林省委、省政府中心工作，省科协组织专家确定自选课题8项，委员主动报送建议17篇。《关于建立基于新型超强X光源的多功能科学技术平台的提案》受到吉林省发展改革委、科技厅的高度重视，纳入吉林省"十二五"规划。

【颁布《吉林省自然科学学术成果奖评审与管理办法》】

由吉林省科协独立开展的吉林省自然科学学术成果

奖评选已举办七届。经过协调，2010 年 11 月，省科协与吉林省人力资源和社会保障厅联合签发《吉林省自然科学学术成果奖评审与管理办法》，在全省各省级学会（协会、研究会），市（州）科协，人力资源和社会保障局，有关科研院所、大专院校、企事业单位中颁布实施。《办法》中的表彰奖励条款规定，吉林省自然科学学术成果奖一、二、三等奖比照省部级科技进步奖的二、三、四等奖，可作为科技工作者任用、晋级、评定专业技术资格（职务）和推荐评选全国杰出专业技术人才、“新世纪百千万人才工程”国家级人选、享受国务院特殊津贴专家、省有突出贡献的中青年专业技术人才、青年科技奖等重要奖项的依据。

【吉林省第六届学术年会】

10 月 15 ~ 25 日，由吉林省科协主办，吉林省园艺学会、中医药学会、生态学会、化学会、医学会、石油学会联合承办的吉林省第六届学术年会在长春市举行。年会以“低碳经济与科学发展”为主题，围绕新时期园艺产业发展战略、中医药文化传承与创新发展、低碳与生物资源、清洁能源与生态环境材料、低碳经济与健康、油田科技发展等专题展开研讨，有 29 名报告人作学术报告。参会人员超过 1500 人。本届年会共征集学术论文 266 篇，结集公开出版。

【企业“讲、比”活动总结表彰会议】

12 月 24 日，吉林省委组织部、发展改革委、工信厅、科技厅、国资委和吉林省科协联合召开 2009 ~ 2010 年度全省“讲理想、比贡献”总结表彰会议。吉林省委副书记巴音朝鲁，省科协主席刘淑莹，以及省委副秘书长刘利华出席会议。各市州、长白山管委会“讲、比”活动领导小组成员单位，获得先进集体荣誉称号的企业代表、科技标兵和组织者代表，部分企事业科协秘书长等 150 多人参会。会议对两年来企业“讲、比”活动情况进行总结。两年来，全省参加“讲、比”活动企业 159 个，完成“讲、比”活动项目 3185 项，提出合理化建议 17912 条，实现经济效益 5 亿多元。会议表彰了 30 个先进集体、30 名科技标兵和 30 名优秀组织者。

【组织参加全国科普日活动】

9 月 18 日，以“坚持科学发展，走进低碳生活”为主题的 2010 年全国科普日暨吉林省第八届科普周、吉林省首届青少年航模科技节启动仪式在吉林市举行。吉林省委副书记巴音朝鲁，省人大常委会党组书记、副主任唐宪强，省政协副主席支建华，省委副秘书长刘利华，省政府副秘书长李建华出席启动仪式。此次活动由吉林省科协主办，吉林市全民科学素质工作办公室 24 个成员单位具体承办，吉林省农科院、吉林市经济广播电台都市 110 等单位和部门参与协办。启动仪式上，与会领导向全省青少年航模科技活动示范校和“吉林市绿色社区和低碳家庭”代表授牌颁奖，并向全省 20 个基层科协赠送 20 台电脑和 20 台打印机。活动主会场分科普展板展示区、农技协名优特及新产品展示区等 11 个活动区。

【“科协·科普视频传播网”建设】

“科协·科普视频传播网”是“千街万米科普画廊建设工程”的延续，主要是在农村的车站、超市、小卖店等公共场所建设视频播放点，通过电子画廊播放科普类节目，开展科普宣传。目前，全省电子画廊数量达 700 个，主要覆盖长春、吉林、延边、松原 4 个地区。为实现对科普视频节目的远程传输和终端控制，2010 年吉林省科协着重节目控制室建设和视频网联网工作，控制室现已建成并投入使用。技术上采用专用软件控制，通过网络远程传输、控制、更新、播放节目内容，全省范围内即时滚动，同步播出。全年共制作和播出科普节目 10 期，每期编排采播节目 6 ~ 7 个，循环滚动播出。在节目内容的制作和选定上，除播放《科普大篷车》等统一制作的节目外，还根据各地区经济发展的不同状况和农民的实际需要，选择和制作一些针对性和实效性较强的特别节目。

【“吉林省青少年科技创新省长奖”设立】

9 月，经吉林省政府批准设立“吉林省青少年科技创新省长奖”，并增设“青少年科技创新省长奖”专项资金，用于奖励在青少年创新活动中取得突出成绩的个人和组织。“吉林省青少年科技创新省长奖”是吉林省政府设立的青少年科技创新活动的最高荣誉。此项活动由吉林省科技厅、教育厅、财政厅、科协、团省委等部门联合开展。省政府每年对获奖者进行表彰，“省长奖”表彰人数不超过 10 名，每人奖励 5000 元；鼓励奖人选不超过 30 人，每人奖励 2000 元。同时授予省长亲笔签名的荣誉证书和奖牌。在表彰条款中，获得“全国青少年科技创新大赛”一、二、三等奖和“吉林省青少年科技创新大赛”一等奖被列为“省长奖”的参选条件之一。此外，还设立“吉林省青少年科技创新组织奖”，表彰青少年科技创新活动成绩突出，并有“吉林省青少年科技创新省长奖”获奖者的学校或单位，每两年评选一次，每届获奖单位不超过 5 个。

黑龙江省科学技术协会

2010 年，黑龙江省科协积极组织课题研究，开展建言献策。围绕黑龙江省提出的推进“八大经济区、十项工程”建设中的热点、重点和难点问题和加强科协自身建设等问题，确定了《积极拓展科协组织作为科技工作者之家的服务功能》等17项课题，并形成了调研报告。3月22日，由黑龙江省科协和黑龙江气象局共同主办，在哈尔滨市召开2010年黑龙江省农业防灾减灾对策研讨会，来自气象、农业、水利、水文、种子、植保、森林防火、畜牧、水产等领域的农业防灾减灾专家就2010年黑龙江省可能发生的农业自然灾害进行了综合分析、预测，形成了《2010年黑龙江省农业防灾减灾对策建议》，省委《社情动态》和省政府《政府领导参考》给予了转载。开展海外引智架桥活动，促成了哈尔滨市政府与以色列英菲尼迪基金合作和黑龙江省以色列奶牛示范场建设，以色列国际合作中心拟投入20万美元和相关技术到齐齐哈尔飞鹤乳业建两个奶牛示范场，并由以色列阿菲金和SCR两个奶牛公司赠送两套自动挤奶设备和管理软件支持示范场建设。

实施《科学素质纲要》督查工作。9月5~9日，由农业部科技司巡视员王衍亮为组长，国办督查室、中央组织部、农业部、国家民委、中国科协等部门领导组成的国务院办公厅第三督查组一行8人对黑龙江省《科学素质纲要》实施情况进行了全面的督导检查。省政府副省长孙尧会见了督查组成员。黑龙江省全民科学素质纲要实施工作联席会议成员单位负责人共计20余人参加了《科学素质纲要》工作汇报会。省全民科学素质实施工作联席会议召集人，省科协党组书记、副主席闫永华向督查组作了专题汇报。督查组先后深入哈尔滨、牡丹江、大庆和黑河4个市对农村科技合作社、农业科技示范园区、农村党员远程教育点、石油科技馆、社区、学校、企业和省科普教育基地等15家单位落实《科学素质纲要》的情况进行了实地督导检查。

开展主题科普活动。9月20日，黑龙江省“全国科普日”活动在哈尔滨市道里区防洪纪念塔广场举行。据统计，在全国科普日期间，全省各地共组织科普大篷车巡回展、科普夏令营、科普报告会、科普互动剧场、科技馆进校园、科普广场（街道）宣传、科技培训班、科技咨询、科技下乡9大类116项主题活动，有近百万群众参加了科普日活动，其中青少年达40余万，科普工作者1万余名。全省各地主要媒体及各市（地）媒体播发科普日活动消息40余件。

围绕“节约能源资源、保护生态环境、保障安全健康”主题，组织全省13个市地的120多所中小学，约11.3万人围绕主题开展了“我的低碳生活——青少年科学调查体验活动”。通过举办低碳生活方式宣传及科普知识讲座、“我身边的低碳生活”主题演讲比赛、科技创意大赛活动、“低碳生活”校园科普节、低碳宣传画征集活动、低碳生活科普知识竞赛等形式，在广大青少年中宣传低碳生活的重要意义。

履行对省级赛区学科竞赛的监督和管理工作，逐步完善《黑龙江省五项学科竞赛条例》，使竞赛活动更加规范化、科学化。截至2010年10月，全省共有120多名选手获全省五项学科竞赛一等奖。开展了“青少年科技创新大赛”、“明天小小科学家”奖励活动、“青少年机器人竞赛”等青少年科普品牌活动。有2名选手获全国青少年科技创新大赛一等奖，15名选手获得全省青少年科技创新大赛一等奖；有8人获得全国青少年机器人竞赛三等奖，15名选手获得全省青少年机器人竞赛一等奖。

开展了“千名农业科技大王进万家携手致富活动”，省科协组织全省近20名农业科技致富带头人深入通河县农户家中开展技术指导，提供农业实用技术服务，传授生产经验，充分发挥全省农业科技大王的示范带动作用。在科普惠农兴村计划工作中，黑龙江省有14个农技协、5个农村科普示范基地、9个农村科普带头人获得国家级奖励，有10个农技协、7个农村科普示范基地和5名个人获得省级奖励。

推动以“站栏员”建设为主要内容的科普设施建设，在铁力、青冈等6个县（市）投入32万元开展农村科普宣传栏建设项目。截至2010年底，黑龙江省已累计投入128万元，各地配备80万元，累计建设标准科普宣传栏148。延米。制定了《黑龙江省少数民族科学素质提升行动项目方案》，由省财政划拨90万元，作为杜蒙自治县、双城锡箔族等16个少数民族自治乡的科普资源开发、科普活动、科普基础设施建设等方面的专项资金。开展了全省科普教育基地认定工作，21个单位被重新认定并命名为“黑龙江省科普教育基地（2010~2014年）”，24家单位被新命名为“黑龙江省科普教育基地（2010~2014年）”。2010年中国科协为黑龙江省配发科普大篷车5辆，全省科普大篷车总数达到16辆。2010年度黑龙江省科协科普大篷车共行驶近1万公里，开展科普宣传活动52次，科普讲座68场，发放科普宣传资料近5万套，参与群众人数达12万人次。

2010年黑龙江省共举办各种类型的学术会议和学术报告300余场次，其中，跨地区、综合性的50余场次，交流论文5000余篇，参加省、全国、国际性学术研讨活动13000余人次，促进了学科交叉融合和学术繁荣。

组织开展了黑龙江省优秀科技工作者评选表彰活动，差额评选产生了50名黑龙江省优秀科技工作者获奖者，其中20名经推荐获得全国优秀科技工作者荣誉称号。由黑龙江省推荐的杨宝峰院士荣获“十佳全国优秀科技工作者”荣誉称号。召开了黑龙江、广东科协组织为高层次人才服务座谈会。广东省委组织部、省人保厅、省科协组织广东省部分国家重点学科带头人、中国青年科技奖获奖者及各领域专家学者到黑龙江考察科技和人才工作。考察团一行26人来到黑龙江省科协，与黑龙江省委组织部、省科协及部分专家、青年科技奖获奖者进行了座谈。

【黑龙江省暨哈尔滨市通河科普大集】

4月8日，以“科学技术普及与现代农业和新农村建设同行”为主题的黑龙江省暨哈尔滨市通河科普大集活动在通河县举行。本次科普大集由省委宣传部、省科协、省科技厅、省财政厅和哈尔滨市委宣传部、市科协、市科技局、市财政局共同举办，由通河县委、县政府具体承办，是第二十二届“科普之冬”活动的重要组成部分。省委副书记杜宇新、省人大常委会副秘书长钱福永、省政协副主席陶夏新参加了科普大集开幕仪式，省科协主席马淑洁宣布科普大集开幕，省直全民科学素质行动计划纲要成员单位的17个部门出席了开幕仪式。本次活动主要包括开集仪式、千名农业科技大王进万家携手致富活动、农业生产技术培训和讲座、科普惠农兴村带头人与农民座谈交流会、党政干部科普专题报告会等活动。开集仪式活动现场还设立了科普宣传咨询、科普专题展览、科普大篷车展教、科普互动剧场表演、省电台现场直播、农民工现场招聘、义诊和健康咨询、农机农资和家电下乡产品展销、招商引资洽谈9个展区，设立展台近200个，展出各类科普展板500余块。在科普大集活动期间，共组织各类涉农专家200余人，发放科普资料10余万份，来自通河县及周边县市的4000多名群众参加了大集活动，举办培训20场次，直接受益群众达4万余人次。

【黑龙江省暨哈尔滨市全国科普日活动】

9月20日，由中共黑龙江省委宣传部、黑龙江省科协、黑龙江省财政厅、黑龙江省科技厅和中共哈尔滨市委宣传部、哈尔滨市科协、哈尔滨市财政局、哈尔滨市科技局联合主办，道里区委、区政府承办的黑龙江省“全国科普日”活动在哈尔滨市道里区防洪纪念塔广场开幕。省委常委、省国资委党委书记赵克非，省人大常委会副主任陈述涛，省政府副省长孙尧，省科协主席马淑洁，哈尔滨市委常委、宣传部长朴逸，省科协党组书记、副主席闫永华，哈尔滨市科协党组书记、副主席孙鸿达，省科协副主席杨铭铎、唐衍伟、丛丽及省委组织部、省委宣传部等省直厅局负责同志，以及哈尔滨市有关部门负责同志出席了开幕仪式。省市有关学会、省老科协、企业科协、社区群众、机关干部、科普志愿者、中小学生万余人参加了开幕式。哈尔滨市委常委、宣传部长朴逸主持开幕仪式，省委常委、省国资委党委书记赵克非作了讲话，省科协副主席唐衍伟宣读了黑龙江省科协关于命名黑龙江省科普教育基地的决定，省、市领导进行了授牌。活动期间，共展示主题科普知识、《全民科学素质行动计划纲要》知识、科学发展观知识、反邪教知识等各类展板6000余块；组织青少年开展“节纸实验”、“英特尔”计划、发明制作展等活动120次，科普互动剧表演120余场；有10余个学会近百名科技专家参加“科普日”宣传咨询活动，接待咨询人数近万人；组织健康义诊咨询台600余个，免费为群众义诊近万人；出动科普大篷车深入农村、社区、学校，开展展教活动200余次；开展学术论坛及各类知识讲座30余期；发放各类宣传资料50万份，有近百万群众参加了科普日活动。

【“黑龙江省优秀科技工作者”评选表彰】

9月15日，黑龙江省优秀科技工作者评审会议在省科协召开。会议由省优秀科技工作者评审委员会主任、省科协党组书记、副主席闫永华主持。省科协部分专兼职副主席，有关部门、省级学会、地方科协、基层科协的负责同志及专家、学者参加了评审推荐工作。会议经评审委员会评审并投票产生了于洪利等50名黑龙江省优秀科技工作者获奖者及卞红雨等20名全国优秀科技工作者候选人，并从中评选哈尔滨医科大学校长杨宝峰院士为“十佳全国优秀科技工作者”提名人选。中国科协12月6日召开的新闻发布会上，黑龙江省推荐的“十佳全国优秀科技工作者”、“全国优秀科技工作者”候选人全部获奖。12月15日，黑龙江省科协在黑龙江省图书馆召开了黑龙江省优秀科技工作者表彰大会，对黑龙江省荣获“全国优秀科技工作者”和“黑龙江省优秀科技工作者”的获奖者进行了表彰。表彰会由省科协党组成员、副主席杨铭铎主持。党组成员、副主席丛丽宣读了全国优秀科技工作者和省优秀科技工作者的表彰决定。党组书记、副主席闫永华为获奖者颁奖。

【第五届太阳岛科技论坛】

5月6日，黑龙江省科协主办的黑龙江省2010学术年会暨第五届太阳岛科技论坛在黑龙江省图书馆学术报告厅召开。年会以“全球金融危机背景下的新技术革命”为主题，来自全省各领域的科技工作者400余人参加了会议。会议由黑龙江省科协党组书记、副主席闫永华主持。黑龙江省自然辩证法研究会理事长、黑龙江省科协常委孙慕天教授作了《后金融危机时期中国经济发展方式的转变》主题报告。黑龙江省数量经济学会、省科学消费研究会、大兴安岭地区科协和伊春市科协分别承办了本届年会的四个分会场的学术活动。

上海市科学技术协会

2010年上海市科协在系统内组织开展了“十二五”规划大讨论活动，并提出“以科技创新支撑和引领上海未来经济社会发展”等建议。推进院士专家企业工作站建设，制定了《关于做好上海市院士专家企业工作站试点工作的实施意见》，为做好工作站的分工协作、建站管理和规范运作服务奠定了基础。联合闸北、崇明等区县科协，建立中国铁路通信信号上海工程集团公司等5个院士专家企业工作站（室）。继续面向科协系统的学会、区县科协和园区、企业科协开展技术经纪人培训，有30多人通过国家组织的技术经纪人资格考试。继续试点开展主要面向中小企业自主研发成果和引进技术的科学技术评价工作，造船学会等15个试点单位承接的80多项科技评价项目已基本完成。

开展“讲理想、比贡献”活动，召开全市科协系统“讲、比”活动推进会，多次深入闵行等区县、上海石化等企业、漕河泾等园区指导开展“讲、比”活动。组织开展2009~2010年度上海市“讲、比”活动的评选表彰工作。在全国“讲、比”活动的评选工作中，上海宝钢集团有限公司等5家单位获得先进集体称号，8人获得科技标兵或优秀组织者称号。

以青少年科普工作为重点，进一步推动《科学素质纲要》落实。以未成年人科学教育推广试点项目、第25届英特尔上海市青少年科技创新大赛和上海科学会堂青少年英才俱乐部活动项目为抓手，推进未成年人科学素质行动。继续开展领导干部选学培训、公务员科学素质培训和不同类型的继续教育工作。开展科普惠农兴村计划，两家基层单位被评为2010年全国科普惠农兴村先进单位，两人被评为2010年全国科普惠农兴村先进个人。加强公民科学教育等基础工程建设，展示上海近现代科学技术重大成就的上海科技发展展示馆建成，并开始试运行。

结合社会热点开展各类学术活动，满足科技工作者进行交流的内在需求。8月，召开第八届上海科协学术年会，聚焦世界博览会与低碳城市，积极关注后世博时代城市和城市科技的发展前景，60多家学会举办180多场次专题交流活动。组织由57家学会参与的世界博览会科技信息研究，完成相关专业领域的研究报告。首次采取闭门会议的形式举办院士圆桌会议，院士、专家围绕“十二五”期间高层次创新型科技人才的培育和集聚展开研讨。围绕“十二五”规划讨论、太阳能发电等举办新思维头脑风暴学术沙龙等高层次、交叉性学术交流活动。承办第六届中国科技期刊发展论坛，主办四直辖市科协党组书记联席会议。加强国际及港澳台学术交流，邀请李政道、巴里·马歇尔等诺贝尔奖获得者为世界博览会“科技创新与城市未来”主题论坛作主旨报告。

推进学会创新发展深入开展星级学会评估工作，星级学会数量达到学会总数的55.4%。继续实施“311学会建设工程”，加大对学会开展学术交流活动的资助力度，学会开展的前沿高端、科技世博、在线学术交流等32个重点学术活动项目得到资助。推出“促进市级基础研究类学会发展”资助项目，支持学会继续开展学科、行业技术与社会事业发展研究项目。在中国科协“学会之星”年度评选中，上海市科协所属22家学会榜上有名，位列全国第一。

加大科技工作者状况调查和对优秀科技工作者的举荐、培养、表彰和宣传力度，促进科技人才成长。联合相关区县科协完成上海科技工作者状况调查，上海领军科技人才状况调查和上海青年科技工作者住房状况调查。开展第五届上海青年科技英才评选工作，加强“飞翔计划”和“晨光计划”的推广工作。

推进科协组织网络建设，增强园区和企业科协的活力。新增5个园区科协、1个区科协驻园区工作站、2个企业科协和4个街道（镇）级企业科技工作者之家。在扩大科协为科技工作者服务的覆盖面同时，协调联合区科协、园区科协开展科技服务进园区系列活动，与金桥出口加工区科协合作，举办“走进金桥——泛亚行”活动，完成杨浦创智天地变电站技术改造总体方案论证等10余项“星期日工程师进园区”活动项目。

做好世界博览会接待和安全稳定工作，市科协机关各部门及各直属单位共接待参观世界博览会会团组255个5200余人次。其中包括省部级以上领导28人次、院士78人次，以及来自英国、日本、瑞典和香港特别行政区、澳门特别行政区、中国台湾地区的36个代表团，共计835人次。市科协有9人次在“世博立功竞赛”等活动中受到嘉奖。

【围绕上海世界博览会开展科普宣传】

实施“科技世博”传播计划，积极参与科技世博行动。围绕世界博览会“城市，让生活更美好”主题开展了系列科普活动，与市委宣传部、市科技党委和市科委共同举办“相约名人堂——与院士一起看世博”活动53场，邀请54位国内外院士与公众在世界博览会公众参与馆就科技前沿和社会热点话题进行互动对话，近600万人次通过现场、网络、手机等途径参与活动。开发“青少年玩世博”大型科普网络游戏，将网络互动、网页游戏、世界博览会知识、低碳理念和青少年科普资料包等多种元素进行整合，网站访问量达55万人次。“新民科学咖啡馆”开进世博园，与欧盟共同举办“城市中的科学”中欧世界博览会科技周活动。2010上海科技活动周在市、区（县）、街道（乡镇）三个层面，开展近400项丰富多彩、各具特色的科普活动。

【建言献策服务上海经济社会发展】

围绕经济社会热点，开展决策咨询工作，通过座谈讨论、书面征询意见、网络征集等多种方式，在系统内组织开展了上海“十二五”规划大讨论活动，并提出“以科技创新支撑和引领上海未来经济社会发展”等建议，反映了广大科技工作者对本市“十二五”发展的共识。《长江港口航道、水土生态综合研究》项目获上海市2010年决策咨询研究成果二等奖，课题成果已应用于上海港6期建设生态补偿项目。运用《科技建言》等载体，发动科技工作者积极建言献策、贡献智慧，其中《关于将研发“东方星”纳入上海“十二五”战略性新兴产业和科技发展规划的建议》等得到了市委、市政府领导的5次重要批示。政协科协界别委员在参政议政方面发挥独特作用，提交了44件团体提案或个人提案。

江苏省科学技术协会

积极开展建言献策活动。《江苏省科技工作者建议》报送的江苏省仪器仪表学会理事长刘京南《关于加强无线传感器网络技术研究的建议》、南京林业大学副校长王国聘《关于江苏省率先创建低碳社会的建议》，受到了省委、省政府的高度重视，省主要领导作出批示，省有关部门积极采纳。2010年省科协资助学会重点学术活动88个。9月29日，在南京市召开了重点软课题资助项目《江苏老年问题研究》成果发布会。该课题包括6个子课题，历时1年，专家们就如何应对江苏人口老龄化提出了许多真知灼见。

大力开展学术交流。举办首届江苏省自然科学学术活动月。全省130多个省级学会组织2万多名科技工作者，围绕“繁荣学术、活跃思想、培养人才、激励创新”主题，开展了包括主题论坛、学术报告、学术沙龙、专题研讨、科技成果展览展示、交流考察等80场学术活动，活动期间召开了第三届江苏省青年科学家年会。

继续开展科普惠农兴村计划。2010年全省共有21个协会、21个基地、22名带头人受到国家和省级“科普惠农兴村计划”表彰，获得奖补资金654万元，比2009年增长29.76%。常州市、镇江市、南通和部分县（市、区）财政设立专项资金支持“科普惠农兴村计划”实施。按照有专家、有场地、有设备、有项目、有培训、有牌子的“六有”要求，各地建立科普惠农服务站770个，其中省级科普惠农服务站72个。

扎实开展《科学素质纲要》督查。江苏省《科学素质纲要》督查工作按照四个步骤有序进行。4月下旬在106个县（市、区）组织开展自查，5月上旬各省辖市对所辖县（市、区）进行全面督查，6月省政府办公厅组织5个督查组，对全省13个省辖市及所属一个县（市、区）进行了现场督查，省《科学素质纲要》实施领导小组各成员单位进行自查。6月28日，省政府召开了督查情况专题汇报会，听取各牵头单位专项任务实施情况和全省督查情况的汇报，省政府分管领导对全省进一步深入实施《科学素质纲要》工作及制订《江苏省全民科学素质行动规划（2011—2015年）》提出了明确要求。

精心组织重点科普活动。5月15～21日举办了第22届江苏省科普宣传周，开展了省级重点科普活动15项，联办单位、省级学会、市县级重点活动3000余项，累计发放资料300万份，各界群众1200万人次参与了科普活动。9月18日，2010全国科普日江苏省主场活动在南京市举行，主题为“走近低碳生活，你我共同参与”。江苏省副省长何权与3000多名市民一起参加了活动。科普日期间开展了2000余项科普活动，发放宣传资料近100万份，各级电视媒体、电子科普画廊播放科普影视作品1000场次，累计1180万人次接受了科普教育。2010年江苏省科协先后邀请中国科学院院士汪品先、中国工程院院士潘云鹤、中国工程院院士陈运泰、中国工程院院士丁一汇、中国科学院院士陈旭、中国工程院院士栾恩杰、中国工程院院士贲德等7位院士来南京作高端科技报告，4200多名社会人士参加了报告会。

科普服务能力建设得到进一步加强。2010年，全省各地在建科技馆总投入达10亿元，建筑面积达122436平方米，展厅面积达49920平方米。目前，全省各地科技场馆建筑面积达14.17万平方米，展厅面积达8万平方米，年接待102.3万人次。全省已建成全国科普教育基地34个、省级科普教育基地181个，科普活动站1.3万个，面积达76.3万平方米，科普图书室12929个、科普图书1742.8万册，科普画廊（宣传栏）2.4万个、总长度达12.9万延米，电子科普画廊396座。继续开展科普大篷车苏北百乡行活动，先后到38个县（市、区）、89个乡镇、学校，共举办科普活动110场次，受益观众达18.6万人次。

加强国际民间科技交流与合作。全年组织出国团组13批76人次，接待来访团组72批399人次；对台交流团组13批175人次。利用江苏海外华人智力库平台发布“2010年苏州国际精英创业周”信息，有7个海外科技团体报名参加；协助荷兰、加拿大、美国华人专家开展项目接洽、成果发布、技术交流，促成一批项目在江苏落地开花。联合世界银行——国际货币基金组织华人职员协会举办“世界银行华人专家江苏行”活动，组织召开专家座谈会，并组织世行专家到南京市、无锡市、南通市等地实地考察，为江苏推进科技创新、参与国际竞争提出宝贵意见。与英国驻沪总领事馆合作，先后在南京市、南通市、扬州市等地举办了7场科技咖啡馆活动。

开展走访慰问老科技工作者活动。10月13日，省科协发出《关于开展走访慰问老科技工作者活动的通知》，要求全省各级科协切实加强为老科技工作者服务工作，保障工作经费，并在重阳节期间对80岁以上的有特殊困难的老科技工作者要有重点地走访慰问，90岁以上的老科技工作者原则上要全部走访慰问一次。党组主要领导在有关媒体发表署名文章，并带领职能部室负责人走访慰问省老科技工作者协会和部分老专家。省科协还在八届常委会下增设老科技工作者工作委员会，负责对全省老科技工作者的服务联络工作的研究、规划、协调和指导。

开展评选表彰工作。会同省人力资源和社会保障厅评选产生了江苏省科协系统先进集体54个、先进个人200名，其中10名为江苏省科协系统先进工作者，享受市级劳模待遇。第九届江苏省优秀科技工作者100名，在省科协“八大”开幕式上进行表彰。会同省委组织部、省人力资源和社会保障厅评选产生“江苏省十大青年科技之星”和10名“江苏省青年科技奖”获得者，在第三届江苏省青年科学家年会上表彰。

加强自身建设。江苏省科技工作者活动中心建成开放。4月8日，省委常委、宣传部长杨新力出席江苏省科技工作者活动中心揭牌仪式，并为中心揭牌。中心运营以来，共接待各类活动55场（次），人数2500人（次），社会经济效益明显。制定《江苏省科协第八届委员会工作规划》，安排了24项主要工作，是第八届委员会今后5年的工作重点，也是省科协致力打造的长线品牌。

开展省级学会学习实践科学发展观活动。根据中央和省委的统一部署，3月19日，召开了省级学会深入学习实践科学发展观活动总结大会，省药学会、省环境科学学会、省公共关系协会分别作了交流发言，省环境科学学会等15个“省级学会深入学习实践科学发展观活动先进单位”受到了表彰。成立了江苏省科协党建工作站，加强了省级学会党的建设。召开了八届二次常委会议，增补冯少东为省科协副主席，推选汤成快为省科协秘书长。

【省科协第八次代表大会】

6月19~21日，省科协第八次代表大会在南京市隆重召开。省委书记、省人大常委会主任梁保华，中国科协常务副主席、书记处第一书记邓楠出席会议并讲话，省科协党组书记、常务副主席徐耀新主持大会开幕式。会议表彰了第九届江苏省优秀科技工作者100名，2005~2009年度江苏省科协系统先进工作者10名、先进个人190名、先进集体54个，700多名科技工作者和各界人士出席了大会。大会举行了三次全体会议，听取并审议通过了省科协第七届委员会主席、中国工程院院士欧阳平凯作的《团结带领全省广大科技工作者为“推动科学发展、建设美好江苏”努力奋斗》的工作报告，修订了《江苏省科学技术协会章程》，选举欧阳平凯为省科协第八届委员会主席，徐耀新、施正荣等17位同志为副主席，赵勇进、冯少东、汤成快等41名同志为省科协常委。与第七次代表大会相比，省科协第八次代表大会有三个新内容、新特点，一是在大会期间，安排代表听取了两个高规格的报告——省长罗志军的经济形势报告、中国工程院常务副院长潘云鹤院士的科技报告；二是新当选的副主席和常委中增加了一批海归和科技型企业、新经济组织的代表；三是10名省科协系统先进工作者享受市劳模待遇。

【公推直选机关党委书记、副书记】

为发扬党内民主，发挥党员的主体作用，省科协党组在省级机关中率先采用公推直选方式选举产生第六届省科协机关党委组成成员。经过全体党员3次投票，在符合条件的3名副厅职干部中差额选举机关党委书记候选人1名，在7名机关正处级或副处职满两年干部中差额选举机关党委专职副书记候选人1名，在7名机关和直属单位正处职干部中差额选举机关党委委员候选人3名。候选人选全部获得省科协党组研究通过。2010年12月9日，省科协召开全体党员大会，经过152名党员投票，所有候选人全部高票当选。省委省级机关工委书记邢春宁出席会议并讲话，省科协党组书记徐耀新发表《坚守共产党人的精神家园》讲话。省科协是江苏省级机关第一家以公推直选方式选举产生机关党委领导班子的单位，在保障党员主体地位和民主权利、推进机关基层党内民主建设方面，走在了省级机关的前头，为省级机关党组织开展公推直选工作进行了一次成功的试点，创造了有益的方式、方法，具有很强的示范性和导向性。

【贯彻落实省委《关于进一步加强新时期科协工作的意见》】

2009年12月，中共江苏省委印发了《关于进一步加强新时期科协工作的意见》，为深入贯彻落实省委《意见》精神，3月6日，省科协与《新华日报》社、《江苏科技报》社联合召开学习贯彻省委《意见》精神座谈会。会议由省科协党组书记、常务副主席徐耀新主持。座谈会邀请有关省辖市、县（市、区）党委政府负责同志，部分省辖市科协、省级学会、企业科协和县（市、区）科协的专兼职干部结合各自工作实际，畅谈学习《意见》的体会和贯彻落实的举措。截至2010年底，全省共有8个省辖市、27个县（市、区）党委印发了贯彻文件。淮安市委办公室对县（区）党委、政府和市有关部门贯彻落实市委《意见》情况进行了督查。徐州市委办公室将市委《意见》梳理为15项重点工作任务，分解到市有关部门、县（市、区）党委落实解决，并明确要求市委督查室组织督查。通过贯彻省委《意见》，江苏省各级科协，特别是苏中、苏北地区科协的工作环境有了明显改善，徐州市科普经费增幅接近50%，淮安市、泰州市增幅达30%，南京市、扬州市、盐城市增幅近20%，苏州市、无锡市、常州市增幅在10%以上。

【举办首届青少年科普嘉年华】

江苏省科协从2010年起将第十五届国际科学与和平周（江苏地区）金钥匙科技竞赛团体决赛拓展为青少年科普嘉年华活动，以进一步提高活动的参与性，扩大活动的影响力。11月19～21日，首届江苏省青少年科普嘉年华以“触摸科学 快乐生活”为主题，设立快乐生活区、科学体验区、欢乐舞台区、科技竞赛区4个板块，30多个活动项目，吸引了5万多名青少年和家长参与。常州市、高邮市代表队夺得团体特等奖，南京市、苏州市、靖江市、吴江市、苏州市吴中区、泰兴市6个代表队获得团体一等奖，镇江市、无锡市等34个代表队获得团体二等奖。江苏少儿频道、湖南少儿出版社、广东佛山先导机床公司等40多家单位组团参与了活动。江苏省科协自1996年开始承办江苏地区“金钥匙”科技竞赛，截至2010年，累计参赛人数达1690.03万，成为全国参与人数最多、影响最大的省级未成年人思想道德建设和综合性科普活动。

【开展创先争优活动】

2010年5月，根据中央和省委的统一部署，省科协以“推动科学发展、促进社会和谐、服务人民群众、加强基层组织”为目标，扎实开展创先争优活动。研究制定了《关于在省科协党组织和党员中深入开展创先争优活动的实施办法》。通过广泛发动，省科协14个党支部、108名党员作出了公开承诺，党支部承诺事项85件，党员承诺事项464件，所有承诺均编印成册，并在江苏公众科技网上公示，接受监督。定期召开座谈会，对党支部开展创先争优活动情况和承诺兑现情况进行点评，组织党员、群众进行承诺完成情况评议。党组领导亲自部署，发掘、整理受到省科协第八次代表大会表彰的省科协系统先进工作者、省科协机关党委专职副书记王惠珍同志的先进事迹。8月31日，省科协召开了创先争优活动暨思想作风建设推进会。省委省级机关工委书记邢春宁、省科协党组书记徐耀新出席会议并讲话，省科协正厅级干事、机关党委书记吴国彬作工作报告，省科协党组成员、副主席张铁恒主持会议。省科协党组成员、厅级领导，各省辖市科协党组负责同志，省级学会（协会、研究会）秘书长，省科协机关和直属单位全体党员、入党积极分子等近300人出席了会议。会上，南通市科协主席、党组书记姜晓军代表南通市科协向全省科协组织和广大科技工作者发出广泛开展创先争优活动的倡议。省科协办公室党支部和江苏科技报社党支部分别作了交流发言。与会同志还听取了王惠珍同志先进事迹报告。

浙江省科学技术协会

2010年，浙江省各级科协及所属学会团结带领广大科技工作者，按照“三服务一加强”工作定位，紧密围绕省委“八八战略”和“两创”总战略，以院士专家工作站建设为龙头，深入开展“我为‘两创’做贡献”活动。成功举办了浙江科协年会、第七届长三角科技论坛，扎实推进学术创新与学科发展。深入实施《科学素质纲要》，深入开展了“深化作风建设年”活动和“之江先锋”创先争优活动，不断推进科协组织自身建设。在学术交流、科学普及、人才举荐、决策咨询、科技服务及自身建设等方面都取得了新进展、新成效。

继续开展“我为‘两创’作贡献”活动。全省各级科协以院士专家工作站（以下简称工作站）建设为重点，继续在广大科技工作者中深入开展“我为‘两创’作贡献”活动。截至2010年底，全省已建工作站66家，柔性引进院士专家74人（其中63名从省外引进），签约项目100余项。制定出台了《关于推进院士专家工作站建设的实施意见》、《院士专家工作站认定管理办法》、《院士专家工作站评价办法》、《协调小组工作制度》等规范性文件。经省委人才工作领导小组认定，评选出首批10家省级工作站，其中2家还被评为全国“讲比”活动先进集体。

学术交流与建言献策工作扎实推进。一年来，省科协共组织开展重点课题研究和软科学研究项目18项，省科协以立项资助方式，支持省级学会、市科协开展学术交流活动107项。继续以省级学会为依托，推行学会专项服务行动，节能减排服务项目9个全部完成。“东部科技沙龙”以农药绿色合成、城市绿色建筑等为主题举办了17场。宁波“天一论坛”、温州“瓯越学术论坛”，以及绍兴市科协承办的国际博协暨全国科技馆学术年会等学术活动颇具影响。以省核学会牵头的促进核电相关产业发展专家组工作取得了积极成果。《低碳浙江研究》等5个重大研究课题、《浙江发展方式转变中科技进步贡献度研究》等18个软科学研究课题基本完成。全省各级科协及所属学会以课题研究和调查研究为依托，积极开展建言献策。省核电产业发展专家组通过调研提出了大力发展核电及相关产业的建议，得到了省委省政府的关注重视，核电及相关产业已被列入浙江省九大战略性新兴产业之一。省科协配合省政协科教委在全省开展《科学素质纲要》贯彻落实情况专题调研，调研报告受到吕祖善省长、金德水副省长批示肯定。省老科协开展的《空中水资源开发利用的对策建议》，得到赵洪祝、吕祖善、葛慧君等省领导的批示肯定。全年编发《科技工作者建议》6期，其中《关于开展公务员心理健康促进工作的对策建议》、《关于山上浙江建设及山区林业经济发展对策建议》、《关于优化浙江临港重化工业空间布局的对策建议》等分别得到赵洪祝书记、吕祖善省长、陈敏尔常务副省长的重要批示。

深入实施《科学素质纲要》。新年伊始，省委、省政府办公厅联合下发了2010年度《科学素质纲要》工作要点，明确了各责任单位的工作任务和要求。四类重点人群科学素质行动及心理健康素质工程扎实推进。全省各级科协组织开展了科技活动周、科普日和“三下乡”等大型科普活动，活动项目达1000多项，参与活动的科技人员5万余人，受众达100多万人次。纪念《科学24小时》杂志创刊三十周年暨科普创作报告会举行。全年各级农函大举办短期培训1.2万期，培训农民95.21万人次，培训一年制学员19.4万名。全省共组织开展《科学素质纲要》实施活动2000余项，其中省级重点活动60余项。青少年科技教育活动蓬勃开展，在国际大赛中取得了“三金一银”的好成绩，为历年来之最。科普短信等新的科普方式覆盖面进一步扩大。科普惠农兴村计划不断深化，社区科普益民活动开始试点。全省统一启用浙江科普标识，进一步提升了科协科普工作的社会影响力。2010年，省科协还加强与新闻媒体的合作，陆续创办了“科学会客厅”、“科学行走计划”、“科技咖啡馆”、“中外科普联线”等“四科”系列科普工作新品牌。省委书记赵洪祝专门就“科学会客厅”作出批示，肯定其“形式灵活，内容新颖，效果好”。联合有关部门积极开展了农函大培训和“生育关怀——百万流动人口性与生殖健康科普教育行动”。省级学会科普讲师团开展了系列大型科普讲座、报告会，惠及民众10万人次以上。一年来，省市县三级科协到位科普活动经费11276万元，比2009年增加1668.28万元，年人均2.37元，比2009年增长16.85%，多数市、县（市、区）到位科普经费高于同级财政支出增长幅度。同时全省56个市、县（市、区）到位外来务工人员科普经费1006.5万元，比上年增长3.2%。59个市、县（市、区）到位《科学素质纲要》办公室经费624万元，比上年增长21.6%。2010年全国第八次公民科学素质调查显示，浙江省公民具备基本科学素质的比例达到5.6%，位居全国各省区之首，高于日本、西欧等发达国家20世纪90年代初的水平，实现了《科学素质纲要》的近期目标。

竭诚为广大科技工作者提供服务。一是努力扩大服务工作的覆盖面。开展了第二次全省科技工作者状况调查。根据中国科协的统一部署，扩大了浙江省科技工作者状况调查站点的覆盖面。二是进一步做好人才奖励和推荐工作。与省科技厅、省人力社保厅联合设立的“浙江省自然科学优秀论文奖”更名为“浙江省自然科学学术奖”。省级有关学会开展了医药卫生科技奖、电力科技奖、计量创新奖等相关领域的科技奖项评选活动。机械工程师认证工作进一步推进，浙江省已有265人取得机械工程师资格证书，动力与电气工程师等专业技术资格认证工作已经启动。32名科技人员获得“全国优秀科技工作者”荣誉称号，李兰娟院士获得“十佳全国优秀科技工作者”提名奖。三是提升传统服务工作水平。坚持科技专家慰问走访制度，定期组织专家考察、学术联谊、疗休养等活动，努力做好省政协科协界委员参政议政和科技调研的服务工作，开展以“653”工程为龙头的科技人员继续教育和专业技术人员培训。浙江科学家传记丛书《钱三强》、《竺可桢》、《严济慈》、《苏步青》相继出版。

不断拓展对外民间科技交流渠道。国际医学合作等对外交流项目进一步加强，参与国际医学合作项目的省内单位增加到8家，合作形式扩大到双方高层互访、人员互派进修、联合举办国际会议、开展临床科研合作等方面。全年接待美国、英国、德国、挪威、日本等国的专家学者343人，派出170人次，成功举办了第八届亚洲白内障研究会议暨全国白内障基础会议、第三届中美院前急救流程和技能规范培训、首届西湖灾难与创伤救治国际论坛等国际性学术活动，并就在杭州召开2012年国际口腔医学大会等国际合作项目进行洽谈。选派19名省内医生赴国外进修，接收14名外籍学生来浙实习。省科协还积极参与省委省政府“海外高层次人才引进计划”和中国科协“海外智力为国服务行动计划”，荣获中国科协“地方科协外事工作先进单位”、“海外智力为国服务行动计划先进单位”等称号。

不断加强科协组织能力建设。一是学会发展能力不断增强。各级学会通过开展第三批学习实践科学发展观活动，自身能力建设得到加强。在2010年的年检中，省科协业务主管的学会全部顺利通过审核。二是科普服务能力不断提高。启动新一轮省级科普示范县（市、区）、科普示范企业、科普示范学校创建活动，科普基础设施建设、人均科普经费、外来人员科普、科普队伍建设等列入创建项目，被纳入当地经济社会发展规划之中。科普资源开发和共建共享工程有序推进。省科技馆新馆运行良好，开馆以来累计接待人数达100余万人次。三是科协自身建设不断加强。中国计量学院、浙江中医药大学及杭州电子科技大学等相继成立了大学科协。全省科协领导干部、学会干部和企业科协秘书长等培训班相继举办。以勤政、廉政、善政为目标，“深化作风建设年”活动和“之江先锋”创先争优活动扎实开展。四是“十二五”科协事业发展规划编制完成。

【第七届长三角科技论坛】

2010年11月4日，以“区域统筹与创新发展”为主题的第七届长三角科技论坛在嘉兴市举行。中国科协书记处书记冯长根，浙江省政协副主席姚克到会讲话。来自上海市、浙江省、江苏省的5000多名科技工作者参加了论坛活动。为期1个多月的第七届长三角科技论坛，设主论坛1个，分论坛21个，配套项目6个，涉及低碳经济、环境保护、生物工程、航空航天、医药卫生等多个领域。同时，本届论坛还纳入了国际数字博物馆科技论坛、中国工程院工程科技论坛暨2010IMIT院长论坛、中国遗传学会青年科学家论坛等国际和全国性学术活动。在特邀报告会上，中国科学院院士、国家规划专家委员会成员、著名经济地理学家陆大道应邀作了题为《全球化、信息化及大都市经济区的一体化发展》的主题报告。

【2010年浙江科协年会】

9月17日，2010浙江科协年会暨宁波市第六届学术大会在浙江省宁波市开幕。年会由省科协联合宁波市委市政府共同主办，与2010中国浙江·宁波人才科技周、首届中韩创新型中小企业技术项目展示洽谈会联合举行。年会以“提升科学素质 助推转型发展”为主题，中国工程院常务副院长潘云鹤院士，浙江省委常委、组织部部长蔡奇，科技部副秘书长王志学，宁波市委副书记、市长毛光烈等出席了年会开幕式。据统计，全省各级科协联合开展学术交流、科学普及、人才交流、科技咨询活动1300余项。与此同时，还开展了百名院士专家企业行、万名科技人员送科普服务等系列活动，邀请百名院士专家走进企业、高校、科研院所开展技术结对合作，组织万余名科技人员深入基层开展科技服务。

安徽省科学技术协会

2010年，安徽省科协积极推进科技思想库建设，通过省、市、县三级联动的形式，以“服务自主创新，加快经济发展方式转变”为主题，举办2010年安徽省科协年会，组织万余名科技工作者在45个分会场为地方经济社会发展建言献策。开展了《安徽省公民科学素质研究》、《安徽省科普产业发展研究》、《安徽省青少年科技创新状况调查研究》等课题研究活动。承办中国科协淮河流域综合治理与开发科技论坛，国家及淮河流域相关省、市有关科技专家开展了跨学科、跨部门、跨地区的实地调研和学术研讨，共同为淮河流域可持续发展建言献策。第三届环境技术及知识转化国际会议论文集被EI（工程索引）和TSTP（国际科技会议索引）收录。反映科技工作者建议628条，其中208条得到了各级领导批示。

实施科普惠农兴村计划表彰工作，24个农村专业技术协会、12个农村科普示范基地和16名个人荣获全国2010年科普惠农兴村计划先进集体和先进个人称号，获得中国科协、财政部奖补资金800万元。安徽省科普惠农兴村计划安排200万元，对79个市、县农技协联合会和68个农村科普惠农服务站进行了表彰奖励。滁州、六安、宣城等9个省辖市、55个县（市、区）新建立了本级农技协联合会，为历年最多。安徽省农业专家服务团全年开展科技服务50余场次，培训基层农技人员近6000人次。

把创新要素引入企业，制定《关于进一步扎实推进“5612”工程深入实施的通知》。“5612”工程内容包括：搭建海智计划、金桥工程、厂会协作、院士专家服务中心、企业创新方法培训等5大服务平台，大力开展智力引进、成果转化、科技咨询、技术培训、技术诊断、项目对接等6项重点工作，争取用3年时间完成1000个科技项目的链式服务，重点为200家骨干企业做好技术创新、产品升级、人才培训工作，进一步明确为企业创新提供科技服务的措施和目标，对在实施“5612”工程工作中表现突出的10个省级学会、15个市科协进行了表彰奖励。2010年，共为561个企业提供了各种形式的科技服务973项。

实施海智计划，制定《安徽省科协关于进一步加强和推进海智工作的意见》，拓展合肥海智基地的服务范围和功能，推动其向服务皖江城市带承接产业转移示范区延伸。首次主办中国（合肥）海外高层次人才创新创业论坛暨海智项目与人才对接会，共有78位海外高层次人才参会，现场签订了5个高科技项目，达成合作协议28个。“安徽海智网”信息平台建设初步完成。

对安徽省5年来《科学素质纲要》实施情况进行全面总结。组织省《科学素质纲要》工作领导小组成员单位对《科学素质纲要》工作进行督查，启动《安徽省科学素质纲要“十二五”规划》编制工作。组织开展2011～2015年度全国科普示范县的创建工作，加强基层科普设施建设。支持省级示范农技协和农村科普示范基地建设科普惠农服务站，争取中国科协支持，为亳州市、宿州市、六安市、全椒县、阜南县配备了科普大篷车，增强了基层科普阵地的服务能力。积极推进《科学素质纲要》目标任务纳入地方国民经济和社会发展“十二五”规划。

蚌埠市科协制作的“雨水收集装置”参加了全国科普日北京主场活动。组织参加第25届全国青少年科技创新大赛等全国性青少年科技教育活动竞赛，共获得各类奖项185项，其中首次获得中国科协主席奖一项。与省九三学社联合举办“百名科技专家进乡村学堂讲科普”活动，与省直工委联合开展“科普大篷车进机关”活动，共到57个厅局为2800多名领导干部和公务员宣传节能减排、低碳生活方面的科技知识。与省委宣传部、省科技厅共同举办2010年全省科技活动周启动仪式，与蚌埠市政府共同举办了2010年安徽省青少年科技创新大赛。举办2010年中国（芜湖）科普产品博览交易会，建立了全国第一家省级科普产品工程研究中心和中国芜湖科普产业园，推动科普产业集聚。

2010年全省各级科协及所属学会共举办国内学术会议911个、港澳台地区及国际双边或多边学术会议5个，参与科技工作者12.9万人次。发表学术论文10413篇，编辑出版学术论文集90种。组织7批113人次的团组到中国台湾地区考察交流，拓展对台湾地区工作交流渠道，促进皖台民间科技合作。

促进科技人才成长，与省委组织部、省农委联合，通过省、市联动的形式，对全省农技协负责人进行轮训，每年培训不少于1000名农技协骨干。率先在安徽农业大学组织举办了全省示范班，150名各级农技协负责人参加了培训。全省共举办各类农技协骨干培训班114个，培训农技协骨干1.4万余人。与省委组织部、省人社厅联合开展第十二届安徽青年科技奖评审活动，20名为安徽省科技事业作出突出贡献的优秀青年科技人才受到表彰。与省人社厅、省科技厅联合开展第六届安徽省自然科学优秀学术论文评选表彰活动，共评选出优秀学术论文970篇。组织开展“全国优秀科技工作者”评选及2009～2010年度全国“讲理想、比贡献”活动先进集体和先进个人的评选推荐工作，组织召开安徽省2010年“中国科协会员日”暨表彰大会，对安徽省22名荣获2010年“全国优秀科技工作者”称号的科技精英，2009～2010年度全国“讲理想、比贡献”活动3个先进集体、3名科技标兵、3名优秀组织者，安徽省百所高校百万大学生科普创意创新大赛获奖者代表，进行表彰奖励。

加强自身建设，督促指导60个省级学会依法按章召开代表大会，改选换届。配合省民政部门做好所属省级学会年检初审工作，参检率达98%以上。新成立省级学会1个，批准同意筹备的学会3个。省电机工程学会、省气象学会、省医学会、省预防医学会、省老科技工作者协会、省公路学会、省水利学会、省护理学会等20个省级学会分别受到民政部、中国科协和省民间组织联合会的表彰。

【第四届中国（芜湖）科普产品博览交易会】

11月12日，由中国科学技术协会和安徽省人民政府共同主办的第四届中国（芜湖）科普产品博览交易会在芜湖国际会展中心开幕。本届科博会主题为“共建创新平台 发展科普产业”。中国科协常务副主席、书记处第一书记邓楠，中国航天科工集团副总经理曹建国，中国科协书记处书记程东红，安徽省委常委、省总工会主席王秀芳，安徽省政府副省长倪发科、安徽省科协党组书记、常务副主席周建强等领导同志出席了开幕仪式。本届科博会由安徽省科协、芜湖市政府承办，《科学素质纲要》实施工作办公室为特别支持单位，全国各省、自治区、直辖市科协和有关全国学会、有关单位为协办和支持单位。展会持续3天，近300家参展单位现场展示科普出版、科普展览和展品开发制作、科学艺术和玩具、科普教育、科普网站和科普游戏软件、科普旅游及综合项目等六大类科普展品的最新成果。共有来自全国13个省（市、区）、中国台湾地区和日本的高等院校、科研单位、企业和科普团体参展，设立特装展位47个，标准展位1000余个。展会期间，还分别举办2010年中国科普资源共建共享论坛、院士专家报告会、英雄航天员事迹报告会、优秀科普产品和优秀组织奖颁奖等活动，吸引了国内外29.5万名观众到现场参观体验。

【首届百所高校百万大学生科普创意创新大赛】

7～11月，安徽省科协联合省教育厅、团省委等单位，共同组织举办了以科技普及与社会责任为主题的"安徽省百所高校百万大学生科普创意创新大赛"活动，这是国内首次面向大学生群体的科普创意创新比赛。本次大赛的参赛对象为安徽省境内高等院校、科研院所的在读大学生、研究生，参赛内容包括普及科学技术、弘扬科协精神、传播科学思想、倡导科学方法的创意、产品、作品等。大赛共征集了5755件作品，有12849人参赛，基本覆盖了省内的所有高校，辐射影响近百万大学生群体。为激励大学生踊跃报名参赛，主办单位制定了4条激励支持措施。一是所有通过审查进入初审的作者，其作品可作为社会实践学分记入档案，并颁发入围纪念证书；二是获奖人员毕业时，大赛相关组织单位将根据本单位用人计划对其优先录用，或视情况给予创业扶持；三是优秀科普文艺作品、论文将推荐发表或播出，并给予相应支持；四是优秀科普产品、设计等，符合成果转化条件的将择优扶持申请专利，形成产品。

福建省科学技术协会

2010年，省科协利用政协参政议政平台，收集整理和提交省政协提案21件，均得到有关领导和相关部门的答复和采纳。《关于打造"福州中国省会温泉第一城"的建议》被国土资源部采纳，福州市被评为"温泉之都"。《关于进一步加强新农村建设用地保障服务的建议》、《关于福建省实施环境污染责任保险的政策建议》等16项提案被省直相关厅局吸收采纳。省科协2010年收集编辑《科技工作者建议》19期，组织开展、完成了省委政研室委托的"加快经济发展方式转变研究"两项课题——"发展科普文化产业项目"、"高层次科技人员带动创新的激励措施"等56项课题研究。省科协承担的中国科协"促进海峡两岸科普资源交流与发展的机制研究"课题，以实证研究为特色，对两岸的科普资源作"手册"式的详细反映。主要内容包括大陆和台湾科普资源现状研究，国际科普资源共建共享模式研究以及科普资源合作研究等四个方面。

高层引智，院士专家项目对接成效持续提升。邀请56位院士参与省委、省政府组织的第八届"6.18"中国·海峡项目成果交易会。征集、对接500多项院士项目，重点推介项目成果163项，对接项目80多项，达成合作意向23项，正式签约13项，签约总金额6.1亿元。省科协与省直有关部门联合组织院士专家海西（老区）行活动，实现高层引智服务海西建设和高科技知识惠及基层群众的高位链接。中国科学院2010年1月设立"福建中国科学院院士联络处"并授予牌匾，办公室设在福建省科协。

大力拓展科技创新平台，开展院士工作站和企业科协建设。2010年组建院士专家工作站31家，开展项目合作39项。目前全省院士专家工作站共46家，进站工作的院士专家64名，开展项目合作69项。全省各地深入实施"增覆盖、强作用"工程，新建企业科协239家，增长20.5%，全省企业科协达1467家，增速居全国第一。其中高新园区、经济开发区科协50家，单位会员达1098家。组织5万人次科技人员参与"讲理想、比贡献"活动，立项1169项，提出合理化建议9398条，共获采纳4829条。完成技术合同认定登记792项，合同金额9824万元，技术交易额9802万元。13家企业科协和6名个人荣获全国"讲、比"活动先进单位和先进个人称号。

充分发挥科协作为民间科技交流主渠道的作用和福建侨乡优势，积极引进海外智力为海西建设服务。依托省科技咨询服务中心加快创新转化服务平台建设，深度开发2010年国家火炬计划环境建设项目技术转移信息支持系统，建立健全院士专家信息库、科技成果库和技术需求库等基础数据库，收集整理院士专家信息360条、科技成果信息8683条和技术需求信息674条。

扎实推进农村科普"九个一"工程（评选先进农村科普示范基地、先进农村专业技术协会、农村科普带头人，实施农村科普"一站一栏一员"建设，科普兴村"三个一"工程，每年举办一期农村先进适用技术培训班、培养一名在职大学生村干部、资助一名初中毕业的贫困学生接受中等职业教育并推荐就业）。2010年有43个农村专业技术协会、10个农村科普示范基地、13名农村科普带头人受到中国科协、财政部表彰，获奖补资金合计1125万元。省科协、省财政厅配套奖补资金320万元，表彰奖励30个农村专业技术协会、24个农村科普示范基地、25名农村科普带头人。依托农函大和科技职业技术学校，培训农村实用人才。全年开展农函大实用技术培训2468期，培训195305人次，其中农村党员干部42695人次，妇女44008人次，劳动力转移40347人次，返乡农民工34255人次，库区移民6523人次，老区农民13916人次，残疾人1111人次。省农函大培养的大学生村官，有7人被招聘为公务员，有12人被聘为事业单位干部。全省农村建立科普服务站6761个，科普宣传栏5567个，科普宣传员7918名。

推动《科学素质纲要》的贯彻实施，省全民科学素质领导小组组成9个督查组，对10个市、县、区进行督查指导，省政府办公厅印发了督查情况通报。2010 年 9 月 18～24 日，以“节约能源资源、保护生态环境、保障安全健康”、“抓住海西发展新机遇，携手走进低碳新生活”为主题的福建省全国科普日活动在全省各地展开。活动期间，全省共动员 1952 个部门和单位参与活动，开展重点科普活动 670 项，举办科普报告 515 场、科普知识竞赛 454 场、播放科普影像 509 场、发放科普资料 145.97 万份，直接参与活动公众达 167.65 万人次。《福建科技报》社为福建省全国科普日活动出版 2 万份科普专刊和 5 万套科普挂图，发放全省各地。配合省直有关部门，参与组织科技·人才活动周和防灾减灾宣传周、科技文化卫生三下乡活动，举办科技展览、科普报告、知识竞赛、技术培训等，努力为社会公众提供优质高效的科普服务。省科技馆在龙岩上杭等老区市县举办“科普巡展海西行”活动，受益公众达 7 万余人。举办“海西科普大讲坛”64 场，受益公众 1 万多人次。

科普先进创建工作取得新的成效，38 个县（市、区）被列入 2011～2015 年度全国科普示范县（市、区）创建名单，42 个县（市、区）被评为第四届福建省科普先进县（市、区）。新命名 39 个单位为第七批福建省科普教育基地。全省建立各类科普基地 348 个，青少年校外科技活动中心 45 个，青少年科学工作室 53 个，社区科普大学 22 个。全省公民具备基本科学素质的比例从 2005 年的 2.29% 提升到 2010 年的 4.4%。

积极开展各类学术交流，各级学会共开展学术交流活动 1046 次，参加人员 12.03 万人次，交流论文 45365 篇，其中参与国际学术会议 3282 人次，交流论文 1417 篇，参与港澳台地区学术会议 3085 人次，交流论文 1357 篇。10 月 30 日，省科协第十届学术年会暨第八届青年学术年会在福州大学举行，收录论文 158 篇。评选第九届福建省自然科学优秀学术论文 402 篇。继续扶持 23 个省级学会开展改革创新试点工作，14 个学会拓展了业务领域和职能。

省科协充分发挥优势，引进海外智力为海西建设服务。邀请了 42 名海外专家来闽开展科技交流和项目对接，签订 5 项海智合作意向和协议。澳大利亚静电纺丝纳米纤维技术合作项目等 4 个项目被列入中国科协年度海智计划，2 个项目在福建正式落地。主办及承办 4 场重大国际学术论坛和会议，近百名海外专家参会。积极促进新西兰皇家科学院首席科学家高益槐教授投资兴建安发国际（福建）生物科技有限公司，牵线搭桥，促进全欧华人专业联合会、美国、澳大利亚、日本、巴西、俄罗斯等国家科研机构、大学与福建多家企业商谈签订多项合作协议，创办中外合资企业。牵头协调协同省直有关部门举办国际菌草业发展论坛和发展中国家菌草产业发展官员研修班等，与世界 80 多个国家的菌草同行建立了联系，传播菌草综合技术。

省科协与美国鹤庐亚洲文化交流中心共同主办的“海外智力为海西服务——第七届福建国际英语科普夏令营”，分别在晋江市和南靖县成功举办。邀请厄温·内尔和托马斯·斯泰兹教授两位诺贝尔奖获得者参加中国科协第十二届年会，托马斯·斯泰茨教授受聘为省农业科学院客座教授。省科协被中国科协授予“海智计划福建工作基地”，并荣获中国科协“海外智力为国服务行动计划”工作先进单位称号、地方科协外事工作先进单位等。

省科协积极配合省委、省政府和省直有关部门，加大人才举荐、表彰力度，促进科技人员成才。评选第十七届运盛青年科技奖 10 名、第二届紫金科技创新奖 10 名，福建省学会之星奖 20 个、学会工作先进集体 28 个。经省科协推荐，福建省 18 名科技工作者被评为“全国优秀科技工作者”，福建中医药大学骨伤学院院长张俐入围全国“三八红旗手”表彰人选，林璋等 7 名女科技工作者被评为省“三八红旗手”，省护理学会被评为省“三八红旗集体”，黄丰等 8 名青年科技工作者荣获第七届“福建五四奖章”。海智专家新西兰皇家科学院首席科学家高益槐教授入选“福建省引进高层次创业创新人才”，并获得高新人才 200 万奖励。海智专家美国国家医学研究院资深研究员李君博士受聘为福建省引进海外高层次人才工作顾问。

以人为本，建设温馨和谐科技工作者之家。省科协领导率员走访慰问院士专家 130 多位。积极参与组织省委、省政府在北京召开福建省在京院士专家座谈会。省科协丰富“建家”内容，定期开展委员之家活动，组织科协常委和青年科学家参观考察活动等。深入开展创先争优和三级联创活动，省科协被评为省直机关精神文明单位。

2010 年省委书记孙春兰、省长黄小晶等领导对科协工作非常关心和高度重视，多次出席科协重大活动，作出重要批示 37 件，内容涉及科协工作的方方面面。年初，福建省委书记孙春兰要求“通过科协组织发挥桥梁纽带作用，把广大科技工作者的积极性创造性充分调动起来，为福建经济结构调整和产业转型升级做贡献。全省各级科协及所属团体团结和依靠全省广大科技工作者，围绕科学发展主题，服务加快经济发展方式转变主线，取得了许多前所未有的新突破。”福建省省长黄小晶对 2010 年科协工作作出重要批示：“科协是贯彻落实科学发展观，促进福建跨越发展的一支重要力量。去年一年工作，科协同志办成事、办好事，几项大活动办的精彩，全年做的工作有力有为。新的一年盼能继续围绕科技创新，吸引人才，办好‘6.18’上下功夫、有效果。”

【第十二届中国科协年会在福州举办】

2010年11月1～3日，以“经济发展方式转变与自主创新”为主题的第十二届中国科协年会在福州市隆重举行。中共中央政治局委员、全国人大常委会副委员长王兆国出席年会开幕式并作重要讲话，全国人大常委会副委员长、中国科协主席韩启德致开幕词。中共福建省委书记、福建省人大常委会主任孙春兰，中共福建省委副书记、省长黄小晶，以及67位省部级领导出席大会开幕式。开幕式由中国科协常务副主席、书记处第一书记邓楠主持。两位诺贝尔奖获得者，102位院士、141位国外科技专家，284位港澳台嘉宾出席了年会开幕式。5000多位全国各地的科技工作者参加年会。

年会项目对接成果丰硕、成效实在。100多位院士专家来闽开展年会前期专题调研。在福建省党政领导与院士专家座谈会上，15位院士专家为福建科学发展、跨越发展建言献策，得到省委书记孙春兰、省长黄小晶的高度重视，省政府办公厅会后第二天印发了《第十二届中国科协年会院士专家建议分解落实方案》，明确分管领导牵头负责抓好建议落实工作。年会共征集项目成果1000多个，举办对接活动20多场，接洽对接项目328个，签约项目35项，其中战略性新兴产业领域对接项目占46.3%，一大批科技含量高、产业化前景好的科技成果在福建落地。中国科学院、中国工程院、全国学会与一批福建省企业和科研院所建立了常态合作联系。省委常委、副省长陈桦专门作出批示：“省科协等执委会成员单位全力以赴，精诚合作，确保了年会各项活动圆满成功并取得实实在在的成效，展示了强烈的责任意识和务实的工作作风，值得充分肯定和弘扬。希望进一步推动对接项目落地，并形成与院士专家长期合作机制。”

年会期间，分别举办了中国科协主席韩启德院士，诺贝尔奖得主厄温·内尔和托马斯·斯泰兹教授与福建大学生互动见面会。年会学术交流活动共设置了31个分会场、11个专项活动、8个专题论坛，发表论文1973篇，617位院士专家作专题发言。安排了海峡两岸科普嘉年华、科普广场、数字科技馆演示、中小学校科普活动周等200多项科普活动。组织110多位院士专家赴全省各地作科普讲座136场，受众8万多人次。香港求是基金会向福州大学品学兼优学生捐赠助学金400万元。约300位台湾科技专家参与年会期间举办的海峡两岸生命科学发展论坛、海峡两岸青年科学家学术交流月等活动。福建农林、福建医科等大学、科研院所与台湾有关大学签订了8项合作项目。省内外数十家媒体、440位记者对年会作了全方位报道，在海内外引起很大反响。截至11月11日，有关年会的互联网中文信息达到242万条、英文信息达到35万条。

【省委、省政府加强科协工作的文件相继出台】

省科协牵头协调，以省委、省政府和省直部门名义印发的重要文件相继出台，其中，《省委、省政府关于进一步加强新时期科协工作的意见》，发文规格之高史无前例。省政府办公厅印发了《福建省科普场馆平台建设规划（2010—2012）》。省科协与省委组织部联合印发《关于以党的建设带动科协建设的意见》，与省委组织部、省公务员局联合印发《关于加强院士专家工作站的意见》、《关于为首批院士专家工作站授牌的决定》、《关于加强非公有制企业专业技术职务任职资格评审服务工作的通知》，与省文明办、省关心下一代工作委员会联合下发《关于进一步发挥青少年科学工作室在城市精神文明建设中作用的通知》。这些文件构建了新时期科协工作政策支撑平台，为加强新时期科协工作提供了有力的政策保障。

【开展“院士专家海西行”活动十周年】

省科协与省直有关部门联合组织开展“院士专家海西行”活动十周年。10年来，共邀请635名院士、专家参与“6.18”活动，推荐国际、国内领先项目8283个，与福建省有关企业正式签约的院士项目86个，签约合同资金130.63亿元，已落地项目56个。建立院士工作站46个，进站院士达64人，为福建企业承接114项技术难题；举办科技、科普报告、讲座860场次，受众18万多人次。举办学术报告400场、听众达12万多人次。目前有90位院士受聘为福建省各级政府科技顾问，88位院士受聘为福建省高校客座教授。

【海峡两岸“一赛三论坛”巩固提升】

“一赛三论坛”是指海峡两岸大学生辩论赛、海峡两岸科技与经济论坛、海峡两岸管理科学论坛、海峡两岸科普论坛。首度将第九届海峡两岸大学生辩论赛放在高校（福州大学）举办，两岸青年大学生交流与互动更加密切。海峡两岸16所高校参加，郑州大学代表队获冠军，台湾世新大学获亚军。赛后，安排台湾大学生赴河南进行了为期5天以“根缘文化”为主题的交流活动。省科协牵头，经国务院台湾事务办公室、省政府的同意，第九届海峡两岸科技与经济论坛融入福建省第二届海峡论坛，被列入海峡论坛十场重要民间交流系列活动之一，提升了品牌、扩大了影响。论坛规模400多人，其中有180位台湾学者参会，推动论坛入岛交流。先后在台湾举办第三届海峡两岸科普论坛和第五届海峡两岸管理科学论坛，大陆学者入岛人数突破120名。承担年会工作，举办海峡两岸生命科学发展论坛，邀请台湾80多位专家学者参加，这在历届中国科协年会上尚属首次。两岸250多位学者、专家参加了会议，签定了多项合作项目，推动了两岸生命科学领域交流合作向纵深发展。积极协助中国养蜂学会、福建农林大学、省信息学会等单位与台湾有关单位联合举办专业论坛，开展多领域、多学科的科技交流活动。

【青少年科技活动再创佳绩】

坚持与教育部门合作，开展青少年科技创新大赛、机器人竞赛、奥赛等活动，取得优异成绩。参加第十届中国青少年机器人竞赛获金牌13枚，金牌总数和总成绩位居全国第一。参加第25届全国青少年科技创新大赛获奖总数列全国第八位，参加第十九届全国中学生生物学竞赛获三金一银，创历届最好成绩。参加中国数学奥赛获3金1银2铜，3人入选国家集训队。参加第23届全国高中学生化学竞赛，获4金2银。省青少中心积极组织各具特色的青少年科学实践活动，评出首届科普教育基地校39所。组织开展主题为“低碳生活在我身边”青少年科学调查体验主题活动，40多万名中小学生参与，荣获全国优秀组织奖。开展英特尔求知计划，培训贫困学生4100人。举办国际英语科普夏令营、优秀中学生科普英语夏令营、科学探索营等活动，拓宽青少年的国际视野，提高科学素质。

【科普场馆建设取得新进展】

省领导高度重视科普场馆建设。省委书记孙春兰、省长黄小晶等省领导出席了海外企业家黄如论先生向省科技馆新馆捐资6亿元仪式。陈桦副省长多次主持召开新馆建设会议。省科技馆用地面积从原来40亩增至109亩，建设规模从原来6万平方米扩至9万平方米，完成了立项和建筑设计招标工作。各地积极实施《福建省科普场馆平台建设规划（2010—2012年）》，全省九设区市未建科技馆的，现科技馆建设都分别进入布展、完成用地规划、新馆列入当地“十二五”规划阶段。一些市县科技馆进入基础施工和筹划阶段。省财政每年增拨500万元专项经费，支持市、县两级科普场所建设。福建数字科技馆开通试运行。

江西省科学技术协会

2010年，江西省科协围绕鄱阳湖生态经济区建设战略实施，依托各级科协和学会，组织实施了10项决策咨询重点课题，并与省科技厅协商，将课题列为省科技厅软科学课题。编发《决策咨询专报》10期，得到了省领导和有关部门的关注和肯定。其中《关于推动江西省浅层地热能开发利用工作的建议》和，《关于做大做强食用菌产业促进生态农业发展的建议》得到有关厅局主要领导的批示，并被采纳进该单位的“十二五”规划。江西省老科协上报的《贯彻落实科学发展观　确保造林绿化“一大四小”工程建设取得实效》建议，获得了省委书记苏荣的重要批示。

深化“讲理想、比贡献”活动。2010年，江西省积极推动企业科协工作，首次开展全省“讲、比”活动表彰奖励工作，表彰奖励2009～2010年度省“讲、比”活动先进集体6个、科技标兵10名、优秀组织者10名。由江西省科协评选、推荐的2家企业科协、3名科技工作者、3名企业科协工作者分别荣获2009～2010年度全国“讲、比”活动先进集体、科技标兵和优秀组织者称号。制订江西省“院士专家工作站”实施方案。12月28日江西省第一家院士工作站——江西铜业股份有限公司院士工作站揭牌成立。

实施“科普惠农兴村计划”。江西省2010年有48个项目获得中国科协、财政部实施的“科普惠农兴村计划”奖补表彰，20个项目获得省科协、省财政厅实施的“科普惠农行动计划”奖补表彰，奖补资金共计1100万元。科普惠农项目已全面覆盖全省所有涉农县（市、区），214个单位和个人获奖。江西省已建立160余个科普惠农服务站，对36个建立科普惠农长效机制的县科协进行资助。

推进《科学素质纲要》实施。10月27日，江西省科协组织召开了江西省全民科学素质领导小组第三次会议。会议总结分析“十一五”期间《科学素质纲要》实施情况，研究部署全省全民科学素质行动“十二五”规划编制工作。江西省副省长、省全民科学素质工作领导小组组长谢茹出席会议并作重要讲话。省委宣传部、省发改委、省财政厅等15个成员单位发言。开展了“江西省科普示范县（市、区）(2010～2014年度)”创建工作，并制定了《江西省科普示范县（市、区）实施办法》；做好2011～2015年度全国科普示范县（市、区）创建和申报工作，全省目前共创建了18个省科普示范县（市、区），33个全国科普示范县（市、区）。

开展抗洪救灾科普活动，积极服务灾后重建。2010年夏季，江西省发生了重大洪涝灾害。江西省科协迅速行动，动员广大科技工作者和有关学会，结合各自特点和专长，开展以“情系洪水灾区，科普服务群众”为主题的科普救灾活动。江西省科协服务队分赴受灾群众临时安置点，针对农业生产自救、疾病防治、灾后环境保护、心理咨询等群众关心、关注的问题，采取发放科普资料、农函大教材、张贴科普挂图，开展问卷调查，举办实用技术培训班和专题讲座等形式，开展科普救灾服务。江西省科协联合省委组织部等部门深入灾区第一线及时举办了300余期灾后生产自救技术培训班，培训灾区群众3万余人次。举办3期突发事件应急管理培训班。省委副书记王宪魁和省政府副省长谢茹亲临省科协科普救灾服务队现场，慰问科协工作人员，并对省科协科普救灾迅速有效给予充分肯定。

农函大大规模有效培训获肯定。2010年，江西省科协充实加强了省农函大的办学力量，增加了办学经费。在中国农函大和省委组织部等部门的支持下，省科协及所属省农函大和市县科协、农函大采取短训班、长效班、高效精品班、远程教学班、农村劳动力预备制培训班等培训模式，组织开展了高产油茶栽培技术培训、高效生态农业专题培训、灾后生产自救农业技术培训、返乡农民工创业技能培训等活动。围绕鄱阳湖生态经济区建设，举办高效生态农业培训班350余期，培养学员4.2万余人。围绕农业重点产业，开展“金十月，惠茶农”等油茶主题技术培训360余期，培训茶农4.8万余人次。为服务返乡农民工再就业，举办返乡农民工就业创业技能培训210余期，培训返乡农民工2万余人次。江西省科协全年共举办各类培训班1980余期，培训农民学员20.4万余人次。11月5日，省委常委、副省长、省农函大名誉校长陈达恒听取省农函大工作汇报。陈达恒指出办好农函大是帮助农民增收致富、推动农村产业发展的大好事，强调全省各级农函大要继续开拓创新、锐意进取，广泛整合社会资源，加强与农业、林业等部门合作，搞好农民科技培训，为提高江西农民科技文化素质，实现江西科学发展、进位赶超、绿色崛起做出新贡献。

探索社区党建与社区科普有效结合。2010年，江西省科协联合省委组织部开展了“党旗映社区，科普进楼宇”示范社区创建活动。各地通过建设社区科普书屋、居民党员学习中心户、社区文化沙龙、科普文化长廊等阵地，充实楼宇科普设施，组织协调驻社区单位、部门开展科技、文化、卫生进社区等科普活动，不仅有助于社区居民树立和形成科学、文明、健康的生活方式和工作方式，也进一步提高了社区党组织服务群众、凝聚人心、优化管理、维护稳定、促进和谐的能力。创建活动力争用3年时间建立一批“崇尚科学、学习科学、运用科学”的科普示范社区，培养一批立足社会化科普服务的科普（党员）带头人。

开展学术交流活动。2010年，江西省科协资助、支持相关学会开展重点活动。全年各省级学会共主办、承办、协办了全国性、区域性或全省性的学术论坛、学术研讨会、学术交流会共计550多场次，参与活动的科技人员约35000多人次。2010年，江西省科协继续实施“远航工程”，资助6位优秀中青年学者赴国外参加国际学术交流和进行短期合作研究。

围绕市县支柱产业选择活动主题，积极服务于县域经济发展。先后到乐平市、丰城市、上饶市、上犹县、黎川县和赣州市章贡区等地分别举办以“生态乐平、绿色蔬菜”、“推进丰城富硒产业发展”、“加快推进农作物病虫害生物防治”、“科技支撑、力推上犹油茶产业发展”、“推动烟草科普工作，服务县域经济发展”、“推进章贡区食用菌发展”为主题的系列学术沙龙，邀请业内一流专家学者为当地主导产业发展献计献策，指导产业升级发展。

开展表彰奖励。江西省14名科技工作者被评选为全国优秀科技工作者，其中南昌大学江风益教授获得十佳全国优秀科技工作者提名奖。与省人保厅、省老科协组织了全省23位优秀离退休科技工作者到井冈山进行为期一周的暑期疗养。

加强自身建设。5月21～23日，举办了全省县级科协主席培训班，11个设区市科协分管主席以及99个县（市、区）科协主席等参加了培训。

【省科协首届学术年会】

10月20日，首届江西省科协学术年会开幕式暨第二届江西省交通科技创新论坛在南昌市举行。江西省副省长谢茹出席，省政协副主席、省科协主席李华栋出席并讲话。首届江西省科协学术年会以“科学发展 绿色崛起”为主题，旨在促进科技工作者学术水平的提高，促进科技创新和技术进步，促进科技与经济的结合，为鄱阳湖生态经济区建设服务，推动江西经济社会又好又快发展。年会共设35个分会场。分会场由省科协所属学会（协会、研究会）、设区市科协、有关大专院校、科研院所承办，内容涉及鄱阳湖生态经济区建设、绿色交通运输、技术创新与绿色崛起、节能降耗、生态园林、现代生物技术、绿色农业、生态经济区工业生态化、园艺产业标准化建设等。20余位中国科学院、中国工程院院士应邀到会作专题报告。

【江西省“江铃科技精英奖”】

6月18日，江西省“江铃科技精英奖”终评会在南昌市举行。江西省政协副主席、省科协主席、江铃科技奖励基金会理事长李华栋主持终评会，省科协、省委组织部、省人力资源和社会保障厅有关负责同志及评审专家出席评审会。经评审确定，江西理工大学万林生、南昌大学第二附属医院教授洪葵、中国瑞林工程技术有限公司教授级高工程海帆和江西省农业科学研究院研究员刘光荣等4名科技工作者为2008～2009年度“江铃科技精英奖”获得者。在2010年10月20日首届江西省科协学术年会开幕式上，江西省副省长谢茹为4位获奖者颁奖。

【“有机农业科技发展”沧海论坛】

11月5～6日，由江西省科协、省农科院、奥地利维也纳城市可持续发展研究院主办的“有机农业科技发展学术研讨会”沧海论坛在南昌市举行。论坛主要内容有：国内外有机农业科技发展现状与趋势，有机农业生产关键技术、管理模式、标准、法律法规及规程，有机农业生产过程管理技术与模式，有机产品的认证、宣传与市场营销，有机农业发展的科技需求，鄱阳湖生态区发展有机农业模式，有机农业促进新农村建设等。论坛为期两天，来自奥地利、美国、澳大利亚以及福建、湖北等地17位专家学者做了主题报告和专题报告。

【百场科普报告会】

2010年，江西省科协结合鄱阳湖生态经济区建设战略，组织策划了“百场科普报告会”。活动邀请了国内著名专家学者来赣宣讲，为鄱阳湖生态经济区建设开创一条生产发展、生活富裕、生态良好的科学发展之路提供真知灼见。由中国科协科学家宣讲团的著名学者和省内知名专家组成的“科普报告巡讲团”一行12人，深入江西省10个地市50多个县（市、区）集中开展了60场科普报告，江西省各级领导干部、公务员以及高等院校、中小学师生和城镇居民26000余人，参加科普报告会。活动期间，各地及相关省级学会共举办110余场科普报告会，超过5万名干部群众聆听了科普报告。

【“防灾减灾与鄱阳湖生态区建设”同舟论坛】

10月20～21日，江西省科协联合江西省气象局举办了“防灾减灾与鄱阳湖生态经济区建设”同舟论坛，特邀中国科学院院士曾庆存、黄荣辉、丑纪范、李崇银，中国工程院院士李泽椿，国际欧亚科学院（IEAS）院士赵思雄等6位我国气象科学研究领域的知名院士专家作专题学术报告，为提升鄱阳湖生态经济区防灾减灾水平出谋划策。论坛旨在围绕鄱阳湖生态经济区建设对气象服务的需求，通过专题学术研讨与交流，揭示气象防灾减灾、应对气候变化和开发利用气候资源科技发展的热点、难点问题及其发展趋势，以及对促进鄱阳湖生态经济区建设的重大意义，为提升气象科技为鄱阳湖生态经济区建设服务的水平搭建高端平台。

【江西省农村科普致富示范村工程】

11月29日，江西省科协联合省委组织部召开了全省党员科普致富示范村创建工作经验交流会。江西省政协副主席、省科协主席李华栋出席并讲话。赣州市委组织部、九江市科协的负责同志和5个省级党员科普致富示范村和创建村党总支书记在大会上作了典型发言。会议通过经验交流和图片展览等方式，对2004年科普示范工程实施以来的省级科普致富示范村及创建单位进行了一次全面展示。自2004年实施江西省农村科普致富“十百千”示范工程以来，全省各级组织部门和科协组织共同创建的1578个科普致富示范村中，农民人均纯收入平均超过6000元，有的行政村甚至高达10000元以上，平均高出全省农民人均纯收入20多个百分点，全省党员科普示范村创建工作取得了明显成效。

【“江西数字科技馆”建设】

2010年，江西省科协分别与省农科院、南昌大学、东华理工大学、江西农业大学、华东交通大学、南昌工程学院、江西中医学院共建7个江西省科普资源开发基地，并联合开发江西绿色大米馆、江西铁路桥梁馆、江西土壤资源数字科技馆、江西昆虫馆、人体奥秘馆、江西生物数字博物馆、江西特色地质资源馆等9个数字科技馆。江西数字科技馆的建设，为推动形成省科协和有关部门、科研院所科普方面的战略合作，有效整合现有优质科普资源，充分发挥省内科技类博物馆、科普教育基地、高等院校和科研院所的实验室、各级青少年科学工作室等的科普资源，探索科技资源有效服务公众的模式，提供了有益的实践。

山东省科学技术协会

2010年山东省科协积极发挥自身优势，努力打破传统模式，推动工作向品牌化、项目化、特色化方向发展。

6月20日，由山东省政府和中国机械工程学会主办，省科协和山东机械工程学会联合承办，主题为“科技创新，助推山东装备制造产业升级”的“中国创新论坛”之“走进山东”系列活动在山东省济南市举办。全国人大常委会副委员长、中国科学院院长、中国机械工程学会理事长路甬祥，省人大常委会副主任鲍志强，省政府副省长李兆前，中国机械工程学会常务副理事长宋天虎等600多名专家学者和企业家出席论坛。

省科协与九三学社山东省委及临沂市委市政府联合开展了“全国百名专家山东企业行”活动，组织百余名院士专家与企业挂钩合作，重点服务企业技术创新。副省长王随莲、九三学社中央、省委统战部领导出席启动仪式。

大力推动产学研结合，在全省建立院士专家工作站23个，进站院士、专家187人。举办企业创新方法培训班1210次，培训人数达5.1万人次。举办知识产权战略巡讲60余次，参与人数6670人次，推动科技创新要素向企业聚集。

深化“科普惠农兴村计划”，争取中央财政奖补资金2175万元，比2009年增长80%，省财政配套资金500万元，表彰科普惠农项目129个。全省共建立科普惠农服务站5730个，带动开展科技培训7789次，培训人数528.9万人次，示范带动农户142.69万户，受益农户平均增收达3445元。开展了“山东省十大高效生态科普示范基地”评选活动。根据《山东省人民政府关于实施蔬菜等五大产业振兴规划的指导意见》，突出高效、生态、科普三大基本要素，评选产生首批10个高效生态科普示范基地，发挥科普工作在农业技术推广和产业升级中的推动作用。

探索建设省级科技思想库。整合资源，重点建设咨询专家库、决策项目库、科技建议资源库，引导和支持科技工作者深入开展调查研究，提出针对性和可操作性强的科技建议，发挥科技思想库和智囊团作用。积极开展引进海外人才智力为国服务工作。筹备成立海外人才联谊会，邀请新西兰皇家科学院首席科学家高益槐教授来山东省考察，与有关部门和企业达成了合作意向。

广泛开展科普活动，构筑社会化科普工作格局。贯彻《科学素质纲要》，实行部门联动，推动群众性、社会性、基础性科普活动蓬勃发展。全省共举办科普报告会、科普知识展览1385场，举办培训班、科技知识竞赛597场，发放科普资料221万份、科普挂图484万张，各级共有1870个部门、单位及160多万人次参与活动。

科普活动品牌建设取得新进展。在山东省曲阜市、章丘市启动科学城市创建试点工作，为在城市化建设中更多注入科技要素探索了经验。开办了首届“科学博客大赛”，在社会上引起热烈响应，网上参赛博文800多篇，点击率28万人次。通过大赛，“在大众网”组建了科普圈，建立了网络科普交流长效平台。

5月11日，由省科协主办，以“提高综合素质、促进就业创业”为主题的2010年山东省大学生科技节在济南市开幕，副省长李兆前出席开幕式并向各活动承办单位授旗。有关单位部门领导及各高校代表和大学生代表共600余人参加了开幕式。本届科技节规模扩大至全省60多所高校，得到多家企业支持。3月4日，中国“院士科学报告会”在济南市举办，中国工程院副院长杜祥琬率院士报告团作了“哥本哈根会议和中国的低碳能源战略”、“中国油气资源的二次创业”报告。8月1日，第27届全国青少年信息学奥林匹克竞赛在烟台市举行，这是历届信息学奥赛规模最大的一次，来自全国的363名选手参与角逐。

2010年，全省科普阵地建设呈现加快发展的局面。临沂市科技馆建成开馆。青岛、淄博、东营、潍坊、济宁、威海、日照、莱芜、滨州等市级科技馆列入项目规划或开工建设。东营市科协整合社会科技场馆资源19处，向公众统一开放。德州、济宁、莱阳、单县4个市县获中国科协配发的科普车。全省24个县级电视台新开设了“科普大篷车”专栏，总量达到64个。

促进科技人才成长提高，加强科技工作者状况调查，设立30个调查站点，拓展了科技工作者意见和诉求的反映渠道。继续做好高层次人才库建设。开展第二批人才库入库人选信息采集工作，共采集215名专家信息，经推荐，156人入选中国科协高层次人才库，59人入选山东省高层次人才库。省科协打造的“四奖三推”人才表彰举荐体系，被中国科协树为全国典型，予以重点推广。组织开展了第二届山东省十大杰出工程师和第九届山东省青年科技奖评选工作，与省发改委、省经信委、省科技厅、省国资委、省广电局联合表彰杰出工程师10名，优秀工程师30名，杰出工程师提名奖32名，与省委组织部、省人事厅向64名青年科技工作者颁发“山东省青年科技奖”。

努力加强自身建设，推动科协服务能力再上新水平。在全省科协系统开展工作创新活动，征集创新项目121项，纳入省科协创新工作项目库，并评选出33项优秀项目进行了表彰。编印了《山东省科协制度汇编》，强化制度保障。组织省科协系统青年同志开展理论研究，编写了40多万字的《科协工作面对面》，由人民出版社出版发行。进一步加大干部培训力度，举办了省级学会暨企业科协秘书长培训班，对140多名学会和企业科协干部进行集中培训，并开展了“十佳学会”、“十佳学会秘书长”和“十佳企业科协”评选，推进了学会和企业科协组织建设。在省有关部门的大力支持下，经省编办批准，成立全额拨款的事业单位——山东省离退休科技工作者活动服务中心，增强了为老科技工作者服务的实力。省老科协举办的农业科技项目示范基地现场会、老科学家为黄河三角洲建设建言献策等活动取得显著成效。

【2010中国可持续发展论坛暨中国可持续发展研究会学术年会】

10月22~23日，由科技部、山东省人民政府、中国可持续发展研究会主办，山东师范大学承办的2010中国可持续发展论坛暨中国可持续发展研究会学术年会在山东省济南市召开。本届大会以“全球气候变化与低碳发展战略”为主题，围绕可持续发展研究领域的重要命题展开深入研究探讨。全国各地高校、科研院所、政府部门、国家可持续发展示范区、企业、社会团体的400余人出席会议。中国科协常务副主席、书记处第一书记邓楠，科技部副部长王伟中，国务院参事刘燕华，山东省政府副省长李兆前等出席会议。开幕式结束后，中国可持续发展研究会常务理事、国务院参事刘燕华，中国可持续发展研究会常务理事、中国气候变化专家委员会副主任何建坤，“863”计划资源环境领域专家组副组长、清华大学环境科学与工程系主任余刚分别作了题为《中国绿色发展战略》、《我国低碳发展面临的形势与对策》、《“十二五”国家资源环境科技发展战略》的报告。同期还举办了第八届国家可持续发展实验区论坛。

【黄河三角洲高效生态经济区建设暨滨州经济社会发展院士专家高峰论坛】

9月27～28日，山东省科协联合省黄河三角洲高效生态经济区建设办公室与滨州市委、市政府主办的黄河三角洲高效生态经济区建设暨滨州经济社会发展院士专家高峰论坛在滨州市举行。本次论坛的主题是：黄河三角洲科学开发与和谐高效发展。论坛邀请了海洋、农业、生态、环保、风电、食品安全与深加工等相关学科的11名院士、专家参加并进行主旨发言。副省长李兆前出席论坛并讲话，中国科协副主席、省科协主席唐启升院士致辞，省科协党组书记、副主席燕翔主持论坛。省直有关部门、科研院所、黄河三角洲地区相关市代表以及滨州市、县有关单位100余人参加了本次论坛。论坛会上，院士、专家围绕黄河三角洲高效生态经济区建设暨滨州经济社会发展中的相关科技问题进行了深入探讨，从能源、农业、海水养殖、食品安全、地质等领域对黄河三角洲高效生态经济区建设提出具有战略性、前瞻性、可操作性的科技建议40多条。

【2010年山东省科协学术年会暨第二届山东·日照蓝色产业科技论坛】

10月26日，由山东省科协和山东省日照市政府主办，日照市科协与山东金属学会、山东省腐蚀与防护学会等单位承办，主题为“重点区域带动与科技支撑”的2010年山东省科协学术年会暨第二届山东·日照蓝色产业科技论坛（以下简称年会）在日照市开幕。年会设主会场1个、分会场5个、系列活动30个、专题活动4项，举办院士专家专题报告19场次，表彰优秀论文137篇，由中国科学技术出版社出版论文集《重点区域带动战略与科技支撑》一部。中国工程院院士、中国科学院海洋研究所侯保荣研究员，中国钢铁工业协会副秘书长、首席分析师迟京东教授，分别作了题为《海洋产业与腐蚀防护技术》、《钢铁产业“十二五”转变发展方式战略的思考和建议》的学术报告。100余名院士专家，及来自省发改委等省级决策部门、各高校、研究院所、大型企业等各方面领导，省级学会、市科协、日照市直各部门代表和科技工作者代表等600余人参加了开幕式。围绕年会主题，年会还专门设立了“黄河三角洲地区农业生态承载力和低碳农业模式选择研究”30项系列学术活动，由省科协所属相关省级学会、学科群，部分市科协承担。

【“科普双百工程”试点】

山东省科协、省财政厅2010年联合启动实施“科普双百工程”，包括“科普基础设施拓展工程”和“科普村村通提升工程”两个方面，通过以奖代补的方式，培育科普教育基地建设和科普村村通提升方面的典型，推动基层科普基础设施建设上水平。“科普基础设施拓展工程”以推动科普教育基地建设，优化科普资源布局，促进科普基础设施共建共享为目标，计划在5年内，每年争取省财政资金600万元左右，表彰100个三星级以上社会科普教育基地，实行星级认证、动态管理，通过“以奖代补”的方式，做大做强科普教育示范阵地。“科普村村通提升工程”以巩固科普村村通工作成果，进一步提升科普村村通工作为目标，计划在3年内，全省评选表彰100个科普村村通百强乡镇。根据《“科普双百工程”实施方案》，本着“先试点、再推动”的原则，组织在济南市、青岛市等地开展了“科普双百工程”的试点工作。经资格审查、专家评审，济南动物园等9个科普教育基地被评为“三星级科普教育基地”，作为“科普基础设施拓展工程”的试点单位，另有20个基地被评为一星或二星级科普教育基地。作为“科普村村通提升工程”试点单位，高青县常家镇等6个乡镇被评为“科普村村通百强乡镇”。

【“流动科技馆县县通”工程启动】

3月12日，山东省“流动科技馆县县通”工程在山东省日照市五莲县正式启动，副省长李兆前出席启动仪式。山东省科协党组书记、副主席燕翔，省科技厅厅长翟鲁宁，山东省财政厅总经济师王玉敏，山东省教育厅副厅长郭建磊，日照市委副书记、市长赵效为等领导同志出席启动仪式。“流动科技馆县县通”工程以“科学、体验、流动、共享”为主题，建立涵盖约150件科普展品的科普资源库。精心打造了6套共计600余件流动科技馆展品，计划用3年时间完成在全省县级城市特别是重点中小学的巡展。由互动展品、平面科普知识展览、数字科技馆、科技体验项目等4个板块构成流动科技馆，每套流动科技馆每年巡展4～5个县（市），计划用5年时间，完成“流动科技馆县县通”工程。截至2010年底，已在25个县级城市展出，受众120多万人次，受到基层群众尤其是青少年的热烈欢迎。

【2010海峡两岸科学家论坛】

8月17～18日，由山东省科协、山东省科学院、香港京港学术交流中心、台湾新能源产业促进协会联合主办，以“新能源开发利用与可持续发展”为主题的2010海峡两岸科学家论坛（山东）在山东省济南市举办。中国科学院院士刘嘉麒、国家发展和改革委能源研究所学术委员会主任李俊峰应邀分别作了题为《气候变化与低碳经济》、《国内外可再生能源发展现状与展望》的主题报告。来自香港特别行政区及台湾地区的12位专家学者、企业负责人分别作了专题报告。与会人员针对新能源开发与利用，传统能源技术改造与升级，以及节能降耗等领域的科技问题进行了深入交流和研讨。来自中国内地、香港特别行政区以及台湾地区的专家学者、能源企业负责人130余人出席论坛。省人大常委会副主任崔曰臣出席论坛开幕式并讲话。

【全国优秀科技工作者、山东省青年科技奖等评选表彰】

2010年，山东省32名科技人员被评为全国优秀科技工作者，6名科技人员获中国青年科技奖，获奖人数居全国首位。12月21日，在省科协召开的七届三次全委会上，对“十佳全国优秀科技工作者提名奖”的获得者唐波及32名全国优秀科技工作者、64名山东省第九届青年科技奖获得者、5名第四届“山东科普奖”的获得者、30名首届山东省青少年科技教育“春晖奖”的获得者进行了表彰。山东省青年科技奖是由省委组织部、省人力资源和社会保障厅、省科协共同设立并组织实施，面向全省广大青年科技工作者的奖项。山东省青年科技奖每3年评选一次，每一届获奖人数60名左右。获奖者入选省委组织部《山东省高层次人才库》。

河南省科学技术协会

2010年，河南省科协深入开展决策咨询活动，服务区域发展战略。把中原经济区战略构想作为科技决策咨询服务的重要内容，组织举办了中原经济区系列论坛、“十二五”规划编制专家座谈会、电动汽车产业发展院士论坛、旅游发展转型战略研讨会等决策咨询活动，邀请国内外知名院士专家开展调研讨论，把科技工作者的个体智慧凝聚上升为有组织的集体智慧，形成了一批高质量的建议，被省委省政府及有关部门采纳。围绕黄河滩区开发、淮河治理，组织老科技工作者开展专题调研座谈活动，专家建议被国家有关部委和省政府纳入决策范围。围绕河南产业集聚区建设，面向全省开展了学术征文活动，为河南产业集聚区建设提供了智力支持。

落实战略合作协议，推动新兴产业发展。把推进河南省政府与中国科协战略合作协议实施，作为推动新兴产业发展、加快经济结构战略性调整的重要抓手，围绕生物质能源、生物医药、新型材料等产业发展，邀请组织60余名院士、300余名专家来豫开展调研。专家组在充分调研、座谈、交流基础上，撰写完成了河南省生物质能源、生物医药、硅材料战略研究课题报告，推动形成了一批理论成果和实践成果。组织举办了河南省战略性新兴产业院士专家论坛，形成了《河南省战略性新兴产业院士专家建议》，呈报省委省政府。新设立了多家院士专家工作站，河南院士专家工作站达到47家。

实施科普惠农兴村计划。2010年河南省共表彰奖励8个先进科普示范县（市、区）、24个先进农技协、23个先进农村科普示范基地和26名农村科普先进个人。在中国科协和财政部联合开展的“科普惠农兴村计划”表彰中，河南68个农技协、20个示范基地、29名科普带头人受到表彰，获得国家奖补资金1905万元，受表彰数量比2009年增加45个，奖补资金比2009年增加了810万元。

开展重点活动，打造学术交流精品。按照“树品牌、出精品”的指导思想，确定了河南省科协2010年学术项目80项，其中资助项目48项，计划项目32项。以“转变发展方式、发展低碳经济”为主题的第十一届学术活动月，3000多名科技工作者参加了不同领域的学术活动，交流学术论文1000余篇，出版论文集10部。积极组织实施河南省科协“重点学术活动项目”计划，开展多学科、高层次、高水平的学术活动，搭建高质量的学术交流与创新平台。省照明学会承办的室内照明节能与新技术研讨会，省化学会举办的两岸三地高分子液晶与超分子有序结构学术研讨会，省技术进步和管理现代化研究会举办的河南企业管理创新论坛，省煤炭学会举办的2010年学术年会暨煤炭安全高效开采学术论坛等重点学术活动，吸引了业内知名院士专家学者与会。拓宽民间交流渠道，推进对外科技合作，贯彻落实国家外事政策，结合河南发展需求全年共组织赴国（境）外科技交流团组10个，接待国际及港澳台来豫考察交流团组5个。

加强对《科学素质纲要》实施工作的督导。组织召开了河南省全民科学素质工作领导小组第三次全体会议，部署2010年度全民科学素质建设重点工作。贯彻国务院办公厅、省政府办公厅关于《科学素质纲要》实施督查工作的安排部署，编发了《河南省全民科学素质行动计划纲要督察手册》，配合省政府办公厅召开了由22个成员单位参加的《科学素质纲要》实施情况督查工作协调会，督查组对18个省辖市进行了督查，向省政府报送了专题督查报告，促进了《科学素质纲要》实施工作。结合第八次全国公民科学素质调查工作，开展了河南省首次公民科学素质调查，被中国科协授予“优秀组织奖”荣誉称号。启动了河南省全民科学素质行动“十二五”规划的制订工作，起草了《河南省全民科学素质行动规划（2011—2015）（征求意见稿）》。

扎实推进重点人群科学素质建设。努力塑造青少年科技教育品牌，中学生学科奥林匹克竞赛、青少年科技创新大赛、青少年机器人竞赛等已成为中小学生热情参与的第二课堂。在第21届国际生物学奥林匹克竞赛中，河南选手取得了3金1银的成绩，并夺得本届比赛个人总成绩的第一名。在第23届全国化学奥林匹克竞赛中，河南选手取得了5金1银的成绩，总成绩位列全国第二。在第19届全国中学生生物学奥林匹克竞赛中，河南4名选手获4枚金牌，并获得个人总分全国第一，金牌总数、个人成绩、团体成绩均居全国第一。河南省青少年科技创新大赛参赛学生突破100万人，在第25届全国青少年科技创新大赛中，河南队获4项一等奖、9项二等奖、10项专项奖。把科学健身纳入青少年科技教育体系，嵩山少林寺禅武学院等被评为河南第一批青少年科学健身基地。围绕提高领导干部和公务员素质，邀请知名院士专家在省委党校及郑州、焦作等地举办了23场巡回科普报告会，听众达1万余人。深入开展科普报告进校园、进机关、进监狱等活动，全省老科协开展各种形式的科普报告会507场，20余万群众参与。邀请反邪教专家在郑州监狱、中原油田等地举办专题讲座。与省委宣传部等部门协作，联合举办了文化科技卫生“三下乡”活动，开展了科普图书音像资料捐赠、现场农业科技咨询、科技讲座和项目洽谈等。

加大科普资源整合力度。贯彻落实《科普基础设施发展规划》，组织开展了科普基础设施调查工作，完成了全国科普教育基地优秀科普活动资源包征集工作，向中国科协推荐了6部作品，其中1部被评为优秀科普活动资源包。组织开展了县级科普工作测评工作，对各县（市、区）的科普工作条件和绩效进行量化评价分析，提高科普工作管理的科学性和针对性。开展全国科普活动站示范试点建设，河南2个县（市）申报成为全国试点，获中国科协6万元资助。争取科普设施建设项目支持，建设21家华硕科普图书室和1所“中央电大电子阅览室”。围绕“节约资源能源、保护生态环境、保障安全健康”的主题，组织开展全国科普日活动，开展2800多项科普活动，参与群众达500多万人次。巩固扩大《河南科技报》、《农家参谋》、中国科技110网、省科协网、省反邪教网、省青少年科技网、《科普大篷车》电视栏目等科普宣传阵地的影响力，丰富科普宣传的内容和形式。

表彰举荐优秀科技工作者。为在豫工作的18位两院院士颁发了“中原科技奉献杯”。联合省委组织部、省人力资源和社会保障厅，完成了第十届河南省青年科技奖评审工作，对58名优秀科技工作者进行了表彰。完成了全国优秀科技工作者和第七届中国青年女科学家河南候选人推荐工作，26人获评全国优秀科技工作者，其中省农科院张新友研究员荣获“十佳全国优秀科技工作者”荣誉称号，5人被推荐为中国青年女科学家候选人。加强与新华社、中新社、《河南日报》、河南电视台等媒体合作，对申长雨、张改平等院士专家和基层科技工作者进行专题宣传。

积极创新服务科技工作者手段。研究制订贯彻落实《国家中长期人才发展规划纲要（2010—2020）》的意见。坚持以科技工作者为本，通过组织各类活动，促进不同学科、领域和团体之间科技工作者的交流沟通。组织河南省有重要贡献的专家赴云南休养考察。针对部分科技工作者住房困难问题，将“专家苑”建设列入省科协机关年度重点工作，积极协商郑州市、惠济区等有关部门，稳步推进项目建设进展。

开展“五好三争”活动。河南省科协机关深入开展以“政治品质好、业务素质好、工作业绩好、思想作风好、廉洁自律好和争创优秀基层党组织、争当优秀共产党员、争当先进工作者”为内容的“五好三争”活动，加强科协机关建设和党员干部队伍建设。严格落实党风廉政建设责任制，进一步完善规章制度。提高信息化建设水平，不断改善办公环境和工作条件。

加大学会共建力度，提升学会自主发展能力。与省气象局签订了《共同建设河南省气象学会合作协议》，为气象学会的创新发展提供了新的支持平台。稳步推进与省农科院、省科学院和郑州大学共建相关学会工作。学会共建促进了业务主管单位、挂靠单位、学会三方的优势互补和资源整合，形成了三方相互支撑、协调发展的格局。

开展业务培训工作。河南省科协以提升科协干部队伍政治素质和业务能力为着眼点，组织开展了市（县、区）科协主席培训班、全省学会干部培训班、全省农技协领办人培训班、全省科协系统信息和公文处理工作培训班、财务人员培训班、宣传工作培训班等。选派干部参加党校、行政学院举办的各种培训，鼓励干部职工参加多种形式的继续教育和在职培训，提高市（县、区）科协组织带头人领导科协事业科学发展的能力，提高学会干部适应新时期学会改革发展趋势的水平，提升各级农技协服务农民的质量，提高科协系统干部履行职责的业务素质与综合能力。

拓展基层组织网络。把抓基层、打基础作为落实各项工作部署和工作任务的重要保障，营造有利于科协基层组织发展的政策环境，夯实科协工作的组织基础。坚持把县级科协组织建设作为基层组织建设的重点，争取各地党委、政府加强对县级科协的领导，引导县级科协充分依托和整合科协系统资源，推动各项工作向基层延伸，建立和巩固科协基层组织。会同省民政厅对64个学会进行了组织规范，促进全省学会组织建设。老科技工作者基层组织建设不断加强，形成了涵盖16个省辖市88个县区、354个乡镇、35个社区、20个直属分会的老科协组织网络。河南省反邪教基层组织建设进一步健全，12个省辖市批准建立了反邪教协会。

【国家战略视角下河南区域发展规划高端论坛】

7月18日，由中国科协、国际欧亚科学院中国科学中心支持，省科协、中国生态学会、中国国土经济学会、中国水利学会联合主办的国家战略视角下河南区域发展规划高端论坛在郑州市开幕。全国人大常委会原副委员长蒋正华出席论坛并讲话，省委副书记、组织部部长叶冬松致辞，副省长徐济超主持开幕式。杜祥琬、马俊如、刘燕华、曾庆存等出席开幕式，并就中原经济区、黄河中下游生态经济区、中部崛起示范区、中原城市群农业现代化、工业化、城镇化协调发展示范区、新型城镇化示范区5个议题作了学术报告。

【“三讲一比”活动】

把创新活动机制、搭建多种形式的活动载体作为扎实推进“讲科学、讲创新、讲道德、比贡献”（简称“三讲一比”）活动的重要着力点，引导和支持创新要素向企业集聚，增强企业自主创新能力和产业核心竞争力。组织引导330多家科研院所、高校和企业的30万余名科技人员，深入企业帮助开展技术研发，改善技术创新管理，加快科技成果转化，完成“讲、比”活动项目3612项，解决技术难题近6000项，提出合理化建议1.32万条，9200余条被采纳，直接或间接实现经济效益7亿元。联合省人力资源和社会保障厅等部门，对活动中涌现出的23家科技贡献奖、39名科技创新奖和17名科技管理奖予以表彰。在全国“讲、比”活动评选表彰中，河南4家企业荣获先进集体，3人荣获科技标兵荣誉称号，3人被评为优秀组织者。

【2010年河南省暨郑州市全国科普日活动】

9月18日，2010年河南省暨郑州市全国科普日活动启动仪式在郑州市绿城广场举行。省委常委、郑州市委书记连维良出席，副省长徐济超讲话并宣布活动启动。省科协主席、党组书记李建中出席并讲话，副主席李宝红主持，副主席谈朗玉，河南省和郑州市全民科学素质工作领导小组成员单位有关同志，其他省直单位和郑州市的有关同志出席启动仪式。启动仪式由省科协和郑州市委市政府主办，河南省和郑州市全民科学素质工作领导小组成员单位协办，科技工作者代表、省市学会代表、科普志愿者代表以及企业职工、社区居民、中小学生等参加了启动仪式。在为期一周的全国科普日活动期间，全省组织开展了2800多项科普宣传活动，其中重点科普活动549项，参与群众达500万人次。

【首次公民科学素质抽样调查工作】

3月11~12日，河南省公民科学素质调查工作会议在郑州召开，省全民科学素质工作领导小组成员、省科协副主席谈朗玉出席会议并讲话，中国科普所副研究员高宏斌博士对与会人员进行了调查业务培训。本次河南省调查旨在及时、全面、系统地了解全省公民的科学素质状况及其影响因素的变化规律，为《科学素质纲要》的监测评估和制定国家及河南省全民科学素质行动“十二五”规划提供可靠的基础数据。

湖北省科学技术协会

2010年，湖北省科协大力实施“百家企业振兴服务行动”、“新型农民培训服务行动”、“公民科学素质提升服务行动”、“民生科普惠民服务行动”和“创新创业促进服务行动”，为湖北省加快转变经济发展方式、促进经济社会又好又快发展作出了新的贡献。召开了湖北省科协系统“科技支撑服务行动”总结表彰大会，对两年来的成绩进行了总结表彰，进一步推动了“科技支撑服务行动”的深入实施。

湖北省各级科协及所属团体广泛组织科技工作者，积极为党委政府当好参谋，切实加强“科技思想库”建设。省科协制定了“科技思想库”建设方案，开展了平台建设、项目库建设和专家库建设。组织所属学会围绕节能减排、绿色制造、智能制造和“聚焦观察员，融入大武汉”等主题，举办《低碳经济与制造业发展论坛》、《武汉城市圈“两型”社会建设论坛》，召开湖北省自然灾害综合趋势分析预测研讨会，编撰《白皮书》，召开湖北省投资环境研讨会，编撰《蓝皮书》。

积极为企业自主创新服务，广泛组织科技工作者，以成果转化为重点，深入企业开展技术攻关和技术服务活动，完成“金桥工程”项目345项。深入开展“讲理想，比贡献”活动，推动了群众性技术创新活动蓬勃发展。积极开展“院士专家企业工作站”工作，已在武汉等地建立了8个“院士专家企业工作站”，先后组织了近30位院士专家进站开展工作，组织各类技术攻关100多项，申请专利100多项，制定产品标准2项，开发研制新产品40多个品种。为了促进武汉东湖国家自主创新示范区建设，省科协积极联络中国光学会筹备建立“中国光谷光电子产业院士专家企业工作站”，大力促进以物联网技术产业联盟为龙头的新兴战略性产业兴起。

积极为新农村建设服务。继续与省财政厅共同实施“科普示范助力新农村行动计划”，重点支持、培养一批在全省具有科技示范带动作用的现代农业科普示范基地。确定60个农村科普示范项目，分别在60个行政村实施。“助力”项目实施5年以来取得的显著成效，得到了中国科协的充分肯定。57个农村专业技术协会、15个农村科普示范基地、13个农村科普带头人共85个项目获得中国科协和财政部表彰。2010年5月，中国科协常务副主席、书记处第一书记邓楠莅临湖北考察科协工作，高度赞扬实施“助力”计划“思路新、做法实，为全国创造了好经验”。

2010年，湖北省科协所属学会开展学术交流活动270场次，有3万多人次参加，交流学术论文1万多篇，组织各类国际学术交流考察团19个，接待境外考察团11个。省科协实施“晨光计划”，资助青年博士参加国际学术交流与合作，促进了学科发展和人才引进与成长。湖北省科协联合省人事厅、科技厅组织开展了第十三届湖北省自然科学优秀学术论文评审活动，评出特等奖5篇、一等奖47篇、二等奖390篇、三等奖727篇。

加大《科学素质纲要》实施力度，以国办《科学素质纲要》督查为契机，按照省《科学素质纲要》工作会议的部署和要求，省科协联合省发改委、组织部、宣传部、财政厅、教育厅、科技厅、人社厅、农业厅等成员单位，开展了《科学素质纲要》“十二五”规划编制工作，经过深入调查研究、广泛征求意见、不断修改完善，形成了《湖北省全民科学素质行动“十二五”规划》。

2010年9月19日，围绕《科学素质纲要》关于“节约能源资源，保护生态环境，保障安全健康”和“低碳经济与低碳生活”的主题，“全国科普日”（湖北）活动在湖北省武昌市首义广场举行。省政府副省长郭生练、省政府副秘书长黄国雄出席活动启动仪式。省科技馆、9个省级学会、2个省级科普教育基地、武昌区直有关单位开展了内容丰富、形式多样的系列主题科普活动，共发放《低碳科普知识》2000多册、“低碳减排·绿色生活”主题宣传画1500多张、环保纪念品900多件。省科协组织开展了“低碳生活科普知识竞赛”活动，共有10多万社区居民、农民、企业职工、机关干部、中小学生参加，收到竞赛答卷8万多份，评选特别奖2名、优胜奖10名、纪念奖110名。全国科普日期间组织开展了“科普大篷车荆楚行联合行动”，在孝感、鄂州、武穴、洪湖开展“垃圾分类互动游戏”多媒体动画展示、“我家的低碳生活”主题展、“温室实验”和“二氧化碳吸热实验”等科普宣传活动，参加活动的社会公众达12万人次。联合省委宣传部、省科技厅在鄂州市开展“科技、文化、卫生三下乡”集中展示活动，共赠送科技光盘1000套、科普图书1000本、科普挂图500套。

围绕《科学素质纲要》工作的品牌建设和省委、省政府工作中心，在鄂州城乡一体化示范区实施了“科普项目、科技培训、科普宣传、科普能力”的“四位一体”科普示范行动计划，全年共倾斜支持“助力”项目4个、“惠农”项目5个，建科普活动室13个、科普宣传栏10个，配送农村实用科普书籍2000册、科普挂图1000套、科普展板200套。与省委组织部联合实施助推大学生“村官”成长“五个一”行动计划，组织大学生“村官”参与科普实践和培训活动，向大学生“村官”倾斜支持“助力”项目13个、“惠农”项目1个，免费发送《特种养殖技术》、《农业科技管理》、《绿色农业》、《农产品深加工》等实用科普丛书5000册。全省列项的43个湖北省科普示范县（市、区）全部通过检查验收，其中38个创建单位申报全国科普示范县（市、区），有力地推动了科普示范创建工作的深入发展。

履行桥梁纽带职责，为科技工作者服务。切实加强院士专家联络服务工作，开展走访慰问院士、省科协常委和科技专家活动。按照中国科协的工作部署，召开了中国科协“七大”湖北省代表座谈会。履行党委人才工作领导小组成员单位职责，积极落实党委、政府关于加强高层次创新创业人才队伍建设的指示精神，制定年度人才工作实施方案，加强高层次人才库建设，做好引进海外高层次人才的工作，并积极为院士专家服务经济建设搭建平台。

2010年共受理科技人员来信、来电、来访132人次，受理维权案件60件，省科技事务司法鉴定中心受理60个司法鉴定项目，全部得到了妥善解决。大力宣传表彰优秀科技工作者，据不完全统计，仅“海智论坛”活动就刊发新闻稿件50多篇，其中《湖北日报》一篇评论员文章、两篇头版新闻报道、3幅大会照片、4篇人物通讯和1个宣传专版，《楚天都市报》以彩色整版刊登了《站在世界科学前沿描述科学的魅力——与中国科学院常务副院长白春礼院士的对话》。与省委组织部联合开展了第五届湖北省优秀科技工作者评选活动，评出湖北省优秀科技工作者20名，组织湖北省青年科技奖获奖者开展国情考察和联谊交流活动。按照中国科协统一安排，积极开展科技工作者状况调查，新增调查站点8个，发出调查问卷800份，并全部回收上报。

【中国（湖北）海外人才智力为国服务专家论坛】

2010年8月25~26日，由中国科协和湖北省政府共同举办、湖北省科协承办的中国（湖北）海外人才智力为国服务专家论坛召开。第九届全国人大常委会副委员长、中国科协名誉主席周光召院士出席会议并主持论坛主旨报告会，中国科协书记处书记程东红、省政府副省长郭生练在开幕式上致辞，中国科学院常务副院长、中国科协副主席白春礼，中国机械工业联合会执行副会长蔡惟慈分别以《科学发展与物质科学的变革性突破》、《在创新中前行的中国装备制造业》为题作大会主旨报告，中国科协副主席、中国科学院院士赵忠贤，省第十届人大常委会副主任朱纯宣，省委组织部副部长、省人力资源和社会保障厅党组书记翟天山等出席了开幕式。来自9个国家和地区的26个海外华人科技社团的41位科技专家，以及湖北省有关企业、政府部门、院士专家和科技工作者400余人，围绕“科技支撑发展、人才引领未来”的论坛主题，广泛开展了项目合作、专题论坛、成果展览、项目洽谈、成果对接、决策咨询、人才引荐等活动。

【督查《科学素质纲要》实施工作】

2010年3月26日，湖北省全民科学素质工作领导小组（扩大）会议召开，省直20个成员单位、17个市州领导小组组长和办公室主任参加会议，省政府副省长、省全民科学素质工作领导小组组长郭生练出席会议并作重要讲话。会议全面总结了5年来湖北省实施《科学素质纲要》所取得的成绩和工作经验，全面部署了2010年的工作，重点就省《科学素质纲要》督查、迎接国务院办公厅督查、制定《湖北省科学素质纲要“十二五”规划》，提出了具体明确的要求。围绕省本级督查，省政府下发了《通知》和《督查方案》，郭生练副省长率队对襄樊市贯彻落实《科学素质纲要》的工作情况进行了督查，湖北省17个市（州）及所有县（市、区）认真开展了自查，省政府向国务院办公厅提交了书面自查报告。9月2~6日，由中国科协、科技部、卫生部、中国工程院等部门组成的国务院办公厅督查组专程到湖北，深入武汉、黄石、鄂州等地考察《科学素质纲要》落实情况，充分肯定了湖北的工作，认为湖北省全民科学素质建设工作领导重视、组织得力，主题突出、注重实效，夯实基础、加强共享，政策支持、保障有力，形成了很多行之有效的好做法，创造了值得在全国推广的好经验和特色亮点。

【湖北省科协工作理论研讨会】

2010年7月31日，以“科协工作——畅想‘十二五’”为主题的全省科协工作理论研讨会召开。中国科协调宣部部长王春法出席会议并作辅导报告。来自湖北省科协系统的400多名代表，围绕科协工作的“三大规律”和“八个重点问题”，进行了深入细致的探讨和研究。共收到论文149篇，评选优秀论文34篇，编印了论文集，有8篇论文在大会上进行了交流。

湖南省科学技术协会

2010年，湖南省科协组织专家对全省农业面源污染状况进行了深入调查研究，提出了6条加强全省农业面源污染防治的建议，得到省长的高度重视。湖南科技论坛举办期间，组织编印了《关于湖南省内河航运发展的建议》等7份专家建议书，为政府的决策咨询提供了思路和建议。

深入开展“院士专家企业行”活动，在湘潭高新区建立了全省首家与政府共建的院士专家工作站，聘请中国工程院王淀佐等5位院士为首批驻站院士，组织他们深入地市帮助企业及时解决重大项目研发、关键技术攻克、科技人才培养等问题，建立了长株潭企业科技服务的长效机制。大胆创新企业科技服务形式，衡阳市科协举行了首届高校智能与企业项目研讨会，为7所驻衡高校与15家在衡企业搭建了科技交流平台，有效地促进了产学研结合。

进一步加大对“科普惠农”的项目管理和资金投入，33个农村专业技术协会、19个农村科普示范基地、16名农村科普带头人获得国家“科普惠农”项目奖励，受到中国科协和财政部表彰，获奖补资金1120万元，比2009年增加280万。在省委、省政府的支持下，开始实施省级科普惠农兴村计划，年奖补经费600万元。各市、县科协也积极配套资金或争取同级财政对科普惠农工作的支持。宁乡县科协、攸县科协先后启动了县级“科普惠农兴村计划”。初步形成中央、省、市、县四级奖补的格局。

由中国工程院、湖南省人民政府共同主办，省科协承办，组织开展了“湖南科技论坛院士行”系列活动。活动期间，省政府与中国工程院签订了科技合作协议，建立了院省合作机制。论坛以“转变发展方式、建设低碳湖南”为主题，邀请徐匡迪院士为论坛主会场作主题报告。还举办了形式多样的学术活动，邀请中国科学院院士刘光鼎作有关能源方面的学术报告，长沙、株洲、湘潭三地科协举办了第九届长株潭“两型社会”发展科技论坛等。

继续深入推进《科学素质纲要》的实施，加大对各地全民科学素质工作的指导与督查力度。配合中国科协开展了全国第八次公民科学素养调查，组织开展了湖南省第三次公民科学素养调查。调查结果显示，2010年湖南省公民具备基本科学素养的比例为2.2%，比2007年提高了0.65个百分点。继续推动科普工作重心下移，将“防灾减灾日”、“全国科普日”等活动分别放在市州举办，使科普活动更加贴近基层、贴近群众、贴近实际。积极推进科技下乡，全年共组织科技下乡2907次，参与下乡科技人员2.89万人，受益人数492万人，举办实用技术培训6909次，培训人数92万人次，举办科普讲座（报告）1861次，开展科技咨询服务48018次，举办科普展览981次，参观人数205万人次。在第25届全国青少年科技创新大赛上，湖南省代表团夺得9金12银，金牌总数列全国第三名。

在中国科协组织开展的“全国优秀科技工作者”评选活动中，推荐的22名候选人全部当选，其中易小刚荣获首届“十佳全国优秀科技工作者”荣誉称号。省委常委、省委组织部部长黄建国亲切会见了易小刚。积极开展创先争优活动，引导党员干部把创先争优活动与“推进学习型党组织建设”和“讲党性、重品行、作表率”活动紧密结合起来。严格执行党风廉政建设责任制，加强廉政预警，继续保持了科协风清气正的好形象，被省纪委授予“2010年度反腐倡廉建设先进单位”荣誉称号。

【省科协八届四次全会暨湖南省第七届青年科技奖颁奖大会】

3月18日，省科协八届四次全委会暨第七届青年科技奖颁奖大会举行，此次会议共有31名省科协常委、114名委员以及近100名省级学会和高校科协的代表和20名湖南省青年科技奖获得者出席会议。省委副书记梅克保在全委会上作重要讲话。副省长郭开朗、省政协副主席龙国键等领导参加会议。省科协党组书记、副主席邹志强在大会上传达了《中央书记处关于科协工作的几点意见》精神，省科协主席何继善院士代表省科协向大会作了《坚定信心，团结奋进，为实现“科学跨越、富民强省”作出新贡献》的工作报告。会议隆重表彰了向建军等20位第七届湖南省青年科技奖获得者。

【第31届湖南省青少年科技创新大赛】

4月17～19日，第31届湖南省青少年科技创新大赛在湖南省长沙市第一中学举行。省政府副省长、省全民科学素质领导小组组长郭开朗，省科协主席何继善，省科协党组书记、副主席邹志强，省教育厅、省科技厅、省环保厅、共青团湖南省委、长沙市政府和省自然科学基金委相关领导出席开幕式并观看了学生作品展览。郭开朗在开幕式上强调省青少年科技创新教育工作的重要性。省科协党组成员、副主席廖任强主持开、闭幕式。本届大赛以“体验·创新·成长”为主题，共收到14个市州选拔推荐的作品506项，其中竞赛项目298项、科技实践活动68项、科幻画140幅。经过资格审查、初评、展评、专家问辩、技能测试等评审程序，评委会最终评出优秀项目一等奖45项、二等奖104项、三等奖139项，优秀科技实践活动一等奖21项、二等奖21项、三等奖23项，优秀科幻绘画一等奖30幅、二等奖50幅、三等奖59幅，优秀组织奖35个，优秀科技教师14名。

【2010年青年科学家进校园活动】

5月8～9日、15～16日，由湖南省科协、省科技新闻学会联合主办的2010年“激情五月·青春飞扬——青年科学家进校园”巡回演讲活动，分别在湖南省邵阳、常德两市举行。省科协党组书记、副主席邹志强，邵阳市副市长李兰君出席了5月8日在邵阳市二中举行的邵阳站活动启动式并分别致辞。第六届湖南省青年科技奖获得者彭立、第七届湖南省青年科技奖获得者周后德先后到邵阳二中、邵阳一中、邵阳学院进行巡回演讲。5月15日，省科协党组成员、副主席刘秋惠，常德市副市长朱晓平出席了在常德一中举行的常德站活动启动式并分别讲话。第六届湖南省青年科技奖获得者彭军，特邀嘉宾中南大学教授、著名系统工程学者和青少年科普教育专家陈赫及夫人罗声求教授参加了常德站的巡回活动，先后到常德一中、常德市芷兰实验学校、湖南文理学院进行演讲。

【2010年湖南省中小学机器人竞赛】

5月14－16日，由湖南省科协、省教育厅和湘潭市政府共同举办的2010年湖南省中小学机器人竞赛在湖南省湘潭市高新区火炬学校举行。省科协主席何继善，省科协党组书记、副主席邹志强，湘潭市副市长苏健全等出席了开、闭幕式。省科协党组成员、副主席廖任强主持开、闭幕式。来自全省12个市州的参赛选手、观摩代表以等多家新闻媒体共计900余人参加了开、闭幕式。本次竞赛活动以“探索创新，快乐成长”为主题，共有来自全省12个市州的397支参赛队，共计690余名选手参加，是湖南省开展机器人竞赛活动以来规模最大、项目最多的一次。

【2010年全国科普日·湖南活动】

9月13日，第6个全国科普日2010年“全国科普日·湖南”活动启动仪式在邵阳市举行。省科协以“低碳生活，从我做起”为主题，在全省各地安排部署了院士专家报告会、科普惠农兴村等一系列丰富多彩的科普活动。省政协副主席刘晓宣布2010年“全国科普日·湖南”活动正式启动。湖南省邵阳市委书记童名谦致辞，中国工程院院士、省科协副主席官春云讲话。在启动仪式现场，举办了院士专家邵阳行科技报告会，“创建文明城市和园林城市、倡导低碳经济和低碳生活、从我做起”万人签名、演讲大赛、知识竞赛活动，科普惠农兴村计划成果展，青少年科技创新大赛成果展和青少年机器人大赛成果展，“华硕科普图书室”捐赠等活动。

【2010年湖南科技论坛院士行】

10月24～26日，由中国工程院、湖南省政府共同主办，湖南省科协、省科技厅、省院士联谊会共同承办的“湖南科技论坛院士行”活动举行。中国工程院主席团名誉主席徐匡迪、中国工程院院长周济、常务副院长潘云鹤等31位院士，省领导周强、徐守盛等出席。活动期间，湖南省人民政府与中国工程院举行了科技合作协议签约仪式，举行湖南省科技论坛院士行开幕式暨主题报告会。徐匡迪作了题为《加快转变经济发展方式》的特邀报告。院士行活动期间及相邻前后湖南科技论坛院士行活动还举办“橘洲抒怀”书画诗词联谊活动、院士衡阳南岳寿文化考察活动。潘云鹤、黄其励、谢和平、沈德忠、杨凤田等10余位院士分别作了学术报告或就相关学术问题进行了座谈和交流。

【2010年全省科普惠农兴村计划工作会议】

12月20～21日，2010年全省科普惠农兴村计划工作会议召开。全省各市州科协、财政局有关负责人及2010年获国家、省“科普惠农兴村计划”表彰对象共180余人参加了会议。会前，现场参观了长沙县黄兴蔬菜协会，学习交流典型经验。会议向2010年获国家、省科普惠农兴村计划表彰的先进集体和个人颁发了奖牌，澧县葡萄协会会长王先荣等分别作了典型发言。省人大常委会副主任肖雅瑜作重要讲话，省财政厅副厅长王新国在会上充分肯定了科普惠农兴村计划实施成效，并提出要加大投入，大力支持科普惠农兴村计划，继续推进全省科普惠农兴村计划顺利实施。省科协党组副书记、副主席荣诚作工作报告，对“十一五”期间全省科普惠农兴村计划实施情况作简要的回顾，并提出了“十二五”期间科普惠农工作的总体目标：力争实现“三千一百”工程，即培养达到国家表彰标准的农村专业技术协会1000个，农村科普示范基地1000个，农村科普带头人1000名，科普工作队100个。

广东省科学技术协会

2010年，省科协围绕经济社会发展中的重点、热点和难点问题，通过调研报告和提案形式，为党委、政府决策提供科学依据。继续做好《广东省民众心理和谐评估与建设》项目有关工作，在完成民众心理和谐现状评估、心理和谐建设对策研究的基础上，建设“广东省民众心理和谐动态监测服务平台”。汇编出版《科技创新建言献策报告集》，为广东省加快转变经济发展方式出谋献策。全省科协系统共举办决策咨询专家论坛80多场，提供决策咨询报告163篇，52篇获省、市领导的批示。

深入开展“讲理想、比贡献”活动。全年共建立“院士专家企业工作站”32家和“学会科技服务站”20个。组织建站企业成立了“广东企业技术创新联盟”，共组织30多位院士和300多名专家与建站企业建立服务关系，帮助企业完成重大技术开发项目56项，为企业增创经济效益18亿多元。举办创新方法普及讲座、技术创新方法培训和珠三角区域创新峰会，共有100多家企业的1550多名科技人员参加。有763家企业、2万多名科技工作者参加“讲理想、比贡献”活动，完成技术创新项目473项，4507条合理化建议获采纳。广东省科协联合省轻工协会、省质量协会举办2010年广东省科技创新与优秀QC小组成果发表大会，美的集团等70多家企业187名与会人员，发布科技创新及质量管理重大成果89项。广东省科协与省细胞生物学学会等联合开展了“厂会协作”项目《靶向内照射联合介入消融技术治疗肝癌》，南方医科大学珠江医院等30家单位为项目承担单位，使5000名肿瘤患者得到医疗慈善救助。2010年，广东省科协组织省级学会、高等院校和科研院所320名专家深入企业，开展企业科技服务，建立企业与专家科技交流合作平台。组织开展全国、省级2010年科普惠农兴村计划申报推荐、评审工作。有10个农村专业技术协会、7个农村科普示范基地、16个农村科普带头人获全国表彰，获奖补资金420万元。有4个农村专业技术协会、9个农村科普示范基地、6个农村科普带头人获省级表彰，获奖补资金225

万元。广东省科协、财政厅联合组成回访检查组，通过实地考察、查看资料、召开座谈会、入户了解等方式，对2006～2009年全国、广东省科普惠农兴村计划124个获表彰单位和个人、1820万元奖补资金，进行百分百回访调研、检查评价、绩效总结、监督管理和追踪问效。

大力实施《科学素质纲要》。围绕“节约能源资源、保护生态环境、保障安全健康”等主题，组织开展全国科普日、全国科技周、广东省科技进步活动月、广东科普大讲堂等活动。全省科协系统共举办主题科普活动1877场，科普展览1238场，科普讲座1316场，受众人数650万人次。举办第四届广东省科普作品创作大赛，实施青少年科技教育“五个一”工程，开展第二批科学教育特色学校创建活动，组织第25届广东省青少年科技创新大赛、第10届广东省机器人竞赛和奥林匹克学科竞赛活动。开展社区科普工作“五个一”创建活动，创建省级科普示范社区30个、科普志愿者服务站30个、科普图书室30个。举办科技文化卫生三下乡活动。编印科普图书和科普资源包，建立广东科普资源信息库，利用社会资源新建科普画廊100座。省科普信息中心加强科普资源开发，打造全国科普资源一站式共享服务及在线互动平台。组织开展2011～2015年度全国科普示范县（市、区）创建工作。举办《科学素质纲要》优秀案例征集评选活动，总结和推广各地区各部门的好做法好经验。开展广东省第二次公民科学素质调查。2010年9月4～7日，国务院《全民科学素质行动计划纲要》督查组分别到广州市越秀区、东莞市、惠州市等地，对广东省实施《科学素质纲要》情况进行督查，检查广东省落实“四个重点人群科学素质行动”和“四项基础设施”建设情况。国务院督查组认为广东在开展全民科学素质工作中：领导重视，《科学素质纲要》实施顺利推进；主题突出，活动组织有声有色；重点突破科学素质“四个行动”，扎实有效；强化基础，“四项工程”卓有成效。2010年中国科协组织全国公民科学素质调查显示，广东省公民具备基本科学素养比例为3.3%，高于全国水平0.5%。

积极搭建学术交流平台。继续办好广东科协论坛、广东院士讲坛和广东省科协学术活动周等品牌活动。先后邀请国务院发展研究中心主任张玉台，中国工程院院士何镜堂、中国科学院院士费维扬、中国科学院院士包信和等作专题报告18场。组织开展第八届广东省科协学术活动周，全省各级科协组织共举办学术交流活动298场次，受众人数达9.5万多人次。开展第二届南粤科技创新优秀论文评选活动，共有80篇优秀论文分获一、二、三等奖。加强与港澳台科技团体的交流与合作，成功举办第五届粤港澳可持续发展研讨会、第九届海峡两岸科技与经济论坛、第八届海峡两岸四地工程师论坛和第28届中西南学会学研究年会。开展重大学术交流项目的申报工作，按照“择优支持，保证重点，讲求实效，合理配置”的原则，重点资助学术水平较高、规模影响大、上下合作的大型学术活动。2010年评选出省生态学会与联合国共同开展的“湛江特呈岛滨海湿地保护与可持续发展利用示范”项目研讨会等13项重点资助学术项目。省科协还将所属省级学会申报的6个学术交流活动项目上报中国科协，批复资助项目两个：中西南学会学研究第28届年会和“Blazar天体的多波段光变”国际学术研讨会。为鼓励省级学会“走出去，请进来”积极开展国际学术交流活动，省科协制订《广东省科协资助国际学术会议暂行办法》和《广东省科协资助青年科技工作者出国参加国际会议暂行办法》，对广东造船工程学会2010年国际船舶配套产业发展论坛等9项国际学术交流项目实施资助。

为科技工作者提供优质高效服务。2010年2月，广东省委、省政府召开院士专家迎春座谈会，省四套领导班子的主要负责同志出席，中共中央政治局委员、广东省省委书记汪洋发表重要讲话。组织在粤工作院士及其配偶到珠海休养考察，并为珠海市贯彻实施《珠江三角洲地区改革发展规划纲要》建言献策。组织青年科学家到茂名、湛江，组织高级专家到东北学习考察。开展科技工作者状况调查，为科技工作者提供法律咨询和法律援助服务。积极开展“全国优秀科技工作者”、“中国青年女科学家奖”和中国科协2010年度创新研究群体等推荐工作。由广东省科协推荐的中国工程院院士、广州呼吸疾病研究所所长钟南山荣获“十佳全国优秀科技工作者”称号。制定实施《在粤工作院士专家意见直通车管理办法》，为省领导听取院士专家意见开通了“直通车”。

2010年，全省各级科协积极争取党委、政府的重视支持，理顺科协的体制和机制，着力解决科协办事机构独立设置的问题，全省21个地市级科协的办事机构全部实现独立设置。深入开展《关于科协工作的理论研究》工作，为做好“三服务一加强”工作提供理论支撑。大力加强企业科协组织建设，目前全省已建立企业科协1092家，联络服务科技人员近15万人。推进直属事业单位分类改革，广东工程职业技术学院抓好“以评促建”工作，与191家企业开展校企合作，实现校园建设、招生规模、办学质量新跨越，顺利通过教育部高职高专人才培养工作评估，2010年应届毕业生就业率达99%。广东科技报社拓展报纸版面，狠抓质量，利用邮政网络有效地扩大发行量，《健康养生周刊》发行量达到13万份。推进省级学会创新发展试点，在第一、二批省级学会创新发展试点工作后，2010年，先后召开省级学会改革经验交流会和地市科协学会改革工作座谈会，表彰了25个省级学会和89名先进学会工作者。开展了第三批省级学会创新发展试点工作，确定了12个第三批试点学会。

【汪洋出席在粤工作院士专家迎春座谈会】

2010年2月，省委、省政府召开院士专家迎春座谈会，中共中央政治局委员、广东省委书记汪洋发表了重要讲话，省四套领导班子的主要负责同志出席。参加座谈会的院士、专家包括在粤工作的中国科学院院士，中国工程院院士，俄罗斯外籍院士和国际欧亚科学院院士，国家“973”计划首席科学家，中央“千人计划”入选者代表共70多人。汪洋强调，各级党委、政府及有关部门要更加重视科技工作和人才队伍建设工作，为建设创新型广东营造良好的社会环境。要以“你有多大才，我搭多大台”的胸怀和气魄，建立各级领导听取高层次人才意见的直通车制度。及时了解科技工作者在工作、学习、生活中遇到的实际困难，努力解决好他们的住房、医疗保障、家属就业、子女入学等问题，把引进、培养、使用各类人才特别是高层次人才作为广东省当好推动科学发展排头兵的新引擎，努力做到“东西南北中，人才到广东”。与会的院士、专家结合自己的研究领域和专业工作实际，围绕如何提高广东省自主创新能力，促进产业转型升级，建设现代产业体系，构筑人才高地等问题，积极建言献策，提出了宝贵的意见和建议。

【建立在粤工作院士专家意见直通车制度】

2010年7月7日，广东省委办公厅正式批复同意建立在粤工作院士专家意见“直通车”制度，具体工作由广东省科协承担。建立在粤工作院士专家意见“直通车”制度，是中共中央政治局委员、广东省委书记汪洋在2010年年初召开的在粤工作院士专家迎春座谈会上提出的。会后，广东省科协制定了实施方案（草案），并先后与省委办公厅、省政府办公厅、省委组织部进行磋商，最终形成了“直通车”制度的实施办法。“直通车”制度的主要工作由广东省科协承担，省科协开设专线，收集院士专家的意见和建议，每月汇总一次，呈报省领导，领导批示后，转有关部门办理，省科协负责跟踪落实，并将办理结果及时反馈给院士专家。

【推进“院士专家企业工作站”建设】

按照《广东省院士专家企业工作站管理办法》，调研遴选一批行业龙头企业建立“院士专家企业工作站”，以“院士专家企业工作站”为平台，以技术创新为突破点，着力提高企业自主创新能力。2010年新建立省级“院士专家企业工作站”20家。

【开展“千会服务千村”行动】

2010年全省科协系统全面开展“千会服务千村”行动，关注农村、关心农民、支持农业，为农村改革发展提供科技服务支撑。3～10月间，省科协先后在梅州、汕尾、阳江、河源、清远等市（县、镇）组织60多场培训、2.4万多人次参加，派发图书资料2.5万多份，送肥料价值10多万元。2010年，全省共有320多个学会与300个村建立结对服务关系，推广农村先进实用技术360项，培训农村劳动力4.5万人次，并编印科技服务项目指南向社会发布，推动“千会服务千村”行动常态化发展。

【第五届粤港澳可持续发展研讨会】

2010年9月27日，由广东省科协、香港工程师学会、澳门工程师学会联合举办的第五届粤港澳可持续发展研讨会在香港理工大学开幕，粤港澳三地专家学者围绕“构建大珠三角优质生活圈”主题展开研讨交流。研讨会为期4天，主会场设在香港，澳门、广州设立了分场。粤港澳三地200多名专家学者在珠三角区域城市规划、低碳经济、环境保护和交通运输等方面，为共同构建大珠三角优质生活圈建言献策，活动进一步密切了三地科技界的联系合作。

【2010第八届海峡两岸四地工程师论坛】

2010年11月19日，由广东省科协、台湾中华土木技师公会全联会、台湾中华两岸经贸投资协会、香港工程师学会 、澳门工程师学会、广东省土木建筑学会和福建省土木建筑学会联合主办的2010第八届海峡两岸四地（粤港澳台闽）工程师论坛在福建省厦门市举行。粤港澳台闽工程界近300名专家学者围绕“绿色建筑，生态城市”主题，结合两岸四地如何建设现代城市课题，从生态、节能、环保和规划等学科以及有关合作领域进行广泛的交流探讨。

广西壮族自治区科学技术协会

2010年3月5日，广西壮族自治区党委、自治区人民政府联合下发《关于进一步加强新时期科协工作的意见》（桂发〔2010〕9号），着力加强新时期科协工作。《意见》强调要把科协组织建设成为科学决策和民主决策的“思想库”和“智囊团”，建设成为适应社会主义市场经济体制、符合科技团体发展规律、对科技工作者具有较强凝聚力和影响力、充满生机和活力的“科技工作者之家”。

广西科协实施专家学者建言献策行动计划，向自治区党委、政府提交了《关于开展中小学校舍防雷安全排查工作，消除安全隐患的建议》、《关于加强广西资源危机矿山深部和外围找矿的建议》、《关于促进我区小杂粮产业又好又快发展的建议》、《关于进一步加大广西石漠化治理工作力度的建议》4项建议，其中《关于促进我区小杂粮产业又好又快发展的建议》获得自治区副主席陈章良批示。组织政协科协界委员和科技工作者开展调查研究，积极建言献策，向自治区政协提交了《开发生物质发电项目，推动广西新能源产业发展》、《关于重振广西海水珍珠产业、打造北部湾传统文化品牌的建议》等6件提案。其中《开发生物质发电项目，推动广西新能源产业发展》、《关于科学规划广西高速公路建设总规模的提案》、《关于进一步稳定广西农业行政执法队伍的建议》3件提案被评为自治区政协2010年度优秀提案。

开展“讲理想、比贡献”活动。全年完成“讲理想、比贡献”活动项目895项，收集“讲理想、比贡献”活动建议3024条，完成技术咨询服务99项。实施创新方法进百企行动计划，组织有关专家深入玉林、柳州、贺州、梧州、南宁等地举办创新方法培训班22次，培训科技人员2510人次。在南宁五菱桂花集团进行创新方法理论试点工作，运用创新方法设计制造出第三代甘蔗收割机。在柳州欧维姆机械股份有限公司成立了广西首家院士专家企业工作站，联合柳州欧维姆机械股份有限公司 、广西工学院共同举办2010首届欧维姆技术论坛。广西柳州钢铁（集团）公司、桂林三金药业股份有限公司等2个企业和南宁五菱桂花车辆有限公司总工程师黄湘山等4名科技工作者分别获得年度全国“讲理想、比贡献”活动先进集体和先进个人称号。

实施科普惠农兴村计划。广西有80个单位和10名个人获得了全国科普惠农兴村计划表彰，奖补资金1680万元，获奖项目数位列全国第5名。有54个单位和12名个人获得了广西科普惠农兴村计划表彰，奖补资金500万元。实施“五个一”农村适用技术培训工程，全年培训农村党员、农村专业技术协会会员、农户19.74万人次。编辑出版《农博士答疑一万个为什么》科普图书。组织拍摄《贵港高品质黄沙鳖养殖技术》、《宾阳莲藕协会》等科普惠农兴村题材专题片。举办广西实施科普惠农兴村计划5周年成果展示会，87个优秀奖单位参展，自治区领导陈际瓦、陈章良、黄日波等参观成果展。自治区党委副书记陈际瓦对科普惠农兴村计划工作作出批示。

实施《科学素质纲要》。组织编制《广西全民科学素质行动规划（2011—2015）》，并获得审议通过。开展自治区第三次实施科学素质纲要督查工作，评比科学素质工作创新案例和优秀论文25篇。组织开展第八次中国公民科学素质调查和第三次广西公民科学素质调查，共完成3040户入户调查任务。表彰奖励实施全民科学素质纲要先进单位47个、先进个人80名。广西科协科普部被科技部、中宣部和中国科协授予“全国科普工作先进集体”称号。

广泛开展科普活动。联合自治区科技厅、教育厅、商务厅、文明办等部门及各地党委和政府，组织开展全国科技活动周、全国科普日、广西科技活动周、广西十月科普大行动、“防灾减灾”科普宣传周、科技下乡、广西科技大集、广西城市科普行等各类主题科普活动。广西科技大集以“低碳科技”为主题，结合“家电下乡”等强农惠农政策，宣传各种节能减排产品。广西科技馆面向青少年组织开展快乐科普校园行、大手拉小手——科普报告希望行、科技创新大赛等系列活动，参与活动的青少年达80多万人次。玉林、河池、象州、平南等市、县科协配置了新型科普大篷车。《南方科技报》、《小博士报》、《家庭医药》被评为广西第七届优秀报刊，《南方科技报》入选全国“农家书屋”重点推荐的报刊。举办首届广西农技协领办人培训班。在南宁市、柳州市、桂林市和玉林市建设“三农”网络书屋430个，建设“华硕科普图书室”20个，建设全国和广西“科普活动站”4个。

开展科普示范创建活动。组织武鸣、象州、藤县、隆林、阳朔县等34个县（市、区）申报创建2011～2015年度全国科普示范县（市、区）。对柳江、兴业、大新县、钦州市钦北区等14个第四批创建广西科普示范县（市、区）进行验收并命名。组织广西中医学院医药会展中心等6个单位新申报“全国科普教育基地（2010～2014年）”并获得中国科协命名。命名南宁动物园等20个单位为“广西科普教育基地（2010～2014年）”。

开展学术交流活动。广西科协与香港工程界社促会、中国－东盟博览会秘书处联合主办举办第二届中国－东盟工程项目合作与发展论坛，越南、马来西亚、缅甸和中国香港、澳门地区的100多名学者参加会议。举办第五届广西青年学术年会、欧维姆技术论坛、广西北部湾海洋文化论坛等学术会议，与广西农学会、广西科学院等联合举办桂西干旱地区农业可持续发展研讨会、“科学与中国”院士报告会。组织17个学会的专家就全区抗旱和石漠化治理等问题进行调研，资助25个学会、高校（地市）科协召开联合学术会议。

开展科技工作者状况调查。2010年，广西科协完善科技工作者状况调查工作制度，启动开展广西科技工作者状况调查工作。制定《科技工作者状况调查站点设立和管理暂行办法》和《关于加强科技工作者调查站点信息报送工作的意见》。开展首次《广西科技工作者状况问卷调查及研究》工作，完成问卷调查3000份，创办并出版《科技工作者状况调查站点信息摘报》和《科技工作者反映问题专报》共21期，上报自治区党委、政府及有关部门。广西科协被评为2010年度全国科技工作者状况调查站点优秀区域责任部门，柳州市科协站点被评为2010年度全国科技工作者状况调查优秀站点。

开展表彰奖励工作，加强自身建设。广西科协推选的14名候选人荣获“全国优秀科技工作者”称号。进行高层次人才信息采集，新收集235名高层次人才信息，输入信息1175条。举办广西县级科协主席培训班，有110多名县（市、区）科协负责人参加了培训。新成立自治区级学会2个、高校科协3个。支持17个自治区级学会、3个高校科协召开换届（成立）大会。广西烟草学会荣获民政部全国先进社会组织称号，广西气象学会、广西公路学会、广西地质学会、广西机械工程学会、广西水利学会等10个学会荣获自治区民政厅全区先进社会组织称号，33个学会、145名会员被评为广西科协先进学会、先进工作者。广西科协、广西科技馆获区直机关文明单位称号。

【大力组织抗旱救灾】

2010年，广西遭遇了数十年不遇的特大干旱。中国科协紧急拨付80万元支援广西抗旱救灾。面对干旱，广西科协多管齐下，抗旱救灾。4月，由广西科技馆与南方科技报、广西慈善总会、广西电视台《新闻在线》等部门共同举办关注旱情心系灾区——广西科技馆抗旱节水科普展暨爱心活动，筹集捐款16万多元，通过广西慈善总会发放到百色、河池等受灾严重的地区。4月1日，在广西科技馆举办抗旱救灾专场科普活动，各界群众3000人参加。《南方科技报》、《小博士报》、《家庭医药》杂志等科协主管主办媒体，关注旱情，普及宣传抗旱知识，倡导节约用水。4月2日，联合农业厅、水产畜牧兽医局、农科院、水果总站等科研院所和广西大学等16个单位召开桂西干旱地区农业可持续发展专家研讨会，为旱区建言献策。广西科协积极组织各级科协开展送“爱心水”活动。

【实施科普惠农兴村计划五周年成果展】

12月24日，由广西科协和广西财政厅共同主办实施科普惠农兴村计划五周年成果展示会。自治区党委副书记陈际瓦、自治区副主席陈章良、自治区政协副主席黄日波等领导参观成果展示会。2006～2010年，广西共获得国家级科普惠农兴村计划奖励的农技协117个，农村科普示范基地74个，科普带头人49人，少数民族科普工作队3个，财政部累计划拨奖补资金总额达4215万元。广西也表彰了农技协100个，农村科普示范基地64个，科普带头人54人，少数民族科普工作队8个，自治区财政厅累计划拨奖补资金总额达1800万元。5年来，通过实施科普惠农兴村计划，广西市、县两级科协系统扶植和培育出3240多个管理规范、发展有劲的基层农技协，出版创作《“科普惠农兴村计划”系列丛书》、《农博士答疑一万个为什么》、《广西科普惠农推广种养技术手册汇编》、农村科普题材小说《股份农民》等一批实用的科普书籍。

【北部湾海洋文化论坛】

10月26日，由中国海洋学会、广西科协、中共防城港市委、防城港市政府联合主办的北部湾海洋文化论坛在防城港市举行，美国国家工程院院士、中国工程院外籍院士黄锷，中国科学院院士、南京大学博士生导师王颖，中国工程院院士、国家海洋局第一研究所研究员丁德文，中国工程院院士、广西科协主席郑皆连等院士和120位专家学者围绕“弘扬北部湾海洋文化，推动区域经济发展”的论坛主题开展学术交流。本次论坛设置了“1+4+X”内容模块，其中“1”指大会开幕式及大会特邀报告，“4”指4个分论坛活动，包括创海洋文化名城、助海洋产业发展——防城港市党政领导与院士专家交流座谈会，浩瀚海洋、特色文明——北部湾海洋与历史文化专题报告会，伏波静海、江山多娇——“伏波文化”主题研讨会以及扬帆海湾、共创未来——环北部湾沿海六市“海洋文化产业”研究成果报告会等，“X”指观看梦幻北部湾启航演出和参观考察等活动。

海南省科学技术协会

服务经济社会发展。深入开展“讲、比”活动，推动企业科技进步。企业科技人员共提出合理化建议520条，被采纳380条，产生较大经济效益。组织广大科技工作者，积极投身全省抗洪救灾工作。10月，海南省发生了60年来持续时间最长的降雨，暴雨使全省受灾严重。全省各级科协组织行动迅速，按照省委、省政府要求，组织动员广大科技工作者，积极投入到抗洪救灾工作中去，帮助农民解决灾后恢复生产存在的实际困难；组织农作物栽培、橡胶栽培、果树栽培、水产养殖和疾病预防等方面的专家，开展灾后恢复生产自救工作。专家们深入到田间地头，进行现场技术指导，向农民传授新农药、新化肥的使用方法，指导农民抢救受灾农作物和灾后的卫生防疫等工作，帮助和指导农民做好冬季农业生产。得到了中国科协支持的50万元，用于基层科协科普设施灾后重建。

继续实施“科普惠农兴村计划”。全省各类农技协有362个，会员26921人，建立科普示范基地223个，培养科技致富专业户32585户。评出8个海南省科普惠农兴村计划的先进集体和4名农村科普带头人，推荐8个集体和个人参加全国评选，全部获得中国科协和财政部的表彰和资助。8月，对儋州等13个市县科普惠农兴村计划项目及联办农技协培训基地项目进行回访，实地考察了23个农技协，对项目经费使用情况，科普服务综合能力、状况、效果和对农村经济社会发展的贡献等5个方面、7个评价指标进行评估。开展“四送一训”科技下乡活动。省科协联合省内一家技术力量雄厚的农业科技企业，全省15个市县、132个乡镇、4192个自然村开展了“四送一训”活动，共培训76918人次。

以实施“海智计划”为契机，利用海外智力为海南发展服务。引进美国、德国等发达国家和我国香港特别行政区、中国台湾地区等高层次专家18人次，开展学术交流、实地考察指导及研讨会。继续推动海南与英国驻广州总领馆及英国纽卡斯尔大学的各项交流与合作，在可持续农业及病虫害管理、水资黎族文化源管理、医学研究及遗产保护等领域，促成了6个国际合作项目协议的签署，互派学生12人。

深入贯彻落实《科学素质纲要》，认真开展“科技月”、“全国科普日”、科技下乡、青少年科普等活动，大力普及科技知识。据统计，全省各级科协及省级学会共举办科普讲座和科普展览1167场次，受众人数达158.3万人次。5月，联合省气象学会、地震学会，举行了主题为“开展防灾减灾活动，保障人民生命安全”的科普大集市活动，1500多名市民参加活动，共展出防灾减灾科普图片60多张，发放科普小册子5000多本。

开展青少年科技竞赛。4月，在海南华侨中学举办了第22届海南省青少年科技创新大赛，全省23支代表队260名青少年和科技教师参加决赛，评选出创新项目奖项145个。参加了第25届全国青少年科技创新大赛，获一等奖1项。6月，组队参加第十届全国青少年机器人竞赛，获二等奖1项，三等奖4项。组织第十九届威盛中国芯计算机表演赛海南赛区决赛，评出一等奖6名，二等奖9名，三等奖15名。举办了海南省第二届“七巧科技”竞赛、中学生五学科奥赛海南赛区竞赛等。举办青少年科普讲座（报告）和青少年科普展览183场次，受众人数达20多万人次。充分发挥“科学工作室”科普教育阵地作用，全年开展培训和科普活动受众达8000多人次。

实施科普资源开发与共享和科普基础设施工程。与外省专业单位合作，制作了科普知识光盘4180张。9月，围绕“低碳经济与低碳生活”主题，制作了“低碳生活在我身边”等内容的科普展板127块，在全省巡回展出，发放科普小册子10000册。开展海南省“一站一栏一员”建设，在全省10个市县（区）开展科普宣传栏示范工作，并给予一定的经费资助。目前，全省已建设科普活动站946个，科普宣传栏861个，开展科普培训3374场次，参加活动的群众达32万余人次。

组织学术交流活动，努力促进学术繁荣和科技进步。2010年省科协确定了22个学术会议项目、5个科技沙龙项目、7个学会科普项目和4个企业科普项目。全省各级科协及省级学会举办学术交流活动88次，参加人数达9065人次，学术交流活动中交流论文共2570篇。加强对外民间科技交流与合作，举办首届海峡两岸农业专业合作组织创新发展研讨会，组织赴美国、加拿大农产品加工与质量安全考察团，赴日本、韩国科技管理与人才引进考察团。

开展全省优秀科技工作者评选活动，评选出海南省优秀科技工作者30名，推荐8人，参加全国优秀科技工作者评选，其中1人获中国科协“十佳全国优秀科技工作者”提名。对20名第八届海南省青年科技奖获得者和1名全国青年科技奖获得者进行了表彰，并通过大众传媒大力宣传了他们的业绩和崇高精神。认真做好2010年度全省自然科学研究系列专业技术资格评审申报工作。2010年申报评审高级职称的科技人员有27人，申请资格认定的有23人，确认的有3人，将按有关规定予以组织评审和认定。

5月，在全省科协系统开展创先争优活动，以提升服务能力和水平为目标，提出了坚持调查研究、联系基层和结对帮扶等要求，明确了领导责任、推进措施和考核表彰机制，为活动的扎实开展打下了良好的基础。积极推进学习型党组织建设，制定了《海南省科协推进学习型党组织建设的实施方案》，确保了学习型党组织建设工作的顺利开展。省科协党组中心组集中学习9次，举办党课3期。5月，省科协机关结合纪念海南解放60周年，组织全体党员干部职工参观海南解放60周年图片展。举办“七一”党课活动，由省科协党组书记陈永明主讲“关于党性”的党课。开展“缅怀革命先辈，重温红色历史”的国庆“党史教育日”活动等。制定干部培养计划，利用各种资源和机会，为年轻干部成长创造机会。对外交流了3名处级干部，其中1名交流到市县担任领导岗位职务，另外2名到市县挂职锻炼，任副市县长。

【邓楠在海南考察调研】

1月18日，中国科协常务副主席、书记处第一书记邓楠到海南考察，重点就海南科技馆建设、下属事业单位的改革、增加科普经费等问题与海南省委书记卫留成等海南省领导交换了意见。目前，省科技馆建设项目已经省发改委批准立项，省科技活动中心、省科技咨询服务中心合并，重新组建省科技活动中心的方案已获省编委批准。

【海南省科协第四届委员会第三次全体（扩大）会议】

3月29日，海南省科协第四届委员会第三次全体（扩大）会议在海口市召开。省人大常委会副主任、省科协主席康耀红作常委会工作报告，省政府副省长林方略出席会议并讲话，会议由省科协党组书记陈永明主持，科协全委委员100多人与会。会议表彰了万宁市潮港海水养殖协会等7个全国科普惠农兴村先进单位和带头人，表彰了海口市琼山区科协等5个科普工作先进集体和朱智川等5名先进个人，表彰了海南省机械工程学会等15个海南省科协先进学会和林声汉等25名优秀学会工作者。

【海南省农村专业技术学会成立】

7月16日，海南省农村专业技术学会成立大会暨第一次会员代表大会在海口市召开。海南省人大常委会副主任、省科协主席康耀红出席开幕式并为第一届理事会名誉理事长吕飞杰颁发聘书。海南省科协党组书记、副主席陈永明出席开幕式，省财政厅、省科技厅，省各科研院所、市县科协和基层农技协的负责同志共110多人出席了大会。大会选举产生了48名理事以及由17名常务理事组成的第一届理事会，省科协党组成员、副主席陈民当选为理事长。

【“全国科普日”海南分会场活动】

9月18日，由海南省科协，三亚市委、市政府联合主办的“全国科普日”海南分会场活动在海南省三亚市鹿回头广场启动。海南省科协党组书记、副主席陈永明主持启动仪式，海南省人大常委会副主任、省科协主席康耀红，省政府副省长林方略出席启动仪式并致辞，三亚市科普日活动领导小组成员单位领导及科普志愿者1000多人参加启动仪式。全省科协系统围绕未成年人、农民、城镇劳动人口、领导干部和公务员等四大人群，开展系列科普活动，共展出科普展板200多块，科普大篷车展品11件，青少年科技活动展具8件，发放科普宣传资料13.7万多份（册）、发放技术光盘1000多张，参加人数13万余人次。

【为国际旅游岛建设建言献策】

发挥科协智力优势，组织海外专家为海南国际旅游岛建设服务，围绕海南省重点、热点问题，开展科学论证，为宏观决策提供科学依据。英国南安普顿大学教授吴建平博士就海口市发展智能交通建设建言献策，并针对海南国际旅游岛建设，提出了建设“文明海口、智慧海口、绿色海口”的建议。召开为海南旅游岛建设献计策主题座谈会。12月15日，海南省科协以动员广大科技工作者服务国际旅游岛建设大局为主线，在海口市召开了2010年中国科协会员日暨“我为国际旅游岛建设献计策”主题座谈会。座谈会邀请科技工作者代表40余人。与会代表从各自的专业角度出发，立足于海南的现状，就科技、医疗、生态、农业、教育等方面进行交流、研讨，畅谈自己的好建议、好想法。以“科技服务海南国际旅游岛建设”为主题的第五届海南省科技论坛11月在海口市举办。这是在海南国际旅游岛建设上升为国家战略背景下举办的一次学术盛会。由海南省科协联合海南省农业科学院、海南省地质局、海南省环境科学研究院共同主办。论坛设有：大会特邀报告和热带现代农业发展与海南国际旅游岛建设、生态环境优势与海南国际旅游岛建设、资源环境保障与海南国际旅游岛建设等3个专题论坛和专题科普展，特邀中国科学院院士谢华安、中国科学院生态环境研究中心研究员王如松博士分别做了《超级稻再生高产实践与展望》、《推进生态文明建设强化旅游生态品质》的主题报告。海南省直机关20多个部门的有关领导出席了论坛开幕式，省内外专家学者300多人参加了论坛的交流和研讨，提交论文160余篇，其中91篇入选论坛文集。

重庆市科学技术协会

2010年，市科协充分发挥科协组织优势，助推全市经济社会发展。扎实用好第十一届中国科协年会专题论坛及座谈会的建言献策成果。院士专家关于重庆经济社会发展对策建议的《重庆方略》一书公开发行。出台了《加强决策咨询，促进重庆市科技思想库建设的实施意见》。开展形式多样的“讲理想、比贡献”活动。128个企业立项3700项，参与活动的科技人员和企业员工达2.4万人次，提出合理化建议5000多条。10月在重庆前沿生物技术有限公司建立了重庆市首个院士专家工作站，市政府给予项目补助资金100万元。实施科普惠农兴村计划，2010年重庆市有30个集体和11位个人获得中国科协、财政部表彰，获得奖补资金655万元，比2009年增长了30%。加强科普惠农服务站建设，武隆等部分区县率先实现“站栏员”建设全覆盖。

落实《科学素质纲要》，促进全民科学素质提高。开展了2010年重庆市全国科普日活动，通过低碳环保科普剧表演、科普大篷车集中展示、交巡警装备体验、废旧书报换花木等系列活动，向广大市民宣传低碳生活知识。与英国总领事馆联合开展了“英中低碳生活行动”，50名大学生志愿者经过统一培训后深入重庆市25个社区开展了为期两个月的低碳生活科普宣传。承办了第五届重庆市青少年科技创新市长奖表彰会，组织举办了第25届重庆市青少年科技创新大赛、2010年重庆市中小学机器人竞赛等活动。邀请海军少将、著名军事评论家张召忠教授作客重庆科技馆“科技·人文”大讲坛，为市民进行了军事专题讲座。

加强科普基础设施建设。积极申请中国科协“西部科普工程”项目，申请到20个“华硕科普图书室”建设项目。对口支援万州区三元村幼儿园于2010年底竣工投入使用。积极申请中国科协为大足、秀山、合川等地配发科普大篷车6辆。开展科技下乡活动，向农民赠送发放农村适用技术等科普读物、科普年画和科普对联。深入开展科普示范创建工作，渝中区等20个区县被明确为2011～2015年度全国科普示范县创建单位，永川区等20个区县被确定为2011～2015年度市级科普示范县创建单位。改版《重庆科协》杂志、重庆科协网站，加强内容建设。

搭建学术交流平台。举办了第四届中法乳腺癌高级学术论坛、首届中韩数学会联合国际会议暨中国数学会2010学术年会、中国科协第44期“转基因植物与食品安全”新观点新学说沙龙等学术研讨会，促进学科发展和人才成长。2010年共举办了4期重庆科技沙龙。积极拓展国际民间科技交流活动，举办了21世纪中英创业计划大赛2010赛事中国赛区决赛。继续实施“阳光计划”和“小新星观世界”计划。举办了重庆市海外留学博士两江行活动。2010年重庆市科协被中国科协 评为“海外智力为国服务行动计划工作先进单位”。

履行桥梁纽带职责，建好“科技工作者之家”。联合相关部门开展重庆市三峡库区科技工作者状况调查、科技工作者政策环境状况调查和非公企业科技人才状况调查、重庆青年科技人才状况与需求问卷调查等，为进一步做好服务工作提供参考。建立高层次人才信息库，全市205名高层次科技人才纳入信息库动态管理。完成了首批高层次人才库人选的录入工作。开展了第十一届中国青年科技奖和第六届重庆青年科技奖的评选推荐工作。配合市委组织部、市人力资源和社会保障局组织开展了百千万人才、三二二人才的评选。刘作华等13名同志获得“全国优秀科技工作者”称号。争取市委同意并增加了“重庆市科协系统先进集体和先进个人”、重庆市青年科技奖等表彰奖项。以“创先争优”和“三项活动”为载体，加强科协自身建设。以提升服务能力为目标，对区县科协专兼职干部进行分级培训。加大对“两翼”地区科协组织的支持力度，加强科协所属学会建设，推动科协活动向高校、“两新”组织拓展，增强了科协组织的引导力和影响力。修订并实施了《重庆市科学技术协会市级学会和团体会员组织通则》。认真组织开展“三进三同结穷亲”活动，为农村送去了实用技术，为困难群众送去了温暖。扎实有序推进创先争优活动，切实加快直属企事业单位的改革发展。重庆科技馆开馆一年来，累计接待观众110余万人次，平均每天接待3500人次，列省级科技馆前3名，被国家旅游局授予“国家4A级旅游景区”。重庆科协直属企事业单位快速发展，2010年实现销售收入8亿元，利税突破1亿元。非公企业科协、区县园区科协组织建设步伐加快，全年新成立企事业科协70余家。

【贯彻实施《科学素质纲要》工作接受国办督查】

2010年9月3～6日，由教育部督导办副主任林仕梁为组长的国办督查组在重庆督查《科学素质纲要》落实情况。督查组一行深入企业、社区和农村，先后走访了《电脑报》社、《课堂内外》杂志社、天极网站、重庆科技馆、江北区光大奶牛集团、合川区万源禽蛋食品科普示范基地等，实地调查了解各地工作情况。总结会上，国办督查组对重庆贯彻实施《科学素质纲要》给予充分肯定，认为重庆在农村科普方面采取的措施具有一定的典型性和先进性，可在全国推广。督查组提出重庆市各级科协要进一步提高认识，密切配合，加大《科学素质纲要》推进力度；要进一步完善联合协作的合作机制和评价机制，各成员单位要主动参与，在联合协作的广度和深度上不断拓展；要进一步总结典型经验，加大宣传力度，更好的发挥好辐射带动作用，做出更多的“重庆特色”。

【2010中国防灾减灾与经济社会发展论坛】

2010年10月19～20日，由重庆市科协、黔江区人民政府和中国地理学会联合主办的2010中国防灾减灾与经济社会发展论坛在重庆市黔江区举行，论坛以主题报告和交流研讨的形式，就灾害的发生与防御、灾害应急管理、防灾减灾与经济社会发展的相互关系等问题进行深入探讨。全国政协委员宋南平，中国科学院院士、中国地理学会名誉理事长陆大道出席会议并致辞。中国科学院院士袁道先、中国工程院院士郑颖人等50余名专家学者参加研讨。论坛期间，陆大道院士还应邀为黔江区百名党政干部作题为《中国区域发展战略演变及西部地区发展问题》的报告，举办了院士专家校园行等系列科普活动。

【重庆市成立首个院士专家工作站】

2010年10月27日，重庆前沿生物技术有限公司院士专家工作站正式成立。中国科协书记处书记张勤、市政府副市长童小平、中国科学院院士曾毅、市政府副秘书长徐建国以及来自市发改委、市经济信息委、市国资委、市科委、市工商联等单位的有关负责人出席了授牌仪式。这是重庆市成立的第一个院士专家工作站。重庆市政府还将在本届任期重点支持10个院士专家工作站建设，每个院士专家工作站给予资金支持100万元，共计1000万元。

【重庆市科协2011年学术界新年酒会举行】

2010年12月28日，重庆市科协2011年学术界新年酒会在重庆国际会展中心举行。重庆市委副书记张轩，重庆市委常委、市委组织部部长陈存根，副市长童小平，重庆市政协副主席陈万志，以及来自重庆市的中国科学院院士、中国工程院院士、“973”首席科学家、长江学者、两江学者以及市政协科协界委员、市级学会负责人、驻渝领事馆人员、市级有关部门负责人等400余人出席酒会。市发改委主任杨庆育介绍了重庆“十二五”规划编制的基本思路，中国科学院院士、探月工程首席科学家欧阳自远，青年科学家代表、国家“973”项目首席科学家罗凌飞，英国驻渝领事馆总领事李赛等知名专家学者作了主题发言。

四川省科学技术协会

2010年，省科协积极开展建言献策活动。报送的《关于我省实施“科普惠农兴村计划”调研报告》、《汶川地震灾区科技工作者状况调查报告》等建言献策报告，受到省领导的高度重视。南充市科协报送的《资本运作石化产业园区的建议》等25篇建言献策报告、凉山州科协围绕着电力市场若干问题开展的专家建言献策活动、遂宁市科协组织学会开展的《遂宁市农村民生改善评价研究》课题、内江市科协报送的《关于建设生态内江的思考和建议》报告、省老科协报送的《关于“川东北地区高含硫天然气开发的社会风险评价与对策研究”的研究结果的报告》和《科学开发利用攀西红格矿资源》等课题、省林学会围绕省林业工作重点开展项目论证建言献策活动、省技管会开展的《我国城市水资源承载力与产业结构协调发展研究》等课题，都受到各级领导好评，有效服务于决策科学化、民主化。

服务企业技术创新，促进科技成果转化。全省“讲理想、比贡献”活动参与企业已达512家，立项总数17690项，提合理化建议80605条，完成项目和采纳实施合理化建议实现经济效益达48.93亿元。在北京召开的全国“讲理想、比贡献”活动总结表彰大会上，四川省5个先进集体、4名科技标兵和4名优秀组织者受到表彰。全省各地申报登记第19批省级金桥工程项目达266项，覆盖率创近年新高。全省各地共完成2009~2010年度金桥工程申报登记项目565项，滚动实施342项，实现产值168.22亿元，为当地的经济社会发展做出了积极贡献。

经省科协积极争取，省委办公厅、省政府办公厅印发了《关于推进院士（专家）工作站的实施意见》，明确了“十二五”期间在全省“7+3”产业领域的重点骨干企业、高新技术企业，创新型示范企业及高新技术园区等创建50个院士专家工作站，并引导和支持各市（州）建设一批方向明确、开拓创新、团结协作、各具特色的院士（专家）工作站。四川省首家由政府授牌的院士专家工作站和第一个由政府批准成立的院士专家服务中心在攀枝花市挂牌成立，张锡祥、刘宝珺、张懿、李洪钟、陈景等5位中国科学院和中国工程院院士被聘为攀枝花钒钛产业发展科技顾问。成都市出台了《院士（专家）创新工作站管理办法》，已建立院士专家工作站15个，实施重点科研项目22个，引导企业投入研发资金1.4亿元，已投入5000余万元。截至2010年底，全省已建立院士专家工作站19家，进站院士20多位、专家50余位。

打造学术交流活动品牌，提高学术交流实效。成功举办了“探讨四川水资源科学配置”、“健康管理行业的发展模式探索”、“风险、灾害和信息数字化与防灾减灾对策探讨”、“高原户外运动安全的争鸣与展望”等6场“天府创新论坛”。成功组织、承办并参加了《从“对口支援”到“对位合作”研讨会》、《汶川大地震后绿色重建及发展低碳经济学术研讨会》、《中美专家灾后心理创伤的修复学术交流会暨心理能量恢复技术创新论坛》、《灾后恢复管理及重建工程公众研讨会》等学术交流活动，为四川省灾后重建发挥了智力支撑作用。全年省科协系统共开展各类学术交流活动、讲座2685次，交流论文15650篇，参与人数达到11.8万人次。其中，省级学会开展国际学术交流活动24次、全国学术交流活动105次、地区学术交流活动150次、各种讲座406次，交流论文1.2万多篇，参与人数达到6.6万余人次。积极开展国际民间及对港澳台的科技交流，省科协2010年共接待香港特别行政区、澳门特别行政区、台湾地区及澳大利亚科技团体15个，派出赴港澳台交流访问团4个。省科协与台湾工程界协助震灾重建家园协会承办的汶川大地震后绿色重建及发展低碳经济学术研讨会，促进了川台两地加强灾后重建和防震减灾等相关领域的合作。

加大“科普惠农兴村计划”项目表彰奖励力度，助推农村产业发展。2010年，争取到中国科协、财政部给四川省的奖补资金2685万元，同比增加605万元，增长29%；争取省财政安排奖补资金370万元，增加120万元，增长48%。对全省有突出贡献、区域示范作用显著、辐射带动作用能力强的114个农村专业技术协会、50个农村科普示范基地、31个农村科普带头人获得了表彰奖励。积极开展“全国、全省百强农技协”、“示范农技协”创建活动，通过建章立制、落实政策、培训技术、奖励扶持、推广经验等方面的指导和服务，促进了四川省农技协会的发展壮大。全省农技协会员达231.3万户，带动农户601万户，农技协会年销售收入达300多亿元。

启动了新一轮国家级和省级示范县创建工作，四川省分别有55个县（市、区）和13个县（市、区）成功申报创建全国和全省科普示范县。

科普活动广泛开展。组织和参与“全国百名科技致富大王进凉山彝寨”、“科技列车巴中行”等大型科技下乡活动。“天府科普大讲堂”全年举办57场，产生了较大社会影响，逐步成为四川省城市科普宣传品牌。深入全省各地学校开展“科普大篷车进校园”、“科幻科普讲座进校园”活动。全省科协系统举办和参与的“科普宣传月”、“科技活动周”、“全国科普活动日”、“送科技下乡”、“科教进社区”等科普宣传教育活动，实现了经常化、社会化。举办了全省第25届青少年科技创新大赛、第九届机器人竞赛，组织参加“明天小小科学家”、“国际科学与工程大奖赛”、首届中国西部青少年科学营活动、“青少年玩世博”科普网络游戏等活动，加强奥林匹克五学科竞赛组织管理，青少年科技创新大赛、机器人竞赛在全国竞赛中分别取得金牌第5和第3的佳绩。参加国际科学与工程大奖赛，3位同学荣获学科等级二等奖。

科普能力建设取得明显成效，现已建成科普宣传站12622个、科普宣传栏13408个、有科普员13271个。新建“三农科技网络书屋”361个、“华硕科普图书室”22个、城区科普宣传栏和画廊804个，新配科普大篷车5台。四川科技馆进一步提升展教水平，完成“戏水天地”展区改造，发挥数字科技馆作用，打造“春雨知晓”、“火热求知”等科普宣教品牌，流动科技馆深入市、县开展了18次科普宣教活动，举办地震科普体验展、建设节约型社会科普展等临展、巡展48个，接待观众115万人次，经营收入实现550万元。办好《科普大篷车》电视栏目，全省有192家市、州县（市区）电视台开播科普节目，制作《低碳建筑》、《“玫瑰”葡萄》等科普片和科普报告片46部，编印科普挂图5万多套。阿坝州科协建设的“科普热线——千村免费服务站”总数达到555个，覆盖全州381个村，电信通信覆盖村达775个。完成第八次公民科学素质调查和四川省第二次公民科学素质调查工作，省科协荣获全国调查优秀组织奖。完成《四川省全民科学素质行动“十二五”规划》编制起草工作。启动了社区科普工作，与省文明办联合下发了《关于实施“社区科普益民行动”的意见》。

举荐优秀科技人才，经省科协推荐，1名同志荣获“十佳全国优秀科技工作者提名奖”，26名同志荣获“全国优秀科技工作者”称号，20名同志受聘中国科协决策咨询专家，41名同志推荐为第九批四川省学术和技术带头人及后备人选。推荐“四川省科技进步奖”申报项目6个，推荐7项成果参与四川省第十四次社科优秀成果奖的评选。完成中国科协第三批高层次人才信息库的录入工作。加强科技工作者状况调查站点建设，新增12个调查站点，积极反映科技工作者的呼声建议。

科协事业发展环境进一步优化，科协基层组织建设进一步加强。2010年在争取到中国科协、财政部科普惠农计划项目经费2685万元外，还争取到中国科协支持省科协工作项目如灾后重建、藏区科普能力建设、公务信息平台建设、海峡学术交流会和科技馆临展经费等近500万元。巴中市委出台了《关于进一步加强新时期科协工作的意见》，为科协工作开展提供了良好的政策环境。开展了全省市县科协人员情况调查，完成《2010年全省市县科协基本情况统计分析报告》。德阳、绵阳、南充、中国工程物理研究院、东汽、成都印钞公司等科协组织进行了按期换届。全年新增省级学会5个、企业科协26个、农村专业技术协会402个、科普志愿者1.7万人。全省现有省级学会164个、市级学会843个、县级学会2466个，市级科协21个、县级科协179个、乡镇（街道）科协3353个，企事业科协383个，农村专业技术协会9801个，科普志愿者11.9万人，科协组织覆盖面进一步扩大。

【第五届四川省博士专家论坛】

由四川省科协和绵阳市政府主办的以“低碳经济与四川可持续发展”为主题的第五届四川省博士专家论坛，于2010年9月2~3日在四川省绵阳市科学城举行，来自全省的科技工作者近300人出席会议。绵阳市委常委、总工会主席王倩到会致欢迎辞，省科协党组成员、副主席黄竞跃致开幕辞。四川省林业厅副厅长郭亨孝研究员，西南交通大学教授郭世民，凉山州城乡建筑设计咨询有限责任公司董事长孙薇，四川省水力发电工程学会副理事长马怀新分别作了题为《低碳经济与森林碳汇》、《节能减排的现状及发展》、《新农村建设中房屋建筑及新能源利用的思考》和《新能源与减碳》的特邀报告。东风汽轮机有限公司刘桦博士做了专题报告。本届论坛还首次将近年来四川省科协着力打造的科普品牌——“天府科普大讲堂”以及学术品牌——“天府创新论坛”引入到本届博士专家论坛。特邀请中国科学院院士刘宝珺开展了《低碳经济、低碳科技与可持续发展》的科普讲座，西南交通大学郭世民教授召集专家展开了“清洁能源——探索与发展”的主题探讨。本次论坛收到论文156篇，评选出获奖论文24篇，出版编印了《低碳经济与四川可持续发展》论文集。

【《科学素质纲要》督查工作】

按国务院办公厅要求，四川省高度重视对全民科学素质行动计划纲要落实情况的督促检查工作。省政府召开会议专题研究督查工作，省政府办公厅及时下发了《关于对全民科学素质行动计划纲要落实情况进行督促检查的通知》。四川省纲要联席会议各成员单位、各市州开展了自查与工作总结。在自查工作的基础上，按照经济发展水平、不同区域抽取了成都市、攀枝花市、德阳市、达州市、乐山市、宜宾市6个市开展督查。由省科协、省科技厅、省农业厅、省人力资源和社会保障厅、省教育厅、省环境保护厅牵头组成的6个督查组开展了督查工作。督查工作采取了“一听、二看、三查、四议”的方式进行。一听——听取《科学素质纲要》实施进展情况汇报。二看——实地查看农村、学校、社区、科普设施等。三查——查阅《科学素质纲要》实施工作相关文件及资料。四议——检查组成员进行评议和打分。

【中国科协（四川）会员日活动】

12月15日，中国科协（四川）会员日活动在四川科技馆举行，来自省级学会、市州科协、企事业科协的代表共1200余人参加了全省科协会员日主会场活动。开幕式上，省科协党组书记、副主席吴凯致辞，省政府副秘书长蔡竞到会并讲话，省科技厅副巡视员施暹宣读了中国科协关于全国优秀科技工作者表彰决定，举行了全国优秀科技工作者（四川）颁奖仪式，中国工程物理研究院激光聚变研究中心总工程师魏晓峰、成都七中教师文宗、中国工程物理研究院总体工程研究所所长邓克文等15名获奖代表参加了颁奖仪式。四川大学环保型高分子材料国家地方联合工程实验室主任王玉忠、中国科学院成都生物研究所所长吴宁代表获奖者作了发言。本次四川省会员活动日围绕“关注健康、科学生活”这一主题开展了丰富多彩的活动，来自四川省营养学会、四川省营养师协会的专家就吃荤食还是吃素食展开讨论。同时，还举办了第100场天府科普大讲堂，特邀全国著名健康管理专家、北京协和医学院流行病学教授黄建始为科技工作者们讲解了题为《健康在我心中——投资健康、拓展享用生命》的科普报告。

云南省科学技术协会

2010年，云南省科协以科技论坛、学术沙龙为主要形式，以《专家建议》为平台，积极实施“和谐云南献智献策”行动，通过专项资助制度，组织相关学会完成了有关云南省装备制造业结构调整、农业产业化发展、生态文明建设、环境保护信息化建设等一系列专家咨询报告，为省委、省政府及相关部门提供了政策咨询和决策依据。实施了131个全国科普惠农兴村计划项目，共有87个农技协、22个农村科普示范基地和22名科普带头人受到表彰奖励，获奖补资金2290万元，居全国第2位。与省财政厅联合，在云南省80个村实施了省级科普惠农兴村计划项目。省农函大培训办学规模稳居全国第一位，2010年共培训农民18万人。2010年，全省有40余家企业成立了科协组织，在企业建立了15个“院士工作站”和“科技专家服务站”。广泛开展“讲、比”活动，累计有180家企业的6559名科技人员参加，共立项137个，提出合理化建议1095条，完成技术咨询项目529项。

履行《科学素质纲要》实施工作办公室职责，对云南省“十一五”期间《科学素质纲要》实施工作进行了督查和总结，并召开了全省《科学素质纲要》实施工作座谈会。完成了第三次全省公民科学素质调查。围绕全国科普日、科技活动周、“三下乡”等大型活动，组织开展重点人群的科普活动。承办了全国百名科技专家和致富能手进文山大型科普活动。云南省25个县（市、区）被中国科协列为2011～2015年度全国科普示范县（市、区）创建单位。组织实施中国科协“百县百项”科普示范建设项目和2010年西部科普工程。创办了以“贴近生活、贴近实际、贴近群众”为宗旨的云南“科普大讲坛”，并举办了8期“科普大讲坛”活动。持续开展省青少年科技创新大赛、明天小小科学家奖励活动、省青少年机器人竞赛和省五学科竞赛等科技活动。继续拓展全省青少年节能减排环保行动，重点开展了“气候酷派——绿色校园行动”和“云南的低碳生活——青少年科学调查体验活动”。《奥秘》杂志累计发行120多万册。

围绕云南省“两强一堡”（紧紧围绕建设绿色经济强省、民族文化强省和中国面向西南开放的桥头堡）战略和加快经济发展方式转变等重大课题，推进“学术交流促创新发展工程”。主办或联办了民族医药发展论坛、低碳经济论坛，战略性生物资源收集、保存、研究领域前沿问题学术沙龙，智能电网发展规律及非技术支撑条件研究学术沙龙和应用数学中的若干热点问题学术报告会暨学术沙龙。2010 年，省级学会共举办学术会议 211 场次，参会人数 24176 人，交流论文 6932 篇。州（市）科协举办学术会议 284 场次，参会人数 20668 人，为推进云南省自主创新发挥了积极作用。围绕云南省建设“桥头堡”战略，开展多渠道、多形式的国际民间科技合作与交流，组团赴泰国、马来西亚、柬埔寨等国开展了大湄公河次区域国家人力资源开发合作项目洽商访问，与 5 个海外华人、科技团体建立了“海智行动（云南）计划”合作伙伴关系，同时，与东盟工程院、工程师协会建立了友好合作关系，填补了云南省对东南亚国际民间科技合作与交流工作的空白。2010 年，全省各级科协组织共接待国外及港澳台团组 8 个 39 人次，举办国际会议 7 次，外派科技团组 11 个 52 人次。

为科技工作者提供优质服务，切实推进全国科技工作者状况调查云南站点建设，完成了“全国优秀科技工作者”、“中国青年女科学家”、“海归创业英才”等奖项的评选推荐工作。2010 年，云南省有 10 位科技工作者荣获“全国优秀科技工作者”称号，其中，1 人获“十佳全国优秀科技工作者”称号，1 人获“十佳全国优秀科技工作者”提名奖。

【抗旱救灾】

面对云南特大干旱，全省各级科协组织积极行动，广泛动员和组织广大科技工作者深入灾区开展抗旱救灾保民生科普宣传、科技资讯、建言献策等活动。各级科协组织结合当地旱情灾情实际，有针对性地开发或编印抗旱救灾科普宣传品，利用科普大篷车、科普宣传栏、科普活动室等科普设施面向城乡人民群众积极开展科普宣传。组织专家编印了《云南农村科普》抗旱救灾专刊 13 万份，发放到全省各县乡村，帮助抗旱救灾。

【探索“村转居”新社区科普建设】

2010 年，适应云南省城镇化建设发展需要，率先将社区科普益民的重点放在“村转居”新建社区上。云南省科协党组书记、副主席唐兵亲自带队，协同多家省级新闻媒体记者组成调研组，多次到昆明市五华区、盘龙区、安宁市，玉溪市、楚雄州等州市多个试点社区，就科普益民、促进和谐社区建设工作进行调研。通过技能科普、示范科普、心理科普等多形式，帮助“村转居”新居民更好地适应城市生活，提高他们的科学素质，养成文明健康的生活方式，转变思想观念、增强谋生能力，为推进云南省和谐社区建设，有效解决影响社会稳定的源头性、基础性问题发挥了积极作用。

【发挥科技专家智囊库作用】

2010 年，省级科协系统广泛动员组织广大科技工作者围绕经济社会发展中的热点和难点问题，开展深入细致的调查研究，以调研报告、两会提案、决策咨询建议等形式，向各级政府建言献策，充分发挥科技专家智囊库的作用。《云南农村青年科技素质的提高与实践研究报告》、《云南装备制造业产业结构调整优化升级调研咨询报告》等专家建议得到相关部门的重视。开展“和谐云南献智献策行动”，以项目资助的形式，择优支持所属学会开展学术交流和决策咨询，发挥学会在决策咨询中的重要作用，做实做强科协决策咨询品牌。

贵州省科学技术协会

2010 年，贵州省科协以“创建品牌、整合资源、夯实基础、注重实效”为工作主题，着力抓好学术交流平台、科学普及平台、建家工作平台、能力提升平台的建设。举办黔东南生态文明建设试验区发展研讨会，成立黔东南州院士专家服务中心和院士专家工作站，举办创新方法与自主创新主题报告，启动首届贵州省博士论坛，举办科技活动周，编制《贵州省“十二五”科学技术普及发展规划》和《贵州省科学技术协会事业发展第十二个五年规划纲要》，完成了《贵州省“十二五”科学技术普及发展规划战略研究》。创建百万公众网络学习工程。

“贵州博士论坛”于 2010 年 12 月 1 日在贵州师范大学田家炳书院举办。贵州省科协领导、贵州各高校领导共 90 余人出席论坛，相关专家做主题发言。论坛共征集论文 25 篇。

继续推进科普惠农兴村计划。贵州省 35 个农技协、17 个农村科普示范基地、16 名农村科普工作带头人和一个少数民族科普工作队受到表彰，获奖补资金 1170 万元。开展科技培训工程，对 26 个项目资助 130 万元。2010 年，贵州省科协组织实施科技致富“二传手”培训项目，资助 26 个项目。每个项目省科协资助培训经费 5 万元，地、县两级配套经费 5 万元，共 10 万元，三级科协共投入资金 260 万元。全年共培训“二传手”1362 名，通过“二传手”再培训周边群众 66888 名。

做好《科学素质纲要》实施工作。3 月 18 日，贵州省全民科学素质工作领导小组下发《关于对全民科学素质行动计划纲要落实情况进行督查的通知》，要求各市（州、地）和省全民科学素质工作领导小组成员单位在 4 月底前完成自查工作。省全民科学素质工作领导小组办公室于 5 月 24 ~ 27 日对全省《科学素质纲要》贯彻落实情况进行了实地督查。9月6日至10日，国务院办公厅督查组到贵州实地督查。督查组充分肯定贵州省“十一五”期间的《科学素质纲要》实施工作，认为贵州工作重点突出、特色鲜明、成绩显著，并对“十二五”工作提出了更高要求。落实国家四部委《科普基础设施发展规划》，制定了《贵州省科普教育基地标准》，命名省级科普教育基地25个。

贵州省科协承接了省科技厅《贵州省“十二五”科学技术普及发展战略研究及规划编制》课题，成立了由省科协副主席、党组书记任湘生任组长的课题组，全面搜集整理有关资料，系统开展调查研究，广泛听取各方意见，编写完成了《贵州省“十二五”科学技术普及发展规划战略研究》，并在此基础上编制了《贵州省“十二五”科学技术普及发展规划》。

努力为科技工作者服务。贵州省科协与省委组织部、省人社厅联合组织开展了针对在黔博士的基本情况调查工作。4月9日和9月3日，分别邀请在黔科研单位、高校、医院、省级机关的20多位博士进行“在黔博士状况调查”座谈，征求对开展“在黔博士状况调查”工作的意见和建议。贵州省科协委托贵州大学制定“在黔博士调查”方案和设计“在黔博士状况调查”问卷，通过召开座谈会、走访、问卷调查三种方式实施调查工作。调查报告经专家评审后，将分别呈报省委、省政府和相关部门。制作贵州省杰出科技工作者系列电视专题片，宣传优秀科技工作者的先进事迹。开展第三届贵州省自然科学优秀学术论文、第二届贵州省科普工作先进集体和先进个人、第四届贵州省优秀科技工作者的评审表彰工作。

推荐全国优秀科技工作者。根据中国科协要求，贵州省科协评选推荐“全国优秀科技工作者”候选人10名，并从10名候选人中推荐1名作为“十佳全国优秀科技工作者”提名人选。贵州省推荐的欧阳自远、侯国佐、胡建兴、何志旭、范福平、宋宝安、石明、胡瑞忠、石京山、宋建波共10位科技工作者获此殊荣，欧阳自远还荣获“十佳全国优秀科技工作者”提名奖。贵州省科协组织召开了贵州省“全国优秀科技工作者”表彰颁奖大会。中共贵州省委常委、省委宣传部部长谌贻琴，省人大常委会副主任顾久，省政府副省长谢庆生，省政协副主席孔令中出席大会并为获奖者颁奖。

加强科协自身建设。开展“转变作风、提高效率、服务基层、推动跨越”主题创先争优活动。建立贵州省科协常委联系基层科协工作制度。制定《贵州省科协常委联系基层工作制度（试行）》。2010年，贵州省科协共有48位常委联系48个县级科协，具体帮助和指导所帮扶县级科协解决实际困难和问题。据统计，共开展帮扶活动200余次，协调解决困难和问题78个、指导专业技术培训64场（次）、作科普报告12场、帮助开展咨询论证55次，资助县级科协经费61.8万元，协调解决项目经费590.1万元。开展轮岗交流、上挂下派等形式选用和培养干部，组织干部职工参加各类业务培训。9月6日，贵州省科协与贵州大学联合举办了贵州省科协系统地、县科协主席培训班。省科协领导作了专题培训讲座，培训班邀请辽宁省科协党组成员、副主席金太元作题为《新时期科协工作的几点思考》的专题报告，省委政策研究室副主任、研究员吴祖平作题为《抢抓机遇，重点突破，贵州经济发展浅析》的专题报告。

【贵州省首个院士专家服务中心（工作站）挂牌】

7月8日，由中国科技咨询服务中心、贵州省科协、黔东南州政府共同创建的贵州省第一个政府主导型的黔东南州院士专家服务中心（简称“服务中心”）正式成立，并建立了凯里学院院士专家工作站。“服务中心”首批聘任进站工作的院士专家共计39位，其中，中国科学院、中国工程院院士16位，专家23位。“服务中心”坚持“企业需求为导向，科技项目为纽带，技术人才为支撑，搭建平台为手段，创新增效为目的”的工作原则，搭建科技人员服务地方经济发展、服务基层、服务企业，促进产学研用相结合的平台，积极引导和支持创新要素向企业集聚，促进以企业为主体、市场为导向，产学研相结合的技术创新体系建设，为黔东南州在民族医药产业、林产品产业、畜产品产业、生态旅游产业和生态农业、生态工业、生态旅游、循环经济等领域提供智力支撑。

【黔东南生态文明建设试验区发展研讨会】

7月7~8日，以“绿色·多元·和谐·发展”为主题的黔东南生态文明建设试验区发展研讨会在贵州省黔东南州凯里市召开。会议由贵州省科协与黔东南州委、州政府、省委政策研究室、省政府发展研究中心以及中国生态学会、中国可持续发展研究会主办，中国农学会、中国林学会、中华中医药学会、中国造纸学会、中国畜牧兽医学会、中国环境科学会、中国植保护学会、中国野生动物保护学会、中国地理学会、中国物自然资源学会、中国高科技产业化研究会协办。中国科协书记处书记冯长根、贵州省委副书记王富玉及贵州省相关领导出席会议。冯长根、王富玉分别代表中国科协和贵州省委、省政府在开幕式上作了重要讲话。陕西省政协副主席、中科院院士周卫健，江西省原省委书记、国家人力资源和社会保障部原副部长舒惠国，中央政策研究室原副主任肖万均，中国科学院原副院长、中科院院士孙鸿烈，“嫦娥工程”首席科学家、贵州省科协主席、中科院院士欧阳自远，中国生态学会理事长、中国工程院院士李文华，著名经济学家、中国工程院院士李京文出席了会议。会议成果是：一是形成了一份由17位院士签名的专家建议，建议中央把黔东南生态文明建设试验区上升为国家级生态文明建设试验区；二是以“绿色·多元·和谐·发展”为主题，形成了一本高质量的论文集；三是在黔东南建立了贵州省首个院士专家服务中心和院士专家工作站。

【百万公众网络学习工程活动】

4月24日，贵州省百万公众网络学习工程活动在贵阳市启动。贵州省科协以“倡导网络学习、构建创新社会”为宗旨，开展百万公众网络学习工程活动，倡导公众运用贵州数字图书馆进行学习。活动启动后，省科协与省直机关工委、省委宣传部联合发文，建立47个免费阅读站点、发送宣传短信100余万条、制作宣传广告在贵州电视台播放，动员广大公众通过网络进行学习。

【贵州省科协学术沙龙】

2010年，贵州省科协决定设立“学术沙龙”。学术沙龙由贵州省科协主办，相关省级学会承办，沙龙实行首席专家负责制，要求主题新颖，学科交叉，为经济社会发展和学科学术建设服务。7月30日，由贵州省环境科学学会举办第一届学术沙龙，中国水电顾问集团贵阳院环保分院院长陈国柱主持沙龙，贵州省环保产业协会、贵州省环境科学学会、贵州省化学化工学会等单位的20余名专家参加此次活动。会议针对流域开发建设水库产生的过营养化问题进行了探讨，与会专家学者就防止和控制水电开发中存在的长期的、潜在的负面环境影响提出自己的观点。12月28日，贵州省营养学会举办了第二届学术沙龙。

【贵州省第三次公民科学素质调查】

贵州省科协、省统计局于1~4月，与第八次中国公民科学素质抽样调查同步进行了贵州省第三次公民科学素质调查。调查显示，2010年贵州省具备基本科学素质公民的比例为1.54%，较2005年（0.61%）和2007年（1.1%）的水平有了大幅提高。“十一五”期间，贵州省公民的科学素质水平在稳步提升，5年增长幅度高于同期全国的平均水平。

【第25届贵州省青少年科技创新大赛】

第25届贵州省青少年科技创新大赛于2010年3月19~21日在贵阳市第三实验中学举行。本届大赛由贵州省科协、贵州省教育厅、贵州省科技厅、贵州省环保厅、贵州省体育局、共青团贵州省委、贵州省妇女联合会共同主办。3月20日，举行了大赛开幕式，省人大常委会副主任顾久、省政府副省长谢庆生、省政协副主席孔令中出席开幕式。本届青少年科技创新大赛共收到青少年科技创新成果竞赛项目325项，科技辅导员科教创新成果竞赛项目71项，科技实践活动58项，少年儿童科学幻想绘画387幅。遴选出青少年科技创新成果竞赛项目115项、科技辅导员科教创新成果竞赛项目23项、科技实践活动20项、少年儿童科学幻想绘画100幅参加本届省级终评和公开展示。经评审委员会评审和技能测试，最终评出青少年科技创新成果竞赛项目一等奖46名，二等奖61名，三等奖148名；科技辅导员科教创新成果竞赛项目一等奖5名，二等奖20名，三等奖38名；科技实践活动一等奖10项，二等奖10项，三等奖26项；少年儿童科学幻想绘画一等奖30名，二等奖70名，三等奖203名；优秀组织奖18个；优秀科技辅导员5名。

【中国科协科学家考察休假团服务地方经济发展】

7月29日至8月5日，中国科协科学家暑期休假团在贵州开展考察休假活动期间。赵忠贤院士和陈运泰院士在贵阳市分别作了题为《科学技术服务于科学发展——关于科技进步，科技创新及转化一些想法》和《地震、地震预测与防震减灾》的科技报告。在黔南州都匀市举行的黔南磷煤精深化工产业发展咨询座谈会上，院士专家与黔南州委、州政府面对面交流，为黔南州的发展，尤其对磷煤精深化工产业的发展建言献策。在铜仁地区铜仁市举行的铜仁营养健康产业发展咨询座谈会上，院士专家与铜仁地委和地区行署领导和相关部门负责人进行了较为深入的沟通，为铜仁地区营养健康产业的发展出谋划策。院士的科技报告会和院士专家提出的地区发展新办法、新建议为贵州省经济社会的发展拓宽了视野、打开了思路。

西藏自治区科学技术协会

积极开展决策咨询。根据自治区关于“十二五”发展规划的要求，科协积极组织专家学者进行了调研、论证，向自治区“十二五”规划起草小组提供了《“十二五”科协事业发展规划建议》。根据中央第五次西藏工作座谈会精神，进一步修改完善了《关于进一步加强和改善科协工作的意见》，目前自治区党委、政府已经正式下发《意见》。根据全国人才工作会议和中国科协人才和调宣工作会议精神，结合西藏实际，制定《西藏科协关于人才工作若干意见》。结合西藏农牧区现阶段发展的实际，大力开发农牧区生态庭院经济，由自治区作物学会、区畜牧兽医学会、区植物保护学会在充分调研论证的基础上，联合起草的《发展西藏生态庭院经济，全面构建小康社会的建议咨询报告》上报自治区党委、政府供决策参考。充分发挥自治区科技人员服务经济社会的作用。西藏科协投入30万元，组织自治区畜牧兽医专家，赴那曲、阿里两大牧业区的6个县开展牧区科技咨询和技术服务活动。积极开展科普惠农兴村计划申报工作。经中国科协审定，5个农村专业技术协会、9个农村科普示范基地、7个科普带头人入选，奖补资金315万元。开展创建全国科普示范县（市、区）工作。筛选出山南地区扎朗县、乃东县，日喀则地区白朗县、南木林县，林芝地区米林县、林芝县、波密县上报中国科协，林芝县获得“百县百项科普示范特色建设专项”。山南地区职业技术学校获得全国西部科普工程项目，补助资金为10万元。3月份，西藏自治区科协主要负责人带领科普部工作人员和自治区财政厅行财处负责人开展“科普惠农兴村计划”回访检查暨绩效评估总结工作。回访检查组用一周的时间对41个单位和个人实地回访检查，调查各地（市）、县两级科协工作情况。

认真贯彻落实《科学素质纲要》。在自治区党委、政府的高度重视下，成立了自治区科学素质工作领导小组，研究制定了科学素质行动实施方案。各地市、各部门把实施《科学素质纲要》列入重要议事日程，相继成立和充实了科学素质工作领导小组，西藏全民科学素质行动纲要领导小组办公室对5年来自治区实施《科学素质纲要》工作进行了认真总结，就自治区实施《科学素质纲要》5年来的基本工作情况，存在的主要问题和不足以及今后的对策和措施，形成了自查报告，上报自治区人民政府和中国科协。

开展公众科学素质调查。按照中国科协的安排，在拉萨市城关区、达孜县、堆龙德庆县和日喀则地区日喀则市开展了第八次中国公民科学素质调查，对相关人员进行了调查前的培训，培训人数达50余人，发出问卷1200份，收回1200份，圆满完成了调查任务。

积极组织开展各类科普宣传活动。组织开展科技文化卫生“三下乡”活动。开展以“科学发展，共建和谐”、“文明卫生，预防疾病”、“科学生活，保障健康”、“节约能源资源，保护生态环境，保障安全健康”、“保持人与自然和谐，促进经济社会可持续发展”等为主题的“科普日”、“科普周”、“科普之冬”等科普活动。2010年全国科普日活动启动仪式在昌都天津广场举行。为了配合昌都地区解放60周年纪念活动，9月15日，七个地（市）科协的领导、昌都地（中、区）直各部门以及农牧民共350余人参加了此项活动。认真开展青少年科技教育活动。2010年从全区青少年参赛作品中筛选出了《西藏家庭碳排放调查与研究》、《以人为本，认识皮肤、正确护肤》为题目的两个作品上报中国科协。2010年自治区财政厅投入300余万元，开展西藏特色科普资源建设活动，编辑印刷出版发行藏汉两种文字、图文并茂的科普系列丛书，印数3万余册。

积极争取和推广科普大篷车配发试点工作。2010年1月给山南地区乃东县争取试点配发了Ⅳ型科普大篷车1辆，11月份又为阿里地区改则县、日喀则地区拉孜县科协配置了两辆科普大篷车。根据2010年突出重点创建边境乡镇（村）“科普活动站”工程建设，全区确定建立17个边境乡镇、1个边境村级“科普活动站”，每个乡镇“科普活动站”补助资金5万元，村级“科普活动站”补助资金3万元，共计补助资金88万元。

广泛开展各类学术活动。4月由西藏科协、浙江省科协联合举办的西藏·浙江院前急救专家学术交流座谈会在拉萨市举行，来自美国、德国和浙江省科协、浙江省人民医院、浙江大学第二附属医院、西藏自治区医学界的专家学者、西藏科协领导等20余人参加座谈会并就国内外院前急救相关知识进行了交流。2010年9月，西藏科协举办了首届博士培训班，来自全区各行业的20名博士参加了培训。

按照中国科协《关于对老科学家学术成长资料采集工程人选情况摸底调查的通知》、《关于推荐宣传人选的通知》要求，对年龄在80岁以上，在自治区科技事业发展中作出突出贡献的老科技工作者进行广泛调查，推荐西藏自治区医院原院长强巴赤列和自治区农科院副院长尼玛扎西为自治区优秀科技人物宣传人选上报中国科协。

加强科协自身建设。西藏科协党组深入学习落实中央第五次西藏工作座谈会精神，多次召开机关干部职工大会，认真传达、学习第五次西藏工作座谈会上的讲话精神。全区各级科协组织及所属学会、协会和研究会，围绕西藏自治区党委、政府的中心工作，以“效能建设年”和“创先争优”活动为契机，进一步加强科协自身建设。西藏科协专门成立由主要领导牵头，各部、室、社负责人组成的效能建设年活动小组，下设办公室，并制定了《西藏科协效能建设年实施方案》。西藏科协成立了“开展在党的基层组织和党员中深入开展创先争优活动”领导小组，制定了《西藏自治区科协关于在党的基层组织和党员中深入开展创先争优活动的实施方案》。要求机关各党支部认真履行职责，过好组织生活，开好民主生活会。每个党员都应立足岗位深入学习实践科学发展观，开拓创新、无私奉献，带动干部职工综合素质不断提高。

【第五次全区代表大会】

9月26日，西藏自治区科协第五次全区代表大会在自治区政协礼堂召开。112名正式代表和300余名科技工作者参加了大会。西藏自治区党委书记张庆黎出席了会议，西藏自治区党委副书记、自治区主席白玛赤林，中国科协副主席、书记处书记齐让出席会议并讲话。西藏自治区科协党组书记、副主席群增致开幕词。西藏自治区科协主席、党组副书记仓珍代表西藏自治区科协第四届委员会作了《落实科学发展观，开创工作新局面，为西藏经济跨越式发展和社会长治久安作出积极贡献》的工作报告。会议通过了《西藏自治区科协第五次全区代表大会主席团组成原则及人员建议名单（草案）》，审议通过了西藏科协第五次全区代表大会秘书长、副秘书长人选建议名单。经过无记名投票方式，选举出晋美多吉、陈锦等82名西藏自治区科协第五届全区委员会委员。选举出仓珍、普布仓决等25名西藏自治区科协第五届常务委员会委员，选举仓珍同志为西藏科协第五届主席，群增、冯继谦、普布仓决为副主席，晋美多吉、陈锦、张永泽、杜建功、次真、孙金玲、李路平、假拉、强俄巴·次央为不驻会副主席。

【科普惠农兴村计划经验交流会】

2010年12月28日，由西藏自治区科协、自治区财政厅联合举办的科普惠农兴村计划表彰暨经验交流会在拉萨市召开。会议对2008～2009年度8个全国农村专业技术协会、16个农村科普示范基地、1个少数民族科普工作队、16个农村科普带头人等41个获奖集体和个人进行了表彰，表彰奖补资金总额达到610万元。自治区人大常委会副主任周春来、自治区政协副主席刘庆慧出席会议。西藏科协党组书记群增主持会议。全区各地市科协主席、财政局分管副局长、获奖集体和个人以及区直相关单位、各学会负责人参加会议。

陕西省科学技术协会

2010年，陕西省科协动员组织科技工作者为省经济社会发展建言献策，向省委、省政府上报的《关于有效保护秦岭生态环境、科学开发秦岭自然资源的专家建议》得到省长赵正永的重视，并作出重要批示。上报的《陕西省农村经济合作组织论坛会议纪要》，省委副书记王侠和副省长姚引良也分别作出重要批示。2010年省科协重点策划组织了低碳陕西学术研讨会和陕西省农民职业技术教育论坛。在低碳陕西学术研讨会上，中国工程院院士、西安建筑科技大学校长徐德龙等作主题报告，会后向省委、省政府上报《关于大力发展循环经济和低碳经济促进生态环境保护和经济社会可持续发展的建议》。陕西省农民职业技术教育论坛向省委、省政府提出《关于大力加强陕西省农民职业技术教育的建议》。此外，还完成技术咨询合同294项，反映科技工作者建议640条，获得有关部门领导批示255条。

组织实施科普惠农兴村计划成效显著。2010年陕西省共有73个农技协、21个科普示范基地和18名科普带头人受到表彰，争取奖补资金1970万元。组织陕西省104个农技协布展35个展位参加第十七届杨凌农高会。

通过立项支持一批由科协主办或支持的重点学术会议，指导学会开展多层次、专业化的学术会议。2010年，省科协所属省级学会共组织召开学术会议390次，其中国际学术会议54次。组织科技人员参与国际及对我国港澳台地区民间科技交流，派往国外20个团组，派往我国港澳台地区15个团组。此外，举办了6场青年科学家学术沙龙，为陕西省科技工作者扩大交流与合作创造了良好的机会。作为陕西省学术交流精品平台，2010年“学术金秋”活动期间共举办了132项学术交流活动。

2010年，省科协表彰奖励科技工作者737人次，其中女性科技工作者158人次。开展了多个奖项的评选、推荐、表彰工作，包括第十一届自然科学优秀学术论文奖、第八届陕西青年科技奖、省级先进学会和优秀学会工作者，“十佳全国优秀科技工作者”、“全国优秀科技工作者”、“百年三八杰出女性”、中国科协高层次人才库（陕西）第三批入库人选等。按照省委人才工作领导小组要求，省科协党组书记、常务副主席牟怀岐带领省委人才工作专项检查第九组赴商洛市、镇安县、山阳县等地就人才工作进行了检查。通过这些工作，调动了广大科技工作者的积极性和工作热情。

科普工作取得新进展，“科技之春”宣传月、全国科普日等科普活动广受欢迎，累计举办科普讲座4839次，其中院士科普报告会72次；举办科普展览3023次，发放科普宣传资料876万于份（张），开展科技咨询16867次，取得了良好的社会效果。注重培养创新意识和实践能力，积极开展第25届青少年科技创新大赛、第十届中国青少年机器人（陕西赛区）竞赛、中国科协与联合国儿童基金会非正规教育项目、“大手拉小手——科学家进校园”等工作，全年举办青少年科技竞赛363次，参赛人数126万人次。陕西科技馆常设展厅全年接待观众5万多人次。科普大篷车全年下基层巡展32次，接待观众15.2万人次。《陕西科技报》成功入选“农家书屋工程”，工作得到了省委宣传部、省新闻出版局的充分肯定。省科协网站建设全面提升，新版网站于9月30日开始试运行。科普资料编印、配送工作有序开展，编著科技图书28种，开发科普挂图41种，及时配发到全省市、县科协系统，全年共计完成19.2万张科普挂图的配发任务。积极开展科普示范创建工作，上报了28个县（市、区）参加全国科普示范县（市、区）创建活动，确定了11个县（市、区）为省级科普示范县（市、区）创建单位。

《科学素质纲要》实施工作积极推进，组织开展全国第八次暨陕西省第二次公众科学素养调查。完成了全省18个县区和西安市9个街道的入户调查、问卷回收和审核、整理、上报工作。第八次中国公民科学素养调查结果于2010年11月25日正式发布，省科协被中国科协评为优秀组织单位。履行全民科学素质工作领导小组办公室职责，按照省政府安排，认真开展纲要督查工作，形成《陕西省贯彻落实〈全民科学素质行动计划纲要〉工作自查报告》。

切实加强自身建设，相比2009年，陕西省县（市）区科协2010年独立建制从83个增加到93个，企业科协从213个增加到272个，高校科协从39个增加到41个，乡镇科普协会从1629个增加到1905个，农技协从4334个增加到4662个。省科协先后召开省级学会创新发展座谈会和市级学会创新发展座谈会，研究讨论修改了《关于推进陕西省科协所属省级学会创新发展的若干意见》。在省测绘学会、省气象学会开展创新发展试点，鼓励学会在承接政府转移职能和社会职能、开展科技奖励、举办特色“品牌”活动等方面积极探索。同时采取问卷和走访相结合的形式，开展了学会创新发展专题调研。省科协还采取专题调研、座谈交流、工作试点、评比表彰等措施，推动学会创新发展。

【科普惠农富民计划 】

创新过去以奖代补的形式，省科协从科普专项经费中列支300万元，组织实施“科普惠农富民计划”，在全省重点扶持市（区）、县（市、区）科协成立“科普惠农培训学校”、“社区科普益民学校”，着力加强科普培训和项目培育工作。经评审确定了“西安市社区科普益民培训总校”等53个单位为2010年陕西省“科普惠农富民计划”实施单位。

【第十八届“科技之春”宣传月活动】

本届活动有两个特点。一是得到了省委省政府的高度重视。省委办公厅、省政府办公厅下发了活动通知，成立了由省委副书记王侠仟主任，省委常委、宣传部部长胡悦，副省长朱静芝，省科协主席、西安交通大学校长郑南宁任副主任，共有26个成员单位组成的宣传月活动组委会。二是重点活动产生了良好的社会效益。“科技之春”领导干部科技报告会上，陕西省委常委、组织部部长李锦斌主持会议，中国科学院常务副院长、中国科协副主席白春礼院士为陕西省干部作了题为《为科学发展提供知识基础和科技支撑》的报告，受到近千名与会人员的一致好评。宣传月期间，省、市、县（区）共开展重点活动2297项，组织各类科技报告会、专题研讨会776场次，组织科技集市、街头宣传、科技咨询586次，科技下乡455次，各种形式的义诊641次，组织科普展览279场次，参加科普活动的科技人员达12万人次。

【第十一届优秀学术论文评选】

省科协先后组织召开专业评审工作委员会会议和评选委员会会议，对各单位初评推荐的374篇论文进行了复评和终评。评选委员会会议在省科协主席郑南宁院士主持下，对专业评审结果进行了认真研究审定。11月20日，陕西省政府下发了《关于表彰第十一届自然科学优秀学术论文的通报》，对获奖论文进行了通报表彰并颁发证书，其中一等奖论文16篇，二等奖论文54篇，三等奖论文97篇。

【第八届陕西青年科技奖评选表彰】

通过收集整理材料，对各单位推荐的322名青年科技奖候选人进行了初步审核，完成了评审工作，对63位获奖候选人公示后，会同省委组织部、省人力资源和社会保障厅联合下发《关于表彰第八届陕西青年科技奖获奖人员的决定》。多年来，陕西青年科技奖在促进地方科技事业发展、引导青年科技工作者健康成才方面发挥了重要作用。

甘肃省科学技术协会

开展决策咨询工作。全年共向各级党委、政府上报专家建议531条，向中国科协上报调研报告10篇，申请软课题3个。配合中国科协决策咨询委员会专家赴武威调研，完善了省科协承担的《中国西部沙产业发展模式与对策研究》课题专报，组织承办了中国科协扶贫团马铃薯产业考察调研活动，与西安建筑科技大学签订了《促进循环经济发展战略联盟框架协议》，搭建了甘肃省循环经济示范区建设决策咨询平台，促成了甘肃金桥水科技集团等民营科技企业与省外高校的实质性合作，与宁夏回族自治区科协联合开展了沙产业发展考察调研，促成了宁夏与武威在沙产业发展研究与开发方面的合作意向。与中科院兰州分院、兰州大学、省科学院自然能源研究所联合举办了以“西部生态与水”为主题的第二届甘肃青年科学家论坛，形成了专家建议。与张掖市联合开展“干旱区生态城市建设”课题研究，并出版专著。

深入实施《科学素质纲要》。在完成第八次中国公民科学素质调查任务的同时，开展了首次甘肃省公民科学素质调查，获取了公众具备科学素质的基础数据，为科学评价《科学素质纲要》实施成效和制定“十二五”公民科学素质建设规划提供依据。组织开展甘肃省落实《科学素质纲要》的大检查，与甘肃省委宣传部、省科技厅、省农牧厅等单位组成督查组，对8个市州和2个省直部门进行了重点督查。各成员单位累计开展各类培训1.26万场次，参训人数27.2万人次。组织开展了“倡导绿色生活，培育低碳一族”、“防灾减灾”、“金融知识进万家”、“科普进警营”等各类科普活动。全年共举办科普展览1232场，科普报告1612场，发放科普宣传资料167万余份，受众达319万人（次）。组织专家开展防灾减灾专题调研12次，编发“预防泥石流自然灾害”宣传资料12.1万余份。联合企业开展的“四送一训”活动，培训3万余人。组织青少年科技创新大赛、机器人竞赛、五学科奥赛、计算机表演赛等活动，获得全国赛事各类奖项133项。组织青少年代表队参加2010年FLL机器人世锦赛，获得竞赛一等奖和团体第七名的成绩。全省16个县区获得2011～2015年全国科普示范县创建资格，经过重新评估，10个单位被命名为全国科普教育基地，在200个农技协建立了“三农”网络科技书屋，大众科普网更新信息1.8万条，发布“我的低碳生活”等科普视频20部。省科协信息中心被省委组织部确定为全省农村党员干部现代远程教育课件制作基地。

活跃学术交流。举办贯彻落实国务院支持甘肃发展若干意见，推进学会创新发展工作研讨会和省级学会工作总结展示活动。承办了首届全国影像节、中国科协外事工作培训班和全国学会工作座谈会。举办了第十五届华北、西北十省（市、区）学会研讨会，与省项目管理协会等单位联合举办了第二届国际项目管理高峰论坛。承办了台湾“海峡两岸青年学子环保科技团”考察访问活动。据统计，各级科协和学会共组织学术交流活动533次，参加56678人，交流论文19425篇。

开展表彰奖励工作。组织开展“全国优秀科技工作者”评选推荐，有1名科技工作者获得“十佳全国优秀科技工作者”提名奖，14人获“全国优秀科技工作者”称号。与甘肃省科技厅共同开展“全国科普工作先进集体和个人”的评选推荐工作，有3个单位和6名个人获得“全国科普工作先进”称号。与甘肃省委组织部、省人社厅联合开展第七届甘肃青年科技奖评审表彰活动。召开甘肃省“讲理想、比贡献”活动总结表彰大会，对10个先进集体、15名优秀组织者、15名科技标兵进行表彰奖励。与省委宣传部等11个部门和单位联合举办甘肃省第二届科技界书画摄影展，甘肃省委书记陆浩为展览题词，30多家大专院校、科研院所和社会各界的1000多名科技工作者参与，创作书法、绘画、摄影作品1700余幅，参观人数近万人，编印作品集2部。

加强自身能力建设。把机关党建和省级学会党建作为“文化建家”的重要组成部分，在业务主管的学会和非企业法人单位成立14个党支部，在省科协机关和省级学会党组织中，开展“创先争优”和建设学习型党组织活动。与新疆维吾尔自治区科协进行了“建家”与党建工作研讨交流。着力加强科协组织建设。2010年，甘肃省科协在8个县（区）、36个乡镇（街道）和19个行政村（社区）建立了反邪教协会，在9个县区成立了老科协。省科协组建了甘肃省对外科技合作交流中心。继续开展学会等级评价，向11个地级学会提出了整改和处理意见；指导5个省级学会完成换届。

【甘肃批准省科技馆另选新址建设】

在甘肃省委、省政府的关心重视下，甘肃科技馆新馆建设项目已推进到开工前的实质性操作阶段。原建设用地已公开挂牌出让，获得资金1.88亿元。其中1亿元用于新馆建设，0.88亿元由兰州市政府用于新址拆迁安置。甘肃省发改委已正式批准项目选址新建。兰州市政府在安宁区划拨土地72亩，作为新馆和甘肃省科协办公楼建设用地。《内容建设方案》已通过中国科技馆专家委员会评审。《可行性研究报告》已通过甘肃省政府投资项目评审中心的评估论证。甘肃省政府召开了研究甘肃科技馆建设有关问题的专题会议，确定了科技馆和省科协办公用房的建筑面积、资金安排、代建单位以及其他工作任务分工，明确了各有关方面的责任，为加快项目建设奠定了坚实基础。

2010年共争取到各类项目112个，资金2552万元，比2009年增加1497万元。其中，中国科协、财政部“科普惠农兴村计划”项目1120万元，中国科技馆捐赠展品价值1140万元，“华硕科普图书室”资助设备价值100万元，为甘南州争取科普能力建设资金50万元，“百县百项科普示范”、“站、栏、员”和青少年非正规教育等项目142万元。

【制定《甘肃省科学技术普及条例》】

9月29日，甘肃省人大常委会通过《甘肃省科学技术普及条例》，自2011年1月1日起施行。《条例》明确了科协组织在科普工作中的法律职责，为科普工作社会化提供了法律依据。10 月 15 日，甘肃省人大常委会对《甘肃省科学技术协会条例》（以下简称《条例》）进行了修订，新修订的《条例》规定各级科协行政、事业、基本建设经费和学术交流、科普经费，列入同级财政预算，明确各级财政对科协主管主办的科技馆、青少年科技中心、科普报刊、科普网站等，要给予一定的专项经费补贴。大幅度提高各级财政对科普经费的投入标准，明确“省、市、县三级财政分别按人均 0.4 元、0.3 元、0.3 元的标准承担”，使甘肃省科普经费的财政总投入达到人均 1 元的水平。

【2010 年甘肃省学术年会】

9 月 13 日，在庆阳市召开以“陇东革命老区能源化工基地开发与建设”为主题的甘肃省学术年会。甘肃省政府领导、中国石油大学专家教授以及主办单位的负责人，甘肃省部分科技领军人才，大专院校、科研院所、省级学会的专家学者，市州科协负责人等共 400 多人出席。会议安排主旨学术报告 2 场，共交流学术论文 233 篇，内容涉及能源化工基地建设的各个领域，共评选出优秀论文 67 篇，其中一等奖 2 篇、二等奖 5 篇、三等奖 14 篇、优秀奖 46 篇。

【第二届甘肃青年科学家论坛】

本次论坛于 5 月 12 日举办，论坛的主题是“西部生态与水”。论坛由省科协、中科院兰州分院、兰州大学、甘肃农业大学、联合国工发组织国际太阳能技术促进转让中心共同主办。来自中央驻甘科研单位、甘肃省高校和科研院所的近 60 名青年科技工作者参加了论坛。联合国工发组织国际太阳能中心主任、论坛组委会副主任、省科协领导出席了论坛。中科院寒旱所研究员、兰州大学教授等 5 位长期致力于生态与水资源研究的青年科技工作者在论坛上作了专题报告。出席论坛的优秀青年科技工作者紧紧围绕“西部生态与水”进行了高层次学术交流。

【甘肃省第二届科技界书画摄影展】

展览开幕式于 9 月 26 日举行，由甘肃省委宣传部、甘肃省科协等 11 家单位主办，甘肃省书法家协会等 21 家单位协办。甘肃省人大、政协、省委宣传部领导同志，中科院兰州分院、省科学院、省农科院、兰州大学、省文联、省地震局等部门的领导同志，以及本届活动的协办单位负责人和甘肃各行各业的科技工作者参加了开幕式并观看了展览。参与此次展览并提供作品的单位共 110 家，展览共征集书画作品 500 余幅，摄影作品 1200 余幅，其中，获奖书画作品 210 幅，获奖摄影作品 300 幅。

青海省科学技术协会

2010 年科普惠农兴村计划、西部科普工程等项目顺利实施并不断扩大。经考察，组织专家评审获批项目 4 类 26 项，共有 26 家单位和个人获得表彰奖补，金额达 410 万元。同时，完成了 3 辆金杯Ⅳ型科普大篷车的申报和争取工作。在企业中深入开展“讲理想、比奉献”活动，西部矿业股份有限公司被中国科协表彰为“讲、比活动先进集体”，林大泽等被评为先进个人。

深入实施《科学素质纲要》。在全省范围内组织开展了“科普之冬（春）”、“科技活动周”和“全国科普日”活动。广泛动员社会力量和资源，组织科普工作者、志愿者和专业科技人员，深入农牧区、城镇社区和学校等地，运用科普展览、发放科普宣传资料、科技讲座、科技咨询、科技培训和文艺汇演等多种形式，开展科普宣传活动。据统计，“科普之冬（春）”活动中参加的科技人员逾 5500 人次，开展下乡宣传活动 190 余次，举办实用技术培训班 200 余期，科普讲座 180 余场，发放科技图书资料 32 万余份（册），开展文艺演出 40 余场次，受益农牧民群众达 36.4 万余人次。

开展主题科普活动。动员和组织直属事业单位以及相关部门参加了青海省“全国科普日”活动启动仪式。副省长高云龙出席启动仪式并宣布青海省“全国科普日”活动启动。省、地、县 42 家科技、卫生、文化等部门和单位在启动仪式现场展开了科普咨询、医疗义诊、文艺表演、互动有奖问答、发放科普宣传资料、播放录音录像等活动，展出各类展板 450 块，悬挂条幅 45 条，发放计生药具 1600 份，宣传挂图 3500 张，各类科普资料 75660 份（册），参加群众 10 万人次。大力开展“科普进场所”、“科普进寺院”、“科普进校园”活动。省少数民族科普工作队深入社区、场所、寺院、学校等地进行了科普宣传，展出各类展板 450 块，悬挂条幅 20 条，宣传挂图 2000 张，发放各类科普资料 3 万份（册）。同时，筹措近 6 万元资金，在称多县尕藏寺设立了信息网络中心，对拓展民族地区科普工作方法进行了新探索。在贵德、共和、贵南、大通、民和、化隆等县的种植、养殖示范基地举办了各类培训班 20 余期，参加人员 700 余人次，取得了良好的效果。省少数民族科普工作队荣获“全国科普工作先进集体”称号。

《科学素质行纲要》宣传平台进一步扩大。《青海科技报·藏文版》通过增期扩版，质量有了明显提高，发行数量逐步增加。2010 年创办的《青海科技报·生活周刊》对于服务群众、倡导科学健康的生活方式起到积极的作用。青海科协网与新华网签订长期合作协议，《科普动态》、《当今科技前沿》等栏目受到群众好评。从中国科协争取到科普大篷车3辆。全省已有34个州、县（市）签订了《科普大篷车》电视栏目开播协议。

举办学术研讨活动。11月5～7日，举办了中国高寒天然气水合物开发利用科学讨论会，组织省内外13位专家参加了讨论会并编印《新观点新学说科学讨论会文集（四）》。通过主办和承办各类学术交流活动、组织参加全国性和区域性学术交流，搭建为青海“跨越发展、绿色发展、和谐发展、统筹发展”服务的学术平台。省化学学会承办了2010年中西部地区无机化学化工学术研讨会，省中医学会协办了全国第九次中医、中西医结合眼科学术年会，省护理学会协办了2010年护理管理学术研讨会。

2010年省科协被中国科协海智计划领导小组评为海智计划工作先进单位。应日本国际交流促进会的邀请对日、韩两国的9所科技馆进行了考察。邀请海智“藏药考察团”专家来青海实地考察，与青海省相关单位就藏医药的研发、医药人才的培养和交流达成了合作意向。亚行太阳能光伏提水草场灌溉项目在刚察县试点成功基础上向青海省其他地区及全国五大牧区扩大了试点范围。

全省学会坚持民主办会原则，按章程召开理事会决定学会重大事项。年内有省档案学会、通信学会、农业机械学会、地质学会、计量测试学会、质量管理学会、化学会7个学会召开会员大会或会员代表大会，选举产生了新一届领导机构。同时，组织召开了2010年省级部分学会秘书长工作交流暨联谊会和省科协所属学会秘书长培训班，进一步加强了联系，提高了学会秘书长工作能力。

【玉树抗震救灾工作】

青海省玉树发生地震后，省科协在第一时间向灾区送去紧急印制的4万份藏汉双语版《抗震减灾知识宣传页》、《青海科普地震知识宣传手册》，及干部职工筹集捐赠的现金。同时，省科协与爱德基金会联系并争取到542万元的救灾物资，及时运送到救灾一线。另外，省科协积极向中国科协争取为玉树灾区捐赠越野车2辆、笔记本电脑若干和各类抗震救灾手册、科普挂图等，价值达100余万元。省地震学会、省消防协会、省灾害防御学会、省医学会、省预防医学会、省土木建筑学会、省水利学会等发挥各自专业优势，在灾区、学校大力开展灾后防御、灾后重建等科普知识宣传，为抗震救灾做出了成绩。

【新科技馆建设】

青海科技馆新馆内容建设是省科协2010年度工作的重中之重，为此，省科协抽调部分人员充实到内容建设队伍，成立了科技馆内容建设领导小组和办公室。严格按照各项规定对展厅布展工程设计、展示工程监理项目和展厅布展装饰工程采用公开竞争方式进行招标，中标总金额达3600余万元。组织人员先后奔赴北京、天津、河北、陕西、湖南、广东、上海、浙江、江苏、安徽、四川等地，对所在中标展品公司进行展品制作前期审查工作，对近300件展品的深化设计逐一核查。目前布展施工工作已全面展开。按照《科技馆建设标准》制订了《青海省科技馆机构设置和人员编制方案》。面向社会公开招聘17名讲解员，为新馆开馆和试运行奠定了基础。

【自然科学优秀学术论文评选活动】

经省科协多方协调和争取，中断10余年的青海省自然科学优秀学术论文奖评选工作全面恢复。为确保评选活动公开、公正、公平，有序进行，省科协本着“继承而不束缚思想，创新而不脱离实际”的基本原则，组织70家单位的127位专家、282人次参与了评审工作，其涉及面之广，参与评审人员之多，前所未有。此次揭晓的优秀学术论文共计35篇，其中一等奖4篇、二等奖11篇、三等奖20篇，呈现出高水平、高层次、年轻化、国际化等特点。该奖励涉及自然科学和工程技术两大领域。

宁夏回族自治区科学技术协会

2010年，宁夏科协围绕转变经济发展方式积极开展建言献策活动。编印的《科技工作者建议》第2期《做好宁夏新能源产业气象服务的几点建议》得到自治区主席王正伟的批示：“建议很好，请气象局吸纳这一建议，加强这方面工作，为新能源发展作出积极贡献。”

实施科普惠农兴村计划。宁夏全区有11个优秀农技协、6个科普示范基地和3位科普带头人获得中国科协和财政部的表彰，获奖补资金355万元，比2009年增长29.1%。科技活动周期间，组织开展了千名科技专家下基层活动。联合有关部门、农业科研单位、农资企业举办了宁夏第十一届春季农交会，共有270家单位参展，8万余人参加。“宁夏三农呼叫中心”进行专家视频授课330场，并在宁夏人民广播电台开播三农呼叫中心专家讲座专栏153期。讲课内容由农业向医疗卫生、法律援助、创业、社保等方面拓展。

开展“讲理想、比贡献”活动。联合自治区发改委、国资委、经信委、科技厅成立“讲理想、比贡献”活动领导小组及办公室，印发了《关于在企业深入开展“讲理想、比贡献”活动的通知》。有1个先进集体、2名科技标兵、1名优秀组织者在全国“讲、比”活动中受到表彰奖励。根据中国科协《关于加强企业科协工作的若干意见》，2010年新成立企业科协15家。按照中国科协《关于推进企业专家工作站建设的意见》精神，在有条件的事业单位和企业中新建立院士专家工作站4个、专家工作服务机构2个。

实施《科学素质纲要》。组织制定《全民科学素质纲要“十二五”规划》、《宁夏科普基础设施建设规划》等，推动将其纳入自治区“十二五”规划。3～7月，组织开展全民科学素质纲要实施情况自查和对5市的督查。9月，配合国务院办公厅对宁夏“十一五”期间《科学素质纲要》实施情况督查，宁夏工作受到督查组的表扬和肯定。组织开展了宁夏回族自治区公民科学素养调查，受到中国科协表彰，获得优秀组织奖。在《宁夏日报》上举办了公民科学素质知识竞赛活动。

开展主题科普活动。举办了以“科技创造财富，科技惠及民生”为主题的2010年科技活动周活动，以“中小学自然科学课走进科技馆活动”为主题的全国科普日活动，并以重点科普活动带动群众性、社会性、经常性的科普活动。与宁夏科技厅、党委宣传部联合命名了10个自治区级科普教育基地。宁夏少数民族科普工作队为全区26个市、县（区）科协配备制作各类科普展板25套、1000余张，编辑制作科普画廊科普知识挂图3000多平方米，发放科普读物30000册，编辑印刷牛、羊、鸡、猪、鸭疫病防治彩色科普折页5种14万份下发基层。以社区、乡（镇）集市、中小学校为重点，充分利用科普大篷车“流动科技馆”这一有效宣传手段，积极参与 科技周、全国科普日、四进社区、三下乡、科技一条街以及各种不同形式的大型科普宣传活动，受益群众10万人次，并尝试与已经配备科普大篷车的市科协在一些重大活动中进行科普大篷车联合行动。

开展青少年科技活动。举办首届宁夏“科协杯”青少年多米诺骨牌大赛、第25届宁夏青少年科技创新大赛、第十届全区青少年机器人（宁夏赛区）竞赛及全区五项学科竞赛，承办了全国中学生奥林匹克天文竞赛决赛。组队参加了全国第25届青少年科技创新大赛和第十届中国青少年机器人大赛，获全国一等奖1项、二等奖15项、三等奖25项。开展了科技馆进校园活动和以“我的低碳生活”为主题的青少年科学调查体验活动。与教育厅联合开展了县级校外科普场所共建共享试点工作。新建了电脑机器人、未来工程师、航空模拟飞行和汽车模拟驾驶等4个青少年科学工作室，培训青少年6000人次。举办了2010年英特尔求知计划项目暑期夏令营活动。

完善宁夏科技馆软硬件水平。争取财政支持并自筹资金购置了展品，争取中国科技馆援赠展品，进一步增加了科技馆的吸引力。提出《关于政府专项投入开展部分学生公益参观宁夏科技馆的建议》提案，受到自治区财政厅的重视，决定从9月起，对中小学生团体参观科技馆实行免费。财政厅按免费参观的学生每人30元标准，对科技馆予以专项资金支持。截至12月底，共接待了50多所中小学校学生达15000余人次。举办科技新发展，生活大变样、南极、消防科普展等6次专题展览，共接待社会各界参观群众36000余人次，全年共接待观众13万人次。宁夏科技馆还被宁夏消防总队命名为消防科普教育基地。争取中国科协支持开展中小科技馆支援计划宁夏巡展活动。为9个县区科协配发了科普宣传车，中国科协为宁夏原州区、西吉县和宁夏科技馆各资助一辆科普大篷车。建设基层科普服务站30个，新建科普宣传栏110个。

活跃学术交流。举办了主题“生物技术与产业发展”的2010年宁夏科协学术年会，学术年会邀请中国工程院院士曾溢涛、中国科学院院士贺林及一批区内外专家学者做了专题学术报告。以“宁夏设施农业可持续发展”为主题，召开了第五届资深专家论坛。举办了第六届青年科学家论坛，论坛共征集147篇论文，评出优秀论文83篇。资助全区学会学术交流36项。全年近2万名科技工作者参加学术交流活动。2010年共组织两批共16人赴台考察台湾科技场馆运行、特色设施农业等。组织部分学会理事长、秘书长赴山西考察学会工作，互相交流学会工作经验。

开展表彰奖励。2010年宁夏科协共评选表彰51名“优秀科技工作者”，其中与宁夏回族自治区党委组织部、人力资源和社会保障厅联合开展了第十二届宁夏青年科技奖评选活动，与自治区人力资源和社会劳动保障厅联合开展了第二届全区优秀科技工作者评选表彰活动，并从中推选全国优秀科技工作者8名（1名同志获“十佳全国科技工作者”提名奖）。结合12月15日“会员日”活动的开展，隆重举行了“优秀科技工作者”颁奖大会，宁夏回族自治区党委常委、组织部长徐松南为获奖者颁发奖章、证书。

切实加强自身建设。2010年，宁夏科协结合学习型党组织建设，与区直机关工委联合举办科学发展大讲坛，先后邀请清华大学建筑学院张利教授、中国农科院黄大昉教授分别作《走进世博》、《转基因技术与现代农业科技知识》专题讲座。加强干部队伍建设，积极推进干部人事制度改革。开展创先争优活动，提高服务水平，在党员中开展“一创四争”活动。完善体制机制，加强反腐倡廉建设，制定预防措施。以群众性文明机关创建工作为抓手，以开展“道德模范”宣传年活动为载体，推进精神文明建设。2010年12月15日，隆重举行了“会员日”

活动，同时举办了宁夏首届科技界书法绘画摄影工艺美术展。

大力加强学会建设。从完善内部治理结构、强化会员主体地位、创新组织机构建设、规范各类服务活动、增强社会服务功能、积极承接社会职能等六个方面进行学会改革创新试点，增强学会活力。一些学会结合本行业实际，开展了专业技术人员继续教育活动。组织第三批开展学习实践科学发展观活动，在学会实现党组织和党的工作全覆盖，并积极探索各具特色、行之有效的党组织设置和党员活动方式。批准宁夏预防医学会、宁夏标准化协会、宁夏声学学会等3个学会建立党支部，批准宁夏石油学会、宁夏老科技工作者协会、宁夏环境科学学会等13个学会成立"党的工作小组"，科技社团党组织覆盖面进一步扩大。

【争取外援资金促进宁夏沙漠防治和改善民生】

根据宁夏回族自治区党委、政府关于发展沙产业的战略部署，向联合国开发计划署（UNDP）提交了《宁夏沙漠化防治和民生改善项目立项报告》，得到了联合国开发计划署（UNDP）的认可。2010年9月28日，宁夏回族自治区政府与联合国开发计划署和商务部中国国际经济技术交流中心正式签署协议，项目管理办公室设在宁夏科协。未来5年内，联合国开发署将提供无偿援助150万美元资助宁夏，探索沙漠防治和民生改善方式。

新疆维吾尔自治区科学技术协会

加强决策咨询，挂牌成立新疆维吾尔自治区科协中国工程院院士咨询工作站，进一步推动建立院地合作长效机制，以"天山南北院士行"为载体，提高新疆科学决策水平。在新疆特变电工股份有限公司成立全疆首家企业院士工作站。牵头完成中国科学院《关于喀什、霍尔果斯经济开发区发展规划战略研究》咨询报告。争取中国科协支持，启动促进新疆跨越式发展若干科技问题研究、新疆科技工作者状况调查、新疆科技工作者思想状况调查，为自治区制定科技政策提供决策参考。充分发挥自治区政协科协界委员作用，组织各族科技工作者参政议政，整理上报10个团体提案，其中《关于重视发挥新疆粮食生产基础性作用的提案》获自治区政协十届二次会议优秀提案。经自治区党委批准，向中国科协申报国家级科技思想库试点。

实施科普惠农兴村计划项目，2个少数民族科普工作队、54个农村专业技术协会、30个农村科普示范基地和26个农村科普带头人受到全国和自治区表彰，奖补资金总额1332万元（其中国家955万元，自治区377万元）。成立新疆维吾尔自治区科普惠农服务总站，加强对各地工作的指导，探索建立符合新疆科普惠农服务的长效机制。

以企业科协为依托，深入开展"讲理想、比贡献"活动。全年共完成"讲理想、比贡献"活动项目347项，提出合理化建议2774条，被采纳528条，促进了企业技术创新。完成喀什地区疏勒县库木西力克乡4村和城关社区定点扶贫工作，自2006年以来，先后投入和落实扶贫资金117.05万元。

深入实施《科学素质纲要》，与自治区财政厅联合启动"科普惠民社区行动计划"项目，共有50个社区、2所学校获得260万元奖补资金。乌鲁木齐、克拉玛依、昌吉等地通过实施科普惠民社区行动，开辟城市社区科普工作新途径。"科技之冬"活动成果显著，自治区党委办公厅、政府办公厅下发《关于在全区开展第二十二届"科技之冬"活动的安排意见》，各地州市党委、政府高度重视，制定实施方案。新疆科技馆全年参观人数达30万人次，举办专题展览11个，"中小科技馆支援计划"和"科技馆活动进校园"在各地巡展参观人数达40万人次。组织宗教人士5000多人次分批到新疆科技馆参观。

完成全国第八次公民科学素养调查任务，开展自治区首次素质抽样调查工作。以迎接国务院督查为契机，继续推进重点人群科学素质工作。落实中国科协450万元专项经费，承担"新疆公民科学素质调查"等项目。围绕资源开发可持续、生态环境可持续主题，推动科技周、科普日等活动进学校、社区、机关、农村、军营、企业、清真寺。

积极搭建学术交流平台，围绕新疆跨越式发展的重大关键技术问题，举办12期科技论坛、沙龙。加强国际民间学术交流活动，组团出访意大利、朝鲜、美国等国家和港澳台地区，与意大利热那亚科学节组委会、朝鲜科技总联盟达成合作意向，与中国台湾地区神农科技发展协会签订合作协议。举办第二届海峡两岸特色农业产业化论坛，促成全区16个县级农技协会与中国台湾地区5家公司签订22项合作协议。举办首届信息化创新克拉玛依国际学术论坛，围绕"数字克拉玛依"、"数字油田"建设开展决策咨询。举办以"生命·环境·艺术"为主题的首届喀纳斯科学与艺术论坛。

开展第二届自治区科普奖评选工作，通过争取，奖励名额由12个增加到30个，奖励资金由14万元增加到60万元。开展第十一届自治区自然科学优秀学术论文评选，评选出获奖优秀论文244篇。开展新疆100名优秀科技工作者评选表彰，于胜存、茹仙古丽·沙吾尔等10名优秀科技工作者被评为"全国优秀科技工作者"，陈曦荣获

“十佳全国优秀科技工作者”提名奖。吴甲春、高壮等5位专家入选中国科协决策咨询专家库。对20年来各地开展“科技之冬”活动的42个先进集体、122名先进个人进行表彰。组织创先争优、“热爱伟大祖国、建设美好家园”主题活动，强化学习型机关建设。

建立健全基层组织，阿勒泰、博州、塔城科协召开代表大会，新疆石油学会、新疆珠算协会等9个自治区学会换届，已有23个县市科协成立了少数民族科普工作队。争取中国科协支持向县级科协配发科普大篷车3辆，目前全疆地、县科普大篷车配备达19辆。新成立特变电工、众和股份等13家企业科协，全疆企业科协达到65家。农村专业技术协会健康发展，各类农技协组织1736个。经自治区编委同意，成立了自治区农村专业技术服务中心。

【纪念自治区科协成立50周年】

8月8日，纪念新疆维吾尔自治区科学技术协会成立50周年大会在乌鲁木齐市召开。中国科协常务副主席、书记处第一书记邓楠，新疆维吾尔自治区党委书记张春贤出席大会并讲话。自治区领导努尔·白克力、艾力更·依明巴海、艾斯海提·克里木拜，中国科学院副院长李静海、中国工程院副院长樊代明等党政领导和朱道本、严陆光等17位院士出席了大会。自治区科协历届常委，中国青年科技奖、西部突出贡献奖、“全国优秀科技工作者”、自治区青年科技奖、自治区科学技术普及奖获得者、全国科普惠农兴村计划先进代表、自治区“科技之冬”活动20周年先进代表、自治区学会和基层科协代表等全区老中青科技工作者优秀代表以及人民团体、大专院校、科研院所的负责同志1500多人参加会议。会议激励和鼓舞科协进一步增强科工作的社会影响力和对科技工作者的凝聚力。会议公布了新中国成立以来“新疆十大科技事件”、“新疆十大科技传播活动”、“新疆十位优秀科技人物”和“十个新疆公众关注的科技问题”的评选结果并给获奖者颁奖。大会还对2010年全国科普惠农兴村计划和自治区“科技之冬”活动20年的先进集体和先进个人进行了表彰奖励。

【纪念《知识－力量》杂志创刊30周年】

12月21日，纪念《知识－力量》杂志创刊30周年座谈会在新疆人民会堂召开。自治区党委副书记、自治区主席努尔·白克力出席会议并讲话。自治区科协党组书记李冀东主持会议。新疆维吾尔自治区党委常委尔肯江·吐拉洪，自治区人大常委会副主任、自治区科协主席张国梁，自治区副主席靳诺，自治区党委组织部、宣传部，自治区财政厅、科技厅，自治区政府参事办、文联，新疆大学、新疆师范大学、新疆日报社、中国科学院新疆理化所等单位的领导同志，以及自治区科技界知名专家学者、相关报纸杂志负责人、科普作者和读者代表共计160余人参加了座谈会。30年来，《知识－力量》创刊发行量累计达375万册，刊登作品3.1万余篇，累计向中小学校、宗教场所和贫困地区无偿赠刊达50余万份，并荣获“全国优秀科技期刊”和“自治区科技期刊”评比一等奖等称号。

【落实党建带科协建设工作】

8月5日，新疆维吾尔自治区党委组织部、新疆科协联合印发了《关于加强党建带科协建设的意见》，明确了当前和今后一个时期加强党建带科协建设的重要意义、指导思想和目标要求，提出了以党建带科协思想建设、组织建设、班子建设、人才队伍建设和创先争优的具体任务。出台《意见》的实施办法，从5个方面进行了安排部署，为各级科协积极争取当地党委、政府支持，主动联合和依靠组织部门，加强基层党建促进科协组织建设、推动科协事业发展创造了新的机遇，确定了和田、若羌两个试点县。

新疆生产建设兵团科学技术协会

2010年，兵团充分发挥“讲、比”活动领导小组办公室组织协调和服务职能，推动兵团团场、企业“讲、比”活动开展，召开兵团团场、企业“讲、比”活动领导小组第一次会议，审议制定《兵团团场、企业“讲、比”活动领导小组工作规则》、《兵团团场、企业“讲、比”活动实施方案》和《兵团团场、企业“讲、比”活动表彰奖励办法》，号召兵团各单位积极开展“讲、比”活动。兵团部分单位成立领导小组及办公室，出台了相关文件，落实了资金。

围绕兵团经济发展和科技进步，举办首届兵团青年科技论坛、兵团红枣产业发展科技论坛和兵团纺织产业发展科技论坛。邀请2位院士、3位国内、8位区内和兵团知名专家学者做主题报告，近400名兵团科技工作者、大学生参加论坛。

推动《科学素质纲要》深入实施。继续发挥领导小组牵头、组织、协调、服务职能，组织召开由兵团领导参加的第四次兵团全民科学素质工作领导小组会议，审议出台《2010年兵团贯彻落实全民科学素质工作要点》。组织参加了全国第八次公民科学素养调查并组织开展了兵团首次公民科学素质调查工作，兵团科协获第八次中国公民科学素养调查优秀组织奖。开展对各师、各成员单位的督促检查工作，完成《新疆兵团落实〈全民科学素质行动计划纲要〉自查报告》，完成督查工作。

在科技周、科普日等大型科普宣传活动中，组织开展了60多项大型群众性科普活动。在兵团本级重点开展了以下活动：与兵团科技局、党委宣传部在兵团机关举办“时尚环保的新理念——低碳”科普展览，1000余人次参与；联合兵团科技局、党委宣传部、兵直党工委邀请清华大学金涌院士分别为兵团机关、农八师石河子市机关领导干部和公务员以及石河子有关企业领导500余人作了《低碳经济——人类社会发展的里程碑》的科普报告；举办院士进校园科普报告会；在农二师举行2010年全国科普日兵团主会场系列活动启动仪式，以“坚持科学发展 走近低碳生活”为主题，展出低碳生活、防灾减灾等5大板块展板150余块；邀请全国知名专家为农二师机关领导干部和公务员作“低碳经济和低碳生活”科普报告；开展了“我的低碳生活”系列小试验。

与兵团教育局、团委在农八师成功举办了第八届兵团青少年科技创新大赛，组织召开青少年科技创新作品展示交流暨青少年科技教育创新论坛，大赛共评出一、二、三等奖710项，优秀组织单位12个，评出科技创新论文一、二、三等奖82篇。组织参加第25届全国青少年科技创新大赛，共获一、二、三奖54项；在石河子举办了第三届兵团青少年航空航天模型锦标赛，组队参加了第十二届“飞向北京 飞向太空”全国青少年航空航天模型教育竞赛总决赛，获得一、二、三等奖34项。开展了青少年科学调查体验活动，兵团启动仪式在兵团三中隆重举行，有500余人参加活动启动仪式，此次活动兵团累计出黑板报6000余期，收到手抄报2万余份，社会调查及参与人数达10万余人，举办低碳知识讲座达40余期。组织开展了第十届“明天小小科学家”奖励申报活动，在农二师举办了兵团南疆片青少年科技辅导员骨干培训班，来自南疆四个师的90余名青少年科技辅导员骨干参加了培训活动。举办兵团2010年“飞向北京 飞向太空”航空航天模型辅导员培训班，兵团12个师62位科技辅导员参加了培训。

开展科普资源开发及科普挂图配送工作。全年出资15万元支持“两校一院”及农二师科协开展农业科普读物光盘编辑制作、畜牧业科普读物编印制作等科普资源开发与共享工作。为50个团场科普画廊订制配发科普挂图，挂图内容涵盖了农业生产、低碳生活等多方面内容。

推进科普基础设施建设。兵团党委将“为兵团农牧团场建设科普画廊”列入了2010年兵团为职工办“十件实事”之一，首批为50个团场建设科普画廊。向中国科协争取科普大篷车3辆，其中Ⅱ型1辆，Ⅳ型2辆。

组织实施科普项目。申报全国科普惠农兴村计划项目，兵团有14个集体和个人荣获全国科普惠农兴村先进，获奖补资金175万元。实施兵团科普惠农兴村计划项目，奖励4个先进集体和个人，奖补资金8万元。组织开展科普惠农服务站建设工作，延长“科普惠农兴村计划”的工作链。组织申报“西部科普工程”、科普“站栏员”、“华硕科普图书室”等项目，获项目资金8万元，“科普图书室”10个，电脑10台，图书3万册。农八师石河子市“石河子农业信息网”项目被中国科协列入“2010年百县百项科普示范特色建设A类专项”，获专项资金5万元；积极组织开展科普活动站建设工作，农一师阿拉尔市成为全国科普活动站试点单位，农八师石河子市成为兵团科普活动站试点单位，中国科协分别为其开发配送网络书屋。

开展科普奖励活动。经兵团党委同意，兵团科协与党委宣传部、科技局联合设立“兵团科学技术普及奖”，2010年开展首届科普奖评奖工作。组织推荐全国科普工作先进集体和先进工作者，兵团农十二师头屯河农场等3个集体和塔里木大学王新建等6名个人被科技部、中宣部和中国科协联合授予“全国科普工作先进集体”和“全国科普工作先进工作者”荣誉称号。

推进科普示范创建工作。在总结农一师阿拉尔市科普示范市创建的基础上，制定了兵团开展全国科普示范县（市、区）2011～2015年度创建活动发展规划，组织兵团所属4个市开展科普示范市创建活动。农八师石河子市被确定为“全国科普示范市”创建单位，跨入创建全国科普示范县（市、区）之列。与科技局联合开展了兵团科普教育基地申报、评选工作，共认定11个兵团科普教育基地。

组织学术交流活动。举办各类境内学术会议50余次，国际学术会议4次，参加人数4000人次，学术会议交流论文500多篇。塔里木大学邀请国内外高校和科研院所的院士、长江学者等一大批专家，举办了形式灵活、内容多样的高层次系列学术讲座30余场，1万余名师生参加讲座。申报2010年度中国科协学术交流支持项目，“首届兵团青年科技论坛”获中国科协“前沿高端学术交流活动（一类）”项目，资助经费3万元。支持兵团重点学术交流项目10项，经费28万元。突出学会的作用，在10个项目中有6项为学会申报。

自身建设不断加强，服务能力进一步提升。组织兵团科协系统干部28人参加了中国科协在北京举办的西部地区科协主席培训班，提高科协干部服务能力和服务水平。组织开展全国优秀科技工作者推荐评选工作，彭心宇等6人获“全国优秀科技工作者”称号，彭心宇获“十佳全国优秀科技工作者”提名奖。

【首届兵团青年科技论坛】

3月21～22日，由新疆兵团科协主办、石河子大学承办、新疆农垦科学院与塔里木大学协办的首届兵团青年科技论坛在石河子大学举办，论坛主题为“兵团产业结构调整与可持续发展”，论坛分设种植业在兵团产业结构调整中的作用及其关键技术、畜牧业在兵团产业结构调整中的作用及其关键技术、新型工业化与兵团产业结构调整、兵团产业结构调整与经济社会可持续发展、医药卫生事业与可持续发展等5个分论坛。中国科协书记处书记冯长根，兵团党委常委、副司令员宋建业出席开幕式并讲话。冯长根同中国科学院院士韩济生、徐建中分别作了题为《年轻科研人员如何走向成功》、《转化医学——医学研究的必由之路》和《发展低碳技术占领能源产业制高点》的主旨报告。来自兵团各师和院校的260余名青年科技工作者参加了论坛开幕式及报告会。兵团青年科技工作者代表宣读了《致兵团青年科技工作者倡议书》，表示要继承和发扬老一辈科技工作者热爱兵团、建设兵团的优良传统，求真务实，勇于创新，为建设更加繁荣和谐的兵团做出新的贡献。5个分论坛同时举办了专题报告和讨论，交流学术成果，为兵团的经济社会发展建言献策。

【首届兵团科学技术普及奖】

经兵团党委同意，兵团科协、科技局、党委宣传部联合设立兵团科学技术普及奖，并决定于2010年开展首届科普奖评奖工作。评出首届科普奖集体奖5个，个人奖10名，受表彰的集体和个人主要是来自基层开展科普工作、科普活动或科普图书（音像）创作的单位和科技（科普）工作者。

【第八届兵团青少年科技创新大赛】

4月6～9日，第八届兵团青少年科技创新大赛在农八师石河子市工人文化宫举行。兵团党委常委、兵团副司令员宋建业等出席了大赛开幕式。各师、兵团直属学校17个代表队参赛，大赛收到青少年科技创新成果333项、科技实践活动项目71项、少儿科学幻想绘画作品642幅、教师科教创新作品67件、教师优秀科技实践活动方案设计48项、教师科技论坛参评论文93篇。大赛共评出一等奖113项、二等奖203项、三等奖394项，优秀组织单位12个，评出科技创新论坛论文一等奖18篇、二等奖27篇、三等奖37篇。

大 事 记

大 事 记

1月

1月6~7日

中国科协党组召开理论学习中心组学习扩大会，认真学习贯彻中央书记处对科协工作的指示精神和国务院关于《全民科学素质行动计划纲要》（以下简称《科学素质纲要》）实施工作的指示精神，研究部署中国科协2010年工作。中国科协党组书记邓楠主持会议并讲话。

1月12日

中国科协七届十二次常委会议在北京召开。全国人大常委会副委员长、中国科协主席韩启德主持会议，中国科协常务副主席、书记处第一书记邓楠传达了中央书记处对科协工作的指示精神，报告了中国科协七届五次全委会议日程安排。会议审议通过了《中国科协常委会工作报告》和《关于增补中国科协全委会委员、决策咨询专门委员会副主任及委员、促进企业自主创新专门委员会副主任和更换中国科协常委会委员的报告》，同意张勤同志担任中国科协七届全委会委员，同意更换张勤同志为中国科协七届常委会委员，提请七届五次全委会议表决，并增补张勤同志为中国科协七届常委会决策咨询专门委员会副主任和促进企业自主创新专门委员会副主任；增补上海市科协副主席高小枚同志，山东省科协副主席、党组书记燕翔同志，海南省科协副主席、党组书记陈永明同志为中国科协七届全委会委员。

1月13日

中国科协第七届全国委员会第五次会议在北京开幕。中共中央政治局委员、全国人大常委会副委员长王兆国出席会议并讲话，全国人大常委会副委员长、中国科协主席韩启德作工作报告。中国科协常务副主席、书记处第一书记邓楠传达了中央书记处对科协工作的指示精神。

中国科协七届常委会组织建设专门委员会第五次会议在北京召开。会议由中国科协副主席、书记处书记、专委会主任齐让主持。

1月15日

中国科协召开2010年地方科协党组书记座谈会，中国科协常务副主席、书记处第一书记邓楠主持会议并讲话，中国科协副主席、书记处书记齐让，中国科协书记处书记冯长根、程东红、张勤和党组成员苑郑民出席会议。

1月19~20日

地方科协调宣部长座谈会在安徽省合肥市举行。中国科协书记处书记张勤出席座谈会开幕式并讲话，来自全国31个省、自治区、直辖市科协的调研宣传部门负责同志等60余人参加会议。

1月23日

中国电工技术学会第七次全国会员代表大会在北京召开。孙昌基当选第七届理事会理事长。

1月24日

中华医学科技奖（2009）颁奖大会在上海市举行。中共中央政治局委员、上海市委书记俞正声，全国人大常委会副委员长桑国卫等为获奖代表颁奖。中国科协书记处书记冯长根出席会议。

1月25日

中国古代科学技术展览开幕式在澳门科学馆正式对外开放之际举行，中国科协副主席、书记处书记齐让出席开幕式并致辞。

1月26日　第六届中国青年女科学家奖颁奖典礼在北京钓鱼台国宾馆举行，全国人大常委会副委员长、全国妇联主席陈至立，中国科协常务副主席、书记处第一书记邓楠出席颁奖典礼并颁奖，吉林大学化学院教授、博士生导师于吉红等5人获奖。

1月27日　中国青少年科技辅导员协会第六次全国会员代表大会在北京召开。陈赛娟当选第六届理事会理事长。

在京中青年科学家2010年新春联谊会在北京举行，中国科协副主席袁家军出席联谊会并讲话。

1月28日　中国科协与农业部签署“关于合作共建中国农学会等九家学会的协议”。中国科协常务副主席、书记处第一书记邓楠，农业部部长韩长赋出席签字仪式并讲话。中国科协副主席、书记处书记齐让和农业部副部长危朝安分别在协议书上签字。

1月29日　《科学素质纲要》实施工作会议在北京举行。中国科协常务副主席、书记处第一书记邓楠主持会议并讲话，中国科协副主席、书记处书记齐让出席会议并传达国务院办公厅的有关会议纪要，中国科协书记处书记程东红出席会议并作《全民科学素质工作2010年工作要点》（讨论稿）有关说明。

2月

2月2日　中国科协2010年全国学会新春联谊会在北京举行。中国科协常务副主席、书记处第一书记邓楠，中国科协副主席、书记处书记齐让，中国科协书记处书记冯长根、程东红、张勤和党组成员苑郑民出席联谊会。

2月8日　中国科协七届常委会学术与学会工作专门委员会会议在北京召开。会议由中国科协副主席、学术与学会工作专门委员会主任白春礼主持。中国科协书记处书记、学术与学会专门委员会副主任冯长根出席会议。

中国科协七届常委会科技与人文专门委员会会议在北京召开。中国科协常委、科技与人文专委会副主任方新，中国科协常委、科技与人文专委会副主任宋南平出席会议。

2月9日　中国科协召开干部大会，中国科协常务副主席、书记处第一书记邓楠出席会议并传达中央组织部有关任免通知，徐延豪、王可任中国科学技术协会党组成员，免去苑郑民中国科学技术协会党组成员职务。

2月10日　地方《科学素质纲要》实施工作电视电话会议在北京召开。中国科协书记处书记程东红出席会议并讲话。会议传达了国务院办公厅有关会议纪要，安排部署了2010年《科学素质纲要》实施工作。

2月11日　中国科协七届常委会科技工作者道德与权益专门委员会会议召开。全国政协副主席、专委会委员王志珍出席会议。中国科协副主席、科技工作者道德与权益专门委员会主任黄伯云主持会议。中国科协副主席、书记处书记齐让出席会议。

2月21日　灾害风险综合研究计划国际办公室合作书签字仪式在北京举行。中国科协书记处书记程东红、中国科学院副秘书长谭铁牛出席签字仪式并致辞。

2月25日　中国科协全国学会深入学习实践科学发展观活动总结大会在北京召开。中国科协全国学会深入学习实践科学发展观活动领导小组组长、中国科协副主席、书记处书记齐让出席会议，副组长、书记处书记冯长根出席并作总结讲话。中国科协所属全国学会秘书长、党组织负责人和党员代表等200余人参加大会。

3月

3月6日　全国人大常委会副委员长、中国科协主席韩启德，全国政协副主席、农工党中央常务副主席陈宗兴，中国科协常务副主席、书记处第一书记邓楠，全国政协副秘书长蒋作君赴全国政协科协界委员驻地看望全国政协科协界委员，并参加小组讨论。

3月8日　中共中央政治局常委、全国政协主席贾庆林，中共中央政治局委员、全国政协副主席王刚，全国政协副主席、科技部部长万钢，中国科协常务副主席、书记处第一书记邓楠等出席全国政协十一届三次会议科协界、科技界委员联组讨论会。

3月16日　由科技部、中国科协、卫生部主办的“全民健康科技行动知识普及高层论坛暨公众健康知识普及科技行动”启动仪式在中国科技馆隆重举行。全国人大常委会副委员长、中国科协主席韩启德，全国政协副主席、科技部部长万钢出席会议并讲话。来自科技部、中国科协、卫生部等有关部门的负责同志，部分全国医、药学学会、医疗科研单位、医院和基层社区的400余位专家、医务工作者和科普志愿者出席了启动仪式。

3月17日　2010年中华环保世纪行宣传活动启动仪式在北京举行，中国科协副主席、书记处书记齐让出席启动仪式。

3月19日　青年科技企业家创新创业论坛在福建省福州市举行，中国科协副主席袁家军出席并主持了论坛。

3月21～27日　中国科协书记处书记程东红率团赴台参加“2010海峡两岸科学传播研讨会”。

3月25日　全国人大常委会副委员长、中国科协主席韩启德在天津调研考察科协工作。中国科协副主席、书记处书记齐让，天津市人大常委会副主任李亚力，中国科协常委邓中翰等一同参加调研。

3月26日　纪念竺可桢先生诞辰120周年座谈会在北京举行。中国科协书记处书记程东红出席。

3月28日　第九届中国土木工程詹天佑奖颁奖典礼在北京举行。

“弘扬苏区精神、倡导科学道德”论坛在江西省赣州市举办，论坛由中国科协科技工作者道德与权益专门委员会、中国科协组织人事部、江西省科协、中共赣州市委联合主办。

3月30日　中共中央政治局委员、国务委员刘延东主持召开科研诚信与学风建设座谈会。中国科协常务副主席、书记处第一书记邓楠与有关部委领导出席座谈会。

全国“讲理想、比贡献”活动领导小组会议在北京召开。全国“讲、比”活动领导小组组长、中国科协常务副主席、书记处第一书记邓楠主持会议。

3月30~31日

全国企业科协工作研讨会在北京召开，中国科协书记处书记张勤出席会议开幕式并讲话。

4月

4月8日

中国科协2010学术建设发布会在北京举行，会议发布了我国大气科学等26个学科的进展情况及未来趋势，中国化学史等4个学科的学科史研究成果和中国科协954种科技期刊的发展状况。

4月14~16日

中国科协党组理论学习中心组召开学习扩大会，认真学习了《关于认真学习贯彻胡锦涛同志在中国共产党第十七届中央纪律检查委员会第五次全体会议上的重要讲话的通知》、《中国共产党党员领导干部廉洁从政若干准则》、《胡锦涛同志在全党深入学习实践科学发展观活动总结大会上的讲话》、《关于在党的基层组织和党员中深入开展创先争优活动的意见》4个重要文件。

4月16日

中国科协常委会促进农村和少数民族地区发展专门委员会工作会议在北京召开。会议由专委会主任江泽慧主持。

4月19日

最高人民法院和中国科协在北京签署知识产权司法保护合作备忘录，并向11位科技专家颁发最高人民法院特邀科学技术咨询专家证书。

4月20~21日

全国省、自治区、直辖市、副省级城市科协组织人事部长座谈会在北京召开。中国科协副主席、书记处书记齐让出席会议开幕式并讲话。

4月22日

2010年地方科协科普工作座谈会在山东省淄博市召开，中国科协书记处书记程东红出席会议并讲话。

4月24日

中华医学会第二十四次全国会员代表大会在北京召开。中共中央政治局常委、国务院副总理李克强出席大会开幕式并发表讲话。陈竺当选第二十四届理事会会长。

中国技术经济学会召开第五次全国会员代表大会，孙晓郁当选第五届理事会理事长。

4月26日

中直工委机关党建工作调研一组由中直工委常务副书记孙淦带队，到中国科协调研。中国科协常务副主席、书记处第一书记、党组书记邓楠，中国科协副主席、书记处书记、党组副书记齐让与调研一组全体同志就党建工作进行了座谈。

4月27日

2010年全国部分省、自治区、直辖市社区科普工作座谈会在广东省广州市召开，来自北京、上海、广东、江苏、山东、新疆等部分省、自治区、直辖市科协有关负责同志参加会议。

4月29日

中国科协七届常委会促进国际合作专门委员会和促进与港澳台交流专门委员会第四次联合会议在北京召开。中国科协副主席、专委会主任符淙斌院士出席会议。

5月

5月5日

老科学家学术成长资料采集工程领导小组办公室第一次会议在北京召开。采集工程领导小组专家委员会主任、中国科协常委杜祥琬，中国科协荣誉委员李振声、陈佳洱、胡启恒，采集工程领导小组办公室主任、中国科协书记处书记张勤出席会议。

5 月 6 日　　中国科协常务副主席、书记处第一书记邓楠会见以韩国科技团体总联合会会长李基俊为团长的代表团。

5 月 7 日　　中国科协七届常委会科学技术普及工作专门委员会会议在北京召开。会议由中国科协副主席、专委会主任栾恩杰主持。

5 月 15 日　　以“携手建设创新型国家”为主题的第十届科技活动周开幕式于 5 月 15 日上午在北京首都博物馆举行。中共中央政治局委员、国务委员刘延东出席了科技活动周开幕式。中国科协常务副主席、书记处第一书记邓楠代表科技活动周组委会宣布 2010 年科技活动周暨北京科技周开幕。

5 月 16 日　　中国科普研究所建所 30 周年庆祝会在北京举行。中国科协常务副主席、书记处第一书记邓楠，中国科协副主席、书记处书记齐让，中国科协党组成员徐延豪、王可出席庆祝会，中国科协书记处书记程东红出席并致辞。

中国科普研究所在京主办 2010 科普理论国际论坛暨第 17 届全国科普理论研讨会，举办中国科普研究所所庆 30 周年展览。

5 月 16 ~ 20 日　　由国家民委、中国科协、农业部联合主办的“百名科技专家和致富能手进四川凉山彝寨”科技下乡活动于在四川省凉山彝族自治州举办。

5 月 17 日　　2010 中国科协学术报告会举行，主题为：科学家的社会责任。中国科协书记处书记冯长根出席并主持报告会。报告会邀请了国家减灾委专家委副主任、北京师范大学常务副校长史培军等 4 位相关领域的知名专家、学者就防灾减灾、转基因作物、全球气候变化以及疫苗免疫等有关社会和科技界关注的热点问题进行了科学分析与评价，深入探讨其成因与机理，提出相关应对策略和方法。

5 月 17 ~ 20 日　　中国科协常务副主席、书记处第一书记邓楠在湖北武汉、襄樊、十堰等地考察调研科协工作。

5 月 18 日　　中国科协和法国科学院在上海世博园法国馆联合举办“中法科学教育日”活动。中国科协副主席韦钰、陈赛娟，中国科协书记处书记程东红出席。

6 月

6 月 2 ~ 3 日　　为深入贯彻落实全国人才工作会议精神和“贯彻落实四项监督制度，进一步提高选人用人公信度”视频会议精神，中国科协党组召开理论学习中心组学习扩大会。中国科协常务副主席、书记处第一书记、党组书记邓楠主持会议并讲话。

6 月 4 日　　中国科协 2010 年第二季度新闻发布会召开，发布老科学家学术成长资料采集工程、中国科协人才和调宣工作会议以及 2010 年“科普惠农兴村计划”有关情况。中国科协书记处书记张勤出席会议。

老科学家学术成长资料征集工程领导小组第一次会议在北京召开。中国科协常务副主席、书记处第一书记邓楠，中国科协副主席、书记处书记齐让，中国科协书记处书记张勤出席会议，有关部委负责同志参加会议。

6月8~9日 中国科协人才和调宣工作会议在北京召开。全国人大常委会副委员长、中国科协主席韩启德，中国科协常务副主席、书记处第一书记邓楠出席会议开幕式并讲话，中国科协副主席、书记处书记齐让出席闭幕式并讲话。

6月17~22日 中国科协七届常委会促进企业自主创新专门委员会前往新疆就风电发展建设情况开展调研。调研活动由中国科协副主席、专委会主任陆延昌带队。

6月18日 与中共中央统战部联合召开中国科协党外人士座谈会，中国科协副主席、书记处书记齐让出席会议。

6月19日 江苏省科学技术协会第八次代表大会在江苏省南京市召开。中国科协常务副主席、书记处第一书记邓楠，江苏省委书记、省人大常委会主任梁保华出席并致辞。欧阳平凯当选为江苏省科协第八届委员会主席。

6月20日 “科学与中国”院士专家巡讲团中国科技馆“科学讲坛”活动启动仪式在北京中国科技馆举行，中国科协副主席、书记处书记齐让，党组成员、中国科技馆馆长徐延豪等出席活动。

6月28日 全国人大常委会副委员长、中国科协主席韩启德主持会议听取关于社会热点问题科普工作开展情况的专题汇报，中国科协常务副主席、书记处第一书记邓楠，副主席、书记处书记齐让，书记处书记程东红，党组成员徐延豪出席。

7月

7月2日 中国科协与北京理工大学签署合作协议，共同建设“老科学家学术成长资料采集工程馆藏基地”和“北京理工大学中国科协文献收藏与交流中心”。中国科协副主席、书记处书记齐让，书记处书记冯长根出席签约仪式。

7月6日 山西省科学技术协会第七次代表大会在太原市召开。中国科协常务副主席、书记处第一书记邓楠出席并讲话，中共山西省委书记袁纯清，山西省省长王君，省政协主席薛延忠等出席会议。侯晋川当选为山西省科协第七届委员会主席。

7月11~18日 围绕全国政协确定的重点调研题目，全国政协科协界委员宋南平、李兰娟、葛志荣、欧阳钟灿、徐一鸣、茅玉麟组成的调研组赴浙江、江苏两省就院士专家工作站工作进行调研。

7月13日 中国科协县级科协主席培训班在四川省成都市举办，中国科协书记处书记程东红出席开班式。

7月16日 中国共产党中国科协机关第七次党员代表大会在北京开幕。中国科协常务副主席、书记处第一书记邓楠出席开幕式。会议选举产生了中国科协第七届机关党委委员、第六届机关纪委委员，审议通过了中国科协机关第六届机关党委、第五届机关纪委工作报告。

7月21日　第二届世界科研诚信大会在新加坡召开。中国科协七届常委会科技工作者道德与权益专门委员会委员杨卫、龚克、严纯华出席会议。杨卫、龚克分别代表中国科学家作了大会发言。

7月28~29日　地方科协学会工作座谈会在甘肃省天水市召开，中国科协书记处书记冯长根出席会议并讲话。

7月28~30日　2010年西南地区全国科普教育基地经验交流会在贵州省贵阳市召开。来自重庆、四川、贵州、云南、西藏等西南地区的全国科普教育基地，有关省（自治区、直辖市）科协科普部，有关全国学会科普部的100余人参加了会议并交流经验。

7月29日~8月5日　2010年科学家暑期考察休假活动在贵州省举行，赵忠贤、陈运泰、王海波、金涌、费维扬、尹伟伦、孙宝国等中国科协常委、两院院士，以及在抗击西南五省区旱灾、在青海玉树特大地震灾害中深入一线、做出突出贡献的中青年专家及其家属参加活动。

8月

8月8日　纪念新疆维吾尔自治区科学技术协会成立50周年大会在新疆人民大会堂召开。中国科协常务副主席、书记处第一书记邓楠出席会议并致辞，新疆维吾尔自治区党委书记张春贤出席会议并讲话。

8月9日　第25届全国青少年科技创新大赛在广东省广州市举办。中国科协常务副主席、书记处第一书记邓楠，广东省委副书记、省长黄华华，教育部副部长陈小娅，团中央书记处书记罗梅，中国科协副主席黄伯云、陈赛娟，书记处书记程东红，广东省副省长宋海等出席开幕式。

8月12日　由中国科协和台湾玉山科技协会共同主办的“产业创新与投资开创华人科技新世纪”高峰论坛在上海浦东开幕。中国科协常务副主席、书记处第一书记邓楠出席会议。

8月23~27日　中国科协西部地区科协主席培训班在北京举办。中国科协副主席、书记处书记齐让出席培训班并讲话。

8月25日　中国科协和湖北省人民政府共同主办的中国（湖北）海外人才智力为国服务专家论坛在武汉市开幕，此次论坛主题为：科技支撑发展、人才引领未来。中国科协名誉主席周光召，中国科协副主席白春礼、赵忠贤，湖北省副省长郭生练，湖北省原人大常委会副主任朱纯宣，中国科协书记处书记程东红出席论坛。

9月

9月1日　国务院办公厅督查室召开《科学素质纲要》落实情况督查培训动员会，对《科学素质纲要》落实情况实地督查工作进行了动员和部署。

9月2~13日　中国科协书记处书记张勤率中国科协代表团访问斯洛伐克、匈牙利和保加利亚，对有关科技组织和研究机构进行了访问，与斯洛伐克科技联和匈牙利科技联达成合作意向，并与保加利亚科技联签署合作谅解备忘录。

9月6~9日　　中国科协、山西省科协、吕梁市委、市政府共同举办2010年“全国科普日”暨第九届中国科协·吕梁市科技下乡活动。中国科协扶贫办组织50余名专家开展科技服务活动。

9月7~8日　　中国科协和国家新闻出版总署联合举办的第六届中国科技期刊发展论坛在上海市举行，中国科协书记处书记冯长根，国家新闻出版总署副署长李东东，上海市政协副主席、上海市科协副主席高小玫出席会议。

9月11~16日　　由国家民委、中国科协、农业部联合主办的“全国科技专家和致富能手进云南文山壮乡苗寨”科技下乡活动在云南省文山壮族苗族自治州举行。来自全国8个省、自治区、直辖市的80余名科技专家和致富能手参加本次活动。

9月13~15日　　全国政协常委、中国科协副主席、书记处书记齐让和全国政协科协界委员孟宪来、徐一鸣以及全国政协教科文卫体委员会办公室有关同志赴广东省广州市、肇庆市对基层实施“科普惠农兴村计划”工作进行专题调研。

9月16日　　第八届博士生学术年会在内蒙古自治区呼和浩特市召开，本次年会以“汇聚人才，推动创新”为主题。中国科协副主席袁家军，书记处书记冯长根出席会议。

9月17日　　中国工程院院长周济率中国工程院领导班子一行来访中国科协，中国科协常务副主席、书记处第一书记邓楠，中国科协副主席、书记处书记齐让，书记处书记冯长根、程东红、张勤，党组成员徐延豪与工程院领导周济、潘云鹤、旭日干、干勇等座谈交流。

9月17 ~18日　　中国科协配合全国政协教科文卫体委员会在吉林省延边州敦化市举办“全国政协教科文卫体委员会科技下乡活动”。全国政协教科文卫体委员会副主任张秋俭，中国科协副主席、书记处书记齐让参加启动仪式。

9月18日　　中共中央政治局常委、中央书记处书记、国家副主席习近平和王兆国、刘云山、刘延东、李源潮、韩启德等党和国家领导同志，来到中科院奥运村科技园，同首都各界群众和青少年一起参加2010年全国科普日北京主场活动，中国科协常务副主席、书记处第一书记邓楠等陪同参加。

中国科协创先争优活动领导小组会议在北京召开。中国科协副主席、书记处书记、党组副书记齐让主持会议。中国科协创先争优活动领导小组成员出席会议。会议传达了王兆国、李源潮同志在党群共建创先争优视频会议上的讲话。

9月19日　　由中国科协和北京大学主办的科学道德与学风建设报告会在北京大学百年纪念讲堂举行。全国政协副主席、九三学社中央副主席王志珍，中国科协副主席、书记处书记齐让出席报告会。

9月26日　　中国科协常务副主席、书记处第一书记邓楠会见来访的捷克科学技术学会联合会（简称捷克科技联）主席哈努斯教授一行。

9 月 26 日

西藏自治区科学技术协会第五次代表大会在拉萨市召开。自治区党委书记张庆黎出席大会。自治区党委副书记、自治区主席白玛赤林和中国科协副主席、书记处书记齐让分别在大会上讲话和致辞。多吉当选为自治区科协第五届委员会名誉主席，仓珍当选为自治区科协第五届委员会主席。

9 月 27 ~ 28 日

中国科协七届常委会促进企业自主创新专门委员会前往国华沧州电厂开展调研。调研由中国科协副主席、专委会主任陆延昌带队。

10 月

10 月 12 ~ 16 日

中国科协七届常委会学术与学会工作专门委员会在内蒙古自治区就西部地区学会学术工作、生态环境综合治理以及新型材料的开发应用情况等开展调研。

10 月 14 ~ 21 日

世界工程师周在阿根廷举行。中国科协书记处书记程东红率中国科协代表团参加世界工程师周活动，并就 2011 年世界工程师大会一事与瑞士方面进行了正式会谈。

10 月 18 日

中国力学学会第九次全国会员代表大会在辽宁省大连市召开。胡海岩当选第九届理事会理事长。

中国气象学会第二十七次全国会员代表大会在北京召开。秦大河当选第二十七届理事会理事长。

10 月 18 ~ 20 日

中国科协党组召开理论学习中心组学习扩大会，中国科协常务副主席、书记处第一书记、党组书记邓楠主持会议并传达党的十七届五中全会精神。

10 月 24 日

中国系统仿真学会第六次全国会员代表大会在湖南省长沙市召开。赵沁平当选第六届理事会理事长。

10 月 25 日

中国科协七届常委会组织建设专门委员会第六次会议在北京召开。会议由中国科协副主席、书记处书记、专委会主任齐让主持。

10 月 26 ~ 27 日

2010 年促进中部崛起专家论坛在江西省南昌市开幕。中国科协常务副主席、书记处第一书记邓楠，中共江西省委副书记、省长吴新雄出席会议并致辞。

10 月 31 日

中国科协七届常委会第十三次会议在福建省福州市召开，全国人大常委会副委员长、中国科协主席韩启德主持会议。

第十二届中国科协年会科学道德建设论坛在福建省福州市举办，全国人大常委会副委员长、中国科协主席韩启德出席并致辞。

11 月

11 月 1 日

中国科协副主席、书记处书记齐让会见出席年会的日本科学技术振兴机构理事川上伸昭，共同签署合作谅解备忘录。

11 月 1 ~ 5 日

第十七届中国杨凌农业高新科技成果博览会在陕西杨凌农业高新科技示范园区举行，中国科协组织展团参加。

11月2日　　中日韩女科学家论坛在福建省福州市举行，本次论坛的主题是“女性科技人才与创新发展”。中国科协副主席韦钰、陈赛娟，中国科协书记处书记程东红出席。

11月1~3日　　第十二届中国科协年会在福建省福州市举行，主题为“经济发展方式转变与自主创新”，中共中央政治局委员、全国人大常委会副委员长王兆国出席年会开幕式并作重要讲话，全国人大常委会副委员长、中国科协主席韩启德出席开幕式并致辞，全国政协副主席、科技部部长万钢出席开幕式并作大会主题报告，福建省委书记、省人大常委会主任孙春兰出席开幕式并致欢迎辞。中国科协常务副主席、书记处第一书记邓楠主持开幕式。

11月2日　　福建省党政领导与院士专家座谈会在福建省福州市举行。全国人大常委会副委员长、中国科协主席韩启德出席座谈会并讲话，中国科协常务副主席、书记处第一书记邓楠，福建省委书记、省人大常委会主任孙春兰，福建省省长黄小晶，中国科协副主席、书记处书记齐让出席座谈会。

英国工程技术学会授予中国科协常务副主席、书记处第一书记邓楠 IET 2009 年荣誉会士称号。

第十二届中国科协年会科普活动启动仪式在福建省福州市举行。中国科协常务副主席、书记处第一书记邓楠，中国科协副主席、书记处书记齐让，书记处书记程东红出席启动仪式。

11月8日　　中国共产党的优秀党员，久经考验的忠诚的共产主义战士，我国航天事业的奠基者之一，中国科学院院士，第五届全国政协委员，第八、九届全国政协常委，中国科协第三、四、五届副主席，中国科协荣誉委员庄逢甘在北京逝世，享年85岁。11月12日，遗体告别仪式在北京举行。

11月12日　　第四届中国（芜湖）科普产品博览交易会在安徽芜湖举行，博览交易会由中国科协和安徽省人民政府共同主办，主题是：共建创新平台 发展科普产业。中国科协常务副主席、书记处第一书记邓楠，中国科协书记处书记程东红等出席开幕式。

11月13~14日　　中国反邪教协会、中国关爱协会成立十周年纪念大会暨2010年年会在北京召开。中国科协常务副主席、书记处第一书记邓楠出席。

11月22日　　教育部、中国科协、香港周凯旋基金会共同主办的第十届“明天小小科学家”奖励活动颁奖大会在中国人民大学附属中学举行。中国科协常务副主席、书记处第一书记邓楠，中国科协副主席韦钰，中国科协书记处书记程东红、香港周凯旋基金会周凯旋出席颁奖大会并为获奖学生颁奖。

11月23日　　2010年促进资源型城市转型发展论坛在山西太原举行。本届论坛主题为“产业创新转型，城市持续发展”。中国科协副主席、书记处书记齐让，山西省委常委、统战部部长李政文出席论坛开幕式并致辞。

中国科协在中国科技会堂召开“科学与媒体对话——‘嫦娥二号’卫星探月”活动，邀请于登云、黄江川、刘建忠与40多位科技记者进行互动交流。中国科协副主席栾恩杰，中国科协书记处书记程东红出席活动。

中国化学会第九次全国会员代表大会在福建省福州市召开。姚建年当选第二十八届理事会理事长。

中国科学技术发展基金会经民政部批准更名为中国科技馆发展基金会。

11 月 27 ~ 30 日　　2010 年中国科协“科普大篷车”工作研讨会在广西壮族自治区召开，全国 31 个省、自治区、直辖市和新疆生产建设兵团科协代表，以及“科普大篷车”运行优秀单位代表，共计 120 余人参加了会议。

11 月 29 日　　2009 ~ 2010 年度全国“讲理想、比贡献”活动总结表彰大会在北京召开。全国人大常委会副委员长、中国科协主席韩启德出席大会开幕式并讲话。全国“讲、比”活动领导小组组长、中国科协常务副主席、书记处第一书记邓楠，中国科协副主席、书记处书记齐让，中国科协副主席、中国科协常委会促进企业自主创新专门委员会主任陆延昌出席大会，全国“讲、比”活动领导小组成员、办公室主任、中国科协书记处书记张勤主持大会。

11 月 30 日 ~ 12 月 2 日　　中国科协召开党组理论学习中心组学习扩大会，学习贯彻党的十七届五中全会精神，中国科协常务副主席、书记处第一书记、党组书记邓楠主持会议。

12 月

12 月 2 ~ 7 日　　中国科协七届常委会决策咨询专门委员会赴云南开展“科技富民兴边”调研，中国科协副主席、专委会主任赵忠贤，中国科协常委、专委会副主任宋南平参加调研。

12 月 13 日　　中国科协党组召开会议，学习传达中央经济工作会议精神，研究贯彻落实工作。中国科协常务副主席、书记处第一书记、党组书记邓楠传达了中央经济工作会议精神，并对中国科协学习贯彻会议精神提出了明确要求。齐让、冯长根、张勤，徐延豪参加会议。

12 月 14 日　　中国科协会员日暨“全国优秀科技工作者”颁奖大会在北京人民大会堂举行。中共中央政治局委员、全国人大常委会副委员长王兆国，全国人大常委会副委员长、中国科协主席韩启德，全国政协副主席、科技部部长万钢出席大会。中国科协常务副主席、书记处第一书记邓楠主持颁奖大会。中国工程院院士马伟明等 10 人获得“十佳全国优秀科技工作者”称号。

12 月 14 ~ 15 日　　全国科普“站栏员”经验交流会在宁夏召开，总结交流“十一五”时期各地推动科普“站栏员”工作的经验与做法，推动“十二五”时期科普“站栏员”工作科学发展。

12 月 16 日　　中国海洋学会第七届全国会员代表大会在北京召开。王曙光当选为第七届理事会理事长。

12 月 17 日　　科学普及出版社按照中央各部门各单位出版社体制改革工作要求，注销了事业法人，完成企业工商注册登记，成为第四批完成转企改制的中央出版单位。

附　　录

中国科学技术协会组织体系框图

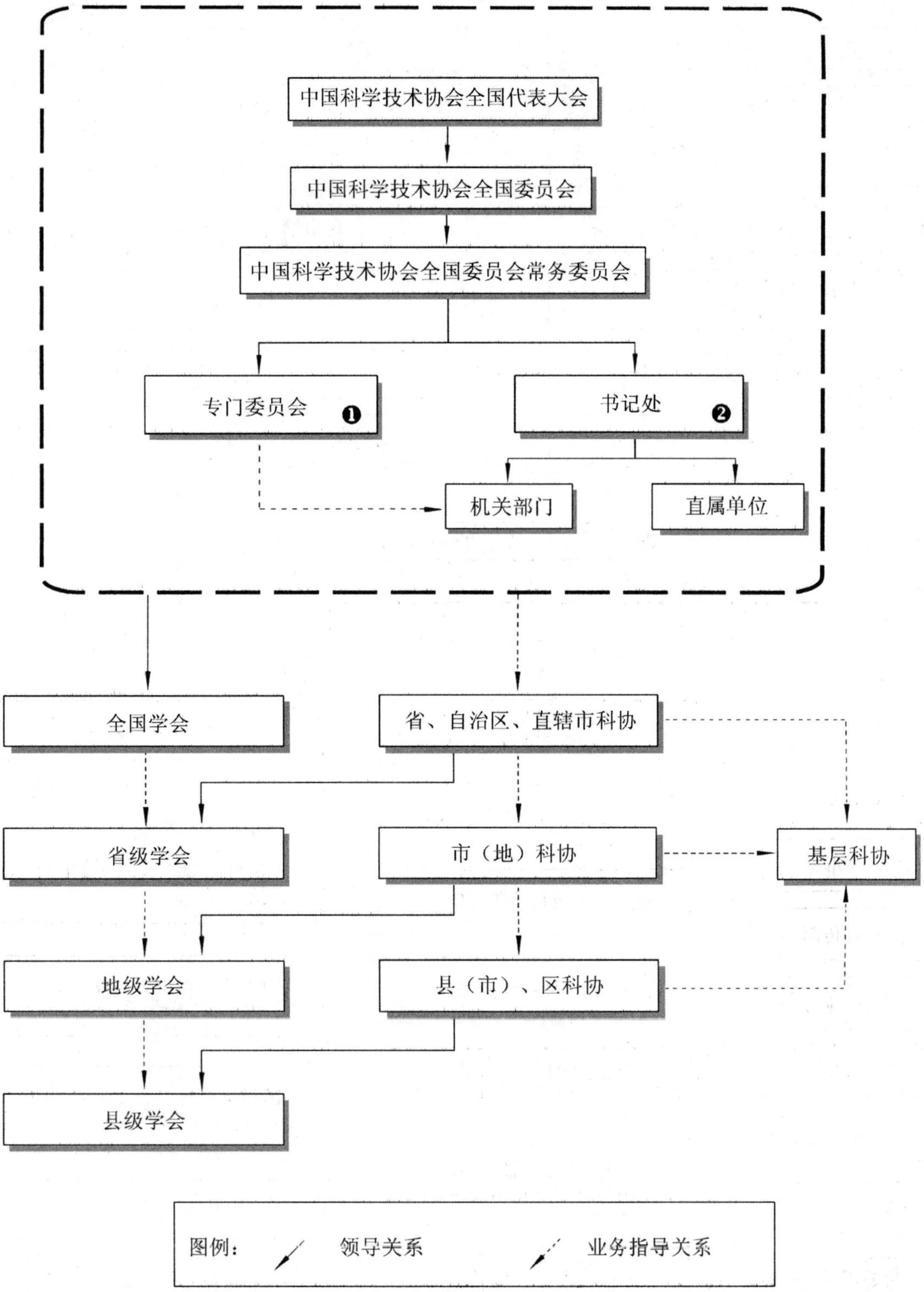

❶ 专门委员会

- 学术与学会工作专门委员会
- 科学技术普及专门委员会
- 促进国际合作专门委员会
- 促进与港澳台交流专门委员会
- 促进农村和少数民族地区发展专门委员会
- 促进企业自主创新专门委员会
- 青少年科学教育专门委员会
- 决策咨询专门委员会
- 继续教育专门委员会
- 青年工作专门委员会
- 科技工作者道德与权益专门委员会
- 组织建设专门委员会
- 科技与人文专门委员会
- 女科技工作者专门委员会

❷ 书记处

机关部门

- 办公厅
- 计划财务部
- 组织人事部
- 调研宣传部
- 学会学术部
- 科学技术普及部
- 国际联络部
- 机关党委
- 机关离退休干部办公室

直属单位

- 中国科协机关服务中心（中国科协机关服务局）
- 中国科协发展研究中心
- 中国科普研究所
- 中国科学技术馆
- 中国科学技术咨询服务中心（中国科协厂矿科协协作中心）
- 中国国际科技会议中心（中国对外应用技术交流促进会）
- 科学普及出版社（中国科学技术出版社）
- 中国科协信息中心
- 中国科协学会服务中心（中国科协继续教育中心、中国科协科技人才交流中心、科技导报社）
- 中国科协青少年科技中心（中国科协科普活动中心）
- 中国科协农村专业技术服务中心（中国农村致富技术函授大学）
- 中国科技会堂
- 中国科协新技术开发中心

中国科学技术协会第七届全国委员会

主席、副主席、常务委员、委员

主　　席　韩启德

副 主 席　（16 名，按姓氏笔画为序）

韦　钰（女，壮族）	邓　楠（女）	白春礼（满族）	刘　玠
齐　让	杨福家	张启发	陆延昌
陈赛娟（女）	赵忠贤	袁家军	栾恩杰（满族）
唐启升	黄伯云	符淙斌	谢克昌

常务委员　（53 名，按姓氏笔画为序）

干　勇	马志明	马国馨	王永炎
王海波	王震西	韦　钰（女，壮族）	方　新（女）
邓　楠（女）	邓中翰	艾国祥	白春礼（满族）
冯长根	吕　植（女）	刘　玠	齐　让
许振超	杜祥琬	李天安	杨　劼（女，蒙古族）
杨福家	吴　跃	吴明江	宋南平
张　泽	张　勤	张开逊	张启发
陆延昌	陈运泰	陈赛娟（女）	周建平
郑南宁	赵忠贤	哈木拉提·吾甫尔（维吾尔族）	
饶子和	袁家军	徐乐江	徐耀新
栾恩杰（满族）	高润霖	郭桂蓉	唐启升
黄伯云	曹健林	龚　克	符淙斌
韩启德	程东红（女）	谢克昌	管华诗
翟虎渠	樊明武		

委　　员　（352 名，按姓氏笔画为序）

丁乃刚	干　勇	于　杰	马志明
马国馨	马淑洁（女）	王　俊	王乃彦
王小兰（女）	王天然	王长和	王月冲
王为民	王玉庆	王礼恒	王永炎
王伟中	王兆安	王庆煌	王如松
王志珍（女）	王志新	王启民	王陇德
王弭力（女）	王秦平	王海波	王基铭
王渝生	王锦燧	王慧敏（女）	王震西
王曙光	韦　钰（女，壮族）	牛灵江（女）	仓　珍（女，藏族）
凤懋润	文　兰	方　成	方　新（女）
尹铁林	巴德年（满族）	邓　楠（女）	邓小刚
邓中翰	甘向群（壮族）	艾国祥	艾措千（藏族）

石　屏	石来德	石昆明	石治平
石定环	卢光发	卢伟国	卢怀玉
卢锡城	申长雨	叶顺煌	田　野
田小平	田笑明	由俊生	史振业
付贤智	白春礼（满族）	冯长根	冯鹤旺
尼玛扎西（藏族）	成卓敏	曲　颖	吕　龙
吕　植（女）	吕长清	朱　训	朱　明
朱日祥	朱立新	任官平	任恩恩
任湘生	向仲怀	刘　丹（满族）	刘　旭
刘　玠	刘　彩	刘　耀	刘三秋（女）
刘功臣	刘丛强	刘庆峰	刘汝林
刘纪远	刘高倬	刘淑莹（女）	刘维民
刘嘉麒（满族）	刘慕仁	刘德培	齐　让
闫永华	关志成（满族）	许为钢	许建华
许振超	孙凤艳（女）	孙永福	孙国庆
孙家广	阳树毅（瑶族）	牟怀岐	严　俊
严宏强	严纯华	杜钰洲（满族）	杜祥琬
李　玉	李　勇	李天安	李元元
李云庆	李长江	李伯虎	李建中
李青文	李国杰	李忠海	李岩泉
李朋德	李祖伟	李象益	李维衡
李锦平	李静海	李德毅	李燕祥
李冀东	李赞堂	杨　卫	杨　军（女）
杨　劼（女，蒙古族）	杨　凯	杨　群	杨亚军
杨传德	杨杏芬（女）	杨国桢	杨福家
杨灌英（女）	杨鑫传	肖　佐	肖伦祥
吴　凯	吴　跃	吴以岭	吴立玲（女）
吴幼华	吴明江	吴宗之	吴常信
吴新涛	邱国立	何书元	何季麟
何宗就（京族）	何继善	余桂华	邹志强
应广东	沈爱民	沈海祥	宋天虎（回族）
宋永华	宋南平	张　坚	张　侃
张　泽	张　勤	张　耀	张人为
张小虞	张开逊	张文范	张文栋
张玉卓	张立兴	张立彬	张礼和
张启发	张国成	张知彬	张宝文
张景安	陆大道	陆光正	陆延昌
陆寿麟	陈　志	陈　震	陈子江（女）
陈书海	陈永川	陈永明	陈光亚

陈光章	陈运泰	陈国平	陈宗周
陈剑平	陈晓亚	陈新发	陈嘉泰
陈赛娟（女）	武义青	苑郑民	范　明
范维唐	范维澄	林志彬	林建华
郁霞秋（女）	明廷华	金　芝（女）	金红光（朝鲜族）
金嘉玮	周　济	周　廉	周大兵
周文斌	周建平	周建春	周建强
周健民	郑南宁	郑德先	屈冬玉
孟兆祯	赵之惠	赵纯均	赵林如（女）
赵忠贤	赵树宽	赵彦修	郝希山
胡志红（女）	胡承森	胡敦欣	
哈木拉提·吾甫尔（维吾尔族）		钟义信	钟志华
钟南山	侯建国	侯晋川	侯朝焕
饶子和	洪绂曾	费斌军	姚建年
姚檀栋	贺福初	秦　川（女）	秦大河
袁亚湘	袁家军	耿德章	贾承造
顾文选	钱七虎	倪光南	徐　强
徐乐江	徐光炜	徐伟宣	徐建国
徐南平	徐俊如	徐晓飞（满族）	徐滨士
徐耀新	殷兴良	翁宇庆	栾恩杰（满族）
高　福	高小玫	高大彬	高安泽
高润霖	高德利	郭志霞（女）	郭宝新
郭桂蓉	唐　兵	唐仪清	唐启升
唐树钰	桑国卫	黄　元（女）	黄人健（女）
黄大卫	黄民强	黄伯云	黄润乾
曹振全	曹健林	曹雪涛	曹湘洪
龚　克	崔世平	崔尔杰	符淙斌
康　义	梁　明	梁　勇	梁战平
康　捷（女，满族）	塔西甫拉提·特依拜（维吾尔族）		彭友良
彭先觉	葛可佑	韩兴国	韩启德
韩裕峰	景建华	程东红（女）	程连昌
焦洪波	储富祥	鲁晓波	鲁善增
曾益新	温孚江	谢克昌	谢和平
蒲嘉陵	雷　燕（女）	路　明	路长林
詹福瑞（满族）	鲍　红（女）	蔡纪明	蔡焯基
裴　钢	管华诗	廖明阳	廖育群
谭伟豪	翟虎渠	樊明武	
潘蓓蕾（女，高山族）	燕　翔	薛勇彪	戴汝为

中国科学技术协会名誉主席、荣誉委员

1986年6月27日中国科协三届一次全委会议通过

名誉主席 周培源 严济慈 茅以升

荣誉委员 （以姓氏笔画为序）

王顺桐 王淦昌 许 杰 苏步青 汪德昭 沈 鸿 陈世骧 杨显东 金善宝
高士其 谈家桢 黄汲清 董纯才 裴丽生

1987年3月中国科协三届二次全委会议通过

荣誉委员 袁翰青 沈其益

1991年5月27日中国科协四届一次全委会议通过

名誉主席 钱学森 钱三强

荣誉委员 （以姓氏笔画为序）

王大珩 卢嘉锡 刘东生 李国豪 吴仲华 沈 元 张 维 陆 达 唐敖庆
曹天钦 裘维蕃

1996年5月31日中国科协五届一次全委会议通过

名誉主席 朱光亚 卢嘉锡 吴阶平

荣誉委员 何 康 林兰英（女） 强巴赤列（藏族） 胡亚美（女） 高景德

2001年6月24日中国科学技术协会六届一次全委会议通过

荣誉委员 干福熹 王连铮 石元春 叶叔华（女） 母国光 朱高峰 庄逢甘 孙大涌
李振声 杨 乐 闵桂荣 张存浩 陈可冀 陈佳洱 施蕴邦 聂 力（女）
顾方舟 高 潮 龚育之

2006年5月25日中国科学技术协会七届一次全委会议通过

名誉主席 周光召

荣誉委员 左铁镛 旭日干（蒙古族） 刘 恕（女） 江泽慧（女） 苏纪兰 李依依（女）
张玉台 国 林 胡启恒（女） 钱 易（女） 徐善衍 郭孔辉
曾庆存

已去世的名誉主席（8名）

卢嘉锡 朱光亚 吴阶平 周培源 严济慈 茅以升 钱三强 钱学森

已去世的荣誉委员（32名，以姓氏笔画为序）

王顺桐 王淦昌 卢嘉锡 庄逢甘 刘东生 苏步青 许 杰 李国豪 杨显东
汪德昭 吴仲华 沈 元 沈 鸿 沈其益 张 维 陆 达 陈世骧 林兰英

金善宝　施莫邦　唐敖庆　谈家桢　袁翰青　高士其　高景德　龚育之　黄汲清
曹天钦　董纯才　强巴赤列　　　　裘维蕃　裴丽生

中国科学技术协会顾问（30 名）

1993 年 5 月 31 日中国科协五届一次常委会议通过

王春正　李荣融　韦　钰　惠永正　陈达植　范宝俊　谢旭人　徐颂陶

2001 年 6 月 24 日中国科学技术协会六届一次常委会议通过

王春正　王万宾　赵沁平　马颂德　张华祝　张佑才　舒惠国　陈宜瑜　江蓝生
朱高峰　陈佳洱

2006 年 5 月 25 日中国科学技术协会七届一次常委会议通过

张晓强　赵沁平　刘燕华　孙来燕　张少春　王晓初　邵　宁　李静海　朱佳木
杜祥琬　陈宜瑜

中国科学技术协会第七届全国委员会常务委员会专门委员会

学术与学会工作专门委员会

主　任　白春礼
副主任　陈赛娟　冯长根
委　员　（以姓氏笔画为序）
王海波　朱　明　肖　宏　张玉卓　陈运泰　游苏宁　高　福　张开逊　周建平
饶子和　沈爱民　董尔丹　钱七虎　梅永红　薛　澜　戴汝为
办公室　学会学术部

科学技术普及专门委员会

顾　问　徐善衍
主　任　栾恩杰
副主任　秦大河　程东红
委　员　（以姓氏笔画为序）
牛灵江　田玉龙　曲　颖　刘嘉麒　李　普　李天安　吴宗之　郭宝新　鲁晓波
詹福瑞　蔡纪明　廖育群
办公室　科学技术普及部

促进国际合作专门委员会
促进与港澳台交流专门委员会

顾　问　钱　易

主　任　符淙斌

副主任　赵忠贤　程东红

委　员　（以姓氏笔画为序）

马志明　王　冰　王如松　卢伟国　叶顺煌　刘西拉　杨国桢　吴幼华　张　侃
张宏仁　陈运泰　钟义信　饶子和　曹健林　龚　克　崔世平　蒋　勤

办公室　国际联络部

促进农村和少数民族地区发展专门委员会

主　任　江泽慧

副主任　哈木拉提·吾甫尔　程东红　苑郑民

委　员　（以姓氏笔画为序）

王　平　王如松　尼玛扎西　吕　植　李　玉　李赞堂　杨　军　陈凤秀　韩裕峰
雷　燕

办公室　科学技术普及部

促进企业自主创新专门委员会

主　任　陆延昌

副主任　刘　玠　王震西　曹健林　宋南平　张　勤

委　员　（以姓氏笔画为序）

王小兰　王为民　王永炎　王秦平　许建华　许振超　杨传德　宋天虎　张景安
宣栋生　袁家军　徐乐江　穆荣平

办公室　计划财务部

青少年科学教育专门委员会

顾　问　刘　恕

主　任　韦　钰

副主任　吕　植　张开逊　严纯华

委　员　（以姓氏笔画为序）

王定华　王渝生　王慧敏　牛灵江　邓中翰　石定环　匡廷云　李小豹　李青文
张　侃　周建平　钟义信　梁　勇

办公室　青少年科技中心

决策咨询专门委员会

主　任　赵忠贤

副主任　谢克昌　方　新　宋南平　张　勤

委　员　（以姓氏笔画为序）

王　元　王一鸣　王如松　王春法　石定环　田小平　史振业　刘德培　孙正心
李国杰　范维唐　周建强　路　明　顾文选　徐耀新　梁　明　龚绍林

办公室　调研宣传部

继续教育专门委员会

主　任　樊明武

副主任　高德利　冯长根

委　员　（以姓氏笔画为序）

李岩泉　沈爱民　龚　克　龚善龙　彭友良　葛道凯　蒲嘉陵　吴　童

办公室　学会学术部

青年工作专门委员会

顾　问　杨　乐

主　任　袁家军

副主任　邓中翰　杨　劼　冯长根

委　员　（以姓氏笔画为序）

王　俊　王伟中　石治平　吕　植　吴　跃　张知彬　陈永川　屈冬玉　储富祥
薛勇彪

办公室　组织人事部

科技工作者道德与权益专门委员会

顾　问　胡启恒

主　任　黄伯云

副主任　杜祥琬　李静海　宋南平

委　员　（以姓氏笔画为序）

王乃彦　王礼恒　王志珍　巴德年　朱日祥　严纯华　杨　卫　杨国桢　张　泽
张景安　周建强　徐滨士　高　福　龚　克　裴　钢　穆志纯

办公室　组织人事部

组织建设专门委员会

顾　问　国　林

主　任　齐　让

副主任　张　泽　赵之惠

委　员　（以姓氏笔画为序）

王秦平　牟怀岐　吴常信　张小虞　张礼和　高润霖　顾文选　翁宇庆　唐树钰
商向东

办公室　组织人事部

科技与人文专门委员会

主　任　张开逊

副主任　方　新　张　祥　宋南平

委　员　（以姓氏笔画为序）

马国馨　王　越　王春法　王海波　叶大年　甘子钊　石元春　刘德培　张　泽　张大庆　邱占祥　柯　扬　郭传杰　徐善衍　徐耀新　廖育群　薛　澜

办公室　调研宣传部

女科技工作者专门委员会

顾　问　王志珍　韦　钰

主　任　陈赛娟

副主任　方　新　王红阳　程东红

委　员　（以姓氏笔画为序）

王弭力　张黎明　吕　植　刘　桔　吴立玲　金　芝　高瑞平　秦　川　黄人健　鲍　红　潘蓓蕾

办公室　组织人事部

中国科学技术协会第七届全国委员会常务委员会书记处

第一书记　邓　楠（女）

书　　记　齐　让　冯长根　程东红（女）　张　勤

中国科学技术协会所属全国学会、协会、研究会及受委托管理的学会

序码	学会名称	理事长	秘书长
A-01	中国数学会	马志明	王长平
A-02	中国物理学会	杨国桢	王玉鹏
A-03	中国力学学会	李家春	王建祥
A-04	中国光学学会	周炳琨	倪国强
A-05	中国声学学会	田　静	张春华
A-06	中国化学会	白春礼	姚建年
A-07	中国天文学会	赵　刚	李向东
A-08	中国气象学会	秦大河	王春乙
A-09	中国空间科学学会	顾逸东	邱　理
A-10	中国地质学会	徐绍史	朱立新
A-11	中国地理学会	刘燕华	张国友
A-12	中国地球物理学会	陈　颙	郭　建
A-13	中国矿物岩石地球化学学会	刘丛强	胡瑞忠

A－14	中国古生物学会	杨　群	王永栋
A－15	中国海洋湖沼学会	相建海	孙　松
A－16	中国海洋学会	王曙光	陈士标
A－17	中国地震学会	张国民	郝记川
A－18	中国动物学会	陈宜瑜	魏辅文
A－19	中国植物学会	洪德元	葛　颂
A－20	中国昆虫学会	黄大卫	张钟宁
A－21	中国微生物学会	赵国屏	肖昌松
A－22	中国生物化学与分子生物学会	王志新	景乃禾
A－23	中国细胞生物学学会	裴　钢	丁小燕
A－24	中国植物生理与植物分子生物学学会	许智宏	何祖华
A－25	中国生物物理学会	饶子和	阎锡蕴
A－26	中国遗传学会	李家洋	薛勇彪
A－27	中国心理学会	林崇德	傅小兰
A－28	中国生态学学会	刘世荣	陈利顶
A－29	中国环境科学学会	王玉庆	任官平
A－30	中国自然资源学会	刘纪远	沈　镭
A－31	中国感光学会	蒲嘉陵	赵震声
A－32	中国优选法统筹法与经济数学研究会	徐伟宣	魏一鸣
A－33	中国岩石力学与工程学会	钱七虎	伍法权
A－34	中国野生动物保护协会	赵学敏	臧春林
A－35	中国系统工程学会	陈光亚	汪寿阳
A－36	中国实验动物学会	刘　谦	秦　川
A－37	中国青藏高原研究会	姚檀栋	朱立平
A－38	中国环境诱变剂学会	程书钧	郝卫东
A－39	中国运筹学会	袁亚湘	胡旭东
A－40	中国菌物学会	李　玉	文华安
A－41	中国晶体学会	林建华	苏晓东
A－42	中国神经科学学会	路长林	何士刚
B－01	中国机械工程学会	路甬祥	张彦敏
B－02	中国汽车工程学会	张小虞	付于武
B－03	中国农业机械学会	陈　志	李树君
B－04	中国农业工程学会	朱　明	秦京光
B－05	中国电机工程学会	陆延昌	李若梅
B－06	中国电工技术学会	孙昌基	裴相精
B－07	中国水力发电工程学会	周大兵	李菊根
B－08	中国水利学会	敬正书	李赞堂
B－09	中国内燃机学会	张小虞	阳树毅
B－10	中国工程热物理学会	徐建中	金红光
B－11	中国空气动力学会	邓小刚	范召林
B－12	中国制冷学会	田元兰	金嘉玮
B－13	中国真空学会	侯建国	陈　旭
B－14	中国自动化学会	戴汝为、孙优贤	王飞跃

B－15	中国仪器仪表学会	庄松林	吴幼华
B－16	中国计量测试学会	王秦平	王顺安
B－17	中国标准化协会	李忠海	马林聪
B－18	中国图学学会	孙家广	李　华
B－19	中国电子学会	吴基传	刘汝林
B－20	中国计算机学会	李国杰	杜子德
B－21	中国通信学会	周德强	魏茂洪
B－22	中国中文信息学会	倪光南	孙　乐
B－23	中国测绘学会	李维森	马　赟
B－24	中国造船工程学会	黄平涛	罗季燕
B－25	中国航海学会	洪善祥	丁宝成
B－26	中国铁道学会	孙永福	吕长清
B－27	中国公路学会	李居昌	刘文杰
B－28	中国航空学会	刘高倬	吴　松
B－29	中国宇航学会	马兴瑞	杨俊华
B－30	中国兵工学会	马之庚	王智忠
B－31	中国金属学会	翁宇庆	洪及鄙
B－32	中国有色金属学会	康　义	钮因健
B－33	中国稀土学会	干　勇	林东鲁
B－34	中国腐蚀与防护学会	陈光章	高克玮
B－35	中国化工学会	曹湘洪	洪定一
B－36	中国核学会	李冠兴	潘传红
B－37	中国石油学会	贾承造	何庆华
B－38	中国煤炭学会	濮洪九	刘　峰
B－39	中国可再生能源学会	石定环	李宝山
B－40	中国能源研究会	柴松岳	周大地
B－41	中国硅酸盐学会	张人为	晋占平
B－42	中国建筑学会	宋春华	周　畅
B－43	中国土木工程学会	谭庆琏	张　雁
B－44	中国生物工程学会	杨胜利	曹竹安
B－45	中国纺织工程学会	杜钰洲	王竹林
B－46	中国造纸学会	陈学忠	曹振雷
B－47	中国文物保护技术协会	李化元	王时伟
B－48	中国印刷技术协会	于永湛	张双儒
B－49	中国材料研究学会	黄伯云	韩雅芳
B－50	中国食品科学技术学会	潘蓓蕾	孟素荷
B－51	中国粮油学会	朱长国	胡承淼
B－52	中国职业安全健康协会	张宝明	伊　烈
B－53	中国烟草学会	张　辉	董国智
B－54	中国系统仿真学会	李伯虎	吴云洁
B－55	中国电影电视技术学会	何宗就	黄平刚
B－56	中国振动工程学会	刘人怀	孙久厚
B－57	中国颗粒学会	李静海、陈运法	白蕴如

B-58	中国照明学会	王锦燧	徐　淮
B-59	中国动力工程学会	蒋以任	严宏强
B-60	中国惯性技术学会	徐　强	胡　毅
B-61	中国风景园林学会	陈晓丽	暂缺
B-62	中国电源学会	王兆安	韩家新
B-63	中国复合材料学会	杜善义	燕　瑛
B-64	中国消防协会	孙　伦	高　伟
B-65	中国图象图形学学会	潘云鹤	刘凯龙
B-66	中国人工智能学会	钟义信	秦世引
B-67	中国体视学学会	康克军	王　忠
B-68	中国工程机械学会	石来德	徐宝富
C-01	中国农学会	张桃林	赵方田
C-02	中国林学会	江泽慧	赵良平
C-03	中国土壤学会	周健民	蒋　新
C-04	中国水产学会	唐启升	司徒建通
C-05	中国园艺学会	方智远	杜永臣
C-06	中国畜牧兽医学会	陈焕春	阎汉平
C-07	中国植物病理学会	郭泽建	韩成贵
C-08	中国植物保护学会	吴孔明	陈万权
C-09	中国作物学会	路　明	张保明
C-10	中国热带作物学会	吕飞杰	吴金玉
C-11	中国蚕学会	鲁　成	张国政
C-12	中国水土保持学会	鄂竟平	吴　斌
C-13	中国茶叶学会	杨亚军	江用文
C-14	中国草学会	云锦凤	王　堃
C-15	中国植物营养与肥料学会	金继运	白由路
D-01	中华医学会	陈　竺	刘雁飞
D-02	中华中医药学会	佘　靖	李俊德
D-03	中国中西医结合学会	陈凯先	穆大伟
D-04	中国药学会	桑国卫	李少丽
D-05	中华护理学会	李秀华	冯运华
D-06	中国生理学会	范　明	王　宪
D-07	中国解剖学会	李云庆	郭顺跟
D-08	中国生物医学工程学会	樊瑜波	顾汉卿
D-09	中国病理生理学会	韩启德	吴立玲
D-10	中国营养学会	程义勇	贾建斌
D-11	中国药理学会	杜冠华	张永祥
D-12	中国针灸学会	李维衡	刘保延
D-13	中国防痨协会	端木宏谨	万利亚
D-14	中国麻风防治协会	张国成	潘春枝
D-15	中国心理卫生协会	蔡焯基	马　辛
D-16	中国抗癌协会	郝希山	张广超
D-17	中国体育科学学会	段世杰	田　野

D-18	中国毒理学会	庄志雄	周平坤
D-19	中国康复医学会	马晓伟	励建安
D-20	中国免疫学会	曹雪涛	何　维
D-21	中华预防医学会	王陇德	蔡纪明
D-22	中国法医学会	刘　耀	翟恒利
D-23	中华口腔医学会	王　兴	王　渤
D-24	中国医学救援协会	马晓伟	李宗浩
D-25	中国女医师协会	何界生	于　冬
E-01	中国自然辩证法研究会	朱　训	王玉平
E-02	中国管理现代化研究会	成思危	石　勇
E-03	中国技术经济学会	孙晓郁	郑　琦
E-04	中国现场统计研究会	耿　直	程维虎
E-05	中国未来研究会	张文范	夏　震
E-06	中国科学技术史学会	廖育群	鲁大龙
E-07	中国科学技术情报学会	石定环	郑彦宁
E-08	中国图书馆学会	詹福瑞	汤更生
E-09	中国城市科学研究会	仇保兴	李　迅
E-10	中国科学学与科技政策研究会	方　新	杨湘平
E-11	中国农村专业技术协会	吕飞杰	张晓军
E-12	中国工业设计协会	朱　焘	黄武秀
E-13	中国工艺美术学会	杨自鹏	赵之硕
E-14	中国科普作家协会	刘嘉麒	居云峰
E-15	中国自然科学博物馆协会	徐善衍	邵　杰
E-16	中国可持续发展研究会	邓　楠	郭日生
E-17	中国青少年科技辅导员协会	陈赛娟	赵建龙
E-18	中国科教电影电视协会	刘建中	张国平
E-19	中国科学技术期刊编辑学会	丁乃刚	姚希彤
E-20	中国流行色协会	杜钰洲	朱　莎
E-21	中国档案学会	李和平	付　华
E-22	中国国土经济学会	张怀西	柳忠勤
E-23	中国土地学会	王世元	朱留华
E-24	中国科技新闻学会	焦洪波	杨　艺
E-25	中国老科技工作者协会	程连昌	赵之惠
E-26	中国科学探险协会	高登义	王　维
E-27	中国城市规划学会	周干峙	石　楠
E-28	中国产学研合作促进会	徐志坚	王建华
E-29	中国知识产权研究会	杨正午	张云才
E-30	中国发明协会	朱丽兰	鹿大汉
E-31	中国高新技术产业开发区协会	张景安	张序国
W-02	中国农业历史学会	宋树友	曹幸穗
W-05	中国微循环学会	詹启敏	王任直
W-06	中国创造学会	裴　钢	蒋昌俊
W-07	中国密码学会	裴定一	强志军

W-08	中国经济科技开发国际交流协会	李振声	周 杨
W-09	中国睡眠研究会	陈彦方	王玉平（代理）
W-10	中国高科技产业化研究会	许达哲	巴 蕉
W-11	中国微量元素科学研究会	陈祥友	陈 岳
W-12	中国国际经济技术合作促进会	郑树山	田来福
W-13	中国基本建设优化研究会	王文元	付文军
W-14	中国科技金融促进会	程振登	翟书汾
W-15	中国生物多样性保护与绿色发展基金会	胡德平	方运河
W-16	中国反邪教协会	庄逢甘	王渝生
W-17	中国总会计师协会	刘长琨	胡柏枝
W-18	国际粉体检测与控制联合会	张宏勋	王 师
W-20	国际数字地球协会	路甬祥	郭华东
W-21	国际动物学会	John Buckeridge	解 焱

中国科学技术协会机关各部门及主要负责人

办公厅　　**主　任**　吴海鹰　　**副主任**　李志刚　刘　阳

下设：常委秘书一处、常委秘书二处、专委会秘书处、秘书处、综合处

计划财务部　　**部　长**　王延祜　　**副部长**　公坤后　周文标

下设：计划统计处、预算管理处、企业科协工作处、财务资产处、综合处

组织人事部　　**部　长**　李　森　　**副部长**　王守东（兼）　王慧梅　刘红跃

下设：干部处、事业单位人事管理处、人才工作处、组织处（教育培训处）、综合处（干部监督处）

调研宣传部　　**部　长**　王春法（兼）　　**副部长**　罗　晖　纳　翔　王康友（兼）

下设：调查研究处、政策研究处、宣传处、综合处

学会学术部　　**部　长**　沈爱民（兼）　　**副部长**　朱雪芬　刘兴平

副巡视员　赵小敏　孙公民

下设：学术交流处、学会管理处、期刊出版处、综合处

科学技术普及部　　**部　长**　杨文志　　**副部长**　高　勘　殷　皓　李晓亮（兼）

下设：基础处、基层处、资源处、综合处、联络处

国际联络部　　**部　长**　张建生　　**副部长**　李秀亭　梁英南　孙孟新

下设：国际组织处、双边合作处、港澳台交流处、综合处

机关党委　　**书　记**　王春法（兼）　　**常务副书记、机关纪委书记**　王守东

机关纪委副书记　孙　铭　　**副巡视员**　李云芝

下设：办公室、机关纪委办公室、审计室

机关离退休干部办公室	主　任　薄俊惠　　副主任　李苏州　　巡视员　牛政斌 下设：服务一处、服务二处、综合处

中国科学技术协会直属单位及主要负责人

中国科协机关服务中心（中国科协机关服务局）	副主任　王志舜（主持工作）　白元平　张丽莎
中国科协信息中心	主　任　张小林　　副主任　杨秀萍　于小晗
中国科协发展研究中心	主　任　王康友　　副主任　刘碧秀
中国科协学会服务中心（中国科协继续教育中心、中国科协科技人才交流中心、科技导报社）	主　任　李桐海　　副主任　王玉平　王江宏
中国科普研究所	所　长　任福君　　副所长　姚义贤
中国科协青少年科技中心（中国科协科普活动中心）	主　任　李晓亮　　副主任　蒙　星　单长勇
中国科学技术馆	馆长、党委副书记　徐延豪（兼）　　党委书记、副馆长　赵有利 副馆长　黄体茂　辛　兵　　馆长助理　冯继谦
中国科协农村专业技术服务中心（中国农村致富技术函授大学）	主　任　翟晓斌　　副主任　张晓军　刘亚东
中国科学技术咨询服务中心（中国科协厂矿科协协作中心）	主　任　盛小列　　副主任　王　诚　刘　莉 总工程师　李赤泉
中国国际科技会议中心（中国对外应用技术交流促进会）	主　任　何　建　　副主任　王晓涛　张晓林
中国科技会堂	副总经理、党委副书记　余建坤（主持工作）　李世军 总会计师　王　勤　　副总经理　陈舟平　杨　亮
科学普及出版社	社长、党委书记　苏　青　　副社长、总　编　颜　实 副社长、党委副书记　吕建华　　副社长　顾　斌
中国科协新技术开发中心	主任　王　军　　副主任　赵　江

中国科协主管科技期刊一览表

截至 2011 年 9 月

序号	期刊名称	第一主办单位
1	科技导报	中国科学技术协会
2	知识就是力量	中国科学技术协会
3	科技创业家	大众科技报社
4	科技新时代	大众科技报社
5	科协论坛	湖北省科协
6	中国学术期刊文摘	科技导报社
7	中国学术期刊文摘（英文版）	科技导报社
8	科学大观园	科学普及出版社
9	家用电脑与游戏	科学普及出版社
10	兵器知识	中国兵工学会
11	兵工学报	中国兵工学会
12	车辆与动力技术	中国兵工学会
13	兵工学报（英文版）	中国兵工学会
14	爆破器材	中国兵工学会
15	弹道学报	中国兵工学会
16	弹箭与制导学报	中国兵工学会
17	火炮发射与控制学报	中国兵工学会
18	火炸药学报	中国兵工学会
19	兵器材料科学与工程	中国兵工学会
20	中国实验血液学杂志	中国病理生理学会
21	糖尿病新世界	中国病理生理学会
22	中国病理生理杂志	中国病理生理学会
23	中国动脉硬化杂志	中国病理生理学会
24	自然科学进展（英文版）	中国材料研究学会
25	蚕业科学	中国蚕学会
26	草地学报	中国草学会
27	草业科学	中国草学会
28	测绘学报	中国测绘学会
29	茶叶科学	中国茶叶学会
30	城市发展研究	中国城市科学研究会
31	档案学研究	中国档案学会
32	世界地理研究	中国地理学会
33	经济地理	中国地理学会
34	地理学报（英文版）	中国地理学会
35	应用地球物理（英文版）	中国地球物理学会
36	地震学报	中国地震学会
37	地震学报（英文版）	中国地震学会
38	国际地震动态	中国地震学会

续表

序号	期刊名称	第一主办单位
39	地质学报	中国地质学会
40	地质论评	中国地质学会
41	地质学报（英文版）	中国地质学会
42	矿床地质	中国地质学会
43	岩石矿物学杂志	中国地质学会
44	岩矿测试	中国地质学会
45	电工技术学报	中国电工技术学会
46	电气技术	中国电工技术学会
47	中国电机工程学报	中国电机工程学会
48	农村电气化	中国电机工程学会
49	电气（英文版）	中国电机工程学会
50	农电管理	中国电机工程学会
51	电子世界	中国电子学会
52	电子学报	中国电子学会
53	微波学报	中国电子学会
54	电波科学学报	中国电子学会
55	信号处理	中国电子学会
56	电子测量与仪器学报	中国电子学会
57	电子游戏软件	中国电子学会
58	网友世界	中国电子学会
59	软件	中国电子学会
60	电子商务	中国电子学会
61	数据采集与处理	中国电子学会
62	生物学通报	中国动物学会
63	中国防痨杂志	中国防痨协会
64	国际结核病与肺部疾病杂志	中国防痨协会
65	纺织学报	中国纺织工程学会
66	中国园林	中国风景园林学会
67	中国腐蚀与防护学报	中国腐蚀与防护学会
68	中国工程机械学报	中国工程机械学会
69	工程图学学报	中国图学学会
70	计算机辅助绘图设计与制造（英文版）	中国图学学会
71	土木建筑工程信息技术	中国图学学会
72	设计	中国工业设计协会
73	中国公路学报	中国公路学会
74	管理现代化	中国管理现代化研究会
75	中外管理	中国管理现代化研究会
76	海陆空天惯性世界	中国惯性技术学会
77	中国惯性技术学报	中国惯性技术学会
78	光谱学与光谱分析	中国光学学会

续表

序号	期刊名称	第一主办单位
79	中国激光医学杂志	中国光学学会
80	硅酸盐学报	中国硅酸盐学会
81	硅酸盐通报	中国硅酸盐学会
82	今日国土	中国国土经济学会
83	海洋与湖沼	中国海洋湖沼学会
84	中国海洋湖沼学报（英文版）	中国海洋湖沼学会
85	海洋世界	中国海洋学会
86	海洋学报	中国海洋学会
87	海洋学报（英文版）	中国海洋学会
88	中国海洋工程（英文版）	中国海洋学会
89	海洋工程	中国海洋学会
90	中国航海	中国航海学会
91	航海技术	中国航海学会
92	航空知识	中国航空学会
93	中国航空学报（英文版）	中国航空学会
94	航空学报	中国航空学会
95	航空材料学报	中国航空学会
96	航空模型	中国航空学会
97	核科学与工程	中国核学会
98	计算物理	中国核学会
99	化工学报	中国化工学会
100	化工进展	中国化工学会
101	中国化学工程学报（英文版）	中国化工学会
102	物理化学学报	中国化学会
103	化学教育	中国化学会
104	中国化学快报（英文版）	中国化学会
105	色谱	中国化学会
106	无机化学学报	中国化学会
107	电化学	中国化学会
108	高分子科学（英文版）	中国化学会
109	高分子通报	中国化学会
110	中国化学（英文版）	中国化学会
111	中国环境科学	中国环境科学学会
112	中国花卉盆景	中国环境科学学会
113	环境与生活	中国环境科学学会
114	癌变·畸变·突变	中国环境诱变剂学会
115	机械工程学报	中国机械工程学会
116	中国机械工程学报	中国机械工程学会
117	塑性工程学报	中国机械工程学会
118	中国表面工程	中国机械工程学会

续表

序号	期刊名称	第一主办单位
119	材料热处理学报	中国机械工程学会
120	流体机械	中国机械工程学会
121	中国机械工程	中国机械工程学会
122	设备管理与维修	中国机械工程学会
123	组合机床与自动化加工技术	中国机械工程学会
124	机床与液压	中国机械工程学会
125	润滑与密封	中国机械工程学会
126	中国铸造装备与技术	中国机械工程学会
127	无损检测	中国机械工程学会
128	机械设计	中国机械工程学会
129	焊接学报	中国机械工程学会
130	粉末冶金技术	中国机械工程学会
131	汽车知识	中国机械工程学会
132	制造技术与机床	中国机械工程学会
133	压力容器	中国机械工程学会
134	特种铸造及有色合金	中国机械工程学会
135	计算机辅助设计与图形学学报	中国计算机学会
136	技术经济	中国技术经济学会
137	科技和产业	中国技术经济学会
138	科学技术与工程	中国技术经济学会
139	建筑学报	中国建筑学会
140	建筑结构学报	中国建筑学会
141	建筑热能通风空调	中国建筑学会
142	解剖学报	中国解剖学会
143	解剖科学进展	中国解剖学会
144	解剖学杂志	中国解剖学会
145	中国临床解剖学杂志	中国解剖学会
146	中国组织化学与细胞化学杂志	中国解剖学会
147	连铸	中国金属学会
148	中国冶金	中国金属学会
149	金属学报	中国金属学会
150	金属学报（英文版）	中国金属学会
151	金属世界	中国金属学会
152	钢铁	中国金属学会
153	材料科学技术（英文版）	中国金属学会
154	中国癌症研究（英文版）	中国抗癌协会
155	中国肿瘤临床	中国抗癌协会
156	临床肿瘤和癌症研究（英文版）	中国抗癌协会
157	癌症康复	中国抗癌协会
158	中国肺癌杂志	中国抗癌协会

续表

序号	期刊名称	第一主办单位
159	中国科技信息	中国科技新闻学会
160	科学中国人	中国科技新闻学会
161	硅谷	中国科技新闻学会
162	科幻画报	中国科技新闻学会
163	环球科学	中国科技新闻学会
164	科技创新与品牌	中国科技新闻学会
165	科技与生活	中国科技新闻学会
166	科技传播	中国科技新闻学会
167	电子竞技	中国科技新闻学会
168	摄影与摄像	中国科教电影电视协会
169	科技尚品	中国科教电影电视协会
170	科普研究	中国科普研究所
171	科技与企业	中国科普作家协会
172	生物技术世界	中国科普作家协会
173	编辑学报	中国科学技术期刊编辑学会
174	大众软件	中国科学技术情报学会
175	情报学报	中国科学技术情报学会
176	中国科技史杂志	中国科学技术史学会
177	数码影像时代	中国科学技术投资有限公司
178	中国科学探险	中国科学探险协会
179	光学学报	中国光学学会
180	颗粒学报	中国颗粒学会
181	太阳能	中国可再生能源学会
182	太阳能学报	中国可再生能源学会
183	实验流体力学	中国空气动力学会
184	昆虫科学（英文版）	中国昆虫学会
185	今日科苑	中国老科学技术工作者协会
186	工程力学	中国力学学会
187	固体力学学报（英文版）	中国力学学会
188	固体力学学报	中国力学学会
189	实验力学	中国力学学会
190	力学学报（英文版）	中国力学学会
191	中国粮油学报	中国粮油学会
192	林业科学	中国林学会
193	煤炭学报	中国煤炭学会
194	煤炭学报（英文版）	中国煤炭学会
195	当代矿工	中国煤炭学会
196	中国免疫学杂志	中国免疫学会
197	中国肿瘤生物治疗杂志	中国免疫学会
198	中国免疫学杂志（英文版）	中国免疫学会

续表

序号	期刊名称	第一主办单位
199	内燃机学报	中国内燃机学会
200	内燃机工程	中国内燃机学会
201	中外能源	中国能源研究会
202	中国农学通报	中国农学会
203	农业科研经济管理	中国农学会
204	农学学报	中国农学会
205	棉花学报	中国农学会
206	农业工程学报	中国农业工程学会
207	农业机械学报	中国农业机械学会
208	气象学报（英文版）	中国气象学会
209	汽车工程	中国汽车工程学会
210	中国科技教育	中国青少年科技辅导员协会
211	热带作物学报	中国热带作物学会
212	生理科学进展	中国生理学会
213	生态学杂志	中国生态学学会
214	生态学报	中国生态学学会
215	生命的化学	中国生物化学与分子生物学会
216	中国生物化学与分子生物学报	中国生物化学与分子生物学会
217	生物物理学报	中国生物物理学会
218	中国生物医学工程学报	中国生物医学工程学会
219	中国生物医学工程学报（英文版）	中国生物医学工程学会
220	中国血液流变学杂志	中国生物医学工程学会
221	中国心脏起搏与心电生理杂志	中国生物医学工程学会
222	噪声与振动控制	中国声学学会
223	石油学报	中国石油学会
224	石油学报（石油加工）	中国石油学会
225	石油知识	中国石油学会
226	中国实验动物学报	中国实验动物学会
227	中国比较医学杂志	中国实验动物学会
228	中国食品学报	中国食品科学技术学会
229	数学学报（英文版）	中国数学会
230	数学进展	中国数学会
231	数学通报	中国数学会
232	中学生数学	中国数学会
233	应用概率统计	中国数学会
234	水产学报	中国水产学会
235	科学养鱼	中国水产学会
236	海洋渔业	中国水产学会
237	水力发电学报	中国水力发电工程学会
238	水利学报	中国水利学会

续表

序号	期刊名称	第一主办单位
239	泥沙研究	中国水利学会
240	中国防汛抗旱	中国水利学会
241	岩土工程学报	中国水利学会
242	中国水土保持科学	中国水土保持学会
243	中国体视学与图像分析	中国体视学学会
244	天文爱好者	中国天文学会
245	铁道知识	中国铁道学会
246	铁道学报	中国铁道学会
247	铁道工程学报	中国铁道学会
248	通信学报	中国通信学会
249	中国通信（英文版）	中国通信学会
250	电信科学	中国通信学会
251	中国电信业	中国通信学会
252	现代通信	中国通信学会
253	中国土地科学	中国土地学会
254	城市公共交通	中国土木工程学会
255	土壤通报	中国土壤学会
256	病毒学报	中国微生物学会
257	中国人兽共患病学报	中国微生物学会
258	未来与发展	中国未来研究会
259	发现	中国未来研究会
260	大学物理	中国物理学会
261	电子显微学报	中国物理学会
262	技术物理教学	中国物理学会
263	物理教学	中国物理学会
264	物理学进展	中国物理学会
265	化学物理学报（英文版）	中国物理学会
266	中国稀土学报	中国稀土学会
267	稀土学报（英文版）	中国稀土学会
268	系统工程理论与实践	中国系统工程学会
269	系统科学与系统工程学报（英文版）	中国系统工程学会
270	交通运输系统工程与信息	中国系统工程学会
271	系统工程学报	中国系统工程学会
272	数理统计与管理	中国现场统计研究会
273	中国动物保健	中国乡镇企业协会
274	中国心理卫生杂志	中国心理卫生协会
275	心理与健康	中国心理卫生协会
276	中国健康心理学杂志	中国心理卫生协会
277	心理科学	中国心理学会
278	畜牧兽医学报	中国畜牧兽医学会

续表

序号	期刊名称	第一主办单位
279	中国畜牧杂志	中国畜牧兽医学会
280	中国兽医杂志	中国畜牧兽医学会
281	动物营养学报	中国畜牧兽医学会
282	畜牧与生物技术杂志（英文版）	中国畜牧兽医学会
283	中国烟草学报	中国烟草学会
284	岩石力学与工程学报	中国岩石力学与工程学会
285	中国药理学通报	中国药理学会
286	中国临床药理学与治疗学	中国药理学会
287	中国药理学报（英文版）	中国药理学会
288	中国药学杂志	中国药学会
289	中国临床药理学杂志	中国药学会
290	药物分析杂志	中国药学会
291	中国中药杂志	中国药学会
292	中国药学（英文版）	中国药学会
293	中国临床药学杂志	中国药学会
294	中国现代应用药学	中国药学会
295	中国海洋药物	中国药学会
296	中国医院药学杂志	中国药学会
297	中国新药与临床杂志	中国药学会
298	药学学报	中国药学会
299	仪器仪表学报	中国仪器仪表学会
300	办公自动化	中国仪器仪表学会
301	化学传感器	中国仪器仪表学会
302	自动化仪表	中国仪器仪表学会
303	光学仪器	中国仪器仪表学会
304	气象水文海洋仪器	中国仪器仪表学会
305	激光生物学报	中国遗传学会
306	数理天地（初中版）	中国优选法统筹法与经济数学研究会
307	数理天地（高中版）	中国优选法统筹法与经济数学研究会
308	中国有色金属学报	中国有色金属学会
309	中国有色金属学会会刊（英文版）	中国有色金属学会
310	宇航学报	中国宇航学会
311	太空探索	中国宇航学会
312	中国葡萄酒	中国园艺学会
313	园艺学报	中国园艺学会
314	运筹学学报	中国运筹学会
315	运筹与管理	中国运筹学会
316	中国造纸学报	中国造纸学会
317	纸和造纸	中国造纸学会
318	照明工程学报	中国照明学会

续表

序号	期刊名称	第一主办单位
319	中国针灸	中国针灸学会
320	真空科学与技术学报	中国真空学会
321	振动工程学报	中国振动工程学会
322	振动与冲击	中国振动工程学会
323	中国安全科学学报	中国职业安全健康协会
324	植物保护学报	中国植物保护学会
325	植物保护	中国植物保护学会
326	植物病理学报	中国植物病理学会
327	植物生理学通讯	中国植物生理与植物分子生物学学会
328	制冷学报	中国制冷学会
329	中文信息学报	中国中文信息学会
330	中国中西医结合肾病杂志	中国中西医结合学会
331	中国中西医结合耳鼻咽喉科杂志	中国中西医结合学会
332	中国中西医结合急救杂志	中国中西医结合学会
333	中国中西医结合皮肤性病学杂志	中国中西医结合学会
334	中国中西医结合外科杂志	中国中西医结合学会
335	中国中西医结合杂志	中国中西医结合学会
336	中国中西医结合影像学杂志	中国中西医结合学会
337	自动化博览	中国自动化学会
338	模式识别与人工智能	中国自动化学会
339	自然辩证法研究	中国自然辩证法研究会
340	医学与哲学	中国自然辩证法研究会
341	大自然	中国自然科学博物馆协会
342	应用基础与工程科学学报	中国自然资源学会
343	自然资源学报	中国自然资源学会
344	中国总会计师	中国总会计师协会
345	作物杂志	中国作物学会
346	作物学报	中国作物学会
347	中华护理杂志	中华护理学会
348	中华护理教育	中华护理学会
349	中华医学美学美容杂志	中华医学会
350	中华医院管理杂志	中华医学会
351	中华神经外科杂志	中华医学会
352	中华医学杂志	中华医学会
353	中华内科杂志	中华医学会
354	中华外科杂志	中华医学会
355	中华儿科杂志	中华医学会
356	中华妇产科杂志	中华医学会
357	中华眼科杂志	中华医学会
358	中华口腔医学杂志	中华医学会

续表

序号	期刊名称	第一主办单位
359	中华结核和呼吸杂志	中华医学会
360	中华心血管病杂志	中华医学会
361	中华放射学杂志	中华医学会
362	中华预防医学杂志	中华医学会
363	中华病理学杂志	中华医学会
364	中华肿瘤杂志	中华医学会
365	中华医学杂志（英文版）	中华医学会
366	中华医史杂志	中华医学会
367	中华老年医学杂志	中华医学会
368	中华放射医学与防护杂志	中华医学会
369	中华微生物学和免疫学杂志	中华医学会
370	中华泌尿外科杂志	中华医学会
371	中华流行病学杂志	中华医学会
372	中华胸心血管外科杂志	中华医学会
373	中华实验和临床病毒学杂志	中华医学会
374	中华放射肿瘤学杂志	中华医学会
375	健康世界	中华医学会
376	中华医学科研管理杂志	中华医学会
377	中华精神科杂志	中华医学会
378	中华神经科杂志	中华医学会
379	中华航空航天医学杂志	中华医学会
380	中华普通外科杂志	中华医学会
381	中华心律失常学杂志	中华医学会
382	中华肝胆外科杂志	中华医学会
383	中华围产医学杂志	中华医学会
384	英国医学杂志	中华医学会
385	中华检验医学杂志	中华医学会
386	中华整形外科杂志	中华医学会
387	中华急诊医学杂志	中华医学会
388	中华全科医师杂志	中华医学会
389	中华医学信息导报	中华医学会
390	中华医学教育杂志	中华医学会
391	中华耳鼻咽喉头颈外科杂志	中华医学会
392	中华神经医学杂志	中华医学会
393	中华创伤骨科杂志	中华医学会
394	中华消化外科杂志	中华医学会
395	中华健康管理学杂志	中华医学会
396	中华胰腺病杂志	中华医学会
397	中华临床感染病杂志	中华医学会
398	中华现代护理杂志	中华医学会

续表

序号	期刊名称	第一主办单位
399	中华糖尿病杂志	中华医学会
400	中华口腔正畸学杂志	中华医学会
401	中华内分泌外科杂志	中华医学会
402	中华眼视光学与视觉科学杂志	中华医学会
403	中华实验眼科杂志	中华医学会
404	中华眼外伤职业眼病杂志	中华医学会
405	中华医学教育探索杂志	中华医学会
406	中华血液学杂志	中华医学会
407	中华劳动卫生职业病杂志	中华医学会
408	中华骨科杂志	中华医学会
409	中华麻醉学杂志	中华医学会
410	中华超声影像学杂志	中华医学会
411	中华风湿病学杂志	中华医学会
412	中华传染病杂志	中华医学会
413	中华航海医学与高气压医学杂志	中华医学会
414	中华核医学杂志	中华医学会
415	中华皮肤科杂志	中华医学会
416	中华消化内镜杂志	中华医学会
417	中华小儿外科杂志	中华医学会
418	中华器官移植杂志	中华医学会
419	中华实验外科杂志	中华医学会
420	中华显微外科杂志	中华医学会
421	中华肾脏病杂志	中华医学会
422	中华创伤杂志	中华医学会
423	中华肝脏病杂志	中华医学会
424	中华创伤杂志（英文版）	中华医学会
425	中华烧伤杂志	中华医学会
426	中华医学遗传学杂志	中华医学会
427	中华眼底病杂志	中华医学会
428	中华内分泌代谢杂志	中华医学会
429	中华消化杂志	中华医学会
430	中华手外科杂志	中华医学会
431	中华物理医学与康复杂志	中华医学会
432	中华临床营养杂志	中华医学会
433	中华胃肠外科杂志	中华医学会
434	中华生物医学工程杂志	中华医学会
435	糖尿病天地	中华中医药学会
436	中华中医药杂志	中华中医药学会
437	世界中西医结合杂志	中华中医药学会
438	中国中医药咨讯	中华中医药学会
439	中医临床研究	中华中医药学会
440	中国中医骨伤科杂志	中华中医药学会

全国学会、协会、研究会简介

中国数学会

Chinese Mathematical Society（CMS）

地　　址　北京市海淀区中关村东路55号中国科学院数学与系统科学研究院内
邮政编码　100190
电子信箱　cms@ math. ac. cn
主页网址　http：//www. cms. org. cn
电　　话　010－62551022
传　　真　010－62618463
理 事 长　马志明
副理事长　王诗宬　龙以明　李安民　巩馥洲　吴宗敏　陈志明　周向宇
秘 书 长　王长平

中国物理学会

Chinese Physical Society（CPS）

地　　址　北京市海淀区中关村南三街8号中国科学院物理研究所内
邮政编码　100190
电子信箱　cps@ iphy. ac. cn
主页网址　http：//www. cps－net. org. cn
电话/传真　010－82649019
理 事 长　杨国桢
副理事长　张　闯　张　泽　杜祥琬　赵光达　顾秉林
秘 书 长　王玉鹏

中国力学学会

The Chinese Society of Theoretical and Applied Mechanics（CSTAM）

地　　址　北京市海淀区北四环西路15号
邮政编码　100190
电子信箱　office@ cstam. org. cn
主页网址　http：//www. cstam. org. cn
电　　话　010－62559588/62559209
传　　真　010－62559588
理 事 长　胡海岩
副理事长　洪友士　刘人怀　龙　勉　卢天健　佘振苏　杨　卫　张洪武　郑泉水　周哲玮
秘 书 长　冯西桥

中国光学学会

The Chinese Optical Society（COS）

地　　址　北京市海淀区学院南路86号西楼413室
邮政编码　100081
电子信箱　panglihuizi@ 126. com
主页网址　http：//www. coscentral. org
　　　　　http//www. coscn. org
电　　话　010－82616604
传　　真　010－82616603
名誉理事长　王大珩
理 事 长　周炳琨
副理事长　徐至展　曹健林　刘　旭　谢树森
秘 书 长　倪国强

中国声学学会

Acoustical Society of China（ASC）

地　　址　北京市海淀区北四环西路21号
邮政编码　100190
电子信箱　asc@ mail. ioa. ac. cn
主页网址　http：//www. aschian. org

电　　话　010－62554285
传　　真　010－62561833
理 事 长　田　静
副理事长　杨德森　宗　健　钱梦騄　程建春
秘 书 长　张春华

中国化学会

Chinese Chemical Society（CCS）

地　　址　北京市海淀区中关村北一街2号中国科学院化学研究所内
邮政编码　100190
电子信箱　wzz@ iccas. ac. cn
　　　　　spzheng@ iccas. ac. cn
电　　话　010－62568157/62625584
　　　　　010－62564020/62625583
传　　真　010－62568157
理 事 长　姚建年
副理事长　包信和　戴厚良　董孝利　洪茂椿
　　　　　江桂斌　李新华　万立骏　张　希
　　　　　周其凤　周其林
秘 书 长　杨振忠

中国天文学会

Chinese Astronomical Society（CAS）

地　　址　江苏省南京市北京西路2号
邮政编码　210008
电子信箱　cas. nj@ pmo. ac. cn
主页网址　http：//www. pmo. ac. cn
电　　话　025－83332133
传　　真　025－83332133
理 事 长　崔向群
副理事长　王　娜　郑晓年　洪晓瑜　韩占文
　　　　　戴子高
秘 书 长　杨　戟

中国气象学会

Chinese Meteorological Society（CMS）

地　　址　北京市海淀区中关村南大街46号
邮政编码　100081
电子信箱　cms@ cms1924. org
主页网址　http：//www. cms1924. org
电　　话　010－68409840
传　　真　010－68406821
理 事 长　秦大河
副理事长　李福林　谈哲敏　张人禾　王会军
　　　　　费建芳　胡永云　李廉水
秘 书 长　翟盘茂

中国空间科学学会

Chinese Society of Space Research（CSSR）

地　　址　北京市海淀区中关村南二条1号
邮政编码　100190
电子信箱　cssr@ cssar. ac. cn
主页网址　http：//cssr. org. cn
电　　话　010－62559882
传　　真　010－62582961
理 事 长　顾逸东
副理事长　吴　季　叶培建　王家骐　陶　平
　　　　　廖小罕　陈善广　王建宇　李春来
秘 书 长　邱　理

中国地质学会

Geological Society of China（GSC）

地　　址　北京市西城区百万庄大街26号
邮政编码　100037
电子信箱　cgdzxh@ 163bj. com
主页网址　http：//www. geosociety. org. cn

电话 010－68311539/68999021/68999018
68999020/68312410/68999605
传真 010－68995305
理事长 徐绍史
副理事长 孟宪来（常务） 王京彬 刘玉辰
闫学义 吴淦国 杜金虎 邱建刚
常 旭 茹 克 徐水师 蔡希源
秘书长 朱立新

中国地理学会

The Geographical Society of China
（GSC）

地址 北京市朝阳区大屯路甲 11 号
邮政编码 100101
电子信箱 gsc@ igsnrr. ac. cn
主页网址 http：//www. gsc. org. cn
电话 010－64870663/64889598
传真 010－64889598
理事长 刘燕华
副理事长 刘 毅 陶 澍 保继刚 陈发虎
崔 鹏 傅伯杰 宫辉力 史培军
宋长青 王 涛 杨桂山 俞立中
秘书长 张国友

中国地球物理学会

Chinese Geophysical Society
（CGS）

地址 北京市海淀区民族学院南路 5 号
邮政编码 100081
电子信箱 cgs@ cgs. org. cn
主页网址 http：//cgs. org. cn
电话 010－68729347/82998257
传真 010－68460283
理事长 陈 颙
副理事长 常 旭 李绪宣 石耀霖 孙升林
王 平 王小牧 张永刚
秘书长 郭 建

中国矿物岩石地球化学学会

Chinese Society for Mineralogy, Petrology and Geochemistry
（CSMPG）

地址 贵州省贵阳市观水路 46 号
邮政编码 550002
电子信箱 csmpg@ vip. skleg. cn
主页网址 http：//www. csmpg. org. cn
电话 0851－5895599
传真 0851－5895823
理事长 刘丛强
副理事长 丁仲礼 王成善 叶大年 安芷生
张彦英 陈 骏 林学钰 郑永飞
胡瑞忠 夏 斌 贾承造
秘书长 李世杰

中国古生物学会

Palaeontological Society of China
（PSC）

地址 江苏省南京市北京东路 39 号
邮政编码 210008
电子信箱 a14@ cast. org. cn
主页网址 http：//www. china－psc. org. cn
电话 025－83282138
传真 025－83357026
理事长 杨 群
副理事长 周忠和 季 强 童金南 孙 革
秘书长 王永栋

中国海洋湖沼学会

Chinese Society for Oceanology and Limnology（CSOL）

地址 山东省青岛市南海路 7 号
邮政编码 266071

电子信箱　ypli@ ms. qdio. ac. cn
主页网址　http：//www. qdio. ac. cn
电　　话　0532－82898636
传　　真　0532－82866889
理 事 长　相建海
副理事长　丁平兴　桂建芳　潘德炉　孙　松
吴德星　张长宽
秘 书 长　孙　松

中国海洋学会

Chinese Society for Oceanography
(CSO)

地　　址　北京市西城区复兴门外大街1号
邮政编码　100860
电子信箱　zghyxh2008@ sina. com
主页网址　http：//www. cso. org. cn
电　　话　010－68047614/68047602
010－68047626/68026594
传　　真　010－68047614/68047602/68047626
理 事 长　王曙光
副理事长　雷　波（常务）　左其华　孙　松
张　颖　林龙福　周守为　吴德星
潘德炉
秘 书 长　雷　波（兼）

中国地震学会

Seismological Society of China
(SSC)

地　　址　北京市海淀区民族大学南路5号
邮政编码　100081
电子信箱　zgdzxh@ sina. com
主页网站　http：//www. ssoc. org. cn
电　　话　010－68729352
传　　真　010－68417858
理 事 长　陈运泰
副理事长　陈　颙　张国民　张陪震　陈晓非
秘 书 长　郝记川

中国动物学会

China Zoological Society (CZS)

地　　址　北京市朝阳区北辰西路1号院5号
邮政编码　100101
电子信箱　czs@ ioz. ac. cn
主页网址　http：//www. czs. ioz. ac. cn
电　　话　010－64807051
传　　真　010－64807051
理 事 长　陈宜瑜
副理事长　王小明　王德华　刘迺发　许崇任
孙青原　宋微波　张亚平　孟安明
徐存拴
秘 书 长　魏辅文

中国植物学会

Botanical Society of China (BSC)

地　　址　北京市海淀区香山南辛村20号
邮政编码　100093
电子信箱　bsc@ ibcas. ac. cn
电　　话　010－82599636/62836505
传　　真　010－82599636
名誉理事长　匡廷云　吴征镒　许智宏　张新时
周　俊
理 事 长　洪德元
副理事长　安黎哲　李德铢　马克平　武维华
朱玉贤
秘 书 长　葛　颂

中国昆虫学会

The Entomological Society of China
(ESC)

地　　址　北京市朝阳区北辰西路1号院5号中国科学院动物研究所内

邮　政　编　码　100101
电　子　信　箱　entsoc@ ioz. ac. cn
电　　　　　话　010－64807135
传　　　　　真　010－64807198
理　　事　　长　黄大卫
副　理　事　长　叶志华　张永安　张青文　张钟宁
　　　　　　　　杨星科　夏敬源　康　乐　梁广文
　　　　　　　　黄勇平　程家安　韩召军
秘　　书　　长　张钟宁

中国微生物学会

Chincse Socicty for Microbiology
（CSM）

地　　　　　址　北京市朝阳区北辰西路1号院3号
邮　政　编　码　100101
电　子　信　箱　csm@ sun. im. ac. cn
主　页　网　址　http：//csm. im. ac. cn
电　　　　　话　010－64807200
传　　　　　真　010－64807950
理　　事　　长　赵国屏
副　理　事　长　谭华荣　徐建国　曲音波　陈焕春
　　　　　　　　张先恩　盛　军
秘　　书　　长　肖昌松

中国生物化学与分子生物学会

The Chinese Society of Biochemistry and Molecular Biology（CSBMB）

地　　　　　址　上海市岳阳路320号
邮　政　编　码　200031
电　子　信　箱　xuehui@ sunm. shcnc. ac. cn
主　页　网　址　http：//www. csbmb. org. cn
电　　　　　话　021－54921088
传　　　　　真　021－54921088
理　　事　　长　王志新
副　理　事　长　赫荣乔　焦炳华　景乃禾　尚永丰
　　　　　　　　沈　岩　孙志贤　王红阳　吴家睿
秘　　书　　长　景乃禾（兼）

中国细胞生物学学会

The Chinese Society for Cell Biology（CSCB）

地　　　　　址　上海市岳阳路320号
邮　政　编　码　200031
电　子　信　箱　cscb@ sibs. ac. cn
主　页　网　址　http：//www. cscb. org. cn
电　　　　　话　021－54922856/91
传　　　　　真　021－54922891
理　　事　　长　裴　钢
副　理　事　长　陈晔光　高　翔　何大澄　刘春明
　　　　　　　　舒红兵　曾益新　朱学良
秘　　书　　长　丁小燕

中国植物生理与植物分子生物学学会

Chinese Society for Plant Biology（CSPB）

地　　　　　址　上海市岳阳路319号31B楼101室
邮　政　编　码　200031
电　子　信　箱　cspp@ sibs. ac. cn
主　页　网　址　http：//www. cspp. cn
电　　　　　话　021－54922859/54920737
传　　　　　真　021－54922857
理　　事　　长　许智宏
副　理　事　长　陈晓亚（常务）　赵进东　宋纯鹏
　　　　　　　　蒋跃明
秘　　书　　长　何祖华

中国生物物理学会

The Biophysical Society of China
（BSC）

地　　　　　址　北京市朝阳区大屯路15号
邮　政　编　码　100101
电　子　信　箱　wangyue@ sun5. ibp. ac. cn

主页网址　http：//www. bsc. org. cn
电　　话　010－64889894
传　　真　010－64889892
理事长　饶子和
副理事长　丁建平　张先恩　沈钧贤　周　专　贺福初　徐　涛　程　京　阎锡蕴
秘书长　阎锡蕴

中国遗传学会

Genetics Society of Chinese (GSC)

地　　址　北京市朝阳区北辰西路1号院2号中国遗传学会
邮政编码　100101
电子信箱　geneticssociety@163. com
主页网址　http：//www. geneticssociety. cn
电　　话　010－64889611
传　　真　010－64853199
理事长　李家洋
副理事长　张启发　贺福初　张亚平　贺　林　余　龙　薛勇彪　杨　晓
秘书长　薛勇彪（兼）

中国心理学会

Chinese Psychological Society (CPS)

地　　址　北京市朝阳区北沙滩大屯路甲4号中科院心理所内
邮政编码　100101
电子信箱　cps@psych. ac. cn
主页网址　http：//www. cpsbeijing. org
电　　话　010－64888946
传　　真　010－64855830
理事长　林崇德
副理事长　王登峰　乐国安　刘华山　李其维　叶浩生　沈模卫　张文新　游旭群
秘书长　傅小兰

中国生态学学会

Ecological Society of China (ESC)

地　　址　北京市海淀区双清路18号
邮政编码　100085
电子信箱　esc@rcees. ac. cn
主页网址　http：//www. esc. org. . cn
电　　话　010－62849101/62849113
传　　真　010－62849101
理事长　刘世荣
副理事长　董　鸣　傅伯杰　何兴元　欧阳志云　彭少麟　苏志先　王　刚　薛建辉　于贵瑞
秘书长　陈利顶

中国环境科学学会

Chinese Society for Environmental Sciences (CSES)

地　　址　北京市海淀区红联南村54号
邮政编码　100082
电子信箱　cseshyb@sina. com
主页网址　http：//www. chinacses. org
电　　话　010－62210708
传　　真　010－62210728
理事长　王玉庆
副理事长　宁吉喆　朱　坦　张远航　陈吉宁　金相灿　郝吉明　魏复盛　丁仲礼
秘书长　任官平

中国自然资源学会

China Society of Natural Resources (CSNR)

地　　址　北京市朝阳区安外大屯路甲11号
邮政编码　100101
电子信箱　csnr@igsnrr. ac. cn

主页网址 http://www.csnr.org
电话 010－64861455
传真 010－64889806
理事长 刘纪远
副理事长 成升魁 王浩 李善同 张福锁 陈曦 郑凌志
秘书长 沈镭

中国感光学会

Chinese Society for Imaging Science and Technology (CSIST)

地址 北京市海淀区中关村北一条2号
邮政编码 100190
电子信箱 xh@csist.org.cn
电话 010－82543686/82543687
传真 010－82543687
理事长 蒲嘉陵
副理事长 张丽萍（常务） 马礼谦 杨万泰 晏磊 薛唯 邱勇 杨斌
秘书长 赵震声

中国优选法统筹法与经济数学研究会

Chinese Society of Optimization, Overall Planning and Economic Mathematics (CSOOPEM)

地址 北京8712信箱（中科院科技政策与管理科学研究所）
邮政编码 100190
电子信箱 shuangfa@mail.casipm.ac.cn
主页网址 http://www.scope.org.cn
电话 010－62542629
传真 010－62542619
理事长 蔡晨
副理事长 陈剑 池宏 范英 黄海军 梁樑 刘思峰 刘祥官 高自友 魏一鸣 徐玖平 张金隆
秘书长 池宏

中国岩石力学与工程学会

Chinese Society for Rock Mechanics and Engineering (CSRME)

地址 北京市朝阳区北土城西部19号中国科学院地质与地球物理研究所内
邮政编码 100029
电子信箱 csrme@vip.sina.com
主页网址 http://www.csrme.com
电话 010－62007351/82998528/82998163
传真 010－62007351/82998163
理事长 钱七虎
副理事长 谢和平 顾金才 陈祖煜 冯夏庭 唐春安 伍法权 袁亮 韩风险 何满潮 李永盛 李宁 王金华 蔡美峰 樊启祥 伍法权
秘书长 伍法权（兼）

中国野生动物保护协会

China Wildlife Conservation Association (CWCA)

地址 北京市东城区和平里东街18号
邮政编码 100714
电子信箱 cwca@cwca.org.cn
主页网址 http://www.cwca.org.cn
电话 010－84239015/84239556
传真 010－64238030
理事长 赵学敏
副理事长 白景富 王玉庆 刘燕华 龚正 陈建功 孙冰川 卓榕生 姚昌恬 陈建伟 陈润生
秘书长 杨百瑾

中国系统工程学会

Systems Engineering Society of China (SESC)

地址 北京市海淀中关村东路55号

邮 政 编 码　100080
电 子 信 箱　sesc@ iss. ac. cn
主 页 网 址　http：//amss. iss. ac. cn/sesc/
电　　　话　010－62541827
传　　　真　010－82626697
理　事　长　汪寿阳
副 理 事 长　高小山　王先甲　陈　剑　孙宏才
张　维　徐玖平　许晓鸣　张纪峰
李一军　高自友　黄海军　杨新民
朱桂龙
秘　书　长　薛新伟

中国实验动物学会

Chinese Association for Laboratory Animal Sciences（CALAS）

地　　　址　北京市朝阳区潘家园南里5号
邮 政 编 码　100021
电 子 信 箱　calas@ calas. org. cn
主 页 网 址　http：//www. calas. org. cn
电　　　话　010－67781534
传　　　真　010－67776816
理　事　长　刘　谦
副 理 事 长　高　诚　王禄增　秦　川　王军志
赵德明　李根平　曾　林
秘　书　长　秦　川

中国青藏高原研究会

The China Society on Tibetan Plateau（CSTP）

地　　　址　北京市朝阳区安外大屯路中科院地理科学与资源研究所
邮 政 编 码　100101
电 子 信 箱　qingzang@ igsnrr. ac. cn
主 页 网 址　http：//www. cstp. org. cn
电　　　话　010－64889819
传　　　真　010－64889769
理　事　长　姚檀栋
副 理 事 长　成升魁　格　勒（藏）　侯增谦
马胜杰　潘保田　解　源　张人禾
秘　书　长　朱立平

中国环境诱变剂学会

Chinese Environmental Mutagen Society（CEMS）

地　　　址　北京大学医学部公共卫生学院236室
邮 政 编 码　100191
电 子 信 箱　iaems_ cn@ 163. com
主 页 网 址　http：//www. cems. org. cn
电　　　话　010－82335754
传　　　真　010－82335754
理　事　长　程书钧
副 理 事 长　柯　扬　石刚刚　张胜年　孙长颢
吴逸明　曹　佳
秘　书　长　郝卫东

中国运筹学会

Operations Research Society of China（ORSC）

地　　　址　北京市海淀区中关村东路55号
邮 政 编 码　100190
电 子 信 箱　orsc@ . amt. ac. cn
主 页 网 址　http：//www. orsc. org. cn
电　　　话　010－62541695
传　　　真　010－62620394
理　事　长　袁亚湘
副 理 事 长　汪寿阳　徐　渝　杨新民　张汉勤
张树中
秘　书　长　胡旭东

中国菌物学会

Mycological Society of China（MSC）

地　　　址　北京市朝阳区北辰西路1号院3号中国科学院微生物所B410
邮 政 编 码　100101

电子信箱 msc93@ im. ac. cn
主页网址 http：// www. mscfungi. org
电　　话 010－64807455
传　　真 010－64807455
理 事 长 李　玉
副理事长 刘杏忠（常务）　张克勤　王泽生
李若瑜　戴玉成　吕国忠
秘 书 长 文华安

中国晶体学会

Chinese Crystallographic Society（CCrS）

地　　址 北京大学陈守仁国际研究中心伟利楼207室
邮政编码 100871
电子信箱 ccrs@ pku. edu. cn
主页网址 http：//www. ccrs. net. cn
电　　话 010－62757857
传　　真 010－62767969
理 事 长 林建华
副理事长 饶子和　洪茂椿　吴新涛　张　泽
陈小龙　陈小明　刘世雄　彭练矛
王大成　王继扬　吴以成
秘 书 长 苏晓东

中国神经科学学会

The Chinese Society for Neuroscience（CSN）

地　　址 上海市岳阳路320号
邮政编码 200031
电子信箱 cns@ sibs. ac. cn
主页网址 http：// www. cns. org. cn
电　　话 021－54922854
传　　真 021－54922857
理 事 长 路长林
副理事长 陈　军　吉永华　王晓民　赵继宗
秘 书 长 何士刚

中国机械工程学会

Chinese Mechanical Engineering Society（CMES）

地　　址 北京市海淀区首体南路9号主语国际4号楼11层
邮政编码 100048
电子信箱 headquarters@ cmes. org
主页网址 http：//www. cmes. org
http：//www. cmes. org. cn
电　　话 010－68799049
传　　真 010－68799050
理 事 长 路甬祥
副理事长 宋天虎（常务）　王玉明　包起帆
卢秉恒　任洪斌　张林俭　李忠海
李培根　李新亚　潘云鹤
秘 书 长 张彦敏

中国汽车工程学会

Society of Automotive Engineering of China（SAE－China）

地　　址 北京市宣武区莲花池东路102号天莲大厦4层
邮政编码 100055
电子信箱 Sae810@ sae－china. org
主页网址 http：// www. sae－china. org
电　　话 010－63345599
传　　真 010－63345466
理 事 长 张小虞
副理事长 付于武（常务）　安　进　陈因达
范　仲　李立忠　董　杨　李庆文
李书福　许建生　汪大总　王松林
张海行　吴绍明　赵　航　钟志华
朱华荣　欧阳明高　管　欣
余卓平　任小常　孙逢春
秘 书 长 付于武（兼）

中国农业机械学会

Chinese Society for Agricultural Machinery（CSAM）

地　　址　北京市朝阳区德胜门外北沙滩1号
邮政编码　100083
电子信箱　csam@caams.org.cn
主页网址　http：//www.agro－csam.org
电　　话　010－64882291/64882232
传　　真　010－64882291
理 事 长　罗锡文
副理事长　丁翔文　王桂民　毋世杰　刘　宪　刘　敏　应义斌　张咸胜　李萍萍　姜卫东　赵　继　郭志强　贾敬敦　韩鲁佳
秘 书 长　李树君（兼）

中国农业工程学会

Chinese Society of Agricultural Engineering（CSAE）

地　　址　北京市朝阳区麦子店街41号
邮政编码　100125
电子信箱　hqcsae@agri.gov.cn
电　　话　010－65929450/010－65910066转2502/3502
传　　真　010－65929450
理 事 长　朱　明
副理事长　傅泽田　罗锡文　佟　金　吴普特　应义斌　张长利　李天来　李萍萍　崔　明　郧文聚　韩鲁佳
秘 书 长　秦京光

中国电机工程学会

Chinese Society for Electrical Engineering（CSEE）

地　　址　北京市宣武区白广路二条1号
邮政编码　100761
电子信箱　csee@csee.org.cn
主页网址　http：//www.csee.org.cn
电　　话　010－63414320
传　　真　010－63414319
理 事 长　陆延昌
副理事长　陈　峰（常务）　舒印彪　王良友　那希志　刘顺达　任书辉　于崇德　田　勇　秦定国　郑健超　宋永华　蔡惟慈
秘 书 长　李若梅

中国电工技术学会

China Electrotechnical Society（CES）

地　　址　北京市西城区三里河路46号
邮政编码　100823
电子信箱　cesintl@public.bta.net.cn
主页网址　http：//www.ces.org.cn
电　　话　010－68595357
传　　真　010－68511242
理 事 长　孙昌基
副理事长　王建华　朱元巢　杨庆新　杨　清　肖立业　沈小宇　陆仁琪　苗立杰　郝玉成　段瑞春　唐春潮　黄迪南　裴相精　裴振江
秘 书 长　裴相精（兼）

中国水力发电工程学会

China Society for Hydropower Engineering（CSHE）

地　　址　北京市宣武区白广路二条1号
邮政编码　100761
电子信箱　b07@cast.org.cn
主页网址　http：//www.hydropower.org.cn
电　　话　010－63414390
传　　真　010－63547632

理　　事　　长　周大兵
副　理　事　长　李菊根（常务）　乌若思　石成梁
孙玉才　郑宝森　李永安　李光强
李焯芬　匡尚富　杨继学　陈　飞
周创兵　周厚贵　钟　俊　范集湘
贺　恭　徐　辉　曹广晶　晏志勇
程念高
秘　　书　　长　李菊根（兼）

中国水利学会

Chinese Hydraulic Engineering Society（CHES）

地　　　　　址　北京市宣武区白广路二条2号
邮　政　编　码　100053
电　子　信　箱　gaojing@ mwr. gov. cn
主　页　网　址　http：//www. ches. org. cn
电　　　　　话　010 – 63204555/63204551
传　　　　　真　010 – 63202154
理　　事　　长　敬正书
副　理　事　长　顾　浩　匡尚富　张建云　沈凤生
曹广晶　马建华　薛松贵　王　乘
雷志栋　殷保合　晏志勇
秘　　书　　长　李赞堂（兼）

中国内燃机学会

Chinese Society for Internal Combustion Engines（CSICE）

地　　　　　址　上海市军工路2500号
邮　政　编　码　200438
电　子　信　箱　zhuwj66@ yahoo. cn
主　页　网　址　http：//www. csice. org. cn
电　　　　　话　021 – 65745323/25079801
传　　　　　真　021 – 65745323
理　　事　　长　张小虞
副　理　事　长　阳树毅（常务）　马童立　孙少军
李　骏　李树生　张树勇　沈　捷
苏万华　金东寒　欧阳明高
黄　松　黄佐华
秘　　书　　长　阳树毅（兼）

中国工程热物理学会

Society of Engineering Thermophysics（CSET）

地　　　　　址　北京市海淀区北四环西路11号
邮　政　编　码　100190
电　子　信　箱　cset@ mail. etp. ac. cn
主　页　网　址　http：//www. cast. org. cn
电　　　　　话　010 – 82543040/82543037
传　　　　　真　010 – 82543037
理　　事　　长　徐建中
副　理　事　长　马重芳　朱俊强　范维澄　金红光
黄　震　黄其励　蒋洪德
秘　　书　　长　金红光（兼）

中国空气动力学会

Chinese Aerodynamics Research Society（CARS）

地　　　　　址　北京市海淀区学院路37号国家计算流体力学实验室
邮　政　编　码　100191
电　子　信　箱　carsqdxh@ gmail. com
主　页　网　址　http：//www. cars. org. cn
电　　　　　话　010 – 82317341
传　　　　　真　010 – 82317341
理　　事　　长　邓小刚
副　理　事　长　施岳定　任玉新　桂业伟　孙　茂
高正红　姜宗林　赵　宁　唐志共
赵　波
秘　　书　　长　范召林

中国制冷学会

Chinese Association of Refrigeration（CAR）

地　　　　　址　北京市海淀区阜成路67号银都大厦

10层
邮 政 编 码　100142
电 子 信 箱　car@ car. org. cn
主 页 网 址　http：//www. car. org. cn
电　　　 话　010－68715723/68719984
传　　　 真　010－68434679
理 事 长　田元兰
副 理 事 长　金嘉玮　周　远　江　亿　穆传江
于元波　吴剑峰　樊高定　肖大海
韩　彧　徐　伟　韩作樑　吴德绳
秘 书 长　金嘉玮（兼）

中国真空学会

Chinese Vacuum Society（CVS）

地　　　 址　北京市石景山区石景山路23号中础大厦420室
邮 政 编 码　100049
电 子 信 箱　cvs@ chinesevacuum. com
主 页 网 址　http：//www. Chinesevacuum. com
电　　　 话　010－68878447
传　　　 真　010－68820348
理 事 长　侯建国
副 理 事 长　潘　峰　邱家稳　陶　梦　许宁生
高鸿钧　巴德纯　苏　原　雷震霖
王西龙
秘 书 长　陈　旭

中国自动化学会

Chinese Association of Automation（CAA）

地　　　 址　北京市海淀区中关村东路95号
邮 政 编 码　100190
电 子 信 箱　caa@ ia. ac. cn
主 页 网 址　www. caa. org. cn
电　　　 话　010－62544415
传　　　 真　010－62522248
理 事 长　戴汝为　孙优贤
副 理 事 长　郑南宁　王天然　吴宏鑫　席裕庚
郭　雷　周　康　王常力　王飞跃
秘 书 长　王飞跃（兼）

中国仪器仪表学会

China Instrument & Control Society（CIS）

地　　　 址　北京市海淀区知春路6号锦秋国际大厦A座23层
邮 政 编 码　100088
电 子 信 箱　info@ cis. org. cn
主 页 网 址　http：//www. cis. org. cn
电　　　 话　010－82800755
传　　　 真　010－82800879
名 誉 理 事 长　王大珩　包叙定
名誉副理事长　母国光　金国藩　陆廷杰　孙优贤
龚惠兴　王雨生　周兆英　张开逊
理 事 长　庄松林
副 理 事 长　张钟华　薛一平　向晓波　褚　健
胡小唐　王　岩　范幼林　尤　政
吴幼华
秘 书 长　吴幼华（兼）

中国计量测试学会

Chinese Society for Measurement（CSM）

地　　　 址　北京市朝阳区育慧南路3号
邮 政 编 码　100029
电 子 信 箱　liujian4049@ yahoo. com. cn
主 页 网 址　http：//www. china－csm. org
电　　　 话　010－84639756
传　　　 真　010－84639822
理 事 长　王秦平
副 理 事 长　丁雪梅　于化东　王顺安　刘新民
张广军　张玉宽　张钟华　林建忠
胡小唐　曹英杰　谭和平
秘 书 长　王顺安（兼）

中国标准化协会

China Association for Standardization

(CAS)

地　　　址　北京市海淀区增光路 33 号中国标协写字楼
邮 政 编 码　100037
电 子 信 箱　cas@ china - cas. org
主 页 网 址　http：//www. china - cas. org
电　　　话　010 - 68482988
传　　　真　010 - 68486228
名誉理事长　袁宝华
理　事　长　李忠海
副 理 事 长　马林聪　王忠敏　丛大鸣　孙晓康
　　　　　　朱　恺　吴江徽　张健全　李为民
　　　　　　李忠海　杜一力　陈键明　周　平
　　　　　　喻子达
秘　书　长　马林聪

中国图学学会

China Graphics Society

(CGS)

地　　　址　北京市海淀区北三环西路 32 号恒润中心1707 室
邮 政 编 码　100086
电 子 信 箱　cegs@ cgn. net. cn
主 页 网 址　http：//www. cgn. net. cn
电　　　话　010 - 62165983
传　　　真　010 - 82326420
理　事　长　孙家广
副 理 事 长　李　华　谭建荣　魏小鹏
秘　书　长　李　华（兼）

中国电子学会

Chinese Institute of Electronics

(CIE)

地　　　址　北京市海淀区玉渊潭南路普惠南里 13 号楼
邮 政 编 码　100036
主 页 网 址　http：//www. cie - info. org. cn
电　　　话　010 - 68277281
传　　　真　010 - 68233917
理　事　长　吴基传
副 理 事 长　王志刚　韦　钰　刘汝林　邬贺铨
　　　　　　李　未　李德毅　俞忠钰　娄勤俭
　　　　　　龚　克　熊群力
秘　书　长　刘汝林

中国计算机学会

China Computer Federation

(CCF)

地　　　址　北京市海淀区中关村科学院南路 6 号
邮 政 编 码　100190
电 子 邮 箱　ccf@ ict. ac. cn
主 页 网 址　http：//www. ccf. org. cn
电　　　话　010 - 62562503
传　　　真　010 - 62527485
理　事　长　李国杰
副 理 事 长　方滨兴　贺志强　怀进鹏　李晓明
　　　　　　刘爱民　王恩东　郑纬民
秘　书　长　杜子德

中国通信学会

China Institute of Communications

(CIC)

地　　　址　北京市西城区西长安街 13 号
邮 政 编 码　100804
电 子 邮 箱　webmaster@ china - cic. org
主 页 网 址　http：//www. china - cic. org. cn/
电　　　话　010 - 66051385/66051266
传　　　真　010 - 66069587
理　事　长　周德强
副 理 事 长　张海涛　邬贺铨　张训才　冷荣泉
　　　　　　左迅生　沙跃家　李正茂　冯新生
　　　　　　林金桐　龚　克　丁　磊　刘　彩

魏茂洪
秘　书　长　赵梅庄（兼）

中国中文信息学会

Chinese Information Processing Society of China
（CIPSC）

地　　　址　北京市海淀区中关村南四街4号
邮政编码　100190
电子信箱　cips@ iscas. ac. cn
电　　　话　010－62562916/62661046
传　　　真　010－62562916
理　事　长　倪光南
副理事长　曹右琦（常务）　陈肇雄　李　生
刘迎建　孙茂松　徐　波　赵　琛
秘　书　长　孙　乐

中国测绘学会

Chinese Society for Geodesy Photogrammetry and Cartography
（CSGPC）

地　　　址　北京市海淀区紫竹院百胜村1号
邮政编码　100048
电子信箱　b23@ cast. org. cn　csgpc@ 163. com
主页地址　http：//www. csgpc. org/
电　　　话　010－88586458/88586472
传　　　真　010－88585404
理　事　长　李维森
副理事长　李志林（名誉）　申慧群　陈俊勇
李德仁　王小同　赵晓明　陈　军
张继贤　孙　刚　孙和平　滕　刚
张文若
秘　书　长　马　赟

中国造船工程学会

The Chinese Society of Naval Architects and Marine Engineers（CSNAME）

地　　　址　北京市西城区月坛北街5号
邮政编码　100861
电子信箱　msc@ csname. org. cn
主页网址　http：//www. csname. org. cn
电　　　话　010－59517926
传　　　真　010－59517928
理　事　长　黄平涛
副理事长　李国安　金才宽　张相木　李科浚
李长江　李建红　林建清　周守为
刘海胜　何生厚　苏　明　刘志刚
方书甲　刘郑国　吴永杰
秘　书　长　罗季燕

中国航海学会

China Institute of Navigation
（CIN）

地　　　址　北京市东城区和平里东街10号院1－401
邮政编码　100013
电子信箱　hhxh@ wti. ac. cn
主页网址　http：//www. cinnet. cn
电　　　话　010－65299792
传　　　真　010－65299796
理　事　长　洪善祥
副理事长　刘功臣（常务）　王祖温　刘锡汉
吴子恒　宋家慧　张　良　张宏声
李　甄　李克麟　李科浚　李健华
周祺芳　於世成　胡汉湘　董　军
秘　书　长　丁宝成

中国铁道学会

China Railway Society（CRS）

地　　　址　北京市海淀区复兴路10号
邮政编码　100844
电子信箱　crstdxh@ sohu. com
主页网址　http：//www. crs. org. cn
电　　　话　010－51848021

传　　　真　010－63967184
理　事　长　孙永福
副理事长　徐啸明　余邦利　何华武　杨建兴
　　　　　康维韬　吕长清
秘　书　长　吕长清（兼）

中国公路学会

China Highway and Transportation Society（CHTS）

地　　　址　北京市朝阳区惠新里甲240号通联大厦
邮政编码　100029
电子信箱　glxh@chinahighway.com
主页网址　http://www.chts.cn
电　　　话　010－64951487/64951472
传　　　真　010－64951487
理　事　长　胡希捷
副理事长　周海涛　周纪昌　周　伟　李作敏
　　　　　李兴华　王　玉　刘家镇　马　建
　　　　　董学博
秘　书　长　刘文杰

中国航空学会

Chinese Society of Aeronautics and Astronautics（CSAA）

地　　　址　北京市朝阳区安外北苑2号院
邮政编码　100012
电子信箱　office@csaa.org.cn
主页网址　http://www.csaa.org.cn
电　　　话　010－84924375
传　　　真　010－84923942
理　事　长　刘高倬
副理事长　左群声　朱　荻　张彦仲　张新国
　　　　　怀进鹏　杨国庆　罗荣怀　姜澄宇
　　　　　胡海岩　魏　钢
秘　书　长　吴　松

中国宇航学会

Chinese Society of Astronautics（CSA）

地　　　址　北京市海淀区阜成路8号院内
邮政编码　100048
电子信箱　csaspace@163bj.com
主页网址　http://www.csaspace.org.cn
电　　　话　010－68768625
传　　　真　010－68768617
理　事　长　马兴瑞
副理事长　王兆耀　王树国　阴和俊　李　跃
　　　　　杨长风　杨俊华　吴燕生　胡海岩
　　　　　姜澄宇　袁　洁　袁家军　高红卫
　　　　　曹建国　曹健林　谢良贵　雷凡培
秘　书　长　杨俊华（兼）

中国兵工学会

China Ordnance Society

地　　　址　北京市海淀区车道沟10号院2431信箱
邮政编码　100089
电子信箱　suggest@cos.org.cn
主页网址　http://www.cos.org.cn
电　　　话　010－68963154/68963055
传　　　真　010－68963154
理　事　长　马之庚
副理事长　才鸿年　胡海岩　王晓锋　姜会林
　　　　　张文栋　焦开河　龚艳德　聂晓夫
秘　书　长　王智忠

中国金属学会

The Chinese Society for Metals（CSM）

地　　　址　北京市东城区东四西大街46号

邮政编码 100711
电子信箱 b31@ cast. org. cn
电 话 010 - 65133322 - 1612/3612
010 - 65270210
传 真 010 - 65124122
名誉理事长 徐匡迪 蒲海清 殷瑞钰
理 事 长 翁宇庆
副理事长 洪及鄙（常务） 徐乐江 张晓刚
邓崎琳 朱继民 干 勇 徐金梧
赫冀成 卢 柯 王天义
秘 书 长 洪及鄙

中国有色金属学会

The Nonferrous Metals Society of China (NFsoc)

地 址 北京市西城区复兴路乙 12 号
邮政编码 100814
电子信箱 nfsoc@ public. bta. net. cn
电 话 010 - 63971451
传 真 010 - 63965399
理 事 长 康 义
副理事长 李静海 屠海令 熊维平 周中枢
余德辉 罗 涛 杨志强 李贻煌
何季麟 孙兆学 周 荣 张洪国
秘 书 长 张洪国（兼）

中国稀土学会

The Chinese Society of Rare Earths (CSRE)

地 址 北京市海淀区学院南路 76 号
邮政编码 100081
电子信箱 csre@ cs - re. org. cn
主页网址 http://www. cs - re. org. cn
电 话 010 - 62182748/62173497
传 真 010 - 62173501
理 事 长 干 勇
副理事长 丁海燕 王新林 张少明 张洪杰
张海顺 杨文浩 孟志泉 赵增祺
屠海令 黄 康 龚 斌 魏 娜
秘 书 长 林东鲁

中国腐蚀与防护学会

Chinese Society for Corrosion and Protection (CSCP)

地 址 北京市海淀区学院路 30 号
邮政编码 100083
电子信箱 mail@ cscp. org. cn
主页网址 http://www. cscp. org. cn
电 话 010 - 62397591/62397592/
62332201/62320080
传 真 010 - 82372302/82372305
理 事 长 陈光章
副理事长 田志凌 乔利杰 刘坐镇 齐慧滨
陆 峰 林昌建 顾卡丽 郭兴蓬
韩恩厚
秘 书 长 李晓刚

中国化工学会

The Chemical Industry and Engineering Society of China (CIESC)

地 址 北京市朝阳区安外小关街 53 号
邮政编码 100029
电子信箱 ciesc@ ciesc. cn
主页网址 http://www. ciesc. cn
电 话 010 - 64441885
传 真 010 - 64411194
理 事 长 曹湘洪
副理事长 李新华（常务） 龚七一 古共伟
曲景平 范小森 郑长波 郑书忠
徐大刚 钱旭红 张积耀
秘 书 长 洪定一

中国核学会

Chinese Nuclear Society (CNS)

地 址 北京市 2125 信箱

邮 政 编 码 100822
电 子 信 箱 cns@ns.org.cn cns@cnnc.com.cn
主 页 网 址 http://www.ns.org.cn
电 话 010-68555598/68555559
传 真 010-68527188
理 事 长 李冠兴
副 理 事 长 丁中智 孙汉虹 杨长利 邱爱慈 贺禹 康克军 彭先觉 穆占英
秘 书 长 潘传红

中国石油学会

Chinese Petroleum Society (CPS)

地 址 北京市西城区六铺炕街6号
邮 政 编 码 100724
电 子 信 箱 kj1969vip@sina.com syxhqn@126.com
电 话 010-62067135/62094082
传 真 010-62067135/62014787
理 事 长 贾承造
副 理 事 长 蔺爱国 王道富 何庆华 王志刚 曹湘洪 罗汉 周守为 刘连和 杨柏龄 柴育成
秘 书 长 何庆华（兼）

中国煤炭学会

China Coal Society (CCS)

地 址 北京市朝阳区青年沟路5号
邮 政 编 码 100013
电 子 信 箱 b38tj@cast.org.cn
主 页 网 址 http://www.ccszs.org.cn
电 话 010-84262776/84262778
传 真 010-84264526
理 事 长 濮洪九
副 理 事 长 钱鸣高 胡省三 朱德仁 张玉卓 谢和平 孙茂远 王金华 耿加怀
秘 书 长 胡省三（兼）

中国可再生能源学会

Chinese Renewable Energy Society (CRES)

地 址 北京市海淀区中关村北二条6号
邮 政 编 码 100190
电 子 信 箱 cres@mail.iee.ac.cn
电 话 010-82547225
传 真 010-82547220
理 事 长 石定环
副 理 事 长 李宝山 孔力 毛宗强 仲继寿 朱俊生 许洪华 吴创之 李俊峰 孟宪淦 武钢 施正荣 贺德馨 赵玉文 赵颖 黄鸣 喜文华 韩建功
秘 书 长 李宝山

中国能源研究会

China Energy Research Society (CERS)

地 址 北京市西城区三里河路54号
邮 政 编 码 100045
电 子 信 箱 cers@mx.cei.gov.cn
主 页 网 址 http://www.cers.org.cn
电 话 010-68511816
传 真 010-68513097
理 事 长 柴松岳
副 理 事 长 王显政 冯飞 何建坤 张玉卓 李静海 周大地 周小谦 郑虎 郑健超 赵立欣 徐锭明 曹湘洪 翟若愚 毕亚雄
秘 书 长 周大地

中国硅酸盐学会

The Chinese Ceramic Society (CCS)

地 址 北京市海淀区三里河路11号

邮 政 编 码 100831
电 子 信 箱 cersoc@ public3. bta. net. cn
主 页 网 址 http：//www. ceramsoc. com
电 话 010－68342007/68335803
传 真 010－68342016/68313364
理 事 长 张人为
副 理 事 长 于世良 宋志平 张耀明 李建保 杨自鹏 陈立泉 姚 燕 徐德龙 潘东晖 罗宏杰
秘 书 长 晋占平

中国建筑学会

Architectural Society of China
（ASC）

地 址 北京市海淀区三里河路9号
邮 政 编 码 100835
电 子 信 箱 asc@ chinaasc. org b42@ cast. org. cn
主 页 网 址 http：//www. chinaasc. org
电 话 010－88082224/88082240/88082239
传 真 010－88082223/88082243/88082222
理 事 长 宋春华
副 理 事 长 马国馨 何镜堂 崔 恺 许安之 窦以德 李先逵 罗德启 吴之光 刘景樑 欧进萍
秘 书 长 周 畅

中国土木工程学会

China Civil Engineering Soceity
（CCES）

地 址 北京市海淀区三里河路9号建设部内
邮 政 编 码 100835
电 子 信 箱 zhb@ cces. net. cn
主 页 网 址 http：//www. cces. net. cn
电 话 010－58933958
传 真 010－58933953
理 事 长 谭庆琏
副 理 事 长 蔡庆华 胡希捷 徐培福 范立础 袁 驷
秘 书 长 张 雁

中国生物工程学会

Chinese Society of Biotechnology
（CSBT）

地 址 北京市朝阳区大屯路中科院微生物所B座411室
邮 政 编 码 100101
电 子 信 箱 csbt@ sun. im. ac. cn
主 页 网 址 http：//www. chinabiotech. cn
电 话 010－64807678
传 真 010－64807678
理 事 长 杨胜利
副 理 事 长 高 福（常务） 曹竹安 卢圣栋 马清钧 刘 谦 黄大昉 王宏广 朱 祯
秘 书 长 曹竹安（兼）

中国纺织工程学会

China Textile Engineering Society
（CTES）

地 址 北京市朝阳区延静里中街3号
邮 政 编 码 100025
电 子 信 箱 ctes@ public. bta. net. cn
主 页 网 址 http：//www. ctes. com. cn
电 话 010－65016537
传 真 010－65016538
理 事 长 孙瑞哲
副 理 事 长 王竹林 王启明 刘元凤 朱 勇 伏广伟 李金宝 肖长发 陈建勇 周华堂 赵 强 俞建勇 施楣梧 徐卫林 潘跃进 潘雪平
秘 书 长 龚进礼

中国造纸学会

China Technical Association of the Paper Industry (CTAPI)

地　　　址　北京市东城区广渠门南水关甲7号
邮政编码　100061
电子信箱　qxd@ctapi.org.cn
主页网址　http://www.ctapi.org.cn
电　　　话　010－65812880/65830216/65831089
　　　　　　010－65831090/65830215/65831083
传　　　真　010－65812653
理　事　长　陈学忠
副理事长　邝仕均　曹朴芳　陈鄂生　孙树建
　　　　　　张金声　刘焕彬　庄义汉　林昭远
　　　　　　吴佳林　李建华
秘　书　长　曹振雷

中国文物保护技术协会

China Association for Preservation Technology of Cultural Relics (CAPTCR)

地　　　址　北京市东城区景山前街4号故宫博物院内
邮政编码　100009
电子信箱　zgwwbhjsxh@gmail.com
主页网址　http://210.72.10.8/zgwwbhjsxh/webs
电　　　话　010－85007142
传　　　真　010－85007142
理　事　长　李化元
副理事长　付清远　潘　路　马清林　龚　良
　　　　　　王旭东
秘　书　长　王时伟

中国印刷技术协会

The Printing Technology Association of China (PTAC)

地　　　址　北京市宣武区太平街6号富力摩根中心E座818室
邮政编码　100050
电子信箱　ptac_zhx@163.com
主页网址　http://www.chinaprint.org
电　　　话　010－59361480
传　　　真　010－59361489
理　事　长　于永湛
副理事长　万　捷　王岩镔　文宏武　印德明
　　　　　　冯广源　曲德森　任玉成　刘学智
　　　　　　刘晓昆　肖建国　陈向东　张双儒
　　　　　　陈　均　郝振省　俞志康　郭　全
　　　　　　滕方迁　戴园伦
秘　书　长　曲德森

中国材料研究学会

Chinese Materials Research Society (C－MRS)

地　　　址　北京市海淀区紫竹院路62号4102室
邮政编码　100048
电子信箱　c－mrs@163.com
主页网址　http://www.c－mrs.org.cn
电　　　话　010－88510496/88510497
传　　　真　010－68722033
理　事　长　黄伯云
副理事长　干　勇　张　泽　范守善　卢　柯
　　　　　　屠海令　罗宏杰　魏炳波　李光宪
　　　　　　李元元　欧阳世翕　徐　坚
　　　　　　戴国强　高瑞平　施尔畏
秘　书　长　韩雅芳

中国食品科学技术学会

Chinese Institute of Food Science and Technology (CIFST)

地　　　址　北京市东城区灯市口大街75号（中科大厦B座2层）
邮政编码　100006
电子信箱　cifst@126.com

主 页 网 址　http：//www. cifst. org. cn
电　　话　010－65265375/65265376
传　　真　010－65264731
理 事 长　潘蓓蕾
副 理 事 长　卫祥云　陈　坚　潘迎捷　曹小红
李　琳　罗云波　孟素荷　胡小松
饶平凡　贾志忍　王延才　蔡木易
刘秀梅　蔡永峰　李永敬
秘 书 长　孟素荷（兼）

中国粮油学会
Chinese Cereals and Oils Association
（CCOA）

地　　址　北京市西城区百万庄大街11号粮科大厦
邮 政 编 码　100037
电 子 信 箱　Cathy913@ sina. com
主 页 网 址　http：// www. ccoaonline. com
电　　话　010－68357522
传　　真　010－68357522
理 事 长　朱长国
副 理 事 长　王瑞元　刘新江　尚强民　杜　政
粟　明　王常俊　李长轩　胡新民
金征宇　吴子丹　王录民　曾其林
胡承森　于小冬
秘 书 长　胡承森（兼）

中国职业安全健康协会
China Occupational Safety and Health Association（COSHA）

地　　址　北京市东城区和平里北街21号
邮 政 编 码　100713
电 子 信 箱　cosha@ cosha. org. cn
电　　话　010－64463210
传　　真　010－64463210
理 事 长　张宝明

副 理 事 长　闪淳昌　冯长根　马晓伟　鲍培德
纪明波　周国泰　朱力平　吴宗之
丁　辉　王金华　赵　昆　洪　宇
李　东　杨　中　倪文驹　陈必成
韩友波　任润厚　吴永平　张文学
伊　烈
秘 书 长　伊　烈（兼）

中国烟草学会
China Tobacco Society（CTS）

地　　址　北京市西城区月坛南街55号
邮 政 编 码　100045
电 子 信 箱　liuxinhua@ tobacco. gov. cn
电　　话　010－63605021
传　　真　010－63605760
理 事 长　张　辉
副 理 事 长　金忠理　董国智　杨　俊　刘建福
王元英　刘国顺
秘 书 长　董国智

中国系统仿真学会
Chinese Association for System Simulation（CASS）

地　　址　北京市海淀区学院路37号
邮 政 编 码　100191
电 子 信 箱　cassimul@ vip. sina. com
主 页 网 址　http：//cass－sim. buaa. edu. cn
电　　话　010－82310612
传　　真　010－82317098
理 事 长　赵沁平
副 理 事 长　费敏锐　胡晓峰　康凤举　刘　金
刘藻珍　潘旭东　邱晓刚　肖田元
杨　明　张　霖　赵　民
秘 书 长　吴云洁

中国电影电视技术学会

China Society of Motion Picture and Television Engineers（CSMPTE）

地　　址　北京市海淀区西三环中路莲花小区华宝大厦1619室
邮政编码　100036
电子信箱　csmpte2008e@sina.com
主页网址　http://www.csmpte.com.cn
电　　话　010－63983646
传　　真　010－63958027
理 事 长　何宗就
副理事长　丁文华　宋宜纯　陈　飞　田　方　马　炬　高少君　林长海　李金荣　姚　平　姚　威　何　涛
秘 书 长　黄平刚

中国振动工程学会

Chinese Society for Vibration Engineering（CSVE）

地　　址　江苏省南京市御道街29号
邮政编码　210016
电子信箱　csve@nuaa.edu.cn
主页网址　http://www.csve.net.cn
电　　话　025－84892135
传　　真　025－84892135
名誉理事长　胡海昌　黄文虎　闻邦椿
理 事 长　刘人怀
副理事长　陈国平　陈心昭　高金吉　马兴瑞　欧进萍　朱位秋
秘 书 长　孙久厚

中国颗粒学会

Chinese Society of Particuology（CSP）

地　　址　北京海淀区中关村北二条1号中科院过程工程大厦1003室
邮政编码　100190
电子信箱　b57@cast.org.cn　klxh@home.ipe.ac.cn
主页网址　http://www.csp.org.cn
电　　话　010－62647657
传　　真　010－82629146
理 事 长　李静海　陈运法
副理事长　李洪钟　徐德龙　陈建峰　马光辉　宋延林　魏　飞　张福根　张仁健　张　忠　郑水林
秘 书 长　白蕴如

中国照明学会

China Illuminating Engineering Socitty（CIES）

地　　址　北京市朝阳区东三环中路乙16号世桥国贸公寓1－1－1203
邮政编码　100022
电子信箱　zgzmxh@yahoo.com.cn
主页网址　http://www.lightingchina.com.cn
电　　话　010－65815905/65836525
传　　真　010－65815905－808/65836525－808
理 事 长　王锦燧
副理事长　徐　淮　朱绍龙　刘醒明　郇树奎　吴初瑜　罗　红　赵建平　柴国生　崔一平　戴德慈
秘 书 长　徐　淮（兼）

中国动力工程学会

Chinese Society of Power Engineering（CSPE）

地　　址　上海市闵行剑川路1115号
邮政编码　200240
电子信箱　cspe@speri.com.cn
主页网址　http://www.cpeweb.com.cn
电　　话　021－54705106/34020813
传　　真　021－54705106

名誉理事长　陆燕荪　翁史烈　陈康民　孙昌基
理　事　长　蒋以任
副理事长　刘吉臻　朱元巢　严宏强　张素心
张丽英　倪明江　商中福　蒋洪德
舒世安
秘　书　长　严宏强（兼）

中国惯性技术学会

Chinese Society of Inertial Technology (CSIT)

地　　址　北京市海淀区阜成路8号
邮政编码　100830
电子信箱　postmaster@ casic. com. cn
主页网址　http：//www. csit. org. cn
电　　话　010－68370341/68386627
传　　真　010－68370341/68386627
理　事　长　徐　强
副理事长　宋有山　任德民　郑　辛　刘　飞
刘　林　屈孝池　夏　刚　付梦印
秘　书　长　胡　毅

中国风景园林学会

Chinese Society of Landscape Architecture (CHSLA)

地　　址　北京市海淀区三里河路9号
邮政编码　100835
电子信箱　chsla@ vip. sina. com
主页网址　http：//www. chsla. org. cn
电　　话　010－58933918/88082568
传　　真　010－58933918
理　事　长　陈晓丽
副理事长　马连勇　王天锡　王向荣　刘秀晨
任春秀　杨洪波　陈　敏
秘　书　长　刘秀晨（兼）

中国电源学会

China Power Supply Society (CPSS)

地　　址　天津市咸阳路60号
邮政编码　300111
电子信箱　cpss@ powersupply. net. cn
主页网址　http：//www. powering. cn
http：//www. 21dianyuan. com
电　　话　022－27634742/27680796
传　　真　022－27687886
理　事　长　王兆安
副理事长　阮新波　周雒维　倪本来　徐殿国
章进法　康　勇　韩家新
秘　书　长　韩家新（兼）

中国复合材料学会

Chinese Society for Composite Materials (CSCM)

地　　址　北京市海淀区学院路37号
邮政编码　100191
电子信箱　fhclxh@ buaa. edu. cn
主页网址　http：//cscm. buaa. edu. cn
电　　话　010－82317092
理　事　长　杜善义
副理事长　刘人怀　张立同　李新华　孟祥泰
郭玉明　杨　旭　朱建勋　郭恩明
徐惠彬
秘　书　长　燕　瑛

中国消防协会

China Fire Protection Association (CFPA)

地　　址　北京市朝阳区华威西里甲19号
邮政编码　100021
电子信箱　hdhxiaofang@ yahoo. com. cn

主 页 网 址 http://www.china-fire.com
电 话 010-87789256/87792378
传 真 010-87789252
理 事 长 孙 伦
副 理 事 长 李向华 李世雄 郑玉海 冯凯文 范维澄
秘 书 长 高 伟

中国图象图形学学会

China Society of Image&Graphics (CSIG)

地 址 北京市海淀区中关村东路95号
邮 政 编 码 100080
电 子 信 箱 w07@cast.org.cn W9215@126.com
主 页 网 址 http://www.csig.org.cn
电 话 010-82614486/82614482
传 真 010-82614486
名 誉 理 事 长 徐冠华
理 事 长 潘云鹤
副 理 事 长 谭铁牛 韦 穗

中国人工智能学会

Chinese Association for Artificial Intelligence (CAAI)

地 址 北京市海淀区西土城路10号
邮 政 编 码 100876
主 页 网 址 http://caai.cn/index.htm
电 话 010-62281360
传 真 010-62282983
理 事 长 李德毅
副 理 事 长 杨放春 何新贵 赵沁平 谭铁牛 李祖枢 韩力群 黄河燕 焦李成 马少平
秘 书 长 王万森

中国体视学学会

Chinese Society for Stereology (CSS)

地 址 北京市海淀区清华大学工物系刘卿楼211室
邮 政 编 码 100084
电 子 信 箱 tscss@mail.tsinghua.edu.cn
主 页 网 址 http://www.tscss.org/
电 话 010-62776336
传 真 010-62784659
理 事 长 康克军 顾秉林
副 理 事 长 刘国权 赵忠明 申 洪
秘 书 长 王 忠

中国工程机械学会

China Construction Machinery Society (CCMS)

地 址 上海市四平路1239号同济大学机械学院学会
邮 政 编 码 200092
电 子 信 箱 zxz@tongji.edu.cn
主 页 网 址 http://ccms.tongji.edu.cn
电 话 021-65985015
传 真 021-65985015
理 事 长 石来德
副 理 事 长 冯培恩 秦家铭 葛世荣 陶德馨 李晓东 马世宁 赵丁选 刘 权 龙水根 叶元华 易小刚
秘 书 长 徐宝富

中国农学会

China Association of Agricultural Science Societies (CAASS)

地 址 北京市朝阳区麦子店街20号楼
邮 政 编 码 100125
电 子 信 箱 59194203@163.com
主 页 网 址 http://www.caass.org.cn
电 话 010-59194203/59194204
传 真 010-59194204
会 长 张桃林

副　会　长　方智远　梁田庚　王守臣　白金明
刘永好　刘立仁　旭日干　张凤桐
张启发　李家洋　杨　军　陈章良
武文斌　赵方田　骆世明　柯炳生
梁　滨　舒惠国　韩德乾　翟虎渠
腾彩元

秘　书　长　赵方田

中国林学会

Chinese Society of Forestry (CSF)

地　　址　北京市海淀区东小府2号
邮政编码　100091
电子信箱　glp8312@126.com
主页网址　http://www.csf.org.cn
电　　话　010-62889975/62889815
传　　真　010-62888312
名誉理事长　曲格平　高德占
理　事　长　江泽慧
副理事长　王　涛　尹伟伦　张建龙　张守攻
杨雍哲　舒惠国　李文华　李东升
赵良平　张樟德
秘　书　长　赵良平（兼）

中国土壤学会

Soil Science Society of China (SSSC)

地　　址　江苏省南京市北京东路71号
邮政编码　210008
电子信箱　sssc@issas.ac.cn
主页网址　http://www.csss.org.cn
电　　话　025-86881532
传　　真　025-86881538
理　事　长　周健民
副理事长　沈仁芳（常务）　张玉龙　张维理
张福锁　沈其荣　邵明安　武志杰
栗铁申　涂仕华
秘　书　长　蒋　新

中国水产学会

China Society of Fisheries (CSF)

地　　址　北京市朝阳区东三环南路96号农丰大厦
邮政编码　100122
电子信箱　csfish@csfish.org.cn
主页网址　http://www.csfish.org.cn
电　　话　010-59199606
传　　真　010-59199604
理　事　长　唐启升
副理事长　王衍亮　司徒建通　刘身利　朱作言
吴灶和　张铭羽　相建海　桂建芳
黄硕琳　董双林
秘　书　长　司徒建通（兼）

中国园艺学会

Chinese Society for Horticultural Science (CSHS)

地　　址　北京市海淀区中关村南大街12号
邮政编码　100081
电子信箱　cshs@mail.caas.net.cn
主页网址　http://www.cshs.org.cn
电　　话　010-82109528
传　　真　010-82109528
理　事　长　方智远
副理事长　邓秀新　王有年　杜永臣　侯喜林
赵梁军　包满珠　许　勇　孙小武
秘　书　长　杜永臣（兼）

中国畜牧兽医学会

Chinese Association of Animal Science and Veterinary Medicine (CAAV)

地　　址　北京市朝阳区农展馆南路9号博雅园

1－106
邮 政 编 码　100125
电 子 信 箱　c06@cast.org.cn　caav001@163.com
主 页 网 址　http：//www.caav.org.cn
电　　　　话　010－85959009/85959010/85959006
传　　　　真　010－85959010
名誉理事长　吴常信
理　事　长　陈焕春
副 理 事 长　旭日干　阎汉平　张仲秋　于康震
谷继承　李德发　汪　明　文心田
毛振家　区仲生　张　沅　孔宪刚
才学鹏　时建忠　李　英　秦贞奎
李怀林　董常生　余涤非　冯忠武
秘　书　长　阎汉平（兼）

中国植物病理学会

Chinese Society for Plant Pathology
（CSPP）

地　　　　址　北京市海淀区圆明园西路2号
邮 政 编 码　100094
电 子 信 箱　office@cspp.org.cn
主 页 网 址　http：//www.cspp.org.cn
电　　　　话　010－62731025
传　　　　真　010－62813785
理　事　长　郭泽建
副 理 事 长　陈保善　李宝笃　王慧敏　王锡锋
王宗华　郑小波　于嘉林　刘大群
侯明生　周雪平
秘　书　长　韩成贵

中国植物保护学会

China Society of Plant Protection
（CSPP）

地　　　　址　北京市海淀区圆明园西路2号中国农业科学院植物保护研究所
邮 政 编 码　100193
电 子 信 箱　cspp62@163.com
主 页 网 址　http：//www.ipmchina.net/cspp
电　　　　话　010－62815913/62811917
传　　　　真　010－62815913/62811917
理　事　长　吴孔明
副 理 事 长　万方浩　马　祁　马万杰　朱有勇
张青文　张　立　陈剑平　周常勇
夏敬源　顾宝根　喻大昭
秘　书　长　陈万权

中国作物学会

The Crop Science Society of China
（CSSC）

地　　　　址　北京市海淀区中关村南大街12号中国农业科学院作物科学研究所育种楼304
邮 政 编 码　100081
电 子 信 箱　cssc304@sina.com
主 页 网 址　http：//www.chinacrops.org/
电　　　　话　010－82108616
传　　　　真　010－82108785
理　事　长　翟虎渠
副 理 事 长　万建民（常务）　叶贞琴　刘　旭
李云伏　李登海　李召虎　曹卫星
谢华安　薛勇彪
秘　书　长　张保明

中国热带作物学会

China Society of Tropical Crops（CSTC）

地　　　　址　海南省海口市中国热带农业科学院内
邮 政 编 码　571101
电 子 信 箱　rzxh2006@163.com
主 页 网 址　http：//www.cstcs.org.cn
电　　　　话　0898－66962928
传　　　　真　0898－66962927
理　事　长　吕飞杰
副 理 事 长　龚菊芳　刘康德　吴金玉　郭奕秋
何天喜　雷勇健　杨伟林　高咸周
王文壮

秘　　书　　长　吴金玉（兼）

中国蚕学会

Chinese Sociecy of Sericulture Science（CSSS）

地　　　　址　江苏省镇江市四摆渡中国农业科学院蚕业研究所内
邮　政　编　码　212018
电　子　信　箱　liuting68@ 163. com
电　　　　话　0511 – 85616595
传　　　　真　0511 – 85622507
理　　事　　长　鲁　成
副　理　事　长　郭锡杰（常务）　刘文安　汤　咏　杜建一　张道文　孟智启　胡乐山　钱有清　陶文端　曾华明　廖森泰
秘　　书　　长　张国政

中国水土保持学会

Chinese Society of Soil and Water Conservation（CSSWC）

地　　　　址　北京市海淀区清华东路35号北京林业大学综合楼121室
邮　政　编　码　100083
电　子　信　箱　zgsbxh@ 263. net
主　页　网　址　http：//www. sbxh. org
电　　　　话　010 – 62336451
传　　　　真　010 – 62338045
理　　事　　长　刘　宁
副　理　事　长　刘　震　王祝雄　胡元坤　刘国彬　朱金兆
秘　　书　　长　吴　斌

中国茶叶学会

China Tea Science Society（CTSS）

地　　　　址　浙江省杭州市梅灵南路9号
邮　政　编　码　310008
电　子　信　箱　chinatss@ mailtricaas. com
电　　　　话　0571 – 86650477/86653176/876653170
传　　　　真　0571 – 86650477
理　　事　　长　杨亚军
副　理　事　长　宛晓春　冯廷佺　封槐松　毛祖法　朱福堂　黄汉庆　刘仲华　王　云
秘　　书　　长　江用文

中国草学会

Chinese Grassland Society（CGS）

地　　　　址　北京市海淀区圆明园西路2号
邮　政　编　码　100193
电　子　信　箱　cgsoffice@ 163. com
主　页　网　址　http：//www. chinagrass. org. cn
电　　　　话　010 – 62732799/62731666
传　　　　真　010 – 62732799
理　　事　　长　云锦凤
副　理　事　长　龙瑞军　刘永志　刘国道　朱进忠　宗锦耀　张新全　李向林　苏大学　周　禾　周道玮　侯向阳　南志标　徐　柱　韩建国
秘　　书　　长　王　堃

中华医学会

Chinese Medical Association（CMA）

地　　　　址　北京市东城区东四西大街42号
邮　政　编　码　100710
电　子　信　箱　cma@ cma. org. cn
主　页　网　址　http：//www. cma. org. cn
电　　　　话　010 – 85158114
传　　　　真　010 – 85158028
理　　事　　长　陈　竺
副　理　事　长　刘雁飞　买买提·牙森　刘　俊　刘德培　祁国明　吴明江　张雁灵

李兰娟　杨宝峰　柯　杨　贺福初
赵玉沛　郝希山　顾玉东　戴建平
魏于全
秘　书　长　刘雁飞（兼）

中华中医药学会

China Association of Chinese Medicine（CACM）

地　　址　北京市朝阳区樱花园东街甲 4 号
邮政编码　100029
电子信箱　cacmbgs@ yahoo. com. cn
主页网址　http：//www. cacm. org. cn
电　　话　010 – 64218316
传　　真　010 – 64218316
会　　长　王国强
副　会　长　马建中　王新陆　吕玉波　孙树椿
严世芸　吴以岭　吴　浈　张大宁
张伯礼　李大鹏　李俊德　李清杰
杨明会　陈传宏　徐镜人　高思华
曹洪欣　谢阳谷
秘　书　长　李俊德（兼）

中国中西医结合学会

Chinese Association of the Integrated of Traditional and Western Medicine（CAIM）

地　　址　北京市东城区东直门内南小街 16 号
邮政编码　100700
电子信箱　caim@ caim. org. cn
主页网址　http：//www. caim. org. cn
电　　话　010 – 64010688/64025672
传　　真　010 – 64010688/84035154
会　　长　陈凯先
副　会　长　陈香美（常务）　王　阶　王文健
吕爱平　许树强　吴　刚　吴以岭
吴伟康　张伯礼　李显筑　凌昌全
高思华　曹洪欣　黄光英
秘　书　长　穆大伟

中国药学会

Chinese Pharmaceutical Association（CPA）

地　　址　北京市朝阳区建外大街 4 号建外 SOHO9 号楼 18 层
邮政编码　100022
电子信箱　cpalyi@ 163. com　ly@ cpa. org. cn。
主页网址　http：//www. cpa. org. cn
电　　话　010 – 58699270
传　　真　010 – 58699270
理　事　长　桑国卫
副理事长　陈凯先　袁天锡　李大魁　王晓良
吴晓明　李少丽
秘　书　长　李少丽（兼）

中华护理学会

Chinese Nursing Association（CNA）

地　　址　北京市东城区东四西大街 42 号
邮政编码　100710
电子信箱　chnu@ 263. net
主页网址　http：//www. cna – cast. org. cn
电　　话　010 – 65265331/65598461
传　　真　010 – 65265331
理　事　长　李秀华
副理事长　刘华平　王建荣　吴欣娟　黄惟清
孙　红　姜小鹰　郑　萍
秘　书　长　冯运华

中国生理学会

Chinese Association for Physiological Sciences（CAPS）

地　　址　北京市东城区东四西大街 42 号
邮政编码　100710

主 页 网 址　http：//www. caps－china. org/
电　　　话　010－65278802/85158602
传　　　真　010－65278802
理　事　长　王晓民
副 理 事 长　王　宪　王建军　李葆明　夏　强
　　　　　　谢俊霞　马　兰
秘　书　长　王　韵

中国解剖学会

Chinese Society for Anatomical Sciences（CSAS）

地　　　址　北京市东城区东单三条9号
邮 政 编 码　100005
电 子 信 箱　d07@ cast. org. cn
主 页 网 址　http：//www. csas. org. cn
电　　　话　010－65273712/65296459
传　　　真　010－65273712/65296459
理　事　长　李云庆
副 理 事 长　席焕久　顾晓松　周国民　李　和
　　　　　　张绍祥
秘　书　长　周长满

中国生物医学工程学会

Chinese Society of Biomedical Engineering（CSBME）

地　　　址　北京市东城区东单三条5号
邮 政 编 码　100005
电 子 信 箱　swyxgch@ 126. com　yxgch@ sina. com
主 页 网 址　http：//www. csbme. org
电　　　话　010－65136537/65296448
传　　　真　010－65265035
名 誉 主 席　俞梦孙
理　事　长　樊瑜波
副 理 事 长　李兰娟　郑全录　姜宗来　胡逸民
　　　　　　顾汉卿　奚廷斐　曹谊林　董秀珍
秘　书　长　顾汉卿（兼）

中国病理生理学会

Chinese Association of Pathophysiology（CAP）

地　　　址　北京市海淀区学院路38号北京大学医学部病理生理教研室
邮 政 编 码　100191
电 子 信 箱　pathophy@ bjmu. edu. cn
主 页 网 址　http：//www. caop. ac. cn
电　　　话　010－82802403
传　　　真　010－82802403
理　事　长　吴立玲
副 理 事 长　朱广瑾　王建枝　高钰琪　陈　琪
　　　　　　王华东
秘　书　长　张幼怡

中国营养学会

Chinese Nutrition Society（CNS）

地　　　址　北京市宣武区广安门内大街6号枫桦豪景A座5单元1601室、1602室
邮 政 编 码　100053
电 子 信 箱　lq@ cnsoc. org　cns@ cnsoc. org
主 页 网 址　http：//www. cnsoc. org
电　　　话　010－83554781/83554782
传　　　真　010－83554780
理　事　长　程义勇
副 理 事 长　翟凤英（常务）　郭俊生　苏宜香
　　　　　　严卫星　杨月欣
秘　书　长　贾健斌

中国药理学会

Chinese Pharmacological Society（CNPHARS）

地　　　址　北京宣武区先农坛街1号

邮政编码 100050
电子信箱 zhxd@ imm. ac. cn
主页网址 http：//www. cnphars. org
电　　话 010－63165211
传　　真 010－63165211
理 事 长 杜冠华
副理事长 李学军　刘昌孝　刘俊田　苏定冯　杨宝峰　张岫美　张永祥　周宏灏
秘 书 长 张永祥（兼）

中国针灸学会
China Association of Acupuncture and Moxibustion（CAAM）

地　　址 北京市东城区东直门内南小街 16 号
邮政编码 100700
电子信箱 d12@ cast. org. cn
主页网址 http：//www. caam. cn
电　　话 010－64030959/64030611
010－64014411 转 2274/3065/3063
传　　真 010－64030959
理 事 长 李维衡
副理事长 王之虹　邓良月　石学敏　孙国杰　刘保延　沈志祥　张　仁　杨宝琴　吴富东　梁繁荣
秘 书 长 刘保延（兼）

中国防痨协会
Chinese Anti－Tuberculosis Association（CATA）

地　　址 北京市东城区东四西大街 42 号 210 室
邮政编码 100710
电　　话 010－65257475/65257509
传　　真 010－65257475
理 事 长 王撷秀
副理事长 万利亚　刘志敏　刘剑君　许绍发　洪　峰　梅　建
秘 书 长 万利亚（兼）

中国麻风防治协会
China Leprosy Association（CLA）

地　　址 北京市丰台区角门北路甲 8 号 1 号楼 1107 室
邮政编码 100068
电子信箱 clabj@ vip. 163. com
主页网址 http：//www. chinalep. org
http：//www. skinstd. com
电　　话 010－67522205
传　　真 010－67522206
理 事 长 张国成
副理事长 宋顺鹏　张福仁　汪　华　熊俊浩　尤卫平　杨　斌　胡守敬　徐伟民
秘 书 长 潘春枝

中国心理卫生协会
Chinese Association for Mental Health（CAMH）

地　　址 北京市西城区德外安康胡同 5 号
邮政编码 100088
电子信箱 camh2006@ sina. com
主页网址 http：//www. camh. org. cn
电　　话 010－58303238/58303239/58303248
传　　真 010－82029354
理 事 长 蔡焯基
副理事长 马　辛　王向群　赵国秋　张金钟　张建新　曹连元
秘 书 长 马　辛（兼）

中国抗癌协会
Chinese Anti－cancer Association（CACA）

地　　址 天津市新技术产业园区兰苑路 5 号 A 座 10 楼

邮政编码 300384
电子信箱 bgs@ caca. sina. net
主页网址 http：//www. caca. org. cn
电　　话 022 - 23359958
传　　真 022 - 23526512
理 事 长 郝希山
副理事长 程书钧　曾益新　樊代明　刘　奇
　　　　 蒋国梁　唐步坚　赵家宏　张宗卫
　　　　 高国兰
秘 书 长 张广超

中国体育科学学会

China Sport Science Society
(CSSS)

地　　址 北京市崇文区体育馆路 11 号
邮政编码 100061
电子信箱 csssbgs@ 126. com
主页网址 http：//www. csss. cn
电　　话 010 - 87182594/87182593
传　　真 010 - 87183926
理 事 长 段世杰
副理事长 田麦久　史康成　张　剑　杨贵仁
　　　　 杨　桦　杜利军　田　野　于长隆
秘 书 长 田　野（兼）

中国毒理学会

Chinese Society of Toxicology
(CST)

地　　址 北京市海淀区太平路 27 号
邮政编码 100850
电子信箱 chntox@ yahoo. com. cn
主页网址 http：//www. chntox. org
电　　话 010 - 66932387
传　　真 010 - 68183899
理 事 长 庄志雄
副理事长 付立杰　江桂斌　廖明阳　王　捷
　　　　 王心如　郑玉新　周平坤
秘 书 长 周平坤

中国康复医学会

Chinese Association of
Rehabilitation Medicine (CARM)

地　　址 北京市朝阳区樱花园东街 2 号
邮政编码 100029
电子信箱 carm510@ 126. com
主页网址 http：//www. carm. org. cn
电　　话 010 - 84205450/64222985
传　　真 010 - 64222985
理 事 长 马晓伟
副理事长 许树强　励建安　邓开叔　王茂斌
　　　　 侯树勋　李建军
秘 书 长 励建安（兼）

中国免疫学会

Chinese Society for Immunology
(CSI)

地　　址 北京市东城区东单三条 5 号
邮政编码 100005
电子信箱 65296451@ 163. com
主页网址 http：//www. csi - cams. org. cn
电　　话 010 - 65296451/85113258
传　　真 010 - 65296451
理 事 长 曹雪涛
副理事长 沈倍奋　马大龙　龚非力　田志刚
　　　　 何　维
秘 书 长 何　维（兼）

中华预防医学会

Chinese Preventive Medicine
Association (CPMA)

地　　址 北京市西城区鼓楼西大街 154 号
邮政编码 100009

电子信箱 cpma_ zhxt@ 126. com
主页网址 http://www.cpma.org.cn
电 话 010-84039879
传 真 010-84039873
会 长 王陇德
副 会 长 王 宇 王贺祥 王撷秀 庄 辉
李德雪 姜庆五 蔡纪明 阚学贵
秘 书 长 蔡纪明（兼）

中国法医学会

Chinese Forensic Medicine Association（CFMA）

地 址 北京市西城区木樨地南里17号
邮政编码 100038
电子信箱 fyxh6626@ sina. com
主页网址 http://www.fyxh.org
电 话 010-63495531/66269520
传 真 010-63495531
会 长 刘 耀
副 会 长 王 羽 王雪梅 王 镭 安卫星
吴少军 杜 春 翟恒利
秘 书 长 翟恒利（兼）

中华口腔医学会

Chinese Stomatological Association（CSA）

地 址 北京市海淀区中关村南大街甲18号北京国际大厦C座4层
邮政编码 100081
电子信箱 csa@ cndent. com
电 话 010-62116665
会 长 王 兴
副 会 长 石四箴 边 专 孙 正 张志愿
周学东 俞光岩 赵铱民 栾文民
黄洪章
秘 书 长 王 渤

中国自然辩证法研究会

The Chinese Society for Dialetics of Nature, Philosophy of Nature, Science and Technology（CSDN, PNST）

地 址 北京市海淀区学院南路86号
邮政编码 100081
电子信箱 zrbzhr@ cast. org. cn
主页网址 http://www.chinasdn.org.cn
电 话 010-62149306
传 真 010-68946186
理 事 长 朱 训
副理事长 吴启迪 乌 杰 殷瑞钰 柯 杨
瞿振元 张彦英 邓 勇 冯 俊
曾国屏 王德胜 石宝珩
秘 书 长 王玉平

中国管理现代化研究会

Chinese Society for Management Modernization（CSMM）

地 址 北京市海淀区中关村东路80号
邮政编码 100190
电子信箱 shigs2005@ 163. com
电 话 010-82680396
传 真 010-82680396
理 事 长 赵纯均
副理事长 石 勇 李维安 吴世农 汪寿阳
陈国青 陈晓红 张 维 张维迎
陆雄文 周子康 席酉民 赵曙明
秘 书 长 石 勇（兼）

中国技术经济学会

Chinese Society of Technology Economics（CSTE）

地 址 北京市海淀区学院南路86号
邮政编码 100081

电子信箱　e03@ cast. org. cn
主页网址　http：//www. cste. org. cn
电　　话　010 - 62174221
传　　真　010 - 62174221
理事长　孙晓郁
副理事长　罗冰生　吴贵生（常务）　蔡　莉　张宗益　王祥明　吴季松　李志军　李　平　郑　琦
秘书长　郑　琦（兼）

中国现场统计研究会

Chinese Association for Applied Statistics（CAAS）

地　　址　北京市朝阳区平乐园 100 号北京工业大学应用数理学院（数理楼 2417 室）
邮政编码　100124
电子信箱　e04@ cast. org. cn
电　　话　010 - 67392433
传　　真　010 - 67392433
荣誉理事长　张里千　林少宫
理事长　耿　直
副理事长　于　丹（常务）　黄　权　李　纲　缪柏其　濮晓龙　任露泉　杨　虎　张忠占　郑卫华
秘书长　程维虎

中国未来研究会

China Society for Futures Studies（CSFS）

地　　址　北京市海淀区学院南路 86 号
邮政编码　100081
电子信箱　e05@ cast. org. cn/csfs3636@ sina. com
电　　话　010 - 62103295/62103296
传　　真　010 - 62103294
理事长　张文范
副理事长　高　恒
秘书长　夏　震

中国科学技术史学会

Chinese Society for the History of Science and Technology（CSHST）

地　　址　北京市海淀区中关村东路 55 号
邮政编码　100190
电子信箱　zgkjs_ xuehui@ 163. com
主页网址　http：//www. cshst. org. cn
电　　话　010 - 57552527
传　　真　010 - 57552567
理事长　廖育群
副理事长　吴国盛　胡化凯　关增建　梅建军　张大庆
秘书长　鲁大龙

中国科学技术情报学会

China Society for Scientific and Technical Information（CSSTI）

地　　址　北京市海淀区复兴路 15 号
邮政编码　100038
电子信箱　wangq@ istic. ac. cn
主页网址　http：//www. cssti. org. cn
电　　话　010 - 58882540
传　　真　010 - 58882550
理事长　石定环
副理事长　贺德方（常务）　袁海波　闫　巍　马费成　王文斌　梁战平　陈　超
秘书长　郑彦宁

中国图书馆学会

Library Society of China（LSC）

地　　址　北京市海淀区中关村南大街 33 号
邮政编码　100081
电子信箱　ztxhmsc@ nlc. gov. cn
主页网址　http：//www. lsc. org. cn

http：//www. csls. org. cn
电　　　话　010－88545563/88545091
传　　　真　010－68417815
名誉主席　周和平
理　事　长　詹福瑞
副理事长　陈　力　陈传夫　倪晓建　王余光
　　　　　吴建中　杨沛超　张晓林　朱　强
秘　书　长　汤更生

中国城市科学研究会

Chinese Society For Urban Studies (CSUS)

地　　　址　北京市海淀区三里河路9号
邮政编码　100835
电子信箱　csus@263. net
主页网址　http：//www. chinasus. org
电　　　话　010－58933149/68317852
传　　　真　010－68313149
理　事　长　仇保兴
副理事长　王玉庆　王德惠　史善新　江　亿
　　　　　李　兵　李家洋　陈　刚　张鸿铭
　　　　　武　寅　赵宝江　谭荣尧　潘云鹤
秘　书　长　李　迅

中国科学学与科技政策研究会

The Chinese Association of Science of Science and S&T Policy Res (CASSSP)

地　　　址　北京市海淀区中关村东路55号北京8712信箱
邮政编码　100190
电子信箱　casssp@mail. casipm. ac. cn
主页网址　http：//www. casssp. org. cn
电　　　话　010－62542615
传　　　真　010－62542615
理　事　长　龚育之　冯之浚　吴明瑜　罗　伟
副理事长　张碧晖
秘　书　长　吕敬华

中国农村专业技术协会

China Rural Special Technology Association (CRSTA)

地　　　址　北京市朝阳区民族园路2号成果酒店4047室
邮政编码　100029
电子信箱　china_ njx@ sina. com
主页网址　http：//www. agritech. org. cn
电　　　话　010－62016372/82031105
传　　　真　010－82031105
理　事　长　吕飞杰
副理事长　翟晓斌（常务）　陈凤秀　贾敬敦
　　　　　屈冬玉　傅泽田　卢怀玉　丁志用
　　　　　杨雄年　王有年
秘　书　长　张晓军

中国工业设计协会

China Industrial Design Association (CIDA)

地　　　址　北京市朝阳区工人体育场3看台3012室
邮政编码　100027
电子信箱　cida@vip. 163. com
主页网址　http：//www. chinadesign. cn
电　　　话　010－64163104/64174928
传　　　真　010－64177996
理　事　长　朱　焘
副理事长　柳冠中　陈秉义　陈学忠　赵卫国
　　　　　任克雷　刘　宁　马春东　李　北
　　　　　巫英坚　何人可　陈冬亮　姚映佳
　　　　　徐剑光　冼　燃　鲁晓波　程建新
　　　　　汤重熹
秘　书　长　黄武秀

中国工艺美术学会

China National Arts & Crafts Society (CNACS)

地　　址　北京市西城区阜外大街乙22号
邮政编码　100038
电子信箱　zhgmxhxshb@126.com
主页网址　http://www.cnacs.com.cn
电　　话　010-68396407
传　　真　010-68396407
理 事 长　杨自鹏
副理事长　赵之硕　唐克美　李玉坤　朱乐耕
　　　　　张玉蟲　秦锡麟　黄宝庆　潘鲁生
　　　　　李当岐　张春雷　李红光　岳芙蓉
　　　　　周锦云　范大政　马　达　范伟民
秘 书 长　赵之硕

中国科普作家协会

China Science Writers Association (CSWA)

地　　址　北京市海淀区学院南路86号
邮政编码　100081
电子信箱　mengxiong@vip.sina.com
电　　话　010-62187884/51901238
传　　真　010-62187884
理 事 长　刘嘉麒
副理事长　王直华　孙云晓　任福君　刘泽林
　　　　　陈有元　陈芳烈　吴智仁　居云峰
　　　　　金　涛　郭曰方　张开逊
秘 书 长　居云峰（兼）

中国自然科学博物馆协会

Chinese Association of Natural Science Museums (CANSM)

地　　址　北京市朝阳区北辰东路5号
邮政编码　100012
电子信箱　cansm@vip.sina.com
主页网址　http://www.cansm.org
电　　话　010-59041301
传　　真　010-59041331
理 事 长　徐善衍
副理事长　刘永范　齐贤德　齐继光　朱　进
　　　　　康熙民　孟庆金　徐延豪　王小明
秘 书 长　邵　杰

中国可持续发展研究会

Chinese Society for Sustainable Development (CSSD)

地　　址　北京市海淀区玉渊潭南路8号
邮政编码　100038
电　　话　010-58884808/58884807
传　　真　010-58884807
电子信箱　songzh@acca21.org.cn
　　　　　zhujing@acca21.org.cn
主页网址　http://cssd.acca21.org.cn/
理 事 长　邓　楠
副理事长　冯之浚　张坤民　甘师俊　王伟中
　　　　　王　浩
秘 书 长　郭日生

中国青少年科技辅导员协会

China Association of Science Instructors for Youth and Children (CACSI)

地　　址　北京市海淀区复兴路3号中国科技会堂C座303
邮政编码　100863
电子信箱　cacsi@cacsi.org.cn
主页网址　http://www.cacsi.org.cn
电　　话　010-68516005/68518719/68580512
传　　真　010-68518719
理 事 长　陈赛娟

荣誉理事长　叶叔华
副 理 事 长　牛灵江（常务）　丁　鹏　王　路
　　　　　　王延祜　王定华　王海波　王渝生
　　　　　　邓　丽　赵有利　钱景林
秘 书 长　赵建龙

中国科教电影电视协会

China Science Film and Video Association（CSFVA）

地　　址　北京市海淀区学院南路 86 号
邮政编码　100081
电子信箱　csfva@ yahoo. com. cn
主页网址　http：//www. csfva. org. cn
电　　话　010－62186304/62113038
传　　真　010－62186304
理 事 长　刘建中
副 理 事 长　顾希峰　王珠珠　邱国立　赵致真
　　　　　　薛继军　童　刚　齐建新　张长明
　　　　　　张国平
秘 书 长　张国平（兼）

中国科学技术期刊编辑学会

China Editology Society of Science Periodicals（CESSP）

地　　址　北京市海淀区学院南路 86 号
邮政编码　100081
电子信箱　kxcessp@ tom. com
主页网址　http：//www. cessp. org. cn
电　　话　010－62147743
传　　真　010－62147743
理 事 长　丁乃刚
副 理 事 长　陈浩元　李　军　刘学东　刘泽林
　　　　　　齐志英　王亨君　游苏宁　苏　青
秘 书 长　姚希彤

中国流行色协会

China Fashion & Color Association（CFCA）

地　　址　北京市东城区东长安街 12 号 522 室
邮政编码　100742
电子信箱　fashioncolor@ fashioncolor. org. cn
主页网址　http：//www. fashioncolor. org. cn
电　　话　010－85229522/85229531
传　　真　010－85229531
理 事 长　杜钰洲
副 理 事 长　梁　勇（常务）　于西蔓　王启明
　　　　　　王蕴强　孙伟挺　宋建明　张志峰
　　　　　　张宝全　张荣明　李小白　邱　栋
　　　　　　陈建忠　陈勇斌　陈新民　周少明
　　　　　　周成建　林　平　罗建凡　金　耀
　　　　　　姚映佳　胡　松　倪振年　夏国新
　　　　　　席时平　徐剑光　钱金波　高德康
　　　　　　蔡　明　颜志超
秘 书 长　朱　莎

中国档案学会

Chinese Archives Society（CAS）

地　　址　北京市宣武区永安路 106 号
邮政编码　100050
电子信箱　daxyj@ 263. net
电　　话　010－63020081
传　　真　010－63018703
理 事 长　李和平
副 理 事 长　于　薇　付　华　吴　辰　陈乐人
　　　　　　邹爱莲　赵国俊
秘 书 长　付　华（兼）

中国国土经济学会

China Society of Territory Economics（CSOTE）

地　　址　北京市丰台区分钟寺街 283 号

邮　政　编　码　100164
主　页　网　址　http://www.csote.org
电　　　　　话　010－52010400
传　　　　　真　010－52010400
理　　事　　长　张怀西
副　理　事　长　江泽慧　柳忠勤
秘　　书　　长　柳忠勤（兼）

中国土地学会

China Land Science Society（CLSS）

地　　　　　址　北京市西城区冠英园西区37号
邮　政　编　码　100035
电　子　信　箱　zgtdxh@vip.sina.com
主　页　网　址　http://www.zgtdxh.org.cn
电　　　　　话　010－66562607/66562609/
　　　　　　　　010－66562671/66562610/66562651
传　　　　　真　010－66562563
理　　事　　长　王世元
名　誉　主　席　邹玉川　李　元
副　理　事　长　王广华　曲福田　朱留华　安家盛
　　　　　　　　张凤荣　陈　军　高向军　唐华俊
　　　　　　　　黄小虎　蒋亚平　蔡运龙　胡存智
　　　　　　　　郑凌志　吴海洋　韩海青
秘　　书　　长　郑凌志（兼）

中国科技新闻学会

Chinese Society for Science and Technology Journalism（CSSTJ）

地　　　　　址　北京市海淀区白云路1号1005室
邮　政　编　码　100081
电　子　信　箱　kjxw@sina.com
主　页　网　址　http://www.csstj.org.cn
电　　　　　话　010－62155368
传　　　　　真　010－62184952
理　　事　　长　焦洪波
副　理　事　长　王友恭　刘洪海　李新彦　赵立凡
　　　　　　　　赵致真　赵忠颖　夏　林　徐九武
秘　　书　　长　杨　艺

中国老科学技术工作者协会

China Association of Senior Scientists and Technicians（CASST）

地　　　　　址　北京市海淀区学院南路86号
邮　政　编　码　100081
电　　　　　话　010－62177879
传　　　　　真　010－62172825
理　　事　　长　程连昌
副　理　事　长　张春园　乌　杰　叶文虎　白玉龙
　　　　　　　　刘于鹤　何永年　宋南平　宋树友
　　　　　　　　李天文　肖作福　徐滨士　袁正中
　　　　　　　　甄永苏　蔡庆华
秘　　书　　长　陈秀保

中国科学探险协会

China Association for Scientific Expeditions（CASE）

地　　　　　址　北京市海淀区西小关中国科学院大气
　　　　　　　　物理所铁塔分部内
邮　政　编　码　100083
电　子　信　箱　e26@cast.org.cn
主　页　网　址　http://www.case.org.cn
电　　　　　话　010－62378038
传　　　　　真　010－62379818
名　誉　主　席　宋　健　刘东生
主　　　　　席　高登义
副　　主　　席　秦大河　王会军　张树义　邹　捍
　　　　　　　　张　波　吕芳利　张江援
秘　　书　　长　王　维

中国城市规划学会

Urban Planning Society of China（UPSC）

地　　　　　址　北京市海淀区三里河路9号

邮 政 编 码 100037
电 子 信 箱 planning@ planning. gov. cn
主 页 网 址 http://www. planning. org. cn
电 话 010－58323862/63/66
传 真 010－58323850
理 事 长 仇保兴
副 理 事 长 尹 稚 王静霞 石 楠 朱嘉广 吴志强 张 泉 李晓江 唐 凯 樊 杰
秘 书 长 石 楠（兼）

中国产学研合作促进会

China Industry－University－Research Institute Collaboration Association (CIUR)

地 址 北京市海淀区阜成路北3街6号轻苑大厦1002
邮 政 编 码 100048
电 子 信 箱 cxy@ 360cxy. cn zgcxy06@ 163. com
主 页 网 址 http://www. 360cxy. cn
电 话 010－68987182/68987183
传 真 010－68986913
名 誉 会 长 路甬祥 徐匡迪 万 钢 周 济
会 长 徐志坚
副 会 长 段瑞春（常务） 石定环（常务） 左铁镛 袁 隐 李慧芬 蒋明麟 张 勤 任玉岭 甘智和 李志民 梁 桂 曹湘洪 姚 燕 干 勇 张玉卓 施正荣 杨桂生 戚 强 李 健 马德秀 何建坤 张兴华 王建华 陈巧红
秘 书 长 王建华

中国知识产权研究会

China Intellectual Property Society (CIPS)

地 址 北京市西城区北三环中路乙6号伦洋大厦
邮 政 编 码 100120
主 页 网 址 http://www. cnips. org/index. asp
电 话 010－58515222
传 真 010－58515222
名 誉 理 事 长 任建新 周光召 姜 颖
理 事 长 杨正午
副 理 事 长 甘绍宁（常务） 张 勤（常务） 王 涛 王玉庆 王自强 刘春田 孙欣夫 许瑞表 吴大建 吴汉东 吴伯明 张 辉 张秀平 李 勇 李建昌 李顺德 陈志兴 陈美章 单晓光 周渝波 尚 明 武爱民 段瑞春 贺志辉 赵永吉 须一平 徐志武 郭庆存 梅永红
秘 书 长 张云才

中国发明协会

China Association of Inventions

地 址 北京市西城区北三环中路乙6号伦洋大厦6层
邮 政 编 码 100120
电 子 信 箱 fmxhzlb@ 163. com
主 页 网 址 http://www. cainet. org. cn
电 话 010－58515116
传 真 010－58515116
理 事 长 朱丽兰
副 理 事 长 邢胜才（常务） 王 峰 王子纯 王永民 王瑞生 包起帆 刘彭芝 张 泽 李维德 汪金德 沈福昌 邹远东 徐士龙 贺军科 曹凤国
秘 书 长 鹿大汉

中国密码学会

Chinese Association for Cryptologic Research (CACR)

地 址 北京市丰台区靛厂路7号
邮 政 编 码 100036
电 子 信 箱 cacr@ cacrnet. org. cn
主 页 网 址 http://www. cacrnet. org. cn

电　　　　话　010－59703621
传　　　　真　010－59703621
理　　事　　长　裴定一
副　理　事　长　冯登国　徐茂智　杨义先　王小云
秘　　书　　长　强志军

中国国际经济技术合作促进会

地　　　　址　北京市海淀区学院南路32号
邮　政　编　码　100082
电　子　信　箱　capc2008@yahoo.com.cn
主　页　网　址　http：//www.capc.com.cn
电　　　　话　010－62259379/62221917/62273260
传　　　　真　010－62259379
理　　事　　长　郑树山
副　理　事　长　毛　武　李雨时　海　闻　陈凯慧　汪超涌
秘　　书　　长　田来福

中国反邪教协会

China Anti－Cult Association（CACA）

地　　　　址　北京市海淀区复兴路乙12号
邮　政　编　码　100814
主　页　网　址　http：//www.cnfxj.org/
电　　　　话　010－63956606
传　　　　真　010－63956606
理　　事　　长　庄逢甘
副　理　事　长　龚育之　潘家铮　傅铁山　王家福　圣　辉　何祚庥　郭正谊
秘　　书　　长　王渝生（兼）

省、自治区、直辖市科协，新疆生产建设兵团科协简介

北京市科学技术协会

地　　址　北京市朝阳区育慧里4号
邮政编码　100101
电子信箱　bastbgsh@bjkp.gov.cn
主页网址　http://www.bast.net.cn
电　　话　010－84635008
传　　真　010－84655007
主　　席　顾秉林
副 主 席　马国馨　方智远　王志珍　王渝生　田　文　田小平　刘德培　许达哲　许健民　周立军　林建华　范伯元　贺福初　赵继林　夏　强　殷　琼

天津市科学技术协会

地　　址　天津市和平区和平路287号
邮政编码　300041
电子信箱　tastbgs@163.com
主页网址　http://www.tast.org.cn/
电　　话　022－27120933
传　　真　022－27112792
主　　席　王静康
副 主 席　杨鑫传（常务）　王运洪　邓中翰　白景美　龙以明　刘惠通　何志敏　李朝兴　姚建铨　姜　沂　郝希山　葛墨林

河北省科学技术协会

地　　址　河北省石家庄市裕华东路103号
邮政编码　050011
电子信箱　gxy7421@126.com
主页网址　http://www.hbast.org.cn
电　　话　0311－86049311
传　　真　0311－86049311
主　　席　李有成
副 主 席　唐树钰　李宗民　杨金深　许顺斗　孙　玉　邹　竞　王慧军　李春岩　刘尚合

山西省科学技术协会

地　　址　山西省太原市迎泽大街366号
邮政编码　030001
电子信箱　sxskx@163.com
主页网址　http://www.sxast.cn/
电　　话　0351－4041510
传　　真　0351－4041510
主　　席　侯晋川
副 主 席　韩裕峰　王德贵　崔　忠　郝建新　申瑞涛　刘四龙　刘惠民　张文栋　张卓玉　金智新　段志光　胡玉亭　赵世卫　高步文

内蒙古自治区科学技术协会

地　　址　内蒙古自治区呼和浩特市新华大街70号
邮政编码　010020
电子信箱　nmkxbgs@126.com
主页网址　http://www.nmgzkj.com
电　　话　0471－6290014
传　　真　0471－6939371
主　　席　牛广明
副 主 席　景建华　亢贵厚　陈天保　于　平　洪　晏　马　强　乌力吉特古斯　邢永明　亚　新　闫　伟　安玉麟　李春龙　杨　宏　杨　劼

辽宁省科学技术协会

地　　址　辽宁省沈阳市沈河区文艺路44号
邮政编码　110016
电子信箱　kx06@ cast. org. cn
主页网址　http：//www. lnast. net
电　　话　024－23221693/23947260
传　　真　024－23221693
主　　席　王天然
副 主 席　于天忱　王元立　包信和　刘长江
孙铁珩　孙　丹　苏永强　全太元
胡永康　唐任远　康　捷　黄其励
程耿东　鲍振东　赫冀成

吉林省科学技术协会

地　　址　吉林省长春市人民大街6255号
邮政编码　130021
电子信箱　skxjsxh@ public. cc. jl. cn
主页网址　http：//www. jlstnet. net
电　　话　0431－85682405
传　　真　0431－85685244
主　　席　刘淑莹
副 主 席　于化东　王之虹　王长和　王家骐
尹　军　史宁中　刘东华　安凤成
李玉林　李景涛　吴绍明　邹广田
张洪杰　张德江　岳德荣　展　涛
夏咸柱　裘式纶　戴　昕

黑龙江省科学技术协会

地　　址　哈尔滨市南岗区中山路204号
邮政编码　150001
电子信箱　hljkx@ sina. com
主页网址　http：//www. hljkx. cn
电　　话　0451－82624293
传　　真　0451－82626403
主　　席　马淑洁
副 主 席　闫永华　杨铭铎　唐衍伟　丛　丽

上海市科学技术协会

地　　址　上海市南昌路47号
邮政编码　200020
电子信箱　sast@ sast. gov. cn
主页网址　http：//www. sast. gov. cn
电　　话　021－53822040
传　　真　021－53826013
主　　席　沈文庆
副 主 席　曹振全　高小玫　杨广生　王智勇
俞　涛　丁文江　万　钢　包起帆
左学金　华仁长　孙正心　孙晋良
朱能鸿　江欢成　何积丰　陈凯先
徐乐江　桂永浩　谢绳武

江苏省科学技术协会

地　　址　江苏省南京市北京西路30号宁海大厦23～24层
邮政编码　210024
电子信箱　luoyj69@ 163. com
主页网址　http：//new. jskx. org. cn
http：//www. kepu365. net. cn
电　　话　025－83323435
传　　真　025－83303700
主　　席　欧阳平凯
副 主 席　徐耀新　戎嘉余　刘志红　方　成
孙　伟　严寿宁　严少华　陈　琪
刘显桃　吴国彬　张铁恒　阮仁良

浙江省科学技术协会

地　　址　浙江省杭州市武林广场8号省科协

大楼
邮政编码　310003
电子信箱　info@ zast. org. cn
主页网址　http：//www. zast. org. cn
电　　话　0571－85106947
传　　真　0571－85106947
主　　席　李兰娟
副 主 席　鲁善增　虞龙宝　隗斌贤　姚　克
刘传德　严晓浪　杨　卫　邱飞章
张立彬　陈剑平　周海梦　郑小明
高从堦

安徽省科学技术协会

地　　址　安徽省合肥市花园街4号科技大厦
邮政编码　230001
电子信箱　aast@ mail. hf. ah. cn
主页网址　http：//www. ahpst. net. cn
电　　话　0551－2661725
传　　真　0551－2655031
主　　席　田唯谦
副 主 席　王东进　王英俭　王海彦　王群京
孙公民　刘光复　安　进　余焰炉
宋礼华　张学军　陆建辉　周建强
宛晓春　赵　韩　施雄梁　袁　亮
凌永顺　梁寿南　樊高定

福建省科学技术协会

地　　址　福建省福州市东大路73号二号楼
邮政编码　350001
电子信箱　kx102@ tom. com
电　　话　0591－87532949/87532850/87532651
传　　真　0591－87532632/87532949
主　　席　吴新涛
副 主 席　叶顺煌　符卫国　柯少愚　赵榜生
顾阿华　谢联辉　郑兰荪　洪茂椿
王钦敏　赖爱光　谢华安　杜　建

江西省科学技术协会

地　　址　江西省南昌市江西省政府大院内
邮政编码　330046
电子信箱　kxbgs@ jxkx. gov. cn
主页网址　http：//www. jxkx. com. cn
电　　话　0791－6387220/6224288
传　　真　0791－6224288
主　　席　李华栋
副 主 席　毛祖逊　石　屏　刘三秋　李雪南
杨贵平　扶名福　张文海　张忠平
张建华　周世健　胡世忠　洪三国
梁纯平　彭玲华　谢金水　廖维林
颜龙安

山东省科学技术协会

地　　址　山东省济南市杆南东街8号
邮政编码　250001
电子信箱　bgs@ sdast. org. cn
主页网址　http：//www. sdast. org. cn
电　　话　0531－82073209
传　　真　0531－82073208
主　　席　唐启升
副 主 席　燕　翔　刘建华　林兆谦　李云云
汤少泉　王　军　王天义　王金宝
庄文忠　赵彦修　徐茂波　谢立信
韩圣浩　韩金祥　薛庆国

河南省科学技术协会

地　　址　河南省郑州市花园路53号
邮政编码　450008
电子信箱　hnskxnba@ 163. com
主页网址　http：//www. hast. net. cn
电　　话　0371－65707511

传　　　　真　0371－65707512
主　　　　席　李建中
副　主　　席　彭　勃　何凤莲　梁留科　李宝红
谈朗玉　肖新生　马万杰　申长雨
王艳玲　陈建生　李会林　张全民
李官奇

湖北省科学技术协会

地　　　　址　湖北省武汉市武昌区八一路9号
邮 政 编 码　430071
电 子 信 箱　hubeikexie@163.com
主 页 网 址　http://www.hbkx.org.cn
电　　　　话　027－87823704
传　　　　真　027－87823704
主　　　　席　樊明武
副　主　　席　曲　颖（常务）　马伟明　冯　芊
叶朝辉　刘本仁　刘经南　朱作言
许晓金　张家胜　张端品　李培根
李德仁　夏　航　徐菊明

湖南省科学技术协会

地　　　　址　湖南省长沙市东风路17号
邮 政 编 码　410005
电 子 信 箱　hnkxbgs@yahoo.com.cn
主 页 网 址　http://www.hnast.org.cn
电　　　　话　0731－84884373
传　　　　真　0731－84884374
主　　　　席　何继善
副　主　　席　尤昭玲　尹泽勇　王柯敏　卢光绣
田明星　龙国键　刘友梅　庄钊文
吴明夏　杨　薇　邹志强　周兴铭
周宏灏　官春云　易小刚　青先国
姚守拙　荣　诚　钟　掘

广东省科学技术协会

地　　　　址　广东省广州市连新路171号
邮 政 编 码　510040
电 子 信 箱　stainfo@sta.gd.cn
主 页 网 址　http://www.sta.gd.cn
电　　　　话　020－83550424
传　　　　真　020－83549085
主　　　　席　卢钟鹤
副　主　　席　刘人怀　刘焕彬　汤世华　吴焕泉
张湘伟　李元元　李兴华　陈　勇
陈晓阳　罗富和　钟南山　梁　明
黄达人　曾益新

广西壮族自治区科学技术协会

地　　　　址　广西壮族自治区南宁市古城路31号
邮 政 编 码　530022
电 子 信 箱　gxkx123@126.com
主 页 网 址　http://www.gxast.org.cn
电　　　　话　0771－2630589/2630595
传　　　　真　0771－2617248
主　　　　席　郑皆连
副　主　　席　甘向群　卢兆发　谢林城　朱　东
钟夏平　李杨瑞　陈大克

海南省科学技术协会

地　　　　址　海南省海口市国兴大道69号海南广场人大楼7层
邮 政 编 码　570203
电 子 信 箱　hnkxccb@163.com
主 页 网 址　http://www.hainanast.org
电　　　　话　0898－65393360
传　　　　真　0898－65332244
主　　　　席　康耀红
副　主　　席　陈永明　刘智慧　陈　民　景　柱
陈国华

重庆市科学技术协会

地　　　　址　重庆市渝中区双钢路3号科协大厦16楼

邮　政　编　码　400013
电　子　信　箱　cqkxbgs@ yahoo. cn
主　页　网　址　http：//www. cqast. cn
电　　　　　话　023－63003788/63003916
传　　　　　真　023－63003788
主　　　　　席　李晓红
副　　主　　席　丁祥龙　王小佳　王正国　王登高
甘联君　孙才新　何世斌　张　力
李　建　李天安　李华光　李志高
李启松　杨士中　陈流汀　周泽扬
郑颖人　唐伯明　袁道先　董　林
雷　寒　蔡　韬　戴　伟

四川省科学技术协会

地　　　　　址　四川省成都市人民南路4段11号
邮　政　编　码　610041
电　子　信　箱　bgs@ sckx. org. cn
主　页　网　址　http：//www. sckx. org. cn
电　　　　　话　028－85221933
传　　　　　真　028－85222804
主　　　　　席　谢和平
副　　主　　席　文心田　王为民　叶尚福　刘　进
刘应明　吴　凯　张庆星　李元峰
罗平亚　侯水平　荣廷昭　高　洁
黄竞跃　彭先觉　彭宇行

贵州省科学技术协会

地　　　　　址　贵州省贵阳市瑞金南路2号
邮　政　编　码　550002
电　子　信　箱　office@ gzast. org
主　页　网　址　http：//www. gzast. org
电　　　　　话　0851－5832225/5832528
传　　　　　真　0851－5832225
主　　　　　席　欧阳自远
副　　主　　席　任湘生　路　贵　钱　斌　胡君威
于　杰　孔令中　刘丛强　伍鹏程
陈厚义　何　力　花继明　李桂莲
宋宇峰　封孝伦　郝小江　刘福成
楚海涛

云南省科学技术协会

地　　　　　址　云南省昆明市护国路26号
邮　政　编　码　650021
电　子　信　箱　ynast@ 163. com
主　页　网　址　http：//www. yunast. cn
电　　　　　话　0871－3138614
传　　　　　真　0871－3155032
主　　　　　席　张亚平
副　　主　　席　王建颖　叶燎原　牟双江　何玉林
张云松　李　仁　陈明清　武　晋
罗国权　唐　兵　徐宝明　郭辉军
黄兴奇　赖永良

西藏自治区科学技术协会

地　　　　　址　西藏自治区拉萨市北京中路93号
邮　政　编　码　850000
电　子　信　箱　xzkx－006@ 163. com
主　页　网　址　http：//www. xzast. org. cn
电　　　　　话　0891－6825679
传　　　　　真　0891－6835671/6828576
名　誉　主　席　强巴赤列
主　　　　　席　仓　珍
副　　主　　席　仁青伦珠　刘红跃　大罗桑朗杰
占　堆　多　吉　次成甲措　宋和平
岑维濬　李素芝　陈　锦　觉阿泽仁

陕西省科学技术协会

地　　　　　址　陕西省西安新城省政府大院内
邮　政　编　码　710006
主　页　网　址　http：//www. snast. org. cn
电　　　　　话　029－87291531

传　　　　真　029－87291496
名 誉 主 席　梁　琦
主　　　　席　郑南宁
副　　主　　席　牟怀歧（常务）　方光华　王前进　王跃进　刘少明　刘亚光　安芷生　闫宏涛　张　炜　李　跃　周　杰　周为民　房　喻　郝　跃　党广录　徐德龙　翁志黔　谭永华　樊代明

甘肃省科学技术协会

地　　　　址　甘肃省兰州市城关区东岗西路486号兰州饭店迎宾楼
邮 政 编 码　730000
电 子 信 箱　gsskxbgs@126.com
主 页 网 址　http：//www.gsast.org.cn
电　　　　话　0931－8827173
传　　　　真　0931－8881617
主　　　　席　李　膺
副　　主　　席　史振业　贺　琴　陈富荣　靳来福　陈炳东　程国栋　薛群基　张天理　孙　杰　尚勋武　李存文　郑晓静　窦新生　宋尚有　李永军　俞宝才　臧秋华

青海省科学技术协会

地　　　　址　青海省西宁市新宁路22号
邮 政 编 码　810008
电 子 信 箱　qhkxbjb@vip.163.com
主 页 网 址　http：//www.qhast.org.cn/web/office
电　　　　话　0971－6302839
传　　　　真　0971－6302839
主　　　　席　石昆明
副　　主　　席　洛藏旦巴　郭小云

宁夏回族自治区科学技术协会

地　　　　址　宁夏回族自治区银川市金凤区人民广场西侧
邮 政 编 码　750001
电 子 信 箱　kx30@cast.org.cn
主 页 网 址　http：//www.nxdzkj.com
电　　　　话　0951－5085100/5085127
传　　　　真　0951－5043588
主　　　　席　李锦平
副　　主　　席　刘国民　王　冰　何季麟　孙　涛　李　星　郭秉晨　马林峰　黄　河

新疆维吾尔自治区科学技术协会

地　　　　址　新疆乌鲁木齐市新医路686号
邮 政 编 码　830054
电 子 信 箱　xjkxbgs@126.com
主 页 网 址　http：//www.xast.org.cn
电　　　　话　0991－6386010/6386011/6386038
传　　　　真　0991－6386012
主　　　　席　张国梁
副　　主　　席　李冀东　魏生贵　陶　鹏　帕尔哈提·克力木　沙塔尔·沙吾提　约尔古丽·加帕尔　陈新发　张小雷　李寿山　高同庆　哈木拉提·吾甫尔　陈　彤　海米提·依米提　温　浩

新疆生产建设兵团科学技术协会

地　　　　址　新疆乌鲁木齐市光明路196号
邮 政 编 码　830002
电 子 信 箱　xjbtkx@126.com
电　　　　话　0991－2896193/2896127
传　　　　真　0991－2896163
主　　　　席　田笑明
副　　主　　席　黄　斌　王红德　王新华　郑旭荣　王合理

索　　引

编制说明

本索引为主题索引，以年鉴内容述及的主题为索引对象，包括专有名称主题，如人名、书名、机构名称、会议名称、项目名称、活动名称等。主题选取力求概括全面，突出重点，揭示特色内容，提供多方位检索。

索引范围为全书正文及附录中的部分相关内容。

索引排序按先汉语拼音音序，再阿拉伯数字、拉丁字母的次序排列。

索引以“见”的形式，将非标引词指向标引词。例如：“讲、比”活动　见　全国“讲理想、比贡献”活动

检索页码后的“a”为文献左栏，“b”为文献右栏。检索数字“d1.01”中“d”表示“大事记”，“1.01”表示为1月1日的记录。

连续页码只记录起始页。

A

B

C

D

E

F

G

H

J

K

L

M

N

O

P

Q

R

S

T

W

X

Y

Z